焊工手册

张应立　周玉华　主编

化学工业出版社

·北京·

图书在版编目（CIP）数据

焊工手册/张应立，周玉华主编. —北京：化学工业出版社，2018.2（2023.1 重印）
ISBN 978-7-122-31169-6

Ⅰ.①焊… Ⅱ.①张… ②周… Ⅲ.①焊接-技术手册 Ⅳ.①TG4-62

中国版本图书馆 CIP 数据核字（2017）第 302644 号

责任编辑：王 烨 卢小林　　文字编辑：陈 喆
责任校对：边 涛　　装帧设计：刘丽华

出版发行：化学工业出版社（北京市东城区青年湖南街 13 号 邮政编码 100011）
印 装：北京盛通数码印刷有限公司
850mm×1168mm 1/32 印张 24½ 字数 729 千字
2023 年 1 月北京第 1 版第 7 次印刷

购书咨询：010-64518888　　售后服务：010-64518899
网 址：http://www.cip.com.cn
凡购买本书，如有缺损质量问题，本社销售中心负责调换。

定 价：89.00 元　

前言

FOREWORD

“全国人才工作会议”和“全国职教工作会议”都强调要把“提高技术工人素质、培养高技能人才”作为重要任务来抓。技术工人的劳动是科技成果转化为生产力的关键环节，是经济发展的重要基础。

为落实国家人才发展战略目标，促进农村劳动力转移培训，全面推进技能振兴计划和高技能人才培养工程，加快培养一大批高素质的焊工技能型人才，我们根据行业需求和专家的建议编写了《焊工手册》一书，旨在为大力开展职业技术培训、全面提高焊工的技术素质作出自己的贡献。该书的特点是：坚持理论联系实际的原则，突出先进性、科学性、实践性，内容新颖、立足实用，其中许多是先进的焊接操作技术或绝技绝活，可作为实际操作技能训练的专业指南，相信本书会受到广大读者的欢迎。

本书由张应立、周玉华主编，参加编写的还有张峥、吴兴惠、文玉鎏、周玉良、周玥、刘军、耿敏、周琳、张莉、吴兴莉、徐婷、黄月圆、李守银、王海、陆彩娟、梁润琴、邓尔登、王正常、谢美、贾晓娟、陈洁、张军国、黄清亚、黄德轩、王登霞、连杰、车宣雨、陈明德、张举素、张应才、唐松惠、张举容、杨雪梅、王祥明、韩世军、王仕婕、李新明、钱璐、薛安梅。全书由张梅高级工程师审定。本书在编写过程中得到了企业公司、地方焊工培训中心的领导、专家的大力支持与帮助，值此本书出版之际，特向各位领导、专家、审稿者和参考文献的编著者表示衷心感谢。

由于编者水平有限，书中难免存在不足之处，敬请广大读者和专家批评指正。

编　者

目录

CONTENTS

第1章 焊条电弧焊

第2章 埋弧焊

第3章 手工钨极氩弧焊

第4章 CO_2 气体保护焊

第 5 章 熔化极惰性气体保护焊

第 6 章 等离子弧焊

第7章 电渣焊

第8章 电阻焊

第9章 电子束焊

第10章 气 焊

第11章 气 割

第12章　碳弧气刨

第13章　堆　焊

第14章 气体火焰钎焊

第15章 焊接修复

第16章　常用金属材料及组合焊操作技能

第1章 焊条电弧焊

1.1 焊条电弧焊基本技能

1.1.1 基本操作技术

(1) 引弧

开始焊接前先要引弧，引弧有划擦引弧和直击引弧两种方法。

① 划擦引弧　先将焊条末端对准焊件，然后将手腕扭转一下，使焊条在焊件表面轻轻划擦一下，动作有点像划火柴，用力不能过猛，随即将焊条提起 2～4mm，即在空气中产生电弧。引燃电弧后，焊条不能离开焊件太高，一般不大于 10mm，并且不要超出焊缝区，然后手腕扭回平位，保持一定的电弧长度，开始焊接，如图 1-1 (a) 所示。

② 直击引弧　先将焊条末端对准焊件，然后手腕下弯一下，使

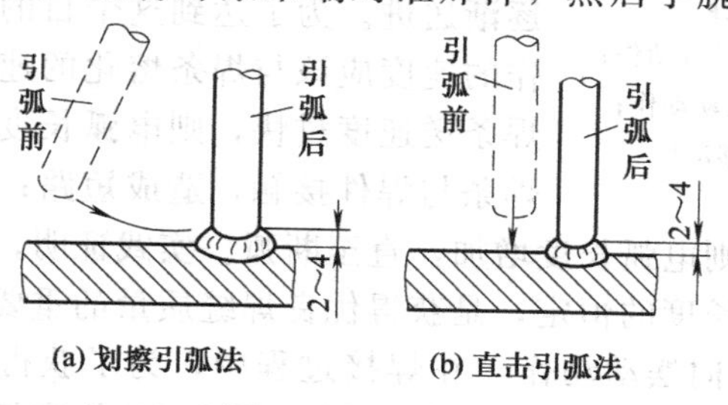

图 1-1　引弧方法

焊条轻碰一下焊件，再迅速提起2～4mm，即产生电弧。引弧后，手腕放平，保持一定电弧高度开始焊接，如图1-1（b）所示。

划擦引弧对初学者来说容易掌握，但操作不当容易损伤焊件表面。直击引弧法对初学者来说较难掌握，操作不当，容易使焊条粘在焊件上或用力过猛时使药皮大块脱落。不论采用哪一种引弧方法，都应注意以下几点：

① 引弧处应清洁，不宜有油污、锈斑等杂物，以免影响导电或使熔池产生氧化物，导致焊缝产生气孔和夹渣。

② 为便于引弧，焊条应裸露焊芯，以利于导通电流；引弧应在焊缝内进行以避免引弧时损伤焊件表面。

③ 引弧点应在焊接点（或前一个收弧点）前10～20mm处，电弧引燃后再将焊条移至前一根焊条的收弧处开始焊接，可避免因新一根焊条的头几滴铁水温度低而产生气孔和导致外观成形不美观，碱性焊条尤其应加以注意。

(2) 运条

1）焊条运动的基本动作　引燃电弧进行施焊时，焊条要有3个方向的基本动作，才能得到良好成形的焊缝和电弧的稳定燃烧。这3个方向的基本动作是焊条向熔池送进动作、焊条横向摆动动作和焊条前移动作，如图1-2所示。

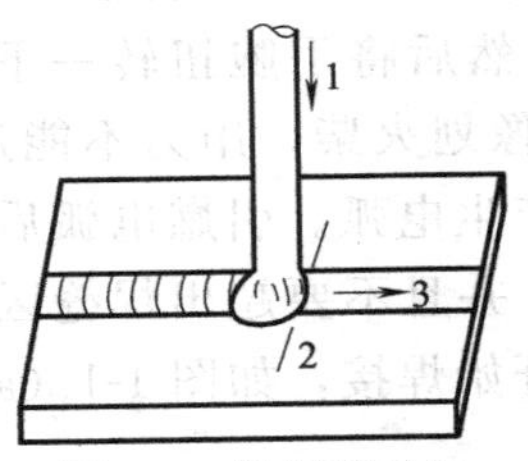

图1-2　焊条运动的基本动作

1—焊条向熔池送进动作；2—焊条横向摆动动作；3—焊条前移动作

① 焊条送进动作　在焊接过程中，焊条在电弧热作用下，会逐渐熔化缩短，焊接电弧弧长被拉长。而为了使电弧稳定燃烧，保持一定弧长，就必须将焊条朝着熔池方向逐渐送进。为了达到这个目的，焊条送进动作的速度应该与焊条熔化的速度相等。如果焊条送速度过快，则电弧长度迅速缩短，使焊条与焊件接触，造成短路；如果焊条送进时速度过慢，则电弧长度增加，直至断弧。实践证明，均匀的焊条送进速度及电弧长度的恒定，是获得优良焊缝质量的重要条件。

② 焊条横向摆动动作　在焊接过程中，为了获得一定宽度的焊缝，提高焊缝内部的质量，焊条必须要有适当的横向摆动，其摆动的

幅度与焊缝要求的宽度及焊条的直径有关，摆动越大则焊缝越宽。横向摆动必然会降低焊接速度，增加焊缝的线能量。正常焊缝宽度一般不超过焊条直径的 2～5 倍，对于某些要求低线能量的材料，如奥氏体不锈钢、3.5Ni 低温钢等，不提倡采用横向摆动的单道焊。

③ 焊条前移动作　在焊接过程中，焊条向前移动的速度要适当，焊条移动速度过快则电弧来不及熔化足够的焊条和母材金属，造成焊缝断面太小及未焊透等焊接缺陷。如果焊条移动太慢，则熔化金属堆积太多，造成溢流及成形不良，同时由于热量集中，薄焊件容易烧穿，厚焊件则产生过热，降低焊缝金属的综合性能。因此，焊条前移的速度应根据电流大小、焊条直径、焊件厚度、装配间隙、焊接位置及焊件材质等不同因素来适当掌握运用。

2) 运条方法　所谓运条方法，就是焊工在焊接过程中运动焊条的手法。它与焊条角度及焊条运动是电焊工最基本的操作技术。运条方法是能否获得优良焊缝的重要因素，下面介绍几种常用的运条方法及适用范围。

① 直线形运条法　在焊接时保持一定弧长，沿着焊接方向不摆动地前移，如图 1-3 (a) 所示。由于焊条不做横向摆动，电弧较稳定，因此能获得较大的熔深，焊接速度也较快，对易过热的焊件及薄板的焊接有利，但焊缝成形较窄。该方法适用于板厚为 3～5mm 的不开坡口的对接平焊、多层焊的第一层封底和多层多道焊。

② 直线往返形运条法　在焊接过程中，焊条末端沿焊缝方向做来回的直线形摆动，如图 1-3 (b) 所示。在实际操作中，电弧长度是变化的。焊接时应保持较短的电弧。焊接一小段后，电弧拉长，向前跳动，待熔池稍凝，焊条又回到熔池继续焊接。直线往返形运条法焊接速度快、焊缝窄、散热快，适用于薄板和对接间隙较大的底层焊接。

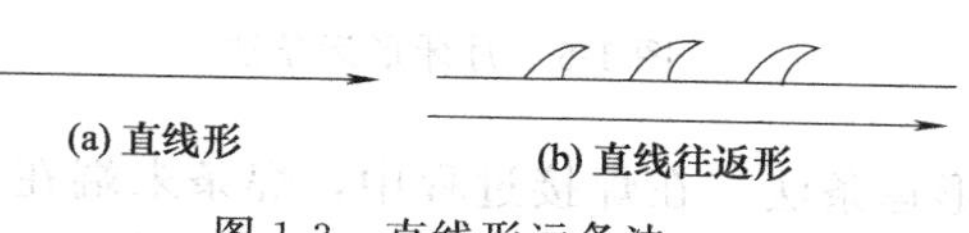

图 1-3　直线形运条法

③ 锯齿形运条法　在焊接过程中，焊条末端在向前移动的同时，连续在横向做锯齿形摆动，如图 1-4 所示。

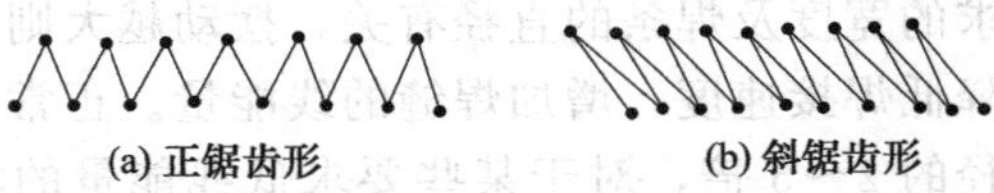

图 1-4 锯齿形运条法

使用锯齿形运条法运条时两侧稍加停顿，停顿的时间视工件原形、电流大小、焊缝宽度及焊接位置而定，这主要是为了保证两侧熔化良好，且不产生咬边。焊条横向摆动的目的，主要是控制焊缝熔化金属的流动和得到必要的焊缝宽度，以获得良好的焊缝成形效果。由于这种方法易操作，因此在生产中应用广泛，多用于较厚的钢板焊接。其具体应用范围包括平焊，立焊、仰焊的对接接头和立焊的角接接头。

④ 月牙形运条法 在焊接过程中，焊条末端沿着焊接方向做月牙形横向摆动（与锯齿形相似），如图 1-5（a）所示。摆动的速度要根据焊缝的位置、接头形式、焊缝宽度和焊接电流的大小来决定。为了使焊缝两侧熔合良好，避免咬肉，要注意在月牙两端停留的时间。采用月牙法运条，对熔池加热时间相对较长，金属的熔化良好，容易使熔池中的气体逸出和熔渣浮出，能消除气孔和夹渣，焊缝质量较好。但由于熔化金属向中间集中，增加了焊缝的余高，因此不适用于宽度小的立焊缝。当对接接头平焊时，为了避免焊缝金属过高，使两侧熔透，有时采用反月牙形运条法运条，如图 1-5（b）所示。月牙形运条法适用于较厚钢板对接接头的平焊、立焊和仰焊，以及 T 形接头的立角焊。

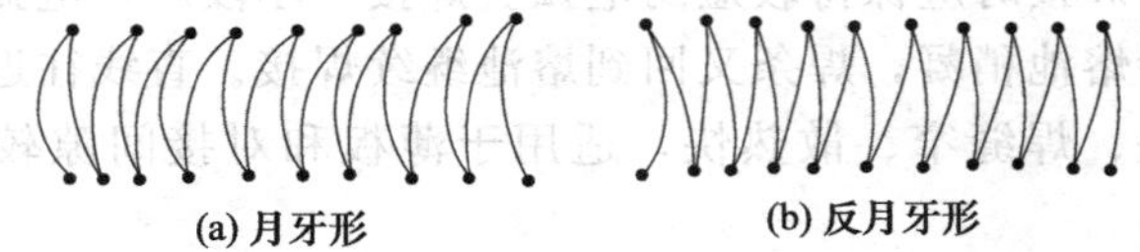

图 1-5 月牙形运条法

⑤ 三角形运条法 在焊接过程中，焊条末端在前移的同时，做连续的三角形运动。三角形运条法根据使用场合不同，可分为正三角形和斜三角形两种，如图 1-6 所示。

如图 1-6（a）所示为正三角形运条法，只适用于开坡口的对接焊

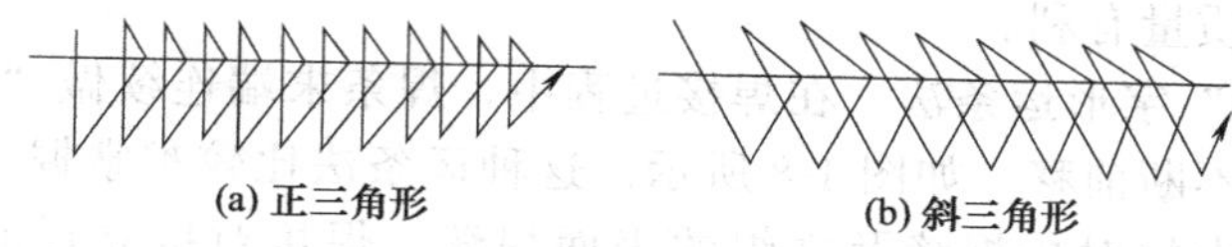

图 1-6　三角形运条法

缝和 T 形接头的立焊。它的特点是能焊出较厚的焊缝断面，焊缝不容易产生气孔和夹渣，有利于提高焊接生产率。当内层受坡口两侧斜面限制，宽度较小时，在三角形折角处要稍加停留，以利于两侧熔化充分，避免产生夹渣。

如图 1-6（b）所示为斜三角形运条法，适用于平焊、仰焊位置的 T 形接头焊缝和有坡口的横焊缝。它的特点是能够借助焊条的摆动来控制熔化金属的流动，促使焊缝成形良好，减少焊缝内部的气孔和夹渣，对提高焊缝内在质量有好处。

上述两种三角形运条方法在实际应用时，应根据焊缝的具体情况而定。立焊时，在三角形折角处应做停留；斜三角形转角部分的运条的速度要慢些。如果对这些动作掌握得协调一致，就能取得良好的焊缝成形。

⑥ 圆圈形运条法　在焊接过程中，焊条末端连续做圆圈运动，并不断地向前移动，如图 1-7 所示。

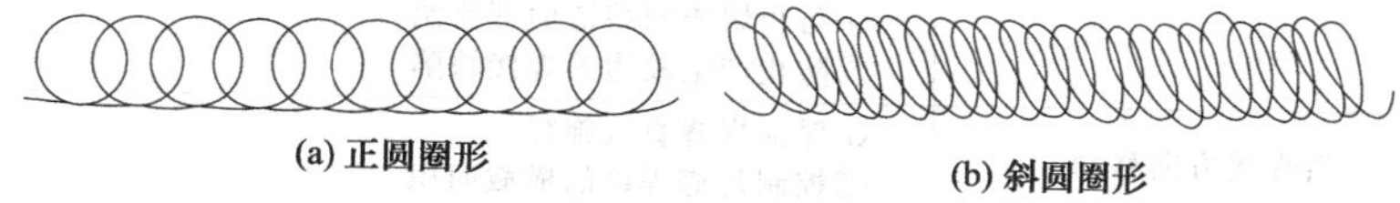

图 1-7　圆圈形运条法

如图 1-7（a）所示，正圆圈形运条法只适用于较厚焊件的平焊缝。它的优点是焊缝熔池金属有足够的高温使焊缝熔池存在时间较长，促使熔池中的氧、氮等气体有时间析出。同时也便于熔渣上浮，对提高焊缝内在质量有利。

如图 1-7（b）所示，斜圆圈形运条法适用于平焊、仰焊位置的 T 形接头和对接接头的横焊缝。其特点是有利于控制熔化金属受重力影响而产生的下淌现象，有助于焊缝的成形。同时，能够减慢焊缝熔池冷却速度，使熔池的气体有时间向外逸出，熔渣有时间上浮，对提高焊缝内在质量有利。

⑦“8”字形运条法　在焊接过程中，焊条末端连续做“8”字形运动，并不断前移，如图 1-8 所示。这种运条法比较难掌握，它适用于宽度较大的对接焊缝及立焊的表面焊缝。焊接对接立焊的表面层时，运条手法需灵活，运条速度应快些，这样能获得波纹较细、均匀美观的焊缝表面。

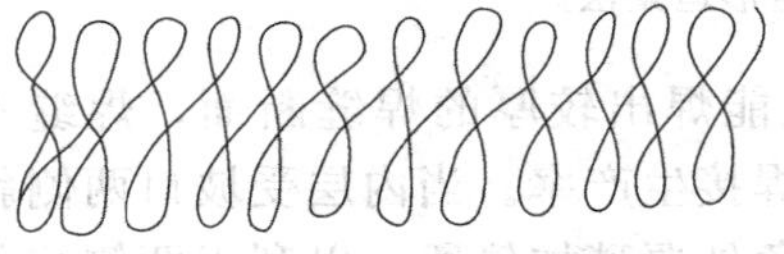

图 1-8 “8”字形运条法

以上介绍的几种运条方法，仅是几种最基本的方法，在实际生产中，焊接同一焊接接头形式的焊缝，焊工们往往根据自己的习惯及经验，采用不同的运条方法，都能获得满意的焊接效果。

3）运条时焊条角度和动作的作用　焊条电弧焊时，焊缝表面成形的好坏、焊接生产效率的高低、各种焊接缺陷的产生等，都与焊接运条的手法、焊条的角度和动作有着密切的关系，焊条电弧焊运条时焊条角度和动作的作用见表 1-1。

表 1-1　焊条电弧焊运条时焊条角度和动作的作用

焊条角度和动作	作　用
焊条角度	①防止立焊、横焊和仰焊时熔化金属下坠 ②能很好地控制熔化金属与熔渣分离 ③控制焊缝熔池深度 ④防止熔渣向熔池前部流淌 ⑤防止产生咬边等焊接缺陷
沿焊接方向移动	①保证焊缝直线施焊 ②控制每道焊缝的横截面积
横向摆动	①保证坡口两侧及焊道之间相互很好地熔合 ②控制焊缝获得预定的熔深与熔宽
焊条送进	①控制弧长，使熔池有良好的保护 ②促进焊缝形成 ③使焊接连续不断地进行 ④与焊条角度的作用相似

(3) 焊缝的起头、接头及收尾

1）焊缝的起头　焊缝的起头就是指开始焊接的操作。由于焊件在未焊之前温度较低，引弧后电弧不能立即稳定下来，因此起头部分往往容易出现熔深浅、气孔、未熔透、宽度不够及焊缝堆过高等缺陷。为了避免和减少这些现象，应该在引弧后稍将电弧拉长，对焊缝端头进行适当预热，并且多次往复运条，达到熔深和所需要宽度后再调到合适的弧长进行正常焊接。

对环形焊缝的起头，因为焊缝末端要在这里收尾，所以不要求外形尺寸，而主要要求焊透、熔合良好，同时要求起头要薄一些，以便于收尾时过渡良好。

对于重要工件、重要焊缝，在条件允许的情况下尽量采用引弧板，将不合要求的焊缝部分引到焊件之外，焊后去除。

2）焊缝的接头　在焊条电弧焊操作中，焊缝的接头是不可避免的。焊缝接头的好坏，不仅影响焊缝外观成形，也影响焊缝质量。后焊焊缝和先焊焊缝的连接情况和操作要点见表 1-2。

表 1-2　焊缝的接头技术

接头方式	示意图	操作技术
中间接头	1 → 2 →	在弧坑前约 10mm 附近引弧，弧长略长于正常焊接弧长时，移回弧坑，压低电弧稍做摆动，再向前正常焊接
相背接头	← 1　2 →	先焊焊缝的起头处要略低些，后焊的焊缝必须在前条焊缝始端稍前处起弧，然后稍拉长电弧，并逐渐引向前条焊缝的始端，并覆盖此始端，焊平后，再向焊接方向移动
相向接头	1 →　← 2	后焊焊缝到先焊焊缝的收弧处时，焊速放慢，填满先焊焊缝的弧坑后，以较快的速度再略向前焊一段后熄弧
分段退焊接头	2 →　1 →	后焊焊缝靠近前焊焊缝始端时，改变焊条角度，使焊条指向前焊焊缝的始端，拉长电弧，形成熔池后，压低电弧返回原熔池处收弧

3）焊接的收尾　又称为收弧，是指一条焊缝结束时采用的收尾方法。焊缝的收尾与每根焊条焊完时的熄弧不同，每根焊条焊完时的熄弧一般都留下弧坑，准备下一根焊条再焊时接头。焊缝的收尾操作时，应保持正常的熔池温度，做无直线移动的横摆点焊动作，逐渐填满熔池后再将电弧拉向一侧熄弧。每条焊缝结束时必须填满弧坑，过深的弧坑不仅会影响美观，还会使焊缝收尾处产生缩孔、应力集中而产生裂纹。焊条电弧焊的收尾一般采用以下 3 种操作方法。

① 划圈收尾法　当焊接电弧移至焊缝终点时，在焊条端部做圆圈运动，直到填满弧坑再拉断电弧。此法适用于厚板收尾。

② 反复断弧收尾法　当焊接进行到焊缝终点时，在弧坑处反复熄弧和引弧数次，直到填满弧坑为止。此法适用于薄板和大电流焊接，但不宜用碱性焊条。

③ 回焊收尾法　焊接电弧移至焊缝收尾处稍加停顿，然后改变焊条角度回焊一小段后断弧，相当于收尾处变成一个起头。此法适用于碱性焊条的焊接。

(4) 焊接工件的组对和定位焊

1）焊接工件的组对

① 组对的要求　一般来说，将结构总装后进行焊接，由于结构刚性增加，可以减少焊后变形，但对于一些大型复杂结构，可将结构适当地分布成部件，分别装配焊接，然后再拼焊成整体，使不对称的焊缝或收缩量较大的焊缝不影响整体结构。焊件装配时接口上下对齐，不应错口，间隙要适当均匀。装配定位焊时要考虑焊件自由伸缩及焊接的先后顺序，防止由于装配不当引起内应力及变形的产生。

② 不开坡口的焊件组对　板-板平对接焊时，焊接厚度＜2mm或更薄的焊件时，装配间隙应≤0.5mm，剪切时留下的毛边在焊接时应锉修掉。装配时，接口处的上下错边不应超过板厚的1/3，对于某些要求高的焊件，错边应≤0.2mm，可采用夹具组装。

③ 开坡口的焊件组对　板-板开V形坡口焊件组对时，装配间隙始端为3mm、终端为4mm，预置反变形量为3°～4°，错边量≤1.4mm。

板-管开坡口的骑座式焊件组对时，首先要保证管子应与孔板相垂直，装配间隙为3mm，焊件装配错边量≤0.5mm。

管-管焊件组对时，装配间隙为2～3mm，钝边为1mm，错边量≤2mm，保证在同一轴线上。

2）焊接工件的定位焊　焊前固定焊件的相应位置，以保证整个结构件得到正确的几何形状和尺寸而进行的焊接操作叫做定位焊，俗称点固焊。定位焊形成的短小而断续的焊缝叫定位焊缝，通常定位焊缝都比较短小，焊接过程中都不去掉，而成为正式焊缝的一部分保留在焊缝中，因此定位焊缝的位置、长度和高度等是否合适，将直接影响正式焊缝的质量及焊件的变形。进行定位焊接时应注意以下几点：

① 必须按照焊接工艺规定的要求焊接定位焊缝，采用与正式焊缝工艺规定的同牌号、同规格的焊条，用相同的焊接参数施焊，预热要求与正式焊接时相同。

② 定位焊缝必须保证熔合良好，焊道不能太高。起头和收弧端应圆滑，不应过陡。定位焊的焊接顺序、焊点尺寸和间距见表 1-3。

表 1-3　定位焊的焊接顺序、焊点尺寸和间距　mm

焊件厚度	焊接顺序	定位焊点尺寸和间距
薄件≤2	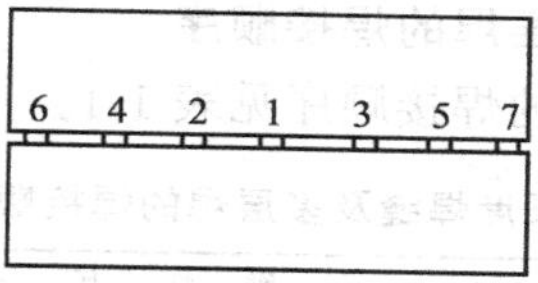 6 4 2 1 3 5 7	焊点长度：≈5 间距：20～40
厚件	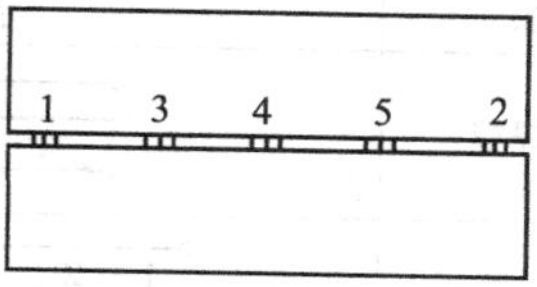 1 3 4 5 2	焊点(缝)长度：20～30 间距：200～300

注：焊接顺序也可视焊件的厚度、结构形状和刚性的情况而定。

③ 定位焊点应离开焊缝交叉处和焊缝方向急剧变化处 50mm 左右，应尽量避免强制装配，必要时增加定位焊缝长度或减小定位焊缝的间距。定位焊用电流应比正式焊接时大 10%～15%。

④ 定位焊后必须尽快正式焊接，避免中途停顿或存放时间过长。定位焊缝的余高不宜过高，定位焊缝的两端与母材平缓过渡，以防止正式焊接时产生未焊透等缺陷。

⑤ 在低温条件下定位焊接时，为了防止开裂，应尽量避免强行组装后进行定位焊，定位焊缝长度应适当加大，必要时采用碱性低氢型焊条。如定位焊缝开裂，则必须将裂纹处的焊缝铲除后重新定位焊。在定位焊之后，如出现接口不齐平，应进行校正，然后才能正式焊接。

(5) 打底焊

打底焊是在对接焊缝根部或其背面先焊一道焊缝，然后再焊正面焊缝。

① 平的对接焊缝背面打底焊时，焊接速度比正面焊缝要快些。

② 横对接焊缝的打底焊，焊条直径一般选用 3.2mm，焊接电流稍大些，采用直线运条法。

③ 一般焊件的打底焊，在焊接正面焊缝前可不铲除焊根，但应将根部熔渣彻底清除，然后要用 ϕ3.2mm 焊条焊根部的第一道焊缝，电流应稍大一些。

④ 对重要结构的打底焊，在焊正面焊缝前应先铲除焊根，然后焊接。

(6) 不同长度焊缝及多层焊的焊接顺序

不同长度焊缝及多层焊的焊接顺序见表 1-4。

表 1-4 不同长度焊缝及多层焊的焊接顺序

焊缝长度及层数	操作方法	
	名称	简图
短焊缝(＜300mm)	直通焊缝	L
中长焊缝(300～1000mm)	分段退焊	1 2 3 4 5 6 L
	从中间向两端(逆向焊)	1 2 L
长焊缝(＞1000mm)	从中间向两端分段退焊	5 4 3 2 1 1′ 2′ 3′ 4′ 5′ L/2 L/2 L
多层焊	直通式	
	串级式	
	驼峰式	

1.1.2 各种焊接位置上的操作要点

焊接位置的变化，会造成焊件在不同位置上焊缝成形难度的变化，所以，在焊接操作中，要仔细观察并控制焊缝熔池的形状和大小，及时调节焊条角度和运条动作，才能控制焊缝成形和确保焊缝质量。各种位置的焊接特点及操作要点如下。

(1) 平焊位置的焊接

1）平焊位置的焊接特点

① 焊条熔滴金属主要依靠自重力向熔池过渡；焊接熔池形状和熔池金属容易保持；焊接同样板厚的焊件，平焊位置上的焊接电流要比其他位置大，生产效率高。

② 熔渣和熔池金属容易出现搅混现象，熔渣超前形成夹渣；焊接参数和操作不正确时，可能产生未焊透、咬边或焊瘤等缺陷；平板对接焊接时，若焊接参数或焊接顺序选择不当，则容易产生焊接变形；单面焊双面成形时，第一道焊缝容易产生熔透程度不均、背面成形不良等现象。

2）平焊位置的焊条角度　平焊位置时的焊条角度如图1-9所示。

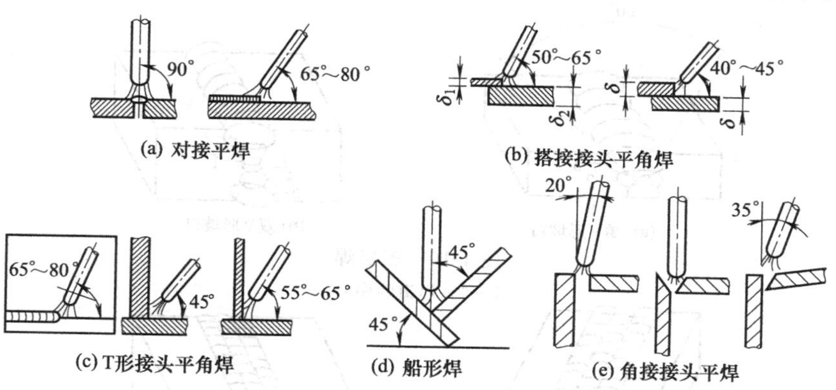

图1-9　平焊位置时的焊条角度

3）平焊位置的焊接要点　将焊件置于平焊位置，焊工手持焊钳，焊钳夹持焊条，采用前述引弧、运条及收尾等基本操作技术。

① 根据板厚可以选用直径较粗的焊条，用较大的焊接电流焊接，

在同样板厚条件下，平焊位置的焊接电流比立焊位置、横焊位置和仰焊位置的焊接电流大。

② 一般焊时常采用短弧，短弧焊接可减少电弧高温热损失，提高熔池熔深；防止电弧周围有害气体侵入熔池，减少焊缝金属元素的氧化；减少焊缝产生气孔的可能性。但是，电弧也不宜过短，以防焊条与工件产生短路。

③ 焊接时焊条与焊件成 40°～90°夹角，控制好熔池与液态金属的分离，防止熔渣出现超前现象。焊条与焊件夹角大，焊接熔池深度也大；焊条与焊件夹角小，焊接熔池深度也浅。

④ 当板厚≤6mm 时，对接平焊一般开 I 形坡口，正面焊缝宜采用直径为 3.2～4mm 的焊条短弧焊，熔深应达到焊件厚度的 2/3。背面封底焊前，可以不铲除焊根（重要构件除外），但要将熔渣清理干净，焊接电流可大一些。当板厚＞6mm 时，必须开单 V 形坡口或双 V 形坡口，采用多层焊或多层多道焊，如图 1-10、图 1-11 所示。多层焊时，第一层选用较小直径焊条，常用直径为 3.2mm，采用直线形运条或锯齿形运条。以后各层焊接时，先将前一层熔渣清除干净，选用直径较大的焊条和较大的焊接电流施焊，采用短弧焊接，锯齿形

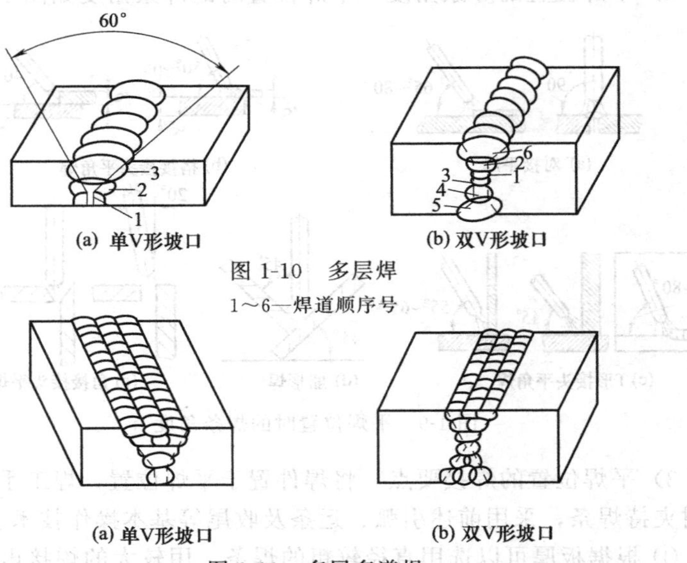

(a) 单V形坡口　(b) 双V形坡口

图 1-10　多层焊

1～6—焊道顺序号

(a) 单V形坡口　(b) 双V形坡口

图 1-11　多层多道焊

运条，在坡口两侧需做停留，相邻层焊接方向应相反，焊缝接头需错开。多层多道焊的焊接方法与多层焊相似，一般采用直线形运条，应注意选好焊道数及焊道顺序。

⑤ 对接平焊若有熔渣和熔池金属混合不清的现象，则可将电弧拉长，焊条前倾，并做向熔池后方推送熔渣的动作，以防止产生夹渣。焊接水平倾斜焊缝时，应采用上坡焊，防止熔渣向熔池前方流动，避免焊缝产生夹渣缺陷。

⑥ T 形、角接、搭接的平角焊接头，若两板厚度不同，则应调整焊条角度，将电弧偏向厚板一边，使两板受热均匀。

4）平焊位置的正确运条方法

① 板厚≤6mm 时，I 形坡口对接平焊，采用双面焊时，正面焊缝采用直线形运条，稍慢，背面焊缝也采用直线形运条，焊接电流应比焊正面焊缝时稍大些，运条要快；开其他形状的坡口对接平焊时，可采用多层焊或多层多道焊，第一层（打底焊）宜用小直径焊条、小焊接电流、直线形运条或锯齿形运条焊接，以后各层焊接时，可选用较大直径的焊条和较大的焊接电流的短弧焊。锯齿形运条在坡口两侧须停留，相邻层焊接方向应相反，焊接接头须错开。

② T 形接头平焊的焊脚尺寸小于 6mm 时，可选用单层焊，用直线形、斜环形或锯齿形运条方法；焊脚尺寸较大时，宜采用多层焊或多层多道焊，打底焊都采用直线形运条方法，其后各层的焊接可选用斜锯齿形、斜环形运条。多层多道焊宜选用直线形运条方法焊接。

③ 搭接、角接平角焊时，运条操作与 T 形接头平角焊运条相似。

④ 船形焊的运条操作与开坡口对接平焊相似。

（2）立焊位置的焊接

1）立焊位置的焊接特点　熔池金属与熔渣因自重下坠，容易分离。熔池温度过高时，熔化金属易向下流淌，形成焊瘤、咬边和夹渣等缺陷，焊接不易焊得平整。T 形接头焊缝根部容易产生未焊透缺陷。焊接过程中，熔池深度容易掌握。立焊比平焊位置多消耗焊条而焊接生产率却比平焊低。焊接过程中多用短弧焊接。在与对接立焊相同的条件下，焊接电流可稍大些，以保证两板熔合良好。

2）立焊位置的焊条角度　立焊位置的焊条角度如图 1-12 所示。

3）立焊位置的焊接要点

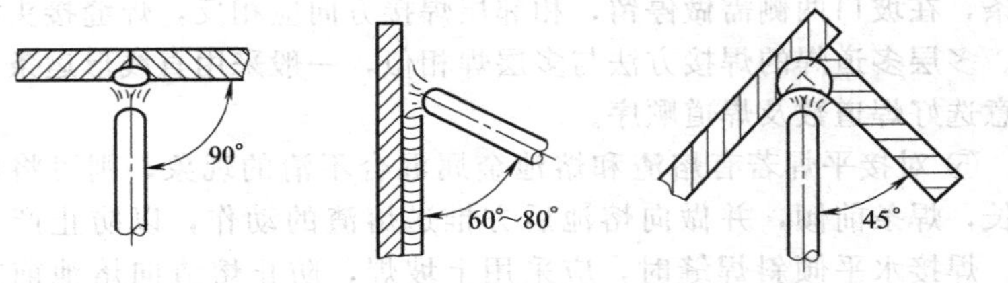

图 1-12　立焊位置的焊条角度

① 立焊时，焊钳夹持焊条后，焊钳与焊条应成一直线，如图 1-13所示，焊工的身体不要正对着焊缝，要略偏向左侧或右侧(左撇子)，以便于握焊钳的右手或左手操作。

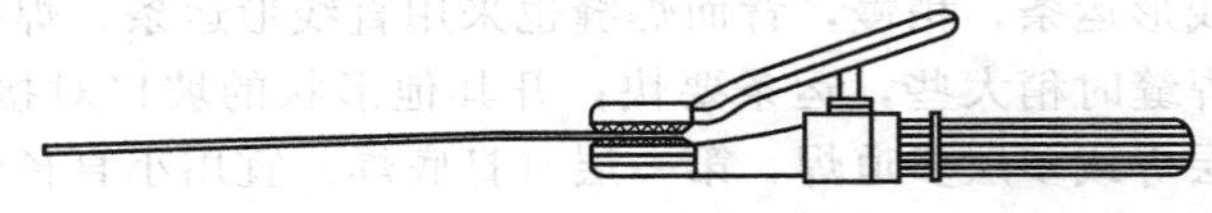

图 1-13　焊钳夹持焊条位置

② 焊接过程中，保持焊条角度，减少熔化金属下淌。

③ 生产中常用的是向上立焊，向下立焊要用专用焊条才能保证焊缝质量。向上立焊时焊条角度如图 1-12 所示，焊接电流应比平焊时小 10%～15%，且应选用较小的焊条直径，一般＜4mm。

④ 采用短弧施焊，缩短熔滴过渡到熔池的距离。

4) 立焊位置的正确运条方法

① I 形坡口对接（常用于薄板）向上立焊时，最大弧长应≤6mm，可选用直线形、锯齿形、月牙形运条或跳弧法施焊。

② V 形坡口向上立焊时，厚板采用小三角形运条法，中厚板或较薄板采用小月牙形或锯齿形运条法，运条速度必须均匀。

③ T 形接头立焊时，运条操作与其他形式坡口对接立焊相似，为防止焊缝两侧产生咬边、未焊透，电弧应在焊缝两侧及顶角有适当的停留时间。

④ 其他形式坡口对接立焊时，第一层焊缝常选用跳弧法或摆幅不大的月牙形、三角形运条焊接，其后可采用月牙形或锯齿形运条方法。

⑤ 焊接盖面层时，应根据对焊缝表面的要求选用运条方法，焊缝表面要求稍高的可采用月牙形运条；如果只要求焊缝表面平整的可采用锯齿形运条方法。

(3) 横焊位置的焊接

1）横焊位置的焊接特点　熔化金属因自重易下坠至坡口上，造成坡口上侧产生咬边缺陷，下侧形成泪滴形焊瘤或未焊透。熔化金属与熔渣易分清略似立焊，采用多层多道焊能防止熔化金属下坠、外观不整齐。焊接电流较平焊电流小些。

2）横焊位置的焊条角度　横焊位置时的焊条角度如图 1-14 所示。

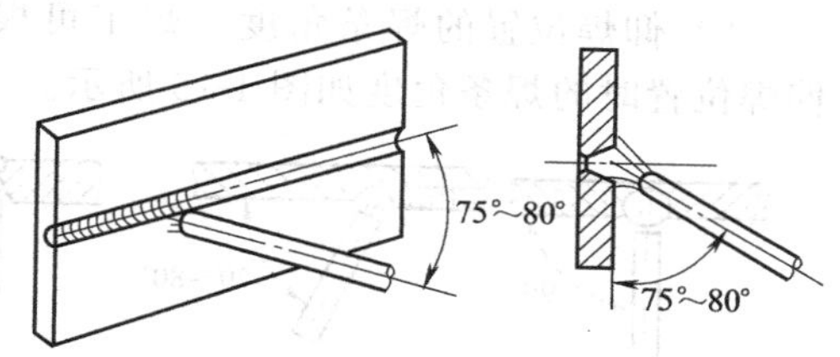

图 1-14　横焊位置时的焊条角度

3）横焊位置的焊接要点

① 对接横焊开坡口一般为 V 形或 K 形，其特点是下板不开坡口或坡口角度小于上板，焊接时一般采用多层焊。

② 板厚为 3～4mm 的对接接头可用 I 形坡口双面焊，正面焊选用直径为 3.2～5mm 的焊条。

③ 选用小直径焊条，焊接电流比平焊小，短弧操作，能较好地控制熔化金属下淌。

④ 厚板横焊时，打底层以外的焊缝，宜采用多层多道焊法施焊。要特别注意焊道与焊道间的重叠距离，每道叠焊，应在前一道焊缝的 1/3 处开始焊接，以防止焊缝产生凹凸不平的现象。

⑤ 根据焊接过程中的实际情况，保持适当的焊条角度，焊接速度应稍快且要均匀。

4）横焊位置的正确运条方法

① 开 I 形坡口对接横焊，焊件较薄时，正面焊缝采用往复直线运条方法较好；稍厚件选用直线形或小斜圆环形运条，背面焊缝选用直线运条，焊接电流可以适当加大。

② 开其他形式坡口对接多层横焊，间隙较小时，可采用直线形运条；根部间隙较大时，打底层选用往复直线运条，其后各层焊道焊

接时，可采用斜圆环形运条。多层多道焊缝焊接时，宜采用直线形运条。

(4) 仰焊位置的焊接

1）仰焊位置的焊接特点　熔化金属因重力作用易下坠，熔池形状和大小不易控制，易出现夹渣、未焊透、凹陷焊瘤及焊缝成形不好等缺陷。运条困难，焊件表面不易焊得平整。流淌的熔化金属易飞溅扩散，若防护不当，则容易造成烫伤事故。仰焊比其他空间位置焊接效率低。

2）仰焊位置的焊条角度　焊工可根据具体情况变换焊条角度，仰焊位置时的焊条角度如图 1-15 所示。

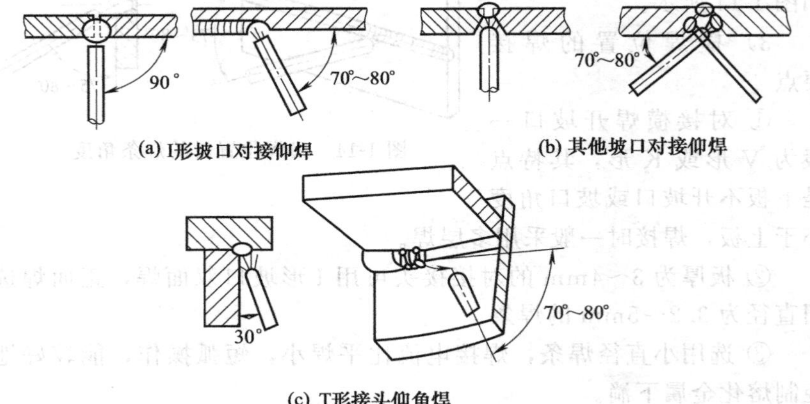

图 1-15　仰焊位置时的焊条角度

3）仰焊位置的焊接要点

① 对接焊缝仰焊，当焊件厚度≤4mm 时，采用 I 形坡口，选用直径为 3.2mm 的焊条。焊条角度如图 1-15（a）所示，焊接电流要适当。

② 焊件厚度≥5mm 时，采用 V 形坡口多层多道焊。

③ T 形接头焊缝仰焊，当焊脚小于 8mm 时，宜采用单层焊；焊脚大于 8mm 时宜采用多层多道焊。

④ 为便于熔滴过渡，减少焊接时熔化金属下淌和飞溅，焊接过程中应采用最短的弧长施焊。

⑤ 打底层焊缝，应采用小直径焊条和小焊接电流施焊，以免焊缝两侧产生凹陷和夹渣。

4）仰焊位置的正确运条方法

① 开I形坡口对接仰焊，间隙小时采用直线形运条，间隙较大时则采用直线往返形运条。

② 开其他形式坡口对接多层仰焊时，打底层焊接应根据坡口间隙的大小选定使用直线形式运条或往复直线形运条方法，其后各层可选用锯齿形或月牙形运条方法。多层多道焊宜采用直线形运条方法。无论采用哪种运条方法，每一次向熔池过渡的熔化金属都不宜过多。

③ T形接头仰焊时，焊脚尺寸如果较小，则可采用直线形或往复直线形运条方法，由单层焊接完成；焊脚尺寸如果较大，则可采用多层或多层多道施焊，第一层打底焊宜采用直线形运条，其后各层选用斜三角形或斜圆环形运条方法焊接。

1.1.3 单面焊双面成形操作要点

单面焊双面成形是用单面施焊的方式，在具有单面V形或V形坡口的焊件上，采用普通焊条，在不需要采取任何辅助措施的条件下，只是坡口根部在进行组装定位焊时，按焊接的不同操作手法留出不同的间隙，在坡口的正面进行焊接，就会在坡口的正、背两面都能得到均匀整齐、成形良好、符合质量要求的焊缝。这种方法主要适用于板状对接接头、管状对接接头和骑座式管板接头。按操作手法不同，单面焊双面成形可分为连弧焊法（又称连续施焊法）和断弧焊法（又称间断灭弧施焊法），是锅炉、压力容器焊工应熟练掌握的操作技能。

(1) 连弧焊操作方法

连弧焊是在焊接过程中电弧连续燃烧，采用较小的坡口钝边间隙，选用较小的焊接电流，短弧连续施焊，由于它对焊件的装配质量及焊接参数的选择都有严格的要求，因此，要求焊工熟练掌握，否则在施焊过程中容易产生烧穿或未焊透等缺陷。连弧焊打底层单面焊双面成形技法见表1-5。连弧焊的工艺参数及操作要点见表1-6。

表 1-5　连弧焊打底层单面焊双面成形技法

<table>
<tr><th>项目</th><th>内　　容</th></tr>
<tr><td>引弧</td><td>在始焊处对准坡口中心采用划擦引弧，焊条与工件的角度为 60°～70°处于间隙中心。焊至定位焊缝尾部时，以稍长的电弧（弧长约为 3.5mm）在该处以小齿距的锯齿形运条法做横向摆动来进行预热。稍等片刻，当看到定位焊缝与坡口根部金属有“出汗”现象时.应立即压低电弧（弧长约为 2mm），待 1s 之后听到电弧穿透坡口而发出“噗噗”声.同时看到定位焊缝以及坡口根部两侧金属开始熔化并形成熔池，说明引弧工作结束，可以进行连弧焊接</td></tr>
<tr><td>焊条倾角与坡口根部熔入尺寸</td><td>60°～70°　1～1.5　0.5～1　70°～80°
(a) 平焊　(b) 立焊
1.5　70°～80°　80°～90°　1.5　70°～80°
(c) 横焊　(d) 仰焊</td></tr>
<tr><td>运条方法</td><td>(1)板平焊
①采用直线小摆动运条方法。焊条摆动应始终保持在钝边口两侧之间进行，每边熔化缺口控制在 0.5mm 为宜
②进退清根法。运条采用前后进退操作，焊条向前进时为焊接，时间较长；向后退时为降低熔池金属温度，为下个焊点的焊接做准备，这个过程时间较短
焊接方向　根部熔孔
③左右清根法。焊接过程中，电弧在坡口两侧做交替进退清根。适用于坡口间隙大的焊缝
根部熔孔　焊接方向</td></tr>
</table>

续表

<table>
<tr><th>项目</th><th>内容</th></tr>
<tr><td rowspan="3">运条方法</td><td>(2)板立焊
①上下运弧法。电弧向上运弧时,用以降低熔池温度,不拉断电弧,为电弧向下运弧焊接做准备。电弧向下运弧到根部熔孔时开始焊接。适用于坡口间隙较小的焊缝
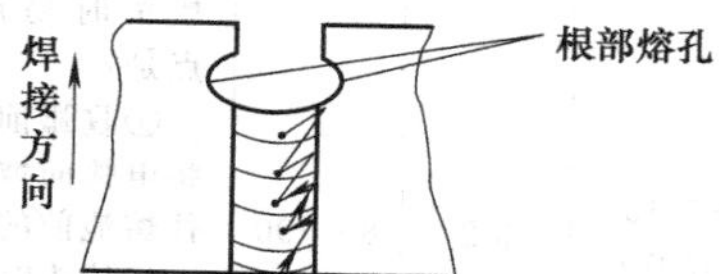

②左右挑弧法。将电弧左右挑起,用以分散热量,降低熔池温度。左右挑弧时,并不熄灭电弧,目的在于为电弧向下运弧焊接做准备。电弧向下运弧到根部熔孔时开始焊接。适用于坡口间隙较小的焊缝
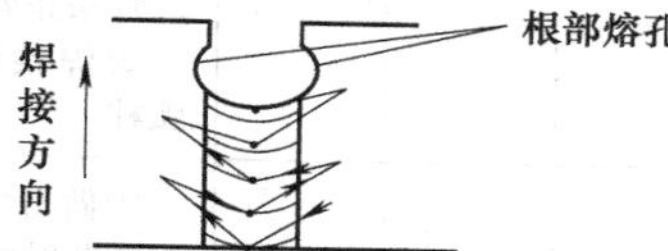

③左右凸摆法。焊接电弧在坡口间隙中左右交替(不熄弧)焊接,以分散焊接电弧热量,防止液态金属因温度过高而外溢流淌。电弧左右摆动时,中间为凸形圆弧。多用于间隙偏大的焊缝
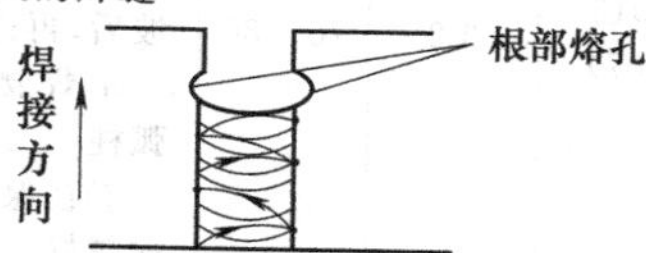
</td></tr>
<tr><td>(3)板横焊
①直线进退清根法。焊条按一定的频率做直线进退运弧(运弧过程不熄火),电弧前进到根部熔孔时开始焊接,退弧运条是为了分散电弧热量,防止熔化金属因温度过高而外溢流淌形成焊瘤。退弧运条一瞬间即观察熔孔大小及位置,为进弧焊接做准备。多用于焊接间隙偏小的焊缝
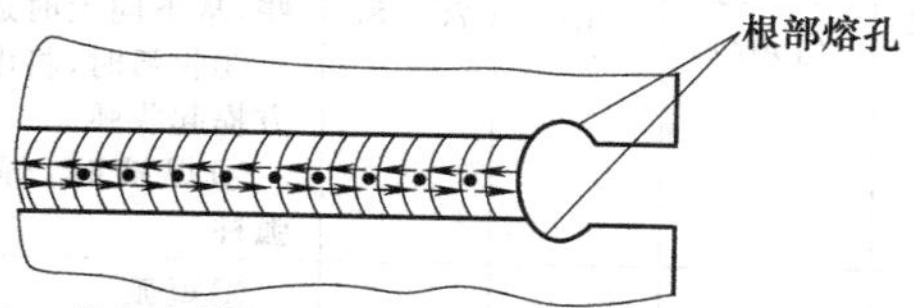

②直线运条法。焊条由始焊端起弧,以短弧直线运条,将焊条焊完为止。多用于焊接小间隙焊缝</td></tr>
<tr><td>(4)板仰焊
采用直线运弧左右略有小摆动的方法。在焊接过程中,为克服熔池液态金属下坠而造成凹陷,焊条应伸入坡口间隙,尽量向焊缝背面送电弧,把熔化的液态金属向上顶。为使坡口两侧钝边熔化,焊条应略有左右小摆动</td></tr>
<tr><td>收弧</td><td>在需要更换焊条而熄弧之前,应将焊条下压,使熔孔稍微扩大后往回焊接15~20mm,形成斜坡形再熄弧,为下一根焊条引弧打下良好的接头基础</td></tr>
</table>

表 1-6　各种位置连弧焊的工艺参数及操作要点

焊接位置	板厚/mm	焊条牌号(国标型号)	焊条直径/mm	焊接电流/A	连弧焊操作要点
平焊	8～12	E5015(J507)	3.2	80～90	换焊条时的接头是难点，一方面收弧时易在背面焊道产生冷缩孔，另一方面接头时易产生焊道脱节。其操作要点是： ①收弧前在熔池前方做一熔孔后，再将电弧向坡口一侧带 10～15mm 收弧或往熔池前的一坡口面上给两滴钢水收弧 ②接头时，在距弧坑 10～15mm 处起弧，运条至弧坑根部，将焊条沿已有的熔孔下压，听到"噗"声后，停顿 2s 左右，提起焊条正常焊接 ③焊接时，焊件背面应保持 1/2 的弧柱
立焊	8～12	E5015(J507)	3.2	70～80	①做击穿动作时，焊条倾角应稍大于 90°，出现熔孔后立即恢复到 70°～80° ②横向摆动时，向上的幅度不宜过大 ③接头时，须先将焊道端部修磨成缓坡后，再进行接头操作 ④焊接时，焊件背面应保持 1/2 的弧柱 ⑤在保证背面成形的前提下，焊道越薄越好
横焊	8～12	E5015(J507)	3.2	75～85	①在始焊部位上侧坡口引弧，待根部钝边熔化后，再将钢水带到下侧，形成第一个熔池后，再击穿熔池 ②斜椭圆形运条，从上向下时运条慢些，从下向上时运条快些 ③收弧时，将电弧带到坡口上侧，向后方提起收弧 ④焊接时，焊件背面应保持 2/3 的弧柱
仰焊	8～12	E5015(J507)	3.2	75～85	①短弧 ②使新熔池覆盖前熔池的 1/2，适当加快焊速，形成薄焊肉 ③焊接时，焊件背面应保持 2/3 的弧柱

(2) 断弧焊操作方法

断弧焊是在焊接过程中，通过电弧周期性地交替燃弧与断弧（灭弧），并控制灭弧时间，使母材坡口钝边金属有规律地熔化成一定尺寸的熔孔，以获得良好的背面成形和内部质量。断弧焊采用的坡口钝边间隙比连弧焊稍大，选用的焊接电流范围也较宽，比连弧焊灵活，适应性强。但其操作手法变化大，掌握起来有一定的难度。断弧焊操作手法主要有一点法和两点法，如图 1-16 所示，一点法适用于薄板、小直径管（≤ϕ60mm）及小间隙（1.5～2.5mm）条件下的焊接；两点法适用于厚板、大直径管、大间隙条件下的焊接。

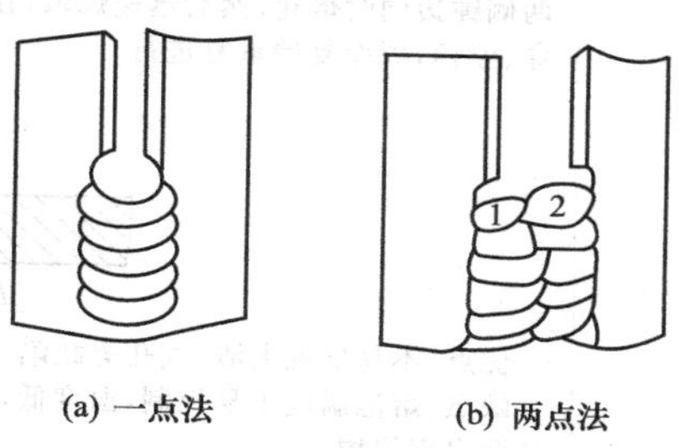

(a) 一点法　(b) 两点法

图 1-16　断弧焊中常用的操作手法

断弧法单面焊双面成形技法见表 1-7。断弧焊的焊接参数及操作要点见表 1-8。

表 1-7　断弧焊打底层单面焊双面成形技法

项目	内　容
引弧	在焊件始焊端前方 10～15mm 处的坡口面上划擦引弧，然后沿直线运条将电弧拉长（弧长约 3.5mm）至始焊处，稍做摆动 2～3 个来回，对焊件进行 1～2s 预热，当坡口根部呈现"出汗"现象时，立即压低电弧（弧长约 2mm），1～2s 后，可听到"噗噗"的电弧穿透坡口发出的声音，同时还看到坡口两侧、定位焊缝与坡口根部相接金属开始熔化，形成熔池并有熔孔，说明引弧工作结束，可以进行断弧打底层焊接
焊条倾角与坡口根部熔入尺寸	45°～55°　1～2　1～2.5　70°～80° (a) 平焊位置　(b) 立焊位置 1～1.5　70°～80°　80°～90°　1.5～2　70°～80° (c) 横焊位置　(d) 仰焊位置

续表

项目	内　容
运条方法及特点	①一点击穿法(适用条件为 $d>b$；$p=0\sim0.5$mm)：电弧同时在坡口两侧燃烧，两侧钝边同时熔化，然后迅速熄弧，在熔池将要凝固时，又在灭弧处引燃电弧、击穿、停顿，周而复始重复进行 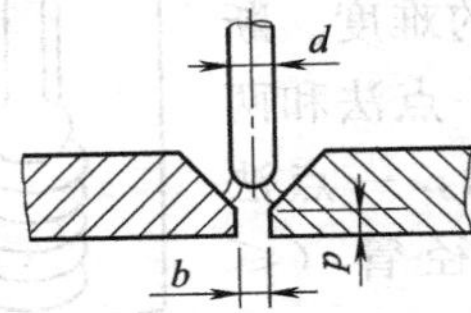 优点：不易出现夹渣、气孔等缺陷 缺点：熔池温度不易控制，温度低，容易出现未焊透；温度高，则背面余高过大，甚至出现焊瘤 ②两点击穿法(适用条件为 $d\leqslant b$；$p=0\sim1$mm)：电弧分别在坡口两侧交替引燃，左侧钝边给一滴熔化金属，右侧钝边也给一滴熔化金属，依次循环 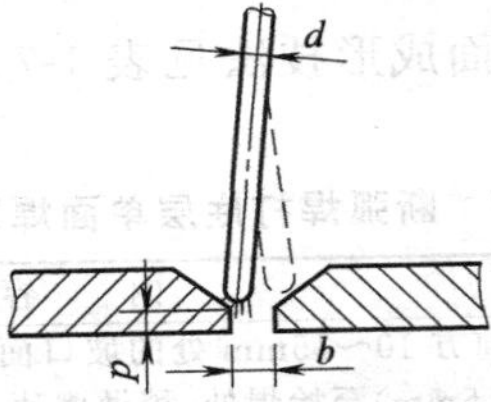 这种方法比较容易掌握，熔池温度也容易控制，钝边熔合良好。但易出现夹渣、气孔等缺陷。如果熔池的温度控制在前一个熔池尚未凝固的程度，就能避免产生气孔和夹渣 ③三点击穿法(适用条件为 $b>d$；$p=0.5\sim1.5$mm)：电弧引燃后，左侧钝边给一滴熔化金属[图(a)]，右侧钝边给一滴熔化金属[图(b)]，中间间隙给一滴熔化金属[图(c)]，依此循环 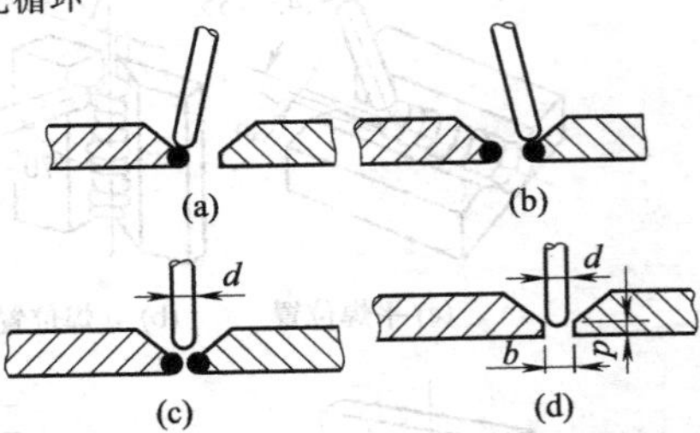 这种方法比较适合根部间隙较大的情况，但是，若在熔池凝固前析出气泡，则在背面容易出现冷缩孔缺陷
收弧	在更换焊条之前，应将焊条下压，使熔池前方的熔孔稍微扩大些，然后往回焊15～20mm，形成斜坡状后再熄弧，为下一根焊条引弧打下良好的接头基础

表 1-8　各种位置断弧焊的焊接参数及操作要点

焊接位置	板厚/mm	焊条牌号	焊条直径/mm	焊接电源/A	操作示意图	操作要点
平焊	8～12	E4303 (J422) E5015 (J507)	3.2 3.2	100～ 110 90～ 110		①焊件击穿的判断：平焊时熔孔易被液态金属覆盖，因此一般以击穿时发出的"噗"声判断击穿 ②熄弧时机：焊件一击穿(听到"噗噗"声)就快速熄弧 ③施焊时，焊件背面应保持 1/3 弧柱
立焊	8～12	E4303 (J422) E5015 (J507)	3.2 3.2	80～ 100 80～ 90		①掌握好焊条倾角和熄弧频率(J507 焊条每分钟 50～60 次) ②接弧准确，熄弧迅速，不要拉长弧 ③施焊时，焊件背面应保持 1/3～1/2 弧柱
横焊	8～12	E4303 (J422) E5015 (J507)	3.2 3.2	90～ 110 80～ 95		①在短弧施焊的前提下，保持 75°～80°的前倾角和下倾角 ②施焊时应先击穿下坡口面根部，再击穿上坡口面根部，并使下坡口熔孔始终比上坡口超前0.5～1 个熔孔的距离 ③施焊时，焊件背面应保持 1/2 弧柱
仰焊	8～12	E4303 (J422) E5015 (J507)	3.2 3.2	90～ 110 80～ 95		①、②同立焊 ③注意焊接时在坡口两侧的稳弧动作 ④运条要快，不应做大幅度摆动，焊层要薄 ⑤碱性焊条焊接时，不能靠熄弧或挑弧控制熔池温度，必须采用短弧焊 ⑥施焊时，焊件背面应保持 1/2 弧柱

注：操作示意图中 V_1 为引弧方向；V_2 为断弧方向；"·"表示电弧稍做停留。

1.1.4 典型结构焊件的操作要点

(1) 水平固定管焊条电弧焊操作要点

水平固定管焊条电弧焊操作要点见表 1-9。

表 1-9 水平固定管焊条电弧焊操作要点

项目	内　容
焊接特点	①环形焊缝不能两面施焊，必须从工艺上保证第一层焊透，且背面成形良好 ②管件的空间焊接位置沿环形连续变化，要求施焊者站立的高度和运条角度必须随之相应变化 ③熔池温度和形状不易控制，焊缝成形不均匀 ④焊接根部时，处在仰焊和平焊位置的根部焊缝常出现焊不透、焊瘤及塌腰等缺陷
装配定位要求	①必须使管子轴线对正，以免中心线偏斜，管子上部间隙应放大 0.5～2.0mm 作为反变形量(管径小时取下限，管径大时取上限，补偿先焊管子下部造成的收缩) ②为保证根部焊缝的反面成形，不开坡口薄壁管的对口间隙取壁厚的一半；开坡口管子的对口间隙，采用酸性焊条时以等于焊条直径为宜，采用碱性焊条时以等于焊条直径的一半为宜 ③管径≤42mm 时，在一处进行定位焊；管径为 42～76mm 时，在两处进行定位焊；管径为 76～133mm 时，可在三处进行定位焊(见下图) (a) $\phi \leqslant 42$mm　(b) ϕ=42～76mm　(c) ϕ=76～133mm 水平固定管的定位焊缝数目及位置 ④对直径较大的管子，尽量采用将筋板焊到管子外壁定位的方法临时固定管子对口，以避免定位焊处可能存在的缺陷 ⑤带垫圈的管子应在坡口根部定位焊，定位焊缝应是交错分布的(见下图) 1　2　3 定位焊缝的分布位置 1—水平固定管；2—垫圈；3—定位焊缝
引弧	用碱性焊条焊接时，引弧多采用划擦法：碱性焊条允许用电流比同直径的酸性焊条要小 10%左右，所以引弧过程容易出现粘焊条现象，为此，引弧过程要求焊工手稳、技术水平高，引弧及回弧动作要快、准；在始焊处时钟 6 点位置的前方 10mm 处引弧后，把电弧拉至始焊处(时钟 6 点位置)进行电弧预热，当发现坡口根部有“出汗”现象时，将焊条向坡口间隙内顶送，听到“噗、噗”声后，稍停一下，使钝边每侧熔化 1～2mm 并形成第一个熔孔，这时引弧工作完成

续表

项目	内　容
焊条角度	 ①起弧点(时钟 5～6 点位置),焊条与焊接方向管切线夹角为 80°～85° ②在时钟 7～8 点位置,为仰焊爬坡焊,焊条与焊接方向管切线夹角为 100°～105° ③在时钟 9 点位置立焊时,焊条与焊接方向管切线夹角为 90° ④在立位爬坡焊(时钟 10～11 点位置)施焊过程中,焊条与焊接方向管切线夹角为 85°～90° ⑤在时钟 12 点位置焊接时(平焊),焊条与焊接方向管切线夹角为 75°～80° ⑥前半圈与后半圈相对应的焊接位置、焊条角度相同
运条方法	①电弧在时钟 5～6 点位置 A 处引燃后,以稍长的电弧加热该处 2～3s,待引弧处坡口两侧金属有“出汗”现象时,迅速压低电弧至坡口根部间隙;通过护目镜看到有熔滴过渡并出现熔孔时,焊条稍微左右摆动并向后上方稍推;观察到熔滴金属已与钝边金属连成金属小桥后,焊条稍拉开,恢复正常焊接。焊接过程中必须采用短弧把熔滴送到坡口根部 ②爬坡仰焊位置焊接时,电弧以月牙形运动并在两侧钝边处稍做停顿,看到熔化的金属已挂在坡口根部间隙并熔入坡口两侧各 1～2mm 时再移弧 ③时钟 9～12 点、3～12 点位置(水平管立焊爬坡)的焊接手法与时钟 6～9 点、6～3 点位置大体相同,所不同的是管子温度开始升高,加上焊接熔滴、熔池的重力和电弧吹力等作用,在爬坡焊时极容易出现焊瘤,所以,要保持短弧快速运条 ④在管平焊位置(时钟 12 点)焊接时,前半圈焊缝收弧点在 B 点
与定位焊缝接头	焊接过程中,焊缝要与定位焊缝相接时,焊条要向根部间隙位置顶一下;当听到“噗、噗”声后,将焊条快速运条到定位焊缝的另一端根部预热;看到端部定位焊缝有“出汗”现象时,焊条要往根部间隙处压弧;听到“噗、噗”声后,稍做停顿,仍用原先焊接手法继续施焊
收弧	当焊接接近收弧处时,焊条应该在收弧处稍停一下预热,然后将焊条向坡口根部间隙处压弧,让电弧击穿坡口根部,听到“噗、噗”声后稍做停顿,然后继续向前施焊 10～15mm,填满弧坑即可

续表

<table>
<tr><th>项目</th><th>内　容</th></tr>
<tr><td>焊接操作要点</td><td>水平固定管的焊接通常按照管子垂直中心线将环形焊口分成对称的两个半圆形焊口，按“仰→立→平”的顺序焊接
(1)V形坡口的第一层焊接
①前半部的焊接：前半部的起焊点应从仰焊部位中心线提前5～15mm，从仰位坡口面上引弧至始焊处；长弧预热至坡口内有似汗珠状的钢水时，迅速压短电弧，用力将焊条往坡口根部顶；当电弧击穿钝边后，再进行断弧焊或连弧焊操作，按仰焊、仰立焊、立焊、上坡焊、平焊顺序焊接，熄弧处应超过垂直中心线5～15mm
②后半部的焊接：起弧后，长弧预热先焊的焊缝端头，待其熔化后，迅速将焊条转成水平位置，用焊条端头将熔融钢水推掉，形成缓坡形割槽，随后焊条转成与垂直中心线约30°，从割槽后端开始焊接；熄弧时，当运条到斜平焊位置时，将焊条前倾，稍做前后摆动，焊至接头封闭时，将焊条稍压一下，可听到电弧击穿根部的“噗、噗”声，在接头处来回摆动，以延长停留时间，保证充分熔合，填满弧坑后熄弧
(2)带垫圈的V形坡口对接焊
①壁厚＜10mm的管子的第一条焊道采用单道焊。开始采用长弧，从坡口一侧引弧，直线移至管子中线后做横向摆动，以两边慢、中间快的运条方式焊接，注意坡口两侧的充分熔合和避免烧穿垫圈
②壁厚＞10mm的管子采用双道焊，其要点是先将垫圈焊于坡口侧(见下图)，第一道焊缝愈薄愈窄愈好，以便于装配。对口时，将渣壳和飞溅物清理干净，再将另一管套在垫圈上进行第二焊道的焊接，焊接时应注意与第一条焊道的熔合
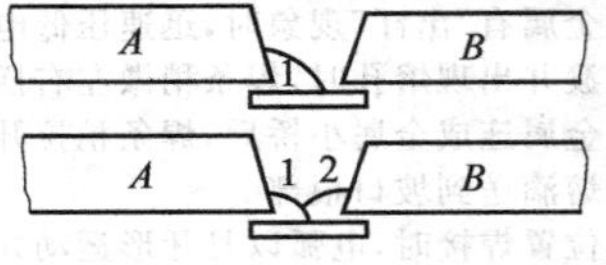

双道焊对口焊接方式
(3)多层焊
多层焊时，其他各层的焊接也应分为两半进行施焊，但在外层施焊时，应选用较大的电流，并适当控制运条；当焊接外部第二层焊缝时，仰焊部位运条速度要快，平焊时运条应缓慢；当对口间隙较窄时，仰焊部位起焊点可以选择在焊道中央，如果对口间很宽，则应从坡口一侧起焊</td></tr>
</table>

(2) 水平转动焊条电弧焊操作要点

水平转动管焊条电弧操作要点见表1-10。

(3) 垂直固定管焊条电弧焊操作要点

垂直固定管焊条电弧焊操作要点见表1-11。

表 1-10　水平转动管焊条电弧焊操作要点

项目	内　　容
焊接特点	①与固定管相比，操作容易，焊缝质量易保证 ②可以连续施焊，工作效率高 ③需附加转动装置
焊接位置	单面焊双面成形推荐以下两个焊接位置(见下图) 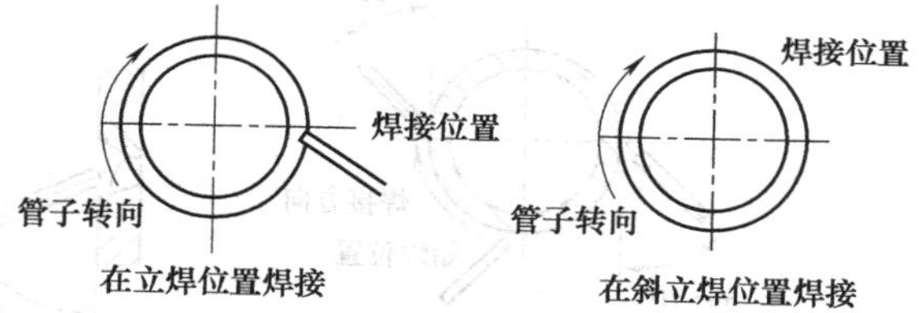 焊接位置　管子转向　在立焊位置焊接　焊接位置　管子转向　在斜立焊位置焊接 水平转动管的焊接位置 ①立焊位置：可以保证根部很好熔合、焊透，适用于间隙较小时的情况 ②斜立焊位置：兼有立焊和平焊的优点，可以使用较大电流焊接 ③定位焊缝必须有足够的强度，滚动支架如下图所示 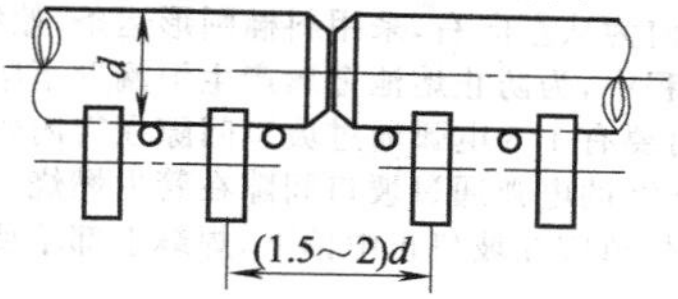 d　$(1.5\sim2)d$ 滚动支架的布置
焊接操作要点	①运条与水平固定管焊接相同，但焊条不做向前运条的动作，而是管子向后移动 ②多层焊接运条范围应选在平焊部位，焊条在垂直中心的15°～20°范围内，采用月牙形运条，并且焊条与垂直中心成30°角。各层焊道的接头处应搭焊好，且相互错开，特别是根部焊缝的起头和收尾 ③运条横向摆动应该两侧慢中间快，保证两侧坡口面充分地熔合 ④运条速度不宜过快，保证焊道层间熔合良好

表 1-11　垂直固定管焊条电弧焊操作要点

项目	内　　容
焊接特点	①钢水因自重下淌易造成坡口边缘咬边 ②焊条角度变化小，运条易掌握 ③多道焊时易引起层间夹渣和未焊透，表面层焊接易出现凹凸不平的缺陷，不易焊得美观
装配定位要点	参见水平固定管的装配定位要求

续表

项目	内　　容
引弧	引弧位置应在坡口的上侧，当上侧钝边熔化后，再把电弧引至钝边的间隙处，这时焊条应往下压，焊条与下管壁夹角可适当增大，当听到电弧击穿坡口根部发出"噗、噗"的声音后，并且钝边每侧熔化 0.5～1mm 形成了第一个熔孔时，引弧工作完成
焊条角度	60°～70°　焊接方向　始焊位置　60°～70°　80°～85° 水平倾斜　向下倾斜 **垂直固定管道的焊接时焊条的角度**
运条方法	①焊接方向为从左向右，采用斜椭圆形运条，始终保持短弧施焊 ②焊接过程中，为防止熔池金属产生泪滴形下坠，电弧在上坡口侧停留的时间应略长，同时要有 1/3 电弧通过坡口间隙在管内燃烧；电弧在下坡口侧只是稍加停留，并有 2/3 的电弧通过坡口间隙在管内燃烧 ③打底层焊道应在坡口正中偏下，焊缝上部不要有尖角，下部不允许出现熔合不良等缺陷
与定位焊缝的接头	施焊到定位焊缝根部时，焊条要向根部间隙位置顶一下；当听到"噗、噗"声后，将焊条快速运条到定位焊缝的另一端根部预热；看到端部定位焊缝有"出汗"现象时，焊条要往下压；听到"噗、噗"声后，稍做停顿预热处理，即可以仍采用椭圆形运条继续焊接
收弧	当焊条接近始焊端起弧点时，焊条在始焊端收回处稍做停顿预热；看到有"出汗"现象时，将焊条向坡口根部间隙处下压，让电弧击穿坡口根部；听到"噗、噗"声后稍做停顿，然后继续向前施焊 10～15mm，填满弧坑即可
焊接操作要点	(1)根部焊接 ①无衬垫 V 形坡口第一层的焊接，运条角度应尽量控制熔池形状为斜椭圆形；间隙小时，使用增大电流或将焊条端头紧靠坡口钝边，以短弧击穿法进行断弧焊或连弧焊；间隙大时，先在下坡口直线堆焊 1～2 条焊道，然后进行断弧焊或连弧焊 ②带垫圈的 V 形坡口焊接，先将垫圈用单道焊缝焊于坡口的一侧，焊后仔细清理，然后再把另一侧管子套在垫圈上，焊第二道焊缝。对口间隙＜6mm 时，亦可用单道焊法焊根部第一层，采用斜折线运条，运条在坡口下缘停留时间应比上缘长些 (2)表面多道焊时应注意的事项 ①焊接电流应大些，运条不宜过快，熔池形状应控制为斜椭圆形；运条到凸处可稍快，凹处稍慢

续表

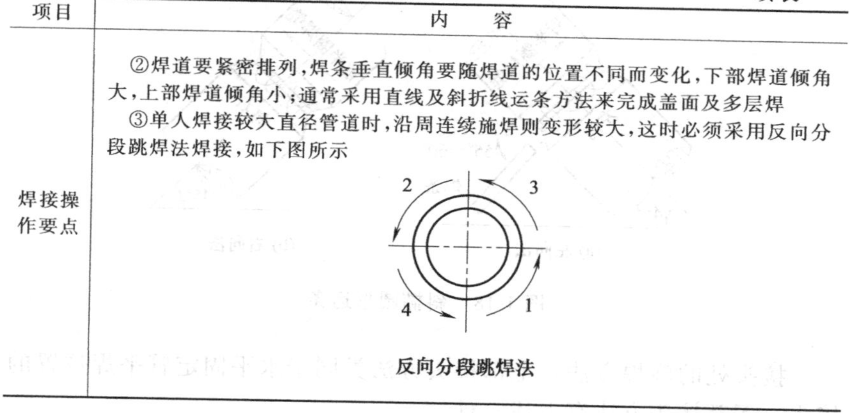

项目	内　　容
焊接操作要点	②焊道要紧密排列，焊条垂直倾角要随焊道的位置不同而变化，下部焊道倾角大，上部焊道倾角小；通常采用直线及斜折线运条方法来完成盖面及多层焊 ③单人焊接较大直径管道时，沿周连续施焊则变形较大，这时必须采用反向分段跳焊法焊接，如下图所示 反向分段跳焊法

(4) 倾斜45°固定管焊条电弧焊操作要点

在电站锅炉管子的安装过程中，经常会出现倾斜45°固定管的焊接，管子的焊接位置介于水平固定管和垂直固定管之间，见图1-17。

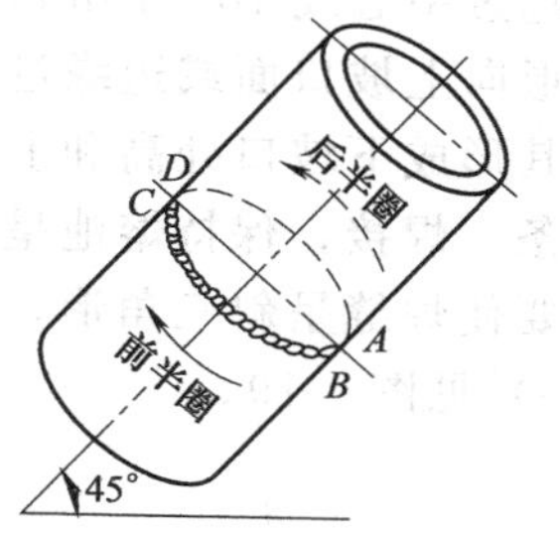

图1-17 倾斜45°固定管的焊接

1）打底层的焊接　为达到单面焊双面成形，打底层仍应采用击穿焊法。倾斜管击穿焊接时，要始终保持熔池处于水平状态。选用直径为3.2mm的焊条，焊接电流为90～120A。由于焊缝的几何形状不易控制，因此内壁易出现上凸下凹，上侧焊缝易咬边，焊缝表面成形粗糙不平。

操作时，同样将整圈焊缝分为前、后两半圈进行，引弧点在仰焊部位，先用长弧预热坡口根部，然后压低电弧，穿透钝边，形成熔孔。当听到"噗"的击穿声后，给足液态金属，然后运条施焊。如熔池因温度过高导致液态金属下坠，则应适当摆动焊条加以控制。

2）其余各层次的焊接　采用斜椭圆形运条法，运条时将上坡口面斜拉划椭圆形圆圈的电弧拉到下坡口面边缘，再返回上坡口面边缘进行运条，保持熔池压上、下坡口各2～3mm，如此反复，一直到焊完，见图1-18。

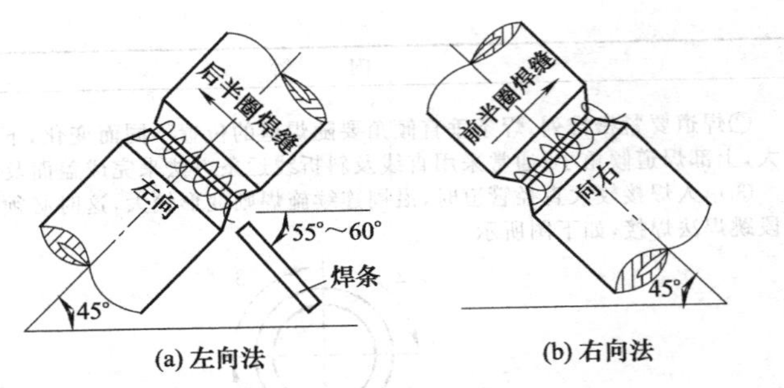

图 1-18 斜椭圆形运条

接头处的施焊方法，上部接头方法类同于水平固定管平焊位置的接头；下部接头方法有下述三种：

① 第一种接头方法 前半圈焊缝从下接头正斜仰位置的前焊层焊道中间引弧；再将电弧拉向下坡口面或边缘（盖面层焊接时），并越过中心线 10～15mm，右向划圈，小椭圆形运条，逐渐增大椭圆形向上坡口面或边缘过渡，使前半圈焊缝下起头呈斜三角形，并使其形成下坡口处高和上坡口处低的斜坡形；然后进行右向椭圆形运条、焊接，保持熔池呈水平椭圆状，一直焊到上接头。到上接头时要使焊缝呈斜三角形，并越过中心线 10～15mm。下接头焊接法（一）见图 1-19。

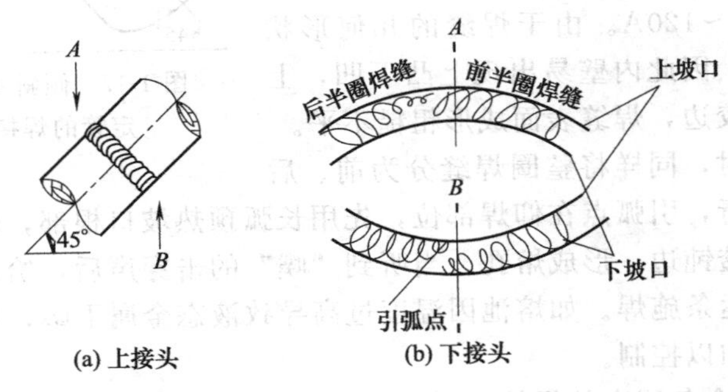

图 1-19 下接头焊接法（一）

后半圈焊缝从前半圈焊缝下起头处前层焊道中间引弧，引弧后加热焊道 1～2s，然后在上坡口用斜椭圆形运条法拉薄熔敷金属至下坡口面或边缘，将前半圈焊缝的斜三角形起头完全盖住，然后一直用左向斜椭圆形运条法焊接使熔池呈水平状。焊到上接头时，逐渐减小椭圆形进行运条，并与前半圈焊缝收尾处圆滑相接。

② 第二种接头方法　前半圈焊缝下起头从上坡口开始过中心线10～15mm，然后向右斜拉至下坡口，以斜椭圆形运条法使起头呈上尖角形斜坡状。后半圈焊缝从尖角下部开始，用从小到大的左向划斜椭圆形运条法施焊，一直焊到上接头为止，见图1-20。

③ 第三种接头方法　该方法适用于大直径、厚壁管子的接头。先在下坡口面引弧，连弧操作，压坡口边缘进行焊接，使边缘熔化2～3mm。然后横拉焊条运条至上坡口，使上坡口面边缘熔化1.5～2mm，焊成1个三角形或梯形底座。前半圈、后半圈两焊缝均从上坡口面至下坡口面用斜椭圆形运条施焊，将三角形底座边缘盖住，然后再一直焊到上部接头为止，见图1-21。

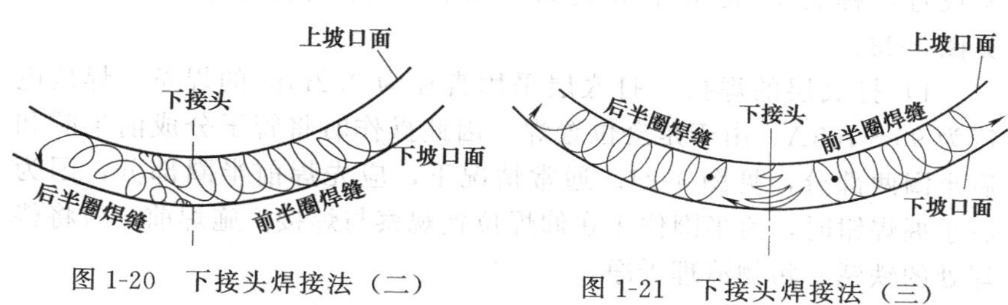

图1-20　下接头焊接法（二）　　图1-21　下接头焊接法（三）

(5) 骑坐式管子的焊接操作要点

骑坐式管子的焊接是指两根管子正式连接，见图1-22。交线（焊接线）是一条空间马鞍形曲线，将管子分成前、后两半圈，半圈焊缝焊接位置由下坡焊和上坡焊两部分组成。

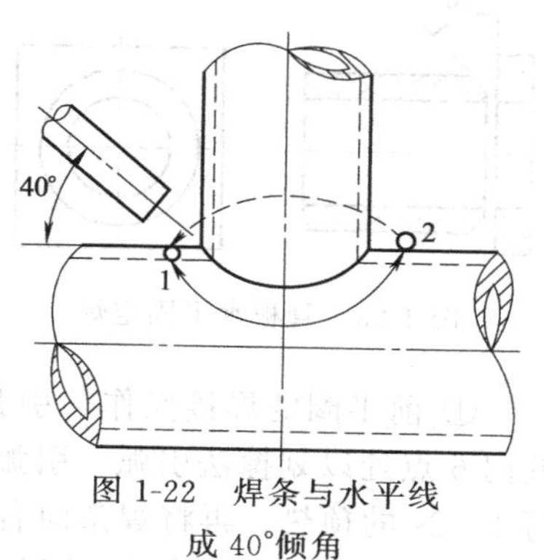

图1-22　焊条与水平线成40°倾角

① 组装及定位焊　由于竖管管端的曲线部分及坡口加工较困难，因此需要有专用设备，如果用手工样板划线，手工切割，则切口显得

粗糙，精度往往达不到要求，可用锉刀进行整修，不然，组装后会使间隙不均，造成施焊困难。

定位焊缝沿圆周均布 3 点。

② 操作要领　将管子分两半圈进行焊接。首先完成焊缝 1 的焊接，焊接时始焊点在焊缝最高处，焊条与水平线倾角成 40°，见图 1-22。始焊处应拉长电弧，待稍微预热后再压低电弧焊接，使始焊处熔合良好。施焊过程中，由于焊缝位置不断地变化，因此焊条角度也要相应地变化，为避免焊件烧穿，应采用灭弧焊，收弧处也在前半圈的最高点。焊接焊缝 2 时的操作方法与焊缝 1 相同。焊缝连接时，应重叠 10～15mm，但应保持接头处平整圆滑。

(6) 管板水平固定焊条电弧焊操作要点

由管子和平板组成的 T 形接头称为管板接头。将管子固定在水平位置，称为管板水平固定焊，其连接焊缝为全位置角焊缝，见图 1-23。

1）打底层的焊接　打底层采用直径为 3.2mm 的焊条，焊接电流为 95～105A。由于是全位置焊，因此操作时将管子分成前半圈和后半圈两部分，见图 1-24。通常情况下，应先焊前半圈部分，因为右手握焊钳时，前半圈便于在仰焊位置观察与焊接。施焊前，应将待焊处的铁锈、污物清理干净。

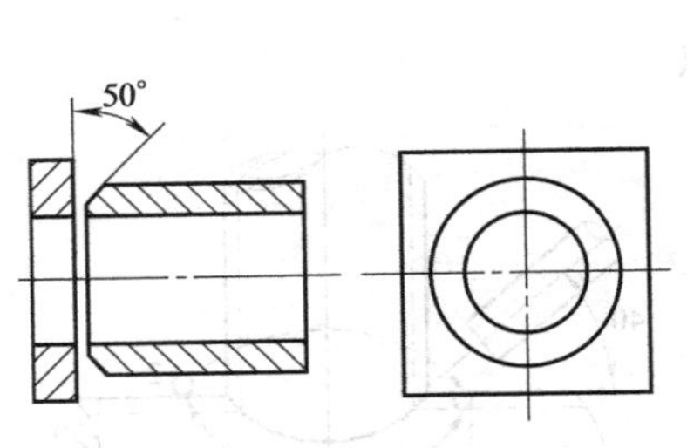

图 1-23　管板水平固定焊

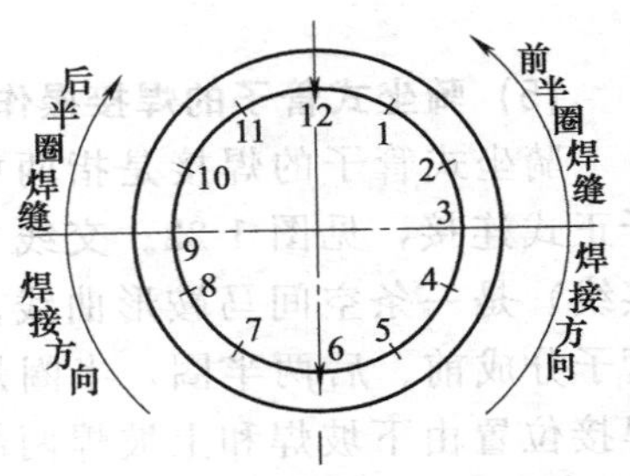

图 1-24　打底层焊接的操作

① 前半圈的焊接操作　引弧时，在管子与管板连接的时钟 4 点处向 6 点处以划擦法引弧，引弧后将电弧移至时钟 6 点与 7 点之间进行 1～2s 的预热，再将焊条向右下方倾斜，倾斜角度见图 1-25。然后压低电弧，将焊条端部轻轻顶在管子与底板的倾角上，进行快速施

焊。施焊时，须使管子与底板达到充分熔合，同时焊缝也要尽量薄些，以利于与后半圈焊道连接平整。

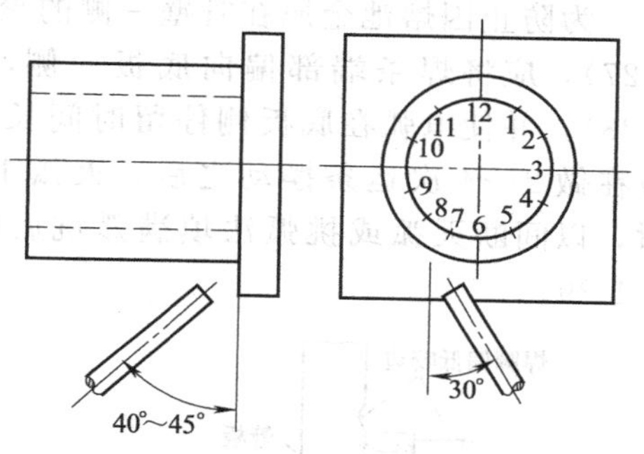

图 1-25　打底层前半圈的操作

从时钟 6 点到 5 点位置的操作如下：

操作时用斜锯齿形运条，以避免产生焊瘤。焊条端部摆动的倾斜角度应逐渐地变化；在 6 点位置时，焊条摆动的轨迹与水平线倾角呈 30°；当焊至 5 点时，倾角为 0°，见图 1-26。运条时，向斜下方摆动要快，焊到底板面（即熔池斜下方）时要稍做停留；向斜上方摆动相对要慢，到管壁处稍做停留，使电弧在管壁一侧的停留时间比在底板一侧要长些，目的是为了增加管侧的焊脚尺寸，运条过程中要始终采用短弧，以便在电弧吹力作用下，能托住下坠的熔池金属。

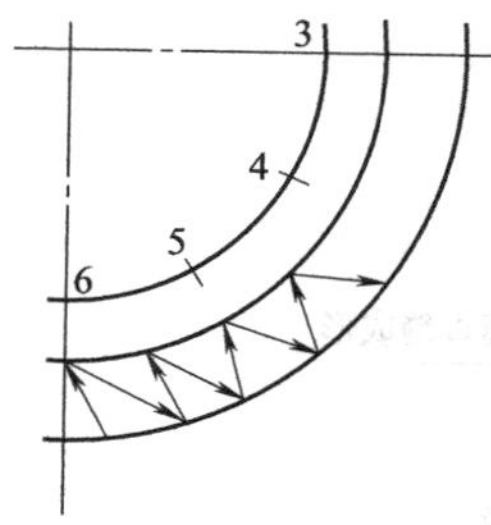

图 1-26　打底层前半圈操作时斜锯齿形运条

从时钟 5 点到 2 点位置的操作如下：

为控制熔池温度和形状，使焊缝成形良好，宜用间断熄弧或跳弧焊法施焊。间断熄弧的操作要领为：当熔敷金属将熔池填充得十分饱满，使熔池形状欲向下变长时，握电焊钳的手腕应迅速向上摆动，挑起焊条根部熄弧，待熔池中的液态金属将要凝固时，焊条端部要迅速靠近弧坑，引燃电弧，再将熔池填充得十分饱满；引弧、熄弧……如此不断地进行；每熄弧 1 次的前进距离约为 1.5～2mm。

进行间断灭弧焊时，如果熔池产生下坠，则可做横向摆动，以增加电弧在熔池两侧的停留时间，使熔池横向面积增大，把熔敷金属均匀地分布在熔池上，使焊缝成形平整。为使熔渣能自由下淌，电弧可稍拉长些。

从时钟 2 点到 12 点位置的操作如下：

为防止因熔池金属在管壁一侧的聚集而造成低焊脚或咬边（图1-27），应将焊条端部偏向底板一侧，采用短弧锯齿形运条（图1-28），并使电弧在底板侧停留时间长些。若采用间断灭弧焊，则应在做2～4次运条摆动之后，灭弧1次。当施焊至12点处位置时，以间断灭弧或挑弧法填满弧坑后收弧。前半圈焊缝的形状见图1-29。

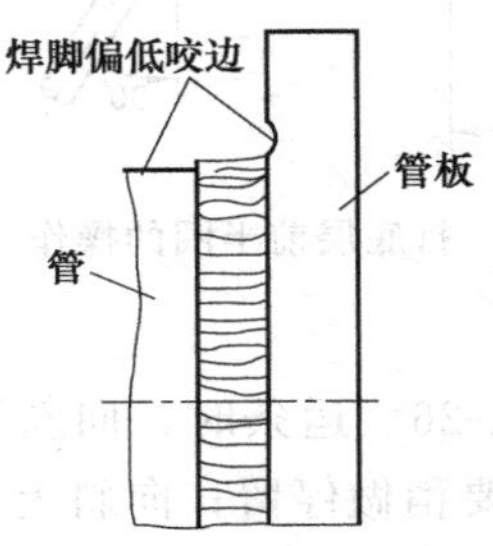

图 1-27　管壁一侧的焊脚偏低咬边

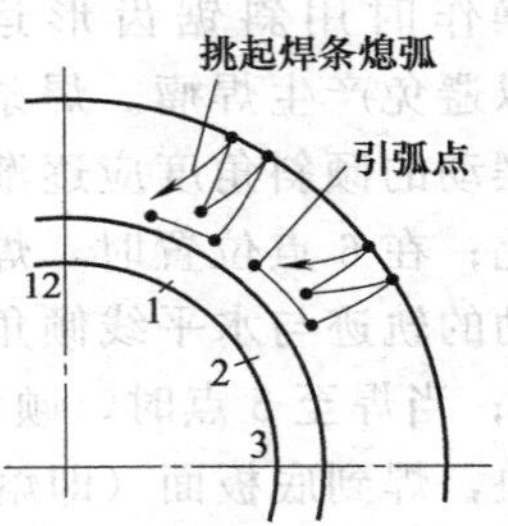

图 1-28　短弧锯齿形运条

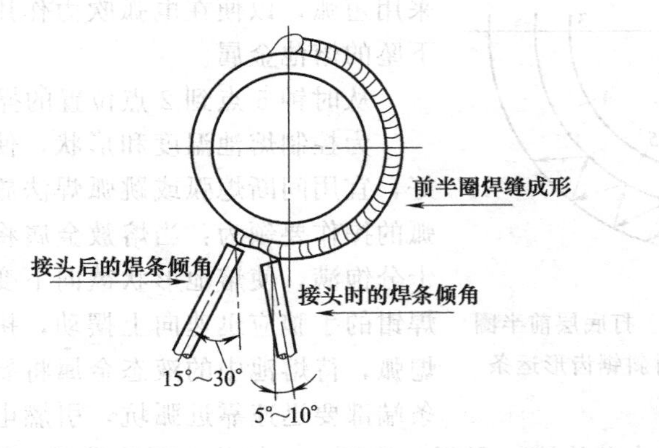

图 1-29　前半圈焊缝的形状

② 后半圈的焊接操作　施焊前，将前半圈焊缝始、末端的熔渣清理干净。如果时钟6～7点位置的焊道过高或有焊瘤、飞溅物，则必须进行清除或整修。

焊道始端的连接：由时钟8点处向右下方以划擦法引弧，将引燃的电弧移到前半圈焊缝的始端（即时钟6点处）进行时钟1～2点位置的预热，然后压低电弧，以快速小斜锯齿形运条，由时钟6点向7点处进行施焊，但焊道不宜过厚。

焊道末端的连接：当后半圈焊道于时钟12点处与前半圈焊道相连接时，须以挑弧焊或间断灭弧焊施焊；当弧坑被填满后，方可挑起焊条熄弧。

后半圈其他部位的焊接操作，均与焊前半圈的相同。

2）盖面层的焊接　盖面层采用直径为3.2mm的焊条，焊接电流为100～120A。操作时也按前、后两个半圈进行焊接，同样先焊前半圈的焊缝再进行后半圈的焊接。施焊前，须将打底焊道上的熔渣及飞溅物全部清理干净。

① 前半圈的焊接操作

引弧时，由时钟4点处的打底焊道表面向时钟6点处用划擦法引弧。引燃电弧后，将弧长保持在5～10mm迅速移至时钟6点与7点处之间，进行1～2s的预热，然后再将焊条向右下方倾斜，倾斜角度见图1-30。然后将焊条端部轻轻地顶在时钟6～7点处的打底层焊道上，以直线运条法施焊，焊道要薄，以利于与后半圈焊道连接平整。

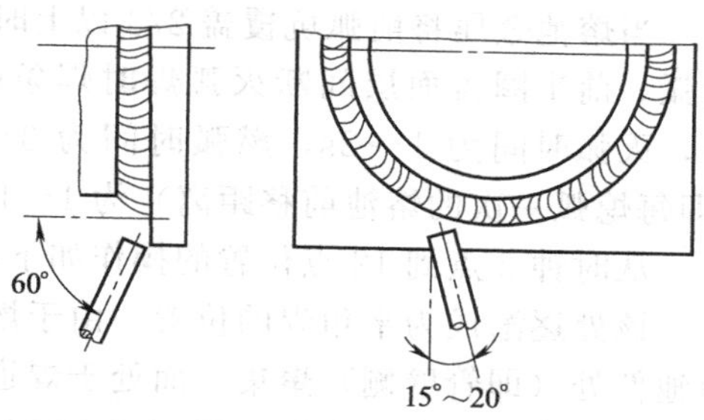

图1-30　盖面层前半圈倾斜角度

从时钟6点到5点位置的操作如下：

采用锯齿形运条，操作方法与焊条角度同打底层操作。运条时由斜下方管壁侧开始，摆动速度要慢，使焊脚能增高；向斜下方移动时，摆动速度要相对快些，以防止产生焊瘤。摆动过程中，电弧在管壁侧停留的时间比在管板侧要长一些，以便较多的填充金属聚集于管壁侧，使焊脚增大。当焊条摆动到熔池中间时，应使焊条的端部尽可能地离熔池近些，利用短弧的吹力托住因重力作用而下坠的液态金属，防止产生焊瘤，并使焊道边缘熔合良好，成形平整。操作过程中，若发现熔池金属下坠或管子边缘有未熔合现象时，可增加电弧在焊道边缘停留的时间，尤其要增加电弧在管壁侧的停留时间，并增加焊条摆动的速度。当采取上述措施仍不能控制熔池的温度和形状时，应采用间断灭弧施焊。

从时钟 5 点到 2 点位置的操作如下：

由于此处的温度局部增高，施焊过程中，电弧吹力起不到上托熔敷金属的作用，而且还容易促进熔敷金属的下坠，因此只能采用间断灭弧焊，即当熔敷金属将熔池填充得十分饱满并欲下坠时，挑起焊条灭弧。当熔池凝固时，迅速在其前方 15mm 处的焊道边缘处引弧，切不可直接在弧坑上引弧，以免因电弧的不稳定而使该处产生密集气孔。紧接着再将引燃的电弧移到底板侧的焊道边缘上停留片刻；当熔池金属覆盖在被电弧吹成的凹坑上时，将电弧向下倾斜，并通过熔池向管壁侧移动，使其在管壁侧再停留片刻。

当熔池金属将前弧坑覆盖 2/3 以上时，迅速将电弧移到熔池中间灭弧。前半圈盖面层间断灭弧焊时焊条的摆动见图 1-31。一般情况下，灭弧时间为 1～2s，燃弧时间为 3～4s，相邻熔池的重叠间距（即每熄弧一次的熔池前移距离）为 1～1.5mm。

从时钟 2 点到 12 点位置的操作如下：

该处逐渐成为平角焊的位置。由于熔敷金属在重力作用下，易向熔池低处（即管壁侧）聚集，而处于焊道上方的底板侧又易被电弧吹成凹坑，产生咬边，难以达到所要求的焊脚尺寸，因此先采用由后半圈管壁侧向前半圈底板侧运条的间断灭弧焊，即焊条端部先在距原熔池 10mm 处的管壁侧引弧，然后将电弧缓慢地移至熔池下侧停留片刻，待形成新熔池后再通过熔池将电弧移到熔池上方，以短弧填满熔池，再将焊条端部迅速向后半圈的左侧挑起灭弧。当焊至时钟 12 点处时，将焊条端部靠在打底焊道的管壁处，以直线运条至时钟 12 点与 11 点之间处收弧，以便为后半圈焊道末端的接头打好基础。施焊过程中，焊条可摆动 2、3 次再灭弧一次，但焊条摆动时向斜上方要慢，向下方要稍快，此段位置的焊条摆动路线见图 1-31。施焊过程中，更换焊条的速度要快。再燃弧后，焊条倾角须比正常焊接时多向下倾斜一些，并使第一次燃弧时间稍长，以免接头处产生凹坑。前半圈盖面焊道的形状见图 1-32。

② 后半圈的焊接操作　施焊前，先将右半圈焊道始、末端的熔渣除尽，若接头处存在过高的焊瘤或焊道，则须将其加工平整。

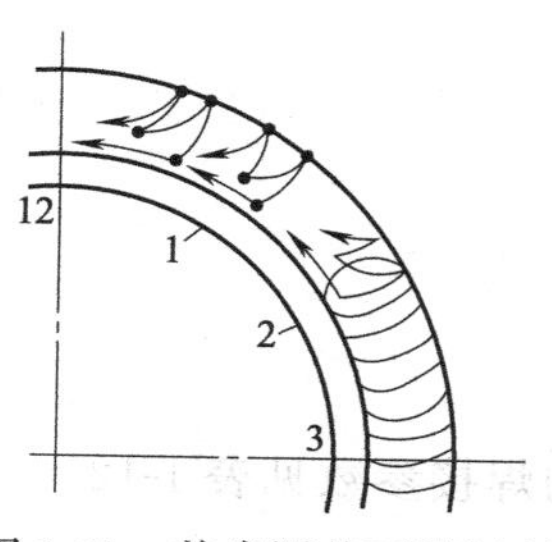

图 1-31　前半圈盖面层间断灭弧焊时焊条的摆动

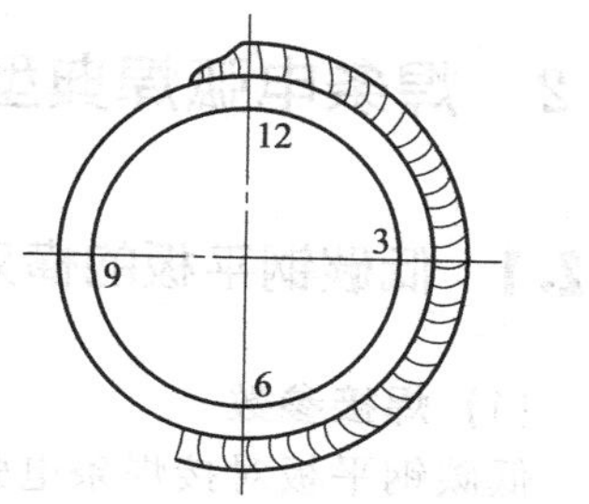

图 1-32　前半圈盖面焊道的形状

焊道始端的连接：

在时钟 8 点处的打底焊道表面以划擦法引弧后，将引燃的电弧拉到前半圈时钟 6 点处的焊缝始端进行 1～2s 的预热，然后压低电弧。接头时的焊条倾角见图 1-33（a）。时钟 6 点与 7 点之间以直线运条，逐渐加大摆动幅度，见图 1-33（b）。摆动的速度和幅度，由前半圈焊道连接处时钟 6 点与 7 点之间的一小段焊道所要求的焊接速度、焊道厚度来确定，以保证连接处光滑平整。

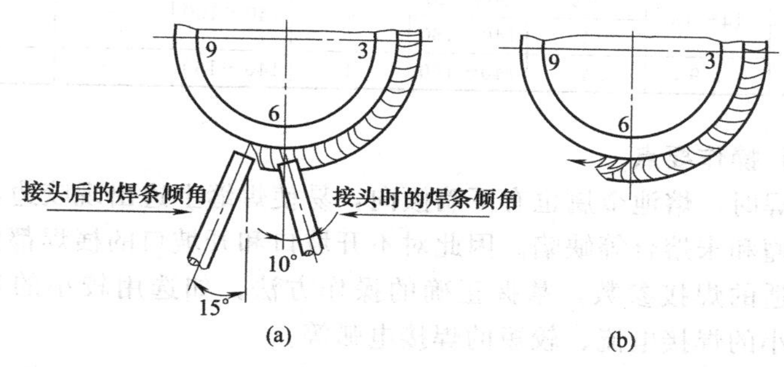

图 1-33　后半圈接头时倾角与摆动幅度

焊道末端的连接：当施焊至时钟 12 点处时，做几次挑弧动作，将熔池填满即可收弧。

后半圈其他部位的焊接操作，均与前半圈的焊接相同。

1.2 焊条电弧焊典型实例

1.2.1 低碳钢平板的横对接焊

(1) 焊接参数

低碳钢平板对接焊条电弧焊横焊时的焊接参数见表 1-12。

表 1-12 推荐对接横焊的焊接参数

焊缝横断面形式	焊件厚度/mm	第一层焊缝		其他各层焊缝		封底焊缝	
		焊条直径/mm	焊接电流/A	焊条直径/mm	焊接电流/A	焊条直径/mm	焊接电流/A
I 形	2	2	45～55	—	—	2	50～55
	2.5	3.2	75～110	—	—	3.2	80～110
	3～4	3.2	80～120	—	—	3.2	90～120
		4	120～160	—	—	4	120～160
单面 V 形	5～8	3.2	80～120	3.2	90～120	3.2	90～120
				4	120～160	4	120～160
	>9	3.2	90～120	4	140～160	3.2	90～120
		4	140～160			4	120～160
K 形	14～18	3.2	90～120	4	140～160	—	—
		4	140～160				
	>9	4	140～160	4	140～160	—	—

(2) 操作要点

横焊时，熔池金属也有下淌倾向，易使焊缝上边出现咬边，下边出现焊瘤和未熔合等缺陷。因此对不开坡口和开坡口的横焊都要注意选用合适的焊接参数，掌握正确的操作方法，如选用较小的焊条直径、较小的焊接电流、较短的焊接电弧等。

1）不开坡口的横焊操作 当焊件厚度<5mm 时，一般不开坡口，可采取双面焊接。操作时左手或左臂可以有依托，右手或右臂的动作与平对接焊操作相似。焊接时宜用直径为 3.2mm 的焊条，并向下倾斜与水平面成15°左右夹角，如图 1-34（a）所示，使电弧吹力托住熔化金属，防止下淌；同时焊条向焊接方向倾斜，与焊缝成 70°左右夹角，如图 1-34（b）所示，选择焊接电流时可比平对接焊小

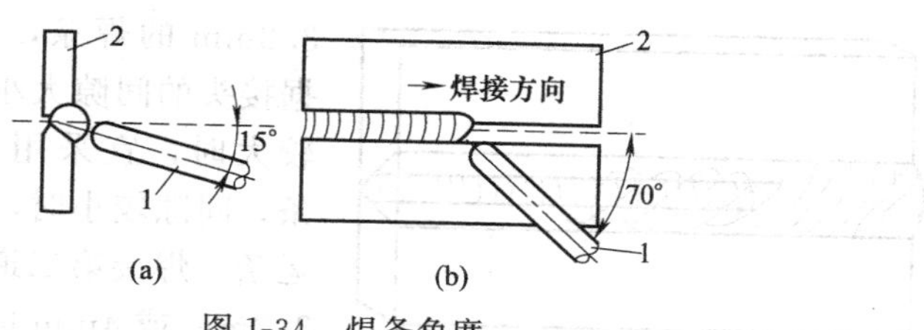

图 1-34　焊条角度

1—焊条；2—焊件

10%～15%，否则会使熔化温度增高，金属处在液体状态时间长，容易下淌而形成焊瘤。操作时间也要特别注意，如焊渣超前时要用焊条的前沿轻轻地拨掉，否则熔滴金属也会随之下淌。当焊件较薄时，可采用往复直线形运条，这样可借焊条向前移的机会使熔池得到冷却，防止烧穿和下淌。当焊件较厚时，可采用短弧直线形或小斜圆圈形运条。斜圆圈的斜度与焊缝中心约成 45°，如图 1-35 所示，以得到合适的熔深，但运条速度应稍快，并且要均匀，避免焊条的熔滴金属过多地集中在某一点上，而形成焊瘤和咬边。

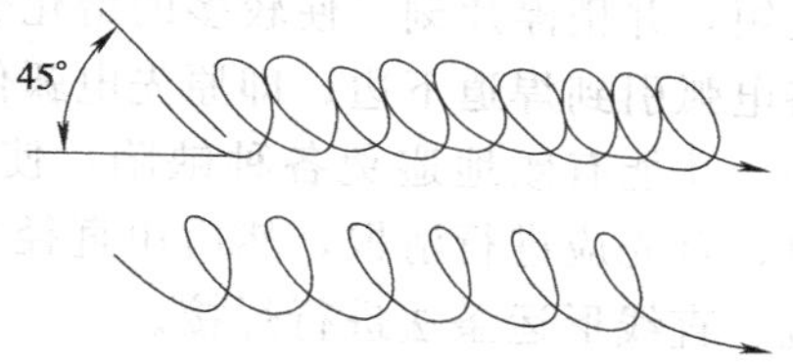

图 1-35　较厚焊件运条法

2）开坡口的横焊操作　当焊件较厚时，一般可开 V 形、U 形、单面 V 形或 K 形坡口。横焊时的坡口特点是下面焊件不开坡口或坡口角度小于上面的焊件，避免熔池金属下淌，有利于焊缝成形。

对于开坡口的焊件，可采用多层焊或多层多道焊，其焊道顺序排列和焊条角度如图 1-36 所示。焊接第一层焊道时，应选用直径为

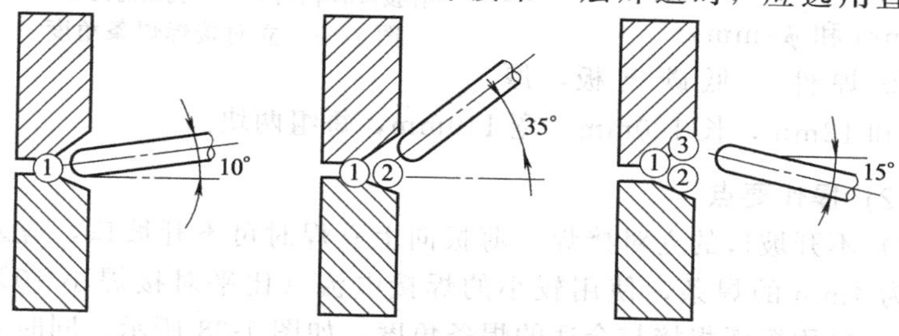

图 1-36　焊道顺序和焊条角度

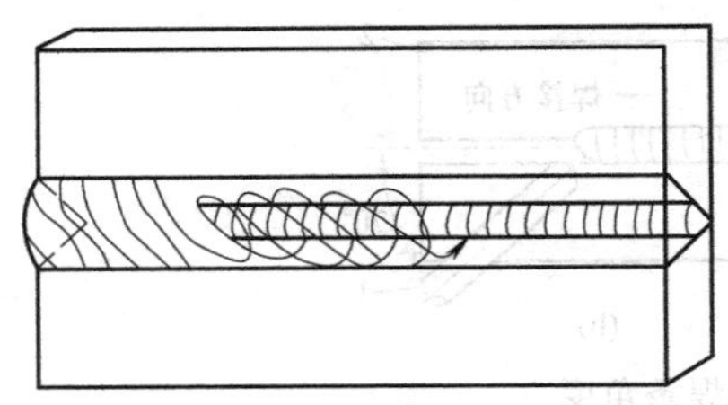

图 1-37　斜圆圈形运条法

3.2mm 的焊条，运条方法可根据接头的间隙大小来选择。间隙较大时，宜采用直线往复形运条；间隙较小时，可采用直线形运条。焊接第二道时，用直径为 3.2mm 或 4mm 的焊条，采用斜圆圈形运条法，如图 1-37 所示。

在施焊过程中，应保持较短的电弧和均匀的焊接速度。为了更好地防止焊缝出现咬边和产生熔池金属下淌现象，每个斜圆圈形与焊缝中心的斜度不得大于 45°。当焊条末端运动到斜圆圈上面时，电弧应更短，并稍停片刻，使较多的熔化金属过渡到焊道中去，然后缓慢地将电弧引到焊道下边，即原先电弧停留点的旁边。这样使电弧往复循环，才能有效地避免各种缺陷，使焊缝成形良好。采用背面封底焊时，首先应进行清根，然后用直径为 3.2mm 的焊条、较大的焊接电流、直线形运条法进行焊接。

1.2.2　低碳钢平板的立对接焊

立对接焊简称立焊，是指焊缝纵向轴线垂直于水平面的焊缝，如图 1-38 所示。焊接时由于熔滴过渡困难，因此焊缝成形困难。

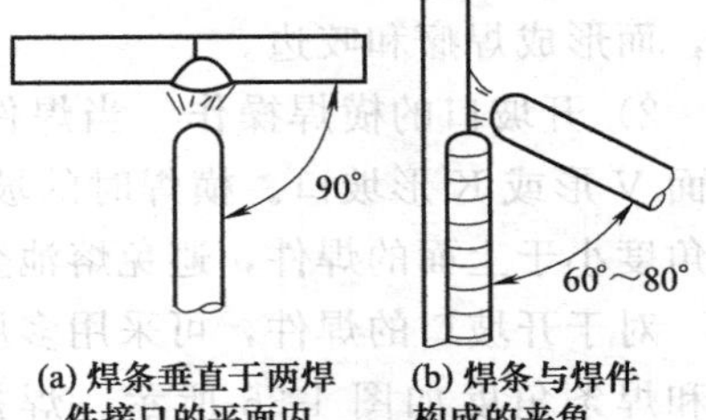

图 1-38　立对接焊焊条角度

(1) 操作准备

① 电焊机　BX3-330 型或 AX-320 型。

② 焊条　E4303（J422），ϕ3.2mm 和 ϕ4mm。

③ 焊件　低碳钢板，厚 3mm 和 12mm，长 180mm，宽 140mm，每组两块。

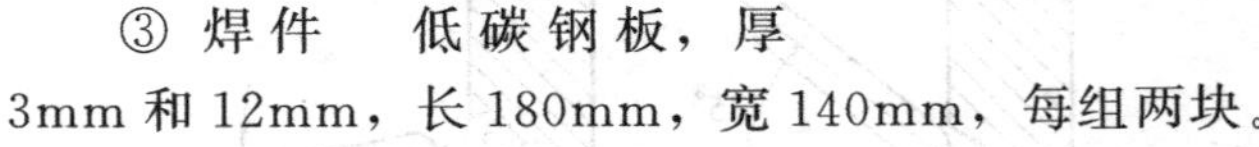

(2) 操作要点

1）不开坡口的立对接焊　薄板向上立焊时可不开坡口，应采用直径为 4mm 的焊条，使用较小的焊接电流（比平对接焊小 10%～15%），采用短弧焊接与合适的焊条角度，如图 1-38 所示。同时要掌握正确的操作姿势与手握焊钳的方法，如图1-39所示。除采取上述立对接焊措施外，还可以采取跳弧法和灭弧法，以防止烧穿。

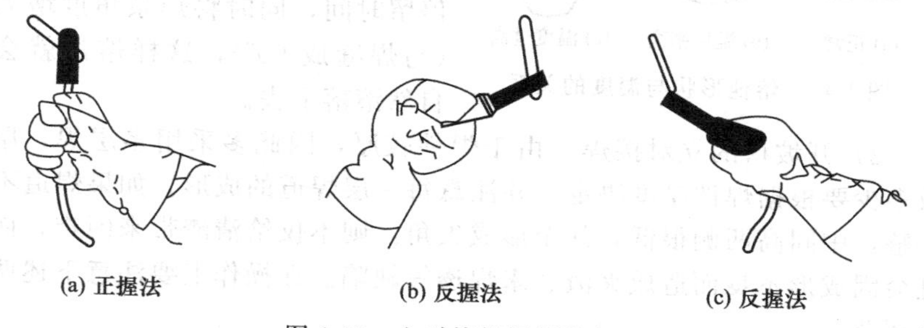

图1-39 立对接焊握焊钳方法

① 跳弧法 当熔滴脱离焊条末端过渡到熔池后，立即将电弧向焊接方向提起，为不使空气侵入，其长度应≤6mm，如图1-40所示。目的是让熔化金属迅速冷却凝固，形成一个台阶，当熔池缩小到焊条直径1～1.5倍时，再将电弧（或重新引弧）移到台阶上面，在台阶上形成一个新熔池。如此不断地重复“熔化—冷却—凝固—再熔化”的过程，就能由下向上形成一条焊缝。

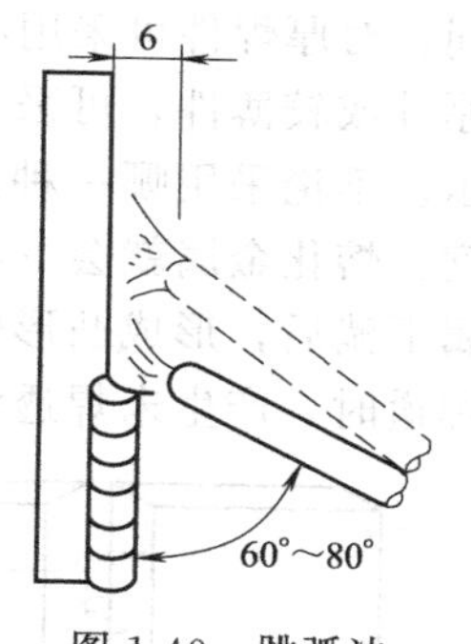

图1-40 跳弧法

② 灭弧法 当熔滴从焊条末端过渡到熔池后，立即将电弧熄灭，使熔化金属有瞬时凝固的机会，随后重新在弧坑引燃电弧。灭弧时间在开始时可以短些，因为焊件此时还是冷的；随着焊接时间的延长，灭弧时间也要增加，才能避免烧穿和产生焊瘤。

不论用哪种方法焊接，起头时，当电弧引燃后，都应将电弧稍微拉长，对焊缝端头稍有预热，随后再压低电弧进行正常焊接。在焊接过程中，要注意熔池形状，如果发现椭圆形熔池下部边缘由比较平直的轮廓逐渐凸起变为圆形，则表示温度稍高或过高，如图1-41所示，应立即灭弧，让熔池降温，避免产生焊瘤，待熔池瞬时冷却后，在熔池外引弧继续焊接。在作业时，更换焊条要迅速，采用热接法。在接头时，往往有铁水拉不开或熔渣、铁水混在一起的现象，主要是更换焊条的时间太长、灭弧后预热不够及时、焊条角度不正确等引起的。

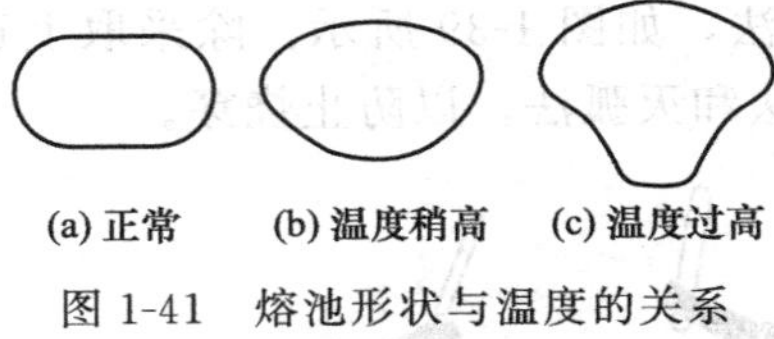

图 1-41 熔池形状与温度的关系

产生这种现象时，必须将电弧拉长一些，并适当延长在接头处的停留时间，同时将焊条角度增大（与焊缝成 90°），这样熔渣就会自然滚落下去。

2）开坡口的立对接焊 由于焊件较厚，因此多采用多层焊，层数多少要根据焊件厚度决定，并注意每一层焊道的成形。如果焊道不平整，中间高两侧很低，甚至形成尖角，则不仅给清渣带来困难，而且会因成形不良而造成夹渣、未焊透等缺陷。在操作上要注意下述两个环节。

① 打底层的焊接 打底层焊道应在施焊正面第一层焊道时，选用直径为 3.2mm 的焊条，根据间隙大小，灵活运用操作手法进行焊接。为使根部焊透而背面又不致产生塌陷，应在熔池上方熔穿一个小孔，其直径等于或稍大于焊条直径。焊件厚度不同，运条方法也不同，对厚焊件可采用小三角形运条，在每一个转角处应做停留；对中厚件或较薄件，可采用小月牙形、锯齿形或跳弧焊法，如图 1-42 所示。不论采用哪一种运条法，如果运条到焊道中间时不加快运条速度，熔化金属就会下淌，使焊道外观不良，当中间运条过慢而造成金属下淌后，形成凸形焊道，如图 1-43（a）所示，将导致施焊下一层焊道时，产生未焊透和夹渣。

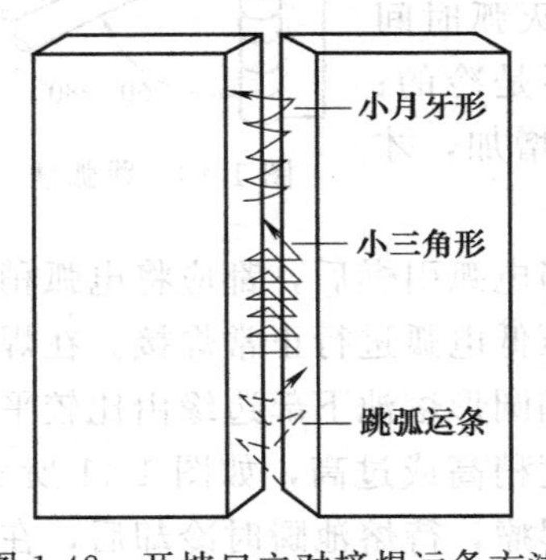

图 1-42 开坡口立对接焊运条方法

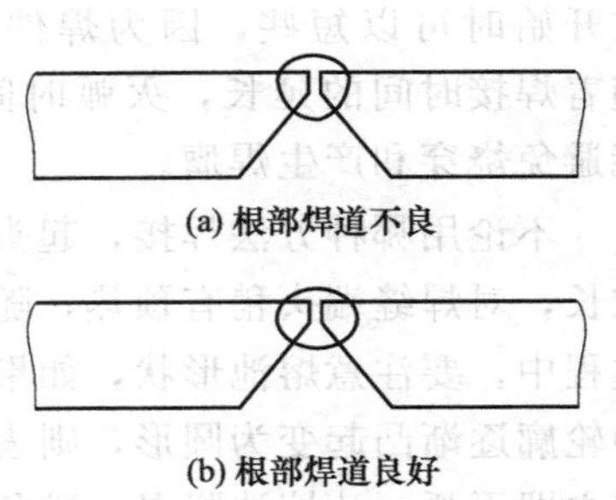

图 1-43 根部焊道外观质量

② 表层焊缝的焊接 首先注意靠近表层的前一层的焊道的焊接质量，一方面要使各层焊道凸凹不平的成形在这一层得到调整，为焊

好表层打好基础；另一方面，这层焊道一般位于焊件表面 1mm 左右，而且中间略有些凹，以保证表层焊缝成形美观。

表层焊缝即多层焊的最外层焊缝，应满足焊缝外形尺寸的要求。运条方法可根据对焊缝余高的不同要求加以选择，如果要求余高稍大，则焊条可做月牙形摆动；如果要求稍平，则焊条可做锯齿形摆动。运条速度要均匀，摆动要有规律，如图 1-44 所示。运条到 a、b 两点时，应将电弧进一步缩短并稍做停留，有利于熔滴的过渡和减少咬边；从 a 点摆到 b 点时应稍快些，以防止产生焊瘤。有时候焊缝也可采用较大电流，在运条时采用短弧，使焊条末端紧靠熔池快速摆动，并在坡口边缘稍做停留，这样表层焊缝不仅较薄，而且焊波较细，平整美观。

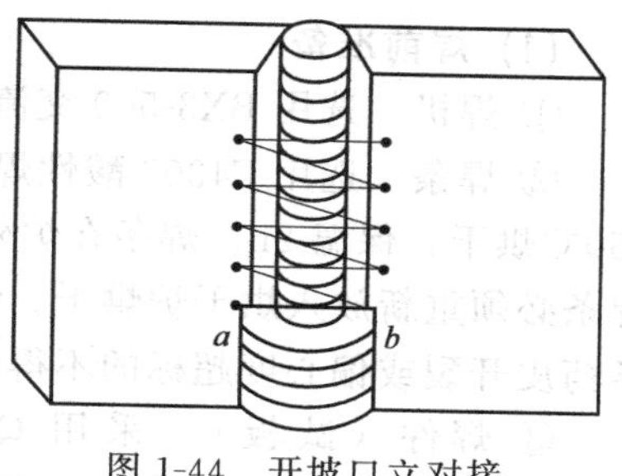

图 1-44 开坡口立对接焊的表层运条法

(3) 操作注意事项

① 焊缝表面应均匀，接头处不应接偏或脱节，焊波不应有脱节。焊缝的余高和熔宽应基本均匀，不应有过高、过低或过宽、过窄的现象。

② 无明显咬边，焊缝表面无夹渣、气孔、未焊透等缺陷。焊缝反面应无烧穿和塌陷。

1.2.3 低碳钢板 T 形接头的平角焊

角焊缝按其截面形状可分为四种，如图 1-45 所示。应用最多的

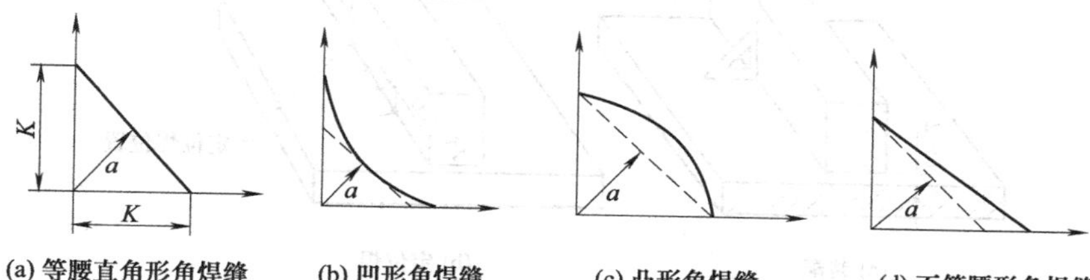

(a) 等腰直角形角焊缝　(b) 凹形角焊缝　(c) 凸形角焊缝　(d) 不等腰形角焊缝

图 1-45 角焊缝的截面形状

是等腰直角形焊缝。

T形接头的平角焊是比较容易焊接的位置，但是如果焊接参数选择不当、运条操作不当，也容易产生焊接缺陷。

(1) 焊前准备

① 焊机　选用BX3-500交流弧焊变压器。

② 焊条　选用E4303酸性焊条，焊条直径为4mm，焊前经75～150℃烘干，保温2h。焊条在炉外停留时间不得超过4h，超过4h的焊条必须重新放入烘干炉烘干。焊条重复烘干次数不能多于3次。焊条药皮开裂或偏心度超标的不得使用。

③ 焊件（试板）　采用Q235A低碳钢板，厚度为12mm，长×宽为400mm×150mm，用剪板机或气割下料，然后用刨床加工待焊处直边（气割下料的焊件待焊处，坡口边缘的热影响区应刨去）。

④ 辅助工具和量具　焊条保温筒、角向打磨机、钢丝刷、敲渣锤、样冲、划针、焊缝万能量规等。

(2) 焊前装配定位

T形接头平角焊的焊前装配如图1-46（a）所示。装配时，为了加大角焊缝熔透深度，将立板与横板之间预留1～2mm。为了确保立板的垂直度，用90°角尺靠着立板并进行定位焊接，定位焊位置如图1-46（b）所示。定位焊用BX3-500交流弧焊变压器；焊条用E4303，ϕ3.2mm。定位焊的焊接电流为100～120A。

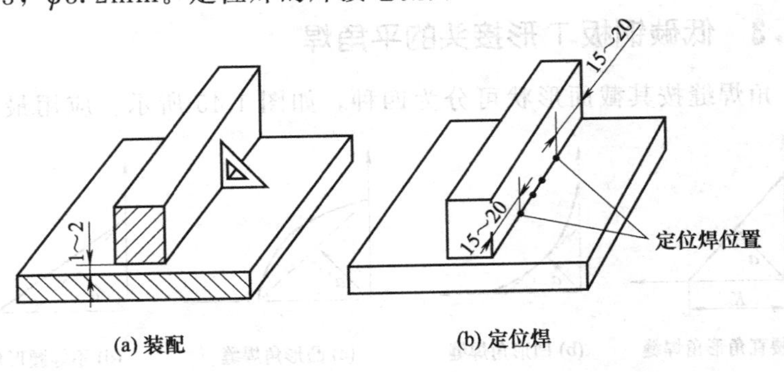

图1-46　T形接头平角焊的装配、定位焊

(3) 焊接操作

T 形接头平角焊焊接方式有单层焊、多层焊和多层多道焊三种。采用哪种焊接方式取决于所要求的焊脚尺寸。当焊脚尺寸在 8mm 以下采取单层焊；焊脚尺寸为 8～10mm 时，采用多层焊；焊脚尺寸大于 10mm 时采用多层多道焊。角焊缝钢板厚度与焊脚尺寸见表 1-13。

表 1-13　角焊缝钢板厚度与焊脚尺寸　　mm

钢板厚度	>8～9	>9～12	>12～16	>16～20	>20～24
焊脚最小尺寸	4	5	6	8	10

① T 形接头的单层平角焊。由于角焊时焊接热量向钢板的三个方向扩散，因此在焊接过程中，钢板散热快，不容易烧穿；但也容易在 T 形接头根部由于热量不足而形成未焊透缺陷。所以，T 形接头平角焊的焊接电流比相同板厚的对接平焊电流要大 10%左右。单层角焊焊接参数见表 1-14。T 形接头平角焊的焊条角度如图 1-47 所示。

表 1-14　单层角焊缝的焊接参数

焊脚尺寸/mm	3	4		5～6		7～8	
焊条直径/mm	3.2	3.2	4	4	5	4	5
焊接电流/A	110～120	110～120	160～180	160～180	200～220	160～180	200～220

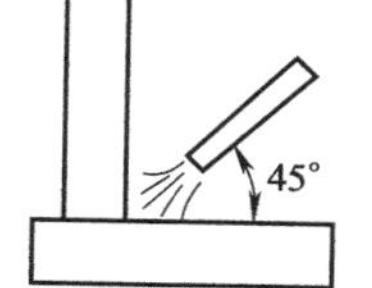

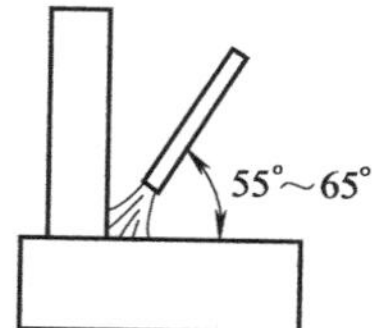

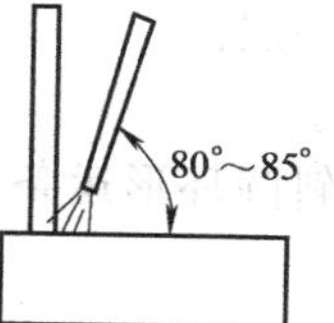

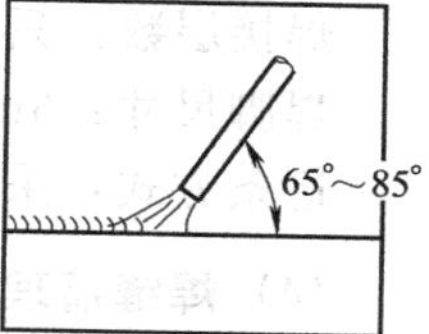

图 1-47　T 形接头平角焊的焊条角度

T 形接头平角焊焊接时，焊脚尺寸小于 5mm 的可采用短弧直线形运条法焊接，焊条与横板成 45°夹角，与焊接方向成 65°～80°夹角，焊接速度要均匀。焊接过程中，根据熔池的形状，随时调节焊条与焊接方向的夹角，夹角过小，会造成根部熔深不足；夹角过大，熔渣容易跑到电弧前方形成夹渣。

T 形接头平角焊焊脚尺寸为 5～8mm 时，可采用斜圆环形运条法进行焊接。焊接时，电弧在各点的速度是不同的，否则，容易产生咬边、夹渣等缺陷。T 形接头平角焊的斜圆环形运条法如图 1-48

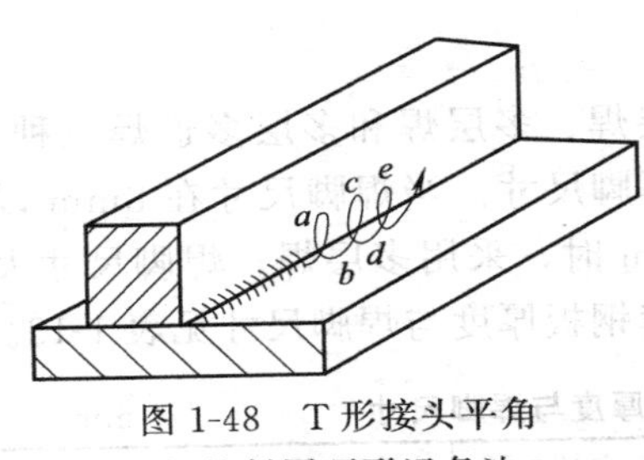

图 1-48　T 形接头平角焊的斜圆环形运条法

所示。

当电弧从 a 点移向 b 点时，速度要稍慢一些，以确保熔化金属和横板熔合良好；当从 b 点移至 c 点时，电弧移动速度要稍快，防止熔化金属下淌，并在 c 点处稍做停留，确保熔化金属和立板熔合良好；从 c 点至 d 点，电弧的移动又要稍慢些，确保熔化金属和横板熔合良好，并且保证 T 形接头顶角根部焊透；由 d 点向 e 点移动时电弧速度要稍快，并且到 e 点处时也稍作停留。如此反复进行，在整个运条过程中，都采用短弧焊接，焊缝收尾时注意填满弧坑。

② T 形接头单层平角焊的焊接参数如下：

试板材料：Q235A。

试板尺寸：400mm×150mm×12mm（长×宽×高）。

焊机：BX3-500。

焊条：E4303，ϕ4mm。

焊接电流：160～180A。

焊接层数：只焊一层。

焊脚尺寸：6mm。

运条方式：采用斜圆环形运条。

(4) 焊缝清理

焊缝焊完后，用敲渣锤清除焊渣，用钢丝刷进一步将焊渣、焊接飞溅物等清除干净。焊缝处于原始状态，在交付专职焊接检验前不得对各种焊接缺陷进行修补。

1.2.4 低碳钢板 T 形接头的立角焊

T 形接头立角焊的焊接，比平角焊位焊接难度大。它的问题主要是熔化金属在重力作用下容易下淌，使焊缝成形困难，焊缝外观也不如平焊缝美观，如果焊接参数选择不当，或者运条操作不熟练，则还容易产生未熔合、夹渣、咬边等缺陷。所以，在焊前准备和施焊过程中，应当采取相应的有效措施，防止各种焊接缺陷的产生。

(1) 焊前准备

① 焊机 采用BX3-500交流弧焊变压器。

② 焊条 选用E4303酸性焊条，焊条直径为3.2mm。

③ 焊件 Q235A低碳钢板，尺寸为12mm×125mm×300mm（厚×宽×长）。用剪板机或气割下料，然后用刨床加工300mm长试板的T形接头待焊处，将待焊处气割下料的热影响区刨去。

④ 辅助工具和量具 焊条保温筒、角向打磨机、钢丝刷、敲渣锤、样冲、划针、焊缝万能量规等。

⑤ 焊前装配定位焊 将两块试板待焊处及两侧各30mm范围内的铁锈、油污等打磨至见金属光泽后，组装成T形接头，根部间隙≤0.5mm。定位焊缝距试件两端各20mm，定位焊缝长≤15mm。T形接头立角焊的装配及定位焊如图1-49所示。

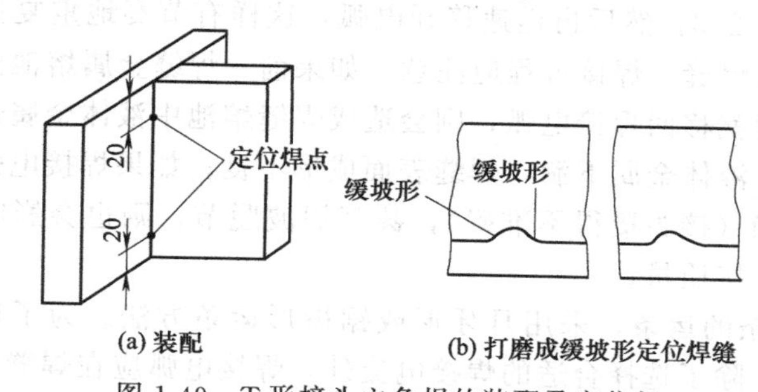

图1-49 T形接头立角焊的装配及定位焊

定位焊用焊机：BX3-500交流弧焊变压器。

定位焊用焊条：E4303，ϕ3.2mm。

定位焊用焊接电流：90～100A。

定位焊缝焊完后，将其打磨成缓坡形，如图1-49（b）所示。

(2) 焊接操作

① T形接头立角焊时，焊接电弧的热量向焊件的三个方向传递，散热速度快。所以，在与板对接立焊相同的条件下，焊接电流可稍大些，确保T形接头的两块试板熔合良好。

② 焊件两块试板尺寸是12mm×125mm×300mm，焊脚尺寸为6mm，只焊一层角焊缝。焊接电流为90～120A。

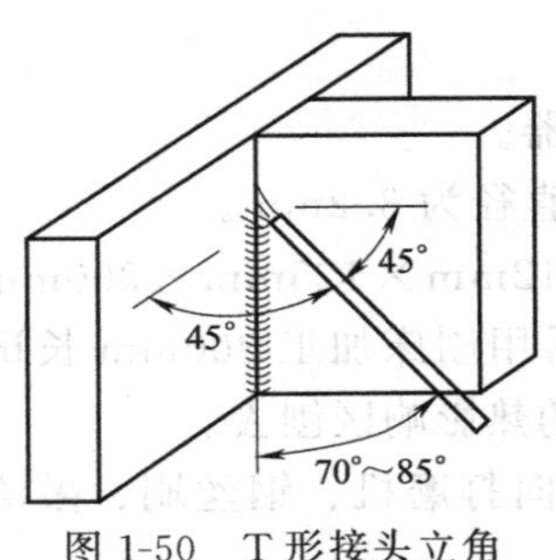

图 1-50 T形接头立角焊的焊条角度

③ 焊件过程中，为保证焊件两侧试板能均匀受热，应注意焊条的位置和倾斜角度。本T形接头两块试板厚度相同，所以，焊条与两侧板夹角左右相等，而焊条与焊缝中心线夹角为 70°～85°，如图 1-50所示。

④ T形接头立角焊的关键是控制焊缝熔池金属。焊条要按熔池金属的冷却情况，有节奏地上下摆动。焊接过程中，当引弧后出现第一个熔池时，电弧快速移开，当看到焊缝熔池金属瞬间冷却成为暗红点时，应将焊接电弧迅速移回到暗红色的焊缝上，使焊接电弧下新形成的焊缝与暗红色的前一个焊缝重合 2/3，然后再迅速移开电弧，这样有节奏地重复操作，就形成了立角焊缝。焊接过程应注意：如果前一焊缝金属熔池尚未冷却到一定程度就移回焊接电弧，则会造成焊缝熔池中液体金属过热，熔池被破坏，液体金属下淌，焊缝表面成形不良；如果焊接电弧移回的位置不准确（接头接得不准确），甚至焊波脱节，则也会影响焊缝表面美观和焊接质量。

⑤ 焊条的运条，采用月牙形或锯齿形运条方法。为了避免出现咬边缺陷，除了选择合适的焊接电流外，焊接电弧应在焊缝两侧稍做停留，使熔合金属能填满焊缝两侧边缘部分，从而避免咬边缺陷的产生。

(3) 焊缝清理

焊缝焊完后，用敲渣锤清理焊渣，用钢丝刷进一步将焊渣、焊接飞溅物等清除干净。焊缝应处于原始状态，在交付专职焊接检验前，不得对各种焊接缺陷进行修补。

1.2.5 中厚板的板-板对接、V形坡口、平焊、单面焊双面成形

(1) 试件尺寸及要求

① 试件材料牌号　16Mn（Q235）。

② 试件尺寸　300mm×200mm×14mm（图 1-51）。

③ 坡口尺寸　60°V 形坡口（图 1-51）。

④ 焊接位置　平焊。

⑤ 焊接要求　单面焊双面成形。

⑥ 焊接材料　E5015（E4315）。

⑦ 焊机　ZX5-400 或 ZX7-400。

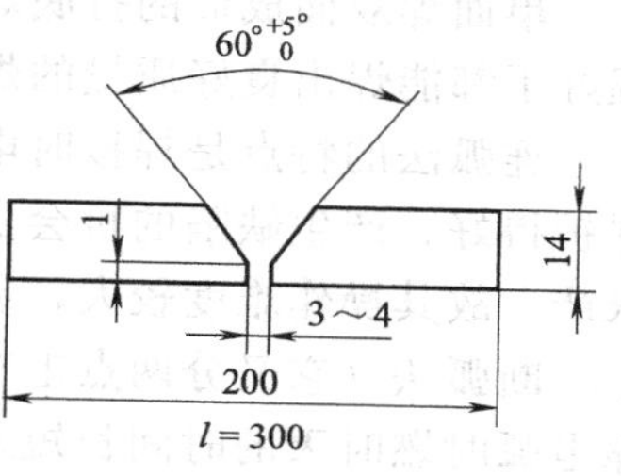

图 1-51　试件及坡口尺寸

(2) 试件装配

① 钝边尺寸为 1mm。

② 清除坡口面及坡口正反两侧 20mm 范围内的油、锈、水分及其他污物，至露出金属光泽。

③ 装配：

a. 装配间隙：始端为 3mm，终端为 4mm。

b. 定位焊：采用与焊接试板相同牌号的焊条进行定位焊，并在试件反面两端点焊，焊点长度为 10～15mm。

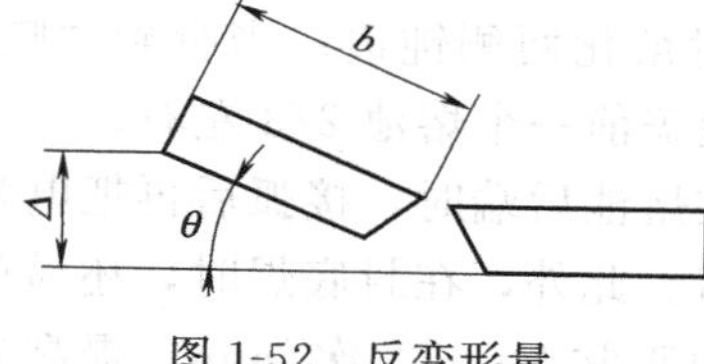

图 1-52　反变形量

c. 预置反变形量为 3°或 4°，也可用下式计算高差（图 1-52）：

试板两端边高差。$\Delta = b\sin\theta = 100\sin3^{\circ} = 5.23$（mm）

d. 错边量≤1.4mm。

(3) 焊接参数

焊接参数见表 1-15。

表 1-15　焊接参数

焊接层次(道)	焊条直径/mm	焊接电流/A
打底焊(1)	3.2	90～120
填充焊(2、3、4)	4	140～170
盖面焊(5)		140～160

(4) 操作要点及注意事项

本试件的平对接是焊接位置中较易操作的一种焊接位置，它是其他焊接位置和试件的操作基础。

① 打底焊　应保证得到良好的反面成形。

单面焊双面成形的打底焊，操作方法有连弧法与断弧法两种，掌握好了都能焊出良好质量的焊缝。

连弧法的特点是焊接时电弧燃烧不间断，生产效率高，焊接熔池保护得好，产生缺陷的机会少。但它对装配质量要求高，参数选择要求严，故其操作难度较大，易产生烧穿和未焊透等缺陷。

断弧法（它又分两点击穿法和一点击穿法两种手法）的特点是依靠电弧时燃时灭的时间长短来控制熔池的温度，因此，焊接参数的选择范围较宽，易掌握，但生产效率低，焊接质量不如连弧法易保证，且易出现气孔、冷缩孔等缺陷。

下面介绍的操作手法为断弧焊一点击穿法。

将试板大装配间隙置于右侧，在试板左端定位焊缝处引弧，并用长弧稍做停留进行预热，然后压低电弧在两钝边间做横向摆动。当钝边熔化的铁水与焊条金属熔滴连在一起，并听到“噗、噗”声时，便形成第一个熔池，此时灭弧。它的运条动作特点是：每次接弧时，焊条中心应对准熔池的 2/3 处，电弧同时熔化两侧钝边；当听到“噗、噗”声后，果断灭弧，使每个新熔池覆盖前一个熔池 2/3 左右。

操作时必须注意：当接弧位置选在熔池后端时，接弧后再把电弧拉至熔池前端灭弧，则易造成焊缝夹渣。此外，在封底焊时，还易产生缩孔，解决办法是提高灭弧频率，由正常 50～60 次/min，提高到 80 次/min 左右。

更换焊条时的接头方法：在换焊条收弧前，在熔池前方做熔孔，然后回焊 10mm 左右，再收弧，以使熔池缓慢冷却；迅速更换焊条，在弧坑后部 20mm 左右处起弧，用长弧对焊缝预热，在弧坑后 10mm 左右处压低电弧，用连弧手法运条到弧坑根部，并将焊条往熔孔中压下，听到“噗、噗”击穿声后，停顿 2s 左右灭弧，即可按断弧封底法进行正常操作。

② 填充焊　施焊前先将前一道焊缝熔渣、飞溅物清除干净，修正焊缝的过高处与凹槽。进行填充焊时，应选用较大一点的电流，并采用如图 1-53 所示的焊条倾角，焊条的运条方法可采用月牙形或锯齿形，摆动幅度应逐层加大，并在两侧稍做停留。

在焊接第四层填充层时，应控制整个坡口内的焊缝比坡口边缘低 0.5～1.5mm 左右，最好略呈凹形，以便使盖面时能看清坡口和不使

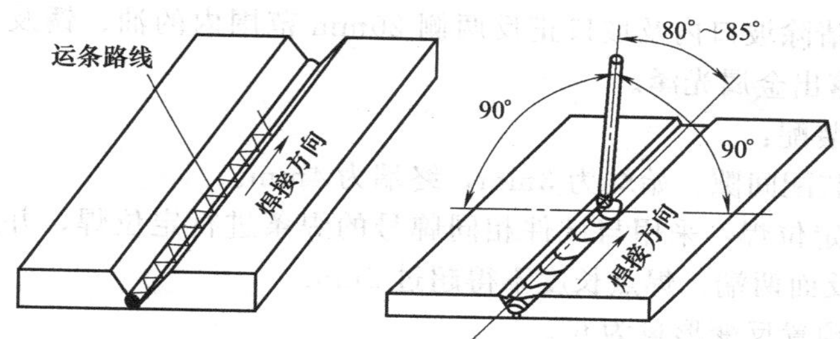

图 1-53　厚板平对接焊时焊接中间层的运条方法及焊条角度

焊缝高度超高。

③ 盖面　所使用的焊接电流应稍小一点，要使熔池形状和大小保持均匀一致；焊条与焊接方向夹角应保持 75°左右；焊条摆动到坡口边缘时应稍做停顿，以免产生咬边。

盖面层的接头方法：换焊条收弧时应对熔池稍填熔滴铁水，迅速更换焊条，并在弧坑前约 10mm 处引弧，然后将电弧退至弧坑的 2/3 处，填满弧坑后就可正常进行焊接。接头时应注意：若接头位置偏后，则使接头部位焊缝过高；若偏前，则造成焊道脱节。

盖面层的收弧可采用 3～4 次断弧引弧收尾，以填满弧坑，使焊缝平滑为准。

1.2.6　中厚板的板-板对接、V 形坡口、横焊、单面焊双面成形

(1) 试件尺寸及要求

① 试件材料牌号　16Mn (Q235)。

② 试件及坡口尺寸　见图 1-54。

③ 焊接位置　横焊。

④ 焊接要求　单面焊双面成形。

⑤ 焊接材料　E5015 (E4315)。

⑥ 焊机　ZX5-400 或 ZX7-400。

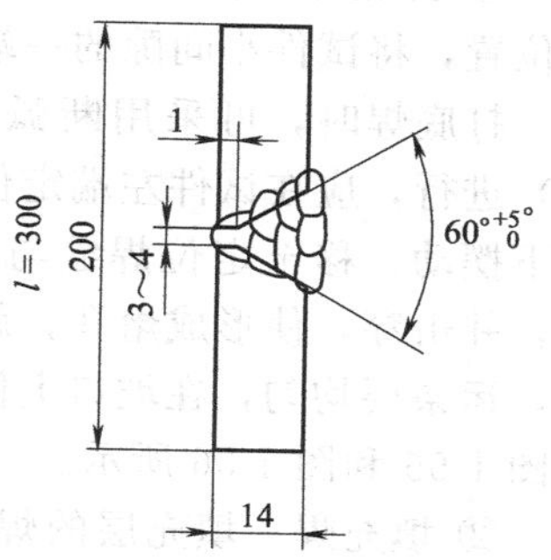

图 1-54　平板对接横焊试件及坡口尺寸

(2) 试件装配

① 锉钝边为 1mm，装配间隙为 3～4mm。

② 清除坡口内及坡口正反两侧 20mm 范围内的油、锈及其他污物，并露出金属光泽。

③ 装配：

a. 装配间隙：始端为 3mm，终端为 4mm。

b. 定位焊：采用与试件相同牌号的焊条进行定位焊，并点焊于试件的反面两端，焊点长度不得超过 2mm。

c. 预置反变形量为 6°。

d. 错边量应≤1.2mm。

(3) 焊接参数

焊接参数见表 1-16。

表 1-16　平板横焊焊接参数

焊接层次	焊条直径/mm	焊接电流/A
打底焊(第一层 1 道)	2.5	70～80
填充焊(第二层 2、3 道；第三层 4、5 道)	3.2	120～140
盖面焊(6、7、8 道)	3.2	120～130

(4) 操作要点及注意事项

横焊时熔化金属在自重的作用易下淌，使焊缝上边易产生咬边，下边易出现焊瘤和未熔合等缺陷，所以宜采用较小直径的焊条与焊接电流，多层多道焊，短弧操作。

① 打底焊　将试件垂直固定于焊接架上，并使焊接坡口处于水平位置，将试件小间隙的一端置于左侧。

打底焊时，可采用断弧焊（见 1.2.5 节）或连弧焊（见 1.2.7 节）进行，应在试件左端定位焊缝上引弧，并稍停预热，然后将电弧上下摆动，移至定位焊缝与坡口连接处，压低电弧，待坡口根部熔化，并击穿，使形成熔孔，就可转入正常施焊。施焊过程中要采用短弧，运条要均匀，在坡口上侧停留时间应稍长。运条方法与焊条角度如图 1-55 和图 1-56 所示。

② 填充焊　填充层的焊接采用多层多道焊（共两层每层两道），焊接层次及焊道次序见表 1-16，施焊过程中的焊条角度如图 1-57 所示。

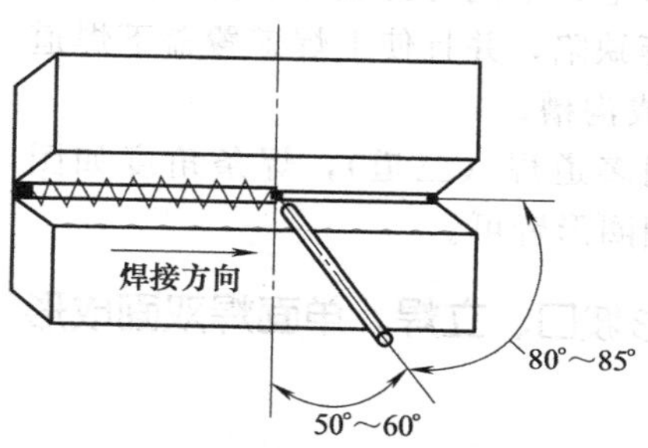

图 1-55　V 形坡口横对接焊时连弧打底焊的运条方法与焊条角度

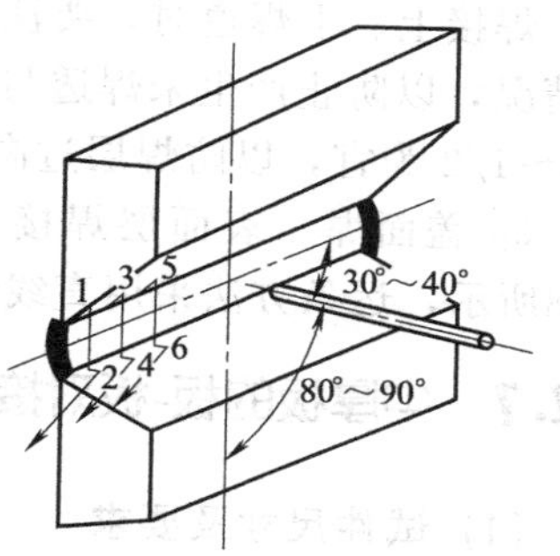

图 1-56　V 形坡口横对接焊断弧打底焊的运条方法和焊条角度

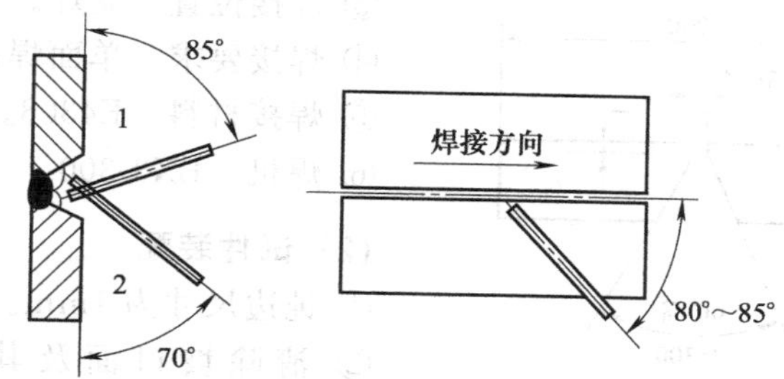

图 1-57　横焊时中间层的焊条角度

1—下焊道焊条角度；2—上焊道焊条角度

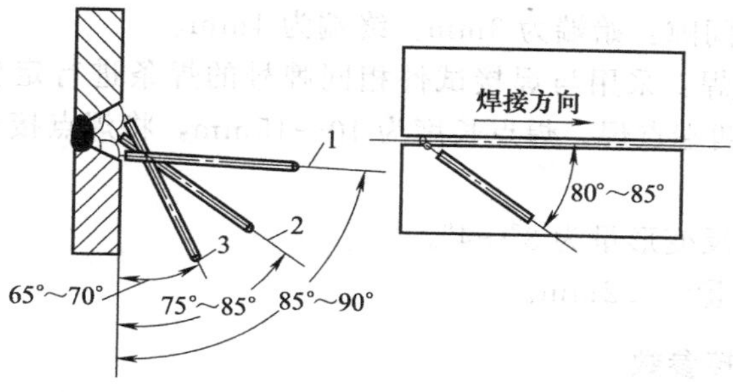

图 1-58　横焊盖面层焊接时焊接角度

1—下焊道；2—中间焊道；3—上焊道

焊接上、下焊道时，要注意坡口上、下侧与打底焊道间夹角处熔合情况，以防止产生未焊透与夹渣等缺陷，并且使上焊道覆盖下焊道1/3～1/2为宜，以防焊层过高或形成沟槽。

③ 盖面焊　表面层焊接也采用多道焊（三道），焊条角度如图1-58所示，运条方法采用直线形或圆圈形皆可。

1.2.7 中厚板的板-板对接、V形坡口、立焊、单面焊双面成形

(1) 试件尺寸及要求

① 试件材料牌号　20g。

② 试件及坡口尺寸　见图1-59。

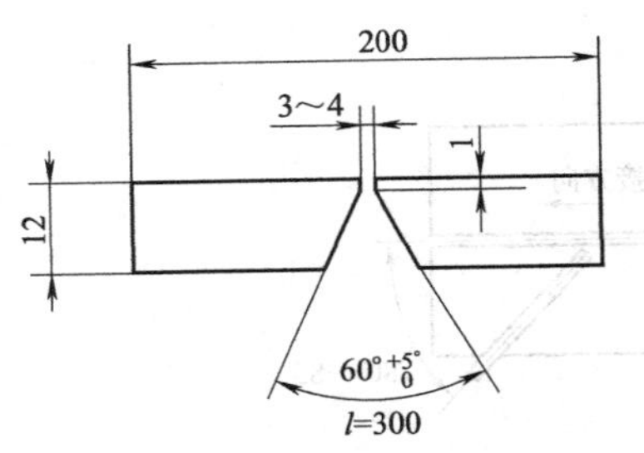

图1-59　试件及坡口尺寸

③ 焊接位置　立焊。

④ 焊接要求　单面焊双面成形。

⑤ 焊接材料　E4303。

⑥ 焊机　BX3-300。

(2) 试件装配

① 钝边尺寸为1mm。

② 清除坡口面及其正反两侧20mm范围内的油、锈及其他污物，至露出金属光泽。

③ 装配：

a. 装配间隙：始端为3mm，终端为4mm。

b. 定位焊：采用与焊接试件相同牌号的焊条进行定位焊，并在试件坡口内两端点焊，焊点长度为10～15mm，将焊点接头端打磨成斜坡。

c. 预置反变形量为3°～4°。

d. 错边量≤1.2mm。

(3) 焊接参数

焊接参数见表1-17。

(4) 操作要点及注意事项

采用立向上焊接，始焊端在下方。

表 1-17 焊接参数

焊接层次(道)	焊条直径/mm	焊接电流/A
打底焊(1)	3.2	100～110
填充焊(2、3)		110～120
盖面焊(4)		100～110

1）打底焊　打底层焊接，可以采用连弧法，也可采用断弧手法，本实例为连弧手法。

① 引弧　在定位焊缝上引弧，当焊至定位焊缝尾部时，应稍加预热，将焊条向坡口根部顶一下，听到“噗、噗”声（表明坡口根部已被熔透，第一个熔池已形成），此时熔池前方应有熔孔，该熔孔向坡口两侧各深入 0.5～1mm。

② 运条方法　采用月牙形或锯齿形横向短弧焊法，弧长应小于焊条直径。

③ 焊条角度　焊条的倾角为70°～75°，并在坡口两侧稍做停留，以利填充金属与母材熔合良好，并能防止因填充金属与母材交界处形成夹角而导致不易清渣。

④ 操作要领　一“看”、二“听”、三“准”。

“看”：观察熔池形状和熔孔大小，并基本保持一致；熔池形状应为椭圆形，熔池前端始终应有一个深入母材两侧 0.5～1mm 的熔孔；当熔孔过大时，应减小焊条与试板的下倾角，让电弧多压往熔池，少在坡口上停留；当熔孔过小时，应压低电弧，增大焊条与试板的下倾角度。

“听”：注意听电弧击穿坡口根部发出的“噗、噗”声，如没有这种声音就是没焊透。一般保持焊条端部离坡口根部 1.5～2mm 为宜。

“准”：施焊时，熔孔的端点位置要把握准确，焊条的中心要对准熔池前端与母材的交界处，使每一个熔池与前一个熔池搭接 2/3 左右，保持电弧的 1/3 部分在试件背面燃烧，以加热和击穿坡口根部。

⑤ 收弧　打底焊道需要更换焊条停弧时，先在熔池上方做一熔孔，然后回焊 10～15mm 再熄弧，并使其形成斜坡形。

⑥ 接头　可分热接和冷接两种方法。

热接：当弧坑还处在红热状态时，在弧坑下方 10～15mm 处的斜坡上引弧，并焊至收弧处，使弧坑根部温度逐步升高，然后将焊条沿着预先做好的熔孔向坡口根部顶一下，使焊条与试件的下倾角增大到90°左右，听到“噗、噗”声后，稍做停顿，恢复正常焊接；停顿时间一定要适当，若过长则易使背面产生焊瘤，若过短则不易接上接头，另外换焊条的动作越快越好。

冷接：当弧坑已经冷却时，用砂轮或扁铲在已焊的焊道收弧处打磨一个10～15mm的斜坡，在斜坡上引弧并预热，使弧坑根部温度逐步升高，当焊至斜坡最低处时，将焊条沿预先做好的熔孔向坡口根部顶一下，听到“噗、噗”声后，稍做停顿并提起焊条进行正常焊接。

⑦ 打底层焊缝厚度　坡口背面的高度约为1.5～2mm，正面厚度为2～3mm。

2）填充焊

① 应对打底焊道仔细清渣，应特别注意死角处的熔渣清理。

② 在距焊缝始端10mm左右处引弧后，将电弧拉回到始焊端施焊。每次都应按此法操作，以防产生缺陷。

③ 采用月牙形或横向锯齿形运条方法。

④ 焊条与试板的下倾角为70°～80°。

⑤ 焊条摆动到两侧坡口处要稍做停顿，以利熔合及排渣，防止立焊缝两边产生死角。

⑥ 最后一层填充焊层厚度，应使其比母材表面低1～1.5mm，且应呈凹形，不得熔化坡口棱边，以利盖面层保持平直。

3）盖面层焊接

① 引弧同填充焊。

② 采用月牙形或横向锯齿形运条。

③ 焊条与试板的下倾角为70°～75°。

④ 焊条摆动到坡口边缘时，要稍做停留，保持熔宽为1～2mm。

⑤ 焊条的摆动频率应比平缝稍快些，前进速度要均匀一致，使每个新熔池覆盖前一个熔池的2/3～3/4。

⑥ 接头：换焊条前收弧时，应对熔池填些铁水，迅速更换焊条后，再在弧坑上方10mm左右的填充层焊缝金属上引弧，将电弧拉至原弧坑处填满弧坑后，继续施焊。

1.2.8 中厚板的板-板对接、仰焊、V 形坡口、单面焊双面成形

(1) 试件尺寸及要求

① 试件材料牌号　20g。

② 试件及坡口尺寸　见图 1-60。

③ 焊接要求　单面焊双面成形。

④ 焊接材料　E4303。

⑤ 焊机　BX3-300。

(2) 试件装配

1) 钝边　为 0.5～1mm。

2) 除垢　清除坡口面及其正反两侧 20mm 范围内的油、锈及其他污物，至露出金属光泽。

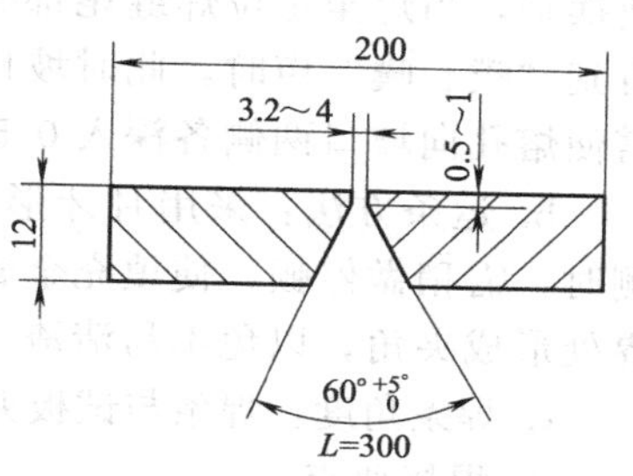

图 1-60　试件及坡口尺寸

3) 装配

① 始端装配间隙为 3.2mm，终端为 4mm。

② 采用与焊接试件相同牌号的焊条进行定位焊，并在试件坡口内两端点焊，焊点长度为 10～15mm，将两焊点接头打磨成斜坡。

③ 预置反变形量为 3°～4°。

④ 错边量应≤1.2mm。

(3) 焊接参数

焊接参数如表 1-18 所示。

表 1-18　焊接参数

焊接层次(道)	焊条直径/mm	焊接电流/A	焊接层次(道)	焊条直径/mm	焊接电流/A	焊接层次(道)	焊条直径/mm	焊接电流/A
打底焊(1)	2.5	80～90	填充焊(2、3)	3.2	120～130	盖面焊(4)	3.2	110～120

(4) 操作要点及注意事项

仰焊是焊接位置中最困难的一种，熔池金属易下坠而使正面产生焊瘤，背面易产生凹陷。因此操作时，必须采用最短的电弧长度。

试件水平固定，坡口向下，间隙小的一端位于左侧，采用四层四

道焊接。

1）打底焊　打底层焊接可采用连弧焊手法，也可采用断弧焊手法施焊。

① 连弧焊手法

a. 引弧：在定位焊缝上引弧，并使焊条在坡口内做轻微横向快速摆动，当焊至定位焊缝尾部时，应稍做预热，将焊条向上顶一下，听到“噗、噗”声时，此时坡口根部已被焊透，第一个熔池已形成，需使熔孔向坡口两侧各深入 0.5～1mm。

b. 运条方法：采用月牙形或锯齿形运条，当焊条摆动到坡口两侧时，需稍做停顿，使填充金属与母材熔合良好，并应防止与母材交界处形成夹角，以免不易清渣。

c. 焊条角度：焊条与试板夹角为 90°，与焊接方向夹角为70°～80°。

d. 焊接要点：

第一，要采用短弧施焊，利用电弧吹力把铁液托住，并将一部分铁液送到试件背面。

第二，要使新熔池覆盖前一熔池的 1/2，并适当加快焊接速度，以减少熔池面积和形成薄焊肉，达到减轻焊缝金属自重的目的。

第三，焊层表面要平直，避免下凸，否则会给下一层焊接带来困难，并易产生夹渣、未熔合等缺陷。

e. 收弧：收弧时，先在熔池前方做一熔孔，然后将电弧向后回带 10mm 左右，再熄弧，并使其形成斜坡。

f. 接头：

采用热接法：在弧坑后面 10mm 的坡口内引弧，当运条到弧坑根部时，应缩小焊条与焊接方向的夹角，同时将焊条顺着原先熔孔，向坡口根部顶一下，听到“噗、噗”声后，稍停并恢复正常手法焊接；热接法的换焊条动作越快越好。

也可采用冷接法，其操作要领是：在弧坑冷却后，用砂轮或偏铲对收弧处打磨一个 10～15mm 的斜坡，并在斜坡上引弧并预热，使弧坑温度逐步升高，然后将焊条顺着原先熔孔迅速上顶，听到“噗、噗”声后，稍做停顿，恢复正常手法焊接。

② 断弧焊手法

a. 引弧：在定位焊缝上引弧，然后焊条在始焊部位坡口内做轻微横向快速摆动，当焊至定位焊缝尾部时，应稍做预热，并将焊条向上顶一下，听到“噗、噗”声后，表明坡口根部已被熔透，第一个熔池已形成，并使熔池前方形成向坡口两侧各深入0.5～1mm的熔孔，然后将焊条向斜下方灭弧。

b. 焊条角度：焊条与焊接方向的夹角为70°～80°。

c. 焊接要领：采用两点击穿法，左、右两侧钝边应完全熔化，并深入每侧母材0.5～1mm；灭弧动作要快，干净利落，并使焊条总是向上探，利用电弧吹力可有效地防止背面焊缝内凹；灭弧与接弧时间要短，灭弧频率为30～50次/min；每次接弧位置要准确，焊条中心要对准熔池前端与母材的交界处。

d. 更换焊条接头：换焊条前，应在熔池前方做上熔孔，然后回带10mm左右再熄弧；迅速更换焊条后，在弧坑后部10～15mm坡口内引弧，用连弧手法运条到弧根部时，将焊条沿着预先做好的熔孔，向坡口根部顶一下，听到“噗、噗”声后，稍停，在熔池中部斜下方灭弧，随即恢复原来的断弧手法。

e. 打底层焊道要细而均匀，外形平缓，避免焊缝中部过分下坠，否则易给第2道焊缝带来困难，易产生夹渣和未熔合等缺陷。

2）填充层焊接　分两层两道进行施焊。

① 应对前一道焊缝仔细清理熔渣和飞溅物。

② 在距焊缝始端10mm左右处引弧，而后将电弧拉回始焊处施焊。每次接头都应如此。

③ 采用短弧、月牙形或锯齿形运条。

④ 焊条与焊接方向夹角为85°～90°。

⑤ 焊条摆动到两侧坡口处时，应稍停顿；摆动到中间时应快些，以形成较薄的焊道。

⑥ 应让熔池始终呈椭圆形，并保证其大小一致。

3）盖面层焊接

① 引弧同填充层。

② 采用短弧、月牙形或锯齿形运条。

③ 焊条与焊接方向夹角为90°。

④ 焊条摆动到坡口边缘时，要稍做停顿，以坡口边缘熔化1～2mm为准，以防止咬边。

⑤ 焊接速度要均匀一致，使焊缝表面平整。

⑥ 接头采用热接法。换焊条前，应对熔池稍填铁液，且迅速换焊条后，在弧坑前 10mm 左右处引弧，然后把电弧拉到弧坑处划一小圆圈，使弧坑重新熔化，随后进行正常焊接。

1.2.9 低碳钢管的水平转动焊

钢管的水平转动焊接有两种方法：一种是焊工戴头盔式面罩，一只手握焊钳，另一只手滚动钢管，钢管的转动速度即是钢管的焊接速度；另一种是将钢管放在滚轮架上，滚轮转动，通过摩擦力带动钢管转动，同样，钢管的转速也是钢管的焊接速度。

(1) 焊接特点分析

焊件材料是低碳钢，焊接性良好，一般不会产生焊接裂纹，管子处在动态，管壁较薄，容易出现烧穿或未焊透缺陷。水平转动焊时，是在爬坡焊和水平焊之间的焊接位置完成的，比中厚板对接平焊、立焊施焊难度大，但是比管-管对接全位置焊接要容易。

(2) 提前准备

① 焊机　采用 BX3-500 交流弧焊变压器。

② 焊条　选用 E4303 酸性焊条，焊条直径为 2.5mm。焊前经 75～150℃烘干，保温 2h。

③ 焊件　10 钢，ϕ51mm×3mm，长 20mm，车床加工坡口为 $30^{\circ}{}^{+2^{\circ}}_{0}$，如图 1-61 所示。

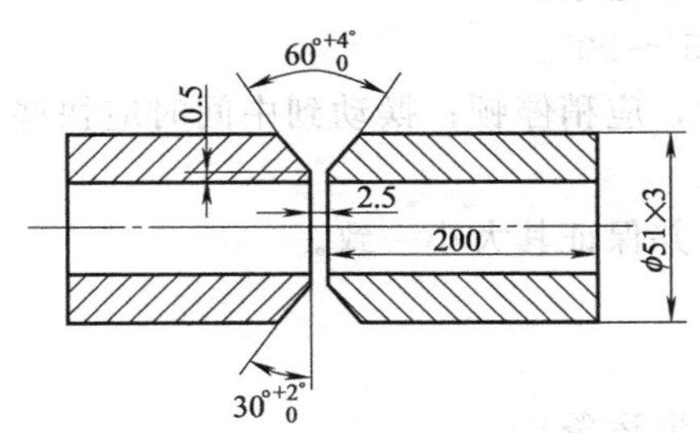

图 1-61　小直径管坡口加工及组装

④ 辅助工具和量具　焊条保温筒、角向打磨机、钢丝刷、敲渣锤、样冲、划针、焊缝万能量规等。

⑤ 焊前装配定位焊　将管子内、外壁坡口两侧各 30mm 范围内的油、锈、污等仔细清理干净，并使之露出金属光泽。装配定位焊时所用的焊条与正式焊全缝用的焊条相同。定位焊时，将管件放在 50mm×

50mm×5mm等边角钢的组装定位胎上，如图1-62所示。定位焊缝不得有任何缺陷，定位焊缝长度小于或等于10mm。定位焊缝焊完后，在定位焊缝两端打磨成缓坡形，以便焊全缝时与定位焊缝熔合良好。等焊管件焊前定位焊两处，两定位焊点相距180°，正式焊接全缝的起点与两个已定位好的焊缝各相距180°。应该注意的是定位焊缝不应该焊在焊缝交叉处和管道的时钟6点处。

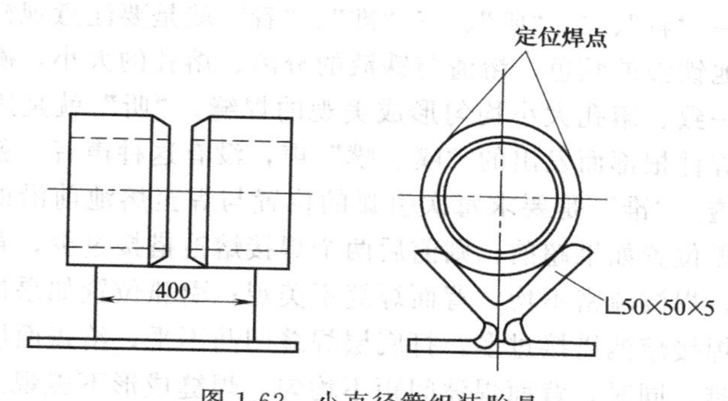

图1-62　小直径管组装胎具

(3) 焊接操作

① 焊接层次及焊接参数　ϕ51mm×3mm管对接水平滚动焊，焊缝为两层两道，如图1-63所示。小直径管水平转动焊条电弧焊焊接参数见表1-19。

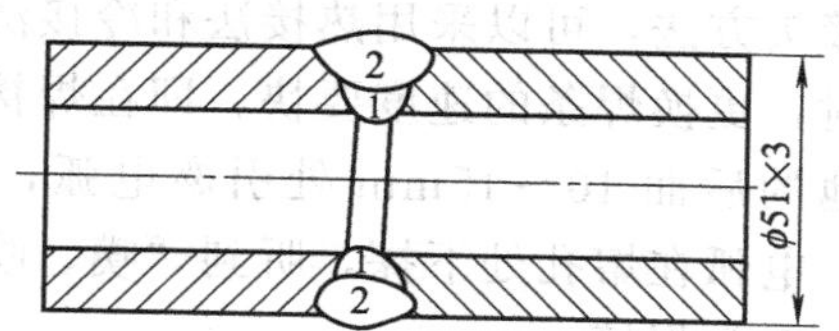

图1-63　ϕ51mm×3mm管对接水平滚动焊缝焊道分布

表1-19　小直径管水平转动焊条电弧焊焊接参数

焊层	焊条直径/mm	焊接电流/A	备注
打底层(焊缝1)	ϕ2.5	65～75	起焊点与两个定位焊点各相距180°
盖面层(焊缝2)	ϕ2.5	70～80	

② 打底层焊接　打底层焊缝焊接过程中，一只手转动管件，另一只手握焊钳，焊接电弧处在时钟的12点位置，原则上不动，管件

坡口转到时钟12点位置和焊接电弧接触便开始焊接，在整个管件坡口焊接过程中，焊钳不动，只是管件转动，而管件的转动速度即是管件坡口的焊接速度。

焊接操作手法采用断弧焊一点击穿法。当打底层焊接熔池形成后，焊接金属熔池的前沿应该能够看到“熔孔”，熔孔使坡口两侧的上坡口面各熔化掉1～1.5mm。施焊过程中，要注意掌握好三个要领，即：一“看”、二“听”、三“准”。“看”就是要注意观察熔池的形状、熔池铁液的颜色、熔渣与铁液的分离、熔孔的大小，确保熔池形状基本一致、熔孔大小均匀形成美观的焊缝。“听”就是用耳听到电弧击穿焊件根部而发出的“噗、噗”声，没有这种声音，就意味着焊件没焊透。“准”是要求每次引弧的位置与焊至熔池前沿的位置要准确，引弧位置如果超前，则前后两个焊接熔池搭接过少，背面焊波间距过大，焊波疏密不均，背面焊缝不美观；引弧位置如果拖后，则前后两个焊接熔池搭接过多，打底层焊缝凹凸不平，给盖面层焊缝焊接造成困难，同时，背面焊波间距不均匀，焊缝成形不美观。从焊缝受力状况看，后一个熔池搭接前一个熔池的2/3左右为好。

在需要更换掉焊条头而停弧时，用即将被更换掉的焊条头向熔池的后方点弧2～4下，用电弧热加温焊缝收尾处，缓慢降低熔池的温度，将收弧时产生的缩孔消除或带到焊缝表面，以便在新焊条引弧焊接时被熔化消除。

打底层焊缝接头方法，可以采用热接法和冷接法两种。

采用热接法时，更换焊条的速度要快，即在焊接熔池还呈红热状态时，立即在熔池的后面10～15mm处引燃电弧，并将电弧引至焊缝熔孔处。这时，电弧在熔孔处下探，听到“噗、噗”两声电弧击穿声即可熄弧，转入正常焊接。

冷接法是在焊前先将收弧处焊缝打磨成缓坡形状，在熔池后面10～15mm处引燃电弧，并将电弧顺着缓坡移至焊缝熔孔处。此时，电弧在熔孔处下探，听到“噗、噗”两声电弧击穿声即可熄弧，转入正常焊接。

打底层焊接采用断弧焊一点击穿法，断弧频率为50～55次/min。

③ 盖面层焊接　盖面层焊接采用连弧焊，焊条位置仍在时钟12

点位置，一手转动管件，一手握住焊把，原则上在时钟12点位置不动，转动管件，使待焊的坡口与电弧接触便开始焊接。在整个管件焊接过程中，焊钳不动，只是管件转动，而管件的转动速度即是管件坡口的焊接速度。焊接过程中采用锯齿形运条法，横向摆动要小，运条到两侧时要稍做停留，以保证焊道边缘熔合良好，防止咬边缺陷产生。采用短弧焊接，焊接速度不宜过快，以保证焊道层间熔合良好。

④ 焊缝清理 焊缝焊完后，用敲渣锤清除焊渣，用钢丝刷进一步将焊渣、焊接飞溅物等清除干净。焊缝应处于原始状态，在交付专职焊接检验前，不得对各种焊接缺陷进行修复。

1.2.10 低压管道的水平固定焊接

空压站压缩空气输送管道的安装工程，材料为Q235A的ϕ108mm×4mm管子的水平固定对接焊，焊接工艺要点如下：

① 管端坡口制备，如图1-64所示。

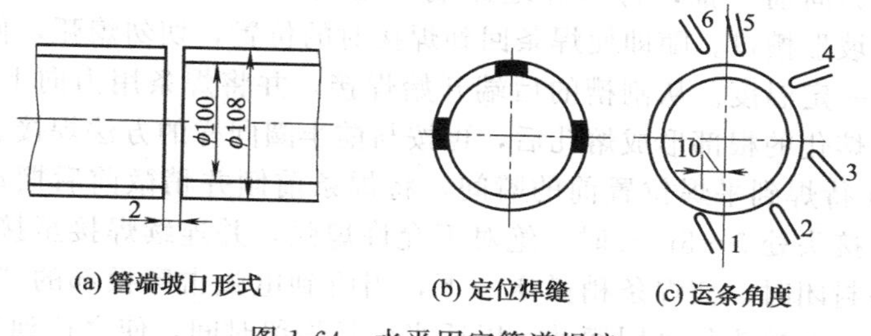

图1-64 水平固定管道焊接

② 距焊接坡口两侧各100mm的管口外壁和距坡口两侧20mm的内壁要除尽油污、漆、铁锈等。

③ 管口装配时应使错边小于2mm，并禁止强行装配。除留出对口间隙外，还应在上部间隙稍放大0.5mm作为反变形量。

④ 采用直径为3.2mm的J427焊条。焊条经350℃高温烘干2h后，放在150℃左右的烘箱内保温，随用随取。焊接电流选用90～120A。

⑤ 定位焊的数目、位置，如图1-64（b）所示。为保证质量，如发现有未焊透、裂纹等缺陷，则必须铲掉重焊。定位焊缝两头修成带缓坡的焊点，并清除熔渣、飞溅物等。

⑥ 先焊管子下部，并以垂直中心线为界分两次焊完（只需单道焊缝即可）。前半圈应从仰焊部位中心线提前10mm左右处开始，操作是从仰焊缝的坡口面上引弧至始焊处，用长弧预热，当坡口内有汗珠状铁水时，迅速压短电弧，靠近坡口边做极微小摆动，当坡口边缘之间熔化形成熔池时，即可进行不断弧焊接。焊接时，必须以半击穿焊法运条，将坡口两侧熔透造成反面成形。并按仰、仰立、立、斜平及平焊顺序将半个圆周焊完。应在超过水平最高点10mm处熄弧。焊接时的运条角度如图1-64（c）所示。焊接过程中应注意焊缝表面成形呈圆滑过渡，并有适当余高。

⑦ 当运条至定位焊缝一端时，可用电弧熔穿根部，使其熔合良好。当运条至定位焊缝另一端时，焊条在焊接处稍停一下，使之熔合良好。

⑧ 后半圈起焊时，首先用长弧预热接头部分（前半圈起焊），待接头处熔化时，迅速将焊条转成水平位置，用焊条端头对准熔化铁水，用力向前一推，将原焊缝保端头熔化的铁水推掉10mm左右，形成缓坡形槽口。随即使焊条回到焊接时的位置，切勿熄弧，使原焊缝保持一定温度。从割槽的后端开始焊接，并将焊条用力向上一顶，以击穿熔化的根部形成熔孔后，再按与前半圈同样的方法焊接。

⑨ 待焊到平焊位置前的瞬间，将焊条前倾并稍微前后摆动，当运条距接头处3～5mm时，绝对不允许熄弧，并连续焊接至接头点。在接头封闭时，使焊条稍微压一下，当听到电弧击穿根部的“啪嗞”声后，应在接头处来回摆动，以适当延长停留时间，使之达到充分熔合。熄弧前，必须将弧坑填满。

1.2.11 板-管（板）T形接头、垂直俯位焊（骑座式）管-板角接单面焊双面成形

(1) 焊前准备

① 焊件材料牌号　20钢。

② 焊件及坡口尺寸　如图1-65所示。

③ 焊接位置　垂直俯位。

④ 焊接要求　单面焊双面成形，焊脚≥8^{+3}_{0}mm。

⑤ 焊条　E5015（E4315）。

⑥ 焊机　ZX5-400 或 ZX7-400。

⑦ 坡口清理　焊前必须严格清理干净管子坡口的内外壁及板孔内外壁周围 20mm 范围内的油锈、氧化皮等，直至露出金属光泽；在焊接下一层焊缝前，要将前一层焊缝的熔渣及飞溅物等清理干净，接头处修磨平整。坡口的清理工具一般用钢丝刷、砂布、砂轮机、錾子等。

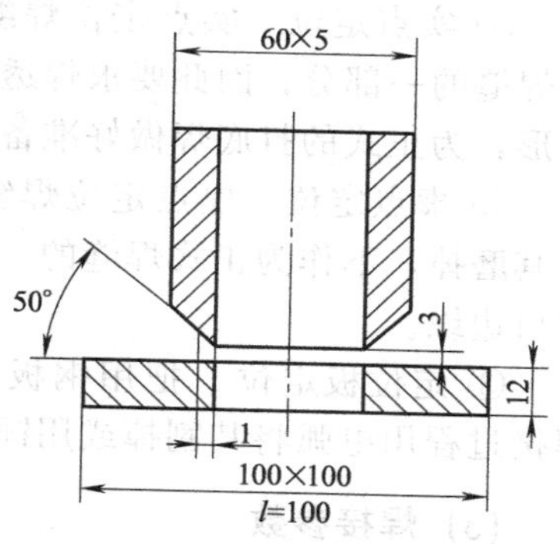

图 1-65　焊件及坡口尺寸

(2) 焊件的装配和定位焊

焊件装配时，焊缝间隙为 3～4mm，错边量≤0.5mm，管子应与孔板相垂直，采用正式焊接时用的焊条进行定位焊，定位焊缝的长度为 10～15mm。

定位焊有一点定位和两点定位两种形式，如图 1-66 所示。另外，定位焊方式有实点定位、虚点定位和定位板定位三种，如图 1-67 所示。

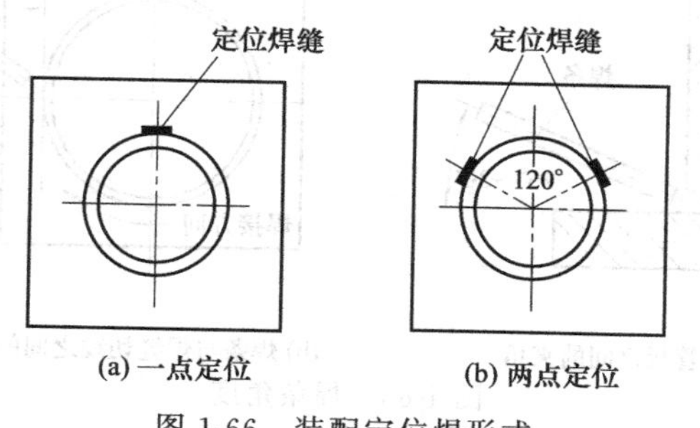

图 1-66　装配定位焊形式

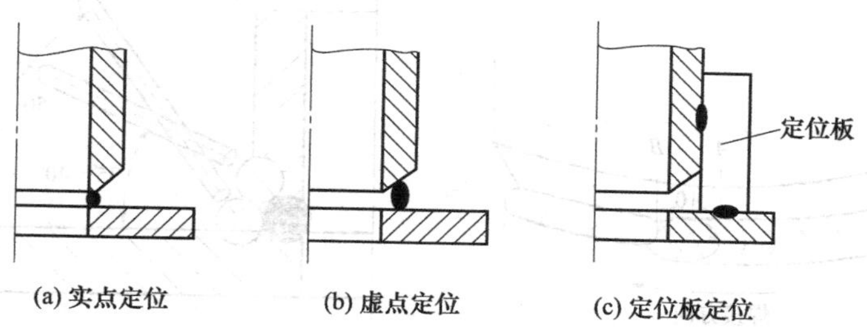

图 1-67　装配定位焊方式

① 实点定位　实点定位焊缝在焊接时，留在焊道之中，作为正式焊缝的一部分，因此要求焊透且无缺陷，并将定位焊缝两端修磨成坡形，为正式的打底焊做好准备。

② 虚点定位　虚点定位焊缝只起临时定位作用，正式焊接时要将其磨掉，不作为正式焊缝的一部分。因此要求定位焊时，不得损坏坡口边缘。

③ 定位板定位　把用钢板制作的定位板焊在焊件的管、板上。焊接过程用电弧将其割掉或用锤将其打掉。

(3) 焊接参数

焊接参数见表 1-20。

表 1-20　骑座式管板焊接参数

焊接层次	焊条直径/mm	焊接电流/A
打底焊(共 1 道)	2.5	70～80
盖面焊(共 2 道)	3.2	100～120

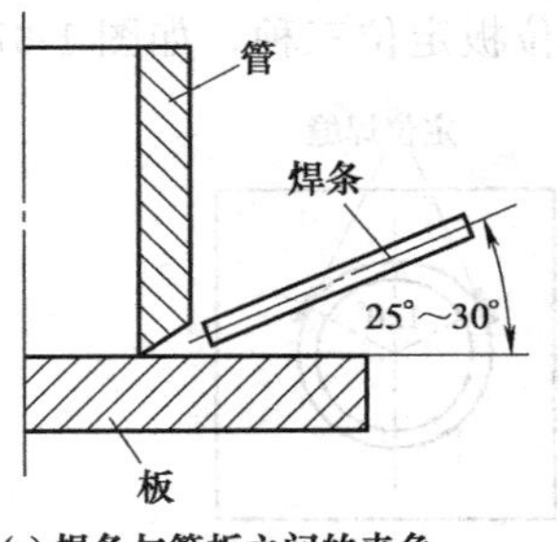

(a) 焊条与管板之间的夹角

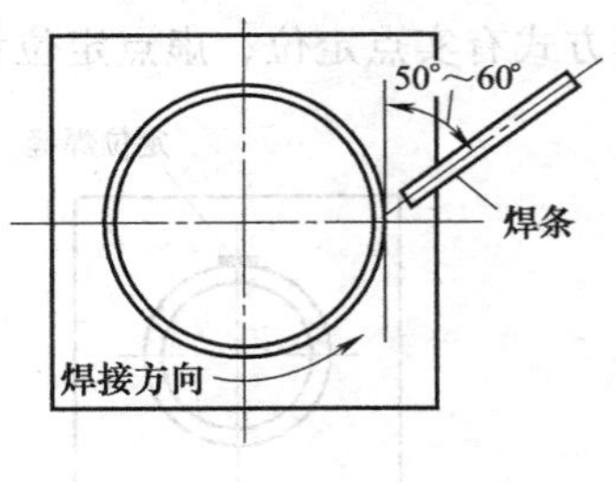

(b) 焊条与焊缝切线之间的夹角

图 1-68　焊条角度

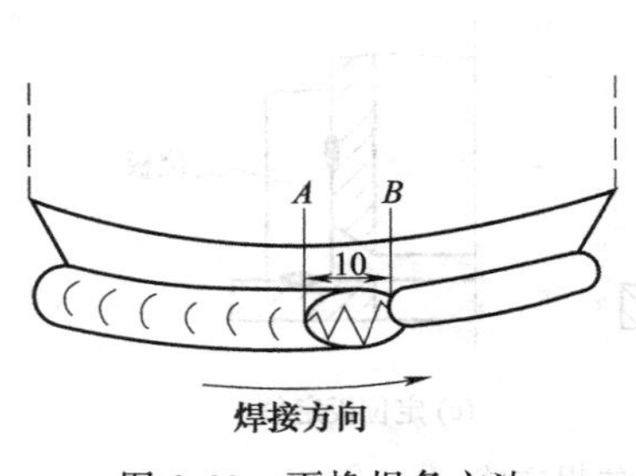

图 1-69　更换焊条方法

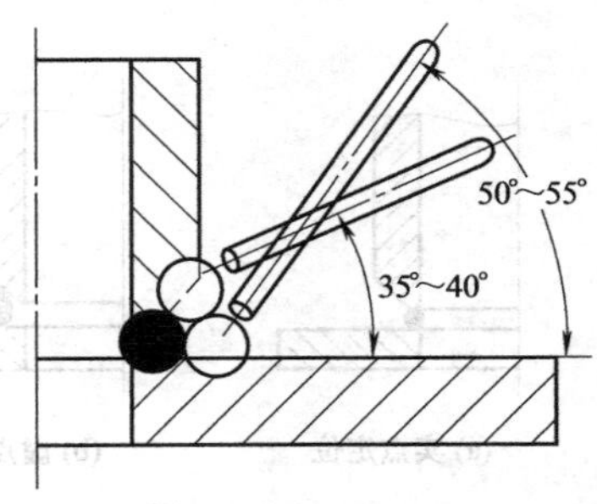

图 1-70　盖面层焊条角度

(4) 操作要点及注意事项

本实例管-板角接的难度在于施焊空间受工件形式的限制，接头没有对接接头大，又由于管子与孔板厚度的差异，造成散热不同，熔化情况也不同。焊接时除了要保证焊透和双面成形外，还要保证焊脚高度达到规定要求的尺寸，所以它的相对难度要大，但目前生产中却未对这种接头形式重视起来，主要是因为它的检测手段尚不完善，只能通过表面探伤及间接金相抽样来检测，不能对产品上焊缝进行100%射线探伤，所以焊缝内部质量不太有保证。

① 打底焊 应保证根部焊透，防止焊穿和产生焊瘤，打底焊道采用连弧法焊接，在定位焊点相对称的位置起焊，并在坡口内的孔板上引弧，进行预热，当孔板上形成熔池时，向管子一侧移动，待与孔板熔池相连后，压低电弧使管子坡口击穿并形成熔孔，然后采用小锯齿形或直线形运条进行正常焊接，焊条角度如图1-68所示。焊接过程中焊条角度要求基本保持不变，运条速度要均匀平稳，电弧在坡口根部与孔板边缘应稍做停留，应严格控制电弧长度（保持短弧），使电弧的1/3在熔池前，用来击穿和熔化坡口根部；2/3覆盖在熔池上，用来保护熔池，防止产生气孔。并要注意熔池温度，保持熔池形状和大小基本一致，以免产生未焊透、内凹和焊瘤等缺陷。

当每根焊条即将焊完时，应向焊接相反方向回焊10～15mm，并逐渐拉长电弧至熄灭，以消除收尾气孔或将其带至表面，以便在换焊条后将其熔化。接头尽量采用热接法，如图1-69所示，即在熔池未冷却前，在A点引弧，稍做上下摆动移至B点，压低电弧，当根部击穿并形成熔孔后，转入正常焊接。

接头处应先将焊缝始端修磨成斜坡形，待焊至斜坡前沿封闭时，压低电弧，稍做停留，然后恢复正常弧长，焊至与始焊缝重叠约10mm处，填满弧坑即可熄弧。

② 盖面焊 盖面层必须保证管子不咬边，焊脚对称。盖面层采用两道焊，后道焊缝覆盖前一道焊缝的1/3～2/3，应避免在两焊道间形成沟槽和焊缝上凸。盖面层焊条角度如图1-70所示。

1.2.12 板-管（板）T形接头、骑座式水平固定焊、单面焊双面成形

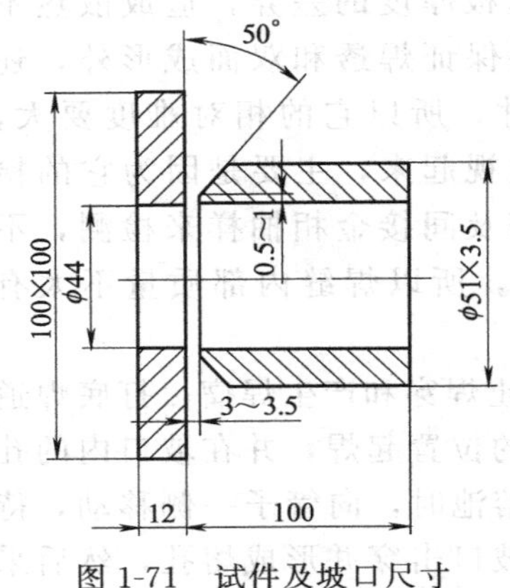

图 1-71 试件及坡口尺寸

(1) 试件尺寸及要求

① 试件材料牌号 20 钢。

② 试件及坡口尺寸 见图 1-71。

③ 焊接位置 水平固定。

④ 焊接要求 单面焊双面成形。$K=S+(3\sim6\text{mm})$。

⑤ 焊接材料 E4303，150～200℃烘干，保温 1～2h。

⑥ 焊机 BX3-300。

(2) 试件装配

1）钝边 0.5～1mm。

2）除垢 清除坡口范围内及两侧 20mm 的油、锈及其他污物，至露出金属光泽。

3）装配

① 装配间隙为 3～3.5mm。

② 定位焊：采用与焊接试件相同牌号的焊条进行定位焊，定位焊位置在时钟 3 点与 9 点处，焊点长度为 10mm 左右，点焊焊缝厚度为 2～3mm，并需焊透和无缺陷，其两端应预先打磨或铣削成斜坡，以便接头。

③ 试件装配错边量≤0.35mm。

④ 管子应与管板相垂直。

(3) 焊接参数

焊接参数见表 1-21。

表 1-21 焊接参数

焊接层次	焊条直径/mm	焊接电流/A
打底道	2.5	85～90
盖面焊	3.2	110～120

(4) 操作要点及注意事项

管板水平固定焊环形焊缝，旋焊时分两个半圈，各两层，每半圈

都存在仰、立、平三种不同位置的焊接。

1）打底焊 打底层的焊接，可以采用连弧焊手法，也可采用断弧焊手法进行。

① 在仰焊6点钟位置前5～10mm处的坡口内引弧，焊条在坡口根部管与板之间做微小横向摆动，当母材熔化铁水与焊条熔滴连在一起后，第一个熔池形成，然后进行正常手法的焊接。

② 连弧焊采用月牙形或锯齿形运条方法。

③ 因管与板厚度差较大，故焊接电弧应偏向孔板，使管、板温度均匀，并保证板孔边缘熔化良好。一般焊条与孔板的夹角为15°～20°，与焊接前进方向的夹角随着焊接位置的不同而改变。

④ 当采用断弧焊时，灭弧动作要快，不要拉长电弧，同时灭弧与接弧的时间间隔要短，灭弧频率为50～60次/min。每次重新引燃电弧时，焊条中心要对准熔池前沿焊接方向的2/3处，每接弧一次，焊缝增长2mm左右。

⑤ 焊接时，电弧在管和板上要稍做停留，并在板侧的停留时间要长些。

⑥ 焊接过程中，要使熔池的形状和大小保持基本一致，使熔池中的铁水清晰明亮，熔孔始终深入每侧母材0.5～1mm。同时应始终伴有电弧击穿根部所发出的“噗、噗”声，以保证根部焊透。

⑦ 与定位焊缝接头：当运条到定位焊缝根部时，焊条要向管内压一下，听到“噗、噗”声后，连弧快速运条到定位焊缝另一端，再次将焊条向下压一下，听到“噗、噗”声后稍做停留，恢复原来的操作手法。

⑧ 收弧时，将焊条逐渐引向坡口斜前方，或将电弧往回拉一小段，再慢慢提高电弧，使熔池逐渐变小，填满弧坑后熄弧。

⑨ 更换焊条时接头：

热接：当弧坑尚保持红热状态时，迅速更换焊条后，在熔孔下面10mm处引弧，然后将电弧拉到熔孔处，把焊条向里推一下，听到“噗、噗”声后，稍做停顿，恢复原来的手法焊接。

冷接：当熔池冷却后，必须将收弧处打磨出斜坡方向接头；更换焊条后在打磨处附近引弧，运条到打磨斜坡根部时，把焊条向里推一下，听到“噗、噗”声后，稍做停留，恢复原来手法焊接。

⑩ 后半圈的焊接方法与前半圈基本相同，但需在仰焊接头和平焊接头处多加注意。

一般在上、下两接头处，均打磨出斜坡，引弧后在斜坡后端起焊，运条到斜坡根部时，焊条向上顶，听到“噗、噗”声后，稍做停顿，再进行正常手法焊接。当焊缝即将封闭收口时，焊条向下压一下，听到“噗、噗”声后，稍做停留，然后继续向前焊接 10mm 左右，填满弧坑，收弧。

2）盖面焊

① 清除打底焊道熔渣，特别是死角。

② 盖面层焊接，可采用连弧手法或断弧手法施焊。

③ 连弧焊时，采用月牙形横拉短弧施焊。在仰焊部位前 10mm 左右焊脚处引弧后，使熔池呈椭圆形，上、下轮廓线基本处于水平位置，焊条摆动到管与板侧时要稍做停留，而且在板侧停留的时间要长些，以避免咬边。焊条与孔板的夹角从仰焊部位的 45°逐渐过渡到平焊部位的 60°左右，焊接前进方向夹角随焊接位置不同而改变。焊缝收口时要填满弧坑，收弧。

④ 断弧焊时，在仰焊部位前 10mm 左右的第一道焊缝上引弧，将铁水从管侧带到钢板上，向右推铁水，形成第一个浅的熔池，以后都是从管向板做斜圆圈运条，电弧在板侧停留时间稍长些。当焊至上坡焊时，电弧从钢板向管侧做斜圆圈形运条。焊缝收口时，要和前半圈收尾焊道吻合好，并在填满坑后收弧。

1.2.13 中厚板的板-板对接、V 形坡口、平焊或横焊位置的双面焊（碳弧气刨清根）

本例实际包含平焊与横焊两种位置的双面焊。有关这两种焊接位置的操作技能已在 1.2.5 节及 1.2.6 节中详述，所以本例内容仅在上述基础上增加了反面刨槽技术，却降低了对打底缝的要求。因为刨槽时，不管打底焊道是否有缺陷存在，都将被铲除干净，增加了刨槽技能的要求，换句话说就是要刨除打底层焊缝根部的缺陷和达到要求的刨槽尺寸。

(1) 平焊的双面焊技术

1）平焊正面焊缝的焊接　试件的尺寸和要求、试件的装配要求、正面焊缝的焊接参数、操作要点及注意事项，详见 1.2.5 节。

2）封底焊

① 反面刨槽技术：

a. 刨槽要求：槽宽 8～10mm，刨槽深度一般以刨除打底焊道为准，或以刨除底层焊缝缺陷（如气孔、夹渣、未焊透等）为准。

b. 刨槽工艺参数见表 1-22。

表 1-22　气刨工艺参数

碳棒直径 /mm	电流 /A	刨槽速度 /(cm/s)	电源极性	伸出长度 /mm	刨削倾角	空气压力 /MPa
6	270～320	1～1.2	反接	80～100	30°～45°	0.5～0.55
8	360～400	1.5～1.6	反接	80～100	30°～45°	0.5～0.55

c. 操作要领：

准：刨槽的准线要看准，深度要掌握准。

稳：手把要平稳，保持电弧稳定，刨槽速度要均匀。

正：碳棒要夹正，其中心线应与刨槽中心线对正。

刨完槽后，应铲除粘渣，刷除铜斑，检查质量，如是否有夹渣、焊缝根部缺陷未刨除干净等。

② 平焊封底焊焊接参数见表 1-23。

③ 封底焊操作要点：第 1 层采用直线运条法，若遇到刨槽较宽处可做摆动，并使焊缝高度低于母材 0.5～1mm；盖面层采用锯齿形或月牙形运条法，注意与刨槽边缘的熔合情况，防止产生咬边、夹渣、未熔合等缺陷。

(2) 横焊的双面焊技术

① 横焊正面焊缝的焊接同 1.2.6 节。

② 封底焊：

表 1-23　平焊封底焊焊接参数

焊条型号	焊接层次	焊条直径 /mm	焊接电流 /A	电源极性	焊接次序示意图
E5015	1	3.2	110～120	直流反接	2 1
	2	4	140～160	直流反接	

a. 反面刨槽技术见本节前述内容。

b. 横焊封底焊焊接参数见表 1-24。

表 1-24 横焊封底焊焊接参数

焊条型号	焊条直径/mm	焊接电流/A	电源极性
E5015	3.2	120～125	直流反接

c. 操作方法基本与横焊时的填充层方法相同，但应特别注意与坡口上侧熔合情况，防止因温度过高而产生咬边和焊瘤等缺陷。

1.2.14 大直径管对接、U 形坡口、垂直固定焊、单面焊双面成形

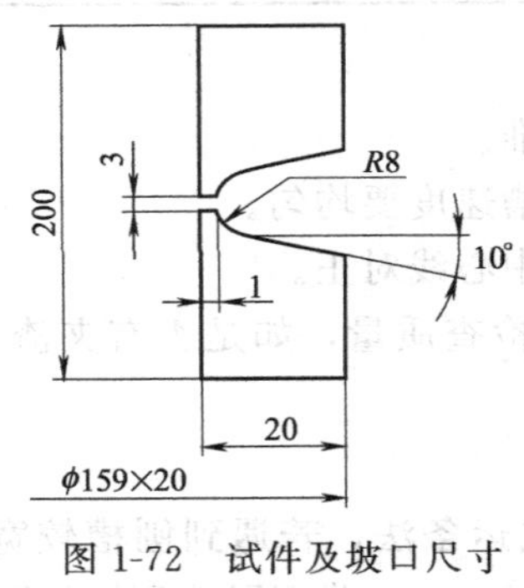

图 1-72 试件及坡口尺寸

(1) 试件尺寸及要求

① 试件材料牌号 20 钢。

② 试件及坡口尺寸 见图 1-72。

③ 焊接位置 垂直固定。

④ 焊接要求 单面焊双面成形。

⑤ 焊接材料 E4303，150～200℃烘干，保温 1～2h。

⑥ 焊机 BX3-300。

(2) 试件装配

1）钝边 1mm。

2）除垢 清除坡口及两侧 20mm 范围内的油、锈及其他污物，至露出金属光泽。

3）装配 将试件置于装配胎具上进行定位焊接。

① 装配间隙为 3mm。

② 定位点焊：三点定位，其相对位置见图 1-73，采用与焊接试件相同牌号的焊条进行定位焊，焊点长度为 10～15mm，厚度为 3～4mm，点焊于坡口内，并需焊透和无缺陷，其两端应预先打磨或锉削成斜坡，以便接头。

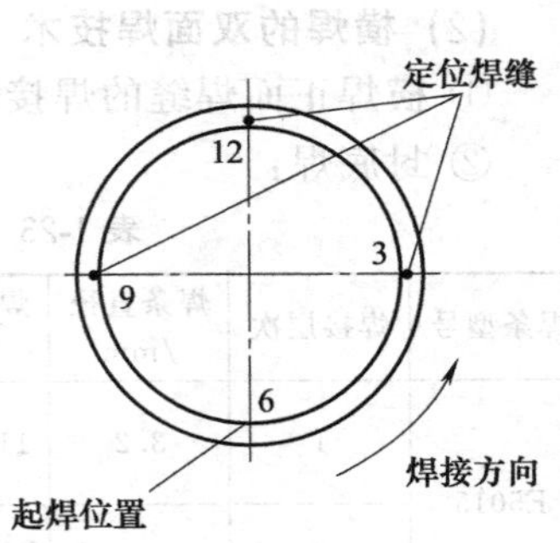

图 1-73 定位焊缝位置

③ 试件错边量≤2mm。

(3) 焊接参数

焊接参数见表 1-25。

表 1-25　焊接参数

焊接层次	焊条直径/mm	焊接电流/A
打底焊	2.5	80～85
填充焊	3.2	110～120
盖面焊	3.2(4)	110～120(170～180)

(4) 操作要点及注意事项

大管子垂直固定焊接的要领基本与板状试件横焊相同，不同的是管子有弧度，焊条需沿管子圆周转动。

1) 打底焊　打底层的焊接，可采用连弧焊手法，也可采用断弧焊手法进行。

① 如图 1-73 所示，在起始焊接位置坡口上侧引弧，然后向管子的下坡口移动，待坡口两侧熔合后，焊条向根部下压，并稍做停顿，听到电弧击穿根部的“噗、噗”声，钝边每侧应熔化 0.5～1mm，形成熔孔。

② 焊条与管子下侧的夹角为 80°～85°，与管切线前进方向的夹角为 70°～75°。

③ 焊接方向为从左向右，采用锯齿形或斜椭圆形运条，并保持短弧施焊。

④ 焊条在坡口两侧停留时间，在上坡口应比下坡口长些，以防熔池金属下坠。焊接电弧的 1/3 保持在熔池前，用来熔化和击穿坡口根部，而 2/3 覆盖在熔池上，并保持熔池形状大小一致，熔池铁水清晰明亮。

⑤ 当采用断弧焊时，应逐点将铁水送到坡口根部，迅速向侧后方灭弧。灭弧时间间隔要短，动作干净利落，不拉长弧，灭弧频率以 70～80 次/min 为宜。接弧位置要准确，每次接弧时焊条中心要对准熔池的 2/3 左右处，使新熔池覆盖前一个熔池 2/3 左右。

⑥ 与定位焊缝的接头：运条到定位焊缝根部时，焊条要前顶一下，听到“噗、噗”击穿声后，稍做停留，然后运条到定位焊缝另一端再

次向下压一下，听到击穿声后稍做停留，再恢复到原来的操作手法。

⑦ 收弧时焊条前项，待熔孔稍微增大后向后上方带弧 10mm 再熄弧。使熔池缓慢冷却，以防背面出现冷缩孔，并形成一个斜坡，以便接头。

⑧ 更换焊条时接头：有热接和冷接两种，其操作手法基本与 1.2.12 节相同。

⑨ 焊缝收口方法：当焊条接近始焊端接头时，焊条向前顶一下，让电弧击穿坡口根部，听到“噗、噗”声后稍做停顿，然后继续向前施焊 10mm 左右，填满弧坑后收弧。

⑩ 打底焊道上部不得有夹角，下部不得有未熔合缺陷。

2）填充焊　采用多层多道焊，必须认真清除各焊层间和焊道间的熔渣和飞溅物，修平凹凸处再进行填充层的焊接。

运条方法可采用直线运条法。焊条与下管侧的夹角随焊层和焊道次序不同而变，保证熔化铁水不下淌，与管子切线的焊接前进方向夹角为 80°～85°。焊接时后一焊道施焊时的电弧中心应对准前一焊道的上侧边沿。

两条焊道的起焊部位应错开。

接头时，必须在熔池前 10mm 处引弧，然后将电弧拉回至熔池后再进行焊接。

填充焊缝应保持表面平整，整个填充层厚度应低于母材表面 1.2～2mm，并不得熔化坡口上下两侧棱边。

3）盖面焊　在盖面焊接前，应仔细清除填充层的熔渣、飞溅物，应特别注意死角。

整个盖面层采用四条焊道，运条方法为直线运条，自左向右、自下而上进行焊接。各条焊道的接头部位应错开。后面焊道应覆盖前面焊道 1/3～1/2。第一条焊道以熔化下侧坡口边缘 1～2mm 为宜，同样最后第四条焊道也以熔化上侧坡口边缘 1～2mm 为宜。

接头方法同前。收弧时必须填满弧坑。

1.2.15 大直径管对接、U 形坡口、水平转动焊、单面焊双面成形

(1) 试件尺寸及要求

① 试件材料牌号　20 钢。

② 试件及坡口尺寸 见图1-74。

③ 焊接位置 管子水平转动。

④ 焊接材料 E5015（E4315）。

⑤ 焊机 ZX5-400或ZX7-400。

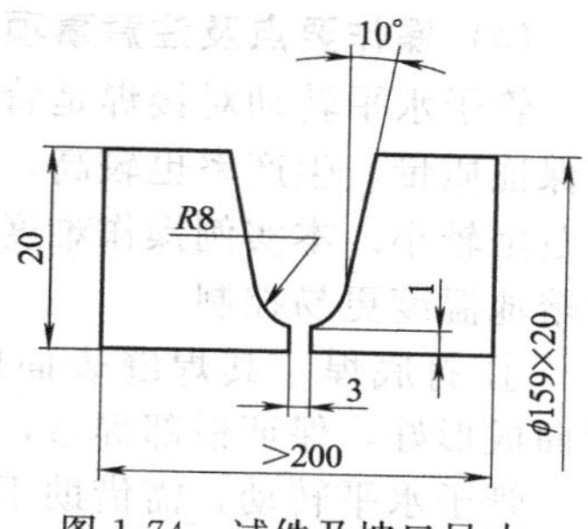

图1-74 试件及坡口尺寸

(2) 试件装配

1）除垢 清除管子坡口面及其端部内外表面两侧20mm范围内的油、锈及其他污物，至露出金属光泽。

2）装配 置试件于图1-75所示的装配胎具上进行装配、点焊。

① 装配间隙为3mm，钝边为1mm。

② 定位焊：两点定位，如图1-76所示，采用与试件相同牌号的焊条进行定位焊，焊点长度为10～15mm，点焊缝应保证焊透和无缺陷，其两端应预先打磨成斜坡以便接头。

③ 错边量≤2mm。

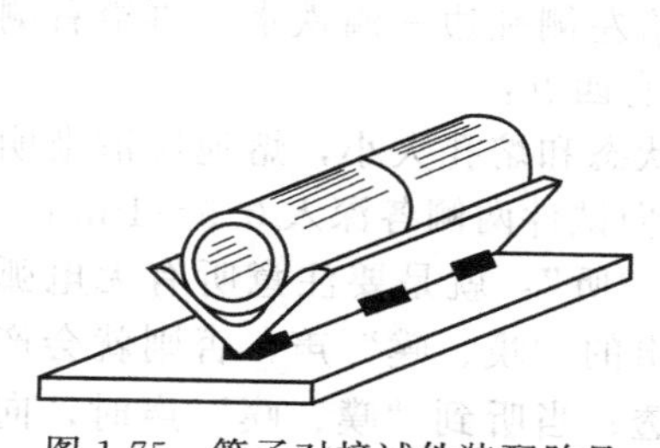
图1-75 管子对接试件装配胎具

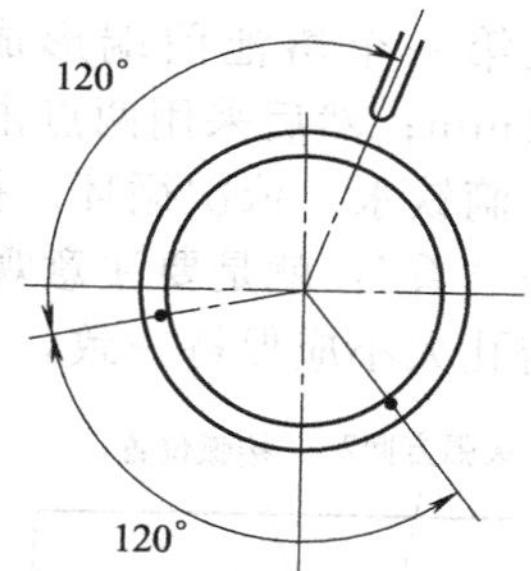

图1-76 起焊时定位焊缝位置

(3) 焊接参数

焊接参数见表1-26。

表1-26 大直径管水平转动焊接参数

焊接层次	焊条直径/mm	焊接电流/A
打底焊	3.2	70～90
填充焊	4	130～160
盖面焊	4	160～200

(4) 操作要点及注意事项

管子水平转动对接焊是管子对接焊中最易操作的一种焊接位置，易保证质量，生产率也较高，但它受工件形式和施工条件的限制，应用范围较小。本实例操作难度不大，还在于它的管径和壁厚较大，故其熔池温度更易控制。

① 打底焊　其焊缝表面应平滑，不能过高或在两侧形成沟槽，背面成形好，保证根部焊透，防止烧穿和产生焊瘤。

管子水平转动，需借助于可调速的转动装置或手动转动装置来实现，以保证管子外壁的线速度与焊接速度相同。施焊时，定位焊缝应放置在图 1-76 所示位置，焊接位置应为上坡焊（通常位于时钟 1 点 30 分位置），因它具有立焊时铁水与熔渣容易分离的优点，又有平焊时易操作的优点。

打底焊道可采用连弧法也可采用断弧法焊接，本实例采用断弧两点击穿法：先在坡口内引弧，并用长弧对始焊部位稍加预热，然后压低电弧，使焊条在两钝边间做轻微摆动；当钝边熔化的铁水与焊条金属熔滴连在一起，并听到“噗、噗”声时，形成第一个熔池后灭弧，这时在第一个熔池前端形成熔孔，并使其向坡口根部两侧各深入 0.5～1mm；然后采用两点击穿法，给左侧钝边一滴铁水，再给右侧钝边一滴铁水，依次循环。操作要领有四点：

一“看”：就是要注意观察熔池状态和熔孔大小，熔池应清晰明亮，熔孔大小应保持一致，并使熔孔向试件两侧各深入 0.5～1mm。

二“听”：就是要注意听有无电弧击穿发出的“噗、噗”声，否则就会产生未焊透；当听到“噗、噗”声时，向熔池后方迅速灭弧，灭弧要干脆利落，不要拉长弧，这样才能保护熔池，减少产生气孔的机会。

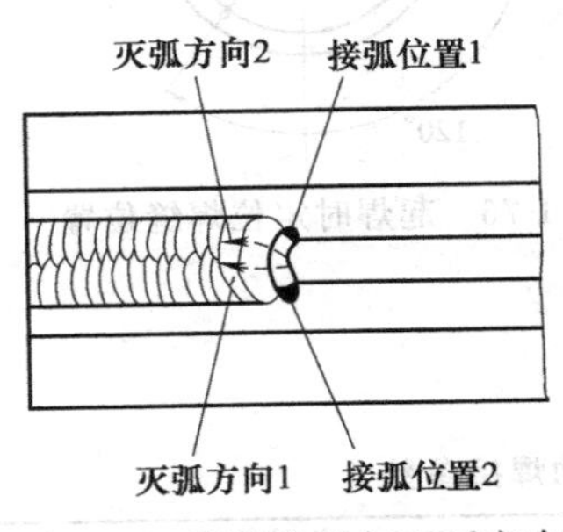

图 1-77　接弧位置与灭弧方向

三“准”：就是接弧位置要准确，每次接弧时的焊条中心都要对准熔池前端与母材交界处，见图 1-77。

四“短”：就是灭弧与接弧的时间间隔要短，否则易产生冷缩孔和熔合不良；灭弧频率以 50～60 次/min 为宜。

中间更换焊条的接头方法与连弧时基本相同，参照1.2.5节。

打底焊缝接头的封闭方法：应将焊缝的始端打磨成斜坡，当与焊缝末端封闭时，将电弧稍向坡口内压送，并稍做停顿，待根部熔透超过焊缝约10mm，填满弧坑熄弧。

② 填充焊　其操作要点基本与1.2.5节所述的填充焊方法相同，由于本试件厚度较大，焊接层数和道数较多，因此必须认真清除焊层间与焊道间的熔渣和飞溅物，修平凹凸处与接头处的缺陷。运条方法可采用月牙形运条，焊条摆动到坡口两侧时，要稍做停顿。整个填充层焊缝高度应低于母材，最好略呈凹形，以利盖面层焊接。

③ 盖面焊　其操作要点也基本与1.2.5节所述的盖面方法相同，为使盖面层成形美观，也可采用下坡焊的方法进行。

1.2.16 中厚板异种钢的板-板对接、立焊位、单面焊双面成形

(1) 试件尺寸及要求

① 试件材料牌号　Q235＋07Cr19Ni11Ti。

② 试件及坡口尺寸　见图1-78。

③ 焊接要求　单面焊双面成形。

④ 焊接材料　E309-16焊条，$\phi 2.5$mm、$\phi 3.2$mm。

⑤ 焊机　ZX5-400。

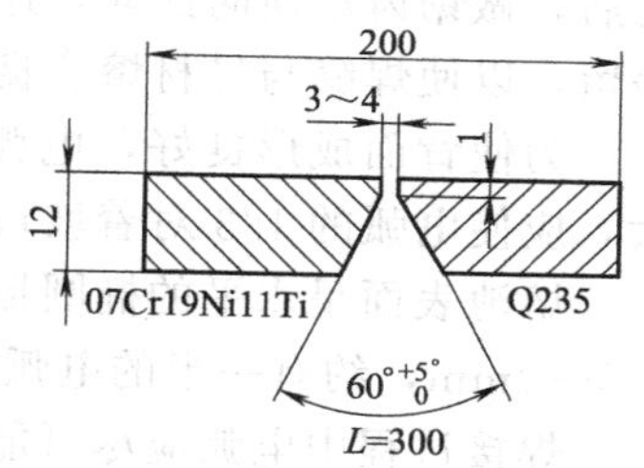

图1-78　试件及坡口尺寸

(2) 试件装配

1）钝边　约为1mm。

2）除垢　清除坡口及其两侧内外表面20mm范围内的油、锈及其他污物，至露出金属光泽。

3）装配

① 始端装配间隙为3mm，终端为4mm。

② 采用E309-16、$\phi 2.5$mm焊条进行定位焊，定位焊于坡口反面两端，焊点长度在15mm左右。并将试件与焊缝坡口垂直固定于焊接架上。

③ 预置反变形量为4°～5°。

④ 试件错边量应≤1mm。

(3) 焊接参数

焊接参数如表 1-27 所示。

表 1-27 焊接参数

焊接层次（道）	焊条直径/mm	焊接电流/A	焊接层次（道）	焊条直径/mm	焊接电流/A	焊接层次（道）	焊条直径/mm	焊接电流/A
打底焊(1)	2.5	65～75	填充焊(2、3)	3.2	90～100	盖面焊(4)	3.2	100～110

(4) 操作要点及注意事项

为了不使接头焊缝内出现脆硬马氏体，应采用小电流短弧焊，横向摆动幅度不宜过大，以使熔合比控制在 40%以下。分四层四道进行焊接。

1）打底焊

① 在下部定位焊缝上面 10～20mm 处引弧，并迅速向下拉至定位焊缝上，预热 1～2s 后，开始摆动向上运动，到下部定位焊缝上端时，稍加大焊条角度，并向前送焊条压低电弧，当听到击穿声形成熔孔后，做锯齿形横向摆动，连续向上焊接，施焊时，电弧在两侧稍做停留，以使焊缝与母材熔合良好。

为使背面成形良好，电弧应短，运条速度要均匀，间距不宜过大，应使电弧的 1/3 对着坡口间隙，2/3 覆盖于熔池上，形成熔孔。

熔池表面呈水平的椭圆形较好，这时的焊条末端距离试件底平面 1.5～2mm，约有一半的电弧在间隙后面燃烧。

焊接过程中电弧应尽可能短，以防产生气孔。更换焊条时，电弧应向左下或右下方回拉 10～15mm，并将电弧迅速拉长至熄灭，以避免出现弧坑缩孔，并形成斜坡以利接头。

② 接头不当时易产生凹坑、凸起、焊瘤等缺陷。接头方法有热接法和冷接法。

采用热接法时更换焊条要迅速，在熔池还处于红热状态下时，以比正常焊条角度大 10°的角度，在熔池上方约 10mm 一侧坡口面上引弧，引燃电弧后拉回原弧坑进行预热，然后稍做横向摆动向上施焊，并逐渐压低电弧，待填满弧坑移至熔孔时，将焊条向试件背面压送，并稍做停留，当听到击穿声形成新熔孔后，即可向上按正常方法施焊。

采用冷接法时需将收弧处焊缝修磨成斜坡，再按热接法操作。

打底层焊道正面应平整，避免两侧产生沟槽。

2）填充焊　分两层两道进行施焊。填充焊前应清除焊渣与飞溅物，将凹凸不平处修磨平整。施焊时的焊条下倾角度应比打底焊时小10°～15°，以防熔化金属下淌，另外焊条的摆动幅度应随着坡口的增宽而稍加大。

整个填充焊缝应低于母材表面1～1.5mm，并使其表面平整或呈凹形，以利盖面层施焊。

3）盖面焊　盖面焊的关键是要保证焊缝表面成形尺寸和熔合情况，防止产生咬边和接头不良。

施焊时的焊条角度、运条方法均同填充焊，但摆动幅度应宽，在两侧应将电弧进一步压低，并稍做停留，摆动的中间速度应稍快，以防止产生焊瘤。

1.2.17 小直径薄壁管对接、水平固定焊、单面焊双面成形

（1）试件尺寸及要求

① 试件材料牌号　20钢。

② 试件及坡口尺寸　见图1-79。

③ 焊接位置　水平固定。

④ 焊接要求　单面焊双面成形。

⑤ 焊接材料　E4303焊条，ϕ2.5mm。

⑥ 焊机　BX3-300。

（2）试件装配

1）钝边　为0.5～1mm。

2）除垢　清除坡口及其两侧内外表面20mm范围内的油、锈及其他污物，至露出金属光泽。

3）装配

① 装配间隙为2.5～3mm。

② 如图1-80所示两点定位，定位

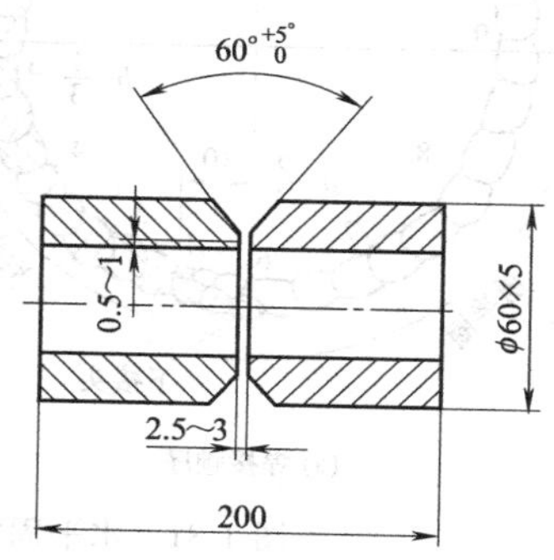

图1-79　试件及坡口尺寸

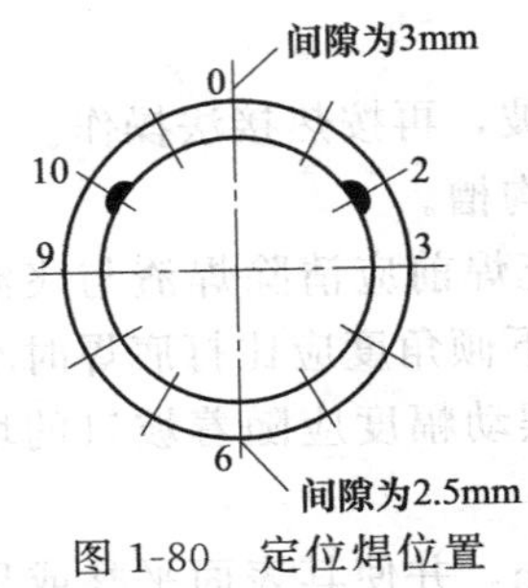

图 1-80　定位焊位置

焊用焊接材料与试件相同，焊点长度约为10mm，要求焊透并不得有焊接缺陷，焊点两端用角向磨光机打磨出斜坡，以利接头。

③ 试件错边量应≤0.5mm。

(3) 焊接参数

焊接参数如表 1-28 所示。

表 1-28　焊接参数

焊接层次	焊条直径/mm	焊接电流/A	电弧电压/V	焊接层次	焊条直径/mm	焊接电流/A	电弧电压/V
打底焊	2.5	75～80	22～26	盖面焊	2.5	70～75	22～26

(4) 操作要点及注意事项

采用两层两道焊，分两个半圈进行施焊。

1）打底焊　打底焊可采用连弧焊手法，也可以采用断弧焊手法。运条方法采用月牙形或横向锯齿形运条。

① 操作要点：焊接时的焊条角度及施焊顺序如图 1-81 所示。

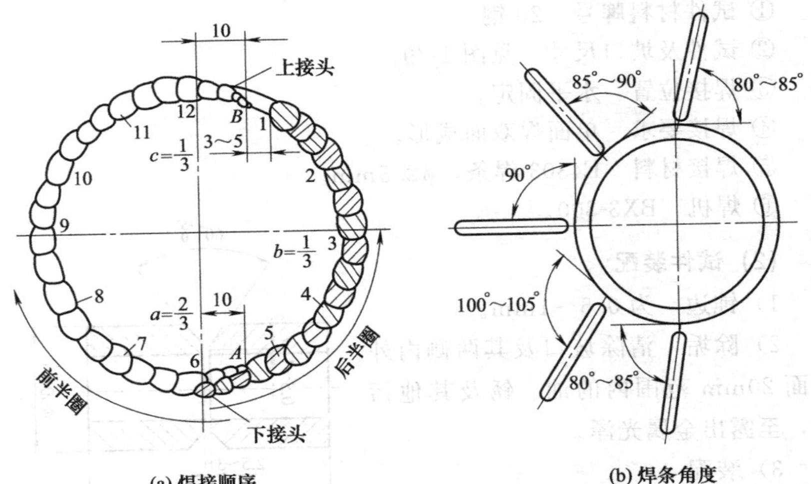

图 1-81　水平固定管子的焊接顺序及焊条角度

$a \sim c$—弧柱穿透管子背面长与弧柱全长之比

a. 引弧及起焊：在图1-81所示A点坡口面上引弧至间隙内，使焊条在两钝边做微小横向摆动，当钝边熔化铁液与焊条熔滴连在一起时，焊条上送，此时焊条端部到达坡口底边，整个电弧的2/3将在管内燃烧，并形成第一个熔孔。

b. 仰焊及下爬坡部位的焊接：应压住电弧做横向摆动运条，运条幅度要小，速度要快，焊条与管子切线倾角为80°～85°；随着焊接向上进行，焊条角度变大，焊条深度慢慢变浅；在时钟7点位置时，焊条端部离坡口底边约1mm，焊条角度为100°～105°，这时约有1/2电弧在管内燃烧，横向摆动幅度增大，在坡口两侧稍做停顿；到达立焊位置时，焊条与管子切线的倾角为90°。

c. 上爬坡和平焊部位的焊接：焊条继续向外带出，焊条端部离坡口底边约2mm，这时1/3电弧在管内燃烧；上爬坡的焊条角度与管切线夹角为85°～90°，平焊时夹角在80°左右，并在图1-81所示B点处收弧。

② 当采用断弧焊手法时，接弧位置要准确。每次接弧时，焊条要对准熔池前部的1/3左右处，使每个熔池覆盖前一个熔池2/3左右。

灭弧动作要干净利落，不要拉长弧。灭弧与接弧的时间间隔要短，灭弧频率大体为：仰焊和平焊区段为35～40次/min，立焊区段为40～50次/min。

③ 焊接过程中，要使熔池的形状和大小基本保持一致，熔池铁液清晰明亮，熔孔始终深入每侧母材0.5～1mm。

④ 在前半圈起焊区（即A点到时钟6点区）附近5～10mm范围，焊接时焊缝应由薄变厚，使形成一斜坡；而在平焊位置收弧区（即时钟12点到B点区）附近5～10mm范围，则焊缝应由厚变薄，使形成一斜坡，以利于与后半圈接头。

⑤ 与定位焊缝接头。当运条至定位焊点时，将焊条向下压一下，听到"噗、噗"声后，快速向前施焊，到定位焊缝另一端时，焊条在接头处稍停，将焊条向下压一下，听到"噗、噗"声后，表明根部已熔透，恢复原来的操作手法

⑥ 换焊条时接头。有热接和冷接两种接法：

热接：在收弧处尚保持红热状态时，立即从熔池前面引弧，迅速把电弧拉到收弧处。

冷接：即熔池已经凝固冷却，必须将收弧处打磨成斜坡，并在其

附近引弧，再拉到打磨处稍做停顿，待先焊焊缝充分熔化，方可向前正常焊接。

⑦ 将焊条逐渐引向坡口斜前方，或将电弧往回拉一小段，再慢慢提高电弧，使熔池逐渐变小，填满弧坑后熄弧。

⑧ 后半圈的焊接与前半圈基本相同，但必须注意首尾端的接头。

a. 仰焊部位的接头：

当接头处没有焊出斜坡时，既可用砂轮打磨成斜坡，也可用焊条电弧来切割，其方法是：先从超越接头中心约 10mm 的焊缝上引弧，用长弧预热接头部位，当焊缝金属熔化时，迅速将焊条转成水平位置，使焊条头对准熔化铁液，向前一推，形成槽形斜坡。

在时钟 6 点处引弧，以较慢速度和连弧方式焊至 A 点，把斜坡焊满，当焊至接头末端 A 点时，焊条向上顶，使电弧穿透坡口根部，并有“噗、噗”声后，恢复原来正常的操作手法。

b. 平焊处接头：当前半圈没有焊出斜坡时，应修磨出斜坡；当运条到距 B 点 3～5mm 处时，应压低电弧，将焊条向里压一下，听到电弧穿透坡口根部发出“噗、噗”声后，在接头处来回摆动几下，保证充分熔合，填满弧坑，而后引弧到坡口一侧熄弧。

2）盖面层焊接

① 清除打底焊熔渣，修整局部上凸接头，在打底焊道上引弧。

② 运条方法为月牙形或横向锯齿形运条。

③ 焊条角度比相同位置打底焊稍大 5°左右。

④ 焊条摆动到坡口两侧时，要稍做停留，并熔化坡口边缘各 1～2mm，以防咬边。

⑤ 前半圈收弧时，对弧坑稍填一些铁液，使弧坑呈斜坡状，以利后半圈接头。在后半圈焊前，需将前半圈两端接头部位渣壳去除约 10mm，最好采用砂轮打磨成斜坡。

前后两半圈的操作要领基本相同，注意收口时要填满弧坑。

1.2.18 小直径薄壁管对接、加障碍物垂直固定焊、单面焊双面成形

(1) 试件尺寸及要求

① 试件材料 20 钢。

② 试件及坡口尺寸　见图1-82（a）。

③ 焊接位置　垂直固定加障碍物。

④ 焊接要求　单面焊双面成形。

⑤ 焊接材料　E4303焊条，直径为2.5mm。

⑥ 焊机　BX3-300。

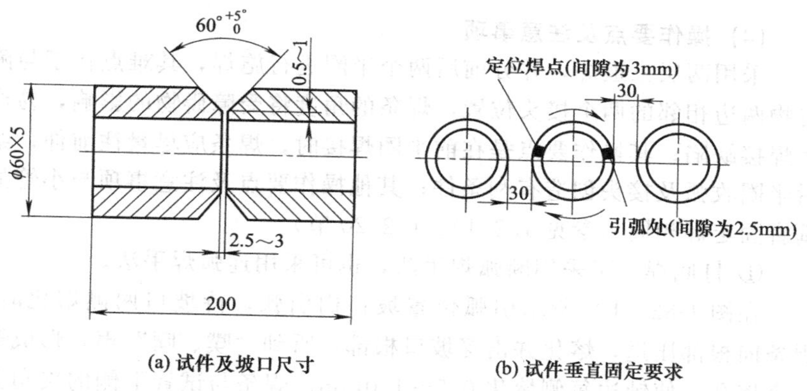

(a) 试件及坡口尺寸　(b) 试件垂直固定要求

图1-82　垂直固定加障碍物焊

（2）试件装配

1）钝边　为0.5～1mm。

2）除垢　清除坡口及其两侧内外表面20mm范围内的油、锈及其他污物，至露出金属光泽。

3）装配

① 试件的装配采用一点定位焊固定，且点焊处的装配间隙为3.0mm（另一边间隙为2.5mm）。焊点长度为10～15mm左右，要求焊透并不得有焊接缺陷，焊点两端用砂轮打磨出斜坡，以利接头。

② 将试件垂直固定于焊接架上，与两边障碍物间距各为30mm，如图1-82（b）所示。

③ 试件错边量应≤0.5mm。

（3）焊接参数

焊接参数如表1-29所示。

表 1-29 焊接参数

焊接层次（道）	焊条直径/mm	焊接电流/A	电弧电压/V	焊接层次（道）	焊条直径/mm	焊接电流/A	电弧电压/V
打底焊（1）	2.5	60～80	20～24	盖面焊（2、3）	2.5	70～80	20～24

(4) 操作要点及注意事项

采用两层三道焊，并分前后两个半圈进行施焊，其难点在于与障碍物两边相邻的两个接头位置，焊条的角度将受障碍物的影响，易产生焊接缺陷；其操作要点是在前半圈焊接时，焊条应尽量往前伸，给后半圈收弧及接头创造有利条件；其他操作要点及注意事项与小管的垂直固定焊相同（参见 1.2.19、1.2.20 节）。

① 打底焊　可采用断弧焊手法，也可采用连弧焊手法。

在图 1-82（b）所示引弧位置坡口内引弧，待坡口两侧熔化时，焊条向根部压送，熔化并击穿坡口根部，听到“噗、噗”声，形成第一个熔孔。使钝边每侧熔化 0.5～1.0mm。焊条与试管下侧的夹角为 75°～80°，与管子切线的焊接方向夹角为 70°～75°。

焊接方向从左向右，采用斜椭圆运条，并始终保持短弧焊。

焊接过程中，防止熔池金属下坠，电弧在上坡口停留时间略长些，而在下坡口稍加停留，并且电弧在下坡口时，2/3 电弧在管内燃烧；电弧带到上坡口时，1/3 电弧在管内燃烧。

当采用断弧焊时，必须逐点将铁液送到坡口根部，迅速向侧后方灭弧。灭弧与接弧时间间隔要短，灭弧动作要干净利落，不拉长弧，灭弧频率以 70～80 次/min 为宜。接弧位置要准确，每次接弧时焊条中心要对准熔池的 2/3 左右处，使新熔池覆盖前一个熔池 2/3 左右。

焊接时应保持熔池形状和大小基本一致，熔池铁液清晰明亮。

与定位焊缝接头：当运条到定位焊缝根部时，焊条要前顶一下，听到“噗、噗”声后，稍做停留，填满弧坑收弧。

后半圈的焊接方法与前半圈基本相同，关键在于掌握好起弧与终端收弧接头，在完成收弧接头前应用挑錾将前半圈焊缝的端部修成斜坡。

② 盖面层焊接　盖面层分上下两道进行焊接，焊前应将打底层

焊缝的焊渣及飞溅物等清除干净，并修平局部上凸的接头焊缝。采用直线不摆动运条，自左向右、自下而上，同打底焊道一样分前后两半圈进行。

第1条焊道，焊条与管子下侧夹角在80°左右，并且1/3落在母材上，使下坡口边缘熔化1～2mm；第2条焊道，焊条与管子下侧夹角在90°左右，并且1/3搭在第一条焊道上，2/3落在母材上，使上坡口熔化1～2mm。

1.2.19　低碳钢管对接垂直固定断弧焊单面焊双面成形

(1) 焊前准备

① 焊机　选用BX3-500型交流弧焊变压器1台。

② 焊条　选用E4303酸性焊条，焊条直径为2.5mm，焊前经75～150℃烘干1～2h。烘干后的焊条放在焊条保温筒内随用随取，焊条在炉外停留时间不得超过8h，否则，焊条必须放在炉中重新烘干。焊条重复烘干次数不得多于3次。

③ 管焊件　采用20钢管，直径为76mm，厚度为5mm，用无齿锯床或气割下料，然后再用车床加工成V形30°坡口。气割下料的焊件，其坡口边缘的热影响区应该用车床车掉，试件图样见图1-83。

④ 辅助工具和量具　焊条保温筒、角向打磨机、钢丝刷、敲渣锤、样冲、划针、焊缝万能量规等。

(2) 焊前装配定位焊

装配定位的目的是把两个管件装配成合乎焊接技术要求的Y形坡口管焊件。

① 准备管焊件　用角向打磨机将管焊件两侧坡口面及坡口边缘各20～30mm范围以内的油、污、垢等清除干净，至露出金属光泽。然后，在距坡口边缘150mm处的管焊件表面，用划针划上与坡口边缘平行的平行线，如图1-83所示。并打上样冲眼，作为焊后测量焊缝坡口每侧增宽的基准线。

② 管焊件装配　将打磨好的管件装配成Y形坡口的对接接头，装配间隙始焊为2.5mm（用ϕ2.5mm焊条头夹在管件坡口的钝边处，将两管件定位焊牢，然后再用敲渣锤打掉定位焊用的ϕ2.5mm

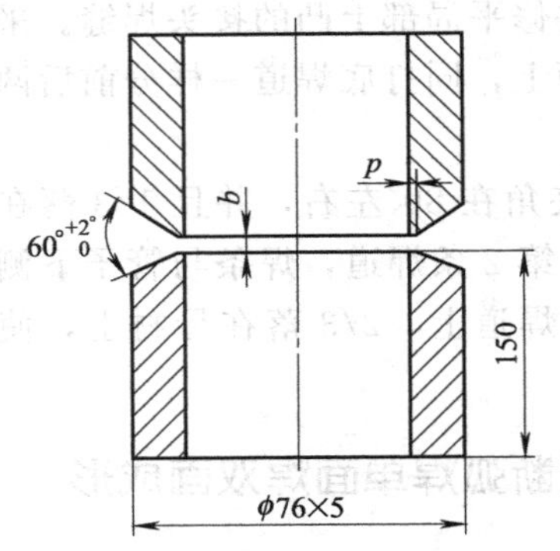
p
b
60°+2° 0
150
ϕ76×5
技术要求:
1.单面焊双面成形。
2.钝边高度p、坡口间隙b自定,允许采用反变形。
3.打底层焊缝允许打磨。

图 1-83　ϕ76mm×5mm 管对接垂直固定焊条电弧焊单面焊双面成形试件

焊条头即可)。

为便于叙述焊接过程，将对接垂直固定管的横断面看作时钟表盘，划出 3、6、9、12 点等时钟位置。通常管对接定位焊缝在时钟 2、10 点位置。管子焊接时，以 6～12 点、12～6 点为两个半圆分别进行焊接。而对管的横断面，以“6 点→9 点→12 点”为左半圆，以“6 点→3 点→12 点”为右半圈。装配好管焊件后，在时钟的 2、10 点处，用 ϕ2.5mm 的 E4303 焊条进行定位焊接，定位焊缝长为 10～15mm（定位焊缝焊在正面焊缝处），对定位焊缝的焊接质量要求与正式焊缝一样。

(3) 打底层的焊接（断弧焊）操作

将装配好的管焊件装卡在一定高度的架子上（根据个人的条件，可以采用蹲位、站位、躺位等），进行焊接（焊件一旦定位在架子上，就必须在全部焊缝焊完后方可取下）。

用断弧焊法进行打底层焊接时，利用电弧周期性的燃弧-断弧（灭弧）过程，使母材坡口钝边金属有规律地熔化成一定尺寸的熔孔，当电弧作用正面熔池的同时，使 1/3～2/3 的电弧穿过熔孔而形成背面焊道，断弧焊法有三种操作方法，详见本书第一单元第一节的有关断弧焊法内容。

① 引弧　电弧引弧的位置在坡口的上侧，电弧引燃后，对引弧点处坡口上侧钝边进行预热，上侧钝边熔化后，再把电弧引至钝边的间隙处，使熔化金属充满根部间隙。这时，焊条向坡口根部间隙处下

压，同时适当增大焊条与下管壁的夹角，当听到电弧击穿根部发出“噗、噗”的声音后，钝边金属每侧熔化了 0.5～1.5mm 并形成第一个熔孔时，即引弧工作完成。

② 焊条角度　焊条角度见图 1-84。

③ 运条方法　断弧焊单面焊双面成形有三种成形手法：即一点击穿法、两点击穿法和三点击穿法。当管壁厚为 2.5～3.5mm，根部间隙小于 2.5mm 时，由于管壁较薄，多采用一点击穿法焊接；当根部间隙大于 2.5mm 时，可采用两点击穿法焊接。当管壁厚大于 3.5mm，根部间隙小于 2.5mm 时，多采用一点击穿法焊接；当根部间隙大于 2.5mm 时，可采用两点击穿法焊接；当根部间隙大于 4mm 时，采用三点击穿法焊接。焊接时将管焊件分为两个半圆。引弧点在时钟钟面的 6 点位置中间处，焊工找好焊条角度，焊接方向是从左向右（即从时钟 6 点位置处引弧，经过 7 点→8 点→9 点→10 点→11 点→12 点→1 点位置终止），逐点将熔化的金属送到坡口根部，然后迅速向侧后方灭弧，灭弧的动作要干净利落，不拉长弧，防止产生咬边缺陷。灭弧与重新引燃电弧的时间间隔要短，灭弧频率以70～80 次/min 为宜。灭弧后重新引弧的位置要准确，新焊点与前一个焊点搭接 2/3 左右。

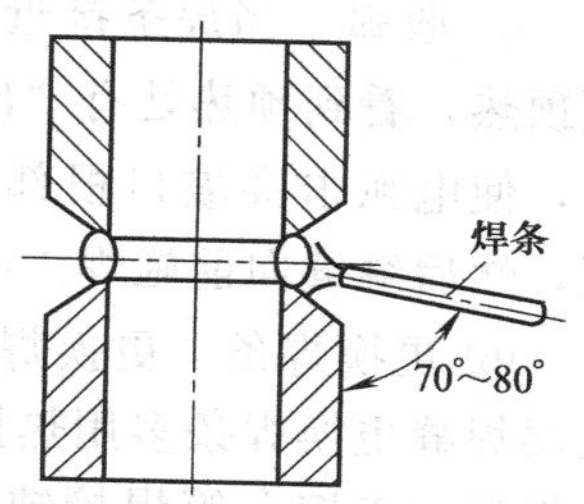

图 1-84　ϕ76mm×5mm 管对接垂直固定打底层焊条电弧焊焊条角度

然后，焊工移位在 6～7 点位置处进行打磨，用角磨砂轮将引弧点（6～5 点处）打磨成斜坡状。焊工在时钟的 6～5 点处找好焊条角度，尽量在 6～5 点处引弧。焊接方向是从右向左（即从 6～5 点处引弧，经过 5 点→4 点→3 点→2 点→1 点→2 点→11 点处终止）。其他操作与左半圆相同。左半圆焊缝与右半圆焊缝在时钟 12 点和 6 点位置处要重叠 10～15mm。

焊接时应注意保持焊接熔池的形状与大小基本一致，熔池中液态金属与熔渣要分离，并保持清晰明亮，焊接速度保持均匀。

④ 与定位焊焊缝接头　焊接过程中运条到定位焊焊缝根部时，焊条要向根部间隙位置顶送一下，当听到“噗、噗”声音后，将焊条

快速运条到定位焊缝的另一端根部预热，当被预热的焊缝处有“出汗”现象时，焊条要在坡口根部间隙处下压，听到“噗、噗”声音后，稍做停顿，用短弧焊手法继续焊接。

⑤ 收弧　当焊条接近始焊端时，焊条在始焊端的收弧处稍微停顿预热，看到预热处有“出汗”的现象时，焊条向坡口根部间隙处下压，使电弧击穿坡口根部间隙处，当听到“噗、噗”声音后稍做停顿，然后继续向前施焊 10～15mm，填满弧坑即可。

⑥ 更换焊条　更换焊条的接头方法有热接法和冷接法两种。打底层焊缝更换焊条多用热接法，这样可以避免背面焊缝出现冷缩孔和未焊透、未熔合等焊接缺陷。热接法和冷接法见本书 1.2 节中有关内容。

(4) 盖面层的焊接（断弧焊）操作

① 清渣与打磨焊缝　仔细清理打底层焊缝与坡口两侧母材夹角处的焊渣、焊点与焊点叠加处的焊渣。将打底层焊缝表面不平之处进行打磨，为盖面层焊缝的焊接做准备。

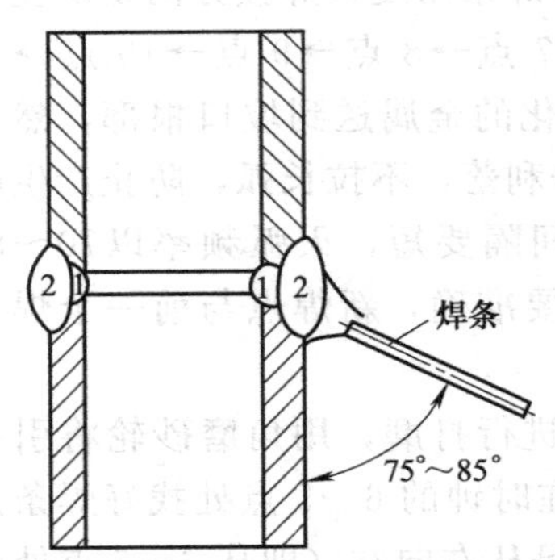

图 1-85　ϕ76mm×5mm 管对接垂直固定盖面层焊接的焊条角度

② 焊条角度　焊条角度见图 1-85。

盖面层为 1 道焊缝时，焊条与下管壁夹角为 80°～90°。盖面层为 2 道焊缝时，第 1 道焊缝焊条与下管壁夹角为 75°～85°，第 2 道焊缝焊条与下管壁夹角为 80°～90°。

所有盖面层焊道，其焊条与焊点处管切线焊接方向的夹角均为80°～90°

③ 运条方法　焊条由时钟钟面 6 点位置处引弧，由左向右施焊，即时钟 6 点→5 点→4 点→3 点→2 点→1 点→12 点→11 点处终止，这是前半圆的焊接。后半圆焊接时，即由 5 点处引弧→6 点→7 点→8 点→9 点→10 点→11 点→12 点处终止。盖面层为 1 道焊缝时，采用锯齿形运条法，在焊缝的中间部分运条速度要稍快些，在焊缝的两侧稍做停顿，给焊缝边缘填足熔化金

属，防止咬边缺陷产生。盖面层为2道焊缝时，采用直线形运条法，焊条不做横向摆动，焊接时可按打底层的焊法，将管子的横断面分为两个半圆进行盖面层的焊接。同时，每道焊缝与前一道焊缝要搭接1/3左右，盖面层焊缝要熔进坡口两侧边缘1～2mm。

(5) 焊接参数

打底层焊缝采用一点击穿法。ϕ76mm×5mm低碳钢管对接垂直固定断弧焊的焊接参数见表1-30。

灭弧频率：在仰焊位、平焊位为35～40次/min；在立焊位为40～45次/min。

表1-30　ϕ76mm×5mm低碳钢管对接垂直固定断弧焊的焊接参数

焊缝层次(道)	焊条直径/mm	焊接电流/A	电弧电压/V
打底层(1)	2.5	75～85	22～26
盖面层(2)	2.5	70～80	22～26

(6) 焊缝的清理

焊完焊缝后，用敲渣锤清除焊渣，用钢丝刷进一步将焊渣、焊接飞溅物等清理干净。焊缝处于原始状态，交付专职检验前不得对各种焊接缺陷进行修补。

1.2.20 低碳钢管对接垂直固定连弧焊单面焊双面成形

(1) 焊前准备

① 焊机　选用ZX5-400型直流弧焊整流器1台。

② 焊条　选用E5015碱性焊条，焊条直径为2.5mm，焊前经350～400℃烘干1～2h。烘干后的焊条应放在焊条保温筒内随用随取，焊条在炉外停留时间不得超过4h，否则，焊条必须放在炉中重新烘干。焊条重复烘干次数不得多于3次。

③ 管焊件　采用20钢管，直径为76mm，厚度为5mm，用无齿锯床或气割下料，然后再用车床加工成V形30°坡口。气割下料的焊件，其坡口边缘的热影响区应该用车床车掉，试件图样见图1-83。

④ 辅助工具和量具　焊条保温筒、角向打磨机、钢丝刷、敲渣锤、样冲、划针和焊缝万能量规等。

(2) 焊前装配定位焊

装配定位的目的是把两个管件装配成合乎焊接技术要求的Y形坡口管焊件。

① 准备管焊件　用角向打磨机将管焊件两侧坡口面及坡口边缘各20～30mm范围以内的油、污、锈、垢等清除干净，至露出金属光泽。

然后，在距坡口边缘各为150mm处的管焊件表面，用划针划上与坡口边缘平行的平行线，如图1-83所示。并打上样冲眼，作为焊后测量焊缝坡口每侧增宽的基准线。

② 管焊件装配　将打磨好的管焊件装配成Y形坡口的对接接头，装配间隙始焊端为2.5mm（用ϕ2.5mm焊条头夹在管焊件坡口的钝边处，将两管焊件定位焊焊牢，然后用敲渣锤打掉定位焊用的ϕ2.5mm焊条头即可）。

装配好管焊件后，在时钟的2、10点位置处，用ϕ2.5mm的E5015焊条进行定位焊接，定位焊缝长为10～15mm（定位焊缝焊在正面焊缝处），对定位焊缝的焊接质量要求与正式焊缝一样。

(3) 打底层的焊接（连弧焊）操作

把管子的横断面分为两个半圆焊接，即以时钟钟面的3、9点为界，打底层的引弧点分别是在时钟的3点和9点位置处，引弧点要尽量在一个范围内，引弧后不断弧地由两条线路连续焊接，即由左向右（逆时针方向）和由右向左（顺时针方向）进行焊接。

打底层由左向右焊法为：在时钟钟面10～9点位置处引弧→8点→7点→6点→5点→4点→3点→接近2点位置终止。

打底层由右向左焊法为：在时钟钟面2～3点位置处引弧→3点→4点→5点→6点→7点→8点→9点→10点位置终止。

焊工换个位置，面对着时钟钟面12点处，焊接另一个半圆。引弧后不断弧地由两条线路连续焊接，即由左向右（逆时针方向）和由右向左（顺时针方向）进行焊接。

另一个半圆由左向右焊法为：在4～3点位置处引弧→3点→2点→1点→12点→11点→10点→9点→接近8点位置处终止。

另一个半圆由右向左焊法为：在8～9点位置处引弧→9点→10

点→11点→12点→1点→2点→3点→接近4点位置处终止。

打底层连弧焊时采用短弧，并采用斜椭圆形运条法或锯齿形运条法，焊条在向前运条的同时需作横向摆动，将坡口两侧各熔化1～1.5mm。为了防止熔池金属下坠，电弧在上坡口停留的时间要略长些，同时要有1/3电弧通过间隙在焊管内燃烧。电弧在下坡口侧只是稍加停留，电弧的2/3要通过坡口间隙在焊管内燃烧。打底层焊缝应在坡口的正中，焊缝的上、下部均不允许有熔合不良的现象。

在打底层焊接过程中，还要注意保持熔池的形状和大小。给背面焊缝成形美观创造条件。与定位焊缝接头时，焊条在焊缝接头的根部要向前顶一下，听到“噗、噗”声后，稍做停留即可收弧停止焊接（或快速移弧到定位焊缝的另一端继续焊接）。

后半圆焊缝焊接前，在与前半圆焊缝接头处用角磨砂轮或锯条将其修磨成斜坡状，以备焊缝接头用。

打底层焊缝更换焊条时，采用热接法，在焊接熔池还处在红热状态下时，快速更换焊条，引弧并将电弧移至收弧处；这时，弧坑的温度已经很高了，当看到有“出汗”的现象时，焊条迅速向熔孔处下压，听到“噗、噗”两声后，提起焊条正常地向前焊接，焊条更换完毕。

打底层焊缝焊接过程中，焊条与焊管下侧的夹角为80°～58°，与管子切线的夹角为70°～75°。

(4) 盖面层的焊接（连弧焊）**操作**

盖面层有上下两条焊缝，采用直线形运条法，焊接过程中焊条不做摆动。焊前将打底层焊缝的焊渣及飞溅物等清理干净，用角磨砂轮修磨向上凸的接头焊缝。

盖面层焊缝的焊接顺序为自左向右、自下而上，与打底层焊法一样，将管子的横断面在时钟钟面的3、9点位置处分为两个半圆进行焊接。

盖面层采用短弧焊接，焊条角度与运条操作如下：

第一条焊道焊接时，焊条与管子下侧夹角为75°～80°，并且1/3直径的电弧在母材上燃烧，使下坡口母材边缘熔化1～2mm。

第二条焊道时，焊条与管子下侧夹角为85°～90°，并且第二条焊缝的1/3搭在第一条焊道上，第二条焊缝的2/3搭在母材上，使上坡口母材边缘熔化 1～2mm。

(5) 焊接参数

ϕ76mm×5mm 低碳钢管对接垂直固定连弧焊的焊接参数见表 1-31。

表 1-31 ϕ76mm×5mm 低碳钢管对接垂直固定连弧焊的焊接参数

焊缝层次(道)	焊条直径/mm	焊接电流/A	电弧电压/V
打底层(1)	2.5	65～85	20～24
盖面层(2、3)	2.5	70～80	20～24

(6) 焊缝清理

焊完焊缝后，用敲渣锤清除焊渣，用钢丝刷进一步将焊渣、焊接飞溅物等清理干净。焊缝处于原始状态，交付专职检验前不得对各种焊接缺陷进行修补。

1.2.21 低碳钢管对接水平固定断弧焊单面焊双面成形

(1) 焊前准备

① 焊机　选用 BX3-500 型交流弧焊变压器 1 台。

② 焊条　选用 E4303 酸性焊条，焊条直径为 2.5mm，焊前经 75～150℃烘干 1～2h。烘干后的焊条放在焊条保温筒内随用随取，焊条在炉外停留时间不得超过 8h，否则，焊条必须放在炉中重新烘干。焊条重复烘干次数不得多于 3 次。

③ 管焊件　采用 20 钢管，直径为 ϕ76mm，厚度为 5mm，用无齿锯床或气割下料，然后再用车床加工成 V 形 30°坡口。气割下料的焊件，其坡口边缘的热影响区应该用车床车掉。

④ 辅助工具和量具　焊条保温筒、角向打磨机、钢丝刷、敲渣锤、样冲、划针和焊缝万能量规等。

(2) 焊前装配定位焊

装配定位的目的是把两个管件装配成合乎焊接技术要求的 Y 形坡口管焊件。

① 准备管焊件　用角向打磨机将管焊件两侧坡口面及坡口边缘各 20～30mm 范围以内的油、污、锈、垢等清除干净，至露出金属

光泽。然后，在距坡口边缘100mm处的管焊件表面，用划针划上与坡口边缘平行的平行线，如图1-83所示。并打上样冲眼，作为焊后测量焊缝坡口每侧增宽的基准线。

② 管焊件装配　将打磨好的管焊件装配成Y形坡口的对接接头，装配间隙始焊端为2.5mm（用ϕ2.5mm焊条头夹在管焊件坡口的钝边处，将两管焊件定位焊牢，然后用敲渣锤打掉定位焊用的ϕ2.5mm焊条头即可）。

装配好管焊件后，在管子横断面时钟钟面的2、10点位置处，用ϕ2.5mm的E4303焊条定位焊焊接，定位焊缝长为10～15mm（定位焊缝焊在正面焊缝处），对定位焊缝的焊接质量要求与正式焊缝一样。

(3) 打底层的焊接（断弧焊）**操作**

将装配好的管焊件装卡在一定高度的架子上（根据个人的条件，可以采用蹲位、站位、躺位等），进行焊接（焊件一旦定位在架子上，就必须在全部焊缝焊完后方可取下）。

① 引弧　电弧引弧的位置在时钟6～7点处，由左向右焊，即由6点→5点→4点→3点→2点→1点→12点→11点止，采用小锯齿形灭弧法，根据熔池的大小、熔池两侧熔合情况、熔池的温度等，合理地选择引弧位置、引弧时间，按一定的节奏，进行“引弧→焊接→灭弧→引弧”的操作。在操作过程中，要做到灭弧后焊工手拿焊把要稳，当开始引弧时，焊把移动过程要稳；重新引弧时，引弧的位置要选准，焊条移动到引弧点的时间要把握准，焊条在燃弧的时间内摆动的宽度要把握准；同时，焊工在断弧焊接操作过程中，要用灵活的手腕摆动焊钳和焊条，灭弧时要干净利落。在坡口的上侧，电弧引燃后，对引弧点处坡口上侧钝边进行预热，上侧钝边熔化后，再把电弧引至钝边的间隙处，使熔化金属充满根部间隙。这时，焊条向坡口根部间隙处下压，同时焊条与下管壁夹角适当增大，当听到电弧击穿根部发出“噗、噗”的声音后，钝边每侧熔化0.5～1.5mm并形成每一个熔孔时，引弧工作完成。

② 焊条角度　焊条与焊管的夹角为85°～95°，焊条与焊管熔池的切线夹角为80°～85°。ϕ76mm×5mm管对接水平固定断弧焊打底层焊接的焊条角度见图1-86。

③ 打底层的焊接操作　断弧焊时，重新引弧点应与前一焊接熔

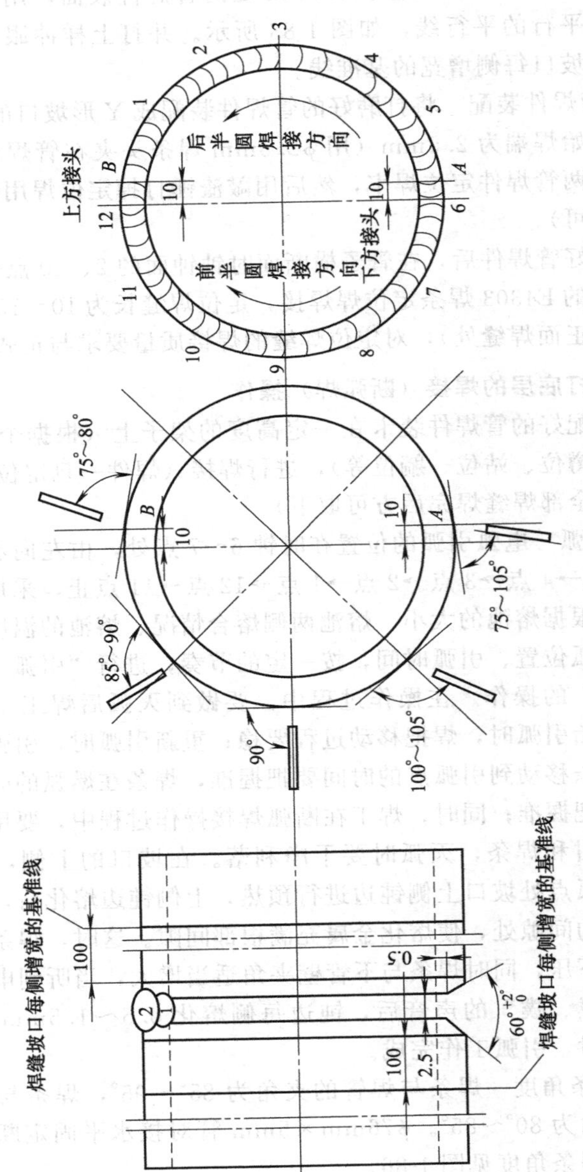

图1-86 φ76mm×5mm管对接水平固定断弧焊打底层焊接的焊条角度

池重叠 2/3，引弧时机应选择在前一熔池铁液冷却到只有 5～7mm 大小的“亮点”时，电弧引燃，焊接燃弧的时间应根据熔池的温度、形状等灵活掌握。需要更换焊条时，应在将灭弧处滴 2、3 滴铁液，防止产生气孔和冷缩孔。管子仰焊位焊接时，由于起点位置温度低，焊接熔池熔合不好，再加上铁液、熔渣往下流淌，容易在仰焊位造成夹渣或焊瘤，因此在仰焊位焊接时，尽量采用连续施焊预热，待温度上升后，再转入正式焊接。仰立焊位焊接时，焊条要左右摆动到位，防止焊道过高变凸及焊缝过渡不圆滑。立焊上爬坡焊和平焊位焊接时，由于管子温度已很高了，如果加快焊接频率（焊接热输入增大），就会造成管子外部焊缝较低或内凹，管子内部产生焊缝下塌或焊瘤，因此在施焊时，要及时调节焊条角度控制热量的输入。打底层焊接时，如果引弧点在 5～6 点位置，则焊接的方向是由右向左进行，即经过 6 点→7 点→8 点→9 点→10 点→11 点→12 点→1 点处终止。

如果起弧点在时钟的 7～6 点位置，则焊接的方向是由左向右进行，即经过 6 点→5 点→4 点→3 点→2 点→1 点→12 点→11 点处终止。用断弧焊法进行打底层焊接时，利用电弧周期性的燃弧-断弧（灭弧）过程，使母材坡口钝边金属有规律地熔化成一定尺寸的熔孔，在电弧作用正面熔池的同时，使 1/3～2/3 的电弧穿过熔孔而形成背面焊道。断弧焊操作方法详见本书 1.2 节有关断弧焊法内容。

(4) 盖面层的焊接（断弧焊）**操作**

① 清渣与打磨焊缝　仔细清理打底层焊缝与坡口两侧母材夹角处的焊渣、焊点与焊点叠加处的焊渣。对打底层焊缝表面不平之处进行打磨，为盖面层焊缝的焊接做准备。

② 焊条角度　盖面层为 1 道焊缝时，焊条与下管壁的夹角为 80°～90°。

盖面层为 2 道焊缝时，第 1 道焊缝焊条与下管壁的夹角为 75°～80°，第 2 道焊缝焊条与下管壁的夹角为 80°～90°。

盖面层为 3 道焊缝时，第 1 道焊缝焊条与下管壁的夹角为 75°～80°，第 2 道焊缝焊条与管壁的夹角为 95°～100°，第 3 道焊缝焊条与管壁的夹角为 80°～90°。

所有盖面层焊道的焊条与焊点处管切线焊接方向的夹角均为 75°～105°。

③ 运条方法　焊条由时钟 7～8 点位置引弧，由左向右施焊，即由 6 点→5 点→4 点→3 点→2 点→1 点→12 点→11 点处终止。这是前半圆。后半圆焊接由 5～6 点位置引弧，由右向左施焊，即 6 点→7 点→8 点→9 点→10 点→11 点→12 点→1 点处终止。盖面层为 1 道焊缝时，采用锯齿形运条法，在焊缝的中间部分运条速度要稍快些，在焊缝的两侧稍做停顿，给焊缝边缘填足熔化金属，防止咬边缺陷产生。盖面层为 2 道焊缝时，采用直线形运条法，焊条不做横向摆动，按打底层的焊法，将管子横断面分为两个半圆进行盖面层的焊接。同时，每道焊缝与前一道焊缝要搭接 1/3 左右，盖面层焊缝要熔进坡口两侧边缘 1～2mm。

(5) 焊接参数

打底层焊缝采用一点击穿法。ϕ76mm×5mm 低碳钢管对接水平固定断弧焊的焊接参数见表 1-32。

表 1-32　ϕ76mm×5mm 低碳钢管对接水平固定断弧焊的焊接参数

焊缝层次(道)	焊条直径/mm	焊接电流/A	电弧电压/V
打底层(1)	2.5	75～85	22～26
填充层(2)	2.5	70～85	22～26
盖面层(3)	2.5	70～80	22～26

灭弧频率：在斜仰焊位、斜平焊位为 35～40 次/min；在斜立焊位为 40～45 次/min。

(6) 焊缝清理

焊完焊缝后，用敲渣锤清除焊渣，用钢丝刷进一步将焊渣、焊接飞溅物等清理干净。焊缝处于原始状态，交付专职检验前不得对各种焊接缺陷进行修补。

1.2.22 低碳钢管对接水平固定连弧焊单面焊双面成形

(1) 焊前准备

① 焊机　选用 ZX5-400 型直流弧焊整流器 1 台。

② 焊条　选用 E5015 酸性焊条，焊条直径为 2.5mm，焊前经 350～400℃ 烘干 1～2h。烘干后的焊条放在焊条保温筒内随用随取，焊条在炉外停留时间不得超过 4h，否则，焊条必须放在炉中重新烘

干。焊条重复烘干次数不得多于3次。

③ 管焊件　采用20钢管，直径为76mm，厚度为5mm，用无齿锯床或气割下料，然后再用车床加工成V形30°坡口。气割下料的焊件，其坡口边缘的热影响区应该用车床车掉。试件见图1-87。

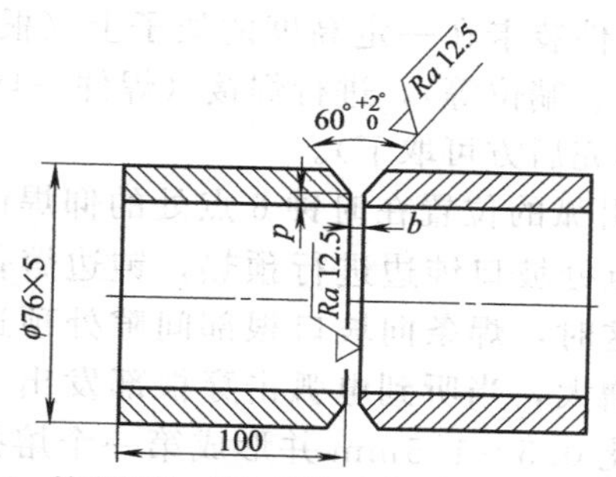

图1-87　ϕ76mm×5mm管对接水平固定焊条电弧焊单面焊接双面成形管焊件

④ 辅助工具和量具　焊条保温筒、角向打磨机、钢丝刷、敲渣锤、样冲、划针、焊缝万能量规等。

(2) 焊前装配定位焊

装配定位的目的是把两个管件装配成合乎焊接技术要求的Y形坡口管焊件。

① 准备管焊件　用角向打磨机将管焊件两侧坡口面及坡口边缘各20～30mm范围以内的油、污、锈、垢等清除干净，至露出金属光泽。然后，在距坡口边缘100mm处的管焊件表面，用划针划上与坡口边缘平行的平行线，如图1-87所示。并打上样冲眼，作为焊后测量焊缝坡口每侧增宽的基准线。

② 管焊件装配　将打磨好的管焊件装配成Y形坡口的对接接头，装配间隙始焊端为2.5mm（用ϕ2.5mm焊条头夹在管焊件坡口的钝边处，将两管焊件定位焊焊牢，然后用敲渣锤打掉定位焊用的ϕ2.5mm焊条头即可）。

装配好管焊件后，将管子横断面分为左右两个半圆，并按时钟钟面在时钟的 2、10 点位置处，用 ϕ2.5mm 的 E5015 焊条进行定位焊接，定位焊焊缝长为 10～15mm（定位焊缝焊在正面焊缝处），对定位焊缝的焊接质量要求与正式焊缝一样。

(3) 打底层的焊接（连弧焊）操作

将装配好的管焊件装卡在一定高度的架子上（根据个人的条件，可以采用蹲位、站位、躺位等），进行焊接（焊件一旦定位在架子上，就必须在全部焊缝焊完后方可取下）。

① 引弧　电弧引弧的位置在时钟 6 点处的仰焊位的坡口上，电弧引燃后，对引弧点处坡口钝边进行预热，钝边熔化后，使熔化金属充满根部间隙。这时，焊条向坡口根部间隙处顶送，同时焊条与下管壁的夹角适当增大，当听到电弧击穿根部发出“噗、噗”的声音后，钝边每侧熔化 0.5～1.5mm 并形成第一个熔孔时，引弧工作完成。

② 焊条角度　焊条与焊管的夹角为 85°～95°，焊条与焊管熔池切线的夹角为 80°～90°。

③ 打底层的焊接操作　打底层焊接时，以时钟钟面的 6、12 点位置，将焊管分为左、右两个半圆，即左半圆为“6 点→7 点→8 点→9 点→10 点→11 点→12 点”；右半圆为“6 点→5 点→4 点→3 点→2 点→1 点→12 点”。左、右两个半圆，先从哪个半圆开始焊接均可以。先焊接的半圆为前半圆，后焊接的半圆为后半圆。左半圆的引弧点为 5～6 点位置，右半圆的引弧点为 7～6 点位置。两个半圆在 6 点和 12 点位置相交处，必须搭接 15～25mm。

打底层连弧焊时采用短弧，采用斜椭圆形运条法或锯齿形运条法，在向前运条的同时做横向摆动，将坡口两侧各熔化 1～1.5mm。为了防止熔池金属下坠，电弧在两坡口停留的时间要略长些，同时要有 1/3 电弧通过间隙在焊管内燃烧。电弧在下坡口侧只是稍加停留，电弧的 2/3 要通过坡口间隙在焊管内燃烧。打底层焊缝应在坡口的正中，焊缝不允许有熔合不良的现象。

连弧焊的关键是：焊条引弧后，始终燃烧不停弧，在合理的焊接参数保证下，配合电弧的移动和摆动，调整焊接熔池的温度和大小，确保焊接正常进行。

在打底层焊接过程中，还要注意保持熔池的形状和大小。焊接时，注意控制焊接电弧、焊缝熔池金属与熔渣之间的相互位置，及时调节焊条角度，防止熔渣向前流动，造成夹渣及焊缝产生未熔合、未焊透的缺陷。与定位焊缝接头时，焊条在焊缝接头的根部要向前顶一下，听到“噗、噗”声后，稍做停留（1～1.5s）即可收弧停止焊接（或快速移弧到定位焊缝的另一端继续焊接）。

后半圆焊缝焊接前，在与前半圆焊缝接头处，用角磨砂轮或锯条将其修磨成斜坡状，以备焊缝接头用。

打底层焊缝更换焊条时，采用热接法，在焊缝熔池还处在红热状态下时，快速更换焊条，引弧并将电弧移至收弧处，这时，弧坑的温度已经很高了，当看到有“出汗”的现象时，迅速向熔孔处压下，听到“噗、噗”两声后，提起焊条正常地向前焊接，焊条更换完毕。

打底层焊缝焊接过程中，焊条与焊管下侧的夹角为 80°～85°，与管子切线的夹角为 75°～105°。

(4) 盖面层的焊接（连弧焊）操作

盖面层焊前将打底层焊缝的焊渣及飞溅物等清理干净，用角磨砂轮修磨向上凸的接头焊缝。

盖面层焊缝同样以时钟钟面 6、12 点位置分为两个半圆（左半圆和右半圆），左半圆为“6 点→7 点→8 点→9 点→10 点→11 点→12 点”；右半圆为“6 点→5 点→4 点→3 点→2 点→1 点→12 点”。左、右两个半圆，先从哪个半圆开始焊接均可以。先焊接的半圆为前半圆，后焊接的为后半圆。左半圆的引弧点为 5～6 点位置，右半圆的起弧点为 7～6 点位置。两个半圆在 6 点和 12 点位置相交处，必须搭接 12～25mm。

盖面层采用短弧焊接，焊条采用锯齿形运条或椭圆形运条，焊接过程中使坡口边缘各熔化 1.5～2mm。在采用锯齿形摆动焊条的同时，要不断地转动手腕和手臂，使焊缝成形良好，当焊条摆动到两端时，要稍做停留，防止咬边产生。

(5) 焊接参数

ϕ76mm×5mm 低碳钢管对接水平固定连弧焊的焊接参数见表 1-33。

表 1-33 ϕ76mm×5mm 低碳钢管对接水平固定连弧焊的焊接参数

焊缝层次(道数)	焊条直径/mm	焊接电流/A	焊接速度/(mm/min)
打底层(1)	2.5	65～85	60～80
盖面层(2)	2.5	70～80	90～110

(6) 焊缝清理

焊完焊缝后，用敲渣锤清除焊渣，用钢丝刷进一步将焊渣、焊接飞溅物等清理干净。焊缝处于原始状态，交付专职检验前不得对各种焊接缺陷进行修补。

1.2.23 不锈钢管对接垂直固定断弧焊单面焊双面成形

(1) 焊前准备

① 焊机　选用 BX3-500 型交流弧焊变压器 1 台。

② 焊条　选用 E308-16 焊条，ϕ2.5mm，焊前经 300～350℃烘焙 1h，烘干后放在保温筒内，随用随取。

③ 焊件　选用 06Cr19Ni10 (0Cr18Ni9) 不锈钢管，规格为 ϕ76mm×5mm，用车床加工坡口（单边坡口角度为 $30^{\circ}{}^{+1^{\circ}}_{0}$），管焊件加工坡口如图 1-88 所示。

④ 辅助工具和量具　焊条保温筒、角向打磨机、钢丝刷、敲渣锤、焊缝万能量规等。

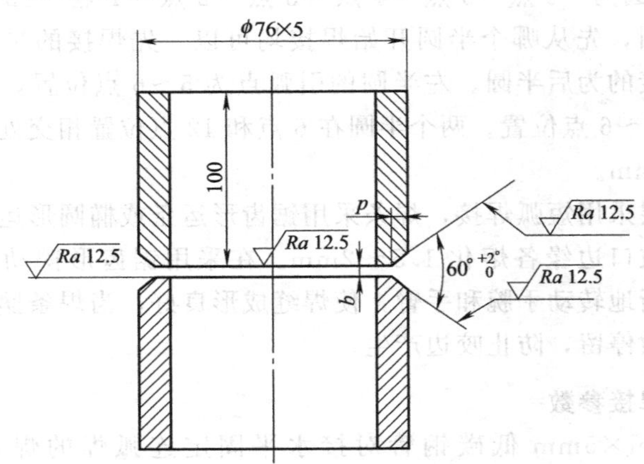

图 1-88 ϕ76mm×5mm 不锈钢管对接垂直固定焊管焊件

(2) 焊前装配定位焊

① 准备管焊件 将管坡口两侧的各20～30mm范围内的油、污、锈、垢等清除干净。

② 管焊件装配 将打磨后的管焊件装配成Y形坡口的对接接头，装配间隙为2.5mm，在时钟钟面的10、2点位置处用ϕ2.5mm的E308-16焊条进行定位焊接，定位焊焊缝长度为10～15mm，定位焊缝的焊接质量要求应与正式焊缝一样。

(3) 打底层的（断弧焊）焊接操作

将装配好的管焊件装卡在一定高度的架子上（根据个人的条件，可以采用蹲位、站位、躺位等），进行焊接（焊件一旦定位在架子上，就必须在全部焊缝焊完后方可取下）。

用断弧焊法进行打底层焊接时，利用电弧周期性的燃弧-断弧（灭弧）过程，使母材坡口钝边金属，有规律地熔化成一定尺寸的熔孔，在电弧作用正向熔池的同时，使1/3～2/3的电弧穿过熔孔而形成背面焊道。断弧焊法有三种操作方法，详见本书1.2节的有关断弧焊法。

① 引弧 电弧引弧的位置在坡口的上侧，电弧引燃后，对引弧点处坡口上侧钝边进行预热，上侧钝边熔化后，再把电弧引至钝边的间隙处，使熔化金属充满根部间隙。这时，焊条向坡口根部间隙处下压，同时焊条与下管壁的夹角适当增大，当听到电弧击穿根部发出“噗、噗”的声音后，钝边每侧熔化0.5～1.5mm并形成第一个熔孔时，引弧工作完成。

② 焊条角度 焊条角度见图1-89。

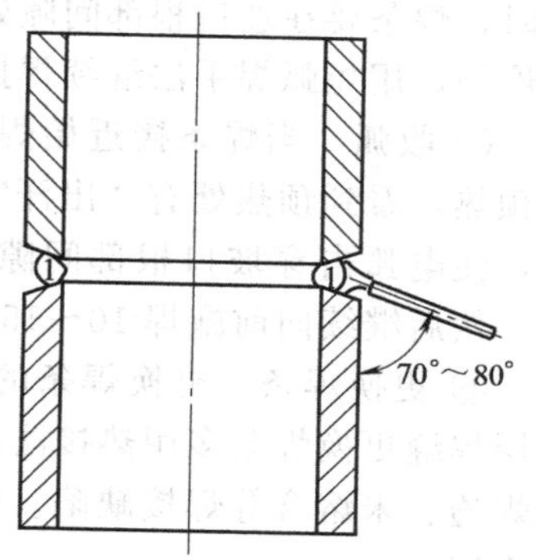

图1-89 ϕ76mm×5mm不锈钢管对接垂直固定打底层焊条电弧焊的焊条角度

③ 运条方法 断弧焊单面焊双面成形有三种成形方法：即一点击穿法、两点击穿法和三点击穿法。当管壁厚为2.5～3.5mm，根部间隙小于2.5mm时，由于管壁较薄，多采用一点击穿法焊接；当根部间隙大于

2.5mm 时，可采用两点击穿法焊接。当管壁厚大于 3.5mm，根部间隙小于 2.5mm 时，多采用一点击穿法焊接；当根部间隙大于 2.5mm 时，可采用两点击穿法焊接；当根部间隙大于 4mm 时，采用三点击穿法焊接。焊接过程中，逐点将熔化的金属送到坡口根部，然后迅速向侧后方灭弧。灭弧的动作要干净利落，不拉长弧，防止产生咬边缺陷。灭弧与重新引燃电弧的时间间隔要短，灭弧频率以 70～80 次/min 为宜。灭弧后重新引弧的位置要准确，新焊点与前一个焊点需搭接 2/3 左右。

施焊时，要做到“眼精、手稳、心静、气匀”。将看到的熔池大小的变化、熔池形状的变化、熔池颜色的变化等信息反馈到大脑，控制手腕的运条速度、调节焊条的角度及时发生变化，以获得合格的焊缝。在看熔池时，注意将熔渣与金属液体搅动分开，亮的是金属熔液，黑的是焊条熔渣，如不将渣和金属熔液搅动分开，则容易造成焊缝夹渣；焊接过程中，还要听清电弧击穿坡口根部发出的“噗、噗”的声音，没有这个声音，就意味焊缝根部没有被击穿。

焊接时注意保持焊缝熔池形状与大小基本一致，熔池中液态金属要与熔渣分离，并保持清晰明亮，焊接速度保持均匀。

④ 与定位焊缝接头　焊接过程中运条到定位焊缝根部时，焊条要向根部间隙位置顶送一下，当听到“噗、噗”声音后，将焊条快速运条到定位焊缝的另一端根部预热，当被预热的焊缝处有“出汗”现象时，焊条要在坡口根部间隙处向下压，听到“噗、噗”声音后，稍做停顿，用短弧焊手法继续焊接。

⑤ 收弧　当焊条接近始焊端时，焊条在始焊端的收口处稍微停顿预热，看到预热处有“出汗”的现象时，焊条向坡口根部间隙处下压，使电弧击穿坡口根部间隙处，当听到“噗、噗”声音后稍做停顿，然后继续向前施焊 10～15mm，填满弧坑即可。

⑥ 更换焊条　更换焊条的接头方法有热接法和冷接法两种。打底层焊缝更换焊条多用热接法，这样可以避免背面焊缝出现冷缩孔和未焊透、未熔合等焊接缺陷。热接法和冷接法见本书 1.2.12 节中有关内容。

(4) 盖面层的焊接（断弧焊）操作

① 清渣与打磨焊缝　仔细清理打底层焊缝与坡口两侧母材夹角

处的焊渣、焊点与焊点叠加处的焊渣。将打底层焊缝表面不平之处进行打磨，为盖面层焊缝焊接做准备。

② 焊条角度　焊条角度见图 1-90。

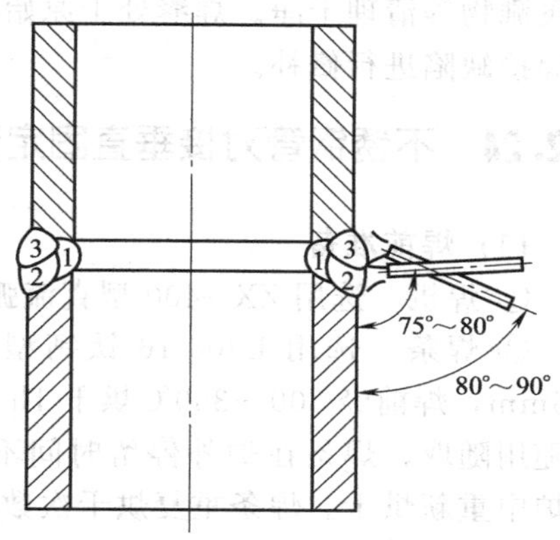

图 1-90　ϕ76mm×5mm 不锈钢管对接垂直固定盖面层焊接的焊条角度

盖面层为 1 道焊缝时，焊条与下管壁的夹角为 80°～90°。

盖面层为 2 道焊缝时，第 1 道焊缝焊条与下管壁的夹角为 75°～80°，第 2 道焊缝焊条与下管壁的夹角为 80°～90°。

所有盖面层焊缝的焊条与焊点处焊管切线焊接方向的夹角均为 80°～85°。

③ 运条方法　盖面层为 1 道焊缝时，采用锯齿形运条法，在焊缝的中间部分运条速度要稍快些，在焊缝的两侧稍做停顿，给焊缝边缘填足熔化金属，防止咬边缺陷产生。盖面层为 2 道焊缝时，采用直线形运条法，不做横向摆动，按打底层的焊法，将管子横断面分为两个半圆进行盖面层的焊接。同时，每道焊缝与前一道焊缝要搭接 1/3 左右，盖面层焊缝要熔进坡口两侧 1～2mm。

(5) 焊接参数

打底层焊缝采用一点击穿法。ϕ76mm×5mm 不锈钢管对接垂直固定焊条电弧焊断弧焊的焊接参数见表 1-34。

灭弧频率：平焊位为 35～45 次/min。

表 1-34　ϕ76mm×5mm 不锈钢管对接垂直固定焊条电弧焊断弧焊的焊接参数

焊缝层次(道)	焊条直径/mm	焊接电流/A	电弧电压/V
打底层(1)	2.5	70～80	22～26
盖面层(2)	2.5	65～75	22～26

(6) 焊缝清理

焊完焊缝后，用敲渣锤清除焊渣，用钢丝刷进一步将焊焊渣、焊接飞溅物等清理干净。焊缝处于原始状态，交付专职检验前不得对各种焊接缺陷进行修补。

1.2.24 不锈钢管对接垂直固定连弧焊单面焊双面成形

(1) 焊前准备

① 焊机 选用 ZX5-400 型直流弧焊整流器 1 台。

② 焊条 选用 E308-16 钛钙型药皮不锈钢焊条，焊条直径为 2.5mm，焊前经 300～350℃烘干 1h。烘干后的焊条放在焊条保温筒内随用随取，焊条在炉外停留时间不得超过 4h，否则，焊条必须放在炉中重新烘干。焊条重复烘干次数不得多于 3 次。

③ 管焊件 06Cr19Ni10（0Cr18Ni9）不锈钢管，规格为 ϕ76mm×5mm，用车床加工坡口（单边坡口角度为 $30^{\circ}{}^{+1^{\circ}}_{0}$），试件加工坡口见图 1-88。

④ 辅助工具和量具 焊条保温筒、角向打磨机、钢丝刷、敲渣锤、焊缝万能量规等。

(2) 焊前装配定位焊

装配定位的目的是把两个管件装配成合乎焊接技术要求的 Y 形坡口管焊件。

① 准备管焊件 用角向打磨机将管焊件两侧坡口面及坡口边缘各 20～30mm 范围以内的油、污、锈、垢等清除干净，至露出金属光泽。

② 管焊件装配 将打磨好的管件装配成 Y 形坡口的对接接头，装配间隙为 2.5mm（用 ϕ2.5mm 焊条头夹在试管坡口的钝边处，将两试管定位焊焊牢，然后用敲渣锤打掉定位焊用的 ϕ2.5mm 焊条头即可）。

装配好管焊件后，在时钟钟面的 2、10 点位置处，用 ϕ2.5mm 的 E308-16 焊条进行定位焊接，定位焊缝长为 10～15mm（定位焊缝焊在正面焊缝处），对定位焊缝的焊接质量要求与正式焊缝一样。

(3) 打底层的焊接（连弧焊）操作

焊接方向为从左向右，采用斜椭圆形运条或锯齿形运条法，焊接时始终保持短弧施焊。

焊接过程中，为防止熔池金属产生泪滴形下坠，电弧在上坡口侧停留的时间应略长些，同时要有1/3电弧通过坡口间隙在管内燃烧。电弧在下坡口侧只是稍加停留并有2/3的电弧通过坡口间隙在管内燃烧。

打底层焊缝应在坡口正中偏下，焊缝上不要有尖角，下部不允许出现熔合不良等缺陷。

打底层连弧焊时，在焊条向前运条的同时可以做横向摆动，将坡口两侧各熔化1～1.5mm，操作时尽量采用小电流及短弧焊，应该提出的是，焊条的摆动宽度不应超过其直径的2.5倍。

在打底层焊接过程中，还要注意保持熔池的形状和大小，给背面焊缝成形美观创造条件。与定位焊缝接头时，焊条在焊缝接头的根部要向前顶一下，听到“噗、噗”声后，稍做停留即可收弧停止焊接(或快速移弧到定位焊缝的另一端继续焊接)。

打底层焊缝更换焊条时，采用热接法，在焊缝熔池还处在红热状态下时，快速更换焊条，引弧并将电弧移至收弧处，这时，弧坑的温度已经很高了，当看到弧坑处有“出汗”的现象时，迅速向熔孔处压下，听到“噗、噗”两声后，提起焊条正常地向前焊接，焊条更换完毕。

打底层焊缝焊接过程中，焊条与焊管下侧的夹角为80°～85°，与管子切线的夹角为70°～75°。

(4) 盖面层的焊接(连弧焊)操作

盖面层有上下两条焊缝，采用直线形运条法，焊接过程中不摆动焊条。焊前将打底层焊缝的焊渣及飞溅物等清理干净，用角磨砂轮修磨向上凸的接头焊缝。

盖面层焊缝的焊接顺序是：自左向右、自下而上。

盖面层采用短弧焊接，焊条角度与运条操作如下：

第一条焊缝焊接时，焊条与管子下侧的夹角为75°～80°，并且1/3直径的电弧在母材上燃烧，使下坡口母材边缘熔化1～2mm。

第二条焊缝焊接时，焊条与管子下侧的夹角为85°～90°，并且第二条焊缝的1/3搭在第一条焊缝上，第二条焊缝的2/3搭在母材上，使上坡口母材边缘熔化1～2mm。

(5) 焊接参数

打底层焊缝、盖面层焊缝的焊接参数见表 1-34。

(6) 焊缝清理

焊完焊缝后，用敲渣锤清除焊渣，用钢丝刷进一步将焊渣、焊接飞溅物等清理干净。焊缝处于原始状态，交付专职检验前不得对各种焊接缺陷进行修补。

1.2.25 不锈钢管对接水平固定断弧焊单面焊双面成形

(1) 焊前准备

① 焊机 选用 BX3-500 型交流弧焊变压器 1 台。

② 焊条 选用 E308-16 焊条，ϕ2.5mm，焊前经 300～350℃烘焙 1h，烘干后放在保温筒内，随用随取。

③ 管焊件 选用 06Cr19Ni10（0Cr18Ni9）不锈钢管，规格为 ϕ76mm×5mm，用车床加工坡口（单边坡口角度为 $30^{\circ}{}^{+1^{\circ}}_{0}$）。试件加工坡口见图 1-91。

④ 辅助工具和量具 焊条保温筒、角向打磨机、钢丝刷、敲渣锤、焊缝万能量规等。

(2) 焊前装配定位

① 准备焊管试件 将焊管坡口两侧各 20～30mm 范围内的油、污、锈、垢等清除干净。

② 焊管试件装配 将打磨后的焊管试件装配成 Y 形坡口的对接接头，装配间隙为 2.5mm，在时钟的 10、2 点位置用 ϕ2.5mmE308-16 焊条进行定位焊接，定位焊缝长度为 10～15mm，定位焊缝的焊接质量要求应与正式焊缝一样。

(3) 打底层的（断续焊）焊接操作

① 引弧 在始焊处时钟 6～5 点钟位置（仰焊位）引弧，用长弧进行预热，当焊条端部出现熔化状态时，焊工用手腕力将焊条端部的第一、二滴熔滴甩掉。与此同时，观察预热处有“出汗”现象时，迅速而准确地将焊条熔滴送入始焊端（时钟 5～6 点钟位置）间隙，稍做一下左右摆动的同时，将焊条向上方稍微推一下，然后向斜下方带

弧、灭弧，一个熔池就这样形成了，引弧工作结束。

② 焊条角度 引弧点在时钟 5～6 点处，焊条与焊接方向的管壁切线夹角为 80°～85°。

在时钟 7～8 点位置为仰焊爬坡焊，焊条与焊接方向的管壁切线夹角为 100°～105°。

在时钟 9 点位置立焊时，焊条与焊接方向的管壁切线夹角为 90°。

在立位爬坡焊（时钟 10～11 点位置）施焊过程中，焊条与焊接方向的管壁切线夹角为 85°～90°。

在时钟 12 点处焊接时（平焊），焊条与焊接方向的管壁切线夹角为 75°～80°。

前半圆与后半圆相对应的焊接位置、焊条角度相同，焊条角度见图 1-92。

③ 运条方法 电弧在时钟 6～5 点位置 A 处引燃后，以稍长的电弧加热该处 2～3s，待引弧处坡口两侧金属有“出汗”现象时，迅速压低电弧至坡口根部间隙，通过护目镜看到有熔滴过渡并出现熔孔时，焊条稍微向左右摆动并向后上方稍推一下，观察到熔滴金属已与钝边金属连成金属小桥后，焊条迅速向斜下方带弧、灭弧。这样，第一个熔池便形成了。

断弧焊每次接弧时，焊条要对准熔池前的 1/3 左右处，接触位置要准确，使最后一个熔池覆盖前一个熔池 2/3 左右。

不锈钢的金属熔液较黏，所以灭弧动作要干净利落，不要拖泥带水，更不要拉长电弧，灭弧与接弧的时间间隔要适当，其中燃弧时间约 1s/次，断弧时间约为 0.8s/次，灭弧频率大约为：仰焊和平焊区段 35～40 次/min，立焊区段 40～45 次/min。

焊接过程中采用短弧焊接，使电弧具有较强的穿透力，同时还要控制熔滴的过渡尽量细小均匀。每一焊点填充金属不宜过多，防止熔池液态金属外溢和下坠。

焊接过程中，还要使熔池的形状和大小要保持一致，熔池液态金属清晰明亮，熔孔始终深入每侧母材 1～2mm。

④ 与定位焊焊缝接头 与连弧焊操作手法基本相同（见 1.2.26 节）。

⑤ 收弧 与连弧焊操作手法基本相同（见 1.2.26 节）。

(4) 盖面层的（断弧焊）焊接操作

盖面层焊接采用月牙形运条法，在焊缝坡口两边缘要注意停顿，不要采用长弧焊，焊条摆动要平稳，不要来回快速摆动，否则，焊后焊缝波纹不均匀、不美观，熔滴向熔池过渡得太小，在焊缝的边角处填不饱满，出现咬边现象。焊接过程要控制焊接速度不能太慢，否则易使熔池温度过高，在仰焊部位、立焊部位产生熔池下坠，造成焊缝成形不良。

(5) 焊接参数

在连弧焊焊接参数（见 1.2.26 节）的基础上可适当加大些。

(6) 焊缝清理

焊完焊缝后，用敲渣锤清除焊渣，再用钢丝刷进一步将焊渣、焊接飞溅物等清理干净。焊缝处于原始状态，交付专职检验前不得对各种焊接缺陷进行修补。

1.2.26 不锈钢管对接水平固定连弧焊单面焊双面成形

(1) 焊前准备

① 焊机　选用 BX3-500 型交流弧焊变压器 1 台。

② 焊条　选用 E308-16 焊条，ϕ2.5mm，焊前经 300～350℃烘焙 1h，烘干后放在保温筒内，随用随取。

③ 焊件　选用 06Cr19Ni10（0Cr18Ni9）不锈钢管，规格为 ϕ76mm×5mm，用车床加工坡口（单边坡口角度为 $30^{\circ}{}^{+1^{\circ}}_{0}$），试件加工坡口如图 1-91 所示。

④ 辅助工具和量具　焊条保温筒、角向打磨机、钢丝刷、敲渣锤、焊缝万能量规等。

(2) 焊前装配定位

① 准备焊管试件　将焊管坡口两侧各 20～30mm 范围内的油、污、锈、垢等清除干净。

② 焊管试件装配　将打磨后的焊管试件装配成 Y 形坡口的对接接头，装配间隙为 2.5mm，在时钟钟面的 10、2 点位置处用 ϕ2.5mmE308-16 焊条进行定位焊接，定位焊缝长度为 10～15mm，

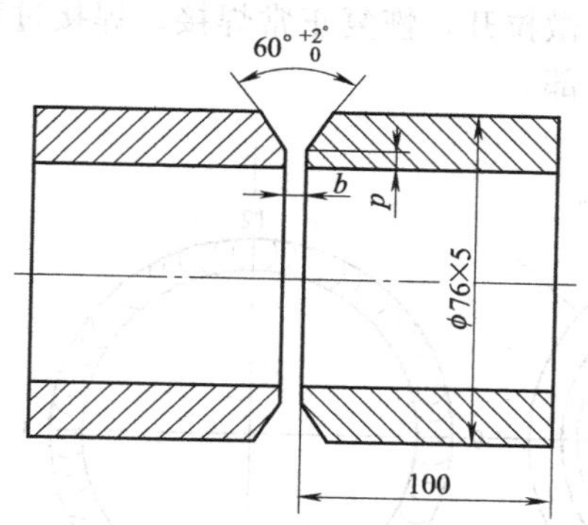
60° +2° 0
b
p
ϕ76×5
100
技术要求：
1.单面焊双面成形。
2.钝边高度p、坡口间隙b自定，允许采用反变形。
3.打底层焊缝允许打磨。

图 1-91 ϕ76mm×5mm 不锈钢管对接焊水平固定连弧焊的试件坡口

定位焊缝的焊接质量要求应与正式焊缝一样。

(3) 打底层的焊接（连续焊）操作

① 引弧　在始焊处时钟 6 点位置前方 10mm 处引弧后，把电弧拉至始焊处（时钟 6 点位置处）进行电弧预热，当发现坡口根部有“出汗”现象时，将焊条向坡口间隙内顶送，听到“噗、噗”声后，稍停一下，使钝边每侧熔化 1～2mm 并形成第一个熔孔，这时引弧工作完成。

② 焊条角度　引弧点（时钟 5～6 点处），焊条与焊接方向的管壁切线夹角为 80°～85°。

在时钟 7～8 点处为仰焊爬坡焊，焊条与焊接方向的管壁切线夹角为 100°～105°。

在立位爬坡焊（时钟 10～11 点位置）施焊过程中，焊条与焊接方向的管壁切线夹角为 85°～90°。

在时钟 12 点处焊接时（平焊），焊条与焊接方向的管切线夹角为 75°～80°。

管子前半圆与后半圆相对应的焊接位置、焊条角度相同，焊条角度见图 1-92。

③ 运条方法　电弧在时钟 6～5 点位置 A 处引燃后，以稍长的电弧加热该处 2～3s，待引弧处坡口两侧金属有“出汗”现象时，迅速压低电弧至坡口根部间隙，通过护目镜看到有熔滴过渡并出现熔孔时，将焊条稍微进行左右摆动并向后上方稍推，观察熔滴金属已与钝

边金属连成金属小桥后，将焊条稍微拉开，恢复正常焊接。焊接过程中必须采用短弧把熔滴送到坡口根部。

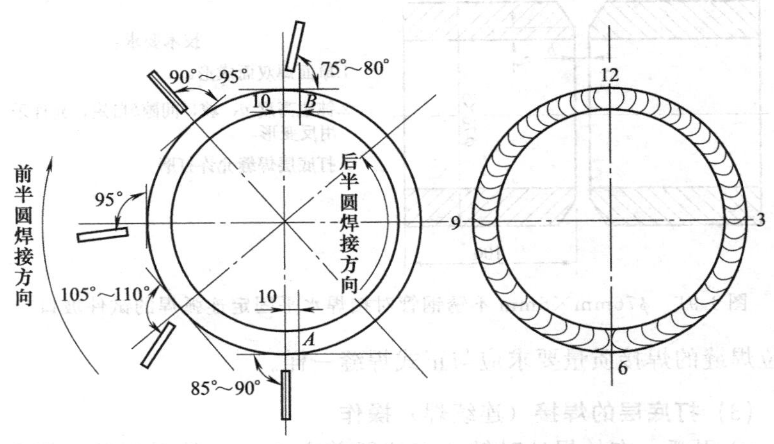

图 1-92　ϕ76mm×5mm 不锈钢管对接水平固定连弧焊的焊条角度

爬坡仰焊位置焊接时，电弧以月牙形运条并在两侧钝边处稍做停顿，看到熔化的金属已挂在坡口根部间隙并熔入坡口两侧各 1～2mm 时再移弧。

时钟在 9～12 点、3～12 点位置（水平管立焊爬坡）的焊接手法与时钟 6～9 点、6～3 点位置大体相同，所不同的是管子温度开始升高，加上焊接熔滴、熔池重力和电弧吹力等作用，在爬坡焊时极容易出现焊瘤，所以，要保持短弧快速运条。

在管子平焊位置（时钟 12 点处）焊接时，前半圆焊缝的收弧点在 B 点处。

④ 与定位焊缝接头　焊接过程中焊缝要与定位焊缝相接时，焊条电弧要向根部间隙位置顶一下，当听到“噗、噗”声后，将焊条快速运条到定位焊缝的另一端根部预热，看到端部定位焊缝有“出汗”现象时，焊条要往根部间隙处压弧，听到“噗、噗”声后，稍做停顿，仍用原先焊接手法继续施焊。

⑤ 收弧　当焊接接近收弧处时，焊条应在收弧处稍停一下预热，然后将焊条向坡口根部间隙处压弧，使电弧击穿坡口根部，听到“噗、噗”声后稍做停顿，然后继续向前施焊 10～15mm，填满弧坑

即可。

(4) 盖面层的（连弧焊）焊接操作

在时钟 5～6 点位置（仰焊）引弧后，用长弧预热仰焊部位，将熔化的第一、二滴熔滴甩掉（因为熔滴的温度低，在熔池内流动性不好），之后以短弧的方式向上送熔滴，采用月牙形运条或横向锯齿形运条法施焊。焊接过程中始终保持短弧，焊条摆至两侧时要稍做停顿，将坡口两侧边缘熔化 1～2mm，使焊缝金属与母材圆滑过渡，防止产生咬边缺陷。

盖面层焊接时，熔池始终保持椭圆形状并且大小一致，熔池明亮清晰。前半圆收弧时，要对弧坑稍填些熔化金属，使弧坑成斜坡状，为后半圆焊缝收尾创造条件。

(5) 焊接参数

ϕ76mm×5mm 不锈钢管对接水平固定焊条电弧焊连续焊的焊接参数见表 1-35。

表 1-35　ϕ76mm×5mm 不锈钢管对接水平固定焊条电弧焊连续焊的焊接参数

焊缝层次(道)	焊条直径/mm	焊接电流/A	电弧电压/V
打底层(1)	2.5	65～75	22～26
盖面层(2)	2.5	60～65	22～26

(6) 焊缝清理

焊完焊缝后，用敲渣锤清除焊渣，用钢丝刷进一步将焊渣、焊接飞溅物等清理干净。焊缝处于原始状态，交付专职检验前不得对各种焊接缺陷进行修补。

1.2.27 高压容器的焊条电弧焊

F12 集箱是电站锅炉部件中的压力容器，其材料除 F12 外，还有 12Cr1MoV 和 15Cr1MoV，集箱外形如图 1-93（a）所示，焊接操作要点如下：

① 制备焊缝坡口。

② 以工频感应加热器为热源加热焊件。

③ 定位焊时，预热温度为 350～450℃，全部选用 R407 焊条。

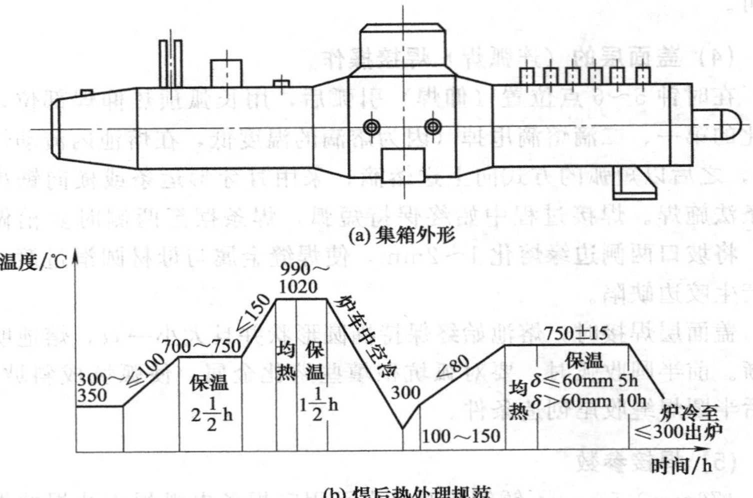

图 1-93　F12 集箱外形及热处理规范

④ 焊接时，预热温度为 350～450℃，分别选用 R407 及 OKSP124 焊条。焊集箱环缝时，将集箱放置在滚轮架上，以平焊上坡焊位置焊接。焊后加热到 650～700℃，保温 1.5h，然后用石棉布包好缓冷。亦可整体进炉加热到 650～700℃，保温 2.5h，炉冷到 300℃出炉。

⑤ 管接头、吊耳等零件，焊后立即进炉加热到 650～700℃，保温 2.5h 炉冷到≤300℃出炉。

⑥ 环缝 100％经超声波及磁粉检验，直径≥108mm 的管接头均需磁粉检验，其他为磁粉抽查。

⑦ 发现缺陷返修时，严禁用碳弧刨。

⑧ 焊后热处理规范见图 1-93（b）。

⑨ 热处理后还需复查，合格后才能出厂。

1.2.28　大型立车主轴与托盘的不预热焊条电弧焊

(1) 焊接工艺难点分析

某工程上需要焊接一 6m 立车的主传动轴和托盘，结构采用骑坐式，如图 1-94 所示。主传动轴材质为 45 钢，规格为 ϕ400mm×1573mm，重 1506kg；托盘材质为 Q235，规格为 ϕ1000mm×100mm，重 680kg。本结构的焊接难点如下：

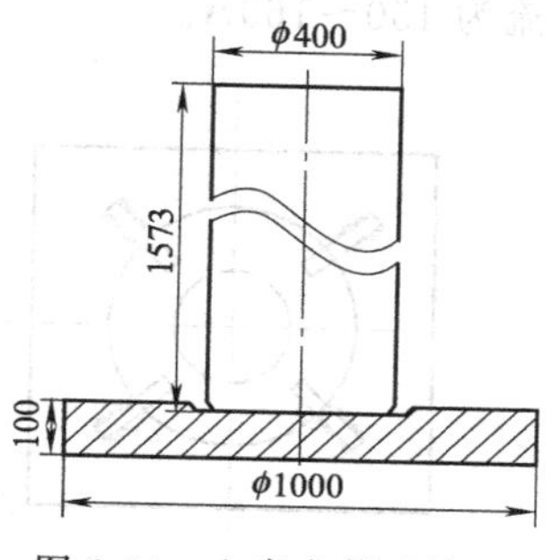

图 1-94 立车主传动轴和托盘焊接结构示意图

① 焊接裂纹 45 钢可焊性较差，易产生淬硬组织和冷裂纹，热裂倾向也较大，焊接接头的塑性及抗疲劳强度较低。一般情况下需要采取焊前预热，以降低热影响区的淬硬倾向，防止产生冷裂纹，还要改善焊接接头的塑性，减小焊接残余应力。但受焊接现场条件所限，不能提供满足要求的电加热设备和电加热炉。用氧-乙炔焊枪加热，难以达到要求的温度。因此必须采用其他方法，以避免产生焊接裂纹。

② 焊接变形 本结构属于单面焊接的角焊缝，不能像对称焊缝那样调节焊接顺序抵消和减小焊接变形，因此需要采取其他方法控制焊接变形。

针对焊接难点和现场条件，决定采用高韧性的不锈钢焊条焊接熔敷过渡层，以免除焊前预热；采用碳钢焊条填充和盖面，以保证强度要求；采用刚性固定法，以防止焊接变形。

(2) 材料、设备、工具

不锈钢焊条：E309-16，ϕ3.2mm。低合金钢焊条：E5015，ϕ3.2～4mm。碳钢焊条：E4303，ϕ4mm。电焊机：ZX7-400S 逆变焊机。其他工具：电动磨光机、扁铲、手锤等。

(3) 焊接过程

① 刚性固定 将托盘置于 100mm 厚的大钢板上，四周均匀布置 4 个加强筋，用加强筋将托盘和钢板点焊固定，如图 1-95 所示。

② 过渡层焊接 这是本工艺的核心所在。使用 E309-16、ϕ3.2mm 焊条，焊接电流为 100～110A，采用短弧、快速焊，如图 1-96 所示。围绕轴圆周与托盘坡口施焊，使之形成一过渡层。

③ 填充层焊接 焊接 4～5 层。采用 E5015、ϕ4mm 焊条，焊接

电流为 150～160A。

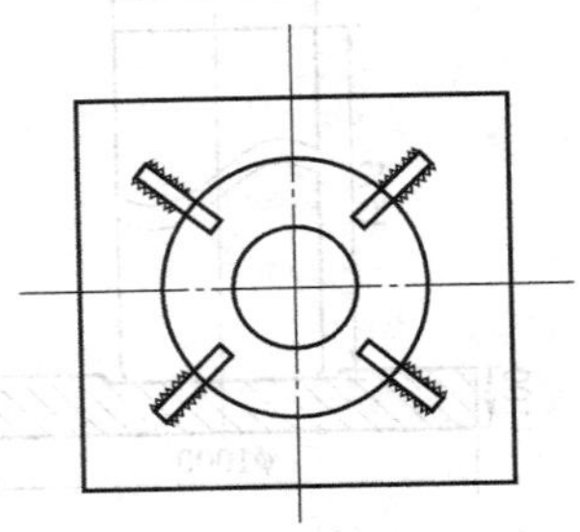
图 1-95 托盘刚性固定示意图

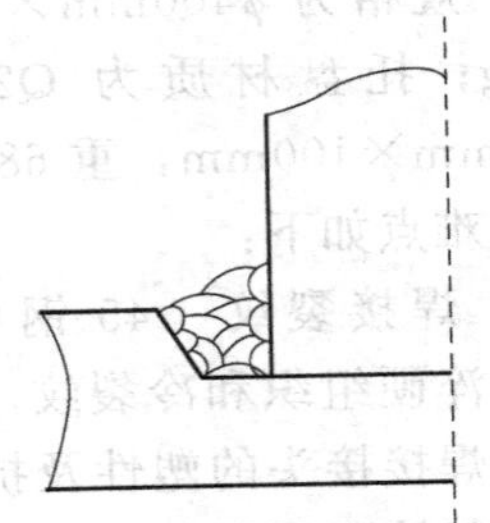
图 1-96 过渡层焊接示意图

④ 盖面层焊接 焊接 2 道。采用 E4303、ϕ4mm 焊条，焊接电流为 150～160A。

(4) 焊接效果

熔合良好，未发现有可见的裂纹出现。焊后 24h 割除加强筋，托盘底面平整，整个工件在大型车床上进行机加工非常顺利。

(5) 工艺要点

① 使用高韧性的 Cr、Ni 不锈钢焊条是取消焊前预热的关键。这种焊条焊缝金属具有良好的抗裂性，适合全位置焊接，特别是对于异种钢焊接。

② 填充层使用 E5015 焊条，使之与 45 钢等强，焊缝金属具有稳定可靠的低温韧性和优良的塑性。其较好的抗裂性能，是工艺选择的先决条件。

③ 盖面焊条选用低碳钢焊条，可降低焊缝金属硬度，利于机床加工。

1.2.29 合成塔筒体奥氏体不锈焊条电弧焊

合成塔筒体采用 07Cr19Ni117i 不锈钢制作，板厚为 12mm，筒体直径为 940mm，长 9000mm，工作压力为 1.76MPa，温度≤530℃。筒体焊后要求焊缝总长的 25%进行 X 射线检测。

① 坡口加工 筒体纵缝、环缝的坡口形式均为 V 形，如图 1-97 所示。坡口用机械加工方法或用碳弧气刨刨成，气刨后的坡口表面要

清除熔渣，并打磨光亮。筒体所有的纵环焊缝坡口均开在筒内，钝边则留在筒外一边。其优点是把焊根留在筒体外，便于碳弧气刨或角向磨光机进行清根操作，防止气刨过程中人体在筒体内烫伤和气刨产生的熔渣粘在筒体内壁上，保证筒体内表面光洁，提高容器耐腐蚀性。

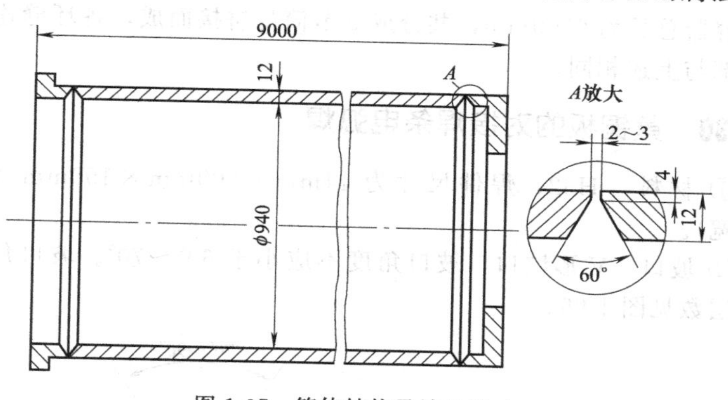

图 1-97　筒体结构及坡口尺寸

② 焊接工艺　筒体成形后装配定位焊纵缝，每隔 200～250mm 定位焊 25mm，定位焊缝高度为 4～5mm。施焊顺序如图 1-98 所示。先在筒体内焊接第 1、2 道，这两道焊缝的起焊和终止端应相反。然后在筒外清理焊根，再焊第 3、4 道。同样注意各道之间的起焊与终止方向相反。这样焊波错开以免产生夹渣现象。焊条不做横向摆动，对准中心直线焊接。清理焊根时在筒外进行，当采用碳弧气刨时，碳棒直径为 8mm，电流为 250～300A，碳棒与焊缝夹角为 45°，刨槽深 4mm，将第 1 层焊道根部可能有缺陷的焊缝金属全部刨除，刨后清除熔渣（清根可采用 ϕ150mm 角向磨光机打磨开槽，质量要比碳弧气刨好，但人工费时较大）。当第 3、4 层焊道焊完之后，最后在筒体内焊接与腐蚀介质相接触的第 5、6 层焊道。

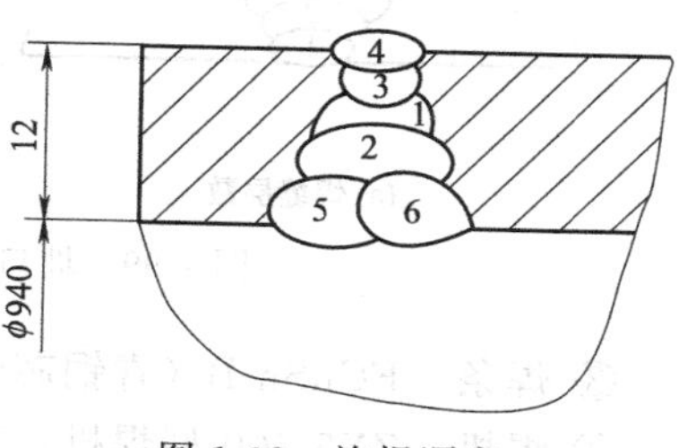

图 1-98　施焊顺序

环缝在筒体外部进行定位焊，定位焊牢固后将筒体吊放在转胎上，焊工在筒体内焊接，转胎转动的开关由焊工自己控制，速度快慢根据焊条燃烧速度确定，边焊边转，保持平焊位置，施焊次序与纵缝要求相同。焊接第1道时采用焊条直径为4mm，电流为120～140A；焊接其他各道时电流为130～150A。焊条型号均选用E347-16（即A132）。

容器总长为9000mm，共分成5节筒身拼接而成，各环缝连接焊缝全部与上述相同。

1.2.30 黄铜板的对接焊条电弧焊

① 材料　H62，焊件尺寸为14mm×300mm×150mm（厚×长×宽）。

② 坡口　V形坡口，坡口角度不应小于60°～70°。坡口角度与焊缝层数见图1-99。

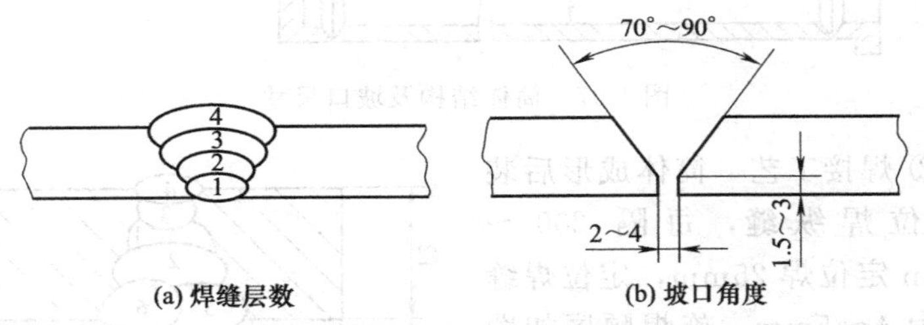

图1-99　坡口角度与焊缝层数

③ 焊条　ECuSn-B（青铜芯焊条），直径为3.2mm。

④ 焊机　ZX5-400型焊机，直流反接，焊条接正极。

⑤ 焊前预热　为了抑制锌在焊接过程中蒸发，焊前预热220℃。

⑥ 焊接参数　H62板对接焊条电弧焊的焊接参数见表1-36。

表1-36　H62板对接焊条电弧焊的焊接参数

焊接层次	焊接电流/A	焊接速度/(m/min)
1层(打底层)	90～130	0.2～0.3
2～3层(填充层)	95～140	
4层(盖面层)	85～125	

⑦ 焊接操作　焊前应仔细清理待焊处的油、污、锈、垢等。打底层焊接时，采用短弧焊接，焊条不做横向摆动，电弧沿焊缝做直线移动，小电流、高速焊，尽量使焊缝薄而窄。填充层焊接时，焊条可

稍微做横向摆动，但是，摆动的范围不应超过焊条直径的两倍。盖面层的焊接，焊接电弧以直线移动为主，每道焊缝要与前一道焊缝搭接1/3。由于黄铜液体流动性很大，因此黄铜板在焊接过程中应放在水平位置，有倾角也不要大于 15°。黄铜焊接时，会产生严重的烟雾，注意加强通风，排除烟尘及有害气体。

第2章 埋弧焊

2.1 埋弧焊基本技能

2.1.1 基本操作技术

(1) 对接接头的焊接

1）单面焊双面成形　适用于厚度在 20mm 以下的中、薄板焊接。焊件开 I 形坡口，留一定间隙，其关键是采用结构可靠的衬垫装置，防止液态金属从熔池底部流失。背面常用的衬垫有以下几种。

① 焊剂垫。用焊件自重或充气橡皮软管衬托焊剂垫（图 2-1），应用较广泛。它的结构简单，使用灵活方便。为防止焊件变形以及焊缝悬空，造成衬垫不紧而焊穿，须用压力架和电磁平台等压紧。

② 铜垫。在一定宽度和厚度的紫铜板上，加工成形槽，用机械的方法使之贴紧在焊缝坡口下面。用铜垫时，对接缝的装配精度要求高，反面焊缝成形比焊剂垫好，但焊缝背面严重氧化无光泽。再则，由于焊接变形，因此对较长的焊缝要保证铜垫和铜板贴紧较难。表 2-1 所示是铜垫成形槽尺寸，图 2-2 所示是埋弧焊铜衬垫。

③ 焊剂铜垫。它集焊剂垫、铜垫的优点于一身，弥补其缺点。在铜垫上铺一层宽约 100mm、厚约 5mm、颗粒均匀的焊剂，这样焊缝成形就较稳定，但对焊接参数不敏感。

2）对接接头双面焊　焊件厚度≥12mm 时采用双面焊。

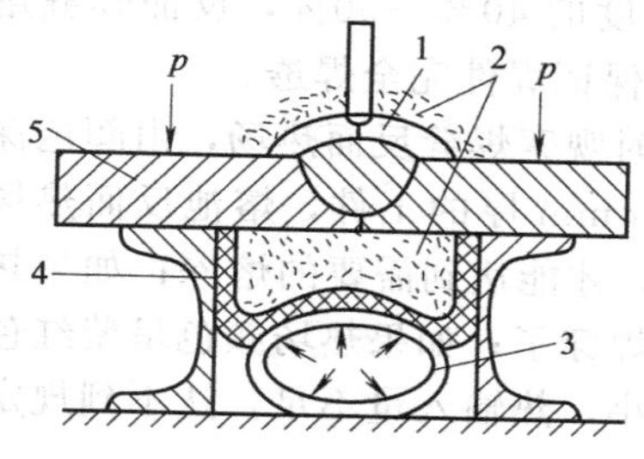

图 2-1　充气焊剂垫

1—熔渣；2—焊剂；3—充气橡胶软管；4—石棉布；5—焊件；p—压力

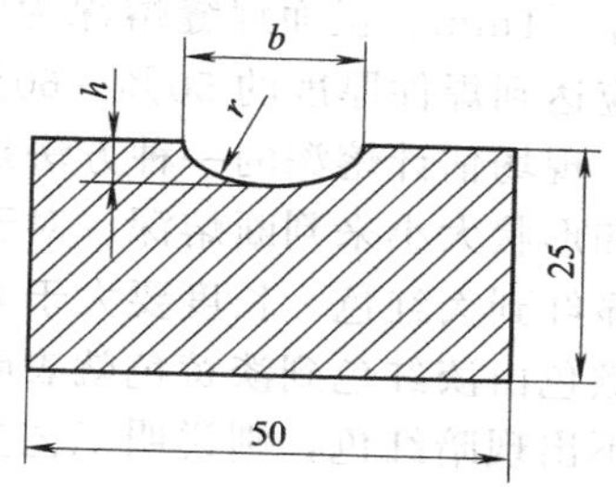

图 2-2　埋弧焊铜衬垫

表 2-1　铜垫成形槽尺寸

mm

焊件厚度	槽宽 b	槽深 h	槽曲率半径 r
4～6	10	2.5	7
6～8	12	3	7.5
8～10	14	3.5	9.5
12～14	18	4	12

① 采用焊剂垫的双面埋弧焊　焊件厚度≤14mm 时可以不开坡口。第一面焊缝在焊剂垫上，见图 2-3。焊接过程中保持工艺参数稳定和焊丝对中。第一面焊缝的熔深必须保证超过焊件厚度的 50%～60%，反面焊缝使用的规范可与正面相同，或适当减小，但必须保证完全焊透。在焊第二面焊缝前可用碳弧气刨挑焊根进行焊缝根部清理（是否清根，需视第一层焊缝质量而定），这样还可以减小余高。

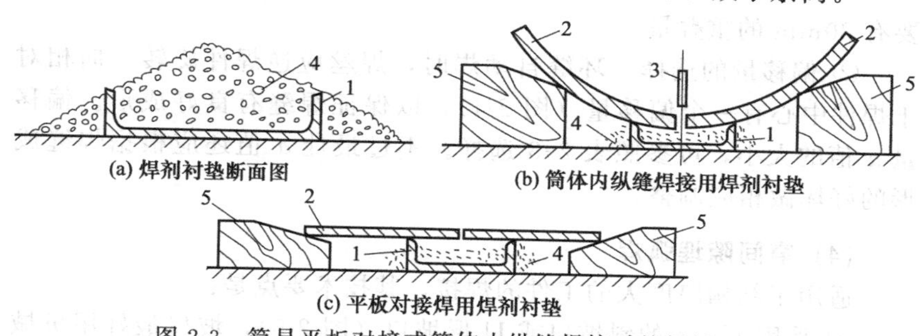

图 2-3　简易平板对接或筒体内纵缝焊接时的焊剂衬垫

1—槽钢；2—焊件；3—焊丝；4—焊剂；5—木块

② 悬空焊　对坡口和装配要求较高，焊件边缘必须平直，装配间隙≤1mm。正面焊缝熔深为焊件厚度的40%～50%，反面焊缝熔深应达到焊件厚度的50%～60%，以保证焊件完全焊透。

现场估计熔深的一种方法是焊接时观察焊缝反面热场，由颜色深浅和形状大小来判断熔深。对于6～14mm厚的工件，熔池反面热场应显红到大红色，长度要大于80mm，才能达到需要的熔深；如果热场颜色由淡红色到淡黄色就表明接近焊穿了；如果热场颜色呈紫红色或不出现暗红色，则说明工艺参数过小，热输入量不足，达不到规定的熔深。

(2) 角接接头的焊接

角接接头的焊接技术见表2-2。

表2-2　角接接头的焊接技术

工艺方法	焊接技术及简图	
船形焊	焊丝处于垂直位置，熔池处于水平位置。熔化金属易流入间隙，常用垫板（焊后去掉）或焊剂垫衬托。控制对缝间隙不超过1mm	
斜角焊	每一道焊缝的焊脚高度在10mm以下，对焊脚大于10mm的焊缝必须进行多层焊	d $(\frac{1}{4}\sim\frac{1}{2})d$

(3) 环缝的焊接

① 焊接顺序　一般先焊内环缝，后焊外环缝，焊缝起点和终点要有30mm的重叠量。

② 偏移量的选择　环缝自动焊时，焊丝应逆焊件旋转方向相对于焊件中心有一个偏移量（图2-4），以保证焊缝有良好成形。偏移量 a 值的大小，可参照表2-3选择。不过最佳 a 值还应根据焊缝成形的好坏做相应调整。

(4) 窄间隙埋弧焊

适用于结构厚度大的工件的焊接，其技术要点是：

① 采用1°～3°的斜坡口或U形坡口（图2-5），坡口最好用机械加工而成。

表 2-3　焊丝偏移量的选用

筒体直径/mm	偏移 a 值/mm
800～1000	20～25
＜1500	30
＜2000	35
＜3000	40

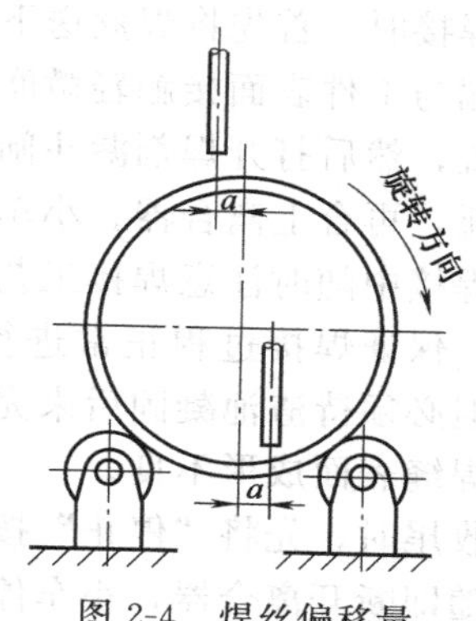

图 2-4　焊丝偏移量

② 要选择脱渣性好的焊剂，在焊接过程中要及时回收。

③ 采用双道多层焊，单丝焊时导电嘴有一定的偏摆角度（≤6°），为可偏摆导电嘴（图 2-6）；双丝焊时，前丝偏摆，后丝为直丝。

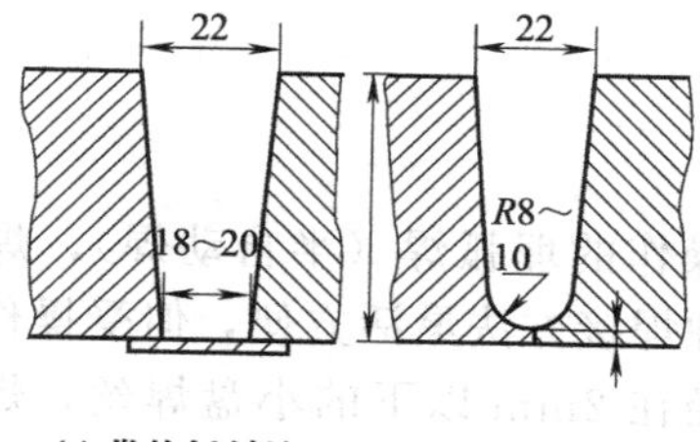

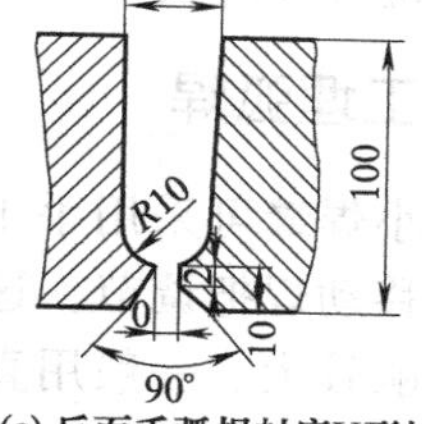

(a) 带垫板斜坡口　(b) U形坡口　(c) 反面手弧焊封底U形坡口

图 2-5　窄间隙埋弧焊坡口形式

2.1.2 平焊位置的埋弧自动焊

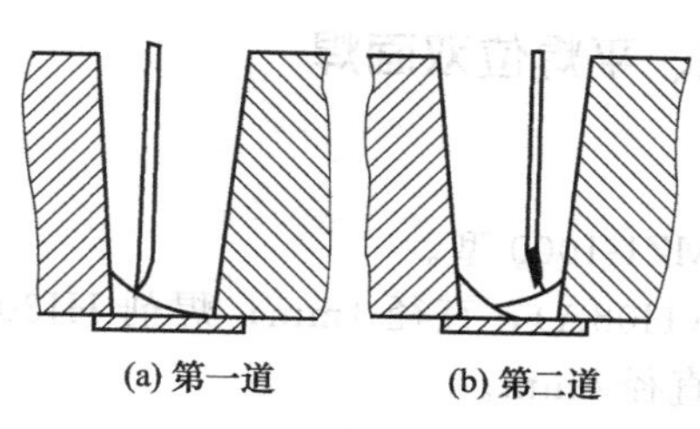
(a) 第一道　(b) 第二道

图 2-6　导电嘴的偏摆

平焊位置的埋弧自动焊，板厚小于 14mm 的可不开坡口对接焊，大于或等于 14mm 的可开 V 形坡口和 X 形坡口，重要件可开 U 形坡口。

根据不同材质的产品来选择不同的焊接材料。焊剂、焊丝使用前应做好除锈、除油处理，焊剂应烘焙 1～2h，温度为 250～300℃，随用随取。

调整埋弧焊机工艺参数，装好焊丝盘，使焊机处于工作状态、进行正常焊接。

焊接时，首先将焊丝送下至焊件表面微接触，然后推拉焊车，使得丝端与工件表面接触轻微摩擦，保证良好的接触。对好焊道与焊丝的位置，然后打开焊剂漏斗闸板，使焊剂敷在起焊端，启动开头，引燃电弧，再合上离合器，小车行走，开始焊接。

焊接中随时注意焊接工艺参数的变化，若焊丝偏离焊道则要随时调整，保证焊接过程正常进行。随时清扫覆盖的残余焊剂，清除焊渣，但必须待渣池凝固后来完成，防止渣池未凝固时的液态熔渣受挤压使焊缝表面成形不良。

收尾时，先将“停止”按钮按下一半使焊丝送进停止，手不要松开，随即断开离合器，小车停止，电弧自动拉长；待填满弧坑电弧熄灭，再继续将按钮按到底断开电源；待焊机停止工作后，彻底清扫焊剂和渣壳，检查焊缝质量。

2.1.3 手工埋弧焊

对于短小焊缝可采用手工操作的埋弧焊（半自动焊），焊接速度靠焊工手工移动焊把调节。这种焊接方法灵活方便，但受操作者的技术和情绪影响较大。一般用直径在 2mm 以下的小盘焊丝，焊较薄工件的不规则短焊缝。

2.2 埋弧焊典型实例

2.2.1 中厚板对接、V 形坡口、平焊位双面焊

(1) 焊前准备

① 焊接设备：MZ-1000 型或 MZ1-1000 型。

② 焊接材料：焊丝 H10Mn2（H08A），直径 4mm；焊剂 HJ301（HJ431）；定位焊用焊条 E4315，直径 4mm。

③ 焊件材料牌号：16Mn 或 20g、Q235。

④ 试件及坡口尺寸见图 2-7。

⑤ 焊接位置为平焊。

⑥ 低碳钢引弧板尺寸为 100mm×100mm×10mm，两块；引弧板两侧挡板为 100mm×100mm×6mm，四块。

⑦ 碳弧气刨设备和直径 6mm 镀铜实心炭棒。

⑧ 紫铜垫槽如图 2-8 所示。图中 a 为 40～50mm，b＝14mm，r＝9.5mm，h 为 3.5～4mm，c＝20mm。

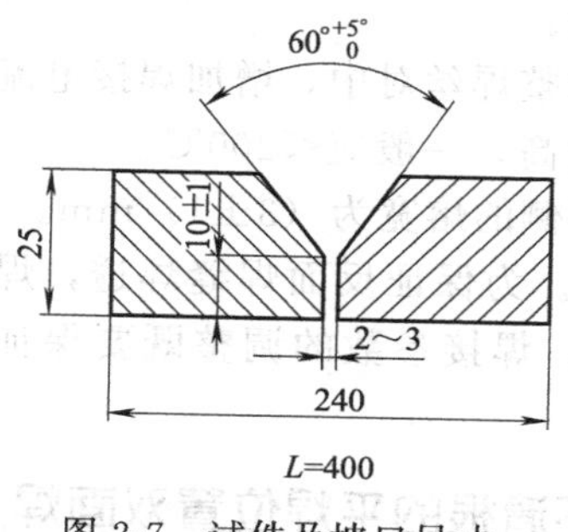

图 2-7　试件及坡口尺寸

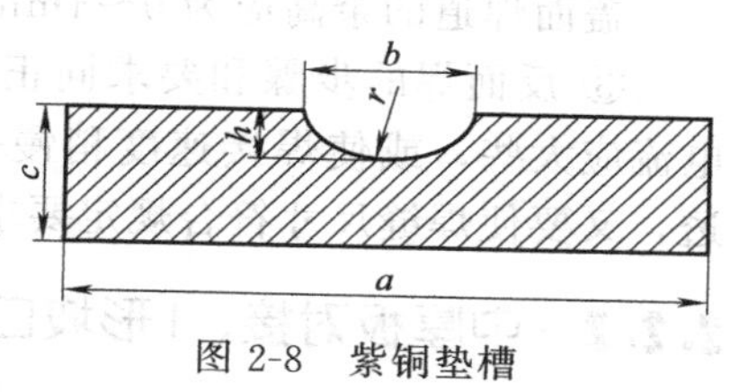

图 2-8　紫铜垫槽

(2) 焊件装配要求

① 清除焊件坡口面及正反两侧 20mm 范围内油、锈和其他污物，至露出金属光泽。

② 焊件装配要求如图 2-9 所示。

装配间隙为 2～3mm，错边量≤1.4mm，反变形量为 3°～4°。

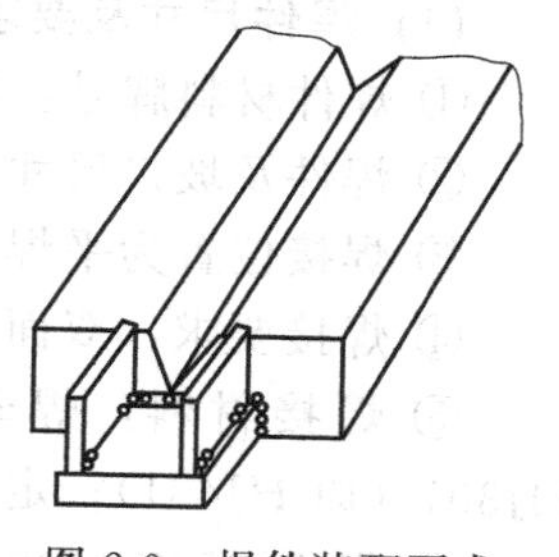
图 2-9　焊件装配要求

(3) 焊接参数

焊接参数见表 2-4。

表 2-4　中厚板对接埋弧双面焊工艺参数

焊接位置	焊丝直径 /mm	焊接电流 /A	电弧电压 /V	焊接速度 /(m/h)	间隙 /mm
正面	4	600～700	34～38	25～30	2～3
背面		650～750	36～38		

(4) 操作要点及注意事项

① 焊 V 形坡口的正面焊缝时，应将焊件水平置于焊剂垫上，并采用多层多道焊。焊完正面焊缝后清渣，将焊件翻转，再焊接反面焊缝，反面焊缝为单层单道焊。

② 正面焊时，调试好焊接参数，在间隙小端 2mm 起焊，操作步

骤为焊丝对中、引弧焊接、收弧、清渣。焊完每一层焊道后，必须清除渣壳，检查焊道，不得有缺陷，焊道表面应平整或稍下凹，与两坡口面的熔合应均匀，焊道表面不能上凸，特别是在两坡口面处不得有死角，否则易产生未熔合或夹渣等缺陷。

当发现层间焊道熔合不良时，应调整焊丝对中，增加焊接电流或降低焊接速度。施焊时层间温度不得过高，一般应＜200℃。

盖面焊道的余高应为 0～4mm，每侧的熔宽为（3±1）mm。

③ 反面焊的步骤和要求同正面焊。为保证反面焊缝焊透，焊接电流应大些，或使焊接速度稍慢一些，焊接参数的调整既要保证焊透，又要使焊缝尺寸符合规定要求。

2.2.2 中厚板对接、I 形坡口、不清根的平焊位置双面焊

(1) 焊件尺寸及要求

① 焊件材料牌号：16Mn 或 20g。

② 焊件及坡口尺寸如图 2-10 所示。

③ 焊接位置为平焊。

④ 焊接要求：双面焊、焊透。

⑤ 焊接材料：焊丝 H08MnA（H08A），直径为 5mm；焊剂 HJ301（原 HJ431）；定位焊用焊条 E5015，直径为 4mm。

⑥ 焊机：MZ-1000 型或 MZ1-1000 型。

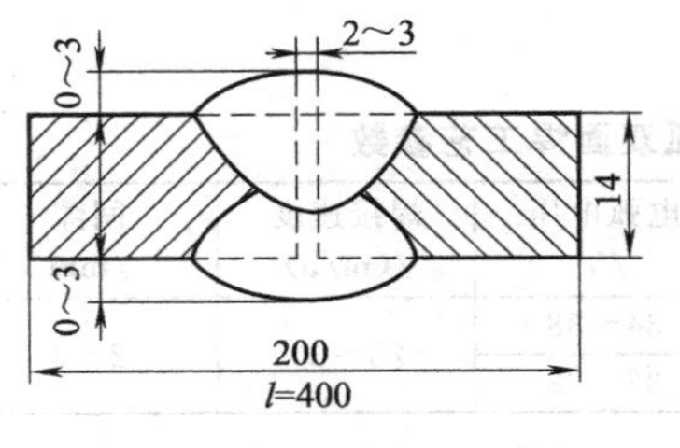

图 2-10 焊件及坡口尺寸

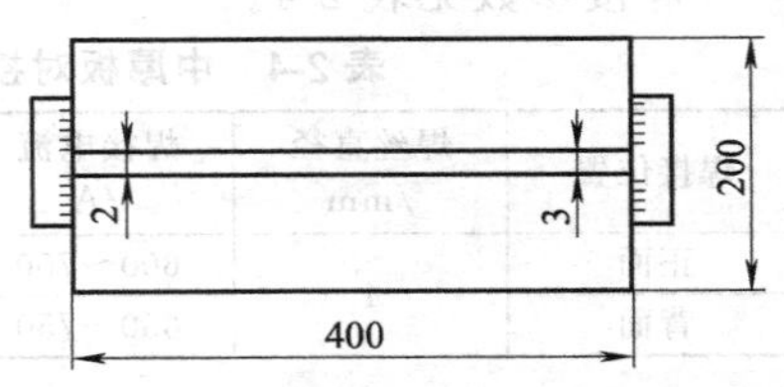

图 2-11 焊件装配要求

(2) 焊件装配要求

① 清除焊件坡口面及其正反两侧 20mm 范围内油、锈及其他污物，至露出金属光泽。

② 焊件装配要求如图 2-11 所示。装配间隙为 2～3mm，错边量应≤1.4mm，反变形量为 3°，在焊件两端焊引弧板与引出板，并做定位焊，尺寸为 100mm×100mm×14mm。

(3) 焊接参数

焊接参数见表 2-5。

表 2-5　焊接参数

<table>
<tr><th>焊缝位置</th><th>焊丝直径/mm</th><th>焊接电流/A</th><th>电弧电压/V</th><th>焊接速度/(m/h)</th></tr>
<tr><td>背面</td><td rowspan="2">5</td><td>700～750</td><td>交流 36～38</td><td rowspan="2">30</td></tr>
<tr><td>正面</td><td>800～850</td><td>直流反接 32～34</td></tr>
</table>

(4) 操作要求及注意事项

将焊件置于水平位置熔剂垫上，进行两层两道双面焊，先焊背面焊道，后焊正面焊道。

1) 背面焊道的焊接

① 垫熔剂垫。必须垫好熔剂垫，以防熔渣和熔池金属流失。所用焊剂必须与焊件焊接用的相同，使用前必须烘干。

② 对中焊丝。将焊接小车轨道中线与焊件中线相平行（或相一致），往返拉动焊接小车，使焊丝都处于整条焊缝的间隙中心。

③ 引弧及焊接。将小车推至引弧板端，锁紧小车行走离合器，按动送丝按钮，使焊丝与引弧板可靠接触，给送焊剂，覆盖住焊丝伸出部分。

按启动按钮开始焊接，观察焊接电流表与电压表的读数，应随时调整至焊接参数。焊剂在焊接过程中必须覆盖均匀，不应过厚，也不应过薄而漏出弧光。小车走速应均匀，防止电缆的缠绕阻碍小车的行走。

④ 收弧。当熔池全部达到引出板后开始收弧，先关闭焊剂漏斗，再按一下半停止按钮，使焊丝停止给送，小车停止前进，但电弧仍在燃烧，以使焊丝继续熔化来填满弧坑，并以按下这一半按钮的时间长短来控制弧坑填满的程度，然后继续将停止开关按到底，熄灭电弧，结束焊接。

⑤ 清渣。松开小车离合器，将小车推离焊件，回收焊剂，清除渣壳，检查焊缝外观质量，要求背面焊缝的熔深应达 40%～50%，

否则用加大间隙或增大电流、减小焊接速度来解决。

2）正面焊道的焊接　将焊件翻面，焊接正面焊道，其方法和步骤与背面焊道完全相同，但需注意以下两点。

① 为防止产生未焊透或夹渣，要求正面焊道的熔深达60%～70%，通常以加大电流的方法来实现。

② 焊正面焊道时，可不再用焊剂垫，而采用悬空焊接，在焊接过程中观察背面焊道的加热颜色来估计熔深，也可仍在焊剂垫上进行。

2.2.3 厚板的板-板对接、X形或V形坡口、埋弧焊双面焊

厚板的板-板对接，一般采用埋弧焊的双面焊。双面焊对焊件装配要求和规范波动的敏感性较低。

双面焊对接的主要问题是进行第一面焊接时要保证一定的熔深，且防止熔化金属的流溢和烧穿。因此，常采用悬空焊、焊剂垫等措施来保证第一层焊接过程稳定。

(1) 焊接方法

① 悬空焊法　悬空焊法不用衬托，要求焊件在装配时不留间隙或间隙很小（一般不超过1mm）。焊第一面时，熔深要小，焊I形坡口时，熔深应小于焊件厚度的一半；焊X形、V形时，熔深应略小于钝边厚度。焊反面时，I形坡口对接，熔深应达到焊件厚度的60%～70%，以保证熔透；焊X形、V形坡口时，可采用碳弧气刨清根后再进行焊接。

② 焊剂垫法　用焊剂垫施焊时，要求焊剂在焊缝全长与焊件贴合，且压力均匀，这样不会引起漏渣、铁水下淌及烧穿。I形坡口对接装配时要求有一定的间隙，焊第一面的装配间隙及规范如表2-6所示；焊X形或V形坡口时，其规范如表2-7所示。

表2-6　I形对接双面焊焊接规范

板厚/mm	装配间隙/mm	焊丝直径/mm	焊接电流/A	电弧电压/V	焊接速度/(m/h)
28	5～6	5	900～950	38～42	20
30	6～7	5	950～1000	40～44	16
40	8～9	5	1100～1200	40～44	12
50	10～11	5	1200～1300	44～48	10

表 2-7 X形、V形坡口埋弧焊双面焊焊接规范

板厚/mm	坡口形式	焊丝直径/mm	焊接顺序	坡口尺寸		电弧电压/V	焊接电流/A	焊速/(m/h)
				α/(°)	l、k/mm			
18		5	正 反	60 —	8 —	36～38 36～38	830～860 600～620	20 45
22		6 5	正 反	65 —	13 —	38～40 36～38	1050～1150 600～620	18 45
28		6 5	正 反	40 40	14 14	38～40 36～38	900～1100	24 28
32		6	正 反	80 60	10 10	36～40 36～38	1000～1100 900～1000	18 20

表 2-8 双面自动埋弧焊坡口尺寸及焊接参数

焊件厚度/mm	坡口形式	焊丝直径/mm	焊接顺序	焊接电流/A	焊接电压/V	焊接速度/(m/h)
14		5	Ⅰ	830～850	36～38	25
			Ⅱ	600～620	36～38	45
16		5	Ⅰ	830～850	36～38	20
			Ⅱ	600～620	36～38	45
18		5	Ⅰ	830～860	36～38	20
			Ⅱ	600～620	36～38	45
22		6	Ⅰ	1050～1150	38～40	18
		5	Ⅱ	600～620	36～38	45
24		6	Ⅰ	1050～1150	38～40	24
		5	Ⅱ	800～840	36～38	24
30		6	Ⅰ	1000～1100	38～40	18
			Ⅱ	900～1000	38～40	20

注：Ⅰ为正面焊缝，在焊剂垫上施焊；Ⅱ为反面焊缝，每面焊一层。

(2) 焊接坡口

埋弧焊焊缝坡口的基本形式和尺寸，参见 GB/T 958.2—2008。

(3) 焊接规范

① Ⅰ形对接双面焊焊接规范见表 2-6。

② X 形、V 形坡口双面焊焊接规范见表 2-7。

2.2.4 碳钢对接纵缝自动埋弧焊

20mm 厚低碳钢（20 钢）对接纵缝的自动弧焊的操作要点如下：

① 为保证焊透，采用 Y 形坡口，双面自动埋弧焊坡口尺寸及焊接参数见表 2-8。

② 清除坡口及其边缘的油污、氧化皮及铁锈等；对重要产品，应在距坡口边缘 30mm 内打磨出金属光泽。

③ 用 J427 焊条在坡口面两端预焊长约 40mm 的装搭定位焊缝，大工件还应增加若干中间定位焊缝。装搭焊缝需有一定的熔深，以便整个工件的安全起吊。

④ 在焊缝两端焊上与坡口截面相似的 100mm×100mm 的引弧板和引出板。

⑤ 将干燥纯净的 HJ431 焊剂撒在槽钢上，做成简易的焊剂垫，并用刮板将焊剂堆成尖顶，纵向呈直线。

⑥ 将装搭好的焊件起吊、翻身、置于焊剂垫上。起吊点应尽量接近接缝处，以免接缝因起吊点远而增大力矩造成断裂。焊件的起吊、翻身及就位如图 2-12 所示。钢板安放时，应使接缝对准焊剂垫的尖顶线，轻轻放下，并用手锤轻击钢板，使焊剂垫实。为避免焊接时焊件发生倾斜，在其两侧轻轻垫上木楔，如图 2-12（c）所示。

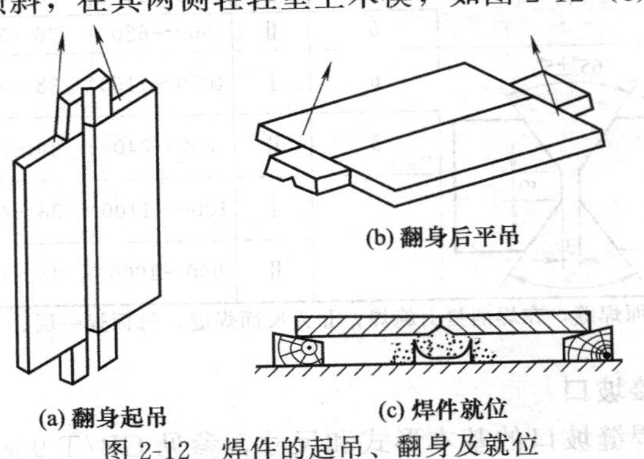

图 2-12 焊件的起吊、翻身及就位

⑦ 在工件焊接位置上安置轨道及焊车，装上直径为 5mm 的 H08MnA（或 H08A）焊丝，放入经 250℃烘干的 HJ431 焊剂，焊件接电源的负极。

⑧ 调整好焊丝和指针，按表 2-8 选择好所需的焊接参数，从引弧板上起弧，起弧后对焊接参数仍可做适当调整。焊接过程中，要保证焊丝始终指向焊缝中心，要防止因焊件受热变形而造成焊件与焊剂垫脱空以致烧穿的现象，尤其是焊缝末端更易出现这种现象。因此在焊接过程中，应适时将焊件两侧所垫木楔适当退出，从而保证焊缝背面始终紧贴焊剂垫。焊接过程必须在引弧板上结束。

⑨ 将单面焊妥的焊件吊起翻身，用碳弧气刨或快速砂轮去焊根，特别要注意挑清装搭焊缝，并清理焊道。

⑩ 按前述方法进行坡口面的焊接，通常坡口面焊两层。第一层尽量使焊缝呈圆滑下凹形，并保留坡口边缘线；第二层必须盖住第一道焊缝。焊接结束后，割去引弧板和引出板。

2.2.5 板厚＜38mm 的低碳钢板直缝和筒体环缝的自动埋弧焊

自动埋弧焊由于生产效率高、焊接质量好，广泛用于中厚钢板的焊接。如大型无缝钢管厂制造的直环铁回转窑、水泥厂的水泥回转窑等，都属于筒体的焊接，可采用自动埋弧焊来完成各纵、环缝的焊接。其筒体材质为 Q235C 板，板厚为 22～60mm。

(1) 坡口加工

半自动切割机下料，用刨边机刨双 X 形坡口双边 60°，要求表面平直，宽窄均匀。坡口及附近表面上的铁锈、氧化皮和油污一定要清除干净。

(2) 焊机及焊接材料的选用

① 选择埋弧焊机。焊前应检查焊机各接线处是否正确、可靠，接地是否良好。然后，启动电机查看运行情况，并调节电流、电弧电压、焊接速度，检查送丝是否正常。

② 选用 H08A 焊丝，直径为 5mm。盘丝前，首先用汽油清除焊丝表面上的油污，并用砂纸打磨铁锈；选用 HJ431 焊剂，使用前将焊剂进行烘干，烘干温度为 250～300℃，烘干 1～2h，随用随取。

(3) 焊件装配

装配前，各筒节应进行校正找圆，合格后进行组对，组对应在铸梁平台上进行。装配间隙应<2mm，错边量<2mm，两端口平面度应<1.5mm，采用手工定位焊。

(4) 焊接参数

筒体的焊接一般先焊内环缝，为使熔深为板厚的40%～50%，并防止烧穿，要选择适当的焊接参数。外环缝焊接为保证焊透，其焊接参数应适量加大些。自动埋弧焊X形坡口焊接参数见表2-9。

表 2-9 自动埋弧焊 X 形坡口焊接参数

焊件厚度/mm	焊剂牌号	焊丝牌号	焊丝直径/mm	焊接部位	电流/A	焊接电压/V	焊接速度/(m/h)	电源种类
32	431	H08A	5	内环缝	650～680	34～36	27～28	直流反接
				外环缝	700～720	34～36	29～32	

(5) 焊接要点及注意事项

① 先进行内环缝的焊接，由于埋弧焊的电弧功率很大，因此在焊接内环缝第一道时，外部必须加焊剂垫，以防电流过大烧穿。常用的焊剂垫有带式焊剂垫和圆盘式焊剂垫。焊接内环缝时，可采用内伸式焊接小车，配合转胎使用，如图2-13所示。

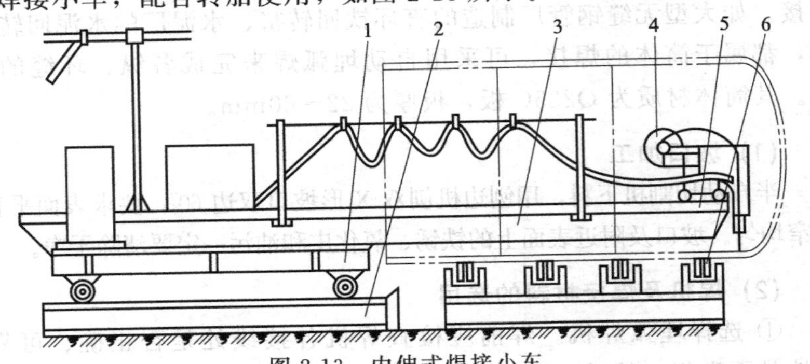

图 2-13 内伸式焊接小车

1—小车；2—地轨；3—悬臂架；4—自动焊小车；5—导轨；6—滚轮转胎

② 外环缝焊接前应进行碳弧气刨清根，采用ϕ8mm炭棒，刨槽宽为8～10mm，刨槽深为5～6mm，刨削电流为280～320A，压缩空气压力为5MPa，刨削速度控制为30～35m/h，刨后清除焊渣。

③ 外环缝的焊接机头要在筒体上方，焊接参数见表 2-8。焊接外环缝时，可采用悬臂式焊接升降架，配合转胎进行。悬臂式焊接升降架如图 2-14 所示。

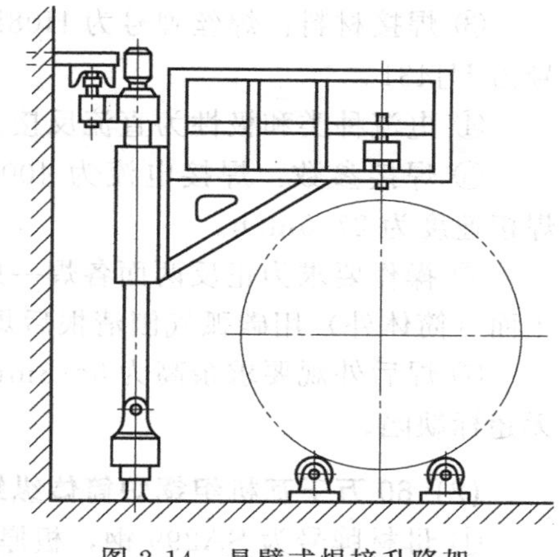

图 2-14 悬臂式焊接升降架

④ 自动埋弧焊应由 3 人来完成，一人操纵焊机，一人续送焊剂，一人清渣扫焊药。

⑤ 焊接外环缝时，操作位置较高，要预防摔伤。吊装筒体时，动作要稳。筒体放置在滚轮架上时，应仔细调节，将焊件的重心调到两个滚轮中心至焊件中心连线夹角允许范围内，防止筒体轴向窜动。

⑥ 气候、环境对焊接质量也有一定的影响。焊接应在相对湿度<90%的环境下进行；室外作业时，风速应<2m/s；雨雪天气时，不宜施焊；环境温度低于 0℃时，焊接区域 100mm 范围内应预热才能进行焊接。

⑦ 焊接结束时，焊缝的始端与尾端应重合 30～50mm。

2.2.6 锅炉筒体纵缝双面埋弧焊

采用焊车式焊机，焊接锅炉筒体纵缝的操作和焊接平板对接直缝是相同的。焊接时，将筒体放在支承架上，使焊缝轴线保持水平位置，将焊车及导轨等用焊接升降台支承于焊缝上部。利用升降台行走或焊车沿导轨的行走，实现电弧相对工件的运动，此种方法属于焊接电弧移动、工件固定不动。另一种方法是将筒体放在一平板拖车的支承架上，平板拖车由电动机带动沿地轨移动，移动速度可以调节，将焊车支承于焊缝上部，焊接时焊车固定不动，由拖车带动工件移动进行焊接。

(1) 20 钢钢板、厚度为 14mm 的锅炉筒体纵缝双面埋弧焊

① 坡口形式为 I 形坡口。

② 装配间隙为 0～1mm。

③ 焊接材料：焊丝牌号为 H08MnA，焊丝直径为 3mm，焊剂牌号为 HJ431。

④ 电流种类和极性为直流反接。

⑤ 焊接参数：焊接电流为 400～500A，电弧电压为 34～36V，焊接速度为 27.5m/h。

⑥ 操作要求为正反两面各焊一层，先焊反面一层（筒体内），在正面（筒体外）用碳弧气刨清根后焊一层。

⑦ 焊后外观要求余高为 0～3mm，焊缝宽度为 10～20mm，其他无超标缺陷。

(2) 60 万千瓦机组锅炉筒体纵缝的焊条电弧＋窄间隙埋弧焊

① 母材牌号为 SA299 钢，板厚为 170mm。

② 接头坡口形式如图 2-15 所示。

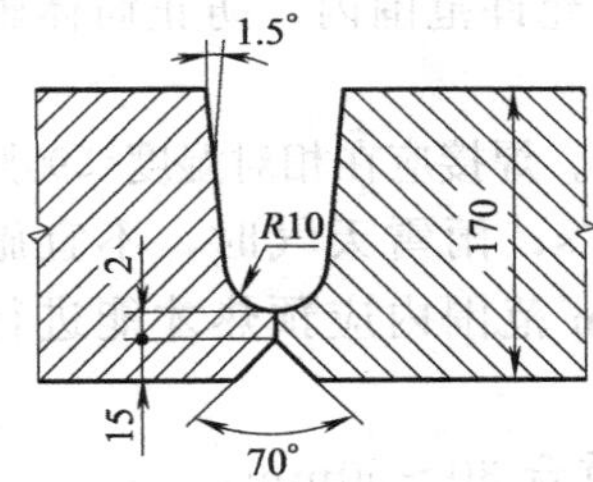

图 2-15　接头坡口形式

③ 焊接材料：焊条电弧牌号为 E7018-A，焊条直径为 4mm、5mm，焊丝牌号为 S3Mo，焊丝直径为 4mm，焊剂牌号为 SJ101。

④ 预热温度为 150～250℃，层间温度为 150～250℃。

⑤ 焊接参数：焊条电弧焊采用直流反接，打底焊时，焊接电流为 170～190A（ϕ4mm），电弧电压为22～24V；填充层及盖面层采用 ϕ5mm 焊条，焊接电流为 220～240A，电弧电压为 23～25V；埋弧焊时，第一层焊接电流为 550～580A，其他层焊接电流为 500～550A，电弧电压为 29～31V，焊接速度为 29～31m/h。

⑥ 焊条电弧焊焊接 70°反面坡口（筒体内纵缝焊缝），在正面（筒体外）清根后用埋弧焊焊满 U 形坡口。

⑦ 后热温度为 150～200℃，保温时间为 2h。

⑧ 焊后热处理温度 610～630℃，保温时间为 2.5h。

⑨ 焊后外观要求余高为 0～3mm，焊缝宽度盖过坡口 2～7mm。

2.2.7 容器大接管自动埋弧焊

厚壁容器球形封头（材料为 19Mn5）上的大口径接管（材料为

20MnMo）如图 2-16 所示。

① 焊缝为全焊透结构，坡口形式如图 2-17 所示。加工时，先在球形封头上按划线用半自动割圆机气割中心孔，然后在立车上加工至所需尺寸，并清除坡口区的水、锈、油等污物，由反面装搭中心接管。

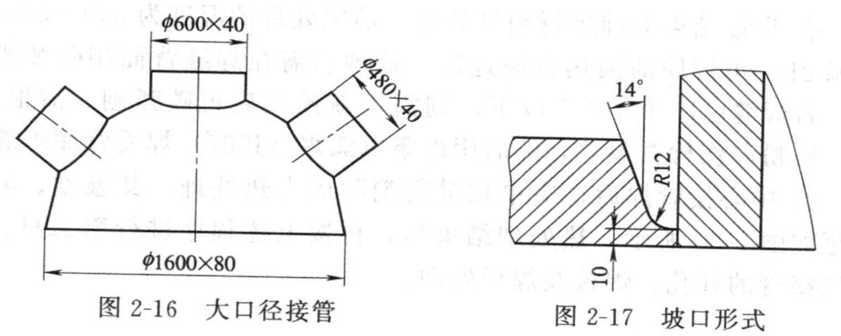

图 2-16 大口径接管

图 2-17 坡口形式

② 选用直径为 4mm 的 M10MnMo 焊丝，配用 250G 焊剂，焊丝必须经 350～400℃烘干 2h。

③ 采用 MZ-1000 型自动埋弧焊机，机头由小车式改装为旋转式，安置在焊接升降架上，焊接专用装置如图 2-18 所示，焊接过程中靠机头回转，焊接速度实行无级调整。

④ 焊前工件可整体进炉预热，或用环形加热圈进行局部火焰加热，预热温度为 200℃。施焊时，应先用焊条电弧进行封底，焊条为 J507。封底层达到 6mm 以上时即可进行自动埋弧焊，焊条电弧焊与自动埋弧焊间隔时间不宜过长。大接管自动埋弧焊焊接参数见表 2-10，焊接坡口顺序如图 2-19 所示。

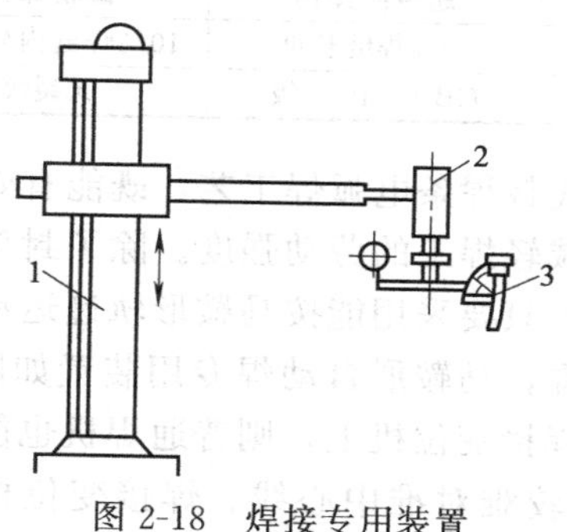

图 2-18 焊接专用装置

1—焊接架；2—旋转机构；3—机头

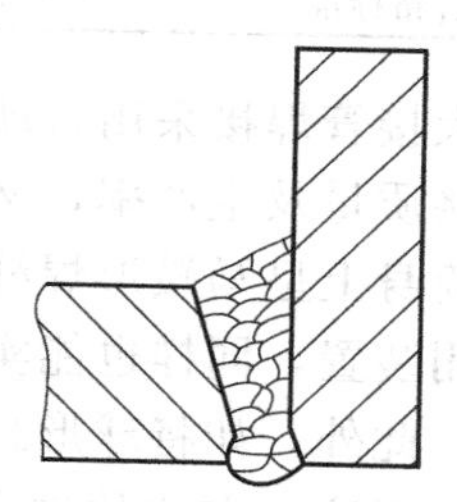

图 2-19 焊接坡口顺序

表 2-10 大接管自动埋弧焊焊接参数

焊道	焊丝直径/mm	焊接电流/A	电弧电压/V	焊接速度/(m/h)
根部焊道	4	500～550	32～34	20～23
其余焊道	4	580～630	34～36	25～26

⑤ 焊接结束立即进行消氢处理，消氢处理的温度为 300～350℃，保温 2h，可按局部预热方法进行。处理后需在焊缝背面用碳弧刨清根，若焊缝已冷至 150℃以下，则需重新预热后再碳弧刨。清根后，应做磁粉探伤检查裂纹，然后用焊条电弧焊（J507）焊妥背面焊缝。

⑥ 中心接管焊后，应单独进行消除应力热处理，其温度、时间规范如图 2-20 所示。热处理结束后，再按上述程序进行第二只、第三只接管的开孔、焊接及焊后处理。

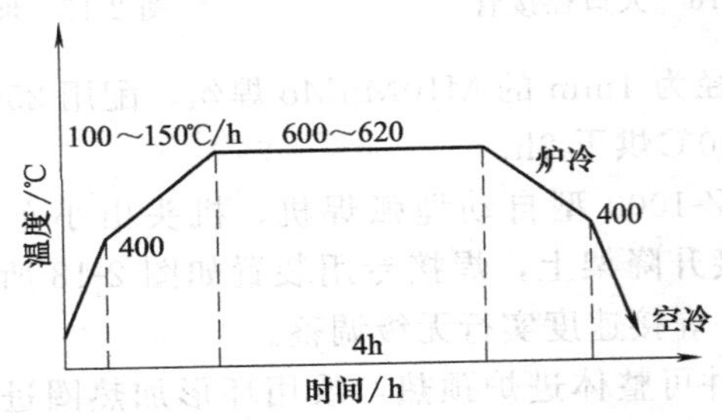

图 2-20 消除应力热处理温度、时间规范

⑦ 所有大接管焊后，应进行焊缝的无损探伤，其要求见表 2-11。

表 2-11 大接管焊缝无损探伤要求

探伤方法	X 射线探伤	超声波探伤	磁粉探伤
探伤范围	100%焊缝长度	20%焊缝长度	10%焊缝内外表面
合格标准	GB 3323 二级	GB 11345 一级	无裂纹

大接管焊接采用自动埋弧焊代替焊条电弧焊工艺，既能有效地提高焊接质量及生产率，又能大大减轻焊工的劳动强度。除了封头接管外，筒身上呈马鞍形焊缝的接管，只要采用能按马鞍形轨迹运动的焊接专用装置，同样也能实现自动焊，马鞍形自动焊专用装置如图2-21所示。此外，如将球形封头置于焊接变位机上，则普通焊机也能进行焊接，但这一方法的缺点是接管较难对准中心线。焊接变位机如图 2-22 所示。

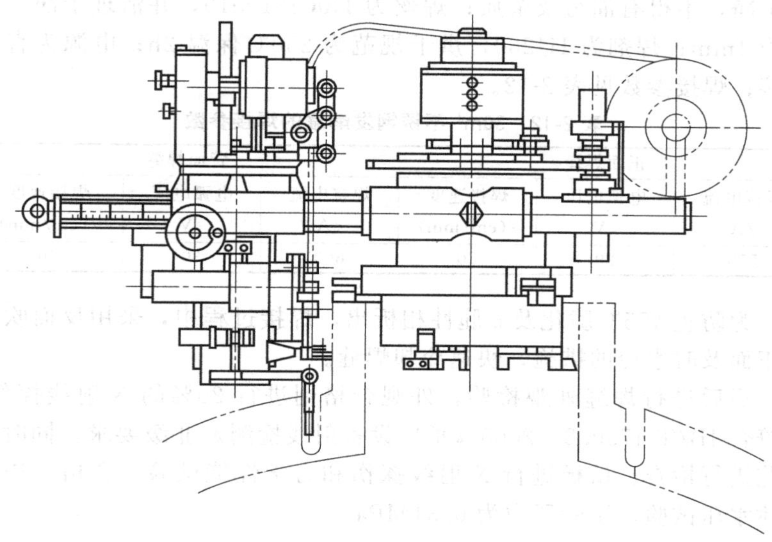

图 2-21 马鞍形自动焊专用装置

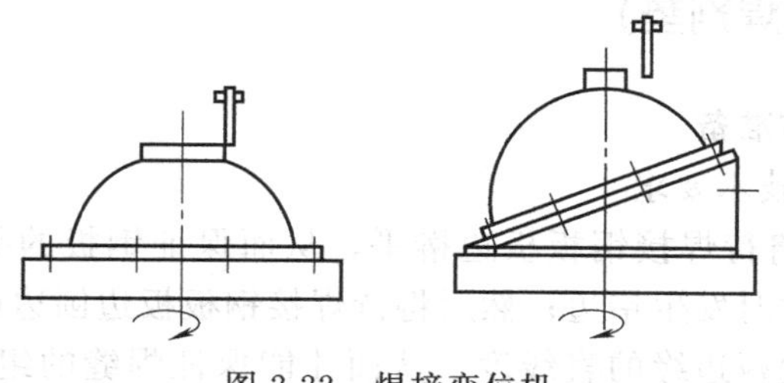

图 2-22 焊接变位机

2.2.8 30m³ 奥氏体不锈钢发酵罐埋弧焊

(1) 技术条件

板材为 06Cr19Ni10，板厚 $\delta = 10$mm；筒体直径为 2400mm，长为 $L = 9896$mm；工作压力为 0.25MPa；工作介质为发酵液蒸气；工作温度为 145℃。

(2) 焊接工艺规范

采用 I 形坡口，根部间隙为 4mm，坡口及两侧 50mm 以内应清理干净，不得有油污及杂质；焊丝为 H0Cr21Ni10，并清理干净，直径为 4mm；焊剂为 HJ260，烘干规范为 250℃保温 2h；电源为直流反接；焊接参数见表 2-12。

表 2-12　30m³ 不锈钢发酵罐的焊接参数

正面焊缝			背面焊缝		
焊接电流/A	电弧电压/V	焊接速度/(cm/min)	焊接电流/A	电弧电压/V	焊接速度/(cm/min)
550	29	70	600	30	60

为防止 475℃脆化及 σ 脆性相析出，焊接过程中，采用反面吹风及正面及时水冷的措施，快速冷却焊缝。

焊后进行焊缝外观检验，外观合格则进行 20% 的 X 射线探伤，且符合 JB/T 4730.2—2005《承压设备射线检测》Ⅱ级要求，同时对工艺进行检查：试板进行 X 射线探伤和力学性能试验，合格后进行整体水压试验，试验压力为 0.31MPa。

2.2.9 厚 10mm 的 Q235A 低碳钢板 I 形坡口对接双面焊（带焊剂垫）

(1) 焊前准备

1）焊件技术要求

① 首先将待焊接钢板板边擀平，从而保证钢板的平面度，防止两块钢板组对时发生错边；然后将待焊接钢板板边刨边或铣边，通过机加工保证钢板边缘的直线度。从而才能保证焊缝的组对间隙均匀，防止因局部焊缝间隙过大而导致焊漏。

② 对待焊接接头进行清理，将焊缝两侧 20～30mm 范围内的铁锈、油污、氧化皮清除干净，使露出金属光泽，以防止产生气孔。

③ 将钢板组对，要求组对间隙和错边量见表 2-13。

表 2-13　组对间隙和错边量

板厚/mm	坡口形式	组对间隙 b/mm	错边量 Δ/mm
10	b Δ	0～1	0～0.5

④ 采用焊条电弧焊进行定位焊。定位焊缝距离正式焊缝端部 30mm，定位焊间距 400～600mm，定位焊缝长度为 50～100mm。

2）焊接材料

① 定位焊采用的焊条型号为 E4315 或 E4303，直径为 4mm 或 3.2mm。

② 埋弧焊采用 H08A 焊丝，焊丝直径为 5mm 或 4mm，焊剂牌号为 HJ431。

③ 焊条、焊剂按照规定烘干后使用。

（2）焊接操作

① 焊接顺序　首先将焊缝背面衬焊剂垫，焊接一面焊缝，然后将钢板翻身，焊接另一侧背面焊缝。

② 焊接参数　焊接参数见表 2-14。

表 2-14　焊接参数

板厚/mm	坡口形式	焊丝直径/mm	焊接顺序	焊接电流/A	电弧电压/V	焊接速度/(m/h)
10		4	1	500～550	34～38	30～36
			2	550～600	34～38	30～36
		5	1	600～650	34～38	34～40
			2	650～700	34～38	34～40

2.2.10　电站锅炉主焊缝的双面埋弧焊

（1）技术要求

锅筒材料：20g，厚度 $\delta=42$mm。

工作压力：3.82MPa。

焊缝表面：外形尺寸符合图样和工艺文件的规定；焊缝及热影响区表面无裂纹、未熔合、夹渣、弧坑、气孔和咬边。

焊缝 X 射线探伤：按 JB/T 4730.2—2005 Ⅱ级。

焊接接头力学性能：$\sigma_b=400\sim500$MPa，$\sigma_s=225$MPa，$\delta_5=23\%$，冷弯 $\alpha=180°$，$A_{kV}=27$J。

焊接接头宏观金相：没有裂纹、疏松、未熔合、未焊透。

（2）焊接工艺

① 坡口形状及尺寸如图 2-23 所示。

② 选用的焊接材料为 ϕ5mm H08MnA 焊丝和 HJ431 焊剂。

③ 焊接参数见表 2-15。采用多层搭接焊，焊层分布如图 2-24 所示，层间温度为 100～250℃。焊丝偏移量见表 2-16。

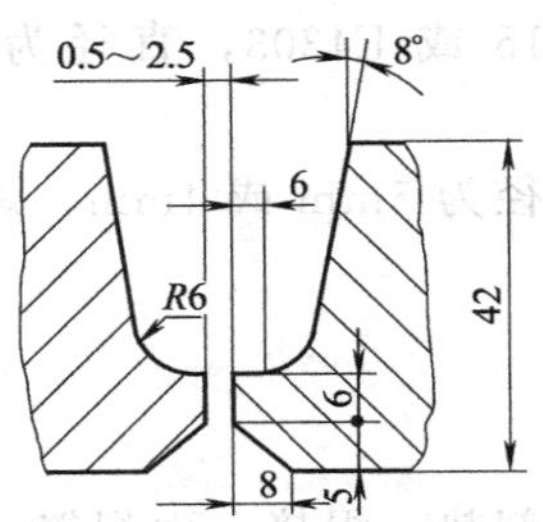

图 2-23　电站锅炉主焊缝对接坡口的形状及尺寸

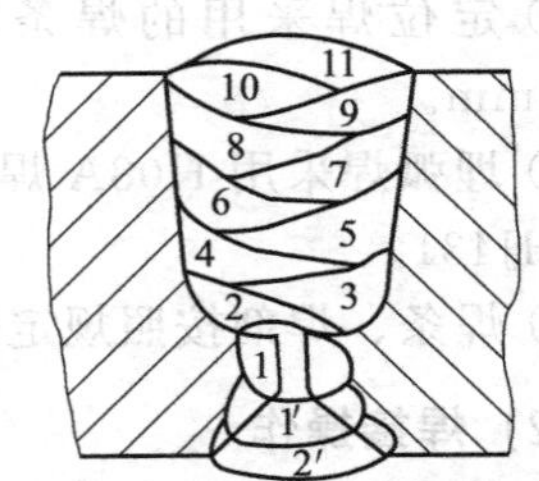

图 2-24　电站锅炉主焊缝的焊层分布图

表 2-15　电站锅炉主焊缝埋弧焊的焊接参数

焊接层次	焊接电流/A	电弧电压/V	焊接速度/(cm/min)
1′	680～730	34～35	40～41.7
2′	750～770	34～35	40～41.7
背面气刨	炭精棒 ϕ7mm,槽宽 6～8mm,槽深 4～5mm		
1	730～750	34～35	40～41.7
2～9	750～770	34～35	40～41.7
10	750～770	34～35	40～41.7
11	750～780	34～35	40～41.7

表 2-16　电站锅炉主焊缝埋弧焊的焊丝偏移量　mm

焊接层次	焊丝位置	焊接层次	焊丝位置
1′、2′、1	焊缝坡口中心	8、9	6～7①
2、3	4～5①	10、11	8～10①
4～7	5～6①		

① 为焊丝距坡口侧壁的距离。

2.2.11　H 型钢厚板对接埋弧焊

板材：Q345（16Mn），厚度 δ＝40mm。

焊接材料：焊丝为 H08MnA，ϕ4mm，焊剂为 SJ101，使用前烘焙温度为 300～350℃，保温 2h。

坡口形式如图 2-25 所示，坡口加工采用刨边机。若采用火焰切割，则将坡口处 0.5mm 的硬化层磨去。坡口及侧面（2δ+30mm）应做超声波检查，确定焊修或报废。坡口及附近 30mm 范围表面上，应无水分、油污、锈迹和毛刺。

定位焊缝长 60～70mm，间距 400mm。焊前母材的清理、预热、焊条选用和烘焙与正式施焊时相同。

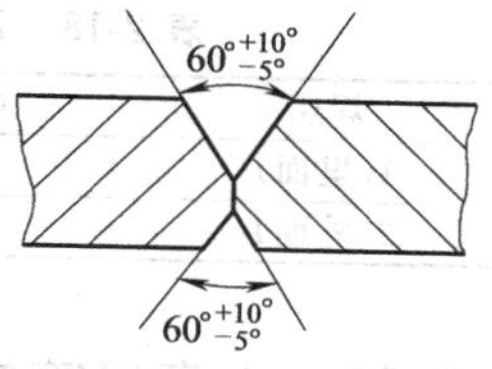

图 2-25　H 型钢厚板对接埋弧焊的坡口尺寸

引弧板和引出板的尺寸为 100mm×75mm，其上的坡口与焊件一致。

预热温度为 107℃，预热宽度为坡口每侧 76mm。层间温度为 150～180℃，焊接参数见表 2-17。

表 2-17　H 型钢对接埋弧焊的焊接参数

焊道		焊接电流 /A	电弧电压 /V	焊接速度 /(cm/min)	热输入 /(kJ/cm)	电源
正面	1	450～500	33	50	19.8	直流反接
	其余	550～600	33.5～38	43	31.8	
背面	1	450～550	34.5	50	20.7	
	其余	550～600	35～38	43	31.8	

2.2.12 乙烯蒸馏塔纵缝的埋弧焊

工作温度：－70℃。

工作压力：0.6MPa。

板材：0.9Mn2V（正火），厚度为 16mm。

焊接材料：焊丝为 H08Mn2MoVA，焊剂为 HJ250，使用前烘干温度为 300～350℃，保温 2h。

坡口形式为 I 形，根部间隙为 4mm。

采用直流电源反接。

焊前将坡口两侧各 50mm 范围内的水分、油及污物清理干净，并除锈及氧化皮，直至露出金属光泽。

焊接定位焊缝时采用 W707 焊条，焊前烘干温度为 350℃，保温 1h。焊接电流：ϕ4mm 焊条为 140～180A。

焊接第一层里面焊缝时采用焊剂垫，并使焊剂垫与筒体紧密贴合，不得有间隙。乙烯蒸馏塔筒体纵缝埋弧焊焊接参数见表 2-18。

表 2-18 乙烯蒸馏塔筒体纵缝埋弧焊的焊接参数

焊层	焊接电流/A	电弧电压/V	焊接速度/(cm/min)
1(里面)	400	34	50
2(外面)	420	32	45

2.2.13 大直径筒体环缝对接双面埋弧焊

(1) 焊前准备

1) 焊件技术要求

① 大直径圆形筒体对接环焊缝的双面埋弧焊，先在焊剂垫上焊接内侧环缝。焊剂垫由滚轮和承托焊剂的带组成，如图 2-26 所示，利用圆形筒体与焊剂之间的摩擦力带动筒体一起转动，并不断地向焊剂垫上添加焊剂。然后焊接外侧环缝。

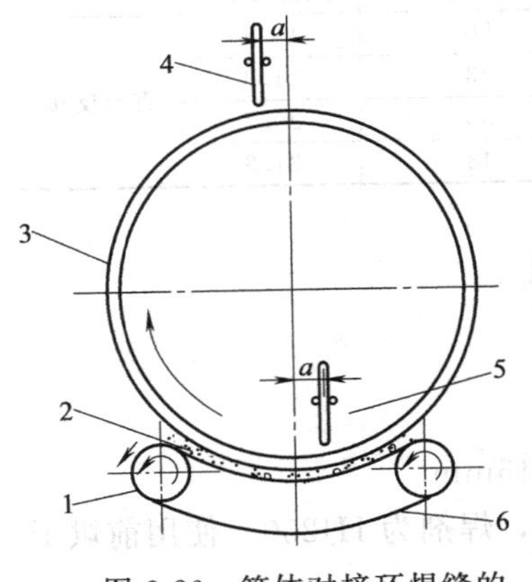

图 2-26 筒体对接环焊缝的双面埋弧自动焊示意图

1—滚轮；2—焊剂；3—焊件；4—外侧焊位；5—内侧焊位；6—带

② 两段筒体组对时，应防止发生错边量过大的现象，并保证焊缝的组对间隙均匀，防止因局部焊缝间隙过大而导致焊漏。

③ 对待焊接接头进行清理，将焊缝两侧 20～30mm 范围内的铁锈、油污、氧化皮清除干净，使露出金属光泽，以防止产生气孔。

④ 采用焊条电弧焊进行定位焊。定位焊缝长度为 50～100mm，应对称布置。

2) 焊接设备 在进行圆形筒体对接环焊缝焊接时，焊机小车可固定在悬臂架上，焊接速度由滚动架转动进行调节。

(2) 焊接操作

① 焊接顺序 首先焊接筒体内侧对接环焊缝，然后焊接筒体外侧对接环焊缝。焊丝与焊件的相应位置非常关键，焊件的直径越大，允许焊丝偏移的尺寸就越大，这是因为焊件直径越大，在同一偏移中心角的情况下，所对应的弧长就越大；环缝的焊接速度越大，允许焊

丝偏移的尺寸就越大，这是为了使熔池和熔渣能在适当的位置凝固，以免造成铁液流失或下淌，保证焊缝质量。

② 内侧焊道的操作技术　当焊接内侧环焊缝时，焊丝偏移见图 2-27（a)，如果是小直径管，则偏移的距离往往会小于 30mm。焊丝的偏移使得焊丝处于上坡焊的位置，其目的是使焊缝有足够的熔深。

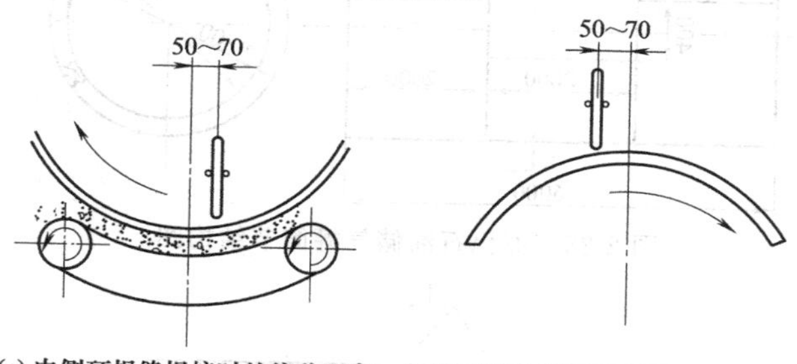

(a) 内侧环焊缝焊接时的偏移距离　(b) 外侧环焊缝焊接时的偏移距离

图 2-27　环焊缝焊接时焊丝的偏移

当焊接厚壁对接焊缝时，随着焊接层数的增加，相当于管子直径在减小，因而焊丝的偏移距离应由大到小变化。从多层焊的焊接来讲，底层焊缝要求有一定的熔深，焊缝宽度不宜过大，故要求偏移距离大一；而焊到焊缝表面时，则要求有较大的焊缝宽度，这时偏移可以小一些。

③ 外侧焊道的操作技术　当焊接外侧环焊缝时，焊丝偏移见图 2-27（b)，如果是小直径管，则偏移的距离往往会小于 30mm。焊丝的偏移使得焊丝处于下坡焊的位置，这样，一可减小熔深避免烧穿，二可使得焊缝成形美观。

当焊接厚壁对接焊缝时，随着焊接层数的增加，相当于管子直径在增大，因而焊丝的偏移距离应由小到大变化。从多层焊的焊接来讲，底层焊缝要求有一定的熔深，焊缝宽度不宜过大，故要求偏移距离小一些；而焊到焊缝表面时，则要求有较大的焊缝宽度，这时偏移可以大一些。

2.2.14　液化石油气储罐筒节的埋弧焊

(1) 基本情况

液化石油储气罐属于Ⅱ类压力容器，罐体材料为 16MnDR 低温钢，焊接方法采用埋弧焊，罐体尺寸直径×长×板厚为 1800mm×

6000mm×14mm，焊后要求罐体整体进行热处理。液化石油储气罐筒节结构如图 2-28 所示。

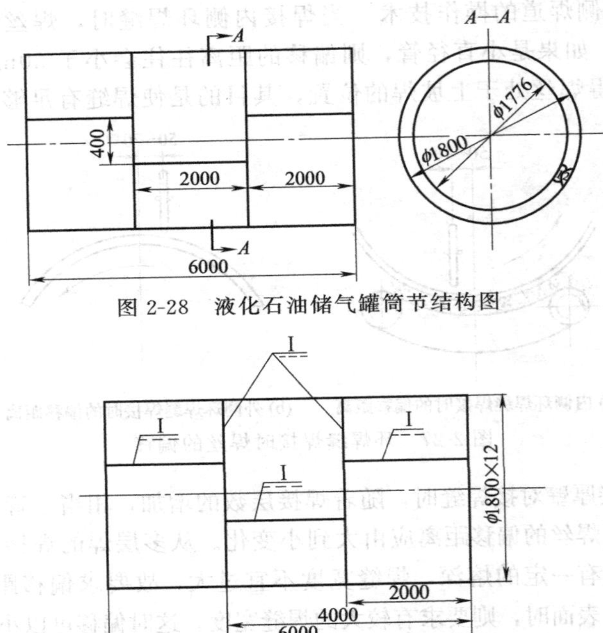

图 2-28 液化石油储气罐筒节结构图

图 2-29 液化石油储气罐坡口形式

(2) 坡口形式

采用 I 形坡口，坡口处共焊两层焊缝，第一层焊缝焊完后，用碳弧气刨对焊缝进行清根，把未焊透、焊接缺陷刨掉，再用角磨机把刨槽内外的氧化、渗碳、渗铜层等都磨掉，最后用埋弧焊焊接第二层。坡口形式见图 2-29。

(3) 焊接材料

液化石油储气罐应具备较高的综合力学性能，根据等强度原则，焊接材料匹配如下：ϕ4mm 的 10Mn2 焊丝，SJ101 焊剂，焊条电弧焊定位，焊条牌号为 J507。焊条焊前烘焙温度为 350～400℃，保温 1h。焊剂焊前经 300～350℃烘焙，保温 1～2h。

焊剂的碱度对 16MnDR 钢的低温韧性有很大影响，焊剂碱度越大，焊缝中的含氧量越低，焊缝金属的冲击韧度越高。选用 SJ101 焊剂，是因为它属于碱性焊剂，焊剂中的碱性氧化物 MgO 和 CaO 的含量较高，含 P、S 量较低，松装密度小，熔点高等，适用于大热输入的焊接。SJ101 焊剂的主要成分见表 2-19。

表 2-19 SJ101 焊剂的主要成分（质量分数） %

成分	SiO_2+TiO_2	Al_2O_3+MnO	CaO+MgO	CaF_2	P	S
数量	20.89	24.76	30.33	18.9	0.019	0.007

（4）焊接操作

埋弧焊焊接时，焊接参数应选择快速焊、小热输入、层间温度控制在 150℃，先焊各个罐节的纵缝，然后再焊罐节及储气罐封头环形焊缝。液化石油储气罐的焊接参数见表 2-20。液化石油储气罐体环境埋弧焊焊丝的偏移位置如图 2-30 所示。

表 2-20 液化石油储气罐的焊接参数

焊接参数	焊接层数	焊丝直径/mm	电源极性	焊接电流/A	电弧电压/V	焊接速度/(cm/mm)	焊接热输入/(kJ/cm)
纵缝 1	1	4	DC(直流)	476～496	30～33	49	17.2～19.7
纵缝 2	1	4		500～530	33～36	47	21.0～24.3
环缝 1	1	4		476～496	30～33	49	17.2～19.7
环缝 2	1	4		500～530	33～36	47	21.0～24.3

（5）焊后热处理

液化石油储气罐体焊后，为了使焊缝组织晶粒细化，改善焊接接头的组织与性能，增加焊缝抗应力腐蚀的能力，消除焊接残余应力，从而提高焊缝的冲击韧度，罐体应进行整体热处理。

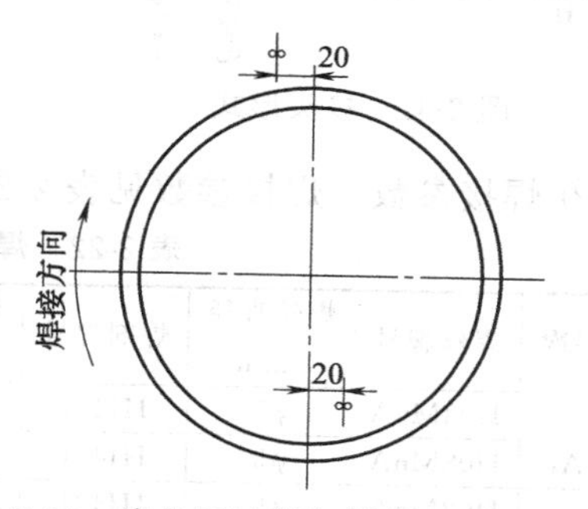

图 2-30 液化石油储气罐体环缝埋弧焊焊丝的偏移位置示意图

2.2.15 厚板的埋弧自动焊在生产实践中的应用

某厂生产制作的冷却筒体，材质为日本产 SB410，板厚分别为

28mm 和 32mm。需进行工艺评定试验，现将工艺试验规范列举如下。

(1) 28mm 厚板的工艺评定试验

① 接头形式　接头形式采用双面不对称 V 形坡口，坡口形式如图 2-31 所示。

② 焊接参数　焊接参数如表 2-21 所示。

表 2-21　焊接参数

焊接层次	焊丝牌号	焊丝直径 /mm	焊剂牌号	焊接电流 /A	焊接电压 /V	焊接速度 /(cm/min)	极性
A_1	H08MnA	$\phi5$	HJ431	650±20	37±1	45±5	交流
A_2～A_6	H08MnA	$\phi5$	HJ431	670±20	37±1	48±5	交流
B_1	H08MnA	$\phi5$	HJ431	650±20	37±1	45±5	交流
B_2～B_4	H08MnA	$\phi5$	HJ431	670±20	37±1	48±5	交流

③ 其他要求　环境温度≥5℃。背面碳弧气刨清根。

(2) 28mm（25mm）厚板的埋弧自动焊

① 接头形式　接头坡口采用不对称双面 V 形坡口，如图 2-32 所示。

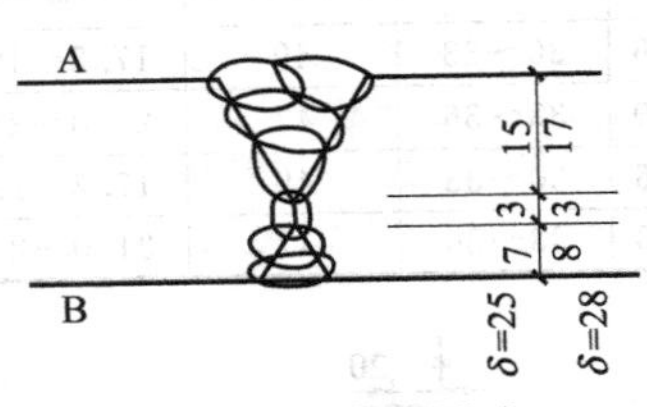

图 2-31　接头形式

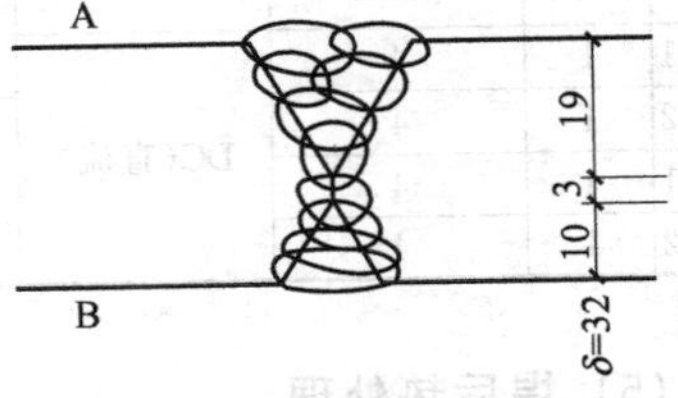

图 2-32　接头坡口形式

② 焊接参数　焊接参数见表 2-22。

表 2-22　焊接参数

焊接层次	焊丝牌号	焊丝直径 /mm	焊剂牌号	焊接电流 /A	焊接电压 /V	焊接速度 /(cm/min)	极性
A_1	H08MnA	$\phi5$	HJ431	650±20	37±1	45±5	交流
A_2～A_4	H08MnA	$\phi5$	HJ431	680±20	37±1	48±5	交流
B_1	H08MnA	$\phi5$	HJ431	650±20	37±1	45±5	交流
B_2、B_3	H08MnA	$\phi5$	HJ431	680±20	37±1	48±5	交流

③ 其他要求　环境温度≥5℃。背面碳弧气刨清根。

第3章 手工钨极氩弧焊

3.1 手工钨极氩弧焊基本技能

3.1.1 手工钨极氩弧焊操作要点

(1) 焊炬的握法

用右手握焊炬，食指和拇指夹住焊炬前身部位，其余三指触及工件支点，也可用食指或中指做支点，呼吸要均匀，要稍微用力握住焊炬，保持焊炬的稳定，使焊接电弧稳定。关键在于焊接过程中钨极与工件或焊丝不能形成短路。

(2) 引弧

① 高压脉冲发生器或高频振荡器进行非接触引弧。将焊炬倾斜，使喷嘴端部边缘与工件接触，使钨极稍微离开工件，并指向焊缝起焊部位，接通焊炬上的开关，气路开始输送氩气，相隔一定的时间(2～7s)后即可自动引弧，电弧引燃后提起焊炬，调整焊炬与工件间的夹角开始进行焊接。

② 直接接触引弧，但需要引弧板（紫钢板或石墨板），在引弧板上稍微刮擦引燃电弧后再移到焊缝开始部位进行焊接，避免在始焊端头出现烧穿现象，此法适用于薄板焊接。引弧前应提前5～10s送气。

(3) 填丝

填丝方式和操作要点见表3-1。填丝时，还必须注意以下几点。

表 3-1 填丝方式和操作要点

填丝方式	操作要点	适用范围
连续填丝	用左手拇指、食指、中指配合动作送丝，无名指和小指夹住焊丝控制方向，要求焊丝比较平直，手臂动作不大，待焊丝快用完时前移	对保护层扰动小，适用于填丝量较大、强焊接参数下的焊接
断续填丝(点滴送丝)	用左手拇指、食指、中指捏紧焊丝，焊丝末端始终处于氩气保护区内；填丝动作要轻，靠手臂和手腕的上下反复动作将焊丝端部熔滴送入熔池	适用于全位置焊
焊丝贴紧坡口与钝边一起熔入	将焊丝弯成弧形，紧贴在坡口间隙处，保证电弧熔化坡口钝边的同时也熔化焊丝，要求对口间隙小于焊丝直径	可避免焊丝遮住焊工视线，适用于困难位置的焊接
横向摆动填丝	焊丝随焊炬做横向摆动，两者摆动的幅度应一致	此法适用于焊缝较宽的焊件
反面填丝	焊丝在工件的反面送给，它对坡口间隙、焊丝直径和操作技术的要求较高	此法适用于仰焊

① 必须等坡口两侧熔化后填丝。填丝时，焊丝和焊件表面夹角在15°左右，敏捷地从熔池前沿点进，随后撤回，如此反复。

② 填丝要均匀，快慢适当，送丝速度应与焊接速度相适应。坡口间隙大于焊丝直径时，焊丝应随电弧做同步横向摆动。

(4) 左焊法和右焊法

左焊法适用于薄件的焊接，焊炬从右向左移动，电弧指向未焊接部分，有预热作用，焊速快、焊缝窄、熔池在高温停留时间短，有利于细化金属结晶。焊丝位于电弧前方，操作容易掌握。右焊法适用于厚件的焊接，焊炬从左向右移动，电弧指向已焊部分，有利于氩气保护焊缝表面不受高温氧化。

(5) 焊接

① 弧长（加填充丝）为3～6mm，钨极伸出喷嘴部的长度一般为5～8mm。

② 钨极应尽量垂直焊件或与焊件表面保持较大的夹角（70°～85°）。

③ 焊丝与工件的夹角为10°～20°。

④ 喷嘴与焊件表面的距离不超过10mm。

⑤ 厚度＞4mm 的薄板立焊时采用向下焊或向上焊均可，板厚在 4mm 以上的焊件一般采用向上立焊。

⑥ 为使焊缝得到必要的宽度，焊枪除了做直线运动外，还可以做适当的横向摆动，但不宜跳动。

⑦ 平焊、横焊、仰焊时可采用左焊法或右焊法，一般都采用左焊法。各种焊接的焊枪角度和填丝位置如图 3-1～图 3-3 所示。

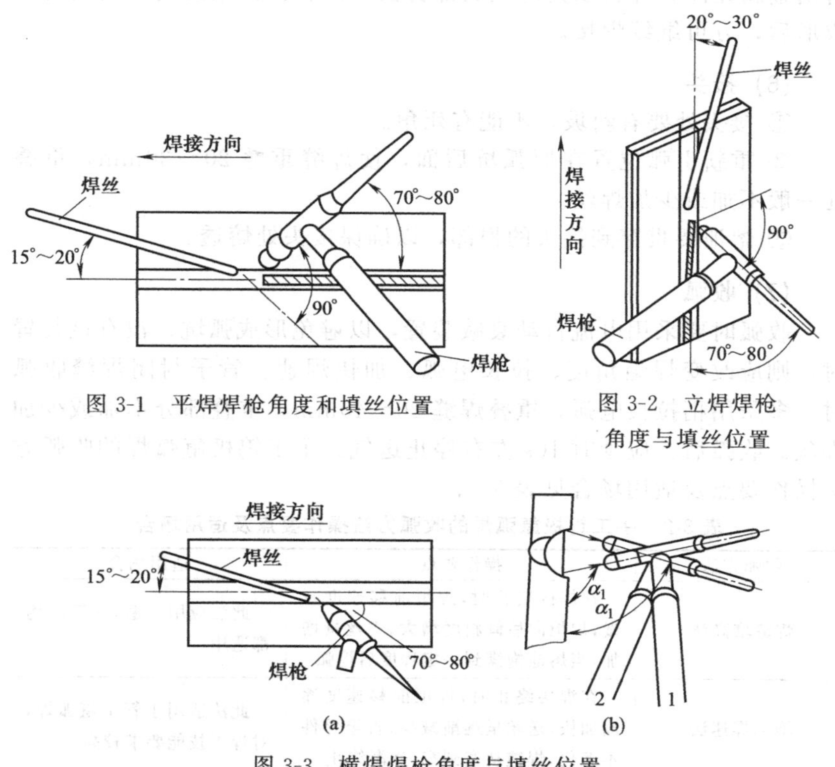

图 3-1　平焊焊枪角度和填丝位置

图 3-2　立焊焊枪角度与填丝位置

图 3-3　横焊焊枪角度与填丝位置

⑧ 焊接时，焊丝端头应始终处在氩气保护区内，不得将焊丝直接放在电弧下面或抬得过高，也不能让熔滴向熔池“滴渡”。填丝位置如图 3-4 所示。

⑨ 操作过程中，如钨极和焊丝不慎相碰，发生瞬间短路，则会造成焊缝污染。此时，应立即停止焊接，用砂轮磨掉被污染处，直至

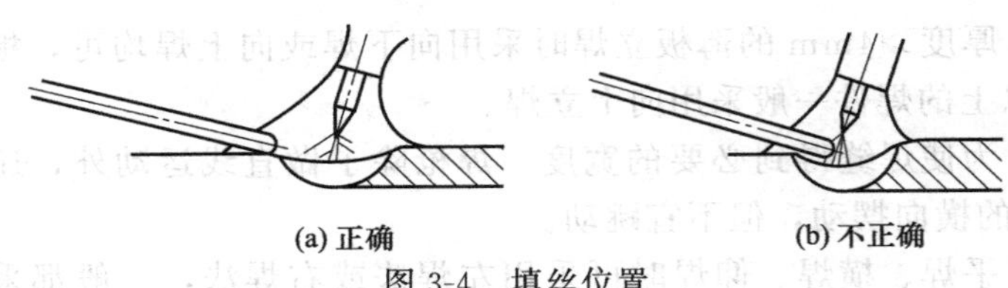

图 3-4 填丝位置

磨出金属光泽，并将填充焊丝头部剪去一段。被污染的钨极应重新磨成形后，方可继续焊接。

(6) 接头

① 接头处要有斜坡，不能有死角。

② 重新引弧位置在原弧坑后面，使焊缝重叠 20～30mm，重叠处一般不加或少加焊丝。

③ 熔池要贯穿到接头的根部，以确保接头处熔透。

(7) 收弧

收弧时要采用电流自动衰减装置，以避免形成弧坑。没有该装置时，则应改变焊炬角度、拉长电弧、加快焊速。管子封闭焊缝收弧时，多采用稍拉长电弧，重叠焊缝 20～40mm，重叠部分不加或少加焊丝。收弧后，应延时 10s 左右停止送气。手工钨极氩弧焊的收弧方法操作要点及适用场合见表 3-2。

表 3-2 手工钨极氩弧焊的收弧方法操作要点及适用场合

收弧方法	操作要点	适用场合
焊缝增高法	在焊接终止时，焊炬前移速度减慢，焊炬向后倾斜度增大，送丝量增加，当熔池饱满到一定程度后熄弧	此法应用普遍，一般结构都适用
增加焊速法	在焊接终止时，焊炬前移速度逐渐加快，送丝量逐渐减少，直至焊件不熔化，焊缝从宽到窄，逐渐终止	此法适用于管子氩弧焊，对焊工技能要求较高
采用引出板法	在焊件收尾处外接一块电弧引出板，焊完工件时将熔池引至引出板上熄弧，然后割除引出板	此法比较简单，适用于平板及纵缝焊接
电流衰减法	在焊接终止时，先切断电源，让发电机的旋转速度逐渐减慢，焊接电流也随之减弱，从而达到衰减收弧	此法适用于采用弧焊发电机的场合。如果用硅弧焊整流器，则需另加一套逐渐减小励磁电流的简便装置

3.1.2 手工钨极氩弧焊各种焊接位置的操作要点

手工钨极氩弧焊各种焊接位置的操作要点见表 3-3。

表 3-3　手工钨极氩弧焊各种焊接位置的操作要点

焊接方法	焊接特点	注意事项
I形坡口对接接头的平焊	选择合适的握炬方法，喷嘴高度为 6～7mm，弧长 2～3mm，焊炬前倾，左焊法，焊丝端部放在熔池前沿	焊炬行走角、焊接电流不能太大，为防止焊枪晃动，最好用空冷焊炬
I形坡口角度平焊	握炬方法同对接平焊。喷嘴高度为 6～7mm，弧长 2～3mm	钨极伸出长度不能太大，电弧对中接缝中心不能偏离过多，焊丝不能填得太多
板塔接平焊	握炬方法同对接平焊。喷嘴高度与弧长同角接平焊，不加丝时，焊缝宽度约等于钨极直径的两倍	板较薄时可不加焊丝，但要求搭接面无间隙，两板紧密贴合；弧长等于钨极直径，缝宽约为钨极直径的 2 倍，必须严格控制焊接速度；加丝时，缝宽是钨极直径的 2.5～3 倍，从熔池上部填丝可防止咬边
T 形接头平焊	握炬方法喷嘴高度与弧长同对接平焊	电弧要对准顶角处；焊炬行走角、弧长不能太大；先预热待起点处坡口两侧熔化，形成熔池后才开始加丝
板对接立焊	握炬方法同平焊	要防止焊缝两侧咬边，中间下坠
T 形接头向上立焊	握炬方法与喷嘴高度同平焊。最佳填丝位置在熔池最前方，同对接立焊	—
对接横焊	最佳填丝位置在熔池前面和上面的边缘处	防止焊缝上侧出现咬边，下侧出现焊瘤；同时要做到焊炬和上下两垂直面间的工作角不相等，利用电弧向上的吹力支持液态金属
T 形接头横焊	握炬方法、弧长与喷嘴高度同 T 形接头平焊	—
对接仰焊	最佳添丝位置在熔池正前沿处	—
T 形接头仰焊	如条件许可，采用反面填丝	由于熔池容易下坠，因此焊接电流要小，速度要快

续表

焊接方法	焊接特点	注意事项
兼有平焊、立焊、仰焊	起焊点一般选在时钟 6 点的位置，先逆时针焊至 3 点位置，然后从 6 点位置焊至 9 点位置，再分别从 3、9 点位置起弧，焊至 12 点位置，如图 3-5 所示；管子口径小时，可直接从 6 点位置焊至 12 点位置，然后再焊完另一半；盖面时为使整圈焊缝的厚薄、成形均匀，可先在平焊位置（11 点→1 点）加焊一层，管子转动平对接焊时焊炬或焊丝与工件的相对位置如图 3-6 所示	接焊处应先修磨，以保证焊透；焊丝可预先弯成一定形状，以便给送；焊炬与工件的角度要始终不变，焊丝位置以顺手为宜；对小口径管子焊接填丝封底焊时，焊道高度以 2～3mm 为宜；有时也可采用不加丝封底焊来保证焊透

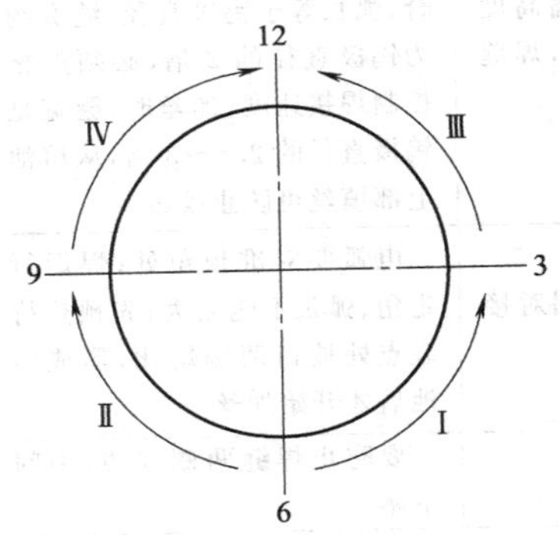

图 3-5 管子焊接顺序

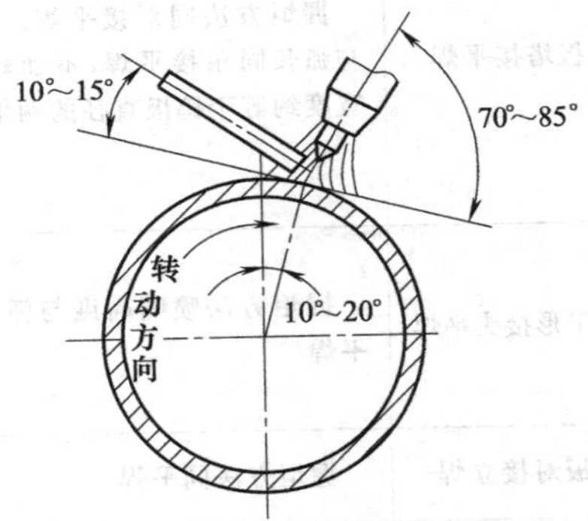

图 3-6 管子转动平对接焊时焊炬或焊丝与工件的相对位置

3.2 手工钨极氩弧焊典型实例

3.2.1 薄板的板-板对接、V 形坡口、平焊位、单面焊双面成形

(1) 焊件尺寸及要求

① 焊件材料牌号 16Mn（Q235）。

② 焊件及坡口尺寸 如图 3-7 所示。

③ 焊接位置　平焊。

④ 焊接要求　单面焊双面成形。

⑤ 焊接材料　H08Mn2SiA 或 H05MnSiAlTiZr 焊丝，直径为 2.5mm。

⑥ 焊机　NSA4-300，直流正接。

(2) 焊件装配

① 钝边为 0～0.5mm，要求坡口平直。

② 清除焊丝表面、焊件坡口内和正反两侧 20mm 范围内的油、锈、水分及其他污物至露出金属光泽，再用丙酮清洗。由于在手工钨极氩弧焊焊接过程中惰性气体仅起保护作用，无冶金反应，因此坡口的清洗质量直接影响缝的质量。

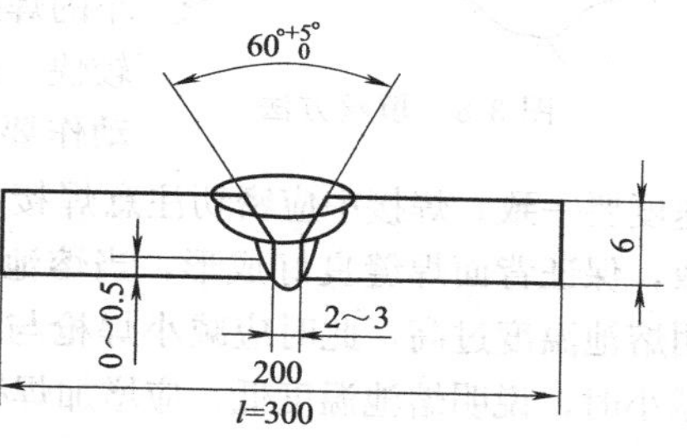

图 3-7　薄板对接焊件及坡口尺寸

③ 装配间隙为 2～3mm，采用与试件焊接时相同牌号的焊丝进行定位焊，并点焊焊件反面两端，焊点长度为 10～15mm。预置反变形量为 3°，错边量≤0.6mm。

(3) 焊接参数

焊接参数如表 3-4 所示。

表 3-4　焊接参数

焊接层次	焊接电流/A	电弧电压/V	氩气流量/(L/min)	钨极直径/mm	焊丝直径/mm	钨极伸出长度/mm	喷嘴直径/mm	喷嘴至工件距离/mm
打底焊	90～100	12～16	7～9	2.5	2.5	4～8	10	≤12
填充焊	100～110							
盖面焊	110～120							

(4) 操作要点及注意事项

① 打底焊　通常手工 TIG 焊采用左向焊法，故将焊件装配间隙放在左侧。

② 引弧　在试件右端定位焊缝上引弧。

③ 焊接　引弧后预热引弧处，当定位焊缝左端形成熔池并出现

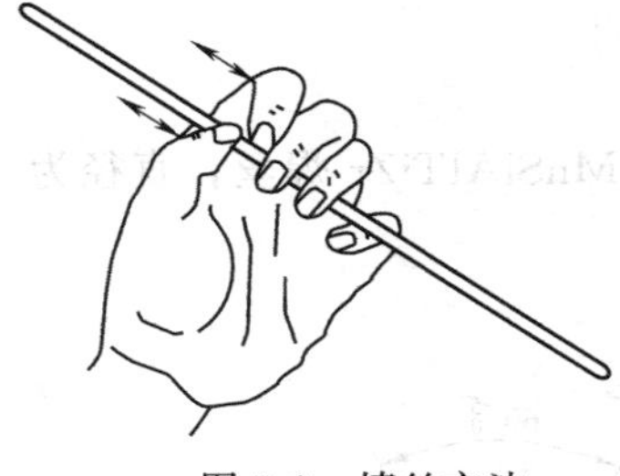
图 3-8 填丝方法

熔孔后开始填丝，填丝方法可采用连续填丝法或断续填丝法，如图 3-8 所示。操作时的持枪方法如图 3-9 所示，平焊焊枪与焊丝的角度如图 3-10 所示。

封底焊时，采用较小的焊枪倾角和较小的焊接电流，而焊接速度和送丝速度应较快，以免使焊缝下凹和烧穿。焊丝填入动作要均匀、有规律，焊枪移动要平稳，速度要一致。焊接中应密切注意焊接熔池的变化，随时调节有关工艺参数，保证背面焊缝良好成形，当熔池增大、焊缝变宽并出现下凹时，说明熔池温度过高，此时应减小焊枪与焊件夹角，加快焊接速度；当熔池减小时，说明熔池温度低，应增加焊枪倾角，减慢焊接速度。

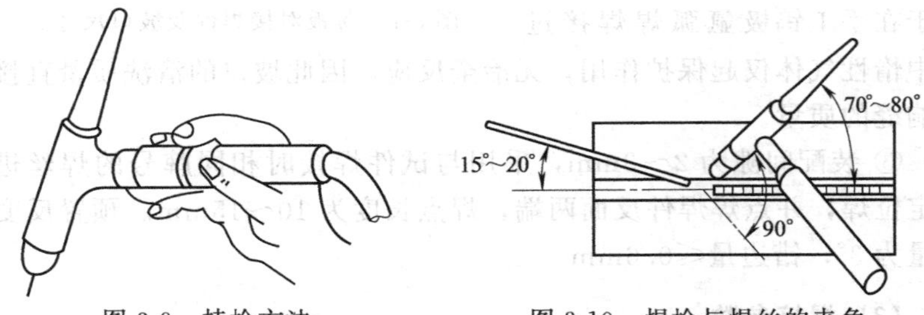

图 3-9 持枪方法　　图 3-10 焊枪与焊丝的夹角

④ 接头　当更换焊丝或暂停焊接时，需要接头。松开枪上按钮开关，停止送丝，借焊机的电流衰减熄弧，但焊枪仍需对准熔池进行保护，待其完全冷却后方能移动焊枪。若焊机无电流衰减功能，则当松开按钮开关后，应稍抬高焊枪，待电弧熄灭、熔池完全冷却后才能移开焊枪。

在接头前应先检查接头熄弧处弧坑质量，当保护较好，无氧化物等缺陷时，则可直接接头；当有缺陷时，则需将缺陷修磨掉，并使其前端成斜面。在弧坑右侧 15～20mm 处引弧，并慢慢向左移动，待弧坑处开始熔化并形成熔池和熔孔后，继续填丝焊接。

⑤ 收弧　当焊至试板末端时，应减小焊枪与工件夹角，使热量集中在焊丝上，加大焊丝熔化量，以填满弧坑。切断控制开关，则焊接电流将逐渐减小，熔池也将随着减小，焊丝抽离电弧（但不离氩气保护区），停弧后，氩气需延时 10s 左右关闭，以防熔池金属在高温下氧化。

⑥ 填充焊　操作要点和注意事项同打底焊。焊接时焊枪应横向摆动，可采用锯齿形运动方法，其幅度应稍大，大坡口两侧应稍停留，保证坡口两侧熔合好，焊道均匀。填充焊道应低于母材 1mm 左右，且不能熔化口上棱缘。

⑦ 盖面焊　要进一步加大焊枪的摆动幅度，保证熔池两侧超过坡口棱边 0.5～1mm，并按焊缝余高决定填丝速度与焊接速度。

3.2.2　薄板的板-板对接、V 形坡口、立焊位、单面焊双面成形

(1) 焊前准备

① 焊件材料：20g。

② 焊件及坡口尺寸如图 3-11 所示。

③ 焊件位置为立焊。

④ 焊接要求为单面焊双面成形。

⑤ 焊接材料：H08Mn2SiA，焊丝直径为 2.5mm。

⑥ 焊机：NSA4-300，直流正接。

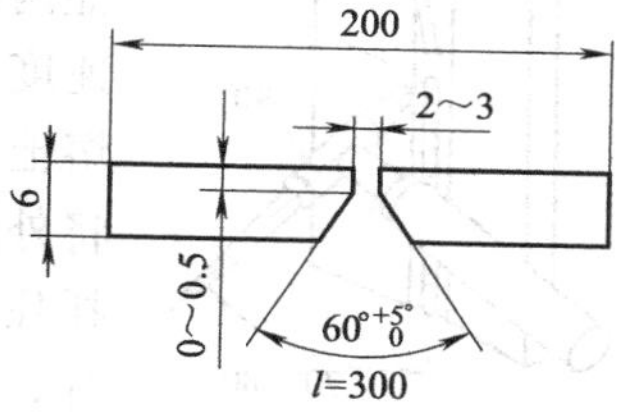

图 3-11　焊件及坡口尺寸

(2) 焊接装配

① 钝边 0～0.5mm，要求平直。

② 清除坡口及其正反面两侧 20mm 范围内的油、绣及其他污物，至露出金属光泽，并再用丙酮清洗该区。

③ 装配。下端装配间隙为 2mm，上端装配间隙为 3mm。采用与焊件相同牌号的焊丝进行定位焊，并点焊于焊件正面坡口内两端，焊点长度为 10～15mm。预置反变形量为 3°，错边量≤0.6mm。

(3) 焊接参数

立焊焊接参数见表 3-5。

表 3-5　立焊焊接参数

焊接层次	焊接电流/A	电弧电压/V	氩气流量/(L/min)	钨极直径/mm	焊丝直径/mm	喷嘴直径/mm	钨极伸出长度/mm	钨极至工件距离/mm
打底焊	80～90	12～16	7～9	2.5	2.5	10	4～8	≤12
填充焊	90～100							
盖面焊	90～100							

(4) 操作要点及注意事项

立焊难度较大，熔池金属下坠，焊缝成形差，易出现焊瘤和咬边，施焊宜用偏小的焊接电流，焊炬做上凸月牙形摆动，并应随时调整焊炬角度控制熔池的凝固，避免铁水下淌。通过焊炬移动与填丝的配合，以获得良好的焊缝成形。立焊焊炬角度与填丝位置如图 3-12 所示。

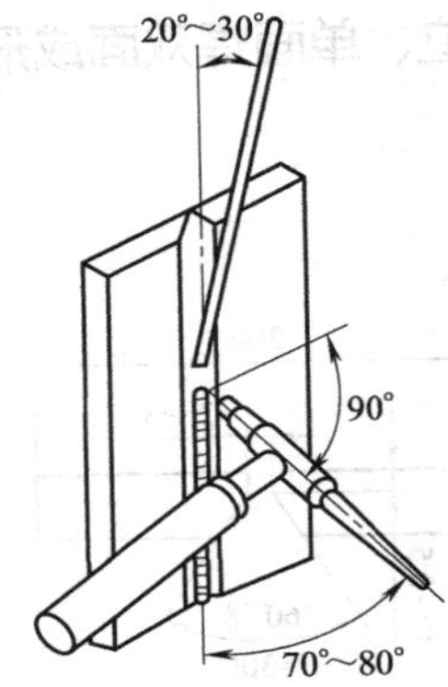

图 3-12 立焊焊炬角度与填丝位置

① 打底焊　在试板最下端的定位焊缝上引弧，先不加焊丝，待定位焊缝开始熔化，并形成熔池和熔孔后，开始填丝向上焊接，焊炬做上凸的月牙形运动，在坡口两侧稍停留，保证两侧熔合好，施焊时应注意，焊炬向上移动速度要合适，特别要控制好熔池的形状，保证熔池外沿接近椭圆形，不能凸出来，否则焊道将外凸，使成形不良。尽可能让已焊好的焊道托住熔池，使熔池表面接近一个水平面匀速上升，使焊缝外观较平整。

② 填充焊　焊枪摆动幅度稍大，保证两侧熔合好，焊道表面平整。焊接步骤、焊炬角度、填丝位置同打底层焊接。

③ 盖面焊　施焊前应修平填充焊道的凸起处。施焊时除焊枪摆动幅度较大外，其余都与打底层焊接相同。

3.2.3 薄板的板-板对接、V形坡口、仰焊位、单面焊双面成形

(1) 试件尺寸及要求

① 试件材料牌号　20g。

② 试件及坡口尺寸　见图 3-13。

③ 焊接位置及要求　仰焊位，单面焊双面成形。

④ 焊接材料　H08Mn2SiA，焊丝直径为 2.5mm。

⑤ 焊机　NSA4-300。

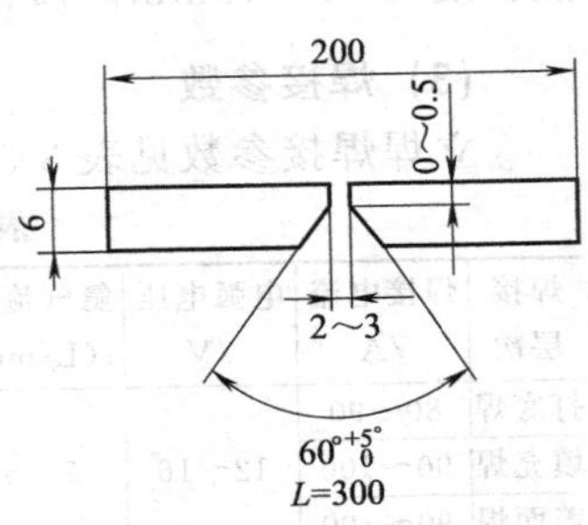

图 3-13 试件及坡口尺寸

(2) 试件装配

1) 钝边　为 0～0.5mm。

2) 除垢　清除坡口及其正反面两侧 20mm 范围内的油、锈及其他污物，至露出金属光泽，并再用丙酮清洗该区。

3) 装配

① 始端装配间隙为 2mm，终端为 3mm。

② 采用与焊接试件相同牌号的焊丝进行定位焊，并点焊于试件正面坡口内两端，焊点长度为 10～15mm。

③ 预置反变形量为 3°。

④ 装配错边量应≤0.5mm。

(3) 焊接参数

焊接参数如表 3-6 所示。

表 3-6　焊接参数

焊接层次	焊接电流/A	电弧电压/V	氩气流量/(L/min)	钨极直径/mm	焊丝直径/mm	喷嘴直径/mm	钨极伸出长度/mm	喷嘴至工件距离/mm
打底焊	80～90	12～16	10～12	2.5	2.5	10	4～8	≤12
填充焊	90～100							
盖面焊	90～100							

(4) 操作要点及注意事项

该例是板对接最难的焊接位置，主要困难是熔化铁液的严重下坠，故必须严格控制焊接热输入和冷却速度，采用较小的焊接电流、较大的焊接速度，加大氩气流量，使熔池尽可能小，凝固尽可能快，以保证焊缝处形美观。

施焊时将试件水平固定，坡口朝下，将间隙小的一端放在右侧，分三层三道焊接。

① 打底焊　焊枪角度如图 3-14 所示。在试件右端定位焊缝上引弧，先不填丝，待形成熔池和熔孔后，开始填丝并向左焊接。焊接时要压低电弧，采用小幅度锯齿形摆动，在坡口两侧稍做停留，熔池不能太大，防止熔融金属下坠。

接头时可在弧坑右侧 15～20mm 处引燃电弧，迅速将电弧左移至弧坑处加热，待原弧坑熔化后，开始填丝转入正常焊接。

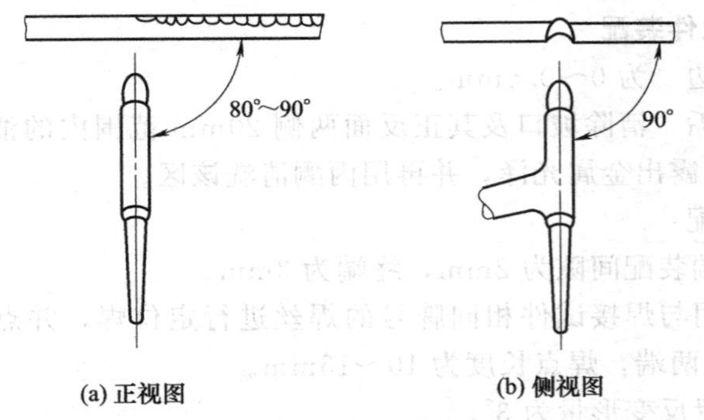

图 3-14 仰焊焊枪角度

焊至试件左端收弧，填满弧坑后灭弧，待熔池冷却后再移开焊接。

② 填充焊 焊接步骤同打底焊，但摆动幅度稍大，保证坡口两侧熔合好，焊道表面应平整，并低于母材约1mm，不得熔化坡口棱边。

③ 盖面焊 焊枪摆动加大，使熔池两侧超过坡口棱边0.5～1.5mm，使熔合好、成形好、无缺陷。

手工钨极氩弧焊焊接仰位试件，由于需双手高于心脏操作，因此会感到非常吃力，很难控制操作平稳。所以对初学者而言，必须苦练基本功，才能掌握该操作技能。

3.2.4 中厚板的板-板对接、I形坡口、立焊与横焊、单面焊双面成形

(1) 焊前准备

焊接前必须将坡口及两侧50mm范围内的油污、锈蚀、涂料附着物、尘埃等清理干净。

1) 焊前清理

① 碳钢焊件清理的方法包括机械清理和化学清理。机械清理方法有砂纸打磨、钢丝刷打磨、喷砂或喷丸处理；化学清理方法有酸洗（氢氟酸、硝酸）和碱洗。

② 不锈钢、铜或青铜焊件清理的方法是擦去其污迹，用钢丝刷打磨掉氧化膜。

③ 对铝焊件除用机械清理方法外，主要采用化学处理方法。

2）垫板及胎具　在进行薄板对接焊时，反面要加垫板，以利反面成形，垫板的槽深 2mm、宽 10mm，材质以铜为最佳。为了防止焊接变形，需用压板固定强制控制焊接变形。

3）点固焊　正式焊接之前，工件要进行点固焊。点固焊的要领是焊肉尽可能不要高，而且要考虑点固的间隔，以防焊接过程中由于热膨胀造成变形。点固间隔依工件的板厚而定：板厚为 0.5～0.8mm 时，点固的间隔在 20mm 左右；板厚为 1.0～2.0mm 时，点固的间隔为 50～100mm；板厚在 2mm 以上时，点固的间隔在 200mm 左右。

（2）操作要点

① 焊枪角度　焊枪、焊丝与工件的夹角如图 3-15 所示。焊枪角度过大、焊缝容易不直、跑偏。焊枪与反焊接方向间夹角为 70°～85°；焊丝与焊接方向间夹角为 10°～15°。

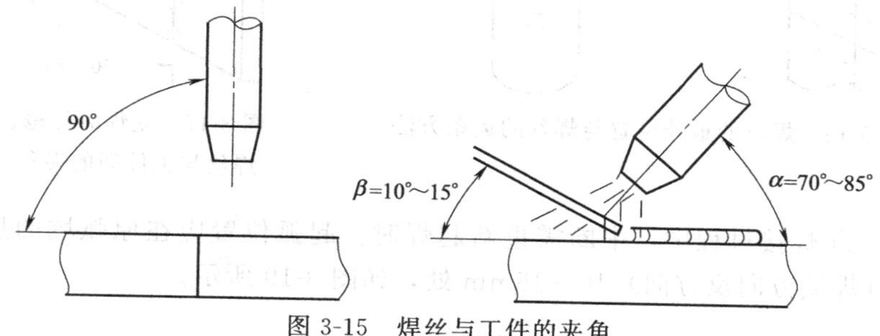

图 3-15　焊丝与工件的夹角

② 焊接电流及钨极伸出长度　焊接电流最好比其他形状坡口调整得略低点。钨极伸出喷嘴的长度一般为 4～6mm，钨极与工件的距离一般保持 2～3mm。喷嘴与工件距离≤10mm。

③ 焊接操作　焊接时应有节奏地填充焊丝。焊接结束时，应对弧坑进行处理，方法是用间隔电弧（弧坑电流）对终端部（弧坑）进行堆焊，如图 3-16 所示。

（3）立焊的操作要点

焊接时由于熔滴的重力作用，熔滴或熔化的金属会向下流动，故应注意两缝（或坡口）两侧的咬边。另外，由于焊缝的外观容易形成凸形，因此焊接时应注意熔池的大小。

① 焊接时焊枪与工件（或焊接方向的相反方向）间夹角为 70°～

80°；焊丝与工件（或焊接方向）间夹角为 20°～30°，如图 3-17 所示。焊接时一般选用由下而上的旋转运条法。

② 角焊缝进行立焊时，焊枪与工件（焊接方向的反方向）间的夹角为 60°～70°；焊丝与工件（焊接方向）间的夹角为 30°～40°，如图 3-18 所示。

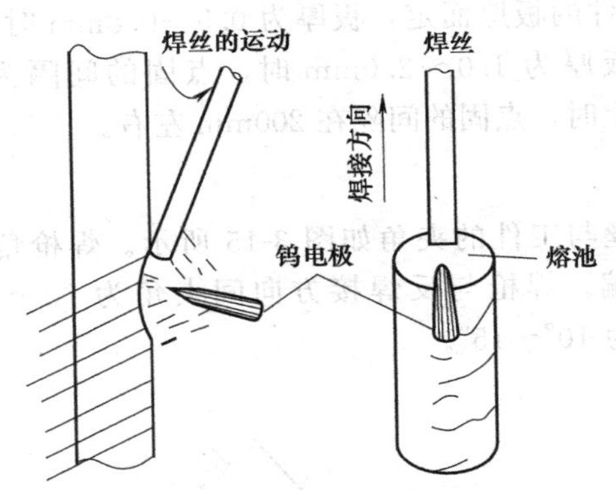

图 3-16　焊丝的最佳位置与焊丝的运条方法

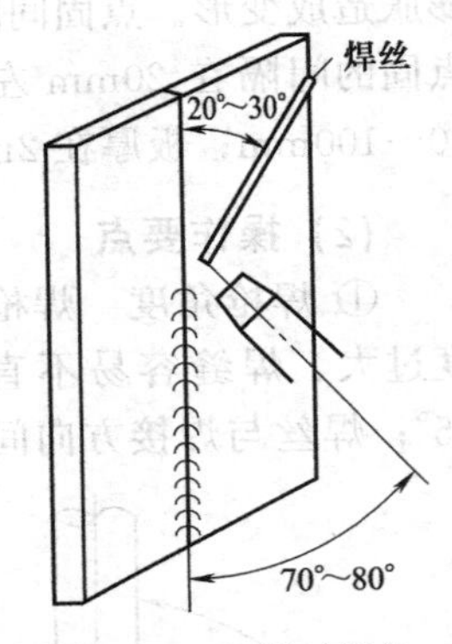

图 3-17　立焊时焊枪、焊丝与工件间的夹角

③ 焊接过程中，中断需重新起焊时，起弧位置应在原弧坑的后方（焊接方向反方向）10～15mm 处，如图 3-19 所示。

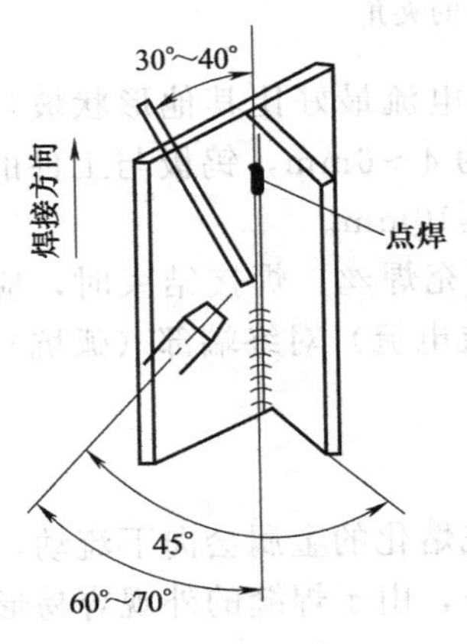

图 3-18　立焊角焊缝时焊枪、焊丝与工件间的夹角

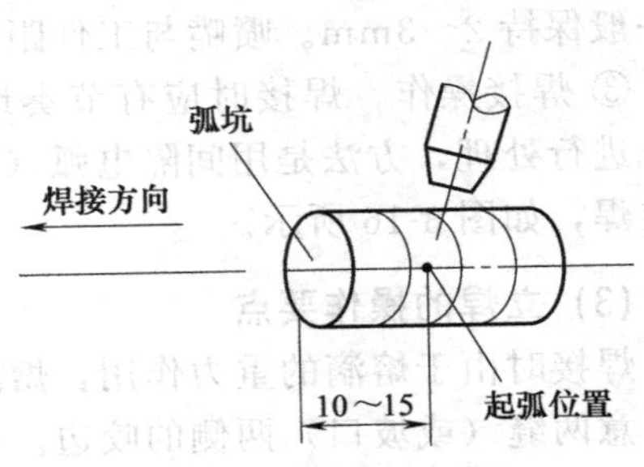

图 3-19　焊接接头处理

(4) 横焊的操作要点

由于熔滴的重力作用，使坡口上部容易产生咬边，下部容易产生焊瘤。另外，焊枪与工件间的夹角为 100°，其目的是为了有效地防止熔化的金属坠落。

① 焊枪、焊丝与工件的夹角　焊枪与工件垂直方向的夹角为 100°，如图 3-20（a）所示；焊枪与焊接方向（水平位置）的反向间夹角为 70°～80°，焊丝与焊接方向夹角为 15°～20°，如图 3-20（b）所示。

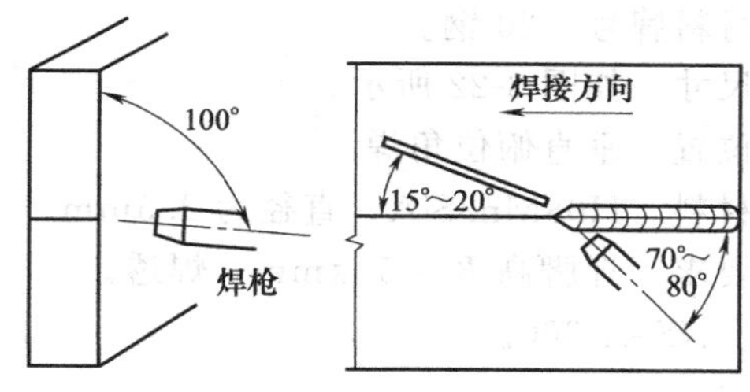

(a) 焊枪与工件垂直方向的夹角　(b) 对前进方向的夹角

图 3-20　焊枪、焊丝与工件夹角

② 焊接过程中焊丝、钨电极的相对位置　焊丝应在焊接方向熔池的前方边缘、焊接熔池的上部；钨电极尖端应始终指向熔池的中心，如图 3-21 所示。

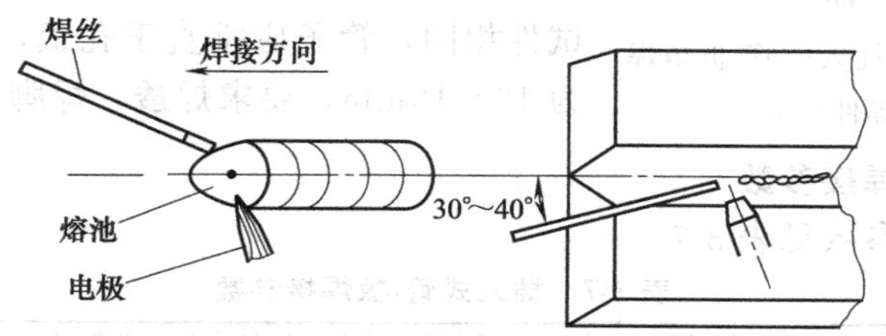

图 3-21　焊接过程中焊丝、钨电极的相对位置

(5) 氩弧焊时对焊接部位的保护方法

为减少焊接部位的氧化，以及保证对焊缝根部焊接的保护，必须扩大焊枪侧及母材侧的氩气保护范围。尤其是焊接钛合金材料时，对氩气保护要求最严。钛合金在高温时是一种特别活性的材料，在大气

中温度达450℃时就容易被氧化，所以对钛合金的焊接部位应使用氩气或氮气进行保护，保护范围应是其他材料的3倍以上。

喷嘴的保护方法有喷嘴内带气体透镜屏法和喷嘴外附加钢丝绒充气法两种。

母材侧的保护方法有充气胎具法和管道内部充气法两种。

3.2.5 板-管（板）T形接头、垂直俯位插入式角焊、根部焊透

(1) 焊件尺寸及要求

① 焊件材料牌号　20钢。

② 焊件尺寸　如图3-22所示。

③ 焊接位置　垂直俯位角焊。

④ 焊接材料　H08Mn2SiA，直径为2.5mm。

⑤ 焊接要求　焊脚高 $K=5^{+2}_{0}$ mm，焊透。

⑥ 焊机　NSA4-300。

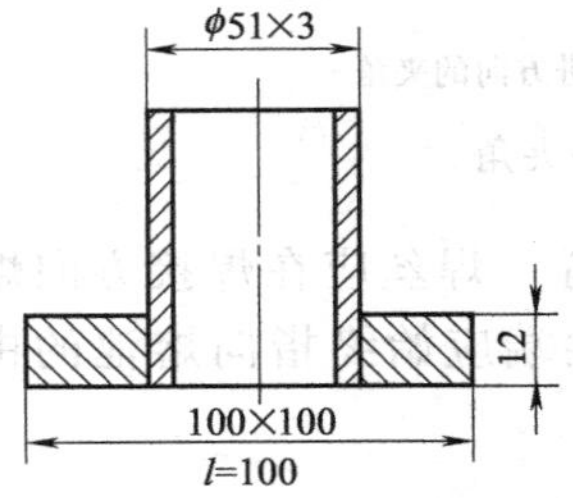

图3-22　插入式管-板角焊焊件尺寸

(2) 焊件装配

① 清除管子焊接端外壁40mm处、管板孔内壁与孔径四周20mm处的油、锈、水分及其他污物，至露出金属光泽，再用丙酮清洗。

② 采用一点定位焊，焊丝牌号规格与试件相同，管子应垂直于孔板，焊点长度为10～15mm，要求焊透，焊脚不能过高。

(3) 焊接参数

焊接参数见表3-7。

表3-7　插入式管-板焊接参数

焊接层次	焊接电流/A	电弧电压/V	氩气流量/(L/min)	钨极直径/mm	焊丝直径/mm	喷嘴直径/mm	喷嘴至工件距离/mm
单层单道	90～100	11～13	6～8	2.5	2.5	8	≤12

(4) 操作要点及注意事项

垂直俯立插入式管-板的焊接要求保证根部焊透、焊脚对称、外形美观、尺寸均匀、无缺陷。

① 焊枪倾角　焊脚高度应为 5～7mm，所以采用单层单道焊，能满足 $K=5\text{mm}$ 的要求。左向焊法，焊枪倾角如图 3-23 所示。

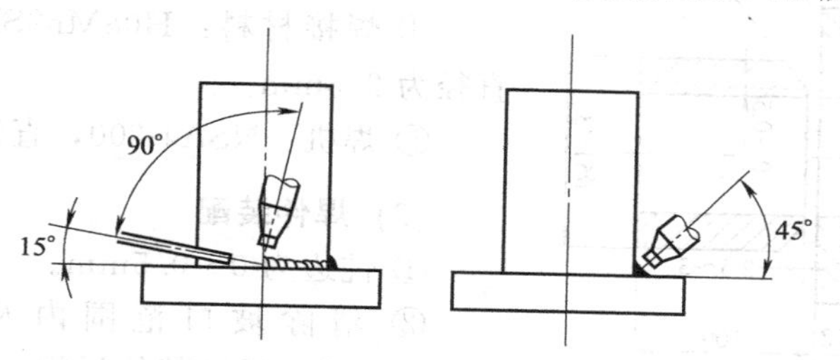

图 3-23　管-板垂直俯位焊时焊枪倾角

② 引弧　在与定位焊点相对应位置的管板上引弧，稍做摆动，待焊脚的根部两侧均匀熔化并形成熔池后，开始以连续填丝方式加焊丝，同时向左焊接。

③ 焊接　焊接过程中，电弧应以焊脚根部为中心做横向摆动，幅度要适当，当管子和孔板熔化的宽度基本相等时，焊脚比较对称。为防止管子咬边，电弧应稍偏离管壁，并从熔池上方填加焊丝，使电弧热量偏向孔板。

④ 接头　在原收弧处右侧 15～20mm 的焊缝上引弧，并将电弧迅速左移到原收弧处，先不加焊丝，待其熔化形成熔池后，开始加焊丝，按正常速度进行焊接。

⑤ 收弧　待一圈焊缝快焊完时，停止送丝，等原来的焊缝金属熔化，与熔池连成一体后再加焊丝，填满弧坑后断弧。

通常封闭焊缝的最后接头处易产生未焊透，焊接时必须用电弧加热根部，待顶角处熔化后再加焊丝，如果怕焊不透，则也可将原来焊缝头部磨成斜坡。

3.2.6　板-管（板）T 形接头、单边 V 形坡口、水平固定位置、单面焊双面成形

(1) 焊前准备

焊件及坡口尺寸如图 3-24 所示。

① 试件材料：20 钢。

② 焊接位置：水平固定。

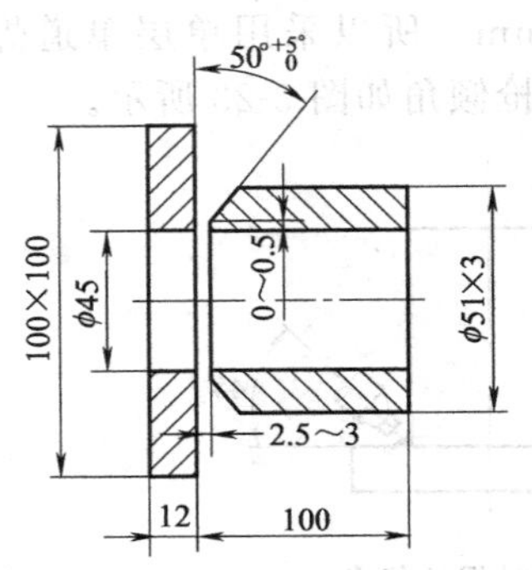

图 3-24 焊件及坡口尺寸

③ 焊接要求：单面焊双面成形，$K=S+(3\sim6)$ mm。

④ 焊接材料：H08Mn2SiA，焊丝直径为 2.5mm。

⑤ 焊机：NSA4-300，直流正接。

(2) 焊件装配

① 钝边为 0～0.5mm。

② 清除坡口范围内及其两侧 20mm 的油、锈及其他污物，至露出金属光泽，并再用丙酮清洗该区。

③ 装配间隙为 2.5～3mm。

④ 采用三点定位焊固定，并均布于管子外圆周上，点焊长度为 10mm，要求焊透，不得有缺陷，并且定位焊缝不得置于时钟 6 点位置。

⑤ 焊件装配错边量≤0.3mm。管子应与管板相垂直。

(3) 焊接参数

全位置焊接参数见表 3-8。

表 3-8 全位置焊接参数

焊接电流 /A	电弧电压 /V	氩气流量 /(L/min)	钨极直径 /mm	焊丝直径 /mm	喷嘴直径 /mm	喷嘴至工件距离/mm
80～90	11～13	6～8	2.5	2.5	8	≤12

(4) 操作要点及注意事项

该例是管-板接头形式中难道最大的操作，因它包含了平焊、立焊和仰焊三种操作技能。全位置焊时焊炬角度与焊丝位置如图 3-25 所示。分两层两道焊接，先焊打底焊，后焊盖面层，每层都分成两个半圈，先按顺时针方向焊前半周，如图 3-25 中①所示；后按逆时针方向焊后半周，如图 3-25 中②所示。

① 打底焊 将焊件管子轴线固定在水平位置，时钟 0 点处位于正上方。在时钟 6 点左侧 10～15mm 处引弧，先不加焊丝，待坡口根部熔化，形成熔池和熔孔后，开始加焊丝，并按顺时针方向焊至时

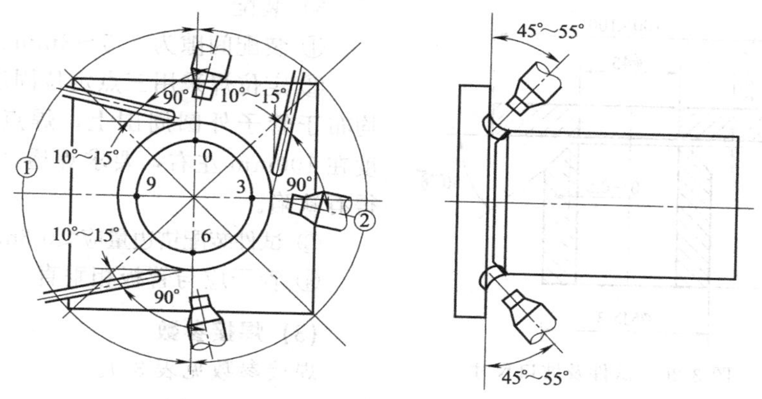

图 3-25　全位置焊时焊炬角度与焊丝位置

钟 0 点左侧 10～20mm 处。然后从时钟 6 点处引弧，先不加焊丝，待焊缝开始熔化时，按逆时针方向移动电弧，当焊缝前端出现熔池和熔孔后，开始加焊丝，继续沿逆时针方向焊接。焊至接近时钟 0 点处停止送丝，待原焊缝处开始熔化时，迅速加焊丝，使焊缝封闭。这是打底焊道最后一个接头，要防止产生烧穿或未熔合。

② 盖面焊　焊接顺序和要求同打底层焊道，但焊炬摆动幅度稍大。

3.2.7 骑座式管-板 T 形接头、垂直仰焊位、单面焊双面成形

(1) 试件尺寸及要求

1) 试件材料　20 钢。

2) 试件及坡口尺寸　见图 3-26。

3) 焊接位置及要求　垂直仰焊位，单面焊双面成形，$K=60^{+3}_{0}$mm。

4) 焊接材料　H08Mn2SiA，焊丝直径为 2.5mm。

5) 焊机　NSA4-300。

(2) 试件装配

1) 钝边　为 0～0.5mm。

2) 除垢　清除坡口范围内及其两侧 20mm 的油、锈及其他污物，至露出金属光泽，再用丙酮清洗该区。

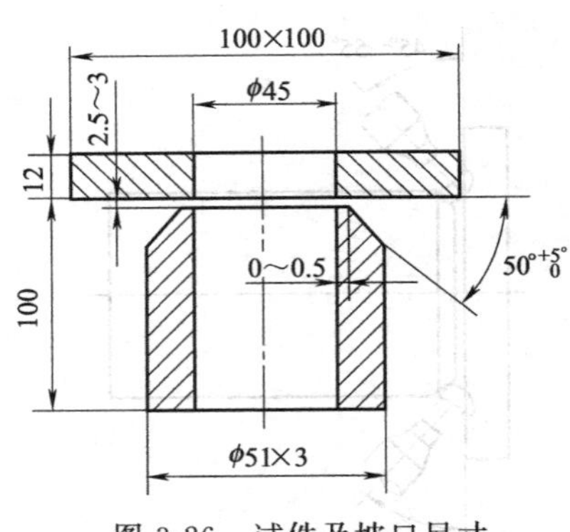

图 3-26 试件及坡口尺寸

3）装配

① 装配间隙为 2.5～3mm。

② 定位焊采用三点定位固定，均布于管子外圆周围上，焊点长度在 100mm 左右，要求焊透，不得有缺陷。

③ 试件装配错边量应≤0.3mm。

④ 管子应与管板相垂直。

(3) 焊接参数

焊接参数见表 3-9。

表 3-9 焊接参数

焊接电流/A	电弧电压/V	氩气流量/(L/min)	钨极直径/mm	焊丝直径/mm	喷嘴直径/mm	喷嘴至工件距离/mm
80～90	11～13	6～8	2.5	2.5	8	≤12

(4) 操作要点及注意事项

骑座式管板焊的难度较大，既要保证单面焊双面成形，又要保证焊缝外表均匀美观、焊脚对称，再加上管壁薄，孔板厚，坡口两侧热导率情况不同，需要控制热量分布，因此通常以打底焊保证背面成形，以盖面焊保证焊脚尺寸和焊缝外观成形。

试件采用两层三道焊，一层打底，盖面层为上、下两道焊缝。

① 打底焊 将试件在垂直仰位处固定好，将一个定位焊缝放在右侧。

焊枪角度如图 3-27 所示。

在右侧定位焊缝上引弧，先不加焊丝，待坡口根部和定位焊点端

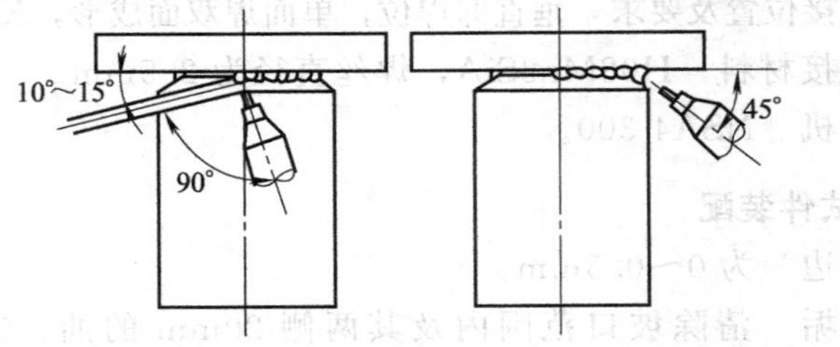

图 3-27 仰焊打底焊焊枪角度

部熔化形成熔池熔孔后，再加焊丝从右向左焊接。

焊接时电弧要短，熔池要小，但应保证孔板与管子坡口面熔合好，根据熔化和熔池表面情况调整焊枪角度和焊接速度。

管子侧坡口根部的熔孔超过原棱边应≤1mm，否则将使背面焊道过宽和过高。

需接头时，在接头右侧 10～20mm 处引弧，同样先不加焊丝，待接头处熔化形成熔池和熔孔后，再加焊丝继续向左焊接。

焊接至封闭处，可稍停填丝，待原焊缝头部熔化后再填丝，以保证接头处熔合良好。

② 盖面焊　盖面层为两条焊道，先焊下面的焊道，后焊上面的焊道。仰焊盖面的焊枪角度如图 3-28 所示

焊前可先将打底焊道局部凸起处打磨平整。

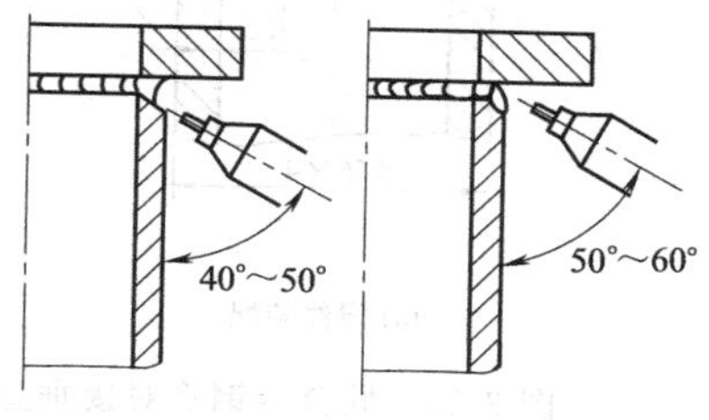

图 3-28　仰焊盖面焊焊枪角度

焊下面焊道时，电弧应对准打底焊道下沿，焊枪做小幅度锯齿形摆动，熔池下沿超过管子坡口棱边 1～1.5mm，熔池的上沿在打底焊道的 1/2～2/3 处。

焊上面的焊道时，电弧以打底焊道上沿为中心，焊枪小幅度摆动，使熔池将孔板和下面的盖面焊道圆滑地连接在一起。

3.2.8　低合金钢管对接、垂直固定、单面焊双面成形

(1) ϕ76mm×4mm 低合金钢管对接垂直固定单面焊双面成形的特点

ϕ76mm×4mm 低合金钢管对接垂直固定手工 TIG 焊单面焊双面成形，其操作特点与板横焊操作基本相同，所不同的是管对接在垂直位焊接过程中，焊枪和焊丝都是围绕焊缝做平行移动，焊枪和焊丝的角度在熔池的移动中不改变。注意在焊接时，防止形成泪滴形焊缝。

(2) 焊前准备

① 焊机　WS4-300 型直流手要钨极氩弧焊机 1 台，直流正接。

② 焊丝　ER50-2 焊丝，ϕ2.5mm。

③ 钨极　WCe-5（铈钨），ϕ2.5mm。

④ 氩气　纯度（体积分数）99.96%。

⑤ 焊件　焊件材料为 12CrMo 低合金钢管，规格为 ϕ76mm×4mm，共 2 根。其尺寸装配及焊缝层次见图 3-29。

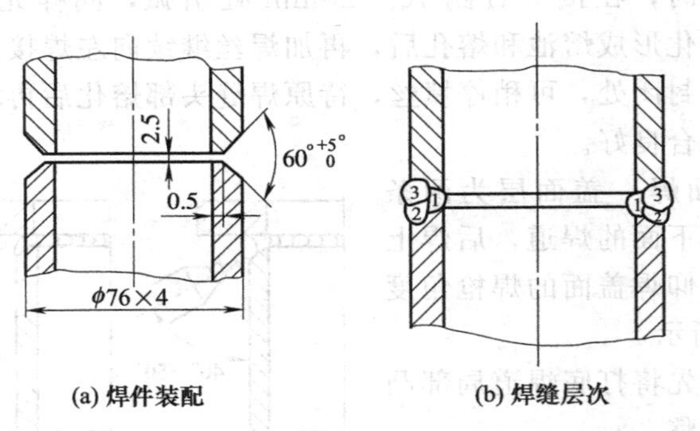

图 3-29　低合金钢管对接垂直固定的装配尺寸及焊缝层次

⑥ 辅助工具及量具　角磨砂轮机、焊条保温筒、敲渣锤、钢直尺、钢丝刷、台虎钳、焊缝万能量规、样冲和划针等。

(3) 焊前装配定位

① 焊前清理　在焊件坡口处及坡口边缘各 20mm 范围内，用角磨砂轮打磨至见金属光泽，清除油、污、锈、垢等，焊丝也要进行同样处理。

② 焊件装配　将打磨完的焊件进行装配，装配尺寸见表 3-10。

表 3-10　低合金钢管对接垂直固定手工 TIG 焊单面焊双面成形的装配尺寸　mm

根部间隙	钝边	错边量
2.5～3.0	0.5～1.0	≤0.5

③ 定位焊　清理完的焊件，焊前要进行定位焊。定位焊缝有三条，三条定位焊缝各相距 120°，定位焊缝长为 5～8mm、厚度为 3～4mm，其质量要求与正式焊缝相同。手工 TIG 焊定位焊的焊接参数见表 3-11。

表 3-11　低合金钢管对接垂直固定手工 TIG 焊单面焊双面成形的焊接参数

焊层	焊接电流/A	电弧电压/V	氩气流量/(L/min)	钨极直径/mm	喷嘴直径/mm	焊丝直径/mm	钨极伸出长度/mm	喷嘴到焊件距离/mm
定位层	80～95	10～12	8～10	2.5	8	2.5	5～7	≤8
打底层	80～95	10～12	8～10	2.5	8	2.5	5～7	
盖面层	75～90	10～12	6～8	2.5	8	2.5	5～7	

(4) 焊接操作

焊缝层次共分为打底层和盖面层两层。

① 打底层的焊接操作　打底层的焊接参数见表 3-11。焊接时，为了防止上部坡口过热，母材熔化过多而产生下淌，在焊缝的背面形成焊瘤，焊接电弧热量应较多地集中在坡口的下部，并保持合适的焊枪与焊丝的夹角，使电弧对熔化金属有一定的向上的推力，托住熔化的金属使不下淌。低合金钢管对接垂直固定手工 TIG 焊单面焊双面成形焊枪与焊丝的角度见图 3-30。

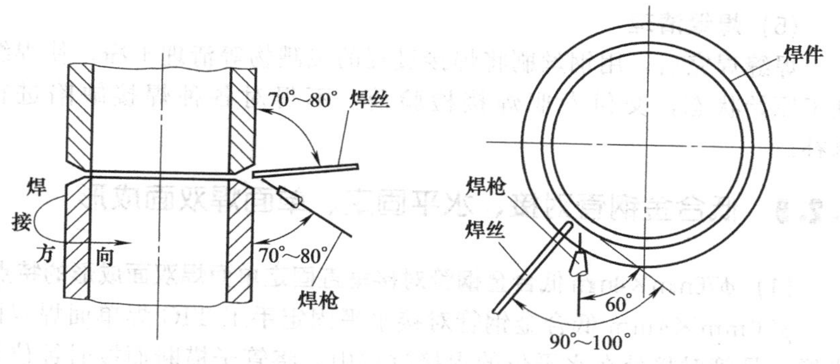

(a) 焊枪、焊丝与管子轴线的夹角　(b) 焊枪、焊丝与管子切线的夹角

图 3-30　低合金钢管对接垂直固定手工 TIG 焊焊枪与焊丝的角度

打底层的引弧点是在任一定位焊缝上，引弧后，将定位焊缝预热至有“出汗”的迹象，焊枪开始缓慢向前移动，移至坡口间隙处，用电弧对根部两侧加热 2～3s 后，待坡口根部形成熔池，此时再填加焊丝。焊接过程中，焊枪稍做横向摆动，在熔化钝边的同时，也使焊丝熔化并注流向两侧，采用连续送焊丝法，依靠焊丝托住熔池，焊丝端

部的熔滴始终与熔池相连，不使熔化的金属产生下坠。打底层焊缝的厚度以控制在2～3mm为宜。

焊接时，当遇到定位焊缝时，应该停止送丝或减少送丝，使电弧将定位焊缝及坡口根部充分熔化并和熔池连成一体后，再送焊丝继续焊接。

② 盖面层的焊接操作　盖面层的焊接参数见表3-11。盖面层焊接时，先焊下面的焊道2，将焊接电弧对准打底层焊缝的下沿，使熔池下沿超出管子坡口边缘0.5～1.5mm，熔池上沿覆盖打底层焊道的1/2～2/3。焊接焊道3时，电弧对准打底层焊道的上沿，使熔池上沿超出管子坡口0.5～1.5mm，熔池下沿与焊道2圆滑过渡，焊接速度可适当加快，送丝频率也要加快，但是，送丝量要适当减少，防止熔池金属下淌和产生咬边。

在焊接过程中要注意的是：无论是打底层焊接，还是盖面层焊接，焊丝的端部始终要处于氩气的保护范围之内，严禁钨极的端部与焊丝、焊件相接触，防止产生夹钨。

(5) 焊缝清理

焊缝焊完后，用钢丝刷将焊接过程的飞溅物等清理干净，使焊缝处于原始状态，交付专职焊接检验前，不得对各种焊接缺陷进行修补。

3.2.9 低合金钢管对接、水平固定、单面焊双面成形

(1) ϕ76mm×4mm低合金钢管对接垂直固定单面焊双面成形的特点

ϕ76mm×4mm低合金钢管对接水平固定手工TIG焊单面焊双面成形，是管对接处在水平位的焊接过程中，将管子横断面按时钟位置分为两个半圆，焊缝起点在时钟的6点处，终点在时钟的12点处，分为左半圆和右半圆。焊接过程中，两个半圆焊缝要在起点和终点处搭接10mm左右。焊枪和焊丝都围绕焊缝做全位置移动，即焊缝处在仰焊、立焊、平焊的位置。注意焊接时，防止咬边缺陷的出现。

(2) 焊接准备

① 焊机　WS4-300型直流手工TIG焊机1台，直流正接。

② 焊丝　ER50-2焊丝，ϕ2.5mm。

③ 钨极 WCe-5（铈钨），$\phi 2.5$mm。

④ 氩气 纯度（体积分数）99.96%。

⑤ 焊件 焊件材料为12CrMo低合金钢管，规格为$\phi 76$mm×4mm，其装配、焊接层次及焊点起点与终点位置见图3-31。

⑥ 辅助工具及量具 角磨砂轮机、焊条保温筒、敲渣锤、钢直尺、钢丝刷、台虎钳、焊缝万能量规、样冲和划针等。

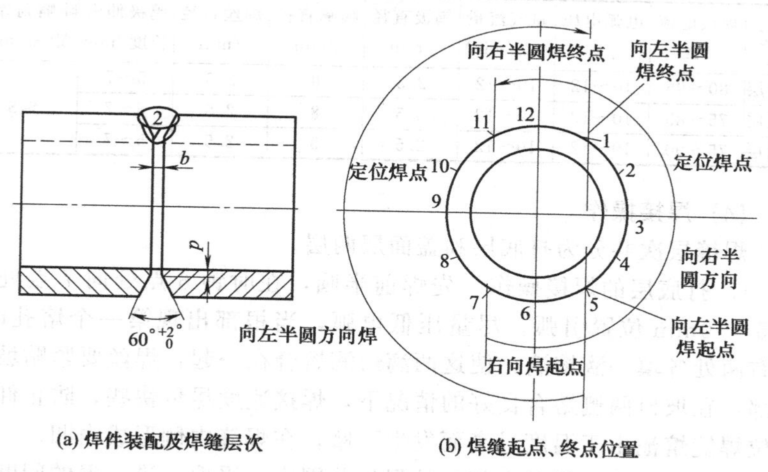

(a) 焊件装配及焊缝层次　　(b) 焊缝起点、终点位置

技术要求：

1.单面焊双面成形。

2.钝边高度p、坡口间隙b自定，允许采用反变形。

3.打底层焊缝表面允许打磨。

图3-31 低合金钢管对接水平固定的装配、焊缝层次及起点、终点位置

(3) 焊前装配定位

① 焊前清理 在钢管坡口处及坡口边缘各20mm范围内，用角磨砂轮打磨至见金属光泽，清除油、污、锈、垢等，焊丝也要进行同样处理。

② 焊件装配 将打磨完的焊件进行装配，装配尺寸见表3-12。

表3-12 低合金钢管对接水平固定手工TIG焊单面焊双面成形的装配尺寸

mm

根部间隙	钝边	错边量
2.5～3.0	0.5～1.0	≤0.5

③ 定位焊　清理完的焊件，焊前要进行定位焊。定位焊缝有三条，三条定位焊缝各相距 120°，定位焊缝长为 5～8mm、厚度为 3～4mm，其质量要求与正式焊缝相同。合金钢管手工 TIG 焊定位焊焊接参数见表 3-13。

表 3-13　低合金钢管对接水平固定手工 TIG 焊单面焊双面成形的焊接参数

焊层	焊接电流/A	电弧电压/V	氩气流量/(L/min)	钨极直径/mm	喷嘴直径/mm	焊丝直径/mm	钨极伸出长度/mm	喷嘴到焊件距离/mm
定位层	80～95	10～12	10～12	2.5	8	2.5	5～7	≤8
打底层	75～85	10～12	10～12	2.5	8	2.5	5～7	
盖面层	75～90	10～12	10～12	2.5	8	2.5	5～7	

(4) 焊接操作

焊缝层次共分为打底层和盖面层两层。

① 打底层的焊接操作　先焊前半圆，在时钟 6 点处向 7 点处移动 5～10mm 位置引弧，尽量压低电弧，当根部出现第一个熔孔时，左右两处各填一滴熔滴，使这两滴熔滴熔合在一起，焊丝要紧贴坡口根部，在坡口两侧熔合良好的情况下，焊接速度尽量快些，防止仰焊部位焊缝熔池由于温度过高而发生下坠，在焊缝内侧形成内凹。

焊接过程中，焊丝在氩气的保护范围内，采取一进一退的间断送丝法施焊，一滴一滴地向熔池送入熔滴。焊接过程中要时刻注意控制熔池的形状，始终保持熔池尺寸大小一致，电弧穿透均匀，防止焊缝产生的焊瘤、内凹或外凹等缺陷。打底层的焊接参数见表 3-13。

② 盖面层的焊接操作　在打底层上引弧，在时钟 6 点处开始焊接，焊枪做月牙形或锯齿形摆动，焊丝亦随焊枪作同步摆动，在坡口两侧稍做停留，各填加一滴熔滴，使熔敷金属与母材金属融合良好。在仰焊部位填充熔滴金属要少些，以免熔敷金属产生下坠。在立焊部位，要控制焊枪的角度，防止熔池金属下坠。在平焊位置上，此时焊件温度已高，要保证平焊部位焊缝饱满。焊接过程中，焊枪与焊丝、焊件的位置变化如图 3-32 所示。

(5) 焊缝清理

焊缝焊完后，用钢丝刷将焊过程的飞溅物等清理干净，使焊缝处于原始状态，交付专职焊接检验前，不得对各种焊接缺陷进行修补。

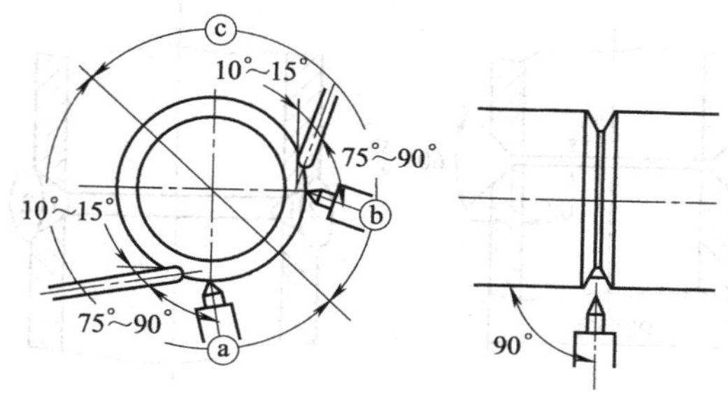

图 3-32　低合金钢管对接水平固定手工 TIG 焊焊枪与焊丝、焊件的位置
ⓐ—仰焊位置；ⓑ—立焊位置；ⓒ—平焊位置

3.2.10　不锈钢管对接、垂直固定、单面焊双面成形

(1) φ76mm×4mm 不锈钢钢管对接垂直固定单面焊双面成形的特点

φ76mm×4mm 不锈钢钢管对接垂直固定手工 TIG 焊单面焊双面成形的操作特点与板横焊操作基本相同，所不同的是管对接在垂直位焊接过程中，焊枪和焊丝都是围绕焊缝做平行移动，焊枪和焊丝的角度在熔池的移动中不改变。注意在焊接时，防止形成泪滴形焊缝。

(2) 焊前准备

① 焊机　WS4-300 型直流手工 TIG 焊机 1 台，直流正接。

② 焊丝　H10Cr19Ni9 焊丝，φ2.5mm。

③ 钨极　WCe-5（铈钨），φ2.5mm。

④ 氩气　纯度（体积分数）99.96%。

⑤ 焊件　焊件材料为 12Cr18Ni9（12Cr18Ni9）不锈钢管，φ76mm×4mm，共 2 件，其装配尺寸及焊缝层次见图 3-33。

⑥ 辅助工具及量具　角磨砂轮机、焊条保温筒、敲渣锤、钢直尺、钢丝刷、台虎钳、焊缝万能量规、样冲和划针等。

(3) 焊前装配定位

① 焊前清理　在焊件坡口处及坡口边缘各 20mm 范围内，用角磨砂轮打磨至见金属光泽，清除油、污、锈、垢等，焊丝也要进行同样处理。

② 焊件装配　将打磨完的焊件进行装配，装配尺寸见表 3-14。

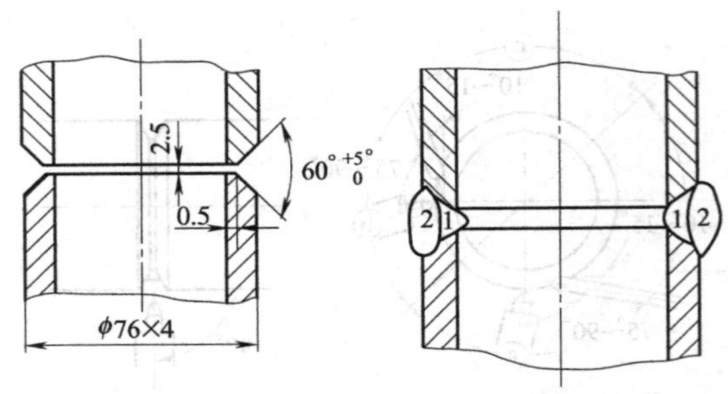

(a) 焊件装配　　(b) 焊缝层次

图 3-33　不锈钢管对接垂直固定的装配尺寸及焊缝层次

表 3-14　不锈钢钢管对接垂直固定手工 TIG 焊单面焊双面成形的装配尺寸　mm

根部间隙	钝边	错边量
2.5～3.0	0.5～1.0	≤0.5

③ 定位焊　清理完的焊件，焊前要进行定位焊。定位焊缝有三条，三条定位焊缝各相距 120°，定位焊缝长为 5～8mm、厚度为 3～4mm，其质量要求与正式焊缝相同。不锈钢管手工 TIG 焊定位焊的焊接参数见表 3-15。

表 3-15　不锈钢钢管对接垂直固定手工 TIG 焊单面焊双面成形的焊接参数

焊层	焊接电流/A	电弧电压/V	氩气流量/(L/min)	钨极直径/mm	喷嘴直径/mm	焊丝直径/mm	钨极伸出长度/mm	喷嘴到焊件距离/mm
定位层	80～95	10～12	8～12	2.5	8	2.5	5～7	≤8
打底层	80～95	10～12	8～10	2.5	8	2.5	5～7	
盖面层	75～90	10～12	6～8	2.5	8	2.5	5～7	

(4) 焊接操作

焊缝层次共分为打底层、盖面层两层。

① 打底层的焊接操作　焊接时，为了防止上部坡口过热，母材熔化过多而产生下淌，在焊缝的背面形成焊瘤，焊接电弧热量应较多地集中在坡口的下部，并保持合适的焊枪与焊丝的夹角，使电弧对熔化金属有一定的向上的推力，托住熔化的金属不下淌。不锈钢钢管对接垂直固定手工 TIG 焊单面焊双面成形焊枪与焊丝的角度见图 3-34。

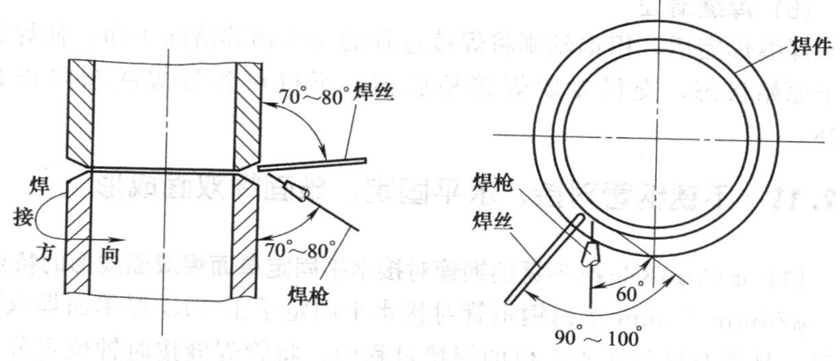

(a) 焊枪、焊丝与管子轴线的夹角　　(b) 焊枪、焊丝与管子切线的夹角

图 3-34 不锈钢管对接垂直固定手工 TIG 焊焊枪与焊丝的角度

打底层的引弧点是在任一定位焊缝上，引弧后，将定位焊点预热至有“出汗”迹象，焊枪开始缓慢向前移动，移至坡口间隙处，用电弧对根部两侧加热 2～3s 后，待坡口根部形成熔池，此时再填加焊丝。焊接过程中，焊枪稍做横向摆动，在熔化钝边的同时，也使焊丝熔化并流向两侧，采用连续送焊丝法，依靠焊丝托住熔池，焊丝端部的熔滴始终与熔池相连，不使熔化的金属产生下坠。打底层焊缝的厚度以控制在 2～3mm 为宜。

焊接时，当遇到定位焊缝时，应该停止送丝或减少送丝，使电弧将定位焊缝及坡口根部充分熔化并和熔池连成一体后，再送焊丝继续焊接。打底层的焊接参数见表 3-15。

② 盖面层的焊接操作　盖面层的焊接参数见表 3-15。盖面层焊接时，先焊下面的焊道 2，焊接电弧对准打底层焊道的下沿，使熔池下沿超出管子坡口边缘 0.5～1.5mm，熔池上沿覆盖打底层焊道的 1/2～2/3。焊接焊道 3 时，电弧对准打底层焊道的上沿，使熔池上沿超出管子坡口 0.5～1.5mm，熔池下沿与焊道 2 圆滑过渡，焊接速度可适当加快，送丝频率也要加快，但是，送丝量要适当减少，防止熔池金属下淌和产生咬边。

在焊接过程中要注意的是：无论是打底层焊，还是盖面层焊，焊丝的端部始终要处于氩气的保护范围之内，严禁钨极的端部与焊丝、焊件相接触，防止产生钨加渣。

(5) 焊缝清理

焊缝焊完后，用钢丝刷将焊接过程的飞溅物等清除干净，使焊缝处于原始状态，交付专职焊接检验前，不得对各种焊接缺陷进行修补。

3.2.11 不锈钢管对接、水平固定、单面焊双面成形

(1) ϕ76mm×4mm 不锈钢钢管对接水平固定单面焊双面成形的特点

ϕ76mm×4mm 不锈钢钢管对接水平固定手工 TIG 焊单面焊双面成形，是管对接处在水平位的焊接过程中，将管焊缝按时钟位置分为两个半圆，焊缝起点在时钟的 6 点处，终点在时钟的 12 点处，分为左半圆和右半圆。焊接过程中，两个半圆焊缝要在起点和终点处搭接 10mm 左右。焊枪和焊丝都围绕焊缝做全位置移动，即仰焊、立焊、平焊的位置。注意在焊接时，防止咬边缺陷的出现。

(2) 焊前准备

① 焊机　WS4-300 型直流手工 TIG 焊机 1 台，直流正接。

② 焊丝　H10Cr19Ni9 焊丝，ϕ2.5mm。

③ 钨极　WCe-5（铈钨），ϕ2.5mm。

④ 氩气　纯度（体积分数）99.96%。

⑤ 焊件　焊件材料为 12Cr18Ni9（1Cr18Ni9）不锈钢钢管，规格为 ϕ76mm×4mm，其装配、焊缝层次及焊点起点与终点位置见图 3-35。

⑥ 辅助工具及量具　角磨砂轮机、焊条保温筒、敲渣锤、钢直尺、钢丝刷、台虎钳、焊缝万能量规、样冲和划针等。

(3) 焊前装配定位

① 焊前清理　在焊件坡口处及坡口边缘各 20mm 范围内，用角磨砂轮打磨至见金属光泽、清除油、污、锈、垢等，焊丝也要进行同样处理。

② 焊件装配　将打磨完的焊件进行装配，装配尺寸见表 3-16。

③ 定位焊　清理完的焊件，焊前要进行定位焊。定位焊缝有三条，三条定位焊缝各相距 120°，定位焊缝长为 5～8mm、厚度为 3～

4mm，其质量要求与正式焊缝相同。手工 TIG 焊定位焊的焊接参数见表 3-17。

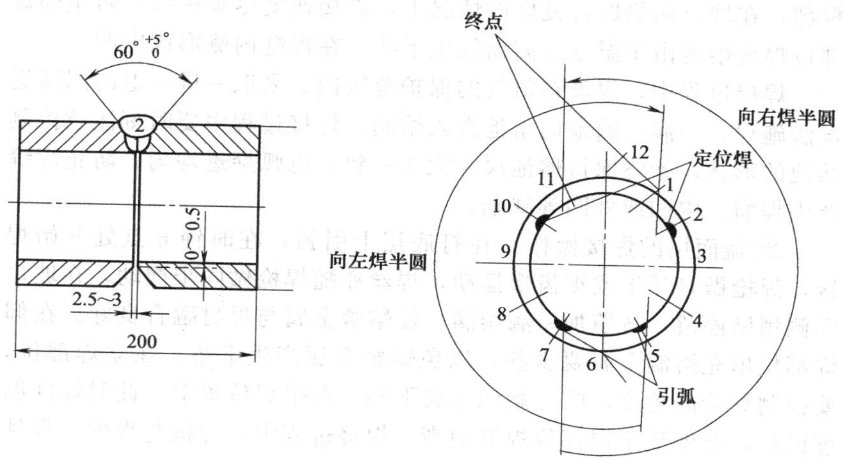

(a) 焊件装配及焊缝层次　　(b) 焊缝起点、终点位置

图 3-35　不锈钢管对接水平固定手工 TIG 焊的装配、焊缝层次及起点、终点位置

表 3-16　不锈钢钢管对接水平固定手工 TIG 焊单面焊双面成形的装配尺寸

mm

根部间隙	钝边	错边量
2.5～3.0	0.5～1.0	≤0.5

表 3-17　不锈钢钢管对接水平固定手工 TIG 焊单面焊双面成形的焊接参数

焊层	焊接电流/A	电弧电压/V	氩气流量/(L/min)	钨极直径/mm	喷嘴直径/mm	焊丝直径/mm	钨极伸出长度/mm	喷嘴到焊件距离/mm
定位层	80～95	10～12	10～12	2.5	8	2.5	5～7	≤8
打底层	75～85	10～12	10～12	2.5	8	2.5	5～7	
盖面层	75～90	10～12	10～12	2.5	8	2.5	5～7	

(4) 焊接操作

焊缝层次共分为打底层和盖面层两层。

① 打底层的焊接操作　先焊左半圆，在时钟 6 点处向 7 点处移

动 5～10mm 位置引弧，尽量压低电弧，当根部出现第一个熔孔时，左右两处各填一滴熔滴，使这两滴熔滴熔合在一起，焊丝要紧贴坡口根部，在坡口两侧熔合良好的情况下，焊接速度尽量快些，防止仰焊部位焊缝熔池由于温度过高而发生下坠，在焊缝内侧形成内凹。

焊接过程中，焊丝在氩气的保护范围内，采取一进一退的间断送丝法施焊，一滴一滴地向熔池送入熔滴。焊接过程中要时刻注意控制熔池的形状，始终保持熔池尺寸大小一致，电弧穿透均匀，防止焊缝产生焊瘤、内凹或外凹等缺陷。

② 盖面层的焊接操作　在打底层上引弧，在时钟 6 点处开始焊接，焊枪做月牙形或锯齿形摆动，焊丝亦随焊枪做同步摆动，在坡口两侧稍做停留，各填加一滴熔滴，使熔敷金属与母材融合良好。在仰焊部位填充熔滴金属要少些，以免熔敷金属产生下坠。在立焊部位，要控制焊枪的角度，防止熔池金属下坠。在平焊位置上，此时焊件温度已高，要保证平焊部位焊缝饱满。焊接过程中，焊枪与焊丝、焊件的位置变化见图 3-36。

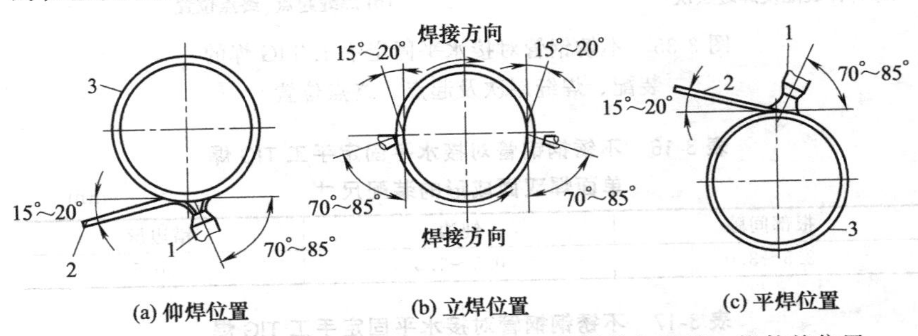

图 3-36　不锈钢管对接水平固定手工 TIG 焊焊枪与焊丝、焊件的位置

(5) 焊缝清理

焊缝焊完后，用钢丝刷将焊接过程的飞溅物等清除干净，使焊缝处于原始状态，交付专职焊接检验前，不得对各种焊接缺陷进行修补。

3.2.12 小直径管对接、V 形坡口、垂直固定、单面焊双面成形

(1) 焊前准备

① 焊件材料：20 钢。

② 焊接位置：垂直固定。

③ 焊接要求：单面焊双面成形。

④ 焊接材料：H08Mn2SiA，焊丝直径为 2.5mm。

⑤ 焊机：NSA4-300。

（2）焊件装配

① 钝边为 0～0.5mm。

② 清除坡口及其两侧内外表面 20mm 范围内的油、锈及其他污物，至露出金属光泽，并再用丙酮清洗该区。

③ 装配间隙为 1.5～2mm。

④ 一点定位，焊点长度为 10～15mm，并保证该处间隙为 2mm，与它相隔 180°处间隙为 1.5mm，将管子轴线垂直并加固定，间隙小的一侧位于右边。焊接材料与焊接试件相同，定位焊点两端应预先打磨成斜坡。

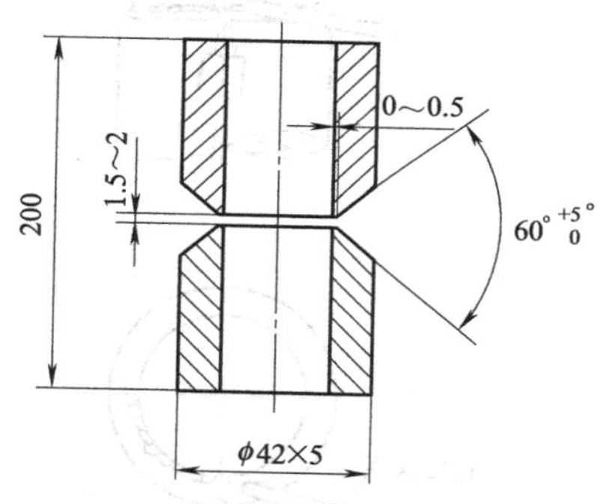

图 3-37　焊件及坡口尺寸

⑤ 错边≤0.5mm。

（3）焊接参数

焊接参数见表 3-18。

表 3-18　焊接参数

焊接层次	焊接电流/A	电弧电压/V	氩气流量/(L/min)	焊丝直径/mm	钨极直径/mm	喷嘴直径/mm	喷嘴至工件距离/mm
打底焊	90～95	10～12	8～10	2.5	2.5	8	≤8
盖面焊	95～100		6～8				

（4）操作要点及注意事项

本试件采用两层三道焊，封底焊为一层一道，盖面焊为一层上、下两道。

① 打底焊　打底焊的焊炬角度如图 3-38 所示。在右侧间隙最小处（1.5mm）引弧，先不加焊丝，待坡口根部熔化形成熔滴后，将焊丝轻轻地向熔池里推一下，并向管内摆动，将铁水送到坡口根部，以保证背面焊缝的高度。填充焊丝的同时，焊炬做小幅度横向摆动，

并向右均匀移动。

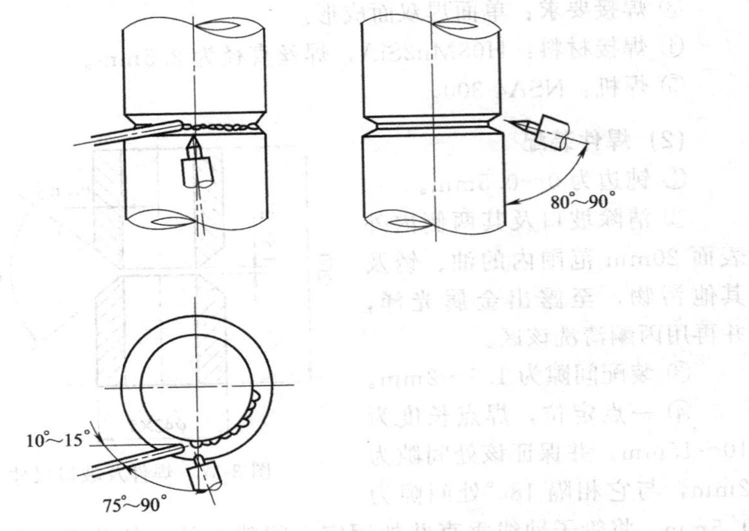

图 3-38 打底焊的焊炬角度

在焊接过程中，填充焊丝以往复运动方式间断地送入电弧内的熔池前方，在熔池前呈滴状加入。焊丝送进要有规律，不能时快时慢，这样才能保证焊缝成形美观。

当焊工要移动位置暂停焊接时，应按收弧要求操作。焊工再进行焊接时，焊前应将收弧处修磨成斜坡并清理干净，在斜坡上引弧，移至离接头 8～10mm 处，焊炬不动，当获得明亮清晰的熔池后，即可添加焊丝，继续从右向左进行焊接。

小管子垂直固定打底焊，熔池的热量要集中在坡口的下部，以防止上部坡口过热，母材熔化过多，产生咬边或焊缝背面的余高下坠。

② 盖面焊　盖面焊缝由上、下两道组成，先焊下面的焊道，后焊上面的焊道，盖面焊焊炬角度如图 3-39 所示。

焊下面的盖面焊道时，电弧对准打底焊道下沿，使熔池下沿超出管子坡口棱边 0.5～1.5mm，熔池上沿在打底焊道的 1/2～2/3 处。

焊上面的盖面焊道时，电弧对准打底焊道上沿，使熔池超出管子坡口棱边 0.5～1.5mm，下沿与下面的焊道圆滑过渡，焊接速度要适当加快，送丝频率加快，适当减少送丝量，防止焊缝下坠。

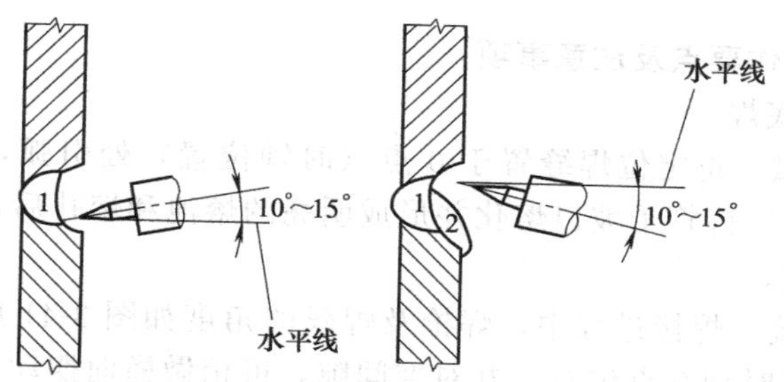

图 3-39　盖面焊焊炬角度

3.2.13　小直径管对接、水平转动焊、单面焊双面成形

(1) 焊件尺寸及要求

① 焊件材料牌号　20 钢。

② 焊件及坡口尺寸　如图 3-40 所示。

③ 焊接位置　水平转动。

④ 焊接要求　单面焊双面成形。

⑤ 焊接材料　H08Mn2SiA，直径为 2.5mm。

⑥ 焊机　NSA4-300，直流正接。

(2) 焊件装配

① 钝边为 0.5～1mm，清除坡口内及管子坡口端内外表面 20mm 范围的油、锈及其他污物，至露出金属光泽，再用丙酮清洗该处。

② 装配间隙为 1.5～2mm，采用一点定位焊，焊点长度为 10～15m，错边量≤0.5mm。

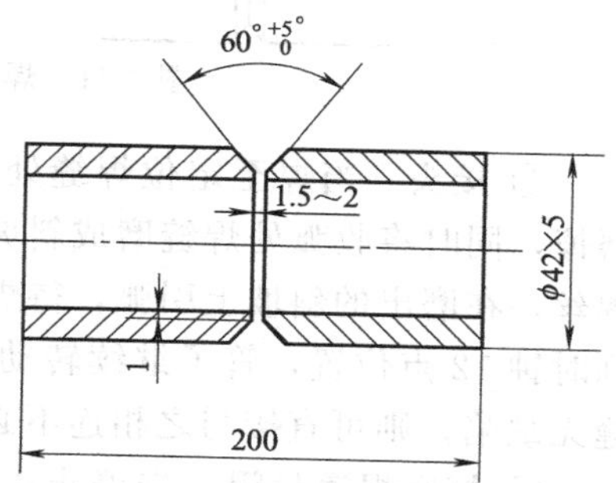

图 3-40　小直径管对接焊件及坡口尺寸

(3) 焊接参数

焊接参数见表 3-19。

表 3-19　小管径对接水平转动焊焊接参数

焊接层次	焊接电流/A	电弧电压/V	氩气流量/(L/min)	钨极直径/mm	焊丝直径/mm	喷嘴直径/mm	喷嘴至工件距离/mm
打底焊、盖面焊	90～100	10～12	6～8	2.5	2.5	8	≤10

(4) 操作要点及注意事项

1）打底焊

① 引弧　将定位焊缝置于 0 点（时钟位置）处引弧，管子不转动也不加丝，待管子坡口熔化并形成明亮的熔池和熔孔后，开始转动管子并加丝。

② 焊接　焊接过程中，焊枪及焊丝的角度如图 3-41 所示，电弧始终保持在时钟 0 点位置，并对准间隙，可稍做横向摆动，应保证管子的转速与焊接速度一致。焊丝的填充可用间断式或连续式，焊丝送进要有规律，不能时快时慢，以使焊缝成形美观。焊接过程中，焊件与焊丝、喷嘴的位置要保持一定距离，避免焊丝扰乱气流及触到钨极。焊丝末端不得脱离氩气保护区，以免被氧化。

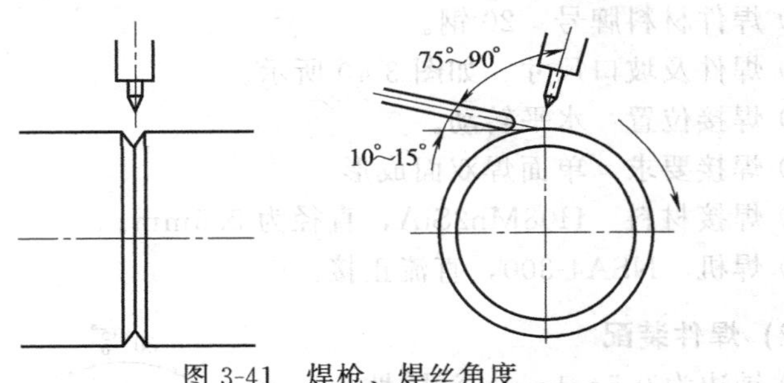

图 3-41　焊枪、焊丝角度

③ 接头　当焊至定位焊缝处，应暂停焊接并收弧。将定位焊缝磨掉，同时将收弧处焊缝磨成斜坡，清理干净后，管子暂停转动和加焊丝，在磨出的斜坡上引弧，待焊缝开始熔化时，加丝接头，焊枪回到时钟 12 点位置，管子继续转动，至焊完打底焊缝为止。若定位焊缝无缺陷，则可直接与之相连不必磨掉。

④ 打底焊道封闭　先停止送丝和转动，待原来的焊缝头部开始熔化时，再加丝接头，填满弧坑后断弧。

2）盖面焊　除焊枪横向摆动幅度稍大外，其余操作要求同打底焊。

3.2.14 薄板对接脉冲钨冲钨极氩弧焊

① 焊前准备　所焊薄板为长约 7m、宽约 0.3m、厚度为 2.2mm

的钢带，母材含碳 0.03%～0.06%，含锰 0.25%～0.40%，含磷≤0.015%，含硫≤0.025%，含钛 0.3%～0.5%。

焊前将待焊处用汽油或丙酮清洗除油污。为保证焊缝两端的质量和成形规整，设有引弧板和熄弧板。

② 焊接夹具 采用不填丝的自动脉冲氩弧焊方法，薄板对接焊接夹具如图 3-42 所示，使用紫铜散热板以利于热影响区散热。一般上散热板厚 6mm，下散热板厚 20mm，并开有深 4mm、宽 3mm 的方槽。

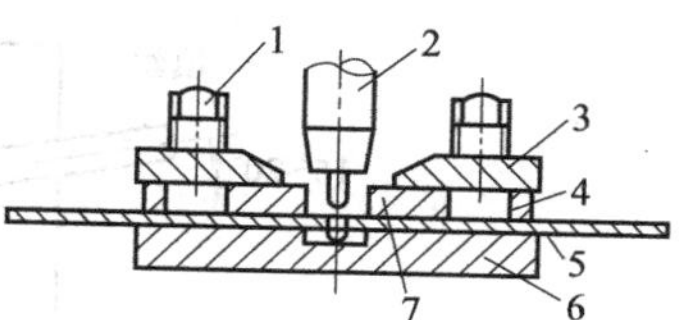

图 3-42 薄板对接焊接夹具
1—压紧螺钉；2—焊枪；3—压板；4—垫块；5—钢带；6—下散热板；7—上散热板

③ 焊接参数及工艺措施 薄板对接焊接夹具如图 3-42 所示，按图装卡钢带，间隙≤0.02mm。两块上散热板间距为 3mm，螺钉压紧力调整均匀一致。下散热板的方槽内通氩气，以保护背面。钨极尖端锥度约 20°，距工件 0.5mm。

焊接参数：脉冲电流为 60A，焊接速度为 320mm/min，维弧电流为 8A，焊炬气流量为 13L/min，电弧电压为 25～30V，背面气流量为 5L/min。

合理的焊接参数保证了焊缝成形的均一性，并使得焊缝较窄。焊缝表面凹凸程度以不超过 0.1mm 为宜。由于采用了散热板，增大了接头的温度梯度，控制了过热组织，因此接头性能有较大提高，达到和超过了设计要求。

3.2.15 铝合金板对接钨极氩弧焊平焊

母材为 A5083P-0，板厚 3.00mm；焊丝为 A5183-BY，直径为 3.2mm，钨极直径为 2.4mm。对接焊要注意焊缝正、反面成形特点。对 3mm 厚的板，根部间隙可为 0，焊接电流为 90～120A，焊接坡口两侧 20mm 宽的区域内要清理干净。

① 焊炬和填丝角度 铝合金板对接钨极氩弧焊焊炬和填丝角度如图 3-43 所示。焊炬与焊缝成 70°～80°，与母材保持 90°角。焊丝与板面成 15°～20°。铝合金板对接钨极氩弧焊填丝方法如图 3-44 所示。焊丝对准熔池的前端，有节奏地、适量地熔入，保持焊缝波

形的均一性。

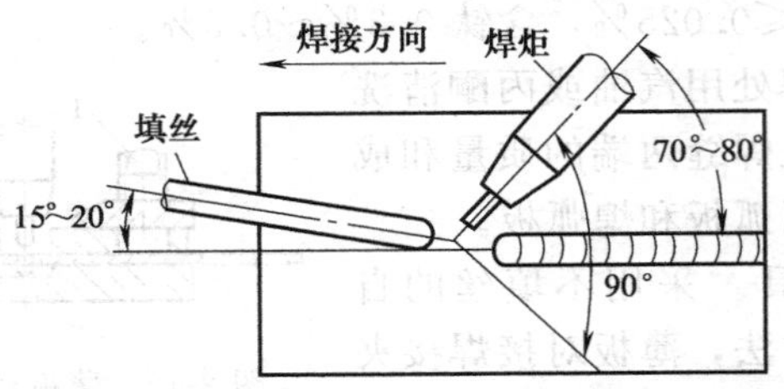

图 3-43 铝合金板对接钨极氩弧焊焊炬和填丝角度

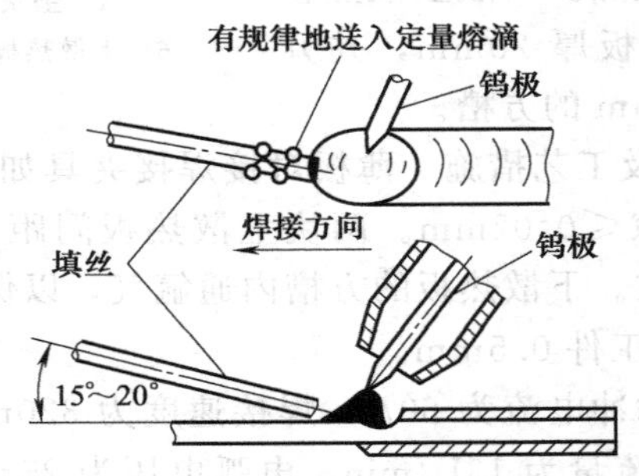

图 3-44 铝合金板对接钨极氩弧焊填丝方法

② 火口的填充方法　火口的填充方法有连续填充法和断续填充法两种。铝合金板对接钨极氩弧焊火口的连续填充法如图 3-45 所示，即在距焊缝终端 5mm 之前的位置，钨极瞬间停止移动，使焊丝较多地送入，填满火口，可以使火口处的焊缝宽度与高度同其他地方基本相当。铝合金板对接钨极氩弧焊火口的断续填充法如图 3-46 所示。断续填充火口要注意防止熔合不良，即要确认前一层熔化后，方可使熔滴滴入。该方法是在焊接停止区域熔化后，将焊丝送入并立即断弧。此时焊枪仍在原位置，以便保护火口面，过 0.5～2s，待火口熔化金属凝固后，再于该处引弧并送入焊丝再断弧。这样反复操作 1～3 次，使火口逐渐减少，并得到满意的余高。

③ 操作要点　钨极氩弧焊引弧操作方法与熔化极焊接时基本相同，即按上述焊炬角度，在距焊缝始端 10～15mm 处引弧（通过高频电或高压脉冲），然后迅速返回始端，母材熔化即开始正常焊接。

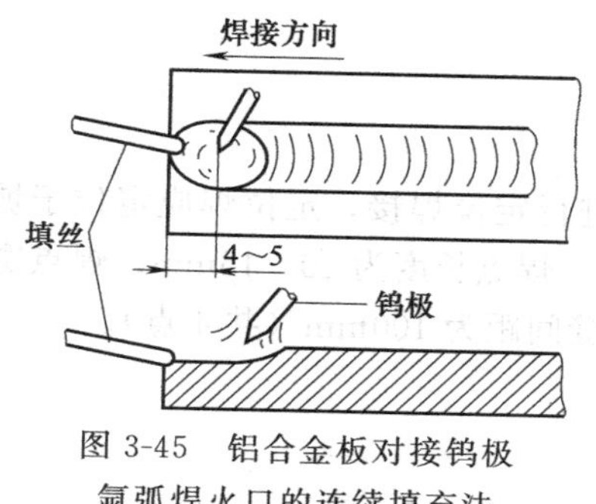

图 3-45 铝合金板对接钨极氩弧焊火口的连续填充法

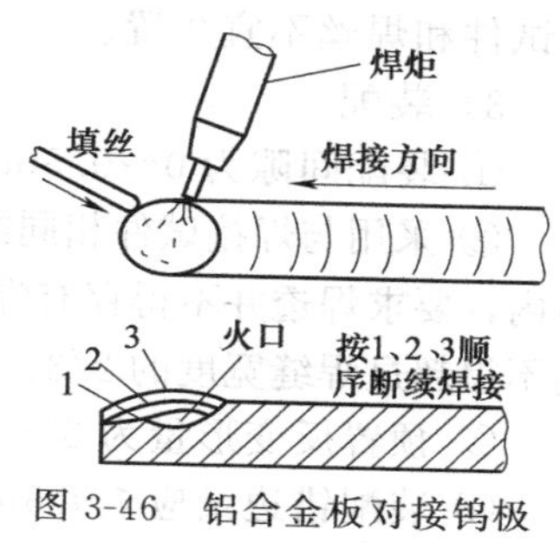

图 3-46 铝合金板对接钨极氩弧焊火口的断续填充法

3.2.16 铝板V形对接、平焊位、单面焊双面成形

(1) 试件尺寸及要求

① 试件材料牌号 ASTM 1035。

② 试件及坡口尺寸 见图 3-47。

③ 焊接位置及要求 平焊位，单面焊双面成形。

④ 焊接材料 HS301，焊丝直径为 4mm。

⑤ 焊机 NSA-500。

(2) 试件装配

1）钝边 为 1～2.5mm。

2）除垢 试件的清理通常有以下两种方法：

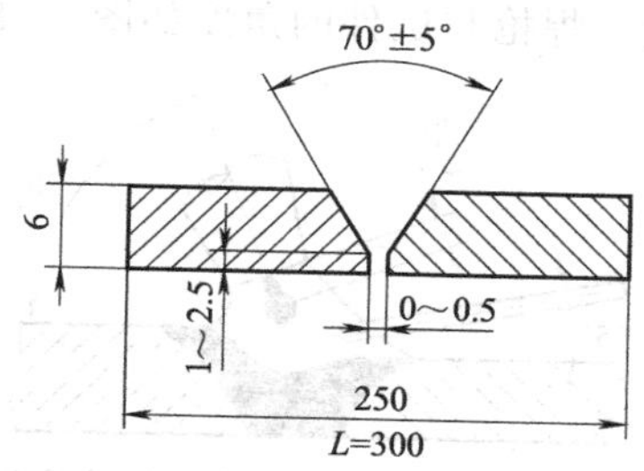

图 3-47 试件及坡口尺寸

① 机械方法 采用刮刀将坡口面及其正反两侧 20mm 范围内的氧化层刮除，并再用丙酮清洗该区。清除氧化膜的试件应立即焊接，放置不宜太久。焊丝的清理可用砂布仔细打光后，再用丙酮清洗即可，同样应随用随清理，放置不得过久。

② 化学方法 对于试件可用质量分数为 10%～15%的 NaOH 溶液在 40～60℃条件下清洗 10～15min，或用质量分数为 4%～5%的 NaOH 溶液在 60～70℃条件下清洗 1～2min，再用质量分数为 30%的 HNO_3 溶液在室温条件下中和处理 1～2min，置于 100～150℃条件下烘干 30min。这种处理同样适用于焊丝的清理。同样要求清洗后

的试件和焊丝不宜久置。

3）装配

① 装配间隙为 0～0.5mm。

② 采用与焊接试件相同的焊丝进行定位焊接，定位焊应定位于坡口内，要求焊透并不得存有焊接缺陷，焊点长度为 10～15mm，焊点宽度不得超过焊缝宽度的 2/3，定位焊缝间距为 100mm（共 4 点）。

③ 预置反变形量为 5°～6°。

④ 装配错边量应≤0.5mm。

(3) 焊接参数

焊接参数见表 3-20。

表 3-20　焊接参数

焊接层数	焊丝直径 /mm	钨极直径 /mm	焊接电流 /A	氩气流量 /(L/min)	喷嘴直径 /mm	钨极伸出长度/mm
1～2	4	3.5	240～280	16～20	14～16	3～5

(4) 操作要点及注意事项

试件可采用一次焊成也可分两层进行，焊接时采用左向焊法，焊丝、焊枪与试件的角度如图 3-48 所示。

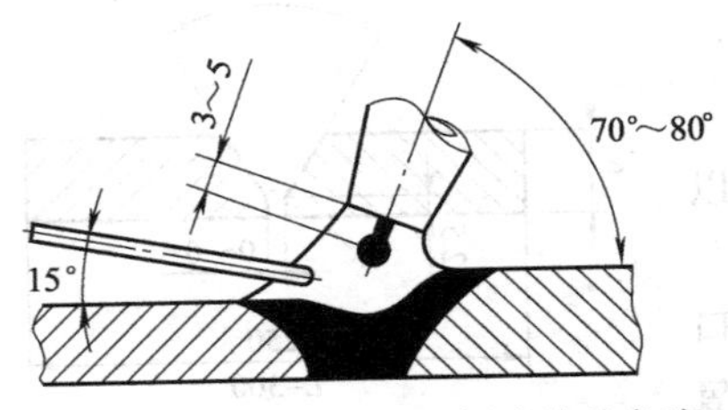

图 3-48　焊丝、焊枪与试件的角度

焊接前首先把钨极头熔成球形，整个焊接过程始终保证试件的清洁度，防止钨极接触焊接熔池造成污染。

起焊时弧长保持 4～7mm，使坡口能得到充分预热，电弧在起焊处停留片刻后，应用焊丝试探坡口根部，当感觉该处已有变软欲熔化时，即可填丝焊接，同时应使第一个熔池焊点稍有下沉。焊接时采用多进少退往复运动，每次前进 2/3 个熔池长度，后退 1/3 个熔池长度，使得每个熔池重叠 1/3。前进时压低电弧，弧长为 2～3mm 以加热坡口根部为主，焊枪后退时提高电弧，弧长达 6～7mm，此时填加焊丝，使熔滴落入坡口根部与前一熔池相接处。往复式运动能防止熔池过热，焊丝间断地熔化，坡口根部继续地形成熔池，既能防止焊漏，又能双面成形。

每当焊至与定位焊缝相接处，应适当提高焊枪，拉长电弧，加快焊速，并使焊枪垂直工件，对坡口根部及定位焊缝加热，以保证与定位焊缝的接头熔合良好。由于铝质焊件导热性好，往往焊至收尾处感觉焊件温度已提高很多，这时就应该适当加快焊接速度，收弧时多送几滴熔滴填满弧坑，防止产生弧坑裂纹。焊接中，要求焊丝熔化端始终保持在氩气保护的气氛中。

当采用分两层进行的方法焊接时，操作方法相同，焊枪不做横向摆动，以防产生气孔和裂纹。

3.2.17　典型纯铜零件 TIG 焊操作要点

（1）纯铜薄板的焊接操作

为提高焊接接头的质量，焊前可在焊件坡口面上涂一层铜焊熔剂。但在引弧处的 10～15mm 范围内不涂熔剂，以防在引弧时将焊件烧穿。

装配时，应将薄板放在专用夹具上进行对接拼焊，并在夹具上施焊，这样焊件可在刚性固定下焊接，以减小变形。焊件背面由在石棉底下铺设的埋弧焊剂（HJ431）衬垫来控制成形。厚度为 2mm 的薄板所用的焊接参数为：钨极直径为 3mm、焊丝直径为 3mm、焊接电流为 150～220A、电弧电压为 18～20V、焊接速度为 12～18m/h、氩气流量为 10～12L/min。操作时应适当提高焊接速度，有利于防止产生气孔。

（2）纯铜管的焊接操作

纯铜管的焊接分纵缝和环缝两部分。

① 纵缝焊接操作　管壁厚为 10mm 的纯铜管纵缝焊接时，开 70° Y 形坡口，钝边小于 1.5mm，间隙为 1～2m，坡口两侧的错边量小于 1.5mm。为获得良好的焊缝背面成形，管内可衬一条石墨衬垫，其断面尺寸为 70mm×70mm，成形槽尺寸为宽 8mm、深 1.5mm。

填充焊丝牌号为 HS201，直径为 4.0mm。焊丝及纯铜管先在烧碱溶液及硫酸溶液中清洗，然后将焊丝放入 150～200℃ 的烘箱内烘干。焊前将管子放在箱式电炉内加热至 600～700℃，进行预热。出炉后置于焦炭炉上进行焊接，使层间温度保持为 600～700℃。

为使底层焊道充分焊透，并有良好的背面成形，操作时将铜管倾斜150°左右，进行上坡焊。焊接参数为：钨极直径为5mm，焊接电流为300～350A，氩气流量为25L/min，共焊三层。焊后立即将纯铜管垂直吊入水槽内冷却，以提高接头的韧性。

② 环缝焊接操作　坡口形式、尺寸、焊接参数等与纵缝焊接相同。

预热方法是用两把特大号的氧-乙炔焊炬，在管子接头两侧各500mm范围内进行局部加热，加热温度为600℃。

操作时，接头内侧应衬以厚度为50mm的环形石墨衬垫，衬垫必须紧贴纯铜管内壁。

为了防止底层焊接时产生纵向裂纹，管子周向不安装夹具，也不采用定位焊缝定位，使管子处于自由状态下进行焊接。钨极指向为逆管子旋转方向，与管子中心线呈25°倾角。为充分填满弧坑，收弧处应超越引弧点30mm。焊后立即在管子内、外侧用流动水冷却。

纯铜管的纵、环缝也可采用无衬垫焊接。此时应时刻注意防止根部出现焊瘤，所以操作时要随时掌握好熔化、焊透的时机。当发现熔池金属有下沉低于母材平面的趋势时，说明已经焊透，此时应立即给送焊丝并向前移动焊枪，施焊过程中应始终保持这种状态，便能得到成形良好的焊缝，见图3-49。如果焊接速度稍慢或不均匀，就会出现未焊透现象，根部出现焊瘤或烧穿等缺陷，见图3-50。

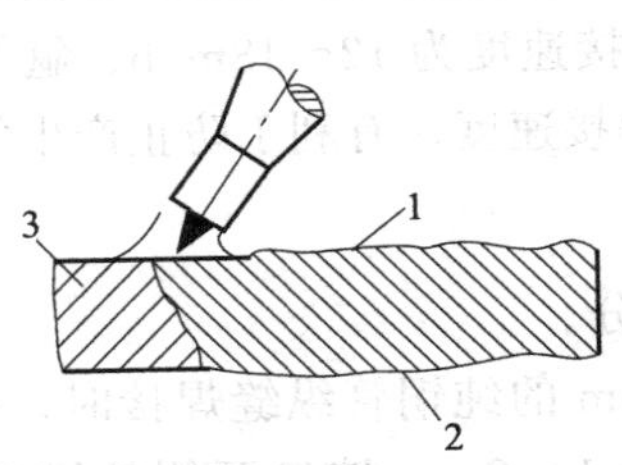

图3-49　施焊的正确状态

1—焊缝余高；2—焊缝根部成形；3—母材

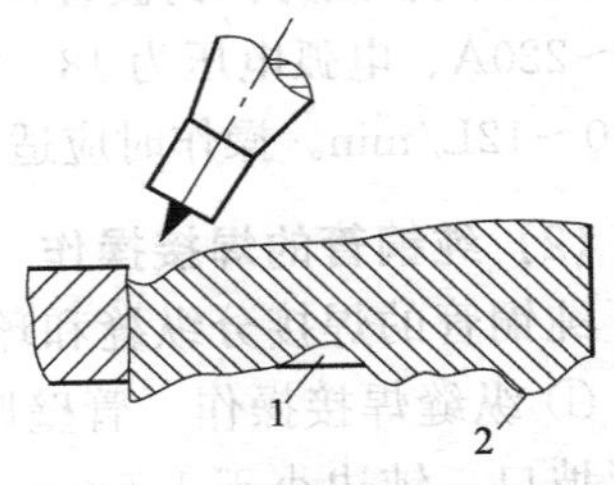

图3-50　焊接速度稍慢或不均匀出现的缺陷

1—未焊透；2—根部焊瘤

3.2.18　2A12铝合金冷凝器TIG焊操作要点

(1) 焊接要求

容器主要由直筒、封帽、隔板、法兰板和78根冷却管组成。材质为均匀 2A12 铝合金。容器尺寸结构如图 3-51 所示。

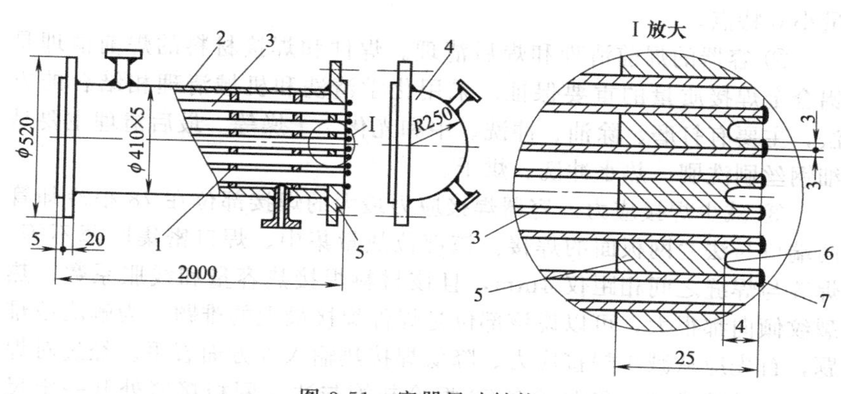

图 3-51　容器尺寸结构

1—隔板（5 块）；2—直筒；3—ϕ25mm×3mm 冷却管（78 根）；4—封帽；5—网板法兰；6—R1.5mm 应力槽；7—管与法兰卷边接头

① 焊接接头形式　筒体采用 60° V 形坡口对接接头，筒体、封帽与法兰网板采用 55°单 V 形 T 形接头，冷却管与法兰网板采用卷边接头。

② 容器检验要求　容器除焊后保证尺寸外，焊缝表面不允许有裂纹、气孔、未熔合、弧坑、咬边等缺陷，容器致密性检验采用水压试验，压力要求为 0.5MPa，保压 5min，不降压为合格。

(2) 焊接性分析

2A12 属于热处理强化铝合金，虽然具有密度小、质量轻、抗腐蚀、导电导热性好，有一定的强度等特点，但是，该材料的焊接性很差。其主要表现在焊接时易出现热裂纹，广义上说，在焊接结构中一般很少应用。因为产品设计的需要，才选用该材料做焊接结构。另外，该材料焊接时还存在易氧化、导电性高、热容量和线胀系数大、熔点低以及高温强度小、容易产生氢气孔的变形等特性。

(3) 焊接工艺

针对 2A12 铝合金材料焊接性差的分析，在焊接工艺上采取的措施有以下几点：

① 采用手工 TIG 焊。钨极氩弧焊具有焊缝质量高、电弧热量集

中、气体保护效果好、焊缝美观、热影响区小、操作灵活、焊件变形量小等特点。

② 容器的焊前清理和焊后清理。焊件和焊接材料的焊前清理是铝合金焊接质量的重要保证。采用化学清洗和机械清理相结合的方法，主要有打磨、除油、冲洗、中和光化、干燥等。最后清理主要是细钢丝刷洗刷、热水冲洗、烘干。

③ 减少焊接应力。容器焊接应力最大的焊接部位在78根冷却管两端口与法兰网板面的焊接。该部位热量集中、焊口密集厚薄不等、焊缝与焊缝之间相距仅4mm，且该材料焊接热容量和线胀系数、热裂纹倾向都很大，可以说该部位是焊件焊接最大的难题。为解决该难题，首先应从减少焊接应力、降低焊接热输入等方面着手。经过对焊接性的试验摸索，采取了在78根冷却管与法兰网板接缝处开一定尺寸的环形应力槽的方法，如图3-51中的Ⅰ处放大所示。开这环形应力槽的主要目的是减少焊接之间的相互应力，解决接缝的厚薄不均，减少焊接应力和变形，同时可适当降低焊接热输入及材料的热膨胀系数，最终达到防止产生热裂纹的效果。

(4) 焊接参数

手工TIG焊的焊接设备采用美国米勒公司生产的"SYNGRO-WAV. E300 (S)" AC/DC两用氩弧焊机。冷凝器各接头焊接选用的焊丝牌号为HS311。冷凝器手工TIG焊焊接参数见表3-21。

表3-21 冷凝器手工TIG焊焊接参数

焊缝接头形式	焊丝直径/mm	钨极直径/mm	焊嘴直径/mm	电流种类	氩气流量/(L/min)	焊接电流/A	焊接速度/(cm/min)	衰减时间/s	滞后断气/s
V形对接接头	3	3.5	12	AC	8	170	7	5	20
单V形T形接头	4	3.5	14	AC	10	280	4	10	30
卷边接头	2	2.5	10	AC	8	130	10	5	15

(5) 操作要点及注意事项

以法兰网板卷边接头为例。

① 预热。法兰网板由于厚度大，在施焊前必须进行预热，预热温度在150℃左右。

② 钨极。钨极磨成锥面形后，用大于焊接电流1/3的电流把钨极端熔化成小球形，钨极端升出焊嘴口7mm为宜，焊接时始终保持钨极端清洁无氧化。

③ 引弧。调整所需焊接参数，打出焊炬手控开关2s小电弧高频起弧，对中焊点位置1s后自动升到焊接所需电流，开始正常的焊接。在引弧中注意钨极不允许接触焊缝区，以免产生夹钨和使焊接面受污染。

④ 焊接。采用左焊法和等速的送丝技术，利用支点支靠保持电弧长度的稳定性，提高气体保护效果即控制焊炬角度，焊接顺序按中间向外扩展原则交叉分区进行焊接。

⑤ 收弧。关闭焊炬手控开关，焊接电流按预先调节顺序自动进行衰减降至零位，保护气体在规定时间内滞后断气。衰减时注意焊缝收弧处填满弧坑，并使焊缝在保护气氛中保护一定时间，以防止空气侵入熔池。

⑥目视检查。焊接完毕要严格进行目视检查，对缺陷等应及时进行补焊返修，保证焊接质量。

3.2.19 异种钢的板-板对接、横焊位、单面焊双面成形

(1) 试件尺寸及要求

① 试件材料牌号　Q235＋07Cr19Ni11Ti。

② 试件及坡口尺寸　见图3-52。

③ 焊接位置及要求　横焊位，单面焊双面成形。

④ 焊接材料　HCr25Ni20，焊丝直径为2.4mm。

⑤ 焊机　NSA4-300。

(2) 试件装配

1）钝边　为0～0.5mm。

2）除垢　清除坡口及其正反两侧20mm范围内的油、锈及其他污物，至露出金属光泽，并再用丙酮清洗该区。

3）装配

① 始端装配间为2mm，终端为3mm。

② 采用HCr25Ni20、ϕ2.4mm焊丝进行定位焊，并定位于试件正面坡口内两端，焊

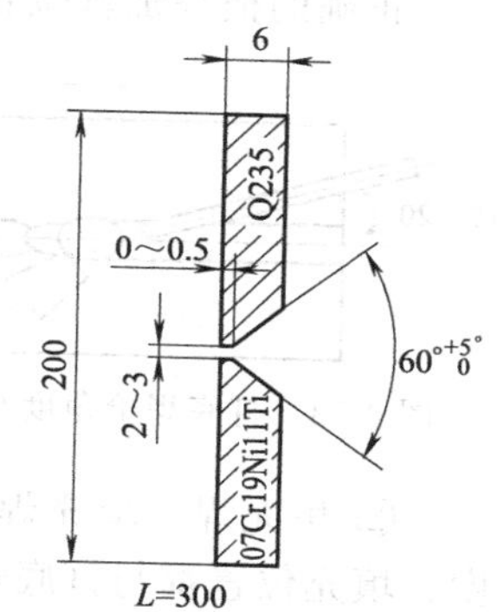

图3-52　试件及坡口尺寸

点长度为 10～15mm。并将试件垂直固定于试件固定架，焊缝坡口呈水平，小间隙端置于右侧。

③ 预置反变形量为 6°～8°

④ 错边量应≤0.5mm。

(3) 焊接参数

焊接参数见表 3-22。

表 3-22 焊接参数

焊接层次	焊接电流/A	电弧电压/V	氩气流量/(L/min)	钨极直径/mm	焊丝直径/mm	喷嘴直径/mm	钨极伸出长度/mm	喷嘴至工件距离/mm
打底焊(1)	90～100	12～16	7～9	2.5	2.4	10	4～8	≤12
填充焊(2)	100～110							
盖面焊(3)	100～110							

(4) 操作要点及注意事项

横焊时要避免上部咬边、下部焊道凸出下坠，电弧热量要偏向坡口下部，防止上部坡口过热，母材熔化过多。

采用三层四道焊接。

① 打底焊　应保证焊透，坡口两侧熔合良好。焊枪角度与焊丝位置如图 3-53 所示。

在试件右端引弧，先不加焊丝，焊枪在右端定位焊缝处稍停留，待形成熔池和熔孔后，再填丝并向左焊接。焊枪做小幅度锯齿形摆动，在坡口两侧稍做停留。

正确的横焊加丝位置如图 3-54 所示。

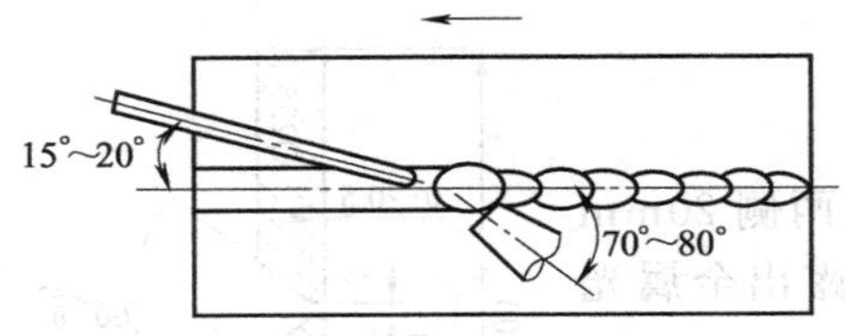

图 3-53　打底焊枪角度与焊丝位置

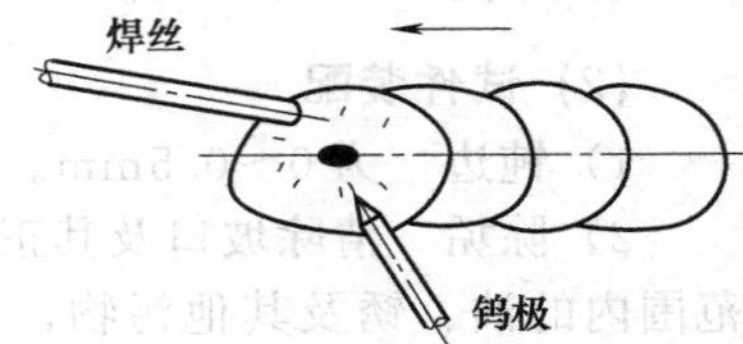

图 3-54　横焊填丝位置

② 填充焊　填充焊除焊枪摆动幅度稍大外，焊接顺序、焊枪角度、填充位置都与打底焊相同。

③ 盖面焊　盖面焊道有两条，焊枪角度如图 3-55 所示。

先焊下面焊道，后焊上面焊道。焊下面盖面焊道时，电弧以填充焊道的下沿为中心摆动。使熔池的上沿在填充焊道的1/2～2/3处，熔池的下沿超过坡口下棱边0.5～1.5mm。

焊上面的焊道时，电弧以填充焊道上沿为中心摆动，使熔池的上沿超过坡口棱边0.5～15mm，熔池的下沿与下面的盖面焊道均匀过渡，保证盖面焊道表面平整。

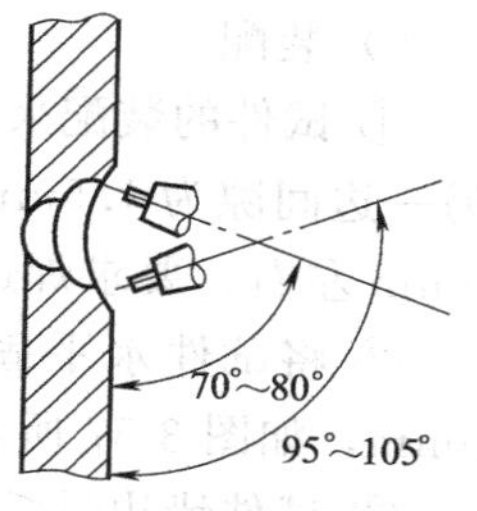

图 3-55　盖面焊枪角度

3.2.20　异种钢的管对接、水平固定加障碍物焊、单面焊双面成形

(1) 试件尺寸及要求

① 试件材料　20+07Cr19Ni11Ti。

② 试件及坡口尺寸　见图 3-56。

③ 焊接位置及要求　水平固定加障碍物见图 3-57，单面焊双面成形。

④ 焊接材料　HCr25Ni20，焊丝直径为 2mm。

⑤ 焊机　NSA4-300。

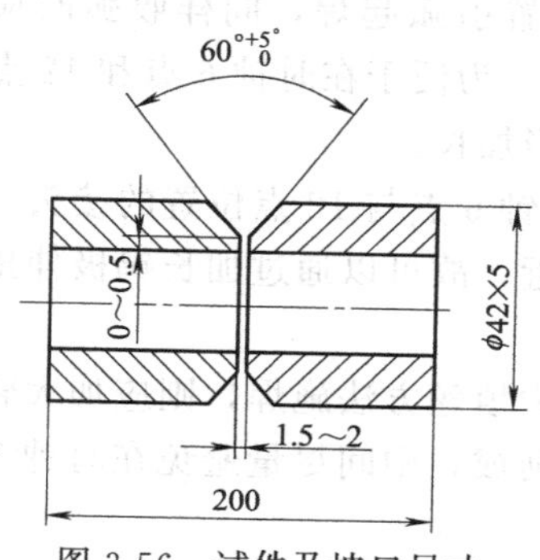

图 3-56　试件及坡口尺寸

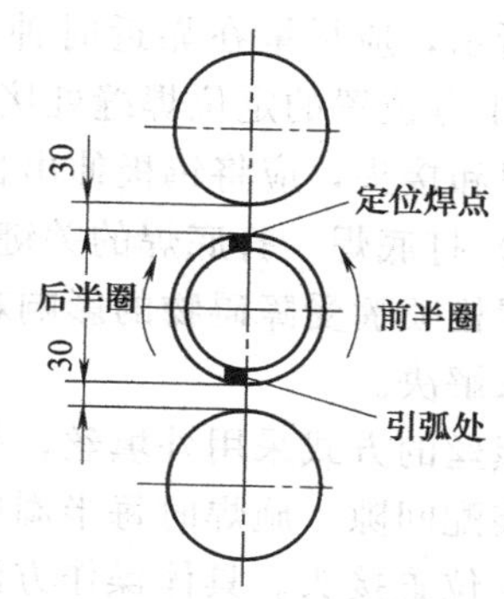

图 3-57　水平固定加障碍物

(2) 试件装配

1) 钝边　为 0～0.5mm。

2) 除垢　清除坡口及其两侧内外表面 20mm 范围内的油、锈及其他污物，至露出金属光泽，并再用丙酮清洗该区。

3）装配

① 试件的装配采用一点定位焊固定，且定位焊处的间隙为2mm（另一边间隙为1.5mm）。所用焊接材料同试件的焊接。焊点长度在10mm左右，要求焊透，并不得有焊接缺陷。

② 将试件水平固定于焊接架上，外壁距两边障碍物间距各为30mm，如图3-57所示。

③ 试件错边量≤0.5mm。

(3) 焊接参数

焊接参数见表3-23。

表 3-23 焊接参数

焊接层次	焊接电流/A	电弧电压/V	氩气流量/(L/min)	钨极直径/mm	焊丝直径/mm	喷嘴直径/mm	喷嘴至工件距离/mm
打底焊	90～100	10～12	6～10	2.5	2	8	≤10
盖面焊							

(4) 操作要点及注意事项

采用两层两道焊，每层分两个半圈施焊，前半圈起焊位置如图3-57所示，应尽量在靠近时钟7点位置引弧起焊，同样收弧时应在时钟11点位置的定位焊缝处接头收弧。为便于在时钟6点和12点位置起焊和接头，应将钨极伸出长度适当加长。

1）打底焊　打底焊的关键在于时钟6点与12点位置的接头，因此处焊枪喷嘴受障碍物的影响难以靠近，故可以通过加长钨极伸出的距离来解决。

填丝的方式采用外填丝，如采用内填丝方法施焊，则应加大管对接的装配间隙。施焊时每半圈应一气呵成，中间尽量避免在时钟3点和9点位置接头。具体操作方法如下。

① 在时钟7～6点位置处引弧，并对坡口根部两侧加热，待钝边熔化形成熔池后，即可填丝焊接。施焊过程中，电弧应交替加热坡口根部和焊丝，并使坡口两侧均匀熔透。

在与定位焊缝接头并收弧时，应连送几滴填充金属，并将电弧移至坡口一侧衰减收弧。

② 后半圈的焊接较前半圈易操作，仰焊与平焊位的接头都在后半圈内。

一般打底焊缝的厚度在3mm左右。

2）盖面焊　清除打底焊道氧化物，修整局部上凸处，盖面层焊接也分前、后两半圈进行。操作方法如下。

焊枪应尽量靠近障碍物，在时钟6点左右处起焊，焊枪可做月牙形或锯齿形摆动，摆动幅度稍大，待坡口边缘及打底焊表面熔化，并形成熔池后可加入填充焊丝，在仰焊部位每次填充的铁液应少些，以免熔敷金属下坠。

焊枪摆动到坡口边缘时，应稍做停顿，以保证熔合良好，防止咬边。在立焊部位，应加快焊枪摆动频率；在平焊位置，应适当多加填充金属，以防熔化铁液下淌和使焊缝饱满。

后半圈的焊接方法与前半圈相同，当盖面焊缝最后接头封闭时，应尽量继续向前施焊，并逐渐减少焊丝填充量，衰减电流熄弧。

3.2.21　中碳钢厚壁高压管道TIG焊操作要点

材质为45钢、规格为325mm×45mm、工作压力为25×10^6Pa、试验压力为$31\times10^6\sim35\times10^6$Pa的高压水除磷管道焊接，主要的焊接难度是碳当量高、管壁厚、管径大、焊接应力大、焊后极易出现根部裂纹，而且施工现场狭窄，管距离地面和墙仅350mm左右，所有的近百个接头均为管水平固定焊。

(1) 焊前准备

① 坡口制备。采用机械加工，禁止火焰切割，坡口形式及尺寸如图3-58所示。

② 坡口清理。将坡口内外50mm处用角向磨光机去除锈、污物等，并使之露出金属光泽，然后用丙酮清洗。

③ 管子组对点固。将管子用4块连接板相距90°均匀分布定位焊（焊接连接板）。

④ 管子对口间隙如图3-58所示，需焊15层，每个焊层一条焊道。

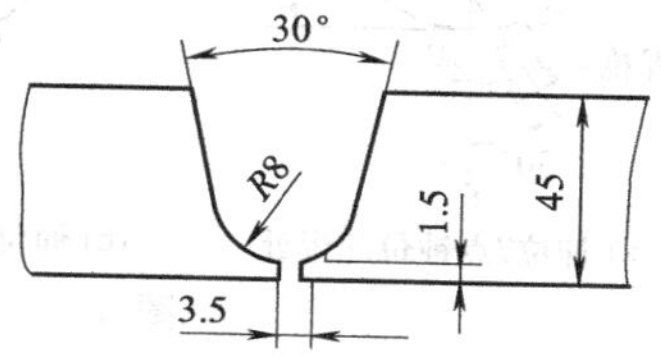

图3-58　坡口形式及尺寸

(2) 焊接工艺

1）焊接参数

① 第 1 层采用 TIG 焊，焊丝 H08Mn2SiA，ϕ2mm，钨极 ϕ2.5mm，焊接电流为 55～65A，电弧电压为 11～12V，喷嘴长度为 60mm，钨极伸出长度为 6mm，直流正接，预热温度为 200℃。

② 第 2～5 层采用焊条电弧焊，焊条 E5015，ϕ3.2mm，焊接电流为 115～130A，电弧电压为 20～22V，预热温度为 200℃，层间控制温度为 150℃。

③ 第 6～15 层采用焊条电弧焊，焊条 E5015，ϕ4mm，焊接电流为 145～165A，电弧电压为 22～24V，预热温度为 200℃，层间控制温度为 100℃。

2）焊前预热　采用两把 H01-20 焊炬同时用对称火焰进行预热，预热路线为 W 形，采用测温笔进行温度测定，预热时间大致为20～25min。

3）气体保护　采用 Ar 气纯度（体积分数）在 99.98％以上，单面保护（管内部不充氩）。

4）TIG 焊接工艺（焊第 1 层打底焊）

① 引弧。在仰位过 6 点 10mm 处进行，钨极在坡口内高频起弧，引燃电弧后，电弧始终保持在间隙中心。

② 焊接。电弧在图 3-59（a）所示位置引燃后起焊，逐渐角度变化至图 3-59（b）和图 3-59（c）所示位置。采用双人对称同时焊接。

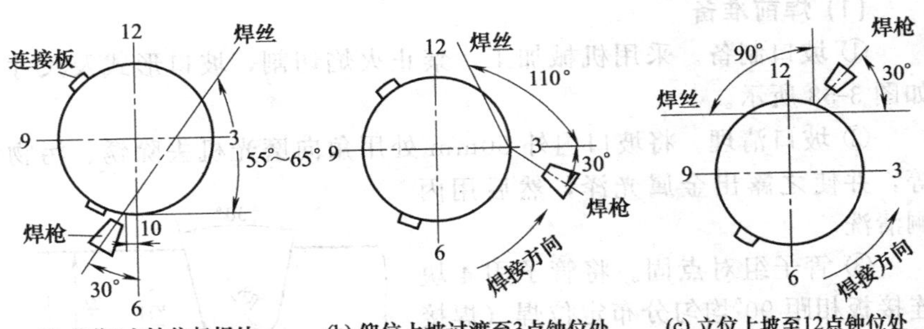

(a) 仰位7点钟位起焊处　(b) 仰位上坡过渡至3点钟位处　(c) 立位上坡至12点钟位处

图 3-59　焊枪与焊丝变化角度

③ 送丝。采用内部送丝法即焊丝在管子内部递送，焊枪在管外。

其优点是焊缝凹陷少、容易焊透，单面焊双面成形良好。右手握焊枪稍作人字形摆动，注意左手握住的焊丝在运行中不要碰到钨极。焊丝滴送时要观察熔孔大小，熔孔太大则焊速太慢，内部焊缝成形过高；熔孔太小则焊速太快，内部焊缝成形过低。要始终保持熔孔大小基本一致。

④ 收弧。动作不应太快，焊枪从内部坡口处慢慢往外拉出，熄弧。

⑤ 接头。用角向磨光机将焊缝接头处磨成斜坡，再在未焊坡口前 10mm 处引弧，直到把原焊缝 3～5mm 处熔化又形成新的熔孔，焊丝方可继续输送直到整个打底层焊完。

5）焊条电弧焊工艺　焊填充层和盖面层第 2～15 层。

第 1 层焊完应立即进行第 2 层焊接，如不能连续焊接时要对第 1 层进行加固焊接，以防应力太大引起开裂。加固焊沿管圆周均匀分布 3 处，每处焊缝长度不得少于 200mm，然后用石棉布包住缓慢冷却。

对于其他各层，仰焊时可将焊条弯曲成 40°～50°。各层之间均应清渣，待层间温度达到要求后方可焊接。整个接头焊完后要用石棉布包扎住，使其缓慢冷却下来。

(3) 焊后热处理

每个接头焊缝采用长度为 18～20m 的绳形加热器围绕接头焊缝，用硅酸铝棉层保温，保温层厚度为 50mm，控温仪为 DJK-30B 数字显示自动控温仪。

热处理升温速度为 240℃/h，升到 680℃保温 220min；降温速度为 180℃/h，降到 300℃后空冷。

(4) 焊缝检查要求

焊缝根部要求无裂纹。管路分段试压要求达到 31×10^{6} Pa 焊缝无渗漏。焊缝 X 射线 20%抽查检测，标准按 GB/T 3323—2005 Ⅱ级焊缝要求。

3.2.22　海底充油电缆软接头 TIG 焊操作要点

随着电力工业的发展，电缆生产急需开发新产品，特别是在电缆的截面、功率、长度等方面，都提出了更新更高的要求，110kV 海底充油电缆就是其中之一。由于受到电缆制造设备的限制，其长度远远不能满足需要，因此必须采用焊接的方法进行连接，以达到电缆长度的要求。

电缆连接一般都采用氧-乙炔火焰银钎焊的焊接方法，主要优点是连接方法简单，技术易掌握。但是，这种氧-乙炔火焰银钎焊的电缆接头抗拉强度比较低，接头是硬接头状态，不易弯曲，尤其电缆接头氧化程度很高，所以，不适用于大截面、大功率的情况，特别是海底充油电缆高标准高清洁度要求的电缆接头的连接。根据110kV海底充油电缆软接头的连接要求，对TIG焊接电缆软接头的焊接性进行探索研究以及经过一系列焊接性试验，认为采用该种焊接方法及一定的焊接工艺措施，可以满足110kV海底充油电缆软接头的技术要求。

(1) 试验条件

1）试验材料及规格

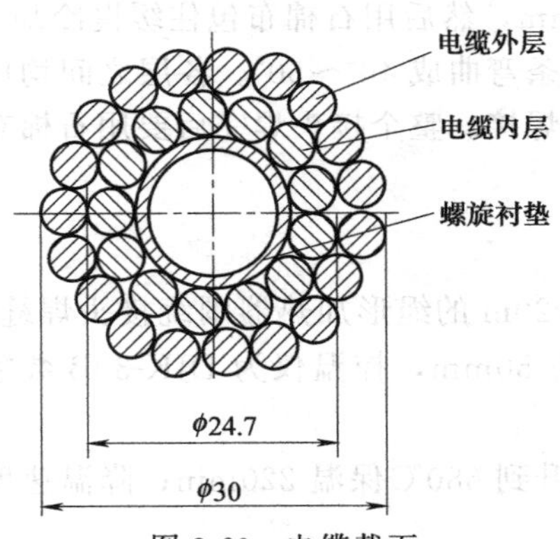

图 3-60 电缆截面

① 截面积为40mm^{2}的TU1无氧铜光电缆，外层由单股直径2.68mm、31股组成，内层由单股直径2.68mm、25股组成。电缆内孔有厚1mm、长8mm的螺旋衬垫。电缆截面如图3-60所示。

② 焊丝：TU1无氧铜，ϕ1.2mm。氩气纯度：99.99%。钨极：WCe-20，ϕ1.6mm。清洗冷却剂：汽油、丙酮。

2）电缆接头要求 电缆软接头要求以单股为单位连接，各焊点要求截面相等，接头焊后无氧化现象，单股电缆焊接接头抗拉强度大于原单股电缆基体抗拉强度的80%。

3）焊接设备 采用日本日立公司逆变钨极惰性气体保护焊DT-NPS-150型焊机，具有脉冲起弧、起始电流时间、起弧氩气超前时间、衰减电流时

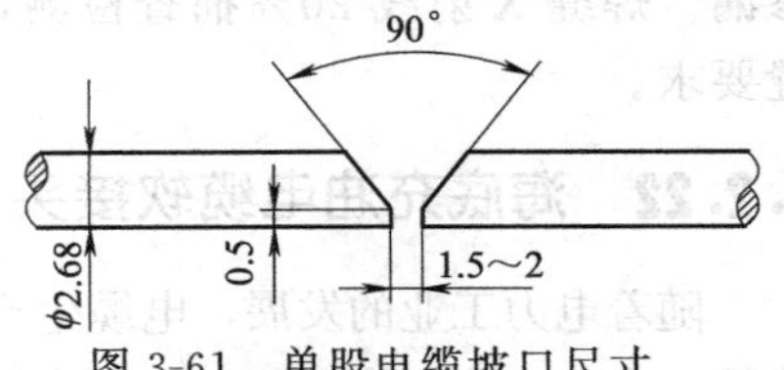

图 3-61 单股电缆坡口尺寸

间、熄弧氩气滞后时间等功效，可进行中频、低频脉冲焊接选择。气路系统由气瓶、减压阀、流量计等组成。

4）焊接参数和电缆接头坡口尺寸 电缆软接头的焊接为手工单股全位置焊接。内、外层电缆焊接参数见表3-24，单股电缆接头坡口尺寸如图3-61所示。

表3-24 内、外层电缆焊接参数

层次	氩气流量/(L/min)	焊接电流/A	电弧电压/V	焊接速度/(cm/min)	充氩流量/(L/min)	钨极直径/mm	焊嘴直径/mm
内层	9	110～120	19～20	6～7	14	1.6	10
外层	8	80～90	18～19	5～6	—	1.6	10

(2) 试验结果

① 焊缝外观成形和质量 按表3-24所示内、外层焊接参数焊接的电缆试样，外观检查均无咬边、气孔和裂纹，反面焊透成形良好，焊点均匀，焊缝区域无氧化现象。

② 焊接接头抗拉强度及弯曲试验 电缆焊接试样焊后抽出平、立、仰不同施焊位置各1根单股接头电缆，分别与无焊点单股电缆进行抗拉强度对比试验及弯曲试验，结果见表3-25。

表3-25 单股电缆试样抗拉强度及弯曲试验结果

序号	抗拉强度/MPa		弯曲试验		序号	抗拉强度/MPa		弯曲试验	
	无焊点	有焊点	面弯(90°)	背弯(90°)		无焊点	有焊点	面弯(90°)	背弯(90°)
1	262	230	合格	合格	3	262	227	合格	合格
2	264	250	合格	合格					

(3) 焊接工艺措施分析

① 电缆软接头的接头形式、保护气体与焊缝质量的关系 采用以单股电缆为单位、交叉错开分布焊点是保证整体电缆软接头性能的关键，各焊点相互间不应连接，使每股电缆间可以在弯曲时自由移动是提高电缆软接头质量的途径之一。

每股电缆接头坡口形式均采用单面90°坡口，可以保证焊点的焊透率。坡口加工质量的优劣将直接影响电缆的焊接质量，考虑到坡口加工质量的一致性，应采用日本进口的单面坡口一次成形弹簧切断钳加工。

保护气体纯度是TIG焊保证焊接质量的主要参数，气体保护效果与氩气的纯度、流量有关，氩气的纯度应达 99.99%。其流量的大小应根据相应的焊接参数来确定，选择不当将出现保护气体的紊流现象，从而影响焊接电弧的稳定性。

② 焊缝的充氩保护和冷却效果与焊缝氧化程度的关系 TU1 无氧铜焊接时引起焊接性不良的重要原因是铜的氧化。当焊接温度超过 300℃时，铜的氧化能力开始增大；温度接近熔点时，铜的氧化能力即达到极限，其结果是生成氧化亚铜。焊缝结晶时，氧化亚铜和铜形成低熔点（1064℃）的共晶，分布在铜的晶界上，产生气孔、热裂纹等缺陷，降低接头的力学性能。鉴于无氧铜焊接的不良倾向，在 110kV 海底充油电缆软接头的焊接过程中，应首先考虑的是在焊接中产生的氧化问题。

在 TU1 材料电缆软接头焊接过程中，除焊缝正面由焊枪喷嘴流出的氩气保护外，还采用焊缝两边直射式充氩保护装置充氩保护，同时每焊 1 根电缆接头焊点后及时用丙酮进行擦抹冷却，可以非常明显地有效防止焊缝区域的温度升高，使电缆接头始终控制在 200℃以下，即控制在铜氧化能力开始增大的临界温度以下。而未采取充氩保护和未进行焊点间冷却措施的焊接接头，则氧化程度就很高，且焊点的抗拉强度也明显下降。

③ 单股基体电缆与单股有焊点电缆的抗拉强度比较 根据表 3-25所示试验结果比较，单股无焊点基体电缆抗拉强度的平均值为 262.6MPa，而设计要求单股有焊点电缆焊后的抗拉强度≥基体强度的 80%，即为 210MPa。实测单股有焊点电缆的抗拉强度平均值为 227.3MPa，已经达到基体电缆强度的 86.5%。通过试验结果表明，采用 TIG 焊接方法以及采取一定特点的工艺措施来焊接 110kV 海底充油电缆软接头是完全可以符合设计规定的要求的。

3.2.23 压力管 TIG 摇摆焊操作要点

手工钨极氩弧焊摇摆焊是把焊枪喷嘴直接压在管壁坡口内，采用手腕的大幅度摆动，利用喷嘴与坡口两侧的摩擦向前推移，应用电弧加热熔化坡口钝边及焊丝来完成焊接的一种操作方法，如图 3-62 所示。摇摆焊焊接方法不仅可以应用于低碳钢、低合金钢的管道打底层焊接，还可以应用到各位置的单面焊双面成形、角焊缝及不锈钢薄板焊接等。现已广泛用于油田各种管道及许多重要结构的焊接，其焊接质量得到了行业的认可。

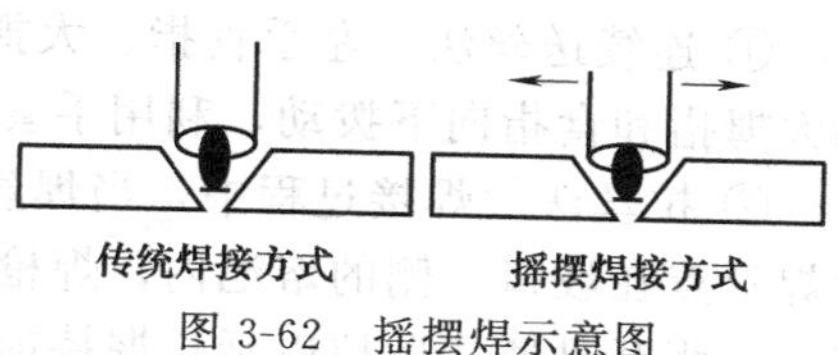

图 3-62　摇摆焊示意图

现以规格为 429mm × 16mm 的 20 钢无缝钢管全位置焊接为例介绍如下。

(1) 焊接设备及材料

① 焊机型号：WSM-400A，焊接时直流正接。

② 保护气体：氩气（Ar），纯度为 99.99%。

③ 钨极：铈钨 ϕ2.5mm，伸出长度为 4～5mm，磨成平底尖锥形。

④ 焊枪大小：300A 焊枪（空冷或水冷式）。

⑤ 焊接喷嘴：ϕ10mm。

⑥ 焊丝牌号：TIG-J50（H08Mn2SiA），ϕ2.5mm。

(2) 焊接参数

① 气体流量：8～10L/min。

② 焊接电流：定位焊 130～135A，正常焊接 125～130A。

③ 摆动频率：50～60 次/min。

(3) 坡口加工

单侧坡口角度为 30°±1°，管口平齐对接，并带有 1～2mm 钝边。焊前用角向砂轮机清理管内外 50mm 的油、锈、垢等，至见金属光泽。

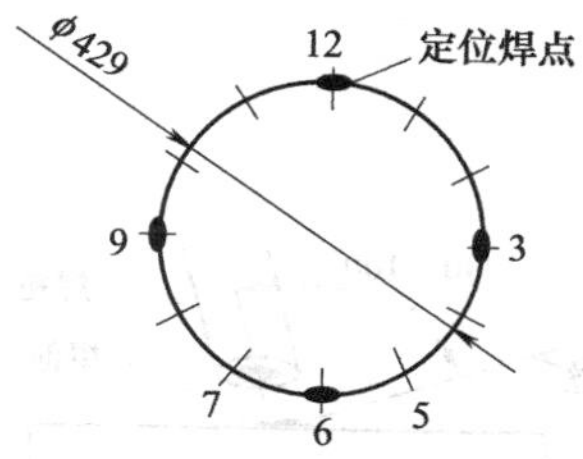

图 3-63　接头定位焊

(4) 组对定位

分别在时钟 12、3、6、9 点位置定位，见图 3-63。其间隙在 5～7 点处为 4～5mm，其余位置均为 3～4mm，定位焊长度为 30～40mm，要求全焊透并保证背面成形良好。将定位焊起弧和收弧处磨成斜口以便接头。

(5) 施工要求及注意事项

焊接过程中送丝方式可分为连续送丝法和拉丝法。

① 连续送丝法　左手食指、大拇指握持焊丝，小拇指辅助稳定，用大拇指和食指向下拨动，利用手套与焊丝摩擦均匀送丝。

② 拉丝法　焊接过程中，当焊丝熔化到距握持处 30～40mm 时，把焊丝点在坡口一侧的熔池内，焊枪摆动，当焊丝与熔池凝固的一刹那，手张开迅速往后拉以延长握持前端焊丝长度。

(6) 焊接过程

焊接过程采用向上焊接方式，焊缝分两部分完成，分别为 6 点—9 点—12 点、6 点—3 点—12 点。

将枪嘴压入坡口定位焊时钟 7 点处，高压脉冲间接引弧，使焊枪与管壁后夹角为 60°，两边摆动（摇动）预热及熔化定位焊坡口，待坡口熔化后，迅速向焊缝熔池内添加焊丝。开始时摆动频率稍慢，渐渐加快。仰焊位置采用内填丝法，慢慢向上焊接，焊丝向外移出转变为外填丝法，电弧在坡口两侧稍做停留、中间略快以保证两侧熔合和背面成形。焊接过程中，应根据钢管的焊接位置及时调整和改变焊枪的角度（图 3-64），焊接 6～4 点处时，焊枪与管切线后夹角为 60°～65°；焊接 4～2 点处时，焊枪与管切线后夹角为 60°～70°；当焊至 2 点爬坡与平焊位置时，应将焊枪稍向后倾斜，焊枪与管切线后夹角约为 60°，以防止熔滴因重力作用导致背面塌陷造成焊瘤的产生。在焊接过程中焊丝与焊枪的角度始终保持在 90°～100°，如图 3-65 所示。

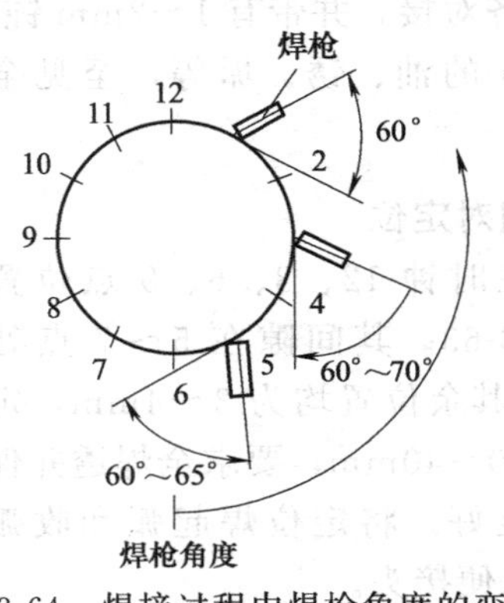

图 3-64　焊接过程中焊枪角度的变化

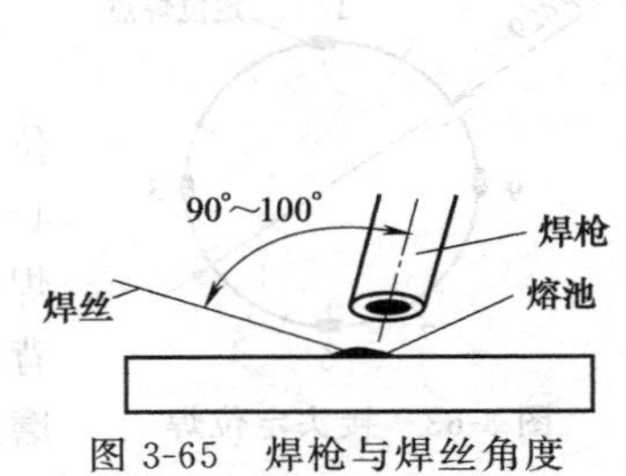

图 3-65　焊枪与焊丝角度

6 点—3 点—12 点部分焊接方法与 6 点—9 点—12 点部分焊接方

法相同。收尾时应盖过定位焊部分，并且增加几点焊滴，以防止产生弧坑和保持外观平整，然后将电弧拉至坡口侧缓慢熄弧（衰减），完成焊接。

焊接过程中要仔细观察熔池和熔孔的大小，调整送丝的摇摆速度，确保每个熔孔和熔池的大小均匀一致（但必须保证焊透和坡口两钝边的熔合）。若中途出现熄弧，则应把接头磨成斜坡再进行焊接。焊至平位定位焊相连接时应多做停留，加少量焊丝以保证充分结合，并继续往前焊一段距离。

(7) 摇摆焊的注意事项

① 焊接电流比传统焊接方式的焊接电流稍大。

② 根据管壁厚度决定喷嘴直径与钨极伸长量，通常喷嘴直径为10～12mm，钨极伸出长度为4～5mm。

③ 氩气流量比传统焊接方式稍大，为8～10L/min。

④ 摆动幅度为熔合两边坡口钝边的2mm处；摇摆过程中在坡口两侧稍做停留，中间间隙部分稍快。

⑤ 摇摆焊在焊接时焊枪压入坡口焊缝内应具有一定力度，以保证向前移动均匀。

⑥ 左、右手送丝与摇摆的频率均匀并匹配好。

⑦ 仔细观察熔池及熔孔的成形，尽量让熔池、熔孔的大小形状保持基本一致并保证两侧熔合良好。

⑧ 随着向上焊接灵活调整焊枪、焊丝的角度来保证焊缝根部、外部的成形。

3.2.24 自行车AZ61A镁合金TIG焊操作要点

AZ61A镁合金属于Mg-Al-Zn系变形镁合金，相当于国产牌号MB5，具有良好的耐蚀性、导热性，并且重量轻，具有一定的强度，在航空航天、汽车等领域广泛应用。

(1) 焊接方法的选择

手工填丝TIG焊是目前在自行车行业应用最广泛的焊接方法。

镁合金填丝焊接接头的母材区由较粗大的等轴晶粒构成，焊缝区由于冷却速度快，产生的晶粒较小，而热量影响区近缝区的晶粒则由于受热而有所长大。但是，拉伸性能测试表明，采用填丝交流 TIG 方法焊接镁合金，可以获得高质量的焊缝，其焊接接头强度可以达到母材的 93.5%左右，高于不填丝焊接接头。

焊接镁合金自行车的工艺技术与焊接铝合金自行车的技术相似，焊工操作技能稍加改进，即能达到合格质量标准，目前常用的操作方法有两种。

① 焊工脚踏开关控制的脉冲式焊接　焊接过程中脉冲电流和基值电流及脉冲频率、脉冲宽度是由焊工脚踏开关的大小、频率踩下的次数来决定的，每踩一下，脉冲电流给定一次，焊丝送进一次，手脚共同配合，控制热输出量，焊接出鱼鳞纹。

② 焊机自控的脉冲焊接　焊接过程中脉冲电流和基值电流及脉冲频率、脉冲宽度由焊机设定。由脉冲电流决定熔化热量，脉冲频率一般设定为 1.0～1.5Hz，脉冲宽度为 50%。焊工随着脉冲节奏填丝，控制总体热输出量，使焊缝成形美观。

(2) 焊接工艺过程

① 试件清洗　试件首先进行严格的化学清洗，以去除油脂和氧化膜，然后用不锈钢丝轮仔细清理坡口及两侧 25～30mm 范围内的氧化膜，使之露出金属光泽。

② 焊材清理　焊接材料采用与母材同质焊丝（化学成分相同或相近），焊丝必须经化学和机械清理，以去除油污、氧化膜等污物。

焊丝化学清洗采用 20%～25%硝酸水溶液，浸蚀 1～2min，再放入 70～90℃的热水中冲洗干净，烘干后使用，在 12h 内焊完。

③ 焊接电源的选择　采用交流 TIG 电源，因为无法观察镁合金熔池的颜色变化，使得接头不易结合，工艺技术要点是：配装脚踏开关，灵活调整焊接电流；起始焊接电流要大，焊接过程电流要稳定，收弧电流要小；电弧长度要短（2mm 左右），焊缝速度要快；控制焊接热输入。

④ 焊材的选择　焊丝牌号：ERAZ61A。

选用 ϕ2.4mm 铈钨极（镧钨极更好），其伸出长度为 4～5mm；钨极尖端至试件距离为 1.5～2.5mm；喷嘴直径为 10～16mm；氩气纯度≥99.99%，流量为 10～16L/min。板厚为 1.0～3.0mm 的焊件，使用 ϕ2.0～3.0mm 的焊丝，焊接电流为 60～160A。

(3) 焊接质量分析

焊后发现工件存在的主要缺陷是焊瘤、未熔合、表面“麻点”和弧坑裂纹等。

1) 原因分析

① 焊瘤主要是由于焊接速度与焊接电流匹配不当、熔池温度过高造成的。

② 未熔合一般发生在始焊端，是由于焊接速度过快、工件熔池温度过低造成的。

③ 母材表面氧化膜清理不净或在焊接过程中保护不良使焊缝表面氧化，而交流电弧又具有阴极破碎特性，正离子在击碎氧化膜的同时，也在凝固的焊缝及热影响区表面留下了凹坑，即“麻点”。

④ 弧坑裂纹产生的原因主要是收弧时弧坑未填满和焊后冷却速度过快。

2) 控制措施

① 调整焊接顺序，熟练掌握操作技能，控制工件及熔池的温度，使焊接速度和焊接电流匹配得当。

② 在保证焊缝成形良好的基础上，尽量加快焊接速度，以 15～30cm/min 为宜。

③ 加强母材表面清理及焊接过程中氩气保护，减少氧化膜的产生。

④ 采用大电流施焊，尽量避免中途停弧。

⑤ 收弧时填满弧坑，且熄弧 30～50s 后再移开焊枪。

(4) 总结

镁合金母材和焊丝焊前必须经严格的化学和机械清理，去除油污、氧化膜等；选用性能优良、电弧稳定的交流钨极氩弧焊方法，采用大电流、快速焊焊接参数和刚性固定等措施，可以获得优质的镁合金焊接接头。

3.2.25 铝及铝合金水平固定管 TIG 焊操作要点

一台容积为 1500m^3 的制氧设备，全部采用铝合金材料制造而成。制氧塔高 25m，直径为 2.8m，铝板厚 16mm，塔体纵环焊缝采用X形坡口双面焊接。塔内各种管路全部为铝合金材料。管子直径为10～300mm不等，管壁厚3～8mm；焊缝空间位置不仅有水平位置，还有45°斜焊位置，因此焊接中存在较大困难。施工前，我们选择交流钨极氩弧焊焊接方法，对铝及铝合金水平固定管的单面焊双面成形焊接技术进行了探索及研究，总结出一套铝及铝合金水平固定管的焊接方法。使用情况表明，采用该技法，整个工程焊接质量良好，焊缝外观干净、整齐，焊缝均匀、漂亮，探伤合格率为98.3%，气压试验一次合格。

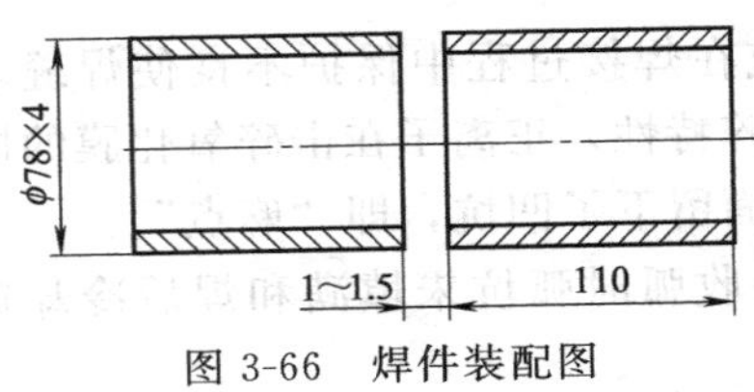

图 3-66　焊件装配图

(1) 焊件装配

焊件装配见图3-66。始焊端对口间隙为1mm，终焊端对口间隙为1.5mm，组对时使用管卡具。

(2) 焊前准备

1）母材　5A05（LF5）。

2）焊接材料　焊丝SA1Mg5（HS331），直径为3.0mm。保护气体为氩气，纯度为99.95%。

3）焊接电源　WS-400型手工钨极交流氩弧焊机。

4）清理　清除焊接区域10～50mm范围内的油污杂质等，至露出铝及铝合金的金属光泽。焊件采用机械清理方法，先用丙酮除掉油污，然后用不锈钢丝刷来回刷几次，用刮刀将坡口内清理干净。焊丝用碱洗法清洗，步骤如下：

① 用丙酮除去焊丝表面油污。

② 在15%氢氧化钠水溶液中清洗10～15min。

③ 冷水冲洗。

④ 在30%硝酸溶液中清洗2～5min。

⑤ 冷水冲洗晒干。

(3) 焊接参数选择

铈钨电极，直径为4mm，钨极端面为半圆形。喷嘴直径为12～22mm，钨极伸出喷嘴长度为2～3mm，氩气流量为10～15L/min，管内充氩保护，流量为3～15L/min。焊接电流为130～150A。

(4) 焊接操作步骤与要领

焊接时要严格控制钨极、喷嘴与熔池的位置，钨极应垂直于管子轴线，喷嘴至两管的距离要相等，焊丝与通过熔池的切线成10°～15°角送入熔池。焊枪角度、焊丝角度见图3-67。

施焊时，分为在管前半部和管后半部两个半圈进行，从仰焊位置起焊，到平焊位置结束。起焊点在管中心线后5～10mm处，按动焊枪上的启动开关，引燃电弧并控制弧长2～3mm，对管子待焊处加热，当铝及铝合金管子出现局部熔化形成熔池，快速向熔池内添加焊丝形成第一个完整熔池。随着焊枪做月牙形或锯齿形运动，不断向熔池添加焊丝，形成第二个、第三个……熔池，送丝速度以保证焊丝所形成的熔滴与母材充分熔合为宜。观察间隙内是否充分熔透，以得到正反两面熔透的焊缝为宜。焊接时要随时调整好焊枪、焊丝、焊件相互间的角度，该角度应随着焊接位置的变化而变化。焊接过程中应注意观察控制管子两侧熔透状态，以保证管子的壁焊缝成形均匀。

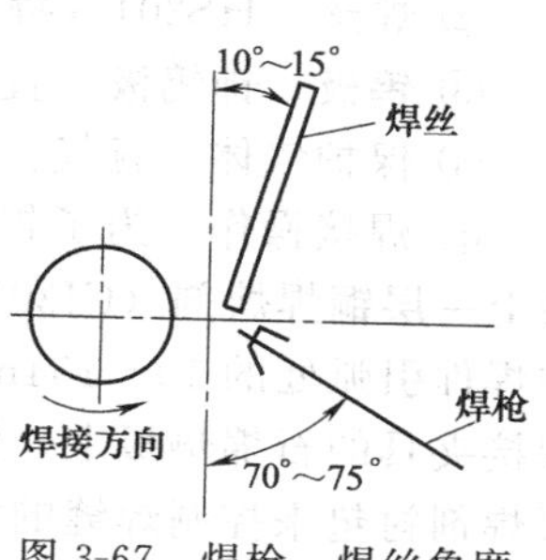

图3-67 焊枪、焊丝角度

焊缝中间的接头是整个焊接过程的重要环节，接头的质量好坏直接影响整个焊缝成形的质量。焊缝中间接头时，将电弧引燃后加热原熔池，当熔池出现局部熔化后向熔池添加少量焊丝，当焊至熔池前端时，再正常向熔池送丝即可。

后半部的起焊位置应在前半部起焊位置后4～5mm处引燃电弧，先不加焊丝，待接头处熔化在熔池前沿添加焊丝，然后向前焊接，焊至平焊位置接头处（封闭焊缝处）停止加焊丝，等原焊缝端部熔化后，再加焊丝，焊接最后一个接头填满弧坑收弧。

(5) 结论

铝及铝合金水平固定管的焊接，是诸多焊接项目中最富有代表性的一种焊接项目。通过试验摸索和实践，证明上述操作方法科学，焊工易于掌握，培训周期短、见效快，降低了焊工的劳动强度。此焊接方法在锦西化工总厂生产的1500m³制氧设备中得以应用，效果十分理想。

3.2.26 纯铜板的对接手工钨极氩弧焊

① 材料 T1（一号铜）纯铜板，尺寸（长×宽×厚）为300mm×100mm×2mm，I形坡口。

② 焊丝 HS201（特制纯铜焊丝），直径为2.4mm。

③ 钨极 铈钨极，直径为2mm。

④ 保护气体 氩气。

⑤ 焊接操作 为了提高焊接接头质量，焊前应在焊件的坡口处涂上一层铜焊熔剂（CJ301），但是，为防止在引弧时产生烧穿缺陷，在焊件引弧处的10～154mm范围内不要涂铜焊熔剂。然后，在专用焊接夹具的石棉垫板上，铺垫6～8mm的埋弧焊剂（HJ431），由埋弧焊剂衬垫来控制焊缝的背面成形。

引弧时，不要将钨极直接与焊件接触，以防止钨极粘在焊件上，使焊缝产生夹钨；而是将钨极先与碳块或石墨块接触，启动高频振荡器引弧，在电弧引燃并燃烧稳定后，再移至焊接坡口处开始焊接。

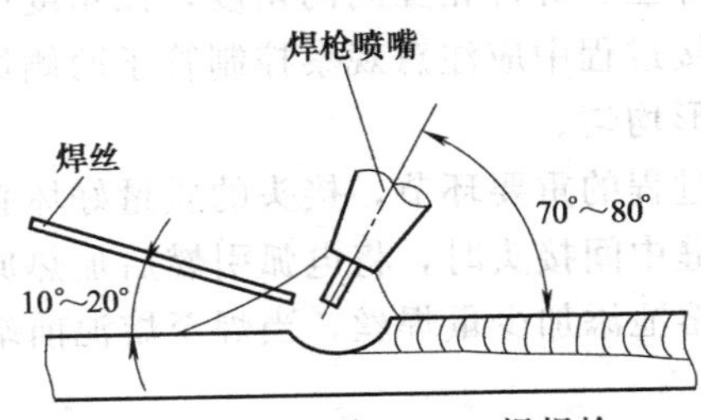

图3-68 纯铜手工TIG焊焊枪、焊丝、焊件之间的角度

焊接时，用WS-400型焊机，直流正接（焊件接正极），采用左焊法（即自右向左焊）。在焊接操作过程中，注意保持焊枪、焊丝、焊件之间的角度。一定要控制焊丝：既不要离开熔池的氩气保护区，否则会使焊丝端部氧化，降低焊缝力学性能；也不要与钨极接触，否则会使钨极表面粘上铜，影响电弧的稳定。纯铜手工钨极氩弧焊焊枪、焊丝、焊件之间的角度见图3-68，焊接参数见表3-26。

表3-26 纯铜手工TIG焊的焊接参数

板厚/mm	钨极直径/mm	焊丝直径/mm	焊接电流/A	电弧电压/V	焊接速度/(m/h)	氩气流量/(L/min)	喷嘴直径/mm	喷嘴距焊件距离/mm
2	2	2.4	150～220	18～20	12～18	10～12	10～14	10～15

3.2.27 厚1mm钛合金板的平对接手工钨极氩弧焊

(1) 焊前准备

① 焊机　选用 WSE5-160 交流方波/直流钨极氩弧焊机 1 台。

② 填充焊丝　采用不加焊丝的工艺方法。

③ 焊件　TA2（工业纯钛），板厚为 1mm，见图 3-69。

④ 氩气　要求一级纯度（Ar 的体积分数为 99.99%），露点在 −40℃以下。

⑤ 钨丝　WCe-13，直径为 1.5mm。

⑥ 辅助工具和量具　不锈钢丝刷、不锈钢丝轮、锤子、钢直尺、划针、焊缝万能量规、带拖罩的焊枪（拖罩长 100mm）、焊缝背面氩气保护装置。

(2) 焊前装配定位

① 准备试件　用不锈钢丝轮打磨待焊处两边各 20mm 范围内的油、污、氧化皮等。

② 装配定位　按图 3-69 所示进行焊件定位焊，定位焊缝长度为 10～15mm，定位焊间距为 100mm。装配定位焊时，严禁用铁器敲击和划伤钛板表面。定位焊缝的焊接参数见表 3-27。

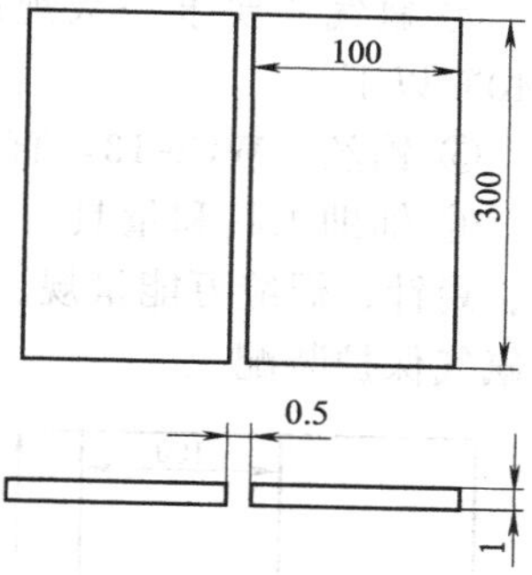

100
300
0.5
1

图 3-69　厚 1mmTA2 板手工钨极氩弧焊试板

(3) 焊接操作

将焊件平放在焊缝背面氩气保护装置上，接通氩气，焊接电源为直流正接（焊件接正极），这种接法焊接电流容易控制，不仅焊缝熔深大，而且焊缝及热影响区窄。按表 3-27 所示选择焊接参数，由焊缝的一端向另一端进行焊接。

表 3-27　厚 1mm 钛合金板平对接手工 TIG 焊的焊接参数

坡口形式	钨极直径/mm	焊接层数	焊接电流/A	喷嘴孔径/mm	氩气流量/(L/min)			备注
					主喷嘴	拖罩	背面	
I形	1.5	1	30～50	10	8～10	14～16	6～8	间隙为 0.5mm

焊接过程中随时观察焊缝及热影响区表面颜色的变化，及时提高氩气的保护效果。

焊枪倾角为10°～20°，焊接过程中不做摆动。不添加焊丝，焊枪喷嘴距焊件的距离在不断弧、不影响操作的情况下尽量小。焊接结束后，视焊缝及热影响区而定（与温度有关，表面温度要低于400℃），在20～30s后再停氩气。

3.2.28 厚0.8mm钛合金板的平对接低频脉冲钨极氩弧焊

(1) 焊前准备

① 焊机　选用WSM-160型低频脉冲钨极氩弧焊焊机1台。

② 添充焊丝　采用不加焊丝的工艺方法。

③ 焊件　TA2（工业纯钛），板厚为0.8mm，见图3-70。

④ 氩气　要求一级纯度（Ar的体积分数为99.99%），露点在－40℃以下。

⑤ 钨丝　WCe-13，直径为2mm。

⑥ 辅助工具和量具　不锈钢钢丝刷、不锈钢丝轮、锤子、钢直尺、划针、焊缝万能量规、带拖罩的焊枪（拖罩长100mm）、焊缝背面氩气保护装配。

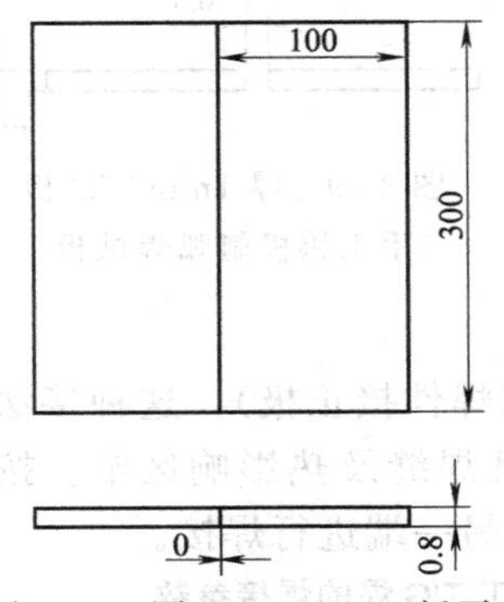

图3-70　厚0.8mmTA2板平对接低频脉冲钨极氩弧焊的试板

(2) 焊前装配定位

① 准备试件　用不锈钢丝轮打磨待焊处两边各20mm范围内的油、污、氧化皮等。

② 装配定位　按图3-70所示进行焊件定位焊，定位焊缝长度为10～15mm，定位焊间距为100mm。装配定位焊时，严禁用铁器敲击和划伤钛板表面。定位焊缝的焊接参数见表3-27。

(3) 焊接操作

低频脉冲氩弧焊机，电流频率为0.1～15Hz，这是目前应用最广泛的一种脉冲TIG设备，电弧稳定性好，特别适用于薄板焊接。脉冲氩弧焊机对焊件加热集中，热效率高，焊透同样厚度的焊件所需要的平均电流比一般钨极氩弧焊低 20%。焊缝热影响区窄，焊接变形容易控制。此外，脉冲氩弧焊的焊缝质量好，因为钨极脉冲氩弧焊焊缝是由焊点相互重叠而成的，后焊的焊点热循环对前一个焊点具有退火作用，同时，脉冲电流对点状的熔池具有强烈的搅拌作用，使熔池的冷却速度加快，在高温停留的时间缩短，所以所得的焊缝组织细密、力学性能好。

将焊件平放在焊缝背面氩气保护装置上，接通氩气，焊接电源为直流正接（焊件接正极），这种接法的焊接电流容易控制。按表 3-28 所示选择焊接参数，由焊缝的一端向另一端进行焊接。

焊接过程中随时观察焊缝及热影响区表面颜色变化，及时提高氩气的保护效果、

焊枪倾角为 10°～20°，焊接过程中不做摆动。不添加焊丝，焊枪喷嘴距焊件的距离在不断弧、不影响操作的情况下尽量小些。焊枪移动要均匀，在引弧板上引弧，尽量一次焊完焊缝。焊接结束后，视焊缝及热影响区表面而定（与温度有关，表面温度要低于 400℃以下），在 20～30s 后再停氩气。厚 0.8mmTA2 板平对接低频脉冲钨极氩弧焊的焊接参数见表 3-28。

表 3-28　厚 0.8mmTA2 板平对接低频脉冲钨极氩弧焊的焊接参数

板厚 /mm	钨极直径 /mm	焊接电流/A		持续时间/s		电弧电压 /V	弧长 /mm	焊接速度 /(cm/min)	氩气流量 /(L/min)
		脉冲	基值	脉冲电流	基值电流				
0.8	2	55～80	4～5	0.1～0.20	0.2～0.3	10～11	1.2	30～42	6～8

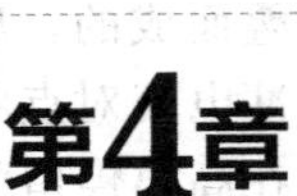

第4章 CO_2气体保护焊

4.1 CO_2 气体保护焊基本技能

4.1.1 半自动 CO_2 焊接操作要点

半自动 CO_2 焊操作与焊条电弧焊最大的区别是焊丝自动送进，其他方面与焊条电弧焊有很多相似之处。

(1) 焊炬的握法及操作姿势

一般用右手握焊枪（炬），并随时准备用此手控制焊把上的开关；左手持面罩或使用头盔式面罩。根据焊缝所处位置，焊工成下蹲或站立姿势，脚跟要站稳，上半身略向前倾斜，焊炬应悬空，不要依靠在工件上或身体某个部位，否则焊炬移动会因此受到限制。焊接不同位置焊缝时的正确持炬姿势如图 4-1 所示。

(a) 蹲位平焊　(b) 坐位平焊　(c) 站位平焊　(d) 站位立焊　(e) 站位仰焊

图 4-1　正确持炬姿势

(2) 引弧

① 如焊丝有球状端头则先剪除，使焊丝伸出导电嘴 10～20mm。

② 在起弧处提前送气 2～3s，排除待焊处的空气。

③ 引弧前先点动送出一段焊丝，焊丝伸出长度为 6～8mm。

④ 将焊炬保持合适的倾角，焊丝端部离开工件或引弧板（对接焊缝可采用引弧板）的距离为 2～4mm，合上焊炬的开关，焊丝下送，焊丝与焊件短路后自动引燃电弧（短路时焊炬有自动顶起倾向，故要稍用力下压焊炬）。

⑤ 引弧时焊丝与工件不要接触太紧，否则有可能引弧焊丝成段烧断。应在焊缝上距起焊处 3～4mm 的部位引弧后缓慢向起焊处移动，并进行预热。

⑥ 电弧引燃后，缓慢返回端头，熔合良好后，以正常速度施焊。引弧过程如图 4-2 所示。

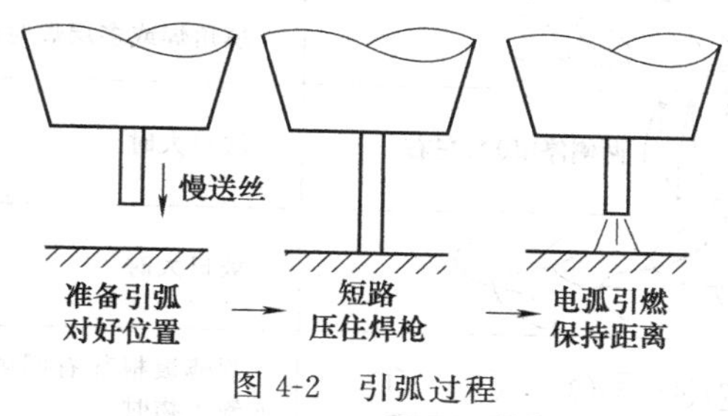

图 4-2　引弧过程

(3) 焊接

① 左焊法及右焊法。半自动 CO_2 焊的操作方法，按其焊枪的移动方向可分为左焊法和右焊法两种，如图 4-3 所示。

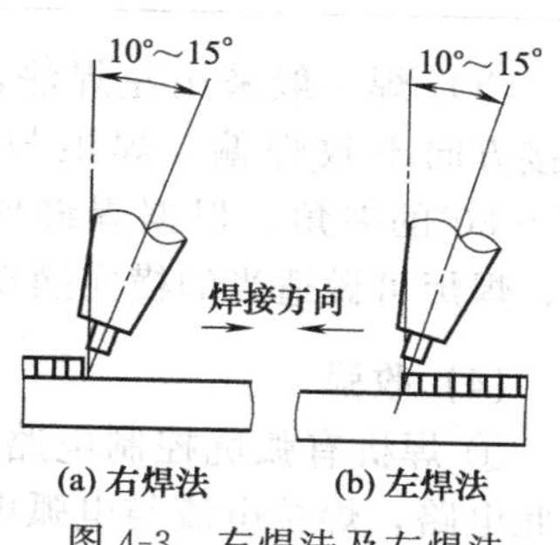

图 4-3　右焊法及左焊法

采用左焊法时，喷嘴不会挡住视线，焊工能清楚地观察接缝和坡口，不易焊偏。熔池受电弧的冲刷作用较小，能得到较大的熔宽，焊缝成形平整美观。因此，该方法应用得较为普遍。

采用右焊法时，熔池可见度及气体保护效果较好，但因焊丝直指焊缝，电弧对熔池有冲刷作用，易使焊波增高，不易观察接缝，容易焊偏。

② 由于焊接时电弧有一个向上的反弹力，因此，掌握焊炬的手应用力向下按住，使焊丝伸出长度保持不变。在焊接过程中，要尽量用短弧焊接，并使焊丝伸出长度的变化最小，同时要保持焊炬合适的倾角和喷嘴高度，沿焊接方向均匀移动。焊接较厚板时，焊炬可稍做横向摆动，焊炬的摆动形式及应用范围见表 4-1。

表 4-1 焊炬的摆动形式及应用范围

摆动形式	用途
	薄板及中厚板打底焊道
 两侧停留0.5s左右	坡口小时及中厚板打底焊道
	焊厚板第二层以后的横向摆动
	填角焊或多层焊时的第一层
两侧停留0.5s左右	坡口大时
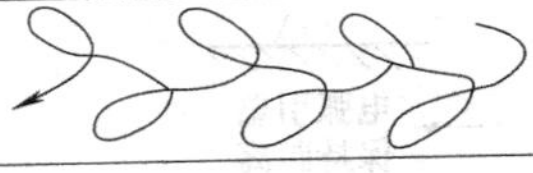	坡口大时
 ⑧ ⑥⑦④⑤② ③ ①	焊薄板根部有间隙、坡口有钢垫板或施工物时

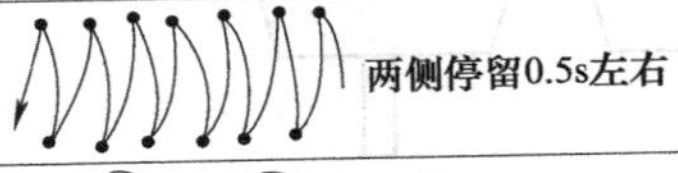

CO_2 焊一般采用左焊法，焊炬由右向左移动，以便清晰地掌握焊接方向不致焊偏。焊炬与焊缝轴线（焊接方向的相反方向）成70°～80°的夹角。根据焊缝所处位置及焊缝所要求的高度，在焊接时，焊炬可做适当的横向摆动，摆动的方向与焊条电弧焊相同。

(4) 收弧

① 焊机有弧坑控制电路时，则焊炬在收弧处停止前进，同时接通此电路，焊接电流与电弧电压自动变小，待熔池填满时断电。

② 焊机无弧坑控制电路时，在收弧处焊炬停止前进，并在熔池凝固时，反复断弧、引弧几次，直至弧坑填满为止，操作时动作要快。

(5) 焊缝接头操作要点

CO_2 焊时焊丝是连续送进的，不像焊条电弧焊那样需要更换焊条，但半自动 CO_2 焊较长焊缝是由短焊缝组成的，必须考虑焊缝接头的质量。焊缝接头处理方法如图 4-4 所示。当无摆动焊接时，可在火口前方约 20mm 处引弧，然后快速将电弧引向火口，待融化金属充满火口时，立即将电弧引向前方，进行正常焊接，如图 4-4（a）所示。摆动焊时，也是在火口前方约 20mm 处引弧，然后立即快速将电弧引向火口，到达火口中心后即开始摆动并向前移动，同时加大摆幅转入正常焊接过程，如图 4-4（b）所示。

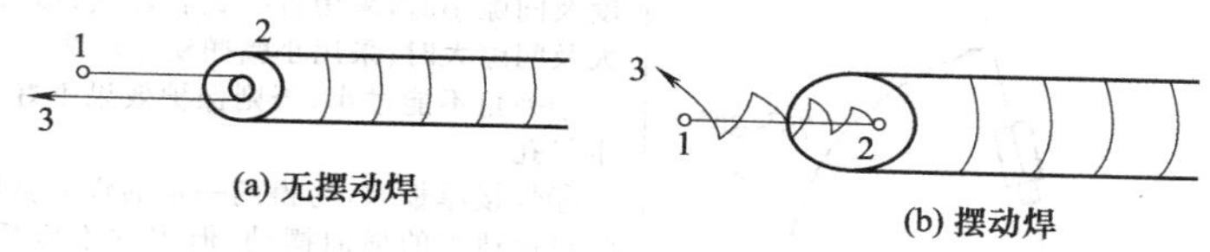

图 4-4　接头处理方法

1—引弧处；2—火口处；3—焊丝运动方式

4.1.2　各种不同位置的焊接操作要点

各种不同位置的焊接操作要点见表 4-2。

4.1.3　自动 CO_2 焊操作要点

自动 CO_2 焊时，焊丝的送进和焊炬的移动全部是靠自动控制来完成的，有利于提高焊接质量和生产率。但是，自动 CO_2 焊时对工件的坡口、装配间隙要求较严格，对焊接规范的选择也要求较严格。一般自动 CO_2 焊采用短路过渡，或采用无短路大滴过渡，以减少飞溅，并保证焊接过程的稳定，采用的焊丝直径一般不超过 2mm。

（1）平焊位置自动 CO_2 焊

对于水平位置的对接、角接和 T 形接头等平直焊缝，可采用无垫板的单面焊双面成形工艺。为防止烧穿也可采用临时性铜垫板（图 4-5），焊机的行走小车沿焊缝靠程序自动控制均速行进，实现焊接过程。

焊接板材长焊缝时，为了提高焊接生产率和保证焊缝能均匀焊透，可以采用表 4-3 所示方式焊接。

(2) 环缝自动 CO_2 焊

对于圆筒环形的工件，自动 CO_2 焊的操作方法有焊炬固定法和工件固定法两种，即焊枪固定不动而焊件旋转和焊件固定不动而焊枪旋转。两种焊接形式的特点及工艺措施见表 4-4。

表 4-2 不同位置的焊接操作要点

焊接	示意图	操作要点
平焊	75°～80° 平对接焊缝	①焊炬与焊件的夹角为 75°～80°，坡口角度及间隙小时，采用直线式右焊法；坡口角度大及间隙大时，采用小幅摆动左焊法 ②夹角不能过小，否则保护效果不好，易产生气孔 ③焊接厚板时，为得到一定的焊缝宽度，焊炬可做适当的横向摆动，但焊丝不应插入对缝的间隙内 ④盖面焊之前，应使焊道表面平坦，焊道平面低于工件表面 1.5～2.5mm，以保证盖面焊道质量
	35°～50° 1～2 T形接头横角焊缝	①单道焊时最大焊脚为 8mm。焊炬指向位置如左图所示，采用左焊法；一般焊接电流应为 350～360A，技术不熟练者应＜300A ②若采用长弧焊，则焊炬与垂直板成 35°～50°（一般为 45°）的角度；焊丝轴线对准水平板处距角缝顶端 1～2mm ③若采用短弧焊，则可直接将焊炬对准两板的交点，焊炬与垂直板之间的角度大约为 45°
	20°～30° ① 45°～50° ② 2～3 T形接头多层焊	焊脚为 8～12mm 时，采用两层焊，第一层使用较大电流，焊炬与垂直板夹角减小，并指向距根部 2～3mm 处（如左图中①所示）；第二层焊道应以小电流施焊，焊炬指向第一层焊道的凹陷处，采用左焊法即得到表面平滑的等焊脚角焊缝。焊脚超过 12mm 时，采用三层以上的焊道，这时焊炬角度与指向应保证最后得到等焊脚和光滑均匀的焊道
	A C 搭接焊缝	上板为薄板时，对准 A 点；上板为厚板时，对准 C 点

续表

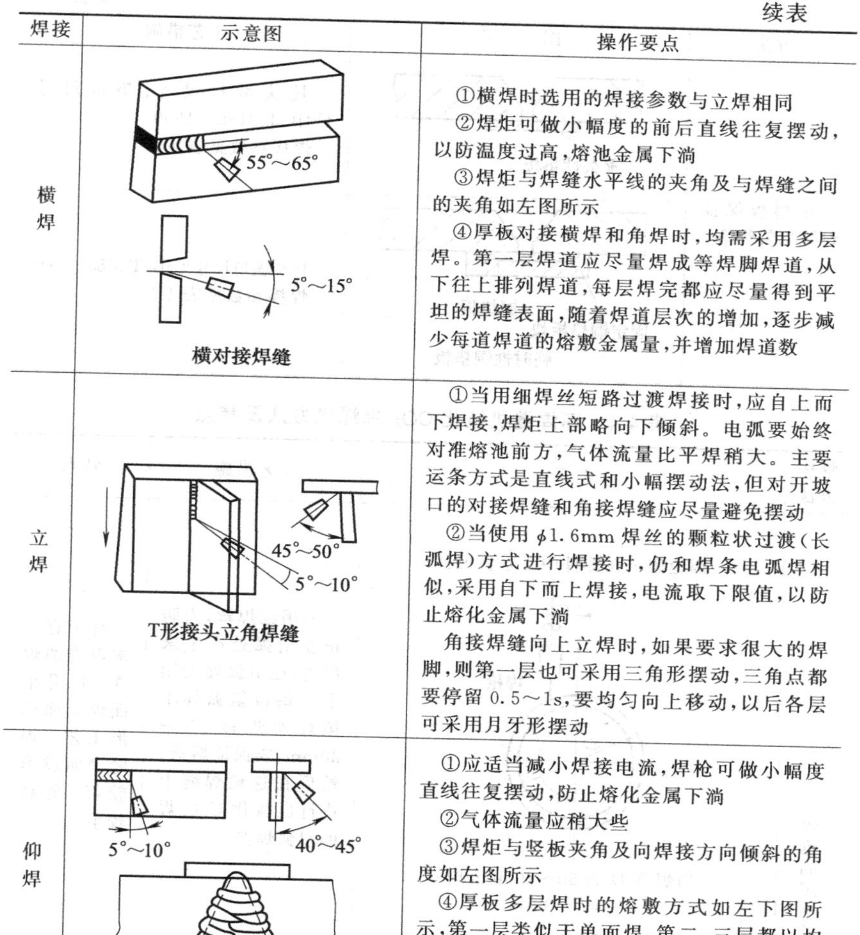

焊接	示意图	操作要点
横焊	横对接焊缝	①横焊时选用的焊接参数与立焊相同 ②焊炬可做小幅度的前后直线往复摆动，以防温度过高，熔池金属下淌 ③焊炬与焊缝水平线的夹角及与焊缝之间的夹角如左图所示 ④厚板对接横焊和角焊时，均需采用多层焊。第一层焊道应尽量焊成等焊脚焊道，从下往上排列焊道，每层焊完都应尽量得到平坦的焊缝表面，随着焊道层次的增加，逐步减少每道焊道的熔敷金属量，并增加焊道数
立焊	T形接头立角焊缝	①当用细焊丝短路过渡焊接时，应自上而下焊接，焊炬上部略向下倾斜。电弧要始终对准熔池前方，气体流量比平焊稍大。主要运条方式是直线式和小幅摆动法，但对开坡口的对接焊缝和角接焊缝应尽量避免摆动 ②当使用 $\phi 1.6$mm 焊丝的颗粒状过渡(长弧焊)方式进行焊接时，仍和焊条电弧焊相似，采用自下而上焊接，电流取下限值，以防止熔化金属下淌 角接焊缝向上立焊时，如果要求很大的焊脚，则第一层也可采用三角形摆动，三角点都要停留 0.5～1s，要均匀向上移动，以后各层可采用月牙形摆动
仰焊	T形接头仰角焊缝	①应适当减小焊接电流，焊枪可做小幅度直线往复摆动，防止熔化金属下淌 ②气体流量应稍大些 ③焊炬与竖板夹角及向焊接方向倾斜的角度如左图所示 ④厚板多层焊时的熔敷方式如左下图所示，第一层类似于单面焊，第二、三层都以均匀摆焊炬的方式进行焊接，但在坡口面交界处应做短暂停留

表 4-3 板对接平焊机械化 CO_2 焊的工艺措施

方法	图 示	工艺措施
单面焊双面成形	α　b　p	a、b、p 见 JB/T 9186—1999 焊接参数见表 4-5

续表

方法	图　　示	工艺措施
用垫板保证焊缝均匀焊透	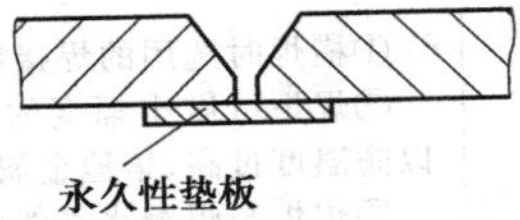 永久性垫板	接头坡口尺寸、垫板尺寸见JB/T 9186—1999 焊接参数见表4-5
	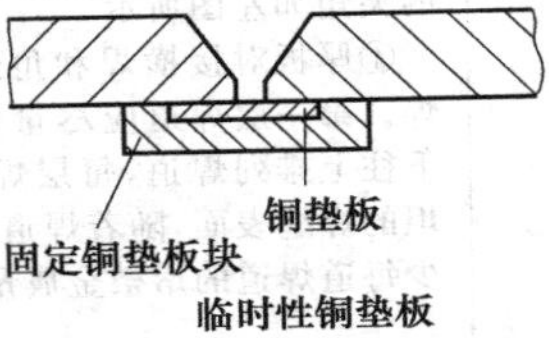 铜垫板 固定铜垫板块 临时性铜垫板	接头坡口尺寸见JB/T 9186—1999 焊接参数见表4-5

表 4-4　环焊缝机械化 CO_2 焊焊接方法及特点

焊接方法	图示	工艺措施	特点
焊枪固定不动	焊枪固定在焊件中心垂直位置 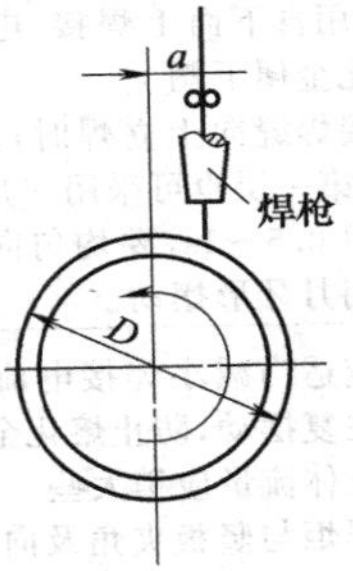 a 焊枪 D 当焊件 D 为50～200mm时；$a=4\sim8$mm	采用细焊丝，为防止在引弧处产生未焊透，在引弧处先用手工钨极氩弧焊不填焊丝焊接15～30mm，要保证熔透，然后在这段焊缝上进行机械化 CO_2 焊的引弧焊接	对于有要求焊透的焊件，采用单面焊双面成形工艺。焊缝表面成形较好，余高较小
	焊枪固定在焊件中心水平位置 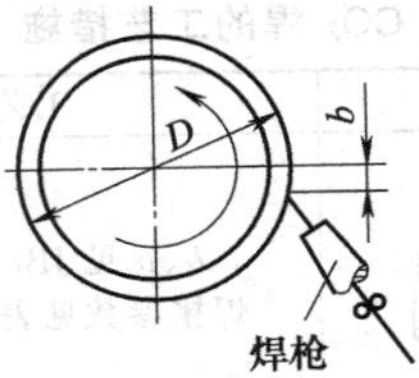 b D 焊枪	为了减少熔池液体金属流动，焊枪必须对准焊接熔池。当焊件 D 为50～200mm时，$b=6\sim10$mm	焊缝质量高，能保证接头根部焊透，余高略高

续表

焊接方法	图示	工艺措施	特点
焊件固定焊机旋转	在A～D四处定位焊 在45°的E处引弧，逆时针焊接	焊件不动，焊枪沿导轨在大环形焊件上连续回转进行全位置焊接。按技术规程进行装配定位焊。固定链条导轨要安装准确，焊接参数应随焊枪瞬时所处的空间位置进行调整。焊件周围要留有焊机回转空间	只有在大型焊件无法回转的情况下才选用。焊件装配尺寸及导轨安装精度要求较高，生产效率高

焊前应该先试运转焊件旋转机构或焊枪旋转机构以检查是否运转正常、保护气体流量是否稳定、焊件对接缝间隙与错边是否符合技术要求、焊丝准备情况等。没有影响焊缝焊接质量的问题存在时，即可开机焊接。

(3) 专用自动焊机与装备的自动 CO_2 焊

对于批量生产的结构定型产品，可以设计制造专用的 CO_2 自动焊机与工艺装备。图 4-6 所示为水套自动焊的工艺装备。工作过程是将组对好的水套通过传送带，逐个送到焊接转台上，利用焊炬调整机构对准位置，转台使水套旋转进行焊接；焊完后可自动卸料，水套滚落在地面上，实现了水套的自动 CO_2 焊，大大提高了生产效率和质量。

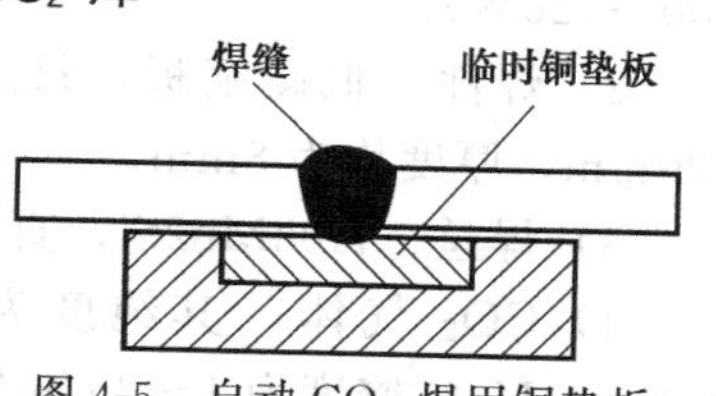

图 4-5　自动 CO_2 焊用铜垫板

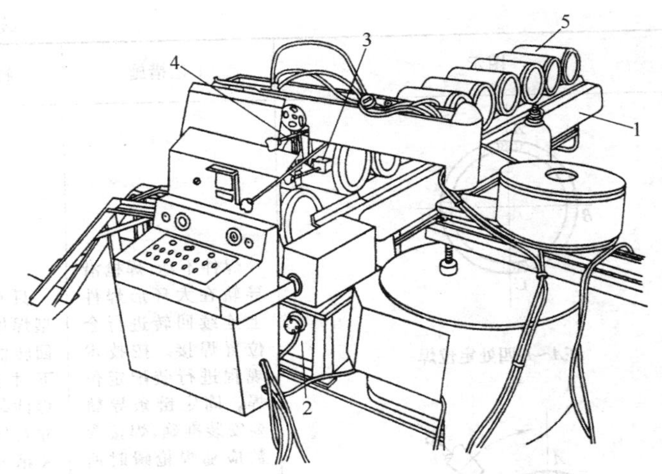

图 4-6 水套自动焊的工艺装备

1—传送带；2—转台；3—焊炬调整机构；4—焊炬；5—水套

4.2 CO_2 气体保护焊典型实例

4.2.1 板的半自动 CO_2 焊平敷焊

(1) 焊前准备

1）设备　NBC1-300 型半自动 CO_2 焊焊机；CO_2 气瓶；301-1 型浮子式流量计；QD-2 型减压器；一体式预热干燥器（功率为 100～120W）。

2）焊件　低碳钢板，每组两块，长度均为 250mm，宽度均为 120mm，厚度均为 8mm。

3）焊丝　H08Mn2Si，直径为 1.2mm。

4）CO_2 气体　其纯度为 $CO_2>99.55\%$，O_2 的体积分数 $<0.1\%$，H_2O 密度为 $1\sim2g/m^3$。

5）设备检查　CO_2 焊的设备，尤其是控制线路比较复杂，如果焊接过程中机械或电气部分出现故障就不能正常进行焊接。因此，对焊机要进行经常性的检查维护，尤其是在焊前要着重进行以下几项检查和清理：

① 送丝机械是容易出故障的地方，要仔细检查送丝滚轮压力是否合适，焊丝与导电嘴接触是否良好，送丝软管是否畅通等。

② 焊枪喷嘴的清理。CO_2 焊的飞溅较大，所以喷嘴在使用过程中，必然会粘上许多飞溅金属，这将影响气体的保护效果。为防止飞溅金属黏附到喷嘴上，可在喷嘴上涂点硅油，或者采用机械方法清理。

③ 为了保证继电器触点接触良好，焊接之前应检查触点。若有烧伤则应仔细打磨烧伤处，使其接触良好，同时应注意防尘。

6）焊丝盘绕　将烘干过的焊丝按顺序盘绕在焊丝盘内，以免使用时紊乱，发生缠绕，影响正常送丝。

（2）焊接参数

① 焊丝　H08Mn2Si，直径为 1.2mm。

② 焊接电流　130～140A。

③ 电弧速度　18～30m/h（供参考）。

④ CO_2 气体流量　10～12L/min。

（3）操作要点及注意事项

1）引弧　采用直接短路引弧。由于电源空载电压低，因此引弧比较困难。引弧时焊丝与焊件不要接触太紧，如果接触太紧或接触不良则都会引起焊丝成段烧断，因此引弧时要求焊丝端头与焊件保持 2～3mm的距离。还要注意剪掉粗大的焊丝球状端头，因为球状端头的存在等于加粗了焊丝直径，并在该球面端头表面上覆盖一层氧化膜，对引弧不利。为了消除焊透、气孔等引弧的缺陷，对接焊应采用引弧板，或在距板材端部 2～4mm 处引弧，然后缓慢引向接缝的端头，待焊缝金属融合后，再以正常焊接速度前进。通过引弧练习，做到引弧准并快速建立电弧稳定燃烧的过程。

2）运丝

① 直线移动焊丝焊接法　所谓直线移动是指焊丝只沿准线（钢板上的划线）做直线运动而不做摆动，焊出的焊道宽度稍窄。因为焊件在起始端处于较低的温度，会影响焊缝的强度，所以一般情况下焊道要高些，而熔深要浅些。为了克服这一点，也可采取一种特别的移

动法，即在引弧之后，先将电弧稍拉长一些，以此达到焊道部分适当预热的目的，然后再压缩电弧进行起端的焊接，这样可以获得有一定熔深和成形比较整齐的焊道。起始端运丝法对焊道成形的影响如图4-7所示。

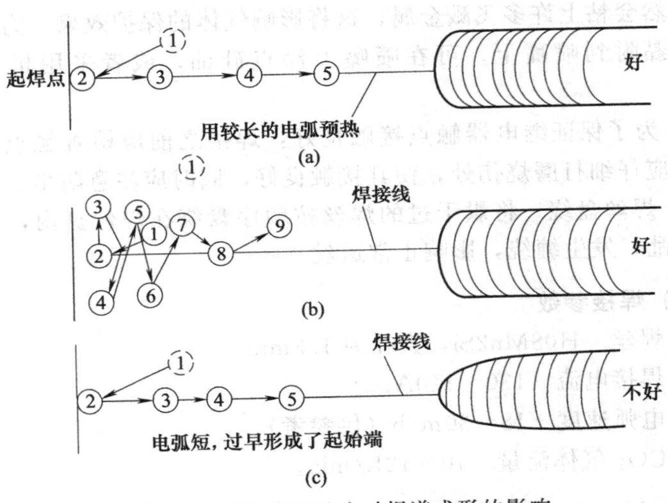

图 4-7 起始端运丝法对焊道成形的影响

若采用短路过渡法进行焊接，则为了保持短路过渡过程稳定，对直径为1.2mm的焊丝要严格控制电弧电压≤24V，否则易产生熔滴自由飞落的现象，形成滴状过渡，这样电弧将不稳，飞溅将增大，焊道成形变差。只有维持稳定的短路过程，才能使焊道成形整齐而美观。

引弧并使焊道的起始端充分融合后，要使焊丝保持一定的高度和角度并以稳定的速度沿着准线（即钢板上的划线）向前移动。

根据焊丝的运动方向不同有右焊法和左焊法两种。采用右焊法时，熔池能得到良好的保护，且加热集中，热量可以充分利用，并由电弧吹力的作用，将熔池金属推向后方，可以得到外形比较饱满的焊道。但右焊法不易准确掌握焊接方向，容易焊偏，尤其是对接焊时更明显。采用左焊法时，电弧对焊件金属有预热作用，能得到较大的熔深，使焊缝形状得到改善。采用左焊法时，虽然观察熔池困难，但能清楚地掌握焊接方向，不易焊偏。一般半自动CO_2焊时都采用带有前倾角的左焊法，如图 4-8 所示。

一条焊道焊完后，应注意将收尾处的弧坑填满，如果收尾时立即断弧则会形成低于焊件表面的弧坑。过深的弧坑会使焊道收尾处的强度减弱，并且容易造成应力集中而产生裂纹。

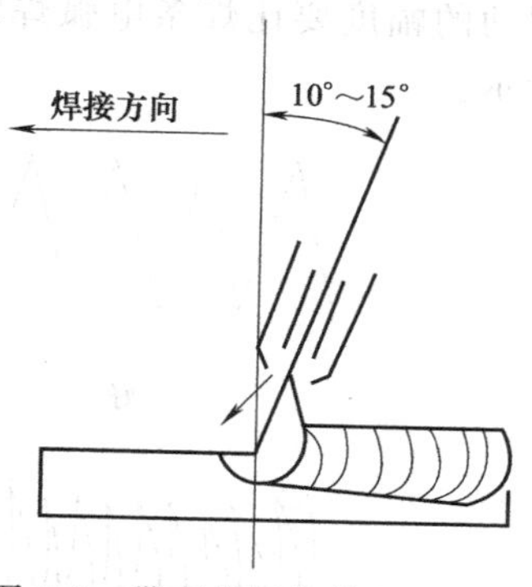

图 4-8　带有前倾角的左向焊法

本例由于采用细丝 CO_2 气体保护短路过渡焊接，其电弧长度短，弧坑较小，因此不需做专门的处理，只要按焊机的操作程序收弧即可。当采用粗丝大电流（直径＞1.6mm）长弧焊时，由于电弧电流及电弧吹力都较大，如果收弧过快，就会像前面分析的一样，产生弧坑缺陷，所以在收弧时应在弧坑处稍做停留，然后缓慢地抬起焊炬，在熔池凝固前必须继续送气。

焊道接头一般采用退焊法，其操作要领与焊条电弧焊接头相似。

② 横向摆动和往复摆动运丝焊接法　CO_2 焊接时，为了获得较宽的焊道，往往采用横向摆动运丝法。这种运丝方式是沿焊接方向，在焊道中心线（准线）两侧做横向交叉摆动，可获得较宽的焊道。半自动 CO_2 焊时，焊炬的摆动方式有锯齿形、月牙形、正三角形、斜圆形等，如图 4-9 所示。

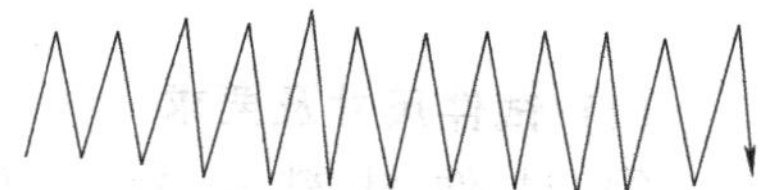

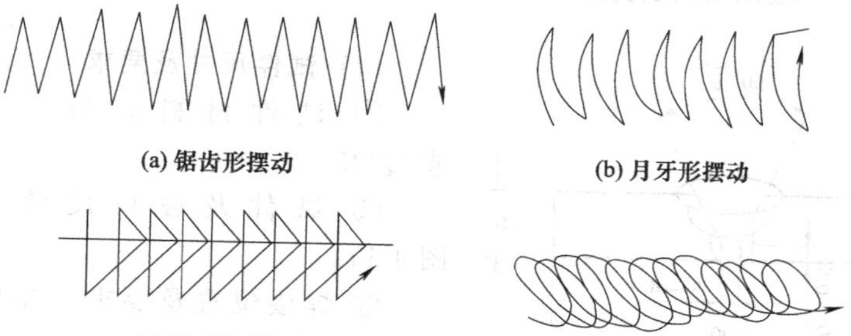

(a) 锯齿形摆动

(b) 月牙形摆动

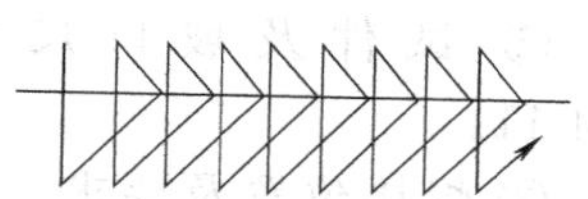

(c) 正三角形摆动

(d) 斜圆形摆动

图 4-9　半自动 CO_2 焊时焊炬的摆动方式

横向摆动运丝角度和起始端的运丝要领完全与直线焊接时一样。运丝时，以手腕做辅助，以手臂操作为主来控制和掌握运丝角度。

左右摆动的幅度要一样，否则会出现熔深不良的现象，但CO_2焊摆动的幅度要比焊条电弧焊时小些。CO_2焊摆动幅度控制如图 4-10 所示。

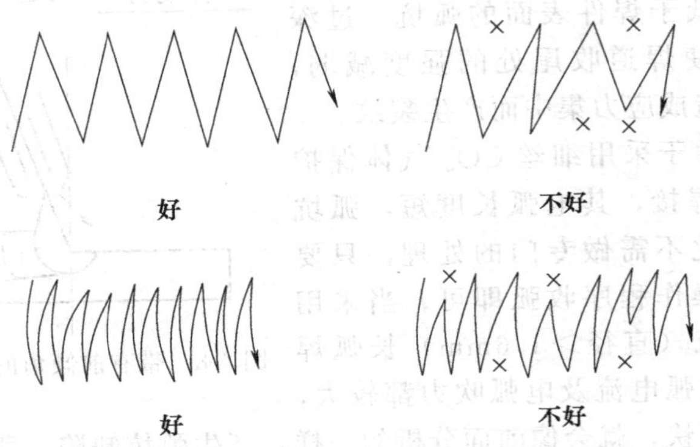

图 4-10 CO_2焊摆动幅度控制

锯齿形和月牙形摆动时，为了避免焊道中心过热，摆到中心时要加快速度，而到两侧时则应稍微停顿一下。

为了降低熔池温度，避免铁水漫流，有时焊丝可以做小幅度前后摆动。并要注意摆幅均匀，还要控制向前移动焊丝的速度均匀。

4.2.2 中厚板的板-板对接、CO_2气体保护焊、平焊位、单面焊双面成形

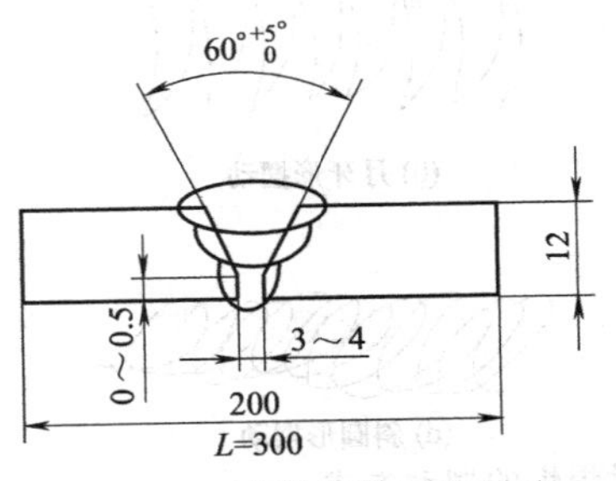

图 4-11 试件及坡口的尺寸

(1) 试件尺寸及要求

① 试件材料牌号 Q345 或 Q235。

② 试件及坡口尺寸 见图 4-11。

③ 焊接位置及要求 平焊位，单面焊双面成形。

④ 焊接位置 H08Mn2SiA，焊丝直径为 1.2mm。

⑤ 焊机 NBC-400。

(2) 试件装配

1）钝边　为 0～0.5mm。

2）除垢　清除坡口内及坡口正反两侧 20mm 范围内油、锈、水分及其他污物，至露出金属光泽。

3）装配

① 装配间隙为 3～4mm。

② 采用与焊试件相同的焊丝进行定位焊，并定位焊于试件坡口两端，焊点长度约为 10～15mm。

③ 预置反变形量为 3°。

④ 错边量应≤1.2mm。

(3) 焊接参数

焊接参数见表 4-5。

表 4-5　焊接参数

焊接层次	焊丝直径/mm	焊丝伸出长度/mm	焊接电流/A	电弧电压/V	气体流量/(L/min)
打底焊	1.2	20～25	90～110	18～20	10～15
填充焊			220～240	24～26	20
盖面焊			230～250	25	20

(4) 操作要点及注意事项

采用左向焊法，焊接层次为三层三道，焊枪角度如图 4-12 所示。

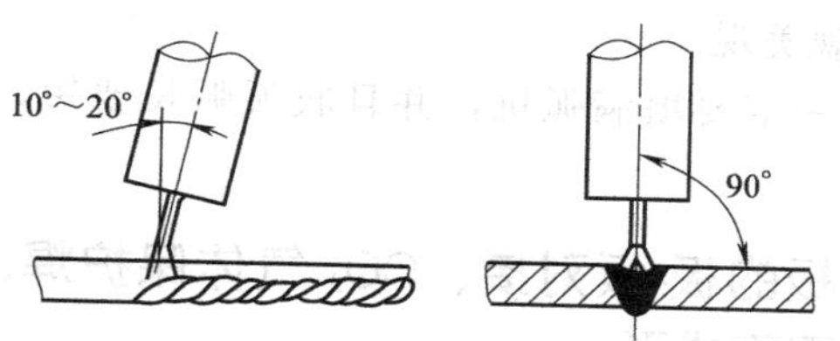

图 4-12　焊枪角度

1）打底焊　将试件间隙小的一端放于右侧。在离试件右端点焊焊缝约 20mm 坡口的一侧引弧，然后开始向左焊接打底焊道，焊枪沿坡口两侧做小幅度横向摆动，并控制电弧在离底边 2～3mm 处燃烧，当坡口底部熔孔直径达 3～4mm 时，转入正常焊接。

打底焊时应注意：

① 电弧始终在坡口内做小幅度横向摆动，并在坡口两侧稍微停留，使熔孔直径比间隙大 0.5～1mm。焊接时应根据间隙和熔孔直径的变化调整横向摆动幅度和焊接速度，尽可能维持熔孔直径不变，以获得宽窄和高低均匀的反面焊缝。

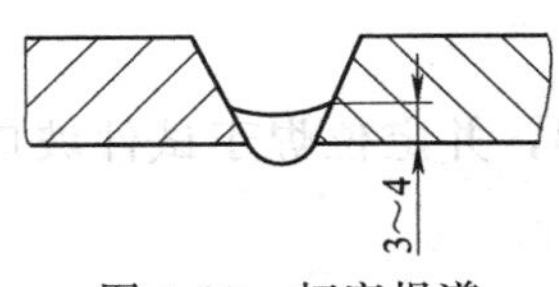

图 4-13　打底焊道

② 依靠电弧在坡口两侧的停留时间，保证坡口两侧融合良好，使打底焊道两侧与坡口结合处稍下凹，焊道表面平整，如图 4-13 所示。

③ 打底焊时，要严格控制喷嘴的高度，电弧必须在离坡口底部 2～3mm 处燃烧，保证打底层厚度不超过 4mm。

2）填充焊　调试填充层工艺参数，在试板右端开始焊填充层，焊枪的横向摆动幅度稍大于打底层。注意熔池两侧融合情况，保证焊道表面平整并稍下凹，并使填充层的高度低于母材表面 1.5～2mm。焊接时不允许烧化坡口棱边。

3）盖面焊　调试好盖面焊层参数后，从右端开始焊接，需注意下列事项。

① 保持喷嘴高度，焊接熔池边缘应超过坡口棱边 0.5～1.5mm，并防止咬边。

② 焊枪横向摆动幅度应比填充焊时稍大，尽量保持焊接速度均匀，使焊缝外观美观。

③ 收弧时一定要填满弧坑，并且收弧弧长要短，以免产生弧坑裂纹。

4.2.3　中厚板的板-板对接、CO_2 气体保护焊、横焊位、单面焊双面成形

(1) 试件尺寸及要求

① 试件材料牌号　20g。

② 试件及坡口尺寸　见图 4-14。

③ 焊接位置及要求　横焊位，单面焊双面成形。

④ 焊接材料　H08Mn2SiA，焊丝直径为 1mm 或 1.2mm。

⑤ 焊机　NBC-300。

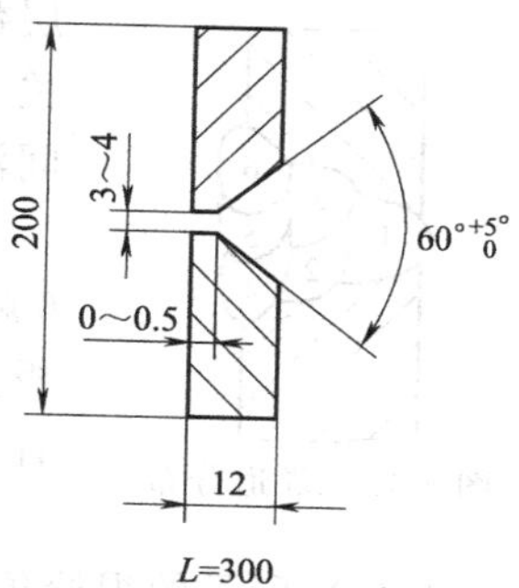

图 4-14　试件及坡口尺寸

(2) 试件装配

1）钝边　为 0～0.5mm。

2）除垢　清除坡口内及坡口正反两侧 20mm 范围内油、锈、水分及其他污物，至露出金属光泽。

3）装配

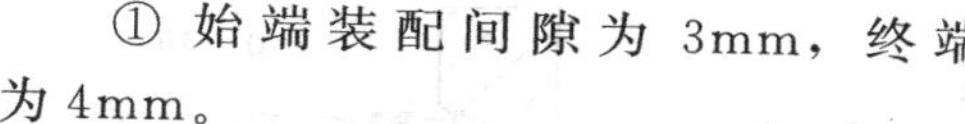

① 始端装配间隙为 3mm，终端为 4mm。

② 采用与焊试件相同牌号的焊丝进行定位焊，并在坡口两端进行定位焊接，焊点长度约为 10～15mm。

③ 预置反变形量为 5°～6°。

④ 错边量应≤1.2mm。

(3) 焊接参数

焊接参数见表 4-6。

表 4-6　焊接参数

组别	焊接层次	焊丝直径/mm	焊接电流/A	电弧电压/V	气体流量/(L/min)	焊丝伸出长度/mm
第 1 组	打底焊	1.0	90～100	18～20	10	10～15
	填充焊		110～120	20～22		
	盖面焊		110～120	20～22		
第 2 组	打底焊	1.2	100～110	20～22	10	20～25
	填充焊		130～150	20～22		
	盖面焊		130～150	22～24		

注：如选择直径为 1mm 的焊丝，则焊接工艺选择第 1 组；如选择直径为 1.2mm 的焊丝，则焊接工艺选择第 2 组。

(4) 操作要点及注意事项

横焊时熔池虽有下面托着较易操作，但焊道表面不易对称，所以焊接时必须使熔池尽量小，另外采用多焊道的方法来调整焊道外表面形状，最后获得较对称的焊缝外表。

横焊时的试件角变形较大，它除了与焊接参数有关外，又与焊缝

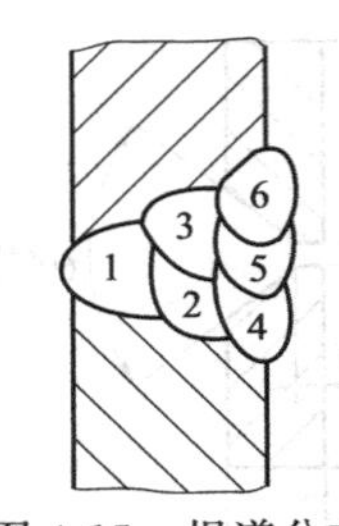

图 4-15 焊道分布

层数、每层焊道数目及焊道间的间歇时间有关，通常熔池大、焊道间的间歇时间短、层间温度高时角变形则大，反之则小。

横焊时采用左向焊法，3 层 6 道，按 1～6 顺序焊接，焊道分布如图 4-15 所示。将试板垂直固定于焊接夹具上，焊缝处于水平位置，间隙小的一端放于右侧。

1）打底焊　调试好焊接参数后，按图 4-16（a）所示的焊枪角度，从右向左进行焊接。

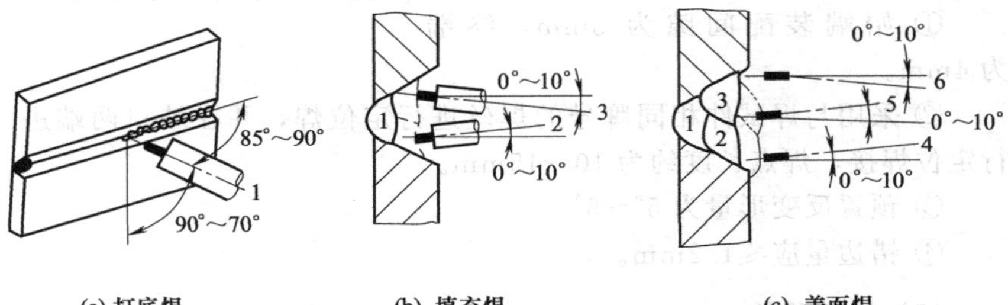

图 4-16 横焊时焊枪角度及对中位置

在试件定位焊缝上引弧，采用小幅度锯齿形摆动，自右向左焊接，当遇焊点左侧形成熔孔后，保持熔孔边缘超过坡口上、下棱边 0.5～1mm。焊接过程中要仔细观察熔池和熔孔，根据间隙调整焊接速度及焊枪摆幅，尽可能地维持熔孔直径不变，焊至左端收弧。

若打底焊接过程中电弧中断，则应按下述步骤接头：

① 将接头处焊道打磨成斜坡。

② 在打磨了的焊道最高处引弧，并采用小幅度锯齿形摆动，当接头区前端形成熔孔后，继续焊完打底焊道。

焊完打底焊道后，先除净飞溅及焊道表面杂质，然后用角向磨光机将局部凸起的焊道磨平。

2）填充焊　调试好填充参数，按图 4-16（b）所示的焊枪对中位置及角度进行填充焊道 2 与 3 的焊接。整个填充焊层厚度应低于母材 1.5～2mm，且不得熔化坡口棱边。

① 焊填充焊道 2 时，焊枪成 0°～10°俯角，电弧以打底焊道的下

缘为中心做横向摆动，保证下坡口熔合好。

② 焊填充焊道 3 时，焊枪成 0°～10°仰角，电弧以打底焊道的上缘为中心，在焊道 2 和上坡口面间摆动，保证熔合良好。

③ 清除填充焊道的表面飞溅物，并用角向磨光机打磨局部凸起处。

3）盖面焊　调试好盖面焊参数，按图 4-16（c）所示的焊枪对中位置及角度进行盖面的焊接，操作要领基本同填充焊。

收弧时必须填满弧坑，并使弧坑尽量短。

若此例采用仰焊，则应注意焊接电流，电弧电压应比相同板厚横焊时要小，焊接速度要低，CO_2气体流量稍大些，可利用气体的吹力托住下淌的熔池。同时 CO_2 气体对熔池有冷却作用，有利于焊缝成形，多采用细丝 CO_2 焊，焊枪可做较小的前后往复摆动，防止熔化金属下淌。

4.2.4　薄板或中厚板的板-板对接、I 形或 V 形坡口、CO_2 气体保护焊、立焊位、单面焊双面成形

半自动 CO_2 气体保护焊立焊分为向下立焊和向上立焊两种。

(1) 向下立焊

向下立焊多采用较快的焊速，熔深浅，成形美观，焊波均匀，适用于焊接板厚在 6mm 以下的薄板。

① 焊枪的操作方法　焊枪的操作方法如图 4-17 所示。

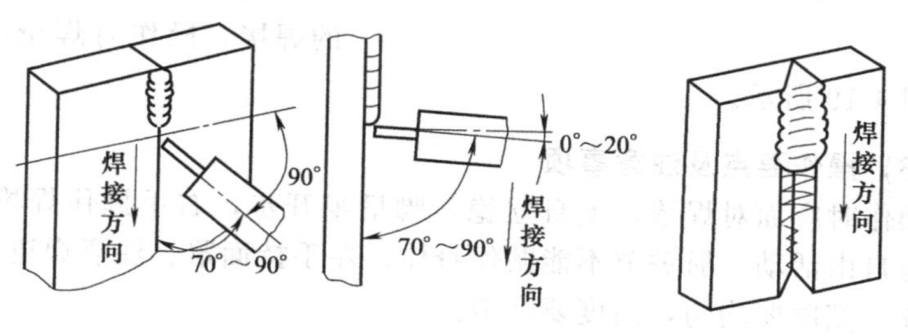

(a) 焊枪角度　(b) 有坡口焊件运条方法

图 4-17　CO_2 气体保护焊向下立焊时焊枪角度和运条方法

焊枪与焊接方向夹角一般为 70°～90°。焊接时，焊枪一般不摆

动，有时微摆；有坡口或厚板焊接时，可做月牙形摆动。

② 焊接参数 焊接参数见表 4-7。

表 4-7 向下立焊 I 形焊接时的焊接参数

板厚/mm	根部间隙/mm	焊丝直径/mm	焊接电流/A	焊接电压/V	焊接速度/(cm/min)
0.8	0	0.9	60～65	16～17	60～65
1.0	0	0.9	60～65	16～17	60～65
1.2	0	0.9	70～75	16.5～17	60～65
1.6	0	0.9	75～85	17～18	55～65
	0	1.2	100～110	16	80～83
2.0	1.0	0.9	85～90	19	45～50
	0.8	1.2	110～120	17～18	70～90
3.2	1.8	0.9	110～120	19～20	33～38
	1.8	1.2	140～160	19～19.5	38～42
4.0	2.0	0.9	120～130	19～20	30～35
	2.0		140～160	19～19.5	35～38

注：1. CO_2 流量为 15L/min。

2. 根部间隙过大时，自上而下操作焊枪为好。

(2) 向上立焊

向上立焊时，熔深大，熔化金属容易下淌，成形高。为了改善成形一般可采用横向摆动的方法，如图 4-18 所示。

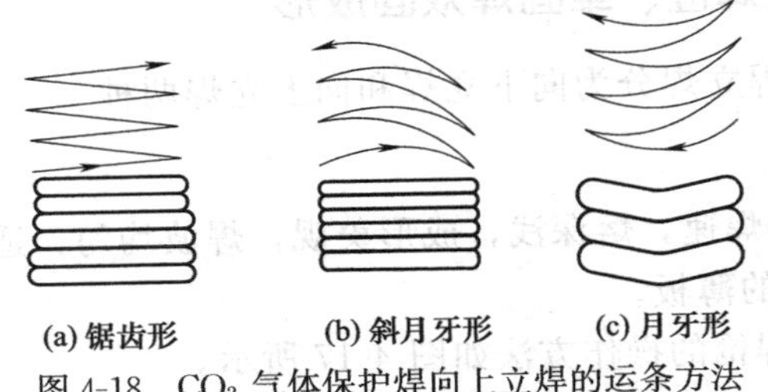

(a) 锯齿形 (b) 斜月牙形 (c) 月牙形

图 4-18 CO_2 气体保护焊向上立焊的运条方法

向上立焊适用于厚板的焊接，操作时焊枪的角度如图 4-19 所示。

(3) 操作要点及注意事项

操作时应面对焊缝，上身立稳，脚呈半开步，右手握住焊枪后，手腕能自由活动，肘关节不能贴住身体，左手持面罩。注意焊道成形要整齐，宽度要均匀，高度要合适。

① T 形接头立焊 板厚为 8mm，采用直径为 1.2mm 的 H08Mn2Si 焊丝，参照表 4-8 中所示的焊接参数，可适当增大。运丝时，第一层采用直线移动运丝法，向下立焊，如图 4-20 中的 1 所示；

第二层采用小月牙形摆动运丝法，向下立焊，如图 4-20 中的 2 所示，第三层采用正三角形摆动运丝法，向上立焊，如图 4-20 中的 3 所示。

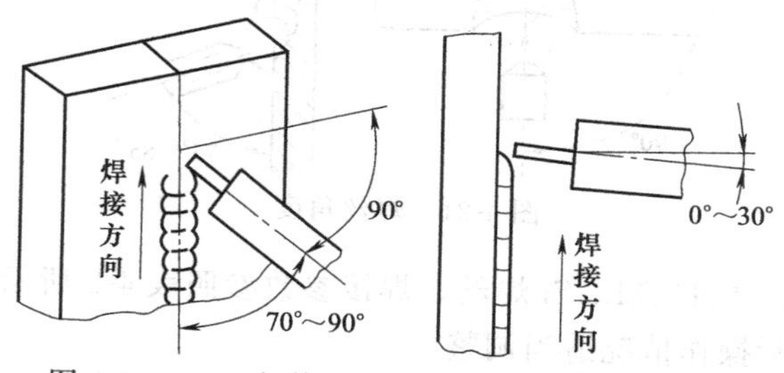

图 4-19　CO_2 气体保护焊向上立焊时焊枪的角度

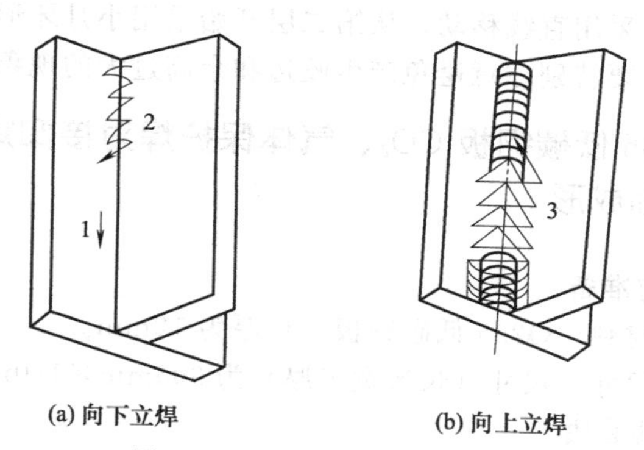

图 4-20　向下立焊与向上立焊

1—直线移动运丝法；2—小月牙形摆动运丝法；3—正三角形摆动运丝法

表 4-8　直线移动和横向摆动立焊焊接参数

运丝方式	电流/A	电压/V	焊接速度 /(m/h)	CO_2 气体流量 /(L/min)
直线移动运丝法	110～120	22～24	20～22	0.5～0.8
小月牙形横向摆动运丝法	130	22～24	20～22	0.4～0.7
正三角形摆动运丝法	140～150	26～28	15～20	0.3～0.6

焊接时要注意每层焊道中的焊脚要均匀一致，并充分注意水平板与立板的熔深要合适，不要出现咬边等缺陷。

向下立焊时的焊丝角度如图 4-21 所示，向下立焊参照焊条电弧焊立焊时的焊条角度。

② 开坡口立对焊　焊件与开坡口水平对接焊焊件相同。采用直

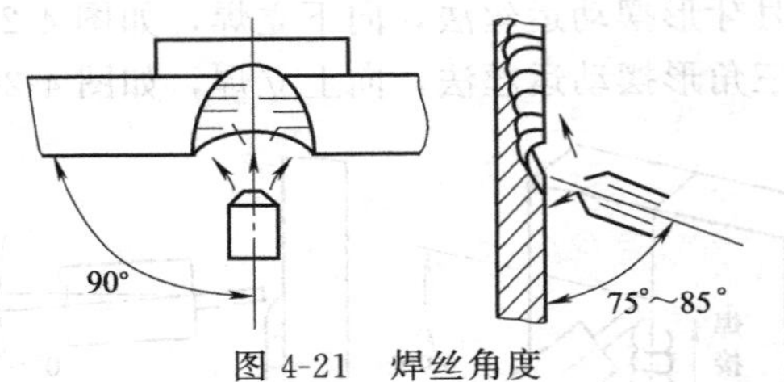

图 4-21 焊丝角度

径为 1.2mm 的 H08Mn2Si 焊丝。焊接参数参照表 4-8 所示进行选用，允许根据实际操作情况适当调整。

操作时焊丝运行中的角度如图 4-21 所示，采用向下立焊法焊接。运丝时第一层采用直线移动，从第二层开始采用小月牙形摆动。施焊盖面焊道时，要特别注意避免产生咬边和余高过大的现象。

4.2.5 Q235 低碳钢板 CO_2、气体保护焊对接仰焊、单面焊双面成形

(1) 焊前准备

① 焊件材料　Q235 低碳钢板，板厚为 12mm。

② 焊件尺寸　尺寸（长×宽×厚）为 300mm×150mm×12mm，V 形坡口，共 2 块。

③ 焊接材料　ER49-1 焊丝（H08Mn2SiA），直径为 1mm。

④ 焊接要求　对接仰焊单面焊双面成形。

⑤ 焊接准备　NBCI-300 型 CO_2 气体保护焊焊机 1 台，直流反接。

(2) 焊件装配

① 清理焊接坡口两侧各 30mm 范围内的油、污、锈、垢等。

② 修磨坡口处钝边为 0.5~1mm，由焊接操作者自定。

③ 装配间隙：始端为 1.5mm，终端为 2.0mm。错边量≤1.2mm。

④ 定位焊。在焊件两端坡口进行定位焊，定位焊缝长度为10~15mm。

⑤ 预制反变形量为≤30°。

(3) 焊接参数的选择

厚 12mmQ235 钢板 CO_2 气体保护焊对接仰焊的焊接参数见表 4-9。

表 4-9　厚 12mmQ235 钢板 CO_2 气体保护焊对接仰焊的焊接参数

焊接层数	焊丝直径/mm	焊接电流/A	电弧电压/V	焊接速度/(m/h)	气体流量/(L/min)
打底层	1	95～100	22～24	25～30	20～25
填充层		105～130			
盖面层		100～120			

(4) 操作要点及注意事项

仰焊时由于熔池金属液体在自重的作用下要向下流淌，正面焊缝熔化金属容易下坠，背面余高容易出现内凹过大，比较难焊，因此，应该严格控制焊接热输入和冷却速度，采用较小的焊接电流、较大的焊接速度，加大保护气体流量，使仰焊的熔池尽量小些，防止熔化金属下坠，保证焊缝成形美观。

① 打底层的焊接操作　打底层焊接时，焊枪角度与焊件表面成 90°，采用直线移动或小幅度摆动，用短弧从始焊端一侧引弧再移至另一侧在坡口根部形成熔孔，熔孔每侧比坡口根部间隙大 0.5～1mm，然后，尽可能地快速移动，利用 CO_2 气体有承托熔池金属的能力，控制电弧在熔敷金属的前方，防止熔化金属向下坠。

② 填充层的焊接操作　焊接填充层时，焊枪角度与打底层焊相似，焊丝移动的幅度逐步增大，确保坡口两边熔合良好，焊缝不要太厚，越薄熔池金属凝固得越快，填充层总厚度应低于母材表面 1mm，保留坡口棱边不得被熔化。

③ 盖面层的焊接操作　焊接盖面层时，焊丝的摆动幅度还要再大些，焊接速度放慢些，使熔池两侧超过坡口棱边 1～2mm 并且熔合良好，保证焊缝表面美观。

填充层、盖面层采用直线运丝法，盖面层焊接时应保证熔合良好，不要产生咬边缺陷。

4.2.6 板-管（板）T 形接头、CO_2 气体保护焊、插入式管板、垂直俯位角焊、焊透

本题包含垂直俯位的插入式管板角接与板-板 T 形角接两种接头

形式，由于管-板角接焊接时焊枪的角度需绕管子变化，其操作难度显然要大，因此本实例以讲述前者的操作基本要领为主。

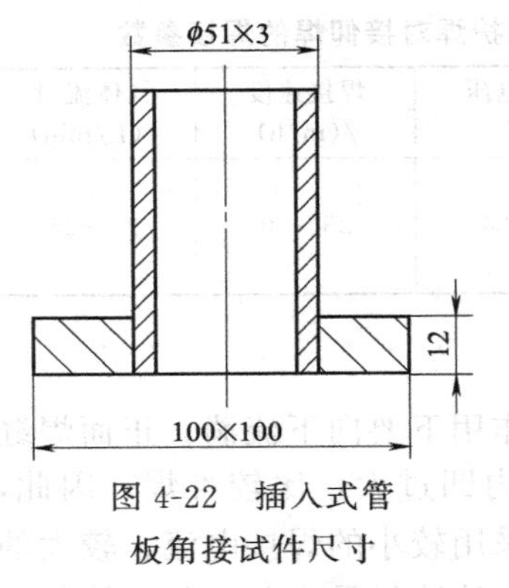

图 4-22 插入式管板角接试件尺寸

(1) 试件尺寸及要求

① 试件材料牌号 20 钢。

② 试件尺寸 见图 4-22。

③ 焊接位置 垂直俯位角焊。

④ 焊接要求 焊脚高 $K=5^{+2}_{0}$mm，并焊透。

⑤ 焊接材料 H08Mn2SiA，φ1.2mm。

⑥ 焊机 NBC-400。

(2) 试件装配

① 清除管子焊接端外壁 40mm 范围内、孔板内壁及其四周 20mm 范围内油、锈、水分及其他污物，至露出金属光泽。

② 定位焊：一点定位，采用与焊接试件相同牌号的焊丝点焊，焊点长度为 10～15mm，要求焊透，焊脚不能过高。

③ 管子应垂直于孔板。

(3) 焊接参数

焊接参数见表 4-10。

表 4-10 插入式管板焊接参数

焊丝直径 /mm	伸出长度 /mm	焊接电流 /A	电弧电压 /V	气体流量 /(L/min)
1.2	15～20	130～150	20～22	15

(4) 操作要点及注意事项

1）焊枪角度与焊法 采用单层单道左向焊法，焊枪角度如图 4-23所示。

2）焊接步骤

① 在定位焊点的对面引弧，从右向左沿管子外圆焊接，焊至距定位焊缝约 20mm 处收弧，磨去定位焊缝，将焊缝始端及收弧处磨

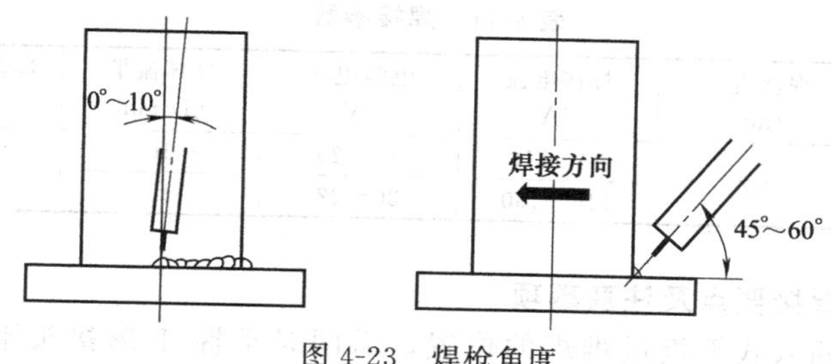

图 4-23 焊枪角度

成斜面。

② 将试件转 180°，在收弧处引弧，完成余下 1/2 焊缝。

③ 封闭焊缝。填满弧坑，并使接头不要太高。

4.2.7 板-管（板）T 形接头、CO_2 气体保护焊、插入式水平固定位置角焊、单面焊双面成形

（1）试件尺寸及要求

① 试件材料 20 钢。

② 试件及坡口尺寸 见图 4-24。

③ 焊接位置 水平固定。

④ 焊接要求 单面焊双面成形，焊 $K=5^{+2}_{0}$mm。

⑤ 焊接材料 H08Mn2SiA，ϕ1.2mm。

⑥ 焊机 NBC1-300。

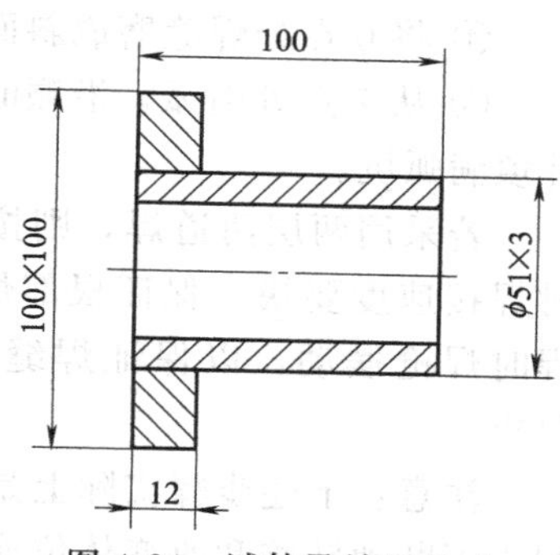

图 4-24 试件及坡口尺寸

（2）试件装配

① 清除坡口及其两侧 20mm 范围内的油、锈、水分及其他污物，至露出金属光泽。

② 定位焊：一点定位，采用与焊接试件相同牌号的焊丝进行点焊，焊点长度为 10～15mm，要求焊透，焊脚不能过高。

③ 管子应垂直于管板。

（3）焊接参数

焊接参数见表 4-11。

表 4-11　焊接参数

焊接层次	焊丝直径/mm	焊接电流/A	电弧电压/V	气体流量/(L/min)	焊丝伸出长度/mm
打底焊	1.2	90～110	18～20	10	15～20
盖面焊		110～130	20～22	15	

(4) 焊接要点及注意事项

这是插入式管板最难焊的位置，需同时掌握 T 形接头平焊、立焊、仰焊的操作技能，并根据管子曲率调整焊枪角度。

本实例因管壁较薄，焊脚高度不大，故可采用单道焊或两层两道焊（一层打底焊和一层盖面焊）。

① 将管板试件固定于焊接固定架上，保证管子轴线处于水平位置，并使定位焊缝不得位于时钟 6 点位置。

② 调整好焊接参数，在 7 点处引弧，沿逆时针方向焊至 3 点处断弧，不必填满弧坑，但断弧后不能移开焊枪。

③ 迅速改变焊工体位，从 3 点处引弧，仍按逆时针方向由 3 点处到 0 点处。

④ 将 0 点处焊缝磨成斜面。

⑤ 从 7 点处引弧，沿顺时针方向焊至 0 点处，注意接头应平整，并填满弧坑。

若采用两层两道焊，则按上述要求和次序再焊一次。焊第一层时焊接速度要快，保证根部焊透，焊枪不摆动，使焊脚较小。盖面焊时焊枪摆动，以保证焊缝两侧熔合好，并使焊脚尺寸符合规定要求。

注意：上述步骤实际上是一气呵成的，应根据管子的曲率变化，焊工不断地转腕和改变体位连续焊接，按逆、顺时针方向焊完一圈焊缝。焊接时的焊枪角度与焊法如图 4-25 所示。

4.2.8 大直径管对接、CO_2 气体保护焊、水平位转动焊、单面焊双面成形

(1) 试件尺寸及要求

① 试件材料牌号　20 钢。

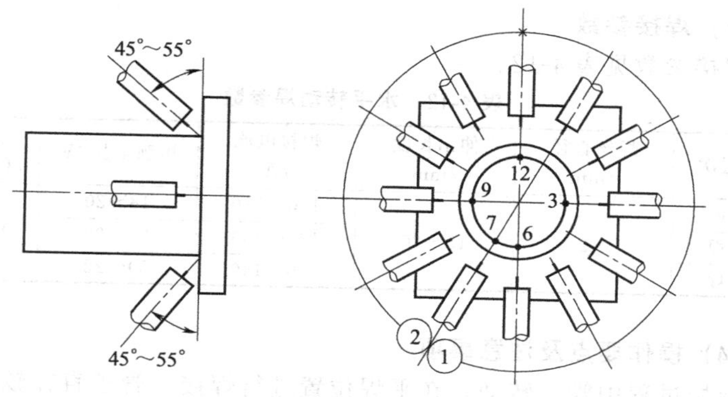

图 4-25 焊枪角度

①—从 7 点开始沿逆时针方向焊至 12 点；

②—从 7 点开始沿顺时针方向焊至 12 点

② 试件及坡口尺寸 见图 4-26。

③ 焊接位置及要求 管子水平转动焊，单面焊双面成形。

④ 焊接材料 H08Mn2SiA，焊丝直径为 1.2mm。

⑤ 焊机 NBC-400。

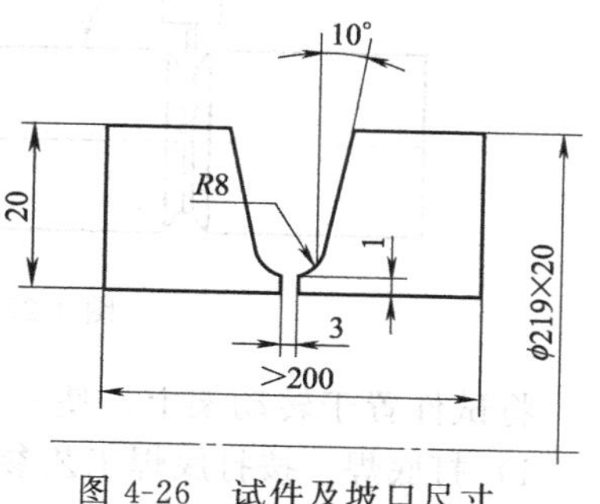

图 4-26 试件及坡口尺寸

(2) 试件装配

① 除垢：清除管子坡口面及其端部内外表面 20mm 范围内的油、锈、水分及其他污物，至露出金属光泽。

② 将试件置于 V 形角钢上对齐进行装配定位焊。

③ 装配间隙为 3mm。

④ 3 点定位，各相距 120°，采用与焊接试件相同的焊丝在坡口内进行定位焊，焊点长度为 10～15mm，应保证焊透和无缺陷，其焊点两端最好预先打磨成斜坡。

⑤ 错边量应≤0.8mm。

(3) 焊接参数

焊接参数见表 4-12。

表 4-12 水平转动焊参数

焊接层次	焊丝直径/mm	伸出长度/mm	焊接电流/A	电弧电压/V	气体流量/(L/min)
打底焊	1.2	15～20	110～130	18～20	12～15
填充焊			130～150	20～22	
盖面焊			130～140	20～22	

(4) 操作要点及注意事项

焊接过程中管子转动，在平焊位置进行焊接。管子直径较大，故其操作的难度不大。

采用左向焊法，多层多道焊；焊枪角度如图 4-27 所示。

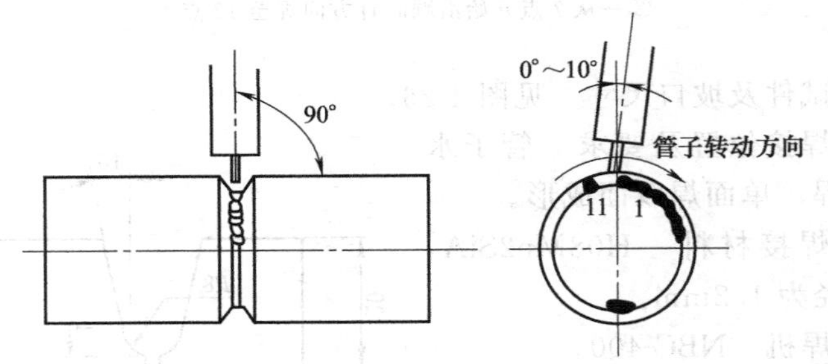

图 4-27 焊枪角度

将试件置于转动架上，使一个定位焊点位于1点钟位置。

1）打底焊 按打底焊工艺参数调节焊接参数，在处于 1 点钟处的定位焊缝上引弧，并从右向左焊至 11 点钟处断弧，立即用左手将管子按顺时针方向转一角度，将灭弧处转到 1 点钟处，再行焊接，如此不断重复上述过程，直到焊完整圈焊缝为止。最好采用机械转动装置，边转边焊，或配备 1 人转动管子、1 人进行焊接，也可根据自己的熟练程度，采用右手持焊枪、左手转动的方法，连续完成整圈打底焊缝。

打底焊接注意事项：

① 管子转动时，须使熔池保持在水平位置，管子转动的速度就是焊接速度。

② 打底焊道必须保证反面成形良好，所以焊接过程中要控制好

熔孔直径，它应以比间隙大0.5～1mm为合适。

③ 除净打底焊道的熔渣、飞溅物。修磨焊道上局部凸起部分。

2）填充焊 调整好其焊接参数，按打底焊方法焊接填充焊道，并注意如下事项：

① 焊枪横向摆动幅度应稍大，并在坡口两侧适当停留，保证焊道两侧熔合良好，焊道表面平整，稍下凹。

② 控制好最后1层填充焊道高度，使其低于母材2～3mm，并不得熔化坡口棱边。

3）盖面焊 调整好其焊接参数，焊接盖面焊道，并应注意如下事项：

① 焊枪摆动幅度应比填充焊时大，并在两侧稍停留，使熔池超过坡口棱边0.5～15mm，保证两侧熔合良好。

② 转动管子的速度要慢，保持水平位置焊接，使焊道外形美观。

4.2.9 大直径管对接、CO_2气体保护焊、垂直固定焊、单面焊双面成形

(1) 试件尺寸及要求

① 试件材料 20钢。

② 试件及坡口尺寸 见图4-28。

③ 焊接位置及要求 垂直固定位，单面焊双面成形。

④ 焊接材料 H08Mn2SiA，焊丝直径为1.2mm。

⑤ 焊机 NBC-300。

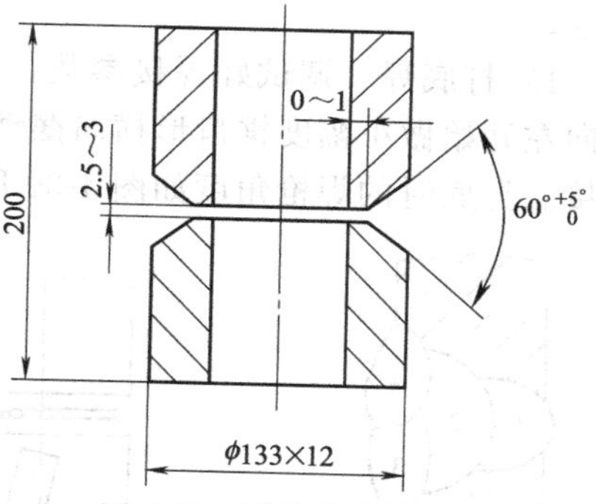

图4-28 试件及坡口尺寸

(2) 试件装配

1）钝边 为0～1mm。

2）除垢 清除坡口及其两侧20mm范围内的油、锈、水分及其他污物，至露出金属光泽。

3）装配

① 装配间隙为 2.5～3mm。

② 3 点均布定位焊，并采用与焊接试件相同牌号的焊丝进行定位焊，焊点长度为 10～15mm，要求焊透和保证无焊接缺陷，并将焊点两端修磨成斜坡。

③ 试件错边量应≤1.2mm。

(3) 焊接参数

焊接参数见表 4-13。

表 4-13 焊接参数

焊接层次	焊接电流/A	电弧电压/V	气体流量/(L/min)	焊丝直径/mm	伸出长度/mm
打底焊	110～130	18～20	12～15	1.2	15～20
填充焊	130～150	20～22			
盖面焊					

(4) 操作要点及注意事项

采用左向焊法，焊接层次为三层四道，如图 4-29 所示。

将管子垂直固定于试件固定架上，并将间隙较小的位置置于起焊位置。

1）打底焊 调试好焊接参数，在试件右侧定位焊缝上引弧，自右向左开始做小幅度锯齿形横向摆动，待左侧形成熔孔后，转入正常焊接。打底时的焊枪角度如图 4-30 所示。

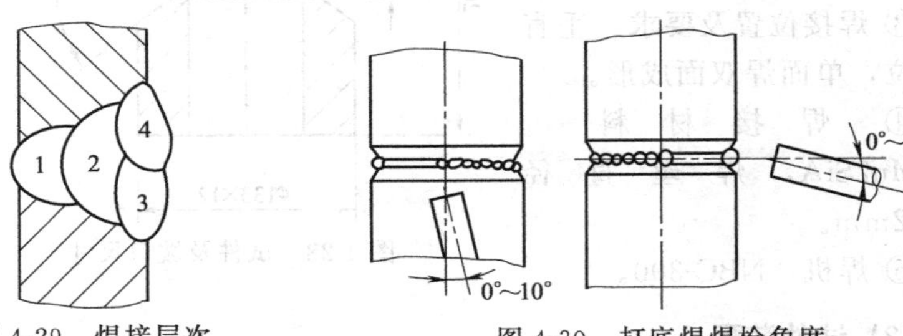

图 4-29 焊接层次

图 4-30 打底焊焊枪角度

打底焊时注意事项如下：

① 打底焊道主要保证焊缝的背面成形。焊接过程中，应保证熔孔直径比间隙大 0.5～1mm，且两边需对称，才能保证焊根背面熔合好。

② 应特别注意打底焊道与定位焊道的接头，必须熔合好。

③ 为便于施焊，灭弧后允许管子转动位置，此时可不必填满弧坑，但不能移开焊枪，需利用 CO_2 气体来保护熔池到完全凝固，并在熄弧处引弧焊接，直到焊完打底焊道。

④ 除净焊渣、飞溅物后，修磨接头局部凸起处。

2）填充焊　调试好参数，自右向左进行焊接，并应注意以下几点：

① 起焊位置应与打底焊道接头错开。

② 适当加大焊枪的横向幅度，保证坡口两侧熔合好，焊枪角度同打底焊要求。

③ 不得熔化坡口棱边，并使焊道高度低于母材 2.5～3mm。

④ 除净焊渣、飞溅物，并修磨填充焊道的局部凸起处。

3）盖面焊　用与填充焊相同的参数和步骤完成盖面层的焊接。

盖面焊时的注意事项如下：

① 为保证焊缝余高对称，盖面层焊道分两道，焊枪角度如图 4-31 所示。

② 焊接过程中，应保证焊缝两侧熔合好，故熔池边缘以超过坡口棱边 0.5～2mm 为佳。

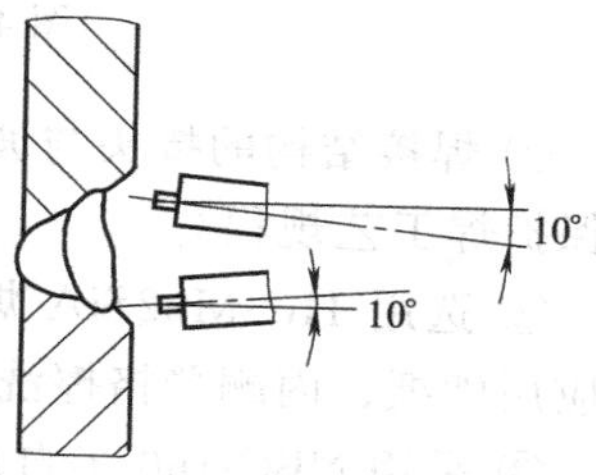

图 4-31　盖面焊焊枪角度

4.2.10 大直径管对接、V 形坡口、CO_2 气体保护焊、水平固定焊、单面焊双面成形

(1) 中厚壁大直径管对接

焊接顺序及焊枪位置见图 4-32。

(2) 焊接参数

第一层（底层）焊接，采用自下而上的焊接，焊接电流为 100～140A；焊接电压为 18～22V；根部间隙为 0～2mm；焊丝直径为 1.2mm。

第二层及以后的焊接，采用自下而上的焊接，焊丝直径为 1.2mm；焊接电流为 120～160A；焊接电压为

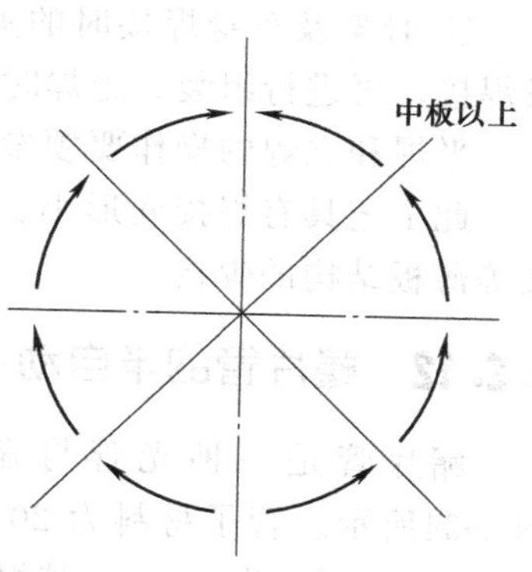

图 4-32　大直径管对接焊枪位置及焊接顺序

19～23V。

4.2.11 车辆骨架及车身的 CO_2 气体保护焊

车辆骨架及车身构件的材料是普通碳素钢，厚度为 1～3mm，结构见图 4-33。其焊接工艺要点如下：

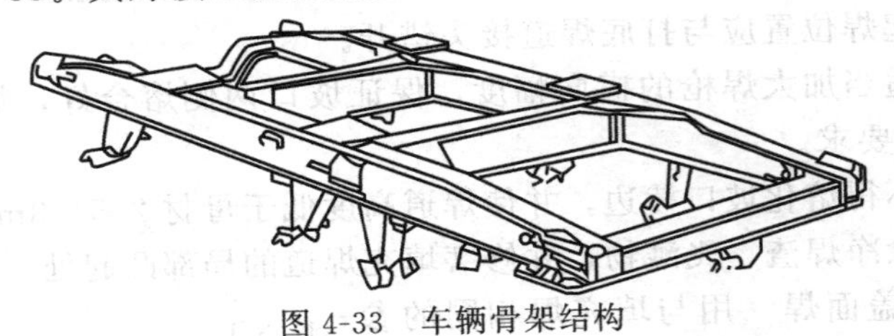

图 4-33 车辆骨架结构

① 焊接结构的接头与坡口形式见 JB/T 9186—1999《二氧化碳气体保护焊工艺规程》。

② 选用 H08Mn2SiA 焊丝，焊丝表面镀铜，若用不镀铜焊丝，则应用砂纸、丙酮严格擦洗。焊件施焊区应清除水、锈、油等污物。

③ 采用 NBC-160 半自动 CO_2 焊机和拉丝式焊枪。焊机软管宜搁置在高处，以便使用时灵活拖动，同时可减轻焊工的劳动强度。焊接场地要避风和雨。

④ 骨架及车身的焊接工艺参数，见 JB/T 9186—1999《二氧化碳气体保护焊工艺规程》。

⑤ 骨架及车身焊接时的关键是控制好焊接变形，通常先进行分段焊接，再进行组装。施焊时采用对称焊、跳焊等措施。

平焊和立焊的操作要领参见表 4-2。

此工艺具有焊接变形小、生产率高等优点，尤其适用于梁、柱、架等薄板结构的焊接。

4.2.12 鳍片管的半自动 CO_2 气体保护焊

鳍片管是一种光管与扁钢的焊接结构，鳍片管接头形式如图 4-34所示。管子材料为 20 钢，规格为 ϕ60mm×5mm；扁钢材料为 Q235，厚度为 6mm。其焊接工艺要点如下：

① 为了控制鳍片管的焊接变形，采用压板式焊接夹具。鳍片管

焊接夹具如图 4-35 所示：底板长度与管子长度相似，底板上每相距 300～500mm 装一副压板。

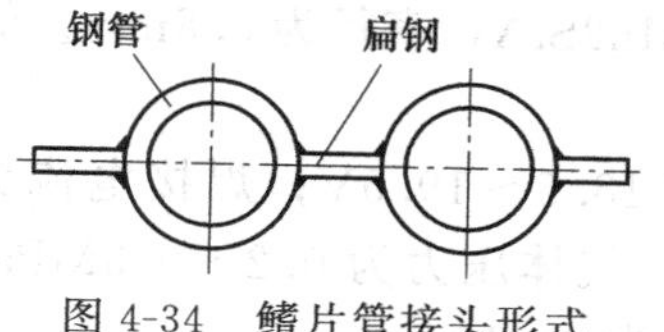

图 4-34　鳍片管接头形式

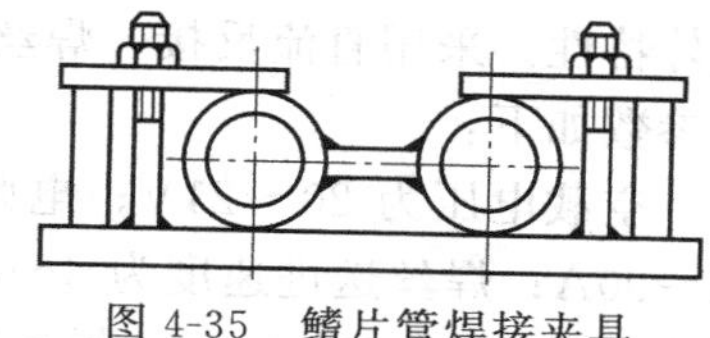
图 4-35　鳍片管焊接夹具

② 先将鳍片管组装点固，每隔 200mm 点焊 10mm。管子与扁钢间的装配间隙为 0～0.5mm，装配后将焊件夹紧在夹具上。

③ 采用 H08Mn2SiA 焊丝，工件表面及焊丝必须清理干净。

④ 施焊时采用对称焊、跳焊等措施。鳍片管一面焊毕后，松开压板翻身，再焊另一面。

⑤ 鳍片管半自动 CO_2 焊焊接参数见表 4-14。

⑥ 若将焊炬改为小车式，则可使半自动焊变成自动焊。如果小车同时具有两个焊炬，则使用效果更佳。

表 4-14　鳍片管半自动 CO_2 焊焊接参数

焊丝直径 /mm	焊接电流 /A	电弧电压 /V	焊接速度 /(m/h)	气体压力 /MPa
1.0	220～230	30	23～25	0.15
1.2	290～300	30	33	0.2

4.2.13　细丝 CO_2 气体保护冷焊铸铁

细丝 CO_2 气体保护焊可以冷焊铸铁，但是在实际操作中，如果焊接工艺选择不当，则将会导致失败。因此，正确的选择工艺参数和操作方法是十分重要的。

一台 10t 吊车的铸铁滑轮在工作中损坏，断裂成五块，就是用细丝 CO_2 气体保护焊进行组焊修复的。

(1) 焊前准备

首先将破碎的滑轮片用汽油进行清洗、擦净，并将断裂处用砂轮修磨成单边 40°坡口，然后按零件原形组装定位焊。

(2) 焊接工艺

所用焊机是自制的硒整流三相桥式 CO_2 气体保护焊机，具有平硬外特性。采用直流反接，焊丝为 H08Mn2SiA，直径为 0.8mm。焊接参数如下：

空载电压为 20～21V；电弧电压为 18.5～19.5V；焊接电流为 75～90A；焊丝送进速度为 6～8m/min；气体压力为 0.2～0.3MPa；气体流量为 8～10L/min；焊丝伸出长度为 8～10mm。

(3) 注意事项

定位焊缝安排在接缝的中间位置，其动作要迅速，每焊一段定位焊缝后，应仔细观察是否有裂纹存在。定位焊缝的厚薄要适当，焊缝太薄易发生裂纹；焊缝太厚则影响正常焊道的填充。有时还易产生颗粒状的焊点，不易与基体金属结合，只要一受力，就会与基体金属脱开。如果发现此情况，应根据焊接熔池冶金反应的情况及焊点成形情况，适当地提高电弧电压值，以满足规范的要求。

焊缝的焊接层次分为三层，第一层填补高低、宽窄不平之处，修正焊缝，焊缝最厚不可超过 3mm，自然冷却到室温；然后焊第二层再冷至 15～20℃的情况下；最后施焊第三层，始终保持每层焊缝的所需厚薄，使焊道成形美观。焊后在室温下自然冷却。

(4) 施焊时选择工艺参数应遵守的原则

① 选用 H08Mn2SiA 焊丝，焊丝直径为 0.6～1.0mm。

② 电弧电压为 18～20V；焊接电流为 60～90A，最大不超过 110A；焊接速度应快；气体流量比焊碳钢时大些。

③ 焊接层次越多越好，每层焊缝应控制为浅而薄。

④ 在施焊过程中，应使焊缝及焊缝周围铸铁基体部分的温度保持低温状态，最高不超过 60℃，即以不烫手为宜。

⑤ 施焊第一层时，最好将铸铁基体的焊接部分完全覆盖，形成一个焊接过渡层，然后再依次填充焊缝。

⑥ 其他方面可按常规铸铁冷焊方法操作，如工件大时可采用分段施焊或对称循环施焊的方法，以减少应力集中和变形。每层焊后均应进行锤击。

4.2.14 厚 12mm 板、V 形坡口、对接横焊、单面焊双面成形

(1) 装配与定位焊

装配与定位焊的要求如图 4-36 所示，对接横焊反变形如图 4-37 所示。

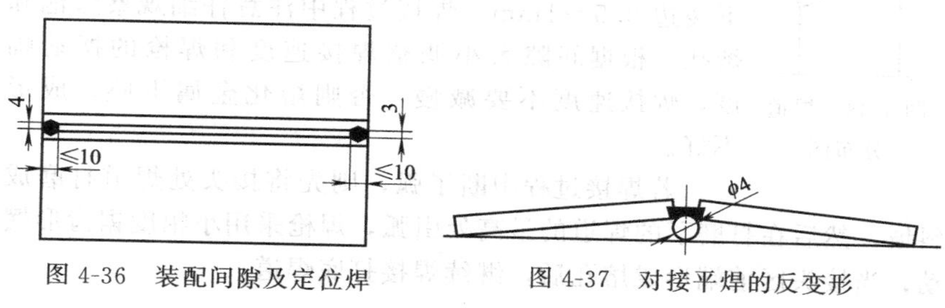

图 4-36 装配间隙及定位焊　　图 4-37 对接平焊的反变形

(2) 焊接参数

介绍两组焊接参数，第一组适用于直径为 1.2mm 的焊丝，第二组适用于直径为 1.0mm 的焊丝。表 4-15 所示为使用的焊接参数。

表 4-15 焊接参数

组别	焊接层次位置	焊丝直径/mm	焊丝伸出长度/mm	焊接电流/A	电弧电压/V	气体流量/(L/min)	层数
第一组	打底焊	1.2	20～25	100～110	20～22	10～15	3
	填充焊			130～150	20～22		
	盖面焊			130～150	22～24		
第二组	打底焊	1.0	10～15	90～100	18～20	10～15	3
	填充焊			110～120	20～22		
	盖面焊			110～120	20～22		

(3) 焊接要点

1）焊枪角度与焊法　打底焊通常采用左焊法，填充焊和盖面焊采用左焊法或右焊法。共焊接三层六道，焊道分布如图 4-38 所示。焊枪角度如图 4-39 所示，图（a）所示为打底焊的焊枪角度，图（b）所示为填充焊的焊枪角度，图（c）所示为盖面焊的焊枪角度。

2）试件位置　焊前先检查试件的装配间隙及反变形是否合适，

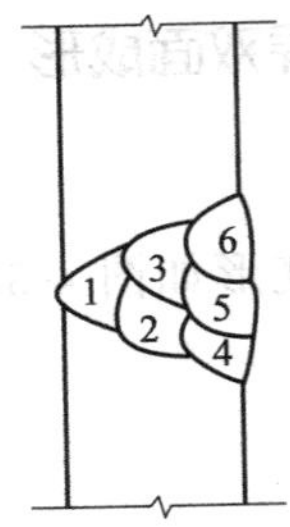

图 4-38 焊道分布图

焊接时把试件水平固定好，间隙小的一端在右侧。

3）打底焊 调整好打底焊的焊接参数后，按照图 4-39（a）所示的焊枪角度，首先在定位焊缝上引弧，焊枪采用小幅度锯齿形摆动从左向右进行焊接。当焊点左侧形成熔孔后，保持熔孔边缘超过坡口上、下棱边 0.5～1mm。焊接过程中注意仔细观察熔池和熔孔，根据间隙大小调整焊接速度和焊枪的摆动幅度，焊接速度不要减慢，否则熔化金属下坠，成形不好。

若焊接过程中断了弧，则先将接头处焊道打磨成斜坡，然后在打磨了的焊道的最高处引弧，焊枪采用小幅度锯齿形摆动，当接头区前端形成熔孔后，继续焊接打底焊道。

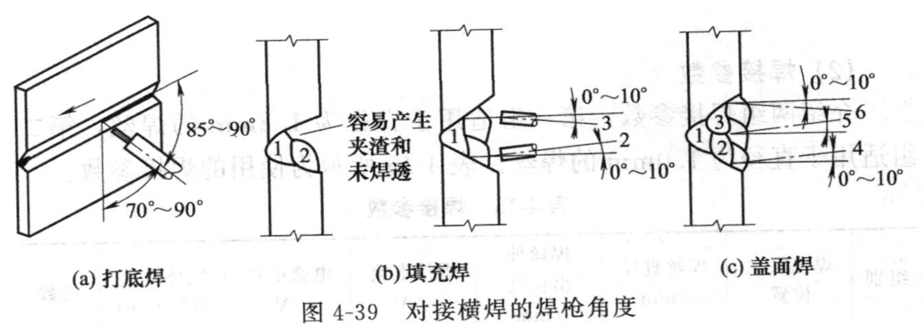

图 4-39 对接横焊的焊枪角度

焊道试件左端收弧时，待电弧熄灭，熔池完全凝固以后，才能移开焊枪，以防收弧区因保护不良而产生气孔。

4）填充焊 焊前打磨根部焊道表面的飞溅物和焊渣，调试好填充焊道的焊接参数后，按照图 4-39（b）所示焊枪角度进行填充焊道 2 和 3 的焊接，填充层的厚度以低于母材表面 1.5～2mm 为宜，且不得熔化坡口边缘。

① 焊接填充焊道 2 时，焊枪成 0°～10°俯角，以打底焊道的下缘为中心做横向摆动，保证下坡口熔合良好，应避免第 2 道焊缝过高，如图 4-39（b）所示，否则在焊接第 3 道时容易造成未熔合或夹渣缺陷。

② 焊接填充焊道 3 时，焊枪成 0°～10°仰角，以打底焊道的上缘

为中心，在焊道 2 和上坡口面间摆动，以保证熔合良好。

5）盖面焊　清理填充焊道及坡口上的飞溅物、焊渣，调整好盖面焊的焊接参数后，按照图 4-39（c）所示焊枪角度进行盖面焊道 4～6的焊接。操作要领与填充焊道基本相同。收弧时应填满弧坑，并使弧坑尽量短。

4.2.15 CO_2气体保护焊在生产实践中的应用实例

（1）CO_2 气体保护焊焊接普通低合金钢

本例采用 CO_2 气体保护焊焊接 1500t 压力机上、下横梁，左、右滑块，立柱等大型结构件。

1500t 压力机上、下横梁，左、右滑块，立柱，工作台等大型结构件，系压力机主要构件，其材质全部为 16Mn，板厚为 30～80mm。

为了减少焊接残余变形，减小焊接工作量，采用美国 Divy 公司焊接标准，坡口角度为 35°±5°。

① 焊接材料选择　焊丝选用 H08Mn2SiA，直径为 1.6mm。

② 焊接参数　经过工艺评定实验，确定了焊接参数如下：

焊接电流：350A。

焊接电压：（38±1）V。

焊接速度：28cm/min。

CO_2 气体流量：15～20L/min。

焊后进行消除应力处理。经超声波探伤，全部达到 JB/T 4730.1—2005《锅炉和钢制压力容器对接焊缝超声波探伤》中的Ⅱ级。

（2）CO_2 气体保护焊焊接 18CrMnMoB＋16Mn

某厂制作带式冷却机的主动链轮轴，轴的材料为 18CrMnMoB＋16Mn，筒体的材料为 16Mn。18CrMnMoB＋16Mn 为 800MPa 高强度钢，焊接性较差；16Mn 为 350MPa 强度钢，焊接性一般；主轴质量近 30t，且又为异种钢焊接，更增加了焊接工艺难度。经过多次工艺试验，找到了合理的焊接参数，获得了满意的焊接质量。

1）焊接材料选择　焊丝选用 H08Mn2SiA，ϕ1.2mm。

2）焊接坡口形式　焊接坡口形式采用双面 U 形坡口，如图 4-40

所示。

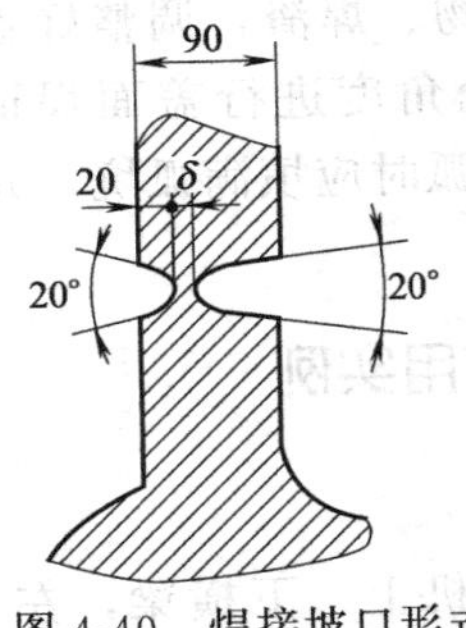

图 4-40 焊接坡口形式

3）焊前准备 焊前坡口内及坡口两侧50mm范围内去除油、锈等污物。用远红外加热器进行局部预热，预热温度为（30±5）℃。

4）焊接

① 焊接时每层每道都要进行锤击；锤击时，第一次锤击方向与第二次锤击方向相反。

② 大坡口侧焊完一半后立即用远红外加热器进行一次中间热处理，然后焊接小坡口侧。

③ 焊接小坡口侧，直至焊完。

④ 焊接大坡口另一半，直至焊完。

⑤ 焊接层间温度不小于 280℃。

⑥ 最后进行一次高温消除应力处理。焊前预热、焊接中保温、焊接中间热处理如图 4-41 所示。

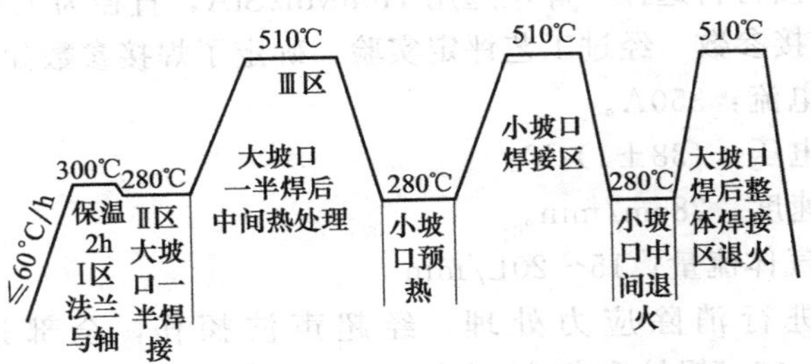

图 4-41 链轮轴焊接预热、中间退火及焊后退火

（3）CO_2 气体保护焊补焊 ZG35CrMo

某单位制作内径 ϕ3500mm、壁厚为 400mm、高度为 700mm 的大托圈，材质为 ZG35CrMo。在粗加工过程中发现长约 500mm、深为 30mm 的裂纹，需进行修补焊接。补焊工艺如下：

① 焊前准备 焊前采用机械加工方法清理裂纹，在裂纹两端钻 ϕ20mm 的止裂孔，孔的深度较裂纹深度大 3～5mm。裂纹清理后用着色探伤法检测，确认无裂纹为止。裂纹清理干净后，将坡口及坡口两侧 50mm 范围内的油污、氧化层等清理干净，并用丙酮擦洗。

焊接前整体入炉预热，预热温度在 350℃左右。

② 焊接材料的选择　焊丝根据等强度原则，选用 Mn-Mo-Ni 系列的 CO_2 气体保护焊焊丝。

③ 焊接　焊接时采用多层多道焊，每焊一层锤击一遍。

焊接过程中每次起弧、收弧彼此错开 20mm，最后焊道采用退火处理。焊接层间温度不得低于 300℃，如果低于 300℃则需重新入炉预热。

④ 焊后热处理　焊后进行整体入炉消除应力处理。

⑤ 焊后检测　焊后进行超声波检测，完全达到 JB/T 4730.1—2005《锅炉和钢制压力容器对接焊超声波探伤》中的Ⅱ级。

第5章

熔化极惰性气体保护焊

5.1 熔化极惰性气体保护焊基本技能

5.1.1 半自动熔化极氩弧焊操作要点

① 焊前清理　焊丝、焊件被油、锈、水、尘污染后会造成焊接过程不稳定，焊接质量下降，焊缝成形变形，出现气孔、夹渣等缺陷。因此，焊前应将焊丝、焊缝接口及其 20mm 之内的近缝区严格地去除金属表面的氧化膜、油脂和水分等脏物，清理方法因材质不同而有所差异。

焊前清理方法包括脱脂清理、化学清理、机械清理和化学机械清理 4 种。

② 定位焊　采用大电流、快速送丝、短时间的焊接参数进行定位焊，定位焊缝的长度、间距应根据工件结构截面形状和厚度来确定。

③ 引弧　常用短路引弧法。引弧前应先剪去焊丝端头的球形部分，否则，易造成引弧处焊缝缺陷。引弧前焊丝端部应与工件保持 2～3mm的距离。引弧时焊丝与工件接触不良或太紧，都会造成焊丝成段爆断。焊丝伸出导电嘴的长度：细焊丝为 8～14mm，粗焊丝为 10～20mm。

为了消除在引弧端部产生的飞溅、烧穿、气孔及未焊透等缺陷，要求在引弧板上引弧。如不采用引弧板而直接在工件上引弧，则应先在离焊缝处 5～10mm 的坡口上引弧，然后再将电弧移至起焊处，待金属熔池形成后再正常向前焊接。

④ 左焊法和右焊法　根据焊距的移动方向，熔化极气体保护焊可分为左焊法和右焊法两种。焊距从右向左移动、电弧指向待焊部分的操作方法称为左焊法。焊距从左向右移动、电弧指向已焊部分的操作方法称为右焊法。采用左焊法时熔深较浅，熔宽较大，余高较小，焊缝成形好；而采用右焊法时焊缝深而窄，焊缝成形不良。因此一般情况下采用左焊法。用右焊法进行平焊位置的焊接时，行走角一般保持在 5°～10°。

⑤ 焊距的倾角　焊距在施焊时的倾斜角对焊缝成形有一定的影响。半自动熔化极氩弧焊时，采用左焊法和采用右焊法时的焊距角度及相应的焊缝成形情况如图 5-1 所示。对于不同的焊接接头，左焊法和右焊法的比较见表 5-1。

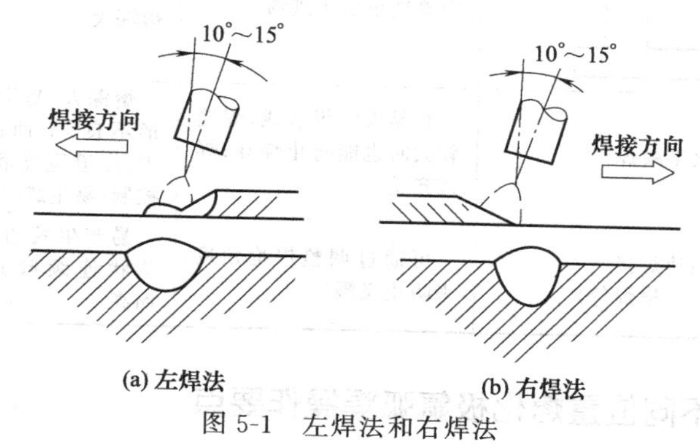

(a) 左焊法　　(b) 右焊法

图 5-1　左焊法和右焊法

表 5-1　不同焊接接头左焊法和右焊法的比较

接头形式	左焊法	右焊法
薄板焊接 0.8～4.5 $G \geqslant 0$	可得到稳定的背面成形，焊道宽而余高小；G 较大时采用摆动法易于观察焊接线	易烧穿；不易得到稳定的背面焊道；焊道高而窄；G 大时不易焊接

续表

接头形式	左焊法	右焊法
中厚板的背面成形焊接 G　R,G≥0	可得到稳定的背面成形，G 大时做摆动，根部能焊得好	易烧穿；不易得到稳定的背面焊道；G 大时最易烧穿
船形焊脚尺寸在10mm以下	余高呈凹形，熔化金属向焊枪前流动，焊脚处易形成咬边；根部熔深浅(易造成未焊透)；摆动易造成咬边，焊脚过大时难焊	余高平滑；不易发生咬边；根部熔深大；易看到余高，因熔化金属不导前，焊缝宽度、余高均容易控制
水平角焊缝焊接焊脚尺寸在8mm以下	易于看到焊接线而能正确地瞄准焊缝；周围易附着细小的飞溅物	不易看到焊接线，但可看到余高；余高易呈圆弧状；基本上无飞溅物；根部熔深大
水平横焊	容易看清焊接线；焊缝较大时也能防止烧穿；焊道齐整	熔深大、易烧穿；焊道成形不良、窄而高；飞溅物少；焊道宽度和余高不易控制；易生成焊瘤
高速焊接 (平、立、横焊等)	可通过调整焊枪角度来防止飞溅	易产生咬边，且易形成沟状连续咬边；焊道窄而高

5.1.2 不同位置熔化极氩弧焊操作要点

① 板对接平焊　采用右焊法时电极与焊接方向夹角为 70°～85°，与两侧表面成 90°的夹角，焊接电弧指向焊缝，对焊缝起缓冷作用。采用左焊法时电极与焊接方向的反方向夹角为 70°～85°，与两侧表面成 90°夹角，电弧指向未焊金属，有预热作用，焊道窄而熔深小，熔融金属容易向前流动。采用左焊法焊接时，便于观察焊接轴线和焊缝成形。焊接薄板短焊缝时，电弧直线移动；焊长焊缝时，电弧做斜锯齿形横向摆动。幅度不能太大，以免产生气孔。焊接厚板时，电弧可做锯齿形或圆形摆动。

② T 形接头平角焊　采用长弧焊右焊法时，电极与垂直板夹角

为 30°～50°，与焊接方向夹角为 65°～80°，焊丝轴线对准水平板处距垂直立板根部 1～2mm。采用短弧焊时，电极与垂直立板成 45°角，焊丝轴线直接对准垂直立板根部。焊接不等厚度板时电弧偏向厚板一侧。

③ 搭接平角焊　上板为薄板的搭接接头，电极与厚板夹角为 45°～50°，与焊接方向夹角为 60°～80°，焊丝轴线对准上板的上边缘。上板为厚板的搭接接头，电极与下板成 45°夹角，焊丝轴线对准焊缝的根部。

④ 板对接的立焊　采用自下而上的焊接方法，焊接熔深大，余高较大，用三角形摆动电弧适用于中、厚板的焊接。采用自上而下的焊接方法，熔池金属不易下坠，焊缝成形美观，适用于薄板焊接。

5.1.3 自动熔化极氩弧焊操作要点

平焊位置的长焊缝或环形焊缝的焊接一般采用自动熔化极氩弧焊，但对焊接参数及装配精度都要求较高。

(1) 板对接平焊

焊缝两端加接引弧板与引出板，坡口角度为 60°，钝边为 0～3mm，间隙为 0～2mm，单面焊双面成形。用垫板保证焊缝的均匀焊透，垫板分为永久性垫板和临时性垫板两种。

(2) 环焊缝

环焊缝自动熔化极氩弧焊有两种方法，一种是焊炬固定不动而工件旋转，另一种是焊炬旋转而工件不动。焊前各种焊接参数必须调节恰当，符合要求后即可开机进行焊接。

① 焊炬固定不动　焊炬固定在工件的中心垂直位置，采用细焊丝，在引弧处先用手工钨极氩弧焊不加焊丝焊接 15～30mm，并保证焊透，然后在该段焊缝上引弧进行熔化极氩弧焊。焊炬固定在工件中心水平位置，为了减少熔池金属流动，焊丝必须对准焊接熔池。其特点是焊缝质量高，能保证接头根部焊透，但余高较大。

② 焊炬旋转工件固定　在大型焊件无法使工件旋转的情况下选用。工件不动，焊炬沿导轨在环行工件上连续回转进行焊接。导轨要固定，安装正确，焊接参数应随焊炬所处的空间位置进行调整。定位

焊位置处于水平中心线和垂直中心线上，对称焊 4 点。

5.1.4 熔化极脉冲氩弧焊的操作要点

(1) 送丝速度的选择

熔化极脉冲氩弧焊焊接时，送丝速度决定了焊接电流的数值，为了保持一定的弧长，必须使送丝速度等于焊丝熔化速度。所以，选定平均电流进行焊接时，焊丝送进速度要与之匹配，不可过高或过低，过高的焊丝送进速度，会导致电弧长度缩短，容易发生焊丝与焊件短路；过低的送丝速度，将使电弧拉长，发生断弧现象。

(2) 焊接材料的准备

1）焊件的预处理　待焊件在焊前需要去除表面氧化物和油污。

① 脱脂处理　可用干净的布浸蘸稀释剂如工业用汽油、三氯乙稀、丙酮等有机溶剂擦洗焊件待焊表面，或将焊件浸泡在有机溶剂中清洗。

② 去除氧化膜　可用机械法或化学方法清除氧化膜。

机械法用刮刀、锉刀或细钢丝刷等工具加工，也可以采用喷砂处理。

化学法可用硫酸或碱溶液来溶解材料表面的氧化物。常用的方法如下：

在质量分数为 5%～10% 的氢氧化钠溶液（约 70℃）中浸泡 30～60s→用清水冲洗→在质量分数为 15% 的硝酸水溶液（常温）中浸泡 1min→用清水清洗→干燥处理。

2）焊丝预处理　焊前必须清除焊丝表面附着的水分、油污及锈垢。

(3) 焊接环境

焊接过程中弧光很强，容易引起电光性结膜炎及皮肤烧伤，所以，焊工必须戴面罩，穿厚帆布工作服，戴焊工专用的皮手套。焊工面罩上的护目镜片要根据焊接电流来选择。护目镜片的选择见表 5-2。由于焊接过程中会产生金属粉尘和清洗剂的蒸气、臭氧和其他有害气体等，对焊工和周围其他作业人员有可能造成伤害，因此，焊接电弧周围要加强通风，但风速不能大于 0.5m/s，以防止破坏气体保护的效果。

表 5-2　焊接护目镜片的选择

护目镜片号	6、7	8～11	11、12	13、14
焊接电流/A	<75	80～250	300	>300

5.2　熔化极惰性气体保护焊典型实例

5.2.1　T3 铜管与 07Cr19Ni11Ti 不锈钢板的熔化极氩弧焊

换热器设备用 T3 纯铜做换热管，用 07Cr19Ni11Ti 不锈钢做壳体，两种材料各有一些特殊的物理性能。

(1) 材料的焊接性分析

奥氏体不锈钢具有一定的淬硬倾向，且具有特殊的物理性能，焊后容易产生残余应力，导致热裂纹的产生。同时焊接中有害杂质的偏析形成液态夹层，也增大了裂纹倾向。奥氏体不锈钢在高温或低温下工作时焊接接头容易脆化。

纯铜的物理性能决定了它的焊接性比较差。焊后母材与填充金属不能很好熔合，易产生未焊透现象，焊后变形较严重，易产生大的焊接应力，加上纯铜中杂质的影响，可能导致热裂纹的产生。氩弧焊焊接纯铜时，如果焊缝中进入微量的氢或水汽，则极易出现气孔。

奥氏体不锈钢和纯铜两种材料的物理性能差异较大，加上焊缝化学成分的作用，焊接时，在焊缝及熔合区容易产生热裂纹、气孔、接头不熔合等缺陷。只有采用正确的操作方法才能保证质量。

(2) 焊接参数的选择

① 焊丝　由于镍无论在液态和固态都能与铜无限互熔，因此焊接时用纯镍做填充材料，能很好地排除铜的有害作用，有效地防止裂纹。所以选用纯镍焊丝，直径为 2mm。

② 喷嘴口径及气体流量　熔化极氩弧焊对熔池的保护要求较高，若保护不良，则焊缝表面会起皱皮，所以喷嘴口径为 20mm，氩气流量为 35～40L/min。

③ 电源极性　为保证电弧稳定性，选用较好的直流熔化极焊机，反极性，焊接电流为 90～210A。

(3) 焊前准备

① 不锈钢板与纯铜管均不开坡口，纯铜管外伸端至不锈钢板的距离为1mm，以便焊接。T3管与07Cr19Ni11Ti板的接头形式如图5-2所示。

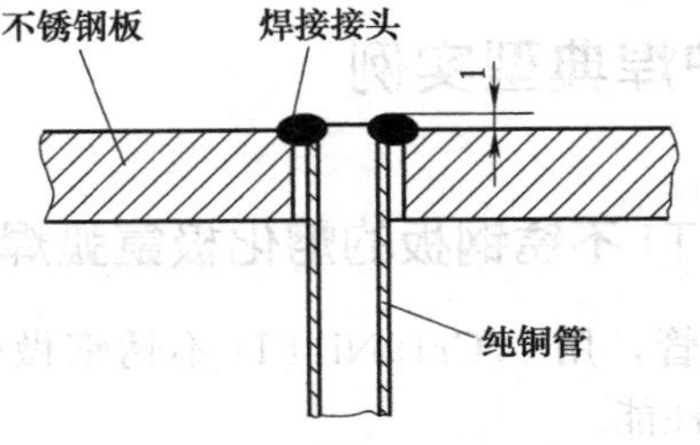

图5-2　T3管与07Cr19Ni11Ti板的接头形式

② 将工件表面的油污、水分等杂质清理干净。

③ 用丙酮擦洗不锈钢，并用白垩粉涂其表面（除焊缝处外），以避免表面被飞溅物损伤。

④ 焊丝应除去油污、水分等杂质。使焊接接头处于平焊位置。

(4) 操作要点

① 在引弧板上引弧，待电弧稳定后慢慢移向焊缝。

② 焊炬倾角为70°～85°，喷嘴至工件的距离为5～8mm。

③ 焊炬运作方式为电弧先移向纯铜管，待纯铜管熔化后再移向不锈钢，保持电弧中心稍偏向纯铜管。

④ 在焊接过程中，根据电流波动大小，密切注意焊接速度与焊缝熔合的相互关系，及时调整焊炬环形移动速度，使熔池得到充分的保护。收弧时要填满弧坑。

⑤ 完成一条焊缝后，应用木槌锤击焊缝附近区域，以消除焊接应力。

⑥ 焊件焊接完毕，清除表面的白垩粉残渣，用铜丝刷清理焊接表面。

5.2.2　87m³纯铝浓硝酸储槽熔化极氩弧焊

该储槽结构的直径为2.8m，总长度为14.78m，槽体壁厚为28mm，封头壁厚为30mm；材料为1060纯铝；槽体纵、环焊缝要求做20%的X射线探伤检测。87m³纯铝浓硝酸储槽结构如图5-3所示。

在制造储槽时，采用自动熔化极氩弧焊工艺。制造前先用厚度为28～30mm的1060牌号纯铝板进行工艺性试验，在试验成功的基础上投入生产。

(1) 焊接设备

所用设备是经改装的 MZ-1000 型埋弧焊机，电源为 2、3 台并联的 ZXG-500 型直流弧焊机。焊机上加装了特制的焊炬，为使该焊机能够达到一定的送丝速度及保持送丝的稳定性，可增大原 MZ-1000 型焊机上的送丝齿轮减速比，原送丝齿轮的齿数可由 17/68 改为 22/63；送丝轮由单主动轮改为双主动轮；主动轮的槽子加工成半圆形，槽深为 1.5mm，槽底半径为 2mm；另外，从减少送丝阻力的角度考虑，也可使开式焊丝盘的位置略为升高，并增设焊丝导向轮。

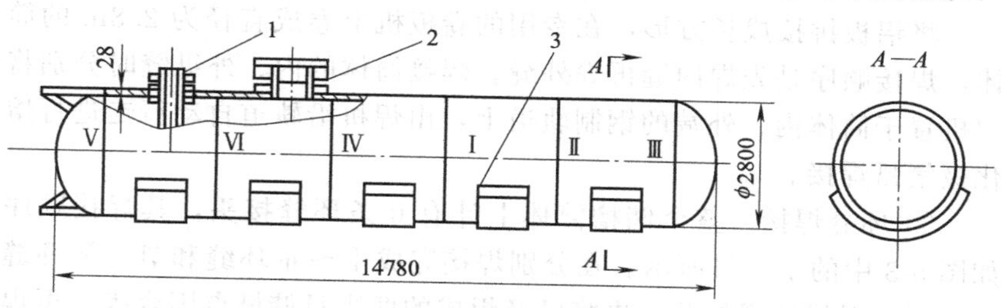

图 5-3 87m³ 纯铝浓硝酸储槽结构

1—接管；2—人孔；3—支座板

(2) 焊前准备

纯铝储槽筒体的坡口形式如图 5-4 所示。坡口可用刨边机刨削，单节筒体端部坡口在大型立车上车削，这样可保证坡口的装配间隙保持在 0.5mm 以内。

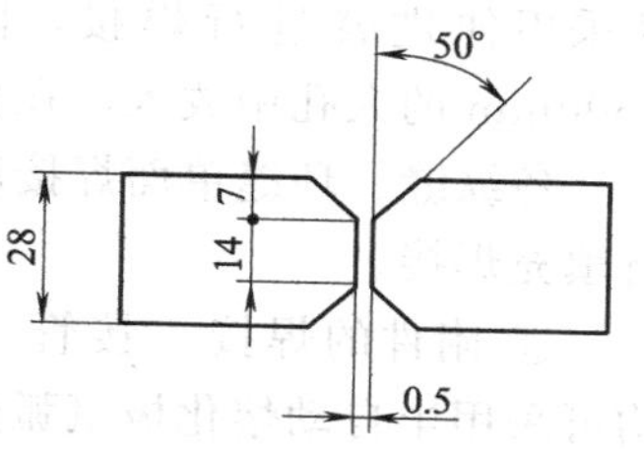

图 5-4 纯铝储槽筒体的坡口形式

焊前在坡口两侧各 100mm 处用氧-乙炔焰加热至 100℃以上，然后用质量分数为 10%的氢氧化钠水溶液擦拭，以去除铝板表面的 Al_2O_3 薄膜，再用质量分数为 30%的硝酸水溶液进行光化处理。施焊时，再用不锈钢丝轮打磨坡口内部及其两侧。

焊丝选用牌号 HS301 纯铝焊丝，直径为 4mm。喷嘴孔径选择 26mm，氩气流量调节到 50～60L/min。

(3) 纵缝、环缝焊接

储槽筒体按纵缝及环缝两部分进行焊接。

① 纵缝的拼接　储槽筒体直径达 2.8mm，制作该筒体需要用两大张（1m×3m）铝板拼接起来。拼接时先在坡口背面用 NBAI-500 型半机械化氩弧焊机进行定位焊，定位焊缝的长度为 50～60mm，间距为 400～500mm。将经过定位焊的纯铝焊件置于 3mm 厚的不锈钢垫板（垫板表面未开槽）上焊接，焊接电流为 560～570A，电弧电压为 29～31V，焊接速度为 13～15m/h，氩气流量为 50～60L/min，焊炬前倾角为 15°，喷嘴端部与焊件间的距离保持为 10～15mm。

将铝板拼接成长方形，在专用的卷板机上卷成直径为 2.8m 的筒体，焊接顺序是先焊内缝再焊外缝。焊接筒体的内、外纵缝时分别将焊机置于筒体内、外端的钢制轨道上，由焊机沿轨道自动行走进行熔化极氩弧焊接。

② 环缝焊接　整个储槽筒体上计有 6 条环缝接头，其焊接顺序如图 5-3 中的Ⅰ～Ⅵ所示。在分别焊接完成Ⅰ～Ⅲ环缝和Ⅵ、Ⅴ环缝后进行Ⅹ射线透视检验，再将已经焊成的两半只储槽点固合拢，再焊接最后一条（第Ⅳ条）环缝。

焊接最后一条环缝的内缝时，由于筒体两侧均已装上封头，已无法采用伸进臂进行焊接，因此可将焊机上的部分组件拆开，从 ϕ500mm 的人孔中放入，在槽体内组装后进行内环缝焊接。

各纵缝、环缝单面焊接后，反面全部进行铲除焊根处理，然后再行填充焊接。

③ 附件的焊接　接管、人孔、加强板、支座板等部件的焊接，均可采用半自动熔化极氩弧焊。焊接电流为 320～340A，电弧电压为 29～30V，焊丝直径为 2.2mm，焊炬前倾角为 10°～20°，喷嘴与焊件的距离为 10～20mm。

5.2.3 不锈钢熔化极脉冲氩弧焊

现以不锈钢平板对接熔化极脉冲氩弧焊为例，加以应用简述。

(1) 焊前准备

① 焊机　自动 NZA20-200 型脉冲氩弧焊机 1 台。

② 焊丝　H10Cr19Ni9 焊丝，ϕ1.2mm。

③ 焊件材料　12Cr18Ni9（1Cr18Ni19）不锈钢板。

④ 焊件尺寸　焊件尺寸（宽×长）为 150mm×500mm，共 2 块，板厚 1.6mm，Ⅰ形坡口。

⑤ 焊前清理　脱脂处理。

(2) 定位焊与焊接

① 定位焊　将两块焊件平对接进行定位焊，定位焊的焊接参数见表 5-3。

表 5-3　不锈钢平板对接熔化极脉冲氩弧焊的焊接参数

板厚 /mm	焊丝直径 /mm	坡口形式	总平均焊接电流/A	脉冲平均电流/A	电弧电压 /V	焊接速度 /(cm/min)	气体流量 /(L/min)
1.6	1.2	Ⅰ形	120	65	22	60	20

② 平板对接焊全缝　按表 5-3 所列的焊接参数进行焊接。

(3) 清理焊缝及矫正变形

焊缝焊完后，用钢形刷将焊接过程的飞溅物及焊渣清除干净，并矫正焊接变形。

5.2.4 30CrMnSiA 熔化极脉冲氩弧焊

① 母材牌号及规格　30CrMnSiA，500mm×100mm×6mm（2 块）。

② 接头形式及位置　对接平焊，V 形坡口，坡口角度为 60°，钝边为 2mm。

③ 焊接材料　焊丝型号为 ER55-B2，焊丝直径为 1.6mm，氩气纯度为 99.99%。

④ 清理　用汽油、丙酮等清除油污，用砂纸、钢丝刷除锈，同时将焊丝上的油污、锈迹清除干净。

⑤ 定位　引弧板、引出板点焊在焊缝的两端，用压板将试板压紧，间隙为 0～1mm。

⑥ 规范参数　直流反接，脉冲电流为 280A，维护电流为 65A，脉宽比为 40%，脉冲频率为 60Hz，电弧电压为 26V，焊接速度为 0.33m/min，氩气流量为 16L/min，焊一层。

5.2.5 铝管半自动熔化极脉冲氩弧焊

(1) 铝管

① 铝管的化学成分见表 5-4。

表 5-4 铝管的化学成分

铝管规格/mm	化学成分/%				
	Si	Fe	Cu	Mn	Mg
ϕ168.2×7.11	0.6～0.8	0.4	0.1～0.3	0.1	0.4～0.7

② 铝管的力学性能见表 5-5。

表 5-5 铝管的力学性能

铝管规格/mm	力学性能			
	σ_b/MPa	σ_s/MPa	δ_5/%	弹性模量/MPa
ϕ168.2×7.11	2.7	2.4	10	700

(2) 焊丝

焊丝的化学成分见表 5-6，焊丝直径为 1.6mm。

表 5-6 焊丝的化学成分

化学元素	Si	Cu	Mg	Fe	Mn	Ti	Al
含量/%	5.3	0.2	0.015	0.2	0.08	0.01	余量

(3) 电源

采用 NBA2-200 型半自动熔化极脉冲氩弧焊机，脉冲频率有 50Hz 和 100Hz 两挡。电弧电压靠调整变压器抽头获得，电源外特性通过变换磁放大器内桥电阻来选用。当用平外特性时，脉冲频率放在 10Hz 挡上。

(4) 坡口加工与焊前准备

① 坡口加工尺寸及对口如图 5-5 所示。2α 为 60°～70°；a 为 1～2mm；b 为 5～7mm。焊接坡口采用机械方法加工，表面应无毛刺。

② 焊接坡口两侧各 50mm 范围内和焊接衬套的表面氧化物、油污等应清洗干净。先用有机熔剂去除污渍，再用铜丝刷进行机械清理。焊接衬套是铝铸件，若有必要可采用碱洗法清洗。坡口和衬套清

洗后，应立即进行焊接，若放置超过 8h，则应重新清洗。

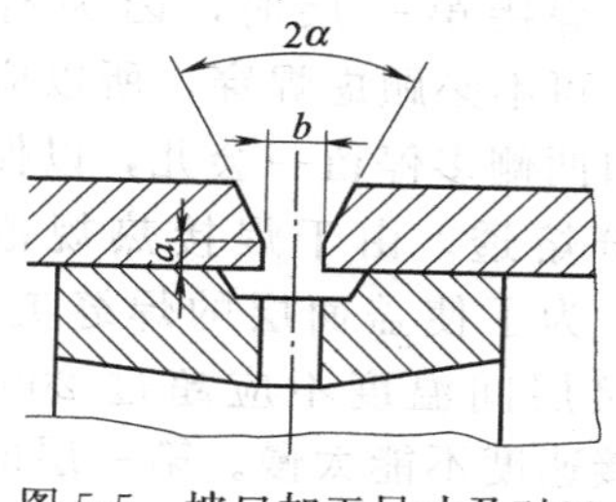

图 5-5　坡口加工尺寸及对口

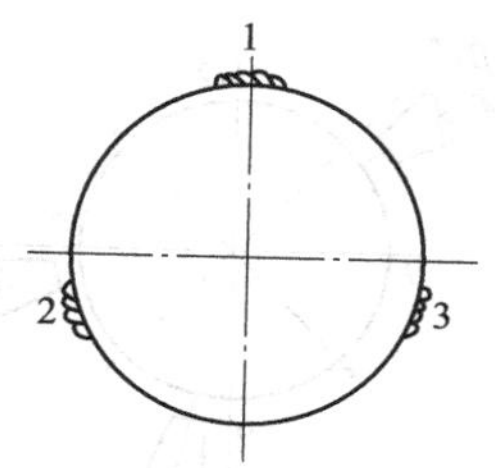

图 5-6　点固焊位置和顺序

③ 采取防风措施，以确保良好的气体保护效果。

④ 按图 5-5 所示进行组合，对口应平直，弯折度应<1/500，中心线偏移量≤0.5mm。

⑤ 接通焊机的电源、水源和氩气，待焊机运转正常后，再检查焊炬的送丝和保护气体输出是否正常。所有的准备工作均已做好后，方可施焊。

(5) 点固焊（定位焊）

点固焊位置和顺序如图 5-6 所示。点焊三处，先点焊平焊位置 1，后点焊两边立焊稍偏下位置 2、3。焊点长度为 30mm，高度为壁厚的 1/2。

点固焊规范见表 5-7，其工艺要求与正式焊缝相同。

表 5-7　点固焊规范

焊丝/mm	维弧电流/A	脉冲电流/A	电弧电压/V	气体流量/(L/min)
ϕ1.6	40	130～150	21～33	20～24

(6) 操作要点

① 第一层焊（打底焊）　施焊环境温度在 5℃以下时，应在100～150℃条件下预热，以免产生气孔。

全位置焊接方式的焊接规范与点固焊相同，由仰焊部位起焊，焊半周至平焊位置，再焊另外半周。

由仰焊部位（时钟 6 点处）开始施焊时，焊枪前倾，倾角 $\alpha=0°\sim10°$；其余部位焊接时，焊枪后倾，倾角 $\beta=0°\sim15°$，全位置焊接各个位置的焊炬倾角如图 5-7 所示。倾角的变化是为了使坡口充分熔透，而倾角又不能太大，主要为了尽可能减少飞溅。

焊接第一层时，因为有衬套，可不必顾虑焊穿，所以应在坡口两侧多停留一会儿，以保证充分熔透。由于焊接热规范较强，为了使盖面层的焊缝美观，焊接层间温度不应超过 200℃；焊接速度不能太慢。第一层的焊缝高度以壁厚的 2/3 为宜。

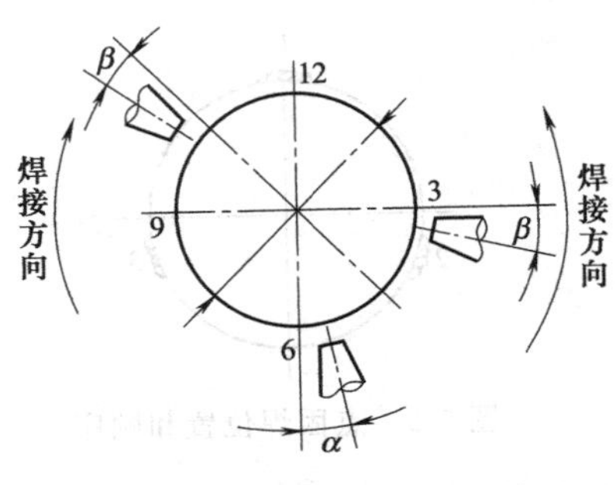

图 5-7　全位置焊接各个位置的焊炬倾角

② 表面层焊（盖面焊）　第一层焊完后，应用铜丝刷将焊缝表面清理干净，去除污渍和氧化皮，待冷后即可进行表面层的焊接。表面层焊接的程度与第一层焊接相同，其规范比第一层焊接稍弱。焊炬移动的速度应均匀，以获得美观、光滑的焊缝表面。

(7) 注意事项

① 焊丝、焊件必须确保清洁。

② 为确保气体保护效果，应采取必要的挡风措施。

③ 焊接过程中应尽量保持焊丝伸出长度为 5～10mm。焊丝伸出太长，则气体保护不良；伸出太短，则使导电嘴温度升高，增大送丝摩擦阻力，以致烧损导电嘴而造成故障。

④ 导电嘴的直径以 2.0～2.2mm 为宜，太小，由于焊接时受热膨胀，使送丝困难而中断焊接；太大，会使导电嘴和焊丝接触不良，造成电弧熄灭或焊丝与导电嘴内壁之间起弧，破坏正常的焊接过程。

⑤ 为了保证正常的送丝，送丝管不能有太大的弯曲，以维持正常的焊接过程。若改用推拉式送丝机构，则焊接过程稳定，有利于进一步提高焊缝质量和生产率。

⑥ 为了尽量减少焊接接头的软化程度，焊接时层间温度应<200℃。

⑦ 选择恰当的焊接规范是确保焊接质量和焊缝成形美观的前提。常用铝管的焊接规范见表 5-8。

表5-8 常用铝管的焊接规范

层次	焊丝 /mm	基本电流 /A	脉冲电流 /A	电弧电压 /V	氩气流量 /(L/min)
1	ϕ1.6	40	130～150	21～23	20～24
2	ϕ1.6	35	100～110	21～22	25

⑧ 焊接完毕后，在未冷却前，应尽量避免接头受伤，以免接头变形或造成质量事故。

第6章 等离子弧焊

6.1 等离子弧焊基本技能

6.1.1 等离子弧焊操作要点

(1) 工件清理

工件越薄、越小，清理越要仔细。如待焊处、焊丝等必须清理干净，以确保焊接质量。

(2) 工件装配与夹紧

一般与钨极氩弧焊相似，但用微束等离子弧焊焊接薄板时，则应满足以下要求。

① 微束等离子弧焊的引弧处（即起焊处）坡口边缘必须紧密接触，间隙应小于工件厚度的10%，否则起焊处两侧金属熔化难以结合形成熔池，容易烧穿。如达不到间隙要求，则必须添加焊丝。

② 对于厚度＜0.8mm的薄板对接接头装配要求见表6-1，表中

表6-1 厚度＜0.8mm的薄板对接接头装配要求

焊缝形式	间隙 b	错边量 E	压板间距 c		垫板凹槽宽[①] B	
	（最大）	（最大）	（最小）	（最大）	（最小）	（最大）
Ⅰ形坡口焊缝	0.2δ	0.4δ	10δ	20δ	4δ	16δ
卷边焊缝[②]	0.6δ	1δ	15δ	30δ	4δ	16δ

① 背面用Ar或He保护。

② 板厚＜0.25mm的对接接头推荐采用卷边焊缝。

参数如图 6-1 所示。厚度＜0.8mm 的薄板端面接头装配要求如图 6-2 所示。

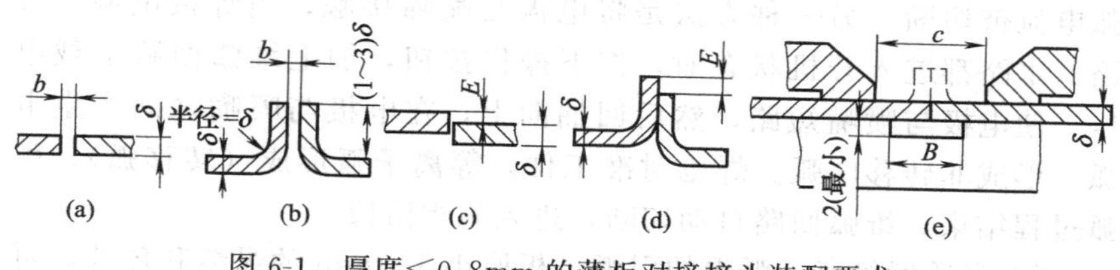

图 6-1　厚度＜0.8mm 的薄板对接接头装配要求

(3) 基本操作

1）操作要求

手工焊时，头戴头盔式面罩，左手拿焊丝，右手握焊枪，食指和拇指夹住焊枪前身部位，其余三指触及工件作为支点，也可用食指或中指作为支点。呼吸要均匀，要稍微用力握住焊枪，保持焊枪的稳定，使焊接电弧稳定。关键在于焊接过程中钨极与工件或焊丝不能形成短路。

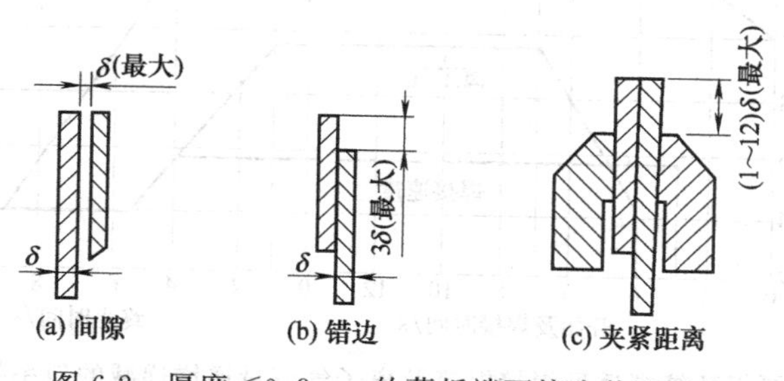

图 6-2　厚度＜0.8mm 的薄板端面接头装配要求

2）操作准备

① 检查焊机气路并打开气路，检查水路系统并接通电源上的电源开关。

② 检查电极和喷嘴的同轴度。接通高频振荡器回路，高频火花应在电极与喷嘴之间均匀分布且达 80%以上。

(4) 引弧

① 接通电源后提前送气至焊枪，接通高频回路，建立非转移弧。

② 焊枪对准工件达到适当的高度，建立起转移弧，形成主弧电流，进行等离子弧焊接，随即非转移弧回路、高频回路自动断开，维弧电流被切断。另一种方法是将电极与喷嘴接触，当焊接电源、气路、水路都进入开机状态时，按下操作按钮，加上维弧回路空载电压，使电极与喷嘴短路，然后回抽向上，在电极与喷嘴之间产生电弧，形成非转移电弧。焊枪对准工件，等离子弧形成（转移弧），引弧过程结束，维弧回路自动切断，进入施焊阶段。

③ 穿透型等离子弧焊的引弧。板厚小于3mm的纵缝和环缝，可直接在工件上引弧，工件厚度较大的纵缝可采用引弧板引弧。但由于环缝不便加引弧板，必须在工件上引弧，因此，应采用焊接电流和离子气流量递增的办法，完成引弧建立小孔的过程。厚板环缝穿透型焊接电流及离子气流量递增的斜率控制曲线如图6-3的左半部所示。

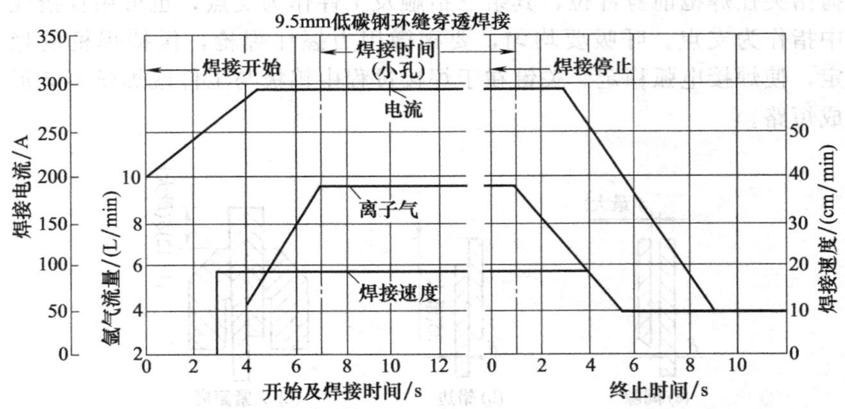

图6-3 厚板环缝穿透型焊接电流及离子气流量递增递减的斜率控制曲线

(5) 填丝

① 必须等坡口两侧熔化后填丝。

② 填丝时，焊丝和工件表面夹角15°左右，敏捷地从熔池前沿点进，随后撤回，如此反复。

③ 填丝要均匀，快慢适当。送丝速度应与焊接速度相适应。坡口间隙大于焊丝直径时，焊丝应随电弧作同步横向摆。填丝基本操作方法见表6-2。

表 6-2　填丝基本操作方法

填丝方式	操作方法	适用范围
连续填丝	用左手拇指、食指、中指配合动作送丝，无名指和小指夹住焊丝控制方向，要求焊丝比较平直，手臂动作不大，待焊丝快用完时前移	对保护层扰动小，适用于填丝量较大、强焊接参数下的焊接
断续填丝（点滴送丝）	用左手拇指、食指、中指捏紧焊丝，焊丝末端始终处于氩气保护区内；填丝动作要轻，靠手臂和手腕的上下反复动作将焊丝端部熔滴送入熔池	适用于全位置焊
焊丝贴紧坡口与钝边一起熔入	将焊丝弯成弧形，紧贴在坡口间隙处，保证电弧熔化坡口钝边的同时也熔化焊丝，要求对口间隙小于焊丝直径	可避免焊丝遮住焊工视线，适用于困难位置的焊接
横向摆动填丝	焊丝随焊枪做横向摆动，两者摆动的幅度应一致	此法适用于焊缝较宽的工件
反面填丝	焊丝在工件的反面送给，它对坡口间隙、焊丝直径和操作技术的要求较高	此法适用于仰焊

（6）左焊法或右焊法

左焊法适用于薄件的焊接，焊枪从右向左移动，电弧指向未焊部分有预热作用，焊速快、焊缝窄、熔池在高温条件下停留时间短，有利于细化金属结晶；焊丝位于电弧前方，操作容易掌握。右焊法适用于厚件的焊接，焊枪从左向右移动，电弧指向已焊部分，有利于氩气保护焊缝表面不受高温氧化。

（7）焊接

① 弧长（加填充丝）为 3～6mm。钨极伸出喷嘴部的长度一般为 5～8mm。

② 钨极应尽量垂直工件或与工件表面保持较大的夹角（70°～85°）。

③ 喷嘴与工件表面的距离不超过 10mm。

④ 厚度不大于 4mm 的薄板立焊时采用向下立焊或向上立焊均可，板厚在 4mm 以上的工件一般采用向上立焊。

⑤ 为使焊缝得到必要的宽度，焊枪除了做直线运动外，还可以做适当的横向摆动，但不宜跳动。

⑥ 平焊、横焊、仰焊时可采用左焊法或右焊法，一般都采用左

焊法。平焊枪角度与填丝位置如图 6-4 所示，立焊焊枪角度与填丝位置如图 6-5 所示，横焊焊枪角度与填丝位置如图 6-6 所示。

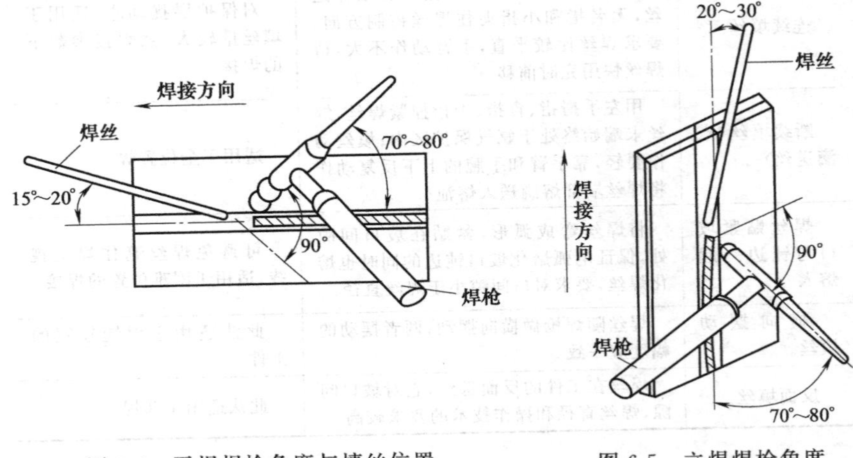

图 6-4 平焊焊枪角度与填丝位置

图 6-5 立焊焊枪角度与填丝位置

(8) 收尾

采用熔透型焊接，收尾可在工件上进行，但要求焊机具有离子气流量和焊接电流递减功能，以避免产生弧坑等缺陷。如收尾处可能会产生弧坑，则应适当添加与工件相匹配的焊丝来填满弧坑。采用穿透

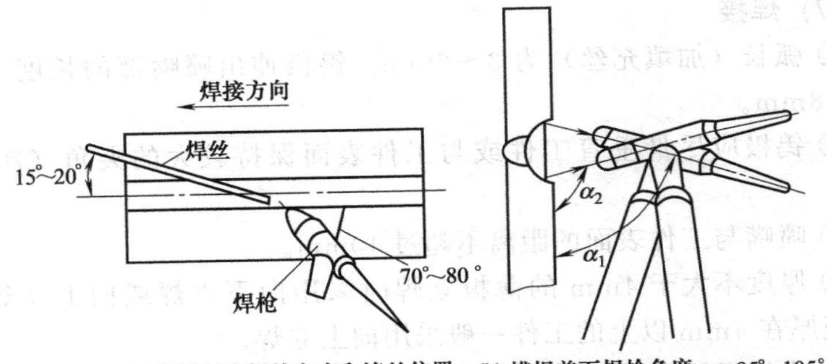

(a) 横焊打底焊枪角度和填丝位置 (b) 横焊盖面焊枪角度 α_1=95°~105°，α_2=70°~80°

图 6-6 横焊焊枪角度与填丝位置

型焊接收尾时，纵缝厚板应在引出板上收尾，环缝只能在工件上收尾，但要采取焊接电流和离子气流量递减的方法来解决非小孔问题。厚板环缝穿透型焊接电流及离子气流量递减的斜率控制曲线如图6-3的右半部所示。

6.1.2 各种位置上的等离子弧焊操作要点

对接焊操作时，焊枪与焊接方向的夹角为70°～80°，焊枪与两侧平面各成90°的夹角，采用左焊法，如自动焊，焊枪与工件可成90°的夹角。等离子弧焊各种焊接位置的操作要点见表6-3及图6-7、图6-8。

表6-3 等离子弧焊各种焊接位置的操作要点

焊接位置	焊接要点	注意事项
I形坡口对接接头的平焊	选择合适的握枪方法，喷嘴高度为6～7mm，弧长为2～3mm，焊枪前倾，左焊法，焊丝端部放在熔池前沿	焊枪行走角、焊接电流不能太大，为防止焊枪晃动，最好用空冷焊枪
I形坡口角度平焊	握枪方法同对接平焊，喷嘴高度为6～7mm，弧长为2～3mm	钨极伸出长度不能太大，电弧对中接缝中心不能偏离过多，焊丝不能填得太多
板搭接平焊	握枪方法同对接平焊，喷嘴高度与弧长同角接平焊，不加丝时，焊缝宽度约等于钨极直径的2倍	板较薄时可不加焊丝，但要求搭接面无间隙，两板紧密贴合；弧长等于钨极直径，缝宽约为钨极直径的2倍，必须严格控制焊接速度；加丝时，缝宽是钨极直径的2.5～3倍，从熔池上部填丝可防止咬边
T形接头平焊	握枪方法、喷嘴高度与弧长同对接平焊	电弧要对准顶角处；焊枪行走角、弧长不能太大；先预热，待起点处坡口两侧熔化形成熔池后才开始加丝
板对接立焊	握枪方法同平焊	要防止焊缝两侧咬边，中间下坠
T形接头向上立焊	握枪方法与喷嘴高度同平焊。最佳填丝位置在熔池最前方，同对接立焊	—
对接横焊	最佳填丝位置在熔池前面和上面的边缘处	防止焊缝上侧出现咬边，下侧出现焊瘤；同时要做到焊枪和上、下两垂直面间的工作角不相等，利用电弧向上的吹力支撑液态金属
T形接头横焊	握枪方法、弧长与喷嘴高度同T形接头平焊	—

续表

焊接位置	焊接要点	注意事项
对接仰焊	最佳填丝位置在熔池正前沿处	—
T形接头仰焊	如条件许可,采用反面填丝	由于熔池容易下坠,因此焊接电流要小,速度要快
兼有平焊、立焊、仰焊	起焊点一般选在时钟6点的位置,先逆时针焊至3点位置,然后从6点位置焊至9点位置,再分别从3、9点位置起弧,焊至12点位置,管子焊接顺序如图6-7所示;管子口径小时,可直接从6点位置焊至12点位置,然后再焊完另一半;盖面焊时为使整圈焊缝的厚薄、成形均匀,可先在平焊位置(11点→1点)加焊一层,管子转动平对接焊时,焊枪或焊丝与工件的相对位置如图6-8所示	焊接处应先修磨,以保证焊透;焊丝可预先弯成一定形状,以便给送;焊枪与工件的角度要始终不变,焊丝位置以顺手为宜;对小口径管子焊接填丝封底焊时,焊道高度以2～3mm为宜;有时也可采用不加丝封底焊来保证焊透

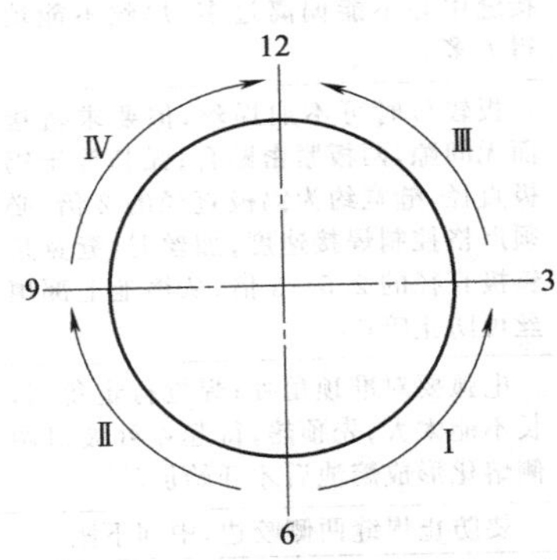

图6-7 管子焊接顺序

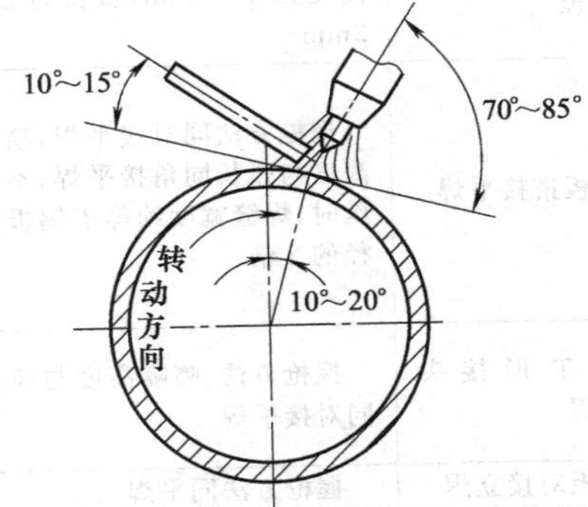

图6-8 管子转动平对接焊时焊枪或焊丝与工件的相对位置

在引弧后等离子弧加热工件达到一定的熔深时，较高压力的离子气流从熔池反面流出，把熔池内的液体金属推向熔池的后方，形成隆起的金属壁，从而破坏焊缝成形，使熔池金属严重氧化，甚至产生气孔，这就是引弧时翻弧现象。为了避免这种现象的产生，在焊接刚开始时，应选用较小的焊接电流和较小的离子气流量，使焊缝的熔深逐渐增加，等到焊缝焊到一定的长度后再增加焊接电流并达到一定的工艺定值，同时工件或焊枪暂停移动，增加离子气流量达到规定值。此时工件温度较高，受到等离子弧热量和等离子流冲力的作用，便很快形成穿透型小孔，一旦小孔形成，工件移动（或焊枪移动）便进入正常焊接过程。此外，还有一种防止翻弧的方法是先在起焊部位钻一ϕ2mm的小孔。

6.1.3 微束等离子弧焊操作要点

(1) 焊前清理

工件焊接接头待焊处及端边焊前均要净化处理，除去油污、锈等。其方法（化学的或机械的）与一般焊接的焊前处理相似，只不过因薄件对污物敏感故处理要更严一些。

(2) 焊机准备

焊接前要将待用的微束等离子弧焊机准备好，并应做以下检查。

① 检查微束等离子弧焊机，如焊枪的气、水路要密封并畅通；钨极、喷嘴的调整和更换要方便；要能保证电极的同轴度和内缩量并可调；焊枪控制按钮的灵敏度要好；焊枪的手柄应可靠地绝缘。

② 检查微束等离子弧焊机的电源，如电源的空载电压能满足要求，极性的接法正确，焊接电流能均匀地调节，则电源合格。

③ 检查微束等离子弧焊机的控制系统，如气路（分工作气和保护气）应密封和畅通，流量应能精细调节，气阀电路的控制应可靠；水路要保证畅通和密封，有水流开关的设备要检查水流开关的灵敏度；控制系统的电路主要检查高频引弧电路的点火（引弧）可靠性，提前送气和滞后断气的控制可靠性；电流衰减电路应工作可靠和速度可调，完整的焊接过程程序控制应可靠等。有自动行走焊车的微束等离子弧焊机，还应检查焊车的调速系统和控制程序。

④ 调整电极最好选购铈钨电极，其直径应按焊接参数中的电流选择。电流较大时选直径为1.2mm的电极，电流较小时可选用直径为0.8mm的电极。电极尖端磨成10°～15°的圆锥角。电极的磨尖最好是使用专用的电极磨尖机磨制，这样可以保证度数和不偏心。

⑤ 调整钨极对中是为了便于观察，可以在焊机电源不接通的情

况下只打高频火花，从喷嘴处观察火花。若火花在孔内圆周分布达到1/2～2/3时，就认为对中符合要求。长时间地使用高频火花对中，也会使钨极少量烧损，可以放少量氩气保护。

⑥ 检查焊机循环水的冷却效量。焊机在额定状态下正常运行，冷却水的出口水温以40～50℃为宜，或以手感比体温稍高些即可。焊机不通冷却水不可使用。

⑦ 配有工件放大镜的焊机，焊前将放大镜焦距调好，这对细小零件的焊接十分必要。若焊机没配放大镜，则可以自选5～10倍的放大镜临时固定在与焊缝适当距离的位置，以供使用。

⑧ 按工艺技术文件规定的焊接参数调节好焊机，经试焊确定无误后予以固定，等待使用。

(3) 定位焊

不使用焊接夹具的工件焊接时，焊前要每隔3～5mm设置一个定位焊点，使其定位，否则焊接时会发生变形。定位焊使用的焊接参数可与焊接时相同或略小一些。使用夹具的工件焊接时，焊前不用进行定位焊。

(4) 操作要点

① 微束等离子弧焊使用的电弧形态是联合型弧，即维弧、焊弧同时存在。

② 当焊缝间隙稍大出现焊缝余高不够或呈现下陷时，说明焊缝金属填充不够，应该使用填充焊丝。填充焊丝要选用与母材金属同成分的专用焊丝，也可以使用从母材上剪下来的边条。

③ 焊接时，产生转移弧后不要立即移动焊枪，要在原处维持一段时间，使母材熔化，形成熔池后再开始填丝并移动焊枪。另外，焊枪在运行中要保持前倾，手工焊时前倾角保持为60°～80°，自动焊时前倾角为80°～90°。

④ 微束等离子弧的焊接是采用熔池无小孔效应的熔透型焊接法，即用微弧将工件焊接处熔化到一定深度或熔透成双面成形焊缝。

⑤ 焊接时喷嘴中心孔与待焊焊缝的对中要求高，偏差应尽可能小，否则会焊偏或产生咬边。

⑥ 焊接过程中的电弧熄灭或焊接结束时的熄弧，焊枪均要在原

处停留几秒，使保护气继续保护高温的焊缝，以免氧化。

此外，微束等离子弧焊电源空载电压高，易使操作者触电，应注意防范。由于微束等离子弧焊枪体积小，在换喷嘴、换电极或电极对中时，都极易发生电极与喷嘴的接触，这时若误触动焊枪手把上微动按钮，便会发生电极与喷嘴的电短路（打弧），损坏喷嘴和电极。因此，在更换电极、喷嘴或电极对中时，应将电源切断以保证安全操作。

6.2 等离子弧焊典型实例

6.2.1 薄板的板-板或管-管对接平焊等离子弧焊

(1) 焊前准备

① 对焊件及焊丝进行清理，清理的方法可参见表6-4。

表6-4 等离子弧焊时不同材料的清理方法

焊接材料	铝、铜及其合金	不锈钢、钴及合金	碳钢及合金钢
清理方法	碱水溶液	酸、碱水溶液	砂轮、砂纸、钢丝刷、汽油

② 对设备进行检修和连接，连接气路系统、连接水路系统、进行二次接线。

③ 将设备调试到提前送气、滞后停气位置，调试好焊接电压、焊接电流和送丝速度后再进行焊接。

(2) 焊接

① 焊前进行定位加固，定位焊点长度为15mm，间距在90mm以上。

② 焊接参数如表6-5所示。

表6-5 等离子弧平对接的焊接参数

焊件厚度 /mm	焊丝直径 /mm	焊丝牌号	焊接电流 /A	焊接电压 /V	离子气流量 /(L/min)	保护气流量 /(L/min)	气体种类
3.2	1～1.2	H08A	170～195	27～30	5～7	25～30	Ar

③ 等离子弧焊接要采用左焊法，操作方法和钨极氩弧焊基本相

同。引燃电弧时，喷嘴和工件应保持垂直，电弧引燃后要使喷嘴到工件表面的距离保持为 5～8mm，并倾斜一定角度；当工件被穿透并形成小熔孔后再填充焊丝，送丝要均匀。焊接时要看清焊缝，防止焊偏，焊接过程中手要稳，一般不需摆动，焊接收尾时要采用电流衰减法熄弧消除熔孔，填满弧坑。熄弧后，喷嘴要在收尾处稍做停留再离开弧坑。

6.2.2 薄板的板-板对接、平焊位、单面焊双面成形

(1) 试件尺寸及要求

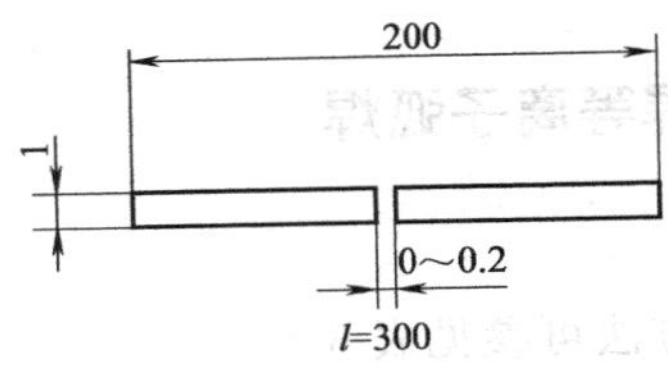

图 6-9 试件及坡口尺寸

① 试件材料牌号 07Cr19Ni11Ti。

② 试件及坡口尺寸 见图 6-9。

③ 焊接位置 平焊。

④ 焊接要求 单面焊双面成形。

⑤ 焊机 LH-300 型自动等离子弧焊机，直流正接。

(2) 试件装配

1）除垢 清除坡口及其正反两侧 20mm 范围内的油、锈及其他污物，至露出金属光泽，并再用丙酮清洗该区。

2）装配

① 装配间隙为 0～0.2mm。

② 定位焊。采用表 6-6 所列焊接参数进行点焊，或用手工钨极氩弧焊点焊，固定焊缝应从中间向两头进行，焊点间距约为 60mm，共 6 点，定位焊后试件应矫平。定位焊缝长约 5mm。

③ 错边量≤0.1mm。

(3) 焊接参数

焊接参数见表 6-6。

(4) 操作要点及注意事项

薄板的等离子弧焊时采用不加填丝、一次焊接双面成形，由于试件较薄为 1mm，因此一般采用微弧等离子焊接法，而不必采用等离子小孔焊接法。

表 6-6 焊接参数

材料牌号	材料厚度/mm	氩气流量/(L/min)		焊接电流/A	电弧电压/V	焊接速度/(mm/min)	钨极直径/mm	喷嘴孔长/喷嘴孔径/mm	钨极内缩距离/mm	喷嘴至工件距离/mm
		离子气	保护气							
07Cr19Ni11Ti	1	1.9	15	100	19.5	930	2.5	2.2/2	2	3～3.4

① 将试件水平夹固于定位夹具上，以防止焊接过程中试件的变动。为保证焊透和使反面焊缝成形良好，也可采用铜衬垫。

② 调整各焊接参数且不在试件上另行试焊。

③ 焊接等离子弧的对中。由于本试件采用不加填丝微弧等离子焊接法，焊缝的熔化区域较小，等离子弧的偏离将严重影响背面焊缝的成形和产生未熔合等缺陷，因此要求等离子弧严格对中，并应将试件夹固以防在焊接过程中产生变动。

④ 引弧焊接。焊接过程中应严格注意各焊接参数的变化，特别注意电弧的对中与喷嘴的高度，并随时加以修正。

⑤ 收弧停止焊接。当焊接熔池达到离试件端部5mm左右时，应按停止按钮结束焊接。

为保证焊接过程的顺利进行，焊前应检查气路、水路是否畅通，焊炬不得有任何渗漏，喷嘴端面应保持清洁，钨极端部形状应符合规定要求（钨极尖端包角为30°～45°）。

6.2.3 不锈钢筒体的等离子弧焊

化纤设备S441过滤器结构如图6-10所示。其材质为07Cr17Ni12Mo2。GR-201高温高压染色机部件结构如图6-11所示。其材质为07Cr19Ni11Ti。

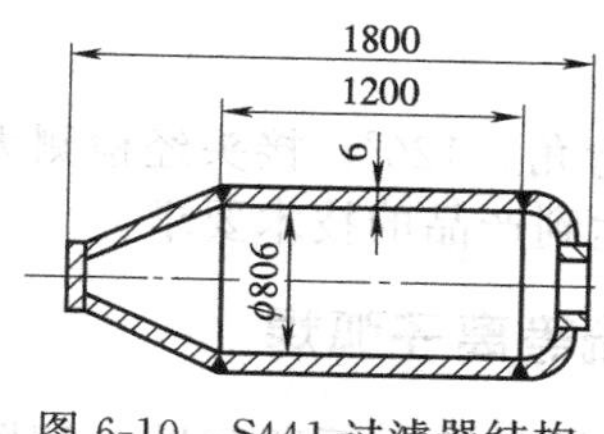

图 6-10 S441过滤器结构

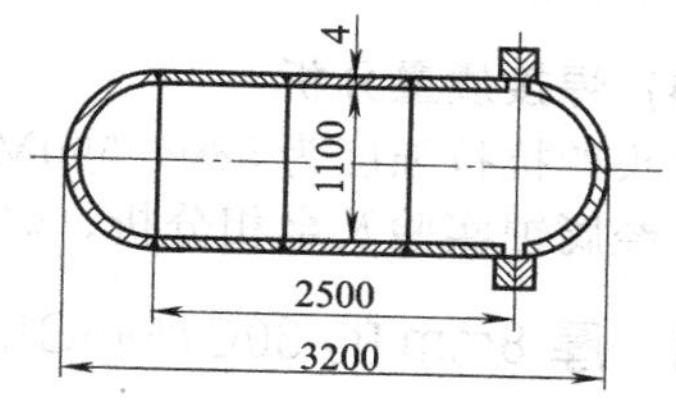

图 6-11 GR-201高温高压染色机部件结构

(1) 焊接设备

采用LH-300型等离子弧焊机。焊枪为大电流等离子弧焊焊枪及对中可调式焊枪。使用的喷嘴为有压缩段的收敛扩散三孔型。

(2) 焊接参数

等离子弧焊焊接参数见表6-7。

表6-7 等离子弧焊焊接参数

板厚/mm \ 焊接参数	喷嘴直径/mm	氩气流量/(L/min)			焊接速度/(mm/min)	焊接电流/A	电弧电压/V	焊丝直径/mm
		离子气	保护气	拖罩				
4	3	6～7	12	15	350～400	200～220	23～24	0.8～1.0
5	3.2	7～8	12	15	350	250	26～28	0.8～1.0
6	3.2	8～9	15	20	280～350	260～280	28～30	0.8～1.0
8	3.2	12～13	15	20	320～350	320	30	1.0
8①	3.2	9～10	15	20	150～160	280	32.5	1.0
10	3.2	15	15	20	250～280	340	32	1.0
10①	3.5	9～10	15	20	150	280～290	32～34	1.0

① 喷嘴后倾10°～15°。

(3) 操作要点

① 坡口形式为I形。板材经剪床下料，使用丙酮清除油污后即可进行装配、焊接。

② 接头装配时不留间隙，使剪口方向一致（剪口向上），进行装配定位。

③ 直缝及筒体纵缝在焊接卡具中焊接，并装有引弧板及引出板。

④ 筒体环缝焊接接头处有30mm左右的重叠量，熄弧时工件停转，电流、气流同时衰减，并且电流衰减稍慢，焊丝继续送进以填满弧坑。

⑤ 为保证焊接质量及合理使用保护气体，焊缝的保护形式为：焊缝背面为分段跟踪通气保护；焊接正面附加拖罩保护。直形及弧形拖罩长度均为150mm，分别用于直缝及环缝焊接。弧形拖罩的半径为工件半径加5～8mm。

(4) 焊接质量分析

接头的抗拉强度为580～590MPa，冷弯角>120°，接头经检测无裂纹。经腐蚀实验及金相分析，焊缝质量达到产品的技术要求。

6.2.4 厚8mm的30CrMnSiA大电流等离子弧焊

工件厚度为8mm。接头形式为I形对接纵缝，不留间隙。清除待焊处的水分、油及锈等污物。焊缝两端加引弧板和引出板，引出板材料为低碳钢，规格为60mm×60mm×8mm。焊缝背面采用骑马卡定位，焊条电弧焊进行定位焊，定位焊间距为150～200mm。采用穿透型大电流等离子弧焊，单面焊一次双面成形。

焊接参数：焊接电流为310A，电弧电压为30V，焊接速度为11m/h，离子气流量为100L/h（衰减气流量为200L/h），保护气流量为1200L/h，钨极内缩量为3mm，孔道比为3.2∶3.0，喷嘴形式为三孔圆柱形，两个小孔相距6mm，孔径为0.8mm。

6.2.5 双金属锯条的等离子弧焊

一般机用锯条是由高速钢制成的，但实际上只是锯条的齿部需要选用高速钢材质，采用等离子弧焊焊接双金属的方法可以合理使用高速钢，节约贵重材料。焊接锯条外形如图6-12所示，齿部用高速钢，背部用低合金钢。背部的低合金钢具有良好的韧性，不易折断。双金属锯条材质的化学成分（质量分数）及硬度见表6-8。刃部材料为W18Cr4V，规格为490mm×9.5mm×1.8mm冷轧带钢；背部材料为65Mn，规格为490mm×30mm×1.8mm冷轧带钢。以上材料均为退火状态。

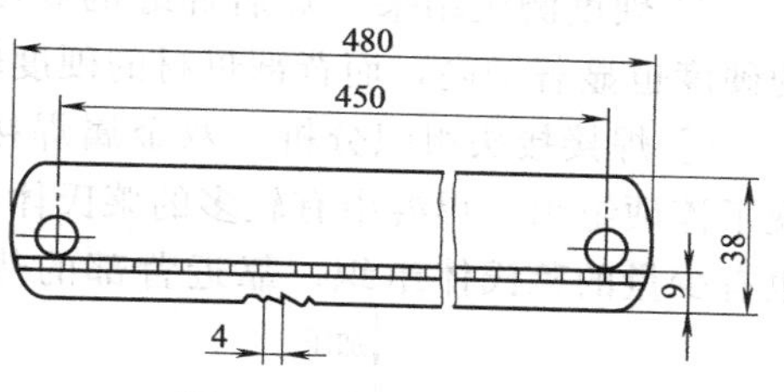

图6-12 焊接锯条外形

表6-8 双金属锯条材质的化学成分（质量分数）及硬度 %

牌号	C	Mn	Si	S	P
W18Cr4V	0.1～0.8	≤0.4	≤0.4	<0.03	<0.03
65Mn	0.62～0.70	0.9～1.2	0.17～0.57	<0.045	<0.045

牌号	W	Cr	V	Mo	硬度(HRC)	用途
W18Cr4V	17.5～19.0	3.5～4.4	1.0～1.4	≤0.3	24	齿部材料
65Mn	—	—	—	—	≤29	背部材料

① 工艺装备　焊接锯条的简易工装夹具如图6-13所示。焊枪固定不动，由动夹具带着锯条移动，工件背面通保护气。在施焊工件的下部设有适应控制传感器，可以自动调节焊接参数，如焊接速度等，以保证焊接质量均匀稳定。

② 焊接参数　采用三孔型喷嘴，孔径为2mm，孔道长为

2.4mm，喷嘴孔两边的小孔直径为0.8mm，小孔间距为6mm，保护气与离子气均为氩气。焊接锯条的焊接参数见表6-9。

表6-9 焊接锯条的焊接参数

焊接方式 \ 焊接参数		焊接电流/A	电弧电压/V	焊接速度/(mm/min)	离子气流量/(L/h)	保护气流量/(L/h)	背面保护气流量/(L/h)	电极内缩量/mm
不加适应控制	穿透型	105	35	600～690	240～250	600	160～200	2.7
	熔透型	100	32	520	180～190	600	160～200	2.5～2.4
加适应控制	穿透型	108 110	35	750	275～340	600	160～200	2.6
	熔透型	108 110	32	520～690	150～200	600	160～200	2.5～2.4

③ 硬度测定结果　焊后焊缝的硬度很高，齿部母材及热影响区的硬度也显著增高，而背部母材的硬度较低。

④ 焊接接头组织分析　双金属焊接接头的焊缝及热影响区都出现了淬硬组织。焊缝中有较多的莱氏体，在靠近高速钢的热影响区中也有少量的莱氏体组织。靠近背部的热影响区较宽（2.65mm），靠

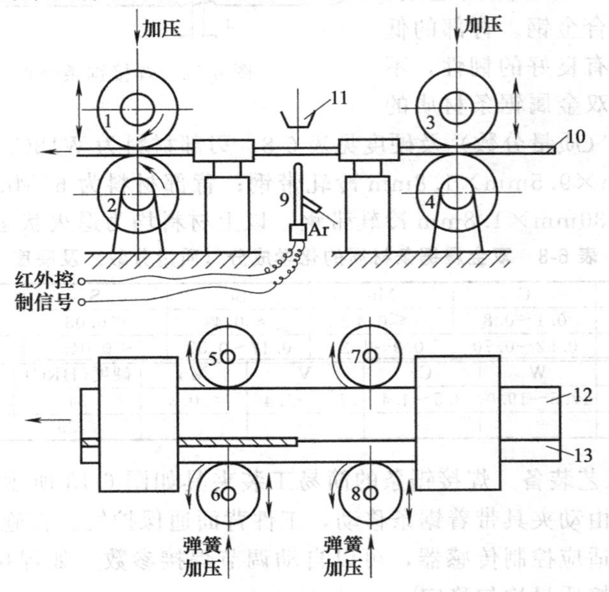

图6-13 焊接锯条的简易工装夹具

1～8—动夹具；9—传感器；10—工件；11—焊枪；12—背材；13—齿材

近齿部的热影响区较窄（0.81mm）。焊缝宽度为2.50mm。从金相组织来看，焊缝及近缝区的金相组织性能很差，特别是焊缝很硬、很脆。这种不合格的组织经过焊后的热处理可以得到改善。

⑤ 焊后退火处理　在焊后24h内需要进行退火处理，退火工艺曲线如图6-14所示。退火后焊缝中莱氏体组织大量消除，齿部、焊缝及背部硬度均小于24HRC，满足加工要求。总之，退火后基本上达到技术要求，焊接接头退火后各区金相组织分布如图6-15所示。

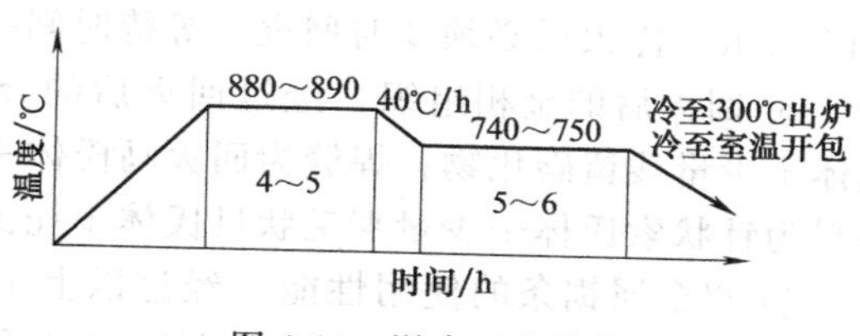

图6-14　退火工艺曲线

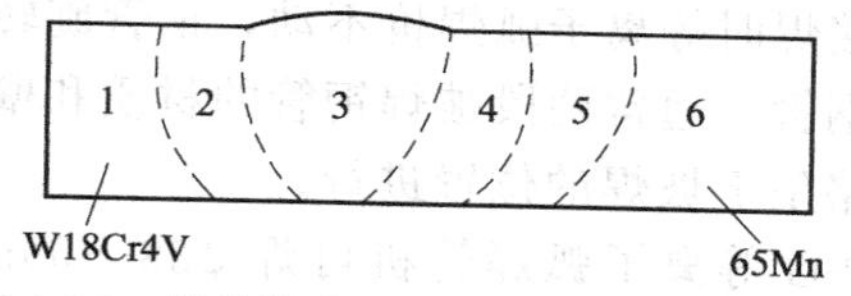

图6-15　焊接接头退火后各区金相组织分布

1—索氏体＋残留碳化物；2—索氏体＋少量莱氏体；3—索氏体＋细小莱氏体；4—铁素体全脱碳（0.09mm）；5—铁素体＋珠光体贫碳区（0.25mm）；6—珠光体＋铁素体

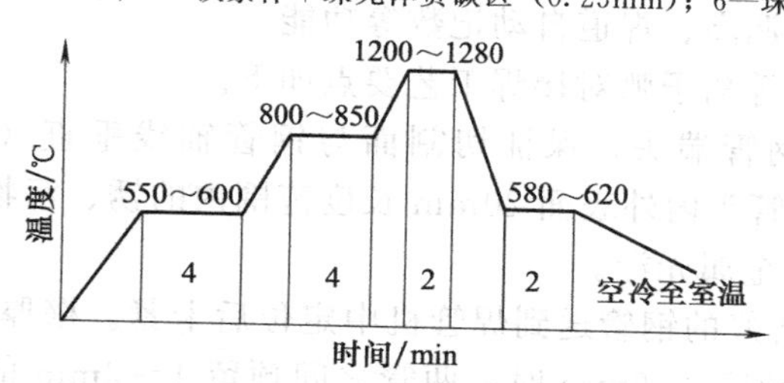

图6-16　淬火工艺曲线

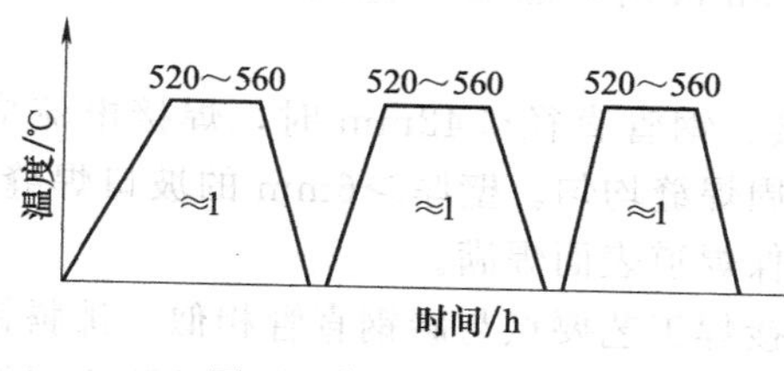

图6-17　回火工艺曲线

⑥ 淬火处理　按照高速钢锯条性能进行淬火处理，并兼顾背部材料的性能。淬火工艺曲线如图6-16所示。淬火后齿部硬度为67HRC，焊缝硬度为

65.1HRC，背部硬度为52.4HRC，硬度值大大升高。焊缝及热影响区的莱氏体基本消失，但残留莱氏体较多。

⑦ 回火处理 淬火后要进行三次回火处理。回火工艺曲线如图6-17所示。淬火后必须及时回火，等待时间一般不得超过24h。

⑧ 回火后的金相组织 经过回火后的金相组织，齿部为回火马氏体+少量残留碳化物；焊缝为回火马氏体+残留碳化物细网；背部材料为针状索氏体+少量羽毛状贝氏体+托氏体。

⑨ 双金属锯条的使用性能 经过以上工序加工的锯条，经使用证明可锯 ϕ40～130mm 的圆钢或方钢（材质为45钢），完全可以代替高速钢制成的锯条。

6.2.6 直管对接的等离子弧焊

一般直管对接焊时等离子弧焊枪不动，钢管旋转，常用于石油和锅炉工业中接长钢管。通常两段被焊钢管的材质和壁厚是相同的，焊接时多在平焊或略呈下坡焊的位置进行。

利用LH-300-G等离子弧焊管机可焊 ϕ38～59mm、壁厚为2～15mm、长度为6000mm+6000mm的直管。该机采用可编程控制器控制焊接程序，有气动装卡、电流脉冲、自动记位、电流衰减、摆动及停摆回中、调高、焊道自动记数等功能。

碳钢直管等离子弧对接焊工艺要点如下。

① 切割钢管端头，保证切割面与钢管轴线垂直（误差不超过±10°）。去除管头内外表面20mm长度范围内的锈、污物、毛刺和油脂，直至露出金属光泽。

② 把制备好的钢管送到焊管机中定位后卡紧。壁厚<3.5mm时不留间隙；壁厚>3.5mm时，两管之间预留1～2mm的间隙，管壁之间错边量<0.5mm；壁厚>6mm时，加工V形坡口，夹角在45°左右，钝边为1～3mm。

③ 选好焊接参数进行焊接。钢管直径<42mm时，焊接电流应记位分级衰减，以保证钢管圆周焊缝均匀。壁厚>6mm的坡口焊缝，盖面焊宜选用摆动程序，以确保焊道表面焊满。

合金钢管、不锈钢管的对接焊工艺要点与碳钢直管相似。沸腾钢管的等离子弧对接焊时应填充适量的H08Mn2SiA焊丝，以防止焊缝中产生气孔。

④ 对有余高要求的钢管及焊前预留间隙或加工坡口的钢管进行对接焊时，可自动填充焊丝，焊丝直径为1.2mm。焊丝的种类视钢管材质而定，一般为与钢管同种材质的焊丝。对于碳钢管，多采用H08A或H08Mn2SiA焊丝。

6.2.7 铝及铝合金的等离子弧焊

焊接铝合金时，采用直流反接或交流电源。铝及铝合金交流等离子弧焊多采用矩形波交流焊接电源，用氩气作为等离子气和保护气体。对于纯铝、防锈铝，采用等离子弧焊，焊接性良好；硬铝的等离子弧焊焊接性尚可。铝及铝合金等离子弧焊操作注意事项如下。

① 焊前要加强对工件、焊丝的清理，防止氢溶入产生气孔，还应加强对焊缝和焊丝的保护。

② 交流等离子弧焊的许用离子气流量较小。流量稍大，等离子弧的吹力会过大，铝的液态金属被向上吹起，形成凸凹不平或不连续的凸峰状焊缝。为了加强钨极的冷却效果，可以适当加大喷嘴孔径或选用多孔型喷嘴。

③ 当板厚>6mm时，要求焊前在100～200℃条件下预热。板厚较大时用氦作为等离子气或保护气，可增加熔深或提高效率。

④ 使用的垫板和压板最好用导热性不好的材料制造，如不锈钢等。垫板上加工出深度为1mm、宽度为20～40mm的凹槽，以使待焊铝板坡口近处不与垫板接触，避免散热过快。

⑤ 板厚≤10mm时，在对接的坡口上每间隔150mm定位焊一点；板厚>10mm时，每间隔300mm定位焊一点。定位焊采用与正常焊接相同的电流。

⑥ 进行多道焊时，焊完前一道焊道后应用钢丝或铜丝刷清理焊道表面至露出纯净的铝表面为止。

⑦ 纯铝自动交流等离子弧焊焊接参数见表6-10。

⑧ 铝合金直流等离子弧焊焊接参数见表6-11。

6.2.8 钛及钛合金的等离子弧焊

等离子弧焊能量密度高、热输入大、效率高。厚度为2.5～

15mm 的钛及钛合金板材采用穿透型焊接可一次焊透，并可有效地防止产生气孔。熔透型焊接适用于各种板厚，但一次焊透的厚度较小，3mm 以上一般需开坡口。

表 6-10 纯铝自动交流等离子弧焊焊接参数

板厚/mm	钨极为负极		钨极为正极		气体流量/(L/h)		焊接速度/(cm/s)
	电流/A	时间/ms	电流/A	时间/ms	离子气	保护气	
0.3	10～12	20	8～10	40	9～12	120～180	0.70～0.83
0.5	20～25	30	15～20	30	12～15	120～180	0.70～0.83
1.0	40～50	40	18～20	40	15～18	180～240	0.56～0.70
1.5	70～80	60	25～30	60	18～21	180～240	0.56～0.70
2.0	110～130	80	30～40	80	21～24	240～300	0.42～0.56

表 6-11 铝合金直流等离子弧焊焊接参数

板厚/mm	接头形式	非转移弧电流/A	喷嘴与工件间电流/A	Ar 离子气流量/(L/min)	He 保护气流量/(L/min)	喷嘴孔径/mm	电极直径/mm	填充金属	定位焊
0.4	卷边	4	6	0.4	0	0.8	1.0	无	无
0.5	平对接	4	10	0.5	0	1.0	1.0	无	无
0.8	平对接	4	10	0.5	9	1.0	1.0	有	有
1.6	平对接	4	20	0.7	9	1.2	1.0	有	有
2	平对接	4	25	0.7	12	1.2	1.0	有	有
3	平对接	20	30	1.2	15	1.6	1.6	有	有
2	外角接	4	20	1.0	12	1.2	1.0	有	有
2	内角接	4	25	1.6	12	1.2	1.0	有	有
5	内角接	20	80	25	15	1.6	1.6	有	有

用等离子弧焊焊接钛及钛合金时，热影响区较窄，焊接变形也较易控制。目前微束等离子弧焊已经成功地应用于薄板的焊接。采用3～10A 的焊接电流可以焊接厚度为 0.08～0.60mm 的板材。

利用等离子弧的小孔效应可以单道焊接厚度较大的钛及钛合金，保证不致发生熔池坍塌，焊缝成形良好。通常单道钨极氩弧焊时工件的最大厚度不超过 3mm，并且因为钨极距离熔池较近，可能发生钨极熔蚀，使焊缝渗入钨夹杂物。等离子弧焊接时，不开坡口就可焊透厚度达 15mm 的接头，不会出现焊缝渗钨现象。

钛板等离子弧焊焊接参数见表 6-12。

纯钛等离子弧焊的气体保护方式与钨极氩弧焊相似，可采用氩弧焊拖罩，但随着板厚的增加、焊速的提高，拖罩要加长，处于 350℃

表 6-12 钛板等离子弧焊焊接参数

板厚/mm	喷嘴孔径/mm	焊接电流/A	焊接电压/V	焊接速度/(cm/s)	送丝速度/(m/min)	焊丝直径/mm	氩气流量/(L/min)			
							离子气	保护气	拖罩	背面
0.2	0.8	5	—	1.3	—	—	0.25	10	—	2
0.4	0.8	6	—	1.3	—	—	0.25	10	—	2
1	1.5	35	18	2.0	—	—	0.5	12	15	2
3	3.5	150	24	3.8	60	1.5	4	15	20	6
6	3.5	160	30	3.0	68	1.5	7	20	25	15
8	3.5	172	30	3.0	72	1.5	7	20	25	15
10	3.5	250	25	1.5	46	1.5	7	20	25	15

注：电源极性为直流正接。

以上的金属才能得到良好保护。背面垫板上的沟槽尺寸，一般宽度和深度为2.0～3.0mm，同时背面保护气体的流量也要增加。厚度在15mm以上的钛板焊接时，开6～8mm钝边的V形或U形坡口，用穿透型等离子弧焊封底，然后用熔透型等离子弧焊填满坡口。用等离子弧焊封底可以减少焊道层数，减少填丝量和焊接角变形，提高生产率。熔透型等离子弧焊多用于厚度在3mm以下薄件的焊接，比钨极氩弧焊容易保证焊接质量。

6.2.9 TA2工业纯钛板自动等离子弧焊

金属阳极电解槽底部需设置一块尺寸为1.7m×1m×2mm的TA2工业纯钛板，由于整张钛板的宽度不够，因此需要拼接。为满足单面焊双面成形的技术要求及减小焊接变形量，采用小孔效应等离子弧焊工艺。工艺要点如下。

① 焊前准备　焊前将钛板待焊边缘一侧在龙门刨上进行加工，并用丙酮擦洗。钨棒需在磨床上研磨圆整，以防出现因钨极与喷嘴中心线的同轴度不合要求而烧损喷嘴的现象。为使焊机行走过程中电弧不偏离焊缝中心，焊机上的橡胶轮改用铁轮。

② 焊接设备与工装　钛板焊接时，采用LH-250型等离子弧焊机的控制系统及焊机行走机构，配以ZX5-160型可控硅式弧焊整流器，并设计制造了专用的气动焊接夹具。压板由两排琴键式小压块组成，夹具底部的纯铜垫板上开有一排ϕ1.0mm的小孔，以实现反面气体防护。为防止焊接过程中发生严重的变形及引起烧穿，除采用焊接夹具焊前定位焊外，还安装了可控硅脉冲断路器，进行脉冲等离子

弧焊。

③ 焊接参数　钨极直径为3mm，喷嘴孔径为2mm，脉冲电流为70～80A，维弧电流为20～30A，脉冲通电时间为0.06～0.08s，休止时间为0.12～0.14s，离子气流量为1.8L/min，喷嘴保护气流量为1.8L/min，反面保护气流量为12L/min，拖罩气流量为24L/min（拖罩外形尺寸为180mm×40mm）。焊后，焊缝表面呈鱼鳞纹，熔宽均匀，表面色泽为金黄色。

④ 注意事项　在焊接操作过程中应随时注意焊接参数及气体流量的变化。当发现焊缝背面的颜色发蓝时，应调节反面的氩气流量及分析反面的气体保护条件，一般反面保护的氩气由单独的氩气瓶供应。此外，最好将纯铜垫板两端用棉花塞住，防止气流散失，使焊缝反面得到充分的保护。氩气瓶中的气体压力降至0.98MPa时，应停止操作，重新更换一瓶气体。

6.2.10 超薄壁管子的微束等离子弧焊

超薄壁管子在许多工业领域有着广泛的应用，如制造金属软管、波纹管、扭力管、热交换器的换热管、仪器仪表的谐振筒等，有时还用于在高温、高压、复杂振动和交变载荷下输送各种腐蚀性介质。用焊接工艺制造超薄壁有缝管就是把带材卷成圆管，然后焊接起来。这种方法工艺简单、生产率高、成本低（约为无缝管的50%），受到国内生产厂家的极大重视。

微束等离子电弧是一种能量高度集中的热源。电弧经过压缩，其稳定性比自由弧（如氩弧）好得多，并且工作弧长可以比自由电弧长，因此，观察焊接过程比较方便。超薄壁管子常用微束等离子弧焊接。

(1) 超薄壁管子微束等离子弧焊的优点

① 焊接的带材厚度比氩弧焊小，通常厚度为0.1～0.5mm，不需卷边就能焊接，焊接质量好。

② 在管子连续自动焊接时，等离子弧长的变化对焊接质量影响不大；这点与氩弧焊不同，氩弧焊弧长变化对焊接质量影响很大。

③ 在焊接电流很小时（小于3A），微束等离子弧稳定性好；而氩弧有时游动，稳定性较差。

④ 微束等离子弧由于热量集中，焊接带度高于氩弧焊，生产率高。

⑤ 能焊接多种金属，包括不锈钢、非铁金属等。超薄壁管子连续自动微束等离子弧焊接类似于封闭压缩弧焊过程。在焊接模套和焊枪之间安装绝缘套，使等离子焊枪与金属等可靠绝缘，同时把保护氩气封闭在一个小室中，相当于建立了近似可控气氛的焊接条件，提高了保护效果。

(2) 焊接参数

超薄壁管子微束等离子弧焊焊接参数较氩弧焊多，除了焊接电流、焊接速度、保护气体流量外，还有工作气体的流量、保护气体的成分、保护气体流量与工件气体流量之比等，这些参数均影响焊接质量。

工作气体流量大，则电弧挺度好，电弧很容易引出喷嘴，转移弧建立容易；工作气体流量小，则电弧挺度差，转移弧建立较困难。但工作气体流量不能过大，太大会形成切割，使焊缝成形不良。保护气体用氢氩混合气体保护效果好，一般用5%的氢气，其余为氩气。有时也加氦气，但氦气价格昂贵，只有对某些非铁金属焊接时才用。经验表明，保护气体流量与工作气体流量有一个最佳比值，这要通过试验确定。12Cr18Ni10Ti不锈钢超薄壁管子自动微束等离子弧焊焊接参数见表6-13。

表6-13　12Cr18Ni10Ti不锈钢超薄壁管子自动微束等离子弧焊焊接参数

管子直径/mm	管子壁厚/mm	焊接电流/A	焊接速度/(m/h)	管子直径/mm	管子壁厚/mm	焊接电流/A	焊接速度/(m/h)
8.8	0.15	5～6	60～65	10.8	0.20	8～9	60～65
8.8	0.20	8～9	70～75	13.0	0.20	8～9	70～75

经验表明，影响超薄壁管子生产率的最主要的焊接参数是焊接电流、工作气体的流量和喷嘴小孔直径等。

(3) 工艺要点

铜及其合金超薄壁管子的焊接工艺与不锈钢管子的焊接工艺有许多共同点。但是，由于彼此的物理性能及特点不同，如线胀系数和热导率高，焊缝形成气孔倾向大，合金元素锌（黄铜）、铍（铍青铜）

容易烧损等，因此焊接时必须采取以下附加措施（其他工艺措施同不锈钢）：

① 在焊接处必须建立起封闭小室，用氦气作为保护气体，以避免熔池氧化，提高保护效果。

② 用钼喷嘴代替铜喷嘴。由于钼喷嘴的热导率相当低，加热到高温时呈炽热的桃红色，阻碍了锌、铍的蒸发和沉积作用，因此可以减少锌和铍的烧损。

③ 必须利用软态带材制造超薄壁管子。

在有封闭小室、用氦气作为保护气体的条件下也能够用微束等离子弧焊焊接钛和锆的超薄壁管子。铜及铜合金、钛和锆超薄壁管子微束等离子弧焊焊接参数见表 6-14。

表 6-14　铜及铜合金、钛和锆超薄壁管子微束等离子弧焊焊接参数

材料	管子尺寸/mm		气体流量/(L/min)			焊接电流/A	焊接速度/(m/h)
	直径	壁厚	工作气体(Ar)	保护气体(He)	焊缝背面保护气体(He)		
H63	8.8	0.3	0.4	1.7	0.2	26	140
H68	8.8	0.3	0.4	1.5	0.2	28	135
H90	8.8	0.3	0.4	1.4	0.3	29	110
M1	6.0	0.5	0.5	1.5	0.4	29	90
QBe2	8.8	0.3	0.2	1.5	0.3	26	90
Ti	8.8	0.2	0.2	1.0	0.2	7～8	70～75
Zr	6.0	0.5	0.2	1.5	0.4	26～27	45～50

6.2.11　银和铂的微束等离子弧焊

银和铂都属于贵金属，价格昂贵。银和铂可制成板材、带材、线材等，常用于微电子、仪器仪表、医药等特殊产品和军工产品。银和铂电子器件的微束等离子弧焊接的操作要点是焊前将银与铂的接头处理干净，将两种金属预热到 400～500℃。采用微束脉冲等离子弧焊，维弧电流为 24A，保护气体流量为 6L/min，离子气流量为 0.5L/min。银和铂电子器件微束等离子弧焊焊接参数见表 6-15。

6.2.12　厚 1mm 的 12Cr18Ni9 不锈钢板的对接平焊等离子弧单面焊双面成形

(1) 焊接特点分析

厚 1mm 不锈钢板对接平焊单面焊双面成形，与钨极氩弧焊操作

难度差不多，只是焊接速度比氩弧焊快，因为在焊接过程不添加焊丝，所以在保证焊缝宽度、正面和背面余高的条件下，可以选择大的焊接速度。

表 6-15 银和铂电子器件微束等离子弧焊焊接参数

母材(Ag,Pt)厚度/mm	接头形式	焊接参数					
		焊接电流/A	焊接电压/V	焊接速度/(m/h)	铈钨极直径/mm	脉冲时间/s	间歇时间/s
0.05+0.05	卷边接头	2.0～2.5	22～24	0.62	1.0	0.02	0.02
0.1+0.1		3～5	24～25	0.33～0.67	1.0	0.03	0.02
0.5+0.5		6～8	25～26	0.50～0.61	1.2	0.05	0.03
1.0+1.0	—	9～10	26～27	0.55～0.61	1.2	0.08	0.05
1.2+1.2	卷边接头	12～14	27～28	0.50～0.55	1.2	0.10	0.08
1.5+1.5		14～15	28～29	0.44～0.50	1.6	0.12	0.10
2.0+2.0		16～20	29～30	0.42～0.44	1.6	0.15	0.12

(2) 焊前准备

① 焊件清理　将焊件待焊处正反两面各 20mm 范围内的油、污、锈、垢等清除干净，至露出金属光泽，最后再用丙酮擦拭焊接区。

② 严格控制装配间隙和错边量　装配间隙为 0～0.3mm，错边量≤0.1mm。

③ 焊机　采用 LH-315 型自动等离子弧焊机；焊枪选用电流容量为 300A，喷嘴采用直接水冷的大电流等离子弧焊枪；喷嘴为有压缩段的收敛扩散三孔型。

④ 焊件　12Cr18Ni9 不锈钢板，厚度为 1mm，焊件尺寸（宽×长）为 100mm×500mm，两块，Ⅰ形坡口。

⑤ 辅助工具和量具　钢丝钳、活扳手、角向打磨机、砂布、锤子和钢直尺等。

⑥ 焊前装配定位焊　定位焊缝由中间向两边进行，定位焊缝相距 50mm，定位焊缝长为 5～6mm。定位焊后，焊件矫平、定位焊的焊接参数见表 6-16。

⑦ 检查　检查焊机的气路、水路是否通畅，焊枪无泄漏、喷嘴端面无焊接飞溅物，钨电极尖端锥角为 30°～45°。

(3) 焊接操作

① 将焊件放在平台上，为保证背面成形良好，背面可以垫铜垫板。

② 按表 6-16 所列的焊接参数调整好焊接参数。

表 6-16　12Cr18Ni9 不锈钢钢板等离子弧焊的焊接参数

板厚/mm	焊接电流/A	焊接速度/(mm/min)	电弧电压/V	钨极直径/mm	气体流量/(L/min)		钨极内缩孔距离/mm	喷嘴至焊件距离/mm	喷嘴孔长/喷嘴孔径/mm
					离子气	保护气			
1	100	930	19.5	2.5	1.9	15	2	3～3.4	2.2/2

③ 调整焊枪，使等离子弧严格对中焊缝中心线。

④ 开始焊接时，薄板等离子弧焊采用不填加焊丝、单面焊双面成形工艺，为了防止烧穿，可采用微束等离子弧焊方法。

(4) 焊接检验

① 焊接变形　焊件焊后变形角度 $\theta \leqslant 2°$，错边量≤0.1mm。

② 焊缝表面缺陷　咬边深度≤0.1mm，焊缝两边咬边总长不超过 50mm。焊缝不得有裂纹、未熔合、夹渣、气孔、焊瘤和未焊透。

6.2.13 波纹管部件的微束等离子弧焊

(1) 技术要求

波纹管与管接头的组合件如图 6-18 所示。要求焊接接头有可靠的致密性及真空密封性，并要保持波纹管的工作弹性及抗腐蚀性。因此，焊接过程中其工作部分的加热温度不得超过 200℃。

(2) 焊件材质、规格

材质为 07Cr19Ni11Ti 不锈钢，波纹管直径为 18mm，板厚为 0.12mm，管接头壁厚为 2～4mm。

(3) 接头形式

由于被焊零件厚度相差很大，散热条件不同，因此给焊接工作造成困难。采用图 6-18 所示的接头形式，使用挡板结构防止波纹管边缘的烧穿。

(4) 工艺装备

将波纹管组合件夹紧在专用胎具中，使波纹管全部工作段也处于胎具中，接缝由胎具中露出约 2mm。

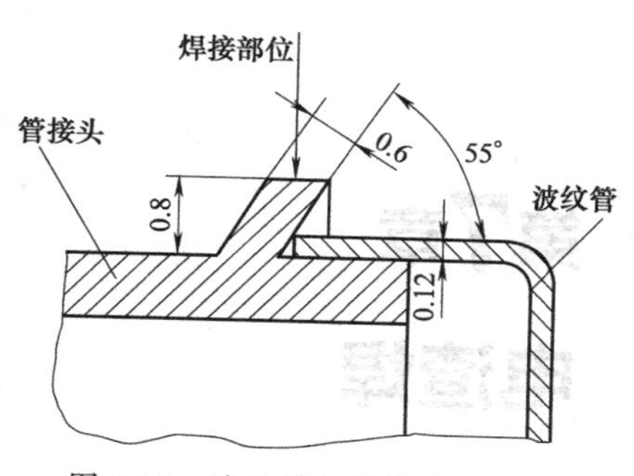

图 6-18　波纹管与管接头组合件

(5) 焊接工艺

焊接时焊件绕水平轴旋转或与水平轴成 45°角，焊枪垂直于焊缝。

焊接参数：$I=14\sim16\text{A}$；$U=18\sim20\text{V}$；离子气（氩气）流量为 0.4L/min；保护气体（氩气或氩氢混合气体）流量 3～4L/min；喷嘴至焊件距离为 2～4mm；焊接速度为 3m/h。这种参数的微束等离子弧焊可使挡板完全熔化，并与波纹管边缘熔在一起，形成良好的焊缝。

(6) 焊接质量

实测表明，焊接过程中波纹管工作部分受热温度不高于 80℃，保证了波纹管的弹性。经气密性试验，焊接接头无泄漏现象，满足真空密封性要求。拉伸试验表明，试样破坏均发生在母材上，焊接接头具有良好的力学性能。

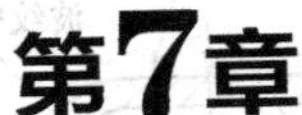

第7章 电渣焊

7.1 电渣焊基本技能

利用电流通过液体熔渣所产生的电阻热进行焊接的一种熔焊方法，称为电渣焊。根据其使用的电极形状，可分为丝极电渣焊、熔嘴电渣焊和板极电渣焊等。

7.1.1 丝极电渣焊操作技术

(1) 丝极电渣焊的操作要点

① 焊件清理　焊件装配之前，必须将接缝的熔合面及附近清理干净，不应有铁锈、油污和其他杂质存在。对于铸钢件，除了保证接缝清洁外，还应检查焊接处是否有铸造缺陷，如缩孔、疏松和夹渣等。若发现缺陷则要进行铲除及焊补，然后才能进行装配。另外，接缝两侧要保持平整光滑，必要时可用砂轮磨光或进行机械加工，以使冷却铜块能贴紧工件和顺利滑行。

② 焊件装配　为了计算电渣焊工件的尺寸，要先定出设计间隙。装配的实际间隙要比设计值略大，以弥补焊接时的收缩变形。多数情况下设计为不等间隙，即上大下小的楔形。工件待焊两边缘间的夹角 β 一般为 1°～2°。电渣焊直缝时，工件错边量为 2～3mm，错边量大时应采用组合式铜滑块，以防止渣池及熔池金属流失。电渣焊环缝时的错边应控制在 1mm 以内。当工件的厚度差＞10mm 时，应把厚板

削薄成等厚度，或在薄板上焊一块板（与厚板等厚度），焊后再去掉。电渣焊工件装配如图 7-1 所示。

③ 定位焊　采用∩形定位板定位，定位处与工件两端（上、下）的距离为 200～300mm。对于长焊缝，中间装若干个∩形定位板，定位板之间的距离为 80～100mm。对于 400mm 以上厚度的工件，定位板的厚度应为 50mm。定位板经修正后可继续使用。∩形定位板可用焊条电弧焊焊接在工件上。定位板材质为 Q235。

④ 电渣过程的建立　将一厚度为 100mm 的低碳钢板，中间钻一深度为 70～80mm、直径为 20mm 的圆孔，作为焊件。将弧焊变压器的出线端连接在手把和焊件之间，见图 7-2。

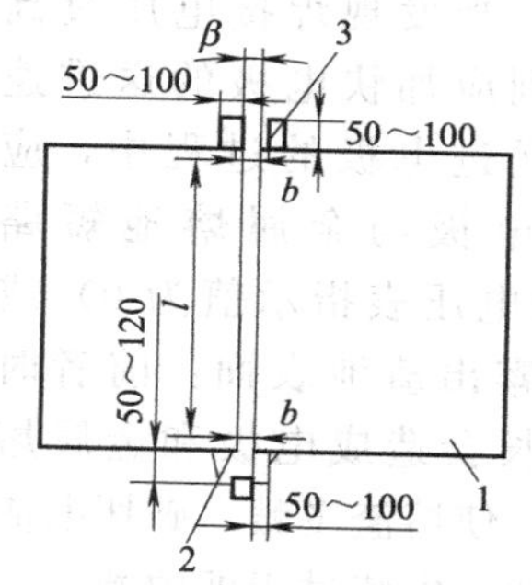

图 7-1　电渣焊工件装配
1—焊件；2—引出槽；3—引出板

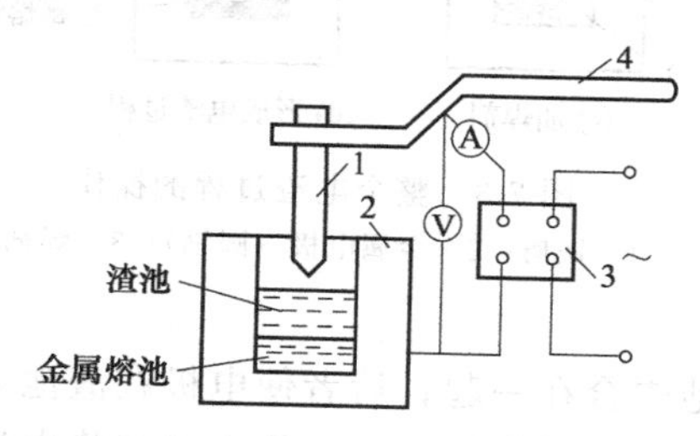

图 7-2　弧焊变压器与手把和焊件的连接
1—金属电极；2—焊件；3—弧焊变压器；4—手把；A—电流表；V—电压表

首先在焊件的圆孔内放入少量铁屑，将长度为 300～400mm、直径为 8mm 的低碳钢圆钢底端加工成圆锥状，作为金属电极，并夹持在手把上，启动焊机，这时电压表上指针示出焊机的空载电压值。此时焊工手持手把将金属电极（圆钢）从焊件圆孔中慢慢伸入，应注意不要使电极和焊件周围的金属相碰，以免造成接触短路而引发电弧。接着迅速从焊件圆孔端口加入少量牌号为 HJ431 的焊剂，当电极轻轻接触圆孔底部的铁屑时，就开始产生电弧，焊剂在电弧热作用下迅速熔化成为液态熔渣，成为渣池，覆盖在由铁屑熔化的金属上面。大约经过 1～2min 后，渣池已达到一定的深度时，将电极插在熔融的渣池内，于是电弧消失，电流从电极末端通过渣池经过焊件金属形成一回路，于是电渣过程就正式建立了。

保持正常的电渣过程的焊接参数为：焊接电流为130～150A，焊接电压为30～34V，渣池深度为35～40mm。整个操作过程可以通过电压表指针的指示值来进行控制。当发现焊接电压值过低（即电极离开金属熔池表面的距离太短）时，可稍微放慢电极的送进速度或临时将电极向上提拉一下；当发现焊接电压过高时，则应加快电极的送进速度。送进电极的过程中，应避免电极与金属熔池短路（此时电压表指示值为0）或电极露出渣池表面：前者时间一长会造成电极和金属熔池焊合在一起；后者使电极在渣池表面打弧，使熔渣飞溅，破坏电渣过程。操作结束时，只要迅速将电极拉出渣池，电渣过程即中断。

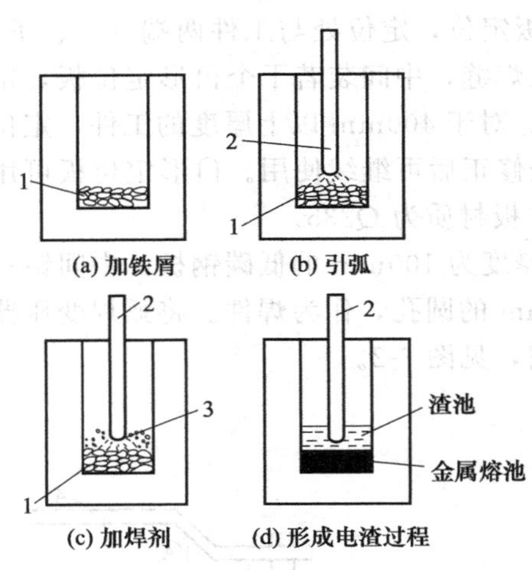

图 7-3 整个电渣过程的操作

1—铁屑；2—金属电极（圆钢）；3—焊剂

整个电渣过程的操作见图7-3。

⑤ 丝极电渣焊的操作要领 丝极电渣焊是利用焊丝（为使焊丝通过导电嘴时易于弯曲，焊丝直径不超过3mm）作为电极形成电渣过程而进行焊接的一种电渣焊方法，见图7-4。

焊接电源的一个极接在焊丝的导电嘴上，另一个极接在焊件上。焊丝由机头上送丝机构的送丝滚轮带动，通过导电嘴送入渣池。焊丝在其自身的电阻热和渣池热的作用下被加热熔化，形成熔滴后穿过渣池进入渣池下面的金属熔池。电流通过渣池时，将渣池内熔渣的温度加热到2000～2400K，使焊件的边缘熔化，焊件的熔化金属也进入金属熔池。随着焊丝金属向金属熔池的过渡，金属熔池液面及渣池表面不断地升高。为使焊接机头上的送丝导电嘴与金属熔池液面之间的相对高度保持不变，焊接机头亦应随之同步上升，上升速度应该与金属熔池的上升速度相等，这个速度就是焊接速度。随着金属熔池液面的

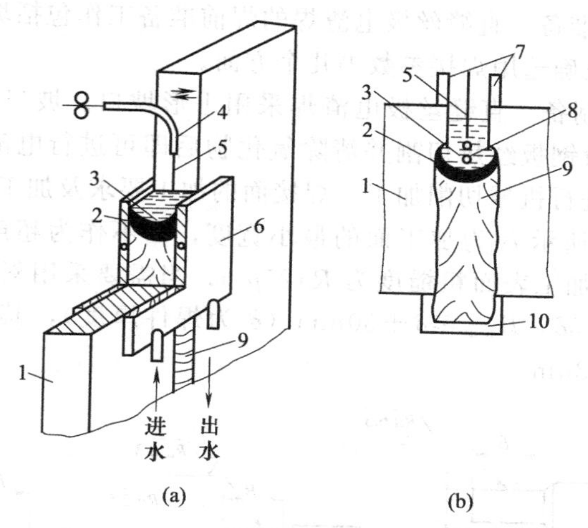

图 7-4　丝极电渣焊的操作

1—焊件；2—金属熔池；3—渣池；4—导电嘴；5—电极（焊丝）；6—强迫成形装置；7—引出板；8—金属熔滴；9—焊缝；10—引弧板

上升，金属熔池底部的液态金属开始冷却结晶，形成焊缝。

丝极电渣焊在操作中具有如下特点。

① 丝极电渣焊的焊接方向是由下往上，呈垂直状态，所以焊接接头的轴线是垂直的。但是从某一瞬时看，实际上是一种垂直移动的平焊位置焊接法。

② 全部焊接动作均通过丝极电渣焊机来完成，所以该方法是一种自动焊接法，操作者只须通过操纵盘上的按钮来进行控制整个焊接过程，仅仅在必要时通过人工测量一下渣池深度和添加必要的焊剂。

③ 丝极电渣焊焊工的操作技能，主要表现在会熟练地使用操纵焊机，选择合理的焊接参数焊接不同厚度的焊件，能及时排除焊接过程中可能出现的各种故障，以及能分析焊接缺陷产生的原因并提出预防措施。

(2) 直缝丝极电渣焊的操作要点

丝极电渣焊能够进行直缝和环缝的焊接，目前生产中以直缝用得最多。直缝丝极电渣焊的接头形式有对接接头、T 形接头和角接接头，其中以对接接头应用最为广泛。

1）焊前准备 直缝丝极电渣焊的焊前准备工作包括坡口的制备、焊件装配、正确选用焊接参数等几个方面。

① 坡口制备 直缝丝极电渣焊采用Ⅰ形坡口。坡口面的加工比较简单，一般钢板经热切割并清除氧化物后即可进行电渣焊接，铸、锻件焊前须进行机械切削加工，焊接面的加工要求及加工最小宽度见图 7-5。图中所示 B 为加工面的最小宽度，当不作为超声探伤面时，$B \geqslant 60$mm，加工表面粗糙度为 $Ra25\mu$m；当需要采用斜探头超声探伤时，$B \geqslant 1.5\delta$，$B_{min} \geqslant \delta + 50$mm（$\delta$ 为焊件厚度），其加工表面粗糙度为 $Ra6.3\mu$m。

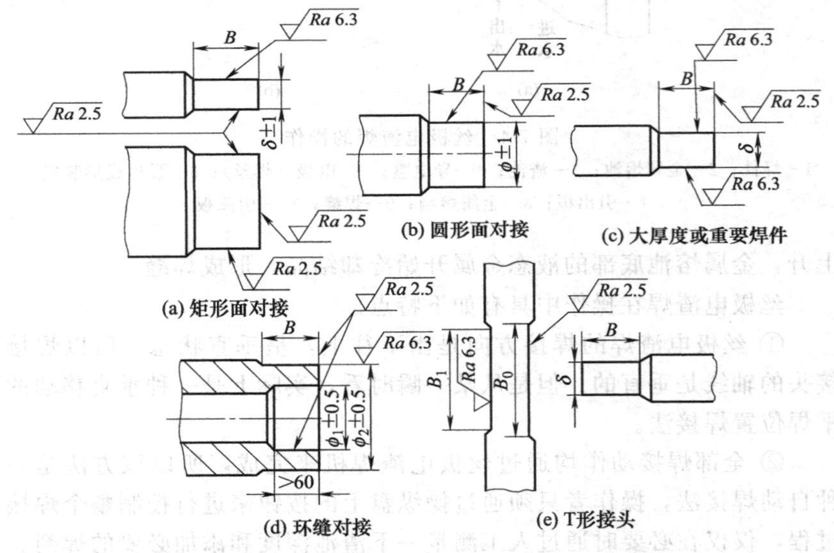

图 7-5 焊接面的加工要求及加工最小宽度

对于焊后需要进行机械加工的焊接面，焊前应留有一定的加工余量，余量的大小取决于焊接变形量和热处理变形量。焊缝少的简单构件，加工余量取 10～20mm；焊缝较多的复杂结构件，加工余量取 20～30mm。

② 焊件装配 直缝丝极电渣焊有对接接头、T 形接头和角接接头三种接头形式，其装配方式见图 7-6。

在焊件的一侧焊上定位板（如圆筒形结构，应为内侧），另一侧由于电渣焊机的送丝机构要移动行走，因此不能安放定位板。

定位板的形状及尺寸见图7-7。装配时，定位板距焊件两端约200mm，见图7-6。较长的焊缝中间要设数个定位板，其间距为1～1.5m。厚度大于400mm的大断面焊件，定位板的厚度可增大至70～90mm，其余尺寸也应相应加大。焊接结束后，割去定位板与焊件的连接焊缝后，定位板仍可重复使用。

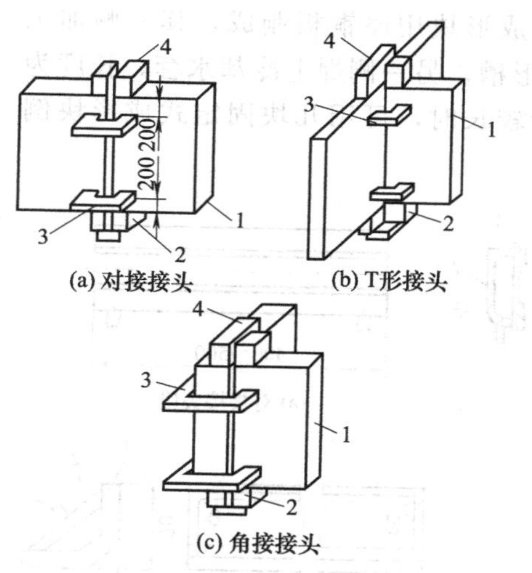

图7-6　焊件装配方式

1—焊件；2—引弧板；3—定位板；4—引出板

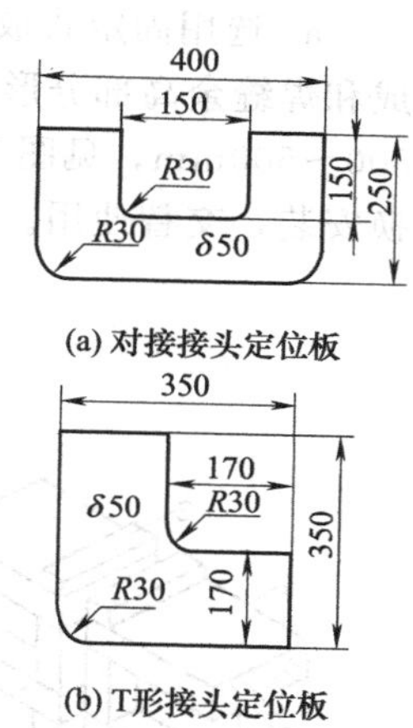

图7-7　定位板的形状及尺寸

在焊件下端应焊上引弧板，上端焊上引出板。对于厚度大于400mm的大断面焊件，引弧板和引出板的宽度为120～150mm，长度为150mm。

焊件的装配间隙值根据焊件的厚度而确定，见表7-1。

由于沿焊缝高度焊缝的横向收缩值不同，越往上越大，因此焊缝上部装配间隙应比下端大。当焊件厚度小于150mm时，其差值约为焊缝长度的0.1%；当焊件厚度为150～400mm时，其差值约为焊缝长度的0.5%～1%。

对于非规则断面的焊件，焊前应将焊接面改为矩形断面后再进行焊接，见图7-8。

表 7-1　焊件的装配间隙值　　mm

接头形式＼焊件厚度	50～80	80～120	120～200	200～400	400～1000	>1000
对接接头	28～32	30～32	31～33	32～34	34～26	36～38
T形接头	30～32	32～34	33～35	34～36	36～38	38～40

③ 强迫成形装置的选用

a. 选用固定式成形块。这种成形块用厚铜板制成，其一侧加工成和焊缝余高部分形状相同的成形槽，另一侧焊上冷却水套，长度为300～500mm，见图 7-9。当焊缝较长时，可用几块固定式成形块倒换安装，交替使用。

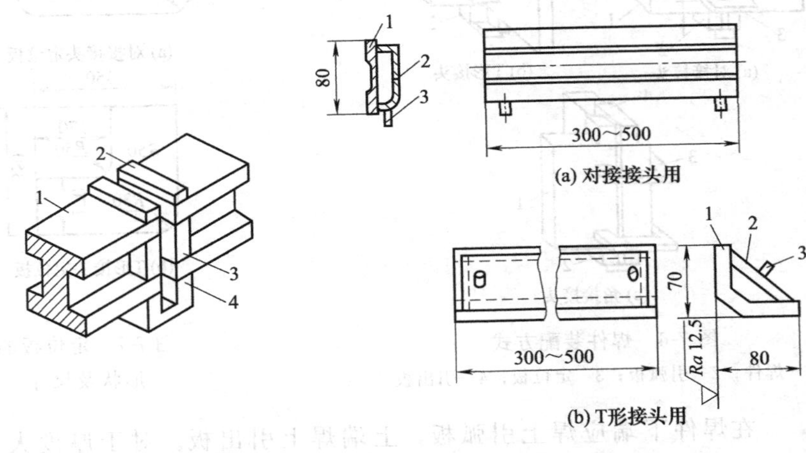

图 7-8　非规则断面的焊件装配

1—工字形焊件；2—引出板；3—补板；4—引弧板

图 7-9　固定式成形块

1—纯铜板；2—水冷罩壳；3—管接头

b. 选用移动式成形滑块。成形滑块的基本形状与固定式成形块相同，但长度较短，能安装在电渣焊机的机头上。焊接时，滑块紧贴焊缝，由机头带动向上滑动。移动式成形滑块见图 7-10。

2）焊接参数的选用　直缝丝极电渣焊的焊接参数是指：焊接电流、焊接电压、焊接速度、送丝速度、渣池深度、装配间隙、焊丝数目等。操作前，应根据焊件材质和厚度进行选用，见表7-2。

表7-2 焊接参数的选用

焊件材料	焊件厚度/mm	焊丝数目/根	装配间隙/mm	焊接电流/A	焊接电压/V	焊接速度/(m/h)	送丝速度/(m/h)	渣池深度/mm
Q235A Q345 (16Mn) 20	50	1	30	520～550	43～47	约1.5	270～290	60～65
	70	1	30	650～680	49～51	约1.5	360～380	60～70
	100	1	33	710～740	50～54	约1	400～420	60～70
	120	1	33	770～800	52～56	约1	440～460	60～70
25 20MnMo 20MnSi 20MnV	50	1	30	350～360	42～44	约0.8	150～160	45～55
	70	1	30	370～390	44～48	约0.8	170～180	45～55
	100	1	33	500～520	50～54	约0.7	260～270	60～65
	120	1	33	560～570	52～56	约0.7	300～310	60～70
	370	3	36	560～570	50～56	约0.6	300～310	60～70
	400	3	36	600～620	52～58	约0.6	330～340	60～70
	430	3	38	650～660	52～58	约0.6	360～370	60～70
	450	3	38	680～700	52～58	约0.6	380～390	60～70
35	50	1	30	320～340	40～44	约0.7	130～140	40～45
	70	1	30	390～410	42～46	约0.7	180～190	45～55
	100	1	33	460～470	50～54	约0.6	230～240	55～60
	120	1	33	520～530	52～56	约0.6	270～280	60～65
	370	3	36	470～490	50～54	约0.5	240～250	55～60
	400	3	36	520～530	50～55	约0.5	270～280	60～65
	430	3	38	560～570	50～55	约0.5	300～310	60～70
	450	3	38	590～600	50～55	约0.5	320～330	60～70
45	50	1	30	240～280	38～42	约0.5	90～110	40～45
	70	1	30	320～340	42～46	约0.5	130～140	40～45
	100	1	33	360～380	48～52	约0.4	160～180	45～50
	120	1	33	410～430	50～54	约0.4	190～210	50～60
	370	3	36	360～380	50～54	约0.3	160～180	45～55
	400	3	36	400～420	50～54	约0.3	190～210	55～60
	430	3	38	450～460	50～55	约0.3	220～240	50～60
	450	3	38	470～490	50～55	约0.3	240～260	60～65

注：焊丝直径为3mm，接头形式为对接接头。

3）操作要领

① 建立渣池 可利用固态导电焊剂HJ170或利用电弧来熔化焊剂。如果利用导电焊剂建立渣池，则只要在刚开始时使焊丝与焊剂接触形成导电回路，由于电阻热的作用使固态导电焊剂熔化建立渣池，然后就可加入正常焊接用的焊剂。如果利用电弧建立渣池，则可先在

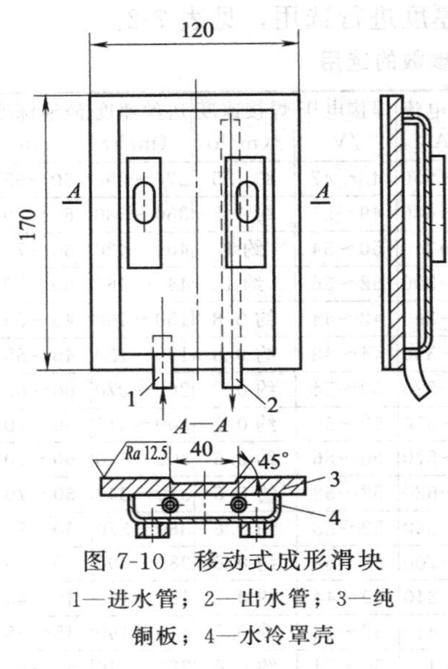

图 7-10 移动式成形滑块
1—进水管；2—出水管；3—纯铜板；4—水冷罩壳

引弧槽内放入少量铁屑并撒上一层焊剂，引弧后靠电弧热使焊剂熔化建立渣池。待渣池达到一定深度、电渣过程稳定后即可开动机头进行正常焊接。

② 正常焊接　正常焊接阶段应保持焊接参数稳定在预定值。要保持焊丝在间隙中的正确位置，并定期检测渣池深度，均匀地添加焊剂。要防止产生漏渣偏水现象，当产生漏渣而使渣池变浅时，应降低送丝速度，迅速逐步加入适量焊剂以维持电渣过程的稳定进行。

③ 收尾阶段　在收尾时，可采用断续送丝或逐渐减小送丝速度和焊接电压的方法来防止缩孔的形成和火口裂纹的产生。焊接结束时不要立即把渣池放掉，以免产生裂纹。焊后应及时切除引出部分和∩形定位极，以免引出部分产生的裂纹扩展到焊缝上。

(3) 环缝丝极电渣焊的操作要点

环缝电渣焊的构件有压机工作缸、压机柱塞、卷筒、各种罐体或空心轴类等（现统称为筒体）。焊接时，圆筒形焊件转动，焊接机头只需完成送丝动作，不需沿导轨上升。环焊缝的首、尾端相接，收尾工作比较复杂，这就增加了操作难度。

1）焊前准备　环缝丝极电渣焊的焊前准备工作包括焊件的装配、吊装装配件、安装水冷成形滑块支撑装置以及正确选用焊接参数等几方面。

2）筒体装配

① 根据工件情况可立装也可躺装。用间隙垫可控制装配间隙，可采用三点式或四点式，考虑到环缝电渣焊的角变形，最小间隙和最大间隙之差一般可控制为 4mm。筒体装配平均间隙见表 7-3。

表 7-3 筒体装配平均间隙 mm

筒体壁厚	60～100	101～150	151～250	251～400
平均间隙	31	32	33	34

② 斗式引弧槽钢如图 7-11 所示。引弧槽上的挡铁在引弧造渣过程中逐个装接，直至建立正常渣池。引弧位置应选在最小间隙附近。

③ 整个筒体在滚轮上装配，滚轮宜采用可驱动式，如不可驱动，则应另附驱动装置。筒体大滚轮上调整到圆心角为 90°。筒体在滚轮上试运行一周，轴向蹿动应＜5mm。

④ 筒体连接可用∩形定位板，也可用间隙垫。采用∩形定位板时，通常用 4 块连接；采用间隙垫时，其尺寸应为 100mm×40mm，焊脚尺寸应＞15mm，一般在筒体质量＜30t 时使用。

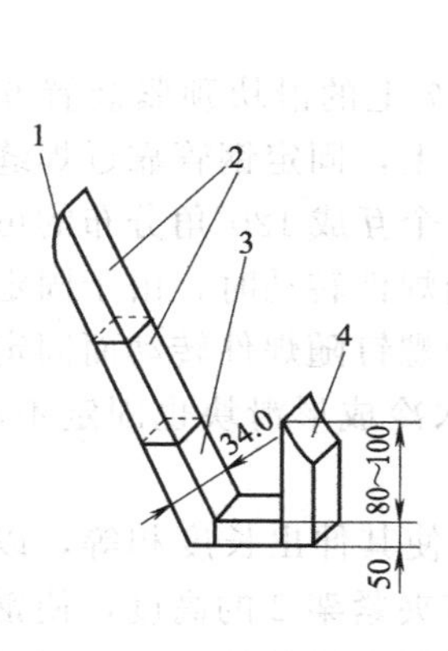

图 7-11 斗式引弧槽钢

1—焊件外圆；2—引弧接板（按需要）；3—引弧底模；4—焊件内圆

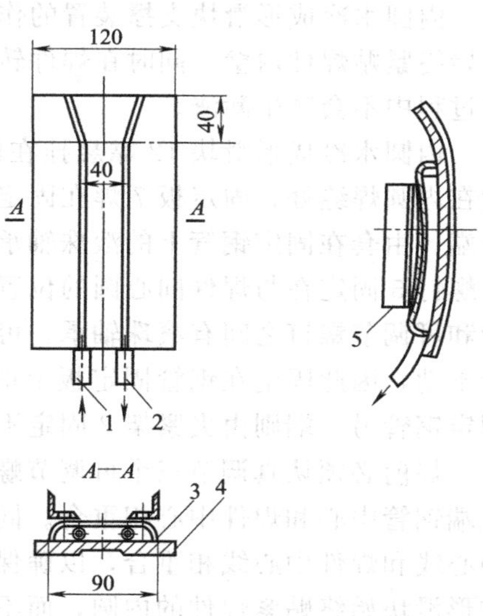

图 7-12 水冷内成形滑块

1—进水管；2—出水管；3—薄钢板外壳；4—纯铜板；5—角钢支架

⑤ 对于刚性大、裂纹倾向严重的工件应采用预热组装。其他焊前准备基本上和直焊缝丝极电渣焊相同。

3）安装水冷成形滑块 环缝丝极电渣焊时，焊件转动，渣池及金属熔池基本保持在固定位置，故内、外圆强迫成形装置采用固定式水冷成形滑块。一种水冷内成形滑块的形状及尺寸见图 7-12，它可以根据焊件的内圆尺寸制成相应的弧形。内、外圆水冷成形滑块使用前应进行认真检查：首先检查并校平水冷成形滑块使与焊件间无明显的缝隙，以保证焊接过程中不产生漏渣；其次要保证没有点渗漏，以免焊接过程中漏水，迫使焊接过程中止；最后应检查进水、出水方向，确保下端进水、上端出水，以防焊接时水冷成形滑块内产生蒸汽，造成爆渣，发生伤人事故。

内、外圆水冷成形滑块须采用支撑装置顶牢在焊件上，见图 7-13。外圆水冷成形滑块支撑装置由滑块顶紧机构（焊机附）、调节滑块上下移动机构 13 及调节滑块前后移动机构 14 组成。整个机构固定在焊机底座上。

内圆水冷成形滑块支撑装置的作用是，确保滑块在整个焊接过程中始终紧贴焊件内壁，同时在焊件转动时，滑块始终固定不动，在焊接过程中不会产生漏渣。

内圆水冷成形滑块 12 靠悬挂在固定板 7 上的滑块顶紧装置 9 顶紧在内圆焊缝处，固定板 7 焊在固定钢管 3 上，固定钢管靠近焊缝的一端，由套在固定钢管上的滚珠轴承 8 和 3 个互成 120°角分布的可调节螺钉 5 固定在与焊件同心圆的位置上。当焊件转动时，由于固定钢管和可调节螺钉之间有滚珠轴承，可调节的螺钉随焊件转动而固定钢管不动，因此固定在钢管固定板上的内圆水冷成形滑块也固定不动，固定钢管另一端则由夹紧架 2 固定不动。

焊前必须认真调节三个可调节螺钉 5，使其伸出长度相等，以使右端钢管中心和焊件中心相重合。同时调节夹紧架 2 的高度，使钢管中心线和焊件中心线相重合，以确保焊接过程中焊件转动而内圆水冷成形滑块始终贴紧焊件的内圆，而不致漏渣。

焊接以前应通过调节滑块上下移动机构 13 的高低，使滑块中心线和焊件水平中心线重合；通过调节滑块前后移动机构 14，使滑块贴紧在焊件外圆上。

4）焊接参数的选用　环缝丝极电渣焊的焊接参数是指焊接电流、焊接电压、焊接速度、送丝速度、渣池深度、装配间隙、焊丝数目等。操作前，应根据焊件材质和焊件外圆直径、厚度进行选用，见表 7-4。

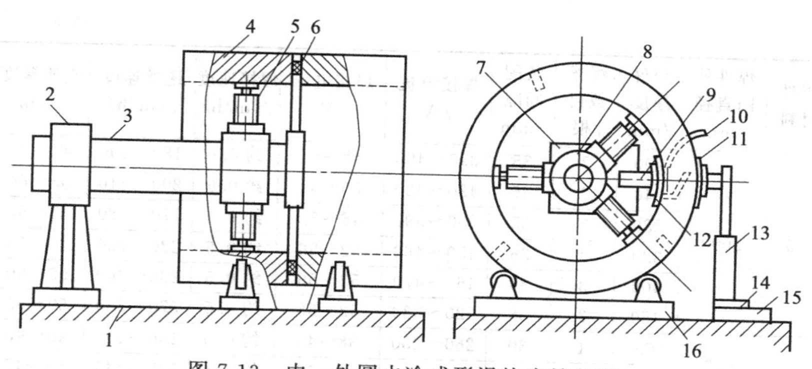

图 7-13　内、外圆水冷成形滑块支撑装置

1—焊接平台；2—夹紧架；3—固定钢管；4—焊件；5—可调节螺钉；6—定位塞铁；7—固定板；8—滚珠轴承；9—滑块顶紧装置；10—导电杆；11—外圆水冷成形滑块；12—内圆水冷成形滑块；13—滑块上下移动机构；14—滑块前后移动机构；15—焊机底座；16—焊接滚轮架

表 7-4　焊接参数的选用

焊件材料	焊件外圆直径/mm	焊件厚度/mm	焊丝数目/根	装配间隙/mm	焊接电流/A	焊接电压/V	焊接速度/(m/h)	送丝速度/(m/h)	渣池深度/mm
25	600	80	1	33	400～420	42～46	约 0.8	190～200	45～55
		120	1	33	470～490	50～54	约 0.7	240～250	55～60
	1200	80	1	33	420～430	42～46	约 0.8	200～210	55～60
		120	1	33	520～530	50～54	约 0.7	270～280	60～65
		160	2	34	410～420	46～50	约 0.7	190～200	45～55
		200	2	34	450～460	46～52	约 0.7	220～230	55～60
		240	2	35	470～490	50～54	约 0.7	240～250	55～60
	2000	300	3	35	450～460	46～52	约 0.7	220～230	55～60
		340	3	36	490～500	50～54	约 0.7	250～260	60～65
		380	3	36	520～530	52～56	约 0.6	270～280	60～65
		420	3	36	550～560	52～56	约 0.6	290～300	60～65
35	600	50	1	30	300～320	38～42	约 0.7	120～130	40～45
		100	1	33	420～430	46～52	约 0.6	200～210	55～60
		120	1	33	450～460	50～54	约 0.6	220～230	55～60
	1200	80	1	33	390～410	44～48	约 0.6	180～190	45～55
		120	1	33	460～470	50～54	约 0.6	230～240	55～60
		160	2	34	350～360	48～52	约 0.6	150～160	45～55
		240	2	35	450～460	50～54	约 0.6	220～230	55～60
		300	3	35	380～390	46～52	约 0.6	170～180	45～55

续表

焊件材料	焊件外圆直径/mm	焊件厚度/mm	焊丝数目/根	装配间隙/mm	焊接电流/A	焊接电压/V	焊接速度/(m/h)	送丝速度/(m/h)	渣池深度/mm
35	2000	200	2	35	390～400	48～54	约0.6	180～190	45～55
		240	2	35	420～430	50～54	约0.6	200～210	55～60
		280	3	35	380～390	46～52	约0.6	170～180	45～55
		380	3	36	450～460	52～56	约0.5	220～230	45～55
		400	3	36	460～470	52～56	约0.5	230～240	55～60
		450	3	38	520～530	52～56	约0.5	270～280	60～65
45	600	60	1	30	260～280	38～40	约0.5	100～110	40～45
		100	1	33	320～340	46～52	约0.4	135～145	40～45
	1200	80	1	33	320～340	42～46	约0.5	130～140	40～45
		200	2	34	320～340	46～52	约0.4	135～145	40～45
		240	2	35	350～360	50～54	约0.4	155～165	45～55
	2000	340	3	35	350～360	52～56	约0.4	150～160	45～55
		380	3	36	360～380	52～56	约0.3	160～170	45～55
		420	3	36	390～400	52～56	约0.3	180～190	45～55
		450	3	38	410～420	52～56	约0.3	190～200	45～55

注：焊丝直径为3mm。

5）操作要领

① 引弧造渣　首先装好内（外）滑块，引弧从靠近内（外）径开始，引弧电压应比焊接电压高2V，随渣池的扩大，开始摆动焊丝并送入第二根焊丝，随筒体的旋转，渣池扩大，逐个装接引弧挡铁，依次送入第三根焊丝，最后完成造渣过程。

② 正常焊接　在正常焊接过程中，要保持焊接参数的稳定和渣池的稳定。在工件转动时，应适时割掉间隙垫（或∩形定位板），当焊至1/4环缝时，开始切除引弧槽及附近未焊部分。切割表面凹凸不平度应在±2mm范围内，并要将残渣及氧化皮清理干净，气割工件按样板进行，气割结束后立即装焊预制好的引出板。如发生焊接过程中断，则也应控制筒体收缩变形，并采用适当的方式重新建立电渣过程。

③ 焊接收尾　当切割线转至和水平轴线垂直时，即停止转动，此时靠焊机上升机构焊直缝，逐个在引出板外侧加条状挡铁。这一阶段电压应提高1～2V。靠近内径的焊丝尽量接近切割线，距离控制在6～10mm。为防止产生裂纹，宜适当减小焊接电流，当焊出工件之

后即可减小送丝速度和焊接电压。焊接结束后，待引出板冷至 200～300℃时，即可割掉引出板。

7.1.2 熔嘴电渣焊操作技术

熔嘴电渣焊是丝极电渣焊的一种，所不同的是，熔嘴电渣焊的熔化电极除焊丝外，还包括固定于装配间隙中并与焊件绝缘而又起导丝、导电作用的熔嘴。熔嘴的结构如图 7-14 所示。

熔嘴是由板条和导丝管组焊而成的。熔嘴是焊缝的填充金属，其材料应根据工件金属化学成分和焊丝一起综合考虑。例如焊接 20Mn2SiMo 钢时，选用 H10Mn2 焊丝，熔嘴板则选用 15Mn2SiMo 钢种。

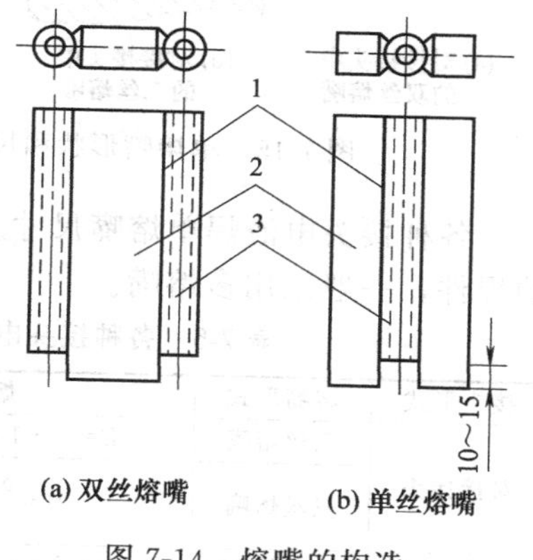

图 7-14　熔嘴的构造

1—定位焊；2—熔嘴板；3—钢管

熔嘴板厚度一般约为装配间隙的 30%，而熔嘴板的宽度和数量则由焊缝厚度来确定。所用熔嘴板的截面不能过大，否则，要增加焊接电源的功率。

在焊接过程中，渣池内焊丝端头的温度高于熔嘴端头的其他部分，所以焊丝附近的熔宽较大，为保证焊缝熔宽均匀一致，必须严格控制焊丝之间的距离，双丝熔嘴的丝距比按下式计算：

$$\frac{A}{B}=1.5\sim1.7$$

式中，A 为熔嘴板两侧焊丝导向管中心之间的间距，mm；B 为两相邻熔嘴焊丝导向管中心之间的间距，mm。

根据经验，双丝熔嘴的间距 B 一般为 40～80mm；单熔嘴的焊丝间距一般不宜超过 170mm。

(1) 焊前准备

熔嘴电渣焊的焊前准备与丝极电渣焊基本相同，还应注意下面几点。

① 熔嘴形状及位置　对于厚度＜300mm 的焊件，多采用单熔嘴，单熔嘴形状和尺寸及其在接头间隙中的位置如图 7-15 所示。

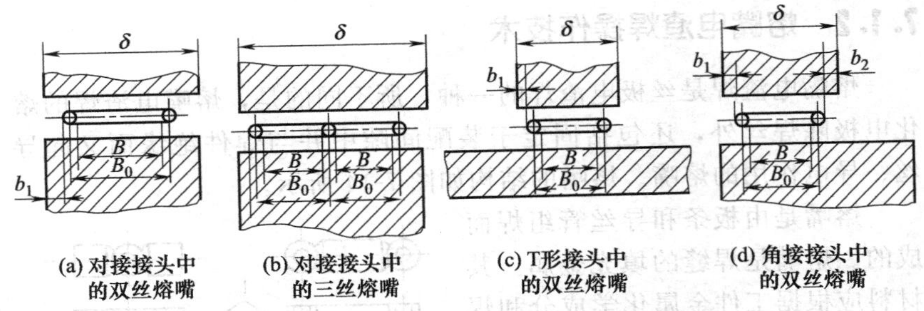

图 7-15　单熔嘴形状和尺寸及其在接头间隙中的位置

各种接头电渣焊单熔嘴尺寸及位置见表 7-5。对于厚度＞300mm 的焊件，一般采用多熔嘴。

表 7-5　各种接头电渣焊单熔嘴尺寸及位置　　mm

接头形式	熔嘴形式	熔嘴尺寸和位置	可焊厚度
对接接头	双丝熔嘴	$B=\delta-10\quad b_1=10\quad B_0=\delta-30$	80～160
	三丝熔嘴	$B=\dfrac{\delta-50}{2}\quad B_0=\dfrac{\delta-30}{2}$	160～240
T 形接头	双丝熔嘴	$B=\delta-25\quad b_1=10\quad B_0=\delta-15$	80～130
角接接头	双丝熔嘴	$B=\delta-32\quad b_1=10\quad b_2=2\quad B_0=\delta-22$	80～140

② 放置绝缘块　为防止熔嘴偏离焊缝间隙中心或与工件短路，焊前必须在熔嘴与工件之间放置绝缘块。绝缘块材料有熔化的和不熔化的两种。熔化的绝缘块采用玻璃纤维制作，焊接时随熔嘴一起熔入渣池。不熔化的绝缘块采用耐高温的水泥石棉板或层压板制作，绝缘板条应能随熔池上升而自由向上移动，当熔嘴板熔化到较短时，可将绝缘板条抽出。

③ 采用固定式水冷却成形板　熔嘴电渣焊一般采用固定式水冷却成形板，高度为 200～300mm，以便于观察焊接过程和测量渣池深度。焊接长接缝时，每边可采用两块水冷却成形板交替使用。

(2) 装配

装配用∩形定位板，定位板间距为 800～1000mm。装配间隙为 28～35mm，要预留反变形。熔嘴装于间隙中间（角接缝偏于厚板一侧），并把熔嘴固定在夹持机构上，注意防止熔嘴和工件短路。为便于观察焊接过程和测量渣池深度，滑块高度应为 200～300mm。

(3) 焊接参数的选用

熔嘴电渣焊的焊接参数是指：熔嘴数目、送丝速度、焊接电压、焊接速度、装配间隙、渣池深度等。操作前，应根据结构形式、焊件材质、接头形式和焊件厚度进行选用，见表 7-6。

表 7-6　焊接参数的选用

结构形式	焊件材料	接头形式	焊件厚度/mm	熔嘴数目/个	装配间隙/mm	焊接电压/V	焊接速度/(m/h)	送丝速度/(m/h)	渣池深度/mm
非刚性固定结构	Q235A Q345(16Mn) 20	对接接头	80	1	30	40～44	约 1	110～120	40～45
			100	1	32	40～44	约 1	150～160	45～55
			120	1	32	42～46	约 1	180～190	45～55
		T 形接头	80	1	32	44～48	约 0.8	100～110	40～45
			100	1	34	44～48	约 0.8	130～140	40～45
			120	1	34	46～52	约 0.8	160～170	45～55
	25 20MnMo 20MnSi	对接接头	80	1	30	38～42	约 0.6	70～80	30～40
			100	1	32	38～42	约 0.6	90～100	30～40
			120	1	32	40～44	约 0.6	100～110	40～45
			180	1	32	46～52	约 0.5	120～130	40～45
			200	1	32	46～54	约 0.5	150～160	45～55
		T 形接头	80	1	32	42～46	约 0.5	60～70	30～40
			100	1	34	44～50	约 0.5	70～80	30～40
			120	1	34	44～50	约 0.5	80～90	30～40
	35	对接接头	80	1	30	38～42	约 0.5	50～60	30～40
			100	1	32	40～44	约 0.5	65～70	30～40
			120	1	32	40～44	约 0.5	75～80	30～40
			200	1	32	46～50	约 0.4	110～120	40～45
		T 形接头	80	1	32	44～48	约 0.5	50～60	30～40
			100	1	34	46～50	约 0.4	65～75	30～40
			120	1	34	46～52	约 0.4	75～80	30～40
刚性固定结构	Q235A Q345(16Mn) 20	对接接头	80	1	30	38～42	约 0.6	65～75	30～40
			100	1	32	40～44	约 0.6	75～80	30～40
			120	1	32	40～44	约 0.5	90～95	30～40
			150	1	32	44～50	约 0.4	90～100	30～40
		T 形接头	80	1	32	42～46	约 0.5	60～65	30～40
			100	1	34	44～50	约 0.5	70～75	30～40
			120	1	34	44～50	约 0.4	80～85	30～40

续表

结构形式	焊件材料	接头形式	焊件厚度/mm	熔嘴数目/个	装配间隙/mm	焊接电压/V	焊接速度/(m/h)	送丝速度/(m/h)	渣池深度/mm
大断面结构	25 35 20Mn Mo 20MnSi	对接接头	400	3	32	38～42	约0.4	65～70	30～40
			600	4	34	38～42	约0.3	70～75	30～40
			800	6	34	38～42	约0.3	65～70	30～40
			1000	6	34	38～44	约0.3	75～80	30～40

注：焊丝直径为3mm，熔嘴板厚为10mm，熔嘴管尺寸为ϕ10mm×2mm。

(4) 操作要领

熔嘴电渣焊过程与丝极电渣焊基本相同。但在大断面工件或变断面工件焊接时，还应注意下面的问题。

① 大断面工件的焊接　大断面工件采用多熔嘴焊接时，由于工件导热快，渣池体积大，因此建立渣池比较困难，一般是先从两边的焊丝开始引弧的。为有利于建立渣池，引弧底板最好做成阶梯形或斜坡形，能使两边的熔渣很快地聚集而形成渣池，待熔渣逐渐向中间汇流时，再装中间的焊丝依次给送。多熔嘴电渣焊引弧造渣法如图7-16所示。

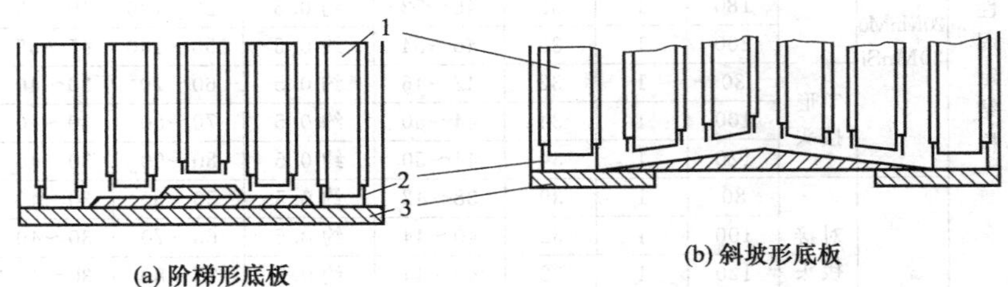

图7-16　多熔嘴电渣焊引弧造渣法

1—熔嘴；2—焊丝；3—引弧底板

② 变断面工件的焊接　由于变断面工件的焊缝断面不断变化，因此渣池体积、熔池表面积、熔嘴的横截面、单根焊丝所焊的板厚等也相应变化。在焊接过程中，焊接参数为适应变化的需要，应随时相应地调节。总之，随着工件断面、厚度的改变，焊接时的渣池深度、焊接电压和电极的电流密度应保持不变。

③ 焊接收尾　焊缝收尾时焊接电压应降低，填满熔池，以防止产生裂纹。焊接工件结束后，适时割掉引弧槽、引出板和定位板。

7.1.3 管状熔嘴电渣焊操作技术

用一根涂有红药皮的管子代替熔嘴板的电渣焊，称为管状熔嘴电渣焊，又称为管极电渣焊，见图7-17。

管状熔嘴电渣焊是熔嘴电渣焊的一个特例。其电极为固定在接头间隙中的涂料钢管和不断地向渣池中送进的焊丝。因涂料药皮有绝缘作用，故管状熔嘴不会和焊件短路，装配间隙可缩小，能节省焊接材料，提高焊接生产率。

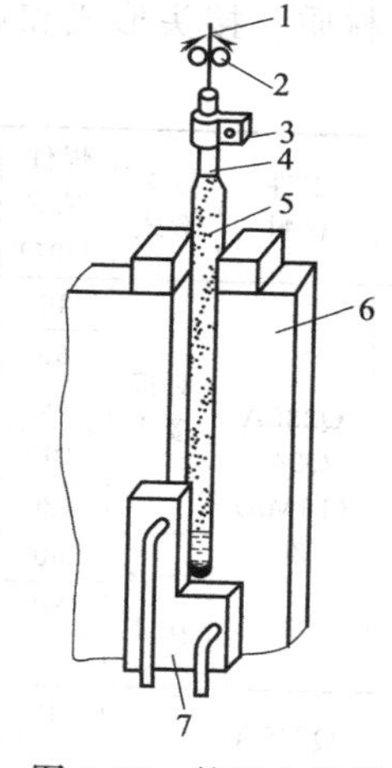

图7-17 管极电渣焊

1—焊丝；2—送丝滚轮；3—管极夹持机构；4—管极钢管；5—管极涂料药皮；6—焊件；7—水冷成形滑块

(1) 焊前准备

管状熔嘴渣焊的焊前准备与板极熔嘴电渣焊基本相同。

① 管状焊条　管状熔嘴可采用特500型管状焊条。特500型是锰型药皮的管状熔嘴电渣焊用的特制焊条，它是由空心的钢管(10、15、20无缝钢管)外涂造渣剂及铁合金而成的，管内可通直径为3mm的焊丝。特500型管状焊条适用于低碳钢和相应强度等级的普通钢，如15MnV、16Mn等。

② 安装导电装置　管状熔嘴电渣焊焊接长接缝时，一方面电压降大，另一方面管状熔嘴所产生的电阻热很大，严重时会使管子熔断，造成焊接过程中断。因此在焊长接缝时，熔嘴上要装置几个导电点，以减少电压降和电阻热。导电装置的结构如图7-18所示。

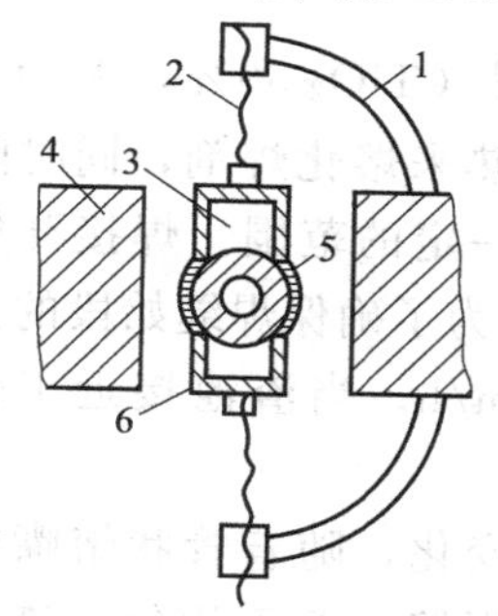

图7-18 导电装置的结构

1—弓形架；2—压紧螺钉；3—导电极；4—工件；5—管状熔嘴；6—绝缘架

导电装置用紫铜板制成，在其外面包上一层绝缘层(可用玻璃纤维)，用螺钉撑脚压紧在管状熔嘴上(接触处去除药皮)。当管状熔嘴熔化至导电装置时，将螺钉撑脚扳掉，导电装置即可拆下。

(2) 焊接参数的选用

管状熔嘴电渣的焊接参数是指：送丝速度、电弧电压、焊接速度、装配间隙、渣池深度、管嘴数目等。操作前，应根据结构形式、焊件材质、接头形式和焊件厚度进行选用，见表 7-7。

表 7-7 焊接参数的选用

结构形式	工件材料	接头形式	焊件厚度/mm	管极数目/根	装配间隙/mm	焊接电压/V	焊接速度/(m/h)	送丝速度/(m/h)	渣池深度/mm
非刚性固定结构	Q235A Q345 (16Mn) 20	对接接头	40	1	28	42～46	约 2	230～250	55～60
			60	2	28	42～46	约 1.5	120～140	40～45
			80	2	28	42～46	约 1.5	150～170	45～55
			100	2	30	44～48	约 1.2	170～190	45～55
			120	2	30	46～50	约 1.2	200～220	55～60
		T 形接头	60	2	30	46～50	约 1.5	80～100	30～40
			80	2	30	46～50	约 1.2	130～150	40～45
			100	2	32	48～52	约 1.0	150～170	45～55
刚性固定结构	Q235A Q345 (16Mn) 20	对接接头	40	1	28	42～46	约 0.6	60～70	30～40
			60	2	28	42～46	约 0.6	60～70	30～40
			80	2	28	42～46	约 0.6	75～80	30～40
			100	2	30	44～48	约 0.6	85～90	30～40
			120	2	30	46～50	约 0.5	95～100	30～40

注：管极采用无缝钢管，尺寸为 ϕ12mm×3mm 或 ϕ14mm×4mm。

(3) 操作要领

焊前先在引弧板上放些固态导电焊剂（TiO_2 50%，Al_2O_3 50%），然后将焊丝与其接触通电，利用电弧热来熔化焊剂，同时陆续加入电渣焊用的焊剂，以使渣池深度达到一定的范围。焊接开始时，焊接电压要高些，通常保持为 48～50V。为了确保焊缝始段的充分熔透，焊丝给送速度要慢些，可采用 200m/h。当渣池接近工件时，逐步调整参数而转入正常焊接。

在正常焊接过程中，应注意焊接电压的变化，随着管状熔嘴的熔化，要相应地减小焊接电压，否则易造成焊缝熔宽不均匀。渣池应保持为 40～70mm 的深度，并且不宜一次加入过多的焊剂，否则会因渣池较小而导致渣池温度显著下降，而造成焊缝未焊透等缺陷。

焊缝收尾时与丝极电渣焊一样，焊接电压也应适当减小，以免熔宽过大。同时要断续给送焊丝，以填满弧坑。

管状熔嘴电渣焊由于多焊接厚度较小的工件，同时采用较高的焊接速度，金属熔池冷却速度又快，因此焊缝过热区较小。另外在管状焊条的药皮中加入一定数量的钛和铁，可使焊缝晶粒细化，因此，焊接 30～40mm 厚的板材时，焊后可以不进行热处理，其力学性能能达到要求。

7.1.4 板极电渣焊操作技术

用金属板条代替焊丝作为电极的电渣焊，称为板极电渣焊，如图 7-19 所示。

由于板极很宽，因此操作时不必作横向摆动。此外，因为板极的断面积大、刚性大、自身电阻小，所以板极伸出长度可以很长，焊接时可以由上方送进，省略了从侧面伸入装配间隙的导电嘴、焊丝校直机构、焊接机头爬行和冷却滑块的提升装置等，使设备大为简化，操作方便，必要时可以进行手动送进板极。

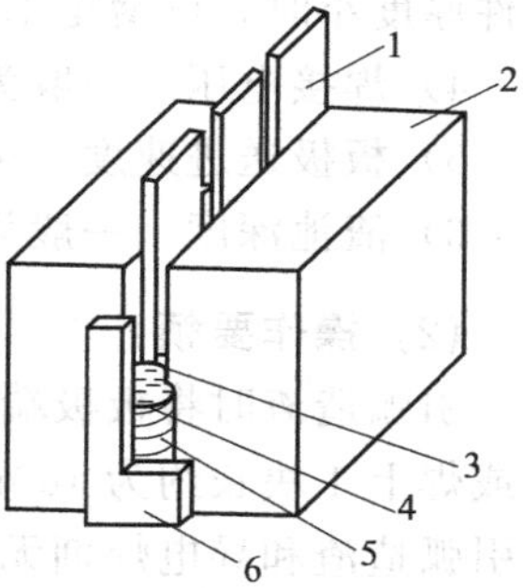

图 7-19　板极电渣焊

1—板极；2—焊件；3—渣池；4—金属熔池；5—焊缝；6—水冷成形块

(1) 焊接参数的选用

板极电渣焊的焊接参数有：焊件装配间隙、板极规格、焊接电流、焊接电压、渣池深度等。

1） 装配间隙　板极与工件被焊面之间的距离一般为 8～10mm。工件装配间隙一般为 28～40mm。

2） 板极规格

① 板极厚度一般为 8～16mm。

② 板极宽度 B 可按下式计算：

$$B=\frac{\delta+2a-(n-1)L}{n}$$

式中，B 为板极宽度，mm；δ 为工件厚度，mm；a 为板极边缘凸出工件表面的高度，如凹入工件表面则为负值，mm；L 为板极间的距离，mm，一般为 8～13mm；n 为板极数目。工件厚度≤200mm 时，通常用单板极；工件厚度＞200mm 时，可用多板极。

③ 板极长度一般大于焊缝长的 3 倍。可按板极夹持长度与填满焊缝所需板极长度来计算，夹持长度基本是固定的，而填满缝所需要的板极长度 L 可通过下式计算：

$$L=\frac{\delta c(L_f+L_o)}{nSB}$$

式中，c 为装配间隙，mm；L_f 为焊缝长度，mm；L_o 为引弧板和引出板高度之和，mm；S 为板极厚度，mm。

3）焊接电流　板极焊接电流密度一般采用 0.4～0.8A/mm²，工件厚度小时，可增至 1.2～1.5A/mm²。

4）焊接电压　一般为 30～40V。

5）板极送进速度　可取 1.2～3.5m/h。

6）渣池深度　一般为 25～35mm。

(2) 操作要领

引弧造渣时将板极端部切成 60°～90°的尖角，也可将极板端部切出或焊上 1 块长约为 100mm 而宽度较小的板条。引弧方法除采用铁屑引弧造渣和导电焊剂无弧造渣外，还可采用注入熔渣法，即预先将焊剂放在坩埚内熔化，然后注入引弧槽内。

7.2 电渣焊操作技能训练实例

7.2.1 厚板的板-板对接、I 形坡口、单丝电渣焊、垂直位置、双面成形

(1) 试件尺寸及要求

1）试件材料　20g。

2）试件及坡口尺寸　见图 7-20。

3）焊接位置　垂直位置。

4）焊接要求　双面成形。

5）焊接材料　焊丝 H10Mn2，ϕ3mm；焊剂：HJ360 或 HJ431。

6）焊机　HS-1000型。

(2) 试件的装配

1）对坡口面的加工要求　试件坡口可采用刨边机或其他机械加工方法进行，也可采用自动或半自动气割来达到，要求坡口边缘成直角，表面不得有深度＞3mm、宽度＞5mm凹坑，整条坡口波浪度≤1.5mm/m，全长不得超过4mm。

2）除垢　清理坡口面及坡口两侧各40mm范围内的油、锈和氧化铁等脏物，至露出金属光泽。

3）试件的装配　见图7-20。

① 装配间隙：上端为32mm，下端为28mm。

② 试件上、下端装焊引出板和引弧板，其尺寸如图7-20所示，材料及厚度同试件。

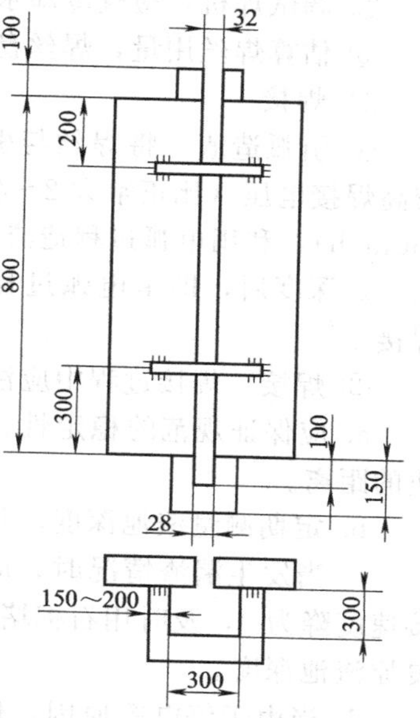

图7-20　电渣焊试件装配图

③ 按图示位置装焊Π形板，板厚≥40mm，其定位焊焊脚高度不得小于30mm。

④ 错边量≤2mm。

(3) 焊接参数

焊接参数见表7-8。

表7-8　电渣焊参数

板厚/mm	焊丝根数	焊丝直径/mm	装配间隙/mm	焊接电压/V	焊接电流/A	渣池深度/mm
46	1	3	28～32	42～48	450～550	55～65
伸出长度/mm	焊丝距滑块距离/mm	焊丝距滑块处停留时间/s	焊丝摆动速度/(m/h)	焊丝给送速度/(m/h)	焊接速度/(m/h)	
80	10	2～4	31.7	200～300	1.2～1.4	

(4) 操作要点及注意事项

1）焊前准备

① 检查试件装配质量，并装固于固定架上。

② 调试焊机，检查冷却水路、滑块与工件接合情况。

③ 估算焊丝用量，焊丝盘内存量必须满足一次焊接用量。

2）焊接

① 引弧造渣　将焊丝与引弧板底部密接，放入少量焊剂，采用较高焊接电压（比正常大2～4V）和较低的送丝速度（一般为120～150m/h），利用电弧过程造渣，同时需间断地加入少量焊剂。当渣池达一定深度后，即由电弧过程转入电渣过程，即可按正常规范进行焊接。

② 焊接　焊接过程中应注意的事项如下：

a. 应保证规范的稳定性，注意调节焊丝在间隙中的位置及到滑块的距离。

b. 定期测量渣池深度，并均匀添加焊剂，以保持渣池深度不变。

c. 当发生漏渣情况时，应将送丝速度降至120～150m/h，将焊接速度降为0，及时用石棉堵塞泄漏处，并立即加入适量焊剂，以恢复原渣池深度。

d. 当由于停电等原因，使焊接过程被迫中断时，只能采用气割割除焊缝重焊。

③ 收尾

a. 收尾工作必须在引出板上进行，以便将杂质与缩孔引出焊件外。

b. 为避免产生收缩裂纹，应将尾部缩孔填满，所以收尾时应降低焊接电压和送丝速度。

c. 收尾不应放掉渣池中熔渣，以免产生裂纹。

7.2.2 厚板的板-板对接、I形坡口、双丝电渣焊、垂直位置、双面成形

(1) 试件尺寸及要求

① 试件材料　20g。

② 试件及坡口尺寸　见图7-21。

③ 焊接位置　垂直位置。

④ 焊接要求　双面成形。

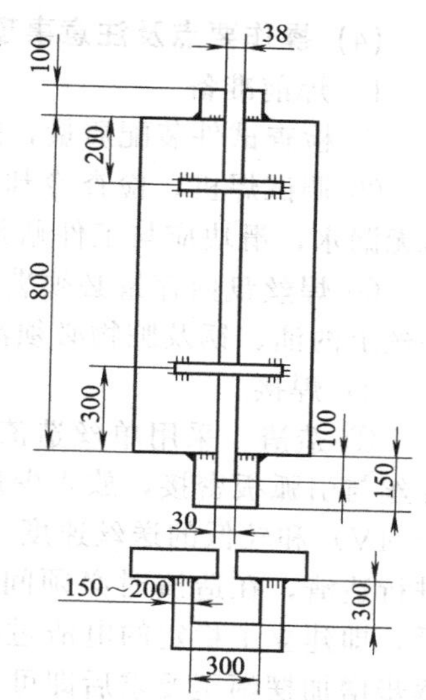

图 7-21　试件及坡口尺寸

⑤ 焊接材料　焊丝采用 H10Mn2，焊丝直径为 3mm；焊剂采用 HJ360 或 HJ301（HJ431）。使用前焊丝必须除油、锈，焊剂必须经 250℃焙烘 2h。

⑥ 焊机　HS-1000 型电渣焊机。

(2) 试件装配

1）对坡口面的加工要求　试件的坡口加工可以采用刨边机或其他机械加工方法进行，也可采用自动或半自动气割来达到，但要求坡口边缘应成直角，表面不得有深度＞3mm、宽度＞5mm 的凹坑，波浪度≤1.5mm/m，全长不得超过 4mm。

2）除垢　清除坡口及其正反两则各 40mm 范围内的油、锈和氧化铁等脏物，至露出金属光泽。

3）试件装配定位焊　见图 7-21。

① 装配间隙　下端为 30mm，上端为 38mm。

② 试件上、下端焊上引出板及引弧板，其尺寸见图 7-21，材料牌号及厚度同试件。

③ 按图示尺寸装上 Π 形板两块，其装焊位置及尺寸如图 7-21 所示，焊脚高度应≥30mm。

④ 试件装配错边量≤2mm。

(3) 焊接参数

焊接参数见表 7-9。

表 7-9　焊接参数

板厚 /mm	焊丝数量 /根	装配间隙 /mm	焊接电压 /V	焊接电流 /A	渣池深度 /mm	焊丝伸出长度 /mm	焊丝间距 /mm	焊丝摆动速度 /(m/h)	焊丝距滑块距离/mm	焊丝停留时间 /s	焊接速度 /(m/h)	焊丝送进速度 /(m/h)
100	2	30～38	42～48	450～550	55～65	80	55～60	39	10	3	200～300	1.2～1.4

(4) 操作要点及注意事项

1）焊前准备

① 检查试件装配质量，并装于试件固定架上。

② 调试焊机，检查冷却水路及滑块与工件接合情况，水路应畅通无漏水，滑块应与工件贴紧。

③ 焊丝盘内存量必须满足一次焊完试件的用量，中途不得停焊，焊丝上的油、锈及脏物必须清除干净。

2）焊接

① 造渣　采用单丝造渣，先调整其中一根焊丝于间隙中心，将焊丝与引弧板密接，放入少量焊剂，采用较高的焊接电压（比正常大2～4V）和较低的送丝速度（一般为120～150m/h），利用电弧过程进行造渣，在造渣时必须间断地加入少量焊剂。当渣池达一定深度后，即建立了稳定的电渣过程时，调整焊丝位置，送入第二根焊丝，逐步增加摆幅至要求后即可按正常规范进行焊接。

② 焊接　焊接过程中应注意的事项如下：

a. 应保持规范的稳定性，注意并调节焊丝在坡口间隙中的位置及距滑块的距离。

b. 定期测量渣池深度，并均匀添加焊剂。

c. 当发生漏渣情况时，应将送丝速度降至120～150m/h，并立即加入适量焊剂，以恢复要求的渣池深度。

d. 应随时注意冷却滑块对工件的压紧程度，当漏渣时，要及时用石棉泥堵塞。当滑块产生过热现象时，要及时找出原因。

e. 当由于停电等原因，使电渣过程被迫中断时，只能采用气割割除焊缝重焊。

③ 收尾

a. 必须在引出板上收尾，以便将杂质与缩孔引出焊件外。

b. 为避免收缩裂纹与填满缩孔，收尾时应降低焊接电压和送丝速度。

c. 收尾后不应放掉渣池中熔渣，以免产生裂纹。

7.2.3 厚板的板-板对接、I形坡口、三丝电渣焊

(1) 引弧造渣

1）引弧底板的形式　引弧底板应满足三点基本要求。

① 制造方便。

② 便于引弧造渣。

③ 引弧部分的焊缝金属被切割量要少。

2）引弧工艺规范　根据焊件壁厚不同，可采用单丝、双丝或三丝不摆动（或摆动）焊接方式。现以三丝摆动焊接为例，概述其引弧工艺。

引弧时可采用一根焊丝，也可采用两根焊丝，为了加速引弧造渣过程，最好采用两根焊丝。先使一根（或两根）焊丝和底板接触，然后通电引弧，应注意及时加入适量焊剂，将电弧压住，以免产生严重飞溅。为了便于引弧，加速建立电渣过程，应选用较高的电压，一般较正常焊接电压高 5～8V，送丝速度不宜过大，一般为 100～120m/h。如果送丝速度或电压过高，就可能引起较严重的飞溅。

随着渣池的建立，须逐渐加入焊剂，当渣池升到一定高度时，工件开始转动，并随着渣池面增宽，焊丝也开始摆动。当渣池面有足够的宽度时，将摆动的两根焊丝停靠在工件内侧，同时送入第三根焊丝。

装上工件外侧的冷却滑块，随着渣池面的增宽，使三根焊丝进行摆动，并逐渐调节摆幅，最后使边缘焊丝停留位置距滑块约 8～10mm，同时逐渐调整其他规范参数，使其合乎拟定数值。

(2) 收尾部分的焊接

以避免焊接结束时产生火口裂纹，通常采取两项措施。

① 降低焊接电压。

② 减小送丝速度。

(3) 平板对接变形

平板对接时，沿焊接端面收缩是不均匀的，上端收缩大，下端收缩小。表 7-10 中列出了几种平板对接的实测变形值。由表可知，平板对接时，横向收缩变形值并不随着焊缝长度增加而成比例地增加；焊缝长度相同时，工件厚度的变形对变形规律的影响很小。

7.2.4 厚度在 60mm 以下的低碳钢板直缝电渣焊

一些大型产品，如 6000t 水压机、氧气顶吹转炉炉体等，用

Q235、20g等钢板制造，被焊工件有30～40mm厚的中板，而且有50mm、60mm厚的厚板。现介绍厚度在60mm以下的低碳钢板直缝电渣焊的操作过程如下。

表 7-10 平板对接变形实测数据 mm

板厚	板长	各部位收缩量							
		收弧端	2	3	4	5	6	7	引弧端
80	1640	6.5	6.3	5.5	5.5	5.0	4.5	3.0	—
80	1660	6.5	6.0	5.5	4.0	4.0	2.5	1.0	
80	3400	9.0	7.5	6.5	6.0	5.5	4.0	3.0	2.0
80	3500	10.5	10.5	9.0	8.0	6.0	6.0	5.0	3.5
100	3700	7.5	7.0	6.5	6.0	5.5	4.0	2.0	—
120	3900	8.0	8.0	8.0	8.0	7.0	7.0	6.0	4.0

注：装配时，每隔500～800mm用Ⅱ形板装配与固定（单面固定）；Ⅱ形板装配尺寸为板厚40mm、宽550mm、高300mm，缺口宽150mm、高100mm。

(1) 焊前准备

① 焊件和焊丝的表面清理　一般电渣焊焊件的接缝面都是机械加工的，也有气割的。气割面应用砂轮打磨氧化皮，并修补气割缺陷，距接缝两侧100mm范围内都要打磨好，不要有影响滑块滑动的棱角等。用汽油清洗焊丝，因焊丝填充量大，故盘丝时可能要接丝(可用气焊)，接丝后要将接头锉磨光滑，发现锈蚀应用砂纸去锈，焊丝有死弯应及时矫直。

② 焊件的装配和定位焊　根据间隙要求准备间隙垫，制作Ⅱ形铁、引弧板和引出板。将焊件吊放在平台上，并垫起，以便在底部装焊Ⅱ形铁。装配时，先在一侧接缝面上焊好间隙垫，再和另一块装对，对装间隙与错边量要符合要求。焊接Ⅱ形铁时要进行定位，装焊好引出板和引弧板，如图7-22所示。Ⅱ形铁焊好后将间隙垫割掉。

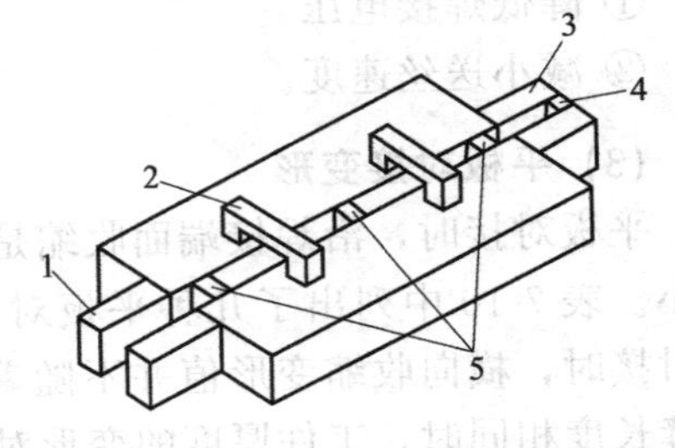

图 7-22　丝极电渣焊焊件的装配及定位焊

1—引出板；2—Ⅱ形铁；3—引弧板；4—引弧楔铁；5—限位间隙垫

③ 焊件的固定　将装配定位好的焊件吊到焊位架上，打入楔铁，夹紧立牢，如图 7-23 所示。

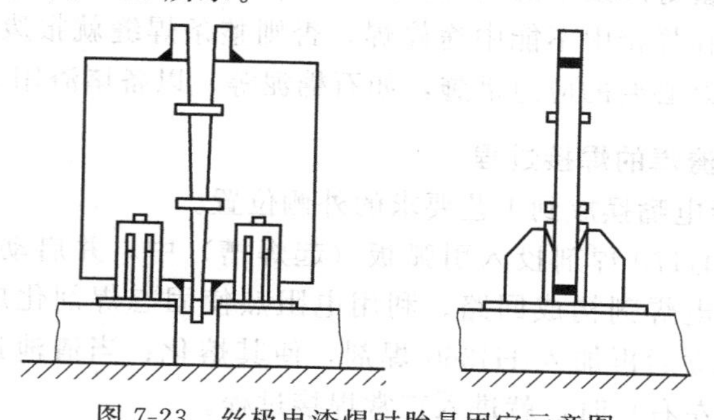

图 7-23　丝极电渣焊时胎具固定示意图

(2) 设备的检修和调试

① 连接设备，给控制箱送电，检查焊丝送进和焊丝摆动机构沿导轨上下行走的情况。

② 矫平导电嘴，使三个导电嘴平行。

③ 将焊机吊装就位，使焊丝处在间隙中间，吊装时注意不要把导电嘴碰坏，调好横向和纵向调节余量，固定焊机，并空载试车，检查导电嘴运行的平行度及停摆位置是否合适，并予以调整，松开焊丝压紧机构。

④ 准备铜滑块和夹具，接好水管并调试流量，装焊固定铜滑块夹具，如图 7-24 所示。

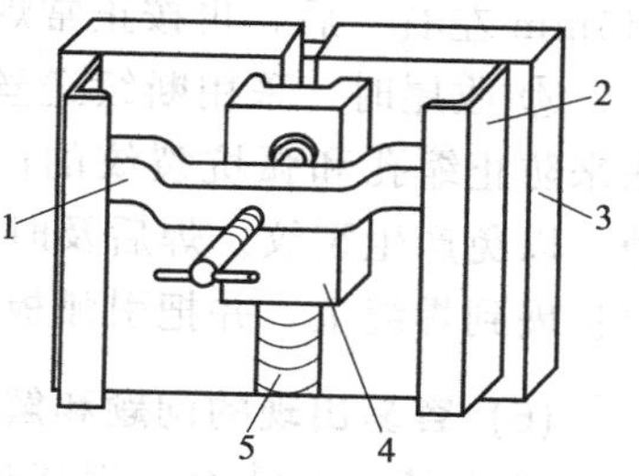

图 7-24　铜滑块夹具示意图
1—夹具；2—角钢；3—焊件；4—铜滑块；5—焊缝

(3) 焊接参数

焊接参数如表 7-11 所示。

表 7-11　焊接参数

参数 / 工件厚度/mm	焊接电压/V	焊丝速度/(m/h)	焊接电流/A	渣池深度/mm	焊接速度/(m/h)	焊丝根数	停留时间/s	焊机型号
40～60	46～52	280～300	650～850	55	60	1	6～7	HS-1000

(4) 准备好焊接中的应急措施

电渣焊在焊接中不能中途停焊，否则整条焊缝就报废了。因此，焊前要准备好必要的应急措施，如石棉泥等，以备堵渣用。

(5) 电渣焊的焊接过程

① 将导电嘴摆放到工艺要求的外侧位置。

② 将 HJ170 焊剂投入引弧板（起焊槽）中，并启动焊剂送丝，使焊丝与导电焊剂构成回路。利用电阻热使固态焊剂化成液态熔渣池，渣池建立后再加入 HJ360 焊剂，使其熔化；当渣池达到预定深度（45mm 左右）时，就进入正常焊接过程。

③ 采用 1 根焊丝焊接时，为保证三相电源平衡，应用埋弧焊的焊接变压器（BX2-1000）。在焊接过程中，应随时观察焊丝，焊丝必须保持在间隙中心。电渣过程应稳定，并定期检查渣池的深度，根据需要均匀地添加焊剂。一旦发现有漏渣、漏铁液现象，除及时用石棉泥堵塞外，还应降低送丝速度，并加入焊剂；等渣池达到一定深度（45mm 左右）后，再按正常焊接参数继续进行焊接。

④ 收尾时，采用断续送丝或减小送丝速度和减小电弧电压的方法来防止缩孔和弧坑裂纹的产生。焊接结束时，不要立即把熔渣放掉，以免产生裂纹。焊后及时切除引出板，以免在该处可能产生的裂纹扩展到焊缝上，并把引弧板及固定用的Ⅱ形铁切除。

(6) 容易出现的问题和解决方法

① 漏渣、漏铁液　焊接过程中，易发生漏渣、漏铁液现象。为防止这种现象的发生，首先应保证焊缝成形装置与试件平面贴紧，不能存在缝隙，引弧板和引出板应按要求装焊。一旦发生漏渣、漏铁液，须及时用石棉泥等堵塞。

② 夹渣　在电渣焊焊接过程中，若焊接参数变动较大，则在电渣过程中不稳定时，母材熔深会突然减小，从而使部分熔渣不易浮出而形成夹渣。

③ 未焊透　电渣过程及焊丝送进不稳定，电压波动大，大量漏渣，电极与焊件短路或起弧，焊接参数选择不当而使渣池热力不够，都会产生未焊透缺陷。为了防止产生未焊透缺陷，除了保持电渣过程

稳定外，焊接参数应符合要求，保证焊接过程中的渣池深度。一旦漏渣，应及时添加焊剂；添加焊剂时，不得使用金属工具，以避免焊丝与焊件短路。

④ 渣池不稳定　在电渣焊过程中，除了随时观察焊接参数外，还要经常测量渣池深度。在测量渣池深度时，插入位置应当远离丝极，通常在紧靠间隙的某一侧伸入渣池，以免造成丝极与焊件短路。一旦渣池深度不符合要求，应尽快调整。

⑤ 冷却水温度过高　焊接时，应经常测量焊接成形块出水口的水温，一般不得超过 80℃。

(7) 焊后退火处理

电渣焊后，一般应进行 900℃正火或退火处理，以消除过热组织和焊接应力；至于消除应力，应根据焊件组织结构情况自行决定。

7.2.5 水压机主工作缸三丝丝极电渣焊

某厂生产制造的 6000t 水压机主工作缸，材质为 20MnSi，外径为 1350mm，内径为 920mm，壁厚为 335mm，需采用三丝丝极电渣焊焊接。

(1) 焊前准备

① 进行硫印检验　为防止因硫、磷偏析影响渣焊接质量，决定对每个工作缸底、缸腹的焊接端面进行硫印检验。焊前距焊接端面 200mm 左右（内、外）的铁锈、油污等需清理干净。

② Π 形装配马、间隙垫、引弧板及引出板的准备　Π 形装配马的尺寸，如图 7-25 所示。

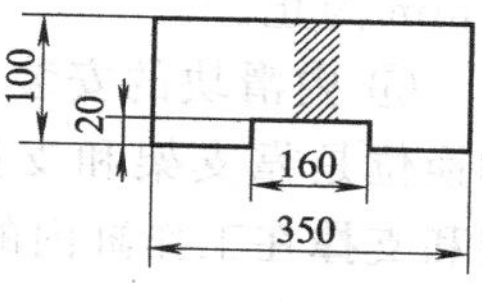

图 7-25　Π 形装配马

间隙垫的尺寸，如表 7-12 所示。

表 7-12　间数垫尺寸及数量

直径/mm	长度/mm	数量	备注
40	32	1	单个缺用量
40	34	2	单个缺用量
40	36	1	单个缺用量

引弧板的尺寸如图 7-26 所示。

引出板的尺寸如图 7-27 所示。

③ 焊前的装配　缸腹与缸底的组装采取立装。装配时，先将缸腹立起，将间隙垫点焊上，间隙垫及引弧板的装配位置如图 7-28 所示。

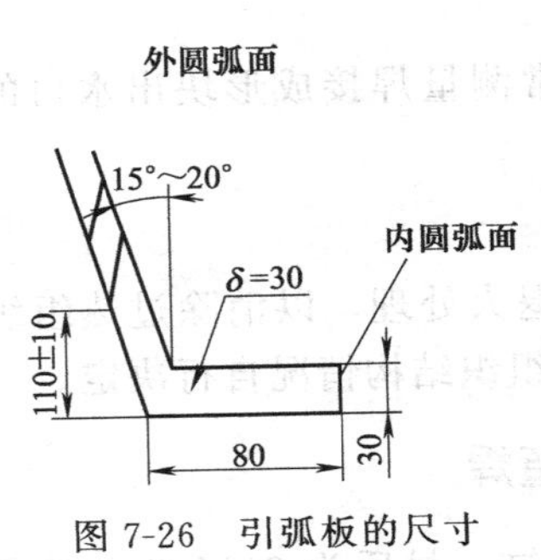

图 7-26　引弧板的尺寸

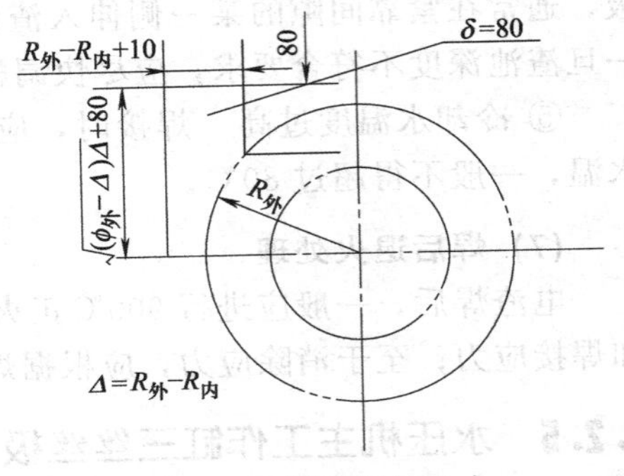

图 7-27　引出板的尺寸

④ 转胎的调整　缸腹与缸底用装配马固定以后，将其吊放在转胎上，转动工作缸，观察工作缸是否前后窜动。随时调整转胎的相对位置，直至工作缸转动一圈，前后窜动不大于 20mm 为止。

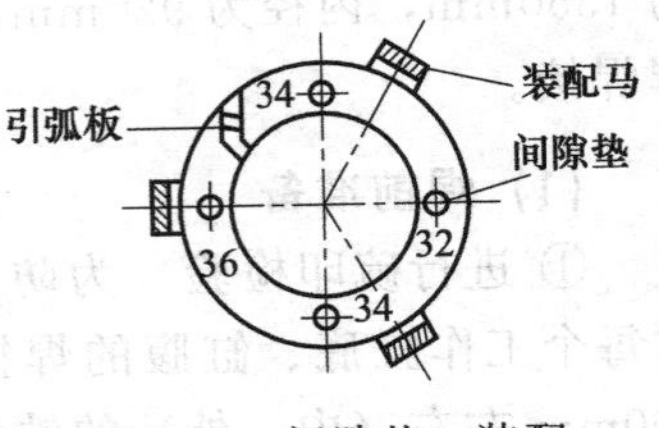

图 7-28　间隙垫、装配马、引弧板的布置

⑤ 内滑块的安装　内滑块的固定和换位是靠支架和支撑来固定的，支架和支撑在工作缸内的布置如图 7-29 所示。

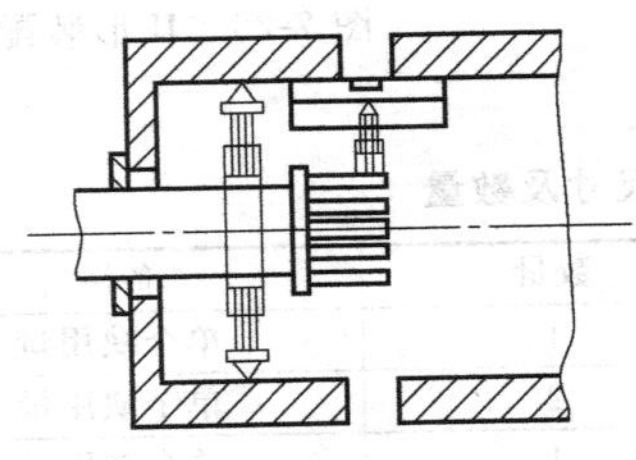

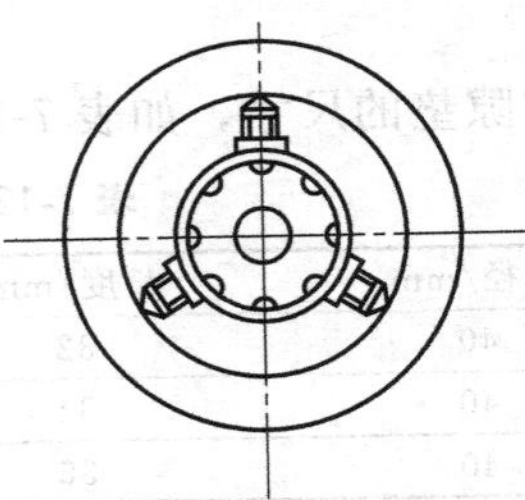

图 7-29　工作缸内滑块及三脚固定架

⑥ 外滑块架的点装及外滑块位置的调整　点装外滑块架并调整外滑块位置，使外滑块上端距工作缸水平中心线上方40mm。

⑦ 焊前预热　将引弧处焊前用煤气炉预热到80～160℃，以防止产生裂纹。

⑧ 焊机的调节和试车　为了防止焊接过程中因机器的故障停焊，焊前需对焊机各部位及电器控制进行检查，并进行2h以上的空载运行。

(2) 焊接

① 焊接参数　焊接时采用三丝丝极电渣焊，其焊接参数如表7-13所示。

表7-13　工作缸的焊接参数

缸号	造渣时间/s	焊丝根数/根	焊丝间距/mm	摆动距离/mm	焊接电流/A	渣池深度/mm	干伸长度/mm	焊丝至滑块距离/mm	焊丝停留时间/s	送丝速度/(m/h)	焊接速度/(m/h)	摆动速度/(m/h)
1	11	3	75	60	470～630 450～480	50～70	55～65	8～12	4	249	0.59	57.6
2	20	3	80	55	380～400 400～480	50～60	70	8～12	4	249	6.5	57.6
3	15	3	75	60	400～650	55～70	55～60	8～12	4	180～210	0.57	57.6

② 引出部位的切割与焊接　切割引出部位时，应按切割样板进行切割，切割样板的形状如图7-30所示。需防止切出的引出部位凹凸严重。引出装置点装后，进入引出部位的焊接过程。引出部位焊接时，焊接电压应较正常焊接高一挡，焊接电流应较正常焊接小一些，因为焊接电流过大容易造成冒口裂纹的产生。

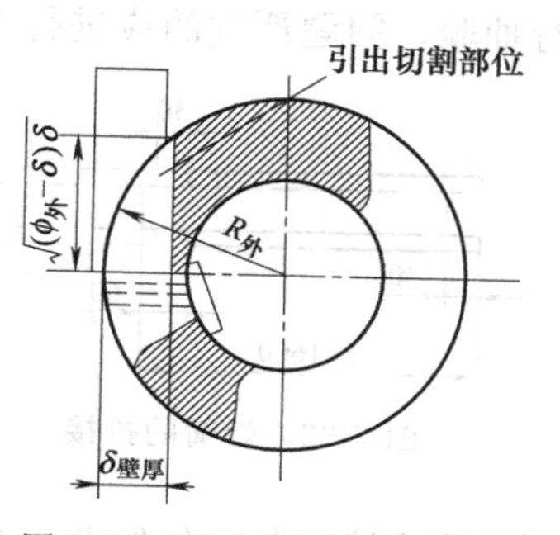

图7-30　引出切割部位形状

(3) 焊后热处理

焊接结束后，应在24h内装配（如果气温较低则应在焊后立即进行保温），进行正火加回火处理。

热处理工艺如图7-31所示。

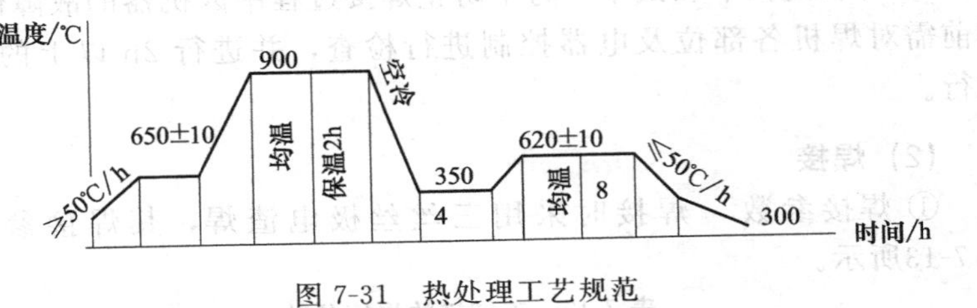

图7-31 热处理工艺规范

(4) 焊后检验

焊接热处理后，应进行超声波探伤检验。发现缺陷应立即进行修复。

7.2.6 水压机侧梁体熔嘴电渣焊

某厂生产制造的6000t水压机侧梁体，全部由30～130mm厚的钢板拼焊而成，除拼接板以外共有电渣焊焊缝138条，全长232m，最长的电渣焊焊缝长9m，全部采用熔嘴电渣焊。

(1) 焊前准备

① 板材的检验 为了保证质量，钢板下料前对各种规格的板进行抽验，问题严重的应进行100%超声波探伤。

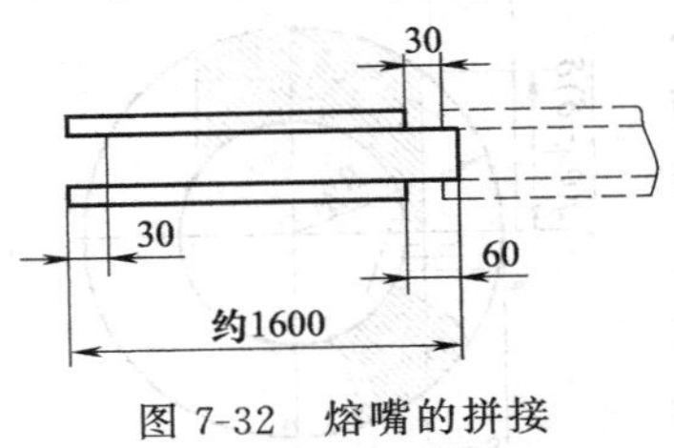

图7-32 熔嘴的拼接

② 熔嘴的制作 熔嘴的尺寸，应根据焊缝形式和板厚而定，具体尺寸如表7-14所示。9m长焊缝的熔嘴为了涂药方便，制成1600mm长的几段，段与段接头应按图7-32所示进行处理。

为了保证渣池燃烧稳定、补充焊剂和防止熔嘴与工件短路，在熔嘴外进行涂药，焊药的配方如表7-15所示。涂药用钠水玻璃作为黏结剂，浓度用渡美计测试为30°～40°。

表 7-14 熔嘴的尺寸

mm

接头形式	板厚		熔嘴尺寸		备注
	面板	腹板	熔嘴板	熔嘴管	
T	50	50	−10×30	ϕ10×2	熔嘴管的材料为 10 无缝钢管 熔嘴板的材料为 Q235 或 15g
T	80	80	−10×40	ϕ10×2	熔嘴管的材料为 10 无缝钢管 熔嘴板的材料为 Q235 或 15g
T	50	80	−10×60	ϕ10×2	熔嘴管的材料为 10 无缝钢管 熔嘴板的材料为 Q235 或 15g
T	80	100	−10×75	ϕ10×2	熔嘴管的材料为 10 无缝钢管 熔嘴板的材料为 Q235 或 15g
T	50	100	−10×75		熔嘴管的材料为 10 无缝钢管 熔嘴板的材料为 Q235 或 15g
┌	100	100	−10×65		熔嘴管的材料为 10 无缝钢管 熔嘴板的材料为 Q235 或 15g
┌	50	50	−10×25		熔嘴管的材料为 10 无缝钢管 熔嘴板的材料为 Q235 或 15g
┌	80	50	−10×25		熔嘴管的材料为 10 无缝钢管 熔嘴板的材料为 Q235 或 15g

表 7-15 焊药的配方

%

名称	成分	名称	成分
锰矿粉	36	滑石粉	21
石英粉	21	钛白粉	8
萤石粉	12	白云石粉	2

(2) 侧梁体的焊接

① 侧梁体装焊工艺流程 见图 7-33。

② 梯形梁组合的施焊 梯形梁焊接参数、焊接顺序对梯形梁焊后残余变形影响很大。为控制焊接变形采用两台 MZ-1000 焊机同时施焊，顺序如图 7-34 所示。1（1′）、2（2′）……6（6′）为正面引弧施焊，Ⅰ（Ⅰ′）、Ⅱ（Ⅱ′）……Ⅵ（Ⅵ′）是反面引弧施焊，1 与 1′等、Ⅰ与Ⅰ′等表示对称同时施焊。

梯形梁 T 形接头的熔嘴电渣焊焊接参数，如表 7-16 所示。

③ 梯形梁焊后热处理 梯形焊后热处理规范如图 7-35 所示。

梯形梁入炉时，利用梯形梁的自重较大、高温时强度较低的特点，进行炉中利用自重校直，如图 7-36 所示。两梯形梁同时入炉。

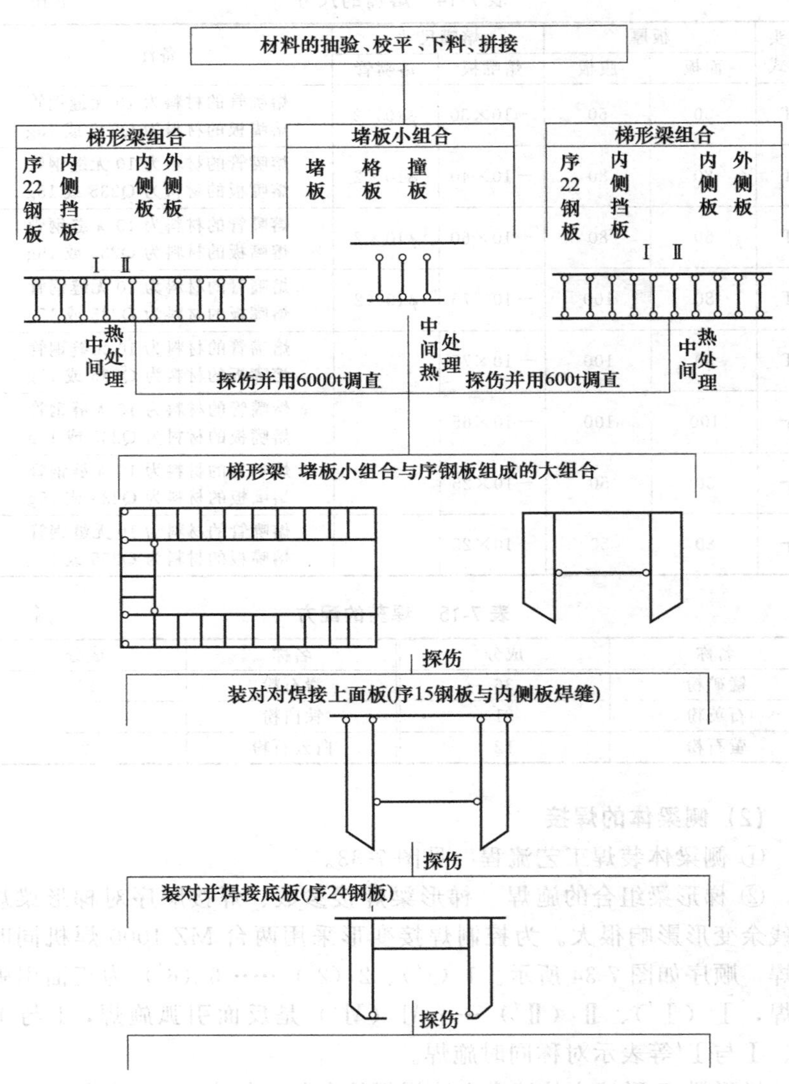

图 7-33 侧梁体装焊流程

7.2.7 箱形柱熔嘴管电渣焊

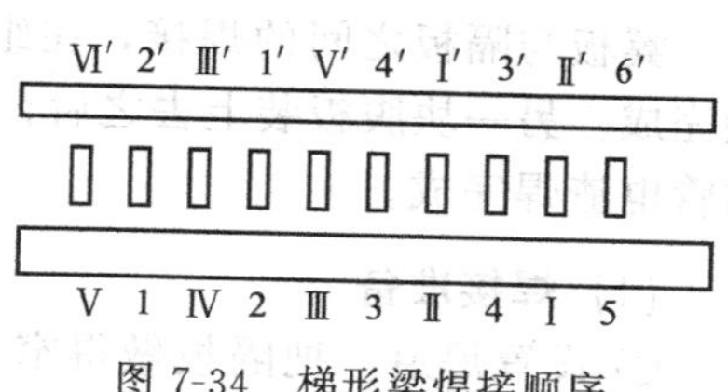

图 7-34　梯形梁焊接顺序

随着经济的发展，超高层建筑逐步向全钢结构发展，其中箱形柱需采用熔嘴管（管状熔嘴）电渣焊制造。箱形柱的截面尺寸有 550mm×500mm、500mm×500mm、450mm×450mm、400mm×400mm 等多种，翼板和腹板的厚度有 60mm、55mm、40mm、36mm、32mm、28mm、25mm、22mm、16mm、12mm 等多种。箱形柱的结构形式如图 7-37 所示。

表 7-16　熔嘴电渣焊焊接参数（参考）

接头形式	腹板厚度/mm	装配间隙/mm	焊接电流/A	焊接电压/V	焊接速度/(m/h)	送丝速度/(m/h)	渣池深度/mm	熔嘴尺寸/mm
┬	50	30	520～550	40～45	0.45	54	45～50	50
┬	65	30	750～850	40～45	0.77	100	45～50	56
┬	100	30	700～800	38～45	0.50	—	40～50	85
┌	100	30	550	35～40	0.50	70	45～50	65
┌	100	30	850～900	45～55	0.55	—	35～50	85
┬	80	30	900	40～45	0.7	80	45～50	75

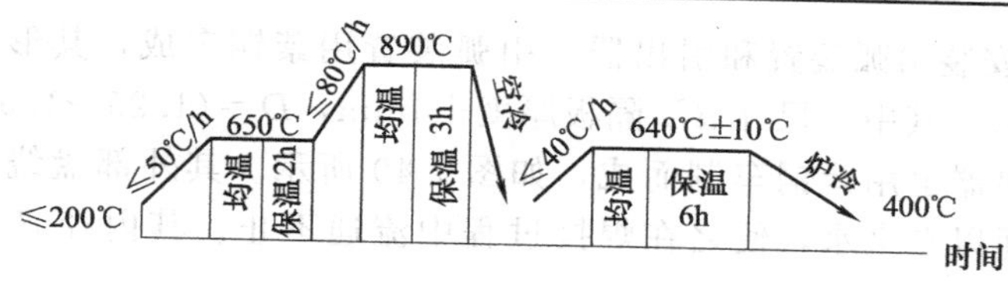

图 7-35　梯形梁正火加回火工艺规范

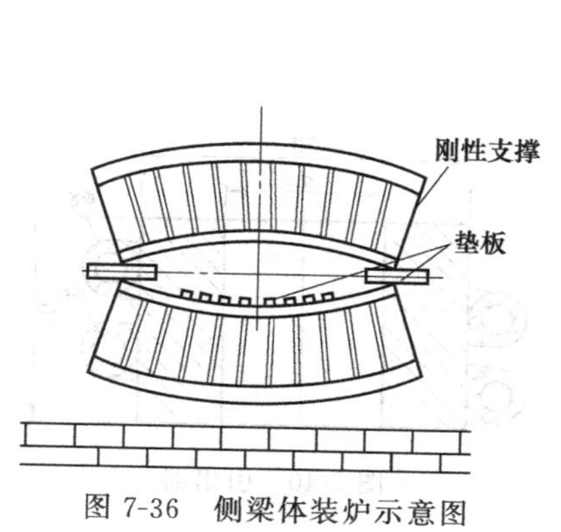

图 7-36　侧梁体装炉示意图

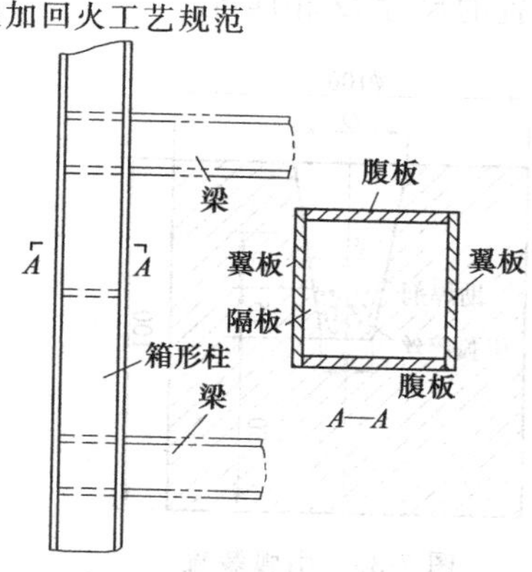

图 7-37　超高层建筑中的箱形柱

翼板与隔板之间的焊接，在组成［形后，由手工气体保护焊焊接完成。另一块腹板装上去之后，两块腹板与隔板之间的焊缝采用熔嘴管电渣焊完成。

(1) 焊接准备

① 设置焊道　把隔板做得窄一些，在两端留出焊道，并在其两侧装焊贴板；同时在焊道的顶端和底部的翼板上各钻一个小孔，如图 7-38 所示。

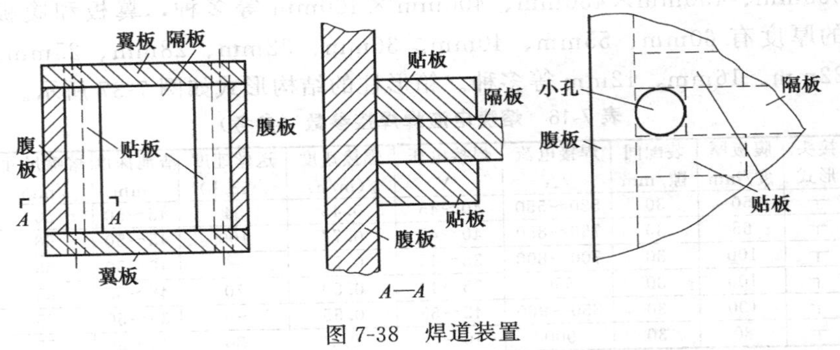

图 7-38　焊道装置

② 安装引弧装置和引出器　引弧装置用紫铜车成，其形状如图 7-39 所示。其中，尺寸 $d \geqslant$隔板厚度$+4\text{mm}$，$D=(1.25\sim1.6)d$。

引出器也用紫铜车制而成，如图 7-40 所示。其外部盘绕紫铜管两圈，通以自来水，使之在焊接过程中流通不止。其内径 d 与引弧装置的尺寸 D 相匹配。

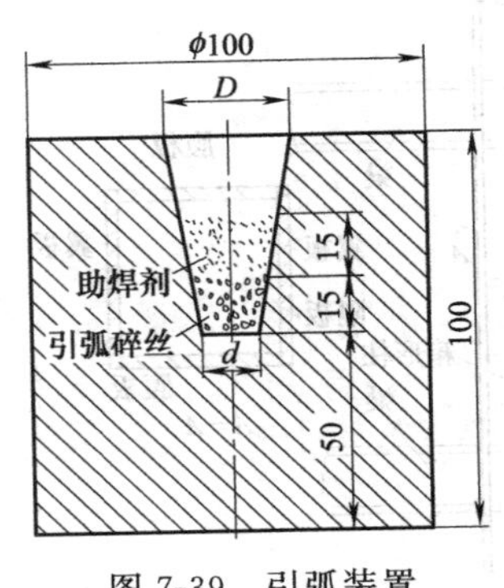

图 7-39　引弧装置

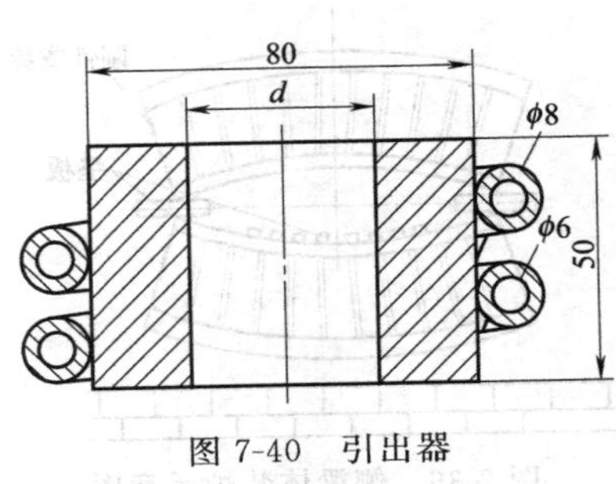

图 7-40　引出器

先在引弧装置的凹部撒放高约15mm的个体尺寸为ϕ1mm×1mm的引弧剂，再撒高约15mm的助焊剂；然后再装引弧装置于焊口下端，用手电筒从焊道上端照光找正，用千斤顶向上顶紧。

引出器安装在焊道上端，用卡马与楔块固定。

(2) 焊接

① 插入熔嘴管　熔嘴管外部涂敷焊药，管长1000mm或700mm。

先将熔嘴管的夹持端插入焊机机头的夹持口内，再将焊嘴管送入焊道，直至其底端距引弧装置里的助焊剂焊表面约10mm，调节熔嘴管处于焊道中心。

② 导入焊丝　将焊丝导入熔嘴管中，并伸出熔嘴末端5mm。

③ 加热引弧装置　用氧-乙炔火焰加热引弧装置至70～90℃。

④ 焊接　熔嘴电渣焊机启动后，焊丝送下与引弧剂短路，并随即熔化而产生电弧，电弧热熔化助焊剂，并形成渣池；利用渣池的电阻热将焊丝与熔嘴管、腹板、隔板、贴板的边缘一起熔化，形成熔池；焊丝不断送进，随着渣池的上升，熔池也不断上升，逐渐凝固成焊缝。在焊接过程中根据渣池的深度适时地从焊口上端添加助焊剂。

⑤ 拆除引弧装置　熔池上升到离焊道下端50～100mm时，即可拆除引弧装置。

⑥ 焊缝终端清理　焊接结束后，趁热拆除引出器，待焊缝冷却后再打磨光洁。

⑦ 焊缝始端清理　待箱形柱翻转后，将焊缝始端的熔融金属和熔渣清理干净，并打磨光洁。

(3) 有关技术参数

① 箱型柱的母材　箱型柱的翼板、腹板采用日本的SM50A钢板，隔板材料为16Mn，贴板材料为Q235。

② 熔嘴管　采用日本SES-15F，管子外径为10mm，药皮厚0.4mm，使用前烘干温度为250℃。

③ 焊丝　采用日本Y-CM，ϕ2.4mm，其化学成分（质量分数）为：C0.10%、Si0.04%、Mn1.76%、P0.011%、S0.006%、Mo0.48%。

④ 助焊剂　助焊剂与熔嘴外敷药皮的化学成分相同。

上海某高层建筑选用日本助焊剂 YF-15，使用前经 250℃烘干。

焊接过程中添加的焊剂不能太多，也不能过少。正确的添加量可按下式计算：

$$W=\text{焊道截面积}\times\text{渣池深度}\times\text{焊剂相对表观密度}$$

式中，渣池深度为 35 ～ 45mm；焊剂相对表观密度为 2.5g/mm^3。

⑤ 引弧剂　采用 H08MnA 碎丝。

⑥ 焊机　采用日本产 SES 电渣焊机。

⑦ 焊接参数　见表 7-17。焊接开始时，电压应比表中所列数据提高 1V，电流调小 10A；待到焊缝完成 3/4 时，电压应降低 1V，电流升高 10A。

⑧ 熔嘴在焊口中的位置　正确的位置应该是将熔嘴安排在焊口中心。实际运作中往往会出现焊口装配不良，尤其是隔板过窄的情况，此时熔嘴必须向隔板稍靠拢并提高 1V 的电压。

在腹板与隔板厚度相差悬殊的情况下，由于两者所需热量不同，因此熔嘴在焊口中的位置需略作变动，如图 7-41 所示。

⑨ 焊接薄腹板的特殊措施　当腹板厚度≤20mm 时，其外侧加装水冷却板，以降低腹板外侧的温度，防止烧穿。水冷板由紫铜制成。其出口水的温度应为 50～60℃。

⑩ 焊接薄隔板的特殊措施　熔嘴管实际外径为 ϕ10.8mm，要求焊道宽度（即隔板厚度）不小于 20mm；当设计要求隔板厚度小于 20mm 时，焊道的结构应做成如图 7-42 所示的形式。

表 7-17　某高层建筑钢结构管极电渣焊焊接参数

序号	示图	渣池深度/mm	助焊剂添加量/g	焊接电流/A	焊接电压/V	焊接速度/(cm/min)	焊接线能量/(kJ/cm)
1	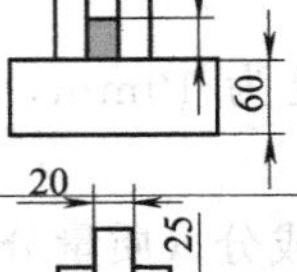 20　25　60	45	56	410	35	2.45	351
2	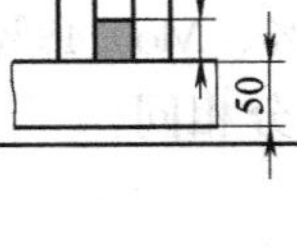 20　25　50	45	56	400	33	2.31	343

续表

序号	示图	渣池深度/mm	助焊剂添加量/g	焊接电流/A	焊接电压/V	焊接速度/(cm/min)	焊接线能量/(kJ/cm)
3		35	66	410	31	1.41	541
4		35	55	380	30	1.67	410
5		44	55	395	31	1.8	408

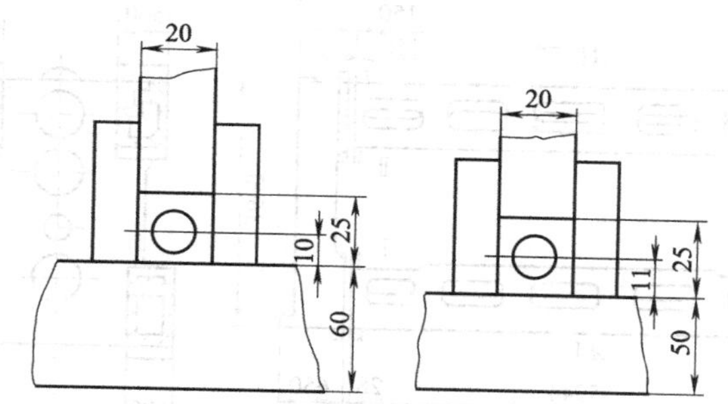

图 7-41 腹板与隔板厚度相差悬殊时熔嘴在焊口中的位置

(4) 焊缝的质量检验

焊后做超声波探伤，要求熔合良好。

7.2.8 立辊轧机机架的熔嘴电渣焊

① 焊件结构形式 立辊轧机机架如图 7-43 所示。机架材质为

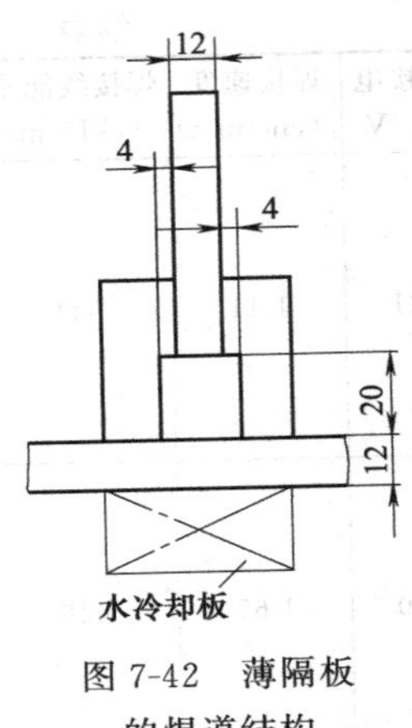

图 7-42 薄隔板的焊道结构

ZG270-500 钢，质量为 90t。机架的结构比较复杂，它由左、右牌坊及前面、后面的上、下横梁组成。机架的上、下横梁分段处为空心截面。在焊接接头部分将横梁的空心断面铸造成矩形截面，以适应电渣焊工艺的要求。

② 焊接方案 机架的左、右牌坊与 4 个横梁之间有 8 个焊接接头。立辊轧机机架的焊接接头如图 7-44 所示。可以分为两次进行焊接，首先焊接接头Ⅱ，然后翻身再焊接接头Ⅰ。立辊轧机机架的焊接坡口形式及尺寸如图 7-45 所示。

焊接方法均采用多熔嘴电渣焊。立辊轧机机架电渣焊熔嘴排列尺寸及引弧板尺寸如图 7-46 所示。

③ 焊接参数 立辊轧机机架焊接参数见表 7-18。

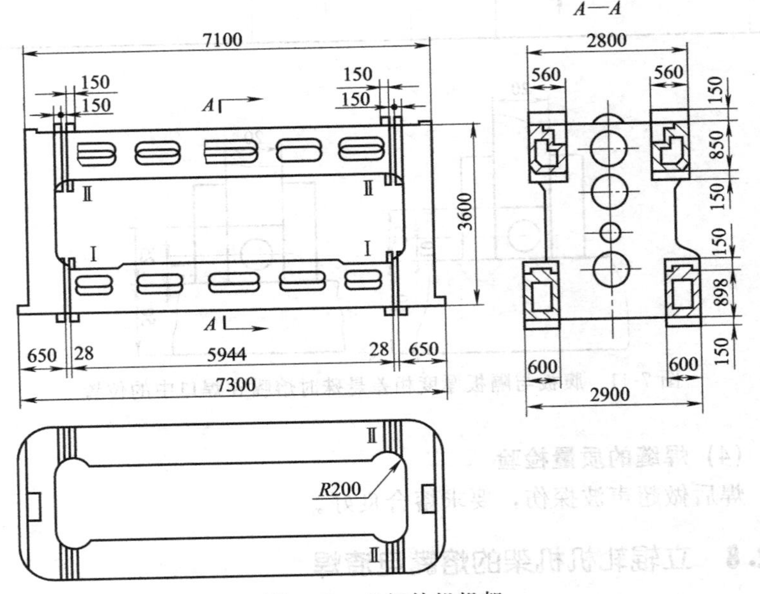

图 7-43 立辊轧机机架

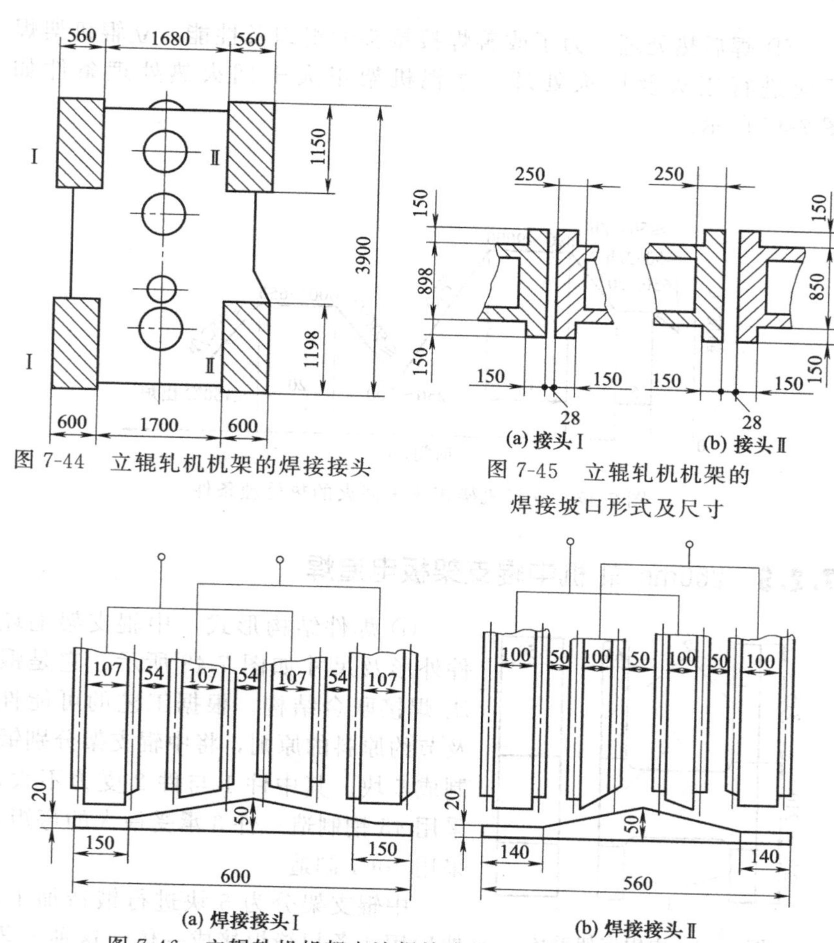

图 7-44　立辊轧机机架的焊接接头

图 7-45　立辊轧机机架的焊接坡口形式及尺寸

图 7-46　立辊轧机机架电渣焊熔嘴排列尺寸及引弧板尺寸

表 7-18　立辊轧机机架焊接参数

接头	焊缝位置	焊接断面尺寸（宽×高）/mm	熔嘴数量/块	熔嘴尺寸（厚×宽）/mm	丝距比	电弧电压/V	送丝速度/(m/h)	备注
Ⅱ	上横梁与牌坊	560×1150	4	10×100	1.83	38～42	72～74	焊接材料：焊丝 ϕ3.2mm，H10Mn2 焊剂：HJ431 熔嘴：10Mn2
Ⅰ	下横梁与牌坊	600×1198	4	10×107	1.83	38～42	74～76	

④ 焊后热处理　为了改善焊接接头的组织及性能，立辊机架焊后应进行正火及回火处理。立辊机架正火＋回火热处理条件如图 7-47 所示。

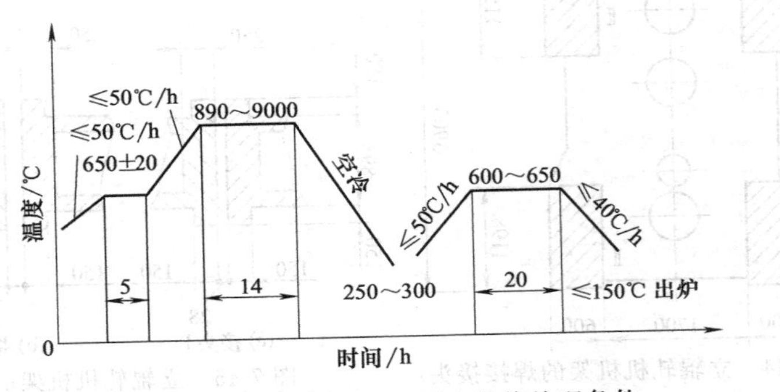

图 7-47　立辊机架正火＋回火的热处理条件

7.2.9　250mm 轧机中辊支架板电渣焊

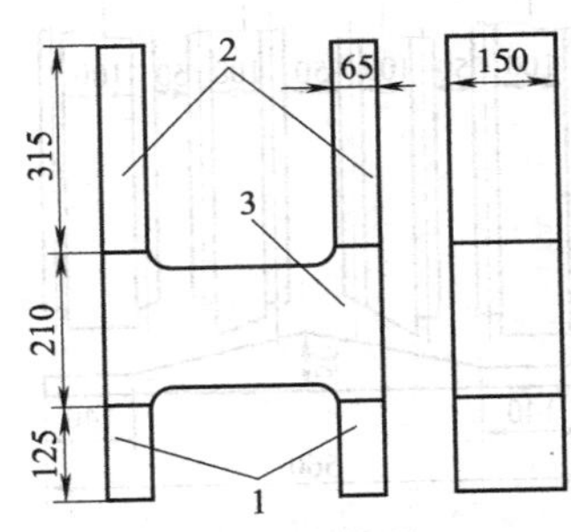

图 7-48　中辊支架毛坯件外形及尺寸

① 焊件结构形式　中辊支架毛坯件外形及尺寸如图 7-48 所示。它是锻压-焊接联合结构。根据工艺的可能性及节约原料的原则，将中辊支架分别锻制成 5 块。其中件 1 与件 2 受力不大，采用 45 钢制造；件 3 承受最大的弯矩，采用 40Cr 制造。

中辊支架分为 5 块进行锻造加工，然后用 4 条焊缝焊接成一体。这种工艺方案既保证了原设计的要求，又节约了近 50％的 40Cr。

② 焊接方案　选用板极电渣焊工艺进行焊接。板极材料选用 40Cr 钢，经锻造加工制成 10mm×50mm×1500mm 的扁钢，焊剂为 HJ431。焊前装配如图 7-49 所示。

③ 焊接参数　电弧电压为 36～38V，焊接电流为 800A，焊接电流密度为 1.6A/mm²，渣池深度为 35mm，装配间隙为 28～30mm。

④ 焊后热处理　采用正火处理，焊件在加热炉中，经 2.5h 使焊

件达到 800～820℃，保温时间为 3h。然后由炉中取出空冷。

7.2.10 轧钢机机架电渣焊

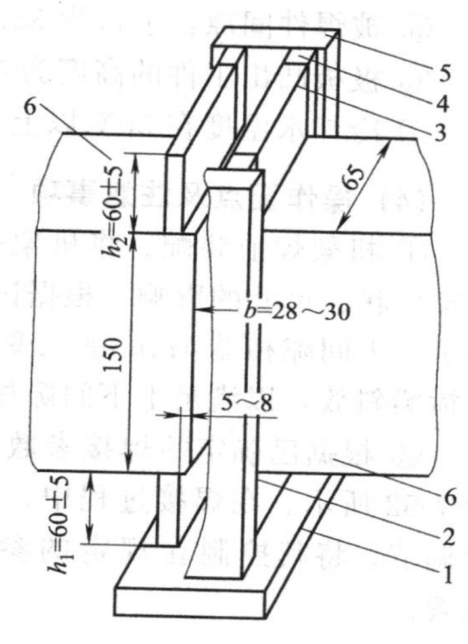

图 7-49 焊前装配

1—引弧底板；2—引弧侧板；3—挡渣板；4—垫板；5—侧挡渣板；6—焊件

1200mm×760mm 轧钢机机架，材料为 25 铸钢，由 4 个部件组成，上横梁毛重为 10.8t，下横梁毛重为 12t，两根立柱毛重各为 4.5t。焊接部位的截面尺寸，上部为 710mm×40mm，下部为 735mm×400mm。

(1) 电极形式及其材料的选择

根据被焊工件的形状尺寸，为使工艺便于掌握、设备易于制造，选用板极电渣焊。板极材料的选定取决于母材及对焊缝力学性能的要求，还要保证焊接质量，因此选用 10mm^2。

(2) 机架焊接顺序的确定

1200mm×760mm 机架是封闭式的，分成 4 段后，其中最小的一段也重达 4.5t，而且焊接部位的截面大，由于在焊接封闭焊缝时刚度较大，因此对变形的影响也较大。为使焊缝收缩均匀，焊接时尽量对两相邻并列焊缝同时施焊。将焊接顺序定为“1→2→3→4”，如图 7-50 所示，并使 1、2 和 3、4 两缝施焊间隔时间为最短，以使焊后的收缩条件尽可能趋于一致。

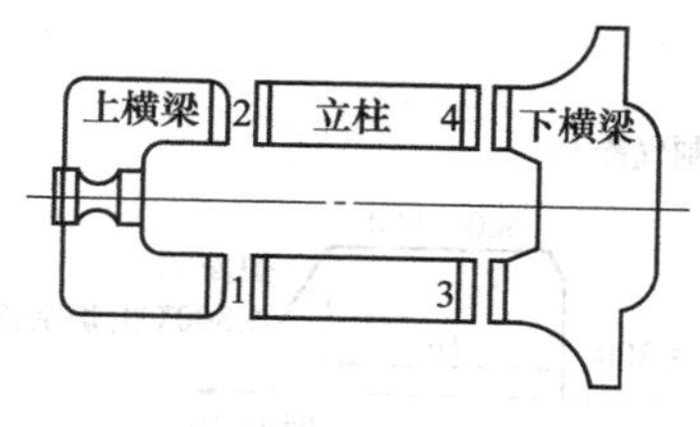

图 7-50 焊接顺序

(3) 焊接参数

① 电压为 38～42V。

② 电流密度为 0.35～0.6A/mm^2。

③ 渣池深度为 30mm。

④ 极板数为 6 块，每块尺寸为 12mm×227mm。

⑤ 被焊件间隙：上口为 35.5mm；下口为 31.5mm（图 7-51）。

⑥ 极板凸出工件的高度为 0～5mm。

⑦ 冷却水温度在 50℃以上。

(4) 操作要点及注意事项

① 机架焊前装配。将机架一次装妥，为消除焊接角变形对轧钢机架形状、尺寸的影响，根据试验结果，在焊缝 560mm 高度上，采用了上下间隙相差 4mm 的反变形值。装配方法是将立柱平放，使上下横梁斜放，以满足上下间隙相差 4mm 的要求。

② 根据已确定的焊接参数进行机架的焊接，焊接坡口的装配如图 7-52 所示。在焊接过程中，经常对焊接电流、电压和渣池深度进行调节，将其控制在规定的参数内，并经常调整极板在渣池中的位置。

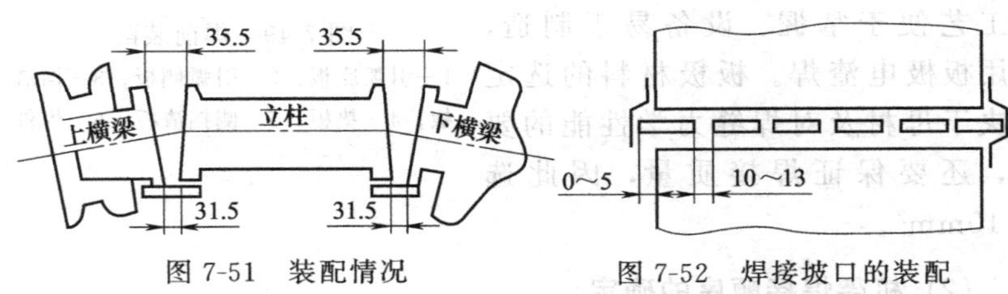

图 7-51 装配情况　　图 7-52 焊接坡口的装配

为使机架在焊后的收缩均匀，要保证相邻并列焊缝焊接工件的连续性，尽量缩短缝间间隔时间，并在焊后用砂盖住保温。当机架的四道缝焊接完毕后，进行正火处理，在热状态下（200～300℃）用气割方法切除引出板和引弧板，切除后进行回火处理。

(5) 机架焊后热处理

机架焊后热处理规范如图 7-53 所示。热处理在抽底式煤气炉中

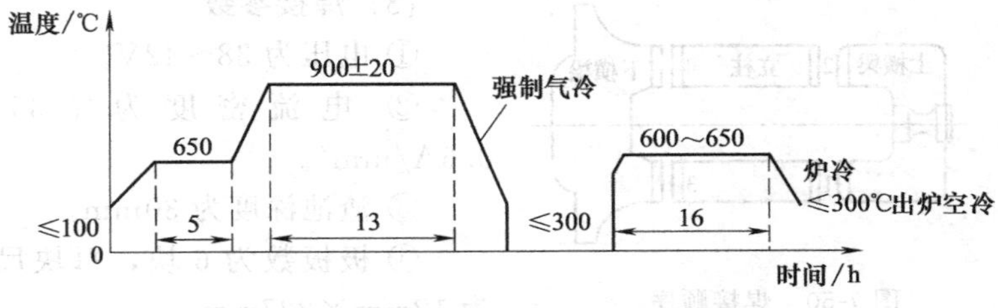

图 7-53 机架焊后热处理规范

进行，由于工件大，冷却时应采用强制气冷。保温时，炉膛前后温度变化范围为 880～920℃。当空气冷却到表面温度低于 300℃时，入炉回火。

7.2.11 厚度为 30mm、40mm 的 16Mn 板材直缝管极电渣焊

管极（管状熔嘴）电渣焊是用一根带涂料的钢管中间通以焊丝，涂料管极如图 7-54 所示。焊接时，送丝机构的送丝轮将焊丝下送，直到和引弧板的底板接触产生电弧，电弧热将焊剂熔化后，逐步形成稳定的电渣过程。焊接电流通过渣池产生电渣热，加热和熔化金属，形成金属熔池，随着焊接过程的进行，渣池和金属熔池上升，金属熔池下部不断凝固形成焊缝。管极电渣焊如图 7-55 所示。

① 工件装配　工件装配如图 7-56 所示。装配间隙：工件下口为 21mm；工件上口为 24mm。一般不在工件上焊装配马，在焊缝的引出板上焊两块 30mm×150mm×60mm 的钢板，来代替装配马。这种固定方法使焊接操作方便，工件也工整。

② 管极的制作　管极可采用无缝钢管，要求其含碳量和含硫、磷量低，可采用 20 钢。管子尺寸为 ϕ14mm×3mm、ϕ12mm×3mm、ϕ14mm×4mm。管极的横截面积不能太小，否则在焊接过程中，由于通过电流很大，会使管子熔断。

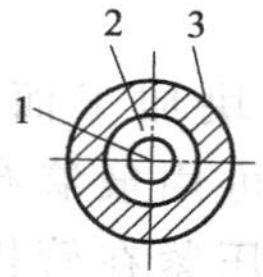

图 7-54　涂料管极

1—焊丝；2—无缝钢管；3—涂料

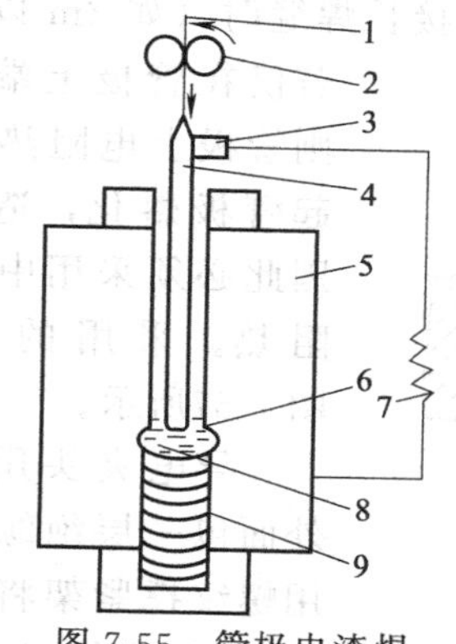

图 7-55　管极电渣焊

1—焊丝；2—送丝轮；3—导电板；4—涂料管极；5—工件；6—渣池；7—电源；8—金属熔池；9—焊缝

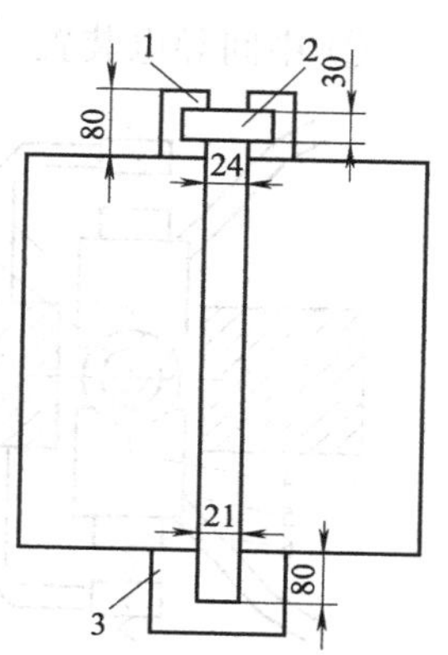

图 7-56　工件装配图

1—引出板；2—装配马；3—引弧板

管子上的涂料成分见表 7-19。管极一般采用手工涂制，先将涂料粉与适量的水玻璃混合拌匀，然后涂在管极上，经自然干燥，并在250℃温度下烘干 2h，即可使用。

表 7-19 涂料成分 %

成分	锰矿粉	滑石粉	钛白粉	白云石	石英粉	萤石粉
数值	36	21	8	2	21	12

③ 焊接参数 引弧采用导电熔剂（50%TiO_2、50%CaF_2），放在管极的下端，该熔剂利于电弧引燃，而对焊接质量无影响。电弧引燃后，送丝速度要慢些（200m/h），如太快，则渣池也上升很快，使开始段有较长的未焊透。待金属熔池上升到高出引弧板时，再逐步将送丝速度增至正常数值。焊缝下部由于管极上的电压降很大（每米管极上电压降约为 3V），因此电压应当高一些，一般采用 48～50V。焊接快结束时，电压应逐步降低，以免熔深过大。管极电渣焊焊接参数详见 7-20。

表 7-20 管极电渣焊焊接参数

工件厚度 /mm	焊接电压 /V	送丝速度 /(m/h)	焊接电流 /A	渣池深度 /mm	焊接速度 /(m/h)	工件材料
30	38～42	240～270	650～850	60～70	2.6～3	16Mn
40	40～45	270～300	700～900	60～70	2.6～3	16Mn

④ 中间导电装置 焊接长焊缝时（如 2m 以上），由于管极长，若仅在管极上端的导电板上导电，则管极上电阻热很大，严重时会引起管极熔化，造成焊接过程中断，因此必须采用中间导电，以降低电阻热。采用的中间导电装置如图 7-57所示。

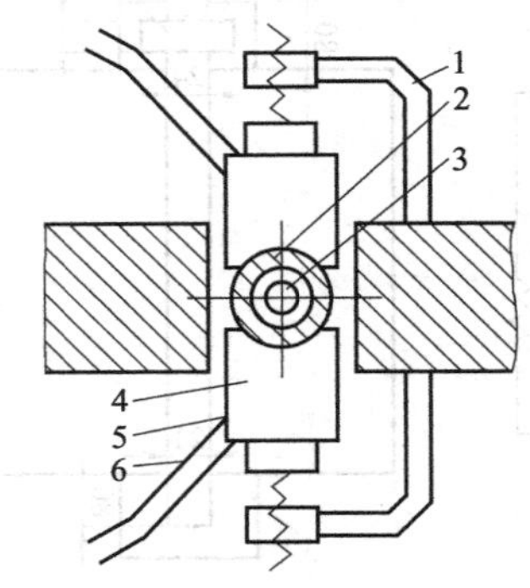

图 7-57 中间导电装置

1—螺纹撑紧架；2—管极；3—焊丝；4—导电夹头；5—绝缘层；6—导线

导电夹头用紫铜块加工而成，外面包一层绝缘层（可用玻璃布），用螺纹撑紧架将夹头压紧在管极上（之前须将管极涂料去掉），当焊接熔池升至此处时，先将螺纹撑紧架拆掉，即可将中间导电装置拆下。

⑤ 焊后热处理　电渣焊后一般应进行 900℃正火或退火处理，以消除过热组织和焊接应力。当在管极涂料中加入钛铁时，由于明显地细化晶粒，使塑性指标（延伸率、断面收缩率）及冲击韧性得到提高，因此一般产品焊后不进行高温热处理（指 900℃的正火和退火），至于是否进行消除应力的 600℃左右的回火处理，应根据焊接件结构和应力情况决定。

电阻焊

8.1 电阻焊基本技能

8.1.1 点焊操作技术

① 所有焊点都应尽量在电流分流值最小的条件下进行点焊。

② 焊接时应先选择在结构最难以变形的部位（如圆弧上肋条附近等）上进行定位点焊。

③ 尽量减小变形。

④ 当接头的长度较长时，应从中间向两端进行点焊。

⑤ 对于不同厚度铝合金焊件上的点焊，除采用硬规范外，还可以在厚件一侧采用球面半径较大的电极，以有利于改善电阻焊点核心偏心厚件的程度。

8.1.2 缝焊操作技术

① 焊前准备：

a. 焊前清理。焊前应对接头两侧附近宽约 20mm 处进行清理。

b. 焊件装配。采用定位销或夹具进行装配。

② 进行定位焊点焊或在缝焊机上采用脉冲方式进行定位时，焊点间距为 75～150mm，定位焊点的数量应能保证焊件能固定住。定位焊的焊点直径应不大于焊缝的宽度，压痕深度小于焊件厚度的 10%。

③ 定位焊后的间隙处理：

a. 低碳钢和低合金结构钢。当焊件厚度小于 0.8mm 时，间隙要小于 0.3mm；当焊件厚度大于 0.8mm 时，间隙要小于 0.5mm。重要结构的环型焊缝的间隙应小于 0.1mm。

b. 不锈钢。当焊缝厚度小于 0.8mm 时，间隙要小于 0.3mm，重要结构的环型焊缝的间隙应小于 0.1mm。

c. 铝及合金。间隙小于较薄焊件厚度的 10%。

8.1.3 凸焊操作技术

① 焊接前清理焊件。

② 凸点要求：

a. 检查凸点的形状、尺寸及凸点有无异常现象。

b. 为保证各点的加热均匀性，凸点的高度差应不超过 0.1mm。

c. 各凸点间及凸点到焊件边缘的距离，不应小于 $2D$（D 为凸点直径）。

d. 不等厚件凸焊时，凸件应在厚板上。但厚度比超过 1∶3 时，凸点应在薄板上。

e. 异种金属凸焊时，凸点应在导电性和导热性好的金属上。

③ 电极设计要求：

a. 点焊用的圆形平头电极用于单点凸焊时，电极头直径应不小于凸点直径的两倍。

b. 大平头棒状电极适用于局部位置的多点凸焊。

c. 具有一组局部接触面的电极，应将电极在接触部位加工出突起接触面，或将较硬的铜合金嵌块固定在电极的接触部位。

8.1.4 对焊操作技术

(1) 焊前准备

1) 电阻对焊的焊前准备

① 两焊件对接端面的形状和尺寸应基本相同，使表面平整并与夹钳轴线成 90°直角。

② 对焊件的端面以及与夹具接触面进行清理。与夹具接触的工件表面的氧化物和脏物可用砂布、砂轮、钢丝刷等机械方法清理，也可使用化学清洗方法（如酸洗）。

③ 由于电阻对焊接头中易产生氧化物夹杂，因此，对于质量要

求高的稀有金属、某些合金钢和有色金属进行焊接时，可采用氩、氦等保护气体来解决。

2）闪光对焊的焊前准备

① 闪光对焊时，对端面清理要求不高，但对夹具和焊件接触面的清理要求应和电阻对焊相同。

② 对大截面焊件进行闪光对焊时，应将一个焊件的端部倒角，增大电流密度，以利于激发闪光。

③ 两焊件断面形状和尺寸应基本相同，其直径之差不应大于15%，其他形状不应大于10%。

(2) 焊接接头

① 电阻对焊的焊接接头应设计成等截面的对接接头。

② 闪光对焊时，对于大截面的焊件，应将其中一个焊件的端部倒角，倒角尺寸如图 8-1 所示。

(3) 焊后处理

① 切除毛刺及多余的金属　通常在焊后趁热切除。焊大截面合金钢焊件时，多在热处理后切除。

② 零件的校形　对于焊后需要校形的零件（如轮箍、刀具等），通常在压力机、压胀机及其他专用机械上进行校形。

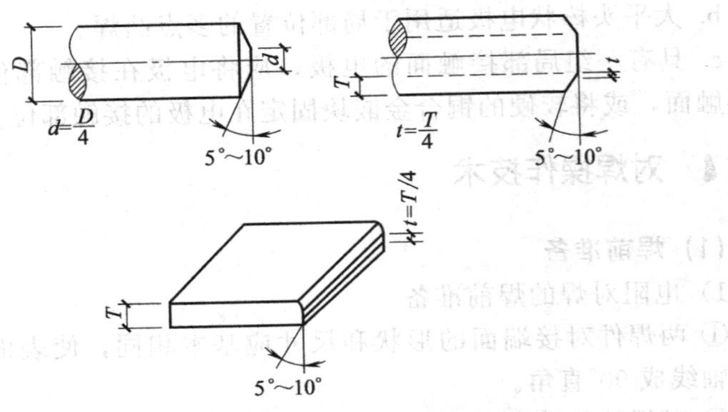

图 8-1　闪光对焊焊件端部倒角尺寸

③ 焊后热处理　焊后热处理根据材料性能和焊件要求而定。焊接大型零件和刀具，一般焊后要求退火处理；调质钢焊件要求回火处理；

镍铬奥氏体钢有时要进行奥氏体化处理。焊后热处理可以在炉中做整体处理，也可以用高频感应加热进行局部热处理，或焊后在焊机上通电加热进行局部热处理。热处理参数根据接头硬度和显微组织来选择。

8.2 电阻焊典型实例

8.2.1 低碳钢薄板（2mm＋2mm）的点焊

（1）焊前准备

点焊前，应该清除焊件表面的油污、氧化皮、锈垢等不良导体，因为它们的存在既影响了电阻热量的析出，影响焊核形成，并导致熔核缺陷产生，使接头强度与焊接生产率降低，又会缩短电极寿命。所以，焊件表面清理是焊前十分关键的工作。

表面清理方法有两种，即机械清理和化学清理。

机械清理：用旋转钢丝刷清扫，金刚砂毡轮抛光，小的零部件可以采用喷砂、喷丸处理。

化学清理：主要工艺过程是焊件去油、酸洗、钝化等，用于成批生产或氧化膜较厚的碳钢。冷轧碳钢化学清理溶液的成分及工艺见表 8-1。

表 8-1　冷轧碳钢化学清理溶液的成分及工艺

溶液成分及温度		中和溶液
（脱脂用）		先在 70～80℃热水中冲洗，后在冷水中冲净
工业用磷酸三钠	Na_3PO_4　50kg/m³	
煅烧苏打	Na_2CO_3　25kg/m³	
苛性钠	NaOH　40kg/m³	
温度	60～70℃	
（酸洗用）		常温下，在 50～70kg/m³ 的苛性钠或苛性钾溶液中中和
硫酸	H_2SO_4　0.11m³	
氯化钠	NaCl　10kg	
KCl 填充剂	1kg	
温度	50～60℃	

① 焊机　选用直压式点焊机 DN-63，其主要技术数据见表 8-2。

表 8-2　直压式点焊机 DN-63 主要技术数据

型号	电流特性	额定功率/kW	负载持续率/%	二次空载电压/V	电极臂长/mm	可焊接板厚度/mm
DN-63	工频	63	50	3.22～6.67	600	钢：4＋4

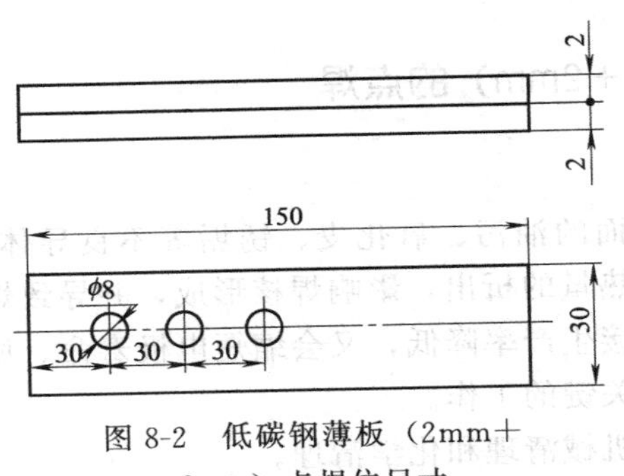

图 8-2　低碳钢薄板（2mm＋2mm）点焊位尺寸

② 焊件　Q235 钢板尺寸（长×宽×厚）为 150mm×30mm×2mm，共两块板条。焊件的形状见图 8-2。焊件用剪板机下料。

③ 焊接辅助工具和量具　活扳手、150mm 卡尺、台虎钳、锤子、点焊试片撕裂卷棒、抛光机、砂纸、焊点腐蚀液、低倍放大镜、钢丝钳等。

(2) 焊前装配定位焊及焊接

首先，用锉刀和砂纸进行电极的修、磨，尽量使电极表面光滑。按试件调整电极钳口，使两个钳口的中心线对准，同时，调整好钳口的距离，把两焊件按图 8-2 中标注的尺寸进行点焊定位焊，其焊接参数见表 8-3。

表 8-3　低碳钢薄板（2mm＋2mm）点焊的焊接参数

板厚/mm	电极直径/mm	焊接通电时间/周波	电极压力/N	焊接电流/kA	熔核直径/mm	抗剪强度/kN
2＋2	8	20	4700	13.3	7.9	14500

在焊接过程中，应该注意如下几点：焊件要在电极下放平，防止出现表面缺陷；要随时观察点焊焊点的表面质量，及时对电极表面的端头进行修理；对焊接表面的要求应比较严格，要求焊后无压痕或压痕很小时，可以把表面要求比较高的一面放在下电极上，同时，尽可能地加大下电极表面直径；在焊接过程中以及焊接结束之前，应该分阶段地进行点焊试验件的焊接质量鉴定，及时调整焊接参数；焊接结

束后，关闭电源、气路和冷却水。

(3) 焊点表面清理

检查焊点表面在焊接过程中的飞溅情况，及时清除表面飞溅物的残渣。

8.2.2 5A02 铝合金板的电阻点焊

(1) 焊前准备

① 焊机　DN2-200（直压工频点焊机）。

② 焊件　5A02 铝合金板，厚度 $\delta=(1+1)$mm，长为 30mm，宽为 200mm，两件。按表 8-4 所示溶液配方进行化学清理，焊点位置见图 8-3。

表 8-4　铝合金化学清理溶液成分

金属	腐蚀溶液成分	中和用溶液
铝及铝合金	每升水中：H_3PO_4 110～155g $K_2Cr_2O_7$ 或 $Na_2Cr_2O_7$ 0.8～1.5g 温度 30～50℃	每升水中：HNO_3 15～25g 温度 20～25℃

③ 辅助工具和量具　活扳手、砂布、板锉、点焊试件撕裂卷棒、钢丝钳、台钳、三用卡尺、锤子、手锯等。

(2) 焊前装配定位及焊接

将两个焊件按图 8-3 所示进行组装，然后，按表 8-5 所示选定焊接参数，进行焊件的焊接。将已焊好的焊件经点焊试件撕裂卷棒撕裂，鉴定其焊接质量，当焊接质量达到焊接技术文件要求时，可以按此焊接参数进行焊件批量生产。按生产的数量多少，及时调节焊接参数点焊过程中，为避免点网因电压波动而影响焊接质量，还要进行多次试片的焊接质量检验。铝及铝合金点焊熔核最小直径见表 8-6。

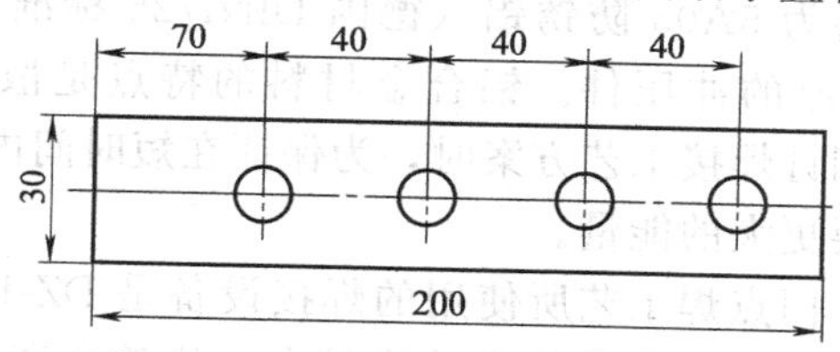

图 8-3　点焊试件焊点位置

表 8-5 5A02 铝合金的点焊参数

板厚/mm	电极/mm		电极力/kN	焊接电流/kA	通电时间/ms
	直径 D	球面半径 R			
1.0	16	75	3.0	30.7	140
1.2			3.3	33	
1.6			3.75	35.9	160
1.8		100	4.0	38	
2.0	22		4.3	41.8	

表 8-6 铝及铝合金点焊熔核的最小直径 mm

材料厚度	最小熔核直径	材料厚度	最小熔核直径
0.5	2.5	2.0	6.6
0.8	3.5	2.5	7.6
1.0	4.1	3.0	8.6
1.2	4.6	3.5	9.1
1.5	5.6	—	—

用手锯沿熔核直径将熔核锯开，并将断开的表面抛光和用腐蚀液腐蚀，检查熔核焊透率，熔核焊透率尺寸见图 8-4。熔核焊透率一般为 20%～80%，熔核焊透率的计算公式如下：

$$A=\frac{H}{\delta}$$

式中 A——熔核焊透率，%；

H——熔核单侧高度，mm；

δ——板材实测高度，mm。

(3) 焊缝清理

焊后用不锈钢丝刷清理焊件表面的焊接飞溅物。

8.2.3 铝合金轿车门的点焊

轿车门材料为 5A03 防锈铝（德国 DINI725 标准 Al-Mg 材料）。工件为 1.2mm 厚的冲压件。铝合金材料的特点是散热快、电导率高，因此，在制订焊接工艺方案时，为保证在短时间内形成优质的熔核，点焊时需要更大的能量。

铝合金轿车门点焊工艺所使用的焊接设备是 DZ-100 型二次整流点焊机。该型焊机的特点是输出功率较大，热效率高。DZ 系列二次整流点焊机是在焊接变压器的二次侧用二极管进行全波整流的新型焊机，该焊机与交流焊机相比，在焊接同样厚度材料时功率消耗较小。此外该焊机的加压系统装有压力补偿装置，它能及时补偿因工件熔化而引起的压力变化，从而保证焊接质量。

铝合金轿车门点焊焊接参数见表 8-7。为了减小工件的接触电阻，应当对 5A03 材质冲压件进行清洗，再用碱液除油，用酸液处理氧化膜。清洗好的工件要在 72h 内焊接完毕。在焊接过程中，必须对电极进行强制水冷，水流量在 6L/min 以上，水温要低于 30℃。下电极直径为 12mm，端面为平面；上电极直径为 8mm，端面是半径为 50mm 的球面，这样可以保证电极与工件之间的压力稳定、减少飞溅。

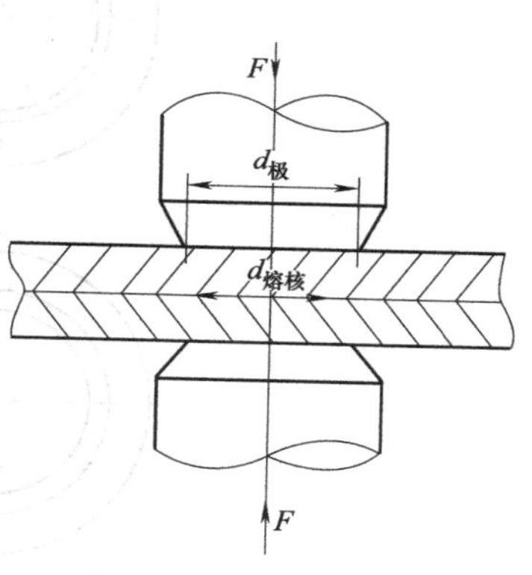

图 8-4　熔核焊透率尺寸

表 8-7　铝合金轿车门点焊焊接参数

一次电压/V	8.26	电焊时间/s	3
电极压力/N	3000	维持时间/s	40
预压时间/s	40	休止时间/s	99

焊后应检查焊点质量。从外观上要求配合面的压痕深度≤0.1mm；用扁铲将焊点剥离来检验焊点强度，要求熔核直径为4～5mm。

总之，对 5A03 材质的工件应采用硬规范点焊，配合适当的电极，可以获得优质的焊接产品。

8.2.4　钛框构件的闪光对焊

构件钛框断面形状如图 8-5 所示。Ⅰ、Ⅲ断面的面积约为 $620mm^2$，Ⅱ、Ⅳ断面的面积约为 $850mm^2$。

焊机采用 LM-150 型对焊机。该焊机适用于断面面积为 $650mm^2$ 的工件对焊，对于 $850mm^2$ 的断面的对焊有困难。因此，对焊机进行了改进，重新设计了凸轮使焊接快速进行。

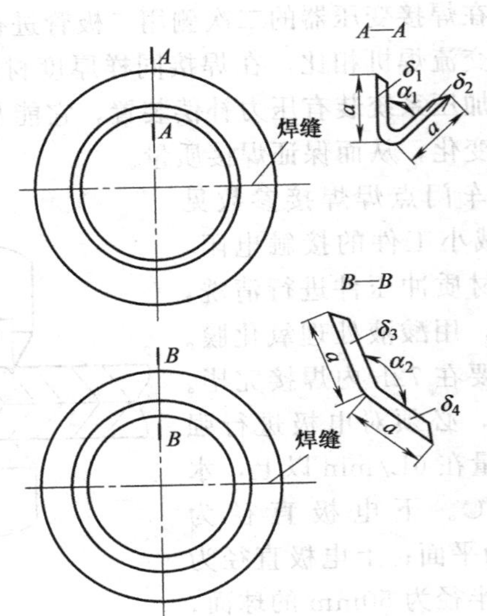

δ_1=6mm，δ_2=5mm为Ⅰ断面；δ_1=8mm，δ_2=7mm为Ⅱ断面；
δ_3=6mm，δ_4=5mm为Ⅲ断面；δ_3=8mm，δ_4=7mm为Ⅳ断面；
δ为工件厚度

图 8-5　钛框断面形状

钛框构件闪光对焊焊接参数见表 8-8。

表 8-8　钛框构件闪光对焊焊接参数

断面积代号	伸出长度/mm	烧化留量/mm	顶锻留量/mm		变压器级数/级	凸轮转速/(r/min)
			带电	无电		
Ⅰ	50	17.3	4.5	8.7	15	3.18
Ⅲ	50	17.3	4.5	8.7	16	3.18
Ⅱ、Ⅳ	50	26	7	7	14	2.63

8.2.5 低碳钢筋的电阻对焊

(1) 焊前准备

对焊设备选用 UN17-75 型对焊机。电阻对焊低碳钢棒，直径为 8mm，长 150～200mm。操作焊机之前要仔细检查焊机通电、断电，压紧钳口是否正常，冷却水流量情况及标尺分配参数是否合理等。用喷砂或喷丸法清理工件表面氧化皮。电阻对焊的工件还要将断面锉平。

(2) 焊接参数

低碳钢筋对焊焊接参数见表 8-9。

表 8-9 低碳钢筋对焊焊接参数

断面积/mm^2	电流密度/(A/mm^2)	时间/s	顶锻留量/mm		伸出长度/mm	顶锻压力/MPa
			有电	无电		
50	160	0.8	0.5	0.9	8~18	12~14

(3) 操作要点

将工件夹紧在焊机的电极块上，先操作送进机构的手柄，将两工件合拢，并施加较小的力，使其端面接触。注意其接口处错位量不要大于 0.5mm，然后通电加热。当工件升温到赤红状态达到焊接温度时，断电并同时迅速施加顶锻力，使工件接口最高温度区产生塑性变形，并使两工件间的金属原子或分子在高温、高压下相互扩散形成接头。由于电阻对焊加热区域较宽，因此接头有较大凸起，又由于金属不产生熔化和飞溅，因此接头圆滑而光洁。

焊前对工件表面的残存氧化物、污垢等一定要彻底清除干净，否则电阻对焊时，工件端面中的氧化物很难排除，会造成夹渣或未焊透缺陷。装配时，接口处一定要对齐，并且端面要互相平行，否则会造成工件端面部分未熔合和错位、弯曲等缺陷。

8.2.6 低碳钢筋（ϕ6mm+ϕ6mm）的闪光对焊

(1) 焊前准备

焊前仔细清除两根钢筋接头端面处的油、污、锈、垢等，并把端头处的弯曲部分切掉。

① 焊机 UNI-25 杠杆挤压弹簧顶锻式对焊机。

② 焊件 Q235 钢，ϕ6mm，对接。

③ 焊接辅助工具和量具 活扳手、150mm 卡尺、台虎钳、手锯、锤子、抛光机、砂纸、焊点腐蚀液、低倍放大镜和钢丝钳等。

(2) 焊前定位及焊接

选好焊接参数进行焊前试焊，低碳钢筋（ϕ6mm+ϕ6mm）闪光对焊焊接参数见表 8-10。

表 8-10 低碳钢筋（ϕ6mm＋ϕ6mm）闪光对焊焊接参数

钢筋直径 /mm	伸出长度 /mm	顶锻留量 /mm	顶锻压力 /MPa	烧化留量 /mm	烧化时间 /s
6＋6	11±1	1.3	60	3.5	1.9

焊接操作过程：首先，按焊件的形状调整焊机钳口，使钳口的中心线对准，找好钳口的距离，同时，调整好行程螺钉。将待焊的钢筋放在两个钳口上，然后将两个夹头夹紧、压实，此时，握紧手柄将两个钢筋的端面顶紧并通电，利用电阻热对接头端面进行预热。当接头加热至塑性状态时，拉开钢筋端面，使两接头端面有 1～2mm 的间隙，此时，焊接过程进入闪光阶段，火花喷溅，待露出新的金属表面后，迅速将两钢筋端面顶紧，并在断电后继续进行加压顶紧。

(3) 焊件表面清理

检查焊点表面在焊接过程中的飞溅情况，及时清除表面飞溅物的残渣。

第9章 电子束焊

9.1 电子束焊的基本技能

9.1.1 真空系统操作要点

① 真空系统必须在接通冷却水后才能启动。

② 机械泵启动时，必须先打开机械泵抽气门的阀门，使其与大气相通，待其运转正常后迅速与大气切断而转向需要抽气的部件。

③ 扩散泵必须在机械泵预抽真空达到一定的真空度时才能加热。停止加热后，必须待扩散泵完全冷却下来才能关闭机械泵，否则扩散泵的油易被氧化。

④ 机械泵停机前，必须先关闭机械泵抽气口的阀门，使其与真空系统断开，再与大气接通，以免机械泵油进入真空系统。

⑤ 真空系统及工作室内部应保持良好的真空卫生，停止工作时必须保持其内部有一定的真空度。

9.1.2 焊接操作要点

(1) 焊前准备

① 焊前清理　接缝附近必须进行严格的除锈和清洗，工件上不允许残留有机物质。焊前清理不仅能避免缺陷的出现，而且能减少工作室抽真空的时间。清理方法为机械方法（如刮、削、磨、砂纸打或

不加冷却液的其他方法）和化学方法，以此来去除氧化膜；也可用丙酮去除油污等。

② 接头装配　电子束焊接头要紧密接合，不留间隙，并尽量使接合面平行，以便窄小的电子束能均匀熔化接头两边的母材。装配公差取决于工件厚度、接头设计和焊接工艺，装配间隙宜小不宜大。焊薄工件时装配间隙要小于 0.13mm。

随板厚增加，可用稍大一些的间隙。焊铝合金可用间隙比钢大一些。在采用偏转或摆动电子束使熔化区变宽时，可以用较大的间隙。非真空电子束焊有时用到 0.75mm 的间隙。深熔焊时，装配不良或间隙过大，会导致过量收缩、咬边、漏焊等缺陷，大多数间隙不应大于 0.25mm。

③ 夹紧　所有电子束焊都是机械或自动操作的，如果零件不是设计成自紧式的，就必须利用夹具进行定位与夹紧，然后移动工作台或电子枪体完成焊接。

要使用无磁性的金属材料制造所有的夹具和工具，以免电子束发生磁偏转。对夹具强度和刚度的要求不必像电弧焊那样高，但要求制造精确，因为电子束焊要求装配和对中极为严格。非真空电子束焊可用一般焊接变位机械，其定位、夹紧都较为简便。

④ 退磁　所有的磁性金属材料在电子束焊之前都应加以退磁。剩磁可能因磁粉探伤、电磁卡盘或电加工等造成，即使剩磁不大，也足以引起电子束偏转。工件退磁可放在工频感应磁场中，靠慢慢移出进行退磁，也可用磁粉探伤设备进行退磁。

对于极窄焊缝，剩磁感应强度为 0.5×10^{-4}T；对于较宽焊缝，剩磁感应强度为 $(2\sim4)\times10^{-4}$T。

⑤ 抽真空　现代电子束焊机的抽真空程序是自动进行的，这样可以保证各种真空机组和阀门正确地按顺序进行工作，避免由于人为的误操作而发生事故。

保持真空室的清洁和干燥是保证抽真空速度的重要环节。应经常清洗真空室，尽量减少真空室暴露在大气中的时间，仔细清除被焊工件上的油污并按期更换真空泵油。

⑥ 焊前预热　对需要预热的工件，一般可在工件装入真空室前进行预热。根据工件的形状、尺寸及所需要的预热温度，选择一定的

加热方法，如气焊枪、加热炉、感应加热、红外线辐射加热等。当工件较小、局部加热引起的变形不会影响工件质量时，可在真空室内用散焦电子束来进行预热，这是生产中常使用的方法。

对需要进行焊后热处理的工件，可在真空室内或在工件从真空室取出后进行热处理。

(2) 定位焊

用电子束进行定位焊是装夹工件的有效措施。可采用焊接束流或弱束流进行定位焊，对于搭接接头可用熔透法定位，有时需先用弱束流定位，然后再用焊接束流完成焊接。

(3) 启动

在真空室内的工件安装就绪后，关闭真空室门，然后接通冷却水，闭合总电源开关。按真空系统的操作顺序启动机械泵和扩散泵，待真空室内的真空度达到预定值时，便可进入施焊阶段。

(4) 焊接

将电子枪的供电电源接通，并逐渐升高加速电压使之达到所需的数值。然后相应地调节灯丝电流和轰击电压，使有适当小的电子束流射出，在工件上能看出电子束焦点，再调节聚焦电流，使电子束的焦点达到最佳状态。假如焦点偏离接缝，可调节偏转线圈电流或电子枪做横向移动使其对中。此时调节轰击电源使电子束电流达到预定数值。按下启动按钮，工件即按预定速度移动，进入正常焊接过程。

1）薄板的焊接　薄板导热性差，电子束焊接时局部加热强烈。为防止温度过高，应采用夹具，对于极薄工件可使用脉冲电子束流。电子束功率密度高，易于实现厚度相差很大的接头的焊接。进行电子束焊接时应注意使薄板与厚板紧贴，并适当调节电子束焦点位置，使接头两侧均匀熔化。

2）厚板的焊接　对厚度在60mm以上的钢板进行电子束焊接时，应将电子枪水平放置进行横焊，以利于焊缝成形。由于电子束焦点位置对于熔深有很大影响，因此在给定的电子束功率下，将电子束焦点调节在工件表面以下，熔深的1/2～3/4处电子束的穿透能力最好。

3）焊接可达性差的接头　对可达性差的接头进行电子束焊应满

足下列要求。

① 焊缝必须在电子枪允许的工作距离上。

② 为避免焊接时误伤工件，必须有足够宽的间隙允许电子束通过。

③ 在束流通过的路径上应无干扰磁场。

④ 异种难焊金属焊接。对难以焊接的异种金属进行电子束焊接时，可以加过渡层。对于铜与钼、铝、低碳钢的焊接可以分别加锌、银、镍热片，作过渡金属。对于钛合金与镍基合金的焊接，可以用铌或铜作过渡金属。

(5) 停止

焊接结束时，必须先逐渐减小偏转偏压使电子束焦点离开焊缝，然后把加速电压降低到零，并把灯丝电源及传动装置的电源降到零值，此后切断高压电源、聚焦偏转电源和传动装置电源，这样就完成了一次焊接。待工件冷却后，按真空操作程序从真空室中取出工件。

9.2 电子束焊典型实例

9.2.1 双金属带锯的电子束焊

对于难切断金属的切割，以往一直使用单一材质的高速钢带锯。由于在切割过程中带锯受到交变载荷的作用，使带锯存在着断裂的危险，因此带锯不能被淬硬到最佳耐磨程度。现在用电子束可以把高速钢型材（齿尖）焊到柔韧的载体上制成双金属带锯，从而可使齿尖达到最佳硬度，也不用担心带锯的断裂。双金属带锯如图 9-1 所示。

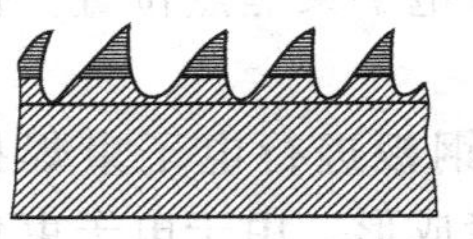

图 9-1 双金属带锯

以齿宽为 6.35mm、厚度为 1.57mm 的双金属带锯的焊接为例，介绍其焊接工艺。

(1) 焊前清理

去掉工件上的氧化物和油污，使工件露出金属光泽。清理后的工件不可用手触及。

(2) 装配

采用专用夹具进行装配，装配间隙为 0～0.015mm。

(3) 焊接参数

加速电压为100kV，电子束电流为9.0～9.5mA，聚焦电流为1.7A，工作距离为680mm，焊接速度为9m/min，电子枪真空度为10^{-3}Pa，真空室真空度为10^{-2}Pa。

为了消除焊缝表面不光滑和咬边现象，可采用散焦的电子束修饰焊缝表面。修饰焊的焊接参数为：电子束电流为4.3mA，聚焦电流为1.8A，其他不变。

9.2.2 陶瓷与金属的电子束焊

陶瓷与金属的焊接有钎焊法、压力扩散粘接法、直接结合法以及电子束焊接法。为满足原子能及宇航工业中对陶瓷与金属间焊缝提出的耐腐蚀、耐辐射及耐高温的特殊要求，通过对Al_2O_3陶瓷与金属的电子束焊接工艺的一些探索和试验，获得了漏气率不大于1.33×10^{-8}Pa·L/s的密封件。

(1) 材料选择

对陶瓷和金属材料的选择要求是耐高温、耐腐蚀、耐辐射；抗热循环冲击；金属和陶瓷的线胀系数比较接近。

一般而言，金属的热导率高，热冲击性能好，而陶瓷则甚弱。当因局部温差产生热变形时，由于陶瓷的抗拉强度低，受拉应力作用极易碎裂损坏，因此依据陶瓷的抗热应力因素，选用抗拉强度较大，热导率较高，纯度为99.97%的半透明Al_2O_3陶瓷。至于金属，要注意失配应力问题，尽量选取与Al_2O_3的线胀系数相近的金属，以使陶瓷与金属匹配封接。

(2) 接头设计

接头设计要尽量减小应力，在可能的情况下，增加Al_2O_3陶瓷的厚度。如用金属作为内套封接，则金属的线胀系数应小于陶瓷的线胀系数，使封接件处在径向压缩状态；若用金属作为外套封接，则应使金属的线胀系数大于Al_2O_3陶瓷的线胀系数，以使Al_2O_3陶瓷件处于受压应力状态。另外，将Al_2O_3陶瓷磨成约20°锥度，陶瓷与金属套封间隙<0.15mm，使熔化的金属、陶瓷或填充料能填入其中。试验用接头形式如图9-2所示。

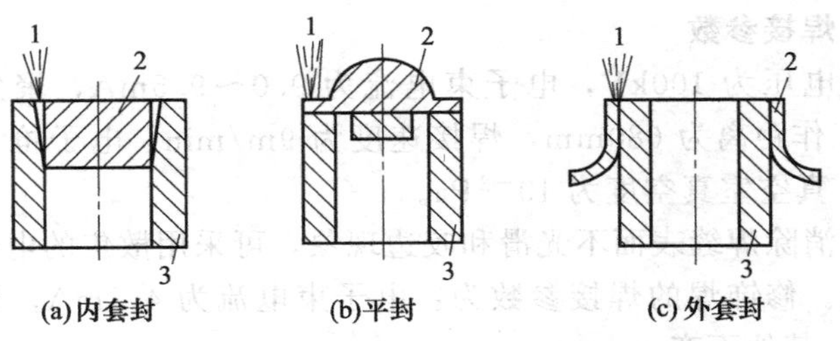

图 9-2 接头形式

1—电子束；2—金属；3—Al_2O_3

Al_2O_3 陶瓷管尺寸：ϕ10mm×1.5mm 和 ϕ18mm×2mm；金属采用 ϕ12mm 及 ϕ20mm 的棒料，车削加工成如图 9-2（a）、(b) 所示电极形式，进行内套封和平封。如图 9-2（c）所示，外套封用 ϕ10.4mm×0.2mm 的薄壁金属管。选用金属全部为熔点高于 Al_2O_3 的 Ta 合金或 Nb 合金。

(3) 操作要点及注意事项

① 焊前清理。焊前将金属和陶瓷分别仔细清理和酸洗，去除油污和氧化杂质。

② 焊前预热。为避免热应力，焊前必须预热。采用钨丝小电炉加热，钨丝直径为 0.7mm，Al_2O_3 炉管，用 Mo 片作为隔热反射屏。最大加热电压为 55～65V，电流为 17～20A，预热温度为 700～1800℃。

将预热电阻炉放入电子束焊机真空室的支架上。将清洗干净的工件夹在无级调速的、可移动和旋转的载物台上，并置于电阻炉的炉膛内。当真空度＜0.013Pa、预热温度＞1500℃时，使工件自动地平稳旋转，开始焊接。

③ 采用 22kV 高压，先用 1～2A 小电流的电子束散焦打在金属工件上，否则易引起 Al_2O_3 陶瓷工件微裂。经过 4～5min，然后电子束进一步散焦，使其部分打在 Al_2O_3 陶瓷上，再逐渐增大电子束电流至 4～10A。此时，电子束功率密度为 (6.6～11.0)×10^5 W/cm^2，温度约为 2000℃，能使陶瓷与金属局部熔融，形成金属-陶瓷结合层，5～8s 后焊接即告结束，并缓慢地将电子束电流降至零位。

④ 接头全部焊完后，以 20～25℃/min 的冷却速度随炉缓冷。冷

却过程中由于收缩力的作用，陶瓷中首先产生轴向挤压力，因此工件要缓慢冷却到 300℃时才可以从加热炉中取出，在空气中缓冷，以防挤压力过大挤裂陶瓷。

⑤ 对焊后接头进行质量检验，如发现焊接缺陷，应重新焊接，直至质量合格。不锈钢与陶瓷真空电子束焊焊接参数见表 9-1。陶瓷与陶瓷，也可用上述类似的工艺进行焊接。

表 9-1　不锈钢与陶瓷真空电子束焊焊接参数

材料	母材厚度/mm	焊接参数				
		电子束电流/mA	加速电压/kV	焊接速度/(cm/s)	预热温度/℃	冷却速度/(℃/min)
18-8 钢＋陶瓷	4＋4	8	10	10.3	1250	20
18-8 钢＋陶瓷	5＋5	8	11	10.3	1200	22
18-8 钢＋陶瓷	6＋6	8	12	10.0	1200	22
18-8 钢＋陶瓷	8＋8	10	13	9.67	1200	23
18-8 钢＋陶瓷	10＋10	12	14	9.17	1200	25

9.2.3　高温合金的电子束焊

(1) 焊接特点

采用电子束焊不仅可以成功地焊接固溶强化型高温合金，也可以焊接电弧焊难以焊接的沉淀强化型高温合金。焊前状态最好是固溶处理状态或退火状态。对某些液化裂纹敏感的合金应采用较小的焊接热输入，而且应调整焦距，减小焊缝弯曲部位的过热。

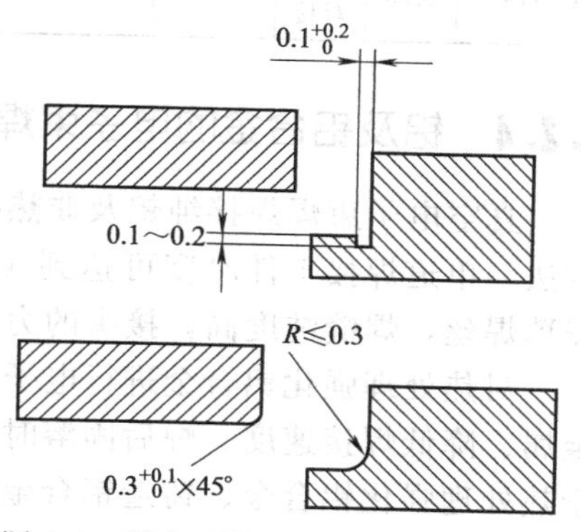

图 9-3　锁底对接接头清根形状及尺寸

(2) 接头形式

电子束焊接头可以采用对接、角接、端接、卷边接形式，也可以采用 T 形接和搭接形式。推荐采用平对接、锁底对接和带垫板对接形式。接头的对接端面不允许有裂纹、压伤等缺陷，边缘应去毛刺，保持棱角。端面加工的表面粗糙度为 $Ra \leqslant 3.2\mu m$。锁底对接接头的清根形状及尺寸如图 9-3 所示。

(3) 操作要点及注意事项

焊前对有磁性的工作台及装配夹具均应退磁，其磁通量密度不大于 2×10^4 T。工件应仔细清理，表面不应有油污、油漆、氧化物等。经存放或运输的零件，焊前还需要用绸布蘸丙酮擦拭焊接处，零件装配应使接头紧密配合和对齐。局部间隙不超过 0.08mm 或材料厚度的 0.05 倍。位错不大于 0.75mm。当采用压配合的锁底对接时，过盈量一般为 0.02～0.06mm。装配好的工件首先应进行定位焊。定位焊点的位置应布置合理，保证装配间隙不变。定位焊点应无焊接缺陷，且不影响电子束焊接。对冲压的薄板工件，定位焊更为重要，应布置紧密、对称、均匀。

焊接参数根据母材牌号、厚度、接头形式和技术要求确定。推荐采用低热输入和小焊接速度的工艺。典型高温合金电子束焊焊接参数见表 9-2。

表 9-2 典型高温合金电子束焊焊接参数

合金牌号	厚度/mm	接头形式	焊接功率/kW	电子枪形式	工作距离/mm	电子束电流/mA	加速电压/kV	焊接速度/(cm/s)	焊道数
GH4169	6.25	对接	18	固定枪	100	65	50	2.53	1
	32.0				82.5	350		2.00	
GH188	0.76	锁底对接	6		152	22	100	1.67	

9.2.4 铝及铝合金的电子束焊

真空电子束焊焊接纯铝及非热处理强化铝合金是一种理想的焊接方法，单道焊接工件厚度可达到 475mm，热影响区小，变形小，不需填焊丝，焊缝纯度高，接头的力学性能与母材退火状态接近。

对热处理强化铝合金进行电子束焊时，可用添加适当成分的填充金属、降低焊接速度、焊后固溶时效处理等方法来改善接头性能。对于热处理强化铝合金、铸造铝合金只要焊接参数选择合适，就可以明显减少热裂纹和气孔等缺陷。

采用电子束焊焊接铝及铝合金常用的焊接接头形式有对接、搭接、T 形接头等，接头装配间隙<0.1mm。铝及铝合金真空电子束焊焊接参数见表 9-3。

表 9-3 铝及铝合金真空电子束焊焊接参数

板厚/mm	坡口形式	加速电压/kV	电子束电流/mA	焊接速度/(cm/s)	板厚/mm	坡口形式	加速电压/kV	电子束电流/mA	焊接速度/(cm/s)
1.3	I形	22	22	0.31	25.4	I形	29 50	250 270	0.33 2.53
3.2	I形	25	25	0.33	50.0	I形	30	500	0.16
6.4	I形	35	95	1.47	60.0	I形	30	1000	0.18
12.7	I形	26 40	240 150	1.67 1.69	152.0	I形	30	1025	0.03
19.1	I形	40	180	1.69	—	—	—	—	—

焊前应对接缝两侧宽度≥10mm的表面应用机械和化学方法进行除油和清除氧化膜处理。为了防止产生气孔和改善焊缝成形，对于厚度<40mm的铝板，焊接速度应为60～120cm/min；对于40mm以上的厚铝板，焊接速度应在60cm/min以下。

不同厚度铝合金电子束焊焊接参数见表9-4。

表 9-4 不同厚度铝合金电子束焊焊接参数

铝合金牌号	厚度/mm	电子束功率/kW	焊接速度/(cm/s)	焊接位置
5A06	0.6	0.4	1.7	平焊、电子枪垂直
	5	1.7	2.0	平焊、电子枪垂直
	100	21	0.4	横焊、电子枪平放
	300	30	0.4	横焊、电子枪平放
7A04	10	4.0	2.5	平焊、电子枪垂直
4047A	18	8.7	1.7	平焊、电子枪垂直

9.2.5 铜及铜合金的电子束焊

电子束对铜及铜合金做穿透性焊接时，一般不加填充焊丝，冷却速度快，晶粒细，热影响区小，在真空下焊接可以完全避免接头的氧化，还能对接头除气。焊缝的力学性能与热物理性能可达到与母材相等的程度。

电子束焊接含Zn、Sn、P等低熔点元素的黄铜和青铜时，应采用避免电子束直接长时间聚焦在焊缝处的焊接工艺，如使电子束聚焦在高于工件表面的位置，或采用摆动电子束的方法。

电子束焊接厚大铜件时焊缝成形变坏，可采用散射电子束修饰焊缝的办法加以改善。

① 铜及铜合金电子束焊焊接参数见表9-5。

表 9-5 铜及铜合金电子束焊焊接参数

板厚/mm	焊接电流/A	焊接电压/V	焊接速度/(cm/s)	板厚/mm	焊接电流/A	焊接电压/V	焊接速度/(cm/s)
1	70	14	0.56	6	250	20	0.50
2	120	16	0.56	10	190	50	0.30
4	200	18	0.50	18	240	55	0.11

② 电子束焦点位置与熔深的关系见表 9-6。

表 9-6 电子束焦点位置与熔深的关系

金属中的杂质总含量(质量分数)/%	电子束功率/kW	熔化深度/mm			平均熔深/mm
		焦点低于工件表面	焦点在工件表面	焦点高于工件表面	
0.035	6.9	7.0	7.5	8.0	5.5
	5.7	5.0	5.75	6.25	5.5
	4.0	2.5	3.25	3.5	5.5
0.0048(无氧铜)	6.9	6.75	7.5	8.5	6.0
	5.7	5.5	6.0	6.5	6.0
	4.0	4.5	4.25	3.75	6.0

电子束焊接，一般采用不开坡口、不留间隙的对接接头，可用穿透式焊接方法，也可用锁边式（或称镶嵌式）焊接方法。对一些非受力件接头也可直接采用塞焊接头。

9.2.6 不锈钢与钨的电子束焊

焊接不锈钢与钨时，必须采取特殊的焊接工艺和有效的焊接措施。

① 焊前对不锈钢和金属钨进行认真的清理和酸洗。酸洗溶液的成分为 54%H_2SO_4 +45%HNO_3 +1.0%HF，酸洗温度为 60℃，酸洗时间为 30s。酸洗后的母材金属需在水中冲洗并烘干，烘干温度为 150℃。

② 为了防止焊接接头氧化，焊前再将被焊接头用酒精或丙酮进行除油和脱水。将清理好的被焊接头装配、定位，然后放入真空室内，并调整好焊机参数和电子束焊枪。

③ 焊接过程中应注意真空室中的真空度，要求真空度在 1.33×10^{-5} Pa 以上。

④ 不锈钢与钨真空电子束焊焊接参数：电压为 17.5kV，焊接电流为 70mA，焊接速度为 30m/h。

⑤ 焊后取出焊件并缓冷。待焊件冷至常温时，进行焊接接头检验，发现焊接缺陷及时返修。

第10章 气焊

10.1 气焊基本技能

10.1.1 焊前准备

(1) 焊前清理

气焊前必须清理工件坡口及两侧和焊丝表面的油污、氧化物等脏物。去油污可用汽油、丙酮、煤油等溶剂清洗，也可用火焰烘烤。可用砂纸、钢丝刷、锉刀、刮刀、角向砂轮机等机械方法清理氧化膜，也可用酸或碱溶解金属表面氧化物。清理后用清水冲洗干净，用火焰烘干后进行焊接。

(2) 定位焊和点固焊

为了防止焊接时产生过大的变形，在焊接前，应将焊件在适当位置实施一定间距的点焊定位。对于不同类型的焊件，定位方式略有不同。

① 薄板类焊件的定位焊从中间向两边进行，定位焊焊缝长为5～7mm，间距为50～100mm。薄板定位焊顺序应由中间向两边交替点焊，直至整条焊缝布满为止，如图10-1所示。

② 较厚板（厚度$\delta \geqslant 4$mm）定位焊的焊缝长度为20～30mm，间距为200～300mm。较厚板定位焊顺序从焊缝两端开始向中间进行，如图10-2所示。

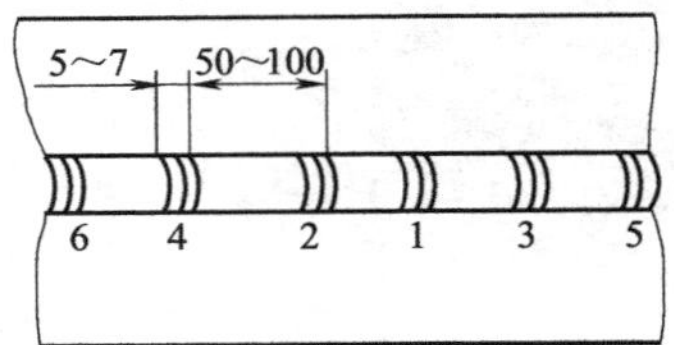

图 10-1 薄板定位焊顺序
1～6—薄板定位焊顺序号

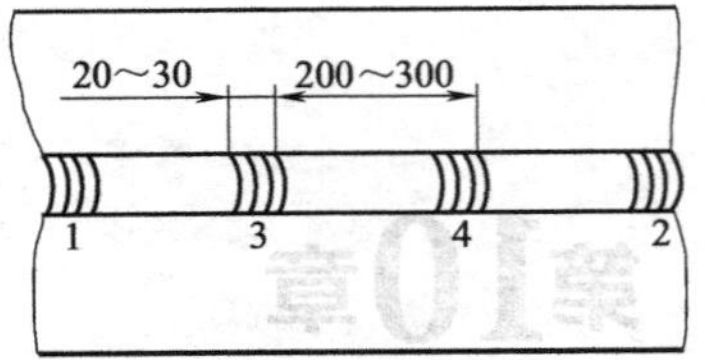

图 10-2 较厚板定位焊顺序
1～4—较厚板定位焊顺序号

③ 管子定位焊焊缝长度均为 5～15mm，管径＜100mm 时，将管周均分 3 处，定位焊两处，另一处作为起焊处；管径为 100～300mm 时，将管周均分 4 处，对称定位焊 4 处，在 1 与 4 之间作为起焊处；管径在 300～500mm 时，将管周均分 8 处，对称定位焊 7 处，另一处作为起焊处。定位焊缝的质量应与正式施焊的焊缝质量相同，否则应铲除或修磨后重新定位焊接，如图 10-3 所示。

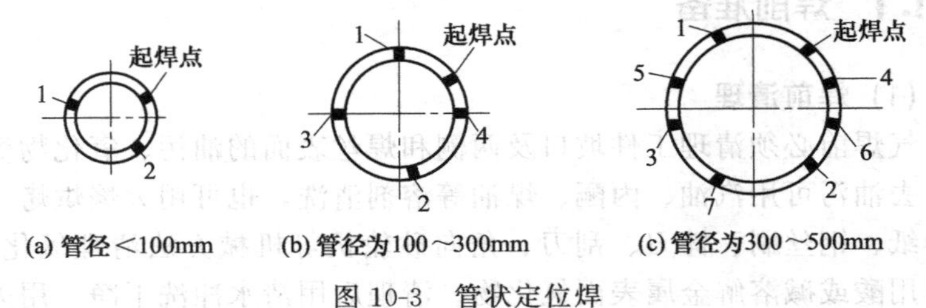

图 10-3 管状定位焊

(3) 预热

施焊时先对起焊点预热。

10.1.2 基本操作要点

(1) 焊炬的使用

① 焊炬的握法 一般操作者均用左手拿焊丝，用右手掌及中指、无名指、小指握住焊炬的手柄，将大拇指放在乙炔开关位置，由拇指向伸直方向推动打开乙炔开关，将食指放在氧气开关位置进行拨动，有时也可用拇指来协助打开氧气开关，这样可以随时调节气体的流量。

② 火焰的点燃 先逆时针方向微开氧气开关放出氧气，再逆时

针方向旋转乙炔开关放出乙炔，然后将焊嘴靠近火源点火，点火后应立即调整火焰，使火焰达到正常形状。开始练习时，可能出现连续的放炮声，原因是乙炔不纯，这时应放出不纯的乙炔，然后重新点火。有时会出现不易点燃的现象，多是因为氧气量过大，这时应微关氧气开关。点火时，拿火源的手不要正对焊嘴，也不要将焊嘴指向他人，以防烧伤。

③ 火焰的调节　开始点燃的火焰多为碳化焰，如要调成中性焰，则要逐渐增加氧气的供给量，直至火焰的内焰与外焰没有明显的界线时，即为中性焰。如果再继续增加氧或减少乙炔，就得到氧化焰；反之增加乙炔或减少氧气，即可得到碳化焰。

④ 火焰的熄灭　焊接工作结束或中途停止时，必须熄灭火焰。正确的熄灭方法是顺时针方向旋转乙炔阀门，直至关闭乙炔，再顺时针方向旋转氧气阀门关闭氧气。这样可以避免出现黑烟和火焰倒袭现象。此外，关闭阀门以不漏气即可，不要关得太紧，以防止因磨损过快而缩短焊炬的使用寿命。

⑤ 火焰的异常现象及处理　点火和焊接中发生火焰异常现象时，应立即找出原因，并采取有效措施加以排除，如表10-1所示。

表10-1　火焰的异常现象、原因及排除方法

现象	原因	排除方法
火焰熄灭或火焰强度不够	①乙炔管道内有水 ②回火保险器性能不良 ③压力调节器性能不良	①清理乙炔胶管，排除积水 ②把回火保险器的水位调整好 ③更换压力调节器
点火时有爆声	①混合气体未完全排除 ②乙炔压力过低 ③气体流量不足 ④焊嘴孔径扩大，变形 ⑤焊嘴堵塞	①排除焊炬内的空气 ②检查乙炔发生器 ③排除胶管中的水 ④更换焊嘴 ⑤清理焊嘴及射吸管积炭
脱水	乙炔压力过高	调整乙炔压力
焊接中产生爆声	①焊嘴过热，黏附脏物 ②气体压力未调好 ③焊嘴碰触焊缝	①熄灭后仅开氧气进行水冷，清理焊嘴 ②检查乙炔和氧气的压力是否恰当 ③使焊嘴与焊缝保持适当距离

续表

现象	原因	排除方法
氧气倒流	①焊嘴被堵塞 ②焊炬损坏无射吸力	①清理焊嘴 ②更换或修理焊炬
回火(有"嘘、嘘"声,焊炬把手发烫)	①焊嘴孔道污物堵塞 ②焊嘴孔道扩大,变形 ③焊嘴过热 ④乙炔供应不足 ⑤射吸力降低 ⑥焊嘴离工件太近	①关闭氧气,如果回火严重,则还要拔开乙炔胶管 ②关闭乙炔 ③水冷焊炬 ④检查乙炔系统 ⑤检查焊炬 ⑥使焊嘴与焊缝熔池保持适当距离

(2) 焊炬和焊丝的摆动方式及幅度

焊炬和焊丝的摆动方式主要与焊件厚度、金属性质、焊件所处的空间位置及焊缝尺寸等有关。

① 沿焊接方向移动，不间断地熔化焊件和焊丝，形成焊缝。

② 焊炬沿焊缝做横向摆动，使焊缝边缘得到火焰的加热，并很好地熔透，同时借助火焰气体的冲击力把液体金属搅拌均匀，使熔渣浮起，从而获得良好的焊缝成形，同时，还可避免焊缝金属过热或烧穿。

③ 焊丝在垂直于焊缝的方向送进并做上下移动，如在熔池中发现有氧化物和气体时，可用焊丝不断地搅动金属熔池，使氧化物浮出和气体排出。平焊时常见的焊炬和焊丝的摆动方法如图 10-4 所示。

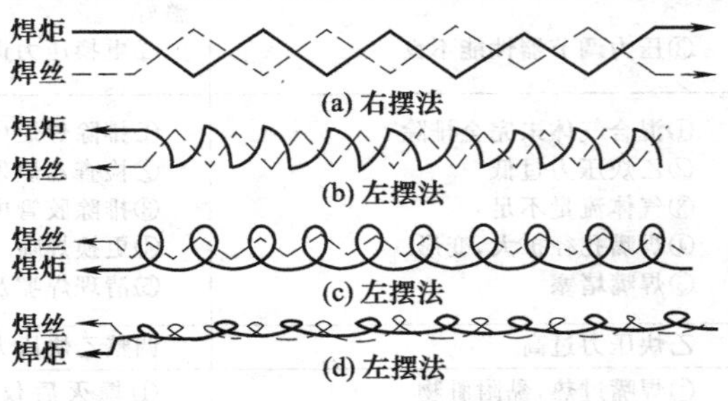

图 10-4　焊炬和焊丝的摆动方法

(3) 焊接方向

气焊时，按照焊炬和焊丝移动的方向，可分为左向焊法和右向焊法两种。这两种方法对焊接生产效率和焊缝质量影响很大。

① 右向焊法　如图 10-5（a）所示，焊炬指向焊缝，焊接过程从左向右，焊炬在焊丝前面移动。焊炬火焰直接指向熔池，并遮盖整个熔池，使周围空气与熔池隔离，所以能防止焊缝金属的氧化和减小产生气孔的可能性，同时还能使焊好的焊缝缓慢地冷却，改善了焊缝组织。由于焰心距熔池较近及火焰受焊缝的阻挡，火焰的热量较集中，热量的利用率也较高，使熔深增加并提高生产效率，因此右向焊法适合焊接厚度较大以及熔点和热导率较高的焊件。右向焊法不易掌握，一般较少采用。

② 左向焊法　如图 10-5（b）所示，焊炬指向焊件未焊部分，焊接过程自右向左，而且焊炬是跟着焊丝走的。左向焊法由于火焰指向焊件未焊部分对金属有预热作用，因此焊接薄板时生产效率很高，同时这种方法操作简便，容易掌握，是普遍应用的方法。左向焊法的缺点是焊缝易氧化、冷却较快、热量利用率低，故适用于薄板的焊接。

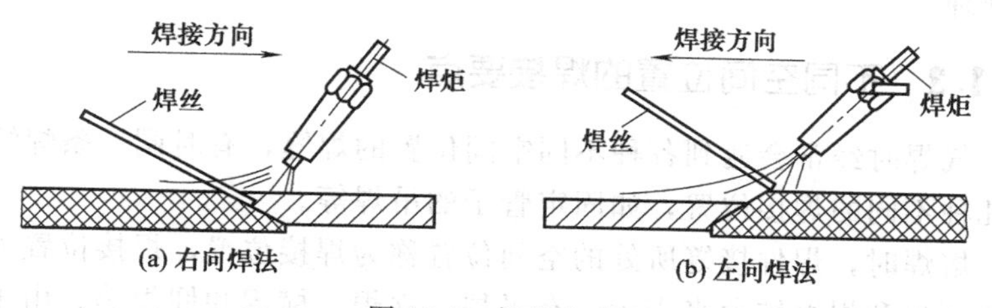

图 10-5　焊接方向

(4) 焊缝的起头、连接和收尾

① 焊缝的起头　由于刚开始焊接，焊件起头的温度低，焊炬的倾斜角应大些。对焊件进行预热并使火焰往复移动，保证起焊处加热均匀，一边加热一边观察熔池的形成，待焊件表面开始发红时将焊丝端部置于火焰中进行预热，一旦形成熔池立即将焊丝伸入熔池，焊丝熔化后即可移动焊炬和焊丝，并相应减小焊炬倾斜角进行正常焊接。

② 焊缝的连接　在焊接过程中，因中途停顿又继续施焊时，应用火焰把连接部位附近 5～10mm 的焊缝重新加热熔化，形成新的熔池再加少量焊丝或不加焊丝重新开始焊接。连接处应保证焊透和焊缝整体平整及圆滑过渡。

③ 焊缝的收尾　当焊到焊缝的收尾处时，应减小焊炬的倾斜角，防止烧穿，同时要增加焊接速度并多添加一些焊丝，直到填满为止，为了防止氧气和氮气等进入熔池，可用外焰对熔池保护一定的时间（如表面已不发红）后再移开。

(5) 焊后处理

焊后残存的焊缝及附近的熔剂和焊渣要及时清理干净，否则会腐蚀焊件。清理方法为先在 60～80℃热水中用硬毛刷洗刷焊接接头，重要构件洗刷后再放入 60～80℃、质量分数为 2%～3%的铬酐水溶液中浸泡 5～10min，然后再用硬毛刷仔细洗刷，最后用热水冲洗干净。

清理后若焊接接头表面无白色附着物即可认为合格；或用质量分数为 2%的硝酸银溶液滴在焊接接头上，若没有产生白色沉淀物，即说明清洗干净。铸造合金补焊后消除内应力，可进行 300～350℃退火处理。

10.1.3 不同空间位置的焊接要点

气焊时经常会遇到各种不同空间位置的焊缝，有时同一条焊缝具有几种不同的焊接位置，如固定管子的吊焊等。

熔焊时，焊件接缝所处的空间位置称为焊接位置，焊接位置可用焊缝倾角和焊缝转角来表示，有平焊、立焊、横焊和仰焊等。由于焊缝位置的不同，操作技术也不一样。

(1) 平焊

焊缝倾角为 0°～5°、焊缝转角为 0°～10°的焊接位置称为平焊位置，在平焊位置进行的焊接即为平焊。水平放置的钢板平对接焊是气焊焊接操作的基础。平对接焊操作如图 10-6 所示。

① 采用左焊法，焊炬的倾角为 40°～50°，焊丝的倾角也是40°～50°。

② 焊接时，当焊接处加热至红色时，尚不能加入焊丝，必须待焊接处熔化并形成熔池时，才可加入焊丝。当焊丝端部粘在池边沿上时，不要用力拔焊丝，可用火焰加热粘住的地方，让焊丝自然脱离。如熔池凝固后还想继续施焊，应将原熔池周围重新加热，待熔化后再

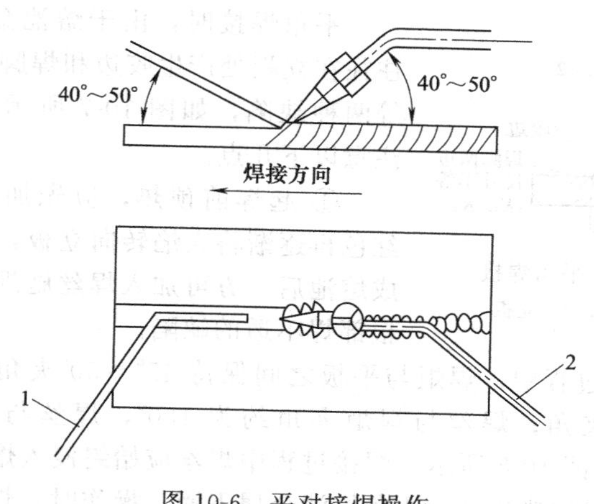

图 10-6　平对接焊操作

1—焊丝；2—焊炬

加入焊丝继续焊接。

③ 焊接过程中出现烧穿现象时，应迅速提起火焰或加快焊速，减小焊炬倾角，多加焊丝，待穿孔填满后再以较快的速度向前施焊。

④ 如发现熔池过小或不能形成熔池，焊丝熔滴不能与焊件熔合，而仅仅敷在焊件表面，则表明热量不够，这是由于焊炬移动过快造成的。此时应降低焊接速度，增加焊炬倾角，待形成正常熔池后，再向前焊接。

⑤ 如果熔池不清晰且有气泡，出现火花、飞溅等现象，则说明火焰性质不适合，应及时调节成中性焰后再施焊。

⑥ 如发现熔池内的液体金属被吹出，则说明气体流量过大或焰心离熔池太近，此时应立即调整火焰能率或使焰心与熔池保持正确距离。

⑦ 焊接时除开头和收尾另有规范外，应保持均匀的焊接速度，不可忽快忽慢。

⑧ 对于较长的焊缝，一般应先做定位焊，再从中间开始向两边交替施焊。

(2) 平角焊

平角焊如图 10-7 所示。采用焊缝倾角度为 0°的角焊接将互相成一定角度（多为 90°）的两焊件焊接在一起的焊接方法称为平角焊。

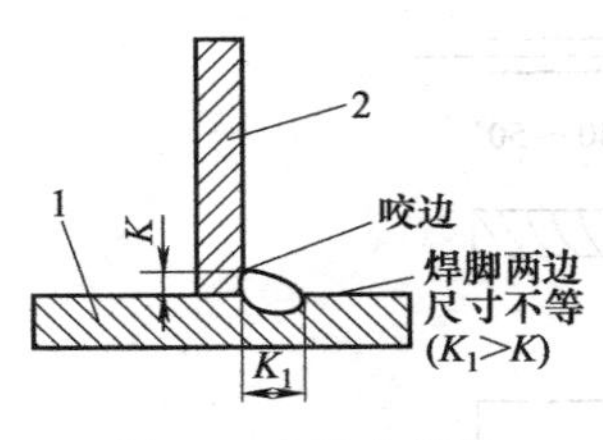

图 10-7　平角焊接

1—平板；2—立板

平角焊接时，由于熔池金属的下滴，往往在立板处产生咬边和焊脚两边尺寸不等两种缺陷，如图 10-7 所示，操作时应注意以下几点。

① 起焊前预热，应先加热平板至暗红色再逐渐将火焰转向立板，待起焊处形成熔池后，方可加入焊丝施焊，以免造成根部焊不透的缺陷。

② 焊接过程中，焊炬与平板之间保持 45°～50°夹角，与立板保持 20°～30°夹角；焊丝与焊炬夹角约为 100°，焊丝与立板夹角为 15°～20°，如图 10-8 所示。焊接过程中焊丝应始终浸入熔池，以防火焰对熔化金属加热过度，避免熔池金属下滴。操作时，焊炬做螺旋式摆动前进，可使焊脚尺寸相等。同时，应注意观察熔池，及时调节倾角和焊丝填充量，防止咬边。

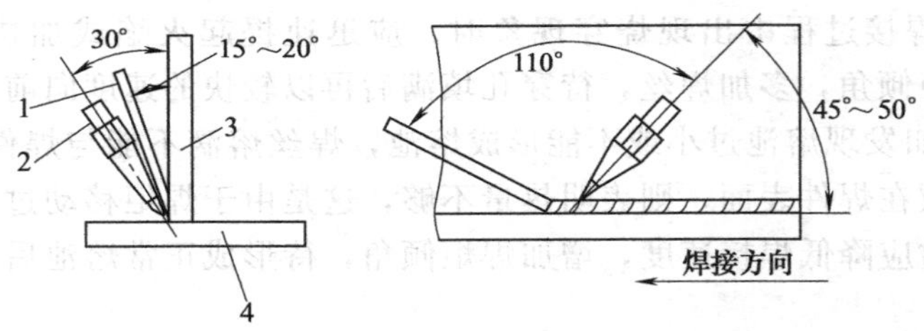

图 10-8　平角焊操作

1—焊丝；2—焊炬；3—立板；4—平板

③ 接近收尾时，应减小焊炬与平面之间的夹角，提高焊接速度，并适当增加焊丝填充量。收尾时，适当提高焊炬，并不断填充焊丝，待熔池填满后，方可撤离焊炬。

(3) 横焊

焊缝倾角为 0°～5°、焊缝转角为 70°～90°的对接焊缝或焊缝倾角为 0°～5°，焊缝转角为 30°～55°的角焊缝的焊接位置称为横焊位置，在横焊位置进行焊接即为横焊，如图 10-9 所示。

平板横对接焊由于金属熔池下滴，焊缝上边容易形成焊瘤或未熔合等缺陷，操作时应注意以下几点。

① 选用较小的火焰能率（比立焊的稍小些）。

② 适当控制熔池温度，既保证熔透，又不能使熔池金属因受热过度而下坠。

③ 操作时，焊炬向上倾斜，并与焊件保持 65°～75°角，利用火焰的吹力来托住熔池金属，防止下滴。

④ 焊接时，焊丝要始终浸在熔池中，并不断把熔化金属向上边推去，焊丝做来回半圆形或斜环形摆动，并在摆动的过程中被焊接火焰加热熔化，以避免熔化金属堆积在熔池下面而形成咬边、焊瘤等缺陷。在焊接薄件时，焊嘴一般不做摆动；焊接较厚件时，焊嘴可做小的环形摆动。

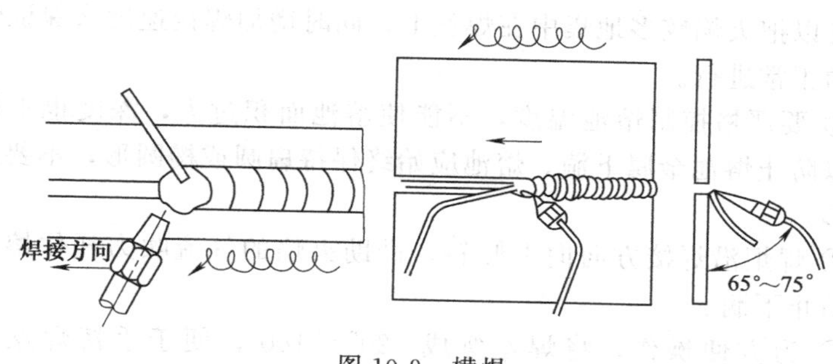

图 10-9　横焊

⑤ 为防止火焰烧手，可将焊丝前端 50～100mm 处加热弯成＜90°（一般为 45°～60°）的角度，手持的一端宜垂直向下，如图 10-9 所示。

(4) 立焊

焊缝倾角为 80°～90°、焊缝转角为 0°～180°的焊接位置称为立焊位置，在立焊位置进行焊接的操作称为立焊。立焊时熔池金属更容易下淌，焊缝成形困难，不易得到平整的焊缝。

平板立对接焊如图 10-10 所示，一般采用自下而上的左焊法。焊嘴、焊丝与工件的相对位置如图 10-10（a）所示。

① 立焊时，焊接火焰应向上倾斜，与焊件成 60°夹角，并应少加焊丝，采用比平焊小 15%左右的火焰能率进行焊接。

② 焊接过程中，在液体金属即将下淌时，应立即把火焰向上提起，待熔池温度降低后，再继续进行焊接。一般为了避免熔池温度过

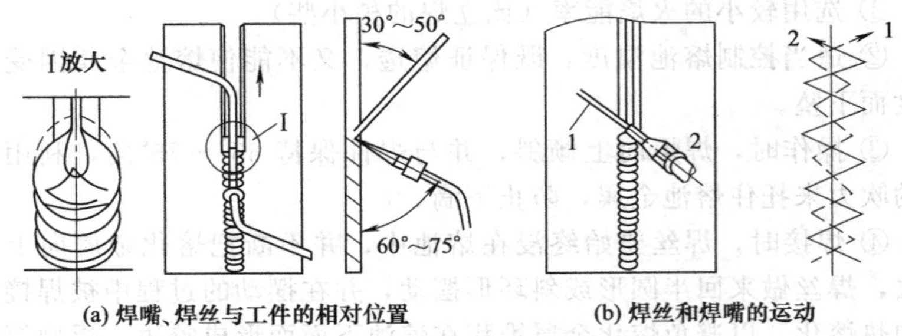

图 10-10　平板立对接焊

1—焊丝；2—焊嘴

高，可以把火焰较多地集中在焊丝上，同时增加焊接速度来保证焊接过程的正常进行。

③ 要严格控制熔池温度，不能使熔池面积过大，深度也不能过深，以防止熔池金属下淌。熔池应始终保持扁圆或椭圆形，不要形成尖瓜形。

④ 焊炬沿焊接方向向上倾斜，借助火焰的气流吹力托住熔池金属，防止下滴。

⑤ 为方便操作，将焊丝弯成 120°～140°，便于手持焊丝正确施焊。

⑥ 焊接时，焊炬不做横向摆动，只做单一上下跳动，给熔池一个加快冷却的机会；保证熔池受热适当；焊丝应在火焰气流范围内做环形运动，将熔滴有节奏地添加到熔池中。

⑦ 立焊 2mm 以下厚度的薄板时，宜加快焊速，使液体金属不等下淌就凝固。此时需注意，不要使焊接火焰做上下的纵向摆动，可做小的横向摆动，以疏散熔池中间的热量，并把中间的液体金属带到两侧，以获得较好的成形。

⑧ 焊接 2～4mm 厚的工件时可以不开坡口，为保证熔透，应使火焰能率适当大些。焊接时，在起焊点应充分预热，形成熔池，并在熔池上熔化出一个直径相当于工件厚度的小孔，然后用火焰在小孔边缘加热熔化焊丝，填充圆孔下边的熔池，一面向上扩孔，一面填充焊丝完成焊接。

⑨ 焊接 5mm 以上厚度的工件时应开坡口，最好也能先烧一个小

孔，将钝边熔化掉，以便焊透。

(5) 仰焊

焊缝倾角为0°～15°、焊缝转角为165°～180°的对接焊缝或焊缝倾角为0°～15°、焊缝转角为115°～180°的角焊缝的焊接位置称为仰焊位置，在仰焊位置进行焊接即为仰焊。通俗地讲，仰焊是指焊接火焰在工件下方，焊工需仰视工件方能进行焊接的操作，平板对接仰位气焊如图10-11所示。

仰焊由于熔池向下，熔化金属易下坠，甚至滴落，劳动条件差，生产效率低，因此难以形成满意的熔池及理想的焊缝形状和焊接质量。仰焊一般用于焊接某些固定的焊件，仰焊的基本操作方法如下。

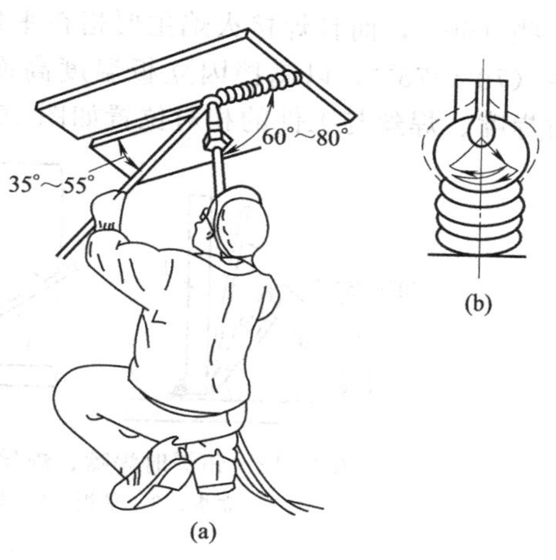

图10-11 平板对接仰位气焊

① 选择较小的火焰能率，所用的焊炬的焊嘴较平焊时小一号。

② 严格控制熔池温度、形状和大小，保持液态金属始终处于黏团状态。

③ 应采用较小直径的焊丝，以薄层堆敷上去。

④ 仰焊带坡口或较厚的焊件时，必须采取多层焊，防止因单层焊熔滴过大而下坠。

⑤ 对接接头仰焊时，焊嘴与焊件表面成60°～80°角，焊丝与焊件的夹角为35°～55°。在焊接过程中焊嘴应不断做扁圆形横向摆动，焊丝做“之”字形运动，并始终浸在熔池中，如图10-11（b）所示，以疏散熔池的热量，让液体金属尽快凝固，可获得良好的焊缝成形。

⑥ 仰焊可采用左焊法，也可采用右焊法。左焊法便于控制熔池和送入焊丝，操作方便，较多采用；采用右焊法，焊丝的末端与火焰气流的压力能防止熔化金属下淌，使得焊缝成形较好。

⑦ 仰焊时应特别注意操作姿势，防止飞溅金属微粒和金属熔滴

烫伤面部及身体，并应选择较轻便的焊炬和细软的橡胶管，以减轻焊工的劳动强度。

10.1.4 T形接头和搭接接头的焊接要点

(1) T形接头和搭接接头的平焊

焊接方法近似于对接接头的横焊，由于液体下流，易造成角焊缝上薄下厚和上部咬边。因为平板散热条件较好，焊嘴与平板夹角要大一些（60°），而且焊接火焰主要指在平板上。焊丝与平板夹角更大一些（70°～75°），以遮挡因立板温度高而导致下淌的熔化金属。角焊时焊嘴、焊丝与工件的相对位置如图10-12所示。

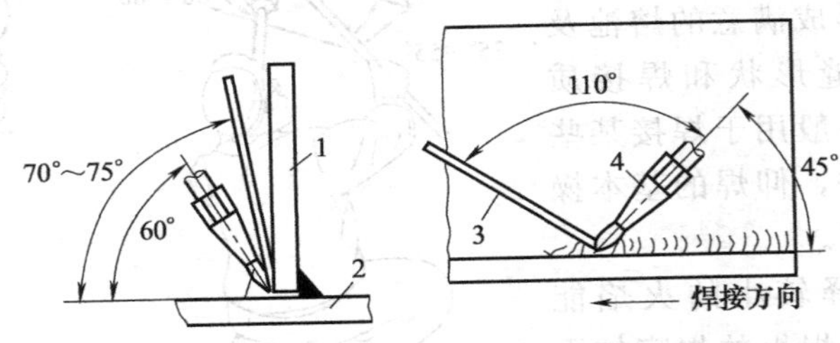

图 10-12　角焊时焊嘴、焊丝与工件的相对位置

1—立板；2—平板；3—焊丝；4—焊嘴

在焊接过程中，焊接火焰要做螺旋式一闪一闪的摆动，并用火焰的压力把一部分液体金属挑到熔池的上部，使焊缝金属上下均匀，同时使上部液体金属早些凝固，避免出现上薄下厚的不良成形。

(2) T形接头和搭接接头的立焊

除按平焊掌握焊嘴和焊丝与工件的夹角外，还要兼有立焊的特点。焊嘴与水平成15°～30°夹角，火焰往上斜，焊嘴和焊丝还要做横向摆动，以疏散熔池中部的热量和液体金属，避免中部高、两边薄的不良成形。T形接头和搭接接头的立焊如图10-13所示。

(3) T形接头的立角焊

图10-14所示为T形接头的立角焊，自下而上的焊接操作方法如下。

① 起焊时用火焰交替加热起焊处的腹板和盖板，待形成熔池即

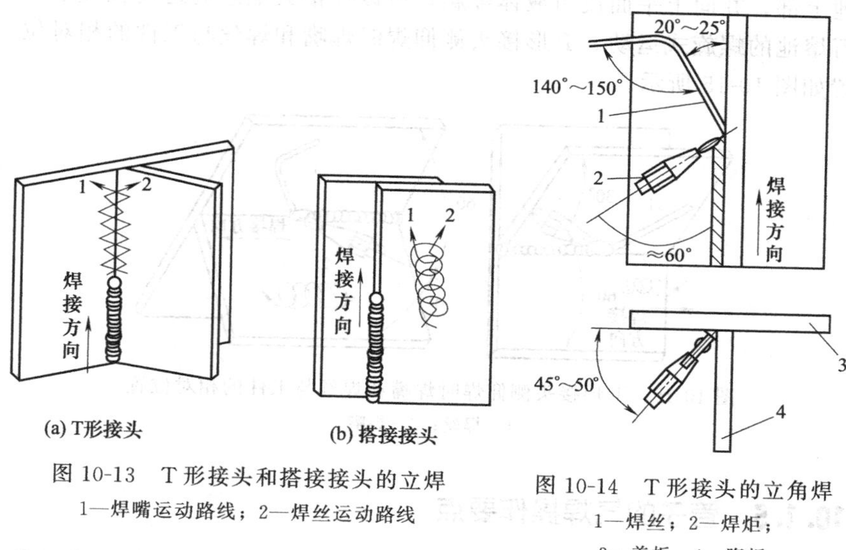

图 10-13　T 形接头和搭接接头的立焊
1—焊嘴运动路线；2—焊丝运动路线

图 10-14　T 形接头的立角焊
1—焊丝；2—焊炬；
3—盖板；4—腹板

填加焊丝，抬起焊炬，让起焊点的熔池凝固之后，才可以向前施焊。

② 焊接过程中，焊炬向上倾斜，与焊件成60°左右的夹角并与盖板成45°～50°角，焊丝与焊件成20°～25°角，为方便手持焊丝，可将焊丝弯拆成140°～150°。

③ 焊接过程中，焊炬和焊丝做交叉的横向摆动，避免产生中间高两侧低的焊缝。

④ 熔池金属将要下淌时，应将焊炬向上挑起，待熔池温度降低后继续焊接。

⑤ 在熔池两侧多填加一些焊丝，以防止出现咬边。

⑥ 收尾时，稍微抬起焊炬，用外焰保护熔池，并不断加焊丝，直至收尾处熔池填满方可撤离焊炬。

(4) T 形接头的侧仰焊

焊嘴与工件的夹角和平焊一样，但焊接火焰向上斜，形成熔池后火焰偏向立面，借助火焰压力托住三角形焊缝熔池。焊嘴沿焊缝方向一扎一抬，借助火焰喷射力把液体金属引向三角形顶角中去；焊嘴还要上下摆动，使熔池金属被挤到上平面去一部分；焊丝端头应放在熔池上部，并向上平面拨引液体金属，所以焊接火焰总的运动就成了平行熔池的螺旋式运动。T形接头侧仰焊时焊嘴和焊丝与工件的相对位置如图10-15所示。

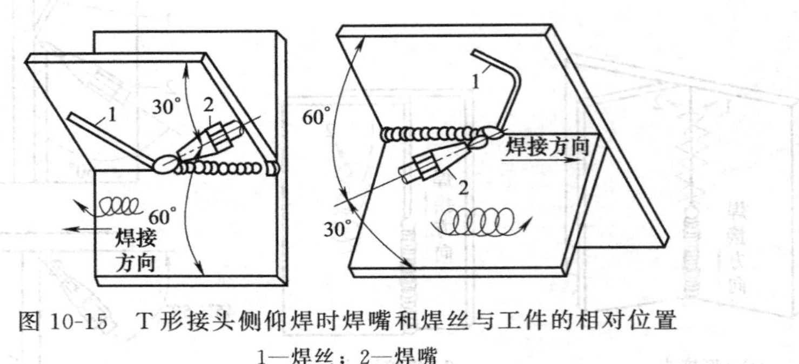

图10-15　T形接头侧仰焊时焊嘴和焊丝与工件的相对位置

1—焊丝；2—焊嘴

10.1.5 管子的气焊操作要点

管子气焊时，一般采用对接头。管子的用途不同，对其焊接质量的要求也不同。对于重要的管子（如电站锅炉管）的焊接，往往要求单面焊双面成形，以满足较高工作压力的要求。对于中压以下的管子，如水管、风管等，应要求对接接头不泄漏，且要达到一定的强度。对于比较重要管子的气焊，当壁厚＜2.5mm时，可不开坡口；当壁厚＞2.5mm时，为使焊缝全部焊透，需将管子开V形坡口，并留有钝边。

管子对接时坡口的钝边和间隙大小均要适当，不可过大或过小。当钝边太大、间隙过小时，焊缝不易焊透，如图10-16（a）所示，会降低接头的强度；当钝边太小、间隙过大时，容易烧穿，使管子内壁产生焊瘤，如图10-16（b）所示，会减少管子的有效截面积，增加气体或液体在管内的流动阻力。接头一般可焊两层，应防止焊缝内外表面凹陷或过分凸出，一般管子焊缝的加强高度不得超过管子外壁表面1～2mm（或为管子壁厚的1/4），其宽度应盖过坡口边缘1～2mm，并应均匀平滑地过渡到母材金属，如图10-16（c）所示。

普通低碳钢管件气焊时，采用H08焊丝基本上可以满足产品要求，但在焊接重要的低碳钢管子（如电站锅炉20钢管）时，必须采用低合金钢焊丝，如 H08MnA 等。

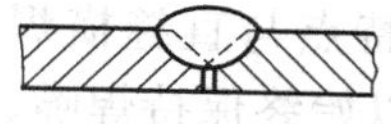

(a) 钝边太大，间隙过小

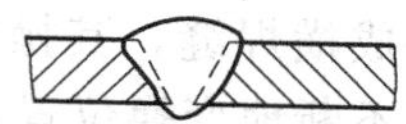

(b) 钝边太小，间隙过大

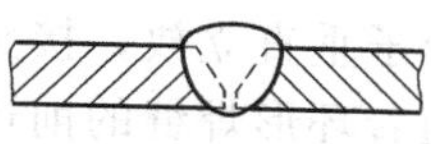

(c) 合格

图 10-16 管子的对接

(1) 转动管子的焊接

由于管子可以自由转动，因此焊缝熔池始终可以控制在方便的位置上施焊。当管壁<2.5mm 时，最好处于水平位置施焊；对于管壁较厚和开有坡口的管子，不应处于水平位置焊接，应采用爬坡焊。因为管壁厚，填充金属多，加热时间长，如果熔池处于水平位置，则不易得到较大的熔深，也不利于焊缝金属的堆高，同时焊缝成形不良。

采用左焊法时，则应始终控制在与管子垂直中心线成 20°～40°角的范围内进行焊接，如图 10-17 (a) 所示，可以加大熔深，并能控制熔池形状，使接头均匀熔透。同时使填充金属熔滴自然流向熔池下部，使焊缝成形快，且有利于控制焊缝的高度，更好地保证焊接质量。每次焊接结束时，要填满熔池，火焰应慢慢离开熔池，以避免出现气孔、凹坑等缺陷。采用右焊法时，火焰吹向熔化金属部分，为防止熔化金属因火焰吹力而造成焊瘤，熔池应控制在与管子垂直中心线成 10°～30°角的范围内，如图 10-17 (b) 所示。当焊接直径为 200～300mm 的管子时，为防止变形，应采用对称焊法。

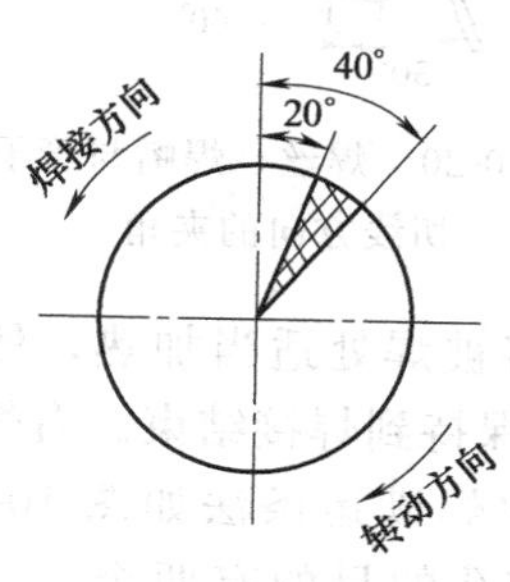

(a) 左向爬坡焊

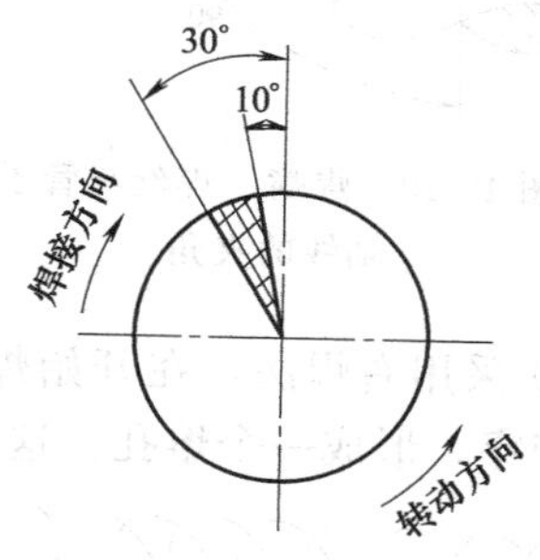

(b) 右向爬坡焊

图 10-17 转动管子的焊接位置

(2) 垂直固定管的气焊

管子垂直立放，接头形成横焊缝，其操作特点与直缝横焊相同，只需随着环形焊缝的前进而不断地变换位置，以始终保持焊嘴、焊丝和管子的相对位置不变，从而更好地控制焊缝熔池的形状。

垂直固定管对接接头形式如图 10-18 所示。通常采用右焊法，焊嘴、焊丝与管子轴线的夹角如图 10-19 所示；焊丝、焊嘴与管子切线方向的夹角如图 10-20 所示。

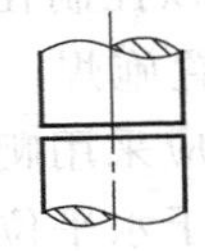

(a) 不开坡口对接接头

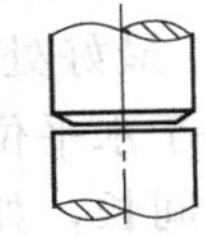

(b) 单边开V形坡口对接接头

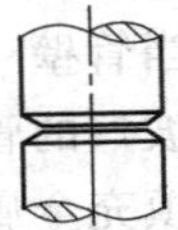

(c) V形坡口对接接头

图 10-18　垂直固定管对接接头形式

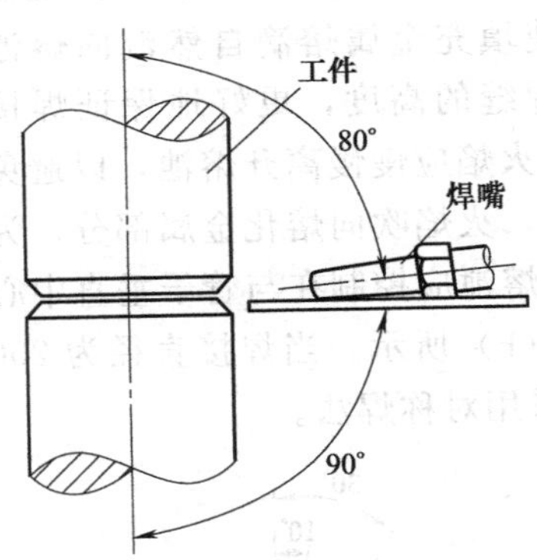

图 10-19　焊嘴、焊丝与管子轴线的夹角

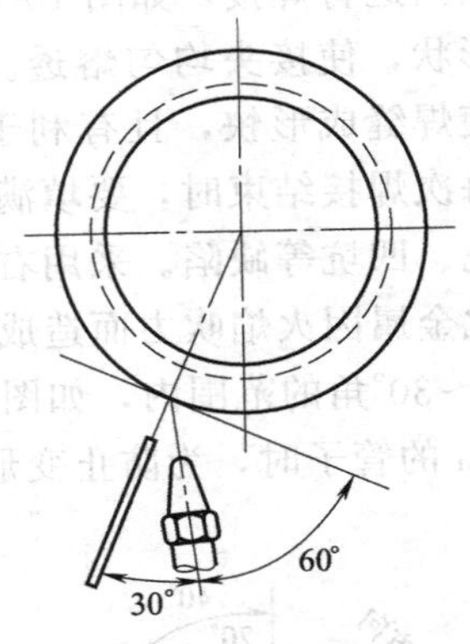

图 10-20　焊丝、焊嘴与管子切线方向的夹角

① 采用右焊法，在开始焊接时，先将被焊处适当加热，然后将熔池烧穿，形成一个熔孔，这个熔孔一直保持到焊接结束。右焊法双面成形一次焊满运条法如图 10-21 所示。形成熔孔的目的有两个：一是使管子熔透，以得到双面成形；二是通过控制熔孔的大小还可以控制熔池的

图 10-21　右焊法双面成形一次焊满运条法

温度。熔孔的大小以控制在等于或稍大于焊丝直径为宜。

② 熔孔形成后，开始填充焊丝。施焊过程中焊炬不做横向摆动，而只在熔池和熔孔间做前后微摆动，以控制熔池温度。当熔池温度过高时，为使熔池得以冷却，此时火焰不必离开熔池，可将火焰的焰心朝向熔孔。这时内焰区仍然笼罩着熔池和近缝区，保护液态金属不被氧化。

③ 在旋焊过程中，焊丝始终浸在熔池中，不停地以 r 形往上挑钢水，如图 10-21 所示。运条范围不要超过管子对口下部坡口的 1/2 处，如图 10-22 所示，要在 a 范围内上下运条，否则容易造成熔滴下坠现象。

④ 因为焊缝是一次焊成的，所以焊接速度不可太快，必须将焊缝填满，并有一定的加强高度。如果采用左焊法，则需进行多层焊。多层焊焊接顺序如图 10-23 所示。

熔孔

a

图 10-22　熔孔形状和运条范围

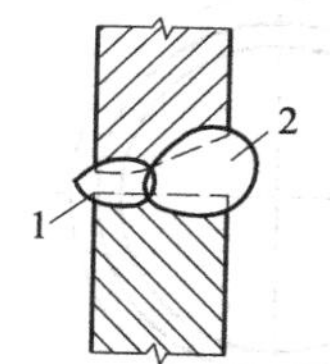

(a) 单边V形坡口多层焊

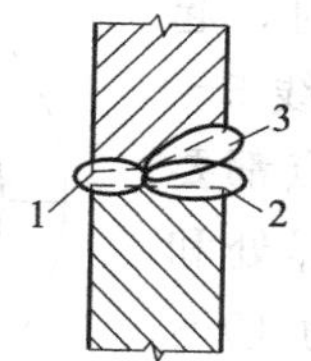

(b) 单边V形坡口多层焊

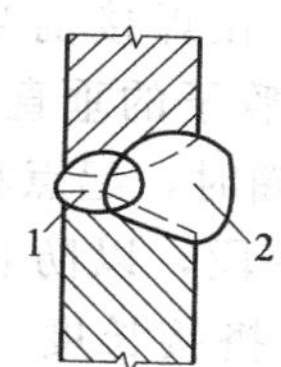

(c) V形坡口多层焊

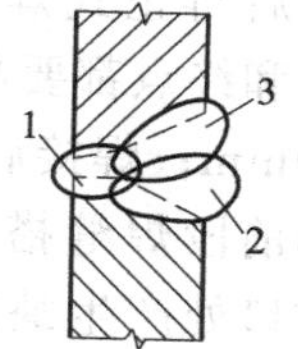

(d) V形坡口多层焊

图 10-23　多层焊焊接顺序

1～3—焊接顺序号

(3) 水平固定管的气焊

水平固定管环缝包括平、立、仰三种空间位置的焊接，也称全位置焊接。焊接时，应随着焊接位置的变化而不断调整焊嘴与焊丝的夹角，使夹角保持基本不变。焊嘴与焊丝的夹角通常应保持在 90°；焊丝、焊嘴和工件的夹角一般为 45°，但需根据管壁的厚薄和熔池形状的变化，在实际焊接时适当调整和灵活掌握，以保持不同位置时的熔池形状，既保证熔透，又不致过烧和烧穿。水平固定管全位置焊接的分布情况如图 10-24 所示。

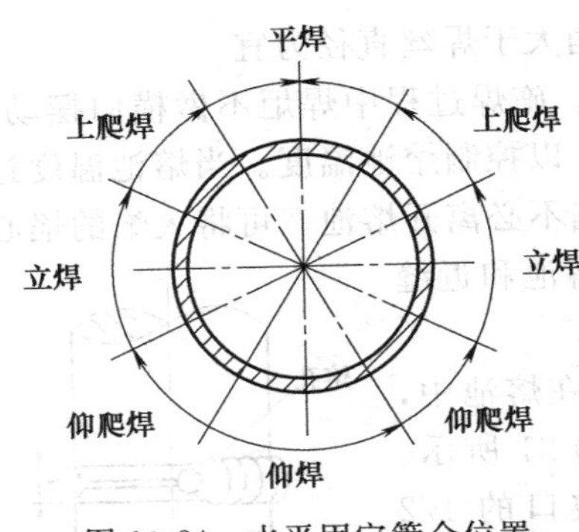

图 10-24 水平固定管全位置焊接的分布情况

在焊接过程中，为了调整熔池的温度，建议焊接火焰不要离开熔池，利用火焰的温度分布进行调节。当温度过高时，将焊嘴对着焊缝熔池向里送进一点，一般为 2～4mm 的调节范围。火焰温度可在 1000～3000℃范围内进行调节，既能调节熔池温度，又不使焊接火焰离开熔池，让空气有侵入的机会，同时又保证了焊缝底部不产生内凹和未焊透，特别是在第一层焊接时更为有利。但这种操作方法因为焊嘴送进距离很小，内焰的最高温度处至焰心的距离通常只有 2～4mm，所以难度较大，不易控制。

水平固定管的焊接应先进行定位焊，然后再正式焊接。在焊接前半圈时，起点和终点都要超过管子的垂直中心线 5～10mm；焊接后半圈时，起点和终点都要和前段焊缝搭接一段，以防止起焊处和收口处产生缺陷。搭接长度一般为 10～20mm，水平固定管焊接的搭接如图 10-25所示。

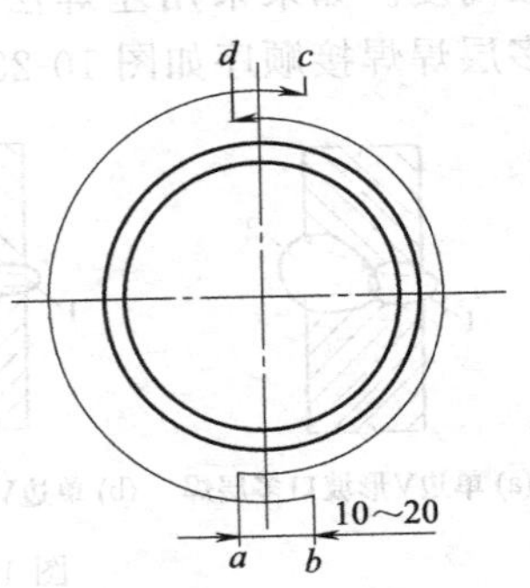

图 10-25 水平固定管焊接的搭接

a，d—先焊半圈的起点和终点；
b，c—后焊半圈的起点和终点

(4) 主管与支管的装配焊接

主管与支管的连接件通常称为三通。如图 10-26 所示是主管水平放置、支管竖直向上的等径固定三通和主管竖直、支管水平放置的不等径固定三通的焊接顺序。三通的装配焊接的操作要点如下。

① 等径固定三通和不等径固定三通的定位焊位置和焊接顺序如图 10-26 所示。采用这种对称焊接顺序可以避免焊接变形。

② 管壁厚度不等时，火焰应偏向较厚的管壁一侧；焊接不等径

固定三通时，火焰应偏向直径较大的管子一侧。

③ 选用的焊嘴要比焊同样厚度的对接接头时所选用的大一号。

④ 焊接中碳钢钢管三通时，要先预热到150～200℃。当与低碳钢管厚度相同时，应选比焊低碳钢时小一号的焊嘴。

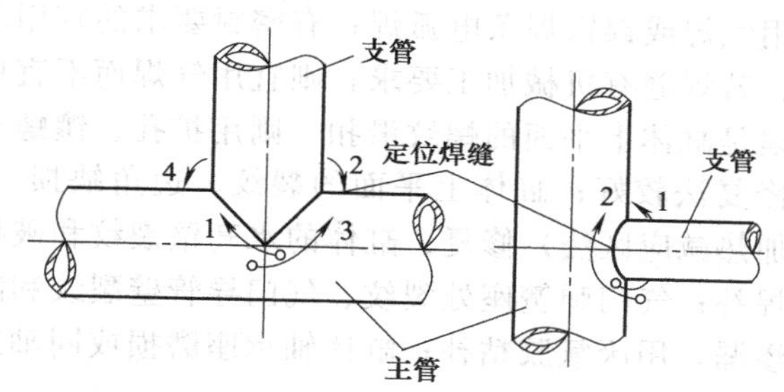

(a) 主管水平放置、支管竖直向上的等径固定三通　(b) 主管竖直、支管水平放置的不等径固定三通

图 10-26　三通的焊接顺序

1～4—焊接顺序号

10.1.6　气焊铸缸体十二字诀

焊补缸体的方法很多，对于不同位置和形状的缺陷，可以分别采取电弧冷焊、热焊、气焊或粘补等方法修复。在焊补实践中，缸体采用气焊并认真按照下述十二字诀去操作，焊补一般的缸体缺陷均能取得满意的效果。

气焊缸体的十二字诀分为三组。前四个字为第一组，即“选、定、向、序”，属于焊前的分析，定方案。四字解释为：选择焊补方法；确定加热减应区；确定气焊火焰的指向；安排好焊补的顺序。第二组即“掏、挑、搅、刮”，属于操作手法。四字解释为：掏好坡口；挑去熔渣；搅动熔池；刮平焊缝。第三组即“控、围、温、冷”，主要是指控制热影响区。四字解释为：要控制焊补的速度；控制加热减应区的范围；控制加热减应区的温度；控制焊缝的冷却。这气焊缸体十二字诀较全面地概括了整个焊补过程的要领，现逐字介绍如下。

(1) 选

即选定合适的焊补方法。目前焊补缸体的方法很多，每一种焊补工艺均有其适用范围，各有优缺点，就铸铁缸体而言，有些部位的缺陷用镍基焊条电弧冷焊较方便，如水套壁裂纹；某些部位的缺陷用粘补修复，既方便又没有热影响区。选择正确的焊补方法是焊补缸体的第一步，选用的工艺正确，则焊补容易成功。例如对焊缝强度有要求的部位，宜用气焊或镍铁焊条电弧焊；有密封要求的宜用环氧树脂或厌氧胶粘补；若焊缝有机械加工要求，则宜用气焊而不宜用焊条电弧焊；如果缺陷是缸体上平面的螺纹滑扣，则用扩孔、镶螺塞、攻螺纹的机械加工修复法较好；缸体上平面的裂纹、边角缺损，可用氧-乙炔焰气焊（加热减应区法）修复；缸体的水套壁裂纹和破损，用焊条电弧冷焊法焊补；气门弹簧座处裂纹、气门导管壁裂纹和缸体上部或下部缸套壁渗漏，用厌氧胶粘补；缸体轴承座磨损或同轴度偏差，用刷镀（涂镀）修复。

(2) 定

即在决定选用气焊加热减应区法修补缸体后，首先要确定好削减焊接应力的减应区。依靠对减应区的加热和控温，能消除或减少焊接过程产生的内应力。选定减应区的方法很多，最简单的方法是把裂纹的两端作为加热减应区。减应区可选定一处，也可选定两处，甚至更多，要视缺陷的形状、大小、所在部位而定。同样的，减应区的长短、宽窄和形状要视焊补时产生的应力大小和方向而定。

(3) 向

指焊炬的火焰吹射方向。焊炬的火焰吹射方向影响到热的传播方向，对应力的产生有直接关系，一般应使火焰指向减应区，使热量传向减应区，有助于减少焊接应力。

(4) 序

指焊补顺序。和焊条电弧焊的分段退焊法一样，气焊时的焊补顺序和分段是很重要的，它涉及焊接应力的走向问题。当待焊缸体的几处需要焊补时，焊补的顺序一般为先焊补位于缸体内部的缺陷，后焊补外部的缺陷，即由里往外焊，或者对称焊补，使应力均衡，不会开裂。

(5) 掏

即掏好坡口。焊补前，先用焊炬火焰加热熔化缺陷部位，将缺陷掏清，形成坡口，需要注意的是用焊条掏坡口时，不要将坡口掏穿。用焊炬火焰吹射熔化时，焊条将缺陷部位挑出V形坡口。坡口的深浅和宽窄依缺陷大小而定，只要能保证熔透即可。只有在彻底清除了缺陷，露出干净的能保证与填充金属良好熔合的情况下，焊缝的质量才有可靠的保证。

(6) 挑

指挑出熔渣。气焊时，焊接熔池的上部飘浮着透明的熔渣，这就是焊接冶金和氧化产生的杂质，如不及时挑出，会使焊缝产生气孔、夹渣、硬点和气密性不良等缺陷。随时挑出熔渣是焊补时必不可少的步骤，也是保证质量的重要工序。但在挑熔渣时，要特别注意防止产生挑漏和坡口扩张的现象。

(7) 搅

即用焊条不时搅动焊接熔池，通过搅动，使杂质浮起，引导焊缝中的气体逸出。搅动要有规律均匀地进行，搅动焊缝边缘，还有利于焊缝金属与基体的良好结合。搅动要以所补焊的缺陷为中心，向外同一方向回转焊条；搅动的速度要由慢逐渐变快，使焊缝表面形成几何形状规整的焊波，使焊缝金属的结晶良好无杂质。搅动的注意事项是，焊条的搅动要与焊炬火焰配合好，使焊炬火焰的摆动和焊条的搅动速度一致，乱搅动反而会把熔渣搅入熔池的底部，形成夹渣。

(8) 刮

即利用焊条的平直部分将焊缝表面刮平、整形。操作时，借助于焊炬的火焰将焊缝表面烧熔，以缸体的未焊部位作为基准，以焊条做刮板，将焊缝刮平，使表面平整，并与基面齐平，使焊补的棱角整齐。此外，刮平工序既清除了焊缝表面的硬皮，又减少了机加工的加工余量。刮平时，焊缝被二次加热，有利于焊缝的缓慢冷却，减少焊接残余应力。

(9) 控

即控制焊补的速度。焊补速度影响到焊接的生产率和焊缝的质量，应用加热减应气焊法修补铸铁零件要求用较快的焊补速度，但也不能过快，不然就会出现气孔、夹渣、未焊透及咬边等缺陷。如果以每分钟熔化焊条的重量来计算焊接速度，在焊补气缸体时应以每分钟熔化 0.02kg 焊条为好。

对于壁厚不同、刚度不一样的部位，焊补的速度是不一样的，要区别对待。如被焊缺陷位于工件的薄弱部位，那么焊补的速度要求快一些，冷却也要快一些，平均每分钟降 20℃左右较为合适。焊补壁厚的、刚度大的部位，需要考虑补充调温，一般要焊得慢一些，保证焊透，在邻近的边角部位要辅助加温至 700℃左右，有时要在适当的部位用冷却液辅助冷却。

(10) 围

即减应区的温度范围要求控制好。控制加热减应区的范围一是控好输入的热能量，使其局限于某一部位，不扩散；二是使焊接应力限于某一部位，然后按所需要的方向引导。如果不控制好减应区的温度和范围，不及时加热减应区，使焊缝后于减应区冷却，则起不到削减焊接应力的效果。通常将减应区的温度控制在 500℃左右，一旦冷下来低于此温度，就要及时补充加温。待到缺陷焊补完毕，再进一步加热减应区到 650～700℃，以后缓慢冷却。焊补结束后的补充升温是必不可少的工序，不容忽略。

(11) 温

即控制减应区的预热温度。对减应区的加热是在焊补前进行的，如果预热温度太低，就起不到削减焊接应力的效果；过高则会产生过大的热应力，使原来的裂纹未焊先扩展延伸。因此必须控制好加热减应区的预热温度，据经验，减应区的预热温度控制在 600～700℃铁的相变温度以下最为合适。就铸铁的力学性能而言，最佳的加热温度应是 600～650℃，这样既不会产生白口、淬硬区和裂纹，又能保证焊后工件的力学性能不下降，可以利用这个温度范围内铸铁的塑性变形来削减焊接应力。但在实际操作过程中，由于温度升得快，降得也快，温度不易恒定在 600～650℃范围内（实际往往低于此值），因此加热的温度要偏高一些，一般不超过 700℃。

观察判断铸铁补焊的预热温度，可用以下几种方法：

① 当铸铁加热到 650～700℃时，铸铁的表面开始成暗红色。

② 当铸铁加热温度在 450℃以下时，用氧-乙炔碳化焰来做实验，

会在铸铁表面粘上一层黑烟。如用碳化焰做实验，铸铁表面不留任何痕迹，则表明铸铁加热温度已在450℃以上。

③ 用硬木做实验，当硬木在已加热的铸铁件表面摩擦，感到明显打滑时，则表明温度已接近400℃。

④ 戴电焊皮手套在铸铁表面试碰，在0.5～1s感到烫手，即表明铸铁件加热温度已在200℃左右。

(12) 冷

即工件焊后要控制缓慢冷却。缓冷可使工件能够均匀地冷却，不致产生应力集中，防止焊缝开裂。焊后缓慢冷却的速度以每分钟10℃为宜。

10.2 气焊典型实例

10.2.1 低碳钢薄板的平对接气焊

(1) 操作准备

① 设备和工具为氧气瓶和乙炔瓶、减压器、射吸式焊炬H01-6。

② 辅助器具为气焊眼镜、通针、火柴或打火枪、工作服、手套、胶鞋、锤和钢丝钳等。

③ 焊件为低碳钢板两块，长200mm，宽100mm，厚2mm。

(2) 操作要点

将厚度和尺寸相同的两块低碳钢板水平放置到耐火砖上，目的是不让热量传走。钢板必须摆放整齐，为了使背面焊透，需留约0.5mm的间隙。

1）定位焊　其作用是装配和固定焊件接头的位置。定位焊焊缝的长度和间距视焊件的厚度和焊缝长度而定，焊件越薄，定位焊焊缝的长度和间距应越小，反之则应越大。焊件较薄时，定位焊可由焊件中间开始向两头进行，如图10-27（a）所示，定位焊焊缝的长度为5～7mm，间隔为50～100mm；焊件较厚时，定位焊则由两头开始向中间进行，定位焊焊缝的长度为20～30mm，间隔为200～300mm，如图10-27（b）所示。

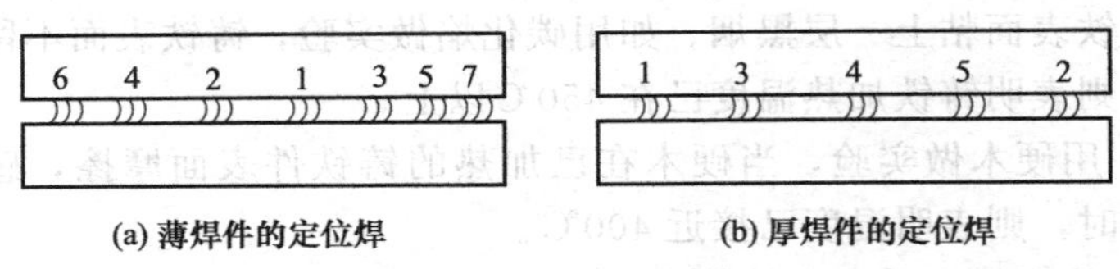

图 10-27 焊件定位焊的顺序

定位焊点的横截面由焊件厚度来决定，随厚度的增加而增大。定位焊点不宜过长，更不宜过宽或过高，但要保证熔透，以避免正常焊缝出现高低不平、宽窄不一和熔合不良等缺陷。定位焊点横截面的要求如图 10-28 所示。

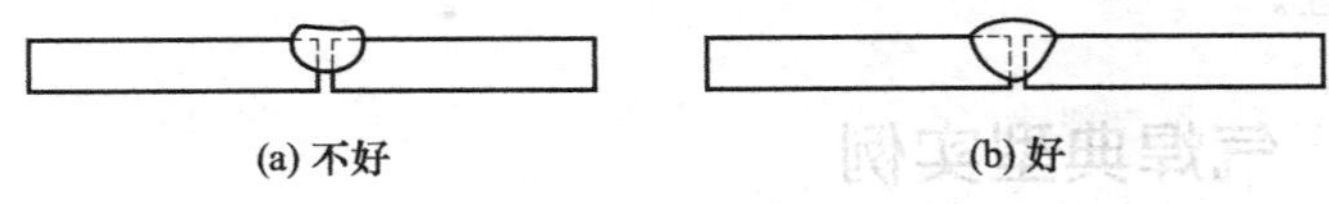

图 10-28 定位焊点横截面的要求

定位焊后，为了防止角变形，并使背面均匀焊透，可采用焊件预先反变形法，即将焊件沿接缝向下折成 160°左右的角度，如图 10-29 所示，然后用胶木锤将接缝处校正平齐。

2）焊接 氧气压力为 0.1～0.2MPa，乙炔压力为 0.001～0.1MPa，中性焰。从接缝一端预留 30mm 处施焊，其目的是使焊缝处于板内，传热面积大，基体金属熔化时，周围温度已升高，冷凝时不易出现裂纹。焊接到终点时，再焊预留的一段焊缝，采取反方向施焊，接头应重叠 5mm 左右，起焊点的确定如图 10-30 所示。

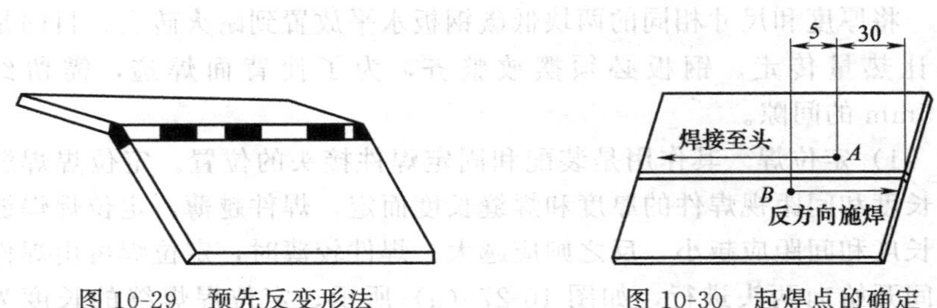

图 10-29 预先反变形法　　图 10-30 起焊点的确定

采用左向焊法时，焊接速度要随焊件熔化情况而变化。要采用中性焰，并对准接缝的中心线，使焊缝两边缘熔合均匀，背面要均匀焊透。焊丝位于焰心前下方 2～4mm 处，如在熔池边缘下被粘住，则不要用力拔焊丝，可用火焰加热焊丝与焊件接触处，焊丝即可自然脱离。

在焊接过程中，焊炬和焊丝要做上下往复相对运动，其目的是调节熔池温度，使焊缝熔化良好，并控制液体金属的流动，使焊缝成形美观。如果发现熔池不清晰，有气泡、火花飞溅或熔池沸腾现象，原因是火焰性质发生了变化，应及时将火焰调节为中性焰，然后进行焊接，始终保持熔池大小一致才能焊出均匀的焊缝。熔池大小可通过改变焊炬角度、高度和焊接速度来调节。如发现熔池过小，焊丝不能与焊件熔合，仅敷在焊件表面，则表明热量不足，因此应增加焊炬倾角，减慢焊接速度。如发现熔池过大，且没有流动金属，则表明焊件被烧穿，此时应迅速提起火焰或加快焊接速度，减小焊炬倾角，并多加焊丝。如发现熔池金属被吹出或火焰发出“呼、呼”响声，则说明气体流量过大，应立即调节火焰能率；如发现焊缝过高，与基体金属熔合不圆滑，则说明火焰能率低，应增加火焰能率，减慢焊接速度。

在焊件间隙大或焊件薄的情况下，应将火焰的焰心指在焊丝上，使焊丝阻挡部分热量，防止接头处熔化过快。在焊接结束时，将焊炬火焰缓慢提起，使焊缝熔池逐渐减小。为了防止收尾时产生气孔、裂纹和熔池没填满产生凹坑等缺陷，可在收尾时多加一点焊丝。

在整个焊接过程中，应使熔池的形状和大小保持一致。焊接尺寸应随焊件厚度的增加而增加，如焊缝高度、焊缝宽度都要增加。本焊件厚度为 2mm，合适的焊缝高度为 1～2mm，宽度为 6～8mm。不卷边平对接气焊如图 10-31 所示。

3）焊接注意事项

① 定位焊产生缺陷时，必须铲除或打磨修补，以保证质量。

② 焊缝不要过高、过宽、过低、过窄。

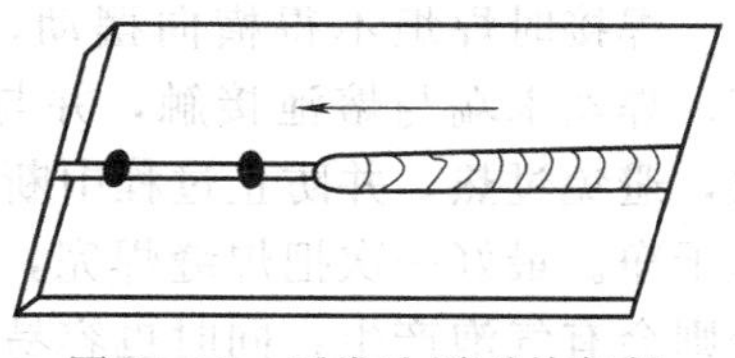

图 10-31　不卷边平对接气焊

③ 焊缝边缘与基体金属要圆滑过渡，无过深、过长的咬边。

④ 焊缝背面必须均匀焊透。

⑤ 焊缝不允许有粗大的焊瘤和凹坑，焊缝直线度要好。

10.2.2 奥氏体不锈钢板的对接气焊

板材牌号为 07Cr19Ni11Ti，厚度为 $\delta=1.5$mm。操作要点及注意事项如下。

(1) 坡口形式

采用 I 形坡口，接头间隙为 1.5mm。

(2) 焊接清理

使用丙酮将坡口两侧各 10～15mm 范围内的油、污清理干净。用钢丝刷清除焊件表面的氧化膜，至露出金色光泽。

(3) 焊丝和焊剂

焊丝选用 H0Cr18Ni9，ϕ1.5mm；熔剂选用 CJ101。

(4) 焊炬及火焰

采用 H01-2 焊炬，使用略带微弱碳化焰的中性焰。焰心尖端离熔池表面 2～4mm，火焰能率要尽量大些。

(5) 装配定位焊

焊缝长 5～8cm，间距在 50mm 左右，从中间向两端对称定位焊。

(6) 焊接方向

采用左焊法，火焰指向未焊坡口；喷嘴与焊件夹角为 45°～50°，与两侧成相等的夹角；焊丝不应移出火焰。

(7) 焊炬运动

焊接时焊炬不得横向摆动，焰心到熔池的距离以小于 2mm 为宜。焊丝末端与熔池接触，并与火焰一起沿焊缝移动。焊接速度要快，避免过热，并防止过程中断。边焊边用焊丝蘸焊剂，焊一道后清理干净。最好一次把焊缝焊完，收尾处金属填满后将火焰逐渐移开，否则会有气泡产生，同时也容易产生火口裂纹。焊接终了时，使火焰缓慢离开火口。

10.2.3 铝冷凝器端盖的气焊

铝冷凝器端盖如图 10-32 所示，材料牌号为 LF6，操作要点及注意事项如下。

① 采用化学清洗的办法将接管、端盖、大小法兰、焊丝清洗干净。铝及铝合金焊件的焊前清理见表 10-2。

② 焊丝选用 SAlMg5Ti，ϕ4mm。熔剂选用 CJ401。用气焊火焰将焊丝加热，在溶剂槽内将焊丝蘸满 CJ401 备用。

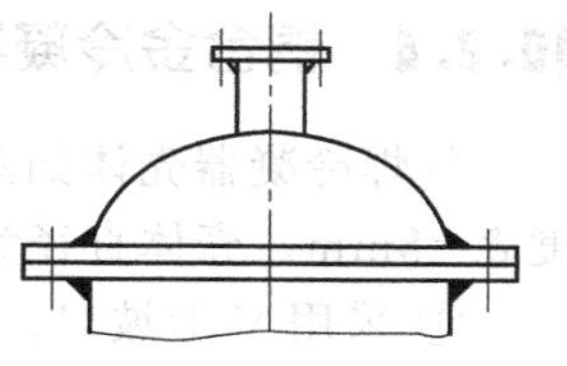

图 10-32　铝冷凝器端盖

表 10-2　铝及铝合金焊件的焊前清理

工序		除油	碱洗			冲洗
			溶液 w/%	温度/℃	时间/min	
化学清洗法	纯铝	汽油、煤油、丙酮等除油剂	NaOH 6～10	40～60	≤20	流动清水
	铝镁、铝锰合金				≤7	
工序		中和光化			冲洗	干燥
		溶液 w/%	温度/℃	时间/min		
化学清洗法	纯铝	HNO_3 30	室温或 40～60	1～3	流动清水	风干或低温干燥
	铝镁、铝锰合金					
机械法	用丙酮或汽油进行表面涂油，随后用 ϕ0.15mm 的铜丝或不锈钢丝刷子刷，直至露出金属光泽为止，也可以用刮刀清理焊件表面					

③ 采用中性焰、右向焊法焊接。焊炬选用 H01-12，选用 3 号焊嘴。

④ 焊接小法兰盘与接管。用气焊火焰对小法兰盘均匀加热，待温度达 250℃左右时组焊接管。定位焊两处，从第三点进行焊接。为避免变形和隔热，在预热和焊接时将小法兰盘放在耐火砖上。

⑤ 焊接端盖与大法兰盘。切割一块与大法兰盘等径、厚度为 20mm 的钢板，并将其加热到红热状态，将大法兰盘放在钢板上，用两把焊炬将其预热到 300℃左右，快速将端盖组合到大法兰盘上。定位三处，从第四点施焊。焊接过程中保持大法兰盘的温度，并不间断焊接。

⑥ 焊接接管与端盖焊缝，预热温度为 250℃。

⑦ 焊后清理。先在 60～80℃的热水中用硬毛刷刷洗焊缝及热影响区，再放入 60～80℃、质量分数为 2%～3%的铬酐水溶液中浸泡 5～10min，再用毛刷刷洗，然后用热水冲洗争并风干。

10.2.4 铜合金冷凝器壳体的气焊

气焊冷凝器壳体如图 10-33 所示。壳体材料为 HSn62-1；板材厚度 $\delta=8$mm；壳体直径为 600mm。其焊接工艺要点如下：

① 采用 V 形坡口，单边坡口角度为 30°，卷筒后双边坡口角度达 75°左右，根部间隙为 4mm，钝边为 2mm。

② 用丙酮将焊丝及坡口两侧各 30mm 范围内的油、污清理干净，用钢丝刷清除焊件表面的氧化膜，直至露出金黄色。

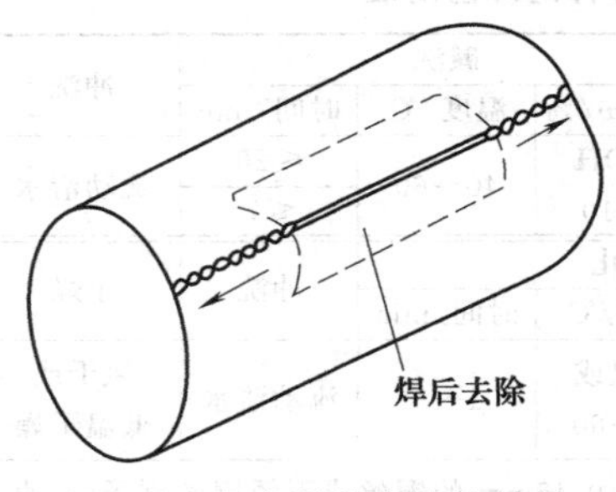

图 10-33 冷凝器壳体的气焊

③ 选用焊丝 HS212，ϕ4mm；选用焊剂 CJ301。

④ 使用 H01-12 焊炬，接头处预热到 350℃，并边预热边焊接，火焰为微弱氧化焰。

⑤ 采用双面焊、左向焊法直通焊，焊接方向如图 10-33 中箭头所示。

⑥ 焊后局部退火 400℃。

10.2.5 低碳钢薄板过路接线盒的气焊

过路接线盒是电气线路中一种常用的安全保护装置，其作用是保护几路电线汇合或分叉处的接头。

(1) 操作准备

过路接线盒如图 10-34 所示。过路接线盒由厚 1.5～2mm 的低碳钢板折边或拼制成，尺寸大小视需要而定，外形尺寸：长 200mm，宽 100mm，高 80mm。

(2) 操作要点

① 焊前将被焊处表面用砂布打磨出金属光泽。

② 采用直径为 2mm 的 H08A 焊丝，使用 H01-6 焊炬，配 2 号嘴，预热火焰为中性焰。

③ 定位焊必须焊透，焊缝长度为 5～8mm，间隔为 50～80mm。焊缝交叉处不准有定位焊缝。定位焊顺序如图 10-35 所示。

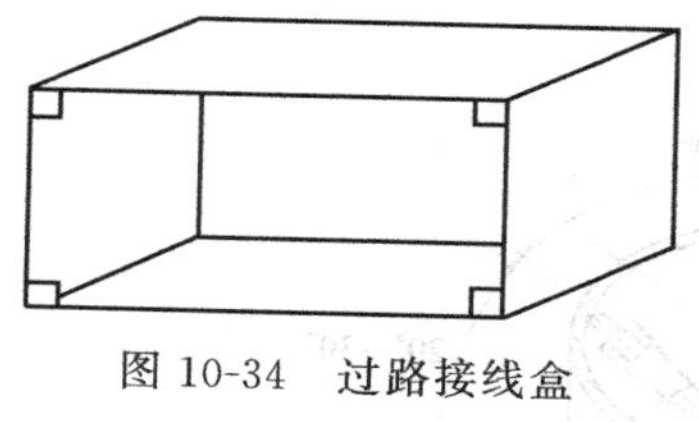

图 10-34 过路接线盒

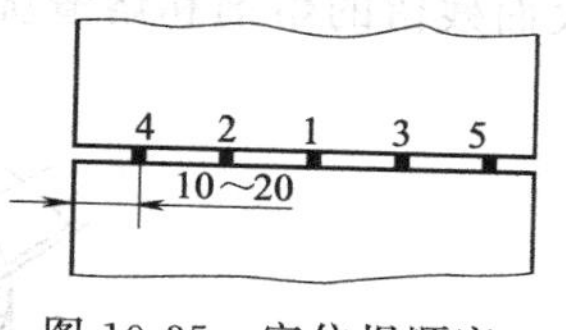

图 10-35 定位焊顺序

④ 采用左焊法，先焊短缝，后焊长缝，这样每条焊缝在焊接时都能自由地伸缩，以免接线盒出现过大的变形。

⑤ 焊接速度要快，注意焊嘴与熔池的距离，使焊丝与母材的熔化速度相适应。

⑥ 收尾时火焰缓慢离开熔池，以免冷却过快而出现缺陷。

10.2.6 水桶的气焊

(1) 操作准备

某水桶高为 1m，直径为 0.5m，用板厚为 1.5mm 的低碳钢板制成。气焊时选用 H01-6 型焊炬，配 2 号焊嘴，采用直径为 2mm 的 H08A 低碳钢焊丝。焊接方法选择左焊法。

焊接桶体的纵向对接焊缝时应考虑到焊接变形，采用退焊法焊接。如图 10-36 所示，纵缝气焊时，焊炬和焊缝夹角为 20°～30°，焊炬和焊丝之间夹角为 100°～110°。

(2) 操作要点

焊接时焊嘴做上下摆动，可防止气焊时将薄板烧穿。桶体纵缝焊完后，在焊接桶体和桶底的连接焊缝时，桶底采用卷边形式，卷边高度 h 可选为 2mm。焊接时，焊嘴做轻微摆动，卷边熔化后可加入少许焊丝，为避免桶体热量过大，焊接火焰应略为偏向外侧。卷嘴、焊丝、焊缝之间的夹角和纵缝焊接时基本相同，桶体和桶底的焊接如图 10-37 所示。

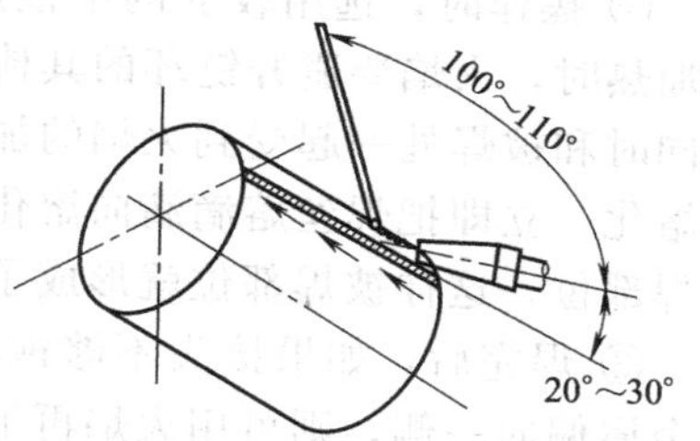

图 10-36 桶体纵缝焊接

(3) 焊后处理

焊后用温水刷洗 3 次，将焊

缝表面残留的熔剂和熔渣洗刷干净。

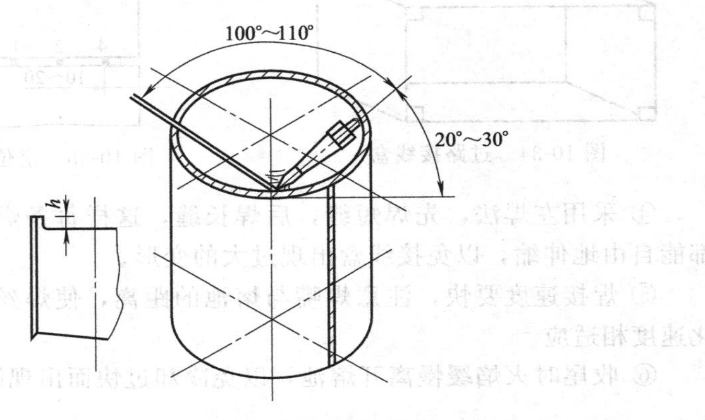

图 10-37　桶体和桶底的焊接

10.2.7　链环的气焊

(1) 操作准备

链环一般采用低碳钢棒料制成，每个接头部位都应进行焊接。小直径的链环接头常采用气焊方法焊成。用气焊方法焊接链环时，应注意防止接头处产生过热或过烧现象，接头的过热或过烧会降低接头的强度，严重时造成报废。所以针对不同直径的链环，应考虑采取不同的气焊工艺和具体的操作方法。

当气焊直径＜4mm 的链环时，其对接接头可以不开坡口，但在装配时应留 0.5～1.5mm 的间隙，操作时只需要单面焊接即可。

(2) 操作要点

① 操作时，选用较弱的中性焰，把环接头放成平焊位置。刚开始加热时，火焰要避开链环的其他部位，而焊丝则应靠近被焊处，使之同时和被焊处一起受到火焰的加热。当链环焊处熔化时，焊丝也同时熔化，立即把焊丝熔滴滴向熔化的被焊部位，然后将火焰立即移开被焊部位，这样被焊部位就形成了牢固的焊接接头。

② 焊完后，如果接头不够饱满，则可再滴上一滴熔滴；如果焊缝金属偏向一侧，则可用火焰再加热略为使之熔化，让偏多一侧的焊缝金属流向偏少一侧，使之形成均匀的气焊接头。

③ 小直径链环气焊时，稍不注意就会产生熔合不良、烧穿、塌腰、过热或过烧等缺陷。因此气焊这类链环时应十分小心谨慎，注意焊件、焊丝和火焰之间的互相协调。

④ 当气焊直径在 4mm 以上、8mm 以下的链环时，也可采用不开坡口的接头形式，但装配间隙应考虑加大，一般取 2～3mm。气焊时采用双面焊的形式，一面焊完后再焊另一面，然后修整两个侧面的成形。气焊这类链环时，应注意保证焊透，同时避免产生过烧等现象。

⑤ 气焊直径>8mm 的链环时，其接头开焊接坡口，链环坡口如图 10-38 所示。在装配时留有 2～3mm 间隙，并留有 1～2mm 的钝边。

⑥ 气焊时，如果选择图 10-38（a）所示鸭嘴形坡口，则应先焊一面再焊另一面，然后装整两侧；如果选择图 10-38（b）所示圆锥形坡口，则要沿圆周进行焊接。链环接头应保证均匀饱满，通常焊完后表面有 1～1.5mm 的加强高。

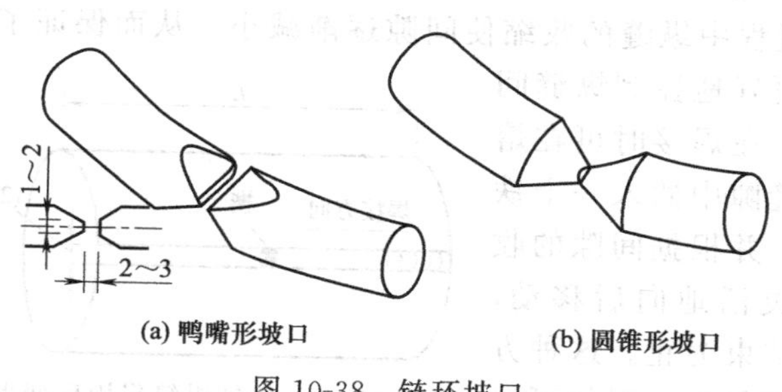

(a) 鸭嘴形坡口　　(b) 圆锥形坡口

图 10-38　链环坡口

10.2.8 薄壁筒形容器的气焊

一般厚度在 2mm 以下的薄壁筒形容器，常用气焊的方法焊接。如焊接 1.5mm 厚低碳钢板制成的筒体容器时，选用 H01O-6 型焊炬、1 号焊嘴；焊丝牌号为 H08A，焊丝直径为 1.5～2mm；氧气压力为 0.2MPa，乙炔压力为 0.025MPa，中性焰。薄壁筒形容器的气焊过程包括筒体纵缝的焊接和容器底或容器盖与筒体的焊接。

(1) 筒体纵缝的焊接

为保证筒体纵缝装配间隙（为 1～1.5mm）在焊接过程中保持不

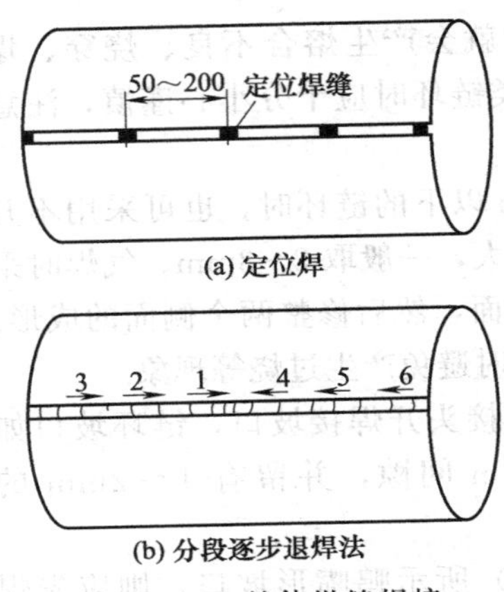

图 10-39　筒体纵缝焊接

变，并防止筒体在焊后产生较大的变形，首先进行定位焊。定位焊的点固长度为 5～8mm，间距为 150～200mm，详见图 10-39（a）。点固后焊缝应从中间向筒体两端用分段逐步退焊法焊接，详见图 10-39（b）。

为防止烧穿，焊嘴应做适当的上下摆动，焊丝要均匀地加入熔池。采用左焊法，焊嘴与纵缝轴线夹角（焊嘴倾角）为 20°～30°，焊丝与焊嘴夹角为 90°～100°。

当筒体纵缝长度在 1m 以下时，在焊接前也可不进行定位焊，而采用在纵缝末端加大间隙（间隙为焊缝长度的 2.5%～3%）的方法进行焊接，如图 10-40 所示。这种方法因在焊接过程中纵缝的收缩使间隙逐渐减小，从而保证了正常的焊接。为了更好地控制纵缝间隙的大小，在焊接时可在熔池前面的缝隙中插入一个铁楔或扁铁，并根据间隙的收缩情况，灵活地向后移动，直至焊接结束为止。这种方法如果使用得当，不仅可以减少定位焊工序，提高生产率，而且可以防止和减小焊接变形，使焊后获得平整的焊件。但只有操作非常熟练时，采用这种方法才能取得满意的效果。

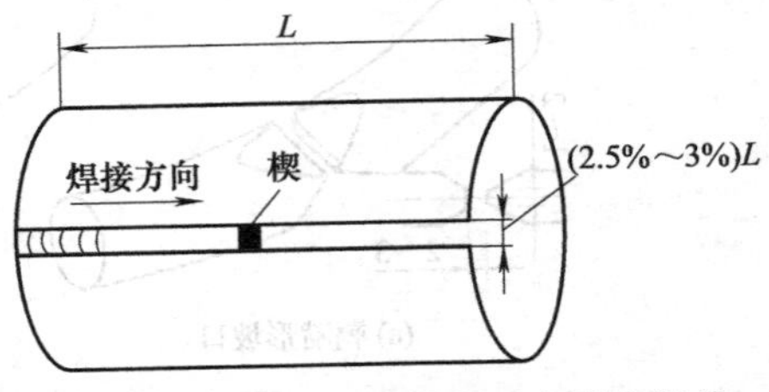

图 10-40　筒体纵缝采用反变形法焊接

(2) 容器的底、盖与筒体的焊接

容器底与容器盖根据其要求不同，可做成凸面形、凹面形或平面形，与筒体连接的接头形式详见图 10-41。图 10-41（a）所示为凸面形，多用于受压容器的封头，因此要求焊透，并防止烧穿。图 10-41（b）所示为凹面形，图 10-41（c）所示为平面形，多用于一般非受压容器的底和盖。图 10-41（b）、（e）所示为卷边接头，一般可不必添加焊丝，但当厚度较大时，应填充焊丝，使焊缝成形良好；焊嘴熔化卷边时应稍作上下跳动，同时为防止筒体变形，火焰要偏向外侧。

对于直径较大的容器盖、底与筒体的焊接，应采用对称焊接，以减少和防止容器的变形，如图 10-42 所示。

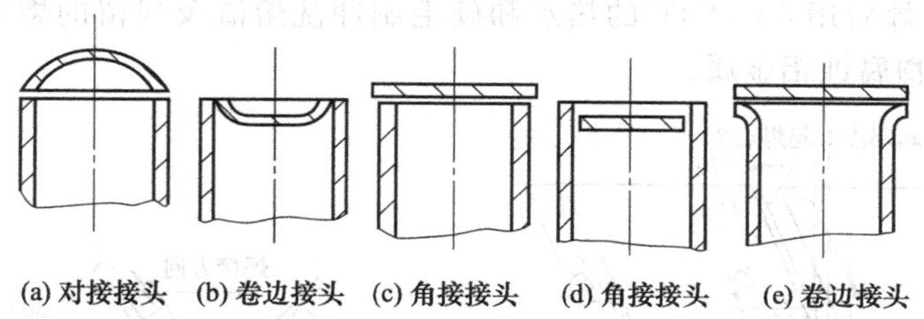

图 10-41　容器的底、盖与筒体连接的接头形式

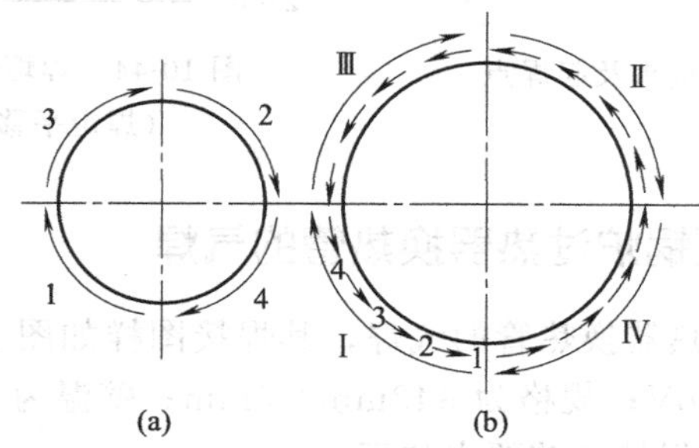

图 10-42　盖、底与筒体焊接时采用对称焊法的示意图

10.2.9　导电铝排的气焊

铝排为纯铝材料，为保证焊后导电性能良好，要求焊缝金属致密无缺陷。其焊接要点如下：

① 焊炬选用 H01-12 型、3 号焊嘴，焊丝选用 HS301，熔剂为 CJ401，火焰性质为中性焰或轻微碳化焰。

② 板厚为 10mm 时，采用 70°左右的 V 形坡口，钝边为 2mm，受热后的组对间隙为 2.5mm。焊前用钢丝刷将坡口及坡口边缘 20～30mm 范围内的氧化膜清除掉，并涂上熔剂。

③ 正面分两层施焊。第一层用 ϕ3mm 焊丝焊接。为防止起焊处产生裂纹，焊接第一层时，起焊点位置如图 10-43 所示，即从 A 处焊至端头①，再从 B 处向相反方向焊至端头②；第二层用 ϕ4mm 焊

丝，焊满坡口。然后将背面焊瘤熔化平整，并用 ϕ3mm 焊丝薄薄地焊一层，最后在焊缝两侧面进行封端焊。

④ 焊炬的操作方式如图 10-44 所示。

⑤ 焊后用 60～80℃的热水和硬毛刷冲洗熔渣及残留的熔剂，以防残留物腐蚀铝金属。

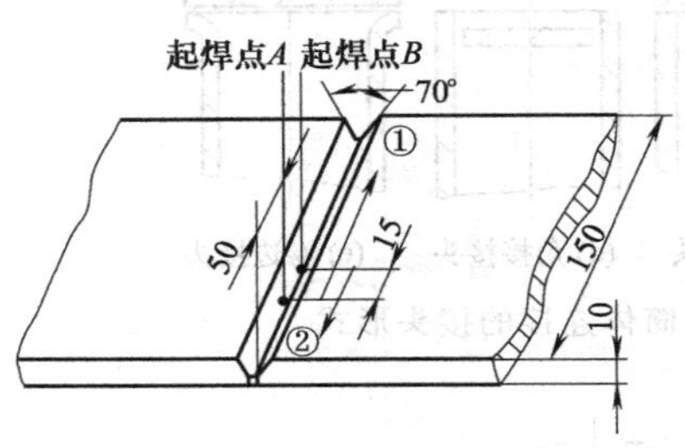

图 10-43 铝排接头及起焊点

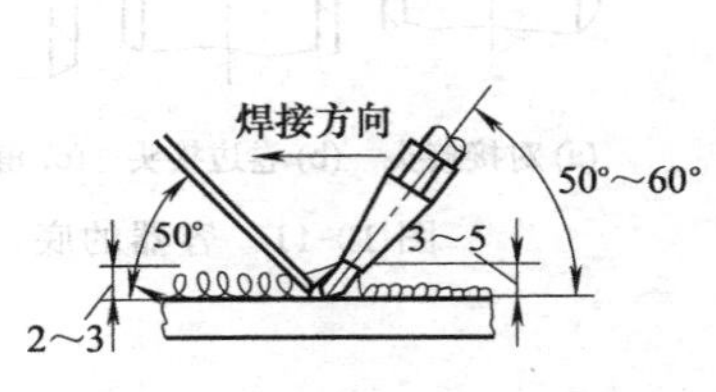

图 10-44 焊炬的操作方式（焊炬平移前进）

10.2.10 高压锅炉过热器换热管的气焊

高压锅炉过热器换热管的气焊，其焊接图样如图 10-45 所示。管材牌号为 12CrMoV；规格为 ϕ42mm×5mm；壁温为 540℃；工作压力为 10MPa。其焊接工艺要点如下。

① 坡口形式：采用 V 形坡口，其尺寸如图 10-46 所示。

② 清理表面：清除坡口处及坡口外 10～15mm 范围内管子内外

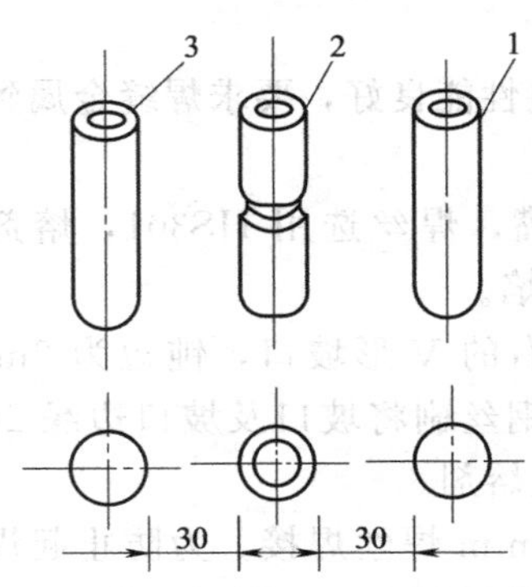

图 10-45 垂直固定管加障碍物

1，3—障碍物；2—焊件

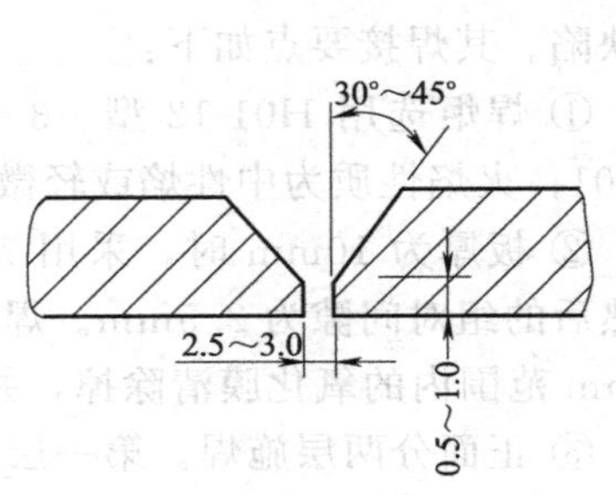

图 10-46 管子 V 形坡口尺寸

表面的油、锈等污物，直至露出金属光泽。

③ 焊丝及焊剂：焊丝选用 H08CrMoVA，ϕ3mm；熔剂选用 CJ101。

④ 焊炬及火焰：采用 H01-6 焊炬，使用略带轻微碳化焰的中性焰，不能用氧化焰，以免合金元素被氧化烧损。

⑤ 焊接方向：采用右焊法，火焰指向已形成的焊缝，能更好地保护熔化金属，并使焊缝金属缓慢冷却，火焰热量的利用率高。

⑥ 焊接操作：焊接过程中，保证坡口边缘熔合良好，焊丝末端不能脱离熔池，防止氧、氮渗入焊缝；采用两层焊接，第一层要求单面焊双面成形，每一层焊缝力求连续焊完；如需停焊时，火焰应逐渐撤离火口，当焊缝终了收尾时勿使火口冷却速度过快。

⑦ 焊后热处理：加热至 680～720℃，保温 30min，在空气中冷却。

⑧ 检验：焊缝外观经检验合格后，进行 X 射线探伤，按 JB/T 4730.2—2005《承压设备无损检测、射线检测》要求Ⅱ级合格，否则予以返修。

10.2.11 ϕ110mm×4mm 纯铝管的水平转动气焊

(1) 焊前准备

① 用化学清洗方法或用直径为 0.2～0.5mm 的钢丝刷，清除铝管接缝端面及内外表面 20～30mm 范围内的氧化物。

② 选用 H01-6 型焊炬，3 号焊嘴，直径为 3mm 的 HS301 焊丝，CJ401 熔剂。

③ 先用砂布清除焊丝表面的氧化物，然后用丙酮去除砂粒及粉尘。

④ 在焊丝表面和铝管端部焊接处涂上用蒸馏水调制的糊状熔剂。

⑤ 组装时两管对接间隙保持为 1.5mm。

(2) 操作技能

① 按图 10-47 所示定位焊 3 点，在 A 处起焊，并将铝管放在转台上，以便于水平转动施焊。

② 用中性焰将接缝处两侧预热到 300～350℃（用划蓝色粉笔法判断）后，再加热起焊点 A。当接缝处铝管边棱消失时，应迅速用焊丝挑破两侧熔化金属的氧化膜，使两侧的液体金属熔合在一起形成熔

池。继续加热，待该处熔透时再填加焊丝。

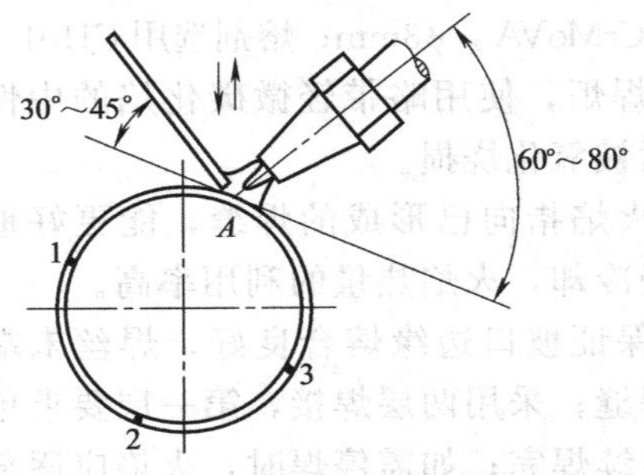

图 10-47　定位焊与焊接时焊嘴位置

③ 焊接时，焊嘴应始终处于如图 10-47 所示的上坡焊位置，并保护与铝管切线方向成 60°～80°倾角不变，而焊丝必须快速上下跳动，并要不断地将氧化物挑出，这样就可以避免烧穿、焊瘤和夹渣等缺陷的产生。

④ 收尾处应和已焊焊缝重叠 15～20mm。收尾时应待熔坑填满后再慢慢地提起焊炬，焊炬等熔池完全凝固后才可撤离焊接区。

(3) 焊后处理

焊后用 80～100℃的热水或蒸汽，将铝管内外残留的熔剂和焊渣冲刷干净。

10.2.12　多股铝线与接线板的气焊

(1) 焊前准备

① 将电线端头的绝缘层剥去 110mm 左右，然后用单根细铁丝把端头铝线扎紧，如图 10-48（a）所示。

② 在铁丝上部 10mm 处用钢锯将铝线锯平，然后用氢氧化钠溶液清除铝线端头的氧化膜和污物，并用清水冲洗干净。

③ 在铁丝的下部装夹一个可以分开的石墨或铁制模子，也可以如图 10-48（b）所示缠上浸湿的石棉绳，以防焊接时烧坏绝缘层。

④ 选用 H01-6 型焊炬，2 号焊嘴，直径为 2mm 的 HS301 焊丝和 CJ401 熔剂。

⑤ 焊丝需经化学清理，或用砂布打磨去除氧化物和污物。

(2) 操作技能

① 将多股铝线置于垂直位置，用中性焰或轻微碳化焰从截面中心开始依次向外圆施焊。

② 施焊时，先用火焰使每根铝线端部熔化，不得漏焊，这时不

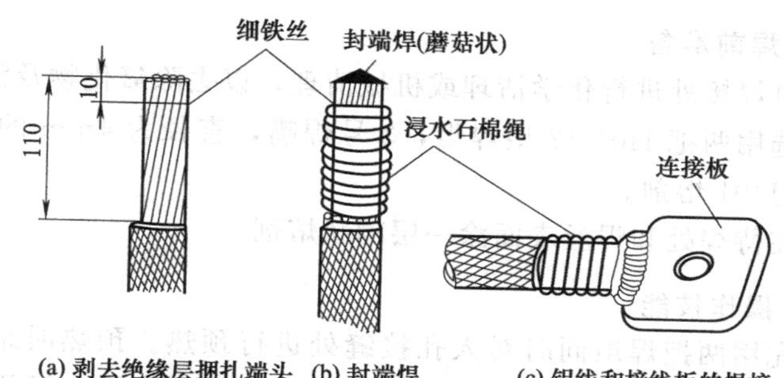

图 10-48　多股铝线与接线板的气焊

要向熔化处填加焊丝。

③ 当多股铝线的每根铝线都熔合在一起后，再填加蘸有熔剂的焊丝，直至端部焊成蘑菇状［图 10-48（b）］，即为封端焊。

④ 封端焊要一次完成，中途不得停顿。

⑤ 将连接板清理后在焊接处涂上一层糊状熔剂，使铝线封端焊一端和连接板处于如图 10-48（c）所示的水平位置。用较大的火焰能率加热连接板和铝线端头，待熔化后即可填加焊丝进行施焊。填丝时，应用焊丝端部搅拌熔池，使杂质能尽快地浮出。

⑥ 每个接头均应一次焊完。

(3) 焊后处理

焊后应用 60～80℃的热水或硬毛刷，将残渣和熔剂冲刷干净。

10.2.13　铝制容器的人孔及接管的气焊

铝制容器的人孔及接管见图 10-49、图 10-50。

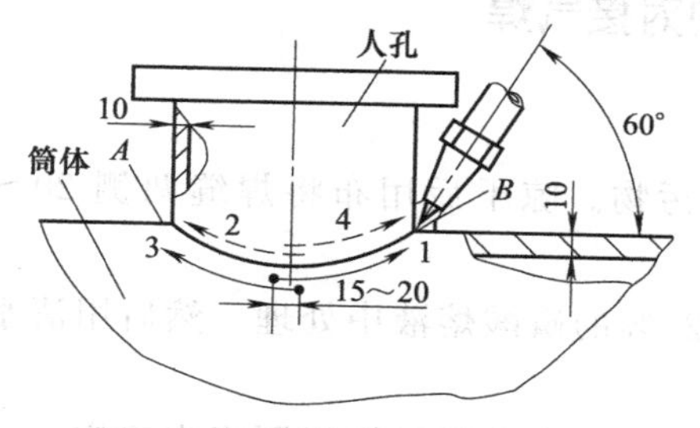

图 10-49　铝制容器人孔的气焊

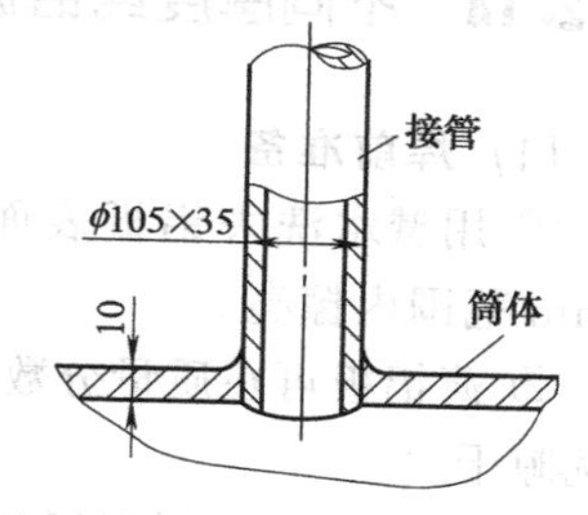

图 10-50　铝制容器接管的气焊

(1) 焊前准备

① 对焊接处进行化学清理或机械清理，以去除氧化物及污物。

② 选用两把 H01-12 型焊炬，3 号焊嘴，直径为 4mm 的 HS301 焊丝及 CJ401 熔剂。

③ 在待焊处和焊丝表面涂一层糊状熔剂。

(2) 操作技能

① 先用两把焊炬同时对人孔接缝处进行预热。预热时采用中性火焰，火焰应偏向筒体一侧。预热温度为 300～400℃，可用划蓝色粉笔线方法加以判断。

② 施焊时，一把焊炬专门用于辅助加热焊件，另一把用于焊接。

③ 焊接时将人孔的角焊缝分成四段，每段均从较低点起焊，焊接顺序如图 10-49 所示。起焊处应重叠 15～20mm。

④ 当焊到人孔管壁与筒体垂直处，即图 10-49 中 A、B 点时，由于此处散热太快，不易焊透，因此这时应及时调整焊嘴的倾角及焰心与焊件的距离或适当加大预热温度，以保证焊透。

⑤ 当人孔角焊缝焊完后，可用一把焊炬加热接管孔周围的筒体，当预热温度达到 300～350℃时立即装管焊接，但仍需继续进行辅助加热。

⑥ 用另一把焊炬焊接接管角焊缝。焊接时，火焰应偏向筒体，以防接管被烧穿。

(3) 焊后处理

焊后应用 30～80℃的热水和硬毛刷，将残渣和熔剂冲刷干净。

10.2.14 不同厚度纯铝板的对接气焊

(1) 焊前准备

① 用碱水洗去铝板表面的污物。晾干后用布将焊缝两侧 20～30mm 范围内擦亮。

② 薄铝板可在质量分数为 25%的磷酸熔液中处理，然后用清水冲洗晾干。

③ 选用 H01-6 型焊炬。焊嘴的大小要根据铝板厚度来确定：一

般厚度为0.7mm与2mm的铝板的对接焊选用2号嘴；厚度为0.7mm与3mm铝板的对接焊选用3号焊嘴；厚度为0.6mm与1.5mm铝板的对接焊选用1号焊嘴。采用直径为2～3mm的HS302焊丝及CJ432熔剂。

④ 在焊丝和铝板焊接处正反面涂上一层较厚的糊状熔剂。

⑤ 因为铝板较薄，易变形，所以定位焊缝间距应短些，并要求均匀对称地定位焊。定位焊后用锤子将焊件轻轻敲平，且把凸出的焊缝用锉刀锉平。

(2) 操作技能

① 气焊时采用中性焰，焰心指向较厚的铝板，焊嘴和焊件表面的倾角保持在30°左右，焊丝与焊件表面的倾角为40°～50°，如图10-51所示。

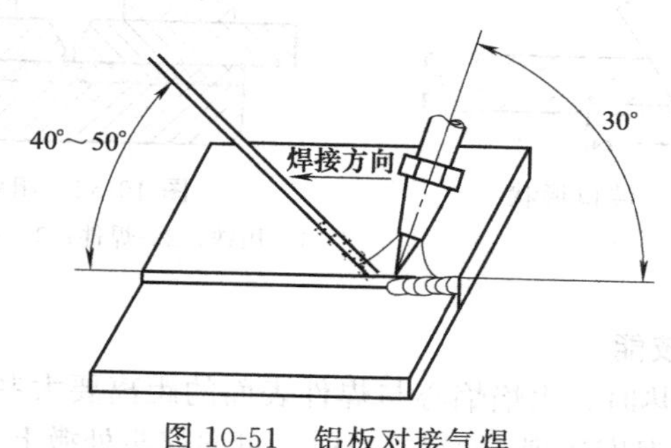

图10-51 铝板对接气焊

② 当厚度较大的铝板表面微微起皱时，应立即将焊丝熔化，较厚板熔化后便自然地与薄板熔合在一起。焊嘴和焊丝在施焊过程中应稍作斜向摆动。若摆动均匀，则背面就能形成焊波。

③ 收尾时应填满熔坑，待熔池凝固后，为防止焊后产生裂纹，应用轻微的碳化焰进行远距离烘烤。烘烤时摆动幅度要大，以防止烧穿薄板，待较厚板的温度逐渐下降至与薄板温度相等时，再撤离焊炬。

(3) 焊后处理

焊后应用60～80℃的热水和硬毛刷，刷洗掉残留在焊件上的熔剂和焊渣。

10.2.15 宽80mm、厚6mm导电铜排的对接气焊

要求焊缝全焊透，不得有气孔、裂纹及夹渣等缺陷。

(1) 焊前准备

① 把焊件接缝处机械加工成70°Y形坡口（图10-52）。

② 用铜丝刷清除焊件接缝坡口两侧的氧化物和进行脱脂处理。

③ 选用H01-20型焊炬，3号焊嘴，直径为4mm的HS201特制纯铜焊丝及脱水硼砂。

④ 将石棉板烘干后，按图10-53所示组装铜排，并在焊缝终端进行定位焊。

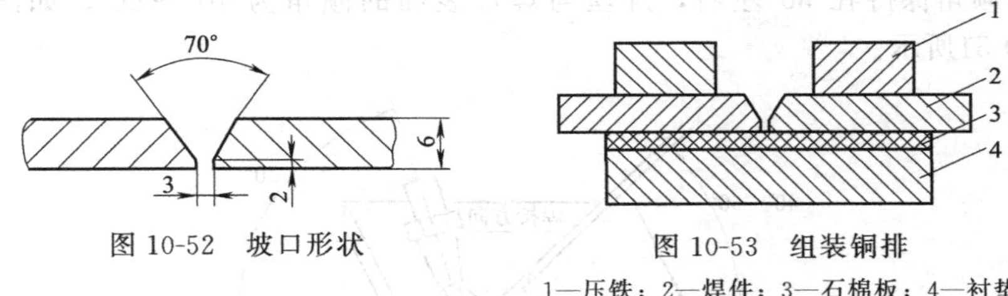

图10-52 坡口形状

图10-53 组装铜排

1—压铁；2—焊件；3—石棉板；4—衬垫

(2) 操作技能

① 焊件预热时，火焰焰心与焊件表面的距离要大些，一般为20～30mm，当预热温度达到500℃左右时，可向接头处撒上一层熔剂。

② 采用双面焊时的操作要点如下：

a. 首先加热起焊处，此时焰心至焊件表面的距离应保持为3～6mm，使钝边熔化，同时填加焊丝形成熔池。待熔池扩大到一定程度后立即抬起焊炬，使熔池凝固形成第一个焊点。然后继续加热该焊点的1/3处，使其重新熔化并形成熔池，如图10-54所示。待熔池不冒泡时填加焊丝，然后再抬起焊炬使熔池凝固，这样又形成了一个焊点。如此反复操作，直至焊完整条焊缝为止。

b. 焊接开始时，焊嘴和焊件表面的倾角一般为70°～80°，焊丝与焊件表面的倾角为30°～45°。焊丝的末端应置于熔池边缘，填丝时动作要均匀协调，并不断蘸取熔剂，将熔剂送往熔池。

c. 施焊过程中，焊嘴移动要稳，一般不要左右摆动，只做上下

跳动和前后摆动。控制熔池温度主要通过调节焊嘴与焊件表面距离及焊嘴倾角来实现。

d. 焊接收尾时，焊嘴和焊件表面的倾角应小些，一般为50°～60°，并应填满熔坑。待熔池凝固后，焊炬才可以慢慢地离开。

e. 正面焊好后翻转焊件，用扁铲清根，并用铜丝刷清除氧化物，随后继续采用上述的操作方法焊接反面。

③ 采用单面焊双面成形时的操作要点如下：

a. 必须在成形垫块上进行焊接。成形垫块如图10-55所示，它是由耐火砖制成的，根据铜排宽度，在其平面上开一条半径为2mm的圆弧槽。成形垫块需经烘干后才可使用。

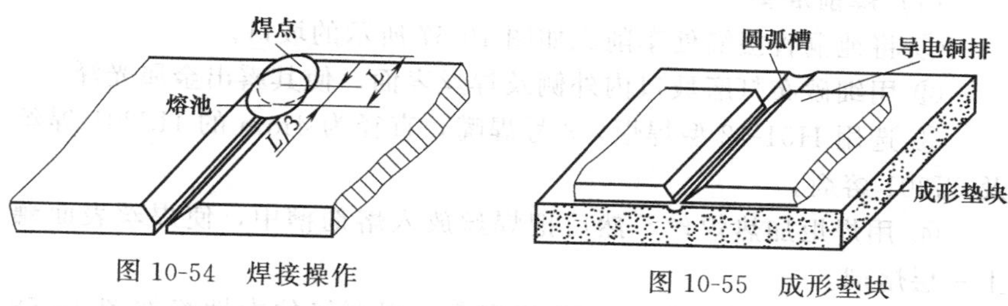

图10-54　焊接操作

图10-55　成形垫块

b. 焊接分两层完成。焊第1层时，首先加热起始端，这时焊嘴和焊件表面的倾角为80°～90°，火焰焰心与焊件表面的距离为4～6mm。当起始端钝边熔化后，应立即向坡口两侧填加焊丝，同时应增大焊嘴的倾角，缩短焰心到焊件表面的距离，利用火焰的吹力使熔化的铜液迅速流入成形垫块的圆弧槽内。

c. 熔化金属流入成形垫块的圆弧槽后，焊嘴前移，继续做熔化钝边、填加焊丝、强迫铜液流入圆弧槽等动作，直至焊完第1层。

d. 焊第1层时，焊炬只做上、下、前、后的摆动，一般不应做较大的横向摆动。

e. 焊第2层前应用铜丝刷仔细地清除第1层焊缝的焊接缺陷和氧化物，必要时还需进行返修。

f. 焊第2层的操作方法与双面焊操作相同。

(3) 焊后处理

焊后应用圆头小锤从焊缝中间向两端锤击焊缝（图10-56），并将焊渣去除干净。

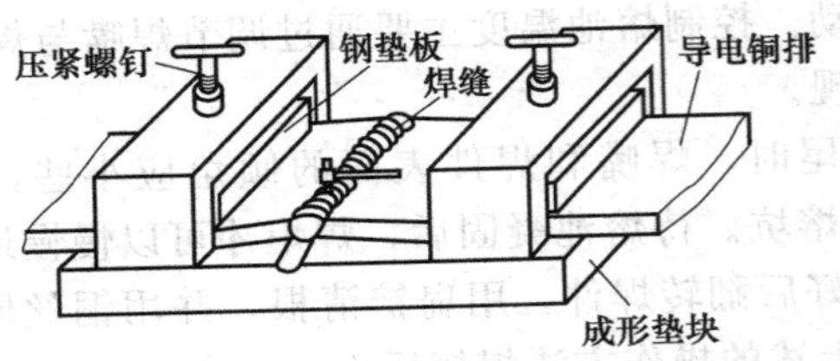

图 10-56　焊后处理

10.2.16　ϕ57mm×4mm 纯铜管的水平转动对接气焊

(1) 焊前准备

① 将纯铜管接缝处车削成如图 10-57 所示的坡口。

② 用细砂布打磨坡口内外侧及焊丝表面，使其露出金属光泽。

③ 选用 H01-12 型焊炬，3 号焊嘴，直径为 4mm 的 HS201 焊丝及 CJ301 熔剂。

④ 用焊炬加热焊丝，然后把焊丝放入熔剂槽中，使焊丝表面蘸上一层熔剂。

⑤ 在 V 形槽上按图 10-57 装配后，用严格的中性焰按图 10-58 所示 1、2 位置定位焊两点。

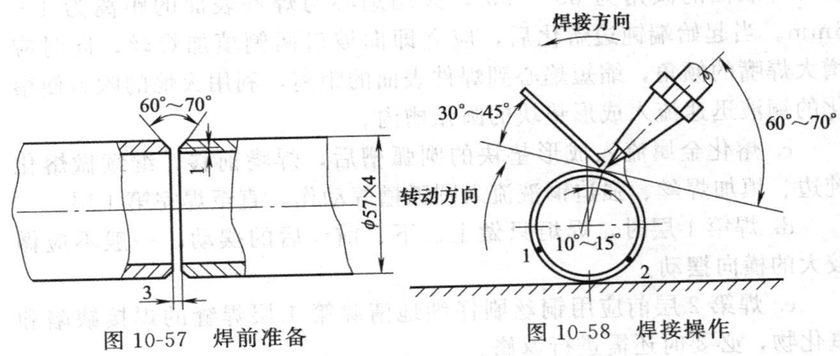

图 10-57　焊前准备　　图 10-58　焊接操作

(2) 操作技能

① 在图 10-58 所示的 10°～15°位置处预热。预热温度为 400～500℃，当看到坡口处发黑即表明已达到预热温度。

② 预热后，应压低焊嘴，使粉芯距纯铜管表面 4～5mm，焊嘴与管子切线方向成 60°～70°夹角，同时使纯铜管均匀转动。

③ 当加热到坡口处铜液冒泡现象消失后，说明已达到焊接温度，这时迅速填加蘸有熔剂的焊丝。

④ 施焊过程中，焊嘴应做划圈动作，以防铜液四散和焊缝成形不良。

⑤ 直到与起焊处重叠 10～20mm，熔池填满后才可慢慢地抬起焊嘴，待熔池凝固后再撤离焊炬。

(3) 焊后处理

① 用圆头小锤轻轻锤击焊缝。

② 将接头加热至暗红色，放入水中急冷，取出后将表面残渣清除干净。

10.2.17 ϕ51mm×4mm 低合金钢管对接 45°上斜固定气焊

(1) 低碳钢管对接 45°上斜固定气焊的特点

由于管件是倾斜的（45°上斜），熔化的金属都有从坡口的上侧坠落到下侧的趋势，焊接熔池不好控制，容易形成泪滴形焊缝，因此，对焊工的综合技能要求更高。这是各类技能考试与各级焊工技术比赛中较难操作的一种焊接项目。

(2) 焊前准备

① 焊接设备　氧气瓶 1 个、乙炔气瓶 1 个。
② 焊炬　H01-6，4 号焊嘴。
③ 焊丝　H08A 焊丝、ϕ2mm。
④ 焊件　ϕ51mm×4mm 低碳钢管，管长 150mm，两个。
⑤ 焊接附件　乙炔表、氧气表、乙炔胶带、氧气胶带。
⑥ 辅助工具　活动扳手、钢丝刷、锤子。
⑦ 量具　金属直尺、90°角尺。

(3) 焊前装配定位

① 焊前清理　在坡口及其坡口边缘各 10～15mm 范围内用角磨砂轮打磨，使之呈现出金属光泽，清除油、污、锈、垢等。对焊丝也

要进行同样处理。

② 焊件装配 将打磨完的焊件进行装配，焊件装配及焊缝层次见图 10-59，装配尺寸如表 10-3 所示。

表 10-3 低碳钢管对接 45°上斜固定气焊的装配尺寸 mm

根部间隙		钝边	错变量
始焊端	终焊端	0.5	≤0.5
2.5	2.5		

③ 定位焊 对于清理完的焊件，在焊前要进行定位焊，采用中性火焰，定位焊有两点（在时钟 10、2 点处）；定位焊缝长为 5～8mm，定位焊缝的质量要求与正式焊缝相同。

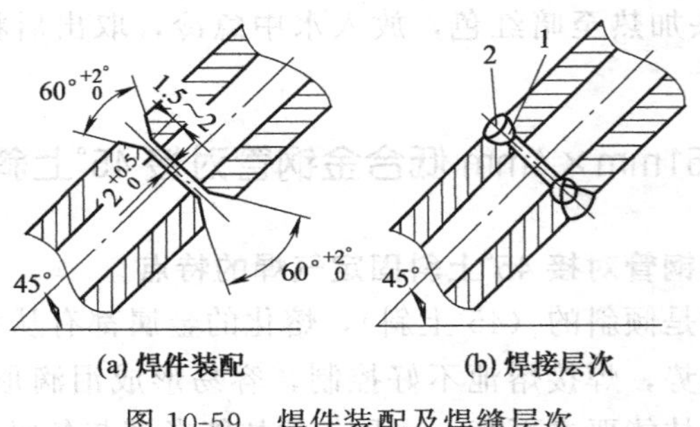

(a) 焊件装配 (b) 焊接层次

图 10-59 焊件装配及焊缝层次

(4) 焊接操作

焊接层次分为打底层焊、盖面层焊两层。

① 打底层的焊接操作 气焊时，为保证坡口上侧和坡口下侧的受热量均匀，应通过焊炬的摆动左右平行运动，从而促成熔池始终保持在水平位置上。起焊时，焊工侧面蹲好，右手拿气焊炬，左手拿焊丝，起弧点应越过时钟 6 点位置 10～20mm 处。待气焊火焰稳定燃烧后，在坡口钝边同时熔化的情况下，从坡口钝边处采用间断送丝法进行送丝，即焊丝在气焊火焰的范围内，一滴一滴地向熔池填送金属，焊丝尽量送至坡口间隙内部，焊炬做稍有横向小摆动，向上运动。当发现铁液稍有下坠现象时，应立即将气焊火焰移开熔池，加速焊接区域的冷却，待熔池稍冷却后，再继续加热→熔化→填丝→焊接。在气焊过程中，焊嘴的倾斜角度是需要改变的。开始气焊时，为

了较快地加热焊件和迅速形成熔池，焊嘴的倾角可为80°～90°。当焊接快要结束时，为了更好地填满弧坑和避免烧穿，可将焊嘴的倾角减小，使焊嘴对准焊丝加热，并使火焰做上下跳动，断续地对焊丝和熔池加热。

施焊过程要注意的是，焊枪喷嘴、焊丝应随着管子曲率变化而变化，焊工操作姿势也应随其适当地进行调整，以便操作。施焊时，焊炬喷嘴的运动应平稳，填送焊丝的位置应在上坡口的钝边外，通过火焰的吹力托住铁液，使铁液自然地流向下坡口钝边。

② 盖面层的焊接操作　施焊时的起焊点与打底焊的起焊点要错开10～15mm的距离，由于打底焊层较薄，焊件的整体也有了一定的温度，盖面焊焊接速度在焊缝熔合良好的情况下也应快些，以防烧穿。操作时应采用斜拉、椭圆形运条法（即斜圆圈运条法），使焊丝在上坡口与下坡口处平行地划椭圆形圆圈。焊条在上坡口边缘停留时间要比下边缘稍长些，熔池对坡口上下边缘要各熔化2～2.5mm。盖面焊要获得良好的外观成形，除手把要稳、运条要匀外，还应抓好起头、运条、收弧三个环节，这三个环节归根结底就是接好两个头的问题，即下接头与上接头。

(5) 焊缝清理

焊件完成后，用敲渣锤、钢丝刷将焊渣、焊接飞溅物等清理干净，严禁动用机械工具进行清理，使焊缝处于原始状态，交付专职检验前不得对各种焊接缺陷进行修补。

10.2.18 黄铜蒸馏塔节的气焊

蒸馏塔节是由筒体和法兰焊制而成的（图10-60）。筒体直径为800mm，高为800mm，壁厚为15mm，材质为ZCuZn16Si4。法兰厚30mm，材质为ZCuZn16Si4。

(1) 筒体纵缝的焊接

1）焊前准备

① 将筒体接头处开70°的Y形坡口，如图10-61所示。

② 筒体装配时错边量不得超过0.5mm。用角向磨光机将坡口20mm范围内焊件表面的氧化物及污物清除干净，使其露出金属

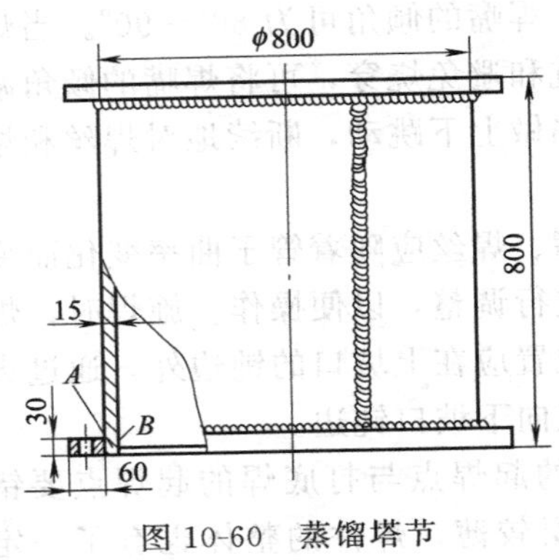

图 10-60　蒸馏塔节

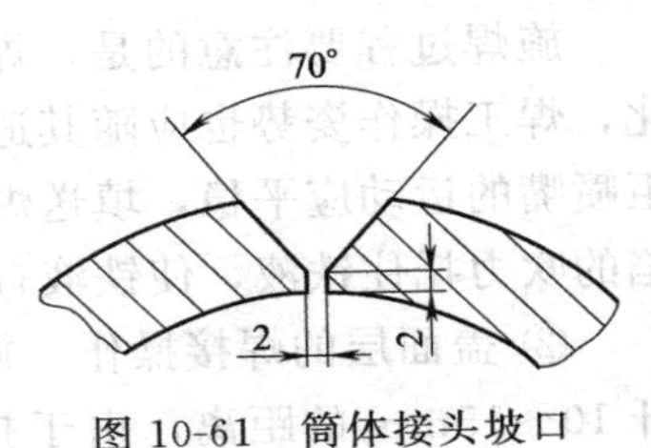

图 10-61　筒体接头坡口

光泽。

③ 选用直径为 4mm 和 6mm 的 HS224 焊丝，并用砂布去除焊丝表面的氧化物。熔剂选用脱水硼砂。焊炬选用 H01-12 型，两把，4 号和 5 号焊嘴。

④ 将装配好的筒体进行定位焊。定位焊时用一把 H01-12 型焊炬、4 号焊嘴在筒外焊接，用另一把 H01-12 型焊炬、5 号焊嘴在筒内预热。采用中性焰或轻微的氧化焰加热定位焊处坡口两侧，当焊件被加热到 500℃左右时，用火焰加热直径为 4mm 的焊丝，并蘸上熔剂向坡口处熔敷。当定位焊处坡口的钝边熔化时，应迅速填加焊丝，形成熔池后立即压低火焰，利用火焰的吹力使其熔透，随后抬起焊炬便形成一条焊缝。采用同样的方法，每间隔 200mm 焊一条定位焊缝，定位焊缝长度为 20～30mm。定位焊时焰心到熔池的距离一般为 6～10mm，焊嘴与焊件表面的倾角为 60°～70°，焊丝与焊件表面的倾角为 20°～30°。

2）操作技能

① 焊接时采用轻微的氧化焰和左焊法施焊。

② 焊第 1 层时采用与定位焊相同的焊炬、焊嘴、焊丝直径和操作方法。

③ 多层焊时，后层的焊接方向应与前层相反。

④ 焊 2～4 层焊缝时，应用直径为 6mm 的焊丝，填加焊丝要均匀一致，从熔池中心前约 1/4 熔池长度处加入，如图 10-62 所示。

⑤ 施焊过程中，随着焊接层数的增加，焊件的温度越来越高，操作时应逐渐减小焊嘴与焊件表面的倾角，并不断地加快焊接速度，以防由于熔池温度过高而引起锌的过度蒸发和氧化。

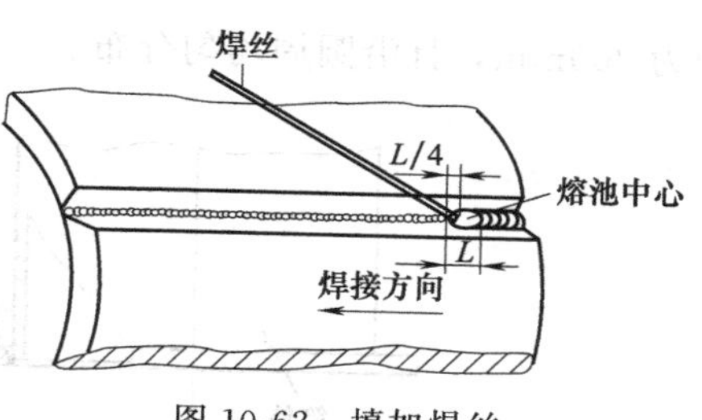

图 10-62 填加焊丝

⑥ 每层焊缝焊完后应用铜丝刷将焊缝表面清理干净。若发现焊缝表面有气孔、夹渣及未熔合等缺陷时，应待缺陷彻底清除并焊补后，才可焊下一层焊缝。

⑦ 焊第 5 层时，焊嘴与焊件表面的倾角应增大为 70°～80°，焰心到焊件表面的距离应为 10～15mm，以此来控制熔池的大小和焊缝成形。

3）焊后处理

① 焊后将焊件静置使其自然冷却。待焊件冷却后，用圆头小锤轻轻锤击焊缝，以消除焊接残余应力。

② 清除残存在焊件表面的熔剂和焊渣。

(2) 筒体和法兰的焊接

1）焊前准备

① 用砂布去除筒体两端 30mm 范围内的氧化物，然后用丙酮清除筒体两端和法兰坡口处的油和水。

② 按图 10-63 所示的尺寸，在铺有石棉布的平板上装配筒体和法兰，并进行定位焊。

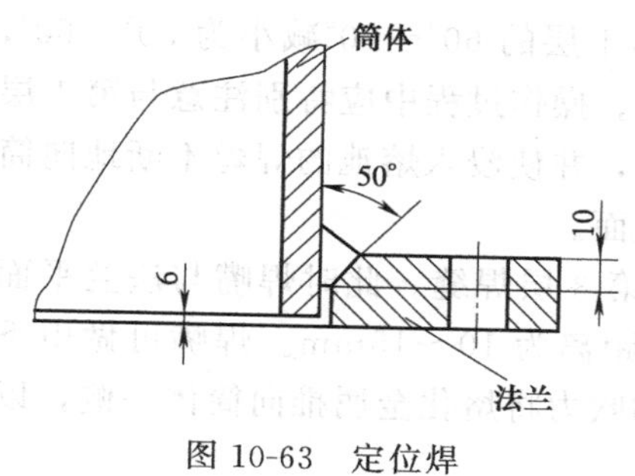

图 10-63 定位焊

③ 焊炬型号、焊嘴号码、焊丝牌号、焊丝直径和熔剂牌号与筒体定位焊相同。

④ 定位焊时，焊嘴与法兰平面的倾角为 60°～70°，焊嘴与筒体圆周切线方向的夹角为 50°～60°，如图 10-64 所示。

⑤ 定位焊应对称进行。定位焊缝长度为 20～30mm，间距

约为 200mm，且沿圆周均匀分布。

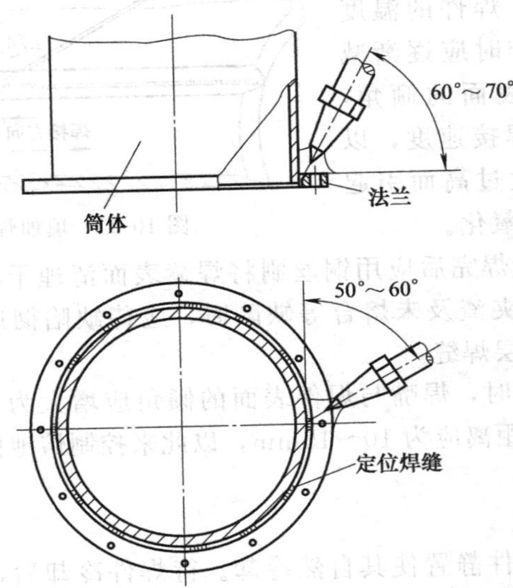

图 10-64　定位焊时焊嘴与法兰平面及筒体圆周切线方向的夹角

2）操作技能

① 焊接时应先焊图 10-60 中所示的 *A* 处外侧角焊缝。外侧角焊缝分 3 层焊完。焊第 1 层时采用左焊法，焊嘴角度与定位焊时相同。施焊时应适当压低气焊火焰，但焰心不得接触熔池，使熔池在根部形成。填充焊丝必须待坡口根部的母材熔化后才可进行，焊丝端头应在熔池中心前约 1/4 熔池长度处送入。

② 焊第 2 层前应用铜丝刷清除第一层焊缝表面的氧化物，然后调整焊嘴与法兰平面的夹角，由第 1 层的 60°～70°减小为 50°～60°，并适当增大焰心到焊件表面的距离。操作过程中应特别注意与第 1 层焊缝和坡口两侧母材的熔合要良好，并使浸入熔池的焊丝不断地向筒体一侧推送，促使熔渣浮出熔池表面。

③ 第 2 层焊缝清理后，可焊第 3 层焊缝。此时焊嘴与法兰平面的倾角为 50°，焰心到焊件表面的距离为 10～15mm。焊嘴可做由下向上的斜圆圈状摆动，利用火焰的吹力将熔化金属推向筒体一侧，以防产生咬边。

④ 待外侧角焊缝焊完后翻转焊件，再焊图 10-60 中所示的 B 处内侧角焊缝。其焊接操作方法除用预热焊炬加热外侧角焊缝外，其余均与焊外侧角焊缝相同。

3）焊后处理

① 用火焰将法兰加热到 350～400℃，进行退火处理。

② 用铜丝刷清除焊件表面的氧化物及熔渣。

10.2.19　紫铜管的气焊

(1) ϕ10mm×1.5mm 的紫铜管的气焊

选用的焊炬为特小号 H01-2 型，5 号焊嘴；熔剂为 CJ301；焊丝为 HS202；气焊火焰选用中性焰。

气焊前将两铜管待焊处用砂布打磨至露出金属光泽，再用细锉刀将小铜管待烤电处锉平，然后将两铜管对接，不留间隙。焊接时，先在焊接处上下移动焊炬进行预热。当焊件预热至暗红色时，将焊丝一端烧热蘸上熔剂涂在待焊处周围，这时应注意焊丝的尖端要在外焰中。在达到焊接温度时，把焊丝送到焊接处熔化一滴，待这滴铜水和焊件熔合后，应及时把火焰和焊丝移开，等铜熔液稍凝固，再送入焊丝，如此连续进行焊接。

(2) ϕ57mm×4mm 的紫铜管的气焊

① 焊前准备　接头开 60°～70°的坡口，用细砂布打磨工件和焊丝表面，去除表面锈蚀，使之露出金属光泽。选用 H01-12 焊炬，3 号焊嘴；焊丝选用 HS201、直径为 4mm；气焊熔剂选用 CJ301。首先用气焊火焰加热焊丝，蘸上熔剂，然后将管子圆周等分为三份，用严格的中性焰定位焊两点，从第三点开始爬坡转动焊。

② 焊接　在爬坡焊处预热，预热温度为 400～500℃，以看到坡口处起皱、发黑为宜，然后压低焊炬，使焰心距坡口表面 4～5mm，加热坡口到红热状态，并不断用焊丝蘸熔剂往坡口上熔敷。这时由于热胀作用，间隙减小为 1.5～2mm。继续加热，则可看到坡口中铜水冒气泡，直至冒气泡现象消失，证明已达到温度，这时应迅速投入焊丝熔滴。焊炬划圈前进，防止铜水四散和焊缝成形不良，要边转边焊。至焊缝终点时应继续焊到超过终点 10mm 左右，慢慢填满熔池，

待熔池凝固后再撤离焊炬。然后用小锤轻轻敲击焊缝。最后将焊缝加热至暗红色，放入水中急冷，取出后把表面熔渣清除干净。

10.2.20 ϕ38mm×2.5mm 中碳钢管的气焊

① 焊前准备：将管子端部制成坡口角度为 70°左右的 V 形坡口，并做好焊接接头处的清理工作。

② 选用 ϕ3mm、H08MnA 的焊丝，H01-6 型焊炬、2 号焊嘴、中性焰。

③ 焊前预热：用气焊火焰将管子待焊处周围稍加预热，再进行焊接。

④ 操作要点如下：焊接时采用左焊法。火焰焰心到熔池的距离保持为 3～4mm。焊嘴沿坡口间隙做轻微的往复摆动前移，不做横向摆动。在开始焊接时，焊嘴倾角可大些，约为 45°。形成熔池后焊嘴倾角减小至 30°左右，保持这一角度向前施焊。焊丝应快速均匀填加，以减少母材的熔化。焊接速度要求尽量快些，多层焊，每层焊缝应连续焊完，注意中间尽量不要停顿。

⑤ 焊完后，用气焊火焰将接头周围均匀加热至暗红色（600～680℃），再慢慢抬高焊嘴，用外焰烘烤接头使其缓冷，以减少焊接残余应力。

第11章 气割

11.1 气割基本技能

11.1.1 气割操作要点

(1) 气割前的准备工作

① 按照零件图样要求放样、号料。放样划线时应考虑留出气割毛坯的加工余量和切口宽度。放样、号料时应采用套裁法，可减少余料的消耗。

② 根据割件厚度选择割炬、割嘴和气割参数。

③ 气割之前要认真检查工作场所是否符合安全生产的要求。乙炔瓶、回火防止器等设备是否能保证正常进行工作。检查射吸式割炬的射吸能力是否正常，然后将气割设备按操作规程连接完好。开启乙炔气瓶阀和氧气瓶阀，调节减压器，使氧气和乙炔气达到所需的工作压力。

④ 应尽量将割件垫平，并使切口处悬空，支点必须放在割件以内。切勿在水泥地面上垫起割件气割，如确需在水泥地面上施割，则应在割件与地板之间加一块铜板，以防止水泥溅伤人。

⑤ 用钢丝刷或预热火焰清除切割线附近表面上的油漆、铁锈和油污。

⑥ 点火后，将预热火焰调整适当，然后打开切割阀门，观察风

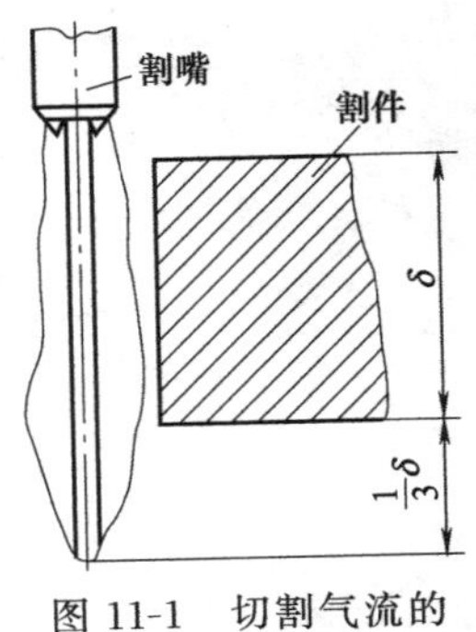

图 11-1 切割气流的形状和长度

线（切割氧气瓶）形状，风线应为笔直和清晰的圆柱形，长度超过厚度的 1/3，即可达到切割要求。切割气流的形状和长度如图 11-1 所示。

(2) 气割操作要领

1）操作姿势 点燃割炬调好火焰之后就可以进行切割。操作姿势如图 11-2 所示，双脚成外八字形蹲在工件的一侧，右臂靠住右膝盖，左臂放在两腿中间，便于气割时移动。右手握住割炬手把，并以右手大拇指和食指握住预热氧调节阀，便于调整预热火焰能率，一旦发生回火时能及时切断预热氧。左手的大拇指和食指握住切割氧调节阀，便于切割氧的调节，其余三指平稳地托住射吸管，使割炬与割件保持垂直，气割时的手势如图 11-3 所示。气割过程中，割炬运行要均匀，割炬与割件的距离保持不变。每割一段需要移动身体位置时，应关闭切割氧调节阀，等重新切割时再度开启。

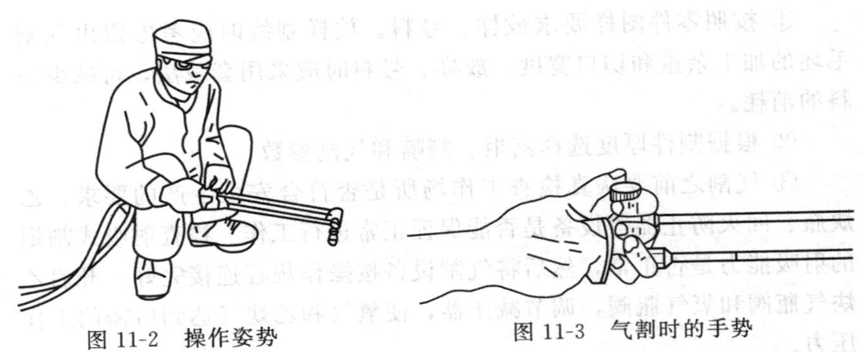

图 11-2 操作姿势　　图 11-3 气割时的手势

2）预热操作要领 开始气割时，将起割点材料加热到燃烧温度（割件发红），称为预热。起割点预热后，才可以慢慢开启切割氧调节阀进行切割。预热的操作方法，应根据零件的厚度灵活掌握。

① 气割厚度＜50mm 的割件时，可采取割嘴垂直于割件表面的方式进行预热。

② 气割厚度＞50mm的割件时，厚割件的预热分两步进行，如图11-4所示。开始时将割嘴置于割件边缘，并沿切割方向后倾10°～20°加热，如图11-4（a）所示；待割件边缘加热到暗红色时，再将割嘴垂直于割件表面继续加热，如图11-4（b）所示。

③ 气割割件的轮廓时，对于薄件可垂直加热起割点；对于厚件应先在起割点处钻一个孔径约等于切口宽度的通孔，然后再按厚件加热该孔边缘作为起割点预热。

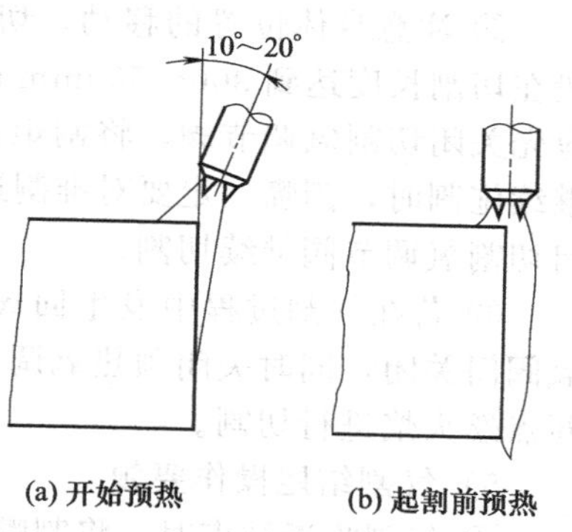

图11-4 厚割件的预热

3）起割操作要领

① 首先应点燃割炬，并随即调整好火焰（中性焰）。火焰的大小应根据钢板的厚度调整适当。

② 将起割处的金属表面预热到接近熔点的温度，金属呈亮红色或“出汗”状，此时将火焰局部移出割件边缘并慢慢开启切割氧气阀门，当看到钢水被氧射流吹掉时，再加大切割气流，待听到“噗、噗”声时，便可按所选择的气割参数进行切割。

③ 应注意气割割件内轮廓时，起割点不能选在毛坯的内轮廓线上，应选在内轮廓线之内被舍去的材料上，待该割点割穿之后，再将割嘴移至切割线上进行切割。薄件内轮廓起割时，割嘴应向后倾斜20°～40°，如图11-5所示。

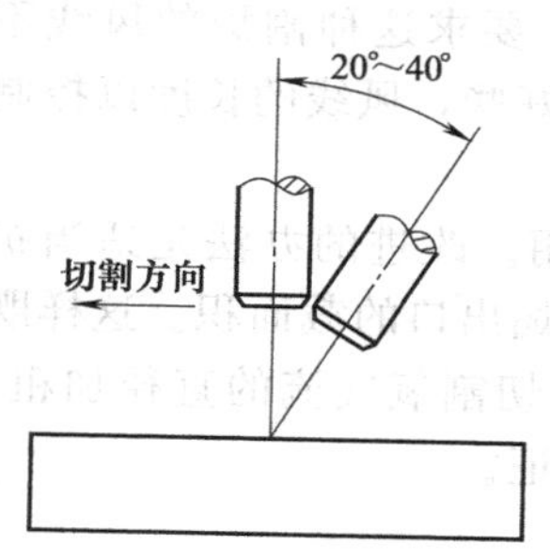

图11-5 薄件内轮廓起割时割嘴的倾角

4）切割操作要领

① 在切割过程中，应经常注意调节预热火焰，使之保持中性焰或轻微的氧化焰，焰心尖端与割件表面距离为3～5mm。同时应将切割氧孔道中心对准钢板边缘，以利于减少熔渣的飞溅。

② 保持熔渣的流动方向基本上与切口垂直，后拖量尽量小。

③ 注意调整割嘴与割件表面间的距离和割嘴倾角。

④ 注意调节切割氧气压力与控制切割速度，防止鸣爆、回火和熔渣溅起、灼伤。切割厚钢板时，因切割速度慢，为防止切口上边缘产生连续珠状渣、上缘被熔化成圆角和减少背面的黏附挂渣，应采取较弱的火焰能率。

⑤ 注意身体位置的移动，切割长的板材或做曲线形切割时，一般在切割长度达到 300～500mm 时，应移动一次操作位置。移动时，应先关闭切割氧调节阀，将割炬火焰抬离割件，再移动身体的位置。继续施割时，割嘴一定要对准割透的接割处并预热到燃点，再缓慢开启切割氧调节阀继续切割。

⑥ 若在气割过程中发生回火使火焰突然熄灭，则应立即将切割氧阀门关闭，同时关闭预热氧调节阀，再关乙炔阀，过一段时间再重新点燃火焰进行切割。

5）气割结尾操作要领

① 气割临近结束时，将割嘴后倾一定角度，使钢板下部先割透，然后再将钢板割断。

② 切割完毕应及时关闭切割氧调节阀并抬起割炬，再关乙炔调节阀，最后关闭预热氧气调节阀。

③ 工作结束后或较长时间停止切割时，应将氧气瓶阀关闭，松开减压器调压螺钉，将氧气胶管中的氧气放出；同时关闭乙炔瓶阀，放松减压调节螺钉，将乙炔胶管中的乙炔放出。

(3) 表面气割的操作要点

1）割炬的选择

① 一般选用射吸式割炬进行表面气割。要求这种割炬的风线不要太长太细，粗些的风线的反面切割质量要好些，风线的长度以控制在 20～30mm 为宜。

② 也可以将射吸式割炬稍加改进后使用。改进的办法是适当扩大原割嘴中切割氧气流的孔径和增加预热火焰出口的截面积。这样既可以降低切割氧气流的喷射速度，又可以使切割氧气流的直径加粗，从而使割槽宽度增加，切割质量容易得到保证。

2）操作要领

① 首先将火焰调整为中性焰，火焰能率应与气割厚 8～10mm 的低碳钢板相同，切割氧压力不宜太高，一般为 0.2～0.3MPa。

② 开始对待割处表面预热时，割嘴的倾角可大些，一般为 45°～90°（如图 11-6 中所示 1 的位置），以便使起割点温度迅速升高。

③ 当预热处金属被加热到呈熔融状态（比割碳钢板时的预热温度要高些）时，立即将割嘴调整到与割件表面的夹角为 15°～20°（如图 11-6 中所示 2 的位置），并缓慢旋转切割氧调节阀旋钮，将待割处吹成一条有一定深度的沟槽，然后使割嘴再作横向摆动，将沟槽的两边扩至所需的宽度。

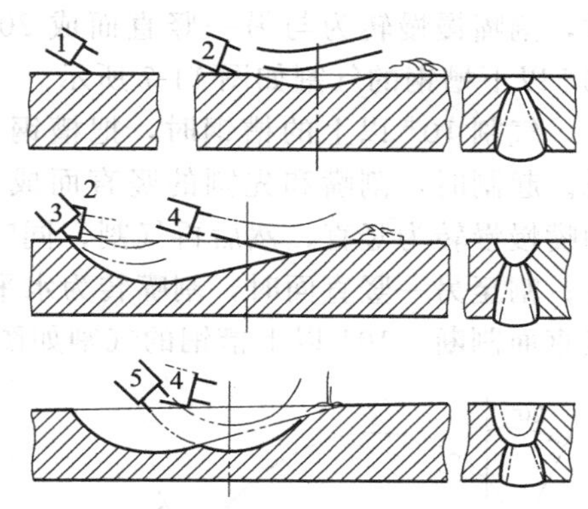

图 11-6　表面气割

1—预热倾角（45°～90°）；
2—开始起割倾角（15°～20°）；
3—加深沟槽的倾角（约 45°）；
4—继续切割开始时割嘴的倾角（15°～20°）；
5—继续加深沟槽的倾角（约 45°）

④ 当加深割槽深度时可将割嘴倾角增大至约 45°（如图 11-6 中所示 3 的位置）。

⑤ 当割嘴向前移动时，其倾斜角度仍重复上述过程，即倾角由 15°～20°增加至约 45°（如图 11-6 中所示 4、5 的位置）。

⑥ 每当打开切割氧吹除熔渣时，割嘴也要随着熔渣的吹除而慢慢后退，后退的距离一般为 10～30mm，从而减轻切割氧气流的冲击力，以防将金属吹成高低不平或吹出深沟。

⑦ 在切割过程中，切割氧气流不是一直打开的，而是要根据金属的燃烧温度来决定打开和关闭。

11.1.2　常用金属型材的气割操作要点

(1) 槽钢的气割

气割 10# 以下的槽钢时，槽钢断面常常割不整齐，所以把开口朝地放置，用一次气割完成。先割竖直面时，割嘴可和竖直面成 90°角；当要割至竖直面和水平面的顶角时，割嘴就慢慢转为和水平面成 45°左右的角，然后再气割；当将要割至水平面和另一竖直面的顶角时，割嘴慢慢转为与另一竖直面成 20°左右的角，直至槽钢被割断。10# 以下槽钢的气割如图 11-7 所示。

气割 10# 以上的槽钢时，把槽钢开口朝上放置，用一次气割完成。起割时，割嘴和先割的竖直面成 45°左右的角；割至水平面时，割嘴慢慢转为竖直，然后再气割，同时割嘴慢慢转为往后倾斜 30°左右；割至另一竖直面时，割嘴转为水平方向再往上移动，直至将另一竖直面割断。10# 以上槽钢的气割如图 11-8 所示。

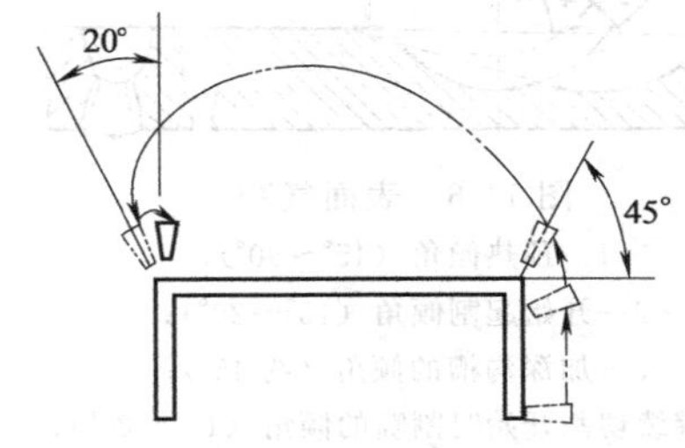

图 11-7　10# 以下槽钢的气割

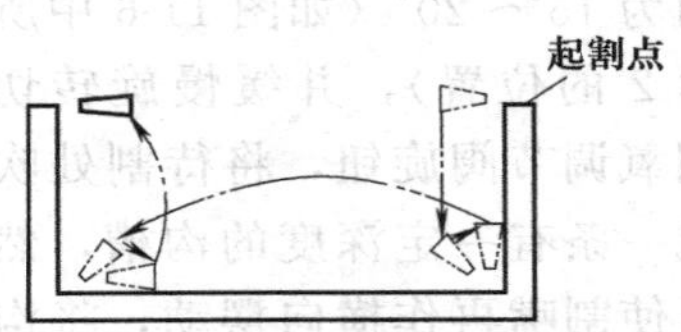

图 11-8　10# 以上槽钢的气割

(2) 角钢的气割

气割厚度在 5mm 以下的角钢时，切口容易过热，氧化渣和熔化金属粘在切口下口，很难清理，另外直角面也常常割不齐。为了防止产生上述缺陷，采用一次气割完成。可将角钢两边着地放置，先将割嘴与角钢表面竖直，气割到角钢中间转向另一面时，将割嘴与角钢另一表面倾斜 20°左右角，直至角钢被割断。厚度在 5mm 以下角钢的气割方法如图 11-9 所示。这种一次气割的方法，不仅使氧化渣容易清除，直角面容易割齐，而且可以提高工作效率。

气割厚度在 5mm 以上的角钢时，如果采用两次气割，则不仅容易产生直角面割不齐的缺陷，还会产生顶角未割断的缺陷，所以最好也采用一次气割。把角钢一面着地，先割水平面，割至中间角时，割嘴就停止移动，然后由竖直转为水平再往上移动，直至把竖直面割断，如图 11-10 所示。

(3) 工字钢的气割

如图 11-11 所示，工字钢的气割一般都采用 3 次气割完成。站放位置从工字钢的下盖板起割，沿图示路线气割，在拐弯处割嘴要稍微

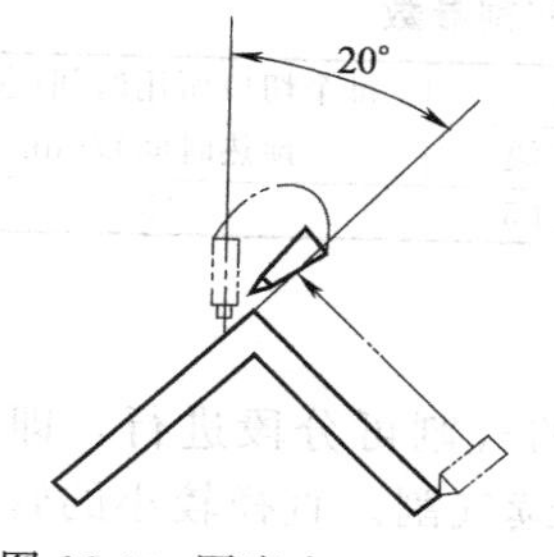

图 11-9　厚度在 5mm 以下角钢的气割方法

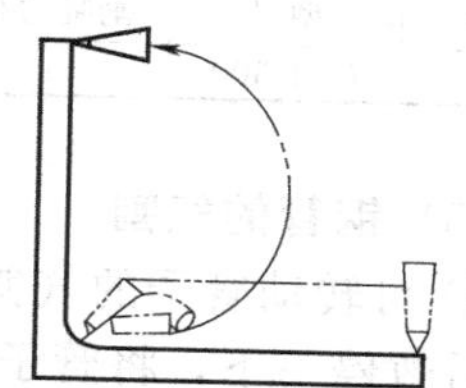

图 11-10　厚度在 5mm 以上角钢的气割方法

抬高一点，使其不产生较深的沟槽。躺放位置按图示 1、2、3 顺序进行气割，但 3 次气割断面不容易割齐，这就要求焊工在气割时力求割嘴垂直。

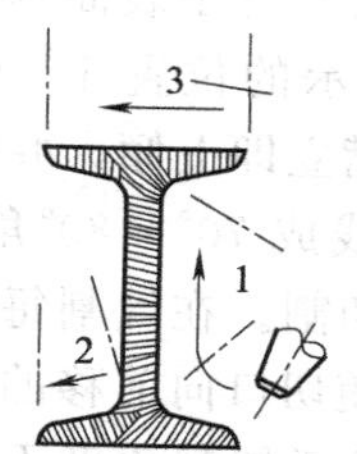

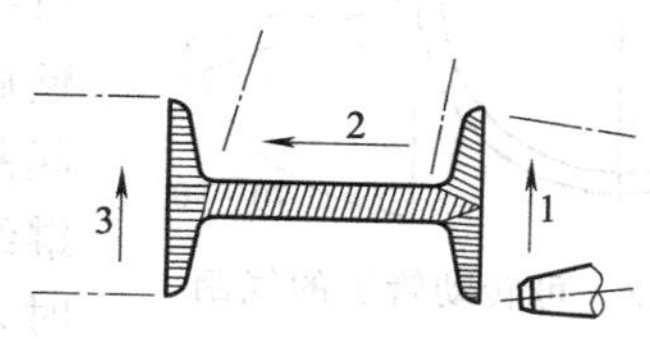

图 11-11　工字钢的气割

1～3—气割工字钢的顺序

(4) 圆钢的气割

气割圆钢时，先从圆钢的一侧开始预热，并使预热火焰垂直于圆钢表面。开始气割时应慢慢地打开切割氧调节阀，同时将割嘴转到与地面垂直的位置，并加大切割氧气流，使圆钢被割透。割嘴在向前移动的同时，还应稍作横向摆动。每个割口最好能一次割完，当圆钢直径较大、一次割不透时，可采用图 11-12 所示的圆钢分瓣气割法。ϕ320mm 圆钢的气割参数见表 11-1。

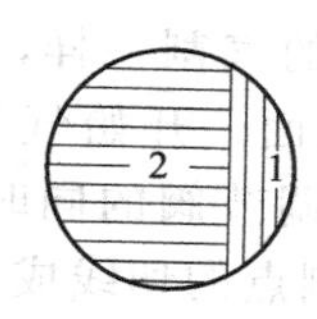

(a) 分两瓣切割

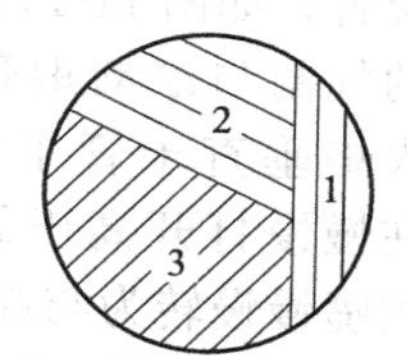

(b) 分三瓣切割

图 11-12　圆钢分瓣气割法

表 11-1 ϕ320mm 圆钢的气割参数

圆钢直径/mm	割炬		气体压力/MPa		每个切口所用时间(包括预热时间)/min
	型号	割嘴号码	氧气	乙炔	
320	G01-300	4	1.30	0.05	15

(5) 钢管的气割

① 可转动管子的气割　可转动管子的气割可分段进行，即各割一段后暂停一下，将管子稍加转动后再继续气割。直径较小的管子可分 2～3 次割完，直径较大的管子可适当多分割几次，但分割次数不宜太多。

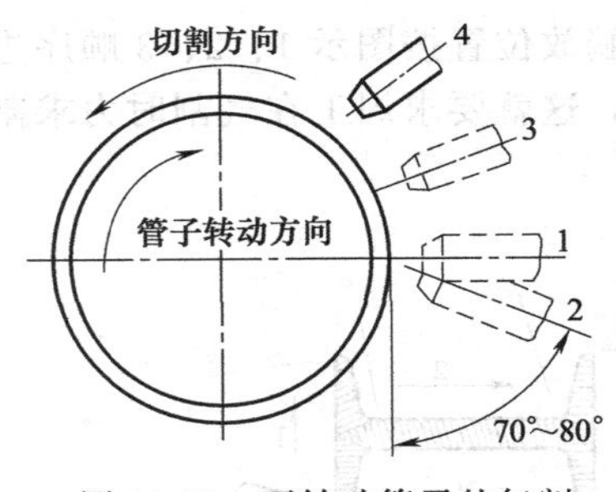

图 11-13　可转动管子的气割

可转动管子的气割如图 11-13 所示。开始气割时，预热火焰应垂直于钢管侧表面，将其预热；割嘴要始终保持与管子表面垂直，如图 11-13 中所示的位置 1。待割透管壁后，割嘴立即上倾，并倾斜到与起割点切线成 70°～80°角的位置，继续向前切割。在气割每一段切口时，割嘴随切口向前移的同时应不断改变位置，如图 11-13 中 2～4 所示，以保证气割角度不变，直至割完。

② 水平固定管子的气割　当管子水平固定时，应从管子（水平位置）的底部开始，沿圆周向上分成两半进行气割，即从时钟的 6 点位置到 12 点位置，如图 11-14 所示。水平固定管子的气割与滚动钢管的气割一样，预热火焰垂直于管子表面。开始气割时，在慢慢打开高压氧调节阀的同时，将割嘴慢慢转为与起割点的切线成 70°～80°角，割嘴随切口向前移动而不断改变位置，以保证割嘴倾斜角度基本不变，直至割到水平位置后，关闭切割

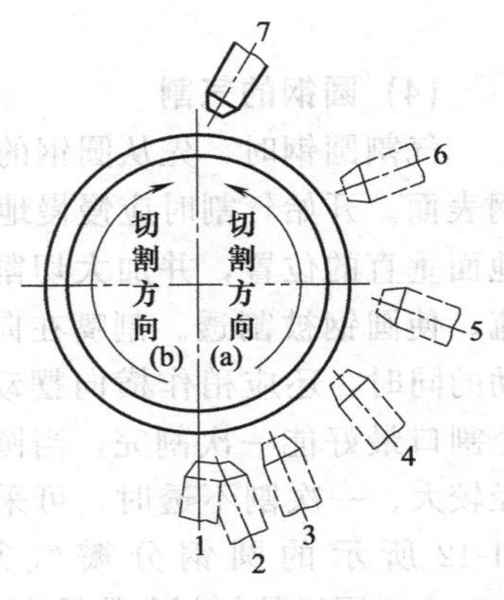

图 11-14　水平固定管子的气割

氧，再将割嘴移至管子的下部气割剩余的一半，直至全部切割完成。气割时割嘴位置的变化如图 11-14 中 1～7 所示，这种由下至上的对称切割方法，不仅可以清楚地看到割线，而且割炬移动方便，当管子被割开时，割炬正好处于水平位置，从而可避免切断的管子砸坏割炬。

(6) 球平钢的气割

如图 11-15 所示，气割球平钢时，应根据不同的位置采用不同的气割方法，但割嘴到球头时速度应放慢。

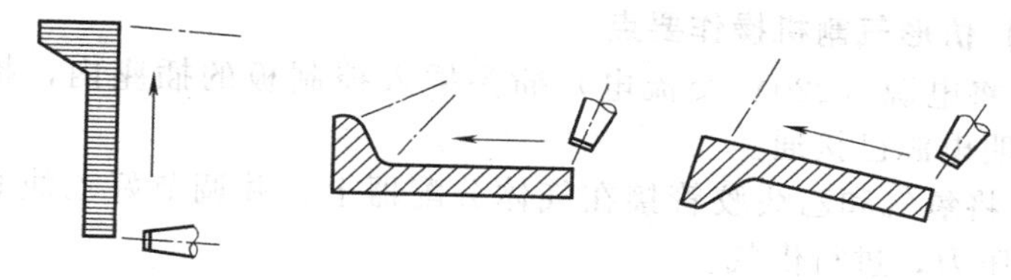

图 11-15 球平钢的气割

11.1.3 常见机械气割操作要点

(1) 小车式半机械化气割机操作要点

① 将电源（220V 交流电）插头插入控制板上插座孔内，指示灯亮说明电源已接通。

② 将氧气、乙炔胶管接到气体分配器上，调节好供气压力，供给氧气和乙炔。

③ 直线切割时，将导轨放在钢板上，使导轨与切割线平行，然后将气割机放在导轨上，则割炬一侧向着气焊工。割圆件时，应装上半径架，调好气割半径，抬高定位针，并使靠近定位针的滚轮悬空。

④ 根据切割厚度选取割嘴，并拧紧在割炬架上，接通气源。

⑤ 点燃割炬，检查切割氧气流挺直度。

⑥ 将离合器手柄推上后，开启压力开关，使切割与压力开关的气路相通，同时将起割开关扳在停止位置。

⑦ 将顺倒开关扳到使小车向切割方向前进的位置。根据割件的厚度，调节速度调节器，使之达到所需的要求。先开启预热氧调节阀和乙炔调节阀将火焰点燃，并调节好预热火焰。

⑧ 将起割点预热到呈亮红色时，开启切割氧调节阀，将钢板割

穿。同时，由于压力开关的作用，使电动机的电源接通，气割机行走，气割工作开始。气割时，如不使用压力开关阀，则也可直接用起割开关来接通或切断电源。

⑨ 气割结束后，应先关闭切割氧调节阀。此时，压力开关失去作用，电动机的电源切断，接着关闭压力开关，关闭乙炔及预热氧调节阀，熄灭火焰。整个工作结束后，应切断控制板上的电源，停止氧气和乙炔的供应。

(2) 仿形气割机操作要点

① 将电源（220V 交流电）插头插入控制板的插座内，指示灯亮，说明电源已接通。

② 将氧气和乙炔胶管接在气体分配器上，并调节好乙炔和氧气的使用压力，进行供气。

③ 气割之前，应先将气割机放置平稳，再将平衡锤的两根平衡棒插入控制箱下部孔中，最好将平衡锤调整到合适位置，并用螺钉固定。

④ 根据割件的厚度选用合适的割嘴装在割炬架上，点燃火焰，检查切割氧气流的挺直程度。

⑤ 将气割样板固定在样板架上，并调整好磁铁滚轮与样板间的位置。

⑥ 将割件固定在气割架上后，将起割开关扳到启动位置，电动机旋转后，校正割件位置。气割圆零件时，必须采用圆周气割装置。

⑦ 开启压力开关，使切割氧与压力开关接通。根据工件厚度调节好切割速度，然后开启预热氧和乙炔调节阀，将火点燃，调整火焰能率。

⑧ 将割件预热到呈亮红色时，开启切割氧调节阀，将割件割穿。再将起割开关扳到启动位置，电动机旋转，使磁铁滚轮沿着样板旋转，气割工作开始。

⑨ 气割过程中要不断调整火焰，使其呈中性火焰状态。可旋转割炬架上的手轮，使割炬与割件之间保持一定距离。当割嘴需检查和疏通时，松开翼形螺母，使割炬旋转 90°位置即可。

⑩ 利用型臂上的调节手轮，调节磁铁滚轮与样板的相对位置，使横移连杆在刻度尺范围内移动。旋动手轮，使型臂竖直上下移动，即可使滚轮与样板很好地配合。

⑪ 气割不同高度的割件时，为保持割炬与工件的距离，可利用调节圆棒旋转主臂旁的螺杆，使气割机的基臂上下移动，达到粗调目的。

⑫ 气割结束时，在关闭切割氧调节阀的同时，压力开关应关闭，此时电动机电源即被切断而停止工作。

（3）光电跟踪气割机操作要点

① 尽量在钢板的余料部分起割，这样可控制割件或余料向两旁产生位移。

② 当不能在余料上起割时，采用从钢板边缘起割的方法，但应从边缘气割一个Z形曲线入口，以便限制余料的位移。从钢板边缘起割的方法见图11-16。

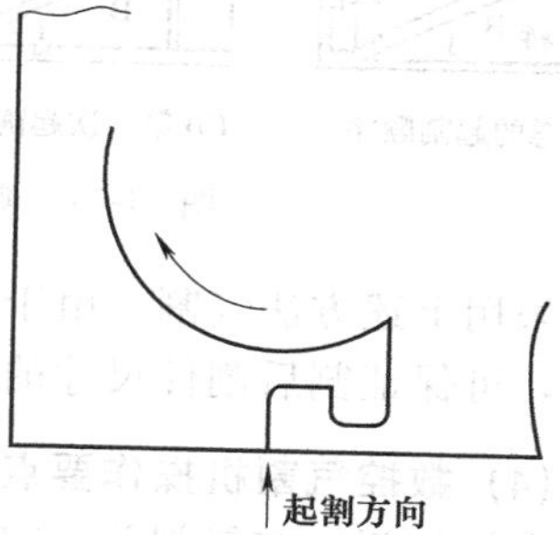

图11-16 从钢板边缘起割的方法

③ 气割组合套料割件时，应尽可能使其主要部分和钢板在较长时间内保持连接。如气割小型重复而数量较多的零件或者一批较小尺寸的组合零件时，应该采用从钢板一端开始依次气割的方法。

④ 气割窄长条状割件时，可用两把割炬气割一根条状割件，或用三把割炬气割两根条状割件。

⑤ 当割件面积比周围余料面积小时，应将割件用压铁或其他方法加以固定，以防止气割过程中割件产生位移，而影响尺寸的正确性。

⑥ 在气割顺序上应采用不切断的“桥”，限制割件或余料的移动。这些“桥”在气割结束后，可用手工割炬进行气割。

【例11-1】 图11-17为某厂用光电跟踪气割机进行套料气割的、典型的套料气割仿形图，气割时采用3次起割方法。

① 第1次起割从点1开始，把外围余料全部割去。除割件H和I外，其余割件仍留在钢板上，割件不会产生位移和变形。

② 第2次起割主要从点2开始，先气割割件G的内孔，并留有减少变形的“桥”。

③ 第3次起割从点3开始，先气割割件G，并留下凹齿形直边，

稍后割去。然后分别连续将B、A、C、E、F及D等割件切割完毕。

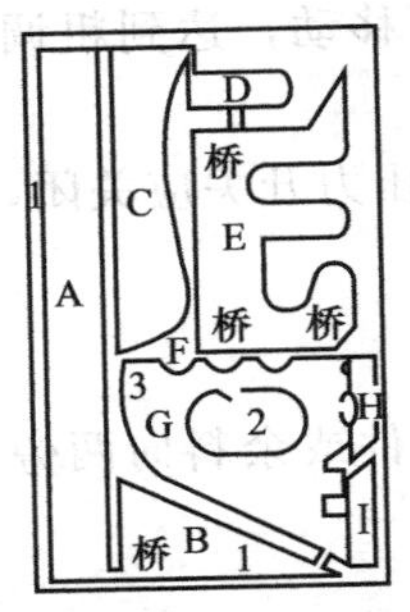

(a) 总的起割顺序

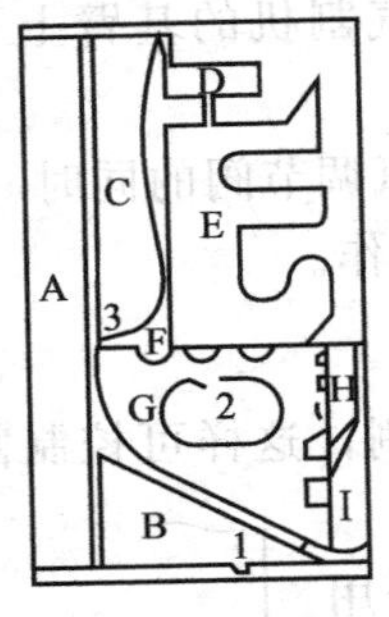

(b) 第一次起割顺序

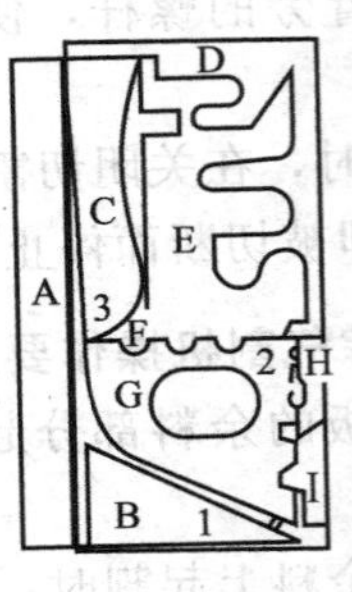

(c) 第二次起割顺序

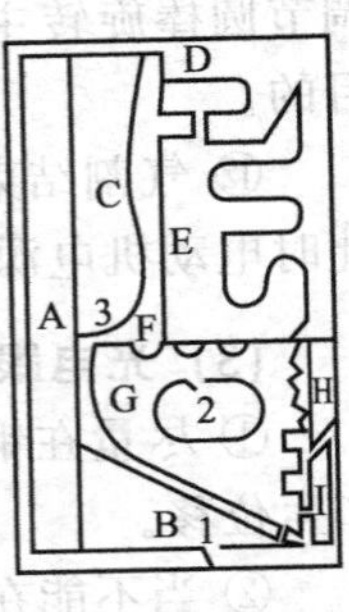

(d) 第三次起割顺序

图 11-17 典型的套料气割仿形图

采用上述方法气割，由于起割顺序合理，大大减少割件的位移和变形，可保证割后割件尺寸的正确性，完全控制割件的尺寸。

(4) 数控气割机操作要点

数控气割机在气割前，需要完成一定的准备工作，即把图纸上工件的几何形状和尺寸数据编制成一条条计算机所能接受的加工指令，称为编制程序；再把编好的程序按照规定的编码打在穿孔纸带上。以上准备工作可由计算机来完成。气割时，把已穿孔的纸带放在光电输入机上，加工指令就通过光电输入机被读入专用计算机中。它根据输入的指令计算出气割头的走向和应走的距离，并以一个个脉冲向外输出至执行机构。经功率放大后驱动步进电机，步进电机按进给脉冲的频率转动，经传动机构带动气割头（割嘴），就可以按图纸的形状把零件从钢板上切割下来。

11.2 气割操作技能训练实例

11.2.1 不同厚度低碳钢板的气割

(1) 薄低碳钢板的气割

切割 2～6mm 的薄低碳钢板时，因板薄、加热快、散热慢，容易引起切口边缘熔化，熔渣不易吹掉，粘在钢板背面，冷却后不易去除，且切割后变形很大。若切割速度稍慢，预热火焰控制不当，则易造成前面割开后面又熔合在一起的现象，因此，气割薄板时，为了获得较满意的效果，应采用下列措施：

① 应选用G01-30型割炬和小号割嘴，预热火焰要小。

② 割嘴与割件的后倾角加大到30°～45°，割嘴与割件表面的距离加大到10～15mm，切割速度尽可能快一些。

用切割机对厚度在6mm以下的零件进行成形气割，为获得必要的尺寸精度，可在切割机上配以洒水管，切割薄板时洒水管的配置如图11-18所示，边切割边洒水，洒水量为2L/min。薄钢板机动气割的气割参数见表11-2。

表11-2 薄钢板机动气割的气割参数

板厚/mm	割嘴号码	割嘴高度/mm	切割速度/(mm/min)	切割氧压力/MPa	乙炔压力/MPa
3.2	0	8	650	0.196	0.02
4.5	0	8	600	0.196	0.02
6.0	0	8	550	0.196	0.02

(2) 中厚度钢板的气割

气割4～20mm厚度的钢板时，一般选用G01-100型割炬，割嘴与工件表面的距离大致为焰心长度加上2～4mm，切割氧风线长度应超过工件板厚的1/3。气割时，割嘴向后倾斜20°～30°，切割钢板越厚，后倾角应越小。

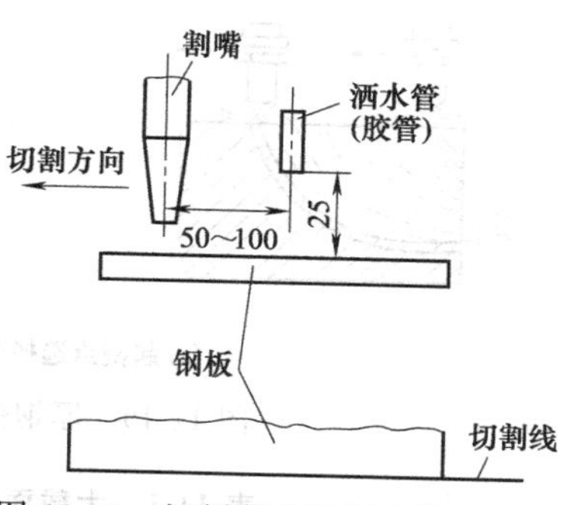

图11-18 切割薄板时洒水管的配置

(3) 大厚度钢板的气割

通常把厚度超过100mm的工件切割称为大厚度切割。气割大厚度钢板时，由于工件上下受热不一致，使下层金属燃烧比上层金属慢，因此切口易形成较大的后拖量，甚至割不透。同时，熔渣易堵塞切口下部，影响气割过程的顺利进行。

① 应选用切割能力较大的G01-300型割炬和大号割嘴，以提高火焰能率。

② 氧气和乙炔要保证充分供应。氧气供应不能中断，通常将多个氧气瓶并联起来供气，同时使用流量较大的双级式氧气减压器。

③ 气割前，要调整好割嘴与工件的垂直度，即割嘴与割线两侧平面成90°夹角。

④ 气割时，预热火焰要大。厚钢件起割点的选择方法如图 11-19（a）所示，先从割件边缘棱角处开始预热，并使上、下层全部均匀预热。如图 11-19（b）所示，如果上、下预热不均匀，则要产生未割透。起割点选择不当而造成的未割透现象如图 11-19（c）所示。

⑤ 大截面钢件气割的预热温度见表 11-3。

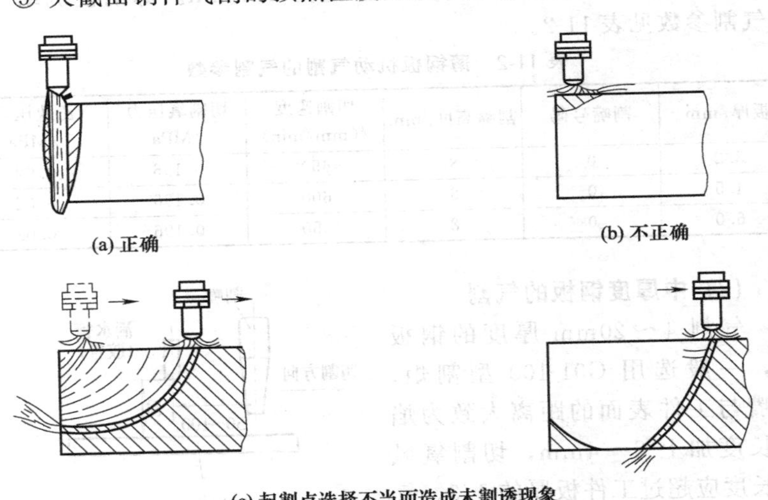

图 11-19 厚钢件起割点的选择方法

表 11-3 大截面钢件气割的预热温度

材料牌号	截面尺寸/mm	预热温度/℃
35,45	1000×1000	250
5CrNiMo,5CrMnMo	800×1200	450
14MnMoVB	1200×1200	
37SiMn2MoV,60CrMnMo	ϕ830	
25CrNi3MoV	1400×1400	

大厚度割件切割过程如图 11-20 所示。操作时，注意使上、下层全部均匀预热到切割温度，逐渐开大切割氧气阀并将割嘴后倾，待割

件边缘全部割透时，加大切割氧气流，且将割嘴垂直于割件，再沿割线向前移动割嘴。

切割过程中，还要注意切割速度要慢，而且割嘴应做横向月牙形小幅摆动，但这样也会造成割缝表面质量下降。当气割结束时，速度可适当放慢，可使后拖量减少并容易将整条割缝完全割断。有时，为加快气割速度，可将整个气割线的前沿预热一遍，然后再进行气割。

当割件厚度超过 300mm 时，可选用重型割炬或自行改装，将原收缩式割嘴内嘴改制成缩放式割嘴内嘴，如图 11-21 所示。

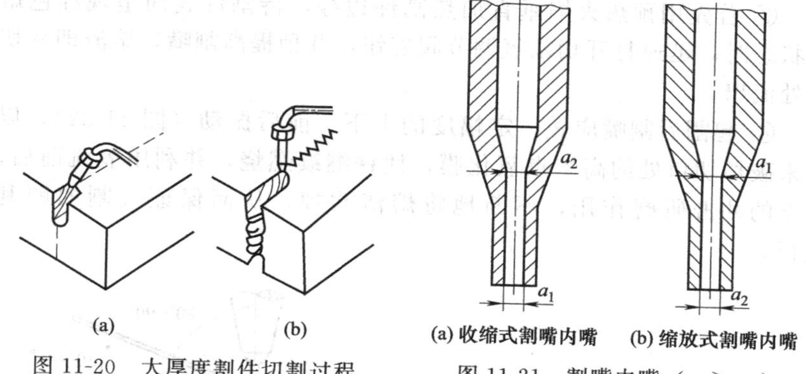

(a)　(b)

图 11-20　大厚度割件切割过程

(a) 收缩式割嘴内嘴　(b) 缩放式割嘴内嘴

图 11-21　割嘴内嘴（$a_1>a_2$）

气割大厚度钢板过程中，要正确掌握好气割参数，否则，将影响切口质量。300～600mm 厚钢板的手工气割参数见表 11-4。

表 11-4　300～600mm 厚钢板的手工气割参数

钢板厚度/mm	喷嘴号码	预热氧压力/MPa	预热乙炔压力/MPa	切割氧压力/MPa
200～300	1	0.3～0.4	0.08～0.1	1～1.2
300～400	1	0.3～0.4	0.1～0.12	1.2～1.6
400～500	2	0.4～0.5	0.1～0.12	1.6～2
500～600	3	0.4～0.5	0.1～0.14	2～2.5

⑥ 在气割过程中，若遇到割不穿的情况，则应立即停止气割，以免气涡和熔渣在割缝中旋转，使割缝产生凹坑，重新起割时应选择另一方向作为起割点。整个气割过程必须保持均匀一致的气割速度，以免影响割缝宽度和表面粗糙度。并应随时注意乙炔压力的变化，及时调整预热火焰，保持一定的火焰能率。

11.2.2 不锈钢的气割

(1) 振动法的操作

① 选择比气割相同厚度碳钢要大 1 号的射吸式割炬。例如气割 50mm 厚的不锈钢时，可选用 G01-100 型割炬和 4 号割嘴；气割 ϕ250mm 不锈钢冒口时，可选用 G01-300 型割炬和 9 号割嘴。

② 预热火焰采用中性焰，其能率比气割相同厚度的碳钢时要大一些，且氧气压力也要相应大 15%～20%。

③ 首先用预热火焰垂直加热割件边缘，待割件表面呈现红色熔融状态时，迅速打开切割氧调节阀旋钮，并稍提高割嘴，熔渣即从切口处流出。

④ 起割后割嘴应做一定幅度的上下、前后振动（图 11-22），以此来破坏切口处的高熔点氧化膜，使铁继续燃烧，并利用氧流前后、上下的冲击研磨作用，不断地将熔渣吹掉，从而保证气割的顺利进行。

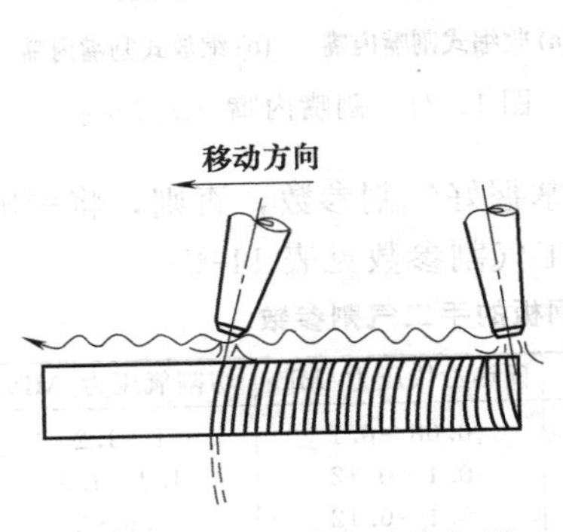

图 11-22 不锈钢振动法气割

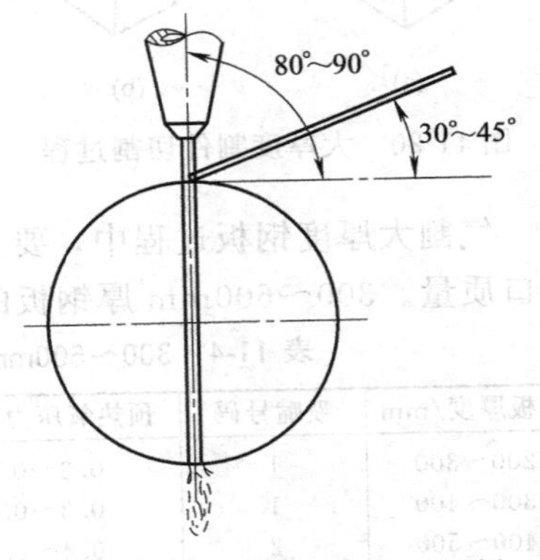

图 11-23 不锈钢加丝法气割

⑤ 割嘴上下、前后的振动频率一般为 20～30 次/min，振幅为 10～15mm。

(2) 加丝法的操作

① 选择气割相同厚度低碳钢用的普通射吸式割炬和割嘴。例如用加丝法切割 ϕ90mm 的不锈钢及高铬钢冒口时，可选用 G01-

100mm 割炬和 3 号割嘴。

② 选择直径为 4～5mm 的低碳钢丝一根，在气割时由一专人将该钢丝以与割件表面成 30°～45°的倾角不断地送入切割氧流中，如图 11-23 所示。由于铁在氧气流中燃烧产生大量的热，使切割处的金属温度迅速升高，同时燃烧生成的氧化铁与三氧化二铬形成熔渣，使熔点降低，易于被氧气流吹走，促使切割过程顺利进行。

③ 切割过程中割嘴与割件表面应始终保持 80°～90°的倾角，其操作方法和切割碳钢时完全相同。

11.2.3 不锈复合钢板的气割

① 必须把碳钢板这一层朝上，不锈钢板层朝下放，如图 11-24 所示。

② 保证复合钢板切割质量的关键，在于使用较低的切割氧压力和较高的预热火焰氧气压力。为此通常应采用等压式割炬。

③ 预热时火焰能率应调得大些，使预热火焰的氧气压力为0.7～0.8MPa。

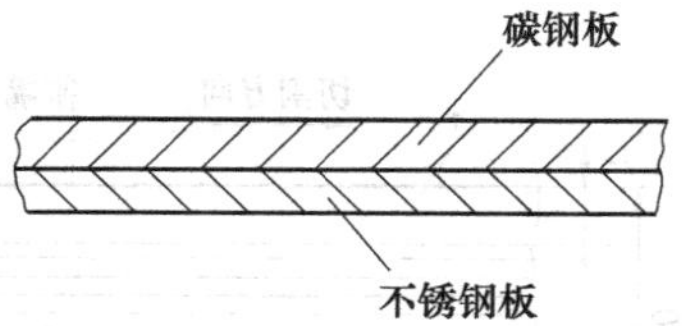

图 11-24　不锈复合钢板气割

④ 正常气割时，应调节氧气阀门旋钮，使氧气压力保持为 0.2～0.25MPa。

⑤ 割嘴在气割过程中应始终保持前倾角度，这样就可以充分利用燃烧反应所产生的热量，使气割工作顺利进行。

11.2.4 铸铁的振动气割

铸铁振动气割的操作方法与不锈钢振动气割基本相同，所不同的是：

① 气割时割嘴只需要做一种运动，即上下振动，或沿气割方向做前后或左右摆动。而气割不锈钢时需同时做前后、上下振动。

② 振动的幅度要根据割件的厚度确定，一般割件较厚时振幅可大些；反之，则振幅可小些。据经验介绍，上下振动时，振幅为 8～15mm，横向摆动时，摆幅为 8～16mm。

③ 割嘴振动频率开始时约为 30 次/min，当气割一段后，频率可逐渐降低，甚至可以不振动，和气割一般碳钢一样，直到结束。

11.2.5 低碳钢叠板的气割

气割大批量低碳钢薄板零件时，可将薄板叠在一起进行切割，以提高生产率和切割质量。

(1) 成叠钢板的气割

① 切割前应将每件钢板切口附近的氧化皮、铁锈和油污等仔细清理干净，便于叠装。

② 然后将钢板叠合在一起，叠合时钢板之间不应有空隙，以防烧熔。为此，可以采用夹具夹紧的方法、多点螺栓紧固的方法、增加两块厚度为 6～8mm 的上下盖板一起叠层的方法。

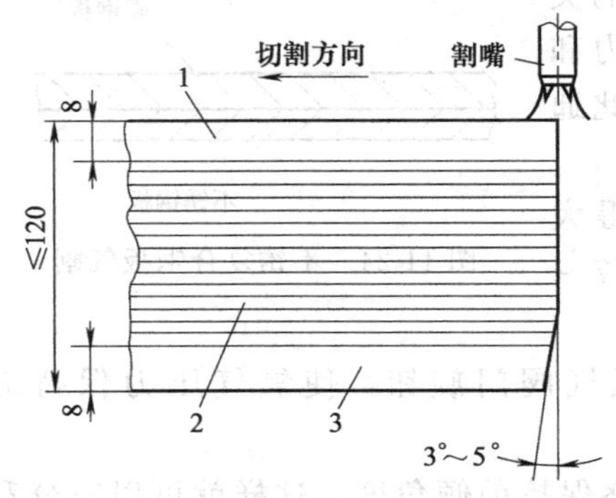

图 11-25 钢板叠合方式
1—上盖板；2—钢板；3—下盖板

③ 为使切割顺利，可使上下钢板错开，造成端面叠层有 3°～5°的倾角。钢板叠合方式如图 11-25 所示。

④ 叠板气割可以切割厚度在 0.5mm 以上的薄钢板，总厚度应≤120mm。

⑤ 叠板气割与切割同样厚度的钢板比较，切割氧压力应增加 0.1～0.2MPa，切割速度应慢些。采用氧丙烷焰进行叠板切割，其切割质量优于氧-乙炔焰。GKI 扩散型快速割嘴叠板氧-乙炔气割参数见表 11-5。

表 11-5 GKI 扩散型快速割嘴叠板氧-乙炔气割参数

钢板厚度(mm×层数)	切割氧压力/MPa	乙炔压力/MPa	切割速度/(mm/min)	夹紧力/N	钢板之间的间隙/mm	切割面表面粗糙度 $Ra/\mu m$
6×3	0.784	0.03～0.04	250	9806×2	0.6	25
6×3	0.784	0.03～0.04	380	8179×2	0.15	25
6×3	0.784	0.03～0.04	410	8179×2	0	25
6×5	0.784	0.03～0.04	390	16347×2	0	25

续表

钢板厚度（mm×层数）	切割氧压力/MPa	乙炔压力/MPa	切割速度/(mm/min)	夹紧力/N	钢板之间的间隙/mm	切割面表面粗糙度 $Ra/\mu m$
6×8	0.784	0.03～0.04	180	19612×2	0.4	25
6×12	0.784	0.04～0.05	160	16347×2	0.4～0.5	25
14×2	0.784	0.04～0.05	410	—	0.1～0.2	12.5
14×6	0.784	0.04～0.05	235	—	0.03～0.34	—

(2) 圆环的成叠切割

如图 11-26 所示，圆环的成叠切割是将 60 块 1mm 厚方形低碳钢板叠合在一起，气割成圆环形割件。

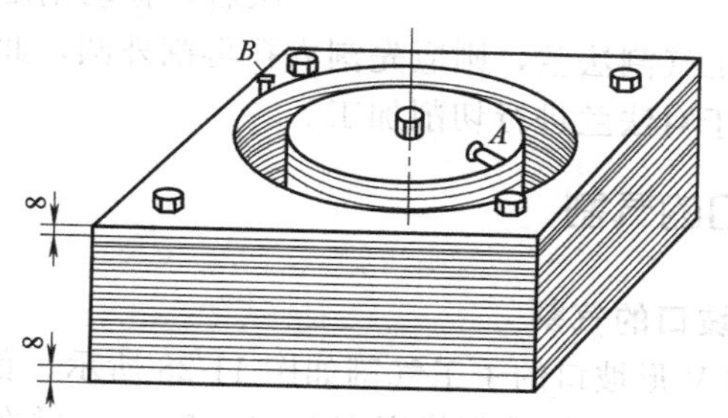

图 11-26　圆环的成叠切割
A—内圆起割点；*B*—外圆起割点

首先将 60 块 1mm 厚的钢板及上下两块 8mm 厚的钢板按图 11-26 所示方式叠在一起。再用多个弓形夹或螺栓将钢板夹紧，在图中所示 *A*、*B* 两处钻通孔。选用 G01-100 型割炬、3 号割嘴进行切割，氧气压力为 0.8MPa。在 *A* 处起割圆环内圆，从 *B* 处起割外圆环。

11.2.6 法兰的气割

法兰是圆环形的，用钢板气割法兰最好借助于规划式割圆器进行，如图 11-27 所示。利用规划式割圆器切割法兰，只能先切割外圆、后切割内圆，否则将失去空心位置。

① 气割外圆时的操作要点　气割前，先用样冲在圆心上打个定位眼，将简易划规式割圆器按图示位置装好。先预热钢板的边缘，割

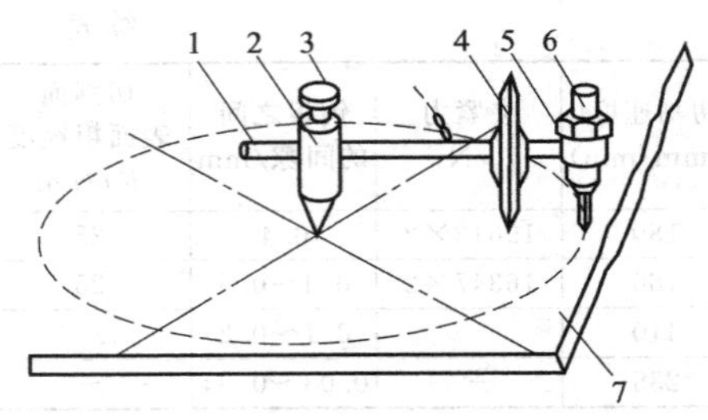

图 11-27 用割圆器切割法兰

1—圆规杆；2—定心锥；3—顶丝；4—滚轮；5—割炬箍；6—割炬；7—被割件

穿钢板，慢慢地将割炬移向法兰中心，当定心锥落入定位眼后，便可将割炬沿圆周旋转一周，法兰即可从钢板上落下。

② 气割内圆时的操作要点 将法兰垫起，支撑物应离开切割线下方。在距切割线5～15mm处，先开一个起割孔，割穿起割孔后，即可将割炬慢慢移向切割线，进入定位眼后，移动割炬，即可割下内圆。如采用手工气割法兰，则应先割内孔再割外圆，此时，一定要留加工余量，便于对法兰进行切削加工。

11.2.7 坡口的气割

(1) 钢板坡口的气割

① 无钝边V形坡口的手工气割如图11-28所示。首先，要根据厚度δ和单位坡口角度α计算划线宽度b，$b=\delta\tan\alpha$，并在钢板上划线。

② 调整割炬角度，使之符合α角的要求，然后采用后拖或前推的操作方法切割坡口，手工气割坡口的操作方法如图11-29所示。为了使坡口宽度一致，也可以用简单的靠模进行切割，用辅助工具手工气割坡口如图11-30所示。

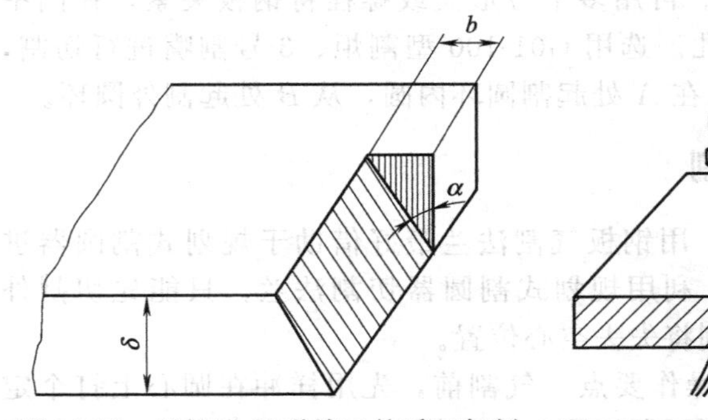

图 11-28 无钝边V形坡口的手工气割

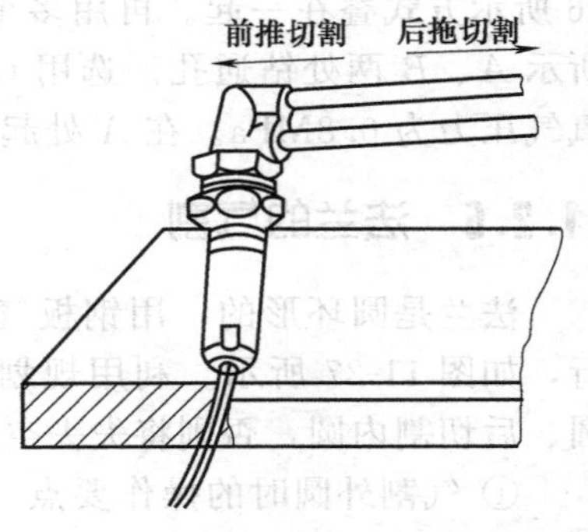

图 11-29 手工气割坡口的操作方法

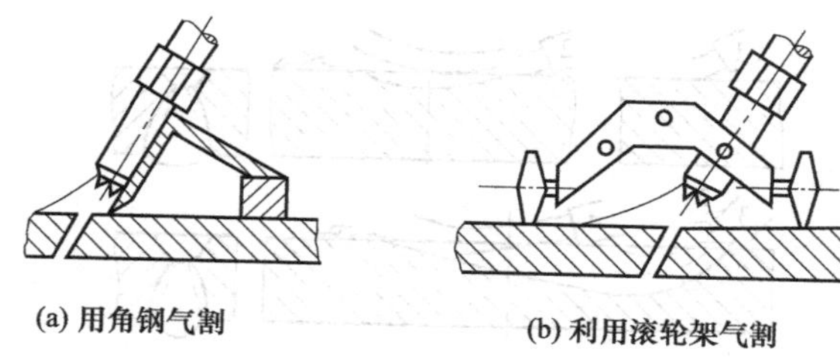

图 11-30　用辅助工具手工气割坡口

对于带钝边 p 的坡口，可按公式 $b=(\delta-p)\tan\alpha$ 计算出划线宽度 b，并划线，再照无钝边坡口切割即可。

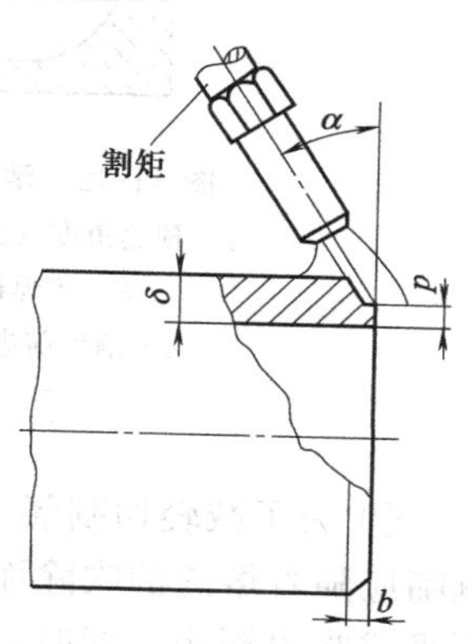

图 11-31　钢管坡口的气割

(2) 钢管坡口的气割

钢管坡口的气割如图 11-31 所示。操作步骤如下：

① 由 $b=(\delta-p)\tan\alpha$，计算划线宽度 b，并沿外圆周划出切割线。

② 调整割炬角度 α，沿边割线切割。

③ 切割时除保持割炬的倾角不变之外，还要根据在钢管上的不同位置，不断调整好割炬的角度。

11.2.8 气割清焊根

气割清焊根多数采用普通割炬，其工艺特点是风线不能太细太长，而应短而粗，长度为20～30mm，且直径应大一些。因此，最好用专用清焊根割嘴，这样效果最好，或者用风线不好的旧割嘴也比较合适。

① 首先预热清焊根部位，割嘴角度一般在20°左右。预热温度高于气割钢板预热温度，且为中性焰。金属呈熔融状态时，立即将割嘴与割件表面的夹角调整到45°左右，缓慢开启切割氧气阀，使焊缝根部被吹成一定深度的沟槽，接着横向摆动割嘴，扩大沟槽的两边，然后割嘴进入割处的坡口内，按上述方法继续向前清焊根。清焊根过程中割炬与割件的角度变化如图 11-32 所示。

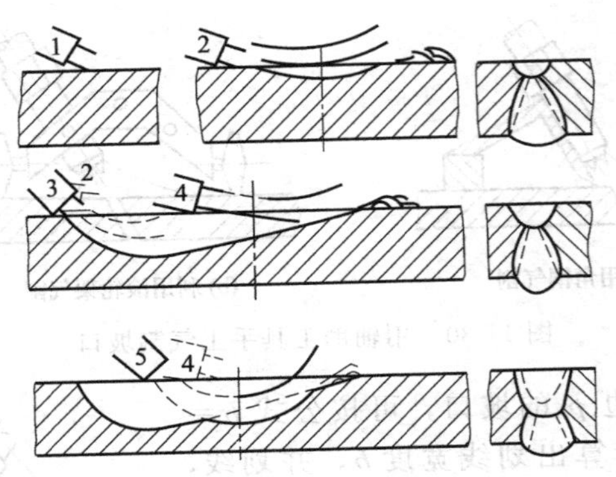

图 11-32　清焊根过程中割炬与割件的角度变化

1—预热角度（20°左右）；2—清焊根开始角度（5°左右）；
3—清焊根开始后角度逐渐变化到 45°左右；
4—割炬前进后继续清焊根的开始角度（5°左右）；
5—继续清焊根的角度（45°左右）

② 为了减轻切割氧气流的冲击力，每当开启切割氧吹掉熔渣时，割嘴应随着熔渣的吹除而缓慢后移 10～30mm，以免将金属吹得高低不平或吹出深沟。同时，切割氧气流应小一些，这样便于控制坡口的宽窄、深浅和根部表面粗糙度。

③ 清焊根过程中，无需一直开启切割氧，而是根据金属的燃烧温度状况随时打开和关闭。

用气割开坡口或清焊根，所用设备简单，应用灵活，易操作，而且很容易发现诸如气孔、夹渣、未焊透等焊缝内在的缺陷；但效率比较低，清焊根后得到的槽形坡口较宽，所以在有条件的情况下亦可采用碳弧气刨来开坡口、清焊根。

11.2.9 铆钉的气割

在拆修工作中，会遇到一些铆钉的气割，所割铆钉的关键在于不能割伤钢板，因此预热火焰要求集中且应适当加大，而切割氧的压力要适当小一些。

(1) 圆头铆钉气割

如图 11-33 所示，为防止割坏钢板，割嘴必须垂直于铆钉头预热，使钢板尽可能少受热。开始气割时，割嘴要平行于钢板，先在铆钉头中央自上而下割开一条槽，再沿钢板的平面往两边分割，如图 11-33（a）左图所示。也可先将铆钉帽上部割去，留下 3mm 左右的帽体，如图 11-33（a）中图所示。然后将割嘴与铆钉的距离加大（比气割钢板时大 20～50mm），切割氧气流沿着没有预热的钢板平面向帽体剩余部分吹去，如图 11-33（a）右图所示。切割氧不宜开得太大，只要能将氧化铁熔渣吹出即可，割透后再迅速移开割嘴。

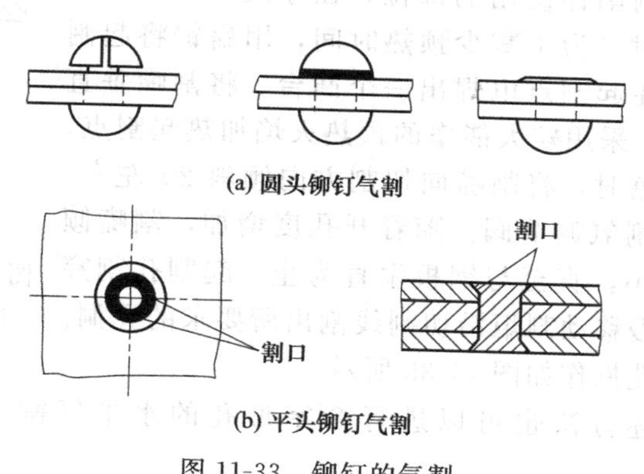

图 11-33 铆钉的气割

(2) 平头铆钉气割

如图 11-33（b）所示，首先将凹进去的平头铆钉头尽快预热，当达到切割温度时，从平头的边缘开始向内割，割到钉体边缘处，就沿着钉体边缘进行圆周切割，如图 11-33（b）左图所示。此时切割氧要继续开启，且不可开得太大，把钉体边缘割断就向前移动割嘴，如图 11-33（b）右图所示，注意不要割伤钢板。待冷却后用冲头冲出铆钉体。

(3) 沉头或半沉头铆钉气割

① 对凹进去的铆钉头进行快速预热。

② 将割嘴略微放低一些，逐渐开大切割氧流并做圆圈移动，找到钉头根部，切割氧流在交界面转一圈，把氧化铁渣从凹处吹出。

③ 将割嘴提高一些，靠外转一圈，如图 11-34 所示。

④ 气割时一定要掌握好切割氧流的大小，要分清交界面的位

置（铆钉与钢板圆孔之间的交界面有一条黑斑），切不可割伤母材。

11.2.10 钢板的气割开孔

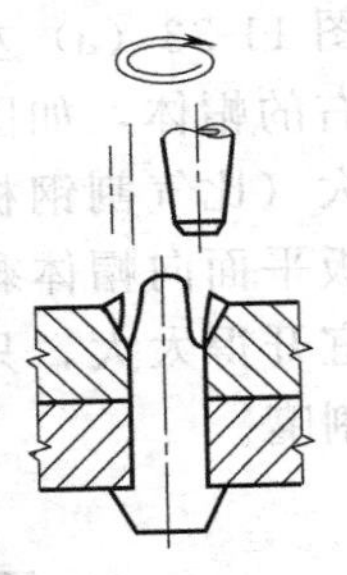

图 11-34 沉头铆钉的气割

钢板的气割开孔分水平气割开孔和竖直气割开孔两种形式。

① 钢板水平气割开孔　气割开孔时，起割点应选择在不影响割件使用的部位。在厚度＞30mm 的钢板上开孔时，为了减少预热时间，用扁铲将起割点铲毛，或在起割点电焊出一个凸台。将割嘴垂直于钢板表面，采用较大能率的预热火焰加热起割点，待其呈亮红色时，将割嘴向切割方向倾斜 20°左右，慢慢开启切割氧调节阀。随着开孔度增加，割嘴倾角应不断减小，直至与钢板垂直为止。起割孔割穿后，即可慢慢移动割炬沿切割线割出所要求的孔洞。水平气割开孔操作如图 11-35 所示。

利用上述方法也可以进行 8 字形孔的水平气割，如图 11-36 所示。

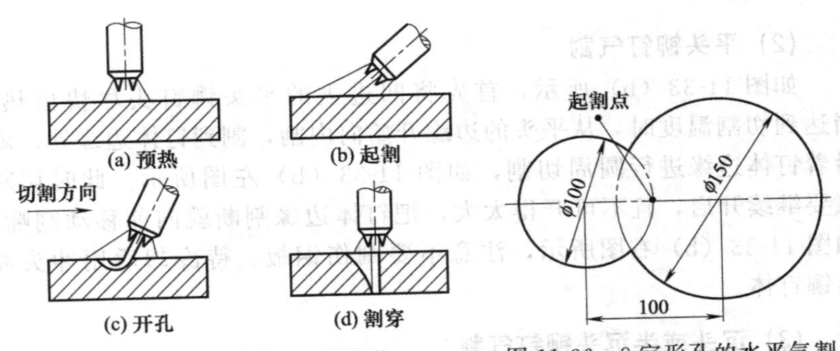

图 11-35 水平气割开孔操作　　图 11-36 8 字形孔的水平气割

② 钢板竖直气割开孔　处于铅垂位置的钢板气割开孔与水平位置气割的操作方法基本相同，只是在操作时割嘴向上倾斜，并向上运动以便预热待割部分。竖直气割开孔操作如图 11-37 所示，待割穿后，可将割炬慢慢移至切割线割出所需孔洞。

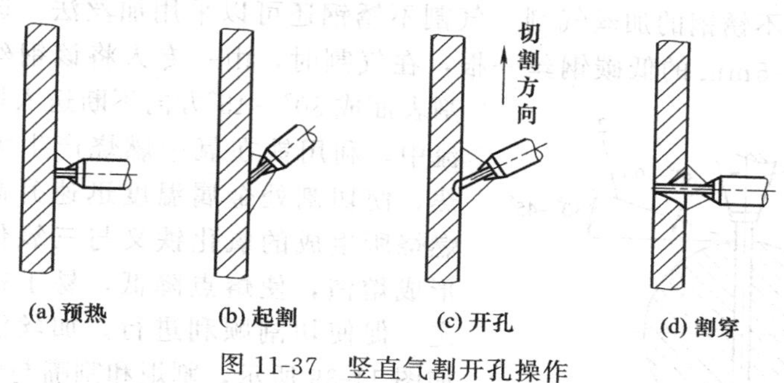

图 11-37　竖直气割开孔操作

11.2.11　难切割材料的气割

① 不锈钢的振动切割　不锈钢在气割时生成难熔的 Cr_2O_3，所以不能用普通的火焰气割方法进行切割。不锈钢一般采用空气等离子弧切割，在没有等离子弧切割设备或需切割大厚度钢板的情况下，也可以采用振动切割法。

振动切割法是采用普通割炬使割嘴不断摆动来实现切割的方法。采用这种方法虽然切口不够光滑，但突出的优点是设备简单、操作技术容易掌握，而且被切割工件的厚度可以很大，甚至可达 300mm 以上。不锈钢振动切割如图 11-38 所示。

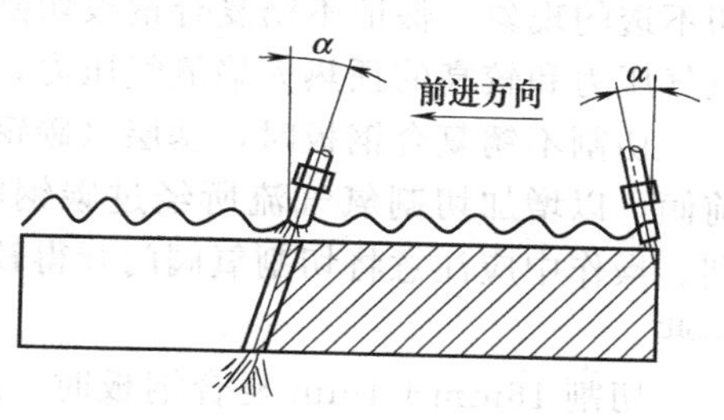

图 11-38　不锈钢振动切割

采用普通的 G01-300 型割炬，预热火焰采用中性焰，其能率比气割相同厚度的碳钢要大一些，且氧压力也要加大 15%～20%。切割开始时，先用火焰加热工件边缘，待其达到红热熔融状态时，迅速打开切割氧气阀门，少许抬高割炬，熔渣即从切口处流出。起割后，割嘴应做一定幅度的上下、前后振动，以此来破坏切口处高熔点氧化膜，使铁继续燃烧。利用氧气流的前后、上下的冲击作用，不断将焊渣吹掉，保证气割顺利进行。割嘴上下、前后振动的频率一般为20～30 次/min，振幅为 10～15mm。

② 不锈钢的加丝气割　气割不锈钢还可以采用加丝法。选用直径为 4～5mm 的低碳钢丝一根，在气割时，由一专人将该钢丝与切割表面成 30°～45°方向不断送入切割气流中，利用铁在氧中燃烧产生大量的热，使切割处金属温度迅速升高，而燃烧所生成的氧化铁又与三氧化二铬形成熔渣，使熔点降低，易于被氧吹走，促使切割顺利进行。加丝法气割如图 11-39 所示，割炬和割嘴与碳钢相同，不必加大号码。

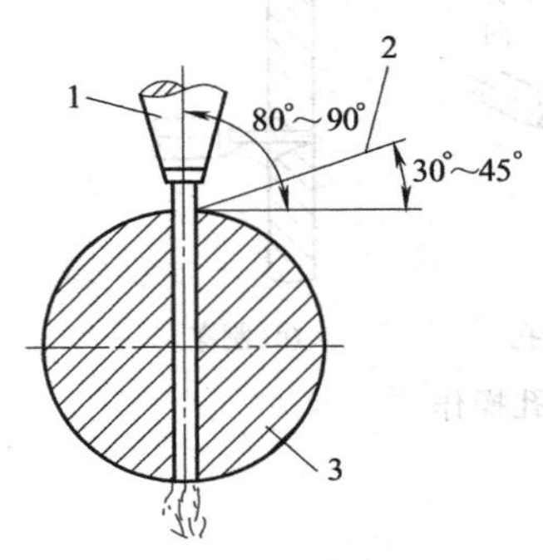

图 11-39　加丝法气割
1—割嘴；2—焊丝；3—割件

③ 不锈复合钢板的气割　不锈复合钢板的气割不同于一般碳钢的气割。由于不锈钢复合层的存在，给切割带来一定的困难，但它比单一的不锈钢板容易切割。用一般切割碳钢的规范来切割不锈复合钢板，经常发生切不透的现象。保证不锈复合钢板切割质量的关键是使用较低的切割氧气压力和较高的预热火焰氧气压力，因此，应采用等压力式割炬。

切割不锈复合钢板时，基层（碳钢面）必须朝上，切割角度应向前倾，以增加切割氧气流所经过碳钢的厚度，这对切割过程非常有利。操作中应注意将切割氧阀门开得较小一些，而将预热火焰调得大一些。

切割 16mm＋4mm 复合钢板时，采用半自动切割机分别送氧的气割参数为：切割氧压力为 0.2～0.25MPa，预热气压力为 0.7～0.8MPa。改用手工切割后，所采用的切割参数为：切割速度为360～380mm/min，氧气压力为 0.7～0.8MPa。割嘴直径为 2～2.5mm（G01-300 型割炬，2 号嘴头），嘴头与工件的距离为 5～6mm。

④ 铸铁的振动切割　铸铁材料的振动切割原理和工艺与不锈钢振动切割基本相同。切割时，以中性火焰将铸铁切口处预热至熔融状态后，再打开切割氧气阀门，进行上下振动切割，每分钟上下摆动 30 次左右。铸铁厚度在 100mm 以上时，振幅为 8～15mm。当切割一段后，振动次数可逐渐减少，甚至可以不用振动，而像切割碳钢板那样进行操作，直至切割完毕。

切割铸铁时，也有采用沿切割方向前后摆动或左右横向摆动的方法进行振动切割的。根据工件厚度的不同，摆动幅度可在8～10mm范围内变动。

11.2.12 曲轴Π字口的气割

气割材质为45钢、200mm厚的曲轴Π字口的操作要点如下。

① 割前先将曲轴放入炉内加热到600℃，保温8h。

② 选用G01-300型割炬，3号割嘴。

③ 预热后将曲轴Π字口处垫平。

④ 将Π字口分三次切割（图11-40），先沿切割线1和切割线2切割，然后再沿切割线3切割。

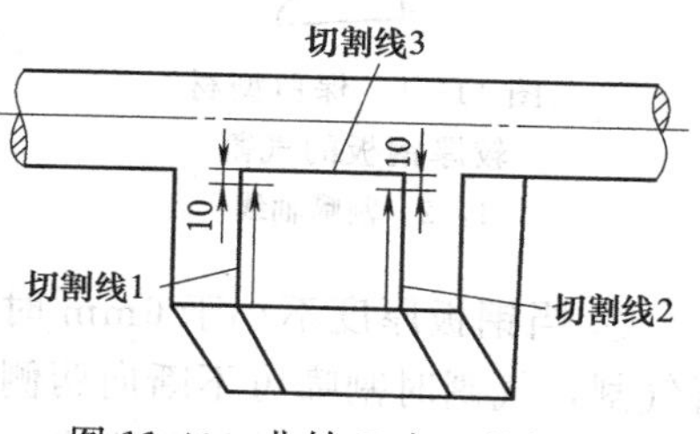

图11-40 曲轴Π字口的气割

⑤ 气割时，割嘴应始终保持和割件表面垂直，不得倾斜。

⑥ 气割切割线1和2时，当气割到距末端还有10mm时，应放慢切割速度，待完全割穿后，立即关闭切割氧调节阀，停止气割，然后再气割切割线3。

⑦ 气割时可将切割氧压力调节为1MPa。

⑧ 气割时割嘴应做小幅度的横向摆动。

⑨ 割后将曲轴再放入炉中保温，并随炉缓冷，以防产生裂纹。

11.2.13 钢结构件的气割

（1）安全注意事项

① 必须按照工艺所规定的顺序进行操作，防止在气割过程中发生意外的倒塌事故。

② 在每个部件被割断前，应分析断件将会向哪个方向坠落，气割时操作者一定要在安全位置进行操作。

（2）保留型材，将原钢板割除

① 当钢板较厚时，可先沿型材边把钢板割断，焊脚同时被割穿，

然后再割除另一侧的焊脚，如图 11-41 所示。

② 当钢板较薄时，可沿型材的两侧把钢板割断，如图 11-42 所示，然后再用砂轮将型材根部磨光。

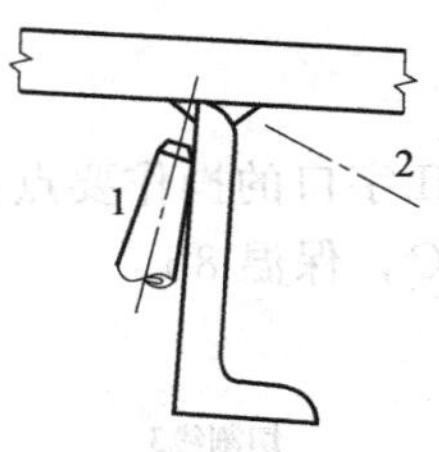

图 11-41 保留型材较厚钢板的气割
1，2—割嘴轴线

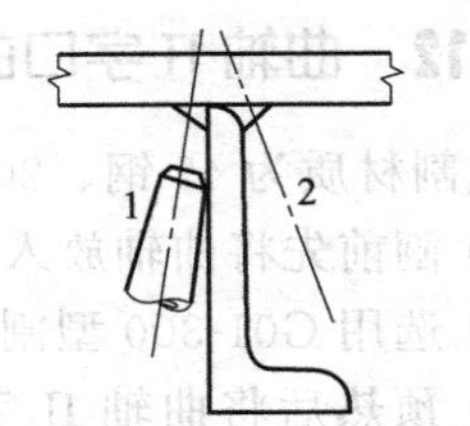

图 11-42 保留型材较薄钢板的气割
1，2—割嘴轴线

③ 当钢板厚度不小于 6mm 时，可在钢板的背面沿型材位置线进行气割，气割时割嘴可不断向两侧摆动，如图 11-43 所示。待钢板割除后，再用砂轮将型材根部磨光。

④ 气割时为减少型材的变形，应采用跳割法，即每割一段长缝就留下一小段不割，待型材冷却后再将所有的小段割除。

(3) 保留钢板，将原型材割除

① 将割嘴放在靠近并平行于钢板的位置，如图 11-44 所示，开大切割氧气流，把型材及其周边的焊脚割除。

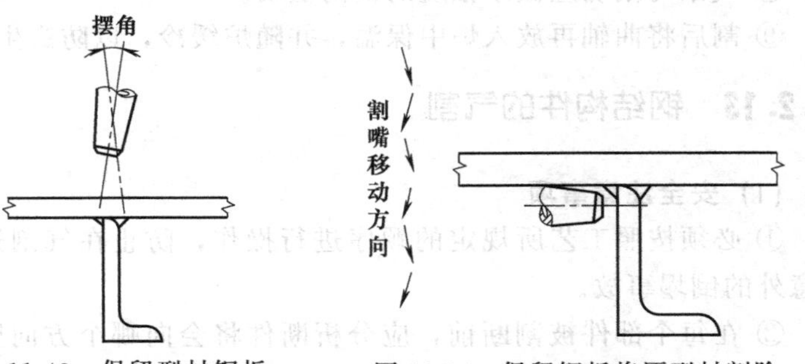

图 11-43 保留型材钢板厚度小于 6mm 的气割

图 11-44 保留钢板将原型材割除

② 用砂轮将钢板表面磨平。

11.2.14 厚钢板的长短直线与硬角、圆弧相接的气割

① 割件的形状　见图 11-45。

② 工件材料与厚度　厚度为 30mm，材料为低碳钢。

③ 割炬型号　G01-100 型割炬，5 号割嘴。

④ 气割参数　氧气压力为 0.5～0.7MPa；乙炔压力为 0.05～0.1MPa。

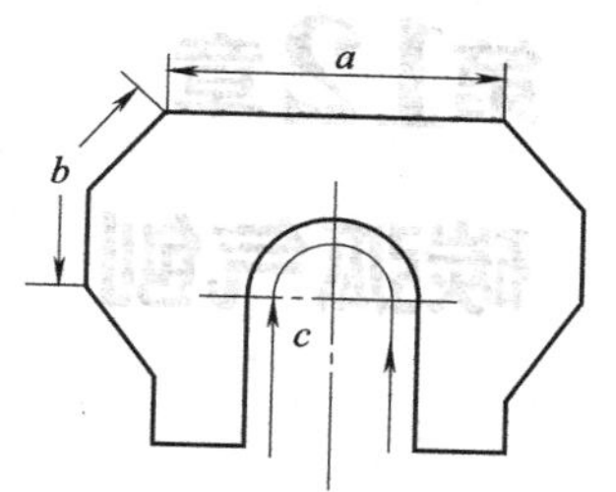

图 11-45　直线、硬角、圆弧的气割示意图

⑤ 气割顺序　先割 a 段直线，到硬角点处停割一下；接着割 b 段短直线，由于此段直线短，因此割位允许连续进行气割时，要一直割下去；圆弧与直线相接处，先割直线，后割圆弧，如图 11-45 中 c 处所示。

第12章 碳弧气刨

12.1 碳弧气刨基本技能

12.1.1 刨削基本操作

① 准备工作　清除工件表面污物；选定工艺参数；检查电源极性是否正确；电缆及气管是否完好；根据碳棒直径选择并调节电流；调节好出风口；使风口对准刨槽；碳棒伸出长度调至80～100mm。

② 引弧　与焊条电弧焊的引弧法相似。由于焊机短路电流很大，引弧前应先送风冷却碳棒，否则碳棒很快会被烧红，而此时钢板处于冷态，来不及熔化，很容易造成夹碳。

对引弧处的槽深要求不同，引弧阶段运行的轨迹也不一样。如要求引弧处的槽深与整个槽的深度相同时，应按图12-1（a）所示，只将碳棒向下进给，暂时不往前运行，待刨到要求的槽深时，再将碳棒平稳地向前移动；如果允许开始时的槽浅一些，则碳棒一边往前移动，一边往下送进，如图12-1（b）所示。

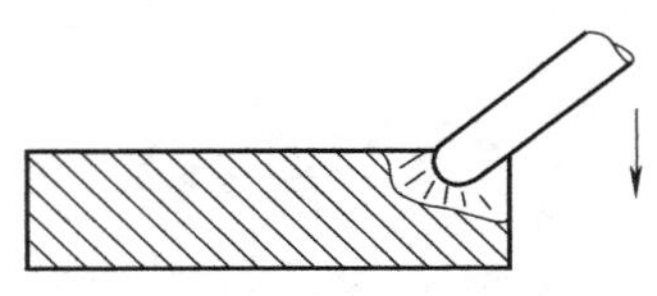
(a) 引弧处槽深与其他部位相同时

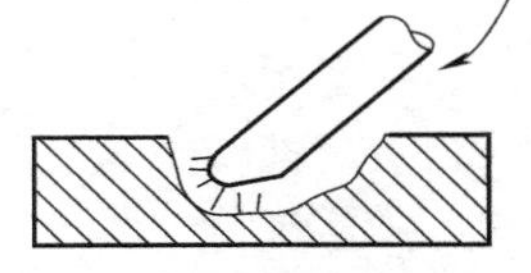
(b) 引弧处槽深较浅时

图12-1　引弧轨迹

③ 刨削 引弧以后，控制电弧长度为1～3mm。刨削速度应稍慢，使钢板被充分加热，树脂刨削时，应从上到下进行。每小段刨槽衔接时，应在弧坑上引弧，防止触伤刨槽或产生严重凹痕。

刨削过程中，电弧长度、碳棒与刨槽夹角（一般为45°）、刨削速度应保持稳定。碳棒中心线应与刨槽中心线保持一致，既不能横向摆动，也不能前后移动，只能沿刨槽方向进行直线运动，以便保证刨槽成形。槽的深浅要掌握准，操作时，眼睛要始终盯住准线，不得刨偏，同时还要顾及刨槽的深浅。如果一次刨槽不够宽，则可以增大碳棒直径，也可以重复再刨几次。如果刨削厚钢板的深坡口，则宜采用分段多层刨削法。刨削钢板表面缺陷时，不应损伤钢板。

排渣时，通常采用使压缩空气吹偏一点的刨削方式，把大部分渣翻到槽的外侧，但决不能吹向操作者所在位置的一侧，否则会引起烧伤。偏吹量也不能太多，只要稍微偏吹一点即可。

既要注意刨槽尺寸的控制手法，又要注意碳棒倾角。对一般不深的槽，手法要轻快。如12～16mm厚的钢板只要求刨4～6mm深度的焊根时，可以采用较大的电流（300～500A）和较大的刨削速度(1.5～1.6cm/s)，这样不仅电能得到充分利用，而且碳棒的烧损也不太严重，得到的刨槽底部是圆形的，槽表面光滑，熔渣容易清除。碳棒的倾角大时刨槽较窄小，倾角小时刨槽较宽，宽槽和窄槽之间约差2mm。

当操作过程中发现有夹碳、粘渣、铜斑等缺陷时，应及时采取措施排除缺陷，并对局部凹坑进行必要的补焊。有夹炭时，应在缺陷的前段引弧，然后将夹碳处刨掉；有粘渣时，应及时用錾子将粘渣铲除；有铜斑时，应及时用钢丝刷刷净。

④ 收弧 要注意防止熔化的铁水留在刨槽里，若不把熔化的铁水吹净，则在焊接时容易引起弧坑缺陷。因此，碳弧气刨收弧时要先断弧，过几秒钟后，再把气门关闭。

⑤ 结束 刨削完毕后，应先断弧，待碳棒冷却后再关闭压缩空气，使熔化金属吹干净。应用扁头（或尖头）手锤及时将熔渣清除干净，以便下一步焊接工作的进行。

12.1.2 刨坡口

刨坡口首先要根据板厚选择U形槽的宽度，然后确定碳棒的直径和刨削电流。注意碳棒中心线应与坡口的中心线重合，如果这两条中心线不重合，被刨削的坡口形状就会不对称。

12.1.3 清除焊根

在焊件需要双面焊接时，为了保证焊缝质量，通常在正面焊接完成后，应将焊缝的根部清除干净，再进行反面焊接。焊工应根据不同的材料、不同的板厚，选择合适的工艺参数。一般环焊缝应先焊内环缝，以避免用碳弧气刨清除内环缝焊根。在进行外环缝清除焊根时，要使熔化金属向下被吹掉。对较厚板进行清除焊根时，需要多次刨削才能达到要求。

12.1.4 刨削焊缝缺陷

焊接重要的金属结构件、常压容器和压力容器时，由于原材料和操作者技术水平等原因，焊缝中难免存在各种各样不符合技术标准的缺陷。这些超标准的缺陷，破坏了焊缝的连续性，降低了焊接接头的力学性能，引起金属结构的应力集中，缩短了金属结构的使用寿命，极易造成结构脆断，严重影响国家财产和人民生命的安全。对于这些超标准的焊缝缺陷，必须在彻底清除后，按返修工艺进行焊补，虽然清除焊缝缺陷的方法很多，但由于碳弧气刨具有许多优点，因此在清除焊缝缺陷的操作中得到了广泛的应用。

焊缝经X射线、γ射线或超声波探伤发现超标准缺陷后，焊工应当根据底片上缺陷的黑白程度，准确地判断缺陷在焊缝中的位置和深浅程度。当然，准确地判断缺陷的深浅程度是很难的，这需要焊工在工作中，根据不同的板厚、不同的缺陷、不同的黑白度，进行长期的反复摸索才能达到准确判断。需要注意，在清除焊缝缺陷时，使用的刨削电流要适当小一些。在刨削过程中，当看到缺陷露出来时，应当浅浅地再刨削一次，直到将缺陷全部刨掉为止。

12.2 碳弧气刨典型实例

12.2.1 薄板的碳弧气刨

碳弧气刨薄板是指气刨厚度小于 5～6mm 的板。薄板气刨存在的主要问题是烧穿。解决的方法是：采用直径为 3.5mm、4mm 或 5mm 的碳棒，并配合选用偏低的电流，如 ϕ4mm 的碳棒，选用的电流为 90～105A。此外，还应采用较高的气刨速度、合理的气刨枪喷嘴，以保证熔渣不会堆积在正前方等。

12.2.2 低碳钢的碳弧气刨

低碳钢采用碳弧气刨进行清焊根、清除焊缝缺陷和加工坡口后，一般刨槽表面有深度为 0.54～0.72mm 的硬化层，并随工艺参数的变化而变化，但最深不超过 1mm。据化学分析，当基本金属含碳量为 0.2%～0.24%时，该硬化层的含碳量仅为 0.19%～0.22%，在正常操作时并不会发生渗碳现象。由于焊前可用钢丝刷或砂轮对刨槽表面进行清理，在随后的焊接过程中会将这层硬化层熔化去除，因此对碳弧气刨后的低碳钢进行焊接不影响焊接接头的性能。低碳钢的碳弧气刨工艺参数见表 12-1。

12.2.3 低合金钢的碳弧气刨

低合金钢的焊接结构，普遍使用碳弧气刨挑焊根或返修焊缝。但由于合金元素的含量增多，淬硬倾向也增大，刨槽表面易形成淬硬组织而产生裂纹，因此在工艺上应采取一定的措施。对 16Mn、15MnV 等普通低合金钢，当采用正确的规范及操作工艺时，碳弧气刨边缘一般都无明显的渗碳层，但由于压缩空气急冷的结果，在碳弧气刨边缘有 0.5～1.2mm 的热影响区，测定该区的最高硬度值可达 360～450HV。焊接时边缘金属熔入焊缝，气刨引起的热影响区消失，而焊缝热影响区最高硬度值为 223～246HV，这与机械加工的坡口焊缝情况基本相同。16Mn 钢碳弧气刨的工艺参数见表 12-2。

表 12-1　低碳钢的碳弧气刨工艺参数

碳棒类型	工艺参数				
	碳棒规格/mm	刨削电流/A	刨削速度/(m/min)	槽道形状	备注
圆碳棒	ϕ5	250	—	6.5 4	用于厚度为4～7mm的板材
	ϕ6	280～300	—	8 4	
	ϕ7	300～350	1.0～1.2	10 5	
	ϕ8	350～400	0.7～1.0	12 5	用于厚度为8～24mm的板材
	ϕ10	450～500	0.4～0.6	14 6	
矩形碳棒	4×12 5×20 5×25	350～400 450～480 550～600	0.8～1.2	—	

表 12-2　16Mn 钢碳弧气刨的工艺参数

板厚/mm		8～10	12～14	16～20	22～30	30 以上
碳棒直径/mm		6	8	8	8	8
电流/A		190～250	240～290	290～350	320～330	340～400
电压/V		44～46	45～47	45～47	45～47	45～47
压缩空气压力/MPa		0.4～0.6	0.4～0.6	0.4～0.6	0.4～0.6	0.4～0.6
碳棒倾角/(°)		30～45	30～45	30～45	30～45	30～45
有效风距/mm		50～130	50～130	50～130	50～130	50～130
弧长/mm		1～1.5	1～1.5	1.5～2	1.5～2.5	1.5～2.5
刨削速度/(m/min)		0.9～1	0.85～0.9	0.9～1	0.7～0.8	0.65～0.7
刨槽尺寸/mm	槽深	3～4	3.5～4.5	4.5～5.5	5～6	6～6.5
	槽宽	5～6	6～8	9～11	10～12	11～13
	槽底宽	2～3	3～4	4～5	4～5	4.5～5.5

对珠光体耐热钢如 12CrMo、15CrMo、12CrMoV 等经过预热 200℃左右，再经过碳弧气刨性能良好。15MnVN、18MnMoNb、20MnMo 等钢种，在采用与焊接相同稍高的预热温度情况下，均可以进行正常的碳弧气刨。在厚度为 20mm 的 09Mn2V 低温钢上进行碳弧气刨，经测定对焊接接头的低温冲击性能影响很小。

对某些低合金钢结构钢的重要构件，碳弧气刨后表面往往有很薄的增碳层及淬硬层。为了保证焊接质量，刨削后用砂轮打磨，打磨深度约为 1mm，至露出金属光泽且表面平滑为止。某些强度等级高、对冷裂纹十分敏感的低合金钢板不宜采用碳弧气刨，此时可采用氧-乙炔割炬开槽法进行清焊根。

12.2.4 不锈钢的碳弧气刨

(1) 碳弧气刨后的焊接原则

可采用碳弧气刨对不锈钢进行清焊根、清除焊缝缺陷和加工坡口。对不锈钢进行碳弧气刨后，按照下述原则进行焊接，不会影响不锈钢的抗晶间腐蚀性能。

① 先在母材与焊缝接触面的一侧进行底层焊接，以便在非接触面一侧进行清焊根，并避免碳弧气刨的飞溅物对接触面的损伤。

② 尽量采用不对称的 X 形坡口，而母材与接触面一侧的坡口较大，以使碳弧气刨刨槽远离接触面。

③ 与母材和焊缝接触表面的焊缝最后施焊，以保证焊缝的抗晶间腐蚀。

除上述工艺外，为了防止碳弧气刨对不锈钢抗晶间腐蚀性能的影响，将不锈钢的刨槽表面用砂轮磨削干净后，再进行焊接。对于接触强腐蚀介质的超低碳不锈钢，不允许使用碳弧气刨清焊根，而应采用砂轮磨削。不锈钢碳弧气刨的工艺参数见表 12-3，不锈钢水雾碳弧气刨的工艺参数见表 12-4。

(2) 典型实例

06Gr19Ni10N 奥氏体不锈钢是钢制容器中广泛应用的结构材料，在 06Cr19Ni10N 钢结构中使用碳弧气刨应合理确定工艺参数，防止焊缝增碳，一般应按以下原则制订工艺。

① 先在容器的内表面进行根部焊接，以便在容器的外表面铲除焊根。

② 尽量采用不对称的X形坡口，容器内表面一侧的坡口应较大，以使碳弧远离介质接触面。

③ 与介质接触面的焊缝应最后施焊，以保证焊缝的抗腐蚀性能。

某钢制容器圆筒体壁厚为12mm，封头壁厚为14mm，材料牌号为06Gr19Ni10N，该容器的最高工作温度为150℃，介质为蒸馏水，工作压力为2.2MPa，试验压力为2.75MPa。其工作温度不在晶间腐蚀的敏化区内，介质的腐蚀强度不高，可以使用碳弧气刨。

表 12-3 不锈钢碳弧气刨的工艺参数

碳棒类型	碳棒规格/mm	刨削电流/A	空气压力/MPa	碳棒伸出长度/mm	碳棒倾角/(°)
圆形	$\phi4$	150～200	0.4～0.6	50～70	35～45
	$\phi5$	180～210			
	$\phi6$	180～300			
	$\phi7$	200～350			
	$\phi8$	250～400			
	$\phi9$	350～500			
	$\phi10$	400～500			
矩形	4×8	200～300	0.4～0.6	50～70	30～45
	4×12	300～350			
	5×10	300～400			
	5×15	350～450			

表 12-4 不锈钢水雾碳弧气刨的工艺参数

碳棒规格/mm	$\phi7$	起刨时碳棒角度/(°)	15～25
碳棒伸出长度/mm	70～90	刨削时碳棒角度/(°)	25～45
刨削电流/A	400～500	水雾水量/(mL/min)	65～80
空气压力/MPa	0.45～0.6	槽道尺寸/mm	宽度9～11;深度4～6

碳弧气刨的工艺参数为：采用手工碳弧气刨，碳棒规格为ϕ7mm×355mm，碳棒外伸长度为90mm，压缩空气压力为0.6MPa；电流应选择小一些，以防止产生夹炭，电流确定为270A；刨削速度为0.1m/min，碳棒与工件的夹角为45°。06Cr19Ni10N钢制容器碳弧气刨工件尺寸为500mm×150mm×150mm，对接焊缝坡口形式、尺寸及施焊顺序如图12-2所示。

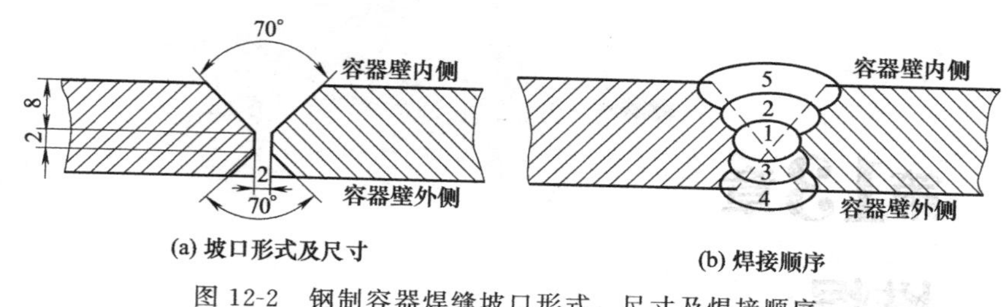

图 12-2　钢制容器焊缝坡口形式、尺寸及焊接顺序

12.2.5　铸铁件的碳弧空气切割

碳弧空气切割的实质是碳弧气刨的过程。铸铁的碳弧空气切割，主要用于清除铸件的毛刺、飞边和切除尺寸较小的浇冒口。切割碳棒采用扁形的，也可用圆形的代替。碳弧空气切割的操作要点如下。

① 一般用扁形碳棒，碳棒的宽度比毛刺或飞边宽 2～3mm。如果碳棒尺寸不够，则采用多道并排切割法。

② 选取切割电流时，对于要求切割后需要进行机械加工的铸件，为减少白口层的深度，应选用偏低或正常的电流。对非机械加工表面，通常选用偏大一些的切割电流。

碳弧空气切割铸件的其他工艺与碳弧气刨相同。各种铸铁件都可以用碳弧切割，其中球墨铸铁和合金铸铁容易切割，且表面光滑平整，白口深度小。对于铸锻件碳弧切割后，热应力很小，一般不会产生裂纹。某厂采用扁碳棒和圆周送风式气刨枪对几种铸铁切割的试验结果见表 12-5。

表 12-5　碳弧切割铸铁的试验结果

材料	切割电流 /A	空气压力 /MPa	白口层厚度 /mm	切口质量	备注
QT600-3	600	0.5	0	光洁、平整	球墨铸铁
合金铸铁			0.14	光洁	—
HT200			0.64	一般	灰铸铁

第13章 堆焊

13.1 堆焊基本技能

13.1.1 堆焊操作技术

为增大或恢复焊件尺寸或焊件表面获得具有特殊性能的熔敷金属而进行的焊接称为堆焊。

(1) 控制稀释率

堆焊的目的不是形成接头，而是要在焊件表面堆敷一层金属。由于堆焊层金属都是采用合金元素较高的合金，而母材大都是低碳钢或低合金钢，因此，堆焊时，由于母材或预先堆焊金属的熔入而引起熔敷金属有益成分相对减少的现象称为稀释。稀释的程度用稀释率表示，见图 13-1。图中所示 A 为焊道区，B 为熔透区，稀释率的表示为：

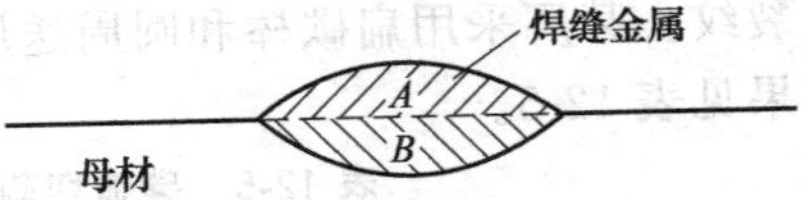

焊缝金属
A
B
母材

图 13-1　稀释率表示
A—焊道区；B—熔透区

$$稀释率=\frac{B}{A+B}\times 100\%$$

稀释率越小，即母材在焊缝中所占的比例越小，焊缝金属中的合金成分越高，堆焊效果也就越好。因此堆焊时，通过各种措施减小稀释率，这是焊工最基本的操作技能。

影响稀释率的因素有以下几个方面。

① 焊接电流 增加焊接电流时熔深加大，使得母材在焊缝中所占比例也相应增加，因而增大稀释率。所以堆焊作业时，焊工不应像焊条电弧焊操作时那样，用增大焊接电流的办法来提高焊接生产率。

同理，堆焊时采用的焊条（丝）直径越小，所选用的焊接电流越小，因此稀释率就越低。所以，采用小直径焊条（丝）堆焊有利于降低稀释率。

② 电极的摆动 堆焊时电极（焊条、焊丝、钨极）进行摆动将减少稀释率，宽度较窄的线状焊道稀释率最大。

堆焊时，基本的摆动方式有单摆式和恒速直线式两种，见图 13-2。单摆式摆动的特点是当电弧摆到焊道两侧时稍作停留，此时便形成较大的熔深和略高的稀释率。恒速直线式摆动时，电弧仅作水平轨迹直线运动，摆动到两侧时不作停留，因而稀释率最小。

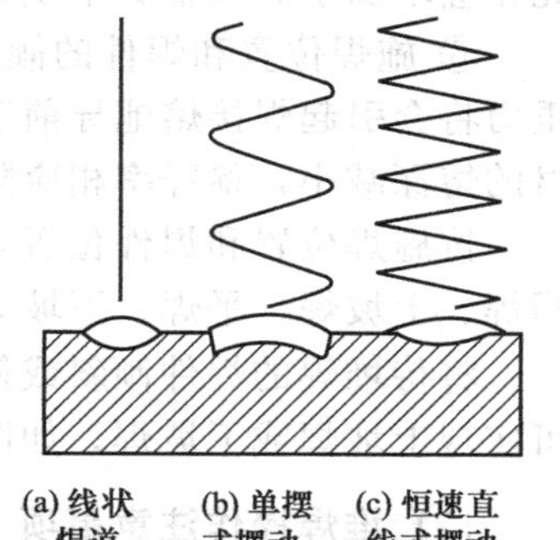

图 13-2 堆焊时电极摆动方式

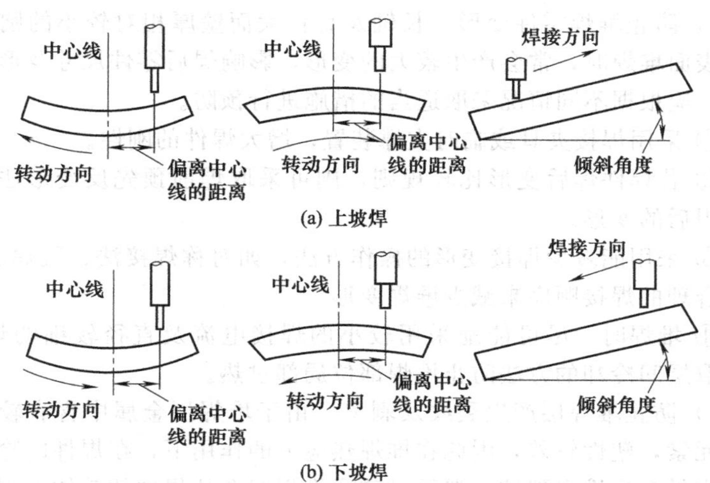

图 13-3 施焊位置与焊件的倾斜度

③ 焊丝伸出长度　焊丝伸出长度增加时，由于通过焊丝的电阻热增加而使焊丝的熔化速度加大，使焊缝中焊丝成分增加，稀释率降低。

④ 焊道间距　焊道间距减小时，使两焊道之间搭接面积增加，稀释率降低。这是因为熔化了前面已熔敷的焊道，而不是熔化同样多的母材。

⑤ 焊接速度　降低焊接速度会同时降低母材金属的熔化量，因此相应增加了焊缝金属中填充金属的比例，使稀释率得以减少。

⑥ 施焊位置和焊件的倾斜度　施焊位置或焊件的倾斜度不同时，重力将会引起焊接熔池导前于电弧、在电弧之下或滞后于电弧，使母材的熔深减小，稀释率相应降低。

按施焊位置和焊件位置，稀释率降低的顺序依次为：向上立焊、横焊、上坡焊、平焊、下坡焊。

将待堆焊的焊件倾斜或使电弧偏离转动的圆柱形部件中心线，即可实现上坡焊或下坡焊，如图 13-3 所示。

(2) 堆焊操作注意事项

堆焊操作时经常会产生一系列的质量问题，焊工应通过实践逐步加以解决。

1）防止堆焊零件变形　长轴及直径大而壁厚相对较小的圆筒形零件表面堆焊时，常会产生较大的变形，影响焊后零件尺寸及形状的精度，应根据不同情况采取适当的措施进行预防。

① 采用焊接夹具或临时支撑装置，增大焊件的刚性。

② 若焊件焊后变形比较规则，则可采取焊前预先反变形法，消除堆焊后的变形。

③ 采用能减少焊接变形的操作方法，如对称焊接法、跳焊法等；安排合理的焊接顺序来减少堆焊变形。

④ 堆焊时，尽可能地采用较小的焊接电流及直径较细的焊条，并采取层间冷却的方法防止堆焊部位局部过热。

2）防止堆焊层产生裂纹及剥离　由于堆焊层金属中含有较多的合金元素，塑性较差，因此在堆焊热应力的作用下，在焊件的冷却过程中容易产生堆焊裂纹，严重时整个堆焊层会从焊件的基体上剥落下来，称为剥离。

防止堆焊裂纹及剥离的措施有：

① 对焊件进行整体预热或合理的局部预热，这是避免产生堆焊裂纹及剥离的主要措施。例如锻模和大阀门对堆焊时，经常采用整体预热。

② 避免连续多层堆焊，控制层间温度，防止堆焊部位局部过热。

③ 当堆焊层硬度高而母材预热有困难时，或堆焊层与母材线胀系数相差较大时，可在母材表面预先堆焊一层塑性较好的过渡层。

④ 当母材是含碳量较高的中、高碳钢或有淬硬倾向的低合金钢时，往往会在堆焊零件的热影响区产生焊接裂纹。防止的措施是焊前进行预热，预热温度为100～350℃。

13.1.2 堆焊操作基本要求

(1) 堆焊前准备

做好堆焊前的准备工作是保证堆焊质量的重要因素，主要内容有以下几点。

① 确定零件堆焊部位的要求。

② 确定堆焊方法、焊接参数、堆焊材料（焊条、焊丝、焊剂等）、堆焊用设备、熔化极形状及极性的选择等。

③ 清除焊件表面油、污、裂纹。

④ 烘干焊条、焊剂。

(2) 焊前表面处理和退火

需要堆焊的焊件表面，在焊前要脱脂除锈和清除污物。有些焊件在工作过程中表面往往已产生裂纹和剥离，有的表面还有腐蚀坑等，这些缺陷不去除将对堆焊层的质量不利。因此这类焊件焊前要进行去应力退火，并且还要用机械加工的方法把表面缺陷彻底除掉。

(3) 焊前预热和焊后缓冷

堆焊有开裂倾向的碳钢和低合金钢时，防止开裂和剥落的有效方法是预热和缓冷。预热温度的高低，与堆焊金属的碳当量及工件的材质、大小和堆焊部位的刚度等有关。预热温度一般选150～600℃。表13-1列出了碳钢或低合金钢的预热温度。

表 13-1 根据碳当量选择预热温度

碳当量①/%	预热温度/℃	碳当量①/%	预热温度/℃
0.40	100以上	0.70	250以上
0.50	150以上	0.80	300以上
0.60	200以上	—	—

① 碳当量 C_{eq}一般按公式 $C_{eq}=C+\frac{Mn}{6}+\frac{Cr+Mo+V}{5}+\frac{Ni+Cu}{15}$计算。

对于堆焊金属硬度比较高、堆焊面积比较大的焊件，如锻模、大阀体等，需要整体预热。对于仅需局部堆焊的焊件，可以局部预热。而对于那些在堆焊过程中就能够被整体加热的小零件，则可以不预热。

为了防止产生裂纹和剥离，除了焊前预热外，还要焊后缓冷。缓冷的方法是：堆焊后可将堆焊零件放在石棉灰、石棉毯或硅酸铝等保温材料中缓冷。对于淬硬倾向小的堆焊金属，如 1Cr13、2Cr13 等，焊后为了获得较高的硬度，也可选用空冷，机械加工后不再进行热处理。对于淬硬倾向大的堆焊金属，如高铬铸铁、碳化钨、钴基合金等，焊后要进行 600～700℃回火 1h，再缓冷以免出现裂纹。

(4) 隔离层堆焊

为了减小应力，防止堆焊层产生裂纹和剥离，可先用塑性、韧性好的焊条堆焊隔离层，将堆焊层与基体隔离。如在碳钢上堆焊高锰钢时，可先在碳钢上堆焊一层铬镍或铬锰奥氏体钢，然后再在奥氏体钢上堆焊高锰钢，这样既可减小焊接应力，又不影响高锰钢焊后采取快冷的措施。

(5) 减少母材对堆焊层合金元素的稀释率

堆焊过程中，部分母材金属要熔入堆焊金属中，堆焊金属中的部分合金元素也要烧损，这些都会使堆焊硬度改变和力学性能下降。因此在选择堆焊方法时，要进行比较，尽量选择稀释率低的焊接方法。

(6) 减少焊件堆焊后的变形

对细长轴和大直径的薄壁筒，堆焊时容易产生弯曲和波浪变形。对这类零件堆焊时应采取以下措施：

① 尽量选择熔深小、线能量小的堆焊方法。

② 采用夹具或焊上临时支撑板，以增加焊件刚度。

③ 采用预先反变形法，消除堆焊后的变形。

④ 采用对称焊法以及跳焊法等合理的堆焊顺序，减小变形。对于要求高的，可以在堆焊过程中设法测变形，通过改变焊接顺序随时调整变形情况。

⑤ 堆焊时尽可能采用较小的电流及较细的焊条，并采取层间冷却的办法防止堆焊部位局部过热。这样可以减小变形。

(7) 防止堆焊层产生裂纹及剥离

堆焊层硬度高时，往往塑性较差。主要是由于堆焊热应力的作用，在堆焊后冷却的过程中容易使堆焊层产生裂纹和剥离（即堆焊层从基体上剥落下来）。防止产生这种缺陷的关键，是设法减小堆焊时的焊接应力。

① 对工件进行整体预热或合理的局部预热，能减小堆焊层的拉应力，是避免裂纹和剥离的主要工艺措施。

② 通过避免连续多层堆焊防止堆焊部位过热的办法，可以减小应力，防止堆焊层产生裂纹或剥离。

③ 堆焊过滤层法，即先用塑性好、强度不高的普通焊条或不锈钢焊条进行打底焊，起到将堆焊层与母材隔离的作用。可减小应力，对防止产生裂纹和剥离有较好作用。堆焊层硬度高且预热困难时，常采用此法防止变形。

(8) 防止堆焊零件热影响区产生裂纹

这种裂纹往往是在母材含碳量高时产生的。如果母材是中、高碳钢或有淬硬倾向的低合金钢时，则在焊前应当预热，预热温度根据零件的材料、尺寸及堆焊部位的刚度大小等情况，可选150～350℃。

当母材所要求的预热温度与堆焊材料所要求的预热温度矛盾时，则采用其中要求预热温度高的。

(9) 防止堆焊层硬度不符合要求

有时堆焊层的硬度不符合焊条说明书上的要求，其原因之一可能是冷却速度不恰当。一般急冷则硬度偏高，慢冷则偏低。其次，母材成分将堆焊层合金成分增多或冲淡，也将影响硬度。一般在堆焊的第一层中，母材混合比大，硬度常常偏低；其余各层硬度逐渐提高；第三层以后硬度基本不再变化。当采用较大的电流密度时，母材熔深大，硬度常常不正常。所以堆焊时，一般不采用过大的焊接电流。

(10) 堆焊后的热处理

堆焊后，堆焊层的性能达不到要求时，需要将焊件重新进行热处理。热处理工艺要根据堆焊层合金的成分和要求而定。在焊后热处理时，要注意防止产生再热裂纹。

13.1.3 常见堆焊操作要点

堆焊时要尽量减小基本金属对堆焊层合金成分的稀释作用，力求减小基本金属的熔深，但同时又不能降低堆焊层与基体的结合强度和效率，这是选择堆焊工艺应着重考虑的问题。

(1) 焊条电弧堆焊

焊条电弧堆焊的优点是方便、灵活、成本低、设备简单。但其生产效率低，劳动条件差，由于参数不稳定而造成化学成分和性能不稳定。

1）堆焊焊条　手工堆焊焊条分以下几类：

① D10*X*～D24*X* 为常温下不同硬度层的焊条，其中堆焊层的硬度小于 350HBS 时，在堆焊后不经热处理即可进行机械加工。

② D25*X*～D29*X* 为常温下堆焊高锰钢层焊条，堆焊层有较好的抗冲击磨损性能，但机械加工性不良。

③ D30*X*～D49*X* 为堆焊刀具、模具的焊条。

④ D50*X*～D59*X* 为堆焊阀门用焊条，堆焊层有一定的耐高温、耐腐蚀性能，机械加工性较差。

⑤ D60*X*～D79*X* 为堆焊合金铸铁层焊条，堆焊层有较好的耐高温、耐磨蚀或耐泥沙磨损性能。

⑥ D80*X*～D89*X* 为堆焊钴基合金层焊条，堆焊层有优良的耐高温、耐磨及耐腐蚀性能。

2）堆焊技术　焊条电弧堆焊时，焊条要作适当的横向摆动，这样可以减少夹渣和其他焊接缺陷。摆动运条方法见图 13-4。经焊工的操作实践证明，图 13-4（a）、（b）所示的两种运条方法不好；图 13-4（c）所示方法正确，但摆幅太宽；图 13-4（d）所示方法的摆距太大。摆动方法正确、能获得良好成形的运条方式如图 13-4（e）所示。采用图 13-4（e）所示方法摆动焊条时，焊条在左、右两侧停留的时间应稍长一点，摆幅应控制为焊条直径的 2.5～3 倍［图 13-4（e）中所示 d 为焊条直径］，两次摆动之间的距离约为焊条直径的 1/2倍。

当堆焊完第一条焊道而开始堆焊第二条焊道时，第二条焊道必须熔化了第一条焊道宽度的 1/3～1/2，这样才能使各焊道间连接紧密、减小稀释率，并能防止产生夹渣等缺陷，见图 13-5。

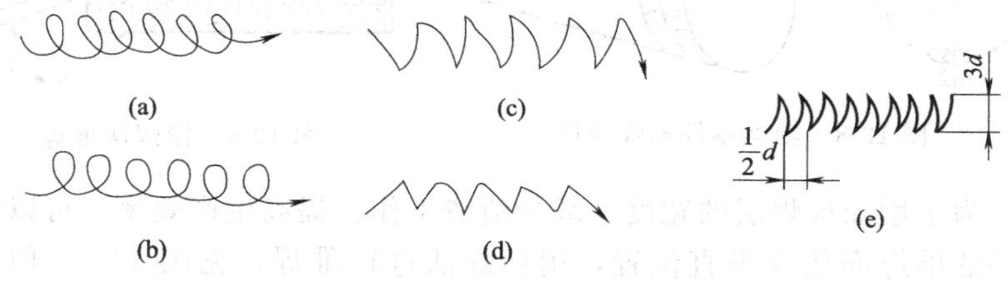

图 13-4 摆动运条方法

进行大面积多层堆焊时，由于加热次数较多，加热面积大，因此焊件堆焊后极易产生变形，严重时甚至会产生焊接裂纹。解决的方法是将每层焊道的堆焊方向互成 90°角，见图 13-6。各层之间的引弧、熄弧等接头处应错开，并避免收弧点落在边缘上，影响边缘成形。各堆道的堆焊顺序亦应错开，以使焊接热量分散，见图 13-7。

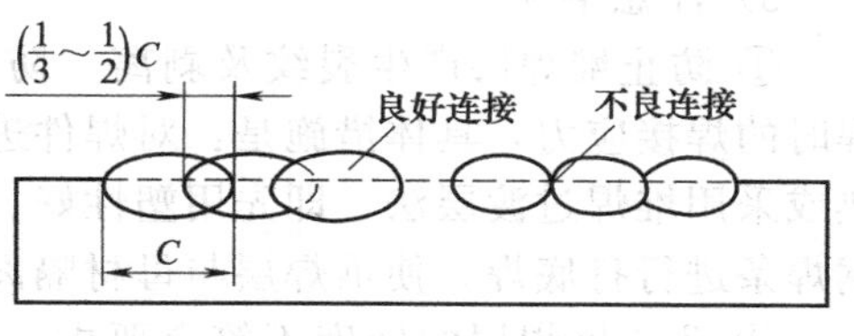

图 13-5 第二条焊道的操作要求

C—焊道宽度

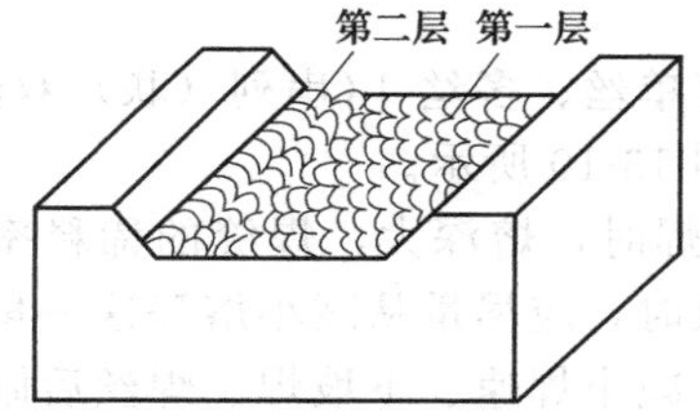

图 13-6 每层焊道的堆焊方向互成 90°

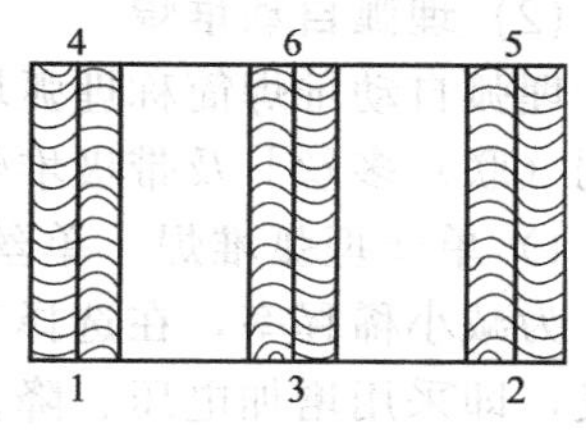

图 13-7 各堆道的堆焊顺序

轴类零件堆焊时，应采用纵向对称堆焊和横向螺旋形堆焊的堆焊顺序，见图 13-8。每条堆焊焊道结尾处不应有过深的凹坑，以免影响堆焊层边缘的成形，此时可将熔池引到前一条堆焊缝上。

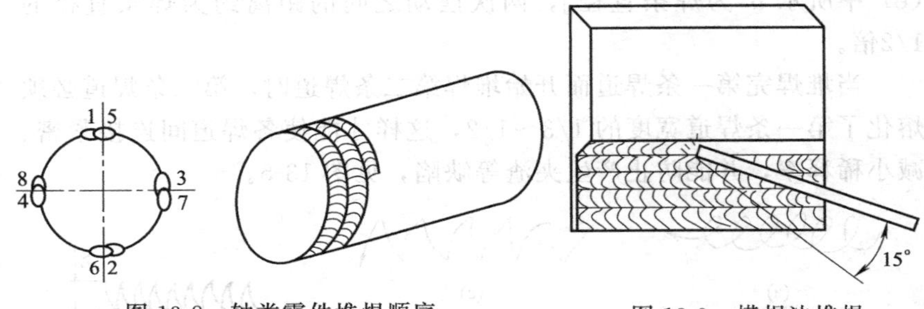

图 13-8　轴类零件堆焊顺序

图 13-9　横焊法堆焊

为了增加堆焊层的宽度，减少清渣工作，提高生产效率，可以将焊件的堆焊面放成垂直位置，用横焊法进行堆焊，见图 13-9。但这种方法将使熔深增加，稀释率增大。

3）注意事项

① 防止堆焊层产生裂纹及剥离　防止的主要方法是设法减小堆焊时的焊接应力，具体措施是：对焊件进行整体预热或合理的局部预热或采用堆焊过渡层法，即先用塑性好、强度不高的普通焊条或不锈钢焊条进行打底焊，使堆焊层与母材隔离开来。

② 防止堆焊层的硬度不符合要求　堆焊时熔深要浅，以减小熔合比；要用小电流，以减小母材对堆焊金属的稀释率。堆焊时第一层硬度偏低，其余各层硬度逐渐提高，第三层以后硬度基本不再变化。

③ 防止堆焊零件变形　对于长轴及直径大而壁厚不大的圆筒形零件表面堆焊时，要考虑焊后变形。

(2) 埋弧自动堆焊

埋弧自动堆焊简称埋弧堆焊，有单丝、多丝［(串列（联）双丝、并列（联）多丝］及带极堆焊，如图 13-10 所示。

1）单丝埋弧堆焊　单丝埋弧堆焊时，熔深大，焊缝的稀释率较高。为减小稀释率，在选择工艺参数时，应尽量从减小熔深这一角度出发，即采用增加电压、降低电流、减小焊速、下坡焊、焊丝后倾和增加焊丝直径等措施。

2）多丝埋弧堆焊

① 串列双丝双弧堆焊　将两根焊丝前后排列，形成两个熔池，由两台电源分别供电。前一电弧电流较小，以减少母材的熔深；后一电弧采用大电流，以获得所需厚度的堆焊层。此法使堆焊处冷却缓慢，可减小淬硬及热裂倾向。

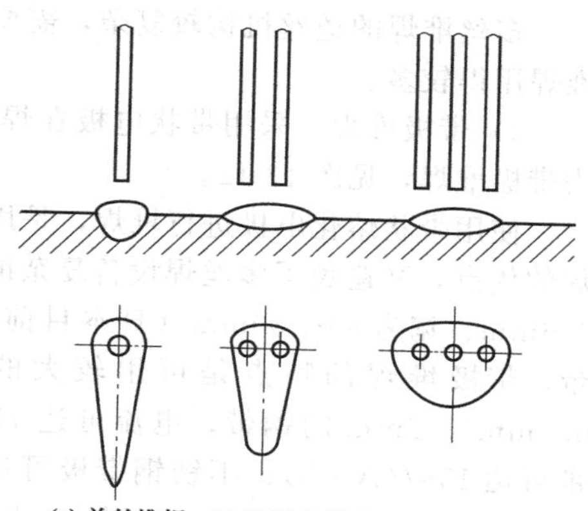

图 13-10　埋弧堆焊

② 并列多丝堆焊　同时采用两根或两根以上焊丝往焊件表面送进进行堆焊，成为并列多丝堆焊，见图 13-11。多丝堆焊时，电弧在各焊丝下交替地燃烧，不断游动，即每个瞬时只有 1 根焊丝有电弧，因而电流密度相对增大，电弧稳定性得以改善，克服了单丝增大直径使电弧不稳的缺点。暂时没有电弧的焊丝，受到附近电弧辐射热的作用，使熔敷系数加大，生产率相应提高。由于焊丝并列、电弧分散、热量不集中，使熔宽增加、熔深减小。如采用直径为 3mm 的 6 丝堆焊，焊接电流为 700～900A，最大熔深只有 1.7mm，熔宽为 50mm。

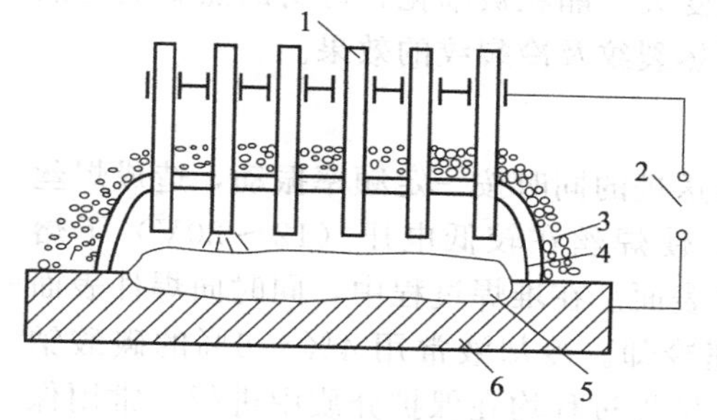

图 13-11　并列多丝埋弧堆焊

1—焊丝；2—焊接电源；3—焊剂；4—熔渣；5—焊缝；6—焊件

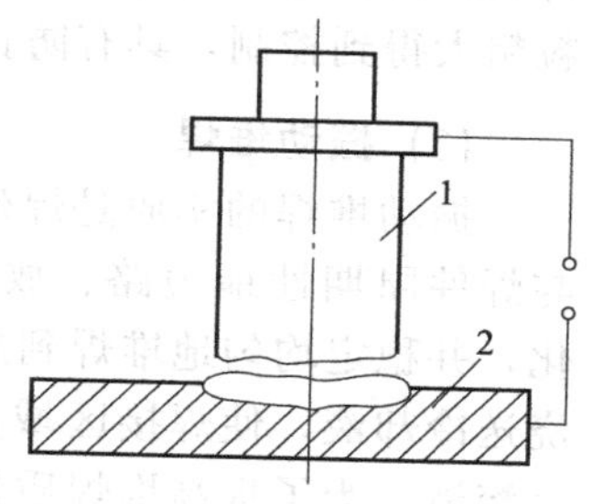

图 13-12　带极堆焊

1—带极；2—焊件

多丝堆焊的送丝机构较复杂，需要有专门的设备，目前仅以双丝堆焊用得较多。

3）带极堆焊 采用带状电极在焊件表面熔敷焊层的堆焊方法称为带极堆焊，见图 13-12。

使用带状熔化电极进行堆焊，是用带极代替多丝，既保持了多丝焊的优点，又避免了多丝焊设备复杂的缺点。电极通常用厚为 0.4～0.6mm、宽为 60～80mm（日本目前已应用 150～300mm）的薄钢带。带极堆焊的特点是可用较大的电流，生产率高。例如，用 0.7mm×72mm 的钢带，电流可达 1000A，熔敷系数很大，低碳钢带可达 15g/(A·h)；不锈钢带极可达 20g/(A·h)。其次带极堆焊的熔深小，能够控制在 1mm 以内。因而降低了稀释率，提高了堆焊层质量。

国际上新研制的几种带极堆焊：

① 利用纵磁场不锈钢带极堆焊 日本川崎制铁株式会社开发的利用磁场不锈钢带极堆焊法，称之为 MAGLay 法（或称磁场设置法）。它是在带极两侧附加一个磁场，使外部磁场与焊接电流叠加，使熔融的熔渣及熔融的金属流动速度和方向得到控制，从而改变宽带极（例如 150mm 以上宽度的带极）堆焊时两侧咬边的现象。

② 高速度带状电极堆焊法 由日本神户制钢所开发的高速度带状电极堆焊法，简称 HS 法。HS 法带极宽为 75mm 时，焊接电流为 1800～2300A，焊速为 25～30cm/min。采用此法剥离裂纹的敏感性得到改善；边界处的冷却速度变大，晶粒被细化；母材的热影响区晶粒粗大得到控制，具有防止再热裂纹及冷裂纹的效果。

(3) 振动堆焊

振动堆焊的实质是焊丝在送进的同时按一定频率振动，造成焊丝与焊件周期性地短路、放电，使焊丝在较低电压（12～20V）下熔化，并稳定均匀地堆焊到焊件表面。在堆焊过程中，同时向焊件表面浇送冷却液，使焊接区域加速冷却。冷却液常用 4%～6% 的碳酸钠水溶液。为了提高堆焊质量，堆焊过程均在保护介质中进行，常用保护介质为 Ar、H_2O 或 CO_2。

振动堆焊特点是：

① 零件在堆焊过程中受热很小，热影响区小，所以被焊零件变

形很小。

② 堆焊层均匀、平整，其厚度可根据零件磨损情况来确定，在单方向上为0.5～3mm，加工余量小，便于机械加工。

③ 生产率较高，堆焊速度最高可达0.8m/min，是焊条电弧堆焊的1～2倍。

(4) 等离子弧堆焊

等离子弧堆焊同其他堆焊方法比较，具有稀释率低、成形好、效率高、节省材料和加工量小等优点。

等离子弧堆焊的类型及操作要点见表13-2。

表13-2　等离子弧堆焊的类型及操作要点

类型		操作要点	适用范围
粉末等离子弧堆焊		①采用送粉气把焊粉送入熔池，包括离子气流量、电流、送粉气流量、送粉量、摆动频率、摆动幅度、堆焊速度等工艺参数 ②堆焊过程完全实现机械化，特别适合大批量、高效率地堆焊新的零件 ③堆焊时，改变主电流可以控制工件的加热、熔深和稀释率。非转移弧可补充转移弧的能量并作为转移弧的引导弧，改变非转移弧的电流可以控制粉末的熔融状态	适用于低熔点材质的工件堆焊
填丝等离子弧堆焊	冷丝堆焊	可采用实心、铸棒、带状和管状焊丝，既可手工送丝也可自动送丝。根据要求可用单根送丝或数根焊丝并排送给，在等离子弧摆动过程中熔敷成堆焊层。另外，还可以在工件上预置焊丝、预置硬质合金，用等离子弧加热熔化后实现堆焊	用于各种阀门、耐磨、耐腐蚀零件的堆焊
	热丝堆焊	可采用实心焊丝或管状焊丝。将焊丝先进行预热，预热焊丝的电源是独立的交流电源。串联在焊接回路中的焊丝在电阻热的作用下加热到熔化，并被连续地熔敷在等离子弧的前面，随后由等离子弧将它和工件焊在一起。根据要求可用单根或数根焊丝并排送给，一般为两根焊丝，称为双热丝等离子弧堆焊	适用于面积不大的自动堆焊，如压力容器内壁的堆焊 常用于堆焊不锈钢、镍基合金、铜基合金等材料

(5) 氧-乙炔火焰堆焊

1) 焊前准备

① 去除工件表面的铁锈及油污等。

② 检查工件表面，不得存在裂纹、剥落、孔穴、凹坑等缺陷。

2) 焊接操作要点

① 氧-乙炔火焰堆焊时应将火焰调整为碳化焰且焰心尖端距堆焊表面约3mm，并保持不动，当焊件表面加热至“出汗”时，抬高焊嘴使焰心尖端与堆焊面稍微拉开，将焊丝接近焰心的尖部，使焊丝熔化成熔滴滴到已呈“出汗”状态的堆焊面上，使其均匀扩展开。

② 每层堆焊最好控制在1～2mm的堆焊层，并希望一次连续堆焊好。如果需要得到更厚的堆焊层，则可以连续堆焊2～3层。

③ 堆焊完成后，可根据需要用火焰重新熔化堆焊层，以保证堆焊层的质量，减少缺陷的产生。

④ 为了防止堆焊合金或母材产生裂纹或减少变形，工件在堆焊前应进行预热，堆焊过程中要尽量使工件温度保持均匀，并应在焊后进行缓冷。

(6) 熔化极气体堆焊

① 合理选用堆焊气体。熔化极气体保护堆焊常用的气体是氩气、二氧化碳气以及加入少量氧的混合气体。

② 合理选择电源极性。熔化极气体堆焊的电源一般采用直流平特性。采用氩气作为保护气体时，电源采用直流反接；采用CO_2作为保护气体时，电源多采用直流正接。

③ 合理选择焊接参数。包括焊丝直径、焊接电流和电弧电源等。

④ 合理选择熔滴过渡形式。采用实心焊丝（直径在1.6mm以下）堆焊时，选择喷射过渡和短路过渡两种形式。喷射过渡选用的电流大，故生产率高，稀释率也高；短路过渡选用的焊丝直径小(0.8～1.2mm)，熔深浅，稀释率可小到5%，能进行全位置焊接。

⑤ 合理选用焊丝根数。焊丝根数应根据堆焊面积的大小来选择，小面积堆焊时可采用单根管状焊丝，大面积堆焊时可采用多至6根焊丝或药芯带极，但一般用2～3根焊丝即可。

(7) 钨极氩弧堆焊

① 合理选择电源极性。钨极氩弧堆焊应采用直流正接电源，有利于减少和避免钨极对堆焊层的污染。

② 合理控制焊接参数。包括焊接电流、堆焊速度、焊丝速度以及焊枪摆动等。

③ 控制堆焊层的凝固速度。为减少缩孔和弧坑裂纹的产生，钨级氩弧堆焊时多采用衰减电流的方法来控制堆焊层的凝固速度。

④ 降低稀释率。采用摆动焊枪、脉动电流、尽量减少电流或者将电弧主要对着熔敷层等办法来降低稀释率。

⑤ 将堆焊材料以颗粒状输送到电弧区，随着工件表面被电弧熔化，如将碳化钨颗粒导入到熔化的表面上，碳化钨颗粒基本不溶解，当熔化金属凝固时，就得到碳化钨均匀地分散在工件表面的堆焊层。

(8) 电渣堆焊

电渣堆焊的基本原理和电渣焊一样，堆焊时，需根据焊件的形状的要求设计冷却滑块，使之适合堆焊层的不同形状，可以堆焊平面、立面、内、外圆面和圆锥面。

电渣堆焊一次可堆焊的厚度较大，熔深小、熔合比小；堆焊焊缝抗气孔、抗裂纹能力强。其缺点是堆焊处金属容易过热，焊后往往需热处理。

电渣堆焊有直立平面电渣堆焊和躺板极电渣堆焊之分。

直立平面电渣堆焊是在堆焊表面用组合水冷成形装置围成堆焊空间，堆焊在该空间进行。堆焊过程中水冷滑块随机向上移动，堆焊层厚度用改变水冷成形装置的宽度来达到。

躺板极电渣堆焊是首先在焊件堆焊表面铺一张白纸起绝缘和显示方向的作用，然后在纸上铺一层焊剂，再用刮板刮平。把接好电源线的板极放在焊剂上面，在板极端部与焊件之间塞入少量铁屑，两侧放好挡板，在板极上再撒一层焊剂。为了保证焊件两端堆焊正常，焊件前需加引弧板，焊件后加引出板。

开始施焊时，由电弧过程开始，然后在很短的时间内自动进入电渣过程而正常焊接。常用的板极厚度为 4～6mm，如用 4mm×50mm 的板极，其下面焊剂层厚度在 5mm 左右，焊接电流为 700A，电弧电压为 36～38V。

躺板极电渣堆焊焊缝中基本金属所占的比例约为 25%，焊道的宽度（或高度）为板极宽度（或高度）的 0.9～1.5 倍，熔深和堆焊层高度之比为 0.10～0.25。

躺板极电渣堆焊设备简单，工艺性能好，操作方便，适用于大面积水平平面的堆焊。

13.2 堆焊典型实例

13.2.1 高速钢刀具的手工堆焊

某些形状比较简单的高速钢刀具，例如车刀、刨刀、指形铣刀及滚铣刀等，可以采用手工电弧堆焊的方法。特别是利用高速钢废屑或废高速钢刀具做堆焊材料，焊后基本上不做热处理，经磨削后便可使用，具有一定的经济价值。

(1) 高速钢刀具的手工堆焊

① 堆焊毛坯的准备　刀具毛坯上的堆焊槽不得太深，边角处应有圆角。刀具刃部的几何形状尽量依靠采用紫铜或石墨成形模具来保证，以减少堆焊后的加工量。某些情况下可依靠毛坯的槽形来保证，但这种情况下加工量大。典型的例子见图 13-13。毛坯一般采用 45 钢制成。

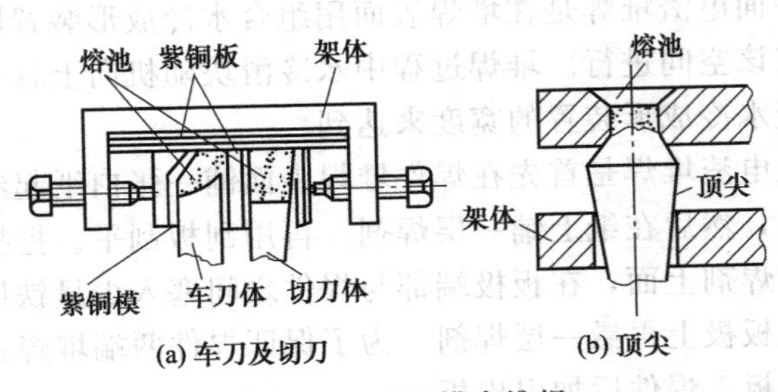

图 13-13　成型模中堆焊

② 焊条电弧焊堆焊法　采用 D307 高速钢堆焊电焊条进行堆焊。使用直流电源，焊条接正极。对于较大毛坯件堆焊前预热到 350～

400℃，对于小型毛坯件可不预热。为避免母材冲淡堆焊层的合金成分，必须用较小的电流多层堆焊。每焊完一层要将熔渣清理干净。焊后将毛坯放入石棉灰中或炉中缓冷，以防止产生裂纹。但对于小型件（如车刀等）可放在空气中自然冷却，以提高堆焊层的硬度。

为避免产生气孔，焊条在使用前一定要在350～400℃条件下烘干1～1.5h。

也可以用自制堆焊焊条，一般的方法是用废的高速钢刀具锻造成ϕ6～8mm的圆棒做焊芯，外涂具有下列成分（质量分数）的药皮：石灰石45%、萤石25.5%、石墨1%、高碳铬铁7.5%、锰铁1%、硅铁3%（如有条件，配方中可加钨铁17%），药皮厚度为1.2～1.4mm。

③ 利用废高速钢的碳弧堆焊法　应先将废高速钢刀屑捣碎成约5mm长的碎片，然后用碱水煮并用清水洗净便可应用。或者直接将切屑加热到300℃左右除油后使用。如果是采用废高速钢刀或碎小料头，则要用高温加热淬裂，然后打成较小的均匀块状才能使用。

采用ϕ10～20mm的石墨棒或炭精棒，端部磨成锥形，其锥长约为直径的2～3倍。用直流电源正接，电流不宜过大，例如ϕ15mm的碳棒可用240～280A。如毛坯较大应先预热到300～400℃。堆焊时，先将废高速钢加一定比例的焊粉撒在型槽内，然后引弧熔化碎高速钢刀屑进行堆焊。熄弧时应使碳棒极缓慢地离开熔池以避免产生较大的凹坑。一般的工具堆焊三次（即熔化三次），即可得到大约15mm厚的堆焊层。

堆焊时所采用的焊粉配方为（质量分数）：铝粉30%、钛白粉40%、石英砂30%。另一配方为（质量分数）：铝粉10%、石英砂30%、石灰石（或白垩）40%、萤石20%。堆焊时焊粉的加入量大约占废高速钢料的1/5～1/4。铝粉可以用铝放在铁锅内加热融化，然后取出立即用棒搅拌的方法得到小的铝粒。

④ 氧-乙炔堆焊法　利用废高速钢钻头或锻成的棒做焊丝，用氧-乙炔碳化火焰进行堆焊也可以制作某些刀具。堆焊时所用的焊粉成分（质量分数）为：脱水硼砂80%、硼酸10%、玻璃10%。堆焊时先用碳化焰加热毛坯，待表面“出汗”时往型槽中堆焊一薄层高速钢。另外，要不断地用焊丝搅动熔池，以使氧化物上浮，焊炬要来回运

动，火焰要尽量压低。堆焊完了时，火焰不要急速移去，而应缓慢地从刀体上移开。

⑤ 堆焊后刀体的热处理　对于较小的堆焊件，焊后在空气中冷却也不会产生裂纹。同时在空气中冷却后高速钢堆焊层已经被淬火，得到淬火组织，硬度可达到 57～61HRC。因此，焊后只要进行 3～4 次 560～580℃回火（每次保温 1h），即可得到较高的硬度（大于60～62HRC）。回火最好在堆焊后 24h 以内进行，回火的刀具用砂轮刃磨后即可使用。

对于需要机械加工的堆焊刀具，应在堆焊后先进行退火，机械加工后再淬火并回火。热处理规范可以采用锻造高速钢的热处理规范。

某些堆焊高速钢后的刀具毛坯，可以进行锻造。其作用是改善堆焊层的金相组织，以提高切削性能和改变堆焊层外形尺寸以减少加工量。

(2) 高速钢与 45 钢刀具毛坯的焊条电弧堆焊

高速钢与 45 钢刀具毛坯的焊条电弧焊虽不属于堆焊，但其操作特点与刀具堆焊相近，故与堆焊放在一起一并介绍。高速钢与 45 钢的焊接主要用于制造大直径钻头，即将钻头的刃部与中碳钢的柄部焊接起来。

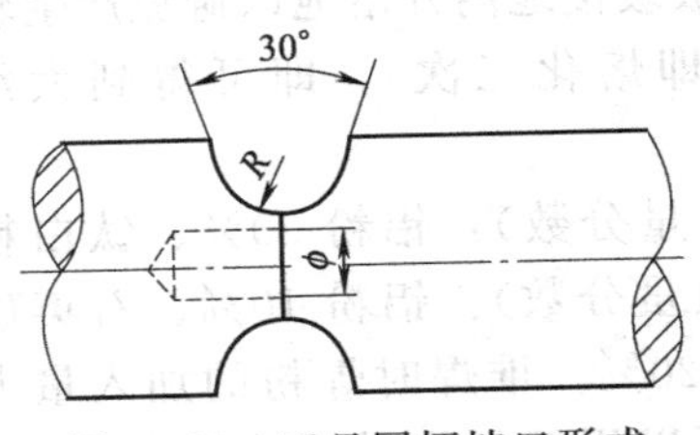

图 13-14　刀具圆柄坡口形式

① 刀具毛坯的制造　刀具圆柄开 30°带钝边 U 形坡口，见图13-14。R 的大小随刀具的大小而定，常取 4～6mm；直径 ϕ 值的大小也随刀具的大小而定，常取 4～10mm。在 45 钢一头加工成心子，在高速钢一头加工成心孔，起装配定位作用。

方截面刀具开 60°双 V 形坡口。

② 焊前预热　预热温度为 450℃。

③ 焊条　采用 D337 焊条，直流反接，焊条直径为 4mm，焊接电流为 120～140A。

④ 操作要点　焊圆柄刀具时，毛坯预热后出炉，并将毛坯夹在

小型焊接翻转架上，边焊接、边转动，一直焊到焊缝高出坏料表面 1～2mm 为止。

焊完截面刀具时，毛坯预热后出炉，放在平板上从两面交替进行焊接，以防止变形，一直焊到两面焊缝都高出坯料表面 1～2mm 为止。操作中应采用短弧，否则容易产生气孔，飞溅也较大。

操作堆焊过程中，坯料温度不得低于 350℃。焊后应立即送入 700～720℃的炉中保温。

13.2.2 热锻模的焊条电弧堆焊

热锻模一般采用 5CrNiMo 或 5CrMnMo 合金工具钢制造。为了节约贵重的合金钢材，采用堆焊的方法修复旧热锻模或制作热锻模，也可以在 45Mn2 基体上用板极电渣堆焊法制作双金属热锻模。

(1) 堆焊焊条选择

D397 焊条属铬锰钼热锻模堆焊焊条，是目前应用最广的焊条。

对于要求红热硬性更高的热锻模，可采用 D337 焊条堆焊。堆焊金属为 3Cr2W8，堆焊工艺性差，焊后机械加工性较差。对于形状复杂、尺寸较大的热锻模堆焊需采取较复杂的堆焊工艺。

(2) 堆焊工艺

① 当模体坯料采用 45Mn2 钢时，堆焊层有效厚度应为 5～10mm；用 40～60 钢时，堆焊层有效厚度为 10～15mm。坯料经铸造或锻造后，进行热处理，并加工型窝。加工时应注意堆焊部位所有尖角都铣为圆角（尺寸为 2～3mm），深而窄的型窝应适当加大，并将垂直的面改为 10°～15°斜面，以保证便于堆焊操作，避免产生夹渣、未焊透等缺陷。

② 堆焊前坯料应预热至 450℃，堆焊整个过程中温度应不低于 300℃，否则需再加热。

③ 对于较大的堆焊面积应采取分区分层堆焊法。由最深处开始堆焊，逐次向上并将各层之间的引弧、收尾等接头处错开。堆焊中焊条应稍做横向摆动，并注意避免在尖角和狭窄处引弧和熄弧。堆焊层厚度应留 3～5mm 加工余量。

④ 堆焊后应立即入炉退火，退火温度为（850±10)℃。保温时

间按焊件厚度每毫米1.5～2min计算。然后将炉温降到680℃进行等温退火，保温时间按焊件厚度每毫米1min计算；炉温冷却到400℃以下出炉。退火后不需机加工时，堆焊层硬度应不小于32HRC；退火后需机加工时，堆焊层硬度应小于32HRC。

⑤ 堆焊表面缺陷的处理。0.5～1mm的气孔或夹渣，可不做处理；0.5～1mm以上的气孔或夹渣，可在淬火、回火处理后用铬镍不锈钢焊条进行不预热补焊。非工作面的气孔或夹渣，直径小于2.5mm时可不处理。

⑥ 进行淬火回火处理。淬火加热温度为820～850℃，于油中冷却到150～200℃，然后立即放炉温不大于300℃的回火炉中升温，并进行520～550℃回火。处理后，堆焊层硬度在38～46HRC。然后，再一次检查型窝表面缺陷。

⑦ 锻打前将锻模预热到80～100℃。

(3) 热锻模焊条电弧堆焊中常见的缺陷及防止措施

热锻模焊条电弧堆焊中常见的缺陷、产生原因和防止措施，如表13-3所示。

表13-3 常见缺陷及防止措施

常见缺陷	产生原因	防止措施
气孔	①焊条烘干不良或烘后存放时间过长 ②焊接时电弧过长或操作不当 ③电流过小或预热温度低 ④极性接法不对 ⑤锥焊处有油、锈等污物	①烘干温度为350～400℃，烘干1～1.5h，烘后放在保温箱内 ②压低电弧、焊条稍做横向摆动 ③增加焊接电流，提高预热温度 ④采用直流反接(焊条接正极) ⑤焊前除去油、锈等污物
裂纹	①预热温度及堆焊过程中层间温度过低 ②电流过大，出现火口裂纹 ③旧模体上裂纹未清理干净 ④焊后冷却到较低温度且没有及时入炉、退火	①严格控制预热温度及焊接过程中的层间温度，温度不够再入炉加热 ②适当地减小电流 ③焊前仔细检查并将裂纹清理干净 ④焊后及时入炉退火，或在250℃以上保温待处理
夹渣	①模槽底部有尖角 ②每层焊后熔渣清理不干净 ③电流过小 ④操作不熟练	①坯料上模槽尖角处改圆角 ②焊完每道焊缝后，仔细清理熔渣 ③适当地增大电流 ④熟悉焊条操作要点，提高操作技术

13.2.3 阀门密封面焊条电弧堆焊

通用及电站阀门制造中采用堆焊的目的是提高密封面的耐用寿命，常用的堆焊方法是焊条电弧堆焊。

（1）阀门密封面为 Cr13 型不锈钢的焊条电弧堆焊

采用的焊条牌号为 D502、D507、D507Mo、D512、D517 等，堆焊层的化学成分相当于 12Cr13、15Cr12MoWV、20Cr13 钢等。可用来堆焊工作温度在 450℃或 510℃以下、压力为 1.6～16.0MPa、基体为 ZG25B 及 ZG35B 电站或石化等通用阀门的密封面，见图 13-15。

采用 Cr13 型堆焊焊条堆焊阀门密封面的工艺要求如下。

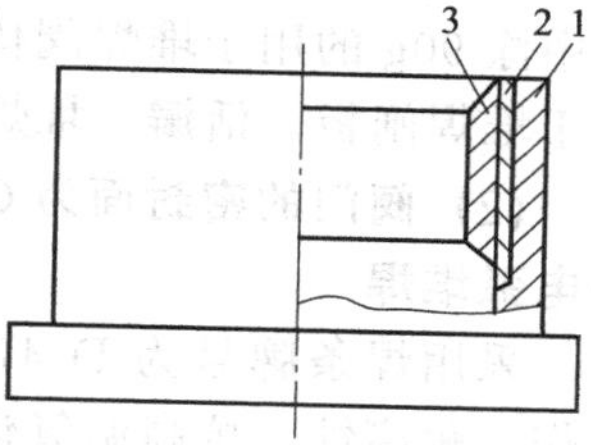

① 焊前焊件表面须进行粗车或喷砂清除氧化皮，同时要求其表面不允许有任何缺陷（裂纹、气孔、砂眼、疏松）及油污、铁锈等，焊条使用前应按规定进行烘干。

图 13-15 阀门密封面的堆焊
1—母材；2—过渡层；3—堆焊层

② 采用 12Cr13 型堆焊焊条堆焊时，堆焊前焊件应预热至 300℃；采用 15Cr12MoWV、20Cr13 型堆焊焊条堆焊时，焊件焊前应预热至 350℃。

③ 堆焊操作时，焊件的堆焊表面应保持水平位置，整个焊件的堆焊过程不应中断，堆焊层数一般为 3～5 层，以满足加工后堆焊层保持 5mm 高度和对堆焊层化学成分和硬度的要求。

④ 堆焊后的冷却条件和焊后热处理对 Cr13 型堆焊层的硬度影响很大。一般情况下，堆焊后在空气中冷却且不进行热处理即可满足硬度和机械加工的要求，只是加工性差些。但当因工件的散热条件不同，采用空气中冷却不能满足要求时，也可采取适当变化冷却条件的办法使堆焊层获得所需硬度或避免产生裂纹。

⑤ 12Cr13 型堆焊层在堆焊后，一般情况下是可以机械加工的。只是加工性能较差。如果堆焊层硬度过高，则可将堆焊件整体或局部加热到 750～800℃退火软化，加工后再加热到 950～1000℃空冷或油冷淬火使堆焊层重新硬化。

⑥ 工件堆焊后如果发现有气孔、裂纹等缺陷或堆焊层高度不够加工的情况，此时工件如已冷到室温，则在这种情况下进行局部堆焊修补后，焊层的硬度会发生不均匀现象，不能满足技术条件要求。为此，或者将堆焊层去掉重焊，或者局部堆焊修补后再经热处理，以获得符合要求的硬度和使硬度均匀。

有的阀门采用低碳钢芯通过药皮过渡合金元素，自制 Cr13 型堆焊焊条。堆焊工艺同前所述。焊条配方如下（质量分数）：大理石 26%、萤石 16%、钛白粉 5%、含硅易碎低碳铬铁 43%、锰铁 5%、钛铁 5%。药粉用水玻璃调制成糊状涂料，每根焊条（ϕ5mm×450mm）涂 90g 或 75g 涂料。焊条可用手搓制法或压力涂法制造。其中涂 90g 的用于堆焊阀体，堆焊层硬度为 26～34HRC；涂 75g 的用于堆焊闸板、活瓣，堆焊层硬度为 38～45HRC。

(2) 阀门的密封面为 CrSiNi 型（包括 CrSiNiMo 型）不锈钢的焊条电弧堆焊

采用焊条牌号为 D547、D547Mo、D557。堆焊层具有良好的耐擦伤、耐腐蚀、抗高温氧化等性能，以及明显的时效强化效果。适用于工作温度在 600℃以下高压阀门密封面的堆焊。焊条中 D547 硬度偏低，耐磨性较差，但抗裂性好；D557 硬度高，但抗裂性较差；D547Mo 在保持良好耐磨性的前提下，抗裂性比 D557 有较大改善。

采用 CrSiNi 型堆焊焊条堆焊阀门密封面的工艺要求如下。

① 焊前准备　焊条使用前按规定的温度进行烘干，随烘随用。

焊件的毛坯表面不得有裂纹、气孔、砂眼、疏松等铸造缺陷，焊前还必须清除焊件表面的锈、油污，以及棱角处应加工成圆角。

修复旧阀门时，应将原堆焊层全部车削干净，以免因残留在原密封面上的缺陷或堆焊时混入的原堆焊材料而产生裂纹。因此，应先在阀门的外圆车削一圈，以便从不同的金属光泽上辨认熔合线，使待修复阀门密封面的基面在熔合线以下。如有的裂纹扩展到母材，则应将裂纹全部车净，经表面着色探伤检查，确信无裂纹后再进行堆焊修复。

修复原渗氮钢阀门时，应将原密封面及密封面附近 20mm 以内区域的渗氮层全部车削干净（车削深度约为 1mm），以免氮混入熔池，产生裂纹。

采用D547、D547Mo焊条堆焊中、小口径的碳钢阀门时，焊前可不预热。用D557焊条堆焊合金钢阀门时，应视工件刚性大小的不同，进行350～600℃的预热。整个焊件的预热温度要均匀，并注意保持层间温度应不低于预热温度。

② 堆焊操作　采用D547Mo、D557焊条堆焊珠光体耐热钢（如15CrMo、12Cr1MoV、20CrMo等）或修复38CrMoAl等渗氮钢阀门时，为了减少焊接时的应力，并减小堆焊时产生裂纹的可能性，宜用不锈钢焊条堆焊一层过渡层。堆焊过渡层时，宜用细焊条、小电流，以减小稀释率。

堆焊密封面时，应采用小电流、短弧、慢速度连续堆焊3～4层，不得中断，每层要将前1层覆盖均匀。堆焊层高度为6～7mm，以保证加工后堆焊层厚度在5mm以上。

密封面较宽时焊条可做横向摆动。摆动时，边缘停留时间可稍长，目的是保证密封面的堆焊层高度均匀，同时应尽量避免为补足边缘焊缝高度而采用“拉角”焊——在密封面内侧或外侧进行的快速窄道堆焊。

每一层焊道的接头应错开。接头时，应尽量缩短间断时间，以保证层间温度。收弧时，必须将弧坑填满，避免产生弧坑裂纹。

③ 焊后处理　焊后应立即将焊件放入石棉灰中缓冷，大焊件可放入与预热温度相同的炉中随炉冷却，避免产生裂纹。如焊件材质为合金钢，则可按母材要求进行适当的焊后处理，如对CrMo型珠光体耐热钢，焊后需进行680～750℃的高温回火，以消除焊接应力并改善热影响区的淬硬组织，但需注意焊后应立即入炉进行处理。

13.2.4 阀门的氧-乙炔焰堆焊

在铸铁或铸钢的阀体或闸板上堆焊铜合金常用于低压阀门的修理。在低压阀门的制造中，较大直径的阀门也采用将黄铜堆焊在阀体和闸板基体上的工艺。

由于采用火焰堆焊黄铜时基体材料不熔化，因此这种堆焊工艺实质上是钎焊。

低压阀门常用氧-乙炔焰堆焊。堆焊材料为黄铜丝，其化学成分见表13-4。

HS222 的含硅量较高，可抑制锌的蒸发，且熔点较低，故焊接时烟雾较小，焊接方便。因此，一些厂家采用 HS222 作为堆焊焊丝。但是也有些厂认为采用 HS222 及 HS221 等含硅焊丝虽然锌蒸发少，但黄铜熔池的流动性不太好，焊后仍容易在堆焊层中发现微小的气孔。后改用含硅 0.04％的自制焊丝（表 13-4）效果较好。这种低硅的黄铜焊丝制造方法如下：先将硅与铜一起熔炼成含硅量很高的铜-硅中间合金；当熔炼作为焊丝的黄铜合金时，硅是通过加入中间合金的形式加到焊丝合金中去的。

表 13-4　堆焊用黄铜丝的化学成分　　%

统一牌号	Cu	Sn	Si	Fe	Zn
HS221	59～61	0.8～1.2	0.15～0.35		余量
HS222	57～59	0.7～1.0	0.45～1	0.05～0.15	余量
自制	约 60	约 1.0	约 0.04	—	余量

(1) 铸铁基体上堆焊黄铜的工艺

首先将基体表面粗糙度加工到 Ra12.5μm 并要去除油垢、铁锈。其次将基体进行预热。对较小的工件预热温度在 600℃左右；对于大阀件，预热温度可为 400～500℃。工件自炉中取出后，用氧-乙炔焰继续对堆焊表面加热到暗红色，即 850℃左右。用氧化焰有利于烧掉表面游离的石墨以提高堆焊金属的湿润性及漫流性。可以用在加热的铸铁上滴一滴黄铜观察其润湿情况的方法判断是否可以开始焊接。

采用略带氧化性的中性焰或中性焰进行堆焊。在充分预热后，将火焰继续在起始堆焊处加热，同时熔化焊丝进行均匀堆焊。接头处必须注意熔合良好。堆焊前可在基体堆焊表面撒一些脱水硼砂。堆焊时要不断地用焊丝沾脱水硼砂焊接。

焊后要使工件缓慢冷却。有时为减少焊后冷却而造成应力的产生，可在堆焊后用小锤轻轻锤击，然后用灰覆盖缓冷。

(2) 铸钢基体上堆焊黄铜的工艺

铸钢堆焊表面粗糙度应加工到 Ra12.5μm。

如果在槽内堆焊，则槽的拐角处要加工成圆角。槽的宽度和深度的比例，应以焊炬和焊丝能自由运动和保证槽内的表面能均匀受热为准。

焊丝可按表13-4选用。焊丝表面应用细砂纸打磨光亮，并用汽油或丙酮去除油污等。采用硼砂做焊粉，硼砂应当经650℃、10～15min脱水处理。为保证堆焊过程的连续进行，防止产生气孔，焊粉应放在长筒内。焊前用火焰将黄铜丝加热，整根涂上焊粉，然后放在工件旁备用。

采用较大能率的焊炬将钢的表面用中性焰加热到700～900℃，即呈樱红色时，先在工件表面涂一层焊粉，然后即可开始堆焊。如果工件过大，则可先用木炭预热到200～300℃，也可用两把焊炬同时加热。

在窄槽内堆焊、未堆满沟槽之前，切不可用氧化焰，而应用中性焰；在平面上堆焊第一层时，也应当用中性焰，否则易产生渗透裂纹。这点应特别注意。

在堆焊靠近表面的各层时，为了防止产生气孔，应采用氧化焰。通常是调到正常焰以后再调乙炔阀，将乙炔到焰心长度缩短1/3即可。

采用左焊法进行堆焊操作，可采用分段退焊的顺序。焊嘴与工件夹角为30°～60°。焊丝在火焰内沿金属表面横向摆动。焰心距熔池表面30～50mm。堆焊第一层用中性焰，如系平面上堆焊则以后各层用氧化焰。每层堆焊之前应再薄薄地涂一层焊粉。每层的每段焊后在红热状态（650～800℃）时，要用2～2.5lb（1lb＝0.453kg）重的手锤均匀迅速地锤击堆焊层。

如果用一般的H62黄铜堆焊底层，然后用HS222或HS221堆焊其余各层，则堆焊工艺比较容易掌握且堆焊质量容易保证。这是因为H62黄铜与钢基体的接合性能好，不像含Si黄铜那样易沿着铜与钢的界面产生脱层。而用含Si黄铜堆焊表面层，容易防止产生气孔，获得致密的堆焊层。

13.2.5 钴基硬质合金的堆焊

(1) 钴基硬质合金的氧-乙炔焰堆焊

钴基硬质合金具有良好的耐磨性、热硬性和抗蚀性，适用于来制造高温（工作温度可达650℃）、高压阀门密封面和各种机器中需要耐磨、耐热、耐蚀的易损零件堆焊。

钴基硬质合金氧-乙炔焰堆焊法的熔深极浅，母材熔化量少，因此堆焊质量高，且节省贵重合金的消耗。但这种堆焊法生产率低，有逐渐被离子粉末堆焊代替的趋势。

1）基体材料　常用的基体材料有ZG35B、Cr5Mo、15CrMo、20CrMo等，还有不锈耐酸钢如Cr18Ni8类和Cr13类等钢。

2）堆焊材料　氧-乙炔焰堆焊用的钴基硬质合金，是铸造成直径为4～7mm、长为350～400mm的圆形棒条。

堆焊合金的主要成分是Co、Cr、W、C。

钴基硬质合金堆焊焊丝有HS111、HS112，其化学成分及力学性能分别见表13-5和表13-6。

表13-5　钴基硬质合金焊丝的化学成分　%

牌号	化学成分									国外对照牌号	
	Cr	W	C	Mn	Si	Ni	Fe	Co	杂质	苏	日
HS111 (SDCoCr-1)	26～32	3.5～6.0	0.7～1.4	≤1.00	0.4～2.0	—	≤2.0	余量	≤1.5	BK_3	STL-3
HS112 (SDCoCr-1)	26～32	7.0～9.5	1.2～1.7	≤1.00	0.4～2.0	2～4	≤2.0	余量	≤1.5	—	STL-2

表13-6　钴基硬质合金堆焊层的力学性能

牌号	硬度(HRC)	熔点/℃	密度/(g/m³)	σ_b/MPa	A_k/J	线胀系数(100～300℃时)/K^{-1}
SDCoCr-1	43～45	1290	8.5	670～750	—	12×10^{-6}
SDCoCr-2	46～48	1285	8.5	600～700	8.5	12×10^{-6}

3）焊炬　可采用普通射吸式氧-乙炔焊炬，焊嘴号码可根据堆焊零件的大小和堆焊层的尺寸要求来选择。焊接时，根据表13-7所列数据选用焊炬。

表13-7　不同板厚所用焊炬

堆焊件厚度/mm	焊炬型号	焊嘴孔径/mm	氧气压力/MPa	乙炔压力/MPa
5～10	H01～12	1.4～2.2	0.4～0.7	0.001～0.12
10～20	H01～20	2.2～3.0	0.6～0.8	0.001～0.12

4）火焰性质　堆焊各种金属采用的火焰性质见表13-8。

5）火焰的调整　实验证明采用“三倍乙炔过剩焰”（即焰心与内焰的长度比为1∶3）。

表 13-8　堆焊各种金属采用的火焰性质

金属类型	火焰性质
低合金钢、高铬钢和镍铬不锈钢	中性焰或轻微碳化焰①
高速钢、合金铸铁、碳化钨、钴铬钨硬质合金	碳化焰②
高锰钢(Mn11%～14%)	氧化焰
紫铜、青铜	中性焰
黄铜	氧化焰

① 轻微碳化焰指焰心长度：内焰长度＝1：2，即“二倍乙炔过剩焰”。

② 碳化焰指焰心长度：内焰长度＝1：3，即“三倍乙炔过剩焰”。

“三倍乙炔过剩焰”属碳化焰，其温度较低，对堆焊合金和工件加热较缓和，火焰保护气氛良好，所以堆焊合金中的碳及其他合金元素的烧损是最小的。这种火焰还能造成工件表面渗碳。该渗碳层熔点较低，是造成堆焊熔深极小的有利条件。

对不锈钢件的堆焊，宜采用“2～2.5 倍乙炔过剩焰”堆焊。其目的是防止不锈钢基体因火焰渗碳引起的抗腐蚀性能降低，所以乙炔过剩程度应略低些，以防 C 引起贫 Cr。而对其他材料，为提高堆焊硬度，可采用 3.5～4 倍乙炔过剩焰堆焊，这将使堆焊合金硬度的不均匀性和焊缝的不平整性都增大。

堆焊过程中的反射热和零件的灼热金属的辐射热会使焊嘴变热；溅到焊嘴上的熔渣金属的飞溅以及焊嘴过于接近堆焊金属时，都会增加火焰燃烧的外部阻力。而焊嘴变热和火焰燃烧的外部阻力增加都会引起混合气体中氧气含量增加，改变混合气体成分，使火焰比例变动，从而引起堆焊质量不稳定。为此，堆焊过程中必须随时注意调整火焰比例，必要时可把焊嘴浸入水中冷却。

6）焊前工作准备　工件表面的铁锈、油污、毛刺等应仔细清除干净。不宜采用喷砂处理。工件表面不得有裂纹、剥落、孔穴、凹坑等缺陷、棱角处应有圆角。

修复磨损零件表面时，应把磨损的沟槽痕迹全部机械加工掉。机械加工掉的厚度超过了焊层厚度时，要先用和母材相同的材料堆焊打底层。

为防止堆焊合金或集体金属产生裂纹和减小变形，零件在堆焊前需进行预热，堆焊过程中要尽量使工件保持均一的温度并且焊后要缓冷。

不同材料的焊前预热和焊后缓冷条件可参见表13-9。

表13-9　不同材料焊前预热和焊后缓冷条件

焊件材料	预热温度/℃	焊后热处理
普通低碳钢小零件	不预热	空冷
普碳钢大件，高碳钢及低合金钢小件	350～450	置于干砂或石棉灰中缓冷
高碳钢、低合金钢大件，铸钢部件	500～600	焊后在600℃炉中均热30min后炉冷
C18Ni9类不锈钢	600～650	焊后于860℃炉中保温4h，以40℃/h的速度冷却到700℃后，再以20℃/h的速度炉冷或在石棉灰中缓冷
Cr13类不锈钢	600～650	焊后在800～850℃炉中0.04h/mm保温（但不低于1h）后，以40℃/h的速度炉冷

钴基硬质合金氧-乙炔堆焊的一个重要特点是：在堆焊时，堆焊表面基体金属不应完全熔化成熔池，而应当只加热到基体金属呈现“出汗”状态便立即进行堆焊。欲使基体表面加热至“出汗”状态而不形成熔池，首先应注意将火焰温度调为碳化焰且火焰焰心尖端距堆焊面约3mm，并保持不动，直至堆焊件表面出现湿润，也就是熔化极薄的一层（厚度在0.1mm以下）。这样才能使母材金属混入堆焊合金中的比例极少，保证堆焊层的性能不下降。

堆焊过程可采用左焊法或右焊法，一般采用左焊法。

7）堆焊过程及注意事项

① 当工件表面加热至略呈“出汗”状态瞬间，将焊嘴微微抬高使焰心与堆焊面距离稍微拉开，此时处在内焰外围的合金棒端部接近焰心尖端（合金棒与堆焊面成25°左右的夹角，棒端与焰心尖端距离约为2mm），并使熔融的合金熔滴滴到已呈现“出汗”状态的堆焊面上，同时使之均匀扩展开。如果这时熔滴不扩展开，则说明堆焊表面加热不足，须重新加热到呈“出汗”状态；反之若加热过渡，使堆焊表面成为熔融状态，则基体金属与堆焊合金互相混合，削弱了堆焊合金的性能。

堆焊开始后须用火焰使最初的一滴熔滴在“出汗”状态表面上展开，而且保持火焰的焰心尖端距离焊接金属面1.5～2mm。勿使焊嘴像一般气焊那样前后左右摆动，要与熔池保持相对固定的位置。熔池中堆焊合金的轻微翻滚可使杂质上浮。

当合金熔滴完全呈“出汗”状态在表面展开时，将火焰向前移动一个距离，其目的是将内焰的一部分对着熔池，仍保持熔化状态，而将内焰的另一部分移到与熔池相邻的堆焊面上加热，使其呈现“出汗”状态。与此同时，合金棒上应当形成熔融的合金熔滴，它在新的堆面变成“出汗状态”之初从合金棒上离开，并覆盖在紧接着的新的“出汗”状态面上。此时将火焰稍向后移送一个距离，待熔滴完全扩展开后，再将火焰向前移动一个比向后移动略大的距离。然后按以上堆焊顺序周期地重复全部操作过程。

在堆焊过程中，焊炬除了按上述做阶梯式的向前移动外，还须缓慢地沿着堆焊面做横向摆动，这样可以提高合金堆焊层的均匀度和焊缝平整度。

每层堆焊可得到 2～3mm 厚的堆焊层。要求一次连续堆焊好。如果希望得到更厚的堆焊层，则可以连续堆焊 2～3 层。要求堆焊完后根据情况用火焰重新熔化（重熔）堆焊层以保证堆焊质量，减少堆焊层中的缺陷。

② 堆焊时，合金焊丝的熔化端头和熔池以及准备滴入熔滴的工件表面，必须经常处于内焰的保护中，使这些表面与空气隔绝，不得将火焰急速地从熔池表面移去。误将合金棒放进火焰焰心中熔化，或误使火焰焰心与熔池接触，均能使堆焊合金过多的渗碳。

③ 堆焊到结尾时，应使接头重叠 15～20mm，重叠处可少加或不加堆焊材料。收口时，须将焊炬继续前移 40～50mm。焊嘴逐渐抬起，火焰逐渐离开熔池，使熔池逐渐缩小。这样，接头处的冷却速度就较缓慢，不致发生接头疏松、缩孔、龟裂等缺陷。火焰收口在环缝的内侧较好，这样可以减小堆焊接头收缩应力。

④ 堆焊厚大工件时，可用特大号焊炬或煤气炉补充加热，保持工作温度，减小温差。堆焊小零件时，为避免薄壁基体过热和边缘熔化，可把零件放在紫铜导热垫板上堆焊。

对某些材料，如 07Cr19Ni11Ti、Cr17Ti 等钛合金钢直接堆焊有困难时，可预先堆焊不含钛的 12Cr18Ni9 打底层（过渡层）。经机械加工后，过渡层厚度应不低于 2mm，然后再在过渡层上堆焊钴基硬质合金。

因为钴基硬质合金熔点较低，流动性较好，所以堆焊时须把零件被堆焊表面放成水平位置；否则合金就会向下坡处流动，使堆焊层厚度不均匀。

⑤ 堆焊后的工件放入炉内缓冷（小件可空冷或在石棉灰中保温缓冷）。

⑥ 堆焊缺陷及排除措施如下。

a. 翻泡和气孔。堆焊表面局部温度过高、基体金属过热、堆焊层混入过多的基体金属、火焰比例变动、火焰晃动、保护气氛不良及基体表面准备工作不完善等因素都会引起翻泡和气孔。堆焊时应随时注意保持“三倍乙炔过剩焰”和正常掌握火焰对堆焊表面的加热程度。

钴基硬质合金棒中的氧、氮、氢等气体含量过高，也是形成堆焊层翻泡和气孔的原因。所以必须保持合金棒的质量。在堆焊之前，对合金棒进行 800℃、保温 2h 的脱氢处理是有益的。

基体金属含钛时，堆焊层中极易出现翻泡现象。一般是先堆焊过滤层（采用堆焊性能较好的合金作为过渡层材料），然后再在过渡层上堆焊钴基硬质合金。

对于翻泡和气孔，可待全部堆焊完后，仍用“三倍乙炔过剩焰”将翻泡处堆焊金属熔化并用焊条将其刮掉，再用同样的火焰把刮掉处重熔一次并焊补完整。实践证明，“刮掉重焊”对堆焊金属的硬度和抗腐蚀性能均无不良的影响。

b. 裂纹。若焊前预热温度低，堆焊过程保温不良（温度下降严重）和堆焊后急速冷却，则堆焊层很容易出现裂纹。

接头收口过急，或火焰突然从堆焊熔池表面离开，则往往产生龟裂。

因此，预热堆焊是钴基硬质合金氧-乙炔堆焊的一个重要特点，应重视。

此外，在未经退火的淬火零件上堆焊也容易产生裂纹。

堆焊必须不间断地进行，在需要中断堆焊时，应将焊件放在炉中保温，而重新堆焊时要用火焰把堆焊层末尾处熔化 15～20mm 后再开始堆焊。若需要较长时间的中断，则把零件按焊后缓冷处理，重新堆焊前要重新预热。

在任何情况下中断堆焊时，均不能将火焰很快地从熔池表面离开，而应当将火焰缓慢地往上按螺旋线移开。

当裂纹已扩展到基体金属中时，需用砂轮将裂纹连根磨掉（或用机械加工法去除），再按规定工艺预热、焊补和焊后缓冷。

若裂纹未扩展到基体金属，则可将零件重新预热并沿堆焊层的整个厚度（直到基体金属表面），用火焰仔细地将其重新熔透来消除裂纹。

c. 夹渣。夹渣主要来源于合金焊丝中的夹杂物。堆焊时，要注意火焰对熔池的浮渣操作。

堆焊第二层时，第一层表面焊渣必须清理干净，或让其完全浮起，否则就易造成夹渣。

待焊工件表面应严格地进行清理。

d. 疏松。堆焊层疏松会使堆焊金属抗腐蚀性能显著下降，阀门不能密封。

疏松是由于火焰离开熔池太快，使熔池金属急剧冷却凝固造成的。特别是接头处应认真地按工艺规范收口。同时在更换合金焊丝时应使火焰仍旧对着熔池不动，保持熔池温度和免受外界空气的侵袭。

e. 硬度不均匀。堆焊层硬度较低的区域通常是由于基体金属混入堆焊层的结果。过硬的区域通常是由于渗碳，也就是操作者将氧-乙炔焰的焰心侵入熔化的堆焊层或者是内焰与焰心之长度比大于3∶1所造成的。

堆焊时火焰比例要保持稳定，最好单独使用乙炔发生器或用乙炔瓶。

除了正确的堆焊工艺外，操作还要熟练，才能得到组织和硬度均匀的堆焊层。

(2) 钴基硬质合金的电弧堆焊

钴基硬质合金电弧堆焊用的焊条牌号为D802及D812，见表13-10。这种堆焊金属，在650℃条件下仍能保持良好的硬度、耐磨性和耐腐蚀性。除主要用于高温、高压阀门堆焊之外，还用于热剪切刀刃、高压泵轴套等其他零件的堆焊。

堆焊基体的焊前准备工作与采用气焊堆焊法时相同，不过堆焊沟槽的拐角处圆角半径应稍大些。

表 13-10 钴基堆焊焊条

统一牌号	焊缝金属主要成分	硬度(HRC)	主要用途
D802	Co 基 Cr30W5	≥40	用于工作温度为 650℃且要求良好的耐磨性和一定的耐腐蚀的场合。例如，堆焊高温、高压阀门及热剪切刀刃等，冲击和加热交错的地方可以发挥良好的性能
D812	Co 基 Cr30W8	≥44	用于高温、高压阀门，高压泵的轴套和内衬套筒，以及化纤设备的斩刀刃口等堆焊

工件的预热要求与采用普通堆焊焊条时相同。

堆焊焊条的运条动作与采用普通堆焊焊条时相同，可做横向摆动，使堆焊焊道宽度可以达到 30mm 左右。堆焊电流的选择可参照焊条说明书的规定，但应保证焊道两侧不产生咬边。在堆焊焊道的一侧搭焊另一焊道时，第二道应盖上前一道宽度的 1/3 左右，以保证堆焊表面平滑美观。

13.2.6 高锰钢铸件的堆焊

高锰钢铸件是 Mn 为 13%的铸钢，钢号为 ZGMn13。高锰钢本身的韧性、强度、表面硬度并不高，但在受到冲击或表面挤压力的作用时，由于冷作硬化，会使表面硬度及耐磨性大大提高。

高锰钢堆焊常用于制造碎矿机颚板、铁道道岔、拖拉机履带板等零件。

(1) 高锰钢铸件的堆焊操作

① 高锰钢铸件堆焊时，焊件焊前不进行预热，并尽量加大冷却速度。操作时，要尽量采用小直径焊条及较小的焊接电流，焊条尽量不做横向摆动，每焊半根到一根焊条后，要等焊接区冷到不烫手时再继续施焊。条件许可时，可将高锰钢铸件放在水中，只露出堆焊部位进行焊接。

高锰钢堆焊的主要困难是堆焊金属容易产生裂纹。其原因是：

a. 高锰钢线胀系数大，约是低碳钢的 1.6 倍；但热导率低，仅是低碳钢的 1/6，所以堆焊时要产生很大的焊接应力。

b. 高锰钢很容易过热，使晶粒长，塑性下降。

c. 高锰钢堆焊金属在缓慢冷却时，容易沿晶粒边界析出碳化物，从而使塑性大大降低。

高锰钢堆焊时不能用预热的方法来防止裂纹。通常采取的措施是：

a. 降低C含量，限制Si、P含量，一般C含量可在0.5%～0.9%范围内调整。

b. 采用小的线能量，足够快的冷却速度；必要时，可用流动冷水来加强冷却。

c. 堆焊大面积高锰钢铸件时，可将堆焊表面分成若干区段，见图13-16。先用不锈钢焊条堆焊图13-16中所示的60～80mm处的各区段，然后将各区段10～20mm的间隙处堆焊完，使热量得以分散。不锈钢焊条的堆焊层作为过滤层，堆焊完后，再用高锰钢焊条按上述顺序进行堆焊，直至所需的堆焊高度。

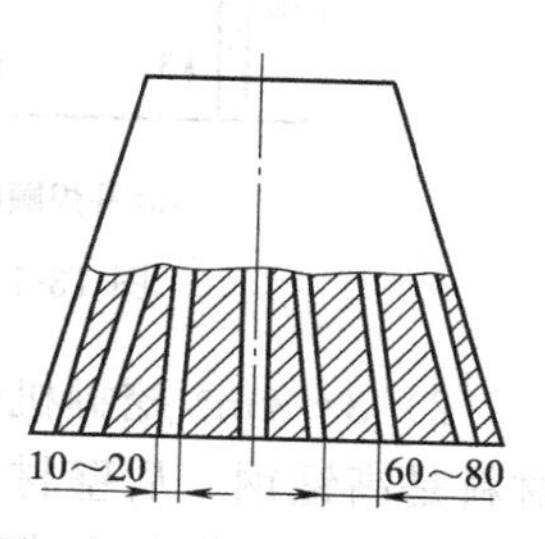

图13-16 堆焊表面的区段

d. 如在已磨损的高锰钢焊件上堆焊，则应先将原硬化的部分铲（磨）掉，去除硬化层，或经水韧处理（加热到1050℃，水淬）后再焊。如果在碳钢或低合金钢上堆焊高锰钢，则可以先焊上一道奥氏体不锈钢隔离焊缝，以避免产生裂纹。

② 高锰钢与碳钢焊接时，如果采用碳钢焊条，则在高锰钢母材一侧的熔合线上会产生裂纹；如果采用高锰钢焊条，则在碳钢的母材一侧的熔合线上会产生裂纹。此时应选用CrNiMn型或CrMn型不锈钢焊条施焊，或先在碳钢母材一侧堆焊一层不锈钢做过渡层，然后再用高锰钢焊条进行堆焊。

③ 高锰钢铸件堆焊用的焊条型号是D256、D276、D277。

(2) 典型高锰钢铸件的堆焊操作

1) $3m^3$ 挖掘机铲斗斗前壁的挖补焊接 焊条采用D277。焊前将需要挖补处用气割割掉，再割出坡口。补焊顺序及坡口尺寸见图13-17。

为了减小焊接应力，先焊接焊缝①，全部焊完后再焊接焊缝②及③。焊接焊缝②、③时，采用图13-17（a）所示的分段倒退焊法，其目的是防止母材过热。每焊几段后，要待焊接部位稍冷却，再接着继续施焊。焊接时采用小参数多层焊。

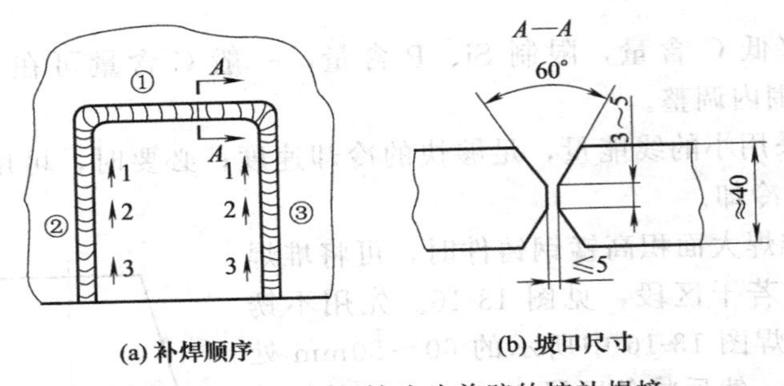

图 13-17　挖掘机铲斗斗前壁的挖补焊接

2）3～4m^3 挖掘机铲斗销孔的焊接　3～4m^3 挖掘机铲斗的前壁材料是高锰钢，后壁材料是 35 铸钢。斗前、后壁的连接是依靠两侧的连接销，连接销的材料是 35 或 45 碳钢，共 6 个，直径为 100～120mm，见图 13-18。焊条采用 D277 或 D276。

操作要领：

① 在销与高锰钢之间连接一段（约占销长的一半）的表面，预先用高 CrMn 焊条堆焊 2～3 层，厚度为 5～7mm。

② 斗前壁（高锰钢）销孔表面的氧化皮在焊前要清理干净。

③ 每侧三个销孔（指高锰钢部分）应交叉轮换焊接，避免过热。尽量采用小的焊接参数，分别在高锰钢与斗销一侧铸件上向上熔敷。

④ 操作过程中，每焊完一道，要趁热用手锤锤击焊缝，以减小焊接应力。

⑤ 高锰钢焊接时烟雾较大，应注意通风，焊工最好处于上风位置进行操作。

13.2.7 在压缩机十字头上堆焊巴氏合金

(1) 焊前准备

① 将待焊件压缩机十字头（图 13-19）放在平台上，使待焊面呈水平状态。

② 用盐酸清除十字头堆焊面的油污和铁锈，然后用开水冲洗酸

液，用氧-乙炔焰烘干水分。

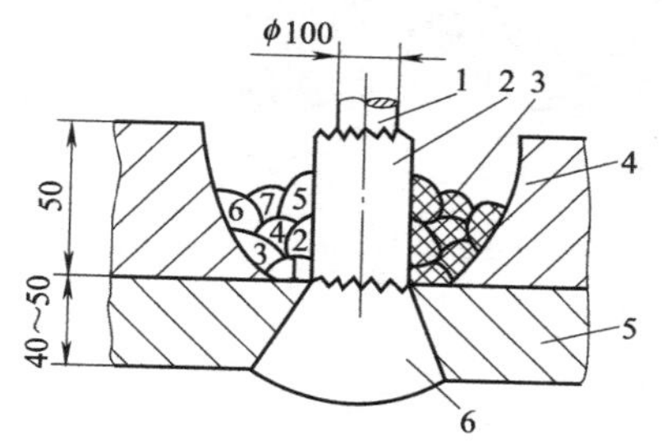

图 13-18 挖掘机铲斗销孔的焊接
1—碳钢销子；2—堆焊层；3—焊缝；4—高锰钢前壁；5—碳钢后壁；6—碳钢焊缝

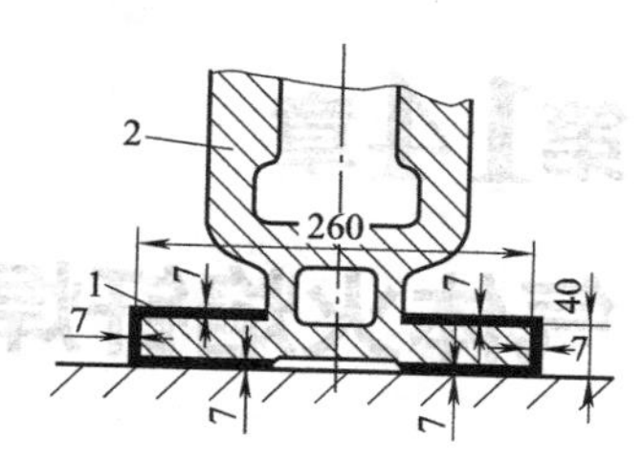

图 13-19 压缩机十字头
1—堆焊层；2—十字头体

③ 在待焊处四周装上简易夹具，以防堆焊时熔液外流。

(2) 焊丝和熔剂的选用

① 焊丝选用巴氏合金条。

② 熔剂选用氯化锌 30%（质量分数）+蒸馏水 70%（质量分数）。

(3) 堆焊操作

① 用焊炬将待焊面加热到 200～250℃后，再薄薄地涂上一层氯化锌溶液［由氯化锌 30%（质量分数）+蒸馏水 70%（质量分数）配制而成］。

② 用电烙铁在堆焊面挂上薄薄的一层焊锡（要求锡的质量分数达到 99.99%）。锡层和基体应结合牢固，不应有夹渣、起皮和堆积等缺陷。

③ 堆焊时，堆焊表面的温度应控制为 280～300℃，使巴氏合金熔化后注入简易夹具内。堆焊时应用焊丝不断地搅动熔池，以保证焊接质量。

第14章 气体火焰钎焊

14.1 气体火焰钎焊基本技能

14.1.1 焊件的焊前清理

(1) 清除污物

① 当焊件的数量比较少时，可用丙酮、酒精、汽油、三氯乙烯及四氯化碳等有机溶剂清除污物。

② 当焊件的数量在100件以上时，可在热碱溶液中脱脂，如铁、铜、镍合金的零件，可在80～90℃的10%（质量分数）NaOH水溶液中浸泡8～10min，或在100℃的10%（质量分数）Na_2CO_3水溶液中浸泡8～10min，然后再用热水将其冲刷干净，并加以干燥。

③ 对于小型复杂或批量很大的焊件，也可用超声波清洗机清除污物。

(2) 清除氧化物

① 单件或小批量的焊件，可用金属刷、砂布或锉刀等清除氧化物。

② 大批量生产时，可用喷砂或机械刷等清除氧化物，但装配前需用丙酮或汽油等将待焊处的砂粒及粉尘清除干净。

③ 批量很大时，可用化学浸蚀方法清除氧化物。即将焊件放在如表14-1所列的化学清洗剂中侵蚀，然后立即进行中和处理，以防

焊件腐蚀，最好在热水中冲洗干净，并加以干燥。

表 14-1 氧化物的化学浸蚀清除法

适用材料	化学清洗剂成分(质量分数)	清洗剂温度/℃	清洗后的处理
低碳钢及低合金钢	①HCl15%+缓蚀剂 ②$H_2SO_4$6.25%+缓蚀剂 ③$H_2SO_4$6.25%+HCl80%	室温 20～80 室温	用热水冲洗干净,并加以干燥
铸铁	$H_2SO_4$12%+HF12.5%	室温	
不锈钢	①$H_2SO_4$10% ②$H_2SO_4$10%+HCl10% ③$HNO_3$20%+HF30%+缓蚀剂 ④HCl25%+$HNO_3$25%+缓蚀剂	82 45～60 50～60 室温	
铜及其合金	①$H_2SO_4$12.5%+$Na_2CO_3$1%～3% ②$H_2SO_4$10%+$FeSO_4$10%	20～77 50～60	

(3) 焊件表面镀覆金属

在母材表面镀覆一层金属，其目的是改善钎焊性，增加钎料对母材的润湿性，减少母材与钎料的互相作用，防止产生裂纹以及在界面产生脆性化合物。金属镀层还可作为钎料，以减少放置钎料的麻烦，简化生产过程，提高生产率。镀覆的方法有电镀、化学镀、热浸蘸、轧制包覆等。镀覆的方法及作用见表 14-2。

表 14-2 镀覆的方法及作用

母材	镀覆材料	镀覆方法	镀覆层用途
铜	银	电镀、化学镀	用作钎料
铜	锡	热浸	提高钎料润湿性
不锈钢	铜、镍	电镀、化学镀	提高钎料润湿性、铜还可作钎料
钼	铜	电镀、化学镀	提高钎料润湿性
石墨	铜	电镀	提高钎料润湿性
钨	镍	电镀、化学镀	提高钎料润湿性
可伐合金	铜、镍	电镀、化学镀	防止母材开裂
钛	钼	电镀	防止界面产生脆性相
铝	镍、铜、锌	电镀、化学镀	提高钎料润湿及接头抗蚀性
铝	铝硅合金	包覆	用作钎料

14.1.2 钎焊接头的装配定位及钎料放置

(1) 钎焊接头装配间隙的确定

不同钎料钎焊不同金属所预留的装配间隙大小可参照表 14-3 选择。

表 14-3 钎焊接头的装配间隙 mm

母　　材	钎料种类	装配间隙
碳素钢	铜钎料	0.01～0.05
	黄铜钎料	0.05～0.20
	银基钎料	0.02～0.15
	锡铅钎料	0.05～0.20
铜及铜合金	黄铜钎料	0.07～0.25
	铜磷钎料	0.05～0.25
	银基钎料	0.05～0.25
	锡铅钎料	0.05～0.20
不锈钢	铜钎料	0.02～0.07
	镍基钎料	0.05～0.10
	银基钎料	0.07～0.25
	锡铅钎料	0.05～0.20
铝及铝合金	铝基钎料	0.10～0.30
	锡锌钎料	0.10～0.30

(2) 钎焊接头的装配固定方法

钎焊前应将焊件装配定位，以确保它们之间的相对位置。常见的定位方法如图 14-1 所示。其中紧配合定位主要用于铜钎料钎焊钢。滚花、翻边、扩口、咬口、收口、旋压定位方法简单，但难以保证间隙均匀。螺钉、铆钉、定位销定位准确，能保证间隙均匀，但施工麻烦。点焊定位简单可靠，但焊点周围易被氧化。对于结构复杂、大批量生产的零件一般采用专用夹具定位，以提高定位精度和提高生产率。钎焊夹具的材料应具有良好的耐高温性及抗氧化性，应与钎焊焊件材质具有相近的热胀系数。

(3) 钎料的放置

大多数钎焊方法，要求预先将钎料安置在接头的指定位置。安置钎料时，应尽量利用间隙的毛细作用、钎料的重力作用使钎料填满装

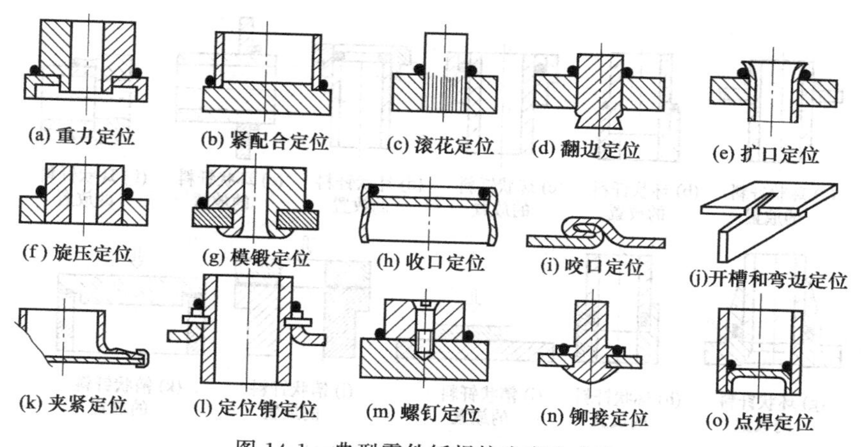

图 14-1　典型零件钎焊接头定位方法

配间隙。图 14-2 所示是常用的钎料放置方法。图 14-2（a）、（b）所示钎料环高于焊缝，可防止钎料沿工件水平面流淌。图 14-2（c）、（d）所示钎料环低于法兰盘上端面，可防止钎料沿法兰盘上平面流淌。图 14-2（e）、（f）所示钎料紧贴焊缝，便于充分利用毛细现象填满间隙。图 14-2（g）、（h）所示焊缝较长，配合紧密，在厚件上开钎料槽，可防止流淌，有利于充分利用毛细现象填充间隙。图 14-2（i）～（k）所示为采用箔状钎料、放置焊件中间，为填满间隙，可利用自重或按箭头方向施加一定压力。对于膏状钎料可以直接涂在焊缝处。粉末状钎料可选用适当的黏结剂调和后黏附在接头上。

14.1.3　钎焊操作要点

(1) 预热的注意事项

① 用中性焰或轻微的碳化焰加热焊件，焰心距焊件表面一般为 15～20mm，以增大加热面积。

② 钎焊导热性好的焊件时，必须用大号焊炬或焊嘴，甚至用多把焊炬同时加热。一般要预热到 450～600℃后方可钎焊。

③ 钎焊厚薄不等的焊件时，预热火焰应指向厚件，以防薄件熔化。

④ 预热温度一般以高于钎料熔点 30～40℃为宜。

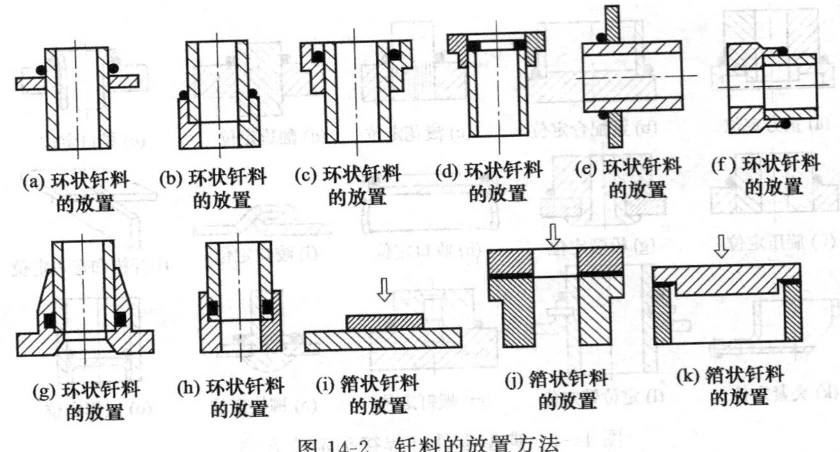

图 14-2 钎料的放置方法

(2) 钎剂的使用

当钎焊处被加热到接近钎料的熔化温度时，应立即撒上钎剂，并用外焰加热使其熔化。在某些情况下，也可以将钎剂预先放在待焊处，这样可以保护母材在加热过程中不被氧化。为防止钎剂被火焰吹掉，可用水或酒精将钎剂调成糊状。不过，钎焊时应先在接头间隙周围加热，以使钎剂中的水分蒸发掉。另外，也可以在钎焊时，把丝状钎料的加热端周期性地浸入干钎剂中蘸上钎剂，随后送入被加热的接头间隙处。

(3) 填加钎料的方法

钎剂熔化后，应立即将钎料与被加热到高温的焊件接触，利用焊件的高温使钎料熔化。当液态钎料流入间隙后，火焰焰心与焊件的距离应增大到 35～40mm，以防钎料过热。

(4) 钎焊操作的注意事项

① 在保证钎透的情况下，应尽量缩短加热时间，以防母材和钎料被氧化。

② 不能用火焰直接加热钎料，应加热焊件，利用焊件的高温使钎料熔化。

③ 火焰的高温区不要对着已熔化的钎料和钎剂，否则容易引起

钎料、钎剂的过热、过烧，造成某些成分的挥发和氧化，而使钎焊接头的性能下降。

④ 钎缝尺寸达到要求后，方可使火焰慢慢远离焊件。

⑤ 钎焊后的焊件，要待钎料完全凝固后方可挪动位置。

14.1.4　钎焊后的焊缝清理

钎焊残渣多数对钎焊接头有腐蚀作用，并影响外观，妨碍检查，应当清除。所用焊剂不同，产生的残渣性质特点不同，清除的方法也不同。表 14-4 所示是不同焊剂生成的残渣清理方法。

表 14-4　不同焊剂生成残渣的特点和清除方法

焊剂组成	残渣特点	清除方法
松香	无腐蚀性	可不消除
松香+活性元素	有腐蚀性不溶于水	用有机溶剂清洗。有机溶剂为：异丙醇、酒精、汽油、三氯乙烯
有机酸和盐	溶于水	用热水冲洗
含凡士林膏状	不溶于水	用有机溶剂酒精、丙酮、三氯乙烯清洗
无机盐软化剂	溶于水	用热水冲洗
含碱土金属及氯化物(氯化锌)	金属氧化物和氯化锌复合物，不溶于水	用 2% 盐酸洗涤，再用热的 NaOH 水溶液中和盐酸残液。若焊剂含凡士林油脂，则需先用有机溶液除油

14.2　钎焊典型实例

14.2.1　铜管接头的钎焊

图 14-3 所示为 30m³ 制氧机封头上的管接头的结构。封头材料为厚度为 1.5mm 的 H62 黄铜。插入封头上的紫铜管，其直径为 35mm、14mm 和 8mm，管壁厚为 1.5mm 或 1mm，接头间隙约为 0.2mm。

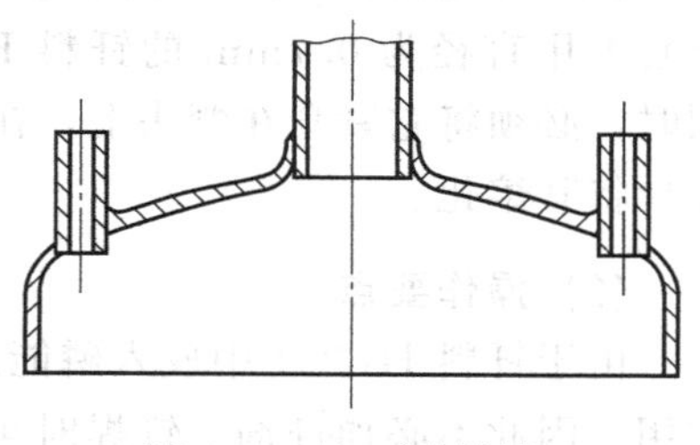

图 14-3　30m³ 制氧机封头上管接头的结构

钎料选用直径为 1.2～2mm

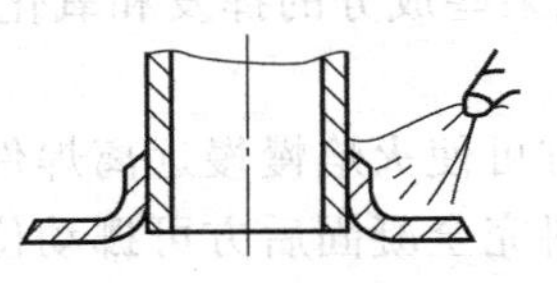

(a) 火焰不能直接指向钎缝

(b) 分几次加入钎料

图 14-4 管接头钎焊

的银钎料 HL302，钎剂采用 QJ102 或用脱水硼砂 50%（质量分数）+硼酸 35%（质量分数）+氟化钠 15%（质量分数）。

钎焊前应将钎焊处清理干净。钎焊时先用气焊火焰均匀加热管接头四周，并且上下摆动焊炬使整个钎缝被加热均匀。加热或钎焊时应采用中性焰，当焊件达到橘红色时，用钎料把沾在上面的钎剂涂抹在钎缝处，等到钎剂熔化填完接头间隙后立即加入钎料，并用外焰前后移动加热搭接部分，使钎料均匀地渗入钎缝。

如果钎缝未形成饱满的圆根，则可再加些钎料，直至整个钎缝形成饱满的圆根为止。在钎焊较粗的管子时，钎料分几次沿钎缝加入。在加入钎料时应注意火焰不能直接指向钎缝，管接头钎焊如图 14-4 所示。

14.2.2 纯铜弯头和纯铜管子的钎焊

图 14-5 为散热器上纯铜弯头和纯铜管子的钎焊示意图。要求钎焊接头在 2.8MPa 压力下不泄漏，操作要点如下。

(1) 操作准备

在钎焊之前，钎焊处用蒸汽做脱脂处理。装配时，在弯头每个脚上套上用直径为 0.7mm 的钎料 HL204 割成的钎料圈。要求装钎料圈时，必须将它紧套在弯头上，在钎焊时，就可以借助母材金属的热传导将其熔化。

(2) 操作要点

由于钎料 HL204 中放入磷能还原铜中的氧化物，可起到钎剂的作用，因此不必加钎剂。钎焊时可用叉形双嘴氧-乙炔焊炬加热管子（切勿加热钎料），熔化的钎料流入接头间隙，钎焊即告成功。

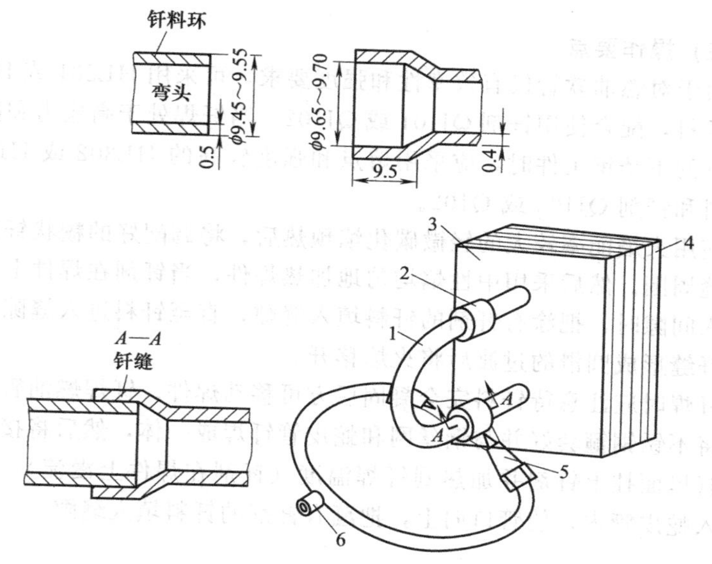

图 14-5　纯铜弯头和纯铜管子的钎焊

1—铜弯头；2—铜散热器管；3—铝压板；4—铝翅板；5—焊嘴；6—氧乙炔焊炬

14.2.3　不锈钢燃油软管接头的钎焊

不锈钢燃油管接头如图 14-6 所示，燃油软管由不锈钢蛇皮管和外面一层不锈钢丝网套相叠而成，由螺纹接头与油枪连接，接头插入管内，在不锈钢丝网外加一不锈钢管箍，钎焊成一体。接头要求承受 2MPa 的压力，且不得渗漏。

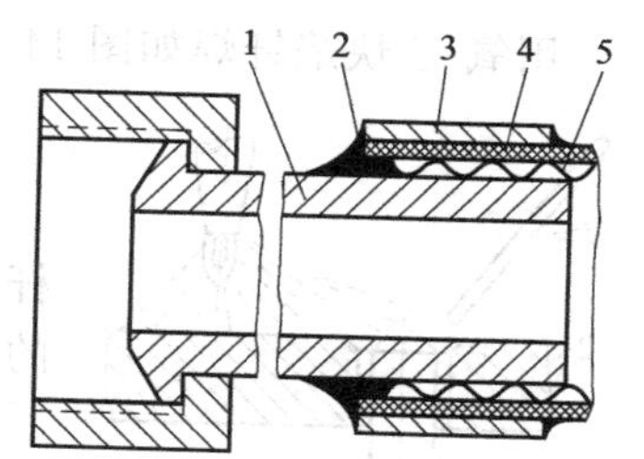

图 14-6　不锈钢燃油管接头

1—接头；2—钎缝；3—箍；4—钢丝网；5—蛇皮管

(1) 操作准备

将内外各接触面用细砂纸打磨干净，其表面粗糙度应为 $Ra3.2\mu m$。蛇皮管凹入部分和丝网外面也要清理干净，最好用酸洗清理，然后用酒精或汽油擦洗，晾干后装配。接头与蛇皮管、不锈钢箍与钢丝网间的装配间隙应为 0.05～0.15mm。

(2) 操作要点

由于对燃油软管仅有致密性和强度要求，可采用 HL201 或 H202 铜磷钎料，配合使用钎剂 QJ101 或 QJ102。当钎焊处于高应力和高温条件下的不锈钢工件时，应采用熔点和强度较高的 HL302 或 HL303 银钎料和钎剂 QJ103 或 Q102。

使用火焰能率较大的轻微碳化焰预热后，将调配好的糊状钎剂抹在焊缝周围。然后采用中性焰均匀地加热焊件，当钎剂在焊件上漫流并浸入间隙时，把涂有钎剂的钎料填入缝隙，直至钎料进入缝隙并且填满钎缝形成圆滑的过渡后将火焰移开。

钎焊时应注意待钎料完全凝固后方可移动焊件。钎焊燃油管接头应先将不锈钢箍套好并与钢丝网和蛇皮管钎焊成一体，然后将接头和蛇皮管里面挂上钎剂并加热到钎焊温度（钎剂在焊件上漫流），把接头插入蛇皮管内，使管口向上，把蘸有钎剂的钎料填入缝隙。

(3) 焊后处理

钎焊好的焊件冷却后，必须对钎焊接头立即进行清理，否则，残留的钎剂将腐蚀焊件。清理时可用 15%的柠檬酸水溶液刷洗钎焊接头及其附近，然后用清水冲洗后晾干。

14.2.4 纯铜阻尼环和阻尼杆的钎焊

用氧-乙炔焰钎焊如图 14-7 所示的纯铜阻尼环和阻尼杆。

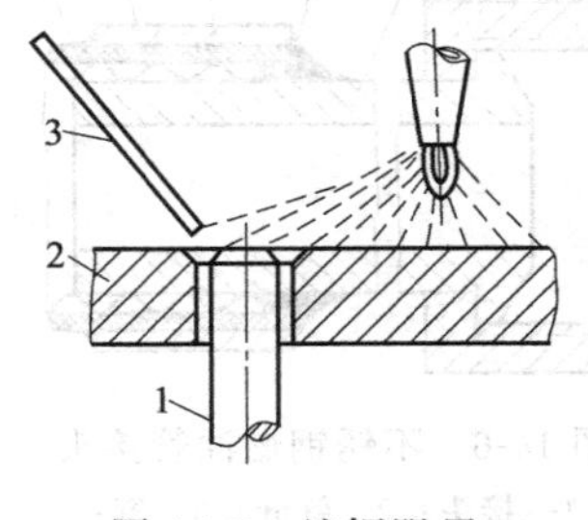

图 14-7 纯铜阻尼环和阻尼杆的钎焊

1—阻尼杆；2—阻尼环；3—钎料

(1) 焊前准备

① 用金相砂纸磨去阻尼环孔和阻尼杆待焊处的氧化铜，并用丙酮去除待焊处的油污和粉尘。

② 用纯铜棒将阻尼杆打入阻尼环内，使阻尼杆端头与阻尼环平齐，并使阻尼环处于如图 14-7 所示的水平位置。

(2) 钎料和钎剂的选择

① 钎料选用 HL202。

② 钎剂选用 QJ102。

(3) 钎焊操作

① 先用无水酒精将 QJ102 钎剂调成糊状，用毛刷蘸上钎剂涂在钎缝处。

② 待酒精挥发后，用中性焰的外焰加热阻尼环。

③ 当阻尼环被加热到 800℃左右（呈暗红色）时，将 HL202 钎料擦抹在钎缝处，使钎料熔化后流入缝隙中。

④ 为了使钎料充满整个接缝间隙，应用氧-乙炔焰的外焰沿阻尼环的圆周方向来回移动，使接头均匀加热，直至钎料填满钎缝，并形成光滑饱满的圆根为止。

(4) 焊后清理

为防止残留钎剂的腐蚀，最好趁阻尼环未完全冷却之前，立即进行清洗。清洗时，可用体积分数为 10%～15% 的柠檬酸水溶液刷洗接头处，然后用热水冲洗，最后用压缩空气将其吹干。

14.2.5 铝制散热器的钎焊

用氧-乙炔焰钎焊如图 14-8 所示的铝制散热器上的紫铜与紫铜弯头，要求钎焊接头在 2.8MPa 压力下无泄漏。

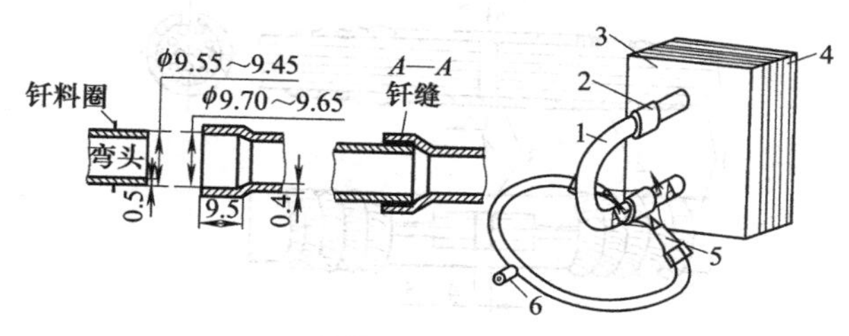

图 14-8　铝制散热器

1—铜弯头；2—铜散热器管；3—铝压板；4—铝翅板；5—焊嘴；6—叉型氧-乙炔焊炬

(1) 焊前清理

钎焊前，应对钎焊处进行蒸汽脱脂处理。

(2) 装配

在弯头的每个脚上套上一只钎料圈，该圈是用直径为 0.7mm 的

HL204 钎料制成的。要求装配钎料圈时，必须将它紧套在弯头上，这样在钎焊时，就可以借助于母材的热传导将其熔化。

(3) 钎焊操作

由于 HL204 钎料中的磷能还原铜中的氧化物，起到了钎剂的作用，因此钎焊时不必另加钎剂。钎焊时可用叉型的双嘴氧-乙炔焊炬加热管子（图 14-8），切不可直接加热钎料圈，否则熔化了的钎料圈未流入接缝间隙就会迅速凝固，使钎缝不能填满。

(4) 水压试验

焊后需经水压试验，要求在 2.8MPa 压力下无泄漏。

14.2.6 铝电缆接头的软钎焊

(1) 焊前准备

① 根据电缆绞线截面的大小，预先卷制好一个铝质套管，并将套管内壁和铝线外圈用细钢丝刷刷出毛刺。套管应留有缺口，两根铝线的端头之间应留 4～5mm 的间隙（图 14-9）。

② 装套管时，可在铝线上及铝线末端均匀地敷一层钎剂。

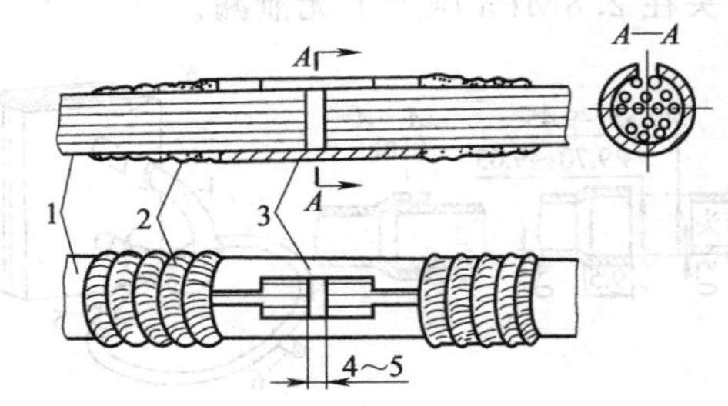

图 14-9 铝电缆接头

1—铝线；2—石棉绳；3—套管

(2) 钎料和钎剂的选择

① 钎料选用 HL603。

② 钎剂选用 QJ203。

(3) 钎焊操作

① 钎焊时，将套管缺口朝上，用喷口较小的喷灯加热套管下部

中间一带。

② 当加热到钎剂熔化出现白烟（约 320℃）时移开喷灯，并立即用钎料棒的一端与套筒缺口内可见的铝线接触，反复涂擦，此时钎料逐渐熔化，并流入多股铝线的间隙中，直至填满为止。

③ 钎焊过程中，可不断地用钎料棒或其他工具敲击接头，以利于钎料充满间隙。

④ 当钎料填满后，清除表面钎剂残渣和污物，用 HL603 钎料在套管外部及上部涂敷。

(4) 焊后清理

当表层的钎料还处于半塑性状态时，可用干布轻轻揩抹表面，直至得到光洁的表面。

14.2.7 硬质合金车刀的钎焊

用氧-乙炔焰钎焊如图 14-10 所示的硬质合金车刀。

(1) 焊前清理

① 焊前一般采用喷砂，或在碳化硅砂轮上用手工轻轻磨去硬质合金刀片钎焊面的表层，切不可用砂轮机或磨床磨削，这样容易使刀片产生裂纹。更不能采用化学机械研磨的方法，这样会使刀片表面的钴腐蚀掉，而使钎料很难润湿刀片，造成钎焊接头强度下降，甚至根本焊不牢。

图 14-10　硬质合金车刀

② 刀槽在钎焊前应用锉刀将毛刺去除，并进行喷砂处理，然后用汽油或丙酮将粉尘清洗干净。

(2) 钎料和钎剂的选择

① 钎料一般用 HL103，也可用 HS221 锡黄铜焊丝或 HS224 硅黄铜焊丝。

② 钎剂采用 QJ102 或脱水硼砂 60%（质量分数）+硼酸 40%（质量分数）。当钎焊碳化钛含量较高的硬质合金刀片时，可在硼酸中加入 10%（质量分数）左右的氧化钾或氟化钠，以提高钎剂的活性。

(3) 钎焊操作

① 将刀片放入刀槽后，用氧-乙炔火焰加热刀槽的四周，直至呈暗红色为止，同时要少许加热刀片。

② 用轻微的氧化焰将钎料的一端加热后蘸上钎剂。

③ 继续加热刀槽四周，当其出现深红色时，应立即将蘸有钎剂的钎料送入接头缝隙处，利用刀槽和刀片的热量，使其快速熔化，并渗入和填满间隙。

(4) 焊后处理

钎焊后应立即将车刀埋入草木灰中缓冷，或放入370～420℃的炉中进行低温回火，经保温2～3h后随炉冷却，这有利于防止裂纹的产生。

14.2.8 硬质合金铣刀的钎焊

火焰钎焊如图14-11所示的硬质合金铣刀。

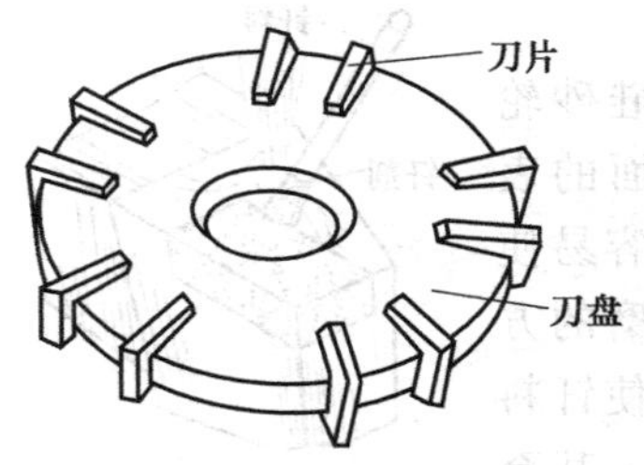

图14-11 硬质合金铣刀

(1) 焊前清理

① 用手工在碳化硅砂轮上轻轻磨去硬质合金刀片钎焊面的表层。

② 用锉刀去除刀槽周边的毛刺，并用毛刷蘸汽油或丙酮清洗刀槽内的油污及粉尘。

(2) 钎料和钎剂的选择

① 钎料一般选用HL103或者是HL104。钎焊高钛硬质合金刀片时，可选用银钎料，如HL301等。

② 钎剂可采用脱水硼砂60%（质量分数）+硼酸40%（质量分数）。当用银钎料时，可选用钎剂QJ102。

(3) 钎焊操作

① 将清理干净的刀盘放平，并在刀槽内装上刀片，然后用H01-12型焊炬、2～4号焊嘴、轻微的碳化焰集中加热刀槽上的一点，待该点被加热到微红时，立即填加蘸有少量钎剂的钎料，将刀片与刀盘固定。

② 将刀片已固定的刀盘垂直放置在转动架上，如图14-12所示。

③ 将待焊刀片处于图14-12所示的垂直位置，并用轻微的碳化焰反复加热刀片周围的刀盘，加热时应特别注意切不可使刀片的温度升得过高。

④ 当待焊处的刀盘呈暗红色（400～500℃）时，应立即填加钎剂，并继续使钎剂充满整个钎缝。

⑤ 当待焊处刀盘呈亮红色时，用蘸有钎剂的钎料擦抹钎缝处，利用钎缝处的热量使钎料熔化，直至填满钎缝。

⑥ 用上述操作方法焊完所有刀片。

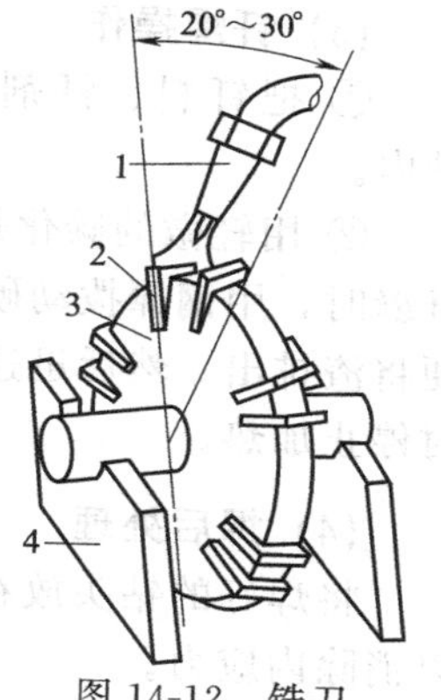

图14-12 铣刀钎焊示意图

1—焊嘴；2—铣刀；3—刀盘；4—转动架

(4) 焊后处理

① 焊后应立即将铣刀放入350～380℃的炉中保温6～8h，或放入深度不小于200mm的干燥石棉灰或草木灰中保温8h，以消除残余应力，防止产生裂纹。

② 用刮刀等物将多余的钎料、钎剂及杂质刮掉，使钎缝表面光滑、整洁。

14.2.9 硬质合金钻头的钎焊

火焰钎焊如图14-13所示十字形硬质合金钻头。

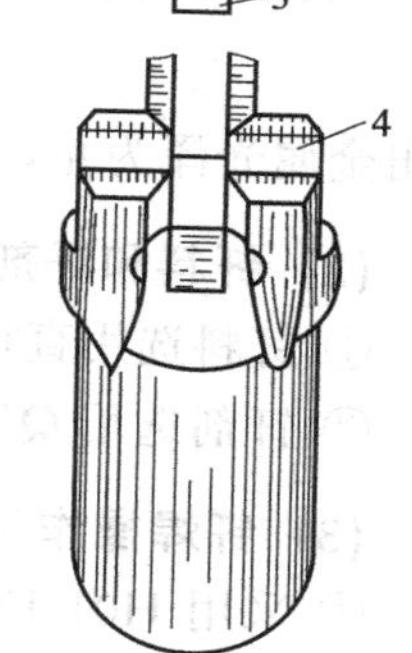

图14-13 十字形硬质合金钻头

1—钎剂；2—硬质合金片；3—钎料；4—錾槽

(1) 焊前清理

十字形硬质合金钻头钎焊前的清理与钎焊硬质合金铣刀时相同。

(2) 钎料和钎剂的选择

① 钎料一般选用片状的HL104。

② 钎剂选用脱水硼砂60%（质量分数）+硼酸40%（质量分数）。

(3) 钎焊操作

① 把钎料、钎剂和硬质合金片按图 14-13 所示的顺序放入錾槽内。

② 用轻微的碳化焰反复加热钎缝周围，待熔化的钎料渗入侧面钎缝时，用钢棒拨动硬质合金片，使其沿錾槽来回滑动 2～3 次，以便将渣排出。然后迅速对正硬质合金片的位置，并施加一定压力，同时停止加热。

(4) 焊后处理

将焊好的钻头放在 350～380℃的炉中保温 6～8h，并进行回火，以消除内应力。

14.2.10 蒸煮锅的进气管和衬里的钎焊

火焰钎焊如图 14-14 所示蒸煮锅的进气管和衬里。蒸煮锅的外壳材料为 10mm 厚的低碳钢板，衬里材料是壁厚为 3mm 的纯铜，进气管是 ϕ108mm × 4mm 的 07Cr19Ni11Ti 不锈钢管。

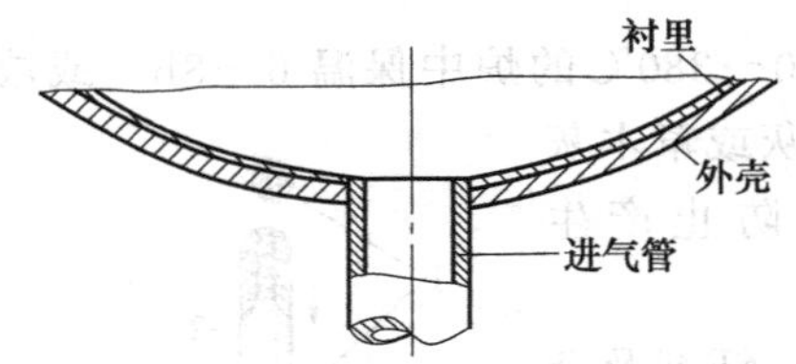

图 14-14 蒸煮锅的进气管和衬里

(1) 焊前清理

焊前用铜丝刷清除衬里和进气管待焊处表面的氧化物，直至露出金属光泽为止，然后再用丙酮清洗污物。

(2) 钎料和钎剂的选择

① 钎料选用直径为 3～4mm 的 HS221 锡黄铜焊丝。

② 钎剂选用 QJ200。

(3) 钎焊操作

① 采用 H01-12 型焊炬、2～3 号焊嘴、中性焰或轻微碳化焰，在进气管端头 10mm 范围内均匀加热。当其达到暗红色时，用钎料棒蘸上钎剂沿管端涂抹，同时用钎料棒在管端头接触试探。当钎料棒接触到管端头即被熔化时，可连续在管端头表面均匀堆焊，堆焊层的厚度不超过 1mm，长度不超过离管端 6～7mm。

② 用车刀车削进气管端的堆焊层，使其与衬里孔保持 0.1mm 左右的装配间隙。

③ 将堆焊了过渡层的进气管装入衬里的孔内。

④ 用中性焰加热进气管四周的纯铜衬里，并均匀地向待焊处撒上一层钎剂。此时火焰切勿直接加热进气管端头，否则堆焊的钎料将熔化并流失。

⑤ 当钎焊处被加热到 890℃（钎料熔点）时，应立即向钎缝处填加钎料，直至填满间隙为止。

(4) 焊后清理

钎焊后向接头处倾倒热水，并用毛刷清除残留在焊件上的钎剂和熔渣，然后用煤油进行渗漏试验。

经煤油检验无渗漏后，可用直径为 3.2mm 的 A302 焊条，将低碳钢外壳与不锈钢进气管焊牢。

14.2.11 吸入阀体的钎焊

火焰钎焊如图 14-15 所示的吸入阀体。

它是由 YG6 硬质合金圈和 20Cr13 不锈钢阀座组成的。

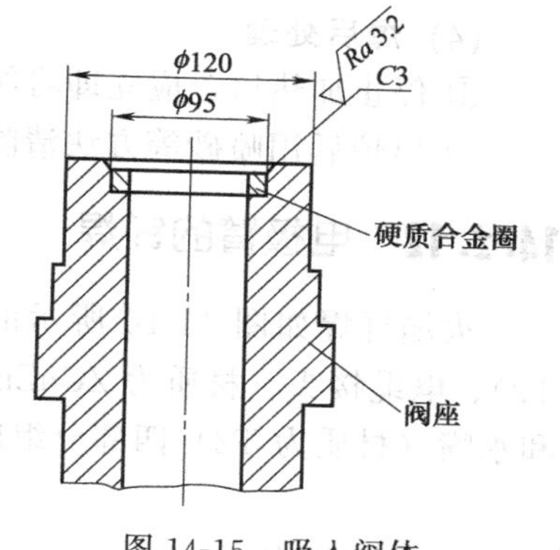

图 14-15　吸入阀体

(1) 焊前准备

① 用 1 号纱布打磨硬质合金圈的待焊面，直至出现金属光泽为止。

② 用丙酮或无水酒精清洗阀座待焊处和硬质合金圈，以清除污物和砂粒。

③ 将硬质合金圈装在不锈钢阀座的槽内，然后放入烘箱内加热，要求在 300℃温度下保温 2h。

(2) 钎料和钎剂的选择

① 钎料选用 ϕ2mm 的 HS221 锡黄铜焊丝。

② 钎剂选用脱水硼砂 50%（质量分数）+硼酸 40%（质量分数）+氟化钠 10%（质量分数）。

(3) 钎焊操作

① 将预热好的吸入阀体放入转盘的工装中，用 H01-6 型焊炬、3 号焊嘴、中性焰的外焰，缓慢地由远至近加热阀座待焊处的外侧，同时应缓慢地转动转盘，以使整个阀座的温度均匀上升。

② 当阀座外缘被加热到 500～550℃时，应将焊炬提高并转向，使焊嘴正对阀座上部，边转边加热阀座上平面和硬质合金圈。当待焊处被加热到深褐红色（约 550℃）时，迅速撒入钎剂，并继续加热，使钎剂熔化，流入钎缝中。

③ 当温度上升至 700℃时，迅速用钎料擦抹钎缝处，使钎料熔化，并渗入钎缝中，同时边转边加钎料，一次填满间隙，切不可中间停顿。否则硬质合金圈会被拉裂，而造成吸入阀体报废。

④ 收尾时，转盘应停止转动，焊嘴逐渐提高，待钎料凝固后才可停止加热。

(4) 焊后处理

① 停止加热后，应立即将阀体放入 300℃的烘箱内随炉冷却。

② 出炉后用喷砂等方法清除钎剂残留物。

14.2.12 电极臂的钎焊

火焰钎焊如图 14-16 所示的电极臂。它是由导电铜管（材质为 T2）、电缆接头（材质为 ZCuZn62）、导电块（材质为铸造 ZCuZn62）和水嘴（材质为 T2）四部分组成的。要求图 14-16（a）、（b）所示接

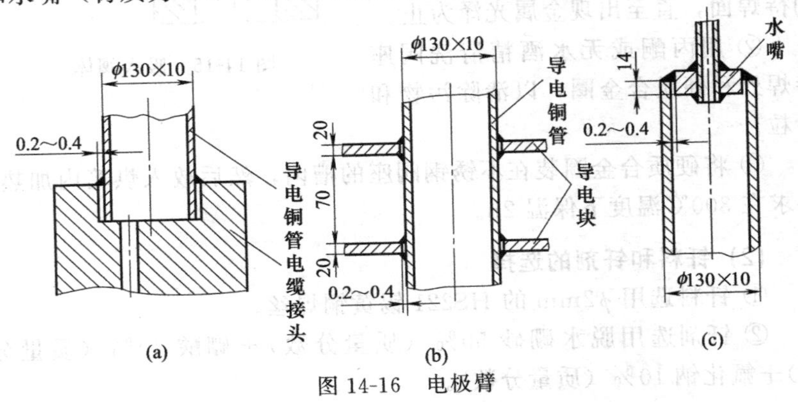

图 14-16 电极臂

头具有良好的导电性；图 14-16（a）、（c）所示接头焊后经 0.7MPa 水压试验无渗漏。

(1) 焊前准备

① 用细砂布沿导电铜管的纵向打磨待焊处，直至露出金属光泽为止。

② 用丙酮或无水酒精清除待焊处的砂粒。

③ 准备 H01-12 型焊炬 3 把。

(2) 钎料和钎剂的选择

① 钎料选用 ϕ4mm 的 HL303 银钎料，焊前将钎料熔断成约 1m 长的钎料丝，并用细砂布擦光，用丙酮或无水酒精清洗干净，然后弯成 L 形。

② 钎剂选用 QJ101 或 QJ102。

(3) 钎焊操作

① 钎焊的顺序是图 14-16（c）所示接头→图 14-16（a）所示接头→图 14-16（b）所示接头。

② 由于电极臂尺寸大，加之铜及其合金的导热性好，因此焊前必须预热。预热时可用三把焊炬同时进行，火焰为中性焰或轻微碳化焰，焰心距焊件 20～30mm，火焰沿接头上下直线移动，并沿圆周均匀加热。火焰上下移动范围为钎焊套接长度加 100mm。

③ 预热过程中可用钎料丝蘸上钎剂在待焊处试擦，当透过气焊眼镜观察到钎剂变成水状，且导电铜管变得白亮时，说明温度已达到 720～740℃，可进行钎焊。

④ 当温度达到 720～740℃后，可用预热焊炬中的一把进行钎焊（另两把继续加热）。钎焊时，不断地用蘸有钎剂的钎料丝擦抹导电铜管根部，使钎料熔化并填满间隙。

⑤ 钎焊时，用火焰的内焰加热钎料，切忌用焰心加热钎料，也不要在同一点过多地加热，以免烧坏焊件。钎焊过程中，如发现金属表面有黑斑，则需多添加钎剂去除黑斑。

⑥ 待整个钎焊间隙填满钎料后，继续用焊炬焊出圆根。

⑦ 钎焊结束时，预热焊炬应逐个减少，且钎焊火焰应由近渐远慢慢熄灭。

(4) 焊后清理

待接头冷至室温后，先用毛刷蘸体积分数为 15% 的柠檬酸水溶液刷洗，接着再用清水冲洗，最后将接头吹干。

(5) 水压试验

焊后图 14-16 (a)、(c) 所示接头需经 0.7MPa 水压试验且无渗漏。

14.2.13 灰口铸铁的钎焊

用氧-乙炔火焰钎焊灰口铸铁时，由于铸铁本身不熔化，因而熔合区不会出现白口，易于切削加工，故不太重要的灰口铸铁件常用氧-乙炔火焰来钎焊。

(1) 操作准备

灰铸铁钎焊时的坡口尺寸如图 14-17 所示。坡口深度应在厚度的 4/5 以上，坡口及其两侧 20～30mm 范围内必须清理干净，直至露出金属光泽。

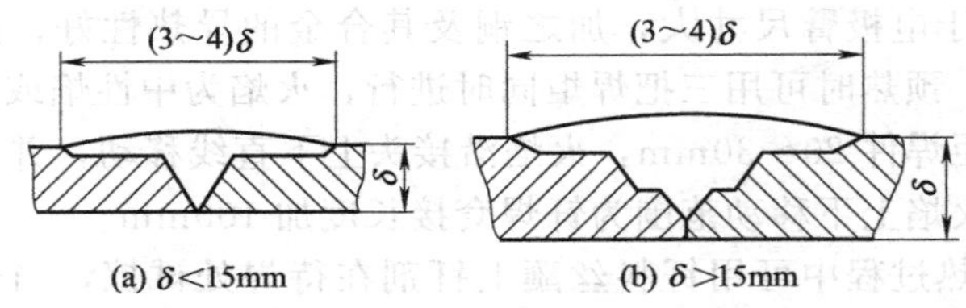

图 14-17 灰铸铁钎焊时的坡口尺寸

(2) 钎料及钎剂的选用

灰口铸铁钎焊时，常用钎料为 HL103（铜锌钎料，详见 GB/T 6418）钎料。这种钎料的优点在于焊接速度快、焊件受热不大，因而焊件不会因局部过热而产生白口，同时热应力也较小，不易产生裂纹。钎焊灰口铸铁所用的钎剂，除采用钎剂 QJ102 外，还可以从表 14-5 中选用。

表 14-5 钎焊灰口铸铁用钎剂 %

序号	成分		
	硼砂(脱水)	硼酸	食盐
1	100	—	—
2	50	50	—
3	70	10	20

(3) 火焰的选择

钎焊时由于铜锌钎料 HL103 中锌的蒸发，不仅使钎焊接头的塑性降低和易出现气孔，而且会使焊工中毒。因此，应采用氧化焰，使熔池表面形成一层氧化锌薄膜，以减少熔池内锌的蒸发和氧化。

(4) 操作要点

用气体火焰将坡口边缘加热到红热状态后，立即撒上钎剂。当温度升至 900℃左右时，用钎料在此段涂擦一层铺底，然后逐渐填满整段焊缝。

钎焊时，火焰焰心与熔池间的距离比一般焊接时要大些，火焰不要往复运动，填加钎料要快，加热部位要小，勿使钎焊处母材过热。焊接次序应由里向外，左右交替。长焊缝应分段施焊，每段以 80mm 为宜，第一段填满后待温度下降到 300℃以下时，再焊第二段，这样做可使钎焊时的应力减小。

第15章

焊接修复

15.1 焊接修复基本技能

15.1.1 焊条电弧焊修复技术要点

焊条电弧焊是最常用的焊接修复方法之一，主要用于工件零散缺陷的修复，如裂纹、气孔等，零部件磨损或腐蚀部位也可以采用焊条电弧焊堆焊修复。

(1) 缺陷清除

为了保证焊接修复质量，避免缺陷对修复后零部件性能的影响，焊接修复前须对缺陷进行清理。一般情况下，应将缺陷彻底清除干净。当缺陷难以完全清除或彻底清除缺陷将会对设备造成更大的损伤时，应对残留缺陷做好详细记录。缺陷清除常采用的方法有机械打磨、碳弧气刨、氧-乙炔火焰切割、等离子弧切割等。

① 碳弧气刨　采用碳弧气刨清除部件缺陷时，一般碳棒不作横向摆动和前后摆动，否则刨出的沟槽表面非常粗糙。如果一次刨槽的宽度不足以清除缺陷，则可增大碳棒直径。如果缺陷部位的壁厚较大或缺陷较深，则可采用分段多层刨削。对厚壁部件或淬硬倾向大的材料碳弧气刨时，须采取预热措施，以防止产生裂纹。预热温度可参照该材料的焊接预热温度。

② 氧-乙炔火焰切割　氧-乙炔火焰切割设备简单、效率高，可用

于碳钢、低合金高强钢等零部件受损部位的局部切割及缺陷清理，但不适于不锈钢等高合金钢缺陷的清除。

③ 等离子弧切割 切割用等离子弧温度一般为10000～14000℃，远远超过所有金属以及非金属的熔点，能够切割绝大多数金属和非金属材料，因此现在广泛应用于切割氧-乙炔火焰无法切割的金属材料，如铝、不锈钢等。碳钢、低合金的切割，也可以用等离子弧来进行。

(2) 坡口或修复面的清理

碳弧气刨或氧-乙炔火焰等切割后，需清除切割面的淬硬层或渗碳层。清除的厚度一般不小于3mm。

缺陷清除后形成的坡口或修复面常常凹凸不平，或存在焊条电弧难以达到的死角。坡口或修复面的清理就是将坡口或修复面修整圆滑，同时一并清除待修复部位表面上的铁锈、水分、油污、氧化皮等。坡口或修复面的清理一般采用机械打磨的方法。如果修复部位长期与油脂、水分等接触，应用气焊焊炬进行烘烤，并用钢丝刷清除，以彻底清除空隙中的油污、水分。

(3) 焊前预热

修复时的焊前预热一般只对刚性大的焊接结构或焊接性差、容易开裂的材料采用。预热温度需要根据被修复工件材质的化学成分、修复处的部件厚度和施焊环境温度等条件确定。修复时，很多情况下由于受部件尺寸和变形限制而不能预热，这时只能采用冷焊法焊接，即焊前不预热或用较低温度预热，焊后不进行热处理。

(4) 焊接修复工艺参数

① 焊条的选择 焊接修复中主要根据修复工件的材质和使用要求（如强度级别、接头刚性和服役条件等）选择焊条。碳钢和低合金钢工件修复一般按等强匹配原则选用强度级别相同的焊条，普通结构件可选用酸性焊条，重要焊接结构件的修复选用低氢型焊条。有耐磨、耐蚀和耐热要求的接头，应根据服役条件选择相应合金成分的焊条。

焊条直径的选择主要考虑修复放入厚度、损坏位置、施焊方法等。焊接修复时，通常由于受焊接结构尺寸、待修复部位的位置、焊缝熔深要求等条件的限制，焊条直径和焊接电流不允许选得太大，以免造成未焊透或焊缝成形不良，除非是熔敷量很大的填充层或堆焊层等情况。对于小坡口焊接修复件，为了保证根部熔透，宜采用较细直径的焊条，如打底焊时一般选用直径为2.5mm或3.2mm的焊条。不同的焊接修复位置，选用的焊条直径也不同，通常平焊时选用ϕ4.0～6.0mm的焊条，立焊和仰焊时一般选用ϕ3.2～4.0mm的焊条，横焊时选用ϕ3.2～6.0mm的焊条。

② 焊接电流　焊接电流一般根据焊条直径初步选择，然后再考虑板厚、接头形式、焊接位置、环境温度、工件材质等因素。例如，当焊接修复导热快的工件时，焊接电流要大一些；而焊接修复对热输入敏感的材料时，焊接电流要小一些。

③ 电弧电压　焊接电压取决于电弧的长度。电弧越长，焊接电压越高，焊缝越宽，熔深越小；但电弧太长，则电弧挺度不足，飘忽不定，熔滴过渡时容易产生飞溅，对电弧中的熔滴和熔池金属保护不良，导致焊缝产生气孔；而电弧太短，则熔滴向熔池过渡时容易产生短路，导致熄弧，使电弧不稳定，从而影响焊接修复质量。一般情况下应尽量采用短弧焊进行修复。常用的焊接电弧电压控制为18～26V。

焊接修复时，焊接电流大，电弧电压也相应增大。电弧发生磁偏吹时，电弧长度尽可能缩短。平焊修复时，根据焊缝修复尺寸的要求，拉长或缩短电弧，以得到合适的焊缝宽度和熔深。

④ 焊接速度　焊接速度的大小应根据修复件所需的热输入、焊接电流和电弧电压综合考虑确定。

焊条电弧焊修复时，如果焊接速度太慢，则焊缝会过高或过宽，外形不整齐，焊接修复较薄结构件时甚至会烧穿；如果焊接速度太快，焊缝较窄，则会产生未焊透缺陷。因此在保证焊缝具有所要求的尺寸和外形、熔合良好的前提下，焊接速度由操作者根据修复件的实际情况灵活调节。

15.1.2 气焊修复技术要点

气焊修复是利用氧气和燃气混合燃烧产生的火焰做热源的焊接修复方法。气焊修复时，氧气和燃气在焊炬中燃烧，喷射出的火焰将零部件待修复处的局部母材金属和填充焊丝熔化，然后使之熔合、凝固结晶，在零部件上形成修复层金属。

采用气焊修复工艺既可以焊补零部件的受损部位，也可以通过选用合适成分的合金粉末，对零件表面局部的磨损或腐蚀部位进行气体火焰喷涂修复。气焊修复中应用最普遍的是氧-乙炔气焊，其次是氧-液化石油气气焊。采用氧-乙炔气焊可以修复碳钢、低合金钢、铸铁、铜及其合金、镍合金、铝合金等。采用液化石油气、天然气、丙烷等可燃气体时，可以焊接修复熔点较低的金属，如铝及铝合金、镁、锌、铅等有色金属零部件。气焊最适于薄板件、薄壁管件、箱体件、壳体件以及异种金属零部件的焊接修复。

气焊修复操作要点包括选择合适的火焰能率、焊接方向、焊丝直径，焊接时掌握好焊炬的角度和焊接速度等。

① 火焰能率　火焰能率是以单位时间内消耗的混合气体量来表示的。火焰能率的大小可通过焊炬型号和焊嘴大小控制。气焊修复采用的焊嘴孔径越大，火焰能率也就越大。

气体火焰能率的选择取决于零部件修复部位的厚度、材质的热物理性质（熔点及导热性等）以及零部件的空间位置等。待修复零部件厚度较大、材料熔点较高、导热性较好时，应选用较大的火焰能率。焊接修复小件或薄件时，火焰能率应适当减小。实际气焊修复中，在保证修复治理的前提下，尽量采用较大的火焰能率，以提高生产效率。

② 焊丝直径　焊丝直径要根据修复零部件的厚度及待修复部位的空间位置确定。如果焊丝直径比工件厚度小很多，则焊接时易发生工件尚未熔化而焊丝已熔化下滴或熔合不良现象；相反，如果焊丝直径比工件厚度大得多，则焊丝熔化需要长时间的加热，会增加修复接头热输入，影响接头质量。

③ 焊炬倾角　焊炬倾角是指焊炬与工件时间的夹角，焊炬倾角越大，火焰热量越集中。焊炬倾角的大小主要根据零部件的厚度、待焊材料的熔点以及导热性能来选择。焊炬倾角与工件厚度的关系见图 15-1（a），焊丝与焊炬的夹角见图 15-1（b）。工件越厚、材料的熔点和导热性越高，焊炬倾角应越大；工件越薄、材料熔点越低，焊炬倾角应越小。

待修复零部件的材料不同，焊炬倾角也不同。一般情况下，气焊修复铜及铜合金零部件时，焊炬倾角为80°；而修复铝及铝合金零部件时，焊炬倾角仅为10°。气焊过程中，随着焊接热量的不同，焊炬倾角也要发生改变。焊炬倾角在气焊修复过程中的变化见图15-2。

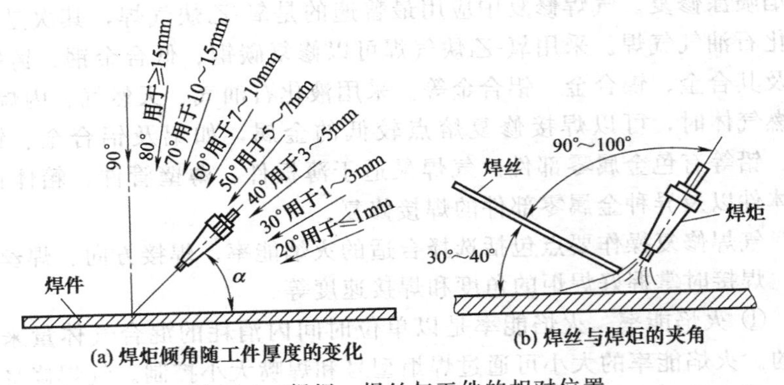

图15-1 焊炬、焊丝与工件的相对位置

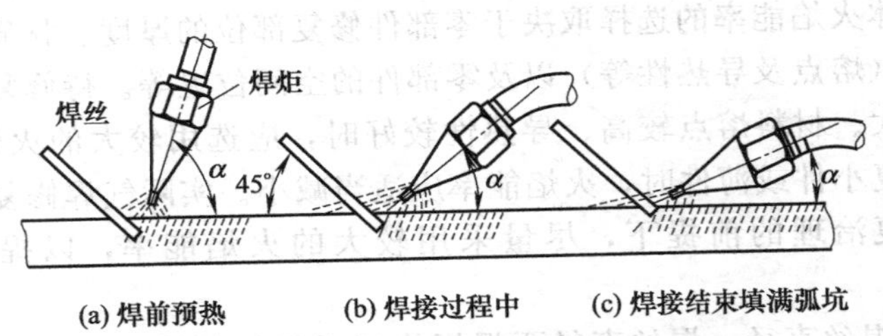

图15-2 焊炬倾角在气焊修复过程中的变化

④ 左焊法和右焊法　气焊修复的操作方法有左焊法和右焊法。左焊法是：焊接过程中，焊枪由右向左移动，焊接火焰指向未焊部分，填充焊丝位于火焰的前方，焊炬与工件水平面成60°～70°角，焊丝与工件水平面成30°～40°角。采用左焊法时，焊炬做左右摆动，焊丝沿焊缝中心直线前进或稍微摆动；用焰心前端加热焊丝，将熔化的焊丝熔滴送入熔池。同时用焊丝反射回来的火焰保持熔池温度，并预热未焊部分。左焊法操作示意图如图15-3（a）所示。

左焊法适用于焊接厚度小于3mm的薄件及熔点低的结构件，如铝合金件等。操作者容易观察熔池及工件表面的加热情况，能保证焊缝的宽度及高度均匀。但在气焊修复厚度超过5mm的零部件时，不宜采用左焊法，以免产生未焊透等缺陷。

右焊法是：气焊过程中，焊枪由左向右移动，焊接火焰指向已焊部分，填充焊丝位于火焰的后方，如图 15-3（b）所示。采用右焊法时，焊炬与工件水平面成 45°～60°角，焊丝与工件水平面成 30°～40°角；焊炬直线或左右摆动前进，焊丝做上下运动。

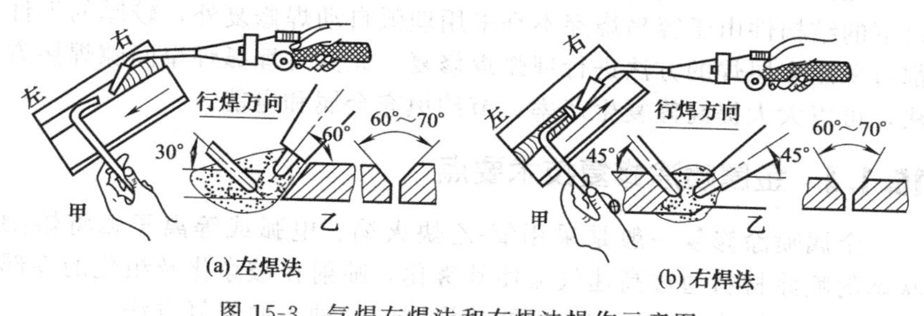

图 15-3　气焊左焊法和右焊法操作示意图

右焊法修复时，由于火焰指向已形成的焊缝，能较好地保护焊缝，因此不但可以防止焊缝受空气的影响，而且还能使焊缝缓慢冷却，起回火作用。另外，右焊法火焰对准熔池，热量集中、利用率高，适用于厚度大于 5mm 的零部件的焊接修复。

15.1.3　埋弧堆焊修复技术要点

埋弧堆焊修复是利用埋弧焊方法，在零件表面堆焊一层具有特殊性能的金属材料，以增加金属材料表面的耐磨、耐热和耐腐蚀性能。埋弧堆焊修复有多种形式，如单丝埋弧堆焊、多丝埋弧堆焊、带极埋弧堆焊、串联埋弧堆焊等。采用埋弧自动堆焊进行修复时，为增加熔敷率、降低母材稀释率，要求在不降低修复效率的条件下获得最小的熔深。与焊条电弧焊修复相比，埋弧自动焊修复具有质量稳定、生产效率高、工件变形小、劳动条件好及节约焊接材料和电能等优点。

埋弧焊的主要缺点有：仅适用于平焊位置，不能进行空间位置的焊接修复；只能焊接较厚的零部件，不能焊接修复薄件；适于焊接修复损坏面积较大的工件，不适于焊接短焊缝；不能焊接修复活泼金属件，如铝、钛金属制造的零部件。

埋弧自动焊主要用于修复各种钢结构，包括碳素结构钢、低合金结构钢、耐热钢、不锈钢及复合钢等材料的中厚及大厚零部件的焊接修复，在锅炉及压力容器、造船、重型机械与化工装备生产等方面有着广泛的应用。采用埋弧自动堆焊耐磨、耐蚀合金进行零部件的修复也是非常合适的，如钢轧辊的埋弧堆焊修复，水压机工作缸柱塞表面耐磨、耐蚀层堆焊，阀门密封面堆焊等。

埋弧自动焊可焊接修复的工件厚度范围很大，除了厚度在5mm以下的结构件由于容易烧穿不宜采用埋弧自动焊修复外，较厚的工件都可采用多层焊的方法进行埋弧焊修复。尤其是埋弧焊窄间隙焊接方法，可以大大提高修复生产率，节约填充金属和电能。

15.1.4 金属喷涂修复技术要点

金属喷涂修复一般是采用氧-乙炔火焰、电弧或等离子弧将熔融状态的喷涂材料通过高速气流使其雾化，喷射在被净化及粗化的零部件表面上，形成具有所需求性能喷涂层的一种表面修复方法。

根据喷涂热源及涂层材料的种类和形式，金属喷涂修复工艺方法可分为：火焰喷涂（包括火焰线材或棒材喷涂、火焰粉末喷涂、火焰爆炸喷涂）、电弧喷涂和等离子弧喷涂。它们所利用的热能形式有气体燃烧火焰、爆炸火焰、电弧、低温等离子体焰流等。

(1) 工件表面准备

工件表面准备包括表面清洗、表面预加工、表面粗化、喷涂结合底层等项工作。工件表面制备直接关系到喷涂层的质量及喷涂工艺的成败。

1）表面清洗　喷涂前应去除工件表面的氧化皮及油污等，直到露出清洁、光亮的金属表面为止。

① 热碱溶液清洗是用氢氧化钠、磷酸三钠、碳酸钠等热溶液浸泡、冲洗工件，露出金属光泽后再用清水冲净，也可以用金属洗净剂进行清洗。这种方法清洗效果较好，费用较低。

② 有机溶剂清洗是用汽油、丙酮、三氯乙烷、三氯乙烯等冲洗工件。这种方法清洗效果好，费用较高。由于许多有机溶剂略有毒性，使用时应注意安全和通风。

③ 渗油多孔件的清洗，如长期浸在油中的铸铁件，应加热到300℃，保温3～5h，使油脂全部渗出，擦净后再清洗。加热温度及保温时间可根据具体情况而定，直到铸件在加热时不冒青烟为止。对

于大型铸件，整体均匀加热有困难时，也可在80～100℃条件下反复烘烤，然后擦净后再做表面清洗。对于清洗后的工件，不应再沾染灰尘及油污、手印等。

2）表面预加工　表面预加工是利用车削或磨削除去工件表面的疲劳层、腐蚀层等各种损伤或表面硬化等，同时还可以修整不均匀的磨损表面及预留喷涂层的厚度，其预加工量主要由设计的喷涂层厚度决定。维修旧件时建议加工至最大磨损量以下0.10～0.20mm，制造新品时加工量取0.10～0.25mm，当基材强度较低，而涂层又承受较大的局部压力时，应增大预加工量。另外应保证工件边、角、变断面处的平滑过渡，以防由于断面变化较大产生内应力，造成喷涂层剥落。轴类零件预加工时的边角过渡如图15-4所示。

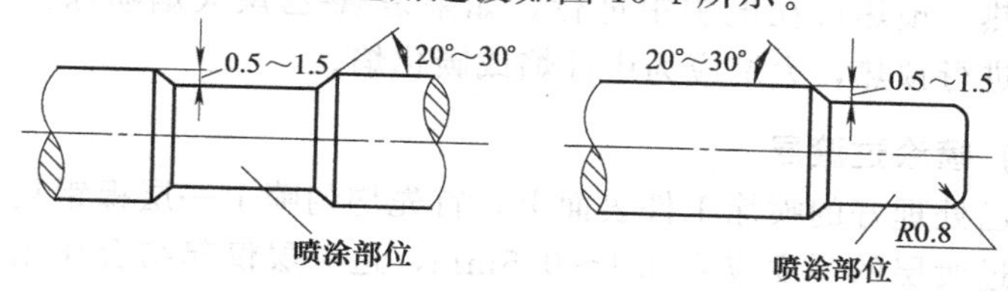

图15-4　轴类零件预加工时的边角过渡

3）表面粗化　工件表面经过粗化处理以后，能增强基材与喷涂层的结合力。粗化的常用方法有喷砂和机加工等。

① 喷砂的材料为多角冷硬铸铁砂。刚玉砂（Al_2O_3）、硅砂（SiO_2），其分别适用于硬度在50HRC、40HRC、30HRC左右的工件表面。

喷砂后，工件的表面粗糙度应达到$Ra3.2$～$12.5\mu m$。对于薄壁工件，表面粗糙度为$Ra1.6\mu m$。表面粗糙度是否达到了要求可用仪表测量，但大多数情况下还是凭经验观察判断喷砂结果，即在较强光线下，从各角度观察喷砂面均无反射亮斑时，认为合格。喷砂后，用压缩空气将黏附在工件表面的矿砂粒吹净。为防止污染及氧化，应尽快进行喷涂。

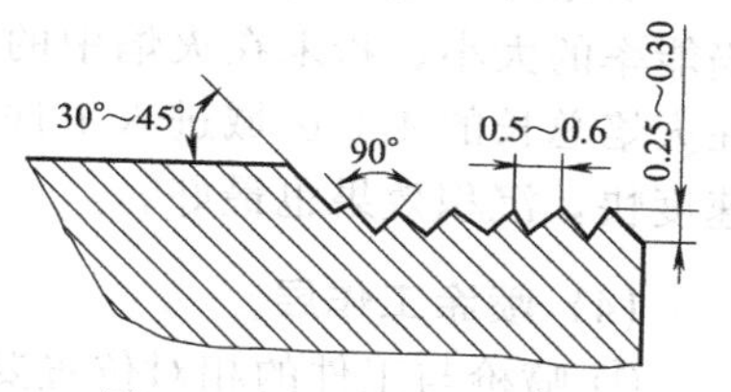

图15-5　表面螺纹的形状

② 机加工粗化包括车细螺纹、磨削、滚花等，表面螺纹形状如图

15-5 所示。机加工粗化往往与喷砂或喷涂结合底层的方法联合使用。

4）喷涂结合底层　为提高工件层与工件之间（喷涂层）的结合强度，先喷一层易与基材结合的过渡材料底层，如钼、镍铬复合材料、镍铝复合材料等，当基材厚度太小，喷砂易造成变形时，特别适用这种方法。结合底层不宜太厚，一般控制为 0.10～0.15mm，如果太厚，则会使工作层的结合强度降低，而且不经济。

(2) 工件的预热

工件预热的作用是可以清除工件表面的吸附水分；可使工件膨胀，以降低喷涂层冷却时产生的拉应力。

工件预热的温度为 80～120℃，预热时加热应缓慢、均匀、防止局部过热，预热可在电炉中进行。如果是氧-乙炔火焰喷涂，则可以用喷枪进行预热，火焰应为中性焰或碳化焰。

(3) 喷涂过渡层

在已处理好的喷涂工件表面上，首先均匀喷上一层镍铝复合粉过渡层。过渡层的厚度应为 0.1～0.5mm，这一层仅起结合作用，粉末也比较贵，所以不必喷得太厚。

由于镍包铝复合粉放热反应剧烈，放热温度很高，因此在喷涂时会大量冒烟。为减少冒烟现象的产生，喷镍包铝粉时要控制好工艺参数，可采用较强的火焰、较大的送粉气流及较小的出粉量。

在喷涂镍包铝复合粉的过程中，为减少烟雾对工件表面及涂层间的污染，可采用快速薄层喷涂，即喷枪往复移动，不要在表面停留时间过长。

铝包镍复合粉的工艺性能好，结合质量高，冒烟少，易掌握。所以过渡层应尽量选用这种复合粉喷涂。喷涂的火焰一般可使用中性焰。

喷涂时，喷枪与工件表面的距离一般在 180mm 左右，并随着火焰能率的大小、粉末在火焰中的加热状态等而变化。根据生产经验，在火焰总长的 4/5 区域进入工件表面较为适当，此时粉末温度较高，速度快，沉积效果也最好。

(4) 喷涂工作层

① 喷枪与工件的相对位置要正确　喷枪与工件要保持一定距离。不同热喷涂方法的喷涂距离见表 15-1。喷枪角度应使射流轴线与工

件表面之间夹角>45°。

表 15-1　不同热喷涂方法的喷涂距离　　mm

喷涂方法	丝材火焰喷涂	粉末火焰喷涂	电弧喷涂	等离子金属喷涂	等离子陶瓷喷涂
喷涂距离	100～150	150～200	100～200	70～130	50～100

② 喷涂层厚度　工作层的厚度一般较大，每层喷涂厚度不得超过 0.15mm。总的喷涂层厚度不得超过 1.5mm。要分层逐步加厚喷涂层，否则将降低喷涂层的结合强度。

③ 工件表面温度监视　在喷涂过程中要保持工件喷涂表面温度不超过 150℃，若发现温度高于 150℃，则应停止喷涂，待温度下降到 150℃以下时再继续操作。喷涂过程中，也可以对喷涂部位用冷却气流进行冷却降温处理。

火焰喷涂时，用中性焰或碳化焰，送粉量一般选为 20～30g/min。

(5) 喷涂后的处理

1）封孔处理　由于喷涂层是堆叠的，具有多孔性，而且内部的孔隙有可能相互连接，因此对于密封件、防腐蚀件喷涂层，必须进行封孔处理，即喷后选择合适材料填充孔隙。

封孔处理之前，必须将喷涂层表面清理干净，最好是喷涂完毕马上进行封孔处理，如果喷涂层表面有油污，则应该用适当的溶剂洗净并蒸发后，方可进行封孔处理。

常用封孔材料为有机合成树脂、合成橡胶、石蜡、某些油漆及油脂等。具体选择要根据工件的工作条件和封孔材料的物理化学性能而定。当工件接触弱酸和有机溶剂，工作温度为 150～260℃时，可选用酚醛树脂。当工件接触水、油，工件温度在 150℃以下时，可选用丙烯酸酯类厌氧胶黏剂。当工件接触酸、碱、海水，工作在室温环境时，可选用微晶石蜡作为封孔剂。此外，许多工业用的密封胶也可作为喷涂层封孔剂，封孔剂的固化方法随封孔剂不同而不同。

2）喷涂层的机械加工　常用的机加工方法有车削和磨削。为了防止切削和磨料粒子嵌入孔隙中，在进行机加工时，先用石蜡封孔。但这对滑动配合的耐磨面的储油性能有较大影响，会降低润滑效果，所以必须清除残存的石蜡，其方法是用煤油浸泡清洗。

① 车削规范数据及刀具的选择　纯铁、铜、铝的喷涂层选用高速钢刀具；其他硬质耐磨涂层，选用金刚石刀具、陶瓷刀具、氮化硼刀具或添加碳化钽、碳化铌的超细晶粒硬质合金刀具。喷涂层车削规范数据见表 15-2。

表 15-2　喷涂层车削规范数据

喷涂材料		Ni60	
喷涂工艺		喷熔	
喷涂层硬度(HRC)		60	
刀具牌号		YC09	
加工工序		半精车	精车
车削深度/mm		0.2	0.1
进给量/(mm/r)		0.2	0.1
刀具几何角度/(°)	前角 γ_0	−5	−5～0
	后角 α_0	8	12
	主偏角 k_r	10	15
	副偏角 k_r'	15	10
	刀倾角 λ_s	−5	0
刀尖圆弧半径 r_s/mm		0.3	0.5

注：Ni60 为国产自熔性 Ni-Cr-B-Si 型合金喷涂粉末。

② 磨削规范数据及砂轮的选择　磨削应选用硬度高的砂轮，如绿色碳化硅、人造金刚石、氮化硼砂轮等。为减少脱落的砂粒嵌入孔隙影响磨削质量，选用粒度稍粗的砂轮。磨内圆的小直径砂轮，为延长使用寿命和保持切削能力，选用疏松组织（10 号以上）砂轮，或大气孔（组织相当于 10～14 号砂轮），喷涂层磨削规范数据见表 15-3。

表 15-3　喷涂层磨削规范数据

项目	数据
砂轮速度/(m/s)	绿色碳化硅砂轮　20～25 人造金刚石砂轮　15～25 氮化硼砂轮　25～35
工件移动速度 v_w/(m/min)	10～20
轴向进给量 f_a/(mm/min)	外圆磨　0.5～1.0 平面磨　10～15
径向进给量 f_r/(mm/r)	外圆磨　0.005～0.015 内圆磨　0.002～0.010 平面磨　0.005～0.020

15.2 焊接修复典型实例

15.2.1 用“焊垄条刮研法”修复铸铁膛孔

在生产中经常遇到各种大中型减速机、齿轮机、变速箱膛孔因磨损而被迫停机的情况，为快速修复缩短停机时间，我们摸索出用“焊垄条刮研法”进行修复，做到了省力、省时、速度快，并能保证质量。修复步骤如下。

① 用手砂轮在膛孔面上开成条形沟槽，沟距为 15～18mm，沟深及形状如图 15-6 所示。

② 将膛孔清洗干净，并用氧-乙炔焰烘烤，烤去表面的油污。

③ 选用 Z308 或 Z408 镍基焊条，直径为 3.2～4mm；焊钳预热到 250℃左右，并保持此层间温度，直至将沟槽焊满，并达到所需高度。

④ 为了获得更致密的焊道并尽量减少焊接应力，焊后应趁红热状态时用圆头锤敲打焊道。

⑤ 在焊接过程中如出现严重的气孔和焊瘤，应铲掉或用砂轮磨平，再重新补焊。

⑥ 焊补结束后，先用手砂轮将焊肉打磨平整，并留够刮研加工的余量。然后用刮刀进行刮研，直到符合所需精度为止（图 15-7）。

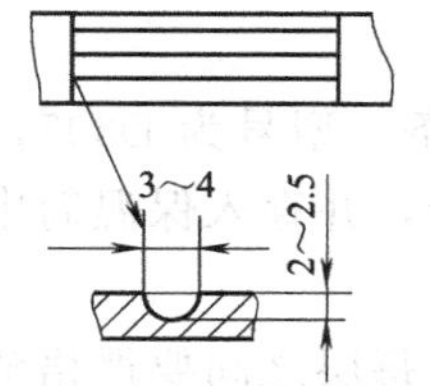

图 15-6 垄条形状及尺寸示意图

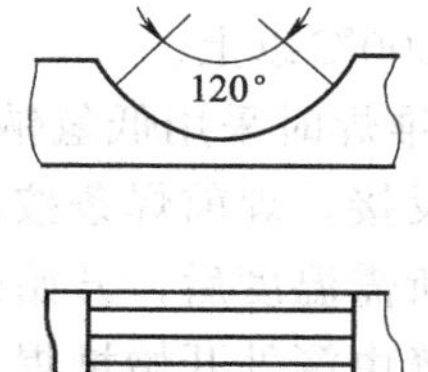

图 15-7 修复后的膛孔

我们采用此法修复了各种大中型减速机、齿轮机、变速机膛孔 80 多个，运行多年一直很好，不仅减少了停机损失，也节省了大量设备维修、更换费用。如某厂的 ϕ850mm 的轧机齿轮机（材质为 HT28-48），采用“焊垄条刮研法”只用了两天时间就修复了磨损的膛孔，使轧机很快又投入了生产。

15.2.2 锻模的焊条电弧堆焊修复

锻模是使金属在炽热状态下进行塑性变形的工具。在成形过程中，由于锻件金属的流动，使型槽表面产生强烈的摩擦，同时型槽表面又经常承受反复的冲击、加热与冷却，因此产生严重的磨损直至报废，目前广泛使用焊条电弧堆焊进行修复。

(1) 热锻模的堆焊修复

热锻模是在高温下强迫金属成形的一种模具，型槽表层金属经常处在 300～600℃的工作温度下，每锻打一个零件之后，都需要用冷却剂进行冷却，以致经常受到反复的加热与冷却。因此，型槽表面极易磨损和产生热疲劳裂纹，如图 15-8（a）中 *B* 向箭头所示，使模具报废。热锻模的几何形状复杂，制造困难，因此用焊条电弧堆焊法进行修复，具有十分重要的经济意义。

热锻模堆焊操作要点如下：

① 堆焊前对毛坯进行退火处理，退火后，仔细清理待焊部位及其两侧各 10mm 区域，在裂纹尽头处钻通止裂孔，见图 15-8（a）中 *B* 向视图；并沿裂纹深度开成 30°V 形坡口，坡口底部呈半径为 3mm 圆角，见图 15-8（b）。

② 为防止产生堆焊裂纹，堆焊前必须对模体进行预热，如模体材料为 5CrMnMo 钢，预热温度为 400～450℃，堆焊时的层间温度控制在 300℃以上。

③ 堆焊时采用低氢钠型热锻模堆焊焊条，型号为 D397，电源采用直流反接，焊前焊条按规定要求进行烘干，并存入保温筒中。焊件预热到所需温度后，开始焊接操作。

焊缝由深处开始堆焊，逐次向上进行，每层之间要严格清渣，焊道之间要避免产生窄沟，以免造成夹渣。盖面焊缝最好高出母材表面 2～3mm。焊道的排列顺序见图 15-9。

(2) 切边模的堆焊修复

模体材料为中碳钢，堆焊焊条选用 D322、D327，堆焊层硬度为 30～40HRC，退火后为 24～32HRC，淬火并回火后为 50～56HRC。

在切边模的新冲头体两头铣出深为 3mm、高为 15mm 的斜坡，

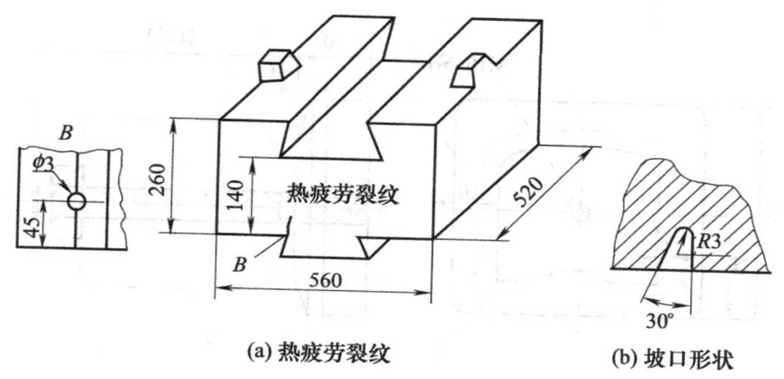

(a) 热疲劳裂纹　　(b) 坡口形状

图 15-8 热锻模的堆焊修复

如图 15-10 所示，供堆焊用。

为保证堆焊焊道的外形尺寸准确，必须采用特殊模板。模板由厚 20mm 的铜板制成，按冲头的外形进行加工，并沿整个周边向外突出 10mm，见图 15-11。在模板的中心套装 M10 螺栓，模板的一端有 4mm 的斜坡，备作堆焊层的加工余量。将冲头体预热至 650℃以后，迅速装到手动夹具上，并用两点带有顶尖孔的螺栓紧固上，进行堆焊操作。在整个堆焊操作中，引弧点和收弧点应避开拐角部位，当冲头体的被焊表面出现液态的金属时，可沿整个斜边宽度方向继续摆动焊条，并沿冲头周边轮廓前进堆焊，直至焊完第一层，再接着焊第二层。堆焊完一个工件端面后，要将冲头的另一端再次预热至 650℃。待全部堆焊完以后，将冲头从夹具上卸下来，不等它冷却，就立即进行退火处理。

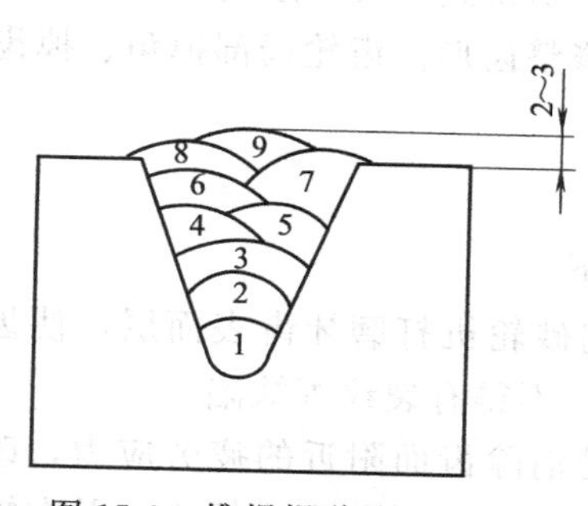

图 15-9 堆焊焊道的排列顺序

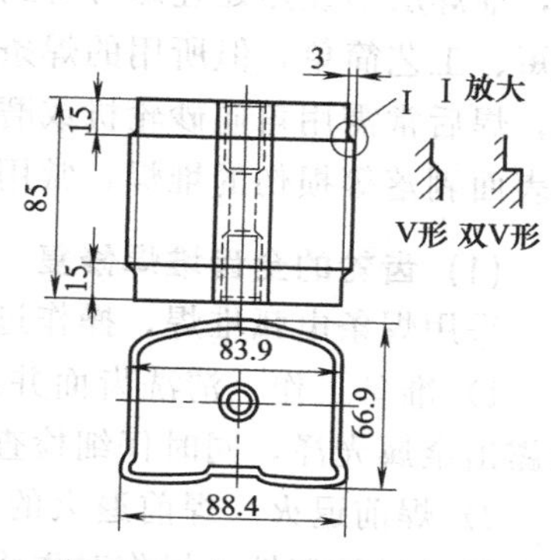

图 15-10 切边模的堆焊修复

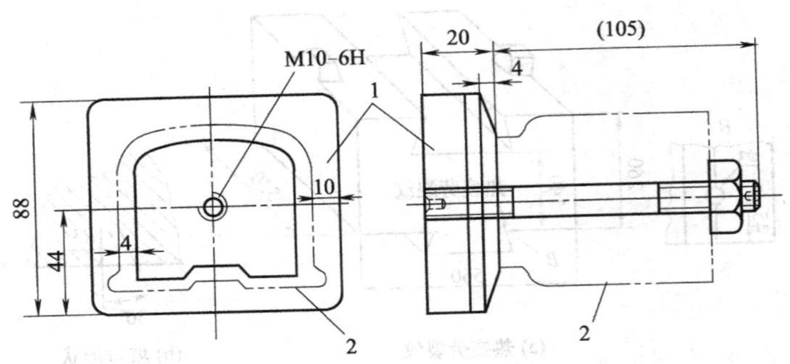

图 15-11 堆焊用铜制模板

1—模板；2—冲头轮廓

15.2.3 齿轮的焊条电弧堆焊修复

齿轮在长期运行过程中，有的会产生全齿轮均匀磨损，有的会产生掉角、掉齿和硬化层剥落等损伤。在正确选用焊条和修复工艺的条件下，经堆焊修复的齿轮至少还能使用一个中修期。

堆焊修复齿轮所采用的方法有两种。一种是采用碱性低氢型结构钢焊条，如 E5015、E5016、E6015、E6016 等焊条。堆焊后对齿轮的堆焊层进行表面渗碳、淬火，以提高表面层硬度。采用这种方法修复齿轮，焊条价廉易得，但焊后热处理工艺及设备较复杂。齿轮修复量大，特别是需要全齿堆焊时，常用此法。另一种是采用耐磨堆焊焊条，堆焊层不经热处理即可得到较高的硬度。用这种方法修复齿轮周期短、工艺简单，但所用的焊条有时不易得到。堆焊层的机械加工性差，焊后常需用角向砂轮机或磨齿机修整齿形。齿轮局部掉角、掉齿和表面剥落等损伤的堆焊，常用此法。

(1) 齿轮的全齿堆焊修复

采用焊条电弧堆焊，操作过程如下。

1）准备工作　清洗齿面并用角向砂轮机打磨牙齿表面层，使齿面露出金属光泽，同时仔细检查齿面，不得有裂纹等缺陷。

2）焊前退火　焊前退火的作用是消除齿面附近的疲劳应力，改善齿轮母材的塑性。操作时先将需修复的齿轮放入退火罐内，并在罐内齿轮的四周填充河沙（河沙中加少量生铁屑或碎木炭），然后将退火罐放入退火炉加热、保温，最后随炉冷却。

3）堆焊操作　选用E5015、E5016焊条，直径为3.2mm，直流反接，堆焊电流为90～120A。

具体操作步骤如下。

① 从齿根开始沿齿宽方向堆焊，每个齿堆焊5道，其中齿面4道，齿顶1道。

② 为减小堆焊变形，在齿轮上所有的齿均堆焊完第一道之后，再堆焊第二道，每道焊缝应重叠1/2焊道宽度，见图15-12。

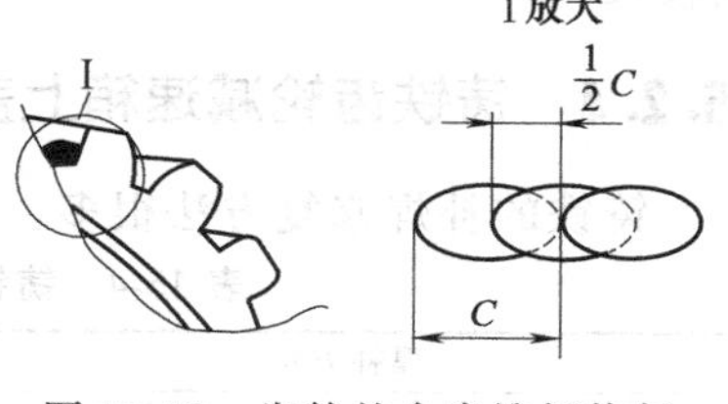

图15-12　齿轮的全齿堆焊修复

C—焊道宽度

③ 除齿顶外，齿面堆焊均采用对称跳焊的顺序，以防止堆焊变形。

④ 每道焊缝的焊接方向应与前一焊道相反。

⑤ 齿轮堆焊开始后不得中途停止，应一气焊完。

(2) 齿轮的掉齿堆焊修复

采用焊条电弧堆焊，堆焊操作过程如下。

① 将掉齿的部位清洗干净，并用角向砂轮机磨去残缺的疲劳层，使表面露出金属光泽。

② 选用E5016、E5015焊条堆焊底层，用奥氏体不锈钢焊条如E308-16（牌号A102）堆焊表层，焊条应按规定要求进行烘干。

③ 如果整个齿从根部折断，则先用E5015、E5016焊条堆焊齿高的1/3，然后用奥氏体不锈钢焊条E308-16（牌号A102）堆焊其余的2/3。堆焊时注意用样板造型，并留出适当的加工余量。堆焊根部的第一层时，堆焊电流尽量小些，焊条直径为3.2mm，焊接速度应尽量放慢并使焊条做横向摆动，以改善热影响区的塑性。堆焊不锈钢层时，应选用偏大的焊接电流，以加大堆焊层中母材的比例（碳钢成分），这样可以适当提高堆焊层的硬度，延长齿轮的使用寿命。

④ 如果是齿轮表层局部剥落，则可以用不锈钢焊条进行表面堆焊，同样应选用偏大的堆焊电流。

⑤ 在刨床上进行齿形机械加工：用这种方法修复齿轮的特点是焊条成本较高，堆焊层硬度不够，但堆焊后焊道易于机械加工。

齿轮掉齿也可采用耐磨堆焊焊条 D237、D217A3 进行堆焊，堆焊层硬度可达 50～55HRC。堆焊时采用焊条直径为 4mm，堆焊电流为 120～130A，直流反接。每堆焊一、二层后要间歇一段时间，以防止堆焊处过热。堆焊前不预热，堆焊后不做热处理，用角向砂轮机及样板修整齿形。这类焊条的价格略低于不锈钢焊条，而且使用寿命也比较长。

15.2.4 铸铁齿轮减速箱上盖裂纹的焊补修复

铸铁的补焊修复方法很多，如表 15-4 所示。

表 15-4 铸铁常用的焊补方法

焊补方法		焊接材料	预热温度
气 焊	热焊法	铸铁芯	600℃左右
	不预热焊法	铸铁芯	—
钎 焊		黄 铜	火焰加热
电弧焊	冷焊法	非铸铁组织焊条	
	半热焊法	钢芯石墨化铸铁焊条	400℃左右
	不预热焊法	铸铁芯焊条	—
	热焊法	铸铁芯焊条	600℃左右
电 渣 焊		铸铁棒材	预热或不预热

通常根据焊补件的具体情况（如大小、厚薄、缺陷情况、刚度、材质等）和对焊补件的质量要求（如切削加工性、硬度、强度、颜色、密封性等）来进行选择。

(1) 坡口准备

① 减速箱上盖材料牌号 HT25-47 灰口铸铁。

② 裂纹情况 由铸造缺陷引起箱盖结合面上开裂，并延伸至箱壁，裂纹总长约为 130mm，裂纹部位及形状如图 15-13 所示。箱壁厚 12mm，和盖结合面厚 20mm。

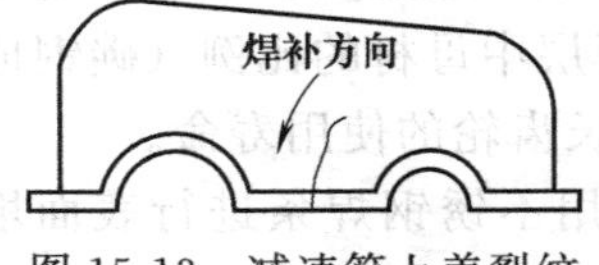

图 15-13 减速箱上盖裂纹

③ 坡口加工 在裂纹端部钻 ϕ5mm 的止裂孔，并用钻头和砂轮清除裂缝，开 X 形坡口。

④ 检查坡口 检查是否已将裂纹清

除干净。

(2) 焊补修复工艺及操作要点

采用 Z308 焊条冷焊焊补工艺，由内向边缘进行，并采用短道、分段、间断焊。

① 清除坡口周围 50mm 范围内油、锈等污物，至露出金属光泽。

② 焊接材料 Z308，ϕ3.2mm，焊前于 150℃条件下烘干 1～2h，焊接电流为 90～100A。

③ 采用逆向、分段、断续焊并不做横向摆动，每次焊接长度约为 30mm，焊后应立即用小锤轻轻锤击。

④ 焊接方向由内壁向外缘进行，以减小最后焊道的应力。

⑤ 焊接时的层间温度应保持 60℃左右（应以不烫手为准）。

⑥ 焊后保温或做低温退火。

⑦ 打磨箱盖结合面焊道，检查焊补焊道质量。

15.2.5 80t 摩擦压力机冲头滑块的补焊修复

此设备中的冲头滑块为灰口铸铁，生产中由于限位失灵，致使该滑块与压模相撞，结果 4 个螺栓（ϕ16mm）被剪断，致使滑块亦被撞裂成两块。为不影响生产故采取修补措施。断裂处如图 15-14（a）所示。

(1) 焊前准备

① 清洗断口部位，除去四周 200mm 处的油漆、油、水锈等污物。

② 开坡口：坡口形式为 X 形和 V 形。

③ 用小型风动砂轮将上、下两坡口处磨光，直至露出金属光泽。

(2) 补焊

① 用大号焊炬将补焊处预热至 600～700℃。

② 采用 Z248 或 Z508 焊条，直径为 4mm。

③ 焊前将焊条于 120℃条件下烘焙 2h，焊接电流为 170A。

④ 为减小焊接变形，焊接顺序如图 15-14（b）所示。

⑤ 焊接时采用适当长弧，且各道接头要搭接好，并相互错开。

⑥ 焊接过程中，每焊一层，用小榔头轻轻锤击焊缝，并且必须将焊层间的熔渣清理干净，方能施焊下一层。

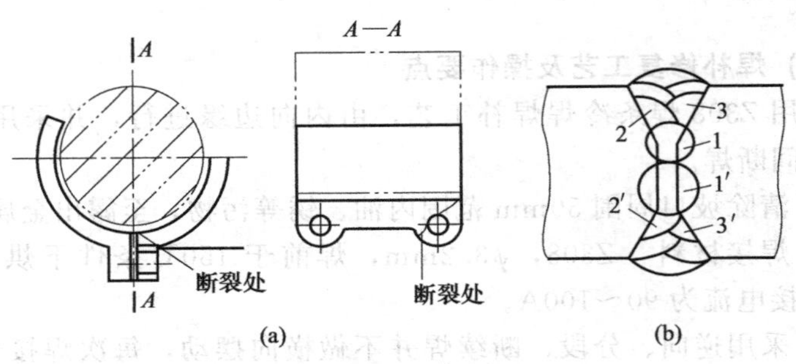

图 15-14 滑块断裂及焊补顺序

(3) 局部热处理

为防止焊接冷裂纹的产生以及减小或消除焊接残余应力，焊后用氧-乙炔焰将焊缝及其周围 300mm 的区域内进行加热，加热温度约为 600℃；随后用石棉粉覆盖保温，保温时间为 15h，热处理后对焊缝进行磁粉探伤，无任何裂纹，效果良好。

15.2.6 锻锤钻床（铸钢件）的补焊修复

锻锤钻床材质为 ZG35，出现裂纹的部位是钻座燕尾槽处出现裂纹，采用 E5015 焊条进行补焊，其焊接工艺如下。

(1) 焊前准备

① 清除裂纹缺陷，其裂纹情况如图 15-15 所示。清除后，补焊最大深度为 80mm，焊补面积约为 $(600\times120)mm^2$。

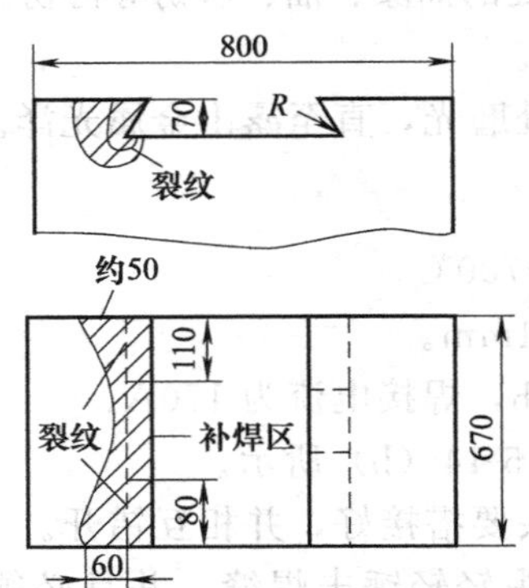

图 15-15 钻座燕尾槽的裂纹

② 彻底清除焊补部位的氧化皮、油、锈等导致产生缺陷的不利因素，并使其露出金属的光泽。

③ 在补焊部位表面进行磁粉探伤，以确认没有裂纹和其他缺陷的存在。

④ 将 ϕ4mm、ϕ5mm 的 E5015 焊条进行烘干，其温度为 350℃，并且保温 2h 以上才能使用。其中 ϕ4mm 焊条用于尖角处的焊接。

(2) 焊补工艺

① 焊前对焊补部位及其周围 200mm 处进行预热，其温度为 150～200℃。

② 焊补过程中，层间温度不得低于 150℃。可借助中间补充加热措施来实现上述要求。

预热方法可采用远红外履带式加热器来完成。当温度升至 200℃左右时，保温 8h，采用石棉被进行保温，使用表面温度计测温。

③ 补焊时，必须进行连续施焊，中间不得停留。

④ 补焊时，应严格控制各焊道排列平滑，堆焊方向交错进行。焊接时，焊接电流不宜过大，采用短弧焊，焊条摆动不宜过宽。各焊道之间注意清理焊渣。

⑤ 焊接时为防止因残余应力的存在而产生裂纹，必须边焊接边用风动锤锤击焊道。焊后应进行焊后处理，其温度为 200～300℃，保温 8h，然后缓冷至室温。退火也采用远红外退火炉进行。

(3) 焊后处理

焊后检验各焊缝尺寸及表面质量，必要时可用磁粉探伤法检验。

15.2.7　一般灰铸铁零件的补焊修复

在日常工作中，经常遇到一些铸铁件、铸钢件的焊补。如某厂水煤气发生炉底座在安装施工中，由于不慎使其排渣口部位的法兰及座体破裂，给安装带来麻烦，为不影响施工进度，决定进行修补。裂纹位置如图 15-16 所示，底座的材质为普通灰口铸铁。其裂纹长度为 230mm，从法兰延伸至座体。法兰厚度为 45mm，座体的壁厚为 35mm。

(1) 焊补方案

座体在正常工作情况下，既承受炉体静载荷，同时还承受排渣时的机械动载荷；由于不是连续排渣，因此造成该部位温度变化较大，给焊补造成很大困难。既要使焊补焊缝及熔合线有足够的强度和塑性，又要保证其使用寿命。故选用 Z308 焊条，采用冷焊法进行焊补。

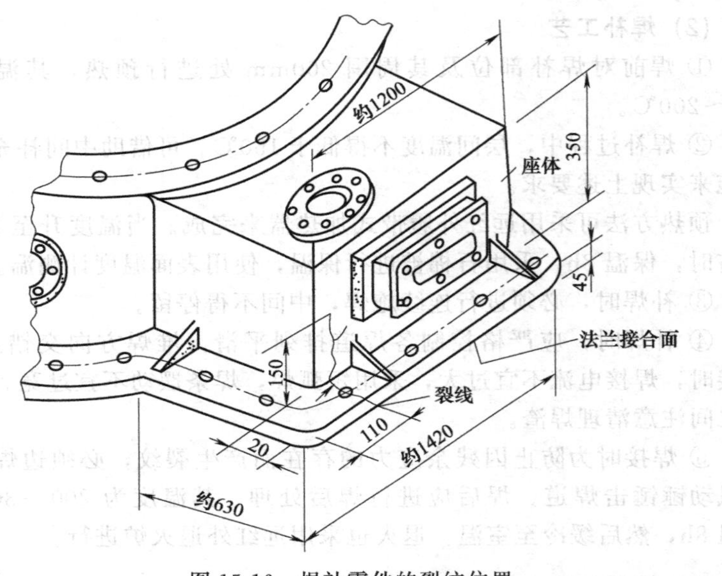

图 15-16 焊补零件的裂纹位置

(2) 焊补工艺

① 焊前准备　首先在裂纹的终端钻一 ϕ3mm 的止裂孔，制备坡口，采用碳弧气刨沿裂纹边缘刨坡口，或用角向磨光机，沿裂纹开坡口，直到将裂纹全部磨光，焊前用丙酮清洗坡口内的污物，以防产生气孔。

② 焊接材料的选择　采用 Z308 焊条，烘干温度为 150℃，保温 2h，然后选用交流焊机进行焊补。

③ 焊接电流的选择　采用 Z308 焊条，直径为 3.2mm 或 4mm，焊接电流为 90～110A；立焊时，焊接电流还可小些，采用短弧操作。

④ 栽丝　为了提高焊接接头的强度，减小应力，防止焊缝剥离，在断口处栽丝。在法兰与底座交接处坡口内侧栽一只 M10 钢质螺钉。钻孔攻螺纹时，不加润滑油，螺钉拧入 15mm 左右，露出坡口约 5mm。

(3) 焊补方法

焊接时，采用多层焊道法，同时采用断续、分段焊。每段焊缝

（长度≤30mm）焊完后，应进行“锤击减应”，待手摸不烫时，再焊另一段焊道，并加锤击，直至焊完。特别应注意严格控制层间温度和段间温度（手摸不烫）。应及时用砂轮清除收弧时出现的缩孔，对于不平整的焊道也要用砂轮修整。全部焊补结束后，用砂轮将焊缝余高除去，并将法兰接合面研磨至符合要求。

15.2.8 750kg空气锤杆裂纹补焊修复

(1) 坡口准备

① 锤杆材料牌号　45钢，属中碳钢，有一定的淬硬倾向，易冷裂。

② 裂纹情况　位于锤杆的ϕ370mm×45mm的中空杆件部位，裂纹为长约470mm的穿透性裂纹。

③ 坡口的加工　在裂纹处采用不同规格的钻头，钻到离根部2mm处为止，在裂纹两端钻通止裂孔，然后用錾子修成U形坡口，两端成斜坡过渡，并用微型砂轮将坡口打磨圆滑，修整根部。

④ 检查坡口　可用酸腐蚀或放大镜、着色等方法检查坡口是否已将裂纹去除干净。

(2) 补焊工艺及操作要点

1）除垢　清除坡口周围50mm范围内的油、锈等污物，至露出金属光泽。

2）补焊焊条　牌号为E5015，打底使用ϕ3.2mm，焊接电流为90～110A；填充及盖面使用ϕ4mm，焊接电流为140～160A。

3）焊前预热　以防冷裂和降低热影响区淬硬倾向，预热温度为200～250℃，预热范围为150～200mm，采用火焰局部加热。

4）操作要点

① 采用小电流慢焊速，以减小熔合比，获得较厚焊层，并达到焊透的目的。

② 采用分段逐步退焊法和锤击措施，以达到减小焊接变形和应力的目的。

③ 采用多层多道焊，控制层间温度，减小线能量，以防过热，保证接头的塑性和韧性。

④ 错开接头，严格清渣，以防缺陷的产生。

⑤ 最后采用退火处理盖面层焊道。

⑥ 采用焊后火焰加热的局部回火和覆盖热砂的保温措施，来减小接头应力和淬硬倾向。

(3) 焊后检查

打磨补焊缝及背面外表，并根据条件可采用下列方法。

① 外观检查　用低倍放大镜检查焊缝及热影响区有无裂纹、气孔、夹渣等缺陷。

② 采用着色探伤（或磁粉探伤）检查表面有无微裂纹。

③ 采用X光射线探伤检查内部缺陷。

(4) 用碳弧气刨刨除各种焊接缺陷

采用碳弧气刨来刨除各种焊接缺陷时，必须根据工件材料的性能，决定是否需采用预热措施，操作时必须注意刨削方向对周围安全的影响。

1）焊缝表面缺陷的刨除　对过高的焊缝接头、焊缝超高以及表面焊接缺陷，当采用刨削时，必须根据刨削的宽度来选择碳棒的形状和直径的大小；刨削表面不得有粘渣、铜斑等缺陷；起刨与终刨要圆滑过渡，以便打磨；刨削层应尽量薄，以便于观察是否已将缺陷刨去；最后打磨光滑，检查后进行焊补。

2）焊缝内部缺陷的刨除

① 应根据射线探伤或超声波探伤所确定的位置和深度进行逐层刨削。

② 刨削层应尽量薄，以便于观察是否已刨到缺陷位置和深度。

③ 对较深缺陷的刨削，应在缺陷前50～70mm处起刨和在缺陷后50～70mm处止刨，刨削宽度应比缺陷宽度大，两侧应成50°～70°角，两端应有斜坡过渡。

④ 刨除缺陷应与探伤结果相符。

⑤ 对刨削坡口进行打磨，除去夹炭、粘渣、槽形不整等缺陷。

⑥ 认真检查确认已将焊接缺陷清除后，再按拟定的补焊工艺进行补焊。

3）清根　为了保证双面焊时正面焊缝或封底焊道的质量，需在正面焊缝焊接前进行挑焊根，来清除焊缝根部的夹渣、未焊透等缺陷，这一工作的实质和开小型 U 形坡口相似。刨槽技术详见 12.1 节所述。

15.2.9 电站加热器管束泄漏的修复

火电站高压加热器最严重和最常见的故障是管子与管板连接处的管口泄漏、管子本身的泄漏破裂。它可引起高压给水猛烈流入汽侧壳体，从而倒灌入汽轮机，严重时超压爆破高压加热器汽侧壳体。在各种故障迫使高压加热器停运的总时间中，管口泄漏和管子本身泄漏占主要的数量。如果是管口泄漏，则可以采取焊补管口的方法：如果是管子破裂，则不能用补焊手段消除，而只能采用堵管。

(1) 焊补管口

损坏的管子，如果只是管口泄漏且可以看到泄漏点只是原来的焊缝有一个微小的孔眼，则可以补焊管口后试用。补焊时切忌堆焊过多，使焊接应力损坏其邻近的管子。

对于有泄漏的焊缝，一般情况下不必将焊缝全部重焊，只需准确找出漏点，再根据具体情况进行局部修补。

管子内侧焊缝的泄漏点一般在距管板面 3～6mm 处。焊补前，先用小尖铲将焊缝上面的焊肉铲去，使泄漏点露出，挑去杂物，用带圆头的扁铲锤击泄漏处，并用氧-乙炔焰适当加热烤干水迹。焊补时，用经过 300℃烘烤 3h 的 A312 焊条或其他高镍不锈钢焊条（ϕ2.5mm 或 ϕ3.2mm 均可）焊第一遍后，再用带圆头的小扁铲锤击焊缝，然后焊第二遍。

综合起来，管口焊补的关键如下。

① 焊补时切忌带水、带汽操作。

② 清除泄漏处焊缝后重新焊接，切忌直接堆焊。曾发生过焊缝堆了数遍，焊缝已堆得很高，但泄漏仍然存在的实例。

③ 焊接规范适当小点，以免产生很大的应力与变形，导致新的泄漏点出现。

(2) 堵焊管口

如果不是管口焊缝泄漏，而是管子损坏，则须将这根管子的两端管口用塞子焊接封堵，其要点如下。

① 用与损坏的管子标称外径相同直径的风钻，将该管子的两个管口钻深 60mm。

② 用直槽扩孔铰刀清除残留的管壁。

③ 铲除或磨削除去先前的焊接金属，使之与管板齐平。

④ 清除和抛光管孔后，用千分尺精确测定管子两端管孔的确切内径。

⑤ 用与管子相同的材料制作封堵用的焊接塞子。塞子的外形尺寸举例：长 50mm，锥度为 0.002/1.0，与管孔配合，以便打进管孔。锥形塞的大头直径最少要比管孔大 0.025mm，但不得大于 0.05mm，以免邻接的管板弦带受到过大的应力。用平头钻在塞子的大头处钻上一个一定尺寸的深孔，以利于减少焊接时产生的应力。

⑥ 清洁管孔和塞子，除去所有氧化层、水分、潮气、油脂和油污。最好用丙酮洗净。不得使用氯化剂，如四氯化碳、三氯乙烯、全氯乙烯及其他溶剂，因为这类化学品危害操作人员健康，其残留物还将损害焊接金属，使之在其后的正常运转中破裂。

⑦ 将干净的塞子打进干净的管孔内。打入时，至少应打进管板平面里面 3.2mm，但不超过 4.8mm。如果加热器制造厂原来是将管子端口露出在管板表面以上再焊接的，则在修理时，塞子的打入可以不深于管板的表面，但在管板表面以上的高度不应大于 2mm，再做焊接。

⑧ 塞子的焊接。焊接工作在管板平面以下的管口上进行。不要因焊接而损伤其邻近的焊缝。预热焊接处到 65℃以除掉该处的水分，并保持焊接面干燥，漏水、漏气或湿度过高时不能焊接。焊接过程中保持层间温度为 56～83℃。要避免电弧飞向邻近的管子端部及管子和管板间的密封焊缝。

⑨ 选用 $\phi2.5$mm 或 $\phi3.0$mm 的低氢焊条，焊条要经过干燥，将塞子密封焊接到管板的弦带上。

⑩ 焊接后着色检查焊接质量。

⑪ 一根管子损坏，要适当考虑封堵其邻近的、虽然尚未泄漏但可能已被冲刷损坏的管子，即紧靠已破坏的管子周围的和漏水直冲道上的某些管子，以防止再发生泄漏。

⑫ 修理工作全部完成后，应按制造厂的要求或说明进行水压试验。水压试验前可以先进行气压试验。

除了焊接堵管，还可用机械堵管和爆炸堵管。三种堵管方法的比较见表 15-5。

表 15-5　三种堵管方式的特点对照

项目	机械堵管	焊接堵管	爆炸堵管	
			爆炸焊接堵管	爆炸胀接堵管
原理	堵头与管子靠残余应力结合	堵头与管子产生金属熔合	堵头与管子产生金属熔合	既依靠残余应力,又有局部的金属熔合
堵管方式	用外力将堵头压入管子	堵头与管子焊接	用爆炸方式将堵头与管子结合在一起	
对修复部位预处理	对管子内孔形状、光洁度、圆度有较高的要求	预处理要求高。需要用工具加工坡口,且焊接部位清洁度要求高	预处理要求低,仅做一般清洁	
堵头要求	材料塑性好,硬度低于管子;堵头加工简单,尺寸应与修复管子相配	堵头加工简单,要求与管子相焊性好	堵头加工复杂,要求高	材料塑性好,硬度低于管子;堵头加工要求高
工艺要求	①修复处加工 ②堵头尺寸应与管子相配 ③操作较简单	①修复部位清洁要求高 ②焊接辅助要求高(预热、PWHT 等)	①根据具体情况选择合适的堵头 ②对管桥采取必要的加强、保护措施 ③操作简单	
适用性	①临时性堵管 ②一般管程压力大于壳程	①材料具有可焊性 ②损坏部位硬于焊接	一般容器都可使用,尤其是核容器	
工效	较快	慢,周期长	最快	
可靠性	差,仅做临时性堵管	好	好	

(3) 焊补后的检漏

焊补后的检漏是很重要的一环，特别是当漏量大、漏点多时更有必要。有些微小的泄漏点只有在大的泄漏处焊好后才能检查出来，检修人员千万不要忽视这一点。许多发电厂都有过这样的教训，补焊后不再仔细气压检漏，就将加热器投入运行，结果发现仍有泄漏，只好再停机处理。焊补后的检漏，一般在汽侧打压缩空气至 0.6～0.8MPa，在水室侧可用肥皂液或洗衣粉液涂抹、检查。如果没有发现漏气，则再用水封，使水位高出板面 10～20mm，仔细检查，确认不存在任何泄漏后才可投入运行。

15.2.10 液压缸体裂纹的焊接修复

渤海“自立号”海洋采油平台的液压缸厚度为 45mm，外径为 560mm，长度为 2146.3mm，材料成分见表 15-6。工作过程中缸体内承受 21MPa 油压。对其进行压力试验时，发现缸体中部存在裂纹，裂纹长度与深度如图 15-17 所示。由于钢含碳量高，淬硬倾向大，因此焊接时易产生冷裂纹，同时焊接时不允许缸体产生较大变形。采取以下措施，成功地对缸体进行修复。

表 15-6 缸体化学成分（质量分数） %

C	Si	Mn	Cr	Ni	Mo	P	S
0.51	0.31	0.73	1.15	1.96	0.31	0.037	0.028

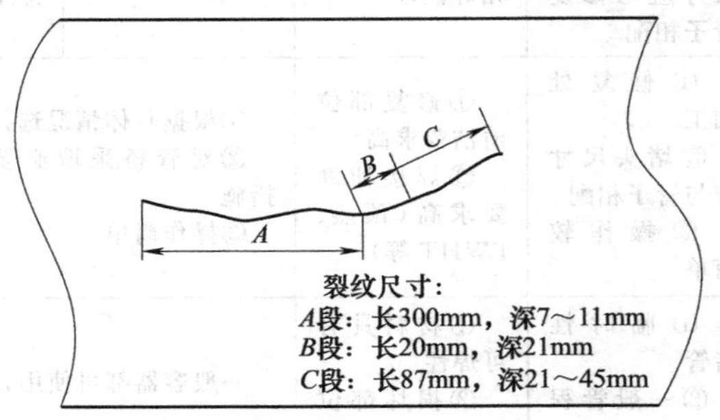

图 15-17 裂纹形状及尺寸

(1) 修复方法

焊条电弧焊，直流反接。

(2) 焊接材料

选择低氢型焊条，同时为了满足焊缝与母材的等强匹配，选用了 E8515 电焊条，即 J857CrNi。熔敷金属中的 Ni，有助于改善焊缝的韧性。

(3) 坡口形式

焊接坡口尽量形成 U 形，减少母材熔入量，不得有尖角，以减小坡口根部应力集中。坡口顶端宽 30mm，坡口底端宽 10mm，长度比裂纹前端扩展 50mm，深度为 35mm，不挖透，以保证缸套内表面的平整性，以免缸体内表面配合不好，而出现液体的喷射。焊前彻底清除坡口两侧 100mm 范围内的油污、铁锈等脏物。

(4) 焊前预热

加热范围为坡口两侧 300mm 左右，利用红外加热原理，将保温带缠在裂纹周围。预热温度为 (350±10)℃。

(5) 焊接

焊接层数为 8 层。焊最低层时，焊条直径为 3.2mm，焊接电流为 100～120A；焊其他层时，焊条直径为 4mm，焊接电流为 130～160A，焊接电压为 22～26V。为了避免产生过大的焊接变形，焊接时先焊两边的焊道，后焊中间焊道。

(6) 焊后缓冷

焊完以后，不立即撤掉保温带，而要保温 1h 左右，然后关掉电源，使其随保温带自然冷却到室温。

(7) 焊后检测

焊接完后，对其进行渗透处理。

修复后运行多年，情况良好。

15.2.11 泄漏管道的补焊修复

在锅炉运行过程中，某些充水管道有时会发生穿孔泄漏现象，此时如果停产将管道内的水全部排尽进行补焊，则将会使生产受到极大损失。为此采用了带水补焊的方法，现介绍如下。

① 根据泄漏孔的大小选择合适的螺栓、螺母。

② 先把螺母按图 15-18 所示，焊到泄漏处，然后拧上螺栓，使泄漏停止或减弱，最后再把螺栓与螺母焊到一起，漏孔即被完全堵死，锅炉便能很快进入正常运行。

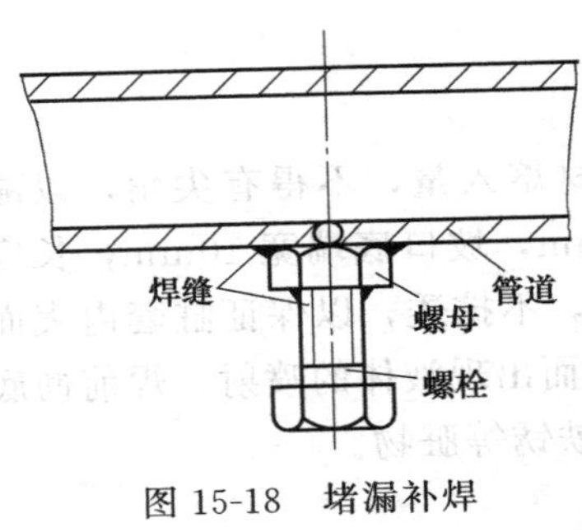

图 15-18 堵漏补焊

③ 由于是带水管道的补焊，因此应选择对水、气、铁锈不敏感的酸性焊条。

④ 补焊时选择小直径焊条，焊接电流应为焊条直径的 50～60 倍。

此法的优点是：不管漏孔大小，都可用相应的螺母进行补焊，且螺栓螺母极易寻找，补焊堵漏省时省力，效率高。

15.2.12 蒸汽管道的带压补焊修复

蒸汽管道由于长期使用或腐蚀导致管子某些地方穿透泄漏是每个企业维修工作中经常遇到的情况。为保证蒸汽管道正常运行，带压补焊的焊前处理和选择合适的补焊工艺非常重要，具体处理方法和补焊工艺如下。

(1) 补焊前对泄漏气的处理

① 錾堵法　管道即使在出气压力为 0.2MPa 这样低时也难以进行焊条电弧焊，因此，补焊前首先要把泄漏蒸汽堵住后才能补焊。錾堵法就是用尖头锤或錾子在距孔 2mm 左右处锤击漏气孔周围的金属，使其挤向孔内，将孔暂时缩小堵住。此法适用于原焊缝上或管上因砂眼、气孔、夹渣等造成的泄漏，但对管道已被严重腐蚀、管壁已相当薄、一錾即穿的泄漏是不能用此法的，这时宜采用放空法。

② 放空法　放空法是按孔的大小或线的长短选配一段约 250mm 长的管子，先在一端焊好一个放空阀门（打开）。另一端加工成一定弧度后罩在漏气孔上，让气从阀门放出，焊好角焊缝后关闭阀门即可。

(2) 补焊工艺

1）錾堵后的熄弧点焊法　錾堵只是表面和暂时的。錾堵后的补焊，在工艺上应控制好两点：一是母材熔深要尽量浅；二是熔池要冷却快。此处的熄弧点焊法比常用的熄弧焊法断弧时间要长，须等熔池完全凝固后方可再引弧，引弧位置应在已凝固熔池的后半部，引弧后即向补焊方向拉灭电弧以牵引熔池铁液向前。用此法补焊一般应焊三个层次。第一层为封住层，用铁液封住漏点。焊该层时采用直流反接，小直径焊条（ϕ2.5mm），下限电流，以快速熄弧点焊法慢慢点焊，焊层宜薄。第二层为验证层，此层仍以小参数工艺熄弧点焊。焊验证层时，如果发现泛泡，则表明前层并未完全封住，应停止验证，须再錾堵再封，直至验证已封住为止。第三层为盖面层，在验证封住后，可按正常焊法连弧焊接，由外围向中心加宽加厚焊盖面层，采用直流正接，焊条直径可选 2.5mm 或 3.2mm，电流为常规电流。

2）放空管角焊缝的焊接　在无压力条件下角焊缝是容易焊接的，但这里带压角焊缝的焊接是比较困难的，有以下 3 种情况。

① 罩口处有排气。放空管罩上后，漏气不能全部从阀门内放出，仍有一部分从罩口间隙处排出。

② 电弧被吸入。当气从阀门内放走时，在气压高、流速急时，会吸入罩口外的空气，因此电弧亦被一并吸入。

③ 蒸汽管壁太薄。当低压蒸汽管壁被腐蚀得很薄时，电弧极易烧穿管壁。

因此焊带压蒸汽管的角焊缝时，应根据具体情况采用如下特殊的工艺措施。

① 控制好电弧方向。蒸汽管壁越薄，电弧偏向罩管的角度就越大。

② 加夹套管紧箍。当管壁薄得难以焊条电弧焊时，可采用加夹套管内衬橡皮或纸箔紧箍的临时办法急救，以解燃眉之急。

③ 由上向下熄弧点焊流补法。当电弧被吸入时可采用此法，即电弧不直接在角焊缝处引弧，而是让熔化的铁液流下堵住。

④ 覆板加焊放空管。覆板可加大面积，避开局部薄壁点。

⑤ 罩口弧度应加工适度。罩口弧度适度能使放空管罩口罩得紧密，以减少罩口处的排气。

⑥ 先点焊挡板或小管。罩口处的排气若是由漏气偏向或分散所致，则可在偏向旁先点固一小块挡板或加焊一段（约 50mm）小管（小于放空管尺寸），使漏出气从正面集中排出，从而减少罩口处的排气。

蒸汽管带压补焊在采用堵、放、焊、包等工艺方法后基本上是可以得到成功的。但是，在补焊过程中对补焊程序必须予以周密考虑和谨慎操作，特别是在难度较高、情况复杂时，更应先研究好补焊方案后再实施补焊操作。

15.2.13 黄铜螺旋桨壳体裂纹的补焊修复

黄铜螺旋桨在壳体部位出现两条纵深裂纹，该螺旋桨直径为4775mm，总重7828kg，壳体大端直径为850mm，壳体高830mm，壁厚225mm，材质是铸造锰铁黄铜。螺旋桨壳体裂纹位置如图15-19所示。裂纹1长400mm、深85mm；裂纹2长310mm、深55mm。

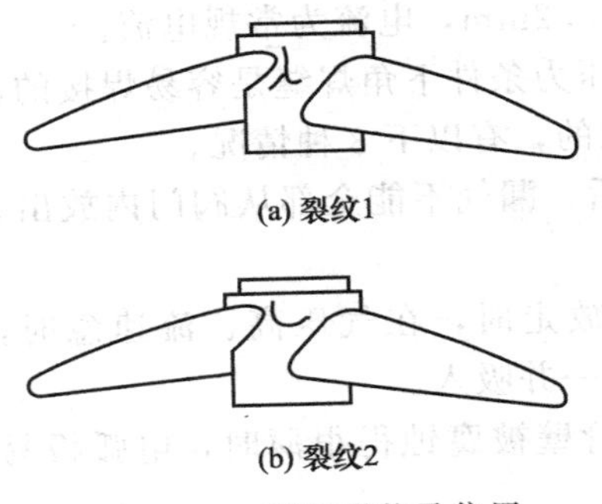

图 15-19 裂纹形状及位置

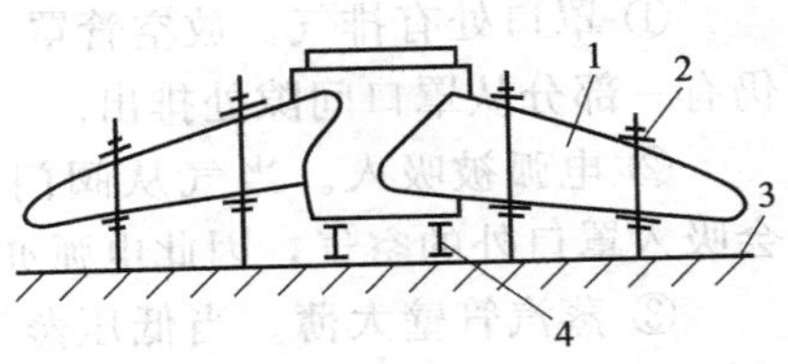

图 15-20 叶片固定

1—叶片；2—托架；3—基座；4—工字钢

① 焊前准备 黄铜具有导热性强、液态流动性大、容易变形、锌蒸发量大、飞溅严重等特点。该工件体积大，翻转困难，坡口深。因此采用焊条电弧焊补焊，选择工艺性较好的T227焊条，焊前在350℃下烘焙1～2h。

确定裂纹止端处，各钻上相应的止裂孔，采用碳弧气刨清除裂纹，开出U形坡口，并用风铲和钢丝刷打磨碳弧气刨留下的污物，使坡口露出金属光泽。

黄铜焊接极易变形，叶片的变形将直接影响螺旋桨的使用性能，因此，焊前将4个叶片用托架以基座固定，如图15-20所示，以防止变形过大。

工件在整个焊接过程中，用木炭和氧-乙炔大号焊枪联合加热，加热温度为200～300℃。为防止过烧，用铁筐盛木炭，与壳体内表面隔开。壳体外部用两把中号氧-乙炔焊枪进行加热，用石棉布、保温砖进行保温。

② 焊接　采用 ϕ4mm T227 牌号焊条，焊接电流为 120～150A，直流反接。两条焊缝应同时连续补焊。焊缝位置有垂直和横向两种，先焊横向位置，后焊垂直位置，用阶梯平面叠加施焊，每层的焊接顺序如图 15-21 所示。先焊堆焊与母材相邻的焊道，后焊坡口中间焊道。以短弧、快速、不摆动进行焊接，要求电弧偏向焊缝金属。焊接一层后，用风枪锤击焊缝，以提高焊缝的致密性和消除焊接应力。锤击时，边去渣边检查焊缝质量，然后再焊下一层焊缝。

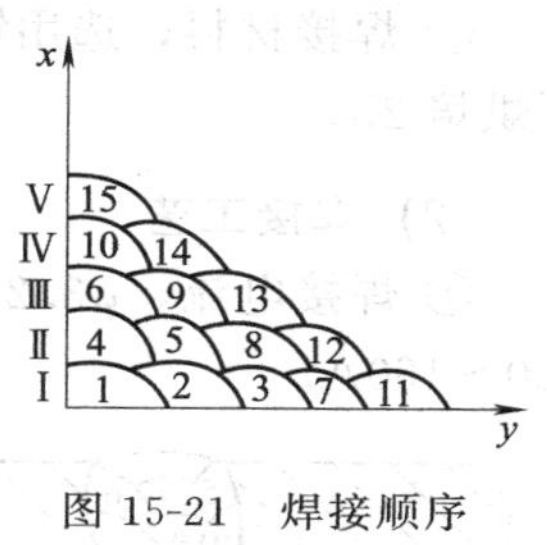

图 15-21　焊接顺序（1～15）

③ 焊后处理　黄铜螺旋桨刚性大，又是长期工作于海水中。为防止因海水腐蚀、焊接应力引起焊缝自裂，改善焊接区塑性和减少变形，焊后应进行高于合金再结晶温度的软化退火。为防止局部过热，采用分段加热：用 4 把氧-乙炔焊枪、木炭和焦炭，同时加热，加热温度为 450℃，保温 3h，然后再加热到 600℃，保温 1h，最后用石棉布、石棉板等包裹壳体。壳体腔内用木炭和焦炭余热保温缓冷，20h 后出炉。用砂轮磨平修整焊缝表面。

施焊时进行层间表面检查，焊后进行外观检查有无可见的气孔、夹渣和裂纹等。观察壳体内径是否变形，如有变形则进行适当修磨后再装配。

15.2.14　汽车缸体裂纹的补焊修复

采用铸铁电弧冷焊法进行焊补，以镍基铸铁焊条如 Z308 等为焊补材料，从效果上看，加工性好，焊缝强度能满足使用要求；与气焊相比，则具有工艺简单、操作方便、劳动强度低、工件基本不变形等优点，但焊缝质量不如气焊的好。

以汽车缸体进行排气门裂缝焊补为例，其具体工艺如下。

(1) 焊前准备

① 清除油污，详细检查裂纹，找到裂纹终点，打上止裂孔。

② 根据裂纹情况开 U 形坡口。如进、排气门口是活门，则一定要先打出来，因为此处面积小。

③ 焊接材料，选用镍基 Z308 焊条。使用前，焊条在 150℃温度下烘焙 2h。

(2) 焊接工艺

① 焊接电流，ϕ3.2mm 焊条选择 100～120A；ϕ4mm 焊条选择 120～160A。

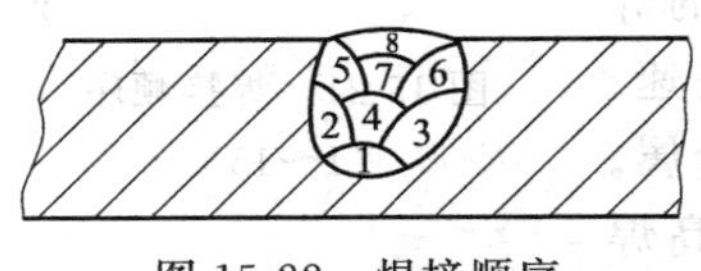

图 15-22　焊接顺序

② 焊接电源只要是直流焊机均可。

③ 焊接顺序如图 15-22 所示。

铸铁焊接顺序极为重要。焊第一点时多出现气孔或结合不良现象（大部分是油污所致），用扁铲或角向磨光砂轮机修磨铲后重焊；待一层焊好后，依次按图示施焊；待焊至 5～6 层时，焊条角度接近垂直或以不咬边为宜。

(3) 注意事项

每道焊道施焊后，要迅速用小锤敲击整个焊道。焊道底部锤击不便，可锤打钝刃扁铲，以消除焊接应力。

焊道一定要与母材熔合好，如熔合不好，应立即铲去，重新焊补。同时铸铁电弧冷焊法过程中必须采用间歇焊（即以焊接长度 50mm 左右为单位，停下待降温至手摸不烫为准），以控制温度。这是因为温度一旦过高，就会产生热量集中，使焊缝收缩，容易引起焊缝剥落。

15.2.15　加热减应区法的焊补修复

加热减应区法是利用物体热胀冷缩规律焊补铸铁的方法。所谓加热减应区是指通过加热能减少焊缝处应力的区域。加热减应区焊的实质是加热某一个或多个局部区域，人为地减少焊补处的应力即降低其拘束度，从而达到防治裂纹产生的焊接方法，详见图 15-23。

加热减应区法与热焊法的区别是：热焊法须将铸件全部或大部分预热，并且焊补区也被预热；而加热减应区法只用气焊火焰预热某一个或几个不大的局部（加热减应区），而焊补区有时不作预热。加热减应区部位选择的原则如下。

① 减应部位应是阻碍焊缝膨胀和收缩的部位。该部位加热膨胀和冷却收缩时，焊缝能随之获得自由的或拘束较小的热胀冷缩。当构件上存在这类区域时，适宜采用加热减应法焊补。

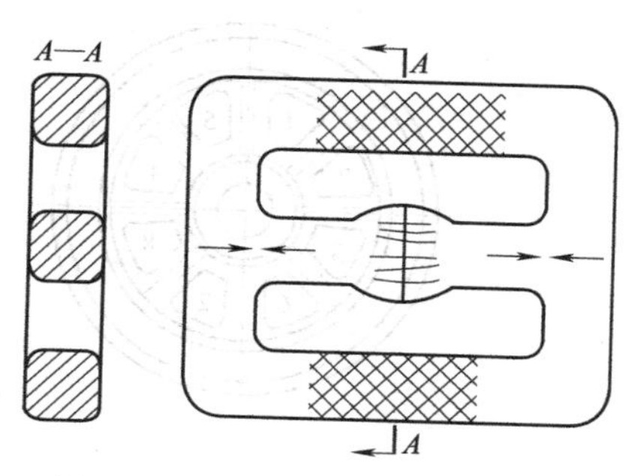

图 15-23 加热减应区焊接示意图

② 减应区的主变形方向应与焊口开闭方向一致。使焊口获得最大的横向张开位移，是减应区位置的最佳选择。

③ 减应区应选在部件拘束度小而强度较大的部位，如构件边缘部位刚度小、易变形，加强筋部位强度较高、不易损伤，减应区应尽量选定在这些部位。

④ 减应区自身产生的变形对其他部位影响较小，以避免选定的减应区因热胀冷缩而拉裂其他部位。

采取加热减应区法施焊时应注意：加热减应区的加热温度不宜过高，一般不高于 750℃，以免使该区性能降低；应在室内避风处焊接；气焊火焰在不焊时要对着空间或减应区，严禁对着其他未焊区域。

加热减应区法克服了热焊法成本高、工艺复杂、生产周期长、焊接时劳动条件差等缺点，因而获得了广泛的应用。

(1) 铸焊齿轮的加热减应焊补修复

某铸焊齿轮结构如图 15-24 所示。它在两块 30mm 厚的轮辐板间设置放射状肋板，肋板厚 20mm，构成一个刚性很强的箱形结构，然后与 250mm 厚的轮缘和 160mm 厚的轮毂焊成一体。辐板上开设扇形窗口以便焊接两辐板间的焊缝和肋板焊缝。辐板与轮辐和轮毂的焊接区域加工焊接坡口如图 15-25 所示。轮毂材料为 35 钢，辐板材料为 16Mn，这两种材料焊接性能优良。轮缘材料为 42CrMo 钢，焊后组织是硬脆的马氏体。轮缘厚度大，焊接拘束应力大。因此焊接接头具有较大的冷裂和热裂倾向。通过加热轮缘，可减小幅板与轮缘焊接时的焊接应力。具体焊接工艺如下。

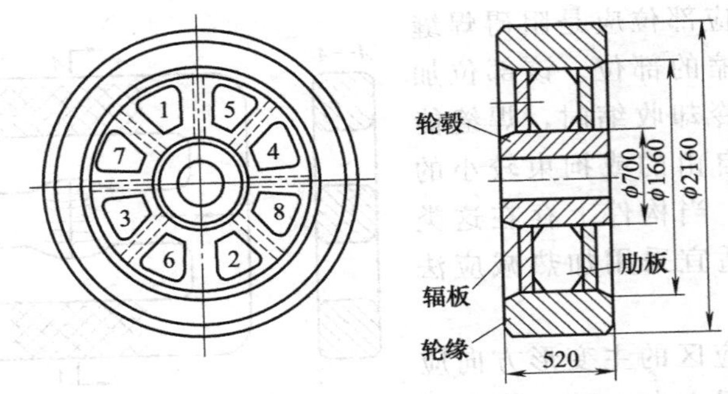

图 15-24 齿轮结构

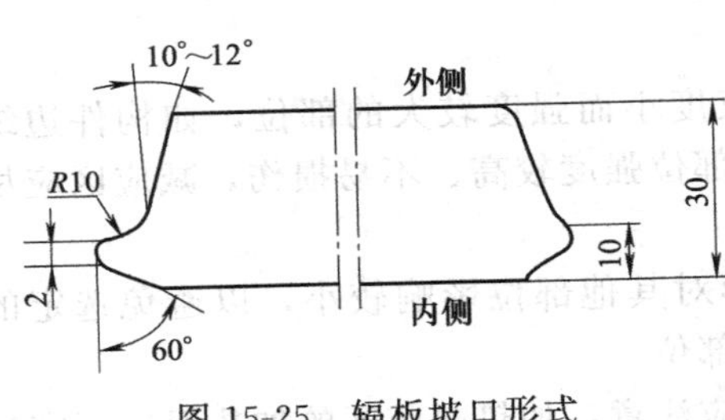

图 15-25 辐板坡口形式

① 焊接轮毂与轮辐之间的焊缝。轮毂预热到100℃后与辐板、肋板点焊在一起，采用分段跳焊（图15-24），通过窗口先焊内侧焊缝，再气刨清根焊外侧。焊外侧时每焊完一道立即锤击，以释放应力。焊至距表面5mm处时，利用焊炬对焊缝回火一次，然后填满整个焊缝。

② 通过窗口焊接轮毂与肋板、肋板与辐板之间的角焊缝。

③ 在加热炉中将轮缘加热到250℃，轮缘受热后周长增加，相应的直径增大，环焊缝间隙加大，焊后能减小应力，甚至变为压应力。焊接时控制轮缘和焊缝的层间温度不低于200℃，通过扇形窗口先焊内侧焊缝，外侧气刨清根。焊接时先焊轮缘侧，再焊中间焊缝。采用多层多焊道，每焊完一层锤击消除应力。在距表面5mm时进行中间消除应力的热处理，参数为500℃×2h，然后填满焊缝。

④ 焊后进行500℃+10℃保温6h的焊后消除应力热处理。

(2) 灰口铸铁带轮的加热减应修复

一带轮材质为灰口铸铁，厚20mm，运行中轮辐断裂，如图15-26所示。气焊修复时，采用了加热减应区法，具体工艺如下。

① 用磨光机或氧-乙炔焰，以裂纹为中心，开图15-27所示X形坡口，并去除淬硬层、周边缺陷，并将坡口附近的油、锈、垢、渣等

清理干净。

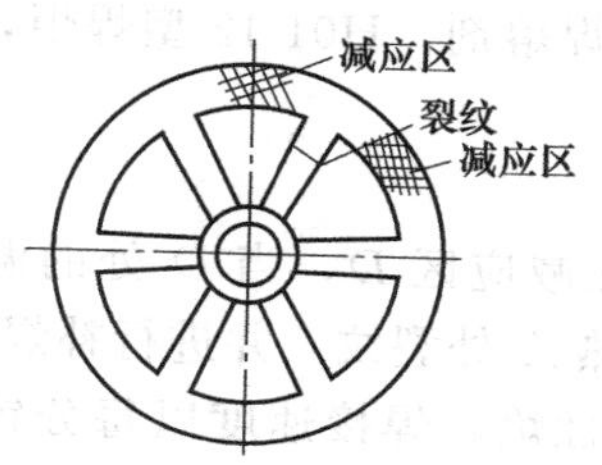

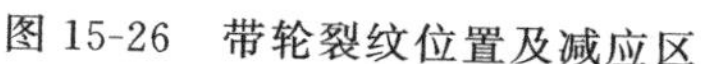

图 15-26 带轮裂纹位置及减应区

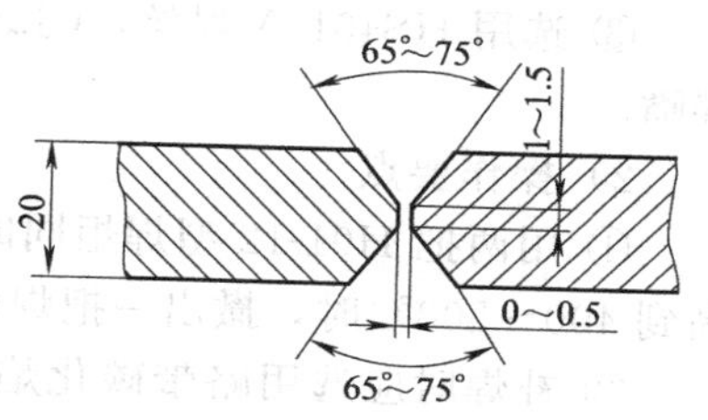

图 15-27 坡口形状及其尺寸

② 用焊炬加热轮缘减应区，用远红外测温仪测温，控制温度为600～700℃，使带轮外缘膨胀，坡口间隙逐渐加大，当间隙增加1.5mm 时，可以开始焊接。焊接时要间断地加热减应区，尽量保持温度不变。

③ 焊接选用 HS401-A 焊丝和 CJ201 焊剂，火焰采用中性焰或弱碳化焰。

④ 焊完后立即将轮缘减应区、焊缝一起加热到 700℃左右，然后使减应区和焊补区同时冷却。

若断裂部位发生在轮缘上，则加热减应位置如图 15-28 所示。

(3) 气缸裂纹的补焊（图 15-29）

1） 焊前准备

① 用尖冲在裂纹的全长上冲眼，每个眼相距 10～15mm，以显示出裂纹的长度及形状。

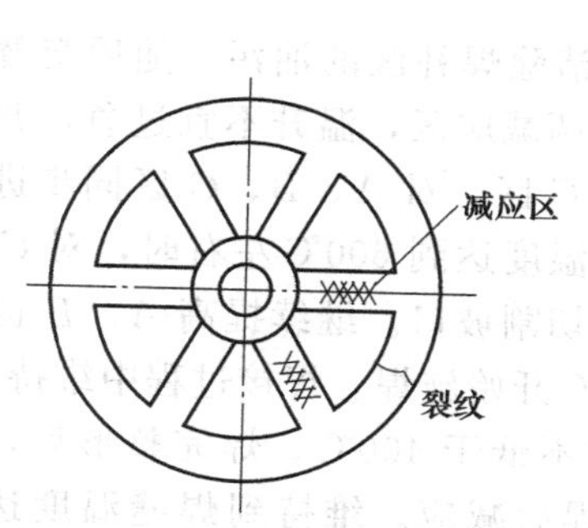

图 15-28 轮缘断裂修复时的减应区

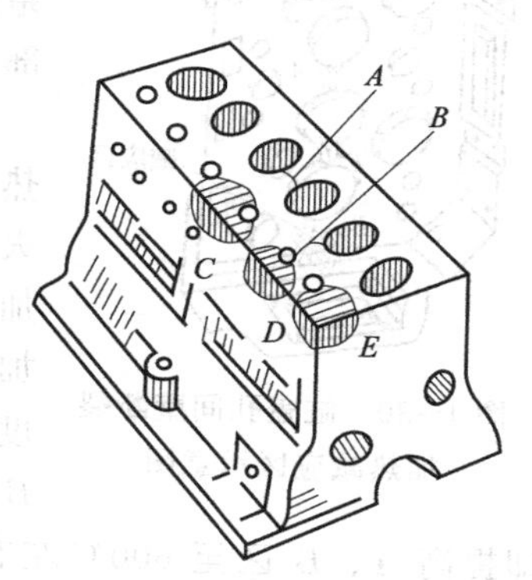

图 15-29 气缸裂纹的补焊

② 用砂轮或錾子开坡口。

③ 选用 HS401-A 焊丝，CJ201 气焊熔剂，H01-12 型焊炬，4 号焊嘴。

2）操作要点

① 用两把 H01-12 型焊炬同时加热减应区 D，当 D 处的温度升高到 400～500℃时，撤出一把焊炬加热 A 处裂纹，并进行补焊。

② 补焊时应选用略带碳化焰的中性焰，焊接速度以每分钟熔化 0.02kg 焊丝为宜。

③ A 处裂纹补焊好后要清除表面氧化膜层。

④ A 处焊好后立即移到 B 处进行加热并补焊。同时用另一把焊炬加热减应区 C，当 C 处温度达到 500～600℃后，将焊炬移向 D 处加热。

⑤ 当 B 处焊补结束后，用两把焊炬同时加热 D 处，当该处的温度达到 600～700℃之后，用一把焊炬加热减应区 E，当 E 处的温度达到 700℃左右时，应立即降低火焰温度，使 E 处温度缓慢下降，当 E 处温度降到 400～500℃时，停止加热。

⑥ 放在室内自然冷却，冷却后进行气密试验。

(4) 汽车缸盖加热减应焊补

图 15-30 所示为东方红 28 缸盖进排气孔间壁断裂。断裂处厚度为 12mm，材料为 HT200。根据铸件的结构及断裂部位，焊前减应区的最佳位置，是两孔中心边线的两端 A、B 处和断口底部 C 处。

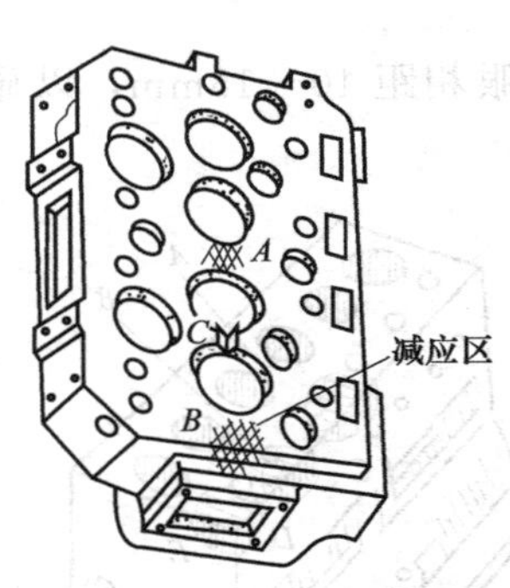

图 15-30 缸盖孔间壁断裂加热减应区示意图

首先清除焊补区的油污。随后交替加热 A、B 两减应区，温升不宜过急，并将火焰移至 C 区，对 A、B、C 区同步进行加热。当温度达到 600℃左右时，对 C 区加热吹氧切割坡口。继续提高 A、B 区温度到 650℃开始施焊。焊接过程中维持 A、B 区温度不低于 400℃。焊完整形后，立即提高 A、B 区至 600℃左右进行焊后减应。维持到焊缝温度达到

400℃时，停止加热。

(5) ZG20Mn 立柱加热减应焊补

某水压机立柱长 13m，重 100 余吨，材料为 ZG20Mn，截面如图 15-31 所示，由三段焊接而成。检修时发现立柱上存在一处裂纹，长 240mm，深 130mm，裂纹位于接头熔合线上。其修复工艺为：

① 用碳弧气刨将裂纹清除干净，用角向磨光机打磨出 U 形坡口。

② 在图 15-32 所示加热区域加热，加热温度到 250～300℃，并在焊接中保持温度。

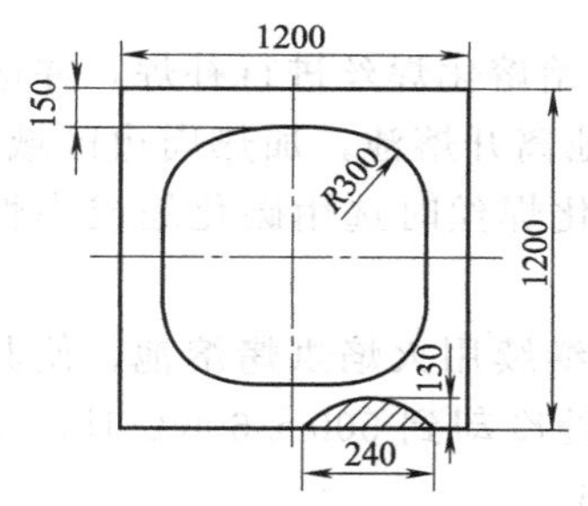

图 15-31 立柱截面与裂纹示意图

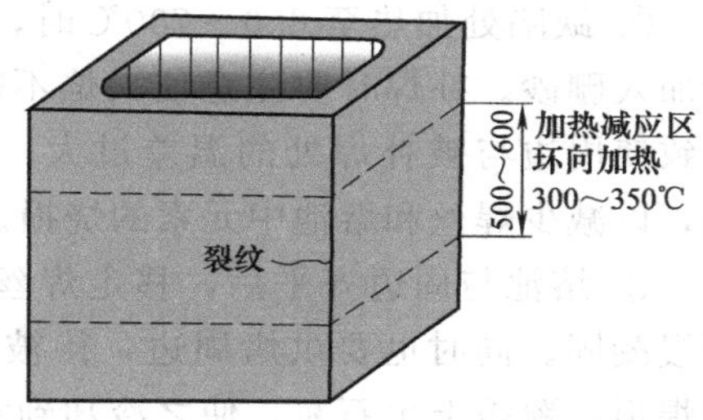

图 15-32 立柱加热减应力区示意图

③ 采用 CO_2 气体保护焊，多层多道焊，每焊一层，锤击消除应力。

④ 焊完后进行（550～580℃）×3h 焊后回火处理。

(6) 拖拉机变速箱体补焊

拖拉机变速箱的材质为 HT200，属于薄壁多孔壳体铸件，如图 15-33 所示。由于本身的结构特点，铸造时经常出现沙孔、渣孔、夹砂等缺陷而成为废品。为提高成品率，可采用补焊的方法予以修补。其工艺如下。

① 用钢丝刷、錾子等将缺陷处清理干净。

② 用氧-乙炔火焰预热缺陷及周边处。让火焰以被补焊缺陷为中心向外做半径不同的圆周运动，如图 15-34 所示。使缺陷周边相当大的区域受热，缺陷处的温度最高，向外沿径向温度依次降低。

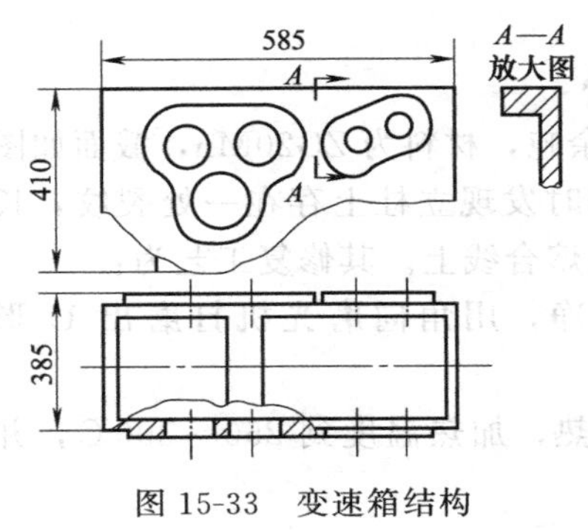

图 15-33 变速箱结构

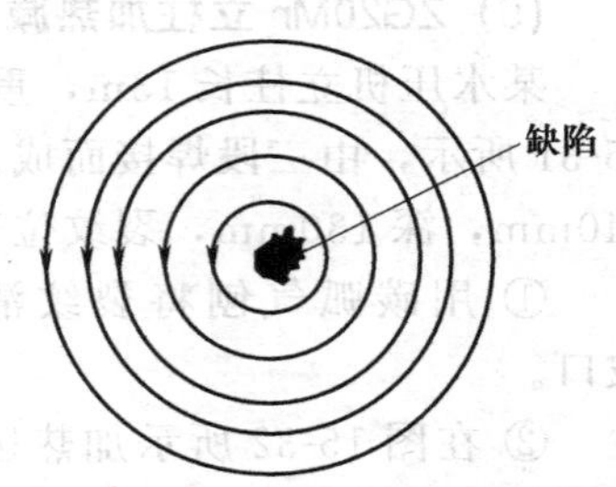

图 15-34 补焊的顶热方式

③ 缺陷处加热至650～700℃时，开始熔化焊丝进行补焊，并适当加入硼砂。补焊时要注意使火焰不时地离开熔池，加热周边区域，不致使周边与被补焊处的温差过大。熔化焊丝时选用碳化焰或中性焰，以减少焊丝和熔池中元素的烧损。

④ 熔池与周边齐平后，移走焊丝，继续用火焰烘烤熔池，使其缓慢凝固。同时也要烘烤周边，待被焊处冷却到500～600℃时，移开焊炬，覆盖上生石灰，使之冷却到室温。

15.2.16 油箱和油桶的补焊修复

(1) 操作准备

油箱或油桶在使用过程中，由于某种原因造成磨损、裂纹、撞伤等，产生漏油现象，一般采用气焊补焊修复。其补焊方法与气焊薄板工件相同，但必须将油箱或油桶内的汽油及残余可燃气体清除干净，以防止在补焊过程中发生爆炸事故。因此，对油箱或油桶内部清理是十分重要的，油箱或油桶的补焊应包括油箱或油桶的清洗和油箱或油桶的具体补焊方法。

为防止油箱或油桶补焊时发生爆炸，补焊前首先应将油箱或油桶内剩余汽油倒净，然后用碱水清洗。火碱的用量一般为每个汽油箱或油桶使用500g，分三次用。首先往油箱内倒入半箱（桶）开水，并将火碱投入箱（桶）内，将口堵住，用力摇晃箱（桶）体半小时，然后将水倒出，再加入碱水洗涤，共进行3次。敞开口，静放1～2天，待残存的可燃气体排净后再焊接。或者经清洗干净后装水，水面距焊缝处 50mm，即可焊接。对于柴油箱（桶）和机油箱（桶），用热水清洗几次后，装水即可焊接。

补焊前，必须把油箱或油桶的所有孔盖全部打开，以便排气。为确保安全，焊工应尽量避免站在桶的端头处施焊，以防爆炸伤人。

(2) 操作要点

① 所补缺陷为裂纹时，长度在 8mm 以下者可直接补焊，长度>8mm者应在裂纹末端钻 $\phi 2\sim 3$mm 的止裂孔，如图 15-35（a）所示，或先将裂纹的两端封焊，以免受热膨胀时使裂纹延伸。

② 补焊处若是穿孔，则当其穿孔面积<25mm² 时，可直接补焊，补焊时由孔的周围逐步焊至中心；当穿孔面积>25mm² 时，需加补片进行补焊。补片的材料及厚度要与该油箱相同。将穿孔边沿卷起 2～2.5mm，卷边角为 90°，然后根据补焊孔洞的大小制作补片，并将补片做成凹形进行卷边焊，如图 15-35（b）所示。焊接所用的火焰性质、火焰能率、焊丝和焊嘴的运动情况同气焊薄钢板一样。

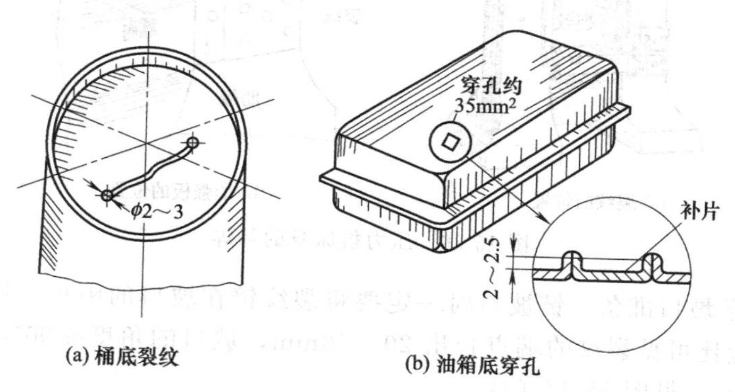

图 15-35　油箱裂纹及穿孔补焊前的处理

15.2.17 典型灰铸铁件冷焊补焊修复

正确地选用冷焊补焊用焊条，严格执行冷焊补焊的操作要点，是保证补焊区质量的关键。

(1) 压力机床身的补焊

压力机工作时承受较大的冲击力，由于超负荷往往会在机器本身受力较大的部位造成开裂。例如，一台 6×10^5N 摩擦压力机床身，沿一根立柱的根部产生三面的裂纹，其长度分别为 250mm、400mm 和 150mm，如图 15-36（a）所示。

补焊方法如下。

1）采用高钒焊条进行补焊　压力机床身的补焊修复处要求有较高的强度，但焊后焊缝不需加工，所以对加工性无要求。选用高钒焊条 Z116、Z117（型号 EZV）所焊成的焊缝具有较高的强度，能满足要求。同时由于母材的强度高，不易被拉裂，因此在采用正确的冷焊操作方法的条件下，不会造成焊缝剥离。

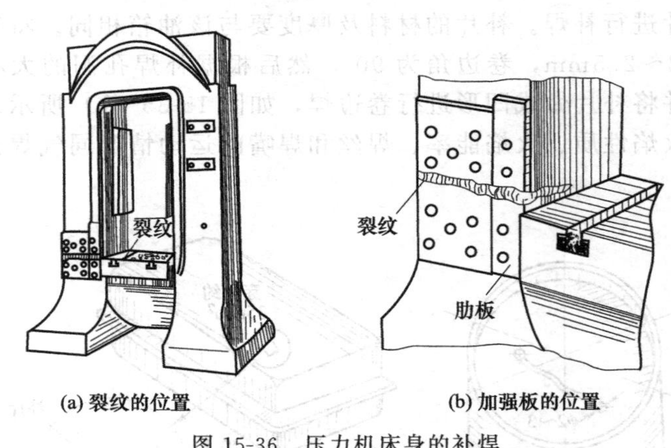

(a) 裂纹的位置　(b) 加强板的位置

图 15-36　压力机床身的补焊

① 坡口准备　铲坡口时一定要将裂纹铲在坡口的中央，坡口的长度应比可见裂纹的端点长出 20～40mm，坡口的角度≤90°，钝边为 6mm，见图 15-37（a）。

② 底层焊接　坡口的底部焊 4～5 层，堆高约为 14mm，见图 15-37（b）。底层焊接采用 $\phi3.2$mm 焊条，焊接电流约为 120A，分段焊接，每段焊缝长度为 30mm，焊后及时锤击。按段依次将焊缝一层一层地焊至应有高度以后，再以倒退的次序一层一层地焊接下一段。最上面一层焊缝的坑洼处应该填平，以便下一步进行镶块焊接。

③ 镶块焊接　在坡口内放入低碳钢垫板作为镶块，在镶块两侧

用抗裂性较高且强度性能好的铸铁焊条如 Z408（EZNiFe）将母材与镶块焊接在一起，称为镶块焊接法。镶块焊接可以大大减少熔敷金属量，降低焊接接头内应力，有利于防止焊缝剥离，并能缩短补焊时间和节省焊条。镶块厚度为 4mm，若采用厚钢板做镶块，则又要在镶块上开出坡口，这就使镶块与母材连接的焊缝金属量增多，仍易出现裂纹。镶块与坡口面的间隔，以 $\phi3.2$mm 焊条能够一次将其焊透、填平为宜。镶块的安放位置见图 15-37（c）。

操作时，在镶块两侧交替分段焊接，每段焊缝长度不超过 30mm，焊后及时锤击焊缝。锤击时，先将焊缝碾一遍，之后再碾镶块靠近焊缝的部分和镶块的中央。锤击的力量可以稍微大一点，使镶块向两侧延伸，以期更有效地消除应力。焊接过程中，镶块的温度不得超过 40℃。为了提高焊接效率，可以适当地用湿布擦拭镶块，以加速冷却。每一层镶块之间必须碾实，这可以用小锤敲击镶块，凭声音来判断。当由于焊件的坡口较宽，镶块的宽度大于 50mm 时，需在镶块中央事先钻好一排或几排 $\phi12$mm 的圆孔。用塞焊法把各层镶块焊接在一起，以免锤击时颤跳而碾不严实。将镶块一层一层依次往上焊接，直至将坡口填平为止，见图 15-37（d）。

④ 焊接接头的加固　焊补以后，由于采用高钒焊条焊接，因此在熔合区不可避免地存在着一层硬脆的白口层，降低了焊接接头的强度。为了使补焊的床身能够接近或达到原有的工作能力，需将床身原有的加固结构重新拧紧。

焊接接头的加固方法见图 15-37（e），将加强板 4 和 6 用螺钉 3 拧紧在焊件 1 上，并使螺钉与加强板的孔壁在 A 侧接触。加强板 4 和 6 之间的坡口角度为 80°，间隙不小于 2mm。之后，焊接焊缝 5，采用连续焊接。为了防止焊件受热过高，在焊接焊缝 5 的时候，可以用湿布或冷水对焊件进行冷却。最后焊接焊缝 2，把螺钉固定下来，防止松脱。采用这种方法的优点是，焊缝 5 的收缩量增加了加强板的夹紧效果。

加强板的厚度为 20mm，置于前后两侧，螺钉规格为 M18，其分布沿水平方向相互错开，见图 15-36（b）。

2）采用镍基焊条进行补焊　镍基焊条具有良好的抗裂性能和加工性能，但价格较贵。

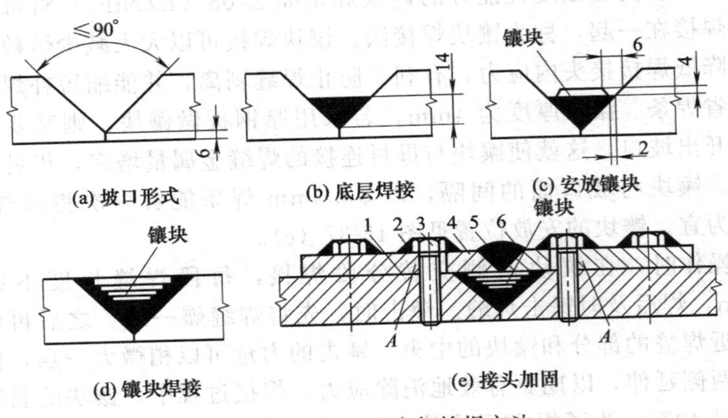

图 15-37 坡口形式与补焊方法

1—焊件；2,5—焊缝；3—螺钉；4,6—加强板

① 坡口形式　为防止焊后焊缝剥离，将坡口开成阶梯形，见图 15-38。焊前坡口按常规进行清理。

② 栽丝　栽丝的目的是进一步提高焊接接头的强度并防止焊缝剥离。其方法是在两侧坡口面钻止裂孔，孔深 20～30mm，间距为 50mm，攻螺纹并拧入螺钉，螺钉根部与母材要焊住，补焊时尽可能地控制螺钉少被熔化。

栽丝位置的分布见图 15-39。

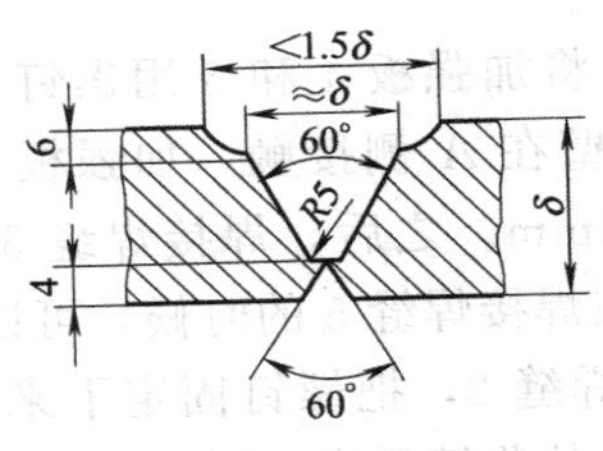

图 15-38 坡口形式

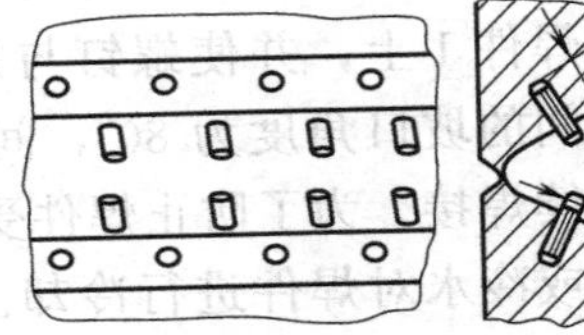

图 15-39 栽丝位置分布

③ 操作　采用 EZNi 纯镍芯铸铁焊条打底作过渡层，以改善熔合区的质量。为了节约昂贵的镍基焊条，中间层可采用低氢型碳钢焊条 J427（E4315）、J426（E4316）焊接。为了更可靠地防止焊缝剥离，坡口中间也可用低氢型碳钢焊条和镍基焊条交替地焊接，见图15-40，

图中“×”为低氢型碳钢焊条的焊道。

操作时采用分段焊法，每段长度小于 50mm，断续焊接，防止补焊区局部过热，使温度均匀分布以减少应力。施焊过程中焊条不摆动，采用小电流以减小熔深，这一点特别是在用 EZNi 焊条打底时尤其重要，因为熔深太大易引起焊缝剥离。熄弧时要倒退 5mm，将弧坑填满，并快速熄弧。层与层、道与道之间弧坑要错开，避免弧坑重叠。

如根部第一道焊缝出现气孔，应将气孔铲除再焊第二道，背面应清根后再焊。

(2) 蒸浓锅的补焊

蒸浓锅用于熔化固碱，材质为灰铸铁 HT200，工作温度为 600～1200℃，不允许渗漏。由于工作时经受热应力，在底部产生长达 770mm 的裂纹，见图 15-41。

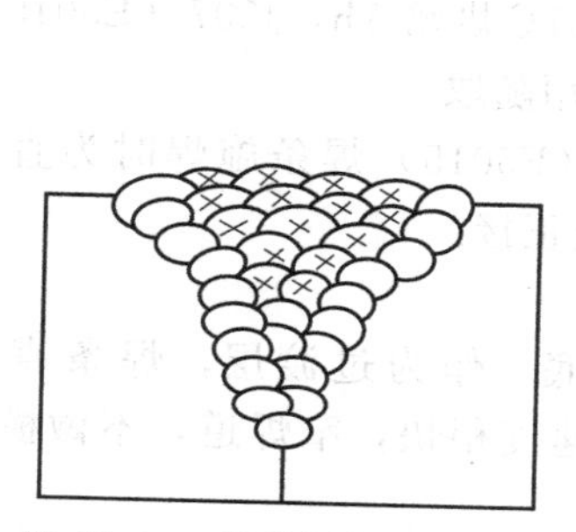

图 15-40 两种焊条交替焊接

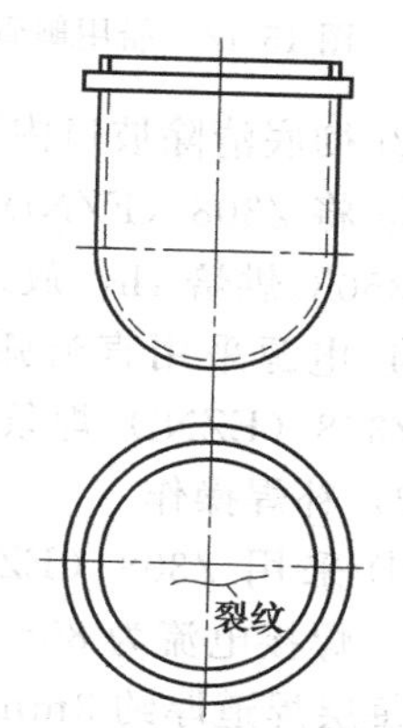

图 15-41 蒸浓锅的补焊

补焊前将蒸浓锅清洗干净，在裂纹两端钻止裂孔，开 U 形坡口、栽丝、制备镶块板。采用 Z408（EZNiFe）焊条在两侧坡口面焊隔离层，严格按照电弧冷焊工艺操作，每段焊缝长 30～40mm，迅速而充分地锤击焊缝，采用小电流、逆向分段焊。隔离层焊好后再焊连接层焊缝，堆焊 3～4 层后铺设低碳钢镶块，用 J507（E5015）焊条焊接镶块。施焊顺序是先焊裂纹的锅内部分，后焊裂纹的锅外部分。

(3) 船用艉管裂纹的补焊

船用艉管材质为灰铸铁 HT200，切削加工后进行水压试验，在艉管一端发现两处渗漏：一处疏松面积为 65mm×35mm，另一处裂纹长为 175mm，见图 15-42。

1）焊前准备

① 用扁铲或角向磨光机在疏松部分剔出 U 形坡口，在裂纹两端钻 ϕ6mm 的止裂孔，沿裂纹剔出 U 形坡口，坡口的形状与尺寸见图15-43。

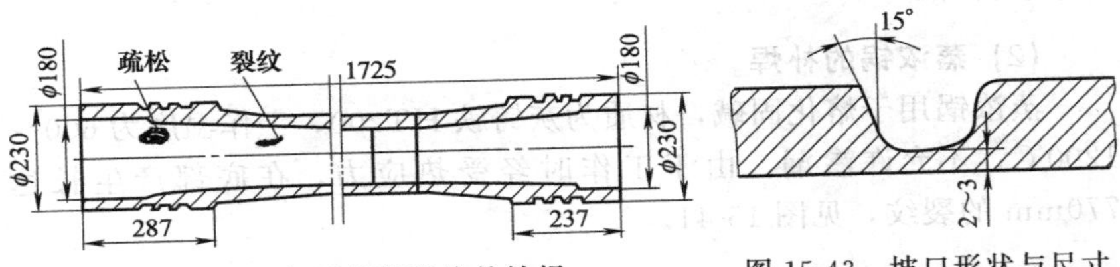

图 15-42 船用艉管裂纹的补焊

图 15-43 坡口形状与尺寸

② 彻底清除坡口内及外缘 20mm 范围内的水分及污物。

③ 将 Z308（EZNi）焊条进行 150℃烘焙 1h，J507（E5015）焊条经 350℃烘焙 1h，放入保温筒内随用随取。

④ 电源采用直流弧焊机，J507（E5015）焊条施焊时为直流反接，Z308（EZNi）焊条施焊时为直流正接。

2）补焊操作

① 采用 Z308（EZNi）焊条打底，作为过渡层，焊条直径为 3mm，焊接电流为 80～100A，焊接速度稍快，窄焊道，不做横向摆动，每层焊道厚约 3mm。

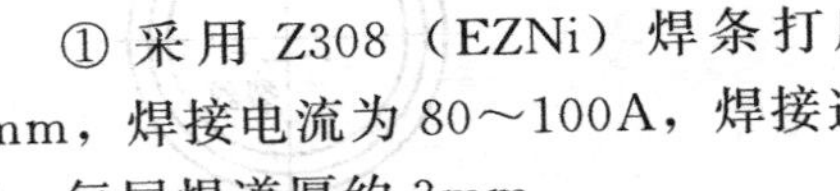

操作时不得在坡口处引弧，采用短弧、分段逆向施焊，见图 15-44。焊缝长度为 25～50mm。每段焊后立即对焊缝进行锤击，消除应力，当焊接区温度下降到不烫手时再继续施焊。

10 8 6 4 2 0 1 3 5 7 9 11

图 15-44 分段逆向施焊

② 填充层采用直径为 3.2mm 的 J507（E5015）焊条，焊接电流为 90～110A，每焊一道用钢丝刷清理熔渣，并锤击焊缝，检查焊缝

质量后再继续施焊，焊至高出坡口表面为止。

15.2.18　典型灰铸铁件半热焊补焊修复

(1) 牛头刨叉断裂的补焊

牛头刨拨叉的形状及断裂位置见图 15-45。

补焊操作时，先将断裂处对好，进行定位焊，再把叉口的两端固定，以防变形。用电弧割坡口，焊前不预热，利用电弧开坡口的热量使焊口附近升温到 400℃左右。焊条采用 Z208，直径为 4mm，焊接电流为 220A，先在内侧连续焊两层，再从外侧利用电弧将根部未焊透部分清理干净，连续将坡口焊至一半以上，再把内侧焊满，最好将外侧焊满。由于焊缝附近始终处于较高温度之下，冷却缓慢，所以能有效地防止产生白口和裂纹。

(2) 拖拉机前横梁断裂的补焊

拖拉机前横梁的形状及断裂位置见图 15-46。

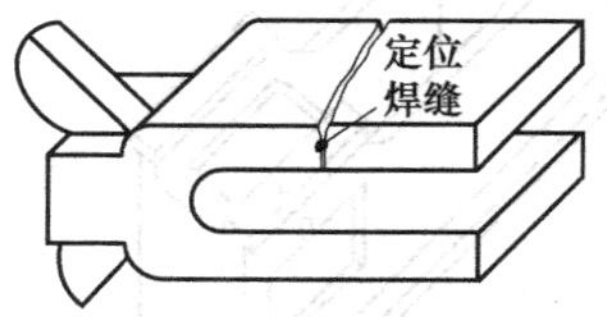

图 15-45　牛头刨拨叉断裂的补焊

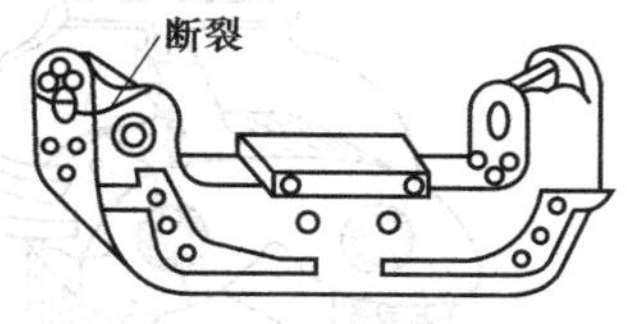

图 15-46　拖拉机前横梁断裂的补焊

补焊操作时，将断裂处对好，留 1mm 的收缩余量，两端进行定位焊。用电弧在断裂处两边开坡口，留 2～3mm 钝边，以防补焊时烧穿。将焊缝处于水平位置，焊条选用 Z208，直径为 4～5mm，焊接电流为 200～250A，连续施焊。为了提高焊接部位的温度，可将两根焊条缠在一起组成束状焊条施焊。焊满坡口后立即翻转铸件，从孔内将焊缝根部焊好，然后焊另一侧坡口。焊后，用焊炬将补焊处加热升温到 650℃，消除焊接应力。若因天气过冷或技术不熟练，则可在焊前及焊接过程中用焊炬局部加热。

(3) 密炼机墙板轴承座的补焊

铸件重约 1t，材质为灰铸铁 HT200，由于超负荷工作，产生了四条裂纹（图 15-47），位于厚 60mm 主轴套的两条裂纹 2、3 沿轴向已裂透，裂纹长 290mm、宽 2～4mm，4 条裂纹总长为 800mm。

补焊操作时，先用直径为 4mm、型号为 J422（E4303）的低碳钢焊条开坡口，为防止补焊过程中液态金属流失，在坡口两侧和底部加石墨挡块和垫块。施焊采用大直径（$\phi 5.8$mm）的 EZC 焊条，焊接电流为 300～320A，电源为交流电。焊接时采用分段多层多道连续焊，每段长 60～80mm，焊后自然冷却。

15.2.19 典型灰铸铁件热焊补焊修复

(1) 车床床身铸造裂纹的补焊

车床床身在铸造过程中，经常会在侧壁窗口的应力集中处产生铸造裂纹，见图 15-48。

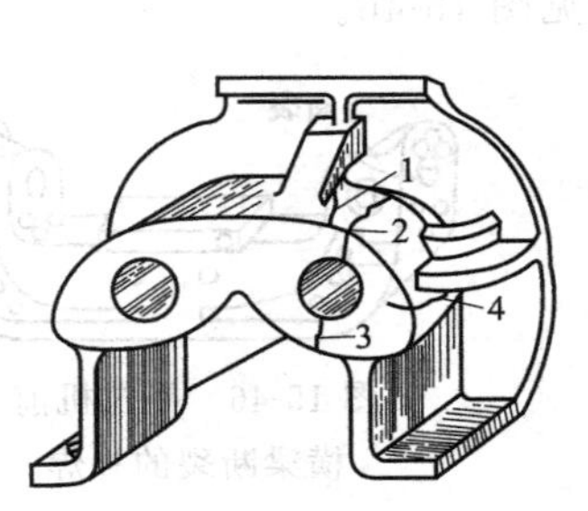

图 15-47 密炼机墙板轴承座的补焊
1～4—裂纹

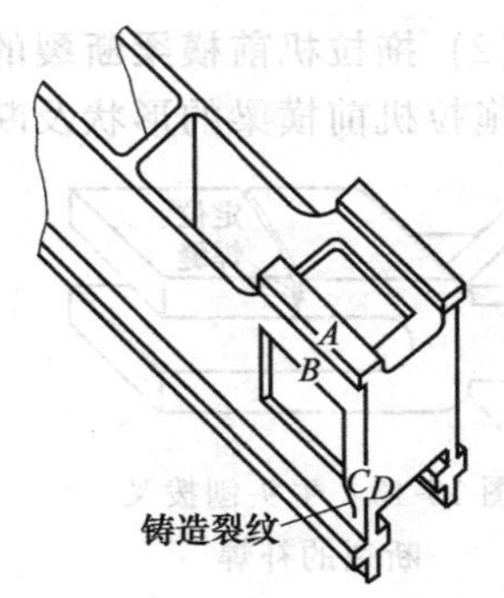

图 15-48 车床床身铸造裂纹的补焊

补焊操作时，焊条采用 Z100（EZFe）。先用电弧在裂纹处开坡口，将床身内部用砖块支撑，裂纹下方用石墨或型砂填好、捣实。用两把大功率焊炬将 A、B 处加热至 800℃，D 处加热至 600℃左右，然后立即在 C 处焊接，一直焊至焊缝高出铸件表面约 2mm，再用炉灰、干砂覆盖缓冷。

(2) 摇臂钻内立柱毛坯轴承座缺陷的补焊

铸件形状及缺陷部位见图 15-49。铸件壁较厚，缺陷处刚度很大，所以补焊过程中易产生裂纹；焊后整个铸件要进行精加工，所以硬度要求均匀，采用热焊能满足这些工艺要求。预热方法采用焦炭地炉加热，加热温度为 650℃，焊条采用 Z100 (EZFe)，焊后缓冷。

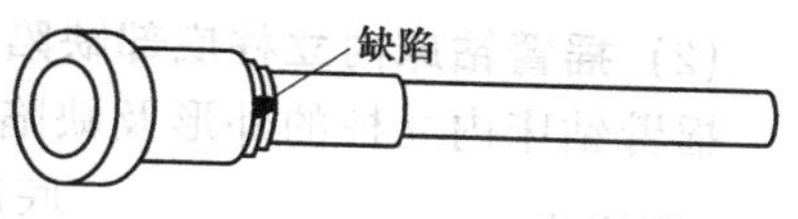

图 15-49 铸件形状及缺陷部位

15.2.20 典型灰铸铁不预热焊补焊修复

(1) 车床床身导轨面缺陷的补焊

车床床身外形及缺陷位置和尺寸见图 15-50。用扁铲开坡口，坡口侧壁角度为 45°，坡口尺寸：长 150mm、深 60mm。用银片石墨和质量分数为 4% 的桃胶清水调和造型。石墨条距坡口边缘约 5mm，在坡口中部用石墨隔开，分两段焊，以减小焊接应力。因缺陷较大，造型型腔未烘干，故焊前不预热，环境温度为 30℃。焊条选用 Z100 (EZFe)，直径为 8mm，焊接电流为 450～480A。引弧开始后用长弧，待底部铸铁熔化后改为中弧，焊缝高出母材表面 6～8mm。焊完第一段待焊缝冷却后，清除坡口内的石墨，并用扁铲修理焊缝连接端，然后用同样方法补焊另一段。焊后检查均未发现裂纹，刨削性能良好，加工后熔合区没有白口痕迹。硬度测试结果：焊缝内部为 173～178HBS；母材 (HT200) 为 182HBS；熔合区硬度没有升高，为 182HBS。

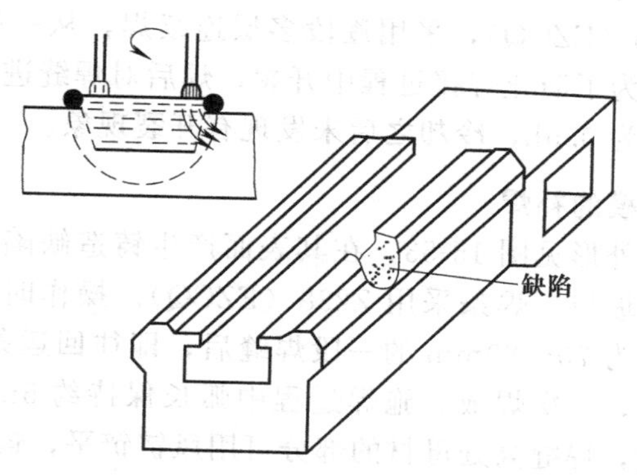

图 15-50 车床床身外形及缺陷位置

(2) 摇臂钻床内立柱底部缺陷的补焊

摇臂钻床内立柱的外形及缺陷位置见图 15-51。缺陷产生在立柱底部，面积较大，且焊后要求加工，但该部位的刚度较小。焊前可用黄泥条造型，由于铸件厚大，因此采用直径为 8mm 的 Z100（EZFe）焊条施焊，焊接电流为 600A，连续焊接。焊后经检查未发现缺陷，满足要求。

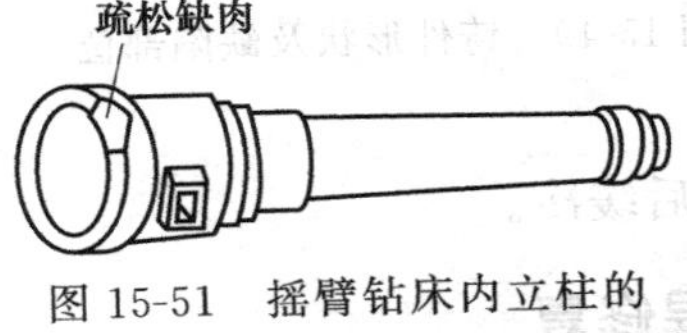

图 15-51 摇臂钻床内立柱的外形及缺陷位置

15.2.21 典型球墨铸铁件不预热焊补焊修复

当球墨铸铁件缺陷部位的刚度不太大时，可采用逐段多层连续焊工艺进行不预热补焊。操作时应注意有次序地焊接，焊接过程不要中断，焊接处应当避风，周围环境的温度不应过低，焊后按照球墨铸铁牌号的要求进行相应的热处理。铸造状态使用的球墨铸铁件，如果补焊区处于重要的受力部位，则焊后应进行 550～600℃ 的消除应力退火。

(1) 大型门盖的补焊

大型门盖的外形见图 15-52。门盖直径为 2m，重 1.8t，上表面为格状肋板。肋板上有 5 处铸造“冷隔”缺陷，尺寸分别为 370mm×30mm×20mm、260mm×30mm×20mm、130mm×20mm×20mm、60mm×50mm×15mm、50mm×30mm×10mm。焊条采用 Z238（EZCQ），采用逐段多层连续焊，从一端起有顺序地焊至另一端。为了防止焊接过程中开裂，焊后对焊缝进行了长时间的锤击，时间约为 0.5h，冷却之后未发现有开裂现象。

(2) 弯管模的补焊

弯管模的外形见图 15-53，在其表面产生铸造缺陷。补焊前首先清除缺陷，开坡口，焊条采用 Z238（EZCQ）。操作时，焊条做横向摆动，每焊长为 70～80mm 的一段焊缝后，即往回运条进行多层焊，铸件向前延伸，一次焊成。施焊过程中弧长保持约 5mm。焊后检查未发现有开裂，焊缝高处母材的部分可用风铲铲平，最后将整个铸件进行退火处理。

图 15-52　大型门盖外形

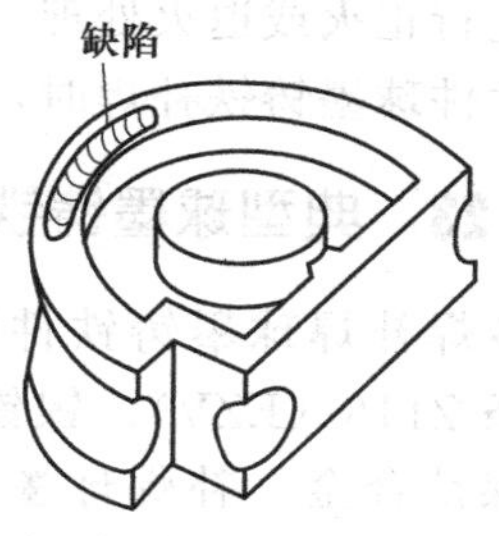

图 15-53　弯管模外形

15.2.22 典型球墨铸铁件预热焊补焊修复

预热焊时，焊条选用 Z238（EZCQ）。对于小铸件的补焊，预热温度在 500℃左右，焊后缓冷，电源可采用直流反接或交流。焊后热处理有正火处理：加热至 900～920℃、保温 2.5h，炉冷至 730～750℃、保温 2h，然后空冷或进行退火处理：加热至 900～920℃、保温 2.5h，炉冷至 100℃以下出炉。焊后热处理后焊缝的组织、性能基本能与母材相接近。

补焊铁路车辆轴瓦时，先将待焊的球铁轴瓦预热至 400～500℃，去掉油污及铁锈，然后立放在焊台上进行补焊，见图 15-54，共连续堆焊两层。堆焊第一层时，运条速度要慢，弧柱中心在夹角处多停留一段时间，以免夹角处焊不透或产生夹渣，动作要迅速敏捷，中间不要间隔。焊完一层后用尖锤除掉渣壳后再焊下一层。弧长保持为 3～5mm，弧长过短会影响渣的上浮，过长容易产生气孔和引起合金元素的烧损，堆焊结束后送至石棉箱内保温。

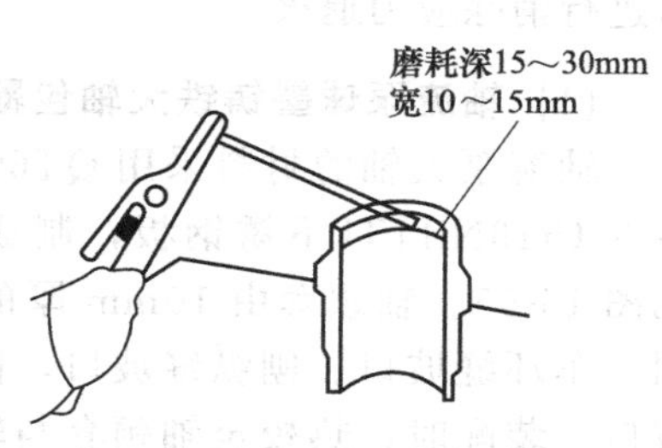

图 15-54　铁路车辆轴瓦补焊

补焊边缘时运条速度要快，这样焊成的焊波平整、光滑。补焊时采用直径为 4mm 的焊条，焊接电流为 150～190A，电流过小容易产生夹渣，过大容易使涂料氧化。补焊速度应控制为 10～15m/h，补焊宽度为 10～15mm，即最低应为轴瓦磨耗宽度。焊后按上述热处理参数进行正火或退火处理。

大件球墨铸铁补焊时，预热温度应提高至700℃左右。

15.2.23 典型球墨铸铁件冷焊补焊修复

冷焊补焊球墨铸铁件时，采用镍铁焊条Z408（EZNiFe）及高钒焊条Z116（EZV）。镍铁焊条是一种通用性很强的焊条，焊缝金属为镍铁合金，补焊球墨铸铁时在熔合区容易产生白口和焊缝剥离，并且产生裂纹的倾向也比较大，因此应遵守严格的冷焊操作工艺。

用镍铁焊条补焊球墨铸铁时，焊接接头的力学性能不高，抗拉强度仅为280～400MPa，退火后伸长率为0.8%～3.2%，因此，采用镍铁焊条只能补焊要求不高的球墨铸铁件或球墨铸铁件不重要的部位。但采用镍铁焊条冷焊球墨铸铁件焊后接头的加工性能优于高钒焊条。但目前通过严格的操作工艺，采用高钒焊条补焊球墨铸铁件时，接头的加工性能已得到了很大的改善。

由于电弧冷焊工艺本身能消除焊接残余应力，因此焊后铸件不必再进行消除应力退火。

(1) 轴流泵球墨铸铁大轴包覆不锈钢的焊接

轴流泵大轴的材料采用QT600-3球墨铸铁操作，大轴的一端包覆07Cr19Ni11Ti不锈钢板，制成球墨铸铁-不锈钢铸焊复合机构，见图15-55。轴颈套由10mm厚的不锈钢经热加工而成，并进行矫圆、车环缝坡口、刨纵缝坡口，同时将大轴的环缝坡口车成半U形坡口。装配时，热校至轴颈套与轴基本结合后用专用夹具装配，以便使轴颈套与轴密切贴合，用Z408（EZNiFe）镍铁焊条进行塞焊，并锤击焊缝消除应力，塞焊孔上层用不锈钢焊条；纵缝底层用镍铁焊条，上层用不锈钢焊条。最后焊接环缝，全部采用镍铁焊条。操作中发现，若不采用非铸铁型电弧冷焊工艺，则球墨铸铁侧的熔合区会产生剥离。为提高焊接速度，每焊段用棉纱蘸水冷却。由于壁较厚、强度高，因此层间可以用力锤击焊缝，以充分消除焊接应力。大轴在焊前进行退火消除铸造应力，焊后不经热处理，加工性能良好。

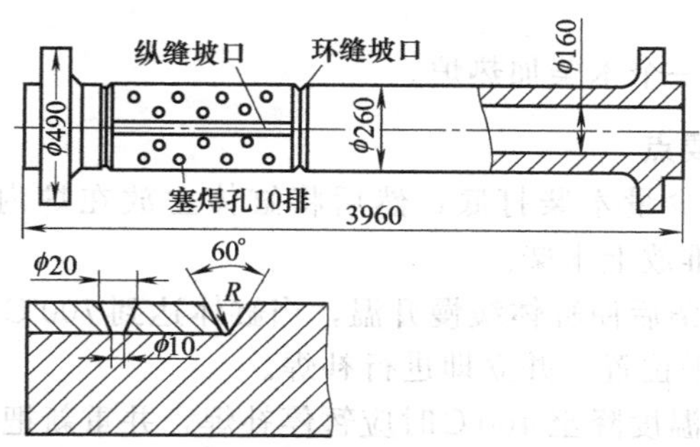

图 15-55 轴流泵球墨铸铁大轴包覆不锈钢的焊接

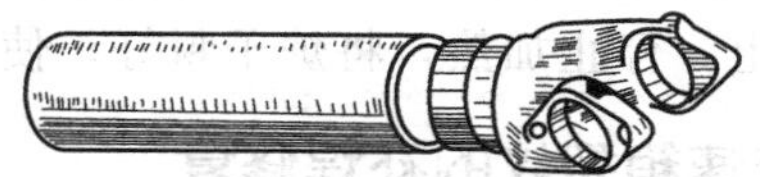

图 15-56 球墨铸铁-钢管汽车传动轴的焊接

(2) 球墨铸铁-钢管汽车传动轴的焊接

以铸代锻，用焊接方法制造的球墨铸铁-钢管汽车传动轴见图 15-56，传动轴万向节叉为 QT400-15 球墨铸铁与 20 无缝低碳钢管用焊条电弧焊焊接而成。试焊过程中采用了三种焊条：高钒焊条、镍铁焊条和 J607（E6015）焊条。结果表明，前两种焊条焊接时，接头均无裂纹，质量较好。其焊接操作方法是：使用较小电流，连续焊一圈；小传动轴焊一层，大传动轴焊两层，第一层焊后稍冷再焊第二层。采用 J607（E6015）焊条施焊时，焊缝内有微裂纹，经破坏性抗扭试验及长距离运行表明，接头强度一般。如操作工艺掌握不当，则焊接电流增大时会导致焊缝产生纵、横向裂纹。

15.2.24 气缸体及排气道裂纹的补焊修复

气缸体及排气道裂纹的补焊修复（图 15-57）的操作要点如下。

(1) 焊前准备

① 用气焊火焰烘烤待焊处，烧去表面的油污。

② 用錾子开坡口。

③ 选用 HS401-A 焊丝，CJ201 气焊熔剂，H01-12 型焊炬，3 号

焊嘴。

④ 用砖砌一个木柴加热炉。

(2) 操作要点

① 首先用少量木柴打底，然后将缸体立放在炉内（图 15-57），并在缸体四周堆放上木柴。

② 点燃木柴后使缸体缓慢升温，当缸体达到 700℃时，将缸体的待焊处处于水平位置，并立即进行补焊。

③ 当缸体温度降至 400℃时应暂停补焊，并重新把缸体立起，添上木柴迅速加温，直至将近 700℃时再焊。如此循环直至焊完为止。

④ 焊完后，再将缸体加热到 700℃，并仔细检查，若无缺陷，则将缸体平放在炉条上，停止加热，将炉子封好，使缸体随炉冷却。

15.2.25 汽车变速箱裂纹的补焊修复

汽车变速箱裂纹的补焊修复（图 15-58）的操作要点如下。

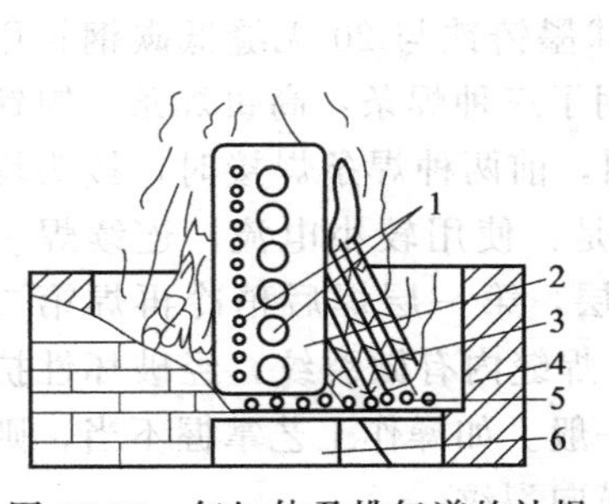

图 15-57 气缸体及排气道的补焊

1—缸体裂纹处；2—缸体；3—木柴；4—炉体；5—炉条；6—通风口及排灰口

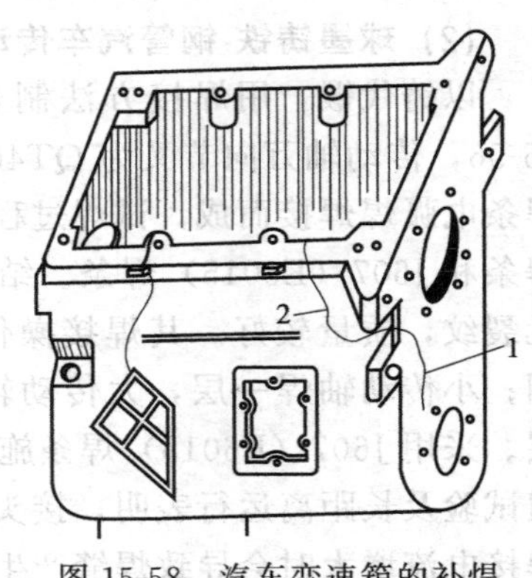

图 15-58 汽车变速箱的补焊

① 用气焊火焰加热图中所示 1 处，找出裂纹的末端（当熔池中出现一条很细的白线时，白线的终点就是裂纹的末端）。

② 从裂纹末端开始起焊，并注意要焊透。这时 2 处裂纹间隙胀大，但不能错开。如果错开，用大钳夹平，随着焊缝长度的增加，2 处间隙将逐渐减小。

③ 焊接速度应控制在焊到哪里，哪里的熔池前面的间隙两侧就刚好合在一起为宜，最后焊到图中所示 2 处时，裂纹间隙刚好消除。

④ 适当控制焊接速度是防止产生裂纹的重要措施，如果焊接速度过慢，还未焊到 2 处，2 处的裂纹间隙早已消除，冷却后就易出现横向裂纹；相反焊接速度过快，2 处留有间隙，易导致焊件变形。

15.2.26 轴瓦的气焊修复

(1) 轴瓦气孔的焊补

若铜合金轴瓦浇铸工艺不当，则内部会存在气孔，机加工后部分气孔将显示出来。采用气焊焊补，可将出现的气孔修复，具体工艺如下。

① 把气孔边缘铲除成坡度，直达气孔的底部。

② 用炉火将气孔周围加热到红热（约 600℃）程度，再用钢丝刷刷净补焊处的铁锈、杂质和氧化物等，并薄薄地敷上一层熔剂。

③ 用气焊火焰加热，等气孔底部开始熔化时，将蘸有熔剂的焊丝送进，以填充金属，直至填满气孔，并比平面稍高出一些为止。补焊的余高不要太高，避免增大加工量。

(2) 轴瓦磨损的补焊

某铜合金轴瓦（材质为 ZQSn6-6-3）在长期使用中发生磨损，磨损量在 1mm 左右，采用氧-乙炔气焊进行修复，工艺如下。

① 焊补前先用汽油清洗轴瓦，用氧-乙炔火焰烘烤轴瓦的磨损处，彻底清除焊补处的油污。

② 选用 H01-12 型焊炬，配用 3 号焊嘴；焊丝选用直径为 5～6mm、含锡量略高 1%～2%的青铜棒（ZQSn6-6-3），以补充气焊过程中锡的烧损；也可以用 HS221 代替青铜棒；熔剂选用 CJ301。

③ 焊补时，熔化的锡青铜液流动性大，因此，每一条焊缝都应置于水平位置进行施焊；为了便于焊接时调整工件位置，可将轴瓦放在如图 15-59 所示的胎具上进行焊接。

④ 用氧-乙炔火焰预热轴瓦待焊补处，当达到红热状态时（约 600℃），向焊补处撒敷上一层熔剂，同时预热焊丝并蘸上熔剂准备焊接。工件开始熔化时，即可填充焊丝。为了便于控制熔池温度，可用

焊丝接触工件，当焊丝在工件上熔化并与工件熔合在一起时，即可进行连续焊补。

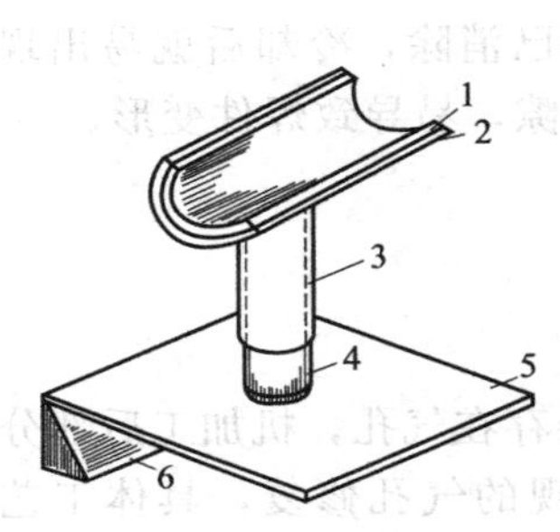

图 15-59 轴瓦补焊胎具

1—青铜轴瓦；2—瓦托；3—钢管；4—圆钢；5—底板；6—垫板

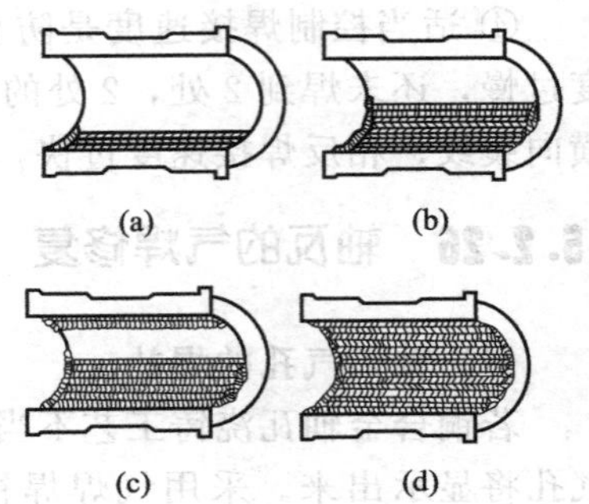

图 15-60 轴瓦的焊补顺序

⑤ 轴瓦焊补时应采用中性焰、左焊法。焰心末端到工件的距离一般是 6～10mm，焊嘴倾角为 60°～70°，焊丝和工件的夹角为 30°～40°。从轴瓦一端向另一端施焊，每条焊缝达到终端时都要沿轴瓦边沿向上堆焊一小段焊缝，堆焊长度与每条焊缝的宽度相等，如图 15-60（a）所示。相邻两条堆焊焊缝的方向应相反，并使后焊焊缝压住先焊焊缝 1/3～1/2 焊缝宽度，一直堆焊到一片轴瓦的一半，如图 15-60（b）所示。然后再从另一半的边缘向里开始堆焊［图 15-60（c）］，直到轴瓦均匀堆焊上焊缝为止，如图 15-60（d）所示。每条堆焊焊缝成形良好，不允许存在夹渣等焊接缺陷。

(3) 轴瓦剥离的修复

运行中，轴瓦与基体金属可能会发生局部剥离，如图 15-61 所示。可以采用氧-乙炔气焊对剥离的巴氏合金轴瓦进行修复，具体工艺如下。

1）焊前准备

① 用小锤轻击剥离处周围的合金层，剔除已脱离但又覆盖在基体上的金属。

② 选用与轴瓦材料相同的巴氏合金作为焊接材料。

③ 使用热碱水或金属清洗剂清洗轴瓦修复部位表面的氧化膜和

油污。

④ 用刮刀将修复部位刮去 0.2～0.5mm。处理后的轴瓦不能长时间暴露于空气中，应立即进行焊接。

2）气焊过程

① 选用型号为 H01-6 的焊炬，1 号喷嘴。将表面处理后的轴瓦预热至 150～180℃，并置于电炉上，以减缓在焊接修复时的冷却速度，这时要注意防止已处理过的轴瓦表面再受到污染。

② 采用中性焰，乙炔压力为 0.02MPa，焊接速度为 5～8cm/min，一次焊道宽 8～10mm、厚 3～4mm，施焊 2～3 层，层间温度大于 150℃。轴瓦壳体暴露部分清洗之后，应先在底层进行钎焊，如图 15-62 所示。钎焊温度为 180～200℃，钎焊层厚度为 0.5～1.0mm，钎剂选用 30%的氯化锌溶液。

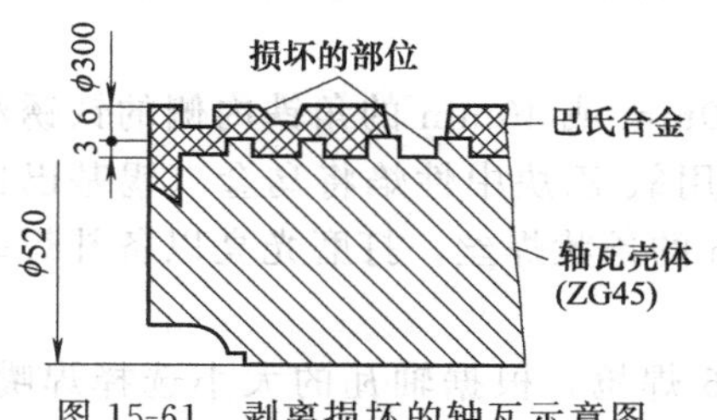

图 15-61　剥离损坏的轴瓦示意图

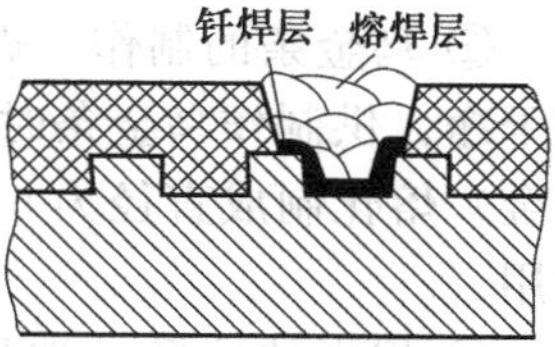

钎焊层　熔焊层

图 15-62　轴瓦的焊补顺序

③ 气焊操作要点如下。

a. 采用平位焊接，左焊法，焊接时焊炬、焊丝进行锯齿形摆动，与工件夹角为 30°。填丝时，焊丝不能脱离熔池。

b. 巴氏合金的熔点较低，因此底层钎焊时，温度不要过高，防止非钎焊部位的巴氏合金过热或熔化。

c. 为确保焊道内不残留气孔和夹渣，每层焊道完成后，要进行重熔，并使用直径为 5mm 的紫铜丝搅动熔池，以促进气孔和夹渣上浮。重熔时，焊炬和焊丝摆动方法以及速度与焊接时相同。

d. 巴氏合金易氧化，为保证焊接质量，每层焊道及重熔完成后，都要涂刷氯化锌溶液，并清除焊道表面的氧化物和浮渣。

e. 最后一层焊道表面要比轴瓦原始表面略高，并且焊道与原始表面交界处不允许存在咬边和未熔合等缺陷。

3）焊后检验与处理　焊后进行表面检查，没有气孔、夹渣和未熔合为合格。焊后处理采用刮削方法恢复原始尺寸。

15.2.27 电厂轴瓦磨损后的补焊修复

电厂转动机械如汽轮机、磨煤机、水泵等的轴瓦工作面大都由乌金材料浇注而成，在运行过程中，经常会出现局部磨损、脱落等情况，需要进行修复。轴瓦补焊修复时要注意避免堆焊层焊缝过热、层间气孔和夹渣等问题。

(1) 焊前准备

① 轴瓦的清洗　将轴瓦放入用热水调好的碱性洗涤剂中浸泡、彻底除油，再用热水冲洗干净。将清理干净的轴瓦浸泡在有自来水流动的盆、盘中，焊补面露出水面 5～10mm，以防止轴瓦在焊接过程中过热，导致底层结合面脱落。焊前用丙酮、酒精等溶液对补焊处进行清理，直到露出金属光泽。

② 乌金条的制作　焊前将 30mm 或 40mm 的角铁内侧的铁锈清理干净，供制作乌金条时使用。用氧-乙炔中性焰将乌金（锡基巴氏合金）熔化制成直径为 6～10mm 的条状焊丝，打磨光亮以备补焊时使用。

③ 焊炬的选择　选用 H01-6 焊枪，根据轴瓦的大小选择焊嘴，为防止轴瓦焊接时过热导致基层脱落，一般选用 1、2 号喷嘴用于轴瓦的补焊。

④ 其他准备　将 ϕ3mm 焊条去掉药皮磨至露出金属光泽，用于补焊过程中搅拌熔池，去除夹渣、气孔。

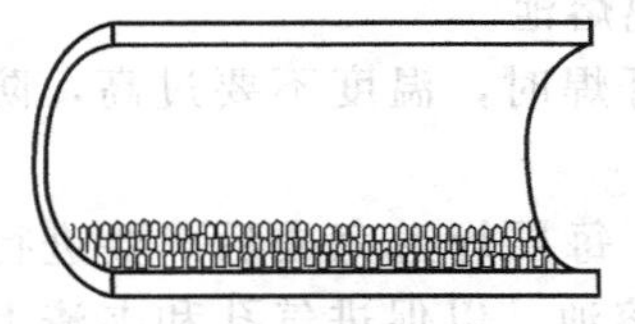

图 15-63　轴瓦补焊示意图

(2) 操作要领

补焊位置最好始终调整为平焊部位进行焊接，如图 15-63 所示。

将氧-乙炔焰调成中性焰或微碳化焰对补焊表面进行点加热，形成熔池后加填乌金。焊道厚度以 3mm 为宜，焊枪的横向摆幅不得过宽，一般为 6～8mm，每道焊缝均应呈圆滑过渡形式。第二道焊接时火焰应对准第一道熔合线的夹角部位边重熔边填丝。焊丝与工件的夹角为 15°～30°，焊枪与工件的夹角为 65°～85°，采用左向焊法。

为了防止熔池下坠、乌金过热造成瓦底挂锡层的脱落，施焊过程中应注意观察熔池变化，随时注意自来水是否流动。当盆、盘中水温较高或熔池变大时，说明温度过高应停下来。最好随时测量一下焊道的温度，以不烫手为宜。

对于补焊面较大的轴瓦面应采取分段、分区的方法进行补焊。如堆焊层厚度较大时，焊前应用钢丝刷对前一层焊缝进行清理至露出金属光泽后，才能进行填充层或盖面层焊道的堆焊。堆焊层的焊道应与前一层焊道错开，焊枪重熔和填充部位应在两道焊缝的接合部位。当补到轴瓦与轴瓦接合面平面部分时，由于此部位升温较快，容易脱锡，最好等轴瓦的温度降下来，适当调小火焰再进行堆焊。

施焊过程中当发现熔池中有气孔、夹渣物时，将火头对准熔池，用制作好的焊条在熔池中搅拌，将气孔、夹渣物刮带出来。

注意观察火焰的变化情况，当火焰变成氧化焰时应及时调整，严禁用氧化焰进行补焊。

补焊部位，特别是弧面和轴瓦的接合面，应留有足够的加工余量。

15.2.28　电动机断裂风叶的补焊修复

电动机风叶如图 15-64 所示，它是由硅铝合金浇铸而成的。

(1) 焊前准备

① 在叶片断裂处开 60°的 V 形坡口，并用钢锉或刮刀去除叶片表面的氧化物及杂质。然后在如图 15-64 所示的耐火砖衬垫上将损坏的叶片组装好，组装时不得留间隙。

② 选用 H01-12 型焊炬，2 号焊嘴，直径为 3mm 的 HS311 焊丝及 CJ401 熔剂。

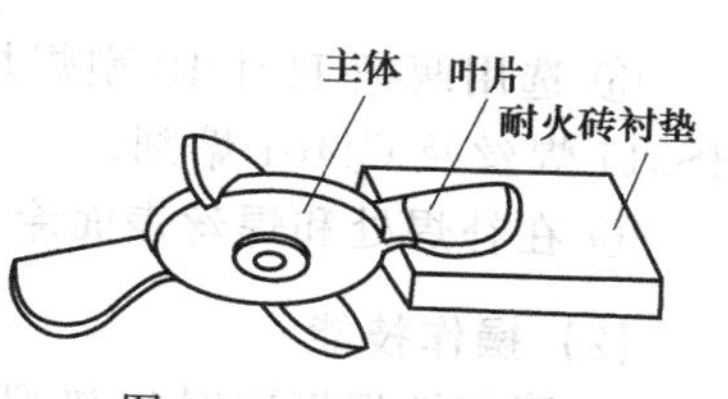

图 15-64　电动机风叶

(2) 操作技能

① 将火焰调节为中性焰，用较大的火焰能率预热主体部分。当主体部分达到 300℃ 时，应将火焰移向补焊处，并将火焰偏向主体一侧。

② 当断裂处两侧的叶片熔化后，用较粗的铁丝蘸上熔剂在熔池内拨动，挑去氧化膜及杂质，使铝熔液熔合在一起，形成底层焊缝。

③ 焊好底层焊缝后，将叶片翻转，采用较小的火焰能率焊接背面，焊丝和焊嘴按图 16-82（a）所示的方式运动。然后再翻转叶片，用同样的操作方法焊接正面的表层焊缝。焊接正面表层焊缝时。焊缝不要堆得太高。

④ 收尾时，应填满熔坑，直至熔池凝固后焊炬方可慢慢离开。

(3) 焊后处理

焊后用 60～80℃的热水和硬毛刷，冲刷残留在叶片上的熔剂和残渣。

15.2.29 铸造铝合金缸体裂纹的补焊修复

缸体壁厚为 6mm，要求焊后无渗漏。

(1) 焊前准备

① 先用热碱水清除缸体内、外表的油污，然后再用钢丝刷等工具清除缸体内、外表面的氧化物。

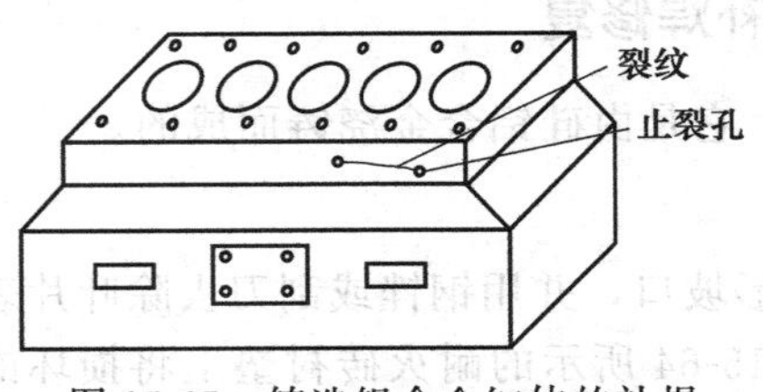

图 15-65 铸造铝合金缸体的补焊

② 用放大镜找出裂纹的末端后，在裂纹末端钻 ϕ6mm 的止裂孔，如图 15-65 所示。

③ 用扁錾将裂纹处錾成 70°Y 形坡口，留 3mm 的钝边。

④ 在补焊处背面用石棉布做衬垫，以防烧穿。

⑤ 选用两把 H01-12 型焊炬，3 号和 4 号焊嘴，直径为 3mm 的 HS311 焊丝及 CJ401 熔剂。

⑥ 在补焊处和焊丝表面涂上糊状熔剂。

(2) 操作技能

① 用两把焊炬同时加热裂纹周围各个棱面，预热火焰为中性焰或轻微的碳化焰，预热温度为 250～300℃，可用划蓝色粉笔线法加以判断。

② 当达到预热温度后，即可进行补焊。补焊时用 H01-12 型焊

炬，3 号焊嘴施焊，另一把焊炬继续加热裂纹周围，以保持预热温度不变。

③ 用中性火焰加热坡口底部，当底部熔化后，用较粗的铁丝蘸上熔剂在熔池内拨动，以去除氧化膜及杂质，使熔液熔合在一起，形成底层焊缝。

④ 焊第 2～3 层时，焊丝和焊嘴按图 16-82 (a) 所示方式运动。

⑤ 收尾时，应填满熔坑，直至熔池凝固后，两把焊炬方可慢慢离开。

(3) 焊后处理

① 焊后应立即用石棉布覆盖，使其缓冷。

② 待缸体冷却后用小圆头锤锤击焊缝表面，以消除焊接残余应力。

③ 撤去衬垫后，用 60～80℃的热水或蒸汽冲洗掉焊件上残留的熔剂和焊渣。

④ 在补焊处背面涂刷煤油，在正面撒上白垩粉，检查补焊处有无渗漏。若白垩粉上有油渍显示，仍应铲除渗漏处金属，预热后再进行补焊。

15.2.30　齿轮泵外壳上的裂纹补焊修复

齿轮泵外壳（图 15-66）材质为 ZCuZn16Si4 铸造黄铜，壁厚为 6mm。

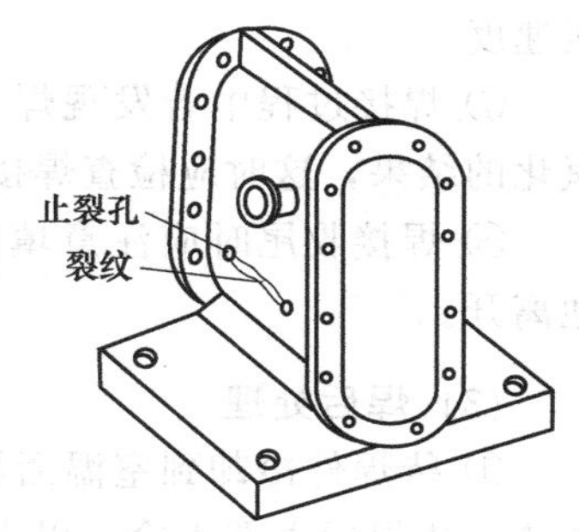

图 15-66　齿轮泵外壳的补焊

(1) 焊前准备

① 首先用铜丝刷清除裂纹周围的氧化物及污物，直至露出金属光泽，然后用放大镜或着色剂找出裂纹的末端，并用 ϕ4～6mm 的钻头在裂纹末端钻止裂孔。

② 用扁錾把裂纹錾削成 70°的 V 形坡口。

③ 选用 H01-12 型焊炬，3 号焊嘴，直径为 4mm 的 HS221 焊丝及脱水硼砂熔剂。

(2) 操作技能

① 将齿轮泵外壳放平，使坡口向上处于水平位置。用气焊火焰将焊件局部预热到 300～400℃（用火柴梗在坡口处轻划，当见到划痕时即说明达到此温度）。

② 当焊件达到预热温度后，用中性焰对坡口的起焊点继续加热，并加热焊丝。用被加热的焊丝放入熔剂槽中蘸一层熔剂后，立即向坡口处熔敷。

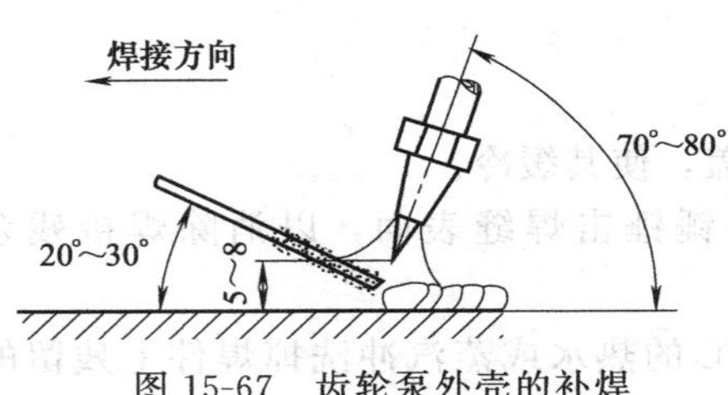

图 15-67 齿轮泵外壳的补焊

③ 当发现坡口表面有金属颗粒活动时，开始用轻微的氧化焰进行补焊。补焊时采用左焊法分两层施焊。补焊过程中，应保持焰心到熔池表面的距离为 5～8mm，焊嘴与焊件表面的倾角为 70～80℃，焊丝与焊件表面的倾角为 20°～30°，如图 15-67 所示。

④ 焊接过程中，应不断地用焊丝蘸取熔剂并向熔池填加。

⑤ 不要直接用火焰将焊丝熔化，应将焊丝端部伸入熔池使其熔化，这样可以减少锌的蒸发和氧化。

⑥ 焊接过程中焊炬仅做直线移动，不要做横向摆动，以提高焊接速度。

⑦ 焊接过程中若发现焊缝表面的颜色发灰，则表明是锌蒸发和氧化的结果，这时应检查焊接操作是否正确，并立即纠正。

⑧ 焊接收尾时应注意填满熔坑，待熔池凝固后，焊炬才可慢慢地离开。

(3) 焊后处理

① 待焊件冷却到室温后再用铜丝刷清除焊缝表面残留的熔剂和焊渣，或焊后立即水冷，以去除残留的熔剂和焊渣。

② 用圆头小锤锤击焊缝，以消除焊接残余应力。

15.2.31 灰口铸铁摇臂柄的补焊修复

如图 15-68 所示，当补焊 *A*、*B* 两处裂纹时，可采用冷焊方法，因为 A、B 两处均可自由收缩，在补焊时即使有焊接应力，也不至于拉裂。而焊接 C 处裂纹时要预热，因为 C 处不能自由收缩，焊接应力可能将该处拉裂。其焊接工艺如下。

① 焊前用钢丝刷、砂纸、锤、刀等将裂纹处油污清理干净，开 90°～120°的坡口。

② 用炉子或气焊火焰预热工件至 600～650℃。

③ 焊炬选用 H01-12 型、5 号焊嘴、中性焰。采用铸铁焊丝（HS401-A）和气焊熔剂（CJ201）。

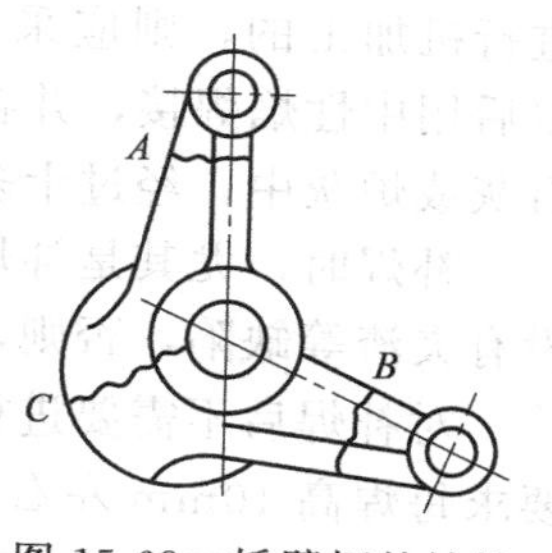

图 15-68　摇臂柄的补焊

④ 当焊件加热至红热状态时，撒上气焊熔剂，在焊接时应用焊丝不断地搅动熔池，以便使熔渣浮在熔池表面。焊丝不应伸入火焰太深，以免大段熔化，降低熔池温度，产生白口。

⑤ 焊接应一次完成，中途不得中断，否则会使铸铁白口化。

⑥ 为保持孔内光滑，避免焊后机加工，在焊前应在孔内塞上石棉绳或黏土，并防止预热时氧化。焊后须将零件放在石棉灰中缓冷，待完全冷却后取出。

15.2.32 灰口铸铁柴油机缸盖孔间裂纹的补焊修复

灰口铸铁 195 柴油机缸盖孔间裂纹的补焊修复如图 15-69 所示。

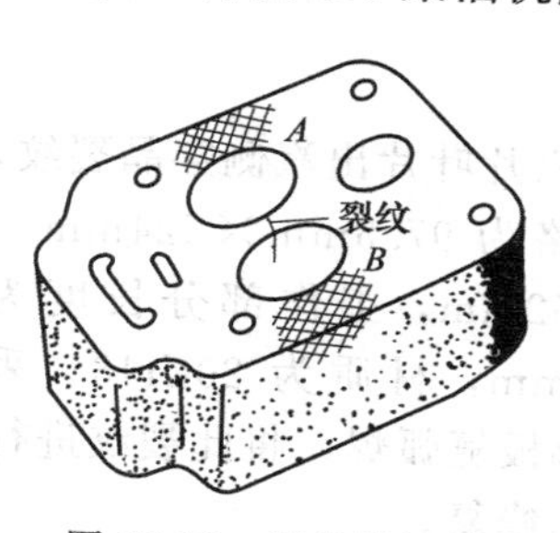

图 15-69　柴油机缸盖的补焊

操作要点如下：

① 在裂纹末端钻 ϕ4mm 的止裂孔，并用气焊火焰加热裂纹处，将裂纹内部的水分清除干净。

② 选择 A、B 处作为减应区。

③ 用 H01-12 型焊炬，交替加热减应区 A 和 B，当加热到 600℃左右，裂纹的间隙张开 1mm 时，应立即进行补焊。

④ 焊后自然冷却。

15.2.33 灰口铸铁齿轮断齿的补焊修复

首先在补焊前用钢丝刷将断齿断面的杂质清除干净，对焊后需要进行机加工的，则应采用热焊法，首先将齿轮预热到500～600℃，以后用中性焰焊接，并在红热前把熔剂撒在焊接处，焊完后立即埋入石灰或炉灰中，经过十多个小时的缓慢冷却，就可以进行机加工了。

补焊时，尤其是补焊第一层时，填充焊丝和焊件必须确实熔合，没有夹渣等缺陷，否则，焊接处不会牢固。

对补焊后不需要进行机械加工的厚、大齿轮，可采用冷焊法，但要求每焊高10mm左右，就应用气焊火焰烧烤侧面溢出的填充金属，待熔化后，用焊丝的端部将其挑掉，并需要制平。必要时用样板对齿距和齿厚进行校正，如图15-70所示。

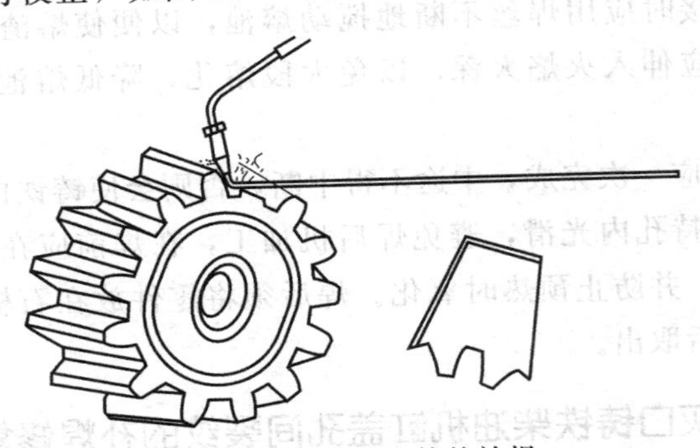

图15-70 铸铁齿轮的补焊

15.2.34 汽轮机叶片裂纹的补焊修复

某厂4号机大修中发现末二级15组第六片叶片出汽侧穿晶裂纹，裂纹长30mm，如图15-71所示。叶片规格为97.5mm×524mm×70.52mm，工作部分长度为432mm，材质为20Cr13。采用钨极氩弧焊，将此裂纹进行成功修复。

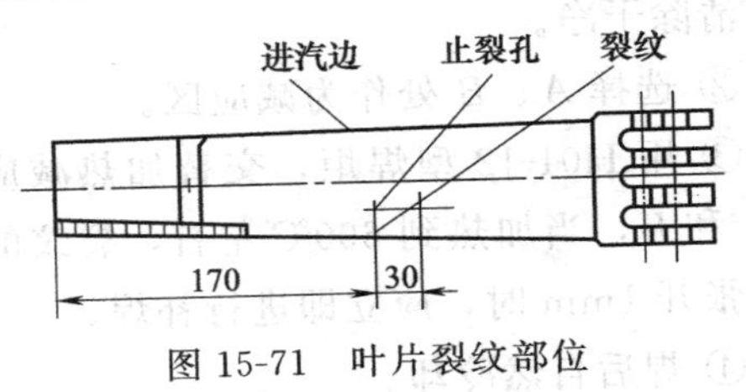

图15-71 叶片裂纹部位

(1) 缺陷清除与坡口准备

① 用电动金属磨光机将

叶片裂纹处正、反面彻底打掉，使之形成X形坡口，然后用着色剂进行检查确认无裂纹。将裂纹正、反面边缘10mm范围内的氧化层用抛光机清理干净直至呈现金属光泽。

② 将H20Cr13焊丝清理干净，也可将报废的20Cr13叶片截下一条作为填充金属，以构成同类接头。

③ 将汽轮机转子转到被焊叶片焊缝处于水平位置，以利于叶片的施焊。

④ 用隔热胶带将背面坡口封住，以防止氩气流失而导致背面氧化。

⑤ 施焊前再用丙酮将坡口及两侧清洗干净。

(2) 焊前预热

为防止焊接时产生冷裂纹，焊前需预热，但采用氩弧焊时，其预热温度可适当降低。在此，我们选择预热温度为120～200℃。

(3) 焊接电流

20Cr13钢有导热性能差、易过热、在焊接热影响区产生粗大组织、降低接头的塑性等特点，当采用氩弧焊焊接20Cr13末二级叶片时，焊接电流以55～70A为宜，过小对焊缝质量不利，过大则焊接金属的熔合比大、过热敏感性大，均不利于焊接接头的组织和性能。

(4) 气体流量

当气体流量选择不当时，20Cr13钢在焊接高温作用下，焊缝表面易产生一种难熔的氧化铬，影响焊接质量。实践证明，在焊接铬不锈钢时，气体流量必须大于一般的钢材，才能有效地防止有害气体的侵入。焊接20Cr13叶片时气体流量为9～12L/min。

(5) 焊接顺序

① 沿出汽侧边缘裂纹处向止裂孔方向焊接。

② 清理背面焊缝，用钢丝刷将氧化层擦干净，再沿出汽侧边缘向裂纹焊接。

③ 用直尺检查叶片的变形状况，确定盖面层的焊接。

(6) 焊后热处理

回火温度为720～750℃。回火前应使焊件空冷至室温，让焊缝和热影响区的奥氏体基本分解完毕后，再进行高温回火和保温措施。

(7) 焊后打磨

用抛光机将焊缝打磨到与叶片平面一致，不得有缺口，出汽边缘应圆滑、平齐。

15.2.35 维修专用焊条在高铬铸铁叶轮补焊修复中的应用

一泥浆泵叶轮摔断为大、小两部分，如图 15-72 所示。泥浆泵主要用于高磨粒磨损的工作环境，叶轮材质为高铬铸铁，硬度为 58～62HRC，含碳量在 3.5% 以上，而且铬、钼、锰等合金元素含量高达 40%以上，其组织为马氏体和碳化物，塑性较低，焊接性能极差，容易在焊接过程中产生热裂纹和延迟裂纹。补焊后对焊缝金属的表面硬度要求高，这些都给补焊工作带来了相当大的难度。通过选用综合性能良好的维修专用焊条，采取严格的工艺措施，我们对叶轮进行了成功的修复。

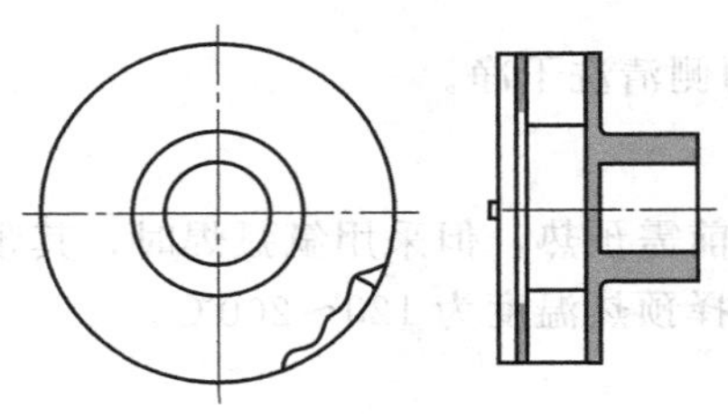

图 15-72 叶轮及其损坏情况示意图

(1) 焊接工艺及焊接材料的选择

补焊常用的方法主要有焊条电弧焊、手工钨极氩弧焊和气焊等，常用的工艺主要有冷焊法、热焊法、半热焊法等。我们决定选用焊条电弧焊、冷焊法进行补焊工作，主要原因是焊条电弧焊操作灵活，无特殊要求，易于现场实施。同时焊条电弧焊在焊材上的选择空间较大，可通过选择性能较好的焊材来保证焊补质量可靠。在焊材上选用了进口维修行业专用焊条，牌号分别为：YST103、YST663、YST900。YST103，YST663 焊条熔敷金属成分见表 15-7。

表 15-7 YST103、YST663 焊条熔敷金属成分 %

焊条	C	Cr	Ni	Si	Mn	Fe
YST103	—	25～35	8～12	—	1～2	余量
YST663	3.50	32.00	—	1.0	1.00	余量

YST900 开槽焊条是一种主要用于切割、开坡口和穿孔的焊条。

可用于多种金属，具有强力吹刷能力，能切割出光滑而均匀的表面。将 YST900 作为制备坡口的材料。

YST103 焊条焊芯为铬镍合金，是一种高效率、高强度焊条，交直流两用，具有良好的焊接工艺性能，其电弧稳定、焊接流畅、焊缝均匀美观、能自动脱渣；焊缝金属具有良好的塑性、韧性和抗裂性能。该焊条可焊接不同的钢种，如高碳钢、工具钢、结构用高碳钢、弹簧钢、奥氏体高锰钢等，对钢有较广泛的适用性。由于 YST103 良好的力学性能和工艺性能，我们在本次补焊将其作为根部和层间的补焊材料。

YST663 耐磨堆焊焊条是一种金红石药皮耐磨焊条，熔敷效率为160%，主要用于承受介质冲击和压力并存的矿石磨损设施。熔敷金属耐腐蚀、强度高，硬度试验一般可达 61～63HRC。由于修复的叶轮表面硬度要求较高，我们将 YST663 作为叶轮补焊最外层的补焊材料，以满足叶轮表面硬度的要求。

(2) 修复过程

1）开坡口

因为焊后不可能再进行机械加工，所以为保证焊后平衡保持原状，叶轮不产生变形，在开坡口前，先把两块碎块按茬口组对点固在原位置，然后用 YST900 开坡口。

焊接设备：Master-3500。

开槽材料：YST900，直径为 3.2mm，直流反接。

开槽电流：250～350A。

在使用 YST900 焊条进行坡口制备时，焊条与叶轮基体应在一很靠近的角度上；叶轮放置的位置应有利于熔化金属的排出，并在行进方向推入母材表面；焊条与母材夹角注意保持为 15°～20°。经加工后的坡口形式如图 15-73 所示。

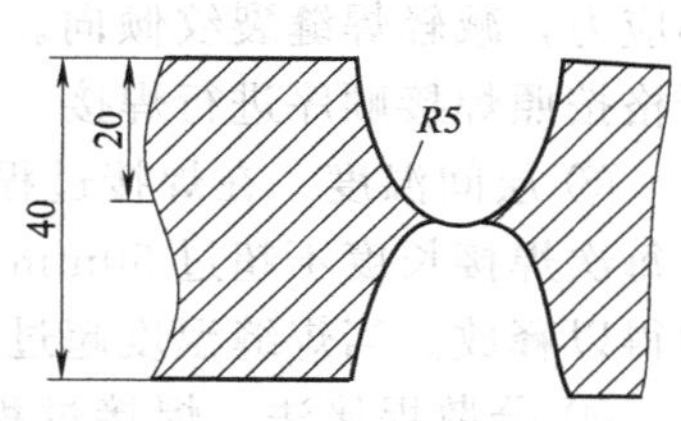

图 15-73 坡口示意图

2）使用 YST103 焊条焊接

焊接设备：Master-3500。

焊接电流：90～110A。

焊接材料：YST103，直径为 3.2mm，直流反接。

3）使用 YST663 焊条对将临近焊满的焊道进行表面加硬处理

焊接设备：Master-3500。

焊接电流：90～110A。

焊接材料：YST663，直径为 3.2mm，直流反接。

为保证使用寿命不低于母材，补焊两层。

4）焊后处理

焊接结束后，用石棉被包严，自然冷却到室温。后经表面着色检测，焊接表面致密，无影响使用的缺陷。

（3）工艺要求

① 焊接顺序　坡口焊接顺序如图 15-74、图 15-75 所示。

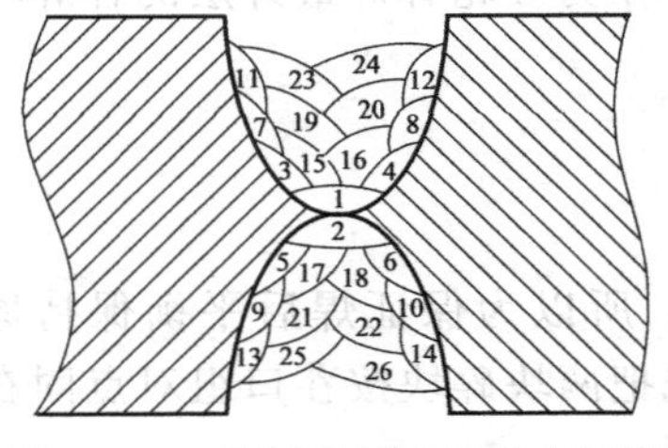

图 15-74　根层及填充层焊接顺序

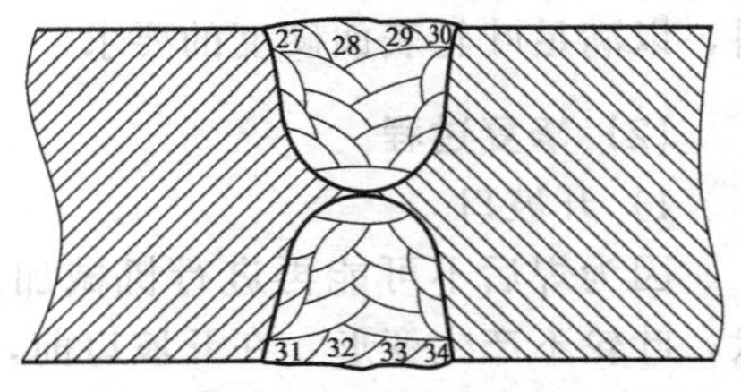

图 15-75　盖面层焊接顺序

② 焊接规范与操作　在补焊过程中，应采用小电流、小规范进行焊接。电流小，熔深小，有利于减小焊缝金属杂质含量，同时可减小应力，减轻焊缝裂纹倾向。所以在补焊中要求短弧操作，不摆动，严格按照焊接顺序进行焊接。

③ 层间温度　在焊接过程中注意控制层间温度不超过 100℃，而且每次焊接长度不超过 50mm。然后立即用手锤锤击焊缝，使焊缝应力得以释放。当焊缝温度超过 100℃时，应马上停止焊接。

④ 分散焊接法　焊接过程中采用分段分层断续分散焊接法。此法可以有效地减少焊接应力，减小产生裂纹的可能性。

15.2.36　镁合金铸件的补焊修复

镁合金制件不论是铸件、锻件毛坯或焊接件，都可能存在着某些缺陷而需要补焊。往往一个大的工件由于一、两处个别缺陷补焊不好而报废，造成不应有的损失。因此，补焊是镁合金焊接中的重要一环。

补焊时对焊工的操作技术及焊接参数选择比焊接时要求更高。

补焊一般有两种情况：一是变形镁合金焊接件经检查发现存在外观或内部的缺陷而需要补焊；二是铸件、锻件毛坯或在机械加工过程中出现的铸造、锻造缺陷需要补焊。

由于镁合金易过热，因此补焊时也应尽量选用小的焊接热输入，以缩短熔池处于高温下的停留时间及减小热影响区的宽度。这对于铸件补焊尤其重要，因为铸件一般是经淬火时效处理的，并往往是经机加工后才发现缺陷而进行补焊的。铸件补焊后因体积较大或因有变形要求而不便进行热处理，此时最好采用氩弧冷焊补焊。

① ZM5 合金铸件在淬火时效状态下的补焊　对于 ZM5 合金铸件在淬火时效状态补焊时，宜采用小电流、小直径的焊丝和小体积的熔敷金属进行补焊，并尽可能采用多层焊，焊接几层后停下来冷却一下，以防止金属产生过热倾向。采取上述措施可获得较满意的结果，使焊缝金属晶粒细小，接头硬度和抗拉强度均符合铸件本身的技术要求。

ZM5 镁合金铸件在淬火时效状态下手工氩弧焊的补焊焊接参数如表 15-8 所示。

表 15-8　ZM5 镁合金铸件的手工氩弧焊焊接参数

铸件厚度/mm	焊接电流/A	钨极直径/mm	喷嘴直径/mm	焊丝直径/mm	氩气流量/(L/min)	缺陷深度/mm	焊接层次
<5	60～100	2～3	10	2～3	8～10	≤5	1
5～10	90～130	3	12	4～5	10～12	≤5 >5～10	1 1～3
10～20	150～260	4	14	5	16～18	≤5 >5～10 >10～20	1 1～3 2～5
20～30	220～300	4	16	5	18～20	≤5 >5～10 >10～20 >20～30	1 1～3 2～5 3～8

续表

铸件厚度/mm	焊接电流/A	钨极直径/mm	喷嘴直径/mm	焊丝直径/mm	氩气流量/(L/min)	缺陷深度/mm	焊接层次
>30	250~350	4	20	5	22~25	≤5 >5~10 >10~20 >20~30 >30	1 1~3 2~5 3~6 >6

② 变形镁合金的补焊　变形镁合金的补焊操作大体与焊接时相似，补焊电流根据补焊处厚度及散热条件而定，通常要比同等厚度的焊件小 1/3~1/2。

15.2.37　锌合金铸件的补焊修复

汽车上的锌合金铸件很多，如汽化器、汽油泵、车门把手等，在使用中经常出现螺钉滑扣、裂纹、破碎等缺陷，由于锌合金的熔点低（420℃），补焊厚度又较薄，因此给补焊工作带来很大困难，稍有不当，就会使焊件塌陷或阻塞。现将补焊工艺介绍如下。

(1) 焊前准备

① 焊条。利用废旧锌合金铸件体熔化（将熔池表面一层暗灰色的氧化皮及杂质去掉）浇铸成直径约为 3mm 呈银白色的焊条。

② 工具。氧-乙炔焊设备一套，小号焊枪，根据被焊焊件大小、厚薄选择焊嘴型号，越小越好。

③ 将补焊处表面的氧化层、油污等用刮刀、锉刀或砂布清理干净，至露出金属光泽。

④ 由于锌合金铸件的熔点低，焊件一般较小而且又薄，因此为防止在补焊过程中塌陷或堵塞，应在不妨碍施焊的情况下，用耐火泥或黄土泥先将喉管、螺纹孔等堵塞，用湿棉纱将施焊处两侧及其他部位缠裹住。

⑤ 为防止变形或塌陷，被焊焊件必须放平垫牢，施焊部位不得悬空，最好置于平焊位置。

(2) 施焊

① 由于锌合金施焊时易氧化，铸件又较薄，一般不需开坡口。

施焊时，应一边加热一边用 ϕ3.2mm 焊条尾端或钢丝推刮出焊缝坡口，并焊好打底层。

② 使用轻微还原的中性焰，要求焰心要尖，火焰轮廓要正。火焰引出方向应朝向焊件较厚或湿纱缠裹的地方，如条件允许，可减小焊炬角度，使火焰喷向焊件外面，以免烧坏焊件。

③ 焊嘴与被焊面的角度是保证施焊顺利的关键，稍有不当就会造成补焊失败。焊嘴距被焊焊件表面 20mm 左右，如图 15-76 所示。

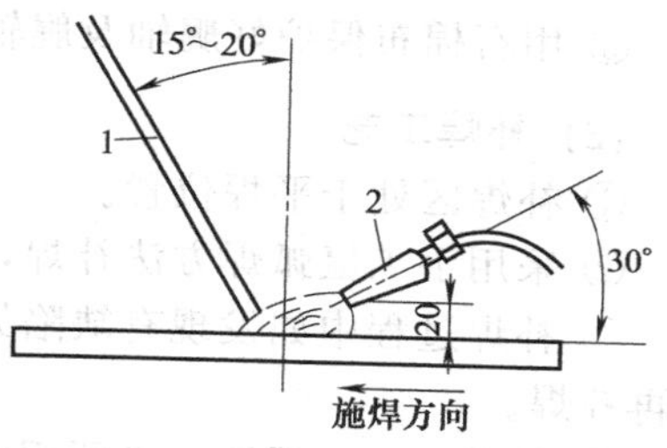

图 15-76 焊丝、焊嘴的施焊角度
1—焊丝；2—焊嘴

④ 施焊时要密切注意熔池温度状况。由于锌合金铸件加热融化时，不易从颜色上区分，因此当看到表面有微小细粒渗出来或表面稍有起皱现象时，应立即用焊条把表面那层氧化层拨掉，使露出银白色熔液，然后再添加锌焊条。

⑤ 施焊中要控制焊接温度，如发现温度过高，则应冷却一会儿再继续焊接，否则熔池金属易氧化造成不熔合或塌陷现象。

⑥ 在焊件没有完全冷却的情况下，严禁翻动。

⑦ 施焊时，焊工应站在上风口处或戴口罩，因氧化锌的烟气非常有毒，易使人产生恶心、呕吐现象。

⑧ 焊后进行修正，补焊的螺纹应重新钻孔攻螺纹。

⑨ 对氧化、腐蚀严重的锌合金铸件不宜焊接。

15.2.38 艉轴铜套的补焊修复

船的艉轴铜套在机械加工时发现铜套一端局部位置有零星缺陷（气孔、夹渣），缺陷位置如图 15-77 所示。

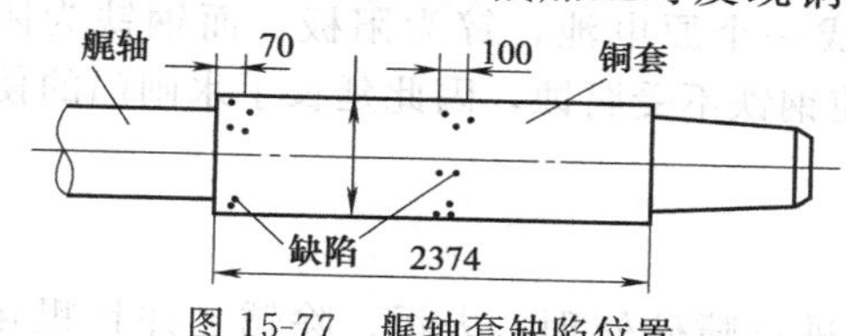

图 15-77 艉轴套缺陷位置

铜套的材质为锡青铜 ZQSn10-2，采用 ϕ3mm 的 HSCuSn（代号 212）焊丝

进行补焊。

(1) 焊前准备

① 铜套端面上的缺陷应采用尖铲、角向磨光机等工具彻底清理干净，直至露出金属光泽，用丙酮擦洗干净。

② 焊丝表面用砂纸清理打磨，并用丙酮擦洗干净。

③ 用石棉布保护好艉轴及艉轴铜套的非补焊处。

(2) 补焊工艺

① 补焊区处于平焊位置。

② 采用手工氩弧焊方法补焊，直流正接。

③ 补焊过程中如发现有缺陷另有暴露出来，则应继续进行清除，后再补焊。

④ 每焊完一层焊缝，必须用钢丝刷仔细清理焊缝表面。

⑤ 焊后，在200℃条件下用小锤对焊缝进行锤击，以去除焊接应力。

⑥ 采用跳焊法，防止焊接处变形。

⑦ 补焊后的焊缝余高为2～3mm，补焊完毕，打磨至艉轴铜套圆滑过渡。

15.2.39 水闸门火焰线材喷涂防腐涂层

水闸门是水利工程中的钢结构件，其工作条件是长期处于干湿交替、浸没水下等恶劣环境中，并受日光、天气、水、水生物的侵蚀，受泥沙、冰块、漂浮物等冲磨，容易发生磨蚀、大气腐蚀、锈蚀等。为延长水闸门的使用寿命，通常采用涂料保护，一般保护周期为3～4年。而采用喷涂锌涂层，水闸门的使用寿命可延长20～30年。

(1) 涂层选择

采用喷涂锌涂层是因为锌的标准电极电势比较低，被喷涂工件材质是钢铁，其与涂层锌将构成一个原电池，锌为阳极，而钢铁为阴极。由于阳极锌溶解缓慢，使钢铁不受腐蚀，因此延长了水闸门的使用寿命。

(2) 喷涂工艺

① 对水闸门的喷涂表面进行喷砂处理、去污、除锈，并且粗化

水闸门表面。喷砂时，采用硅砂，其粒径为 0.5～2mm。

② 使用喷枪为 SQP-1 型火焰喷涂枪，喷涂材料为锌丝。

③ 喷涂氧气压力为 392～490kPa，乙炔压力为 39.2～49kPa，压缩空气压力为 490～637kPa，火焰为中性焰或稍偏碳化焰，喷涂距离为 150～200mm；涂层总厚度为 0.3mm（采用多次喷涂累计达到 0.3mm），以防止涂层翘起脱落。

15.2.40 球罐的火焰粉末喷涂修复

被喷工件为 200m^3 球罐，材质为 Q345R（16MnR），壁厚为 24mm，储存介质为液化石油气。由于液化石油气中 H_2S 含量较高，球罐在工作 5 年后，发现有严重的应力腐蚀开裂，裂纹主要分布在焊接接头部位，因此对球罐的安全使用造成严重威胁。

(1) 喷涂特点

采用喷涂铜合金粉末是因为根据电化学原理，控制喷涂保护区的阴极析氢反应，造成球罐基体金属与液化石油气之间的隔离层，进行喷涂时，对金属的加热可以减少焊接接头的应力。

(2) 喷涂工艺

① 对于探伤合格的焊缝及热影响区，使用砂轮机打磨，清除锈斑。打磨宽度为 150～170mm，并且用丙酮擦洗 2～3 次。

② 工件预热是在喷涂部位的外壁用液化石油气火焰加热。用表面温度计测量球罐内表面温度，预热温度控制在 250～350℃。

③ 使用第一把喷枪喷镍包铝粉末，作为打底结合层，紧接着用第二把喷枪喷铜合金粉末。

④ 喷涂工艺参数：氧气压力为 588～784kPa，乙炔压力为 49～98kPa，喷枪与工件的距离为 150～200mm，喷涂层宽度为 120～150mm。

⑤ 开始喷涂后，将预热用的液化气火焰调小，当该段喷涂完毕应立即灭火。喷涂后，球罐经 182 天的运转考核，效果良好，未发现应力腐蚀开裂。

15.2.41 大制动鼓密封盖的等离子弧喷涂修复

重载车辆大制动鼓密封盖的材质为耐磨铸铁，其零件如图 15-78

所示。该零件与密封环相配合工作，由于两者之间的相对运动速度较高，因此磨损情况严重。如采用焊接工艺修复，则对于重要的薄壁零件容易产生变形超差而报废。所以采用等离子弧喷涂修复工艺。

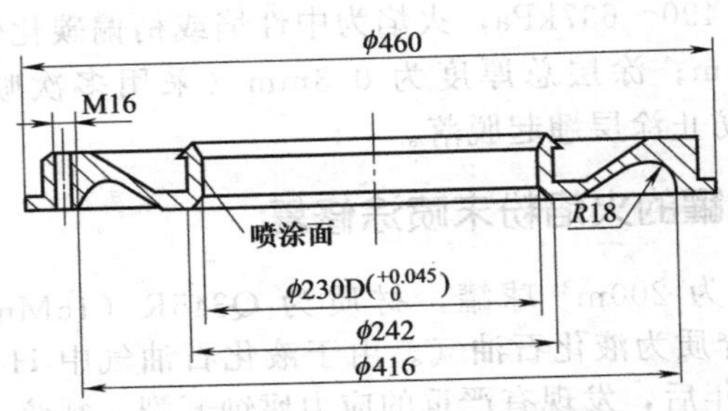

图 15-78 大制动鼓密封盖零件图

喷涂工艺如下。

① 清洗工件 由于工件材质为铸铁，因此应将其放在炉内加热或使用火焰反复烘烤，待油污渗出工件表面后，采用清洗剂进行清洗。加热时温度应≤250℃，炉内加热时间为2.5h。

② 表面预加工 在零件待喷涂面的半径方向下切0.3mm，并车掉工件表面上的磨损层及疲劳层。

③ 喷砂处理 使用20～30号的刚玉砂（Al_2O_3）进行喷砂。然后使用压缩空气将工件表面吹净，并且立即进行喷涂。

④ 喷涂 选用镍-铝复合粉末为结合底层材料，粒度为－160～＋240目。选用Ni04粉末为工作层材料，粒度为－140～＋300目。喷涂工艺参数见表15-9。

⑤ 喷后机械加工 采用车削后进行磨削的工艺，以获得规定的尺寸。也可采用车削加工至规定尺寸。

表 15-9 大制动鼓密封盖喷涂工艺参数

工作气体(N_2)流量/(m^3/h)		送粉量/(g/min)		喷涂电功率/kW		结合底层厚度/mm	喷涂后零件尺寸/mm
等离子气	送粉气	结合底层	工作层	结合底层	工作层		
1.9～2.1	0.6～0.8	19～23	18～22	22～25	20～24	0.03～0.05	<ϕ229.5

第16章 常用金属材料及组合焊操作技能

16.1 钢铁材料焊接基本技能

16.1.1 碳素钢的焊接操作

(1) 低碳钢的焊接操作要点

1）低碳钢焊条电弧焊操作要点

① 焊前应清除焊件表面铁锈、油污、水分等杂质，焊条必须烘干。

② 为了防止空气侵入焊接区而引起气孔、裂纹，降低接头性能，应尽量采用短弧焊。

③ 热影响区在高温条件下停留时间不宜过长，以免晶粒粗大。

④ 焊接角焊缝时，对接多层焊的第一道焊缝和单层单面焊缝要避免深而窄的坡口形式，以防止未焊透和夹渣的缺陷。

⑤ 多层焊时，应连续焊完最后一层焊缝，每层焊缝金属的厚度不大于5mm。

⑥ 当焊件的刚性较大、焊缝很长时，为避免在焊接过程中焊件的裂纹倾向增加，宜采用焊前预热和焊后消除应力的热处理措施，其加热规范见表16-1。

⑦ 当母材成分不合格（硫、磷含量过高），焊件刚度过大时，需采取预热措施。同时在环境温度低于－10℃，焊接厚壁构件时，应采

用低氢碱性焊条，并对焊件进行预热。预热温度见表 16-2。

表 16-1　低碳钢的加热规范

钢号	材料厚度/mm	加热温度/℃	
		预热、道间	焊后回火
Q235A 10、15、20	≤50	—	—
	50～100	＞100	600～650
25 20g、22g	≤25	＞50	600～650
	＞25	＞100	600～650

表 16-2　预热温度

工作场所温度/℃	焊件厚度/mm		预热温度/℃
	梁、柱、桁架类	导管、容器类	
－30 以下	30 以下	16 以下	100～150
－20 以下	—	17～30	
－10 以下	31～50	31～40	
0 以下	51～70	41～50	

2）低碳钢埋弧焊操作要点

① 焊接场所环境温度低 0℃时，应将焊件预热至 30～50℃。

② 焊件厚度大于 70mm 时，应将焊件预热至 100～120℃。

③ 定位焊的焊缝长度一般不小于 30mm，并应按对主要焊缝的质量要求检查定位焊缝的质量。

④ 第一层焊缝可采用焊条电弧焊或钨极氩弧焊打底。

⑤ 当工件较厚或刚性较大时，或重要焊件（如锅炉筒）焊后应进行回火处理，回火温度为 500～650℃。

⑥ 焊后进行正火或退火（即加热到 920～940℃，在空气中或炉中冷却），强度会明显下降，塑性会增加。

⑦ 焊丝 H08A 或 H08MnA 配合 HJ430、焊丝 H10Mn2 配合 HJ330 可焊接重要的焊接件。

3）低碳钢电渣焊操作要点

① 为防止产生裂纹和气孔，保证焊缝力学性能，应选用含有一定数量锰和硅元素的电极材料。

② 由于冷却速度慢，焊接接头的熔合线附近和过热区易产生粗晶组织，因此焊后应进行正火（900～940℃）加回火（600～650℃）的热处理。

③ 焊剂使用前应在 250℃烘箱内烘焙 1～2h。

④ 焊后热处理：正火 910～940℃，保温 1min/mm；回火 590～650℃，保温 2～3min/mm。

4）低碳钢 CO_2气体保护焊操作要点

① 必须使用经过干燥的 CO_2气体，采用硅胶或脱水硫酸铜做干燥剂。为减少 CO_2 气体中的水分，可将 CO_2 气瓶倒置 1～2h，瓶内水分沉积在瓶口处，开阀放水，每 0.5h 左右放水 1 次，2～3 次后将气瓶放正待用。使用前也要开阀放出潮湿的 CO_2气体及杂质才能用于焊接。当气瓶中气体压力低于 1MPa 时，不可再用于焊接。

② 焊接场所的风速应小于 1m/s，否则应采取挡风的措施。

③ 定位焊焊缝长度和间距按母材厚度选定，母材厚度小于 4mm 时，定位焊缝长约为 10mm，间距为 50～70mm；母材厚度大于 6mm 时，定位焊缝长度为 20～50mm，间距为 100～500mm，并应严格检查焊缝质量，定位焊缝上出现的裂纹、气孔或夹渣等焊接缺陷必须清除后补焊，再焊接。

④ 为使电弧稳定燃烧，采用较高的电流密度，但电弧电压不宜过高。电弧电压过高将引起金属飞溅，并降低焊缝力学性能。

（2）中碳钢的焊接操作要点

1）中碳钢焊条电弧焊操作要点

① 焊接坡口形式应考虑减少母材金属熔入焊缝中的比例。U 形坡口较好，也可开成 V 形。

② 预热。预热可减小冷却速度、降低近缝区的淬硬倾向，防止冷裂纹的产生；还可改善中碳钢焊接接头的塑性，减小焊接的残余应力。

预热温度的高低与焊接工件的含碳量、厚度、结构的刚性、焊条类型、焊接参数等有关。常用预热温度可参考表 16-3。

表 16-3　中碳钢焊接预热和焊后高温回火温度

钢号	板厚/mm	操作工艺			
		预热和层间温度/℃	焊条	消除应力高温回火温度/℃	锤击
30	≤25	>50	低氢型	600～650	—

续表

钢号	板厚/mm	操作工艺			
		预热和层间温度/℃	焊条	消除应力高温回火温度/℃	锤击
35、30Mn、35Mn、40Mn、45、45Mn、50Mn	25～50	>100	低氢型	600～650	要
		>150	—	600～650	要
	50～100	>150	低氢型	600～650	要
	≤100	>200	低氢型	600～650	要

注：局部预热的加热范围为焊口两侧 150～200mm。

③ 第一层采用小直径焊条（ϕ3.2～4mm）、小电流慢速施焊，以免出现裂纹。

④ 焊接过程中采用锤击焊缝的方法减小焊接残余应力。

⑤ 焊后缓冷，必要时按表 16-3 中推荐的高温回火温度进行消除应力回火。

⑥ 焊条使用前烘干，坡口和附近油、锈等要清除干净。

⑦ 最好采用直流反接，以减小焊件的受热量，降低裂纹倾向，减少金属的飞溅和焊缝金属中的气孔。焊接电流应较低碳钢小 10%～15%。

⑧ 焊接过程中宜采用逐步退焊法和短段多层焊法。

⑨ 收弧时电弧应慢慢拉长，一定要填满熔池，以免产生弧坑裂纹。

⑩ 焊补大型中碳钢构件时，如预热有困难，则为避免产生淬硬组织和冷裂纹，必须在操作上采取相应措施，如将工件置于立焊或半立焊位置，焊条做横向摆动，摆动幅度为焊条直径的 5～8 倍。

⑪ 如焊件预热有困难，则也可采用铬-镍奥氏体不锈钢焊条，如 A102、A302、A402、A407 等。

2）埋弧焊操作要点

① 焊接坡口形式采取 U 形或 V 形，以减小母材金属熔入焊缝金属中的比例。

② 尽量采用小直径焊丝（一般为 ϕ3.0mm），焊接电流比焊接同样厚度的低碳钢时小些。

③ 也可在焊缝坡口边预先用 H08A 焊丝堆焊一层过渡层，然后

再进行焊接。

④ 焊前预热和焊后回火与中碳钢焊条电弧相同（表 16-3），焊件厚度小于 30mm 时也可不进行预热处理。

3）中碳钢电渣焊操作要点

① 焊前进行 150～250℃的预热。

② 焊接过程中操作技术和焊接参数的调节，都应考虑尽量减小母材金属熔入焊缝金属中的比例。

③ 由于焊缝金属在液态停留时间较长，因此焊后要缓冷。

④ 焊后对于 35、45 等中碳钢要进行（880±10)℃的正火或(580±20)℃的回火处理。

(3) 高碳钢的焊接操作要点

① 高碳钢焊前预热温度较高，一般为 250～400℃范围，个别结构复杂、刚度较大、焊缝较长、板厚较大的焊件，预热温度高于 400℃。

② 仔细清除焊件待焊处的油、污、锈、垢等。

③ 焊接时采用小电流施焊，焊缝熔深要浅。

④ 焊接前注意烘干焊条。

⑤ 焊接过程中要采用引弧板和引出板。

⑥ 锤击焊缝以减小焊接应力。

⑦ 尽可能先在坡口上用低碳钢焊条堆焊一层，然后再在堆焊层上进行焊接。

⑧ 气焊时为了防止过热，焊速应尽量快些。焊前先将焊口附近加热到较高温度（预热温度），可以有助于提高气焊速度。

⑨ 高碳钢多层焊接时，各焊层的层间温度应控制与预热温度等同。施焊结束后，应立即将焊件送入加热炉中，加热至 600～650℃，然后缓冷。

16.1.2 合金结构钢的焊接操作

(1) 焊前准备

① 焊条、焊剂使用前严格烘干，焊丝严格除油、除锈。焊条、焊剂烘干温度见表 16-4。

表 16-4 合金结构钢焊接用的焊条、焊剂烘干温度

焊接材料	母材强度等级 σ_s/MPa	烘干温度/℃	保温时间/h
碱性焊条	≥600	450～470	2
	440～540	400～420	2
	≤410	350～400	2
酸性焊条	≤410	150～250	1～2
熔炼焊剂	—	300～450	2

② 焊丝应严格脱脂，为保证焊接过程的低氢条件，必要时应对焊丝进行真空除氢处理。

③ 如果 CO_2 气体含水分较多，则要进行干燥处理（参见低碳钢 CO_2 气体保护焊工艺要点）。

④ 坡口加工，采用机械加工或火焰切割、碳弧气刨。对强度级别较高、厚度大的钢材，火焰切割时应按预热规范进行预热，对碳弧气刨的坡口应仔细清除余碳。

在坡口两侧约 50mm 范围内，应严格除去水、油、锈及脏物等。

(2) 装配定位焊要求

装配间隙不能过大，要尽量避免强力装配定位焊。为防止定位焊焊缝裂开，要求定位焊焊缝应有足够的长度（一般不小于 50mm，对厚度较薄的板材不小于 4 倍板厚）和厚度。

定位焊应选用与焊接时同类型的焊接材料，也可选用强度等级稍低的焊条或焊丝。它应与正式焊接一样采取预热措施。定位焊的顺序应能防止过大的拘束、允许工件有适当的变形，其焊缝应对称均匀分布在工件上。定位焊所用焊接电流稍大于正式焊接时的焊接电流。

(3) 焊接线能量的选择

对于碳当量小于 0.4%的低合金结构钢，一般对线能量不加以控制；对于低淬硬倾向的钢，碳当量为 0.4%～0.6%，焊接时对线能量要适当加以控制，不可过高也不可过低；对于低碳调质的低合金结构钢，要对焊接线能量加以严格控制，应根据板厚、预热和层间温度来确定合适的焊接线能量。14NiCrMoCuVB 钢的焊接线能量选用参见表 16-5。

(4) 预热

① 预热温度的高低主要取决于钢材化学成分、钢板厚度、结构

刚性及施焊环境温度。一般认为 $\sigma_s \geqslant 490\mathrm{MPa}$，碳当量 $C_{eq} > 0.45\%$，板厚 $\delta \geqslant 25\mathrm{mm}$ 时，预热温度为 100℃以上，预热温度不可过高，一般在 200℃以下。

② 在多层焊时，层间温度应等于预热温度。

③ 在焊接强度级别较高的低合金结构钢时，一般应在焊后加热 200～350℃，保温 2～6h，促使氢扩散逸出，可防止延迟裂缝的发生。

表 16-5　14NiCrMoCuVB 钢的焊接线能量选用

预热温度/℃	板厚/mm										
	6	8	10	12	16	20	25	30	36	40	50
	焊接线能量/(J/cm)										
20	7500～16000	10000～19500	14000～23500	21500～29000	17500～46000	抗裂性和塑性低					
100	热影响区冲击韧性差				16000～30000	22500～36000	24000～45000	26000～57500			
150						16000～28500	19000～35000	22500～44000	25000～49000	31000～60000	31500～61500
200								16000～32500	20000～39500	22000～46500	23500～54000

(5) 焊接操作要领

① 焊接 $\sigma_s \geqslant 440\mathrm{MPa}$ 的钢制焊件或重要焊件时，严禁在非焊接部位引弧。

② 对于刚性大的焊接构件：对焊前不便预热且焊后又不便进行热处理的部位，在不要求焊缝与母材等强的条件下，可采用 A307、A407、A507 等焊条焊接。

③ 多层焊：其第一道焊缝需用小直径的焊条及小电流进行焊接，减小母材在焊缝金属中的比例。

④ 焊后立即轻轻锤击焊缝金属表面，以消除焊接应力，但不适用于塑性差的钢制焊件。

⑤ 对于强度级别较高或厚度较大的焊件：如焊后不能及时地进行热处理，则应立即在 200～350℃条件下保温 2～6h，以便氢扩散逸出。

⑥ 对于含有一定数量钒、钛或铌的低合金结构钢：若在600℃左右停留时间较长，则会使韧性明显降低、塑性变差、强度升高，故应提高冷却速度，避免在此温度停留较长时间。

⑦ 对于含有一定数量铬、钼、钒、钛或铌的低合金结构钢制焊件：在进行消除应力退火时要注意防止产生再热裂纹。

⑧ 焊接 C=0.25%～0.45%的合金结构钢时，用钨极氩弧焊为好，其次是熔化极氩弧焊，再次是焊条电弧焊和埋弧焊。

某些钢材的薄板（如 30CrMnSiA）也可采用二氧化碳气体保护焊。

⑨ 对于强度级别较高或重要的焊接构件：应用机械方法将焊缝外形进行修整，使其平滑过渡到母材，减少应力集中。

⑩ 点、缝焊：焊接时焊接电流稍大于焊接同样厚度低碳钢的焊接电流，并应适当加长焊接时间；点焊时，如通以二次脉冲电流，可提高焊接质量。

⑪ 气焊：低合金钢的可焊性良好，焊接时一般不用助熔剂，可采用与低碳钢相同的焊接规范进行焊接；冬季焊前可用气焊火焰稍微预热焊接区，并适当增加定位焊点数量或长度，以防止产生裂纹；焊丝可选用 H08A、H08Mn、H08MnA。

⑫ 焊后热处理：一般热轧状态的低合金结构钢焊后不进行热处理；通常对板厚较大、焊接残余应力大、低温下工作、承受动载荷、有应力腐蚀要求或对尺寸稳定性有要求的结构，焊后才进行热处理。

⑬ 合金结构钢焊后热处理的要点如下：

a. 焊后回火温度一般应比母材回火温度低 30～60℃。

b. 对有回火脆性的材料应避开出现脆性的温度区间。如含 Mo、Nb 的材料，应避开 600℃左右保温。

c. 对含一定量 Cr、Mo、V、Ti 的低合金结构钢消除应力退火时，应注意防止产生再热裂纹。

16.1.3 几种典型合金结构钢的焊接操作

(1) Q345 钢的焊接操作要点

① 用气割、碳弧气刨开坡口，不影响焊接质量。

② 允许热矫形，矫形加热温度低于 900℃，一般加热至 700～800℃。

③ 一般不预热，只有当工件厚度大、结构刚性大、在低温下焊接时才需预热，预热规范列于表 16-6。

表 16-6　Q345 钢焊接预热规范

板厚/mm	不同环境温度的预热规范
<10	不低于－26℃不预热
10～16	不低于－10℃不预热，－10℃以下预热至 100～150℃
16～24	不低于－5℃不预热，－5℃以下预热至 100～150℃
25～40	不低于 0℃不预热，0℃以下预热至 100～150℃
>40	均预热至 100～150℃

④ 焊条电弧焊时选用低氢型焊条 J506 及 J507 焊条；对于大刚度重要结构或在低温下使用的结构，推荐采用超低氢焊条（$[H]_{扩}<$ 1mL/100g）；对于厚度小、坡口窄的工件，可选用 J426 或 J427 焊条；对于板厚小于 14mm 的非重要结构，可选用 J502、J503 等酸性焊条。

⑤ 采用埋弧自动焊时，不开坡口的对接或角接选用 H08A 焊丝；当厚度大、坡口深时，选用 H08MnA、H08Mn2 焊丝，也可选用 H10MnSi 焊丝。焊剂为 HJ430、HJ431、HJ433。CO_2 保护焊选用 H08Mn2Si、H10MnSi 焊丝。

(2) Q390 钢的焊接操作要点

① 板厚较大（>25mm）的热轧 Q390 钢板，焊前要检查剪切边缘上是否有剪切引起的小裂纹。发现有小裂纹时应采用气割或碳弧气刨去掉有裂纹的边缘。气割或碳弧气刨下料，不影响焊接质量。

② 热成形和热矫形时，加热温度为 850～1100℃。

③ 板厚>25mm，环境温度在－5℃以下时，可以考虑预热；板厚大于 32mm 时，必须预热至 100～150℃。

④ 板厚不大、坡口不深的焊缝选 J506、J507；较厚的钢板选 J557。

⑤ 选较小的焊接规范，以避免 Q390 钢对热的敏感性。

⑥ 焊后消除应力，选用 600～650℃消除应力退火。

⑦ 避免在工件上引弧，否则会产生淬硬组织。

(3) 15MnVN 钢的焊接操作要点

① 厚板大刚度条件下焊接，应注意防止点固焊开裂。

② 对于厚度＞25mm 的厚板以及刚度大的结构，预热温度在 150℃以下，施焊环境温度低于－10℃时应预热。

③ 焊条电弧焊时采用 J507、J557 或 J557MoV 焊条，推荐工艺参数为预热温度为 150～200℃，层间温度＜200℃，焊接线能量为 15～55kJ/cm（在低温下焊接时为 15～28kJ/cm）。

④ Q390 钢接头在 520～650℃时，有再热脆化趋势，其脆化敏感温度在 610℃左右。从防止脆化及消除残余应力效果方面综合考虑，推荐的消除应力热处理措施见表 16-7。

表 16-7　Q390 钢焊接后消除应力热处理制度

升温速度/(℃/h)	加热温度/℃	保温时间/h	降温温度/(℃/h)
60～80 (300℃以下不控制)	550±25	δ/25 (不小于 1.2h)	40～60 (300℃以下不控制)

注：δ 为钢板厚度（mm）。

(4) 18MnMoNbR 钢的焊接操作要点

① 18MnMoNbR 厚钢板在气割前应退火处理，否则气割边缘会出现严重裂纹。

② 焊条电弧焊选 J707、J707Nb 焊条。

③ 埋弧埋弧选 H08Mn2MoA 焊丝，HJ250 焊剂。

④ 电渣焊选 H10Mn2MoA 焊丝，HJ250 或 HJ431 焊剂。

⑤ 工件装配点固前，应局部预热到 170℃以上，否则易产生微裂纹。

(5) 14MnMoVBRE 钢的焊接操作要点

① 厚度在 16mm 以下时可冷剪下料；厚度＞16mm 时冷剪易产生微裂纹，应采用气割下料。气割也有较大的淬硬倾向，若有小裂纹，应去掉。

② 焊条电弧焊选用 J607、J707 焊条。

③ 埋弧自动焊选用 H08Mn2MoA、H08Mn2MoVA、H08Mn2NiMo

焊丝，HJ250、HJ350 焊剂。

④ 电渣焊选用 H10Mn2MoVA、H10Mn2Mo 焊丝，HJ360 焊剂。

(6) Q420（15MnVN）钢的焊接操作要点

① 气割、碳弧气刨　厚板在气割、碳弧气刨前应预热，防止产生切割或气刨裂纹。焊接前将气割边和碳弧气刨坡口表面的氧化皮打磨干净。

② 焊前预热　Q420 钢的预热条件见表 16-8。

表 16-8　Q420 钢的预热条件

焊接方法	板厚/mm	不同气温下的预热条件
焊条电弧焊、CO_2 气体保护焊	<16	不低于 5℃不预热
	16～24	预热至 100～120℃
	≥24	预热至 160～180℃
埋弧焊	<24	不低于 5℃不预热
	≥24	预热至 160～180℃

③ 焊接材料　Q420 钢常用焊接材料见表 16-9。

表 16-9　Q420 钢常用焊接材料

焊接方法	焊接材料
焊条电弧焊	对于重要结构：J557、J55Mo、J557MoV、J607、J607Ni 对于强度要求不高的结构：J506、J507
埋弧焊	H10Mn2＋HJ431、H08Mn2MoA＋SJ101、H08MnMoA＋HJ350
CO_2 气体保护焊	实心焊丝：ER55-D2、GHS-60 药芯焊丝：PK-YJ607
电渣焊	焊丝为 H08Mn2MoVA、H10Mn2MoVA、H10Mn2Mo 焊剂为 HJ360、HJ252、HJ170

④ 焊接热输入　Q420 钢的淬硬倾向大，热影响区脆化现象严重，焊接时需要严格控制焊接热输入。对于要求－20℃冲击韧度的 D 级钢，一般焊接热输入应控制在 35kJ/cm 以下；对于要求－40℃冲击韧度的 E 级钢，一般焊接热输入应控制在 20kJ/cm 以下，埋弧焊需要采用小直径焊丝（直径为 1.6mm 或 2mm 的焊丝）细丝埋弧焊。

采用较小的焊接热输入，可使焊缝金属快速冷却，得到韧性较好的下贝氏体或低碳马氏体组织。另外焊接过程中需要控制层间温度在200℃以下。

⑤ 后热及热处理　根据技术要求确定Q420钢焊接接头是否需要进行后热或焊后热处理。

16.1.4 40MnVB钢的焊接操作

材质为40MnVB的矿用井下重型刮板输送机链轮是由铸钢件改为锻件，经焊接成整体结构加工而成的。该钢属热处理强化钢，正火状态供货，根据其含碳量，可归类于中碳调质钢。

此钢的焊接性分析主要是碳及合金含量较高，在焊接过程中，极易在快速冷却而硬化变脆的热影响区粗晶段内形成高碳马氏体，引发产生冷裂纹，导致焊接接头失效，造成严重后果。根据该钢特点，特制订焊接工艺措施，确保链轮在井下十分复杂和恶劣的工件条件下设备能正常运转。具体工艺措施如下。

(1) 焊接材料的选择

根据高强钢焊接接头等强度或低组配的原则，结合40MnVB钢的焊接性分析，对焊接材要求具有良好的力学性能、抗裂性能以及满意的使用性能，我们选用E8515-G低氢钠型焊条，规格为ϕ4mm或ϕ5mm。

焊条焊前经350～400℃焙烘1h，然后在100℃左右保温，随用随取。

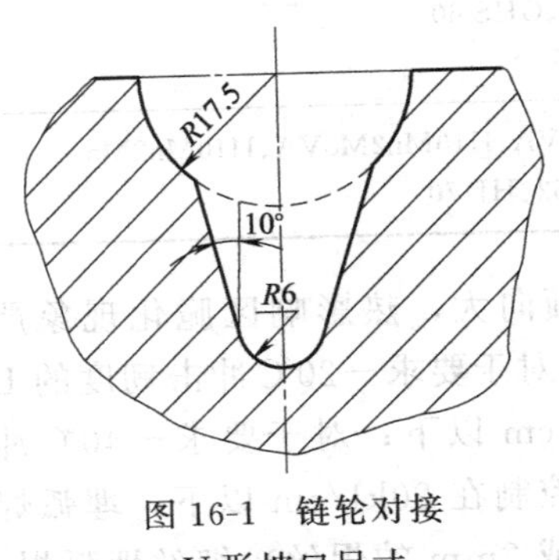

图16-1　链轮对接U形坡口尺寸

(2) 坡口的制备

焊件用机械加工方法开坡口，如图16-1所示。

(3) 预热温度的确定

由于焊件是在焊后调质，确定焊接参数的出发点主要是保证在调质处理前不出现裂纹，接头性能由焊后热处理来保证。可采用较高的预热温度(200～350℃)和层间温度。

(4) 焊件的预热和定位

先清除链轮对接处尖角和毛刺，然后装入加热炉，升温至 250～350℃，保温一段时间出炉后快速进行定位焊。每段定位焊长度不能小于 100mm，间距为 80～90mm，而且定位焊缝不得有夹渣、裂纹、未焊透等缺陷，如有上述缺陷则必须铲掉重新定位。焊件四周用石棉布保护，用专用转胎装夹固定后进行连续转动施焊。

(5) 焊接参数选择及焊接工艺

1）焊接参数　电弧电压为 23～24V，焊接电流为 200～240A，焊速为 24～30cm/min，焊接热输入控制为 116.3kJ/cm。

2）焊接工艺

① 采用多层焊。第一层焊道用 ϕ4mm 焊条打底，热输入略小一些；提高焊接速度，从而降低熔合比。第二层以后按正常参数焊接。

② 操作时采用爬坡焊。焊条由于空间位置所限，采用圆圈式或三角式运条。焊条与地面垂直线夹角为 3°～5°，在链轮转动的同时，使焊条保持在此位置。

③ 要连续施焊。换焊条后在紧接前面的焊道起弧时，一定要保证热接（即逐渐冷却凝固的焊缝金属，在电弧加热时被重新提高温度，以保证良好的接口），避免接口处出现夹层、未熔合而造成隐患。

④ 焊完一道焊缝后，及时锤击焊道，以消除焊接应力和提高接头疲劳强度（最底层和最后盖面层除外）。用放大镜仔细检查有无气孔、夹渣、裂纹等缺陷。由于是多层焊，因此无须进行层间保温（如遇到冬季气温低则需进行二次预热）。

⑤ 上述步骤完成后，进行下一层焊道的施焊，具体操作与上述方法相同，一般焊 6～7 层，可达到焊道高度要求。

(6) 焊后处理

仔细检验后，立即装炉进行消除应力回火，回火温度控制在 650℃左右，保温 4h，缓冷后空冷。以保证焊后不出现冷裂纹和降低接头组织焊后残余应力。

16.1.5 奥氏体不锈钢焊条电弧焊的操作

对于奥氏体不锈钢的焊接接头，主要要求其具有良好的耐蚀性，在焊缝和热影响区中不产生焊接裂纹，以及尽量减少焊件在焊接过程中的变形和收缩。为此，在操作时应严格掌握以下各要领：

① 坡口面及焊缝表面的清理应采用不锈钢丝刷或铜丝刷，敲击焊缝时应用铜锤或包铜的锤，禁止用铁锤敲击。与焊件连接的焊接地线卡头应采用不锈钢制作。

② 焊前在坡口面两侧各涂上一道100mm宽的石灰浆保护层。焊后将烘干的石灰和溅落在保护层上面的飞溅物一并扫除干净，不然溅落在焊件表面的飞溅物将会引起点腐蚀，影响不锈钢表面的耐蚀性。

③ 禁止在焊件表面引弧、熄弧或任意焊接临时支架及吊环等。必要时可在焊缝的引弧处加引弧板和弧出板。

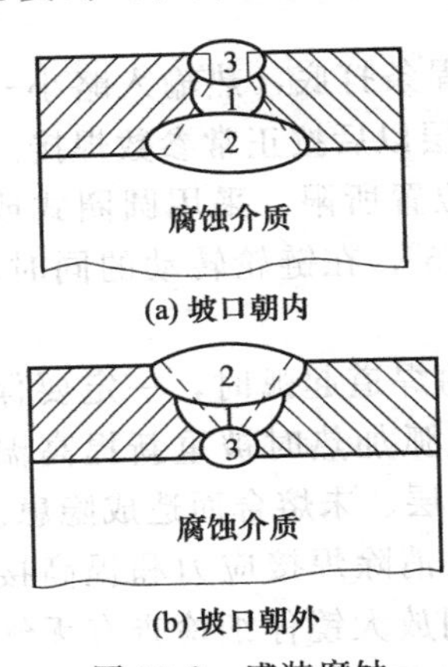

(a) 坡口朝内

(b) 坡口朝外

图 16-2 盛装腐蚀介质的容器

④ 对于接触腐蚀介质的焊缝应尽可能地进行最后焊接，以提高其耐蚀性。例如，一盛装腐蚀介质的容器见图 16-2，当设计坡口朝内［图 16-2（a)］时，则焊接最后封底焊缝 3，同时对与腐蚀介质接触的焊缝 2 还需进行重复加热，以免影响其耐蚀性。当设计坡口朝外时［图 16-2（b)］，就能保证与腐蚀介质接触的焊缝 3 最后焊接，因此避免了重复加热，相应提高了焊缝的耐蚀性。

⑤ 增加焊接过程中的冷却速度，是奥氏体不锈钢焊接时保证得到优质接头的重要工艺措施之一，因此，焊接时应采用小电流、窄焊道、快速焊，焊条在施焊过程中不应作横向摆动，严格控制较低的层间温度，要保证在前道焊缝冷却到一定温度后再焊后道焊缝。条件允许时，对于小焊件可半浸在水中进行焊接，如图 16-3 所示，也可焊后直接将焊件迅速投入冷水中，加速冷却。

⑥ 奥氏体不锈钢焊条的药皮有酸性和碱性两种类型，但即使是使用酸性焊条，最好也选用直流反极性电源，因为此时焊件是负极，温度低，受热少。此外，直流电源电弧稳定，也有利于保证焊缝质量。

⑦ 由 Nb 或 Ti 稳定的奥氏体不锈钢焊接热影响区，紧邻熔合线

的过热区在沸腾浓硝酸溶液中，做 E 法抗腐试验时，会有沿熔合线走向的刀状腐蚀出现。产生刀状腐蚀的必要条件是接头熔合线附近受到温度为 450～850℃ 的重复加热，因此单面单层焊具有较高的抗刀状腐蚀性能。双面焊时，如果焊缝的尺寸正好使第二道焊缝所产生的危险温度区落在第一道焊缝的熔合线上，就有可能在第一道焊缝的熔合线附近引起刀状腐蚀，见图 16-4（b）、（c）；如果第二道焊缝的危险温度区避开了第一道缝的熔合线，就不会引起刀状腐蚀，见图 16-4（a）、（d）。因此在焊接第二道焊缝时，选择适当的焊接参数，调节焊缝的大小，使危险温度区不落在第一道焊缝的熔合线上，是防止刀状腐蚀的有效途径。

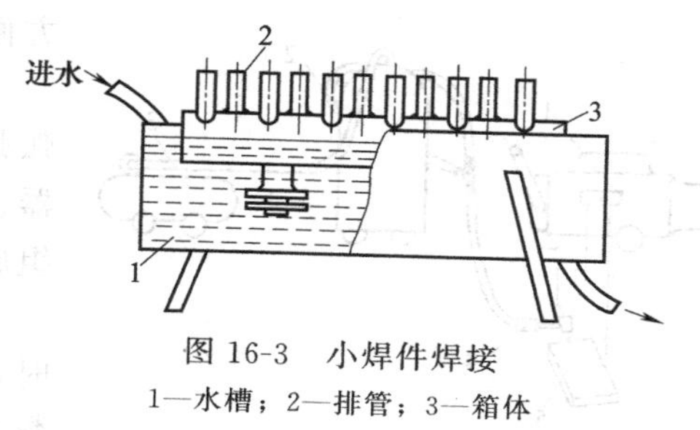

图 16-3　小焊件焊接

1—水槽；2—排管；3—箱体

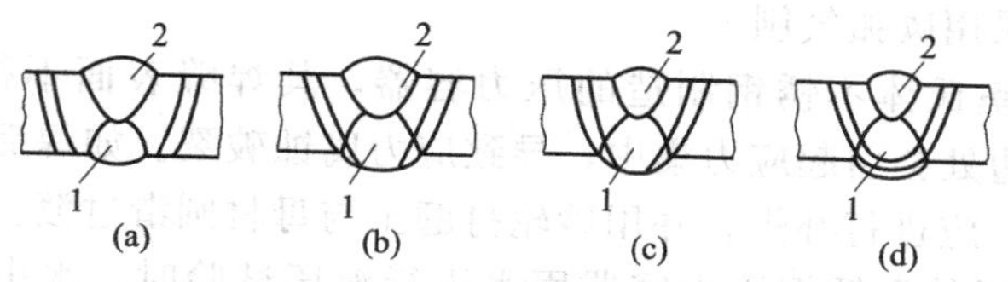

图 16-4　对面焊时第一道焊缝与第二道缝的关系

1—第一道焊缝；2—第二道焊缝

⑧ 奥氏体不锈钢焊件的切割及坡口加工，无法采用氧-乙炔焰切割，目前常用机械方法或等离子弧切割。

清铲焊根和缺陷处理可采用碳弧气刨，但应正确掌握操作工艺参数，避免母材渗碳，影响耐蚀性。气刨后，刨槽黏附的熔渣和渗碳黑点应用机械打磨，彻底清理干净。一种专门用于气刨奥氏体不锈钢的水碳弧气刨设备见图 16-5。该设备是在一般碳弧气刨的枪体上配备喷水装置，利用压缩空气将水沿着炭棒周围喷出枪体，形成挺度大的、均匀弥散的水雾。水雾的屏蔽可降低粉尘的扩散；水雾的冷却可使炭棒受热长度和熔融长度减小，从而减少炭棒的消耗。水雾的喷射，还能使熔融金属不易粘于焊件刨槽的两边，为消除熔渣提供了

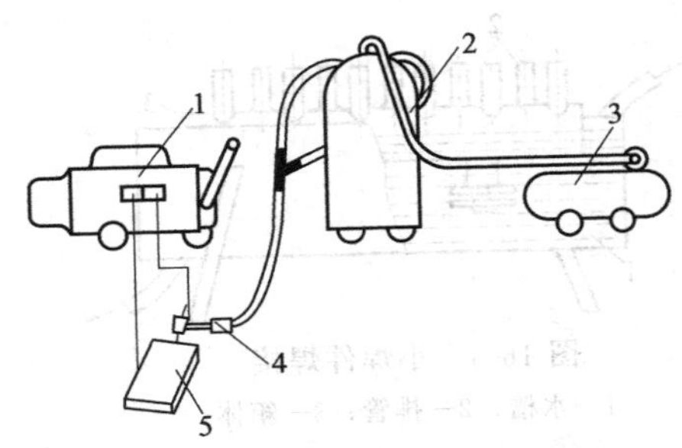

图 16-5 水碳弧气刨设备示图
1—直流弧焊机；2—水供给器；3—空气压缩机；4—气刨枪；5—焊件

方便。

水碳弧气刨的设备由直流弧焊机（气刨电源）、水供给器、气刨枪和空气压缩机所组成。

切割 18-8 型奥氏体不锈钢时，水碳弧气刨的切割工艺参数举例：炭棒直径为 8mm，炭棒伸出长度为 7～9mm，压缩空气压力为 0.45～0.6MPa，水雾中含水量为 65～80mL/min，气刨电流为 400～500A，起刨的炭棒角度为 15°～25°，工作施刨角度为 25°～45°。气刨后，刨槽深度为 4～6mm，槽宽为 9～11mm，刨槽表面应用砂轮打磨干净。

有关标准规定，对于要求按 E 法检验的焊件和超低碳不锈钢焊件，不得采用碳弧气刨。

⑨ 由奥氏体不锈钢制造的压力容器，其焊缝表面不得有咬边，因为在咬边处会引起应力集中，导致应力腐蚀破裂。如焊后发现焊缝有咬边时，应进行补焊，并用砂轮打磨至与母材圆滑过渡。

⑩ 奥氏体不锈钢压力容器用水进行液压试验时，水中的氯离子（Cl^-）对容器有腐蚀作用，所以应控制水中氯离子的质量分数不得超过 25×10^{-6}。当工厂当地水质达不到此要求时，水压试验后应立即将水渍抹除干净。

⑪ 奥氏体不锈钢压力容器的生产场地应与其他容器分开，地面应铺放胶皮，防止材料表面碰伤。并且应有专用设备，如卷板机等，要单独使用。

16.1.6 奥氏体不锈钢手工钨极氩弧焊的操作

奥氏体不锈钢采用手工钨极氩弧焊施焊时，焊接电源采用直流正接（焊件接正极），电极可选用钍钨极或铈钨极，条件许可时，尽量选用铈钨极。对于要求双面成形的焊缝，焊件背面应通氩气加以保护。

① 引弧　目前常采用高频引弧法或高频脉冲引弧法引燃电弧。引燃操作是：先使钨极与焊件保持 3～5mm 距离，然后按下控制开关，在电源高频、高压的作用下，击穿间隙，引燃电弧。

电弧引燃后，应暂将焊枪停留在引弧处，当获得一定大小、明亮清晰的熔池后，即可向熔池填加焊丝。为了有效地保护焊接区，引弧时应提前 5～10s 送气，以便吹净气管中的空气。

② 焊接操作　施焊时，焊枪、焊丝及焊件相互间应保持的距离及倾角见图 16-6。

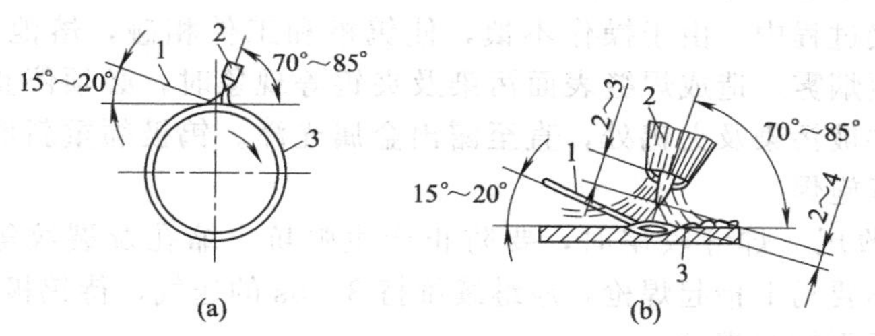

图 16-6　焊接操作

1—焊丝；2—焊枪；3—焊件

焊接方向采用自右向左的左焊法，立焊时由下向上，焊枪以一定速度移动。焊枪倾角为 70°～85°，焊厚件的焊枪倾角可稍大些，以增加熔深；焊薄件焊枪倾角可小些，并适当提高焊接速度。焊丝置于熔池前面或侧面，焊丝倾角为 15°～20°。焊接时，在不妨碍操作者视线的情况下，应尽量采用短弧，弧长保持为 2～4mm。焊枪除了沿焊缝长度方向作直线运动外，还应尽量避免作横向摆动，以免不锈钢过热。

不锈钢施焊过程中的填丝方法、操作要领及适用场合见表 16-10。

表 16-10　填丝方法、操作要领及适用场合

填丝方法	操作要领	适用场合
间隙送丝法	焊丝进入电弧区后，稍做停留，待端部熔化后，再行给送	容易掌握，应用普遍
连续送丝法	焊丝端部紧贴熔池前沿，均匀地连续给送，送丝速度须与熔化速度相适应	操作要求高，适用于细焊丝（或自动焊）
横向摆动法	焊丝随焊枪做横向摆动，两者摆动的幅度应一致	适用于焊缝较宽的焊件

续表

填丝方法	操作要领	适用场合
紧贴坡口法	焊丝紧挨坡口填入,焊枪在熔化焊件金属的同时熔化焊丝	适用于小口径管子的焊接
反面填丝法	焊丝在焊件的反面给送,对坡口间隙、焊丝直径和操作技术的要求较高	适用于仰焊

不论采用哪种方法填丝，焊丝都不应扰乱氩气流，焊丝端头也不应离开保护区，以免高温氧化，影响焊接质量。

对于带卷边的薄板焊件、封底焊和密封焊，可以不填加焊丝。

焊接过程中，由于操作不慎，使钨极和工件相碰，熔池遭受破坏，产生烟雾，造成焊缝表面污染及夹钨等现象时，必须停止焊接，清理焊件被污染及夹钨处，直至露出金属光泽。钨极须重新磨换后，方可继续施焊。

③ 收尾　焊缝收尾时，要防止产生弧坑、缩孔及裂纹等缺陷。熄弧后不要马上抬起焊枪，应继续维持 3～5s 的送气，待钨极与焊缝稍冷却后再抬起焊枪。

不锈钢在施焊过程中常用的收弧方法、操作要领及适用范围见表16-11。

表 16-11　收尾弧方法、操作要领及适用范围

收弧方法	操作要领	适用范围
焊缝增高法	焊接终止时,焊枪前移速度减慢,向后倾斜度增大,送丝量增加,当熔池饱满到一定程度后再熄弧	应用普遍,一般结构都适用
增加焊接速度法	焊接终止时,焊枪前移速度逐渐加快,送丝量逐渐减少,直至焊件不熔化,焊缝从宽到窄,逐渐终止	适用于管子氩弧焊,对焊工技能要求较高
采用引出板法	在焊件收尾处外接 1 块电弧引出板,焊完焊件时将熔池引至引出板上熄弧,然后割除引出板	适用于平板及纵缝的焊接
电流衰减法	焊接终止时,先切断电源,让发电机的转速逐渐减慢,焊接电流随之减弱,填满弧坑	适用于采用弧焊发电机做电源的场合。如采用弧焊整流器,则需另加衰减装置

16.1.7 奥氏体不锈钢埋弧焊的操作

(1) 奥氏体不锈钢埋弧焊的焊前准备

埋弧焊时，焊工看不到熔池，掌握不好容易产生焊偏、焊漏等现象。由于使用的电流密度较大，因此适用于中厚板的焊接。

① 焊前准备 焊件坡口可用刨边机、等离子弧切割机等进行加工，以保证切割边缘平直，否则在焊接过程中会产生未焊透、烧穿、气孔及表面成形不良等缺陷。切割边缘如有残留渣迹和残余变形时，一定要用角向砂轮打磨平滑和校平。

组装焊件时，接头之间要留有一定的间隙，以保证焊透。当板厚小于6mm时，可以不留间隙，但应保证局部间隙不大于1mm，否则施焊过程中在该处容易烧穿。

焊件两端应装焊引弧板和引出板，板的厚度和化学成分应与待焊材料相一致，板的长度为150mm，宽度为50mm。引弧板和引出板与焊件之间不允许有间隙。

② 焊接参数的选用 18-8型奥氏体不锈钢埋弧焊焊接参数的选用见表16-12。

表16-12 焊接参数选用

焊件厚度/mm	装配间隙/mm	焊接电流/A	电弧电压/V	焊接速度/(m/h)
6①	1.5～2.0	650～700	34～38	46
8①	2.0～3.0	750～800	36～38	46
10①	2.5～3.5	850～900	38～40	31
12①	3.0～4.0	900～950	38～40	25
8	1.5	500～600	32～34	46
10	1.5	600～650	34～36	42
12	1.5	650～700	36～38	36
16	2.0	750～800	38～40	31
20	3.0	800～850	38～40	25
30	6.0～7.0	850～900	38～40	16
40	8.0～9.0	1050～1100	40～42	12

① 厚度为6～12mm的钢板，是焊剂垫上进行单面埋弧焊的参数。

注：1. 对于8～40mm厚的钢板应进行双面焊，但焊接第一道焊缝时可以在焊剂垫上进行。

2. 焊丝均采用ϕ5mm。

(2) 奥氏体不锈钢各种埋弧焊的焊接操作

① 反面手弧焊封底的操作 这是一种比较简单易行的方法，并且焊件也不需要精确装配，缺点是生产效率较低。操作时先用焊条电弧焊在焊件背面焊1道封底焊缝，其焊缝厚度应保证正面埋弧焊时不烧穿，见图16-7。先用焊条电弧焊封底焊后，认真清理焊缝，除去

各种焊接缺陷，然后在正面进行埋弧焊。

② 永久垫埋弧焊的操作　焊前在焊件背面装焊一块垫板，垫板应与焊件紧密贴牢并用定位焊缝固定，其间隙应 0.5～1.0mm，否则液态金属会从间隙处流出，在背面形成缺陷。焊接过程中，有部分垫板熔入焊缝，与焊件牢牢焊在一起，留在焊件上，垫板材料应与焊件材料相同。永久垫焊接时焊件的装配见图 16-8。

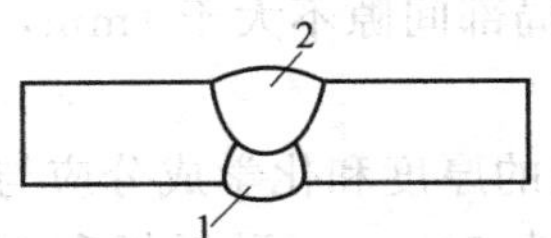

图 16-7　反面手弧焊封底操作

1—焊条电弧焊焊缝；2—埋弧焊缝

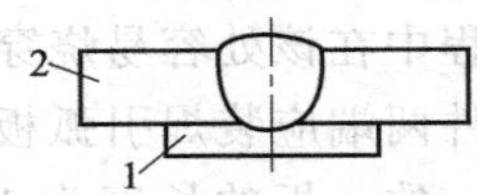

图 16-8　永久垫焊接时焊件装配

1—垫板；2—焊件

永久垫埋弧焊用于小直径容器环缝和无人孔装置的筒体环缝的焊接。

③ 纯铜垫埋弧焊的操作　纯铜垫靠焊接夹具紧贴在接头背面，与焊件之间间隙不得大于 0.5mm。为了保证焊缝能达到单面焊双面成形的目的，纯铜垫接触焊件的一侧可开槽，槽的宽度为 10～20mm，深度为 1.5～2.5mm，根部加工成圆弧，槽的中心要与焊件的间隙处对准。如果槽内要放焊剂，则槽的宽度和深度都要相应地加大。各种形式的纯铜垫见图 16-9。

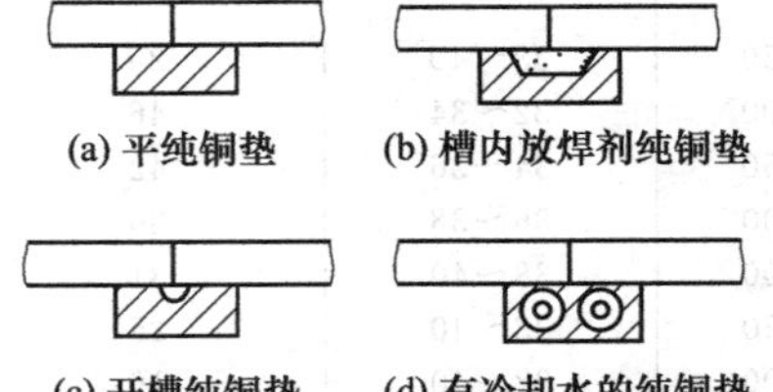

图 16-9　各种形式的纯铜垫

④ 焊剂垫埋弧焊的操作　根据焊件厚度，在焊件背面垫上一层厚度为 30～100mm 的焊剂，焊剂的下面是一层绝缘的石棉板，石棉板下面是封闭的橡胶管，有一端可通入压缩空气，接头与焊剂垫的中心要对中。当橡胶管通入压缩空气时，焊剂就均匀向上顶紧接头下面。焊接时，电弧将熔透焊件并熔化部分焊件下面的焊剂，形成单面焊双面成形的焊缝，见图 16-10。

操作时，要适当调节压调空气压力，以保证背面焊缝能良好成形。焊剂压力过大或过小，均会在焊缝背面形成凹槽或突起，见图 16-11。

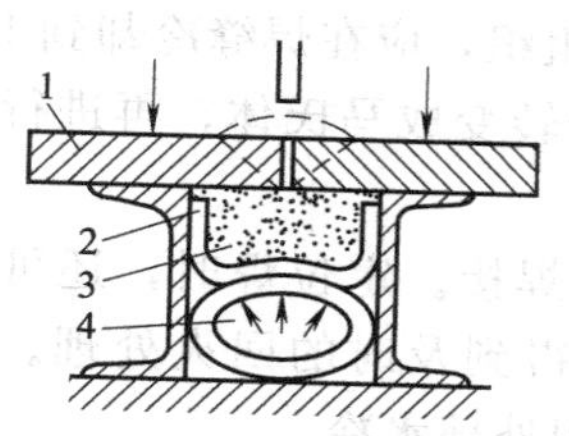

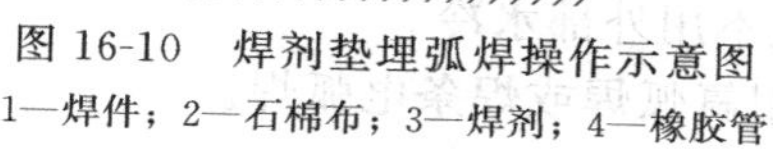
图 16-10　焊剂垫埋弧焊操作示意图

1—焊件；2—石棉布；3—焊剂；4—橡胶管

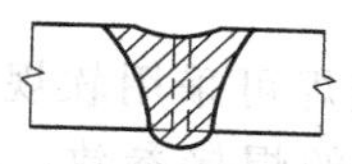
(a) 焊剂垫压力不足

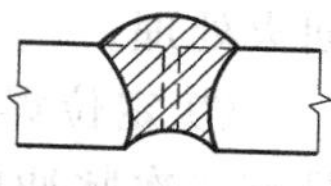
(b) 焊剂垫压力过大

图 16-11　焊剂压力不当在焊缝背形成的缺陷

⑤ 双面对接埋弧焊的操作　当焊件背面加垫有困难时，可采用无垫的双面焊。无垫焊接时，对焊件边缘的准备和装配质量要求较高，焊件间隙为零，局部处应不超过 1mm，否则第一面焊接时液态金属容易从间隙中流出，烧穿焊缝。为了有一定的焊缝厚度，同时又不致烧穿，在第一面焊接时，要求焊缝厚度为钢板厚度的 60%～70%。

16.1.8 马氏体不锈钢的焊接操作

(1) 焊接材料选择及热处理

焊接材料选择及热处理见表 16-13。

表 16-13　焊接材料选择及预热、焊后热处理规范　℃

钢号	焊接接头性能	焊条	焊丝	预热、道间温度	焊后热处理
12Cr13 20Cr13	耐大气腐蚀	G202 G207	H0Cr14	300～350	回火:700～750
	具有良好的塑性、韧性	A102 A107 A202 A107 A302 A307 A402 A407	H1Cr25Ni13 H1Cr25Ni20	可不预热或预热 200～300	—

(2) 焊接操作要点

① 焊件应进行预热，焊接过程中应严格控制道间温度。

② 正确选择焊接顺序。

③ 多层焊时必须对每道焊缝进行严格的清渣工作，要保证焊透(厚度大的焊件采用钨极氩弧打底焊)。

④ 焊接材料应按相关技术要求严格进行清理、烘干、储存和使用，防止产生轻质裂纹。

⑤ 必须填满收弧弧坑，以避免产生弧坑裂纹。

⑥ 为了获得具有足够韧性的细晶粒组织，应在焊缝冷却到150～120℃时，保温2h，使奥氏体的主要部分转变成马氏体，再进行高温回火处理。

⑦ 定位焊、缝焊可采用软规范进行焊接。定位焊时，还可采用具有二次脉冲电流的焊接参数，使焊点得到及时的回火处理。缝焊时，为避免淬硬而引起的裂纹，一般不用外部水冷。

⑧ 焊接马氏体不锈钢应优先选用氩弧焊或焊条电弧焊。

16.1.9 铁素体不锈钢的焊接操作

(1) 焊接材料及热处理规范

焊接材料及热处理规范见表16-14。

表 16-14 焊接材料选择及预热、焊后热处理规范 ℃

钢号	焊接接头性能	焊条	焊丝	焊剂	预热及道间温度	焊后热处理
06Cr13Al	耐蚀、耐热	G302 G307	H0Cr14	HJ150 SJ601	—	回火： 700～760
022Cr18Ti	具有良好的塑、韧性	A102 A107 A302 A307 A402 A407	H1Cr25Ni13 H1Cr25Ni20 H0Cr19Ni9	HJ150 HJ260 HJ601		—
10Cr17	耐蚀、耐热	G302 G307	—	—	70～150	回火： 700～760
10Cr17Mo	具有良好的塑、韧性	A102 A107 A302 A307	H1Cr25Ni13 H1Cr19Ni9	HJ150 HJ260 HJ601	70～150	—
10Cr17 10Cr17Mo2Ti	耐蚀、耐热	G311	—		70～150	回火： 700～760
	具有良好的塑、韧性	A102 A107 A302 A307	H1Cr25Ni13 H1Cr19Ni9	HJ150 HJ260 SJ601		—

(2) 焊接操作要点

① 焊接时选用小的焊接线能量、快的焊接速度，焊条不做横向

摆动，尽量采用窄焊道施焊。

② 多层焊时，应待前一道焊缝冷却到预热温度时，再焊下一道焊缝。

③ 焊接厚度较大的焊件时，每焊完一道焊缝，采用铁锤轻轻敲击焊缝表面，可改善焊接接头的性能。

④ 焊接方法应优先选用氩弧焊。

(3) 焊接参数

焊接铁素体型不锈钢的焊接参数可参照奥氏体型不锈钢焊接时的相关焊接参数进行选定。

16.1.10 奥氏体不锈钢管的焊接操作

(1) 操作要点

操作要点见表 16-15。

表 16-15　奥氏体不锈钢管焊接操作要点

项目	内　容
焊条电弧焊	①焊条电弧焊焊壁厚为 3～5mm 的管子时，选 V 形坡口，角度为 60°，钝边为 0.5～1.0mm，间隙为 2.5～3mm。壁厚在 5mm 以下时，焊缝均要求一次内外成形 ② 全位置焊时，定位焊点选择三点点固，其定位位置为时钟 12 点、3 点和 9 点三处 ③ 采用熄弧焊法，不能连续施焊。熄弧后的再引弧在熔敷金属熔池未凝固、焊渣尚在流动的状态下进行 ④ 严格掌握焊条角度，使电弧作用在管内壁，焊条角度如下图所示。从仰焊位置经立焊位置到平焊位置，在平焊位置时要加大电弧前后摆动范围，尽量不做横向摆动，增大熔池长度，同时延长熄弧后再引弧的时间。每次引弧必须在原熔池后部边缘外 1～2mm 处，然后经熔池将电弧向管内壁引伸，并做向前带引铁水动作后熄弧，待到熔池后半部金属凝固之后再引弧，如此前进 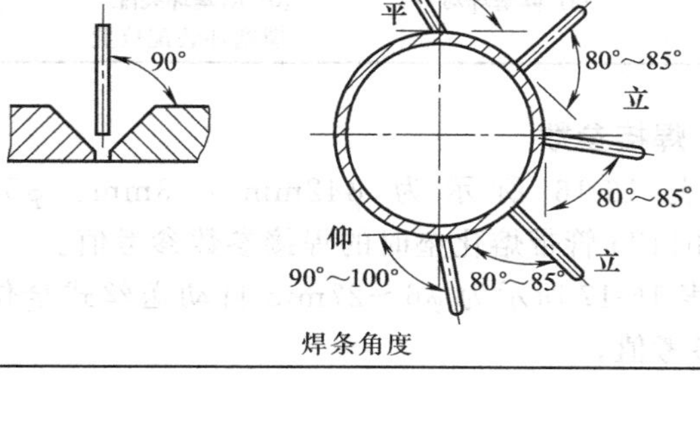 焊条角度

续表

项目	内 容
焊条电弧焊	⑤严格控制焊条熔滴给向，必须准确地落在熄弧时的原熔池中。更换焊条接头，动作要快。同时采取将停弧时的原熔池焊肉割掉的办法。在割掉焊肉的原熔池内做半圆形运条动作，使其形成新的熔池。在平面位置更换焊条时，及时引弧，并在原熔池做半圆形摆动，使电弧反吹，熔渣向后流动，使得熔敷金属与原熔池熔合后再前进 ⑥对于直径在 180mm 以下的管子尽量避免在平焊位置接头，应该选择爬坡立焊或立焊位置，采用割掉原熔池焊肉法接头
氩弧焊	①钨极氩弧焊电源采用直流正接或交流，熔化极氩弧焊电源采用直流反接。管子全位置自动焊时，一般采用脉冲电源。填丝或不填丝式脉冲钨极氩弧焊焊不锈钢管，采用全位置自动焊工艺时，一般用低频或高频直流脉冲电源 ②全位置自动焊，管壁厚在 3mm 以下时，对接接头一般不开坡口，不留间隙。管壁厚在 0.5mm 以下时，采用卷边对接接头。带熔化垫的对接接头开无钝边的 V 形坡口。管壁厚≤4mm 时，坡口角度约为 70°；管壁厚大于 4mm 时，坡口角度应该选 40°～60° ③对于带熔化垫的接头装配，先将垫圈两端锉成斜口 20°～45°，如下图(a)所示。保持弹性，压紧于已清理好的管口上，然后再套上另一个管子，装配好的管子如下图(b)所示。个别不贴合间隙不大于 1mm，垫圈对口间隙要小于 1mm。当焊接机头卡上时，垫圈对口位置一般不允许在 *A* 段，如下图(c)所示。若适当，则也允许在此段内 ④操作时，对于全位置自动焊，将机头夹紧在被焊管固定段上，使钨极对准接缝中心线，并使机头绕一周。观察钨极在整个坡口或接缝中心的情况，若偏移严重，则重新装卡。钨极至焊管表面距离为 0.8～1.0mm 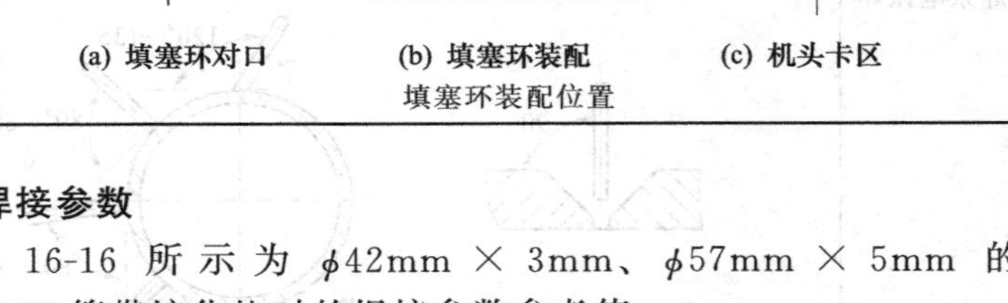 (a) 填塞环对口　(b) 填塞环装配　(c) 机头卡区 填塞环装配位置

(2) 焊接参数

① 表 16-16 所示为 ϕ42mm × 3mm、ϕ57mm × 5mm 的 07Cr19Ni11Ti 管带熔化垫时的焊接参数参考值。

② 表 16-17 所示为 ϕ6～27mm 自动送丝式全位置脉冲自动焊焊接参数参考值。

表 16-16　带熔化垫 07Cr19Ni11Ti 管的焊接参数①

钢管规格/mm	层次	焊丝直径/mm	焊接电流/A	焊接速度/(mm/s)	送丝速度/(mm/s)	氩气流量/(L/min)	
						正面	反面
ϕ42×3	1	1.6 或 2.4	80～90	1.3～2.0	—	11.5～13	9.8～11.5
	2	—	95～105	2.45	13.5	12～14	10.5～12
	3	—	90～100	2.2	12	12～14	10.5～12
ϕ57×5	1	2.4 或 3.2	80～90	0.6～0.9	—	11.5～13	10～11.5
	2	—	120～130	1.7～3.3	12～16	11.5～13	9.8～11.5
	3	—	130～140	2.5～3.3	10～16	13～14	不充

① 数值由 FG-1 型系列焊机获得。

表 16-17　自动送丝式不锈钢管全位置焊接参数①

钢管规格/mm	层数	脉冲电流/A		脉冲频率/(次/s)	占空比/%	焊接速度/(mm/s)	氩气流量/(L/min)	
		基值	脉冲值				正面	反面
ϕ6×1	1	7	20～22	6	50	2.28～1.14	3～4	1～2
ϕ8×1	1	7	20～22	6	50	2.28～1.14	3～4	1～2
ϕ12×1	1	7	22～25	6	50	2.28～1.14	3～4	2
ϕ16×1	1	7	22～25	5～6	60	2.28～1.14	3～4	2
ϕ22×1.5	1	7	25～30	5～6	60	2.58～2.28	3～4	2
ϕ27×1.5	1	7	25～30	5～6	70	2.58～2.28	3～4	2

① 数值由 ZAD-1 型焊机、ZW-180 型机头焊接获得，焊丝直径为 0.5mm。

16.1.11　不锈钢板药芯焊丝 CO_2 气体保护焊对接立焊操作

(1) 试件及加工

① 试件　07Cr19Ni11Ti 试板，规格为 300mm × 125mm × 12mm，立焊焊接位置。

② 钝边　单面焊双面成形，封底焊缝的熔滴过渡形式为短路过渡时，通常可以选用较小的钝边，甚至可以不留钝边。

③ 坡口　V 形坡口，坡口角度为 60°±5°。

④ 对口间隙　为 2～2.5mm。打底焊时，立向下焊，下端间隙略大。

⑤ 其他　焊接中注意天气的影响，特别是防风措施一定要满足要求。

(2) 坡口清理与试件装配

将坡口面及附近 15mm 范围内的水、油污、氧化层等清理干净。

按尺寸进行装配和定位焊，定位焊在试板的两端背面，定位焊缝长度为10mm，所用焊丝和正面相同。预留反变形角度为3°。

(3) 焊接参数的调节

焊前检查电、气路是否畅通，送丝机构是否正常，送丝轮槽是否合适。喷嘴直径为19mm。焊接电源直流反接。焊接参数见表16-18。

表16-18 焊接参数

焊层	焊丝牌号	焊丝规格/mm	焊接电流/A	焊接电压/V	气体流量/(L/min)	保护气体	干伸长度/mm
打底焊	SQA316L	1.2	120～140	22～24	15～20	CO_2	8～10
填充焊	SQA316L	1.2	140～160	22～24	15～20	CO_2	12～14
盖面焊	SQA316L	1.2	110～130	20～22	15～20	CO_2	12～14

焊接电流是决定熔深的主要因素。当焊接电流太大时，焊缝背面容易烧穿，出现咬边、焊瘤，甚至产生严重的飞溅和气孔等缺陷；电流过小时，容易出现未熔合、未焊透、夹渣和成形不良等缺陷。

在短路过渡的情况下，电弧电压增加则弧长增加。电弧电压过低时，焊丝将伸入熔池，电弧变得不稳定。通常焊接电流小，则电弧电压低；电流大，则电弧电压高。

当焊丝直径、焊接电流和电弧电压为定值时，熔深、熔宽及余高随着焊接速度的增大而减小。如果焊接速度过快，则容易使气体的保护作用受到破坏，焊缝冷却的速度太快，焊缝成形不好；如果焊接速度太慢，则焊缝的宽度显著增大，熔池的热量过分集中，容易烧穿或产生焊瘤。

干伸长度对焊接过程的稳定性影响比较大。干伸长度过长，焊丝的电阻值增大，焊丝过热而成段熔化，结果使焊接过程不稳定，金属飞溅严重，焊缝成形不好，气体对熔池的保护也不好；如果干伸长度过短，则焊接电流增大，喷嘴与工件的距离缩短，焊接的视线不清楚，易造成焊道成形不良，并使得喷嘴过热，造成飞溅物粘住或堵塞喷嘴，从而影响气体流通。

(4) 打底层焊接

采用连续送丝法焊接，焊丝由上至下垂直运条。焊枪角度如图16-12所示，与试板两侧夹角为90°，与焊接方向夹角为70°～80°。

在试板上端定位焊处起焊，电弧正常燃烧后，焊丝深入坡口根部，听到轻微的击穿声时，表明根部已焊透。这时，保持焊枪角度向下运丝，焊丝基本不摆动。当坡口间隙过大时，可做锯齿形摆动，但摆动幅度不宜太大，向下焊接的速度要快，电弧应超前于熔池，避免熔池下淌，以保证背面成形圆滑。

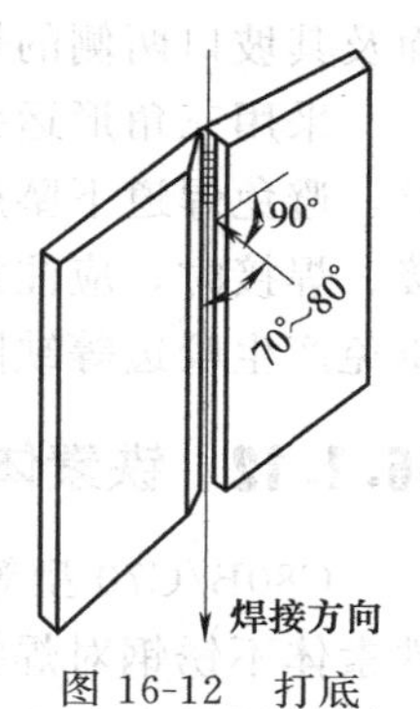

图 16-12　打底焊时焊枪角度

若焊接过程中断，则应先将接头处打磨成斜坡状。重新引弧位置在斜坡上端 5～10mm 处，引弧后正常焊接即可。当焊至试板下端定位焊处时，应稍停留，在坡口的一侧熄弧，避免缩孔。应注意 CO_2 气体保护焊的接头方式与焊条电弧焊的不同，焊条电弧焊电弧烧到熔孔处时，压低电弧，稍做停顿才能接上；而 CO_2 气体保护焊只需正常的焊接，用它的熔深就可以把接头接上。

打底焊选用短齿形摆动时，如果短齿形的间距没有掌握好，焊丝就会在装配间隙中间穿出。为了防止这种情况的发生，打底焊时，焊枪要握持平稳，可以用两手同时把握焊枪，即右手握住焊枪后部，食指按住启动开关，左手握住焊把鹅颈部分。

(5) 填充层焊接

焊前清理打底焊道表面及其坡口两侧的熔渣及飞溅物，清除喷嘴及导电嘴上的飞溅。送丝方法及焊枪角度与打底焊相同，采用下向焊填充层。填充焊可采用一道焊或两道焊来完成。填充焊时，应注意与坡口两侧熔合良好，焊层不宜过厚。若焊接中途断弧，则修磨接头部位的处理方法与打底层相同。

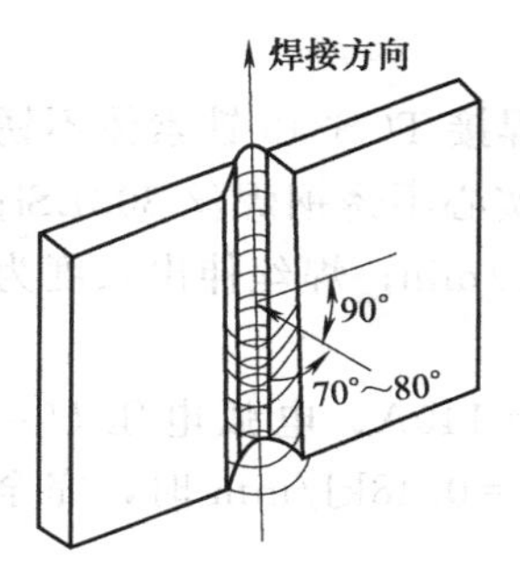

图 16-13　盖面层的焊接

注意每层焊后及时清理喷嘴及导电嘴上的飞溅物，并调整好焊丝干伸长度。

(6) 盖面层焊接

采用上向焊盖面层，焊丝角度与试板两侧面夹角为 90°，与焊接方向夹角为 80°～90°，如图 16-13 所示。焊前清理填充焊道表面及其坡口两侧的熔渣及飞溅物。

采用三角形运条。在试板的下端起焊，开始焊接时可采用断续送丝，避免焊道下坠产生焊瘤。当形成三角形熔池后，转入连续送丝焊接。焊接时，应注意在坡口两侧的拐角处稍做停留，使之熔合良好，避免产生咬边等缺陷。

16.1.12 铁素体不锈钢的脉冲电流熔化极气体保护焊操作

C80B/C70 型等运煤专用敞车采用 TCS345 铁素体不锈钢制造。铁素体不锈钢对焊接热输入和焊接缺陷较为敏感，焊接过程中近缝区晶粒急剧长大，造成热影响区的塑韧性大幅度降低。在保证良好焊缝成形的前提下，提高焊接速度，减小焊接热输入，缩短高温停留时间，可有效防止热影响区脆化。因此决定采用脉冲电流熔化极气体保护焊焊接方法焊接 TCS345 铁素体不锈钢。

(1) 脉冲电流熔化极气体保护焊的特点

脉冲电流熔化极气体保护焊是在平均电流下，焊接电源的输出电流以一定的频率和幅度值变化来控制熔滴有节奏地过渡到熔池；可在平均电流小于临界电流值的条件下获得射流过渡，稳定地实现一个脉冲过渡一个（或多个）熔滴的理想状态。熔滴过渡无飞溅，并具有较宽的电流调节范围，适合厚度≥1.5mm 工件的全位置焊接，尤其对不锈钢等热敏感性较强的材料，可有效地控制热输入量，改善接头性能。由于脉冲电弧具有较强的熔池搅拌作用，还可以改变熔池冶金性能，因此有利于消除气孔、未熔合等焊接缺陷。

(2) 有无脉冲的比较

分别采用脉冲 MIG 焊接和无脉冲 MIG 焊接 TCS345 铁素体不锈钢的对接接头，单面焊双面成形；$\phi 1.2$mm 实心不锈钢焊丝 308LSi；保护气体 97.5%Ar+2.5%CO_2，流量为 20L/min；焊丝伸出长度为 12～15mm。

脉冲焊时不需留间隙，当焊接电流 $I=140$A、电弧电压 $U=20$V、焊接速度 $v=34$cm/min、热输入量 $Q=0.48$kJ/mm 时，完全焊透，背面成形良好。

无脉冲焊需留有 0.5～1.0mm 间隙，当焊接电流 $I=160$A、电

弧电压 $U=18V$、焊接速度 $v=25cm/min$、热输入量 $Q=0.67kJ/mm$ 时，才能完全焊透。

两例比较说明了脉冲 MIG 焊接电弧的集中性和较高的穿透性，平均热输入量得到有效的控制，保证了 TCS 铁素体不锈钢焊接接头热输入量小，晶粒细化，具有较好的综合力学性能。

(3) 焊接设备的选择

脉冲电流熔化极气体保护焊采用脉冲焊机。它可以降低焊接电流，减小焊接热输入；可改善焊缝成形，并且焊接飞溅小；焊接电弧对熔池的搅拌作用能够减少焊接缺陷，同样规范下能够增加焊缝熔深；控制热输入量能够改善焊接接头的低温冲击韧性。

CO_2 焊、MAG 焊及 MIG 焊的焊丝熔化时熔滴的过渡形式如下：

① 短路过渡　熔滴过渡只发生在焊丝与熔池接触时，在电弧空间不发生熔滴过渡。焊丝与熔池的短路频率为 20～200 次/s，因短路时熔滴液柱形成缩颈"小桥"(通过短路峰值电流)，小桥过热爆断，产生一些飞溅物。CO_2 焊和中、小电流规范的 MAG 焊工艺均为短路过渡形式。用无脉冲的 MIG 焊工艺焊接实心不锈钢焊丝一般为此种短路过渡形式。

② 喷射过渡　也称为射流过渡和射滴过渡。在富氩(混合气)或钝氩气体保护时产生稳定的、无飞溅的轴向喷射过渡形式。具有较大的熔深，焊缝成形平整美观，熔敷效率高，无飞溅物，电弧稳定性强。

采用数字逆变脉冲(MIC/MAG)熔化极气体保护焊机，具有三种电弧形态模式，微电脑自动优化选择最佳焊接参数配合，脉冲电流焊接时熔滴过渡始终处于可控射流(射滴)状态，实现无飞溅焊接，焊接效率高，焊缝成形好，焊缝及热影响区的组织和性能得到改善，为焊接 TCS 铁素体不锈钢优质机车提供了可靠保证。

(4) 焊接材料的选择

TCS345 铁素体不锈钢焊接一般采用 308LSi 实心不锈钢焊丝，保护气体为 $97.5\%Ar+2.5\%CO_2$。

(5) 焊接操作技法

一般采用左向焊法，即前进法，由右手推着向左手方向前进，同时做往复运枪动作。此法电弧保护效果好，焊缝成形美观，尤其是角焊缝，凸度小，应力集中小，能有效提高车辆焊接接头的疲劳强度。

16.1.13 珠光体耐热钢的焊接操作

珠光体耐热钢焊接（12Cr1MoV 锅炉联箱环缝焊接）实例：联箱环缝坡口见图 16-14。采用焊条电弧焊打底和自动埋弧焊盖面；打底焊前，用定位块将联筒节固定在一起，沿圆周每隔 200～300mm 装一块定位块，并均匀分布；定位块焊接时，工件应预热至 250℃。

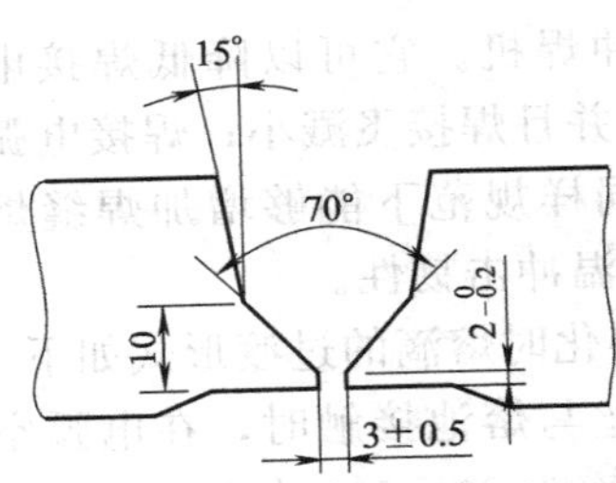

图 16-14　联箱环缝坡口形式

严格控制坡口钝边厚度和装配间隙。钝边过大、间隙过小，易产生未焊透；钝边过小，间隙过大，则烧穿。

联箱放在滚轮支架上，采用气焊火焰或感应加热法，将焊口预热至 300℃。打底焊时，从时钟 10 点半位置开始进行下坡焊，焊接电流略比立焊时小些，ϕ3.2mm 焊条选用电流为 100～110A；ϕ4mm 焊条选用电流为 130～140A。随时对熔池进行观察，判断熔透情况，并以合适的运条方法保证根部焊透。从第二层起，可在时钟 11 点 45 分位置开始进行下坡焊，一直焊到 10mm 厚的焊缝为止，随后再进行自动埋弧焊。

自动埋弧焊的焊丝位置见表 16-19。焊丝直径为 4mm，焊接电流为 450～500A，电弧电压为 28～30V，焊接速度为 28～30m/h。

表 16-19　环缝自动埋弧焊的焊丝偏心距　　mm

焊件直径	偏心距 d
300～1000	20～25
1000～1500	25～30
1500～2000	30～35
2000～3000	35～40

环缝焊后，经外观、表面磁粉和射线或超声波检查合格，进行 710～750℃的焊后回火。

16.1.14 耐热钢管的焊接操作

耐热钢管为美国进口，相当于我国的 CrMo 耐热钢。工作状态为：介质温度为 500℃，压力为 0.3×10^6 Pa。设计要求对接焊缝进行 100%的 X 射线探伤检查，并达到 GB/T 3323—2005 标准的Ⅱ级焊缝要求。

（1）耐热钢管的焊接性

焊接 CrMo 类耐热钢，过去多用异质奥氏体不锈钢焊条，施工中发现焊接接头的熔合区抗裂性能较差。同时，由于焊接接头的组织和性能的不均匀性，也大大降低了接头的高温使用性能。因此设计中规定 CrMo 类耐热钢焊接采用同材质焊条焊接，以保证焊接接头的长期安全运行要求。

耐热钢中 CrMo 等合金元素较多，淬硬倾向大，冷裂敏感，防止冷裂纹的产生是焊接中的一个关键性问题。所以必须采取预热、后热、热处理等工艺措施来保证焊缝质量。

(2) 焊接参数

ϕ159mm×12mm 的耐热钢管焊接接头形式为 60°V 形坡口，钝边为 1mm，装焊间隙为 3mm。焊条型号选用 E5MoV-15，规格为 ϕ3.2mm。焊接参数见表 16-20。

表 16-20　焊接参数

焊接位置	预热温度/℃	层间温度/℃	后热温度/℃	焊接电流/A	电弧电压/V	热输入/(kJ/cm)
管水平	300	300～350	250～300	90～120	20～22	15～32
管垂直	300	300～350	250～300	95～130	21～22	15～32

(3) 焊接工艺措施

1）控制焊缝的含氢量　焊条使用前应严格烘焙，烘干温度为 350℃，保温 1.5h。应注意此类焊条烘焙时不要急热和急冷，以免药皮开裂，使用时把焊条放置在保温桶内，随用随取。焊前应严格清除坡口两侧的锈及油污，对火焰切割的坡口应打磨光并进行着色检查。

2）严格控制焊前预热温度　焊前预热的主要作用是减缓焊接接头的冷却速度，降低接头的淬硬倾向，减少焊缝金属中扩散氢含量，是防止冷裂纹的有效措施之一。预热温度为300℃，加热的范围为坡口两侧100mm。

3）提高定位焊质量　提高定位焊缝质量也是防止焊缝裂纹的一个途径，因为定位焊时，电弧极不稳定，冷却速度快，易产生微裂纹，正式焊接前如果不能彻底清除，往往被残留在正式焊缝中，可能成为引起正式焊缝宏观裂纹的内因。因此定位焊前除一定要按严格预热外，还必须要用正式的焊接参数进行定位焊。

4）焊接环境的控制　耐热钢的焊接受环境的影响较大，当风速过大，尤其是管内穿堂风过大时，易使焊接接头淬硬，含氢量也会增加，因此施焊时应尽可能把管线两端暂时堵死。当环境湿度、风速等超过GB/T 150—2011的规定后，应禁止施焊。

5）焊接参数的控制　焊接时应严格控制焊接参数，不允许超出规定范围，垂直固定位置的横口焊接时最小热输入不允许小于20kJ/cm，否则应提高预热温度来进行补偿，以防止冷却速度过快。

6）后热消氢处理　焊后应立即进行消氢处理，温度为250～300℃，保温1h。如果焊后能及时进行热处理，则可省去后热工艺，同样能达到消氢的目的。

7）焊后热处理　焊后热处理能消除焊接残余应力，改善焊缝组织和力学性能，并能降低接头的含氢量，是防止延迟裂纹的主要措施之一。热处理工艺为：自由升温到300℃后，以150～180℃/h的温升速度升到（740±10）℃，保温50min后，以150～200℃/h的速度降温，降至300℃后自由降温。热处理方法为电加热法，加热宽度为坡口两侧100mm，保温层宽度为600mm，保温层厚度为100mm。

8）注意事项

① 整个焊接过程尽量连续焊完，中断时应用石棉被包好缓冷。采用多层焊接，中间层温度不应低于预热温度。

② 焊后X射线检测一定要在24h以后进行。

③ 耐热钢具有再热裂纹倾向，为了防止热处理过程中的再热裂纹漏检，建议无损探伤在热处理后进行，否则热处理后应进行30%的探伤抽查。

④ 焊接过程中，如焊缝需返修，对碳弧气刨后的淬硬层必须彻底打磨干净，并进行着色检查，确定缺陷彻底清除后可进行补焊。返修时预热温度为 350℃，其他工艺措施与正常焊接相同。

16.1.15 超薄壁材料的焊接操作

薄壁焊件主要是指不锈钢、镍基合金、钛合金、钯合金、可伐合金、铜合金、低碳冷轧钢板和低合金超高强度钢等。

对于薄壁、超薄壁的区分，无准确的厚度界线，一般认为，材料厚度大于 0.2mm、小于等于 1.0mm 的焊件为薄件，厚度小于等于 0.2mm 的焊件为超薄件。

由于材料薄，焊接技术难度加大。又因薄壁焊件的使用性能都比较高，通常均有耐压、耐腐蚀甚至耐高温等要求，故对薄壁材料的焊接质量提出了更高的要求。

薄壁结构的焊接方法主要有熔焊、钎焊和压灶。根据结构的特点，有的只用一种焊接方法，有的则需用多种焊接方法才能完成。

本节仅对薄壁、超薄壁材料的熔焊技术作介绍。

(1) 焊接接头形式

薄壁材料的刚性小，容易产生焊接变形和烧穿现象。为得到优质的焊缝，首先要设计合理的焊接接头形式，这也是关系到焊接工艺性和生产效率的重要问题。

① 对接接头　对接接头可分纵缝对接和环缝对接两类。纵缝对接的接头形式分为 4 种，如图 16-15 所示；环缝对接的接头形式分为 6 种，如图 16-16 所示。

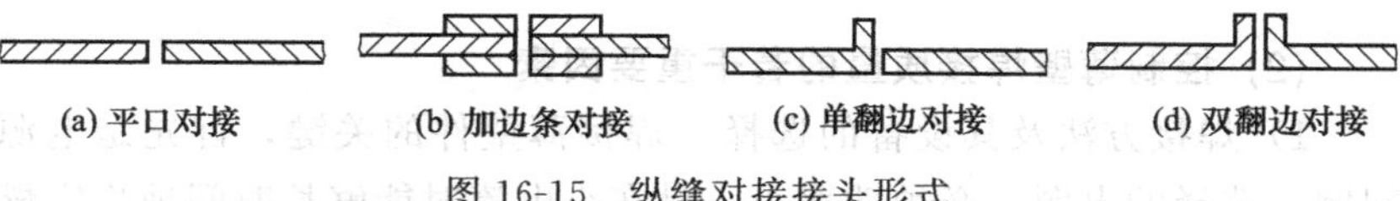

图 16-15　纵缝对接接头形式

② 薄壁与厚件焊接的接头形式　在大量产品中，波纹管与接头的焊接、金属膜片与法兰盘的焊接，是最常见的结构形式。两者的厚度差达数倍甚至数十倍，薄件的热容量小，焊接时极易烧穿，因此给操作带来很大的困难。根据实际经验，采用如图 16-17 所示的接头形式是比较理想的。

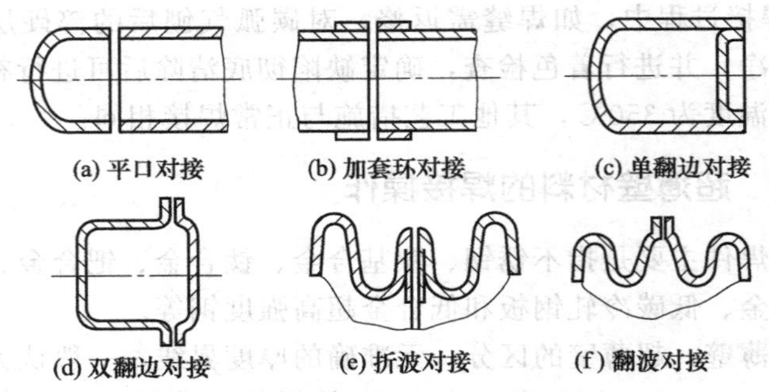

图 16-16 环缝对接接头形式

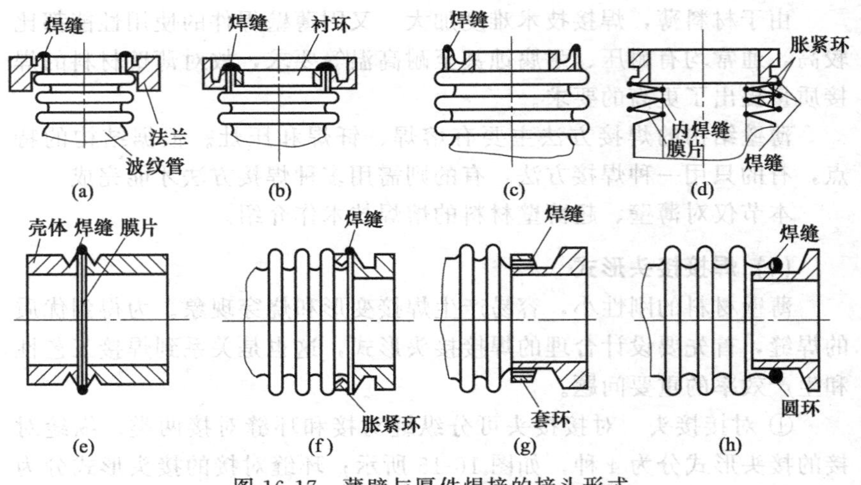

图 16-17 薄壁与厚件焊接的接头形式

(2) 控制薄壁焊接质量的若干重要因素

1）焊接方法及其设备的选择　焊接薄壁件的关键，首先是电源问题。选择的电源，必须功率小，且在小电流时能够长时间地稳定燃烧。用于薄件的焊接方法很多，但目前主要运用在生产上的只有氩弧焊、脉冲氩弧焊、微束等离子弧焊、脉冲微束等离子弧焊。

① 钨极自动氩弧焊　焊接薄壁件采用连续电流时，焊速慢、熔池大，容易产生烧穿现象。随着焊接电流的减小，电弧的不稳定性增加，电流小于 7A 时，已不适于焊接。而采用脉冲氩弧焊时，由于脉

冲电流可使电弧的不稳定区缩小，控制熔池的形状呈圆形，因此对防止烧穿有较好的效果，特别是厚度小于 0.1mm 的超薄件。脉冲氩弧焊的优点就是焊缝质量容易控制，焊缝成形好。

② 微束等离子弧焊　微束等离子弧具有能量密度大、发散角小、电弧细如针状、稳定性好的特点。与普通氩弧焊相比，微束等离子弧焊的焊速快、焊缝窄、热影响区小，能够减少应力区段，特别是起、收弧处的峰值应力。因此其焊接质量高，且更有利于薄壁及超高强钢薄壁焊件的焊接。它既能焊接厚度为 0.035～0.15mm 的超薄不锈钢箔，也能焊接厚度小于 1.0mm 的 30CrMnSiA、28Cr3SiNiMoWVA 等钢材。如微束等离子焊设备中带上脉冲功能，在焊接这些薄壁、超薄壁焊件时，更能显示出它的威力，焊缝质量更佳。

2）焊接夹具　焊接薄壁零件必须采用精制的工装夹具，其作用就是保证零件装配精确，尽量做到对接边缘贴合严密，强制焊缝成形，减小热影响区和热变形，改善焊缝的冷却条件，提高生产效率和焊接质量。

焊接薄件时，其纵缝一般可以采用焊缝两侧琴键式的压紧气动夹具装夹，环缝可以采用焊缝两侧胀胎式的撑紧夹具装夹。

3）焊接工艺要求　保证薄件焊接质量的工艺要求是多方面的，较为重要的有以下几点。

① 下料边缘质量要严格控制，要求待焊边在总长上的不直度≤0.2mm/m，否则焊接时易造成烧穿、烧塌。

② 焊接超薄件时，尤其是箔片，必须严格控制翻边尺寸，接头制备及装夹精度要求符合图示 16-18 的规定。值得注意的是接头间隙不宜过大，否则焊缝两侧熔融的液态金属补充不足而使焊缝出现烧穿现象。

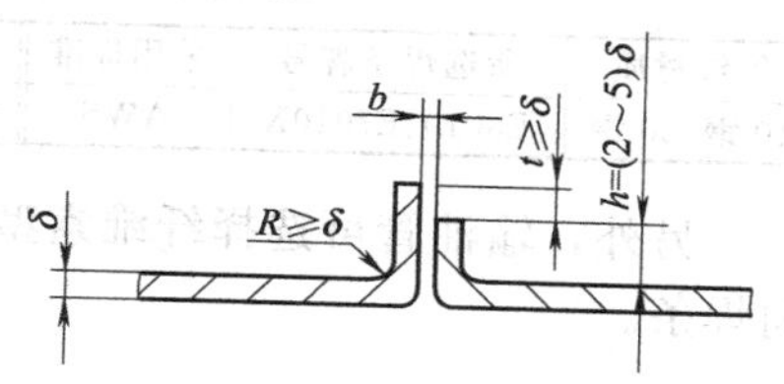

图 16-18　箔片接头制备及装夹精度要求

b—间隙；t—加差高度；h—折边高度；δ—板材厚度；R—折弯角半径

③ 薄壁不锈钢零件的焊前清理，最好是先进行整体酸洗，然后用金相砂纸在待焊边两侧 10～20mm 范围内打磨抛光，最后在焊前用航空汽油、丙酮或酒精擦洗。

④ 采用琴键式夹具压紧工装时，焊缝两侧压板的间距越小，越有利于保证装夹精度，也越有利于稳定工艺质量。其他夹紧工装也与此类似。

⑤ 在进行焊件端面焊时，由于焊件厚薄不均、装配尺寸问题，造成电弧对中困难，如不及时调整电弧，必将使焊件一侧烧穿。因此应使电弧中心线稍偏向较厚的法兰或稍高一侧的接缝，以用很少部分的电弧热量来熔化薄件或稍低一侧的接缝。

⑥ 焊缝背面充氩保护，对改善焊缝背面成形和提高保护效果有明显好处，不仅能得到光滑、呈银白色的背面成形焊缝，而且对焊缝烧穿和塌陷等焊接缺陷起到一定的抑制作用。

⑦ 选择最佳的焊接参数是获得优质焊缝非常重要的因素，所以必须严格根据各焊件的接头情况，通过摸索加以确定。

16.1.16 金属管道全位置下向焊接操作

金属管道的全位置下向焊接是一种新的焊接技术，它焊接速度快、焊缝成形美观、射线检测合格率高，尤其是焊道背面成形平缓、均匀，是焊条电弧焊一般常规上向断弧或连弧焊不能比拟的。

(1) 焊接材料

焊接施工中采用的是美国 AWS 标准，常用的焊条与母材匹配，可按表 16-21 数据选择。

表 16-21 常用焊条与母材匹配

管线材质	所选焊条牌号	采用标准	管线材质	所选焊条牌号	采用标准
10 钢、20 钢	E6010、E7010X	AWS	Q345、Q420	E7010X、E8010G	AWS

另外，输油管可选择纤维素型下向焊条，输气管可选择低氢型下向焊条。

(2) 焊接工艺

1） 焊前准备

① 根据焊条牌号选择焊前烘干温度。纤维素型焊条烘干温度为 70～80℃，保温 0.5h；低氢型焊条烘干温度为 350～400℃，保温 1～2h。

② 管道施焊前应将坡口两侧各 50mm 宽的表面上的泥砂、油污、

浮锈、水分、氧化物等杂物清理干净。

③ 管口的组对尺寸按表 16-22 所示要求进行。

2）焊接

① 焊接参数如表 16-23 所示。焊接电源为直流反接。

表 16-22　管口组对尺寸

焊条类型		单道坡口角度/(°)	钝边厚度/mm	对口间隙/mm	最大错边量/mm	错边长度/mm
纤维素型下向焊条	推荐范围	30～35	1.2～2.0	1.2～2.0	0.8	任何情况下连续长度≤10%L①
	容许范围	25～37	0.8～2.4	0.8～2.0	1.6	
低氢型下向焊条	推荐范围	30～35	0.8～1.6	2.4～3.2	1.2	任何情况下连续长度≤10%L①
	容许范围	27～40	0.8～2.4	2.0～3.6	1.6	

① L 为管子周长（mm）。

表 16-23　焊接参数

壁厚/mm	层数	焊条直径/mm	焊接电流/A		电弧电压/V
7～8	4	3.2	打底层	90～130	21～30
		4	2 层	130～190	25～35
		4	3 层	130～180	25～35
		4	盖面层	110～170	25～35
9～12	5～6	3.2	打底层	90～130	21～30
		4	2 层	140～190	25～35
		4	3 层	140～180	25～35
		4	盖面层	120～180	25～35

② 焊条操作角度见图 16-19。打底焊、填充焊、盖面焊的焊条角度基本相同，只是弧长不同。焊缝的宽度主要由电弧的长短来控制。

③ 操作技术如下。

a. 平焊引弧时应拉弧到位，当熔池形成并达到一定要求时，进行焊接，焊接速度应均匀。

b. 立焊时，电弧略长，使熔池保证一定的圆度，再下拉轻轻摆动。

c. 仰焊位时，采用不完全熄弧法。引燃电弧后回至原处，短弧轻微

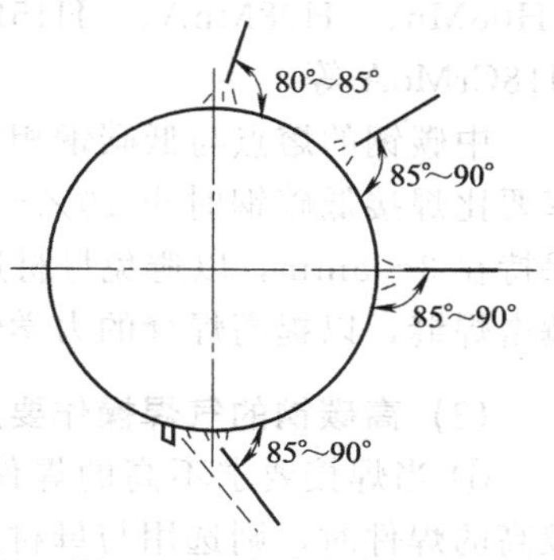

图 16-19　焊条操作角度

往返形运条焊接。

d. 操作时，一定要控制焊条运条角度，防止产生夹渣缺陷。熄弧时，电弧拉长直至熄灭，注意填满弧坑。

16.1.17 碳素钢的气焊操作

(1) 低碳钢的气焊操作要点

厚度为1～3mm的低碳钢薄板件的焊接，气焊是首选的焊接方法；超过6mm时最好采用电弧焊。

对于一般结构，焊丝可用H08、H08A；对于重要结构，焊丝可采用H08MnA、H15Mn。焊丝直径应根据板厚选择。低碳钢的焊接，一般情况下不用气焊熔剂，焊接时采用中性焰，要求乙炔的纯度应在94%以上，氧气采用工业氧即可。乙炔消耗量Q可根据焊件厚度δ（mm），按$Q=(100\sim120)\delta$计算，单位为L/h。焊炬的型号和焊嘴号码应根据乙炔消耗量或焊接厚度选择。

(2) 中碳钢的气焊操作要点

对于中碳钢的气焊，预热是焊接的主要工艺措施。尤其在焊接厚度、刚度较大的焊件时，更需要预热，以避免产生冷、热裂纹，从而改善焊接接头的塑性。通常厚度＞3mm的中碳钢焊件，预热温度为250～350℃。在气焊时，可直接用气焊火焰进行预热。焊后要逐渐抬高焊嘴使其缓冷。气焊中碳钢用的焊丝，要求其含碳量不得超过0.25%。如果要求焊缝金属具有较高的强度，则可采用合金焊丝，如GH08Mn、H08MnA、H15MnA、H10MnNi、H12CrMoA和H18CrMoA等。

中碳钢的熔点与低碳钢相比较低。所以在焊接中碳钢时的火焰能率要比焊接低碳钢时小10%～15%，并且焰心末端与熔池的距离应保持在3～5mm，以避免母材过热。一般采用左焊法，焊后可用小锤锤击焊缝，以提高焊缝的力学性能。

(3) 高碳钢的气焊操作要点

① 当焊接要求不高的焊件时，可采用低碳钢焊丝；当焊接要求较高的焊件时，则选用与母材成分相近的焊丝，甚至选用合金结构钢焊丝。

② 可采用轻微碳化焰。用汽油清除焊接区表面的油垢。对于厚度≥5mm 的焊件，尽量开 X 形坡口。

③ 制备引出板，将焊缝首尾引出。引出板与焊件等厚，材料与焊件相同。

④ 焊前进行预热，即将焊件坡口及两边各 25～30mm 范围（连同引出板）内的金属一起加热到 800～900℃，最好将焊接区域底下垫铺的耐火砖表面也预热到红色，以利于保温。

⑤ 采用反面中间分段焊，以消除焊缝中的裂纹。这种焊法就是焊好正面之后，在焊反面时，先从焊件的中间向一侧施焊，然后再焊另一侧，接头重叠 10mm 左右。

⑥ 焊件焊后应整体退火，以消除焊接残余应力，然后再根据需要进行其他的热处理。高碳钢焊件也可在焊后进行高温回火，回火温度为 700～800℃，可以消除应力，防止产生裂纹，并改善焊缝的脆性组织。

16.1.18　低合金珠光体耐热钢的气焊操作

15CrMo 钢合金元素含量不多，可焊性良好，适用于锅炉过热器管、蒸汽导管及联箱等。下面说明锅炉过热器中 ϕ30mm×4mm 的 15CrMo 钢管的对接气焊。

① 焊前准备　开 V 形坡口，使装配后的坡口角度为 60°～65°；清除坡口及其内外壁 20～35mm 范围内的油污、铁锈等杂质，直至露出金属光泽为止；焊丝也应去除油污和铁锈等。

② 装配定位焊　装配时两管要确实对准中心，两个端口外壁周围要平行一致。可用 V 形铁垫在管子下面或用专用夹具以保证装配要求。对称定位焊点固两点，点固缝长度在 10mm 左右，点固焊的厚度要小于管壁厚的 1/3。并且在定位焊和正式焊之前都要把接头预热到 250～300℃。应选用含碳量较母材低的焊丝 H12CrMo，焊丝直径为 2～3mm；选用 H01-6 型焊炬，3 号焊嘴，中性焰。

③ 焊接　分两层焊，第一层采用击穿焊法（即将熔池烧穿、形成熔孔），并应严格掌握熔池温度，如发现小孔（熔孔）中有火花飞溅，则表示金属有过烧现象；施焊第二层时，焊速要快，火焰焰心距熔池表面 3～5mm 为宜，焊炬要平稳前移，焊丝始终处于火焰的保

护下。焊接焊缝接头时，应特别注意，尤其是第一层焊缝接头，如掌握不好，就会出现热裂纹。焊接焊缝接头时，火焰焰心应从焊接处向后带回 10mm 左右，再立即快速向前施焊，待焊到与焊缝始端相遇处，应重叠 10mm 左右，以保持焊缝成形美观和避免产生裂纹。每层焊缝均应一次焊完。第一层与第二层的焊缝接头应相互错开 20mm 以上。

④ 焊后热处理　其方法是在焊缝金属两侧 30～40mm 范围内，用铬镍电阻丝加热至 910～930℃，并保持 5～7min，然后在空气中自然冷却。

⑤ 焊接环境　应尽可能避免在 0℃以下或风雨雪环境中施焊。

气焊时，常遇到的低合金珠光体耐热钢还有 12CrMoV 和 10CrMo910 等。

12CrMoV 具有较高的热强性和持久塑性，工艺性能和焊接性良好，在 580℃条件下长期使用时，会产生珠光体球化。12CrMoV 在 580℃以下温度条件下抗氧化性能良好，腐蚀深度为 0.05mm/a。该钢材主要用于制作蒸汽温度为 540℃的导管，管壁温度低于 580℃的过热器及煅件。12CrMoV 气焊时用 H08CrMoVA 焊丝，焊接火焰控制为中性焰或轻微的碳化焰，以防止合金元素的烧损，在气焊后最好能做 1000～1020℃正火加 720～750℃回火。

10CrMo910 是耐热合金钢种，主要用于制作工件温度为 540℃、工作压力为 10MPa 的锅炉高温过热器管、蛇形管及汽轮机主蒸汽管，以及其他高温高压容器的导管等。10CrMo910 具有良好的焊接性，气焊选用 H08CrMoA 焊丝，也可以用 H08CrMoA 焊丝。10CrMo910 钢含铬量较高，熔池液体金属较黏，容易产生内凹、气孔和裂纹，所以在气焊时，要求火焰能率要大，焊接焊缝根部时要将铁水向内倾，注意收口。焊后用石棉布包住保温缓冷，然后进行回火热处理，加热到 720～750℃，保温不少于 1h，空冷。回火温度为 700～780℃。

16.1.19　16Mn 钢的气焊操作

16Mn 钢是含有锰（Mn）和硅（Si）的普通低合金钢，它比低碳钢仅增加了少量的锰（Mn），但屈服强度却增加了 50%左右。16Mn

钢具有良好的焊接性，但由于它含有一定量的锰（Mn），因而焊接的淬硬倾向和产生冷裂纹的倾向要比低碳钢大。

16Mn 钢的气焊工艺与低碳钢相近。但由于 16Mn 钢的淬火倾向稍大，因而要注意适当预热和缓冷，同时还应避免合金元素的烧损。焊 16Mn 钢除按低碳钢的气焊工艺进行外，还应注意以下几点。

① 采用中性焰或微碳化焰，以避免合金元素烧损。火焰能率（乙炔流量）根据焊件厚度而定，一般应按下式进行选择：

$$Q=75S$$

式中　S——焊件厚度，mm；

Q——乙炔流量，L/h。

火焰能率要比低碳钢小 10%～15%，以免焊件过热，施焊时应采用左焊法。

② 焊丝可采用 H08Mn 或 H08MnA，对于一些不重要的焊件可采用 H08A。

③ 焊接过程中应避免中途停顿，火焰应始终笼罩熔池，不做横向摆动。尤其在焊缝收尾时，火焰必须缓慢离开熔池，以防止合金元素烧损，避免产生气孔、夹渣等缺陷。

④ 焊接结束时，应立即用火焰将接头加热至暗红色（600～650℃），然后缓慢冷却，以减小焊接应力和促进有害气体氢的扩散，从而提高接头的性能。

⑤ 冬季施工环境温度低时施焊，焊件的被焊区在焊前应用气焊火焰稍微加热。定位焊时，焊点断面尺寸应大些，焊点应加长些，以免产生裂纹。

16.1.20 球墨铸铁的气焊操作

球墨铸铁气焊时，火焰预热焊件方便，适用于中、小的补焊。常用的球墨铸铁焊丝有加轻稀土（铈）镁合金焊丝和加钇基重稀土焊丝两种。

(1) 采用钇基重稀土焊丝气焊球墨铸铁

① 焊前将待焊处预热至 400～600℃，焊后焊接接头没有白口及马氏体组织，可以进行机械加工。

② 当有缺陷的球墨铸铁焊件较大而且壁厚大于 50mm 时，由于

焊接过程中的冷却速度较大，焊后容易出现白口组织，因此，焊前焊件要经过高温预热或焊后热处理。

③ 当用钇基重稀土焊丝气焊球墨铸铁时，连续补焊时间不宜超过 20min。

(2) 采用稀土镁焊丝气焊球墨铸铁

采用稀土镁焊丝进行气焊球墨铸铁时，由于镁的沸点为 1070℃，而氧-乙炔火焰的焰心温度为 3100℃，长时间的加热使镁大量蒸发，导致焊缝中的石墨球化能力下降，因此，允许连续补焊球墨铸铁的时间应该更短些。

16.1.21 灰铸铁的补焊操作

(1) 灰铸铁的补焊方法

1）热焊法

① 先将焊件整体或局部加热到 600℃以上，然后开始补焊，并保证补焊过程中铸件温度不低于 400℃。

② 加热的方法可用焦炭地炉鼓风加热，其加热速度快，适用于形状简单的厚大铸件加热；也可以用木柴、木炭砖炉加热，其加热速度缓慢而均匀，适用于中、小型复杂铸件的加热。

2）加热减应区法

① 加热减应区的选择

a. 应选择阻碍焊缝金属膨胀和收缩的部位作为减应区，加热该部位后，就可以使焊缝金属及其他部位自由地膨胀和收缩。

b. 减应区应尽可能选择在同其他部位联系不多而且刚性比较大的边、角、棱等部位。

c. 加热减应区应能很好地消除变形及应力。

d. 减应区加热后的变形应对其他部位没有太大的影响。

② 操作要点

a. 当减应区的温度被加热到 400℃时，才可以补焊。

b. 在整个补焊过程中，减应区的温度要保持为 400～600℃。

c. 气焊火焰在不用时，应对着空间或减应区，严禁对着铸件的不焊接区域，否则会产生很大的内应力，甚至会使补焊区出现裂纹。

d. 补焊较薄的裂纹时，焊完后一定要继续加热减应区，并使其温度略高于逐渐冷却下来的焊缝区温度，否则冷却后又会重新开裂。

e. 减应区的温度不应超过 750℃，否则会使减应区机体石墨析出，降低该区的力学性能。

(2) 灰铸铁的补焊操作

1) 焊前准备

① 用气焊火焰加热待焊处，然后用钢丝刷把污物清除干净。

② 首先查找裂纹的末端，其方法是在清砂或去油之后，用 10 倍的放大镜查找，或用煤油试验，以检查出渗漏处。

③ 找出裂纹的末端后，应在裂纹末端钻 $\phi4\sim6$mm 的止裂孔，以防裂纹扩展。

④ 用錾子或气割开坡口，并彻底清除坡口内的夹砂。坡口形式及尺寸如图 16-20 所示。

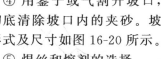

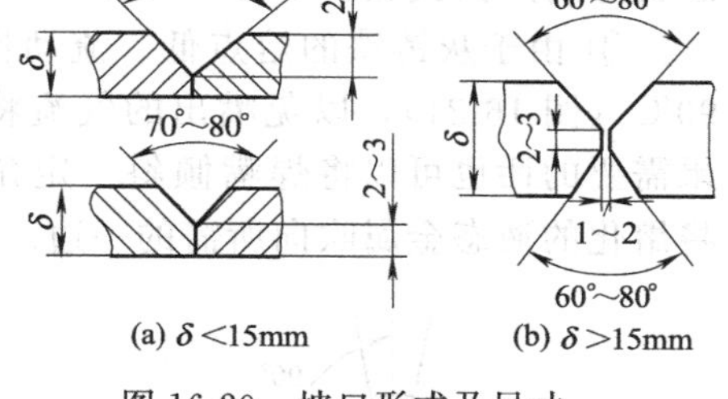

图 16-20　坡口形式及尺寸

⑤ 焊丝和熔剂的选择：

a. 灰铸铁焊丝按表 16-24 选取。

表 16-24　灰铸铁用焊丝成分　　%

焊丝牌号	化学成分(质量分数)				
	C	Mn	Si	S	P
HS401-A	3.00～3.60	0.50～0.80	3.00～3.50	≤0.08	≤0.05
HS401-B	3.00～4.00	0.50～0.80	2.75～3.50	≤0.05	≤0.05

b. 熔剂 CJ201 按表 16-25 选取。

表 16-25　灰铸铁用熔剂成分　　%

硼酸	碳酸钠	碳酸氢钠	二氧化锰	硝酸钠
18	40	20	7	15

⑥ 焊嘴的孔径和氧气压力可参照表 16-26 选取。

表 16-26　焊嘴孔径和氧气压力

焊缝处壁厚/mm	<20	20～50
焊嘴孔径/mm	2	3
氧气压力/MPa	0.4	0.6

2）操作技能

① 正常补焊过程中用中性焰或轻微碳化焰，补焊结束时可用碳化焰使焊缝缓冷，这样可以减少 C 和 Si 的烧损，消除过厚的氧化膜，降低冷却速度，以免产生白口组织。

② 补焊小铸件时，可用烧热的焊丝一端蘸上 CJ201，然后伸进熔池内，使气焊熔剂过渡到熔池中。补焊大铸件时，可将熔剂直接投入熔池中。补焊过程中发现熔池中有小气孔或白亮点夹杂物时，可往熔池中加入少量的熔剂，以清除掉夹杂物。

③ 补焊时要始终注意熔合情况，先熔透母材再熔入焊丝，以形成良好的焊接接头。

④ 由于灰铸铁的熔点低、流动性好，因此焊嘴与焊件表面应成 90℃（图 16-21），以免嘴出的气流将熔化的液态金属吹向一边。如果需要的话也可以将焊嘴倾斜一定角度（图 16-22），使喷出的气流将熔化的液态金属吹向所需的一边。

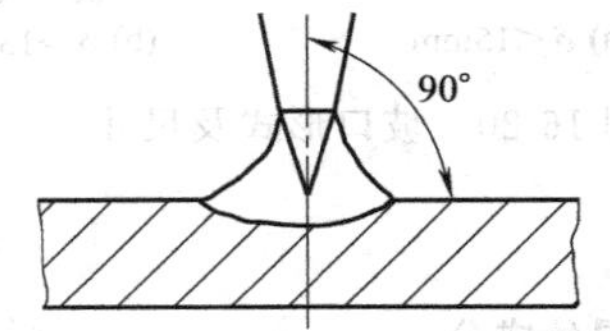

图 16-21　焊嘴与焊件表面成 90°

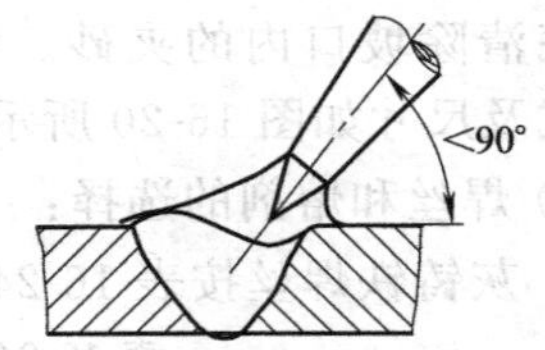

图 16-22　焊嘴倾斜一定角度

⑤ 为使加热面扩大和避免熔池中的液态金属被喷出的气流吹到熔池外，焰心距焊件表面的距离以 4～12mm 为宜（图 16-23）。

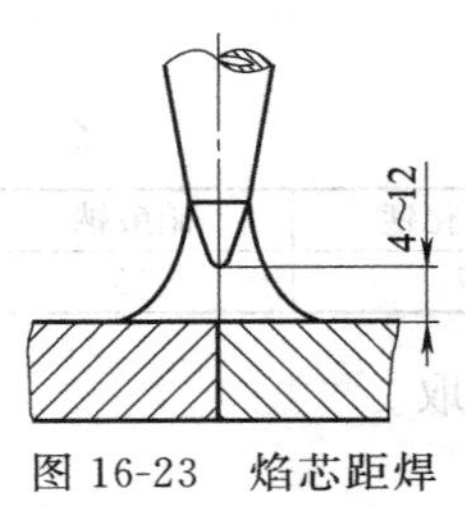

图 16-23　焰芯距焊件表面的距离

⑥ 操作要点如下：

a. 必须选用较大的火焰能率，以提高熔池中液态金属的温度，使杂质容易浮起。

b. 杂质浮起后可用焊丝端头将其挑出。当遇到浮不起来的大块氧化物时，可用火焰向熔池中吹，或用焊丝轻轻地在熔池中搅动，直至浮起为止。但搅动的时候不能用力过大，以防熔池温度下降；焊丝应置于火焰保护之中，以免焊丝被氧化。

c. 补焊时应使焊缝稍高于焊件表面，然后用焊丝将多余部分刮除，这样可以将表层的硬点和杂质刮掉，以利于表面加工。

d. 施焊过程中应注意使火焰始终盖住熔池，以免熔池过分氧化和空气被卷入。

e. 为防止焊炬过热而发生回火，可将焊炬头部缠上石棉绳，并在施焊过程中不断蘸水冷却。

f. 补焊较大的孔洞时，为了周围受热均匀，应在孔洞的边缘交替补焊，不应单焊一边，以防局部过热。

g. 补焊的面积较大时，应注意对已焊完部分的保温，其方法是用火焰反复加热。

h. 不允许在有穿堂风或冷空气进口处焊接。

i. 应控制好减应区的温度，若不及时加热减应区，使焊缝后于减应区冷却，就起不到消除焊接应力的效果。即使缺陷补焊完毕，仍需把减应区加热至 650～700℃。

⑦ 焊后要用石棉布或草木灰将焊件盖好，使焊缝缓慢冷却，以防产生裂纹和白口组织。

16.1.22 用低氢型普通低合金钢焊条冷焊铸铁操作

铸铁冷焊，因其具有工艺简便、效率高、劳动条件好、工件不易变形、适宜全位置焊接等优点，在铸铁修复中得到广泛应用。采用普通低合金钢焊条冷焊铸铁时存在两大主要问题：接头容易产生裂纹；半熔化区易产生严重的白口，使焊缝的切削加工很困难。通过合适的焊接工艺，配合巧妙的操作，可以有效减轻两大问题的危害。减小焊接接头应力的措施，也可减轻接头裂缝倾向。

(1) 减轻或消除白口

采用一定规格的焊条、电源极性和电流，在工件具有一定温度（60℃左右）的条件下，配合适当的运条方法，使白口层焊得很薄，然后对很薄的白口层采用电弧退火的运条方法。

通过上述焊法，与一般的用普低钢焊条冷焊铸铁所形成的第一层白口层相比，宽度由 0.2mm 左右缩小到 0.013～0.05mm。白口层的硬度由 40～50HRC 降为 23～39HRC，可以进行切削加工。虽然硬度值仍偏高一些，但白口层很薄，所以可以用硬质合金刀具切削加工。

(2) 改善焊缝金属塑性

在一定的工件温度条件下（60℃左右），采用一定规格的焊条及电源极性、电流和运条方法，以尽量减小熔深。

若用一般的碳钢焊条冷焊，则焊缝金属的含碳量平均在0.8%左右，组织为高碳钢淬火组织。而采用本技术焊接后，焊缝金属的含碳量降为0.4%～0.5%，组织变为退火组织；焊缝金属的硬度由一般的焊法为40～50HRC降为36～39.8HRC。在大多数情况下，焊缝金属的含碳量降为0.17%～0.24%，组织属于20钢退火组织，完全可以进行切削加工。

(3) 减少焊接应力的技术措施

① 预热温度　控制工件焊前的预热温度，一般在60℃左右，小件整体预热，大件可以局部预热（预热面积越大越有利）。对球墨铸铁、可锻铸铁以及灰铸铁，可适当提高预热温度到70～100℃。

② 坡口形状和尺寸　采用合理的坡口形状和尺寸，如窄且角度较小的坡口。对大厚件，坡口底部大致呈平面，或加工时自然形成的钻头尖形。对厚壁工件，尽量采用U形坡口。坡口两侧要和裂纹线位置相对称。单面焊时，钝边厚度要以能焊透为宜。双面焊时，以便于操作的一面为主，开深为壁厚3/4左右的坡口，焊好后，再开另一面的浅而窄的小坡口，两面焊缝都要互相焊透。在条件允许时，对大厚件，尽量采用又快又好的电弧切割坡口的方法（不用碳弧气刨）。坡口切割好后，经磨去毛边和倒过渡小坡口，并在过渡小坡口上在垂直裂纹的方位上用角向磨光机磨出起加固作用的小缺口，间距为15～20mm。若需制作其他的机械加固措施，则必须在切割坡口前就做好，以免因工件温度高而不方便。然后在立式状态下立即趁热以一定的工艺方法进行焊接。

③ 分段焊接　采用分段、分层、交叉、分散的焊接方法来分散热量。对坡口底部的坑凹，宜以细径焊条（如ϕ2.5mm）、稍偏大的电流，将其焊补平滑，以焊透为主；对其他的区域，均先分别焊接坡口的每侧边缘。这时因焊层与母材直接接触，宜用减小熔深的焊法，即采用细径焊条、较小的电流，注意电弧尽量不要直接射向母材，而

是射向已焊的焊缝金属上，让熔化的铁水去间接熔化母材。待坡口两侧焊好后，再焊接坡口的中央部分，这时主要是采用焊缝塑性好、填充效率高的焊法。焊到快到坡口顶面时，这是比较关键的焊层，要注意采用防止产生白口或减小白口层厚度、改善焊缝切削加工性的焊法。

④ 焊接顺序　选择一定的焊接方向和焊接顺序，将焊接应力向有利的部位分散。

⑤ 锤击消应　每次熄弧后，采取锤击焊缝的方法来消除或松弛焊接应力。锤击焊缝应掌握的要点是：焊缝金属要具有良好的塑性；每次熄弧后，焊缝由红变黑的瞬间，约 10s 以内（此时正是焊缝金属急剧收缩和热塑性正好的时机），用适当的工具，适当地用力，先从焊缝的末端开始，迅速锤向焊缝的始端，把焊缝来回均匀地锤击几遍，直到焊缝表面布满塑性变形的麻坑或印痕，并且焊缝有变硬的感觉为止。

⑥ 焊缝修理　焊完后，立即把焊缝打磨出来。有角度的地方，要圆滑过渡。有几何精度要求的要恢复几何精度。有焊缝缺陷的，要及时补焊好，然后让工件缓冷。待工件冷到室温后，并经检查无问题时，才安装、试车及投入使用。

(4) 该项技术的应用实例

如北京汽车制造厂的带机械手的 1t 空气锤锤身（铸铁）因事故裂损极为严重，焊修时共用焊条 105kg，其中用低氢型普低钢焊条 95kg，自 1975 年 3 月使用至今仍然很好。又如武汉重型机床厂承制的 60t 强力旋压床，其球墨铸铁主轴箱在清砂过程中突然裂开，裂缝总长达 5 米多，修复后运行 30 余年检查时仍完好。

16.1.23 灰铸铁电弧冷焊的操作

灰铸铁电弧冷焊焊前铸件不预热、焊接过程中不加热、焊后不进行热处理，铸件在冷态下进行焊接，其特点是效率高，成本低，改善了焊工施焊条件，因此得到了广泛的应用。

灰铸铁焊条电弧冷焊可分为灰铸铁同质焊缝焊条电弧冷焊和灰铸铁异质焊缝焊条电弧冷焊两种。

(1) 灰铸铁同质焊缝焊条电弧冷焊

利用铸铁型焊条焊后得到的焊缝金属，其焊缝组织、化学成分、焊缝力学性能以及焊缝的颜色等都与母材相接近，这样的焊缝称为同质焊缝，也称铸铁型焊缝。

1）焊前准备　当铸件的缺陷是裂纹时，首先应将裂纹的部位和长度观察清楚。当裂纹比较细、窄，不能用肉眼发现时，可借助于用放大镜或用渗煤油、水压试验、火焰加热等方式将裂纹显示出来，然后在裂纹两端钻止裂孔，防止裂纹在补焊过程中扩展。

为避免在补焊过程中产生气孔、夹渣或熔合不良，可用碱水刷洗、汽油擦洗、气体火焰燃烧等方法，将补焊区的油、污、锈、垢等物清除干净。

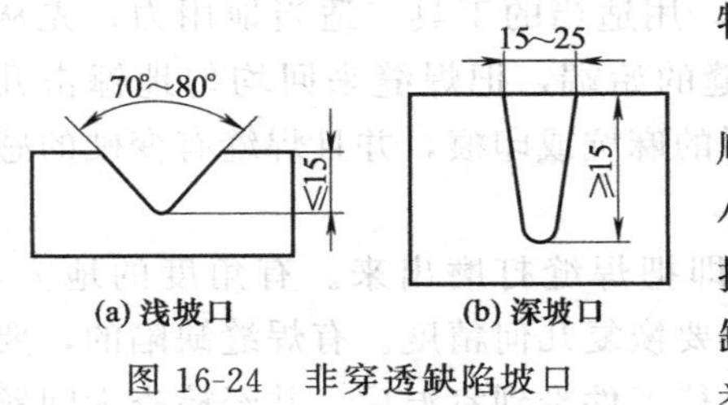

(a) 浅坡口　(b) 深坡口

图 16-24　非穿透缺陷坡口

2）坡口形式　在保证施焊顺利进行的条件下，应尽量减小坡口角度，以减小应力和焊接工作量。坡口形式分非穿透缺陷坡口和穿透缺陷坡口两大类，分别见图 16-24 和图 16-25。

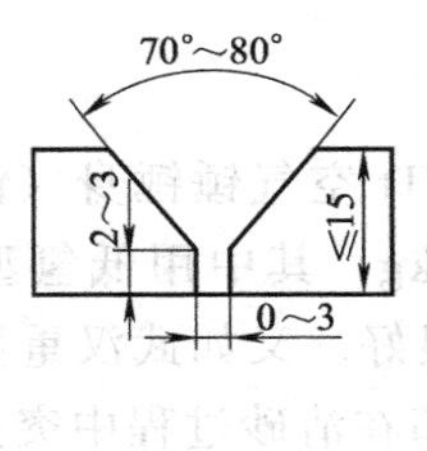

(a) 带钝边V形坡口

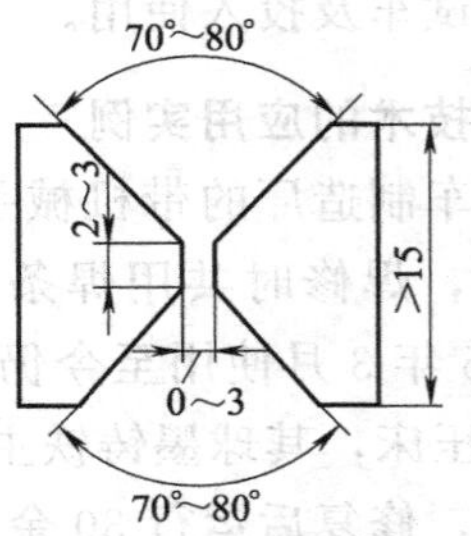

(b) 带钝边双V形坡口

图 16-25　穿透缺陷坡口

由于灰铸铁无法用氧-乙炔火焰切割，因此坡口面的加工方法一般采用机械方法，如用扁铲手工剔、风铲、铁向砂轮机磨等，对坡口面加工要求不高的铸件也可用碳弧气刨刨削。

3）操作要领

① 短段断续焊　焊缝的纵向应力开始是随着焊缝长度的增加而

加大的，当增大到一定程度时就会引起横向裂纹的产生。因此，每一次只能焊一段短焊道，并要待焊道冷却到 50～60℃以下才能焊下一段焊道，不能连续焊长焊缝，否则，不可避免地会产生裂纹。同理，焊道应当窄，不宜做横向摆动，避免产生较大的横向应力，见图16-26。

② 强迫冷却焊缝　实践证明，灰铸件补焊时，焊缝附近的局部过热会引起焊缝剥离。因此，为了防止局部过热和提高工效，可以用水或蘸水棉纱，待每一段焊道焊后迅速冷却焊缝，把输入的热量引出来。这时焊工请注意，急冷一般不会引起裂纹。

③ 采用小焊接电流　增大焊接电流，会增加熔深和熔合区白口层的厚度，见图 16-27。较厚的白口层不仅难以加工，还可能造成焊缝剥离和在焊缝上产生热裂纹，因而补焊时应该采用较小的焊接电流施焊。

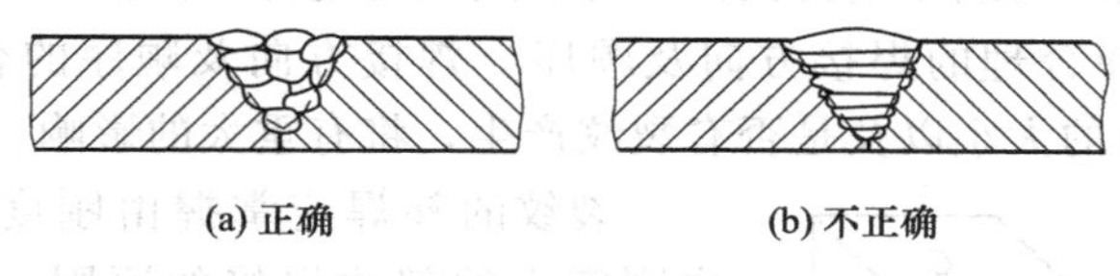

图 16-26　短段断续焊

④ 施焊退火焊道　如果补焊时只需采用单层焊道，则焊道底部熔合区比较硬。此时可在焊成的焊道上部铲去一层，再焊一道，此焊道称为退火焊道。退火焊道能使先焊焊道的底部受到退火作用而变得较软，焊接接头的加工性因此得以改善，见图 16-28。

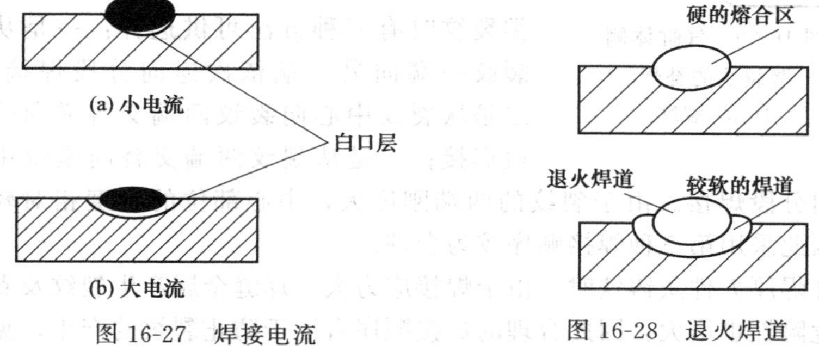

图 16-27　焊接电流

图 16-28　退火焊道

根据生产经验，补焊时，尽量减小焊段长度并缩短每段的焊接时间，是减少甚至消除白口层的有效方法。其具体做法是用小直径焊条，不移动电弧，熔合良好时（熔池润湿母材）立即断弧，形成一个圆形焊点。下一个焊点与这个焊点部分重叠，逐渐焊完一条焊道，然后再焊退火焊道。

⑤ 锤击焊道　焊完每段焊道，可立即用小锤锤击焊道，使焊道得以延长、展宽，与冷却时的收缩相抵消，从而使焊接应力得以消除。

如果铸件材质差或比较薄，则可用带圆角的尖头小锤锤击焊道（小锤重 0.5～1kg，顶端圆角半径为 3～6mm），锤击到焊道表面上出现密布的麻点并至冷却为止。焊道底部锤击不便时，可用圆刃扁铲轻捻。

对于强度高或厚壁铸铁件，可以用风枪进行锤击。

⑥ 选择合理的焊接方向及顺序　焊接方向及顺序的合理与否，对焊接应力的大小以及是否有裂纹产生，将有重大的影响。

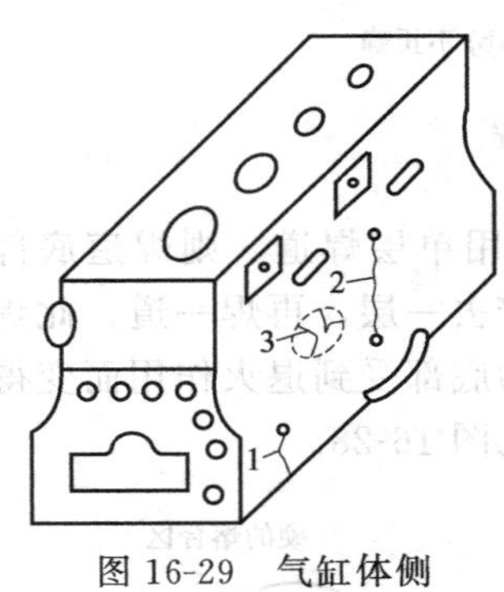

图 16-29　气缸体侧壁裂纹的补焊
1～3—裂纹

裂纹的补焊应掌握由刚度大的部位向刚度小的部位焊接的原则。如气缸体侧壁裂纹的补焊见图 16-29，1 号裂纹应从闭合的裂纹末端向开口的裂纹末端逆向分段焊接，这样焊缝能自由收缩，焊接应力较小。反之，焊接应力将大为增加。2 号裂纹处于刚度很大的部位，这是一种在缸体上经常出现的裂纹。补焊这类裂纹时有三种方法可供选择：一是从裂纹一端向另一端依次逆向分段焊接；二是从裂纹中心向裂纹两端交替逆向分段焊接；三是从裂纹两端交替向裂纹中心逆向分段焊接。由于裂纹的两端刚度大，中心部位的刚度相对较小，因此采用第三种焊接顺序较为合理。

补焊厚大件灰铸铁时，由于焊接应力大，焊缝金属产生裂纹及剥离的危险性也增大，因此合理的焊接顺序有助于防止裂纹的产生，见

图 16-30。

4）焊后处理　铸件冷焊后，需进行后热处理，后热处理的温度：薄壁铸件为 100～150℃；厚壁铸件为 200～300℃。后热加温后，需用干燥石棉布覆盖铸件，使其缓冷。

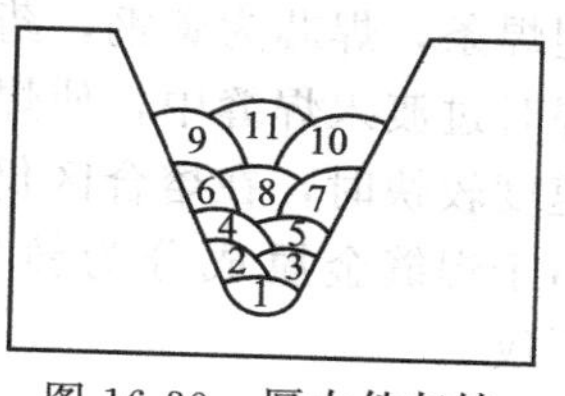

图 16-30　厚大件灰铸铁焊接顺序

（2）灰铸铁异质焊缝焊条电弧冷焊

用非铸铁型焊接材料补焊铸铁，其焊缝金属与母材金属不同，称为异质焊缝。

灰铸铁异质焊缝焊条电弧冷焊操作应注意如下事项：

① 采用短弧，断续施焊。为防止产生冷焊裂纹，减小热应力，应采用短弧，断续施焊。具体操作方法如下：把焊缝分成若干小段，每段长为 10～40mm，每次只焊一小段；薄壁焊件散热慢，焊缝长度可取 10～20mm；厚壁焊件散热快，焊缝长度可取 30～40mm；焊接操作不能连续进行；层间温度应控制在 50～60℃。

② 采用小电流焊接。灰铸铁焊接时，尽量采用小焊接电流。

③ 为了减小熔合比，应采用 U 形坡口。补焊线状裂纹缺陷时，为防止裂纹向外扩展，焊前应在裂纹处开 70°～80°的 U 形坡口，在裂纹的两端 3～5mm 处钻止裂孔，孔径为 4～6mm。

④ 采用较快的焊接速度焊接。在保证焊缝成形及母材熔合良好的前提下，尽量采用较快的速度焊接，以提高焊接接头的性能。

⑤ 合理选择灰铸铁焊接操作方向和顺序。为了减小焊接应力，对灰铸铁的裂纹进行补焊时，应该掌握补焊的原则是由刚度大的部位向刚度小的部位焊接。

16.1.24 灰铸铁电弧半热焊的操作

焊前将铸铁件加热至 400℃进行电弧焊补焊，称为半热焊。半热焊采用钢芯石墨化型铸铁焊条，如采用新型低白口倾向的钢芯石墨球化通用铸铁焊条，预热温度可降低至 200℃。

（1）焊条选用

灰铸铁电弧半热焊用焊条为 Z208（EZC）。这是一种钢芯石墨化型焊条，焊芯为碳钢，药皮中加入大量C、Si、Al等石墨化元素，补焊时过渡入焊缝中，使焊缝在缓冷时可得到灰铸铁组织。但是当冷却速度较快时，在熔合区仍会产生白口层。焊接电源为交、直流两用。由于焊缝金属成分为铸铁，因此熔池流动性好，通常不会产生热裂纹。

(2) 焊前预热

① 选择预热温度　电弧半热焊时，预热温度应根据铸件的体积、壁厚、缺陷位置、结构复杂程度、补焊处拘束度及预热设备等因素进行选择。

② 控制预热加热速度　为防止铸铁件在加热过程中因热力过大而产生裂纹，应对焊件加热速度予以控制，使铸铁内部和外部的温度均匀。

(3) 焊接操作要点

① 电弧半热焊时，应根据灰铸铁焊件的壁厚尽量选择大直径的焊条。

② 选择合适的焊接电流。焊接电流可根据下列公式选择：

$$I=(40\sim50)d$$

式中 I——焊接电流，A；

d——焊条直径，mm。

③ 引弧操作，应从缺陷中心引弧，逐渐移向边缘，但是，焊接电弧在缺陷边缘处不宜停留时间过长，以免母材熔化过多或造成咬边。同时，在保证焊条药皮中石墨充分熔化的前提下，焊接电弧要适当予以拉长。

④ 在焊接过程中，还要时刻注意熔渣的多少，随时用焊条将熔渣挑出熔池。

⑤ 焊接过程中，缺陷小的可连续焊完；缺陷大的，要逐层堆焊填满。焊接过程中焊件始终要保持预热温度，否则应该重新进行预热。

(4) 焊后处理

灰铸铁焊后一定要采取保温缓冷的措施，通常用保温材料将其覆盖，对于重要的铸件焊后最好进行消除应力处理，然后随炉冷却。

16.1.25　灰铸铁电弧热焊的操作

焊前将铸件整体或局部预热至 600～700℃，施焊过程中始终保持这一温度，并在焊后采取缓冷措施的工艺方法，称为热焊。

热焊适用于冷却速度快的厚壁铸件，结构复杂、刚度较大、易产生裂纹的部件，以及对补焊区要求硬度、颜色、密封性以及承受动载荷等使用性能要求较高的零、部件。

(1) 焊条选用

热焊用焊条为 Z100 (EZFe)，这是一种铸铁芯石墨化药皮焊条，通过焊芯和药皮共同向焊缝过渡 C、Si 等石墨化元素。

焊芯直径较粗，为 6～12mm，因此可选用大电流施焊，以适应厚大铸件的补焊。电源可交、直流两用，焊接电流按每毫米焊芯直径 50～60A 选用。

(2) 焊前准备

① 将待焊处的油、污、锈、垢等仔细清除干净。

② 焊前应将铸件的缺陷彻底铲除，直至露出金属光泽。

③ 根据焊接工艺要求开坡口，坡口的外形要求是上边稍大而底部稍小些，并且在坡口底部应圆滑过渡，见图 16-31。

④ 对较大的或边铁处的缺陷，需要在缺陷周围造型，见图 16-32。

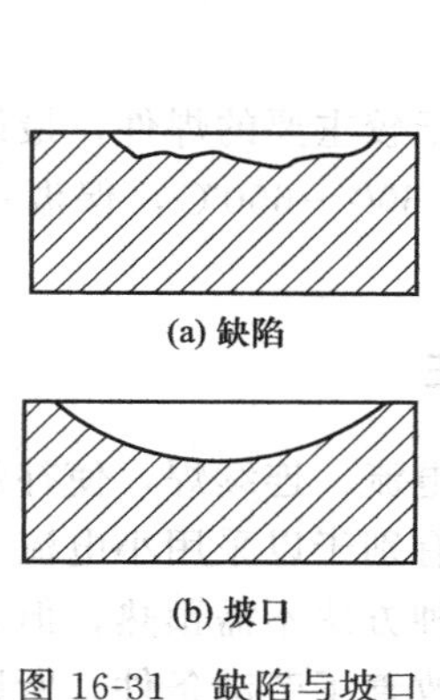

(a) 缺陷

(b) 坡口

图 16-31　缺陷与坡口

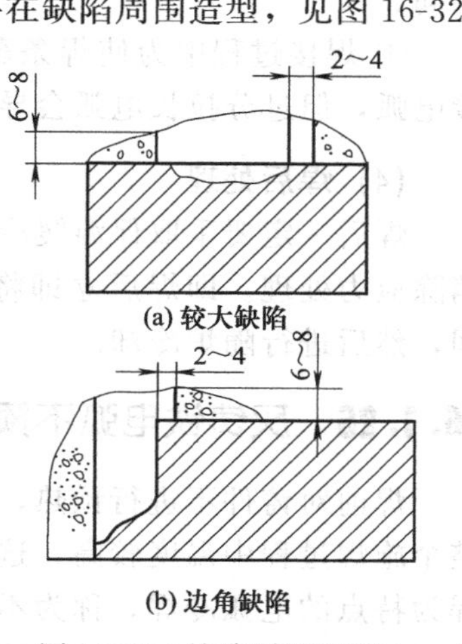

(a) 较大缺陷

(b) 边角缺陷

图 16-32　缺陷周围造型

在型腔内焊接能防止液态金属流失和保持补焊区有一定的成形面，此外还有减缓接头冷却速度的作用。造型材料可用焦炭粉30%（质量分数，下同）、耐火砖粉25%、耐火土25%、鳞片石墨20%的干混均匀，加水调和即可。如只需在铸件上部造型，也可用黄泥围筑。造型时所用的型砂或黄泥，焊前应烘干除去水分。

⑤ 预热。预热是灰铸铁热焊的重要工序。大型工厂可采用连续式煤气加热炉，先将铸件入炉后放在传送带上，逐渐地经过200～350℃低温、350～550℃中温和500～650℃高温三个温度区的连续加热，然后出炉补焊。中、小型工厂可采用地炉鼓风，砖砌明炉以焦炭或木炭做燃料进行加热或用氧-乙炔焰进行预热。铸件预热时应适当控制加热速度，使铸件在厚度方向内部和外部的温度尽可能地均匀，以减少热应力，避免铸件在加热过程中产生裂纹。

(3) 焊接操作要点

① 灰铸铁电弧热焊时，应尽量选择较大直径的焊条和大电流。焊接电流可参照公式 $I=(40\sim50)d$ 进行选择，其中 d 为焊条直径。

② 引弧操作时，应由缺陷中心逐渐移向边缘，较小的缺陷可以一次焊完；较大的缺陷应逐层堆焊直至将全部缺陷填满。

③ 在焊接灰铸铁的过程中，要始终保持层间温度与预热温度相同。

④ 焊接过程中为使焊条药皮中的石墨充分熔化，应适当拉长焊接电弧，但过分拉长电弧会导致保护不良及合金元素的烧损。

(4) 焊后处理

焊后一定要采取保温缓冷的措施，对于较重要的焊件，最好进行消除应力处理。即焊后立即将焊件加热至600～650℃，保温一段时间，然后进行随炉冷却。

16.1.26 灰铸铁电弧不预热焊的操作

焊前对铸件不进行预热，但是采用大电流、连续焊，使补焊区在整个施焊过程中温度较高，这种补焊方法有别于以采用小电流、断续焊为特点的电弧冷焊，称为不预热焊。这种方法不需预热，但又能有效地控制白口层，既保证了接头质量，又改善了劳动条件，所以深受广大焊工的欢迎。

通常补焊铸铁时都是将焊缝焊至与母材平齐或稍高于母材。由于熔合区石墨化元素比焊缝少，冷却速度又快，因此在熔合区很容易形成白口层或使硬度大幅度地提高，见图 16-33。不预热焊法的基本要点是先将补焊区用黄泥条围筑成型腔，然后用铸铁芯焊条采用较大焊接电流施焊，并在焊满坡口后不停弧，在型腔内继续将焊缝堆高。电弧热不断地通过上层焊缝传至熔合区，使熔合区在红热状态延续较长的时间，保证石墨能充分析出，从而大大减轻了熔合区的白口现象，见图 16-34。

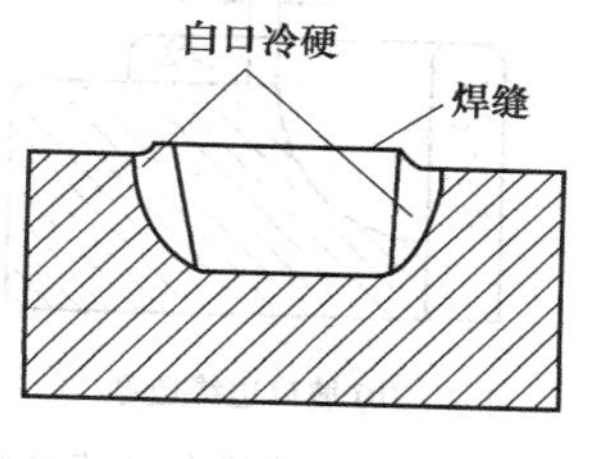

图 16-33　熔合区白口层

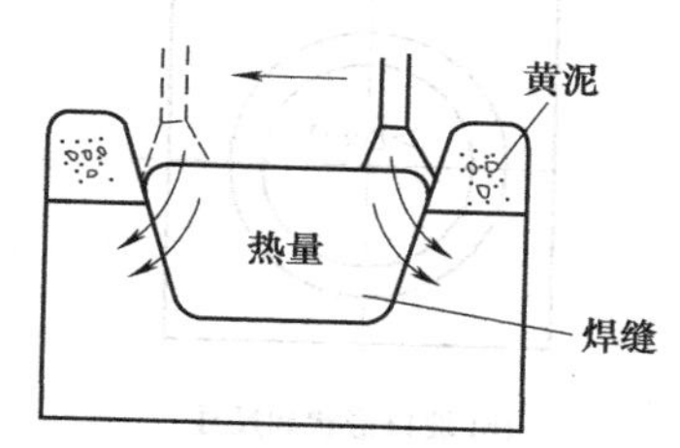

图 16-34　补焊区用黄泥条围筑成型腔

(1) 焊条选用

不预热焊选用铸铁芯石墨化型药皮焊条 Z100（EZFe）。

(2) 焊前准备

为使补焊过程持续必要的时间和防止由于补焊时间过短而造成急冷，缺陷的尺寸不得过小。当实际缺陷的尺寸较小时，应将坡口扩大，使坡口尺寸的面积不小于 8cm²，深度不小于 7mm，并保持坡口角度为 20°～30°，铲挖出的型槽形状应当圆滑过渡，见图 16-35。为了防止焊接时液态金属流失和堆高焊缝，在坡口周围边缘处用黄泥条或耐火泥围筑，见图 16-36（a）。如果缺陷位于铸件边缘，则可用黄泥、石墨板或耐火砖造型，见图 16-36（b）。造型要牢固可靠，以免补焊过程中脱落。对于精加工或粗加工出现的缺陷，因受油浸蚀，故补焊前应用气体火焰将油和黄泥条中的水分烤掉。

(3) 操作要领

① 焊接电流值应根据焊条直径选取，见表 16-27。

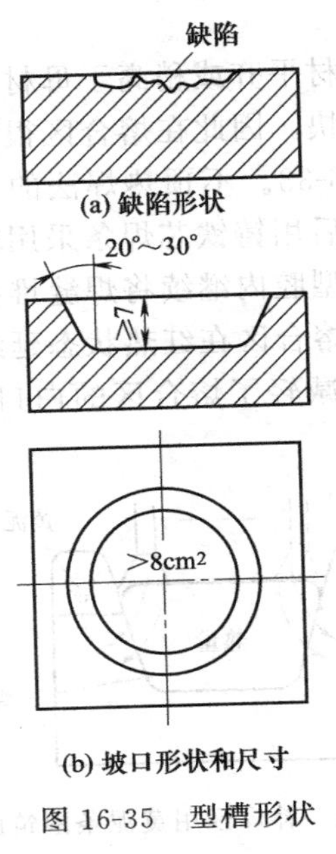

图 16-35　型槽形状

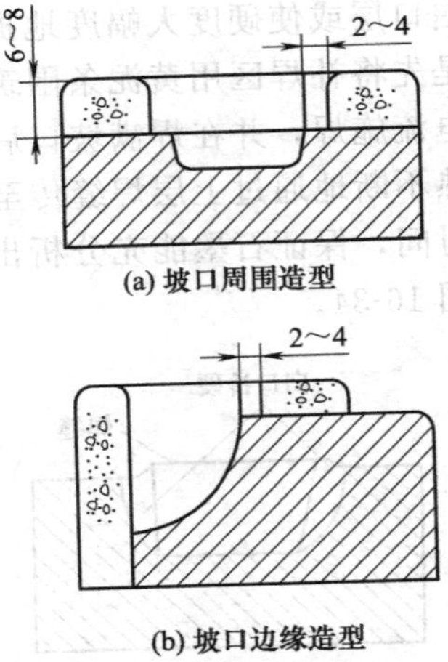

6～8
2～4
(a) 坡口周围造型
2～4
(b) 坡口边缘造型

图 16-36　坡口周围与边缘造型

表 16-27　焊条选择

焊条直径/mm	5	8
焊接电流/A	250～350	400～550

② 引弧时，应从缺陷中心处开始，断弧时也应止于焊缝中心。焊条不得潮湿，涂料脱落处不得使用。

③ 操作时应使母材金属尽量少熔化到焊缝中去，以免冲淡由焊条过渡到焊缝中的石墨化元素浓度，尤其是焊缝边缘地区的冲淡，对铸件焊后的加工性影响很大。

④ 操作过程中，应随时避免熔池过热，即当液态金属发出白亮色彩时，要稍停片刻，待冷到暗红色时，再继续施焊。

⑤ 当熔池高出坡口表面之后，电弧应沿熔池边缘靠近黄泥条移动，以便使熔合区在红热状态的停留时间得以延长。

⑥ 当焊缝高度高出母材表面 5～6mm 时，补焊结束，在焊缝表面撒上一层薄薄的煤粉，待其燃烧尽后，再撒上一层煤粉即可。

⑦ 当焊缝由凝固后的白热状态过渡到红热状态时，即可进行锤

击，但锤击速度要快，应在红热状态消失前都锤击到。在焊缝暗红色消失后，亦可锤击，但用力必须轻，次数要多，用振动去减小应力。锤头应为半径 10mm 左右的圆弧形。

⑧ 为了增强焊缝的抗裂性能，可以采用间断施焊，即焊完第一层后，待焊接熔池冷到暗红色消失，再焊第二层，依次类推，直至焊完。由于这样间断的施焊，使电弧热量得以传导和扩散，焊缝附近区域在焊接结束时，能得到一定程度的预热。采用这种施焊方法，对降低熔合线附近的硬度也十分有利。

⑨ 对于较大的缺陷，尤其是处于应力集中的部位，为避免因过热使铸件产生裂纹，可以分段补焊，以减小焊接应力和因焊接引起的集中的局部热应力。分段的原则是使先焊的一段有自由收缩的可通，例如，当缺陷较大时，可分成三段补焊，先焊中间一段；为避免焊缝根部因应力集中而产生裂纹，当此段冷至暗红色消失时，便立即施焊缺陷一侧的第二段，再焊另一侧的第三段，直至焊完。

⑩ 当有数个互相接近的缺陷或缺陷又长又大时，合理的焊接顺序是从铸件中心往边缘方向依次补焊，切不能从外向里焊，否则，先焊的部位可能被后焊的部位拉裂。

⑪ 焊接电流大小的选择及操作方法，应根据待焊铸件的具体情况灵活掌握。厚大件用大电流、连续焊接，这是因为冷却快，熔池不易白亮沸腾；薄壁件则应用较小电流焊接。当铸件厚大而缺陷较小时，可在焊后熔池未完全凝固时，用钢板将高出母材部分刮去，并立即再次补焊堆高，反复 2～3 次，使熔合区连续获得热量，缓慢冷却。

16.1.27　球墨铸铁件电弧冷焊的操作

目前，球墨铸铁件焊条电弧焊补焊有同质焊缝焊条电弧冷焊和异质焊缝焊条冷焊两种形式。

(1) 同质焊缝焊条电弧冷焊

同质焊缝焊条电弧冷焊的操作要点如下：

1）焊条选择　常用的球墨铸铁焊条有 Z258 焊条和 Z238 焊条。

① Z258 焊条　Z258 焊条是铸铁芯强石墨化药皮的球墨铸铁焊条，采用钇烯土或镁球化剂，其球化能力较强。

② Z238 焊条　Z238 焊条是低碳钢芯强石墨化药皮焊条，焊后焊

缝金属中的石墨以球状析出，焊件经正火处理后，焊接接头可获得 200～300HBW 的硬度；焊件经退火处理后可获得 200HBW 的硬度。

2）操作要领

① 打磨焊件缺陷，小缺陷应扩大至 ϕ30～40mm，深度为 8mm。裂纹处应开坡口并清除待焊处的油、污、锈、垢等。

② 球墨铸铁补焊时，宜采用大电流、连续焊工艺，焊接电流参照 $I=(36\sim60)d$ 选择，式中 d 表示焊条直径；I 表示焊接电流。

③ 缺陷长而不宽时，可采用逐段多层连续焊，见图 16-37。

当缺陷较宽时，应采用分段、分层的补焊方式，见图 16-38，目的是减少白口、提高塑性和防止产生裂纹。

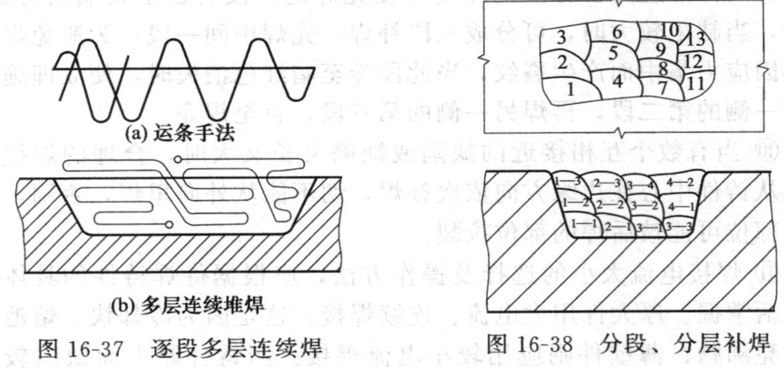

图 16-37 逐段多层连续焊

图 16-38 分段、分层补焊

④ 采用中弧施焊，补焊时，弧长大致保持与焊芯直径相等，如直径为 5mm 的焊条，弧长可控制为 4～6mm，不可过长，以免有益元素过分烧损影响球化。

⑤ 对大刚性部位较大缺陷的补焊，焊前应预热至 200～400℃，焊后缓冷，以防产生裂纹。

⑥ 若需焊态加工，则焊后应立即用气体火焰加热补焊区至红热状态，并保持 3～5min。

(2) 异质焊缝焊条电弧冷焊

① 焊条选择。为了保证球墨铸铁焊接接头有较好的力学性能，异质焊缝焊条电弧冷焊用焊条有镍铁焊条（EZNiFe-1）和高钒焊条（EZV）。

② 焊接前，应该对焊件进行预热，预热的温度为 100～200℃。

③ 焊接过程中，应尽量选择较小的焊接电流，但要保证焊缝熔合。

16.1.28 可锻铸铁件的补焊操作

可锻铸铁中 C、Si 含量低，铸造之后是白口铸铁，只有经过可锻化退火才能析出团絮状石墨，因此补焊时可锻铸铁重熔部分成为白口铸铁，即使热焊也不能避免。

(1) 焊条选用

焊条可选用低碳钢焊条 J422（E4303）、J506（E5016），高钒焊条 Z116（EZV）及不锈钢焊条。

(2) 操作

进行电弧冷焊时，应采用小电流、多层焊，用于焊后不加工的场合。如果铸件焊后需要加工，则可用直径在 2mm 以下的奥氏体不锈钢焊条或镍基铸铁焊条，进行不移动电弧的定位焊，每次焊接时间缩短到 1s，以定位焊缝刚熔合为宜，这种操作方法称为瞬间点焊法。用这样的方法焊满坡口底部以后，再用电弧冷焊操作方法填满坡口。

电弧冷焊适于补焊使用过程中产生的裂纹或已断裂的可锻铸铁零件。用瞬间点焊法可以补焊铸造缺陷，如气孔、砂眼等，是补焊后可加工的唯一熔焊方法。

16.1.29 蠕墨铸铁件的补焊操作

蠕墨铸铁除含有 C、Si、Mn、S、P 等元素外，还含有少量稀土蠕化剂，但其稀土含量比球墨铸铁低，这种铸铁的焊接接头形成白口的倾向比球墨铸铁小，但比灰铸铁大。蠕墨铸铁的力学性能高于灰铸铁而低于球墨铸铁，其抗拉强度为 300～500MPa，伸长率为 1%～6%。为了与母材的力学性能相匹配，焊缝及焊接接头的力学性能应与蠕墨铸铁相等或相近。

(1) 同质焊缝电弧冷焊

采用 H08A 焊芯、外涂强石墨化药皮的焊条，在药皮中再加入适量的蠕墨化剂及特殊元素，焊成的焊缝可出现一定量的蠕化石墨，称为同质焊缝。利用这种焊条在缺陷直径大于 40mm 及其深度大于

8mm 的情况下施焊，采用大电流连续焊工艺，焊缝石墨蠕化率可达50%以上，焊接接头的最高硬度为 270HBS，有良好的加工性。焊接接头的力学性能为：焊缝金属抗体拉强度为 390MPa，伸长率为 2.5%；焊接接头抗拉强度为 320MPa，伸长率为 1.5%，可与蠕墨铸铁的力学性能相匹配。

(2) 异质焊缝电弧冷焊

采用纯镍焊条 Z308（EZNi）焊接蠕墨铸铁，其焊缝组织与母材不同，故称为异质焊缝。焊后熔敷金属的抗拉强度仅为 238MPa，不能与蠕墨铸铁的抗拉强度相匹配。目前有一种新研制的纯镍焊条，熔敷金属的抗拉强度可达 352MPa，伸长率为 7.6%；焊接接头抗拉强度为 298MPa，伸长率为 6%，基本可与蠕墨铸铁的力学性能相匹配。

16.1.30 白口铸铁件的补焊操作

白口铸铁中 C、Si 的含量较低，制造工艺上采取激冷措施，使铸件表面形成硬而耐磨的白口铸铁，而内部大多为具有一定强度、韧性的灰铸铁或球墨铸铁，这种铸铁广泛用于制造轧辊、车轮、犁铧等。

白口铸铁的伸长度为零，冲击韧度仅为 2～3J/cm^2，线收缩率为 1.6%～2.3%，约为灰铸铁的两倍，因而补焊时产生很大的内应力，极易形成裂纹。若焊接接头出现了裂纹，则不仅会破坏其致密性，使承载能力下降，严重者在补焊过程中或焊后使用不久会引起整个焊缝剥离，这是白口铸铁补焊失败的最主要表现。其次，补焊中为了改善焊接性，往往使用塑性较高的异质焊条，因此焊缝耐磨性较差，经上机使用，补焊处会过早地急剧磨损产生下凹。

(1) 焊条选用

白口铸铁由于价廉，因此只有厚大件的修复才有实际经济价值。厚大件白口铸铁，如采用电弧热焊补焊，则劳动条件差，且由于高温加热会使母材性能改变，铸件变形，加热速度控制不当很易产生裂纹，不宜采用。因此，补焊方法常用的是电弧冷焊。

白口铸铁性硬脆，焊接性极差，要求使用的焊条与白口铸铁有良好的熔合性，结合牢固，收缩系数低，线胀系数及耐磨性与白口铸铁相匹配，在满足耐磨性的前提下，应有较高的塑性。目前生产的铸铁焊条均不能满足补焊白口铸铁的要求。

新的研究成果设计研制了两种焊条，牌号分别为 BT-1、BT-2。BT-1 焊条与白口铸铁熔合良好，焊缝线胀系数低，球状石墨的析出伴随着体积膨胀，可减小收缩应力。焊缝塑性高，补焊时可以充分锤击消除应力，而对熔合区的振动破坏很小，常用于敷设焊缝底层。TB-2 焊条与白口铸铁熔合良好，冲击韧度和撕裂功较高，硬度为 45～52HRC，用于补焊白口铸铁的工作层。

(2) 操作

① 焊前将缺陷进行清理，对原有的裂层要清除干净，周边与底边成 100°倾角，用 BT-1 焊条补焊底层，用 BT-2 焊条补焊工作层，整个焊接接头的性能为“硬-软-硬”。

② 焊缝金属分块孤立堆焊，如图 16-39（a）所示，焊前将清理

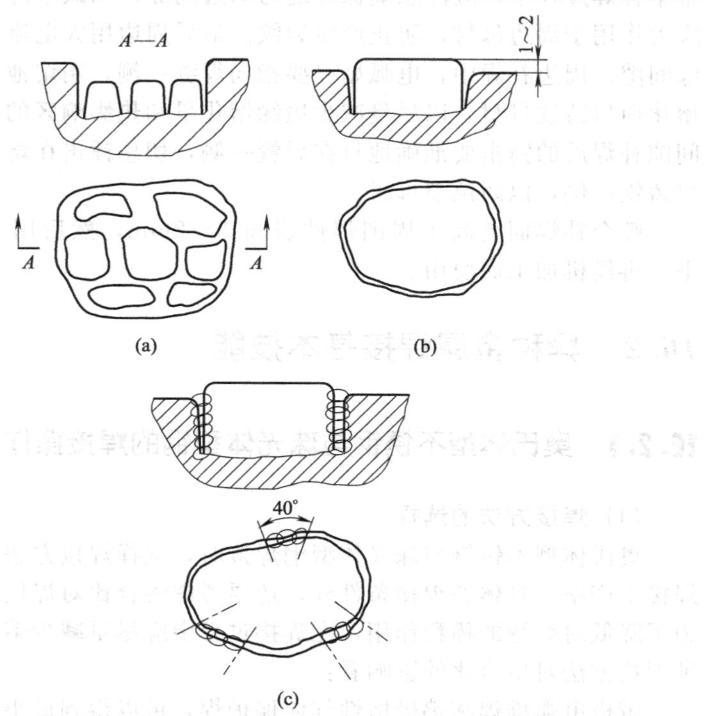

图 16-39　焊缝金属分块孤立堆焊

后的缺陷划分为 40mm×40mm 的若干个孤立块，将整个补焊过程进行分块跳跃堆焊，见图 16-39（c）。各孤立块之间及孤立块与周边白口铸铁之间一直保留 7～9mm 的间隙，每块焊到周边尺寸后，要将孤立块之间的间隙焊满，最后使整个焊缝成为与周边母材保持预留间隙的“孤立体”。

③ 补焊中底部时，焊接电流可采用正常焊接电流的 1.5 倍，形成大熔深，使焊缝与母材熔合良好，焊缝底部与母材形成曲折熔合面。厚大件补焊时，由于使用的焊接电流大，熔化的金属量多，收缩量大，因此焊后必须立即进行锤击，锤击力为传统铸铁冷焊工艺锤击力的 10～15 倍，焊缝金属凝固后到 250℃ 前再锤击 6～12 次，随着堆焊高度的增加，锤击次数与锤击力相应地减小。

④ 焊缝与周边母材的最后焊合是补焊成功的关键。在此之前的整个补焊过程中，应注意确保焊缝与周边间隙，以减小焊接过程中热应力作用于周边母材，防止产生裂纹。最后周边用大电流分段焊满边缘间隙，周边补焊中，电弧始终要指向焊缝一侧，用熔池的过热金属熔化白口铸铁母材，以尽量减少边缘熔化量和热影响区的过程。周边间隙补焊后的锤击要准确地打在焊缝一侧，切忌锤击在熔合区处的白口铸铁一侧，以防锤裂母材。

整个补焊面应高于周围焊件表面 1～2mm，然后用手动砂轮磨平，再经机加工后使用。

16.2 异种金属焊接基本技能

16.2.1 奥氏体型不锈钢与珠光体型钢的焊接操作

(1) 焊接方法的选择

奥氏体型不锈钢与珠光体型钢焊接时，选择焊接方法，除了考虑焊接生产率、具体的焊接条件外，还要考虑熔合比对焊接的影响，即为了降低对焊缝的稀释作用，在焊接过程中应尽量减少熔合比。从各种焊接方法对熔合比的影响看：

带极电弧堆焊和钨极惰性气体保护焊，可以得到最小的熔合比。

埋弧焊的熔合比与焊接电流有关，焊接电流愈高，熔合比愈大。

所以，用埋弧焊焊接时，要严格控制熔合比，即延长了熔池在高温条件下停留的时间，增大了熔池的搅拌作用，从而可以减小过渡层的宽度。埋弧焊的过渡层宽度约为 0.25～0.5mm。

焊条电弧焊焊接时，熔合比为 0.4～0.6m，比较小，因为操作方便、灵活，是目前异种钢焊接时常用的焊接方法之一。此外钨极氩弧焊也是常用的焊接方法。

(2) 焊接材料的选择

奥氏体型不锈钢与珠光体型钢焊接时以 Q235A 和 12Cr18Ni9 (1Cr18Ni9) 焊接为例，焊接材料的选择，必须考虑焊接接头的使用要求、稀释作用、碳迁移、残余应力及抗热裂性等一系列问题。

① 当采用焊条电弧焊焊接时，为克服珠光体型钢对焊缝的稀释作用，有三种焊条可供选择，即 A102 (E308-16)、A307 (E309-15) 和 A407 (E310-15)。

如果选用 A102 焊条 (18-8 型)，则焊缝会出现脆硬的马氏体组织，必须采用极小的熔合比才能避免，但是这在焊接工艺上是很难实现的。最后焊缝得到的组织是奥氏体＋马氏体组织。

如果选用 A407 焊条 (25-20 型)，则焊缝通常为单相奥氏体组织，热裂倾向较大。

如果选用 A307 焊条 (25-13 型)，则只要把母材金属的熔合比控制在 40%以下，就能得到具有较高抗裂性能的奥氏体＋铁素体双相组织，这是比较理想的组织。

② 为改变焊接应力分布，在奥氏体型不锈钢与珠光体型钢的异种钢焊接接头中，如果焊缝金属的线胀系数与奥氏体型不锈钢母材金属接近，则高温应力就会集中在珠光体型钢一侧的熔合区内；如果焊缝金属的线胀系数与珠光体型钢母材金属接近，则高温应力就会集中在奥氏体型不锈钢一侧的熔合区内。由于珠光体型钢采用通过塑性变形来降低焊接应力的能力较弱，而奥氏体型钢通过塑性变形来降低焊接应力的能力较强，因此，奥氏体型不锈钢与珠光体型钢焊接时，最好选用线胀系数接近于珠光体型钢的镍基合金材料，从而提高了接头的承载能力。

③ 控制熔合区中碳的扩散，随着焊接接头在使用过程中工作温度的提高，要想阻止焊接接头中碳的扩散，就必须提高焊缝中的镍元

素含量，因为镍元素是抑制熔合区中碳扩散的重要手段。

④ 为提高焊缝金属的抗热裂能力，当珠光体型钢与 Cr：Ni＜1 的奥氏体型不锈钢焊接时，焊缝组织以单相奥氏体或奥氏体＋碳化物组织为宜。当珠光体型钢与 Cr：Ni＞1 的奥氏体型不锈钢焊接时，应以选用铁素体的体积分数为 3%～7%的双相组织焊缝为宜，焊缝组织以单相奥氏体或奥氏体＋碳化物组织为宜。

总之，奥氏体型不锈钢与珠光体型钢焊条电弧焊时，最好选用 E309-15（A307）和 E309-16（A302）焊条。

(3) 焊接工艺

焊接奥氏体型不锈钢与珠光体型钢时，应该掌握的重点问题是：在焊接过程中，尽量采取工艺措施，降低熔合比、减小扩散层。

① 在母材金属的选择上，正确地选择珠光体型钢是减小扩散层的最有效的手段之一，在为焊接结构选择母材时，应该优先选择稳定珠光体型钢，因为这种钢的扩散层较小。当此稳定珠光体型钢与奥氏体型不锈钢焊接时，可以在此稳定珠光体型钢上先堆焊一层，作为过渡层，然后，再按铬、镍的含量比大于或小于 1 来选择焊条。

对于非淬火钢，过渡层的厚度约为 5～6mm；对于易淬火钢，过渡层的厚度约为 9mm。

② 焊条电弧焊时，焊接接头的坡口形式对焊缝的熔合比有很大的影响，因为坡口角度愈大，熔合比愈小；焊缝的层数愈多，熔合比愈小。所以，当选用镍基焊条焊接时，为了使焊条熔滴从摆动的焊条上落在焊缝熔池内，V 形坡口的角度应开大些，通常 V 形坡口角度为 80°～90°。

③ 熔合比又称为截面系数。熔合比是指熔焊时被熔化的母材部分的焊缝金属中所占的比例。所以，焊条电弧焊时，为了获得较小的熔合比，在可能的情况下，尽量采用小直径的焊条、小电流、大电压和快速焊接，只有选择这样的焊接参数，才能使被熔化的母材在焊缝金属中所占的比例最小。奥氏体型不锈钢和珠光体型钢焊条电弧焊的焊接电流见表 16-28。

表 16-28　奥氏体型不锈钢和珠光体型钢焊条电弧焊的焊接电流

焊条直径/mm	2.5	3.2	4.0	5.0
焊接电流/A	55～60	70～80	100～110	145～155

④ 奥氏体型不锈钢和珠光体型钢焊接时，焊前需要进行预热，焊后需要进行消除应力热处理。在选择预热温度时，应该在两种焊接材料各自的焊前预热温度中，选择高的预热温度；焊后选择热处理温度时，应该在两种焊接材料各自的焊后热处理温度中，选择最低的热处理温度。应该指出的是，奥氏体型不锈钢和珠光体型钢焊件焊后进行热处理时，当加热到高温时，随着焊接接头在高温中受热膨胀，在松弛中降低了焊接应力，由于母材金属和焊缝金属的热物理性能有差异，在随后的冷却过程中，又产生了新的残余应力。奥氏体型不锈钢和珠光体型钢焊后进行的热处理，并不能消除焊接应力，而是使焊接应力重新分布。

16.2.2 低碳钢与低合金钢的焊条电弧焊操作

低碳钢与低合金钢焊接时，在低合金钢母材金属侧容易产生淬硬组织。这是因为低合金钢比低碳钢增加了少量或微量的合金元素，所以在焊接过程中，受电弧加热的影响，含有合金元素的低合金钢随着碳当量的增加，在同样的焊接环境中，低合金钢比低碳钢容易淬火，因此在低合金钢母材金属侧容易产生淬硬组织。

为了防止低碳钢与低合金钢在焊接过程中产生淬硬组织和裂纹，通常在焊接时，采取以下措施。

(1) 焊前预热

低碳钢与低合金钢焊条电弧焊时，焊前应进行预热处理。预热温度的选择，应该根据低合金钢对预热温度的要求，以及焊接地点的环境温度而选择。可以单独对低合金钢进行预热处理，也可以在低碳钢与低合金钢装配定位后整体进行。其预热温度不应低于 100℃，预热区域为坡口两侧各 100mm 范围内，预热方法为氧-乙炔火焰加热。低碳钢与低合金钢焊条电弧焊时的预热温度见表 16-29。

表 16-29　低碳钢与低合金钢焊条电弧焊时的预热温度

焊接接头形式	母材金属厚度/mm	焊接现场环境温度/℃	预热温度/℃
对接接头	≤10	≤−15	200～300
	10～16	≤−10	150～250
	18～24	≤−5	100～200
	25～40	≥0	100～150
	40 以上	>0	100～150

(2) 合理设计焊接接头的形式

改变焊接接头的受力方向，可以防止产生焊接裂纹，如图 16-40 所示。

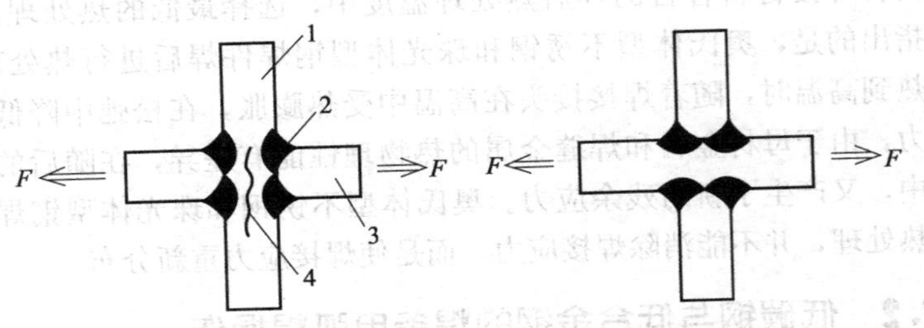

图 16-40　异种钢焊接接头形式对裂纹的影响

1—低合金钢；2—焊缝；3—低碳钢；4—裂纹

(3) 合理选择坡口形式及坡口加工

① 坡口形式合理，可以减轻坡口边缘受力作用，可有效地防止裂纹产生，如图 16-41 所示。

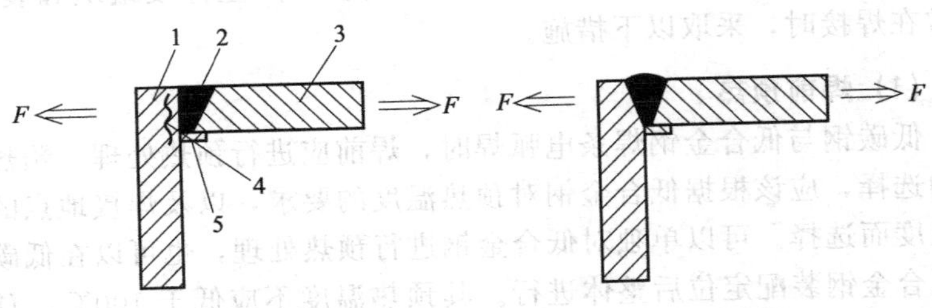

图 16-41　异种钢焊接接头坡口形式对裂纹的影响

1—低合金钢；2—焊缝；3—低碳钢；4—裂纹；5—垫板

② 坡口加工。低合金钢气割后，随着强度等级的提高，气割后的焊件切口边缘会有显微裂纹；高强度钢碳弧气刨后，表面会残存碳屑等飞溅物，一旦进入焊缝熔池内，会增加焊缝的含碳量，容易引起焊缝产生裂纹。要避免这些，必须对气割或碳弧气刨后的焊件坡口重新进行机械加工。

(4) 填充材料的选择

低碳钢与低合金钢焊条电弧焊时，为了保证异种焊缝金属和母材金属等强度，应按低合金钢的强度级别来选择填充材料，其具体要求如下：

① 当焊接结构要求不高的强度时，可选择 E4315（J427）或 E4316（J426）焊条。

② 当焊接结构要求较高的强度时，可选择 E5003（J502）或 E5001（J503）焊条。

③ 当焊接结构要求很高的强度时，可选择 E5016（J506）或 E5015（J507）焊条。

(5) 焊接热输入

为了减少异种钢焊接接头热影响区的淬硬倾向，加大焊缝中氢的扩散逸出，可以采用较大的焊接热输入。即在电弧电压不变的情况下，选择较大的焊接电流和较慢的焊接速度，使焊接熔池缓慢冷却，有利于氢的逸出，防止冷裂纹的产生。

(6) 层间温度

为了在焊接过程中保持预热作用，同时促进焊缝和热影响区中氢的扩散逸出，多层多道焊缝焊接时，各层间温度应等于或稍高于预热温度，但也不应太高，以免引起焊接接头组织和性能发生变化。

(7) 焊接参数

低碳钢与低合金钢焊条电弧焊的焊接参数见表 16-30。

表 16-30 低碳钢与低合金钢焊条电弧焊的焊接参数

母材金属厚度/mm	焊条型号（牌号）	焊条直径/mm	焊接电流/A	电弧电压/V	焊接电源
3＋3	E4303(J422)	3.2	85～95	25	交流
5＋5	E4301(J423)	3.2	95～105	25	交流
8＋8	E4316(J426)	4	105～115	26	交、直流
10＋10	E4315(J427)	4	115～125	27	直流
12＋12	E5003(J502)	4	115～125	27	交流
14＋14	E5001(J502)	4	125～135	27	交流

(8) 焊后热处理

低碳钢与低合金钢焊条电弧焊时，应根据低合金钢的要求来决定焊后是否进行热处理。如强度等级大于500MPa的低合金钢焊后，具有延迟裂纹倾向的，焊后要及时进行热处理，以利于氢的扩散和逸出。

16.2.3 低碳钢与低合金钢的 CO_2 气体保护焊操作

(1) 熔滴过渡特性的选择

熔滴过渡，就是指金属熔滴从焊丝末端过渡到焊接熔池的过程。CO_2 气体保护焊时，焊接过程的稳定性、焊缝质量以及金属飞溅的大小，在很大程度上与熔滴过渡的特性有关。CO_2 气体保护焊熔滴从焊丝末端向熔池过渡有短路过渡、滴状过渡和喷射过渡三种形式。CO_2 气体保护焊焊接时，主要采用短路过渡和喷射过渡两种形式。

① 短路过渡　在短路过渡时，熔滴经常使焊丝末端和熔池产生短路，而且短路的次数很多。当焊丝直径为0.8mm时，焊接过程中短路的频率为100～150次/s，焊丝的直径越细，则短路的次数越多。因此，焊接电源在这样的频繁短路的情况下工作，就必须具备良好的动特性，即短路电流增长速度，它直接影响到电弧的短路次数、短路时间和燃烧时间。通常，细丝焊接最合适的短路电流增长速度为70～150kA/s，粗丝焊接最合适的短路电流增长速度为12～20kA/s。

为了能用不同焊丝直径对短路电流的增长速度进行调节，多采用在焊接回路中串联电感器的做法，以改变电感器的电感值，从而可以调节短路电流的增长速度。电感值大，则短路电流增长速度慢；电感值小，则短路电流增长速度快，而电感值的大小与焊接飞溅大小有关。所以，在焊接过程中，必须根据焊丝直径选择较合适的电感值，以获得最小的金属飞溅。

② 喷射过渡　粗丝 CO_2 气体保护焊时，广泛采用喷射过渡形式。要达到这种过渡形式，必须提高电弧电压和电流密度。当焊接电流增加到一定数值时，焊丝的熔化金属就以很细的颗粒和很高的速度射向熔池，大大提高了熔滴的过渡频率（这种喷射过渡不考虑短路电流的增长速度，焊接回路中可不用串联电感器）。但是，喷射过渡形式一般不适用于全位置焊接。

(2) 焊丝的选择

为了防止焊缝熔池金属氧化和焊缝出现气孔，焊接时要选用含脱氧元素较多的焊丝。

① 当焊接结构要求较高的强度时，可选择 H08Mn2Si、H08Mn2SiA 焊丝及 H08MnSiA 实心焊丝。

② 当焊接结构要求很高的强度时，可选择 H04Mn2SiTiA、H04MnSiAITiA 焊丝及 H04MnSiMo 焊丝。

③ 当焊接结构要求更高的强度时，可选择 H08Cr3Mn2MoA 和 H18CrMnSiA 等实心焊丝。

(3) 焊机的选择

用 CO_2 气体保护焊进行低碳钢与低合金钢焊接时，要根据焊件的厚度来选择焊机。

① 焊接 1～10mm 厚度的异种钢时，可选用半自动 CO_2 气体保护焊机，其型号为 NBC-250、NBC-300、NBC-500 等。使用焊丝直径为 0.8mm、1.0mm、1.2mm、1.4mm、1.6mm、2mm 等。

② 焊接 10mm 以上厚度的异种钢时，可选用自动 CO_2 气体保护焊机，其型号为 NZC-500-1、NZC-1000 等。使用焊丝直径为 1mm、2mm、3mm、4mm 和 5mm 等。

(4) 送丝机构的选择

送丝机构由送丝机、送丝软管、焊丝盘等组成。送丝机构的送丝方式有推丝式、拉丝式和推拉丝式三种。

① 细丝半自动 CO_2 气体保护焊机的送丝方式主要有推丝式和拉丝式两种。这两种的焊枪结构较简单、轻便，操作、维修较方便。送丝软管的长度通常为 3～5m。两种送丝机构都能对细焊丝实现均匀送丝，在生产中应用较广泛。

② 粗丝自动 CO_2 气体保护焊机选用推拉丝式送丝机构较合适，这种送丝机构的软管长达 15m 左右，扩大了其操作范围。焊接过程中，焊丝的前进既靠后面的推力，又靠前面的拉力，从而使送丝均匀、可靠和稳定。

(5) 焊枪的选择

焊枪的选择，主要依据焊丝直径的大小，即细丝或粗丝。

① 细丝（焊丝直径小于或等于 1.2mm）半自动 CO_2 气体保护焊机焊接时，选用手工焊枪。焊枪的结构主要包括：喷嘴、导电嘴、焊

丝导管、手把、电缆及开关等。焊枪的形式有手枪式和鹅颈式两种。焊接时采用空气冷却方式。

② 粗丝（焊丝直径等于或大于 1.6mm）CO_2 气体保护焊机焊接时，选用自动（机械化）焊枪。由于自动焊枪的焊接电流较大（约为 1500A），焊接工作时间又较长些，因此通常可采用内部循环水冷却的方式。

(6) 焊接参数的选择

焊接参数的选择，主要是考虑所使用焊丝直径的大小、焊件的厚度以及低合金钢的强度级别等。低碳钢与低合金钢板对接 CO_2 气体保护焊的焊接参数见表 16-31。

16.2.4 低碳钢与低合金钢的埋弧焊操作

(1) 焊丝的选择

埋弧焊时，为保证异质焊缝金属的力学性能兼顾两种金属的属性，即强度应大于低碳钢的强度，而塑性和冲击韧度不低于低合金钢的相应值，埋弧焊焊接材料的选择原则是：焊缝金属及焊接接头的强度、塑性和冲击韧度不能低于两种被焊钢材中的最低值。如：低碳钢与 Q345（16Mn）钢焊接时，常用的焊丝为 H08、H08A、H08MnA、H08Mn2 和 H10MnSiA 等。

(2) 焊剂的选择

异种金属埋弧焊时，选用的焊剂脱渣性要好、抗气孔性强、抗裂纹性好，而且还要求焊缝成形美观。常用的埋弧焊剂有 HJ230、HJ430、HJ431、HJ433、SJ401、SJ501 等。

(3) 焊丝与焊剂的配合

① 选用高锰焊剂时，必须配用无锰或低锰焊丝。

② 选用中锰焊剂时，必须配用中锰焊丝。

③ 选用无锰或低锰焊剂时，必须配用高锰焊丝。

在埋弧焊时，为了加强对焊缝熔池金属的脱氧，并提高焊缝金属的力学性能，在焊丝和焊剂的配合中，应含有适当的锰、硅元素。常用的低碳钢与低合金钢埋弧焊时焊丝与焊剂的配合见表 16-32。

表 16-31　低碳钢与低合金钢板对接 CO_2 气体保护焊的焊接参数

母材厚度/mm	焊丝牌号	焊丝直径/mm	焊接电流/A	电弧电压/V	焊接速度/(m/h)	送丝速度/(m/h)	焊丝伸出长度/mm	气体流量/(L/h)
2+2	H08Mn2Si	0.8	80～120	20～22	46～48	290～310	10～12	1000～1100
4+4	H10MnSi	1.0	100～150	20～24	45～47	290～310	10～14	1000～1100
6+6	H08Mn2Si	1.0	150～200	23～25	44～46	300～360	12～16	1100～1200
8+8	H10MnSi	1.0	200～250	24～26	42～44	320～370	12～16	1100～1200
10+10	H08Mn2Si	1.2	240～260	25～27	39～41	340～370	14～16	1200～1300
12+12	H10MnSi	1.2	260～280	26～28	39～41	350～380	15～18	1200～1300
14+14	H08Mn2Si	1.6	280～300	30～32	37～39	360～380	16～18	1300～1500
16+16	H10MnSi	1.6	300～320	32～34	37～39	350～380	16～18	1300～1500
20+20	H08Mn2Si	2.0	335～355	36～38	36～38	350～360	18～20	1500～1600
20+20	H10MnSi	2.0	345～365	35～38	36～38	360～370	18～20	1500～1600

注：表中焊接参数是用半自动 NBC-500 型 CO_2 气体保护焊机焊接测定的。

表 16-32　常用的低碳钢与低合金钢埋弧焊时焊丝与焊剂的配合

焊剂类别	焊剂牌号	焊剂成分	焊剂粒度/mm	配合焊丝	电流种类	烘干温度/℃
熔炼型	HJ130	无 Mn 高 Si 低 F	0.45～2.5	H10Mn2	交直流	250
	HJ230	低 Mn 高 Si 低 F	0.45～2.5	H08MnA/H10Mn2		
	HJ252	低 Mn 中 Si 中 F	0.28～2.0	H08MnMoA/H10Mn2	直流	
	HJ330	中 Mn 高 Si 低 F	0.45～2.5	H08MnA H10Mn2SiA H10MnSi	交直流	
	HJ430	高 Mn 高 Si 低 F	0.45～2.5	H08A		
			0.18～1.42	H08MnA		
	HJ431	高 Mn 高 Si 低 F	0.45～2.5	H08A/H08MnA		
	HJ432	高 Mn 高 Si 低 F		H08A		
	HJ433	高 Mn 高 Si 低 F		H08A		
烧结型	SJ101	碱性	0.28～2.0	H08MnA/H10Mn2	交直流	350
	SJ301	中性		H08Mn2/H10Mn2		
	SJ401	酸性		H08A		250
	SJ501	酸性	0.2～1.42	H08A		350

注：焊剂烘干时间为 2h。

(4) 埋弧焊接头与坡口形式

低碳钢与低合金钢埋弧焊时，焊接接头形式与坡口加工有以下几种形式：

① 对接接头I形坡口的单面焊接。

② 对接接头I形坡口的双面焊接。

③ 对接接头V形坡口的单面焊接。

④ 对接接头U形坡口的单面焊接。

⑤ T形接头I形坡口的船形焊接。

⑥ T形接头I形坡口的斜角焊接。

(5) 埋弧焊衬垫的选择

① 专用焊剂衬垫 将低碳钢与低合金钢异种钢接头的I形坡口焊件放在专用焊剂衬垫上。为使焊缝熔深超过焊件厚度的1/2或2/3，在焊件装配时，除了在坡口根部要留有一定的间隙外，还要选择好焊接参数。正面焊缝在焊剂垫上焊完后，焊件翻转180°，用碳弧气刨清根后再焊接背面焊缝。背面焊缝埋弧焊时，可将焊缝悬空焊接（不用焊剂垫）。正面、背面焊缝的焊接参数见表16-33。

表16-33 低碳钢与低合金钢在焊剂垫上双面埋弧焊的焊接参数

焊接厚度/mm	根部间隙/mm	焊丝直径/mm	焊接电流/A	焊接速度/(cm/min)	电弧电压/V
10～12	2～3	4	600～700	50～60	33～35
14～16	3～4	5	650～750	40～50	34～36
18～20	4～5		750～850	35～45	36～39
22～24			850～900	32～42	38～41
26～28	5～6		900～950	28～38	39～42
30～32	6～7		950～1000	22～32	40～44

② 临时工艺垫板 临时工艺垫板常用厚度为3～4mm、宽为30～50mm的薄钢带，也可以采用石棉绳或石棉板。将异种钢焊件放在临时工艺垫板上，在接头处留有一定的间隙，以保证细颗粒的焊剂能进入并填满接头坡口，背面垫板（薄钢带）的定位焊在异种钢焊件上。待焊完正面焊缝后，去除焊接在背面焊缝上的垫板，仔细清除间隙内的焊剂和焊渣，然后焊背面焊缝。

重要的异种金属焊件的焊接，多用专用焊剂垫，因为背面的垫板是用充气橡胶管顶住石棉板上焊剂的，充气橡胶管卸气后，焊剂垫板会自动脱离。

临时工艺垫板应焊在异种金属焊件的背面上，正面焊缝焊完后，背面垫板可用气割或扁铲将垫板与焊件连接的焊点破坏，使临时工艺垫板脱离焊件。这种临时工艺垫板比专用焊剂垫费人工、劳动强度大，且背面焊件上的焊点疤痕会有显微裂纹，故多用于普通异种金属接头的焊接。

(6) 埋弧焊焊接参数的选择

低碳钢与低合金钢埋弧焊焊接参数的选择见表 16-34。

表 16-34　低碳钢与低合金钢埋弧焊的焊接参数

接头形式	母材厚度/mm	焊丝牌号	焊剂牌号	焊接参数			
				焊丝直径/mm	焊接电流/A	焊接速度/(m/h)	电弧电压/V
I 形坡口对接	12+12	H08A	HJ431	4	700～750	31～33	30～32
		H08MnA					
		H10Mn2					
I 形坡口对接	16+16	H08A	HJ431	5	750～780	29～31	31～33
		H08MnA					
		H10Mn2					
V 形坡口对接	16+16	H10Mn2	HJ130	4	650～700	18～20	36～38
		H10Mn2	HJ230				
T 形接头	20+20	H08A	HJ431	5	640～680	24～26	30～32
		H08MnA					
		H10Mn2					

注：表中的焊接参数是用 MZ-1000 型埋弧焊机测定的。

16.2.5　Q345 与 Q235 钢高压容器焊条电弧焊操作

直径为 500mm 的绕带合成塔内筒，设计压力为 13MPa，是一种高压容器。内筒的板材厚度为 18mm，是由 Q345 钢的封头和 Q235 钢两种钢种焊接而成的。焊接方法采用焊条电弧焊，直流正接。

(1) 焊前准备

坡口形式采用 U 形带衬垫板，坡口尺寸如图 16-42 所示。焊前清理坡口及坡口两侧。焊条选用 E5015 型号，使用前经 350℃烘焙 1h。焊件焊前可不预热，定位后，放置转胎。

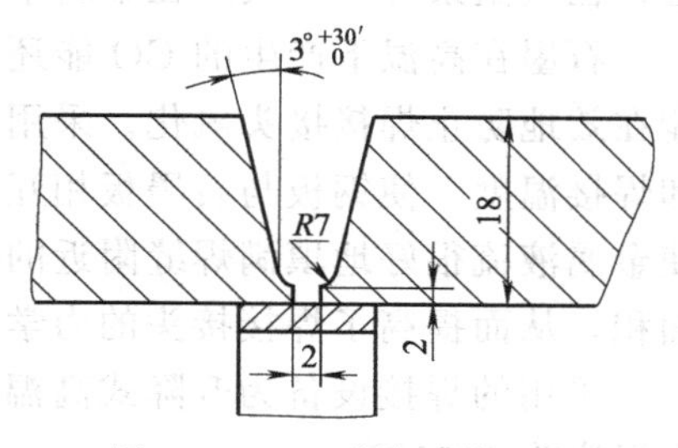

图 16-42　U 形坡口的尺寸

(2) 焊接

第一层打底焊，用直径为 4mm 的焊条，焊接电流为 160～170A，电弧电压为 22～23V，焊接速度为 12m/h，第一层焊缝保证焊透，与衬垫牢牢结合。从第二层焊缝开始直至焊满为止，全部采用直径为 5mm 的焊条，焊接电流为 180～230A，电弧电压为 22～23V，焊接速度为 12m/h，各焊层间的夹渣一定要清除干净。容器环缝焊接过程中，边焊边转动。

(3) 焊后检查

焊后不需进行热处理，对焊缝进行 100%X 射线检测探伤，符合 GB/T 3323—2005 规定的Ⅱ级焊缝标准，最后进行水压试验，试验压力为 13MPa，历时 30min 不降压视为合格。

16.2.6 石墨板与 Q345 钢板的扩散焊操作

一种成形模具是石墨板与钢板结合的复合板，如图 16-43 所示。

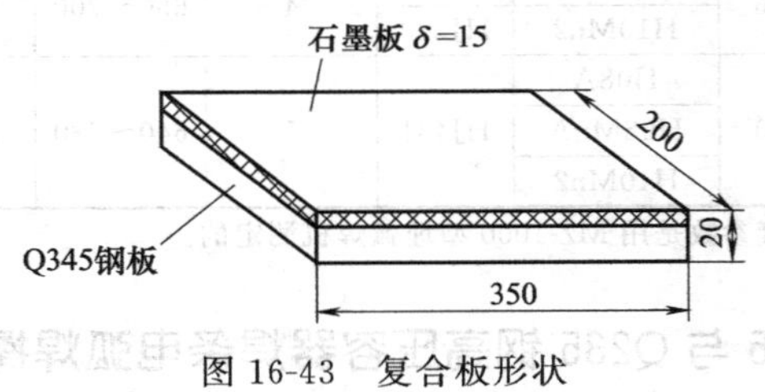

图 16-43 复合板形状

这种复合板是采用扩散焊接方法将石墨板与 Q345 钢板焊接在一起的。该复合板制成模具后在 750～800℃使用条件下 45min 内不脱层；在室温条件下，模具在金属平台上滑动，石墨板与钢板不分层。

石墨在高温下产生的 CO 能还原 Fe 的氧化物，它在扩散过程中能在效地防止焊接接头氧化。采用扩散焊方法，正确选择中间过渡层和焊接温度，使钢板与石墨板相互接触的表面共熔，并借助毛细作用使金属液流很好地填满焊缝附近的孔隙，增加了钢板与石墨板的接触面积，从而提高了焊接接头的力学强度，达到焊接目的。

采用的焊接设备为升降式高温电阻炉，其额定功率为 60kW，最高温度为 1300℃。

(1) 焊接准备

① 将 Q345 钢板表面（与石墨板相接触的面）喷砂处理，去掉氧化皮，然后用丙酮清洗。

② 用压缩空气吹掉石墨板表面灰尘。

③ 在 Q345 钢板表面（接合面）用毛刷干刷一层粉末状的石墨粉，厚度为 0.1mm，然后将石墨板放在钢板的接合面上，准备装炉。

(2) 焊接

① 炉温升至 1200℃时，将装配好的钢板与石墨板放入炉中，钢板在下，石墨板在上。

② 如图 16-44 所示，炉温回升至 1220℃，保温 45min，随炉冷至 300℃出炉，自然冷却，完成焊接过程。

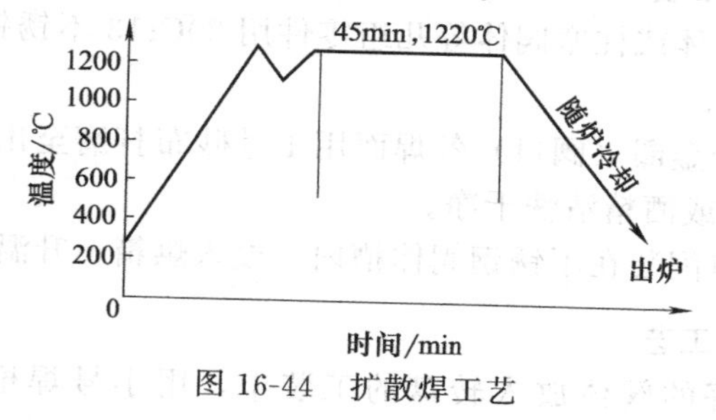

图 16-44　扩散焊工艺

16.2.7　K20 硬质合金与 20Cr13 不锈钢的钎焊操作

食品高压无气喷涂设备中，喷涂机需用不锈钢制造。制造高压无气不锈钢泵的关键在于：它的高压部分有好几个主要零件是将硬质合金圈钎焊在不锈钢上，做密闭性能良好的各种阀体（阀座）等组合件，否则该泵就无法使用。

K20 硬质合金与 20Cr13 不锈钢的钎焊，关键是钎剂的选用，如钎剂选择不当，则在钎焊过程中，因钎剂活性低，润湿性能差，使之无法进行钎焊；即使勉强焊上，也将会给钎焊好的阀口带来无法弥补的缺陷。经多次试验，选用以下钎焊材料效果比较理想。

(1) 几种推荐的钎剂

① 氟化钾 70%（质量分数，下同）、硼酸 30%。

② 硼砂 50%、硼酸 40%、氟化钠 10%。

③ CJ301 加氟化钾 10%～15%。

以上钎剂，因氟化物吸潮性极强，最好是现配现用，用不完应密闭保存。

(2) 钎料

① 选用 ϕ2mm 的 HSCuZn-1 焊丝。此钎料强度高，价格低，但熔点高，在钎焊过程中控制温度的难度较大。

② 选用 ϕ2mm 的 B-Ag35CuZnCd 或 B-Ag50CuZnCd 钎料，此钎料强度较低，价格高，但熔点低，流动性好，在钎焊过程中操作容易。

(3) 钎焊准备

① 吸入阀体或柱塞阀体等几组零件用 20Cr13 不锈钢材料和 K20 硬质合金组合。

② 硬质合金圈（阀口）各焊面用 1 号砂布打磨至出现金属光泽，钎焊面用汽油或酒精清洗干净。

③ 将阀口配装在不锈钢阀体槽内，放入烘箱，升温至 300℃。

(4) 钎焊工艺

① 将烘好的阀体放入转盘的工装中，用小号焊枪、3 号焊嘴、中性火焰，焊嘴正对阀体上外边缘，缓慢地由远至近加热，同时，用焊丝慢速拨动转盘，使温度均匀上升（转盘转至收尾时才能停转）。

② 当阀体上外缘加热至 500～550℃时，焊枪提高并转向，并迅速将钎剂放入待焊面，使钎剂熔化后覆盖在整个待钎焊面上。待温度上升至 600℃时，如用银钎料就应迅速加入；如用铜焊丝做钎料，则焊枪火焰继续加温钎件，待温度上升约 700℃时，迅速将铜焊丝放入焰心之中，及时加热后蘸上钎剂，立即放入焰心中使钎料熔化并渗进间隙中，同时边转边加钎料，一次填满间隙，以阀口下缘渗出钎料为准。

③ 收尾时，火焰不应立即离开熔池。此时，转盘停止转动，焊嘴逐渐提高，使火焰笼罩熔池。待钎料凝固后，拨动转盘加热整个阀体。待温度缓慢而均匀下降至 500℃以下时，转盘停止转动，将阀体放入 300℃烘箱内随炉冷却。

16.2.8 TA2 钛板与 Q235 钢板的 TIG 焊接操作

处理铬酸废水用的蒸发器由花板、列管和筒身组成。其使用温度为 120℃，承受工作压力为 0.4MPa。其结构如图 16-45 所示。

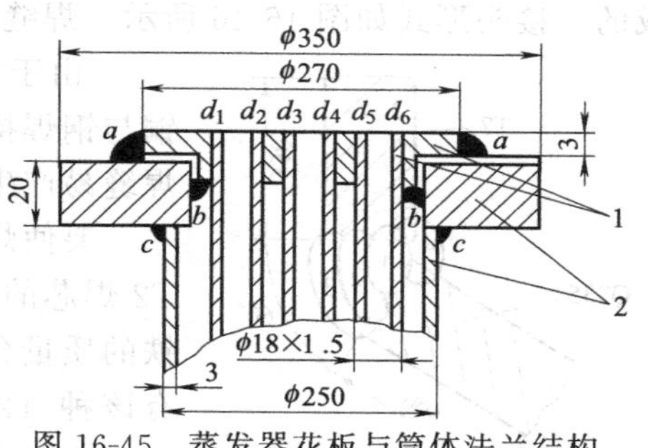

图 16-45 蒸发器花板与筒体法兰结构

1—TA2；2—Q235；

a，b—氩弧焊；c—焊条电弧焊；

d_1～d_6—自熔焊

(1) 焊前准备

焊前清除 Q235 钢上的油污、铁锈，并用丙酮擦洗待焊处；TA2 钛板待焊处用不锈钢丝刷清除污物，并用丙酮擦洗干净。

(2) 焊接工艺

焊接顺序是，先焊图 16-45中所示 a 处和 b 处（手工钨极氩弧焊），然后焊图示中 c 处（焊条电弧焊），最后焊花板上所有列管 d_1～d_6（手工钨极氩弧自熔焊）。

其中 a 处和 b 处异种材料结构焊接参数为：首先用 HSCu201 特制纯铜焊丝焊 Q235 钢侧的过渡层；然后用质量分数为 99%的纯银钎料焊 TA2 钛板侧的过渡层；最后用 B-Ag34CuZnSn 银钎料焊两过渡层中的结合层焊缝。

c 处为一般结构钢焊缝，焊条采用 E4303 型号，焊接参数按常规。

花板与列管自熔焊的焊接参数按常规。

TA2 钛板与 Q235 钢板 TIG 焊的焊接参数见表 16-35。

表 16-35 TA2 钛板与 Q235 钢板 TIG 焊的焊接参数

层次	Q235 钢侧过渡层	TA2 侧过渡层	侧过渡结合层
填充材料	HSCu201 特制纯铜焊丝(ϕ3mm)	银钎料(ϕ2mm)	B-Ag34CuZnSn 银钎料(ϕ3mm)
氩气流量/(L/min)	15(喷嘴)	15(喷嘴)；25(拖罩)	15(喷嘴)；25(拖罩)
电流/A	165	65～75	150～165
电弧电压/V	15～20	15～20	15～20
电源极性	直流正接	直流正接	直流正接
电极材料	铈钨丝(ϕ3mm)	铈钨丝(ϕ2mm)	铈钨丝(ϕ3mm)

16.2.9 E5015焊条外缠纯铜丝焊接铜与钢的操作

电解阴极导电板是由纯铜板T2和碳钢板Q235两种材料焊接而成的，接头形式如图16-46所示，焊缝长度为800mm。

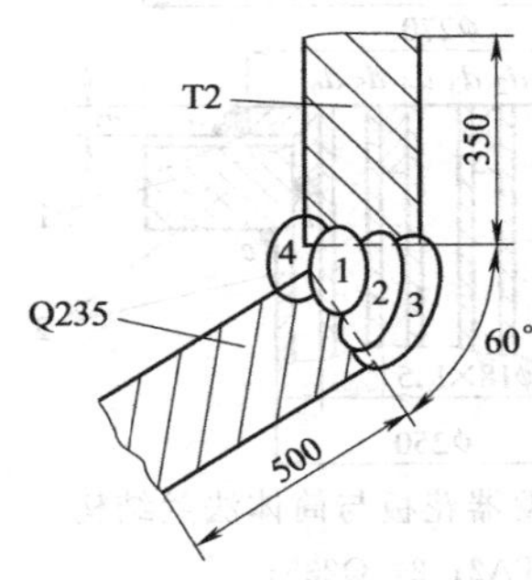

图16-46 导电板接头形式

由于铜与钢在物理性能上的差异，铜与钢焊接时的主要问题是铜侧难熔合，焊缝易产生热裂纹。

要使焊缝不产生裂纹，必须要采用T2焊芯的电焊条，使焊后焊缝金属中的铁的质量分数低于43%。因当时现场没有该种T2铜芯焊条，则采取在E5015焊条上缠绕ϕ1.25mm纯铜丝自制焊条来焊接电解阴极导电板焊缝接头。经试件试焊测定，焊缝金属中铁的质量分数可控制为10%～43%，焊缝无开裂现象，完全可以满足接头要求。具体焊接工艺如下。

① 选用E5015焊条，焊前经350℃烘焙2h，降至100℃时保温，外缠绕ϕ1.25mm或ϕ1.5mm纯铜丝（如是漆包线，必须除去绝缘层的漆）。根据焊缝中的含Cu量，决定缠绕的疏密程度，如图16-47所示，其间距s为1～3mm。铜丝不得与焊条芯及焊钳夹口相接触。

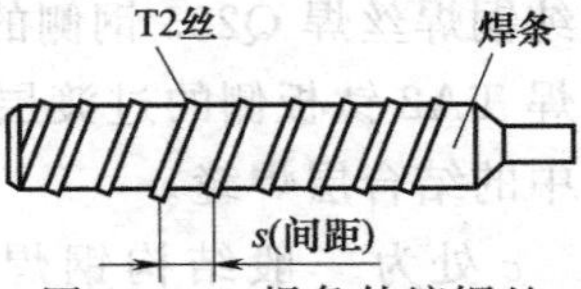

图16-47 焊条外缠铜丝

② 铜板一侧焊前经氧-乙炔焰预热，预热温度为650～700℃。焊接过程中应保持其温度，随焊随加热，可保证铜侧熔合良好。如发现铜侧未熔合，则说明铜板温度过低，必须停焊加热。加热温度也不能过高，否则会产生烧穿、塌陷缺陷。

③ 采用直流反接，ϕ3.2mm焊条使用140～150A电流，ϕ4mm焊条使用190～200A电流，焊接速度为5～9cm/min，热输入量较大，主要用来补偿铜侧的高热导率。

④ 焊接时，电弧偏离坡口中心，主要作用在铜板一侧，在铜板侧停留时间略长，焊速略慢。在电弧力的搅拌下，使铜与铁充分均匀混合。

⑤ 为保证根部焊透，提高电导率，第一层打底焊尽可能焊透，待

坡口内全部填充满后，反面进行角向磨光机打磨清根，后再封底焊。

⑥ 避免焊接接头刚性固定，焊后自由收缩，不得锤击。导电板焊后如产生变形，待冷却至室温后再进行矫正。

16.2.10 T3 铜管与 07Cr19Ni11Ti 不锈钢板的 MIG 焊操作

换热器设备，用 T3 纯铜做换热管，用 07Cr19Ni11Ti 不锈钢做壳体。由于两种材料各有一些特殊的物理性能，这就涉及上述异种金属的熔化极氩弧焊的工艺操作方法了。

(1) 材料的焊接性分析

奥氏体不锈钢具有一定的淬硬倾向，且具有特殊的物理性能，焊后容易产生残余应力，导致热裂纹的产生。同时焊接中有害杂物的偏析形成液态夹层，也增大了裂纹倾向。奥氏体不锈钢在高温或低温下工作时焊接接头容易脆化。

纯铜的物理性能决定了它的焊接性比较差。焊后母材与填充金属不能很好熔合，易产生未焊透现象，焊后变形较严重，而产生大的焊接应力，加上纯铜中杂质的影响，可能导致热裂纹的产生。氩弧焊焊纯铜时，如果焊缝中进入微量的氢或水汽，则极易出现气孔。

奥氏体不锈钢和纯铜两种材料的物理性能差异较大，加上焊缝化学成分的作用，焊接时，在焊缝及熔合区容易产生热裂纹、气孔、接头不熔合等缺陷。只有通过正确的工艺操作方法才能得到解决。

(2) 焊接参数的选择

① 焊丝　由于镍无论在液态和固态都能与铜无限互溶，焊接时用纯镍做填充材料，能很好地排除铜的有害作用，有效地防止裂纹，因此选用纯镍焊丝，直径为 2mm。

② 喷嘴口径及气体流量　熔化极氩弧焊对熔池的保护要求较高，若保护不良，则焊缝表面起皱皮，所以喷嘴口径为 20mm，氩气流量为 35～40L/min。

③ 电源极性　为保证电弧稳定性，选用较好的直流熔化极焊机，反极性，焊接电流为 90～120A。

(3) 焊前准备

① 不锈钢管板与纯铜管均不开坡口，纯铜管外伸端与不锈钢板

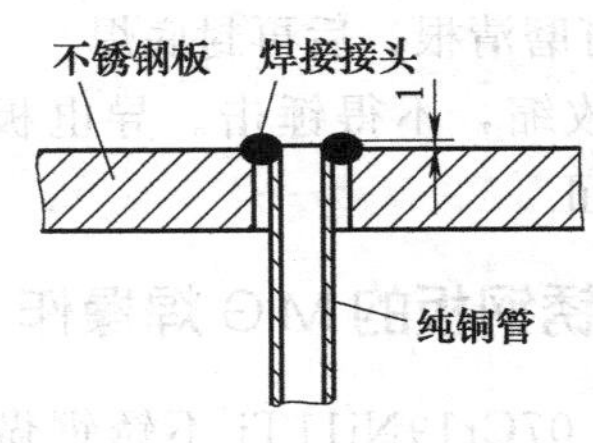

图 16-48 T3 管与 1Cr18Ni9Ti 板接头形式

距离为 1mm，便于焊接，如图 16-48 所示。

② 对工件表面的油污、水分等杂质进行清理干净。

③ 用丙酮擦洗不锈钢，并用白垩粉涂其表面（除焊缝处外），以避免表面被飞溅损伤。

④ 焊丝应除油污、水分等杂质。

⑤ 使焊接接头处于平焊位置。

(4) 焊接工艺操作方法

① 在引弧板上引弧后，待电弧稳定后慢慢移向焊缝。

② 焊枪倾角为 70°～85°，喷嘴至工件距离为 5～8mm。

③ 焊嘴运作方式为电弧先移向纯铜管，待纯铜管熔化后再移向不锈钢，保持电弧中心稍偏向纯铜管。

④ 在焊接过程中，根据电流波动大小密切注意焊接速度与焊缝熔合的相互关系，及时调整焊枪环形移动速度，使熔池得到充分的保护。收弧时要填满弧坑。

⑤ 完成一条焊缝后，应用木锤锤击焊缝附近区域，以消除焊接应力。

⑥ 焊件焊接完毕，清除表面白垩粉残渣，用铜丝刷清理焊接表面。

16.2.11 T2 与 07Cr19Ni11Ti 糊化锅的埋弧焊操作

生产啤酒的直径为 3.2m 的糊化锅是一个夹套式的压力容器，如图 16-49 所示。锅底内套采用纯铜制造，筒体是不锈钢，最外层为低碳钢。锅底与筒身的焊接接头为环向对接。夹层内的加热介质是 105℃的蒸气，压力为 0.147MPa。

(1) 焊前准备

糊化锅中纯铜与不锈钢的焊接采用 MZ1-1000 型埋弧焊机（配直流电源）。焊接材料选用 ϕ4mm 的 HSCu 纯铜焊丝和 HJ431 或 HJ350 焊剂。焊接坡口角度为 70°，钝边为 4mm，对接间隙为 1.5mm。焊接时，先在坡口底部预先放置 1 根 ϕ3.2mm 的纯镍丝，以保证焊缝金属具有一定的含镍量。焊前按规定做好焊件坡口两侧面、焊丝表面的清理及清洗工作。

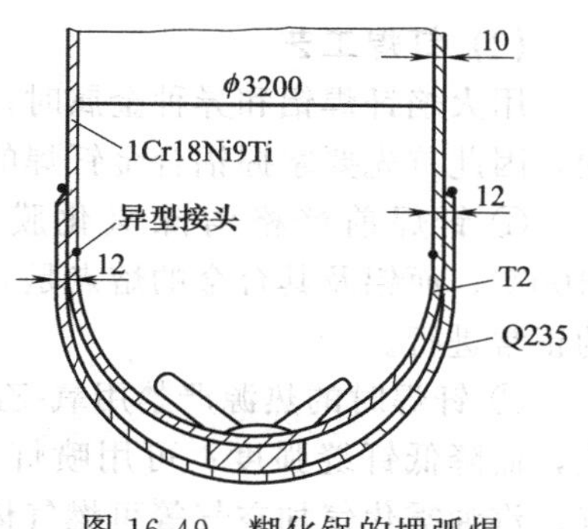

图 16-49　糊化锅的埋弧焊

(2) 焊接参数

焊接参数以 T2 与 07Cr19Ni11Ti 焊接为例，焊接参数如下：焊接电流为 600～680A，电弧电压为 42～46V，焊接速度为 18～21.5m/h，送丝速度为 139m/h。

按此焊接参数焊接的糊化锅，其焊接接头的抗拉强度可达 323～382MPa，冷弯角 120℃试验未产生开裂。

16.2.12　铝及其合金与异种材料的钎焊操作

铝及其合金能与铜、铁、镍、钛等钎焊，与镁钎焊比较困难。铝与异种金属的钎焊除了要选择能与两种金属互相作用的钎料外，还要选择能对它们的氧化物起有利作用的钎剂。

(1) 钎焊方法的选择

钎焊时所用钎料为易熔低温钎料，如 Zn、Zn-Cu、Zn-Sn、Zn-Cd 等，钎剂为金属氯化物和氟化物。但由于易熔低温钎料本身强度不高，因此钎缝的强度和抗腐蚀性都比较差，特别是在温度高于 100℃的条件下使用时，钎缝强度下降 30%。

我们选用的钎料是熔点高于 450℃的铝基钎料，钎剂为金属的氯化物和氟化物。用铝基钎料直接钎焊铝和异种金属材料时，必须解决钎焊时钎缝中形成脆性易熔共晶体的问题。例如铝和铜钎焊时，钎缝中形成脆性的易熔共晶体 Al-$CuAl_2$；同样，铝和铁、钛钎焊时，也形成塑性很差的脆性层，直接影响着钎缝强度，保证不了钎缝质量。

为了提高钎缝强度，避免形成脆性层，可在焊接前将铜涂上银，钢涂上锌，镍涂上铝。这样不但预防了脆性层的形成，而且也简化了钎焊工艺。

(2) 钎焊工艺

用火焰钎焊铝和异种金属时，其钎焊工艺与铝合金钎焊时基本相同，因此首先要掌握铝合金钎焊的工艺和特点：

① 钎焊前严格清除氧化膜（Al_2O_3），因氧化膜的熔点高达2100℃，而铝及其合金的熔点是650℃，故氧化膜的存在会影响钎焊的正常进行。

② 钎焊时的热源严禁用氧-乙炔火焰，因为乙炔气体易和钎剂反应，而降低钎缝强度；可用喷灯、石油气加空气或氧气、煤气加空气、汽油雾化气加空气等可燃气体做热源。

③ 钎焊时，由于铝合金加热到钎焊温度时无颜色变化，给操作带来一定困难，但是仔细观察，发现铝合金的颜色为灰褐色时，已接近钎焊温度。操作不熟练者，可用试焊法，即将钎料蘸上少量钎剂放在钎缝上。当发现焊剂迅速漫流，则表明基本金属已达到钎焊温度。

④ 在施加钎料时，应先将钎料预热，蘸上干钎剂。严禁先将钎剂用水调成糊状，再涂在钎缝上，因为钎剂熔点较低，接触火焰后失效，反而弄脏焊缝，阻碍钎料漫流，影响钎缝的致密性和强度。

⑤ 操作时，加热时间要短，加钎料要果断，动作迅速，钎焊完时收火焰要慢。

⑥ 钎焊好的零件应放在空气中自然冷却，严禁立即放入冷水中冷却，以免造成钎缝发脆。

⑦ 钎剂中含有腐蚀性较强的金属氯化物和氟化物，所以焊后必须清洗干净。

16.2.13 异种钢的气焊操作

异种钢的焊接多采用电弧焊的焊接方法，对于薄板结构也可以采用气焊。

图16-50为碳素钢片（Q235钢）与硅钢片（DR530-50钢）的焊接示意图。焊接碳素钢和硅钢采用焊条电弧焊和气焊较为理想，可降低母材金属对焊缝金属的稀释率。下面说明采用气焊方法焊接Q235钢与DR530-50钢的工艺。

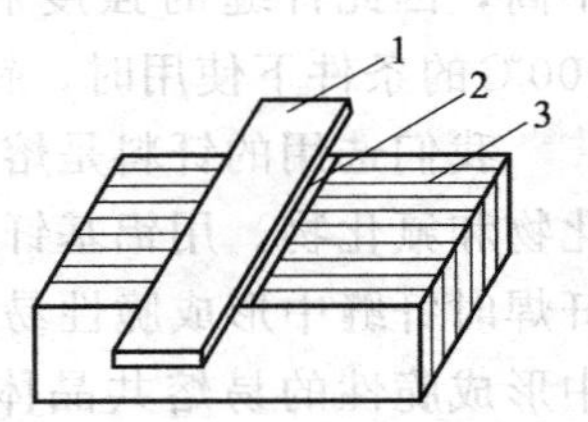

图16-50 碳素钢片与硅钢片的焊接
1—Q235钢片；2—焊缝；3—DR530-50钢片

(1) 焊前准备

① 彻底清除 Q235 钢与 DR530-50 钢两种母材金属焊接部位的油污、铁锈和氧化皮等。

② 选用 H08 或 H08A 焊丝，并认真清除焊丝上的油污和锈蚀等杂质。

③ 选择射吸式焊炬，焊炬型号为 H01-6，配用 3 号焊嘴。

(2) 焊接参数

采用气焊焊接 Q235 钢与 DR500-30 硅钢的焊接参数详见表 16-36。

表 16-36　气焊焊接 Q235 钢与 DR530-50 硅钢的焊接参数

火焰种类	接头形式	焊接参数				焊炬型号	焊嘴号
		焊丝种类	焊丝直径/mm	氧气压力/MPa	乙炔压力/MPa		
中性焰	角接接头	H08 H08A	1.0 1.5	0.20～0.25	0.001～0.1	H01-6	3～5 号

注：1. 气焊焊接速度根据焊件工艺要求由操作者自行掌握，应考虑尽量提高生产率。
2. 焊脚尺寸为 3mm。

(3) 操作技术

① 首先将 Q235 钢与 DR530-50 硅钢两种母材金属进行定位焊，定位焊焊缝长度为 5～8mm，间隔为 50～60mm。

② 焊接时采用中性焰，火焰应偏向较厚的母材金属（Q235）一侧。

③ 焊接过程中要均匀地向焊接部位送丝。

④ 根据焊接情况，随时调节火焰高度和倾斜角度，确保焊缝金属熔合焊透。

⑤ 焊接收尾时应注意火焰摆动，收尾时的焊接速度应稍慢，保证填满焊缝。

⑥ 焊接后焊缝要缓冷，并清除焊缝金属的表面杂质。

16.2.14　不锈钢与纯铜的气焊操作

钢与铜及其合金的焊接通常采用焊条电弧焊、埋弧焊、真空扩散焊等方法，也可以采用气焊的方法。

图 16-51 所示为不锈钢与纯铜的气焊接头结构。焊接时具体操作如下。

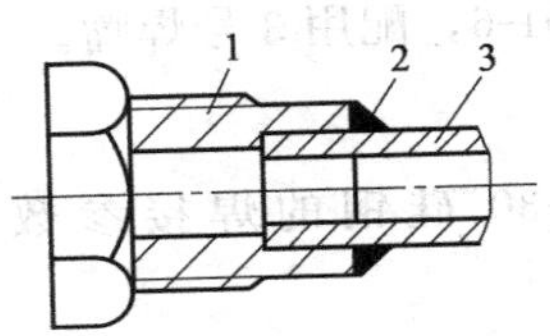

图 16-51　不锈钢与纯铜的气焊接头结构

1—铜接头（T1）；2—焊缝；3—不锈钢管

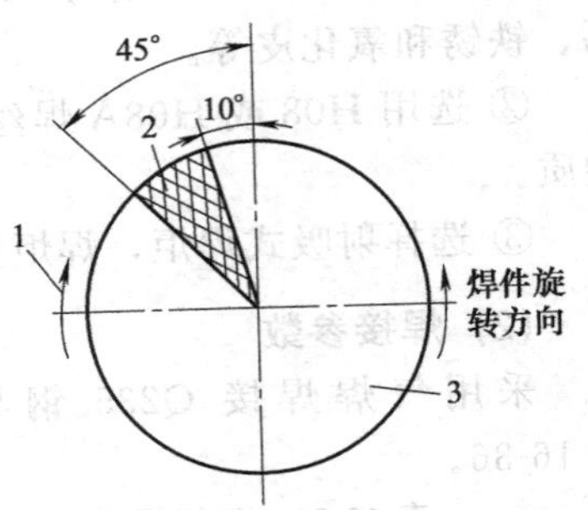

图 16-52　不锈钢与纯铜的气焊操作方法

1—焊接方向；2—焊接位置；3—焊件

① 焊前清理接头表面，并把不锈钢管插入纯铜接头内。

② 采用中性焰将纯铜接头预热至表面熔化状态，然后进行爬坡焊。

③ 选用 S222 或 S225 与 CJ101 配合，焊丝使用前要去除锈和杂质。

④ 气焊时焊接位置应控制在与垂直中心线成 10°～45°角的范围内，如图 16-52 所示。

⑤ 焊接过程中，焊接速度要均匀，用火焰控制熔池金属不下淌。

⑥ 焊后清理接头表面，并进行焊接质量检查。

18-8 钢与纯铜的气焊焊接参数详见表 16-37。

16.2.15　铜与铝的气焊操作

图 16-53 所示为采用气焊焊接多股铝线与铜线的实例，其气焊操作过程如下。

① 清理母材金属表面，用刮刀刮去漆膜和氧化膜，并对铜线接头进行搪锡处理。

表 16-37　18-8 钢与纯铜的气焊焊接参数

母材金属厚度 δ/mm	接头及坡口形式	焊丝牌号	焊炬型号
2＋2	对接 I 形坡口	S222	H01-6
3＋3			
4＋4			
5＋5	对接 V 形坡口	S224	
6＋6			
7＋7	对接 X 形坡口	S225	H01-12
8＋8			
9＋9			
10＋10			
11＋11			
12＋12			
14＋14			
16＋16			H01-20
18＋18			
20＋20			

注：采用中性焰，右焊法，焊剂采用 CJ101。

② 把多股铝线绕在搪锡的铜线外面，长度为 15～20mm。

③ 选用牌号为 CJ401 的熔剂，均匀涂在并绕铝线的接头表面。

④ 选用直径为 2.5mm 的铝丝作为填充材料，使用时清除表面氧化膜并涂上熔剂。

⑤ 采用氧-乙炔、中性焰加热，使并绕铝线和填充铝丝同时熔化浸入铜与铝接头内部，冷却后在接头顶部形成一个光滑的球形焊接接头。

⑥ 焊后清理焊接接头上的焊渣及熔剂，认真检查焊接质量，发现焊接缺陷应及时返修。

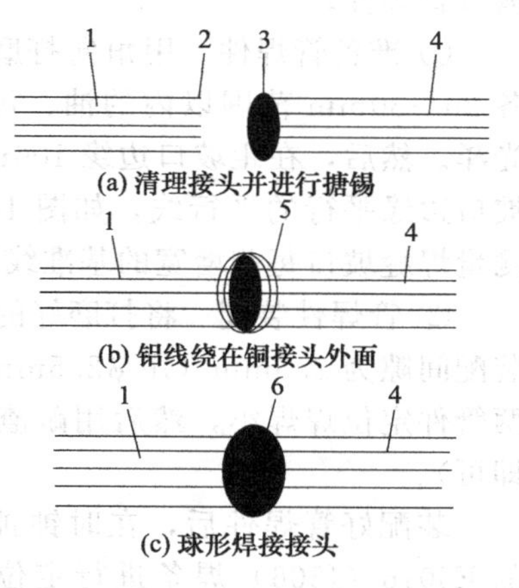

(a) 清理接头并进行搪锡
(b) 铝线绕在铜接头外面
(c) 球形焊接接头

图 16-53　气焊焊接多股铝线与铜线
1—铝线；2—清理部位；3—搪锡部位；4—铜线；5—并绕在铜接头外面的铝线；6—球形焊接接头

16.2.16　异种钢管对接垂直固定断弧焊单面焊双面成形

(1) 焊接准备

① 焊机　选用ZX5-400 型直流弧焊整流器 1 台。

② 焊条　选用E5016焊条，焊条直径为2.5mm，焊前经300～350℃烘干1～2h。烘干后的焊条放在焊条保温筒内随用随取，焊条在炉外停留时间不得超过8h，否则，焊条必须放在炉中重新烘干。焊条重复烘干的次数不得多于3次。

③ 管焊件　采用20钢管＋Q345(16Mn)钢管，直径为76mm，厚度为5mm，用无齿锯床或气割下料，然后再用车床加工成30°V形坡口。气割下料的焊件，其坡口边缘的热影响区应该用车床车掉。焊件见图1-83。

④ 辅助工件和量具　焊条保温筒、角向打磨机、钢丝刷、敲渣锤、样冲、划针和焊缝万能量规等。

(2) 焊前装配定位焊

装配定位的目的是把两个管件装配成符合焊接技术要求的Y形坡口管焊件。

① 准备管焊件　用角向打磨机将管焊件两侧坡口面及坡口边缘各20～30mm范围以内的油、污、锈、垢等清除干净，至露出金属光泽。然后，在距坡口边缘100mm处的管焊件表面，用划针划上与坡口边缘平行的平行线，如图1-83所示。并打上样冲眼，作为焊后测量焊缝坡口每侧增宽的基准线。

② 管焊件装配　将打磨好的管焊件装配成Y形坡口的对接接头，装配间隙为2.5mm（用ϕ2.5mm焊条头夹在管件坡口的钝边处，将两管件定位焊焊牢，然后用敲渣锤打掉定位焊用的ϕ2.5mm焊条头即可）。

装配好管焊件后，在时钟钟面的2、10点位置处，用ϕ2.5mm的E5016（J506）焊条进行定位焊焊接，定位焊缝长为10～15mm（定位焊缝焊在正面焊缝处），对定位焊缝的焊接质量要求与正式焊缝一样。

③ 焊前预热　管焊件装配定位后，进行预热，预热温度应不低于100℃。预热范围为坡口两侧各100mm内，预热方法是用氧-乙炔火焰加热。

④ 层间温度　为了保持预热作用，促进焊缝和热影响区中氢的扩散逸出，层间温度应该低于或略高于预热温度，但注意预热温度不要太高，以免发生钢中焊接接头组织和性能的变化。

(3) 打底层的焊接(断弧焊)操作

将装配好的管焊件装卡在一定高度的架子上(根据个人的条件,可以采用蹲位、站位、躺位等),进行焊接(焊件一旦定位在架子上,必须在全部焊缝焊完后方可取下)。

用断弧焊法进行打底层焊接时,利用电弧周期性的燃弧-断弧(灭弧)过程,使母材坡口钝边金属有规律地熔化成一定尺寸的熔孔。在电弧作用正面熔池的同时,使 1/3～2/3 的电弧穿过熔孔而形成背面焊缝。断弧焊法有三种操作方法,详见本书 1.2 节中有关打底层断弧焊法的内容。

① 引弧 电弧引弧的位置在坡口的上侧,电弧引燃后,对引弧点处坡口上侧钝边进行预热,上侧钝边熔化后,再把电弧引至钝边的间隙处,使熔化金属充满根部间隙。这时,焊条向坡口根部间隙处下压,同时焊条与下管壁夹角适当增大,当听到电弧击穿根部发出“噗、噗”的声音后,钝边每侧熔化 0.5～1.5mm 并形成第一个熔孔时,引弧工作完成。

② 焊条角度 焊条角度见图 1-84。

③ 运条方法 断弧焊单面焊双面成形有三种成形手法:一点击穿法、两点击穿法和三点击穿法。当管壁厚为 2.5～3.5mm,根部间隙小于 2.5mm 时,由于管壁较薄,多采用一点击穿法焊接;当根部间隙大于 2.5mm 时,可采用两点击穿法焊接。当管壁厚大于 3.5mm,根部间隙小于 2.5mm 时,多采用一点击穿法;当根部间隙大于 2.5mm 时,可采用两点击穿法焊接;当根部间隙大于 4mm 时,采用三点击穿法。焊接时,将管子的横断面分为两个半圆,引弧点在 6 点钟中间处,焊工找好焊条角度,焊接方向是从左向右(即从 6 点钟处引弧,经过 8 点钟→9 点钟→10 点钟→11 点钟→12 点钟→1 点钟处终止),逐点将熔化的金属送到坡口根部,然后迅速向侧后方灭弧。灭弧的动作要干净利落,不拉长弧,防止产生咬边缺陷。灭弧与重新引燃电弧的时间间隙要短,灭弧频率以 70～80 次/min 为宜。灭弧后重新引弧的位置要准确,新焊点与前一个焊点搭接 2/3 左右。

然后,焊工移位在 6～7 点钟处进行打磨,用角磨砂轮将引弧点(6～5 点钟处)打磨成斜坡状。焊工在时钟的 6～5 点钟处,找好焊条角度,尽量在 6～5 点钟处引弧。焊接方向是从右向左(即从 6～5

点钟引弧，经过 3 点钟→2 点钟→1 点钟→12 点钟→11 点钟终止）。其他操作与左半圆焊接相同。左半圆焊缝与右半圆焊缝，在时钟 12 点钟和 6 点钟位置要重叠 10～15mm。焊接时注意保持焊缝熔池形状与大小基本一致，熔池中液态金属与熔渣要分离，并保持清晰明亮，焊接速度保持均匀。

也可以从引弧后，一直从左向右（或从右向左）绕着管件焊接，最终达到起点与终点汇合，这样焊接首尾只有一个接点，焊缝好看，但是，操作起来不太容易，因为管焊件的直径不大，既要在焊接不停弧的前提下移动焊工的位置，又要焊接电弧移动得平稳，对焊工操作技术水平要求高。

④ 与定位焊缝接头　焊接过程中运条到定位焊焊缝根部时，焊条要向根部间隙位置顶送一下，当听到“噗、噗”声音后，将焊条快速运条到定位焊缝的另一端根部预热，当被预热的焊缝处有“出汗”现象时，焊条要在坡口根部间隙处向下压，听到“噗、噗”声音后，稍做停顿边用短弧焊手法继续焊接。

⑤ 收弧　当焊条接近始焊端时，焊条在始焊端的收口处稍微停顿预热，看到有“出汗”的现象时，焊条向坡口根部间隙处下压，使电弧击穿坡口根部间隙处，当听到“噗、噗”声音后，稍做停顿，然后继续向前施焊 10～15mm，填满弧坑即可。

⑥ 更换焊条　更换焊条的接头方法有热接法和接法两种。焊接打底层焊缝更换焊条时多用热接法，这样可以避免背面焊缝出现冷缩孔和未焊透、未熔合等焊接缺陷。热接法和冷接法见本书 1.2 节中有关内容。

(4) 盖面层的焊接（断弧焊）操作

① 清渣与打磨焊缝　仔细清理打底层焊缝与坡口两侧母材夹角处的焊渣、焊点与焊点叠加处的焊渣。对打底层焊缝表面不平之处进行打磨，为盖面层焊缝焊接做准备。

② 焊条角度　焊条角度见图 1-85。

盖面层为 1 道焊缝时，焊条与下管壁的夹角为 80°～90°。

盖面层为 2 道焊缝时，第 1 道焊缝焊条与下管壁的夹角为 75°～80°，第 2 道焊缝焊条与下管壁夹角为 80°～90°。

所有盖面层焊缝，焊条与焊点处管切线焊接方向的夹角为

80°～85°。

③ 运条方法　焊条由 6 点钟位置处引弧，由左向右方向施焊，即从 6 点钟→5 点钟→4 点钟→3 点钟→2 点钟→1 点钟→12 点钟→11 点钟处终止，这是前半圆。后半圆焊接时，即由 5 点处引弧→6 点钟→7 点钟→8 点钟→9 点钟→10 点钟→11 点钟→12 点钟处终止。盖面层为 1 道焊缝时，采用锯齿形运条法，在焊缝的中间部分运条速度要稍快些，在焊缝的两侧稍做停顿，给焊缝边缘填足熔化金属，防止咬边缺陷产生。盖面层为 2 道焊缝时，采用直线形运条法，焊条不做横向摆动，焊接时按打底层的焊法，将管子的横断面分为 2 个半圆进行盖面层的焊接。同时，每道焊缝与前一道焊缝要搭接 1/3 左右，盖面层焊缝要熔进坡口两侧边缘 1～2mm。

(5) 焊接参数

打底层焊缝采用单点击穿法，焊接参数见表 1-30。

灭弧频率：平焊为 35～40 次/min。

(6) 焊缝的清理

焊完焊缝后，用敲渣锤清除焊渣，用钢丝刷进一步将焊渣、焊接飞溅物等清理干净，使焊缝处于原始状态，交付专职检验前不得对各种焊接缺陷进行修补。

(7) 焊后热处理

焊后可不做热处理。

16.2.17 异种钢管对接垂直固定连弧焊单面焊双面成形

(1) 焊前准备

① 焊机　选用 ZX5-400 型直流弧焊整流器 1 台。

② 焊条　选用 E5015 碱性焊条，焊条直径为 2.5mm，焊前经 300～350℃烘干 1～2h。烘干后的焊条放在保温筒内随用随取，焊条在炉外停留时间不得超过 4h，否则，焊条必须放在炉中重新烘干。焊条重复烘干次数不得多于 3 次。

③ 管焊件　采用 20 钢管＋Q345（16Mn）钢管，直径为 76mm，厚度为 5mm，用无齿锯床或气割下料，然后再用车床加工成 30°V 形

坡口。气割下料的焊件，其坡口边缘的热影响区应该用车床车掉。焊件见图 1-83。

④ 辅助工具和量具　焊条保温筒、角向打磨机、钢丝刷、敲渣锤、样冲、划针、焊缝万能量规等。

(2) 焊前装配定位焊

装配定位的目的是把两个管件装配成符合焊接技术要求的 Y 形坡口管焊件。

① 准备管焊件　用角向打磨机将管焊件两侧坡口面及坡口边缘各 20～30mm 范围以内的油、污、锈、垢等清除干净，至露出金属光泽。然后，在距坡口边缘各 150mm 处的管焊件表面，用划针划上与坡口边缘平行的平行线，如图 1-83 所示。并打上样冲眼，作为焊后测量焊坡口每侧增宽的基准线。

② 管焊件装配　将打磨好的管焊件装配成 Y 形坡口的对接接头，装配间隙始焊端为 2.5mm（可以用 ϕ2.5mm 焊条头夹在管焊件坡口的钝边处，将两管焊件定位焊焊牢，然后用敲渣锤打掉定位焊用的 ϕ2.5mm 焊条头即可）。

装配好管焊件后，在管焊件的横断面任意点处用 ϕ2.5mm 的 E5015 焊条进行定位焊焊接，定位焊焊缝长 10～15mm（定位焊缝焊在正面焊缝处），对定位焊缝的焊接质量要求与正式焊缝一样。

③ 焊前预热　管焊件装配定位后，进行预热，预热温度应不低于 100℃。预热范围为坡口两侧各 100mm 内，预热方法是用氧-乙炔火焰加热。

④ 层间温度　为了保持预热作用，促进焊缝和热影响区中氢的扩散逸出，层间温度应该低于或略高于预热温度，但注意预热温度不要太高，以免发生钢中焊接接头组织和性能的变化。

(3) 打底层的焊接（连弧焊）操作

把管子的横断面分为两个半圆焊接，即以 3、9 点钟为界，打底层的引弧点分别是在 3 点钟和 9 点钟位置处，引弧点要尽量在一个范围内，引弧后不断弧地由两条线路连续焊接，即由左向右（逆时针方向进行焊接）和由右向左（顺时针方向进行焊接）。

打底层由左向右的焊法为：在 10～9 点钟位置处引弧→8 点钟→

7 点钟→6 点钟→5 点钟→4 点钟→3 点钟→接近 2 点钟位置处终止。

打底层由右向左的焊法为：在 2～3 点钟位置处引弧→3 点钟→4 点钟→5 点钟→6 点钟→7 点钟→8 点钟→9 点钟→10 点钟位置处终止。

打底层连弧焊接时采用短弧，并采用斜椭圆形或锯齿形运条法，焊条在向前运条的同时需做横向摆动，将坡口两侧各熔化 1～1.5mm。为了防止熔池金属下坠，电弧在上坡口停留的时间要略长些，同时要有 1/3 电弧通过间隙在焊管内燃烧。电弧在下坡口侧只是稍加停留，电弧的 2/3 要通过坡口间隙在焊管内燃烧。打底层焊缝应在坡口的正中，焊缝的上、下部均不允许有熔合不良的现象。

在打底层焊接过程中，还要注意保持熔池的形状和大小，给背面焊缝成形美观创造条件。与定位焊缝接头时，焊条在焊缝接头的根部要向前顶一下，听到“噗、噗”声音，稍做停留即可收弧停止焊接（或快速移弧到定位焊缝的另一端继续焊接）。

后半圆焊缝焊接前，在与前半圆焊缝接头处用角磨砂轮或锯条将其修磨成斜坡状，以备焊缝接头用。

打底层焊缝更换焊条时，采用热接法，在焊接熔池还处在红热状态下时，快速更换焊条，引弧并将电弧移至收弧处，这时，弧坑的温度已经很高，当看到有“出汗”的现象时，迅速向熔孔处压下，听到“噗、噗”两声后，提起焊条正常的向前焊接，焊条更换完毕。

打底层焊缝焊接过程中，焊条与焊管下侧的夹角为 80°～85°，与管子切线的夹角为 70°～75°。

(4) 盖面层的焊接（连弧焊）**操作**

盖面层有上下两条焊缝，采用直线形运条法，焊接过程中焊条不做摆动。焊前将打底层焊缝的焊渣及飞溅物等清理干净，用角磨砂轮修磨向上凸的接头焊缝。

盖面层焊缝的焊接顺序为：自左向右、自下而上，同打底层焊缝一样，将管子的横断面在 3、9 点钟位置处分为两个半圆进行焊接。

盖面层采用短弧焊接，焊条角度与运条操作如下：

第一条焊缝焊接时，焊条与管壁下侧的夹角为 75°～80°，并且 1/3 直径的电弧在母材上燃烧，使下坡口母材边缘熔化 1～2mm。

第二条焊缝焊接时，焊条与管壁下侧的夹角为 85°～90°，并且第二条焊缝的 1/3 搭在第一条焊缝上，2/3 搭在母材上，使上坡口母材边缘熔化 1～2mm。

(5) 焊接参数

打底层焊缝、盖面层焊缝焊接参数见表 1-31。

(6) 焊缝清理

焊完焊缝后，用敲渣锤清除焊渣，用钢丝刷进一步将焊渣、焊接飞溅物等清理干净，使焊缝处于原始状态，交付专职检验前不得对各种焊接缺陷进行修补。

(7) 焊后热处理

焊后不做热处理。

16.2.18 异种钢管对接水平固定断弧焊单面焊双面成形

(1) 焊前准备

① 焊机　选用 BX3-500 型交流弧弧变压器 1 台。

② 焊条　选用 E4303 酸性焊条，焊条直径为 2.5mm，焊前经 75～150℃烘干 1～2h。烘干后的焊条放在焊条保温筒内随用随取，焊条在炉外停留时间不得超过 8h，否则，焊条必须放在炉中重新烘干。焊条重复烘干次数不得多于 3 次。

③ 管焊件　采用 20 钢管＋Q345（16Mn）钢管，直径为 76mm，厚度为 5mm，用无齿锯床或气割下料，然后再用车床加工成 30°V 形坡口。气割下料的焊件，其坡口边缘的热影响区应该用车床车掉。

④ 辅助工具和量具　焊条保温筒、角向打磨机、钢丝刷、敲渣锤、样冲、划针、焊缝万能量规等。

(2) 焊前装配定位焊

装配定位的目的是把两个管件装配成符合焊接技术要求的 Y 形坡口管焊件。

① 准备管焊件　用角向打磨机将管焊件两侧坡口面及坡口边缘各 20～30mm 范围以内的油、污、锈、垢等清除干净，至露出金属光泽。然后，在距坡口边缘各 150mm 处的管焊件表面，用划针划上与坡口边缘平行的平行线，如图 1-83 所示。并打上样冲眼，作为焊

后测量焊缝坡口每侧增宽的基准线。

② 管焊件装配　将打磨好的管焊件装配成 Y 形坡口的对接接头，装配间隙始焊端为 2.5mm（用 ϕ2.5mm 焊条头夹在管焊件坡口的钝边处，将两管焊件定位焊焊牢，然后用敲渣锤打掉定位焊用的 ϕ2.5mm 焊条头即可）。

装配好管焊件后，用 ϕ2.5mm 的 E4303 焊条在时钟的 10 点和 2 点位置进行定位焊接，定位焊焊缝长 10～15mm（定位焊缝焊在正面焊缝处），对定位焊缝的焊接质量要求与正式焊缝一样。

(3) 打底层的焊接（连弧焊）操作

把装配好的管焊件，装卡在一定高度的架子上（根据个人的条件，可以采用蹲位、站位、躺位等），进行焊接（焊件一旦定位在架子上，必须在全部焊缝焊完后方可取下）。

① 引弧　电弧引弧的位置在坡口的仰焊位置，电弧引燃后，对引弧点处坡口钝边进行预热，钝边熔化后，再把电弧引至钝边的间隙处，使熔化金属充满根部间隙。这时，焊条电弧向坡口根部间隙处顶送，同时适当增大焊条与管壁的夹角，当听到电弧击穿根部发出“噗、噗”的声音后，钝边每侧熔化 0.5～1.5mm 并形成第一个熔孔时，引弧工作完成。

② 焊条角度　引弧点在 5～6 点钟位置时，焊条与焊管方向的管子切线夹角为 80°～85°；焊接电弧在 7～8 点钟位置时，为仰焊爬坡焊，焊条与焊接方向的管子切线夹角为 100°～105°；在 10～11 点钟位置时，为立焊爬坡焊，焊条与焊接方向管子的切线夹角为 85°～90°。在 12 点钟位置时，是平焊位置，焊条与焊接方向管子的切线夹角为 75°～80°。ϕ76mm 管对接水平固定断弧焊打底层焊接焊条角度见图 1-86。

③ 打底层的焊接操作　打底层焊接时，如果引弧点在 5～6 点钟位置处，则焊接的方向是由右向左进行，即：经过 6 点钟→7 点钟→8 点钟→9 点钟→10 点钟→11 点钟→12 点钟→1 点钟终止。

如果引弧点在 7～6 点钟位置处，则焊接的方向是由左向右进行，即：经过 6 点钟→5 点钟→4 点钟→3 点钟→2 点钟→1 点钟→12 点钟→11 点钟终止。用断弧焊法进行打底层焊接时，利用电弧周期性的燃弧-断弧（灭弧）过程，使母材坡口钝边金属有规律地熔化成一定尺寸的熔孔，在电弧作用正面熔池的同时，使1/3～2/3的电弧穿过熔孔而形成背面焊道。断弧焊法有三种操作方法，详见本书1.2节中有关打底层断弧焊法的内容。

(4) 盖面层的焊接（连弧焊）操作

① 清渣与打磨焊缝　仔细清理打底层焊缝与坡口两侧母材夹角处的焊渣、焊点与焊点叠加处的焊渣。将打底层焊缝表面不平之处进行打磨，为盖面层焊缝焊接做准备。

② 焊条角度　盖面层为1道焊缝时，焊条与管壁的夹角为80°～90°。

盖面层为2道焊缝时，第1道焊缝焊条与下管壁的夹角为75°～80°，第2道焊缝焊条与下管壁夹角为80°～90°。

盖面层为3道焊缝时，第1道焊缝焊条与下管壁的夹角为75°～80°，第2道焊缝焊条与下管壁夹角为95°～100°，第3道焊缝焊条与下管壁夹角为80°～90°。

所有盖面层焊缝，焊条与焊点处管切线焊接方向的夹角为80°～85°。

③ 运条方法　焊条由7～8点钟位置处引弧，由左向右方向施焊，即经过6点钟→5点钟→4点钟→3点钟→2点钟→1点钟→12点钟→11点钟处终止，这是前半圆的焊接。后半圆焊接时，由5～6点钟位置起弧，由右向左方向施焊，即经过6点钟→7点钟→8点钟→9点钟→10点钟→11点钟→12点钟→1点钟处终止。

盖面层为1道焊缝时，采用锯齿形运条法，在焊缝的中间部分运条速度要稍快些，在焊缝的两侧稍做停顿，给焊缝边缘填足熔化金属，防止咬边缺陷产生。盖面层为2道焊缝时，采用直线形运条法，焊条不做横向摆动，按打底层的焊法，分为2个半圆进行盖面层的焊接。同时，每道焊缝与前一道焊缝要搭接1/3左右，盖面层焊缝要熔进坡口两侧边缘1～2mm。

(5) 焊接参数

打底层焊缝采用单点击穿法，焊接参数见表1-32。

灭弧频率：在斜仰焊位、斜平焊为35～40次/min；在斜立焊位为40～45次/min。

(6) 焊缝清理

焊完焊缝后，用敲渣锤清除焊渣，用钢丝刷进一步将焊渣、焊接飞溅物等清理干净，使焊缝处于原始状态，交付专职检验前不得对各种焊接缺陷进行修补。

16.2.19 异种钢管对接水平固定连弧焊单面焊双面成形

(1) 焊前准备

① 焊机 选用 ZX5-400 型直流弧焊整流器 1 台。

② 焊条 选用 E5015 碱性焊条，焊条直径为 2.5mm，焊前经 350～400℃烘干 1～2h。烘干后的焊条放在保温筒内随用随取，焊条在炉外停留时间不得超过 4h，否则，焊条必须放在炉中重新烘干。焊条重复烘干次数不得多于 3 次。

③ 管焊件 采用 20 钢管＋Q345（16Mn）钢管，直径为 76mm，厚度为 5mm，用无齿锯床或气割下料，然后再用车加工成 30°V 形坡口。气割下料的焊件，其坡口边缘的热影响区应该用车床车掉。焊件见图 1-87。

④ 辅助工具和量具 焊条保温筒、角向打磨机、钢丝刷、敲渣锤、样冲、划针、焊缝万能量规等。

(2) 焊前装配定位焊

装配定位的目的是把两个管件装配成符合焊接技术要求的 Y 形坡口管焊件。

① 准备管焊件 用角向打磨机将管焊件两侧坡口面及坡口边缘各 20～30mm 范围以内的油、污、锈、垢等清除干净，至露出金属光泽。然后，在距坡口边缘各 100mm 处的管焊件表面，用划针划上与坡口边缘平行的平行线，如图 1-87 所示。并打上样冲眼，作为焊后测量焊缝坡口每侧增宽的基准线。

② 管焊件装配 将打磨好的管焊件装配成 Y 形坡口的对接接头，装配间隙始焊端为 2.5mm（用 ϕ2.5mm 焊条头夹在管焊件坡口的钝边处，将两管焊件定位焊牢，然后用敲渣锤打掉定位焊用的 ϕ2.5mm 焊条头即可）。

装配好管焊件后，在时钟的 2、10 点处，用 ϕ2.5mm 的 E5015

焊条定位焊接，定位焊缝长为10～15mm（定位焊缝焊在正面焊缝处），对定位焊缝的焊接质量要求与正式焊缝一样。

(3) 打底层的焊接（连弧焊）操作

把装配好的管焊件装卡在一定高度的架子上（根据个人的条件，可以采用蹲位、站位、躺位等），进行焊接（焊件一旦定位在架子上，必须在全部焊缝焊完后方可取下）。

① 引弧　电弧引弧的位置在坡口的上侧，电弧引燃后，对引弧点处坡口上侧钝边进行预热，上侧钝边熔化后，再把电弧引至钝边的间隙处，使熔化金属充满根部间隙。这时，焊条向坡口根部间隙处下压，同时适当增大焊条与下管壁的夹角，当听到电弧击穿根部发出“噗、噗”的声音后，钝边每侧熔化0.5～1.5mm并形成第一个熔孔时，引弧工作完成。

② 焊条角度　焊条与焊管的夹角为85°～95°；焊条与焊管熔池切线的夹角为80°～90°。

③ 打底层的焊接操作　打底层焊接时，将焊管的横断面以6、12点钟位置为界，分为左、右两个半圆进行焊接。即左半圆为6点钟→7点钟→8点钟→9点钟→10点钟→11点钟→12点钟；右半圆为6点钟→5点钟→4点钟→3点钟→2点钟→1点钟→12点钟。左、右两个半圆，先从哪半圆开始焊接都行。先焊接的半圆为前半圆，后焊接的为后半圆。左半圆的引弧点为5～6点钟位置；右半圆的引弧点为7～6点钟位置。两个半圆在6点钟和12点钟相交处，必须搭接15～25mm。

打底层连弧焊接时采用短弧，采用斜向椭圆形、锯齿形或月牙形运条法，在向前运条的同时做横向摆动，将坡口两侧各熔化1～1.5mm。为了防止熔池金属下坠，电弧在上坡口停留的时间要略长些，同时要有1/3电弧通过间隙在焊管内燃烧。电弧在下坡口侧只是稍加停留，电弧的2/3要通过坡口间隙在焊管内燃烧。打底层焊缝应在坡口的正中，焊缝的上、下部均不允许有熔合不良的现象。

连弧焊的关键是：焊条起弧后，始终燃烧不停弧，在合理的焊接参数保证下，配合电弧的移动和摆动，调整焊缝熔池的温度和大小，确保焊接正常进行。

焊条具体的运作为：电弧在5～6点位置引燃后，以稍长的电弧加热该处 2～3s，待引弧处坡口两侧金属有“出汗”现象时，迅速压低电弧至坡口根部间隙，通过护目镜看到有熔滴过渡并出现熔孔时，焊条稍微左右摆动并向后上方稍推，待观察到熔滴金属已与钝边金属连成金属小桥后，焊条可稍微拉开，恢复正常焊接。焊接过程中必须用短弧把熔滴送到坡口根部。

焊接电弧在 7～8 点钟位置时，为仰焊爬坡焊，焊接电弧以月牙形运动，并在两侧钝边处稍做停顿，看到熔化金属已经挂在坡口根部间隙并熔入坡口两侧各 1～2mm 时再停弧。

在 10～11 点钟位置时，为立焊爬坡焊，焊接手法与 7～8 点钟位置大体相同，所不同的是此时管子温度开始升高，加上焊接熔滴、熔池的重力和电弧的吹力等作用，在爬坡焊时容易出现焊瘤，所以焊接过程中要保持短弧快速焊接。

在打底层焊接过程中，还要注意保持熔池的形状和大小。给背面焊缝成形美观创造条件。与定位焊缝接头时，焊条在焊缝接头的根部要向前顶一下，听到“噗、噗”声后，稍做停留（1～1.5s）即可收弧停止焊接（或快速移弧到定位焊缝的另一端继续焊接）。

后半圆焊缝焊接前，在与前半圆焊缝接头处，用角磨砂轮或锯条将其修磨成斜坡状，以备焊缝接头用。

打底层焊缝更换焊条时可采用热接法，在焊缝熔池还处在红热状态下时，快速更换焊条，引弧并将电弧移至收弧处，这时，弧坑的温度已经很高了。当看到有“出汗”的现象时，迅速向熔孔处压下，听到“噗、噗”两声后，提起焊条正常地向前焊接，焊条更换完毕。

打底层焊缝焊接过程中，焊条与管壁下侧的夹角为 85°～95°，与管壁切线的夹角为 70°～75°。

(4) 盖面层的焊接（连弧焊）操作

盖面层只焊一条焊缝，采用锯齿形或椭圆形运条法短弧焊接操作，在焊接过程中使坡口两侧各熔化 1.5～2mm。在采用锯齿形摆动运条的同时，要不断地转动焊工的手腕和手臂，使焊缝成形良好，当焊条摆动到两端时，要稍做停留，防止咬边产生。焊前注意将打底层焊缝的焊渣及飞溅物等清理干净，用角磨砂轮修磨向上凸的接头焊缝。

盖面层焊缝以 6、12 点钟位置为界分为两个半圆（左半圆和右半圆)，左半圆的焊接顺序为 6 点钟→7 点钟→8 点钟→9 点钟→10 点钟→11 点钟→12 点钟；右半圆的焊接顺序为 6 点钟→5 点钟→4 点钟→3 点钟→2 点钟→1 点钟→12 点钟。左、右两个半圆，先从哪半圆开始焊接均可以。先焊接的半圆为前半圆，后焊接的半圆为后半圆。左半圆的引弧点为 5～6 点钟位置；右半圆的引弧点为 7～6 点钟位置。两个半圆在 6 点钟和 12 点钟相交处，必须搭接 15～25mm。

(5) 焊接参数

打底层焊缝、盖面层焊缝焊接参数见表 1-33。

(6) 焊缝清理

焊完焊缝后，用敲渣锤清除焊渣，用钢丝刷进一步将焊渣、焊接飞溅物等清理干净，使焊缝处于原始状态，交付专职检验前不得对各种焊接缺陷进行修补。

16.2.20 40Cr 钢与 35 钢的焊接操作

由异种钢焊成的承受压力为 9.8MPa 的气缸是卷板机上的重要构件之一。其结构尺寸如图 16-54 所示。该气缸的缸体材料为 40Cr 钢，两端的法兰板材料为 35 钢。因为在焊后需对气缸内孔及其两端尘兰板进行机械加工，所以在焊接过程中，既要为保证承受压力而避免焊接缺陷，又要为保证焊缝及其热影响区的焊后机械加工性而选择适宜的焊接材料和焊后的热处理措施。

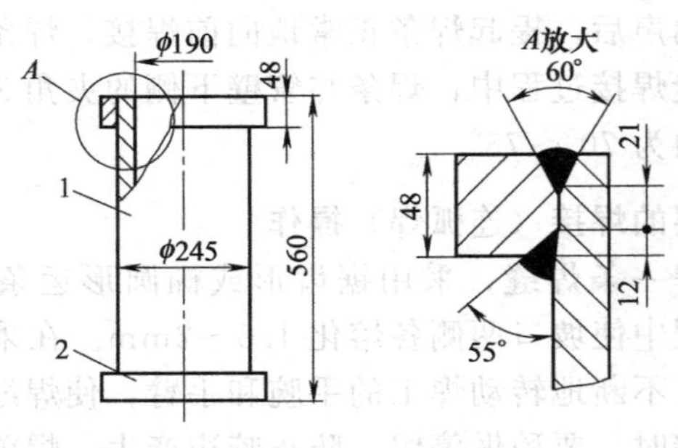

图 16-54　气缸结构尺寸

1—缸体；2—法兰

根据上述情况，全部采用焊条电弧焊，具体工艺措施及焊接参数如下：

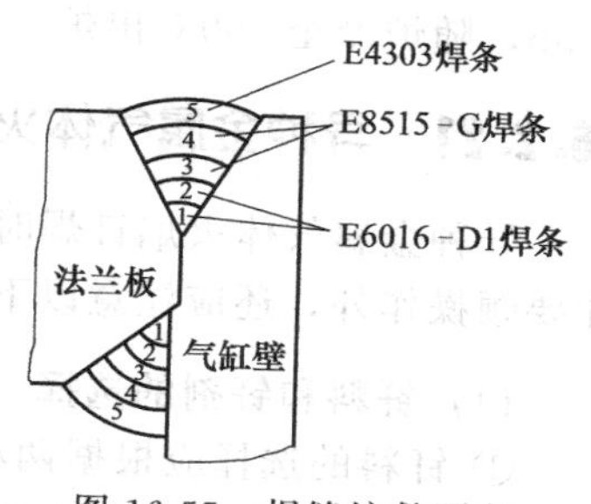

图 16-55　焊缝熔敷顺序

① 根据 40Cr 钢与 35 钢的焊接特点及其技术要求，选择的坡口形式和尺寸如图 16-54 中 *A* 部放大图所示。选择的三种焊条为；第 1、2 层选用延伸率、冲击韧度、强度等综合性能较高的 E6016-D1 焊条；第 3、4 层选用高强度的 E8515-G 焊条；盖面层选用强度与硬度均低的 E4303 焊条。将选用的直径为 4mm 焊条分别在 250℃和 350℃条件下烘焙 2h。

② 各种焊条牌号的焊接电流、焊接极性、焊接层间温度的选择如表 16-38 所示。

表 16-38　各种焊条牌号的焊接参数

焊条牌号	焊条直径/mm	焊接电流/A	焊接极性	层间温度/℃
E6016-D1	4	180	直流正接	120
E8515-G	4	180	直流反接	120
E4303	4	200	直接正接	120

③ 用钢丝刷清理坡口，将气缸体立置于两法兰之间，进行装配。

④ 先用三把 H01-20 焊炬对气缸接头位置进行预热，预热温度为 200℃（当气温低于 21℃时，预热温度应为 300℃）。然后再以直径为 4mm 的 E6016-D1 焊条在接头处进行定位焊。

⑤ 在无风的条件下，按图 16-55 所示熔敷顺序施焊。

a. 先将气缸任意一端朝上，使焊缝处于平焊位置，以直径为 4mm 的 E6016-D1 焊条焊接上、下法兰板两条朝上环缝的第 1、2 层。然后将气缸翻转 180°，焊接另两条环缝的第 1、2 层。

b. 按上述方法，用直径为 4mm 的 E8515-G 焊条施焊四条环缝的第 3、4 层。

c. 再以同样的方法用直径为 4mm 的 E4303 焊条焊接各条环缝的盖面层。

⑥ 施焊时要控制缸体（40Cr 钢）的熔化量，只要能熔合就可以，否则易产生裂纹。

⑦ 焊后立即将工件入炉进行退火处理，其温度为 500℃，保温

2.5h，随炉冷至250℃出炉。

16.2.21 异种金属气体火焰钎焊操作

异种金属气体火焰钎焊时，除了需按同种金属气体火焰钎焊的操作要领操作外，还应注意以下几点。

(1) 钎料和钎剂的选择

① 钎料的选择应根据两种母材的材质及钎焊接头的使用要求来确定，通常可参照表16-39选用。

② 钎剂的选择除考虑钎料的种类外，还应考虑到两种母材的材质，所选用的钎剂应能同时清除两种母材的氧化物。

(2) 装配间隙的确定

① 可以参照表14-3选定。

② 应根据两种金属材料的线胀系数来确定装配间隙的大小。

(3) 套接接头的应用

异种金属钎焊时，若采用套接接头，则一般应把熔点低、导热性差的材料套入熔点高、导热性好的材料内，以便于钎焊时加热。

(4) 钎焊时的加热

为保证钎焊接缝处能均匀地加热到钎焊温度，应对热导率大的母材进行预热或将钎焊火焰偏向热导率大的母材。

16.2.22 不锈钢与铅的钎焊操作

在石油、化工等行业使用的耐腐蚀的管道，是由18-8型不锈钢管与铅管采用钎焊焊接而制成的。不锈钢管与铅管的钎焊结构如图16-56所示。

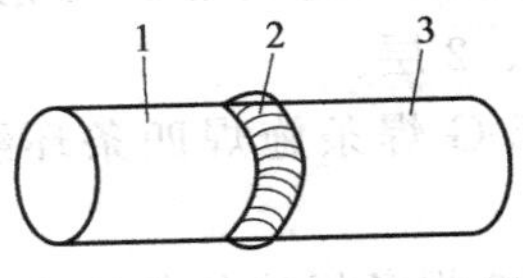

图16-56 不锈钢管与铅管的钎焊结构
1—不锈钢（18-8型）管；2—钎焊接头；3—铅管

(1) 操作准备

① 焊前将两种母材金属接头表面用机械方法（如刮刀）去除氧化膜。当铅板厚度在5mm以下时，刮净范围为20～25mm；板厚为5～8mm时，刮净范围为30～35mm；板厚为9～12mm时，刮净范围为

表 16-39　根据母材金属的类别选择钎料

母材类别	铝及其合金	碳钢	铸铁	不锈钢	耐热合金	硬质合金	铜及其合金
铝及其合金	铝基钎料（如 HL401① 等）锡锌钎料（如 HL501① 等）锌铝钎料	—	—	—	—	—	—
碳钢	锡锌钎料 锌镉钎料 锌铝钎料	锡铝钎料（HL603 等）黄铜钎料（如 HL101① 等）银钎料（如 HL303）	—	—	—	—	铜磷钎料（如 HL201 等）黄铜钎料（如 HL103 等）银钎料（如 HL303 等）
铸铁	不推荐	黄铜钎料（如 HS221 等）银钎料 锡铝钎料	黄铜钎料（如 HS221 等）银钎料 锡铅钎料	—	—	—	黄铜钎料 银钎料 锡铅钎料
不锈钢	不推荐	锡铅钎料 黄铜钎料 银钎料	锡铅钎料 黄铜钎料 银钎料	黄铜钎料（如 HL101① 等）银钎料（如 HL312① 等）锡铅钎料（如 HL603 等）	—	—	锡铅钎料 黄铜钎料 银钎料
耐热合金	不推荐	黄铜钎料 银钎料	黄铜钎料 银钎料	黄铜钎料 银钎料	黄铜钎料 银钎料	黄铜钎料 银钎料（如 HL315① 等）	银钎料
铜及其合金	锡锌钎料 锌镉钎料 锌铝钎料	—	—	—	—	—	铜磷钎料（如 HL201 等）黄铜钎料（如 HL103 等）银钎料（如 HL303 等）锡铅钎料

① 此类钎料没有国标对应的牌号。

35～40mm。

② 钎料选用成分（质量分数）为50%锡（Sn）、50%铅（Pb）的焊丝，也可选用纯铅棒。选用钎剂牌号为QJ102，可有效地清除氧化膜，增加熔态钎料的流动性。

③ 钢板和铅板可采用对接或搭接接头；钢管与铅管钎焊一般应采用搭接接头。

(2) 操作要点

① 钢与铅钎焊时，用氢氧焰或氧-乙炔焰做加热热源。目前也有采用液化石油气（C_3H_8 等）作为热源的，焊接效果很好，而且焊接成本显著降低。

② 在加热和钎焊的过程中，铅与硫、硒和碲元素化合，形成各种化合物，对焊接不利，应边焊边用钎剂去除。

③ 钎焊时，由于铅及铅所形成的各种化合物均有毒，因此必须采取强力通风，除掉粉尘和烟雾，保证焊接顺利进行。

不锈钢与铅的钎焊焊接规范和工艺参数详见表16-40。

表16-40 不锈钢（18-8型）与铅的钎焊焊接规范和工艺参数 mm

两种母材的厚度	钎料成分	钎料直径	热源种类	氢氧焰	氧-乙炔焰
				焊嘴直径	焊嘴直径
1+1	Pb-Sn或纯Pb	2	氢-氧焰 氧-乙炔焰 液化气焰	0.5	0.5
2+2		2		0.5	0.5
3+3		3		0.5	0.5
4+4		3		0.8	0.5
5+5		4		1.1	0.75
6+6		5		1.5	0.75
7+7		5		1.5	0.75
8+8		5		1.5	0.75
9+9		5		1.5	0.75
10+10		6		1.6	1.25
11+11		6		1.6	1.25
12+12		7		1.9	1.25
16+16		8		2.0	1.25
18+18		10		2.0	1.25
20+20		10		2.3	1.5
25+25		12		2.5	1.5
30+30		14		2.5	2.0
35+35		16		2.5	2.0
40+40		16		2.5	2.5

16.3 有色金属焊接基本技能

16.3.1 铜及铜合金的焊接操作

(1) 焊前准备

1）焊前预处理　吸附在焊丝和焊件坡口两侧 30mm 范围内表面的油脂、水分及其他杂质以及金属表面的氧化膜都必须在焊前进行仔细的清理，直至露出金属光泽。

2）设置垫板　焊接熔池中铜液的流动性很好，为防止铜液从坡口背面流失，保证焊缝成形，特别是在焊接厚板及单面焊要求背面成形时，接头的根部应设置垫板。

常用的垫板有：纯铜垫、钢垫、石墨垫、炭精垫、石棉垫及焊剂垫。

3）焊前预热　焊接铜和大多数铜合金时应在焊前或多层焊的层间对焊件进行预热，目的是减缓焊接时的热量散失，防止产生未焊透的缺陷。

① 预热温度要根据材料的热导率和焊件的厚度来确定。

② 预热的方法根据焊件的结构而定。

4）电流极性　铜及铜合金焊接时电源应采用直流反接。如采用正接，则电弧不稳定，焊缝成形恶化，并容易产生未焊透和夹渣等缺陷。

5）上坡焊和下坡焊　由于铜及铜合金在熔化状态流动性很好，如果采用下坡焊，则铜液会流向焊道前方，阻碍电弧穿透，导致产生严重的焊不透现象。上坡焊时，铜液流向焊道后方，使电弧能深入熔池底部，有利于背面焊透。因此，铜及铜合金焊接时，应采用平焊或5°～10°的上坡焊。

(2) 纯铜焊接的操作

纯铜可以采用大多数弧焊方法进行焊接，其中尤以手工钨极氩弧焊的焊接质量为最高；碳弧焊也有一定程度的应用；厚板焊接可采用埋弧焊；焊条电弧焊目前用得较少。

1）纯铜手工钨极氩弧焊的操作　钨极氩弧焊多用于焊接较薄的焊件和厚件底层焊道，是焊接厚度小于3mm的薄件结构的最有效方法。

① 焊接参数的选用　纯铜手工钨极氩弧焊焊接参数的选用见表16-41。

表 16-41　焊接参数的选用

板厚/mm	钨极直径/mm	焊丝直径/mm	焊接电流/A	Ar气流量/(L/min)	预热温度/℃	备注
0.3～0.5	1	—	30～60	8～10	不预热	卷边接头
1	2	1.6～2.0	120～160	10～12	不预热	—
0.5	2～3	1.6～2.0	140～180	10～12	不预热	—
2	2～3	2	160～200	14～16	不预热	—
3	3～4	2	200～240	14～16	不预热	双面成形
4	4	3	220～260	16～20	300～350	双面焊
5	4	3～4	240～320	16～20	350～400	双面焊
6	4～5	3～4	280～360	20～22	400～450	—
10	5～6	4～5	340～400	20～22	450～500	—
12	5～6	4～5	360～420	20～24	450～500	—

② 操作

a. 引弧。在引弧处旁边应首先设置石墨块或不锈钢板，电弧应先在石墨板或不锈钢板上引燃，待电弧燃烧稳定后，再移到焊接处。不要将钨极直接与焊件引弧，以防止钨极粘在焊件上或钨极成块掉入坡口使焊缝产生夹钨。

b. 施焊。操作时采用左向焊法，即自右向左焊。焊接平焊缝、管子环缝、搭接角焊缝时，焊枪、焊丝和焊件之间的相对位置分别见图16-57～图16-59。喷嘴与焊件间的距离以10～15mm为宜。这样既便于操作和观察熔池情况，又能使焊接区获得良好的保护。

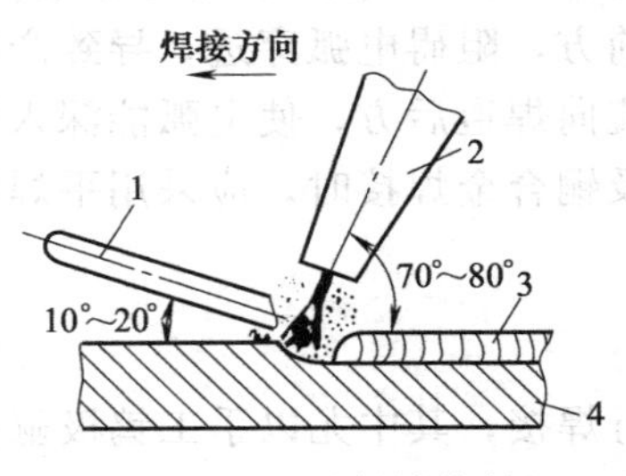

图 16-57　平焊缝施焊

1—焊丝；2—焊枪；3—焊缝；4—焊件

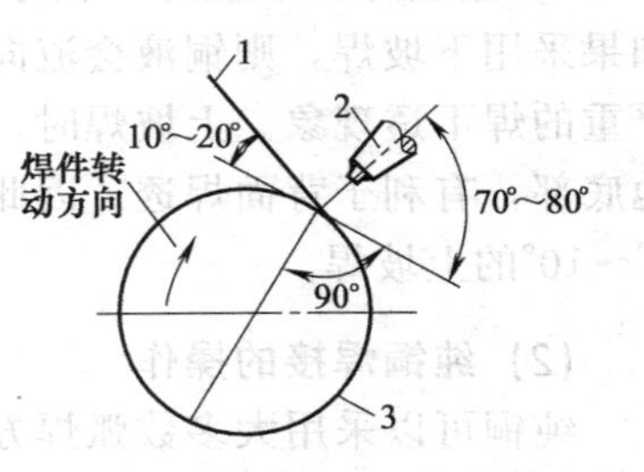

图 16-58　管子环缝施焊

1—焊丝；2—焊枪；3—焊件

开始焊接时，焊接速度要适当慢一些，以使母材得到一定的预热，保证焊透和获得均匀一致的良好成形，然后再逐步加快焊接速度。为了防止焊缝始端产生裂纹，在开始焊一小段焊缝（长 20～30mm）后稍停，使焊缝稍加冷却再继续焊接；或者把焊缝的始焊端部分留出一段不焊，先焊其余部分，最后以相反方向焊接始焊部分。

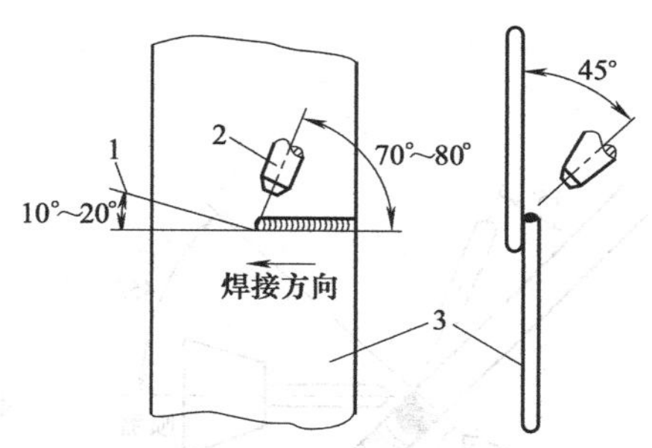

图 16-59　搭接角焊缝施焊

1—焊丝；2—焊枪；3—焊件

操作过程中，焊枪始终应均匀、平稳地向前做直线移动，并保持恒定的电弧长度。进行不填加焊丝的对接焊时，弧长保持为 1～2mm；填加焊丝时，弧长可拉长至 2～5mm，以便焊丝能自由伸进。焊枪移动时，可作间断的停留，当母材达到一定的熔深后，再填加焊丝，向前移动。填加焊丝时要配合焊枪的运行动作，再填加焊丝，向前移动。填加焊丝时要配合焊枪的运行动作，当焊接坡口处尚未达到熔化温度时，焊丝应处于熔池前端的氩气保持区内；当熔池加热到一定温度后，应从熔池边缘送入焊丝。如发现熔池中混入较多杂质时，应停止填加焊丝，并将电弧适当拉长，用焊丝挑去熔池表面的杂质。熔池不清时，不填加焊丝。

纯铜焊接时，严禁将钨极与焊丝或钨极与熔池直接接触，不然会产生大量的金属烟尘，落入熔池后，焊道上会产生大量蜂窝状气孔和裂纹。如果产生这种现象，则应立即停止焊接，并更换钨极或将钨极尖端重新修磨，达到无铜金属为止，还应将受烟尘污染的焊缝金属铲除干净。

焊接厚度较大的焊件时，可使焊件倾斜 45°，先让其中一个焊工专门从事预热操作，用氧-乙炔焰加热焊件，见图 16-60；或者将焊件直立，然后由两名焊工从两侧对接头的同一部位进行焊接，见图 16-61。这样既能提高生产率，又能改善劳动条件，并且还可以不清焊根。

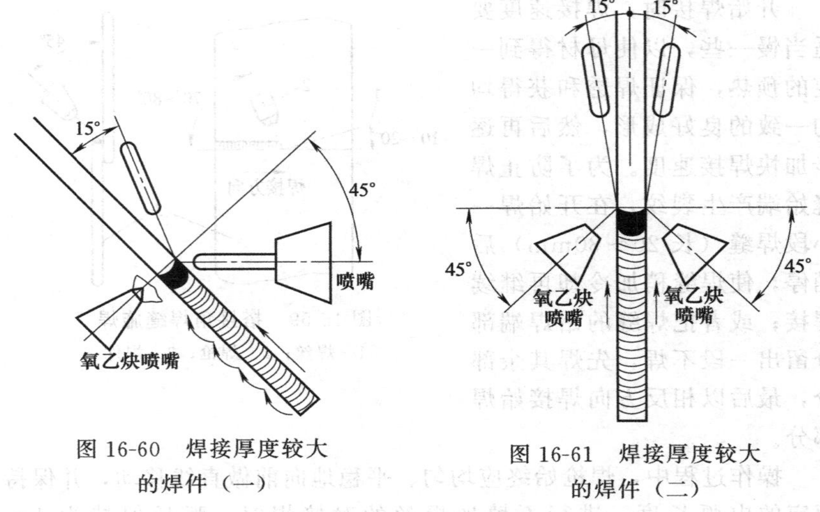

图 16-60 焊接厚度较大的焊件（一）

图 16-61 焊接厚度较大的焊件（二）

2）纯铜碳弧焊的操作 碳弧的功率比气体火焰大，热量比较集中，因此在提高生产率、减少焊件受热变形和防止接头过热方面都比气焊有明显的优点。

① 设备和工具的选择 碳弧焊采用直流电源。由于纯铜导热性好，焊接厚件时要选用大电流，因此常配备大功率的直流弧焊电源。

碳弧焊所用的焊钳见图 16-62。电极用螺钉固定在焊钳头部的铜套上，铜套外面焊上一圈小纯铜管，内通循环冷却水，用以冷却焊钳，在小铜管上再套绝缘材料做的手把。

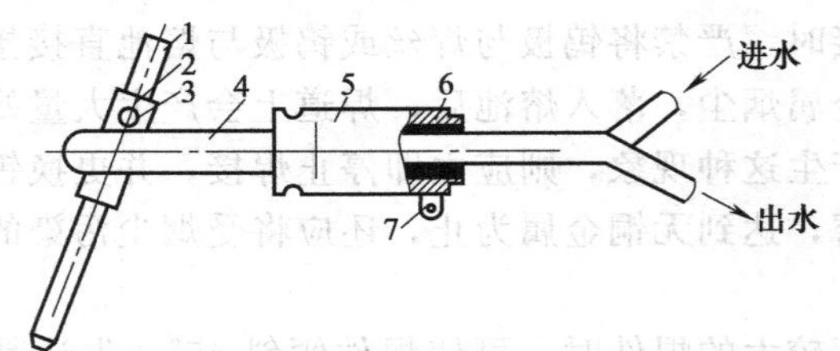

图 16-62 焊钳

1—电极；2—铜套；3—螺钉；4—纯铜管；5—绝缘手把；6—石棉；7—接线端

碳弧焊用的电极有炭精电极和石墨电极两种，电极的形状见图 16-63。电极直径为 10～20mm，长 200～500mm，末端加工成 20°～

30°的顶角，顶角过小，电极容易烧损；顶角过大，会引起电弧不稳。石墨电极允许使用的电流密度（2～6A/mm²）比碳极（1～2A/mm²）高得多，所以在生产中应推广使用石墨电极。

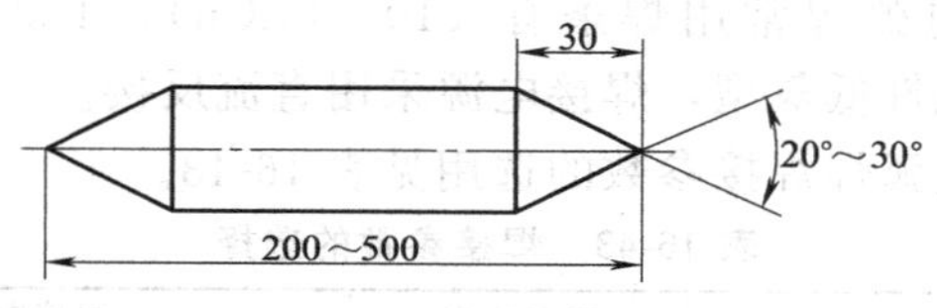

图 16-63　电极形状

② 焊接参数的选用　纯铜碳弧焊的焊接参数见表 16-42。

表 16-42　焊接参数的选用

厚度 /mm	焊丝直径 /mm	电极直径/mm		焊接电流 /A	电弧电压 /V	预热温度 /℃
		炭精极	石墨极			
1～2	2	15	12	140～180	32～38	200～300
2～5	2～3	15	12	220～300	32～38	200～300
6～8	4	18	15	320～380	35～40	300～400
9～10	5	22	18	450～550	40～42	300～400

③ 操作　将电极夹在电焊钳中，电极的伸出长度控制为 100～150mm。施焊时，弧长要稍微拉得长一些，通常为 20～40mm，这样可以防止在焊缝中产生气孔。如用短弧焊来焊接纯铜，则由于距离电极约 12mm 的电弧区域内充满着碳极烧损所生成的 CO，这种 CO 溶解在铜液中，会在焊缝中产生气孔。当用长弧焊时，由于在超过 12mm 以外的电弧区域内，CO 的含量大大减少，因此焊缝质量较好。但是应注意，电弧过长容易引起磁偏吹，使焊工的操作难度增加。

铜在高温（400～700℃）时有脆性，所以焊后不要立即搬动焊件，待冷却到 400℃以下（呈灰黑色）时再放入水中急速冷却。

纯铜碳弧焊时，因为焊接电流大，热量集中，弧光辐射很强，又有 CO、CO_2、熔剂的蒸汽等气体，对焊工身体健康有害，所以焊接区应加强防护和通风。

纯铜碳弧焊后应进行锤击和热处理，以改善焊缝金属的组织，提高接头的力学性能。

3）纯铜焊条电弧焊的操作　焊条电弧焊虽是一种既简单又灵活

的焊接方法，但对于纯铜的焊接却不推荐使用，原因是用焊条电弧焊焊接纯铜的焊缝含氧、氢量较高，不但容易出现气孔，而且焊后接头的强度低，导电、导热性严重下降。

纯铜焊条电弧焊常用焊条有 T107（ECu）、T207（ECuSi）两种，药皮都是碱性低氢型，焊接电源采用直流反接。

纯铜焊条电弧焊焊接参数的选用见表 16-43。

表 16-43 焊接参数的选择

板厚/mm	坡口形式	焊条直径/mm	焊接电流/A	
			预热	不预热
2	I形	3.2	—	100～150
3	I形	3.2～4	100～160	160～210
4	I形	4	140～180	200～260
5	Y形	4～5	180～240	—
6	Y形	4～5	200～280	—
8	Y形	5～6	200～280	—
10	Y形	5～6	200～280	—
22	双Y形	4～6	240～280	—

板厚大于 3mm 的焊件，焊前必须预热。焊接时，焊件背面应采用衬垫。

操作时应当用短弧，焊条不宜做横向摆动，可沿焊缝做往复直线运动，以改善焊缝成形，同时可延长使焊缝处于液态的时间，有利于熔池中的气体逸出。

长焊缝应采用逐步退焊法。应尽可能采用较快的焊接速度，更换焊条的动作要迅速。多层焊时，必须彻底清除层间焊渣。

焊接操作应在空气流通的场所进行，或者采用人工通风，以排除油尘及有害气体。

焊后可用平头锤锤击焊缝，以消除应力和改善焊缝质量。

4）纯铜埋弧焊的操作 埋弧焊适用于厚度为 6～30mm 纯铜板的焊接，厚度在 20mm 以下的焊件可以在不预热和开 I 形坡口的工艺下获得优质接头，使焊接工艺大为简化。

纯铜埋弧焊采用 T1、T2 纯铜丝，TP 磷脱氧铜丝；焊剂采用标准的高硅高锰焊剂 HJ431，即能获得满意的结果。对于接头性能要求高的焊件，宜选用焊剂 HJ260、HJ250。

厚度大于 20mm 的纯铜板应开坡口，坡口形式应选用带钝边的

U 形，钝边为 5～7mm，施焊时采用较大的焊接电流和较高的电弧电压，焊件背面采用焊剂垫。由于纯铜的导热性好，在不预热的条件下进行双面焊时，在焊缝中容易产生未焊透、夹杂和气孔等缺陷，因此应尽可能地采用单面焊双面成形的操作工艺。

纯铜埋弧焊焊接参数的选用见表 16-44。

表 16-44　焊接参数的选用

板厚/mm	接头、坡口形式	焊条电流/A	焊接电压/V	焊接速度/(m/h)
5～6	对接,I 形	500～550	38～42	45～40
10～12	对接,I 形	700～800	40～44	20～15
16～20	对接,I 形	850～1000	45～50	12～8
25～30	对接,U 形	1000～1100	45～50	8～6
35～40	对接,U 形	1200～1400	48～55	6～4
16～20	对接,单面焊	850～1000	45～50	12～8
25～30	角焊,U 形	1200～1400	48～55	8～6
35～40	角焊,U 形	1200～1400	48～55	6～4
45～60	角焊,U 形	1400～1600	48～55	5～3

5）纯铜熔化极氩弧焊的操作

① 纯铜的熔化极氩弧焊应选择 HSCu（HS201）焊丝，该焊丝含有磷、锰、锡等脱氧元素，焊接脱氧铜时，焊丝中残存的磷有助于提高焊缝的力学性能和减少气孔的产生。

② 纯铜用熔化极氩弧焊时，可选用氩气作为保护气体，在允许预热或要求获得较大焊缝熔深时，可采用体积分数为 30% 的氩与 70% 的氦的混合气体作为保护气体进行焊接。

③ 为了提高焊接生产效率，焊接同样厚度的纯铜焊件，焊接电流将增加 30%，焊接速度可以提高 1 倍。

(3) 黄铜焊接的操作

1）黄铜手工钨极氩弧焊的操作　手工钨极氩弧焊可以焊接黄铜结构，也可以进行黄铜缺陷的补焊。

施焊时，可以选用标准黄铜焊丝 HS221、HS222 和 HS224。这些焊丝的含锌量较高，为了抑制锌的蒸发和烧损，可选用不含锌的焊丝。对普通黄铜，采用无氧铜加脱氧剂的锡青铜焊丝 HS220（SCuSnA）；对高强度黄铜，采用青铜加脱氧剂的硅青铜焊丝，如 HS211、SCuSi、RCuSi 等。

焊接电源采用直流正接或交流。用交流电焊接时，锌的蒸发比用直流正接时少。

由于锌的蒸发会破坏氩气的保护效果，因此焊接黄铜时应选用较大的喷嘴孔径和氩气流量。

焊前一般不预热，只有焊接板厚大于10mm的接头和焊接边缘厚度相差比较大的接头时才需预热，后者只预热焊件边缘较厚的零件。

焊接参数宜采用较大的焊接电流和较快的焊接速度。16～20mm厚黄铜板的焊接参数为：焊接电流为260～300A，钨极直径为5mm，焊丝直径为3.5～4.0mm，喷嘴孔径为14～16mm，氩气流量为20～25L/min。

为减少锌的蒸发，操作时可将填充焊丝与焊件短接，在填充焊丝上引弧和保持电弧，尽可能避免电弧直接作用到母材上，母材主要靠熔池金属的传热来加热熔化。施焊时，应尽可能进行单层焊，板厚小于5mm的接头最好能一次焊成。

焊后焊件应加热到300～400℃进行退火处理，消除焊接应力，以防止黄铜机件在使用中破裂。

2）黄铜碳弧焊的操作　操作时，碳极、焊丝与焊件之间的相对位置见图16-64，施焊过程中，焊丝端头应位于熔池上面，使金属呈细滴过渡到熔池中去。焊丝不能伸入熔池，以免焊缝产生夹渣。

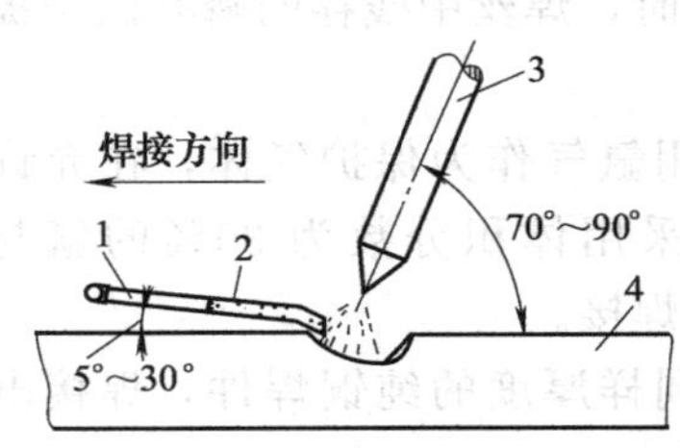

图16-64　黄铜碳弧焊的操作

1—焊丝；2—熔剂；3—炭极；4—焊件

黄铜的焊接与纯铜不相同，宜用短弧操作，这样可以稳定电弧，有利于热量集中，提高焊接速度。当黄铜中含锌量增加时，弧长应该减小，以减少锌的蒸发和烧损。

操作时，应尽可能采用大的焊接参数，预热温度应控制为300～500℃。

3）黄铜焊条电弧焊的操作

① 焊条选用青铜芯焊条T207、T227。

② 黄铜导热性比纯铜差，但为了抑制锌的蒸发，也应预热至

200～400℃。

③ 操作时应采用较小的焊接电流。板厚为2mm时，焊接电流为50～80A；板厚为3mm时，焊接电流为60～90A。

④ 焊接电源采用直流正接。

⑤ 焊前焊件表面应做仔细清理，清除一切会产生氢气的油类杂质。

⑥ 坡口角度不应小于60°～70°。

⑦ 操作时应当用短弧焊接，焊条不做横向和前后摆动，只做沿焊缝的直线移动。焊接速度要快，不应低于0.2～0.3m/min。

⑧ 多层焊时，层与层之间的氧化膜及渣应清除干净，特别是用铝锰铁黄铜芯焊条时，因含Al会产生Al_2O_3夹渣。

⑨ 黄铜的液态流动性大，故熔池最好处于水平位置，若熔池必须倾斜，则倾角不应大于15°。

⑩ 与海水、氨气等腐蚀介质接触的黄铜焊件，焊后必须退火，以消除焊接应力，减少腐蚀。

(4) 青铜焊接的操作

除铜锌、铜镍合金以外的铜合金，统称青铜。青铜的焊接主要用于铸件缺陷和损坏机件的补焊。

1）锡青铜焊接的操作　锡青铜在高温下的强度和塑性都较低，具有较大的热脆性，因此焊接时容易产生热裂纹。

为防止产生焊接裂纹，焊接时需要将焊件垫平，操作过程中严防冲撞焊件，焊后也不要将焊件立即搬动。对于刚度大的焊件，可进行适当的预热，但预热温度不应超过200℃。一般青铜件焊前不预热。

焊后将焊件加热到480℃，快冷至室温，可提高焊缝金属的塑性和抗应力腐蚀的能力。

① 锡青铜手工钨极氩弧焊的操作

a. 焊前清理缺陷、油污和氧化物。如缺陷是裂纹，则应将裂纹批铲干净，并开90°坡口。

b. 青铜自身所含合金元素就具有较强的脱氧能力，所以焊丝成分只需补足氧化烧损部分，其合金元素含量略高于母材即可。常用焊丝牌号为SCuSn、RCuSn。

焊丝使用前应用酸洗法清洗，清洗时先用硫酸15%（质量分数）加氯化铵6%（质量分数）的水溶液清洗，再用热水把残留的溶液洗去。经酸洗后的焊丝应尽快使用，存放时间不可过长。

c. 焊接参数的选用见表16-45。

表16-45 焊接参数的选用

板厚/mm	钨极直径/mm	焊丝直径/mm	焊接电流/A	氩气流量/(L/min)
0.3～1.5	3.0	—	90～150	12～16
1.5～3.0	3.0	1.5～2.5	100～180	12～16
5	4	4	160～200	14～16
7	4	4	210～250	16～20
12	5	5	260～300	20～24

d. 焊接电源采用直流正接，按常规氩弧焊技术操作。

e. 每焊完一层后，必须用钢丝刷仔细清理焊道。

f. 焊后将焊件放在200℃的炉中缓冷。

② 锡青铜焊条电弧焊的操作

a. 焊条选用T227。

b. 焊件坡口应仔细清理，直至露出金属光泽。

c. 对于穿透性缺陷和零件边缘位置的缺陷，以及焊接部位金属的厚度不足8mm时，需用垫板或成形挡板。

d. 焊接参数的选用见表16-46。

表16-46 焊接参数的选用

板厚/mm	坡口形式	焊条直径/mm	焊接电流/A
1.5	I形	3.2	60～100
3	I形	3.2～4	80～150
4.5	Y形	3.2～4	150～180
6	Y形	4～6	200～300
12	Y形	6	300～350

e. 焊件焊接部位的刚度不大时，焊前可不预热。对于壁厚及刚度较大的焊件，焊前必须预热至100～200℃，否则容易产生裂纹。

f. 操作时焊条做直线运动，不做横向摆动，以窄焊道施焊，并注意保持层间温度为150～200℃。

2）铝青铜焊接的操作　焊接铝青铜的主要困难是铝的氧化。焊接时铝与氧形成致密而难熔的Al_2O_3，熔滴表面上的Al_2O_3阻碍母材与熔滴金属的熔合；熔池表面上的Al_2O_3薄膜阻碍热源对熔池的加热，并使熔渣变黏，使焊缝易产生气孔和夹渣，恶化焊缝成形。

① 铝青铜手工钨极氩弧焊的操作

a. 采用铝青铜焊丝 SCuAl 或与母材成分相同的材料做填充焊丝。

b. 板厚小于 3mm 时开 I 形坡口，板厚大于 4mm 时开 Y 形坡口，焊接参数的选用见表 16-47。

表 16-47　焊接参数的选用

板厚 /mm	钨极直径 /mm	焊丝直径 /mm	焊接电流 /A	氩气流量 /(L/min)
1.5	3	2	100～130	8～10
3	3	2～3	120～160	12～16
4.5	3～4	2～3	150～220	12～16
6	4	3	180～250	16～20
9	4	3～4	250～300	18～22
12	4	4	270～330	20～24

c. 厚度小于 12mm 的焊件焊前可不预热；当焊件厚度大于 12mm 时，应预热至 150～300℃。

d. 焊前应仔细清理焊丝和焊件坡口面，可分别采用化学方法或机械方法，但用钢丝刷不能清除致密坚固的氧化膜。

e. 操作时通常使用交流电源。如采用直流，则极性应反接，这样在焊接过程中对焊接区的氧化物有清理作用。

操作技术与常规氩弧焊相同。

② 铝青铜焊条电弧焊的操作

a. 焊条选用 T237。

b. 焊接参数的选用见表 16-48。

表 16-48　焊接参数的选用

板厚/mm	坡口形式	焊条直径/mm	焊接电流/A
2	I 形	3.2	60～90
4	I 形	3.2～4	120～150
6	Y 形	5	230～250
8	Y 形	5～6	250～280
12	Y 形	5～6	280～300

c. 焊前应清理焊件的坡口面，去除一切氧化物及污物。

d. 板厚大于 12mm 的焊件，焊前应预热至 200～500℃。

e. 焊接电源采用直流反接。操作时，焊条不做横向摆动。多层焊时，必须严格做好层间清理工作。

f. 焊后进行加热至520℃的退火处理，随后吹风冷却。

(5) 焊后处理

铜及铜合金焊后，为了减小焊接应力，改善焊接接头的性能，可以对焊接接头进行热态和冷态的锤击，锤击的效果如下：

① 纯铜焊缝锤击后，强度由205MPa提高至240MPa，而冷弯角由180°降至150°，同时，塑性也有所下降。

② 对有热脆性的铜合金进行多层焊时，可以采取每层焊后都进行锤击，以减小焊接热应力，防止出现焊接裂纹。

③ 对要求较高的铜合金焊接接头，应在焊后采用高温热处理，消除焊接应力和改善焊后接头的韧性。如：

a. 锡青铜焊后加热至500℃，然后快速冷却，可以获得最大的韧性。

b. 对于铝的质量分数为7%的铝青铜厚板焊接，焊后要经过600℃退火处理，并且用风冷消除焊接内应力。

16.3.2 铝及铝合金的焊接操作

(1) 焊前准备及焊后处理

为解决铝及铝合金焊接时的一系列难题，必须采取下列比较特殊的操作措施：

1）焊前预处理　焊前严格清除焊件接头及焊丝表面的氧化膜和油污，是保证焊缝熔合良好、避免缺陷的重要措施。

生产中常用的表面清理方法有化学清洗和机械清理两种。

① 化学清洗　铝及铝合金的化学清洗流程见表16-49。

② 机械清理　当焊件尺寸较大、生产周期较长、多层焊或化学清洗后表面又被污染时，常采用机械清理。

机械清理的方法是：先用有机熔剂（丙酮或汽油）擦拭表面以脱脂，随后直接用ϕ0.15mm的铜丝或不锈钢丝刷子刷，一直要刷到露出金属光泽为止；但是不宜用砂轮或砂纸等打磨，因为砂粒留在金属表面，焊接时会产生夹渣等缺陷；此外，也可用刮刀清理焊件表面。

表 16-49 化学清洗流程

工序 材料	脱脂	碱洗			冲洗	中和光化			冲洗	干燥
		溶液成分（质量分数）	温度/℃	时间/min		溶液成分（质量分数）	时间/min	温度/℃		
纯铝	汽油，煤油，丙酮	6%～10% NaOH	40～60	≤20	流动清水	30% HNO_3	1～3	室温或40～60	流动清水	风干或低温干燥
铝镁、铝锰合金	脱脂剂	6%～10% NaOH	40～60	≤7	流动清水	30% HNO_3	1～3	室温或40～60	流动清水	风干或低温干燥

对于开坡口的厚板，除清理坡口两侧表面外，不能忽视坡口面的清理。

焊件和焊丝清洗后到焊接前的存放时间应尽量缩短，在气候潮湿的情况下，一般应在清理后 4h 内施焊。对清理后存放时间过长的焊件、焊丝，需要重新处理。

2）采用垫板　垫板可采用石墨板、不锈钢或碳钢等材料制作。垫板表面开一个圆弧形槽，如图 16-65 所示，以保证焊缝反面成形。

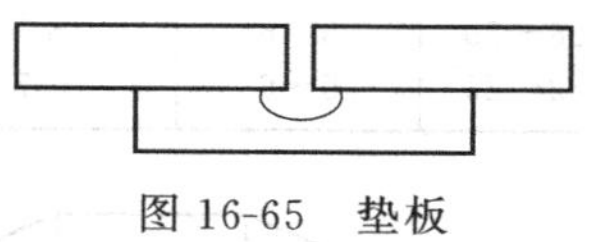

图 16-65　垫板

3）焊前预热　薄、小铝件焊前一般不预热。厚度超过 5～10mm 的厚大铝件，焊前应进行预热，预热温度为 100～300℃，一般预热温度可根据不同的铝合金成分而确定。加热方式可采用炉中加热、气体火焰加热或喷打加热等。

(2) 铝及铝合金的焊接操作

1）铝及铝合金手工钨极氩弧焊的操作　手工钨极氩弧焊是铝及铝合金薄板结构较为完善的熔焊方法。由于氩气的保护作用和氩离子对熔池表面氧化膜的阴极破碎作用，不必用熔剂，因而避免了焊后残渣对接头的腐蚀，使焊接接头形式可以不受限制。另外，焊接时氩气流对焊接区域的冲刷，促使焊接接头加速冷却，改善了接头的组织和性能，并减小焊件变形，所以氩弧焊焊接接头的质量较高，并且操作技术也比较容易掌握。但由于不用熔剂，因此对焊前清理的要求比其他焊接方法严格。

① 焊接参数的选用　铝、铝镁合金手工钨极氩弧焊焊接参数的选用见表 16-50。

表 16-50　焊接参数的选用

板厚 /mm	焊丝直径 /mm	钨极直径 /mm	预热温度 /℃	焊接电流 /A	氩气流量 /(L/min)	喷嘴孔径 /mm
1	1.6	2	—	40～60	7～9	8
1.5	1.6～2.0	2	—	50～80	7～9	8
2	2～2.5	2～3	—	90～120	8～12	8～12
3	2～3	3	—	150～180	8～12	8～12
4	3	4	—	180～200	10～15	8～12
5	3～4	4	—	180～240	10～15	10～12
6	4	5	—	240～280	16～20	14～16
8	4～5	5	100	220～260	16～20	14～16
10	4～5	5	100～150	240～280	16～20	14～16
12	4～5	5～6	150～200	260～300	18～22	16～20
14	5～6	5～6	180～200	240～280	20～24	16～20
16	5～6	6	200～220	240～280	20～24	16～20
18	5～6	6	200～240	260～400	25～30	16～20
20	5～6	6	200～260	260～400	25～30	20～22
16～20	5～6	6	200～260	300～380	25～30	16～20
22～25	5～6	6～7	200～260	260～400	30～35	20～22

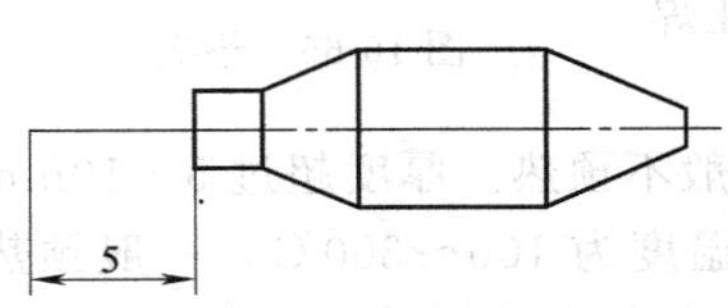

图 16-66　钨极的装夹与调整

② 操作要领　铝及铝合金手工钨极氩弧焊一般采用交流电源，氩气纯度（体积分数）应不低于 99.9%。

a. 焊前检查。开始焊接以前，必须检查钨极的装夹情况，调整钨极的伸出长度在 5mm 左右，见图 16-66。钨极应处于焊嘴中心，不准偏斜，端部应磨成圆锥形，使电弧集中，燃烧稳定。

b. 引弧、收弧和熄弧。采用高频振荡器引弧，为了防止引弧处产生裂纹等缺陷，可先在石墨板或废铝板上点燃电弧，当电弧稳定地燃烧后，再引入焊接区。

焊接中断或结束时，应特别注意防止产生弧坑裂纹或缩孔。收弧时，应利用氩弧焊机上的自动衰减装置，控制焊接电流在规定的时间内缓慢衰减和切断。衰减时间通过安装在控制箱面板上的“衰减”旋钮调节。弧坑处应多加些填充金属，使其填满。如条件许可，可采用引出板。

熄弧后，不能立即关闭氩气，必须要等钨极呈暗红色后才能关闭，这段时间为 5～15s，以防止母材及钨极在高温时被氧化。

c. 操作。焊枪、焊丝和焊件的相对位置，既要便于操作，又要能良好地保护熔池，见图 16-67。焊丝相对于焊件的倾角在不影响送丝的前提下，越小越好。若焊丝倾角太大，则容易扰乱电弧及气流的稳定性，通常以保持 10°为宜，最大不要超过 15°。

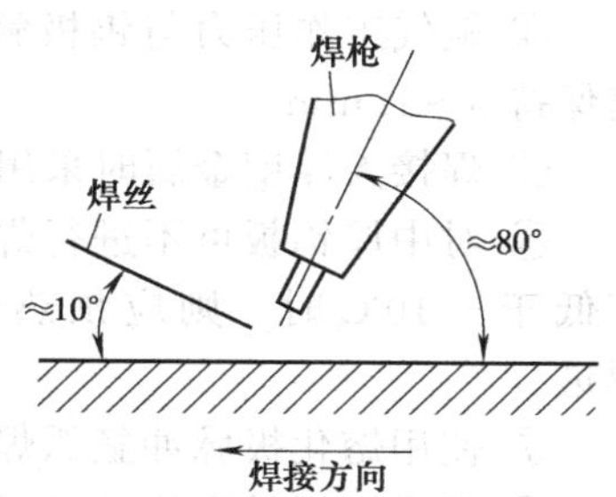

图 16-67　焊接操作

操作时，钨极不要直接触及熔池，以免形成夹钨。焊丝不要进入弧柱区，否则焊丝容易与钨极接触而使钨极氧化，焊丝熔化的熔滴易产生飞溅并破坏电弧的稳弧性；但焊丝也不能距弧柱太远，否则不能预热焊丝，而且容易卷入空气，降低熔化区的热量。最适当的位置，是将焊丝放在弧柱周围的火焰层内熔化。施焊过程中，焊丝拉出时不能拉离氩气保护范围，以免焊丝端部氧化。焊接过程中断重新引弧时，应在弧坑的前面 20～30mm 的焊缝上引弧，使弧坑得到充分的再熔化。

2）铝及铝合金焊条电弧焊的操作　铝及铝合金焊条电弧焊实际应用不大，只是在厚板焊接或厚度较大的铝铸件的补焊时才使用。

① 铝焊条的药皮容易受潮，用前须在 150℃条件下烘干 1～2h。

② 焊前应进行预热，中厚度金属预热温度为 150～300℃，大厚度金属预热温度为 400℃。

③ 焊接电源采用直流反接，焊时不宜做横向摆动，可沿焊缝方向往返运动，焊条须垂直于焊接表面，电弧应尽量短。

④ 焊件厚度在 3mm 以下时，用不开坡口双面焊，焊件厚度大于 4mm 时，应开 V 形坡口；大于 8mm 时，应开 X 形坡口。

⑤ 用对接接头形式时，尽量避免搭接和 T 字形接头。

3）铝及铝合金熔化极氩弧焊的操作

① 熔化极氩弧焊适用于厚度较大的铝及铝合金制件的焊接，多采用喷射过渡，因电流大、电弧热量集中，故熔深大。

② 熔化极氩弧焊采用直流电源反接，有利于氧化薄膜破碎。

③ 熔化极氩弧焊采用直径大于 1.2～1.5mm 的焊丝，可以克服因刚性不足给焊接造成的困难。

④ 氩气工作压力与钨极氩气焊相同。焊炬喷嘴与工件表面的距离保持 5～15mm。

⑤ 焊接大厚度金属时采用氩气与氦气的混合气体（70%He）。

⑥ 对中厚铝板可不进行焊前预热。当板厚大于 25mm 或环境温度低于 －10℃ 时，则应预热焊件至 100℃，以保证开始焊接时能焊透。

⑦ 使用熔化极脉冲氩弧焊时，可焊接厚度小至 1mm 的薄板。

⑧ 可采用焊丝送进速度达 400m/h 的普通焊车和焊接机头进行自动焊或半自动焊。

⑨ 为了提高生产率，在焊接厚板时希望使用大电流。即在喷射过渡的基础上，再继续大大地提高焊接电流密度，就形成大电流熔化极氩弧焊。

4）铝及铝合金碳弧焊的操作

① 碳弧焊所用焊丝、熔剂、接头形式以及焊前准备、焊后清理等与气焊基本相同。

② 一般采用直流正接，使电弧稳定，便于操作。

③ 电极采用炭或石墨，石墨电极允许电流密度为 200～600A/cm^2，炭电极为 100～200A/cm^2。电极尖端的角度为 45°～70°。在工作方便的前提下，电极伸出导电部分应尽量短。

④ 厚度小于 2～2.5mm 时焊件不开坡口，大厚度工件对接时中间应留有间隙或开坡口，坡口角度为 70°～90°。

⑤ 焊接厚铝板时，一般采用双面焊，焊接过程中如发现焊缝温度过高，则需停顿一下，等温度降至 400℃以下，再进行焊接。

5）铝及铝合金点焊和缝焊的操作

① 目前点焊或缝焊多用来焊接搭接板总厚度在 4mm 以下的构件。点焊时，焊前所装配的板件应紧密贴合，每 100mm 长之间的间隙不得超过 0.3mm。

② 焊接热处理强化的铝合金和厚度较大的（如 2.0mm＋2.0mm）热处理不强化的铝合金时，为了消除熔核出现裂纹和缩孔的倾向，应选用有锻压和二次脉冲电流的焊接参数。

③ 点焊刚度较大的结构时，应该选有预压力的焊接参数。

④ 铝合金板的焊点最小间距一般大于板厚的 8 倍。表 16-51 列出了铝合金点焊最小的搭边宽度、焊点间距和排间距离。

表 16-51　铝合金点焊最小的搭边宽度、焊点间距和排间距离 mm

板厚	最小搭边宽度	焊点最小间距	排间最小距离
0.5	9.5	9.5	6
1.0	13	13	8
1.6	19	16	9.5
2.0	22	19	13
3.2	29	32	16

⑤ 缝焊焊接铝及铝合金时，在焊接回路中必须保证通过很大的焊接电流；滚盘电极的压力与焊接同样厚度的低碳钢时的压力相接近；焊接速度比焊接低碳钢的速度低（$v=0.5\sim1.0$m/min），焊接速度随被焊工件厚度的增加而减小。

⑥ 焊接塑性较好的铝及铝合金应采用较小的焊接压力。

⑦ 为防止飞溅，可以适当增加焊接压力和焊接时间（较软的规范）。

（3）焊后清理

焊后留在焊缝及邻近的残存熔剂和焊渣，需要及时清理干净。一般常用的清理方法和步骤如下。

① 在热水中用硬毛刷仔细洗刷焊接接头。

② 在温度为 60～80℃、质量分数为 2%～3%的铬酐水溶液或重铬酸钾溶液中浸洗 5～10min，并用硬毛刷仔细洗刷。

③ 在热水中冲刷、洗涤。

④ 在干燥箱中烘干或用热空气吹干，也可以自然干燥。

某些形状简单、要求不高的产品，也可以采用热水冲刷或蒸汽吹刷等较为简便的方法。

16.3.3 钛及钛合金的焊接操作

（1）焊前准备

1）焊前清理　钛及钛合金焊前，应对待焊处及其周围进行仔细的清理，去除油、污、锈、垢等并保持干燥。

① 除氧化皮　钛及钛合金的氧化皮可以用不锈钢丝刷或锉刀进行清理，也可以用蒸汽喷砂或喷丸进行清理，还可以用碳化硅砂轮进行磨削加工清理。表面氧化皮清理完后，应该立即进行酸洗，以确保无氧化和油脂污染。

② 除油脂　钛及钛合金表面有油污、油脂等污染物时可采取适当的熔剂进行清洗。常用的清洗溶剂是用质量分数为3%的氢氟酸+质量分数为35%的硝酸水溶液，在室温下浸泡10min左右，然后用水清洗残液后进行烘干。

清理完的焊件应该立即进行焊接施工，如遇特殊原因需要存放一定的时间再焊接时，可将零件放在有干燥剂的容器或放在可控制湿度的存储室中，否则，应该在焊前再进行一次轻微的酸洗。

2）焊接材料的选择

① 焊丝。钛及钛合金钨极或熔化极氩弧焊填充材料，可选用与母材同成分的焊丝。有时为提高焊缝金属塑性，也可选用强度稍低的焊丝，如焊接Ti-5Al-2.5DSn或Ti-6Al-4V用纯钛焊丝。含铝焊丝对产生气孔较敏感。

② 氩气纯度≥99.99%。

3）焊接过程中的保护措施　焊接钛及钛合金时，应根据工件形状和大小采取不同的保护措施（表16-52）。图16-68为局部保护措施示意图。保护效果可由焊接区正、反面的颜色做大致评定（表16-53）。但在多道焊时，须检查正、反面的弯曲角和维氏硬度，才能确定保护效果，弯曲角降低和硬度提高标志着污染程度增大。

（2）焊接操作要点

1）钨极氩弧焊操作要点　根据焊接环境的不同，钨极氩弧焊分为敞开式焊接和箱内焊接两种。

① 敞开式焊接　敞开式焊接由大直径焊枪喷嘴、焊枪拖罩和焊缝背面通气保护装置组成。

焊接时，拖罩和焊缝背面采用充气保护装置，将400℃以上的焊缝用氩气或氩-氦混合气保护。

② 箱内焊接　对于结构复杂的焊件，难以实现400℃以上焊接区域的保护，因此，应将焊件放在箱内保护。一般箱体结构包括刚性的

表 16-52　焊接钛合金的保护措施

保护类别	保护位置	保护措施	用途及特点
局部保护	熔池及其周围	采用保护效果好的圆柱形或椭圆形焊嘴，相应增加氩气流量	适用于焊缝形状规则、结构简单的焊件，灵活性大、操作方便
	温度≥400℃的焊缝及热影响区	①附加保护罩或双层焊嘴 ②焊缝两侧吹氩气 ③装置适应焊件形状的各种限制氩气流动的挡板	
	温度≥400℃的焊缝背面及热影响区	①通氩垫板或焊件内充氩气 ②局部通氩气 ③紧靠金属板	
充氩箱	整个工件	①柔性箱体（尼龙薄膜、橡皮等）不抽真空，用多次充氩气提高箱内气氛的纯度，焊接时仍须采用焊嘴加以保护 ②刚性或柔性箱体带附加刚性罩，抽真空（$133.322\times10^{-4}\sim133.322\times10^{-2}$Pa）后再充氩	适用于结构、形状复杂的焊件，焊接可达性较差
增强冷却	焊缝及热影响区	①冷却块（通水或不通水） ②采用适应焊件形状的工装导热 ③减小线能量	配合其他保护措施以增强保护效果

表 16-53　焊接区颜色与质量的关系

焊接区颜色	银白[①]	金黄[①]	紫[①]	蓝[①]	灰[①]	暗灰	白	黄白
保护效果	好	→						差
污染程度	小	→						大
质量	良好	合格	合格	合格	不合格	不合格	不合格	不合格

① 均呈现金属光泽。

和柔性的两种，两种箱体焊接操作比较见表 16-54。

表 16-54 刚性箱与柔性箱内焊接比较

项目	焊 接 操 作
刚性箱内焊接	刚性箱焊前,应将箱内抽成真空度为 1.3～13Pa,然后向箱体内充氩气或氩-氦混合气,即可进行焊接。其焊枪结构比较简单,不需要保护罩,焊接时也不必再通气体保护
柔性箱内焊接	柔性焊接箱可以采用焊接前将箱内抽成真空,也可以采用多次折叠充氩气的方法排除箱内的空气。由于柔性焊接箱内保护气体的纯度比较低,因此在柔性焊接箱内焊接时,焊枪仍用普通的焊枪,而且在焊接过程中还要进行通气保护

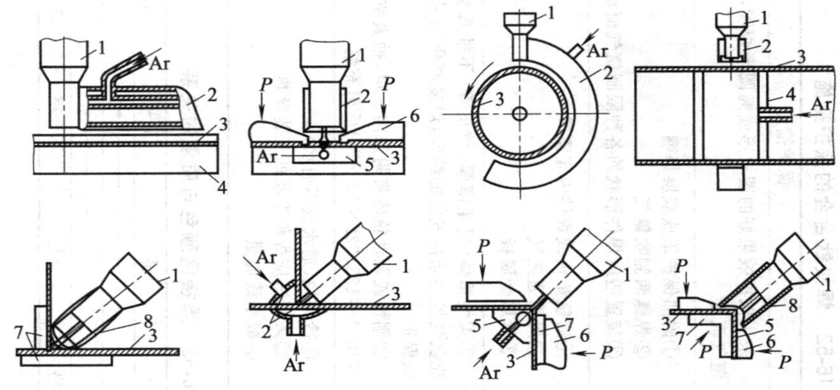

图 16-68 局部保护措施

1—焊枪；2—气保护罩；3—焊件；4—挡板；5—气保护垫板；6—压板；7—冷却块；8—玻璃罩

2）熔化极氩弧焊操作要点 熔化极氩弧焊具有较大的热输入，可减少焊接层数、减少气孔、降低生产成本，适用于中厚产品的焊接。

焊接过程中，由于填丝较多，焊接坡口角度应增大，对于厚度为 15～25mm 的焊件，通常开 90°单面 V 形坡口或 I 形坡口（留 1～2mm 间隙两面各焊一道焊缝）。

熔化极氩弧焊在焊接过程中，同样需要用焊枪拖罩，只是由于温度超过 400℃的焊缝比钨极氩焊焊接的焊缝长，因此拖罩也要比钨极氩弧焊拖罩长一些，并且要用水冷却。

3）等离子弧焊操作要点　等离子弧焊具有能量集中、弧长变化对焊缝熔透程度影响小、无钨夹渣、气孔少、焊接接头力学性能好、能够实现单面焊双面成形等优点，非常适合钛及钛合金的焊接。

钛及钛合金的等离子弧焊时有小孔型焊接法和熔透型焊接法两种，见表 16-55。

表 16-55　小孔型焊接法与熔透型焊接法比较

项　目	定　义	焊接操作	适用范围
小孔型焊接法	指焊接电弧在熔前穿透焊件形成小孔，随着焊接电弧的移动在小孔后形成焊道的焊接方法，也称穿透法	利用等离子弧的高温及能量集中的特点，迅速将焊件的焊缝金属加热到熔化状态，当焊接参数选择适当、电弧挺度适中时，等离子弧就能穿透焊件，在熔池前缘穿透焊件而形成一个小孔，被焰流熔化的金属，沿着电弧周围的熔池壁，向熔池后方移动而形成单面焊双面成形焊缝	适用于 2.5～15mm 的钛及钛合金的焊接
熔透型焊接法	指焊接过程中只熔透焊件不产生小孔效应的焊接方法	焊接过程中，等离子弧焰流喷出速度较小，焊接电弧压缩程度比较弱，电弧的穿透能力也较低	适用于 2～3mm 以下焊件及卷边焊和多层焊的第二层以后各层焊缝的焊接

焊接板厚 3～12mm 的焊件时，采用小孔效应法可使焊接过程稳定，焊接参数调节范围大，焊缝的正面和反面的成形均较为美观。由于等离子弧焊的热输入较大，因此焊接时应加强焊接区的冷却和保护。

4）点焊、缝焊操作要点　钛及钛合金的导热性和导电性接近于不锈钢的导热性和导电性。然而，钛及钛合金的高温强度较低，故使用的点、缝焊焊接参数接近于低碳钢的焊接参数，只是电流密度应较点、缝焊低碳钢时小 30%～40%。点焊使用球面电极，并对电极加强冷却或进行直接水冷。

5）电渣焊操作要点　钛合金 TC4（Ti-6Al-4V）采用熔嘴电渣焊，使用的焊剂为 CaF_2，其纯度 CaF_2 必须高达 99.99999%，辅以氩气保护。当焊接 25～50mm 厚的钛合金板时，可获得等强接头，并且能保证接头的塑性及韧性。

6）压力焊操作要点　扩散焊要求真空，高频焊要用氩气保护，电阻焊焊接参数接近奥氏体不锈钢。

7）钎焊操作要点　真空钎焊的真空度应达到 1.33×10^{-3}～1.33×10^{-2}Pa。用氩气保护时，气体露点应低于－57℃。可采用银基、铝基、金基、钛基等钎料。常用的钎料有：银-铜、银-铝-锰和钛-铜-镍等。

8）真空电子束焊操作要点　真空电子束焊的焊缝窄、焊缝深宽比大、焊缝冶金质量好，而且焊缝及热影响区晶粒细、焊接接头力学性能好，而且焊缝及热影响区还不会被空气污染及氧化，非常适用于钛及钛合金的焊接。

为防止钛及钛合金真空电子束焊焊缝出现气孔，焊前应对待焊处进行认真的清理。为了改善焊缝向母材的过渡，提高焊接接头的疲劳强度，可将焊缝分为两道焊接，第 1 道焊缝为高功率密度的深熔焊，第 2 道焊缝为低功率密度的修饰焊。此外，在真空电子束焊接过程中，电子束焊枪与焊件的距离也会影响电子束功率密度，即电子束焊枪距焊件的距离越大，电子束的功率密度越小，电子束焊枪距焊件的距离越小，电子束的功率密度越大 。焊接时，电子束焊枪的摆动可以改善焊缝成形、细化晶粒和减少气孔并提高接头力学性能。

9）激光焊操作要点　激光焊具有高能量密度、可聚焦、深穿透、高精度、高效率、适应性强等特点。

激光焊时，在焊缝的正面和背面都要用惰性气体保护，不仅是为了防止空气的污染，用惰性气体（最好是氦气）还能吹散焊缝熔池上方的金属离子云，消除金属蒸气的电离作用，避免激光束扩散并防碍焊接的进行。

(3) 焊后热处理

为保护某些高强度钛及钛合金的焊后力学性能，焊后应该进行必要的热处理。

焊后热处理的方法包括退火处理、淬火-时效处理、时效处理和酸洗处理，见表 16-56。

表 16-56　钛及钛合金的焊后热处理方法

处理方法	操作技术与特点	适用范围
退火处理	退火处理的方法有完全退火和不完全退火两种。前者的温度较高，需要在真空或氩气的保护下进行。后者是在较低的温度下进行的	适用于各类钛及钛合金，是 α 型钛合金和 β 型钛合金唯一的热处理方法
淬火-时效处理	淬火-时效处理是一种强化热处理方法，这种热处理的困难是大型结构件淬火困难，在固溶温度下无保护气体保温时，钛及钛合金氧化严重，淬火后变形难以矫正	应用较少
时效处理	焊接过程中的热循环能够使某些钛合金起到局部淬火作用，为了保证焊接结构基本金属的强度，常采用焊前淬火、焊后时效处理。虽然有的钛合金焊前没有淬火，但经焊接热循环作用，也相当于淬火，所以，焊后要进行时效热处理	适用于部分钛及钛合金的焊后热处理
酸洗处理	钛及钛合金的活性很强，在高于 540℃ 的大气介质中进行焊后热处理时，会在焊件的表面生成较厚的氧化膜，使硬度增加、塑性降低。采用酸洗处理，可以解决这个问题。常用的酸洗液为：HF3% + $HNO_3$35% 的水溶液。为了防止在酸洗时发生增氢，酸洗温度一般控制在 40℃ 以下	适用于各类钛及钛合金

16.3.4 铜及铜合金的气焊操作

(1) 纯铜的气焊操作

1）焊前准备

① 厚板的削薄处理　对接焊厚度差超过 3mm 的纯铜板时，厚度大的板应按图 16-69 所示的尺寸进行削薄处理。

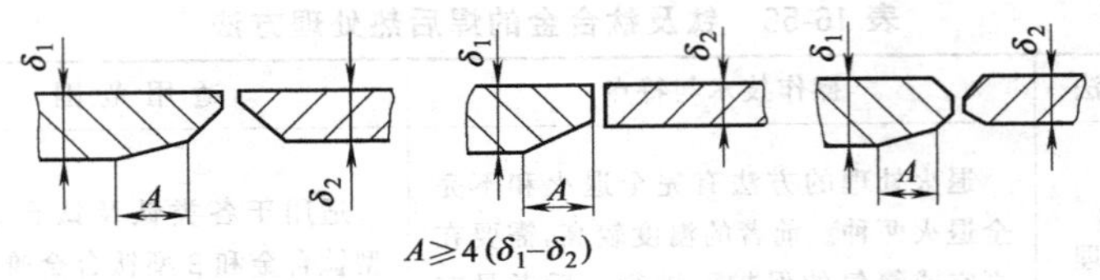

图 16-69　厚板削薄处理

② 焊丝及熔剂的选择

a. 一般应选用含脱氧元素的焊丝，如 HS201 或 HS202。如果接头不要求有良好的导电性和导热性，亦可采用 HS224 焊丝。焊丝直径可根据焊件的厚度参照表 16-57 选用。

表 16-57　焊丝的选择　mm

焊件厚度	1.5	1.5～2.5	2.5～4	4～8	8～15	>15
焊丝直径	1	2	3	4	5	6

b. 熔剂可采用 CJ301，也可以按表 16-58 自行配制。其中 1 号熔剂适用于薄板的焊接。厚板当采用一般纯铜丝做焊丝时，宜采用 3 号或 4 号熔剂。

表 16-58　熔剂的选择

熔剂序号	成分(质量分数)						熔剂配制方法
	脱水硼砂	硼酸	磷酸钠	木炭粉	硅石粉	镁粉	
1	100	—	—	—	—	—	将市售硼砂放在石墨坩埚中加热至 700～750℃，经 10～15min 后去除结晶水，倒出加以粉碎过筛
2	50	35	15	—	—	—	将组成物混合后，在研钵中研细
3	50	—	15	20	15	—	
4	94	—	—	—	—	6	将组成物混合后密封在石墨坩埚中，加热至 1050～1150℃，保温 5min 后，倒出加以研磨

③ 焊炬和焊嘴的选择　根据焊件的厚度，可参照表 16-59 选择

焊炬型号和焊嘴号码。

表 16-59 焊炬和焊嘴的选择

焊件厚度/mm	焊炬型号	焊嘴号码
0.2～2	H01-6	1～5
2～5	H01-12	1～5
>5	H01-20	1～5

④ 焊丝及坡口的清理

a. 先用丙酮去除焊丝及焊件表面的水分并进行脱脂处理，然后再用温水冲洗。

b. 单件或小批焊件可用钢丝刷、砂布或锉刀等工具，去除焊丝表面和坡口两侧 20～30mm 范围内的氧化物，直至露出金属光泽为止。

c. 批量大时，可用化学清理法进行焊丝和焊件表面的清理。

d. 清理合格的焊件应及时施焊。

⑤ 焊件的装配和定位焊

a. 圆筒形的焊件在装配时，其对接纵缝和环缝的错边量不应超过图 16-70 所示的规定值。

b. 圆筒形的焊件在装配时应进行定位焊。定位焊时应注意以下几点。

• 所用的焊丝应与焊接时相同。

• 为防止定位焊缝开裂，定位焊前应用焊炬对定位焊处两旁进行适当预热。若发现定位焊缝开裂，则应铲掉重焊。

• 定位焊缝的高度一般不应超过坡口深度的 1/3～2/3，如图 16-71 所示。

• 定位焊缝的长度一般为 20～30mm，定位焊缝的间距一般为 60～80mm。

c. 平板对接焊时，一般不需要定位焊，而是采用如图 16-72 所示的不等间隙法进行装配，两端的预留间隙 a_1 和 a_2 需根据经验确定。

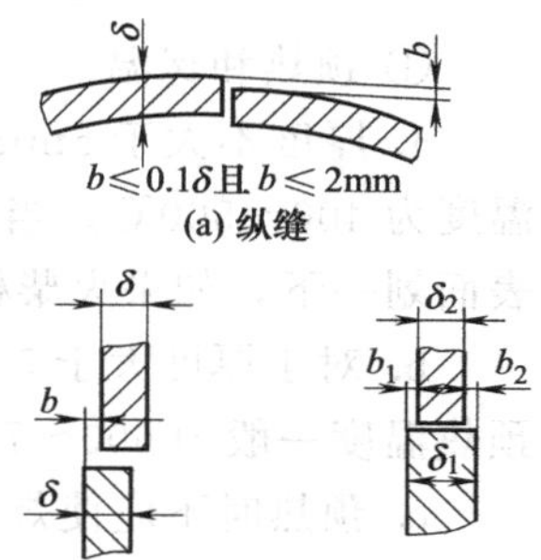

图 16-70 圆筒形的焊件装配

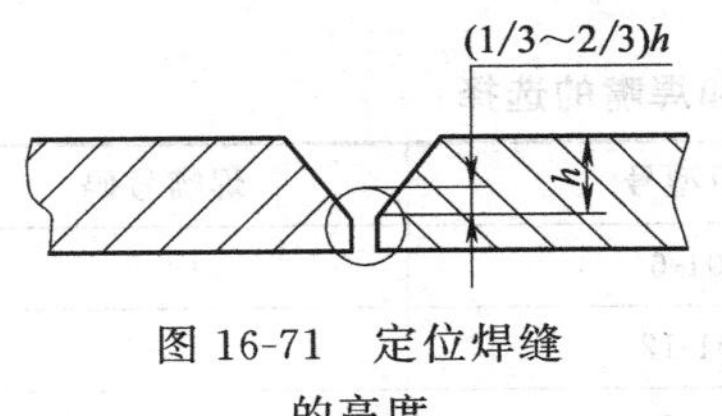

图 16-71　定位焊缝的高度

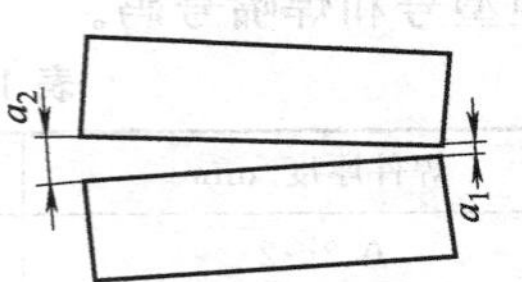

图 16-72　平板对接焊采用不等间隙法装配

⑥ 衬垫的制备　因焊接熔池中铜液的流动性很好，为防止铜液从坡口间隙中流失，使焊缝背面获得良好的成形，特别是焊接厚的纯铜板时，就必须在坡口反面预先放置如图 16-73 所示的衬垫。使用衬垫时应注意以下几点。

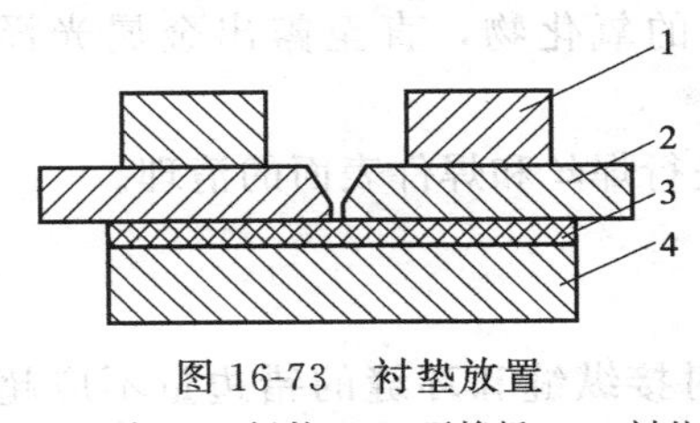

图 16-73　衬垫放置

1—压铁；2—焊件；3—石棉板；4—衬垫

a. 衬垫应水平放置，不得倾斜。

b. 常用的衬垫材料有纯铜、钢和石墨等。为防止衬垫和焊件焊在一起，避免向焊缝渗碳和形成气孔等缺陷，必须在衬垫和焊件之间放一层干燥的石棉板。

2）操作技能

① 预热和保温

a. 厚度不大于 5mm 的中小焊件，可用一把焊炬进行预热。预热温度为 400～500℃。当发现纯铜表面发黑时，立即用火柴梗在焊件表面划一下，如果火柴梗被烧黑，这就表明已到所需的预热温度。

b. 对于厚度大于 5mm 的焊件，应用 2～3 把焊炬同时进行预热。预热温度一般为 600～700℃，达到此温度时，纯铜呈暗红色。

c. 预热时不应使焊件在高温条件下停留时间过长，以免母材过度氧化和晶粒严重长大。

d. 焊接过程中，当焊件的温度低于预热温度时，应重新预热，但同一焊件的重复预热不应超过 3～4 次。为使焊件始终保持着预热温度，可以在焊接过程中进行辅助加热，以补偿热量的散失。

e. 为减少热量散失，焊件应采用保温措施，如用石棉布或石棉垫保温。

② 熔剂的使用方法

a. 焊前用水将熔剂调成糊状，用毛刷涂于坡口及焊丝表面，或将焊丝在水玻璃溶液（水玻璃和水的比例为 1∶1）中浸湿后，在熔剂槽中蘸一下，然后在空中晾 10～15min。

b. 也可用焊炬加热焊丝，然后将焊丝在熔剂槽中蘸一下，使其表面敷一层粉状熔剂。

③ 操作要点

a. 焊接时应严格地采用中性焰。因为氧化焰会使铜氧化成脆性的氧化亚铜，而导致焊缝产生裂纹；碳化焰则会产生一氧化碳和氢气，使焊缝易产生气孔。

b. 纯铜气焊一般均采用平位焊接。当焊件厚度小于 5mm 时，常采用左焊法；而焊件厚度大于 5mm 时，需采用右焊法。这样既可以得到较厚的焊道，又可防止铜液流到熔池的前方，从而避免产生夹渣。

c. 当较厚的焊件可以倾斜时，应将该焊件倾斜约 10°进行上坡焊，如图 16-74 所示。这样可以保证焊透和防止夹渣等缺陷的产生。

d. 焊接过程中，要使焊件始终保持着预热温度。为此，在焊接板厚大于 5mm 的焊件时，应再加一把焊炬对焊件进行辅助加热。

e. 焊接时，应保持焰心到焊件表面的距离为 4～7mm，焊嘴与焊件表面的倾角一般为 60°～80°，焊丝与焊件表面的倾角为 30°～45°，如图 16-75 所示。

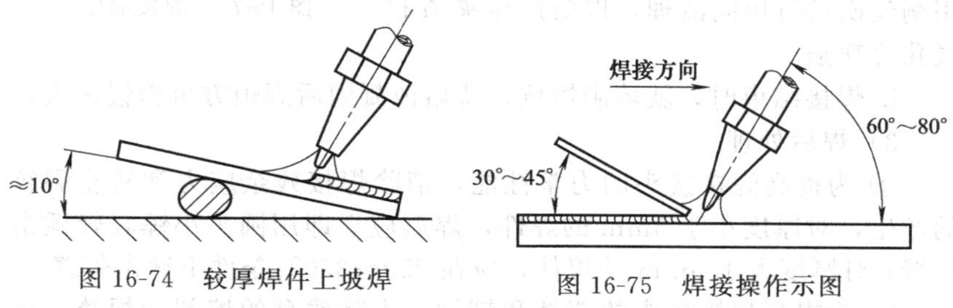

图 16-74　较厚焊件上坡焊

图 16-75　焊接操作示图

f. 焊接过程中，应根据熔池的温度来决定是否能填加焊丝，当熔池中的铜液冒泡时说明温度尚不够，还需继续加热，直至铜液发亮无气泡时才可填加焊丝。

g. 填加焊丝时，应用焊丝端部将铜液表面红色的氧化亚铜拨去，这时焊丝的端部既不要与焰心接触，也不要脱离火焰保护区。

h. 焊炬运动要快，火焰应在熔池上、下、左、右跳动、划圈，靠火焰吹力防止铜液流失。

i. 焊接1m以上的长焊缝时，为防止始端出现裂纹，应采用下面两种操作方法：

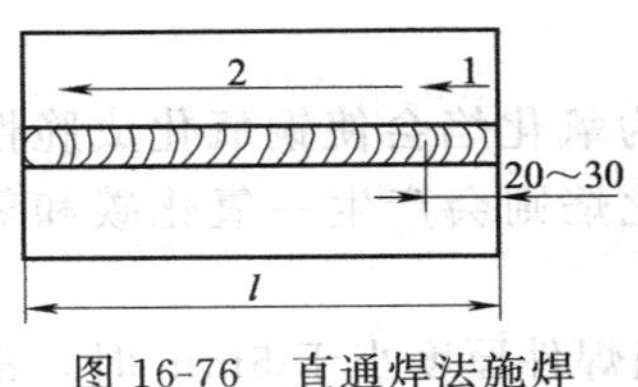

图 16-76　直通焊法施焊

• 当焊接接头采用如图16-72所示的不等间隙法装配时，可采用如图16-76所示的直通焊法施焊。即可从一端开始焊接，焊完20～30mm后稍停一下。若这段焊缝在冷却过程中不裂，就可以继续向前施焊，直至焊完全长焊缝。

• 当焊接接头的间隙均匀一致时，可采用如图16-77所示的焊接顺序，即先用分段退焊法焊完焊缝的2/3，然后从另一个方向焊完其余的1/3。

j. 每条焊缝应尽量一次焊完。当焊接过程偶尔中断时，焊嘴应缓慢地离开熔池，以防产生裂纹和气孔等缺陷。

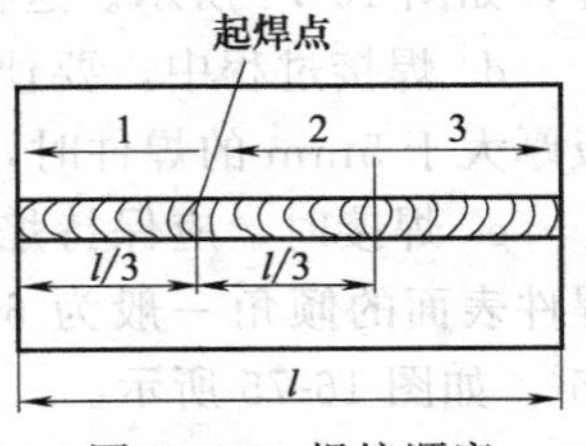

图 16-77　焊接顺序

k. 厚度小于5mm的焊件，为减小热影响区的粗晶组织，应进行单道焊；厚度大于5mm的焊件，当采用多层焊时，应用铜丝刷进行层间清理，以防产生夹渣和气孔等缺陷。

l. 焊接结束时，就填满熔坑，待熔池凝固后焊炬方可慢慢离去。

3）焊后处理

① 为提高焊接接头的力学性能，消除焊接残余应力和防止裂纹的产生，对厚度小于5mm的焊件，焊后应立即用圆头小锤轻轻锤击焊缝；对厚度大于5mm的焊件，应在250～350℃条件下锤击焊缝。

② 为提高焊接接头的塑性和韧性，去除残存的熔剂和焊渣，可将焊件加热到550～650℃后在水中急冷。

(2) 黄铜的气焊操作

1）焊前准备

① 焊前清理

a. 脱脂和机械清理的方法与焊接纯铜时相同。

b. 化学清理方法是用体积分数为 10％的硫酸溶液或体积分数为 15％的硝酸溶液对焊件表面进行酸洗，去除氧化膜，然后用热水冲洗并吹干。

② 焊丝和熔剂的选择

a. 气焊黄铜时，常选用 HS221（锡黄铜焊丝）、HS222（铁黄铜焊丝）和 HS224（硅黄铜焊丝）等焊丝，因为这些焊丝中含有硅、锡和铁等元素，可以起到防止锌蒸发和氧化的作用。

b. 气焊黄铜时可参照表 16-60 选用焊剂。

表 16-60　焊剂选用　　%

序号	成分(质量分数)					
	脱水硼砂	硼酸	磷酸甲酯	磷酸氢钠	氟化钠	甲醇
1	100	—	—	—	—	—
2	20	80	—	—	—	—
3	50	35	—	15	—	—
4	20	70	—	—	10	—
5	—	—	75	—	—	25

③ 焊丝直径和焊炬的选择　气焊黄铜时，焊丝直径和焊炬型号应根据焊件厚度，并参照表 16-61 选用。

表 16-61　焊丝直径和焊炬的选择

<table>
<tr><th>焊件厚度/mm</th><th>焊接层数</th><th>焊丝直径/mm</th><th>焊炬型号</th></tr>
<tr><td>1～2.5</td><td>1</td><td>2</td><td rowspan="3">H01-6</td></tr>
<tr><td>3～4</td><td>2</td><td>3</td></tr>
<tr><td>4～5</td><td>3</td><td>4</td></tr>
<tr><td>6～10</td><td>3 层：正面第 1 层
正面第 2 层
反面</td><td>4
5～6
6</td><td>H01-12</td></tr>
<tr><td>≥12</td><td>4 层：正面第 1 层
其他各层</td><td>4
6</td><td>H01-12</td></tr>
</table>

2）操作技能

① 气焊黄铜时，应采用轻微的氧化焰或中性焰。

② 当焊件厚度小于 6mm 时，焊前可不进行预热；厚度大于 6mm 时，应进行 300～400℃的预热；厚度在 15mm 以上时，预热温度应提高到 550℃。黄铜铸件补焊前，应进行局部预热或整体预热。

③ 气焊黄铜时，一般采用左焊法。在焊接过程中焊炬只做直线移动，不做横向摆动。

④ 火焰焰心距熔池表面 5～10mm，焊嘴与焊件表面倾角为70°～90°，焊丝与焊件表面的倾角一般为 20°～30°，如图 16-78 所示。

⑤ 焊丝端部应直接与熔池接触，使焊丝端部受热最少，以减少锌的蒸发。

⑥ 焊接速度要尽可能地快，一般应低于 0.2m/min。

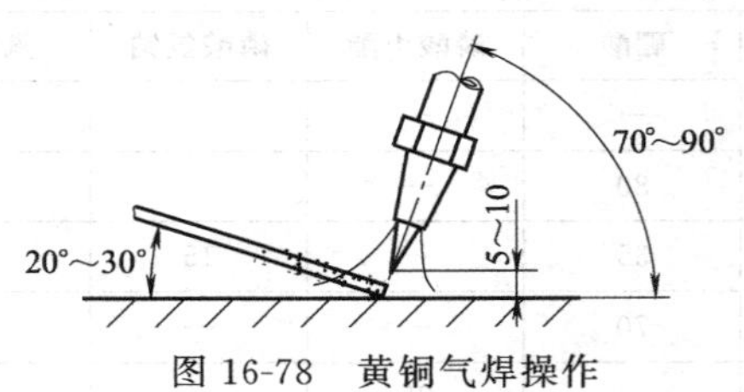

图 16-78 黄铜气焊操作

3）焊后处理

① 焊后用铜丝刷清除焊缝表面的氧化物及焊渣。

② 对于较厚或复杂的焊件，为清除焊接残余应力，焊后应进行 350～400℃的去应力处理。

(3) 青铜的气焊操作

1）锡青铜的补焊操作　锡青铜的补焊操作基本上和纯铜的气焊操作相同，需特别注意的事项如下。

① 锡青铜铸件补焊前，首先应将铸件表面的疏松、缩孔及夹砂等缺陷铲除，并铲出 60°～70°的 V 形坡口。当铸件表面存在裂纹时，应用砂布等去除裂纹附近的氧化物，然后用 5 倍放大镜或用着色剂仔细找出裂纹末端，并在裂纹末端钻 ϕ6mm 的止裂孔。

② 当补焊穿透性缺陷或边缘部位的缺陷时，应在补焊处的底部加垫板，在边缘部位加成形挡板，以防铜液的流失。

③ 锡青铜铸件在补焊时需将铸件垫平，并使坡口置于水平位置。在焊接过程中严防冲击铸件，焊后不要立即搬动铸件。

④ 对于刚度大的铸件，需进行适当预热，以改善铜液的流动性。但预热和层间温度不宜超过 200℃，否则会促进裂纹的产生。

⑤ 当要求焊缝的颜色和母材相同时，应采用与母材类似的青铜铸条，但锡的质量分数应比母材高 1%～2%，以补充焊接过程中锡的烧损。当无此要求时，应用含硅、磷、锰等脱氧元素的青铜铸条。

⑥ 采用的熔剂与气焊纯铜时相同，可以参照表 16-58 选用。

⑦ 气焊锡青铜时应用严格的中性焰。焰心与铸件表面的距离一般应不小于 7～10mm。火焰能率与焊接低碳钢时相同。

⑧ 焊后应将铸件加热到 480℃，快冷至室温，以提高焊接接头的塑性和抗应力腐蚀的能力。

2）铝青铜的补焊操作　铝青铜的补焊操作基本上和纯铜的气焊操作相同，但需注意以下几点。

① 气焊时需去除氧化铝薄膜，去除的方法有两种：一种是用一半铝气焊熔剂（CJ401）和一半铜气焊熔剂（CJ301）的混合物做熔剂；另一种是机械方法，即在焊接过程中，用焊丝的一端拨动熔池表面的氧化铝薄膜，使熔化的焊丝与母材金属直接熔合在一起。

② 应采用与母材化学成分相同的焊丝。

③ 焊前应对铸件进行预热，预热温度一般为 500～600℃。

④ 气焊铝青铜时，应采用严格的中性焰，且选择较大的火焰能率。焰心到铸件表面的距离一般应控制为 7～10mm。

⑤ 当一个铸件上有几个缺陷时，应先补焊最大的缺陷，然后再补焊小缺陷。当补焊长而深的缺陷时，最好将铸件倾斜 15°进行上坡焊，这样可以进行单道焊，对保证焊接接头质量很有利。

16.3.5 铝及铝合金的气焊操作

(1) 焊前准备

1）焊接接头形式的选择　气焊铝及其合金时，一般都采用如图 16-79（a）所示的对接接头形式，而不采用如图 16-79（b）所示的形式。因为搭接接头和 T 形接头间隙处残留的熔剂和熔焊不易消除干净，这样就会使接头的耐腐蚀性能降低。不过采用卷边接头时，背面也必须焊透、焊匀，否则背面凹坑处也容易残留熔剂和焊渣。

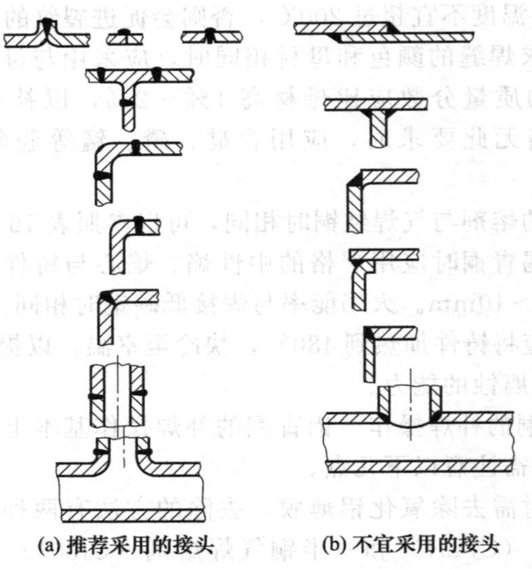

(a) 推荐采用的接头　(b) 不宜采用的接头

图 16-79　接头形式

2）焊丝的选择　气焊铝及其合金时，一般选用与母材成分相近的标准牌号焊丝，或用母材切条。常用铝及其合金焊丝的牌号、熔点及用途见表 16-62。

表 16-62　焊丝牌号及用途

牌号	名称	熔点/℃	用途
HS301	纯铝焊丝	660	焊接纯铝或要求不高的铝合金
HS311	铝硅合金焊丝	580～610	焊接除铝镁合金以外的铝合金
HS321	铝锰合金焊丝	643～654	焊接铝锰或其他铝合金，焊缝有良好的耐腐蚀性及一定强度
HS331	铝镁合金焊丝	628～660	焊接铝镁或其他铝合金，焊缝有良好的耐磨蚀性及力学性能

焊丝的直径一般根据焊件厚度参照表 16-63 选择。

表 16-63 焊丝选择 mm

焊件厚度	1.5	1.5～3	3～5	5～7	7～10
焊丝直径	1～2	2～3	3～4	4～5	5～6

3）熔剂的选择和使用 气焊铝及其合金常用的熔剂是CJ401，也可按表16-64所示的配方，经80～100℃烘干、粉碎、过筛后配制。

表 16-64 熔剂的配方（质量分数） %

成分＼序号	铝水晶石	氟化钠	氟化钙	氯化钠	氯化钾	氯化钡	氯化锂
1（CJ401）	—	7.5～9	—	27～30	49.5～52	—	13.5～15
2	—	8	—	35	48	—	9
3	—	—	4	19	29	48	—
4	20	—	—	30	50	—	—
5	45	—	—	40	15	—	—

使用铝熔剂时应注意以下事项。

① 铝熔剂极易吸潮，必须用瓶装密封，以防受潮变质。

② 使用时可用洁净水或蒸馏水将熔剂调成糊状，然后涂在接头处和焊丝表面，也可将焊丝的一端加热后，蘸取适量的干熔剂。

③ 调好的糊状熔剂最好随调随用，不要久放，以免变质。

④ 焊后必须将焊件表面的熔剂和残渣清除干净，以免引起腐蚀。

4）焊前清理

① 化学清洗 化学清洗常用于清洗焊丝和成批生产的较小焊件。

a. 用汽油或丙酮进行脱脂处理。

b. 在温度为50～60℃的质量分数为15%的氢氧化钠溶液中清洗10～15min。

c. 用硬毛刷在热水中刷洗焊件。

d. 在质量分数为30%的硝酸溶液中酸洗2～5min。

e. 温水冲洗。

f. 烘干或吹干。

② 机械清理 机械清理常用于较大的焊件。

a. 用汽油或丙酮进行脱脂处理。

b. 用不锈钢丝刷、锉刀或刮刀去除钝边及坡口内的表面氧化物，直至露出金属光泽为止。

焊丝和焊件清理后应及时焊接。一般间隔时间不宜超过 2～3h。若间隔时间过长，则焊接时仍需重新清理。

5）垫板　为保证焊件在焊接过程中既能焊透又不至于塌陷，常采用垫板来托住熔化及软化的金属。垫板可用石墨、不锈钢或碳钢板制成。一般在垫板的表面均开一个圆弧形槽，如图 16-80 所示，这样可以保证焊缝背面获得良好的成形。

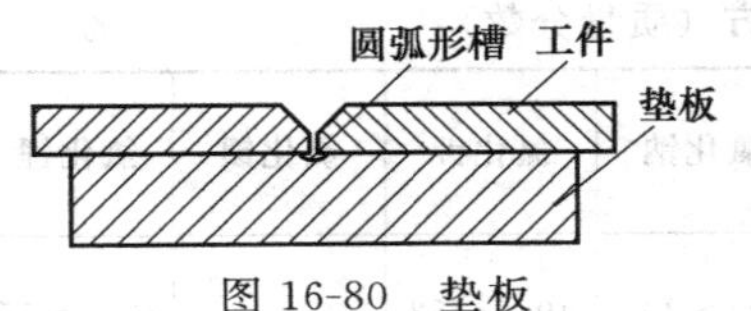

图 16-80　垫板

6）焊炬和焊嘴的选择　焊炬型号和焊嘴号码应根据焊件厚度参照表 16-65 进行选择。

表 16-65　焊炬和焊嘴的选择

焊件厚度/mm	＜1.5	1.5～3.0	3～4	4～10	10～20
焊炬型号	H01-6	H01-6	H01-6	H01-12	H01-12
焊嘴号码	1	1、2	2～4	1～3	2～4

7）定位焊

① 定位焊缝间距可参照表 16-66 确定。

表 16-66　定位焊缝间距　mm

焊件厚度	＜1.5	1.5～3.0	3～5	5～10	10～20
焊缝间距	10～20	20～30	30～50	50～80	80～150

② 定位焊时为减少焊件变形应注意以下几点。

a. 应采用比焊接时稍大的火焰能率，快速进行定位焊。

b. 较长的焊缝一般均从中间交叉地向两端进行定位焊。

c. 环形焊缝应采用对称定位焊法。

(2) 操作技能

1）火焰种类的选择　气焊铝及其合金时，应选择中性焰或轻微碳化焰，严禁使用氧化焰和碳化焰，因为氧化焰会使铝强烈地氧化，碳化焰会促使焊缝产生气孔。

2）焊前预热

① 薄、小的焊件一般不需要焊前预热。厚度超过 5mm 的厚大焊件需进行整体或局部预热，以防变形、未焊透和气孔等缺陷的产生。

② 预热温度一般为 100～300℃，判断方法如下：

a. 在焊件预热范围内，用蓝色粉笔或黑色铅笔划线，当线条颜色与铝相近时，即表示已达到预热温度。

b. 用强碳化焰加热铝件表面至灰黑色时，尚能看到金属光泽，然后再将火焰调成中性焰，来回往复加热灰黑色处，当发现炭黑已被烧掉时，即表示已达到所需的预热温度。

c. 有条件的最好用点温计测定。

3）起焊点的选择　当焊接非封闭式的焊缝时，为避免起焊处产生裂纹，一般均采用如图 16-81 所示的焊接顺序。即先从距离右端 30～40mm 的 A 处起焊，然后按箭头所指方向一直焊到左端，最后再从 B 处向右端施焊。接头处重叠 20～30mm。

焊接筒体的纵缝时，一般由两名气焊工同时从中间向两端施焊。

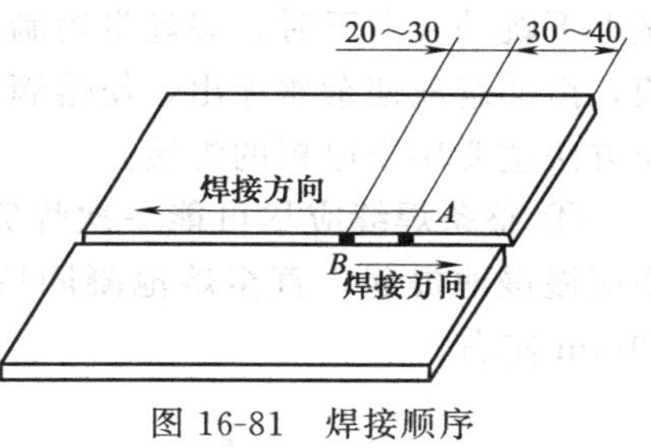

图 16-81　焊接顺序

4）操作要点

① 掌握起焊时机的办法如下。

a. 在加热过程中，不断地用蘸有熔剂的焊丝端头，试探性地擦抹加热处金属表面。若感到加热处带有黏性，并且熔化的焊丝能与加热处的金属熔合在一起，则说明该处已达到熔化温度，即可进行焊接。此方法多用于薄件的焊接。

b. 当加热处金属表面由光亮的银白色逐渐变成暗淡的银灰色，其表面的氧化膜由微微起皱到有波动现象时，便可进行焊接。此方法多用于厚件的焊接。

c. 对于对接焊缝，当棱边有下塌现象时，即表明母材已开始熔化，可立即进行焊接。

② 焊接薄、小焊件时，一般采用左焊法，这样可以防止产生过

热、烧穿等缺陷。焊接厚大焊件时，最好采用右焊法，这样有利于保护熔池、防止氧化和便于观察熔池的温度及熔液的流动情况。

③ 施焊时，焊嘴运动方式可采用以下两种：

a. 焊嘴与焊件表面的倾角为 30°～40°，并一边前移一边做上下跳动，其摆动幅度一般为 3～4mm。焊丝与焊件表面的倾角为 40°～50°，一直处于熔池的前沿，并做与焊嘴反方向的轻微上下跳动，如图 16-82（a）所示。这种运动方式的好处是：当焊嘴运动到下方时，火焰可以加热母材，并利用火焰高温使之形成熔池；当焊嘴向上运动时，焊丝与火焰相遇，形成熔滴填充熔池，并给熔池提供了冷却机会，从而可以防止下塌现象的产生。这种方法主要用于厚度在 3mm 以下薄板的焊接。

b. 焊嘴与焊件表面的倾角为 50°～65°，焰心与熔池表面的距离为 3～5mm，如图 16-82（b）所示。焊嘴不做摆动，而是沿焊接方向直线前移。焊丝与焊件表面的倾角为 40°～50°，并在火焰保护范围内做上下跳动。向下时，焊丝带熔滴插入熔池，并挑开熔池表面的氧化膜，搅动熔池使杂质浮出，使熔滴金属容易与熔池金属熔合。这种操作方法主要用于厚板的焊接。

④ 整条焊缝应尽可能一次焊完，不要中断；不得已中断时，焊炬应慢慢地提起，直至熔池凝固后方可离去。再焊时接头处应重叠 20mm 左右。

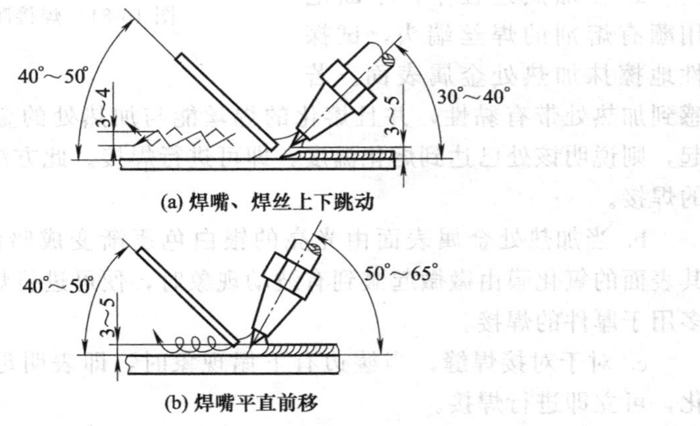

(a) 焊嘴、焊丝上下跳动

(b) 焊嘴平直前移

图 16-82　焊嘴运动方式

⑤ 不要用重复两次的方法来改变焊缝外形，否则容易使焊缝出现气孔。

⑥ 临近收尾时应适当减小焊嘴与焊件表面的倾角，同时加快施焊速度和送丝速度，尽快填满熔坑。当熔坑填满后，应慢慢提起焊炬，待熔池金属完全凝固后才可将焊炬移开。对于封闭形焊缝，收尾处应重叠 20～25mm。

(3) 焊后处理

① 焊后必须立即清除焊接接头处的残留熔剂和焊渣。清除的方法是将焊件放在热水中，用硬毛刷刷洗。若干燥后焊件表面有渣斑，则仍需要重新清洗。

② 对于铝及铝镁、铝锰和铝硅合金，焊后可用圆头小锤轻轻锤击焊缝，以消除焊接残余应力，提高接头强度和焊缝的致密性。

③ 对经热处理可以强化的铝合金，焊后可再次进行热处理，以提高焊接接头的力学性能。

16.3.6 铅的气焊操作

(1) 焊前准备

1) 焊接热源的选择

① 焊件厚度在 8mm 以下时，可选用氢-氧焰或氧-乙炔焰。当有廉价氢气供应时，应优先选用氢-氧焰。

② 焊件厚度大于 8mm 或搪敷铅件时，采用氧-乙炔焰较为合适。

2) 焊前清理

① 焊件表面应进行脱脂处理。

② 焊前应用如图 16-83 所示的专用刮刀，将待焊处的氧化铅清除掉，直至露出金属光泽为止，刮后应立即施焊。

③ 刮净氧化铅的宽度，应随焊件厚度的增加而加宽，一般为 20～40mm。

3) 焊丝的制备　焊丝的制备有剪条和浇铸两种方法。

① 剪条法是将与焊件材质相同的铅板剪成细铅条，焊前再将铅条表面的氧化铅去除。

② 浇铸法是常用的一种方法，它是将铅的边角碎料熔化后撇去

表面熔渣，待熔液的温度降到400℃以下时，在角铁中浇制而成。

4）焊炬型号和焊嘴号码的选择

① 当采用氧-乙炔火焰时，一般选用 H01-2 型焊炬；当采用氢-氧焰时，应选用如图 16-84 所示的氢-氧焊炬。

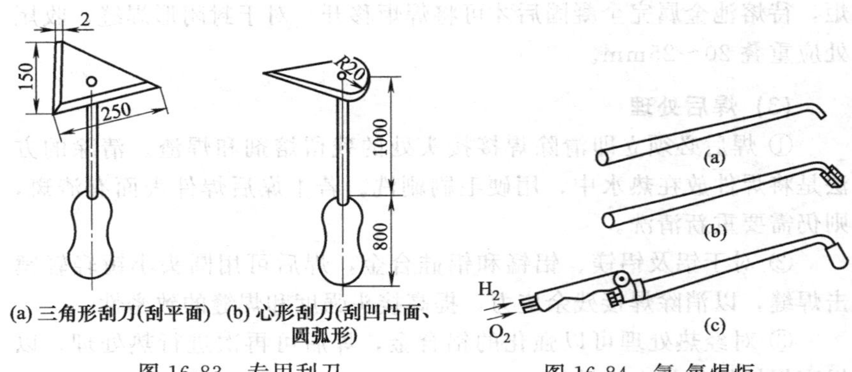

(a) 三角形刮刀(刮平面) (b) 心形刮刀(刮凹凸面、圆弧形)

图 16-83 专用刮刀

图 16-84 氢-氧焊炬

② 焊嘴的号码应根据焊件的厚度和焊接位置来选择。当采用氢-氧焊炬时，焊嘴号码可参照表 16-67 选用。

表 16-67 焊嘴号码选用

焊件厚度/mm	焊接位置		
	平焊	横焊②	立焊②
1～3	2～3	1～2	1
4～7	4～5	3～4	2
8～11	6	4～5	6①
12～15	7	5	7①

① 为挡模立焊。

② 均为搭接焊。

5）安全防护的准备工作

① 检查工作场地通风设备的状态是否良好。若通风不良则不得施焊。必要时可在室外上风口焊接。

② 焊前应穿好工作服，戴好眼镜、口罩和手套，以防铅中毒。

(2) 操作技能

1) 平焊

① 厚度小于4mm的铅板对接平焊时，可开I形坡口，留2mm的间隙。板厚小于1.5mm时，可一次焊完。板厚超过4mm时，需开70°～90°的V形坡口。

② 平焊一般采用左焊法，焊嘴和焊件表面成60°～70°倾角，焊丝和焊件表面约成45°倾角，如图16-85所示。

③ 单层焊或焊接多层焊的第1层时，应在焊件背面垫上石棉垫板，以防烧穿和熔铅向下流淌。

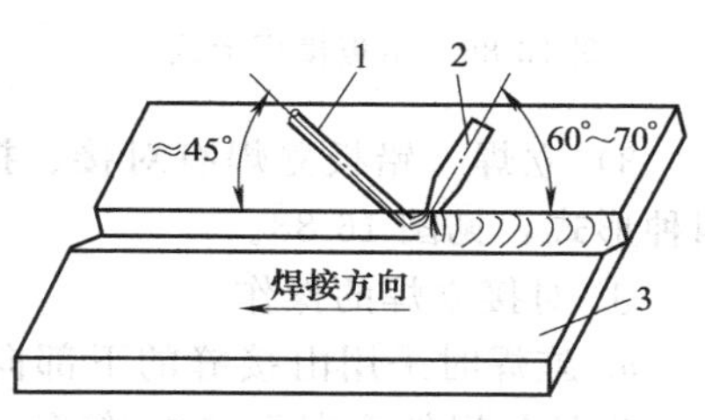

图16-85　平焊左焊法操作示图
1—焊丝；2—焊炬；3—焊件

④ 焊第1层时，火焰应集中加热坡口的钝边，以保证熔透。焊其他各层时，在施焊过程中，焊嘴应做连续三角形或月牙形摆动，使坡口侧充分熔合。

⑤ 多层焊时，应将前一层焊缝表面的氧化铅刮净后再焊。

⑥ 当坡口基本上填满后，应用火焰将焊缝表面再重熔一次。重熔范围比原焊缝宽1/2左右，这样不仅使焊缝表面平整美观，而且也可以消除原焊缝的未熔合、夹渣和气孔等缺陷。

2) 横焊　铅板横焊有搭接、对接和倒口横焊三种形式，如图16-86所示。搭接横焊的操作方法类似平焊，比较容易掌握，用得较多；倒口横焊类似仰焊，操作极困难，故一般均不采用。下面主要介绍对接横焊的操作方法。

① 为便于操作，焊前应在上面一块铅板的边缘加工坡口，见图16-86 (b)。

② 焊第1层时，焊丝在焊嘴前方并垂直靠近上铅板，焊嘴稍靠外，焰心略偏向下铅板。

③ 多层焊时，应将前一层焊缝表面的氧化物清除干净后才施焊。焊以后各层时，焊嘴应偏向下铅板的边缘，与焊件表面的倾角为20°～30°，焊嘴与焊丝的夹角为120°～130°，如图16-87所示。

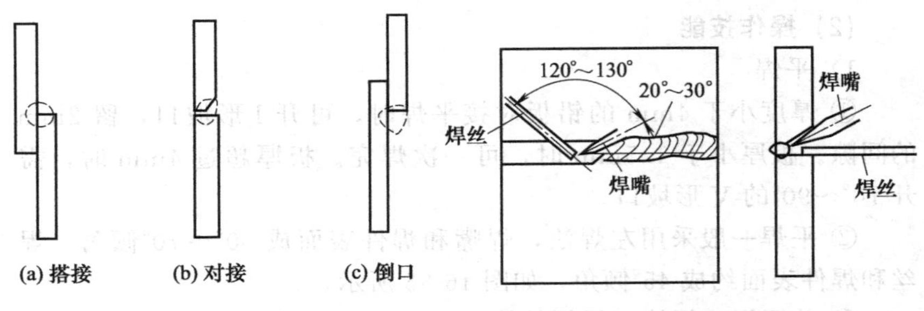

图 16-86　铅板横焊形式　　　　图 16-87　铅板多层焊

3）立焊　铅板立焊有对接、挡模、填丝搭接和不填丝搭接立焊四种形式，见图 16-88。

① 对接立焊的操作

a. 施焊时采用由接缝的下部向上施焊的方法，焊丝在焊嘴的上方，焊丝与焊件垂直面成 60°倾角，焊嘴与焊件垂直表面成 30°倾角，焊丝和焊嘴成 90°倾角，如图 16-88（a）所示。

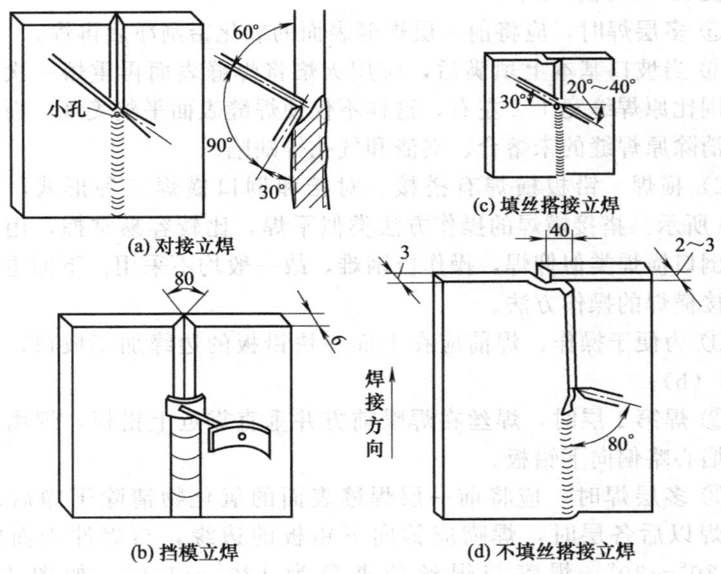

图 16-88　铅板立焊形式

b. 起焊时，先用焊嘴加热坡口两侧的金属，待母材熔化后，向熔池中填加焊丝。随后立即将焊嘴向上挑起，即完成一个焊点。重复上述动作，继续向上施焊。

c. 为使焊缝容易成形，一般把熔滴滴入焊缝的上部，然后再用火焰将其与母材熔为一体而形成焊缝。

② 挡模立焊的操作

a. 焊前将金属制成的挡模紧靠在坡口处。

b. 操作方法和对接立焊相同。

c. 施焊时，焊完一段后，即将挡模上移，直至焊完为止，如图16-88（b）所示。

③ 填丝搭接立焊的操作

a. 施焊时焊嘴与焊件表面成 20°～40°的倾角，焊丝与焊件表面成 30°倾角，如图 16-88（c）所示。但焊嘴需做三角形摆动。

b. 操作方法与对接立焊基本相同。

④ 不填丝搭接立焊的操作

a. 焊前将两块铅板相叠装配在一起，留 2～3mm 的间隙，如图16-88（d）所示。

b. 施焊时焊嘴稍向右倾斜，焊嘴对准间隙，利用上面一块铅板作填料，与下面一块铅板熔为一体形成焊缝。

c. 施焊过程中焊嘴不断地向上做连续 V 形运动，直至焊完全部焊缝为止。

(3) 焊后的安全防护

① 焊接结束后应及时清扫工作场地，以减少铅尘的污染。

② 下班后要换掉工作服，洗手、洗脸、刷牙和洗澡，避免铅中毒。

16.3.7 简便优质的铝合金钎焊操作

钎焊是铝合金连接的重要方法之一。与其他金属相比，铝合金的钎焊存在如下特点。

① 铝与氧的亲和力大，表面很容易形成一层致密、化学性能稳定、熔点较高的氧化膜，阻碍钎料和母材的润湿与结合。

② 硬钎料钎焊时，钎料的熔点同铝合金熔点相近，须严格控制

钎焊温度。尤其是火焰钎焊时，由于铝合金在加热过程中颜色无变化，因此温度判断困难，操作技术要求高。

③ 用软钎料钎焊时，钎料和母材之间的电极电位相差悬殊，降低了焊接接头的耐蚀性能。

本实例是以 5A06 牌号的防锈铝做试件，只要按以下步骤操作即可获得满意的钎焊接头。

(1) 钎料与钎剂

用锌做钎料，锌与铝的亲和力大，润湿性好。锌的熔点介于硬、软钎料之间，克服了两者的不足。锌钎料的温度为 400～450℃，与铝合金的熔点相差较大，温度控制不太严格，便于操作；用锌钎料焊铝合金，接头的电极电位相差小，且平缓过渡，耐蚀性好；锌的价格低，来源比较广泛。钎焊时，钎料可根据需要加工成片状、丝状等进行使用。

钎剂为反应钎剂 $ZnCl280\text{-}NH_4F15\text{-}NaC15$，可以自己配制。新配制的钎剂在空气中放置极易吸潮而失去活性，用无水乙醇调成稀糊状，使用、存放都很方便。

(2) 铝合金表面处理

铝合金表面的氧化膜、油污和尘类等都会妨碍钎料与母材的结合，必须彻底清理。

用化学法清理的步骤如下：

① 用质量分数为 10%的 NaOH 溶液浸泡或擦涂待钎焊的表面，约 10min 后用清水冲洗干净。

② 用质量分数为 30%的 HNO_3 溶液浸泡或擦涂约 5min，用清水冲洗干净。

③ 用无水乙醇擦涂，再用电吹风快速吹干。

清理后的表面要注意保持，防止取放或装配时二次污染。

也有用机械法清理表面的，即用锉刀或砂纸打磨，使之露出金属光泽，但是效果不如化学清理好。

(3) 钎焊操作

将钎剂均匀涂敷在待钎焊件表面，采用搭接接头，根据实际结构及受力状况，搭接长度≤30mm 为宜，间隙控制为小于 0.5mm。

用氧-乙炔焰或其他热源将接头部位均匀加热。开始时，钎剂中的乙醇剧烈蒸发，蒸发后，钎剂呈液态充满在间隙及接头附近。当加热到一定温度（大约 400℃）时，液态钎剂与铝合金表面反应，产生白色烟雾，反应处的铝合金表面露出光亮的色泽，此时填加钎料，锌与光亮的铝合金表面接触熔化，液态锌在其上极易铺展，受毛细作用填充到接头间隙。当背面形成圆整的钎缝时，将火焰移开，停止加锌，让接头自然冷却。

待接头温度降到 200℃以下时，接头已具有足够的强度，可用水清洗，并用毛刷清理残渣。这些残渣对钎焊接头有较强的腐蚀作用，清理不彻底会导致接头的早期失效。

(4) 技术要点

① 焊前表面必须采取化学法严格清理，避免二次污染。

② 钎剂的存放、使用注意防潮，避免长时间暴露在大气中。

③ 两工件接头要均匀加热。

④ 把握钎料填加时机，产生白色烟雾是信号，随后火焰稍微远离，避免过热。

⑤ 焊后及时清理，残渣一定要彻底清除。

16.3.8 纯钛外冷器的焊接操作

用于制碱工业生产的大型纯钛外冷器，其主要技术参数见表16-68。

表 16-68　外冷器的主要技术参数及外形尺寸

技术参数名称	指标		技术参数名称	指　　标
	管内	管间		
操作压力/MPa 操作温度/℃ 物料名称	0.03～0.15 8～10 NZ_4Cl 母液	0.1～0.2 −2～6 卤水	换热面积/m^2 筒体尺寸/mm 管板尺寸/mm 列管尺寸/mm	480(按平均直径计算) ϕ1600×8×6000 δ=28,ϕ1717×28 ϕ51×2×6000,共 511 根

(1) 保护措施及焊前准备

1）焊枪结构的改进　为提高焊枪的保护性能，使由喷嘴喷出的保护气流呈层流状态，并有一定的挺度，将枪体改为径向进气结构。这种枪体有光滑较长的气室和光滑较大的呈圆锥状的出气孔，在喷嘴内上方装有两层 0.152mm×0.152mm（100 目）的铜丝网，使气流再分配，从面变得更加均匀和稳定。

2）保护拖罩及夹具　由于钛在焊接过程中，其高温区易氧化，因此，必须在工件的正面、背面（有的在侧面）用拖罩保护。拖罩的结构和尺寸由焊件的几何形状和尺寸来确定，一般由 0.8mm 厚的纯铜板制成，其上方装有水腔，分配管的上方有一排直径为 1mm 的小孔（间距为 6mm），罩内下部设有 2～3 层 0.152mm×0.152mm（100 目）的铜丝网，其结构如图 16-89 所示。在用其进行保护时，氩气由引入管通到分配管内，经上方喷出，得以均匀分布和缓冲。当气流经过铜丝网时，便又得到了再次分配，使气流更加稳定地保护着焊缝，从而取得良好的保护效果。

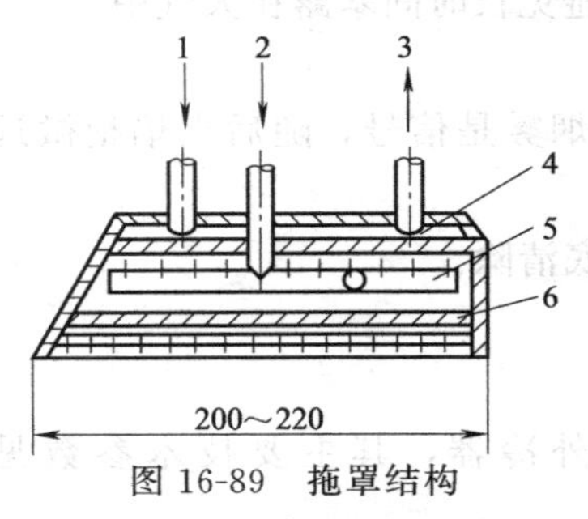

图 16-89　拖罩结构
1—进水口；2—氩气进口；3—出水口；
4—水套；5—孔（若干）；
6—铜丝网（2～3 层）

因为工业纯钛在焊接时收缩变形较大，变形后的矫正较困难，所以在焊前必须根据产品的结构和尺寸作固定夹具。夹具一般设有纯铜垫板，可较快地将热量传递出去。连续焊时夹具的下保护应设有水冷装置。正确合理地设计与应用夹具，有控制变形、促进冷却及控制保护气流的作用。

3）焊前准备　钛板在焊前要仔细清理。清理母材的方法如下：

① 采用机械加工坡口。

② 在坡口两侧 30mm 区域内用丝刷刷净，直至露出金属光泽为止。

③ 坡口面及其两侧 40～50mm 区域内用丙酮清洗 2～3 遍。

④ 在坡口面上用丙酮擦洗之后，再在个别地方做铁离子污染抽查（将质量分数为 36%的 HCl 溶液滴入坡口处，1～2min 之后再滴入质量分数为 10%的铁氰化钾溶液，坡口表面未呈蓝色方为合格）。

⑤ 用电热吹风机充分干燥坡口面，随后焊接方可开始。

手工钨极氩弧焊用的焊丝原则上是选择与基体金属成分相同的钛丝，所有焊丝均以真空退火状态供应。真空退火的工艺参数为：真空度为0.013～0.13Pa，退火温度为900～950℃，保温时间为4～5h。TA1、TA2、TA3纯钛焊丝的纯度为99.9%，如标准牌号的焊丝短缺时，可从基体金属相同牌号的薄板上剪取作为填充焊丝，宽度类似焊丝直径。焊丝的清洗可用质量分数为8%～15%的NaOH碱液来清洗，温度为60～70℃，时间为2～3min，取出用水冲，干燥，用细砂布（要求不含铁质）打磨后，再用丙酮洗一遍即可使用。

保护气体一定要采用一级纯氩（纯度为99.99%），露点为－5℃。当氩气瓶中的压力降至0.981MPa时应停止使用，以防影响纯钛焊接接头的质量。

(2) 焊接参数选择

焊接设备为NSA2-300-1型交、直流两用氩弧焊机，配用ZXG3-300-1型硅整流电源，采用直流正接法。焊接电流与焊接速度是主要的焊接参数，在手工氩弧焊时，既要考虑到坡口面的充分熔透，又要照顾到拖罩的跟踪，故施焊速度不宜快。当板厚为8mm时，焊接速度以8～11cm/min较为适宜，此时电流以180～200A为佳。电流过大则会使焊缝晶粒粗大，且热影响区保护变坏；电流过小，则熔化不充分，易产生气孔。保护气体的流量应与喷嘴、拖罩的结构尺寸有关，当喷嘴直径为19mm时，流量为20L/min，背面、正面的保护辅助氩气的流量大约为20L/min和35L/min。

当外冷器管子与管板焊接时，选择自熔焊，管子伸出管板1.5～2mm的长度，焊前在距钛管焊端30～50mm处塞进一团棉纱线，作为管子内部的气体保护措施。焊接参数选择：电流为120～140A，喷嘴孔径为16mm，氩气流量为14～16L/min。

(3) 焊接时的注意事项

① 焊枪的喷嘴应始终垂直于工件的表面（或微微向前倾斜一点），尤其在填丝时，喷嘴不得向前倾斜过大，避免气流偏吹。喷嘴至工件表面距离以7～10mm为宜，在不影响填丝与可见度的情况下应尽量压低电弧。焊丝熔化填进时，焊丝端始终在氩气的保护之中。

② 焊枪钨极始终要对中，否则会造成背面局部未熔合的缺陷。

③ 施工现场要保持清洁、干燥，室温一般要在20℃以上。在焊接中，正面与背面的保护要密切配合，熔池及受热区要绝对禁水。

④ 多层焊时，层间温度≤60℃，在生产过程中，各种保护罩均需通水冷却。

16.3.9 工业纯钛的自动等离子弧焊接操作

(1) 焊接的特点及工艺

由于纯钛在液态下的表面张力大，因此适宜采用小孔效应等离子弧焊，常用以焊接厚度在10mm以内的纯钛板。

等离子弧焊法的热输入大、热量集中，在焊接过程中需加强焊接区的保护和冷却效果。

纯钛等离子弧焊时的气体保护方式与钨极氩弧焊法相同。等离子弧焊炬应合理进行设计，要求能使焊接熔池及其周围处于350℃以上的金属得到良好的保护。

为了降低保护气体的流速，使氩气流形成层流层，从而达到良好的气保护效果，建议在焊炬底部放置3～4层叠制0.152mm×0.152mm（100目）的铜丝网。

在焊接过程中应严防由穿堂风吹散氩气流，而使焊缝的气体保护效果变坏。当发现焊缝表面的颜色变蓝时，应立即停止焊接，进行气体保护性能试验，以获得气体保护效果最佳的氩气流量。

焊炬的气保护性能试验完成后，装上拖罩，进行实际焊接模拟试验。此时，焊炬需自动行走，并调节不同的拖罩气流量。焊后，检查焊缝表面上的保护效果，从而得出合适的拖罩气流量。

等离子弧焊时，焊接速度的选择也很重要，焊速太慢，焊件易被烧穿；焊速增快，焊缝变窄，焊接速度超过400mm/min时，气体保护效果明显减弱。

表16-69所示为工业纯钛的自动等离子弧焊焊接参数。

表 16-69 工业纯钛的自动等离子弧焊焊接参数

板厚/mm	喷嘴直径/mm	钨极直径/mm	焊接电流/A	电弧电压/V	氩气流量/(L/min)			焊接速度/(m/h)	焊丝直径/mm	备注
					离子气流	主喷嘴气流	反面保护气流			
0.8	1.6	2.0	35	18	0.1	13	10	15.6	—	喷嘴与焊件间距离为3～6mm
2	2.5	3.0	70～80（脉冲电流）	—	1.8	18	12	—	—	拖罩气流为24L/min，基值电流为20～30A

续表

板厚/mm	喷嘴直径/mm	钨极直径/mm	焊接电流/A	电弧电压/V	氩气流量/(L/min) 离子气流	主喷嘴气流	反面保护气流	焊接速度/(m/h)	焊丝直径/mm	备注
5	3.8	5.0	200	—	5	20	25	20.0	1.0	送丝速度为1.5m/min，钨极内缩1.9mm
6	6.0	4.0	180～220	18～20	—	11～12	6～8	12～21.5	—	钨极与焊件间距离为4mm，采用两层焊接
8	6.0	4.0	180～220	18～20	—	11～12	6～8	10～12	—	钨极与焊件间距离为4mm，采用两层焊接
10	6.0	5.0	180～300	18～20	—	8～9	8～10	8～12	—	钨极与焊件间距离为4mm，采用两层焊接
10	3.8	5.0	250	25	6	20	25	9	1.0	送丝速度为1.5m/min，钨极内缩2.5mm

(2) TA2工业纯钛板自动等离子弧焊接实例

金属阳极电解槽底部设置了一块尺寸（长×宽）为1.7m×1m、厚度为2mm的TA2工业纯钛板，由于整张钛板的宽度不够，因此需要拼接。为满足单面焊双面成形的技术要求及减小焊接变形量，采用小孔效应等离子弧焊工艺。

① 焊前准备 焊前将钛板待焊边缘一侧在龙门刨上进行加工，并用丙酮擦洗。钨棒需在磨床上研磨圆整，以防出现因钨棒与喷嘴中心线的同心度不够而烧损喷嘴等现象。为使焊机行走过程中电弧不偏离焊缝中心，焊机上的橡皮轮改用铁轮。

② 焊接设备与工装 焊接钛板时，采用LH-250型等离子弧焊机的控制系统及焊机行走机构，配以ZX5-160型晶闸管式弧焊整流器。并设计制造一专用的气动焊接夹具，压板是由两排琴键式小压块组成的，夹具底部的纯铜垫板上开有一排ϕ1.0mm的小孔，以实现反面气体保护。为防止焊接过程中发生严重的变形及引起烧穿，除采

用焊接夹具、焊前定位焊外，还安装了一晶闸管脉冲断续器，进行脉冲等离子弧焊接。

③ 焊接参数　2mmTA2 工业纯钛板的焊接参数如下：钨极直径为 3mm，喷嘴孔径为 2mm，脉冲电流为 70～80A，维弧电流为 20～30A，脉冲通电时间为 0.06～0.08s，休止时间为 0.12～0.14s，离子气流量为 1.8L/min，喷嘴保护气流量为 1.8L/min，反面保护气流量为 12L/min，拖罩气流量为 24L/min（拖罩外形尺寸为 180mm×40mm）。焊后，焊缝表面呈鱼鳞纹，熔宽均匀，表面色泽为金黄色。

④ 焊接注意事项　在焊接操作过程中应随时注意焊接参数及气体流量的变化。当发现焊缝背面的颜色发蓝时，应调节反面的氩气流量及分析反面的气体保护条件。一般反面保护用的氩气由一单独的氩气源供应。此外，最好在纯铜垫板两端用棉花絮团塞住，防止气流散失，使焊缝反面得到充分的保护。氩气瓶中的气体压力降至 0.98MPa 时，应停止操作，重新更换一瓶气体。

16.3.10 各种铝焊件的碳弧焊焊接操作

(1) 铝母线的碳弧焊焊接

① 用钢丝刷或化学清洗法将接头附近清理干净。

② 采用与母材成分相同的焊丝。将牌号为 CJ401 的熔剂调成糊状涂在焊丝上，干燥后即可使用。

③ 铝母线碳弧焊通常不需定位焊而用夹具夹紧。焊件背面用开有圆弧形槽的石墨块作垫板，圆槽的深度不超过 3mm，以免背面焊缝余高太大；宽不超过 20mm，这样可以得到外观成形良好的焊缝。在焊件两端各装一块石墨板作挡板、引弧板和弧出板用，焊件的装配见图 16-90。石墨垫板不能有水分，以免在施焊过程中产生蒸汽，影响焊接质量。

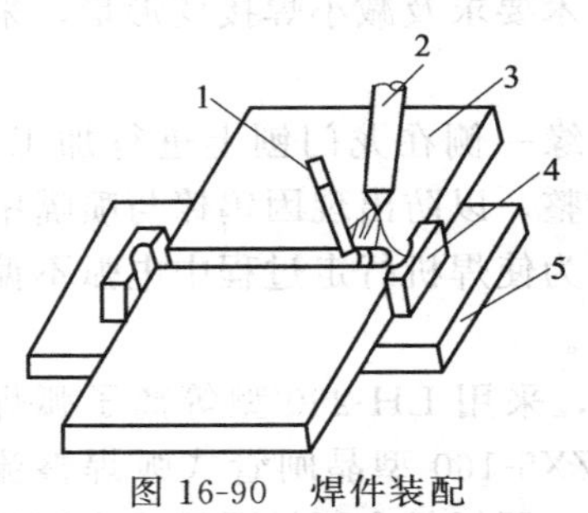

图 16-90　焊件装配

1—填充焊丝；2—石墨电极；3—铝母线焊件；4—石墨挡板；5—石墨垫板

④ 厚度在 30mm 以下的铝母线对接焊时，开 I 形坡口，并在接头处预留适当的间隙，见表 16-70。若大间隙铝板对接焊的技术掌握不好，则可以开 60°Y 形坡口，钝边厚度为铝板厚度的 1/3。

表 16-70　装配间隙　mm

铝板厚度	1～8	8～15	15～20	20～30
装配间隙	0	2～5	5～10	10～12

⑤ 铝母线碳弧焊的焊接参数的选用见表 16-71。

表 16-71　焊接参数的选用

铝板厚度/mm	焊接电流/A	碳极直径/mm	石墨电极	
			圆形直径/mm	正方形边长/mm
1～3	100～200	10	8	8
3～5	200～250	12.5	10	10
5～10	250～400	15	12.5	12
10～15	350～550	18	15	14
15～20	500～800	25	20	18
20～30	700～1000	—	25	22

⑥ 具体操作如下：根据表 16-71 选择合适的焊接参数，碳棒与焊件的倾角为 80°～85°，弧长保持约 20～25mm。引弧后开始加热焊缝始端，此时切不可将电弧对向棱角部分，否则会把棱角过早地熔化掉，影响焊缝成形。当铝液有往下塌的趋势时，就立即填加焊丝。在熔剂作用下，熔化的接头熔合在一起，并流到石墨垫的圆弧槽内，形成背面焊缝。焊丝与焊件成 45°倾角送进，操作时，一面熔化焊丝，使熔滴进入熔池，不滴在坡口边缘，以免影响焊缝成形；一面用焊丝端头挑破熔池上的氧化膜，迅速前进。收弧时，电弧应在石墨挡板上熄灭，以免出现弧坑。

焊接厚度在 30mm 以上的厚铝板时，采用双面焊。施焊过程中，若发现焊缝温度过高，则需停顿一下，待温度降至 400℃以下，再进行继续焊接，这样有利于防止产生裂纹。

⑦ 焊后清除焊缝附近残留的熔剂、焊渣，可用钢丝刷和水刷洗，也可用蒸汽流喷洗。

(2) 铝罐碳弧焊的操作

铝罐由 7 节筒体和 2 个封头组成，直径为 2000mm，总长为 9800mm，材质为 14mm 厚的纯铝板，介质为浓硝酸，主体焊缝均由碳弧焊焊成，见图 16-91。

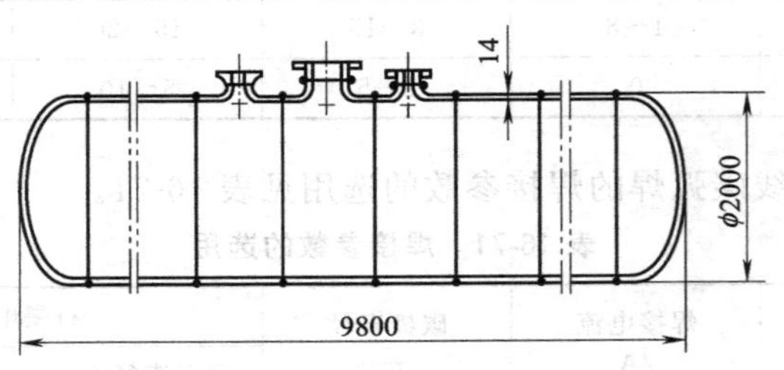

图 16-91　铝罐的构造

操作要领如下：

① 选用石墨电极，其顶端磨成 70°角，电极的形状及尺寸见图 16-92。焊丝采用截面为 10mm × 10mm 或 12mm × 12mm、长 1000mm、与母材成分相同的铝条，或者用直径为 8mm 的铝丝。熔剂自配，成分（质量分数）为：铝冰晶石 20%（或 15%）、氯化钠 30%（或 35%）、氯化钾 50%。

将配好的熔剂用水调成糊状，用刷子涂在酸洗过的铝丝或铝条上，最好涂两遍，厚度为 0.5～1mm，晾干后于 100～150℃ 温度下烘干。

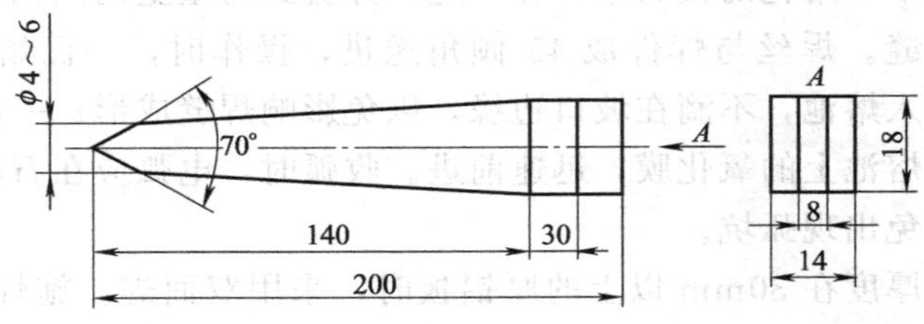

图 16-92　电极的形状及尺寸

② 焊机选用直流弧焊机。筒体纵缝的焊接装置见图 16-93。环缝的焊接装置见图 16-94。

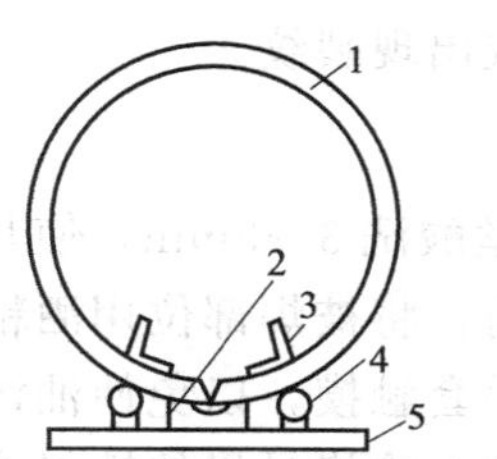

图 16-93　筒体纵缝的焊接装置

1—筒体；2—纯铜垫；3—角钢；4—圆木垫；5—底板

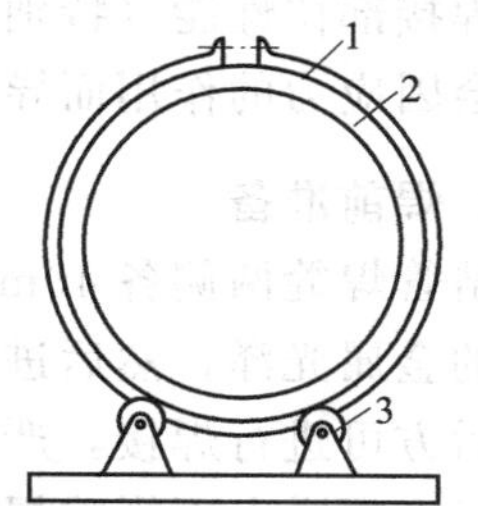

图 16-94　筒体环缝的焊接装置

1—纯铜带垫；2—筒体；3—转胎

筒体纵缝采用带有圆弧形槽的纯铜垫板，其形状和尺寸见图 16-95。环缝先焊内缝，焊接时，外面加一个用 4mm×80mm 的扁纯铜制成的拉紧圈作为垫板，装配时用拉紧螺钉将垫板与焊件贴紧。

③ 铝板开 Y 形坡口，坡口角度为 70°，钝边为 5～6mm，间隙为 0～3mm。

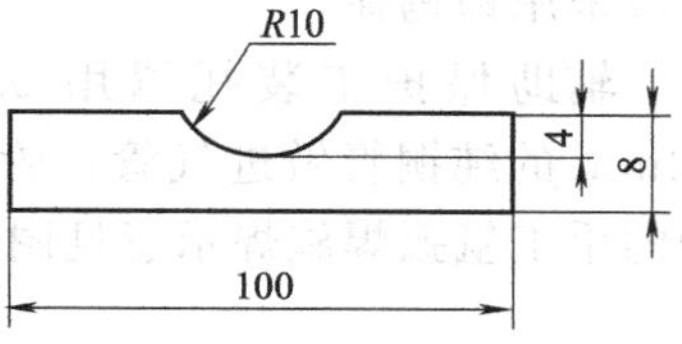

图 16-95　垫板的形状和尺寸

④ 焊前焊丝用质量分数为 5%～10%的 NaOH 熔液清洗，然后用质量分数为 10%～30%的 HNO_3 钝化，经水冲洗后使用。焊件坡口面用铜丝刷清理。

⑤ 操作时采用右向焊法，焊接电源为直流正接，焊件正面焊 2 道焊缝，背面焊 1 道焊缝。纵缝两端加石墨板做引弧板和弧出板。环缝也要求在石墨板上引弧，以避免产生弧坑裂纹。

焊接环缝时，焊接电流为 280～320A；焊接纵缝时，由于熔池易于保持水平，便于操作，焊接电流可比环缝大一些，采用 300～340A。

16.3.11　锆蛇形管冷却器的焊接操作

锆蛇形管冷却器直径为 1900mm，锆管口径为 40mm、厚度为 2mm，换热面积为 16m^2。由于锆的化学性质特别活泼，尤其是在焊接过程中熔融锆的吸气性比较强，因此气体保护稍不慎，就容易导致焊接部位变硬、变脆，甚至出现焊缝的氧化。而且锆还具有熔点高而导热性差的特点，因而焊接时高温区不能维持过长，否则会因晶粒长大而使焊接部位性能（特别是塑性）下降。此外，在刚性较强的情况下，还会因应力的作用而导致锆材变形或出现裂纹。

(1) 焊前准备

将锆管焊缝两侧各 40mm 区段及焊丝酸洗 3～5min，使其呈现出银白色的金属光泽，然后进行水洗。焊前，将被焊部位用酒精或丙酮等擦拭后方可进行焊接，严禁用手或脏手套触摸，以免使油污或纱布纤维残留在焊道上而影响焊缝质量。为减少价格昂贵的锆材浪费，可将几根连接成一根整管，然后弯制，这样也便于焊接操作，提高了焊缝的质量。

(2) 焊接设备和辅助保护工装

锆蛇形管冷却器焊接设备采用惰性气体保护焊 NSA1-300-1 型钨极氩弧焊机，极性为正接法。保护气体用纯度 99.99%的工业纯氩。电极采用铈钨棒。

辅助保护工装托罩用 0.5～0.8mm 厚的纯铜钎焊制成，用 ϕ8mm 的纯铜管做进气管，管下开 ϕ1mm 的孔三排。用氩气托罩保护的手工氩弧焊施焊示意见图 16-96。

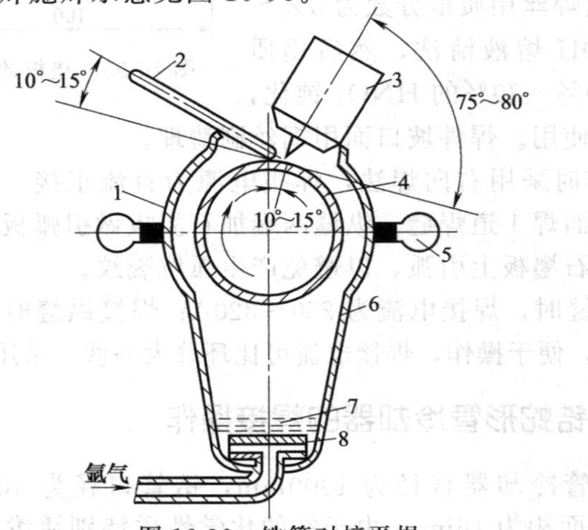

图 16-96 锆管对接平焊

1—上托罩；2—锆焊丝；3—焊枪；4—锆管；
5—钢夹（4 只）；6—下托罩；7—钢丝布（3 层）；
8—进气喷嘴（下开 ϕ1mm 三排孔）

(3) 焊接参数

焊接时将锆管放在胎具上，管口对接间隙为 1～1.5mm，管内通氩气 5～10s，(长管对接时管内贴水溶纸) 排净管内空气，然后定位焊。校直后加上托罩，用手试转着管子与托罩是否摩擦，若有摩擦则不仅给操作带来不便，还会由于焊接时间过长使热影响区增大、焊缝增宽而导致出现气孔，使焊缝的塑性下降，甚至使保护区域的焊缝色质剧变，焊缝出现氢脆。

氩弧焊枪钨极伸出长度以 3～4mm 为宜，焊接时，对每个接头分两次进行焊接，即焊完 1/2 圈后再焊另 1/2 圈，管子的转动由另一名辅助焊工操作。为防止扩大热影响区和增加焊接应力，尽量采用小的热输入，用断续送丝法，切勿使焊丝的熔融部位伸出保护区，一旦发现，即应将色变的焊丝端部剪掉。焊接过程中，焊嘴不做任何摆动，用短弧直线操作。焊接参数见表 16-72。

表 16-72　锆蛇形管冷却器焊接参数

管子规格/mm	钨极直径/mm	焊线直径/mm	焊接层数	焊接电流/A	氧化铝喷嘴直径/mm	氩气流量/(L/min)		
						喷嘴	托罩	管内
ϕ40×2	2	2	1	80～85	ϕ16～18	1.5～1.8	20～25	5～10

(4) 注意事项

锆材易于加工，但要注意采用低、中速度操作，以免引起切屑着火事故。锆蛇形管在焊接盘制过程中，要用 8mm 厚的橡皮垫在管接头与胎具的部位，以免锆管焊接处磨损、拉毛等缺陷的产生。

(5) 锆蛇形管焊缝质量

锆蛇形管接头焊缝颜色大部分是银白色，少量是金黄色，焊缝尺寸符合技术要求。管内背部焊缝成形美观，制成后经 0.4MPa 的水压试验合格。焊缝经 X 射线探伤，无气孔、夹渣、裂纹等缺陷，参照 GB 3323—2005 标准，可以达到Ⅱ级要求。

16.3.12　纯镍管与板的焊接操作

在蒸发器设备制造过程中，常会遇到纯镍管与管板的焊接，这种焊接接头要求密封性好，并能耐整体腐蚀及应力腐蚀。ϕ18mm×

2mm 纯镍管与 6mm 厚纯镍管板的焊接接头形式如图 16-97 所示。由于对焊接接头的质量要求高，需采用手工钨极氩弧焊焊接。所用的填充焊丝直径为 2.5mm，焊丝成分（质量分数）为：Ti 为 5.3%、Nb 为 1.31%、Al 为 1.24%、Mn 为 1.07%、Si ≤ 0.05%、C ≤ 0.024%、Mg 为 0.08%、P 为 0.002%、S 为 0.002%。

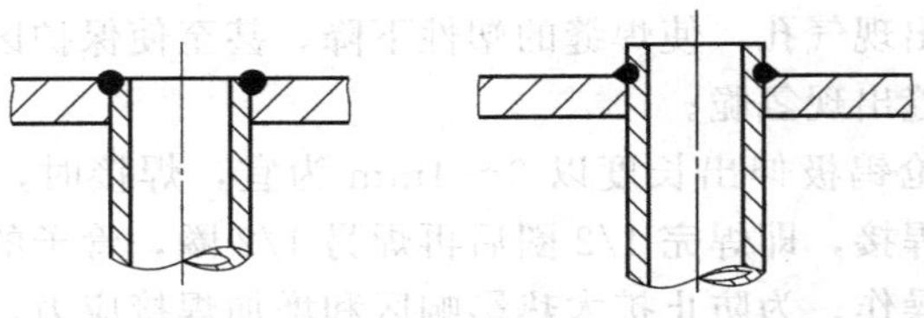

(a) 角接单边Y形坡口形式　(b) T形接单边Y形坡口形式

图 16-97　纯镍管子与管板的焊接接头形式

焊接参数选择分别为：钨极直径为 3.2mm、焊接电流为 140～150A、氩气流量为 7L/min。停弧时采取焊接电流衰减措施，并充分填满弧坑。在操作过程中应注意防止在管板侧出现未熔合缺陷。

用上述焊接参数焊成的焊缝，表面成形良好。经着色检验，管子、管板接头中无裂纹、气扎等缺陷出现。对焊接接头做破坏性解剖检查，用 25 倍放大镜观察其断面，经测定：焊缝的熔深在 1mm 左右。在试验、生产过程中对图 16-97（a）、（b）所示的两种接头进行比较，发现图 16-97（a）所示的接头容易产生根部裂纹，所以建议采用图 16-97（b）所示的接头形式。

16.3.13　蒙乃尔合金的焊接操作

ϕ520mm 筒体是由厚度为 16mm 的两块蒙乃尔合金板拼焊而成的。加工顺序是：平板对接焊，加工滚圆前压头，滚圆，焊筒体纵缝。

蒙乃尔合金焊接采用钨极氩弧焊工艺，电极为铈钨极，直径为 4mm，端部磨成锥形。焊丝直径选择 3mm，成分（质量分数）为：Al 为 0.2%～0.4%、Ti 为 1.5%～3.0%、Mn 为 1.2～1.8%。焊接电源为直流正接。

坡口尺寸如图 16-98 所示。焊前在坡口两侧 40mm 区域用砂轮打磨清理干净，将焊丝用砂纸打磨干净，每根切成 1m 左右长度，用丙酮擦洗焊接区和焊丝表面。

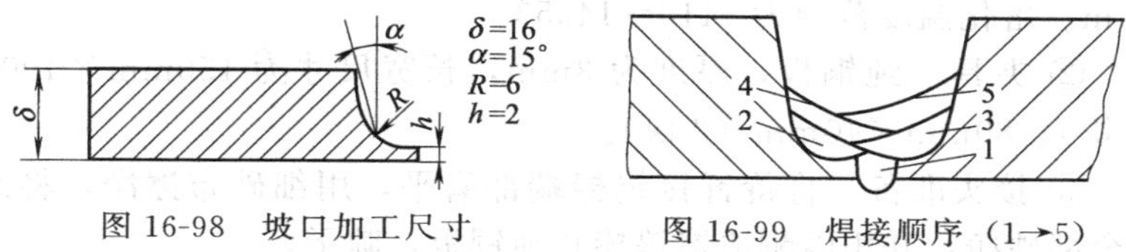

图 16-98　坡口加工尺寸　　图 16-99　焊接顺序（1→5）

焊接工艺要求分别为：

第 1 层打底焊，焊接电流为 90～100A，反面加纯铜垫板（带 R 槽）并通氩保护。氩气流量：焊枪保护 12L/min；垫板通氩保护 8L/min。焊接时，焊丝压向间隙，要求焊透。第 2 层焊接电流为 120～130A；第 3 层电流为 130～140A；第 4 层及以后各层电流全部为 180～200A，焊枪保护气流量为 12L/min。焊 1～3 层时，工件处于平焊位置；焊第 4 层以后，将工件纵缝尾端垫起 20°～30°，进行上坡焊，以造成熔化液态金属向后流。焊接顺序如图 16-99 所示。每焊一层用角向磨光机仔细打磨焊缝表面，以去除表面氧化物和夹杂物，且温度冷却至 80～100℃时再焊下一层焊缝。每层焊道表面须呈凹形。焊接过程中，焊枪不能在某一点停留时间过长，中间换焊丝和灭弧时，应关闭焊枪手控开关，但应继续供保护气体，焊枪在原地进行适当时间的停留，待熔池保护 10s 左右方可离开。

16.3.14　钨棒的氩弧钎焊操作

随着 TIG 焊应用的增多，作为电极使用的钨棒消耗量也逐渐增加。目前使用的大多数是铈钨（WCe-20）电极，每支长 150mm，使用到 50mm 左右时，焊枪已无法夹持。钨及其合金是贵重金属材料，为了把弃之的钨棒再次利用，可以通过钎焊方法给予连接。

(1) 钎焊工艺

钨的熔点高，化学活性低，当温度超过 400℃时极易氧化，这表明钨不能用一般的熔焊方法焊接。

经试验，采用氩弧钎焊可成功地连接钨棒。焊接电源为一般直流氩弧焊机，正接。钨极直径选择 3mm，喷嘴口径选择 16mm，氩气流量为12L/min。

① 钎料　采用Cu-Mn-Zn-Si钎料或ERNi-1镍基焊丝，直径为2mm。熔化温度范围为1410～1455℃。

② 夹具　纯铜板，厚度为3mm，长宽尺寸为150mm×100mm（1块）、80mm×40mm（2块）。

③ 接头准备　将待钎接钨棒端部磨平，用细砂布擦净，将纯铜板全部砂净，并用丙酮清擦钨棒和纯铜板，晾干。

④ 组对　按图16-100所示将钨棒放置于纯铜工作垫板上和两块小纯铜夹板之间，留对接间隙为1.5mm（本图所示为直径3mm的钨棒）。

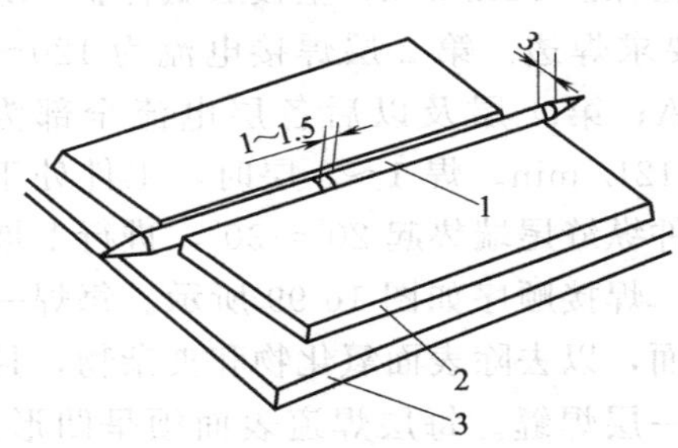

图16-100　钨棒氩弧钎焊组对示意图

1—钨棒；2—纯铜夹板；3—纯铜工作垫板

⑤ 操作技术　焊接电流调至90～100A，高频或脉冲起弧，电弧稍拉长，做小环圈将钨棒两端均匀加热，至钨棒接头红热时，迅速压低电弧，并及时加入钎料，熔滴很快填满间隙。熄弧后，焊枪不能移开，做氩气延时保护至钨棒钎点冷却。观察钨棒接头背面，如未填满钎料则重复上述过程。

⑥ 焊后处理　钨棒接头处如装配组对不良造成不直，须在变为暗红色之前、有氩气保护的条件下用小锤轻轻敲直；若在冷却之后矫直，则易断。接头如遇凸起，可用细砂轮磨削或锉平。

(2) 注意事项

① 太短的钨棒在钎接前最好预先磨出所需要的电极端部形状。

② 钨棒从开始钎接直至冷却，包括趁热矫直，均须用氩气保护，氩气流量为10～12L/min。

③ 经钎焊的钨棒，使用时水冷效果必须良好。钨极接头在喷嘴内距离端部越近，则电流载能力越小，电压越低。经测试，直流正接时，不超过一般规范下使用，钎焊钨棒接头处最短可用至长度为16mm。

16.3.15　铅管的焊接操作

铅管由铅板卷制或作硬铅铸造而成。铅的熔点很低，仅为 327℃，密度为 11.34kg/m³。铅焊接用的设备一般与气焊所用的差不多。

(1) 水平铅管的焊接

水平铅管的焊接可采用管子转动的平对接焊接头或开孔接头。

① 管子转动的平对接焊接头　一般适用于可转动的较短管道。焊前先将两短管的焊接接头对齐，用木拍板把接头敲打平整，接头处不得存在错边，然后用定位焊缝固定。

焊接过程中铅管处于水平位置，并以一定的焊接速度连续转动，按平对接焊的操作方向施焊。管壁厚度在 4mm 以下的接头焊 1 层焊缝；管壁厚度大于 4mm 的，需加工坡口，进行多层焊，盖面层应高出管子表面 2～3mm。

② 开孔接头　用于管道较长而不能拆卸或不便于转动的管道焊接，先将两铅管对接接头的上部各割去一块，使其成为方形开口，然后进行管内下半部环缝的焊接，并经检验合格后再将上部盖板对准，施以焊接，如图 16-101 所示。

(2) 水平固定管子套接焊

管子不能转动时，可用套接一接头的方法焊接。套接的方法有两种：

① 对于两根不同管径管子的焊接，大管的内径稍大于小管的外径，则可将大管套住小管上进行全位置搭接焊。

② 将两根管子插入内径稍大于被焊管子外径的套管内，用搭接焊方法焊接。当套管长度在 200mm 左右时，操作时从管子下部起焊，从右向上焊到管子顶部；再回到管子下部，从左向上焊到管子顶部，并与另一侧焊缝的弧坑相接，如图 16-102 所示。

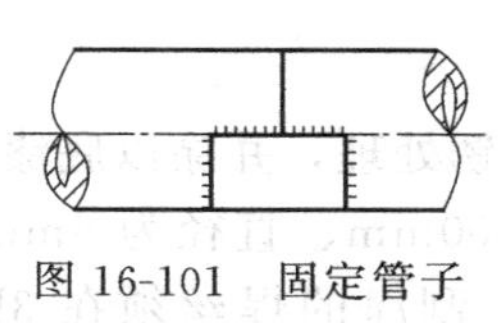

图 16-101　固定管子开孔接头焊接法

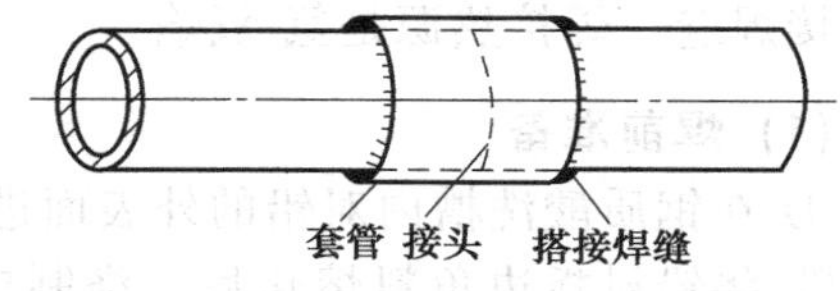

图 16-102　管子套接焊法

(3) 垂直固定管子的焊接

垂直固定管子的焊接可采用环形板连接接头或环形承插接头。

① 环形板连接接头　一般用于硬铅管的焊接，如图 16-103 所示。在下一段铅管顶上焊一圆环，再将上一段管子对正后进行焊接。

② 环形承插接头　常用于软铅管的焊接。先将下一段铅管用木槌敲打胀大成喇叭口形，再将上一段铅管插好后焊接，如图 16-104 所示。

某些铅管由于耐磨、耐压或其他原因需要表面增强，可用表面加焊硬铅层的焊法。其施焊方法与平焊法相同，只是焊道并排，并布满整个焊缝表面，如图 16-105 所示。焊丝可选用含锑量适当的硬铅焊丝。

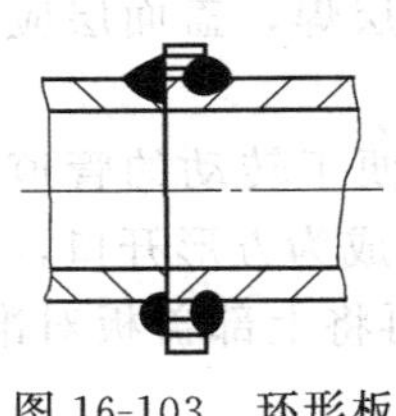

图 16-103　环形板连接接头

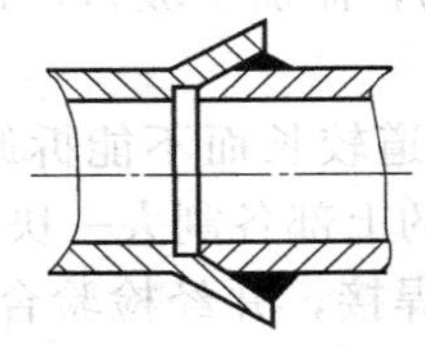

图 16-104　环形承插接头

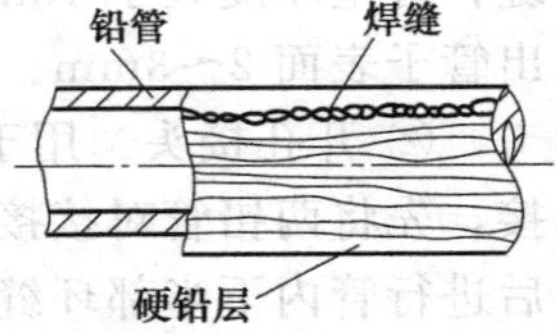

图 16-105　铅管的加硬

铅管焊接必须认真做好焊前准备工作，对焊接火焰功率的选择、焊接操作过程中的焊枪角度选择都要求规范，并掌握熟练的气焊基本功。具体焊接工艺及措施可参照下例钢质酸洗槽内衬焊接。

16.3.16 钢质酸洗槽铅内衬的焊接操作

酸洗槽的内衬由长 8.6m、高 1.1m、宽 1.4m、厚 3mm 的铅板组成，如图 16-106 所示。在该槽上需焊平搭接、平对接、平角接和立搭接焊缝。焊接热源是氢-氧焰。

(1) 焊前准备

① 在钢质酸洗槽内对铅的外表面进行除锈处理，并涂以底漆。

② 将铅衬板边角料熔化后，浇制成长 300mm、直径为 6mm 的铅焊丝。焊丝表面上的氧化铅薄膜应刮净，刮净的焊丝须在 3h 内用完。

③ 用剪刀修整铅板边缘，将接头边缘和搭接接头表面上的氧化铅薄膜刮除，以露出铅的金属光泽，最好随刮随焊，刮净处须在 3h 内焊完，否则要重新刮净。

（2）底衬板的焊接

① 按图 16-106 所示制备衬板，将铅板吊装入槽内的底板上。

② 焊前用木拍板把接头拍打平整，使其与底板贴合、贴紧。

③ 用 H02-12 型焊炬（0 号焊嘴）和稍大的火焰功率进行平对接缝的焊接。施焊时采用左向焊法，操作时，由火焰焰心加热、熔化铅板边缘，当焊炬向前移开后，熔池就冷却凝固成焊缝。焊炬做直线往复摆动，频率一般为 80～100 次/min，摆动时焰心向左提高约 4mm，焰心向右返回时，使接头底部的金属熔化，此时立即加入焊丝，以补充熔化金属形成焊缝。焊炬除沿焊缝做往复摆动外，视熔池熔化情况也可做适当的横向摆动，以使接头两侧金属充分熔化，防止出现焊缝夹渣和咬边等缺陷。焊嘴与铅板夹角一般控制为 50°～70°，焊丝与铅板的夹角在 45°左右。底衬板接缝可先焊接铅板 1 与铅板 3 的接缝 a，其他各接缝的焊接按图 16-106 所示的 a～d 顺序进行。当焊完一条焊缝后，用木拍板把整块底衬板拍打平整，要求铅衬板紧贴在槽板上。

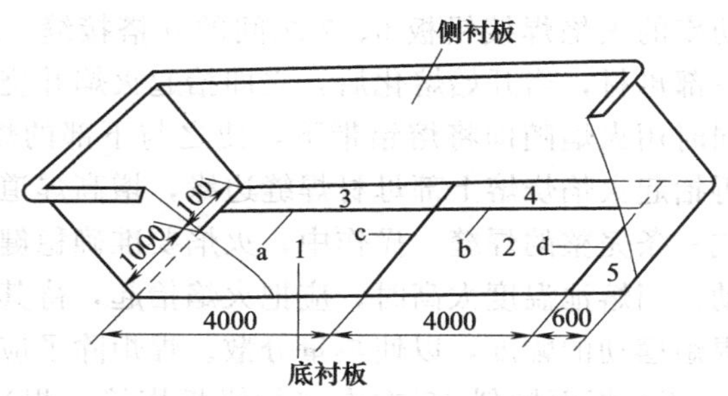

图 16-106 底衬板的拼接

a～d—焊接缝的顺序；1～5—铅板编号

（3）侧衬板的焊接

① 将铅板 6 吊装入槽内，先把该铅板的上缘包住在酸洗槽的槽口角钢上，然后用木条和木槌把铅板下缘按折边线敲击，折成直角，使折边端与底板相贴紧，如图 16-107 所示。

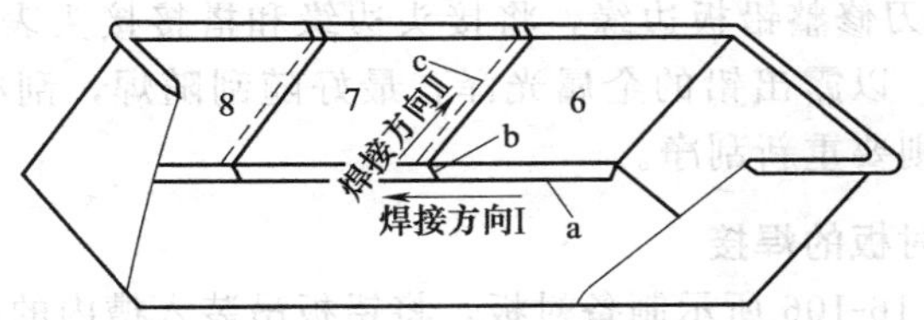

图 16-107 侧衬板的拼接

a～c—焊接顺序；6～8—铅板编号

② 用刮刀刮除立搭接接头正、反面表面上的氧化薄膜，并进行定位焊。

③ 铅板 7 和铅板 8 先后吊装入槽内，按上述①、②所述的方法对铅板进行定位焊。

④ 对面的侧衬板也依次吊装入槽内，进行定位焊。

⑤ 焊接侧衬板折边端与底衬板之间的平搭接缝 a，共焊两层。若酸洗槽纵向两侧有高低偏差，则焊接方向应从低处向高处施焊。

⑥ 平搭接缝焊完后再焊接两块相邻拼板折边端间的对接缝 b，当焊到折角处时，应多加些焊丝，可获得较饱满的焊缝。

⑦ 撬动搭接接头边缘，使其留出 0.5～1.0mm 的间隙。采用 0 号焊嘴和小功率的火焰焊接铅板 6、7 之间的立搭接缝。施焊时，火焰首先对着下部母材，当开始熔化后，立即抬起火焰并烧熔上部母材焊缝边缘，同时用火焰随即将熔铅带下，使之与下部的熔铅相熔合，形成熔池，再抬起火焰烧熔上部母材焊缝边缘，增高焊道。这样连续动作，就形成一条完整的焊缝。操作中，火焰要准确稳健，焊炬可稍做锯齿形摆动。当熔池温度太高时，应把火焰抬起，待其温度降低再焊，或增大焊炬摆动的幅度，以使热量分散。焊炬除了应与焊道保持 80°前倾角外，还与板面倾斜 15°左右（指铅板搭接立焊）。焊接时可不填加或少填加焊丝。用同样的工艺焊接其余几条立搭接缝。

（4）封头衬板的焊接

① 按图 16-108 所示制作两块封头衬板，并吊装入槽内，把衬板上缘包在酸洗槽的槽口角钢上。按折边线弯成直角，用刮刀刮除折边端正、反面上的氧化铅薄膜，用木柏板拍打折边，使其与侧衬板和底衬板贴紧，用定位焊定位。

② 焊接封头衬板的折边端与底衬板相连接的平搭接缝 a，如图 16-109 所示。然后焊接侧衬板折边端与封头衬板折边端的平对接缝 b。在焊接侧衬板与封头衬板交角处时，应注意防止产生烧穿缺陷。接着焊接封头衬板立向折边端（下端部）与侧衬板折边端相连接的平角缝 c。此时火焰功率可稍大，并按平角焊的操作方法进行焊接。

③ 最后焊接封头衬板折边端与侧衬板相接的立搭接缝 d。

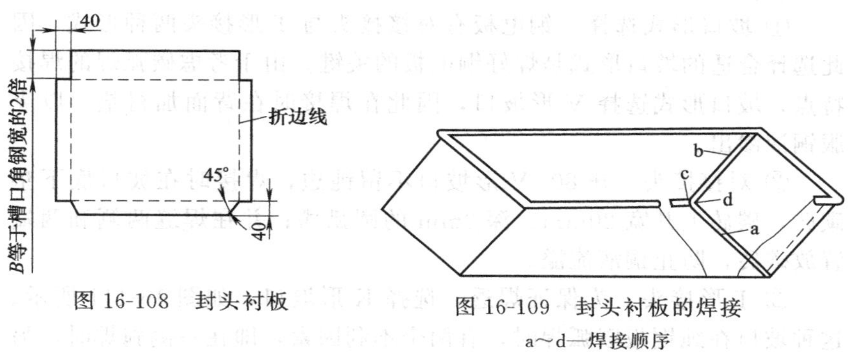

图 16-108　封头衬板

图 16-109　封头衬板的焊接

a～d—焊接顺序

16.3.17 厚纯铜法兰的碳弧焊操作

图 16-110 所示是厚 50mm 的 TU1 纯铜导电法兰，其中有 4 条对接接头，每条焊缝长 100mm；两条 T 形接头，每条焊缝长 260mm。

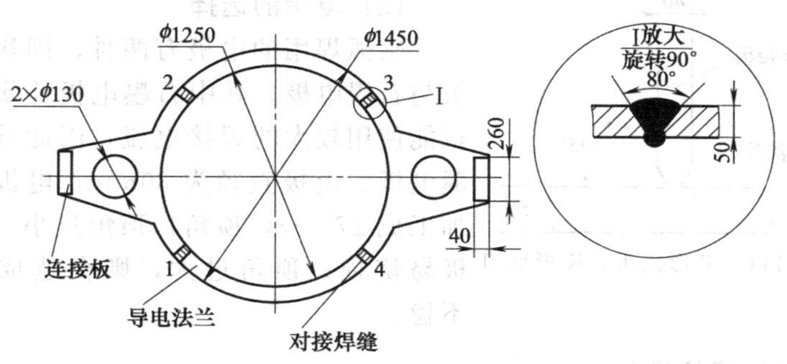

图 16-110　TU1 纯铜导电法兰

根据对焊接纯铜的几种工艺（埋弧焊、气焊、焊条电弧焊、碳弧焊）进行分析比较，如采用气焊，则由于热量少，能量不集中，不宜焊大厚度的纯铜板；采用焊条电弧焊也不能胜任；采用埋弧焊，两端要搭引弧板，焊缝短，使用不方便；而采用碳弧焊则可以通过选择适当直径的电极，采用大参数，获得大能量来进行焊接。因此，确定采用碳弧焊方法，以 ϕ15mm 的 HSCu201 特制纯铜焊丝、CJ301 铜气焊熔剂作为焊接材料。

(1) 坡口制备

① 坡口形式选择　铜电板有对接接头与 T 形接头两种形式，因此选择合适的坡口形式是焊好铜电板的关键。由于考虑碳弧焊的焊接特点，坡口形式选择 V 形坡口，因此在焊接时在背面加衬垫，以克服铜液渗出。

② 对接接头　开 80° V 形坡口不留钝边，焊接时在坡口底下垫碳砖，碳砖上开宽 20mm、深 3mm 的圆弧槽；并在焊缝两侧和两端置放碳砖，防止铜液流溢。

③ T 形接头　为保证焊透，选择 K 形坡口，如图 16-111 所示。这种坡口在纯铜板碳弧焊时，有两个不利因素，即在一侧施焊时，另一侧焊缝要用碳砖垫住，否则铜液流溢，焊缝填不满；另一不利因素就是辅助工作多，碳砖要由刨工按坡口尺寸加工成特定形状。T 形接头施焊时，工件放在船形位置，同样焊缝两侧都要用碳砖挡住，才能保证铜液不渗溢，焊缝成形美观。

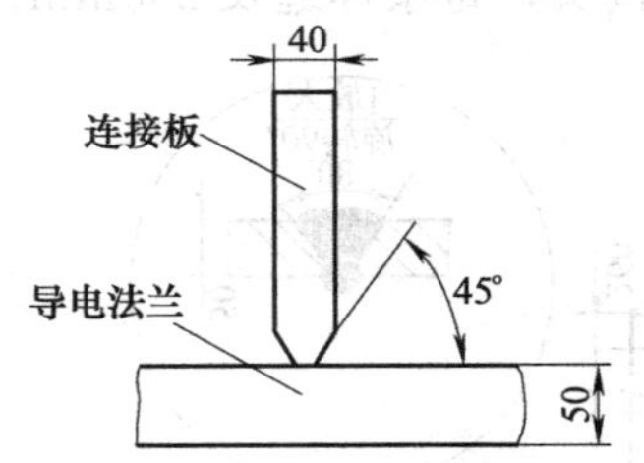

图 16-111　T 形接头、K 形坡口

(2) 电极的选择

碳弧焊用的电极有两种，即炭精电极与石墨电极。其中石墨电极比炭精电极能使用较大的焊接电流，因此选用石墨电极。电极直径为 30mm，电极端头加工成 27°～30°顶角，顶角过小，则电极易烧损；顶角过大，则会造成电弧不稳。

(3) 焊接设备

① 由于纯铜的导热性好，碳弧焊时需要大功率直流弧焊机，因此选用 ZPG-1000 型的硅整流弧焊机，直流正接。

② 焊钳是用普通手工电焊钳改装的，即加装水冷系统。为了导

电可靠，将焊钳口加工成 R 为 15mm 的圆弧。

(4) 焊接工艺

① 纯铜法兰焊接，系采用右向长弧焊方法（弧长为 30～40mm），对防止气孔有利。焊第 1 层时，不加填充金属，用碳棒在坡口底部做直线运动，保证焊缝反面成形；从第 2 层开始加填充金属，第 2～4 层都做直线运动；第 5 层采用环形方法盖面，使焊缝成形美观。

② 采用以下两种措施防止电弧偏吹：

a. 焊件的接线位置应尽量靠近焊接部位。

b. 保持石墨电极顶角为 27°～30°，发现电极顶角烧损应立即更换。

③ 采用大电流、快速焊，以减少铜的氧化和接头金属晶粒长大。焊接参数见表 16-73。

表 16-73　焊接参数

母材厚度/ mm	焊接电流/A	电弧电压/V	焊丝直径/mm	电极直径/mm
50	600～700	40～50	15	30

(5) 焊前清理及预热

焊前需对焊缝两侧 50mm 区域内进行清理，并用细砂纸清除焊缝及焊丝表面的氧化膜、油和其他脏物。由于导电法兰的接头小、体积大，整体加热有困难，因此用 3 把大号焊炬集中在焊缝边缘进行预热，烤到呈樱红色。施焊时，焊炬在焊缝两侧继续加热。

(6) 焊接顺序与变形控制

由于纯铜的膨胀系数大，因此焊接顺序不当会引起较大的应力与变形。为了固定和夹持焊件，防止焊接变形，装设了和焊件形状相似的工作台。焊接时先焊 T 形接头，然后再焊 4 条对接缝，对接缝的焊接是交叉进行的，即先焊 1、3，再焊 2、4，以减小变形。

(7) 焊后处理

① 焊后用铁锤轻轻锤击焊缝及边缘（第 1 次锤击时温度在 800℃左右，第 2 次锤击时温度为 200～300℃），使焊缝致密，减小变形和

应力，防止裂纹的产生，提高接头的塑性及强度。

② 焊后不要马上搬动焊件，因为铜有高温脆性（400～700℃），应让其在空气中自然冷却。

16.3.18 铜排软连接的氩弧焊操作

在电站的铜母线安装中，为了消除由于铜排遇热膨胀或振动而使电气设备产生的附加应力，在铜排与电气设备之间安装软连接，使铜排有纵向伸缩的可能，因此经常遇到铜排软连接的焊接。

(1) 铜排软连接的焊接性

铜排软连接由纯铜材料制成，由于纯铜具有热导率大、传热快、焊接时难以熔合的特点，且焊缝及热影响区极易产生裂纹和气孔，因此焊接性能较差。

铜排软连接一般是用 0.2～0.5mm 厚的薄铜板叠成与铜排同样厚的截面与厚度（通常为 30～50 层薄铜板叠成），然后两端与厚铜排焊接而成，如此结构决定了薄铜板在焊接中极易造成烧穿，因此焊接时有一定的难度。另外，由于铜排通常要通过很大的电流（一般在 40000A 左右），如果焊接接头存在缺陷，则当大电流通过时，会造成母材发热，甚至出现事故，因此保证铜排软连接的焊接质量十分重要。

铜排软连接有多种规格，本节以厚度为 16mm、宽度为 240mm 与厚度为 0.3mm×50 层、宽度也是 240mm 的对接软连接为例来介绍其焊接方法。

(2) 焊接准备

先把 0.3mm 厚的薄铜板按设计要求的展开尺寸剪切成块，然后每 50 层为一组叠在一起。事先把两块同样尺寸厚度为 10mm 的钢板压制成软连接所需要的圆弧形状，并以此两块钢板作为内、外胎，将 50 层薄铜板压在其中，用压板和双头螺栓紧固内、外胎，使 50 层薄铜板压成设计要求的弧度，并要求尽量压紧，以减小层间间隙，这是保证薄板焊接时不被烧穿的关键。压紧后把这组薄铜板放在刨床上，加工两端坡口，同样将与其连接的铜板也加工成坡口，如图 16-112 所示。焊前对距坡口边缘 30mm 范围内进行除铜锈及污物，并用丙酮擦洗。

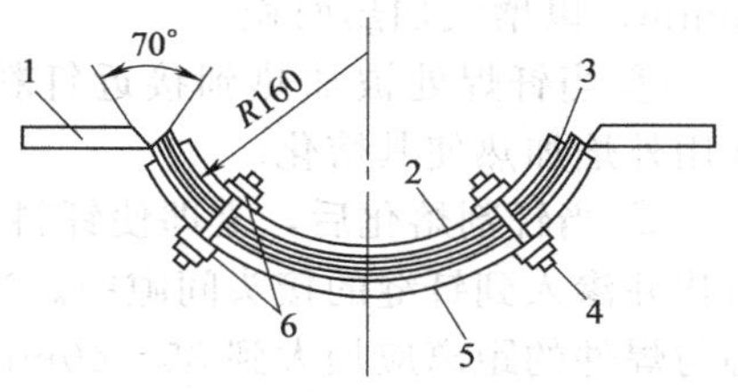

图 16-112　铜排软连接组装
1—16mm 厚铜排；2—上胎；3—单铜板；4—双头螺栓；5—下胎；6—压板

采用两把大号气焊枪进行预热，加热温度为 500～600℃。厚铜排加热范围约为 200mm，薄铜板部分在加热区域上加垫铜板（厚度为 1.5mm）覆盖后加热，以防止因直接加热而烤化薄铜板。

(3) 焊接工艺

为了保证铜排软连接的焊接质量，焊接方法采用钨极氩弧焊，焊丝选择 HSCu201 特制纯铜焊丝，规格为 ϕ3mm。在焊前用酒精稀释 CJ301 铜气焊熔剂，并均匀地涂在焊接坡口上及焊丝表面上。如焊至第 2～4 层时，可把铜气焊熔剂均匀洒在坡口内进行焊接。

选用焊接设备为 ZX7-500St 逆变式直流焊机，采用正极性接法。焊接电流为 350A，电压为 45V，钨极直径为 6mm，焊枪喷嘴孔径为 16mm，氩气流量为 22L/min。

先焊正面焊道，共四层，然后背面清根后焊封底焊道一层。预热后应连续焊完每一层焊缝，层间须再次预热至所需温度。

焊接过程应采用较快的焊接速度，否则易产生氧化和气孔。操作采用左向焊法，焊枪与焊件间夹角为 70°～80°，焊丝与焊件间夹角为 10°～20°。运行中，焊枪应均匀、平稳地向前做直线移动，并保持恒定的电弧长度，弧长一般控制为 4～7mm。起弧刚开始时，可做适当停留，当达到一定的熔深后，再填加焊丝，然后向前移动。当焊至第 3～4 层时，因坡口较宽，焊枪可做月牙形摆动。收尾时，应控制熔池温度，及时填满弧坑收弧，并使焊枪延长气体保护，不能马上离开。

软接头焊接完毕待冷却后，用热水清洗焊件上残留铜气焊熔剂焊渣，防止日后对焊件造成腐蚀。

16.3.19 同种有色金属气体火焰钎焊操作

(1) 同种金属气体火焰钎焊操作要点

① 先用轻微碳化焰的外焰加热焊件，焰心距焊件表面 15～

20mm，以增大加热面积。

② 当钎焊处被加热到接近钎料熔化温度时，可立即涂上钎剂，并用外焰加热使其熔化。

③ 当钎剂熔化后，立即使钎料与被加热到钎焊温度的焊件接触、熔化并渗入到钎缝的接头间隙中。当液态钎料流入间隙后，火焰的焰心与焊件的距离应加大到 35～40mm，以防钎料过热。

④ 为了增加母材和钎料之间的熔解和扩散能力，应适当地提高钎焊温度。但若温度过高，则会引起钎焊接头过烧，因此钎焊温度一般以控制在高于钎料熔点 30～40℃为宜。同时还应根据焊件的尺寸大小，适当控制加热持续时间。

⑤ 钎焊后应迅速将钎剂和熔渣清除干净，以防腐蚀。对于钎焊后易出现裂纹的焊件，钎焊后应立即进行保温缓冷或做低温回火处理。

(2) 铜及铜合金的火焰钎焊操作

1）钎焊前的准备

① 小批量生产时，焊前必须用刮刀、细锉、砂布及细钢丝刷等工具去除焊件表面的油污和氧化物。

② 大批量生产或对表面质量要求较高时，最好用以下的方法进行化学清理：

a. 纯铜在质量分数为 5%的硫酸中浸洗。

b. 黄铜和白铜先在质量分数为 5%的硫酸中浸洗，然后在重铬酸钠和质量分数为 3%的硫酸混合液中浸洗。

用上述方法清洗后的焊件，必须在流动水中冲洗干净，并经 110～120℃烘干或晾干处理。

2）钎焊操作　钎焊时，除遵守火焰钎焊的基本操作要领外，还应注意以下几点：

① 由于铜的导热性好，因此必须用较大的焊嘴加热。对于大型及复杂的焊件，一般应预热到 450～600℃后方可钎焊。

② 钎焊时，一般采用中性焰或轻微的碳化焰。只有在用黄铜钎料时，为减少锌的蒸发，才用氧化焰加热。

③ 当用铜磷钎料钎焊纯铜时，可不用钎剂。只要将接头加热到橘红色（约 700℃），就可以用钎料在钎焊处擦抹，由焊件的热传导

使其熔化并填满间隙。

④ 钎焊过程中，若发现黑斑处不润湿钎剂，则说明此处的氧化物没有去除干净，应再蘸些钎剂对该处擦抹，直至钎缝表面被钎剂均匀润湿为止，然后继续填加钎料，向前钎焊。

⑤ 大的焊件可以分段钎焊。

3）焊后清理

① 对热冲击不敏感的钎焊件，为清除硼砂和硼酸的残留物，钎焊后可立即放入水中，利用产生的热冲击力使残渣开裂，从而达到清理残渣的目的。

② 对于无玻璃状熔渣的钎焊件，可用水煮或在体积分数为 10% 的柠檬酸水溶液中去除焊渣。

(3) 铝及铝合金的气体火焰钎焊操作

1）焊前清理

① 数量少的焊件，可用机械方法（如锉刀、刮刀、钢刷、砂布等）进行清理，然后再用酒精、丙酮等去除细砂粒及粉尘。

② 数量多的焊件，应用化学清洗的方法去除焊件表面的油污和氧化物。

③ 用水滴在清洗过的焊件表面，如果水成滴而铺展不开，则说明清洗得不好，应重新去除油污。

2）钎焊操作

① 软钎焊操作

a. 当采用有机钎剂时，加热温度不宜超过 275℃，同时火焰不能直接加热钎剂，否则会使钎剂碳化，从而妨碍钎料的铺展。钎焊时，应采用边加热边加钎料的操作方法。当发现过多的泡沫时，可用钎料棒拨开，这有助于钎料流入接缝的间隙。

b. 当采用反应钎剂时，为准确地控制温度，应将钎料的钎剂一起预先放置在接缝上。

c. 软钎焊时，通常采用汽油或酒精喷灯火焰加热。

② 硬钎焊操作

a. 钎焊时，首先进行预热，预热温度一般在 450℃左右（可用火柴梗或肥皂片划一下焊件表面，当出现黑色划痕时，即表示已达到预热温度）。

b. 钎剂不宜过早地送到焊件表面，以防失效。应把母材加热到能使钎剂和钎料放上后很快就熔化和润湿的程度，这样才能得到满意的结果。

c. 钎剂应以粉状使用，不能用水调成糊状使用，否则会产生气孔等缺陷。

d. 铝钎剂极易潮解，应该用多少取多少，不要用钎料棒伸到瓶里蘸钎剂，用后应立即将瓶盖盖紧。

③ 焊后清理 因为硬钎剂的腐蚀性较大，所以钎焊件除经热水洗涤外，还需用酸液清洗，做最终的钝化处理。

16.4 组合焊单面焊双面成形基本技能

16.4.1 小直径薄壁管对接、45°倾斜固定组合焊、TIG 打底、焊条电弧焊盖面

(1) 试件尺寸及要求

试件材料：20 钢。

试件及坡口尺寸：见图 16-113。

焊接位置及要求：45°倾斜固定组合焊，TIG 焊打底，焊条电弧焊盖面，单面焊双面成形。

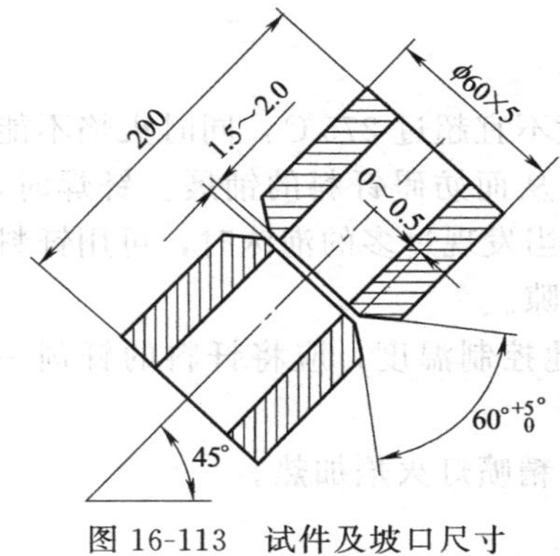

图 16-113 试件及坡口尺寸

焊接材料：H08Mn2SiA，焊丝直径为 2.5mm；E4303，焊条直径为 2.5mm。

焊机：NSA4-300、BX3-300。

(2) 试件装配

1）钝边 为 0～0.5mm。

2）除垢 清除坡口及其两侧内表面 20mm 范围内的油、锈及其他污物，至露出金属光泽，并再用丙酮清洗该区。

3）装配

① 装配间隙为 1.5～2mm，最小间隙应位于坡口的最低处，即

起焊 6 点钟位置。

② 定位焊采用 TIG 焊在 2 点钟与 10 点钟位置两点定位，所用焊接材料应与焊接试件时相同，焊点长度为 10～15mm，要求焊透并不得有焊接缺陷。

③ 试件错边量应≤0.5mm。

(3) 焊接参数

焊接参数如表 16-74 所示。

表 16-74　焊接参数

焊接方法及层次	焊丝、焊条直径/mm	焊接电流/A	电弧电压/V	氩气流量/(L/min)	钨极直径/mm	喷嘴直径/mm	喷嘴至工件距离/mm
TIG 焊打底	2.5	90～100	15～17	7～10	2.5	10	≤8
焊条电弧焊盖面	2.5	65～70	22～26	—	—	—	—

(4) 操作要点及注意事项

45°固定的管子焊接位置是介于水平固定与垂直固定间的一个焊接位置，所以它的操作要领有基本相似之处，也有不同之处。

45°固定的管子焊接也分成两个半圈进行，每半圈都包括斜仰焊、斜立焊和斜平焊三种位置，存在一定焊接难度。一般在 6 点钟位置起焊、12 点钟位置收弧。

1) 打底焊　TIG 焊打底在 6 点钟位置引弧，焊枪应在始焊部位坡口内上下轻微摆动，待根部熔化形成熔孔后，即可填加焊丝。为防止仰焊部位背面内凹，焊丝应压向坡口根部，并逐渐向上焊接，应使焊接熔池始终保持水平位置。施焊过程中，注意焊枪的摆动幅度，使熔孔应保持深入坡口每侧 0.5～1mm，为防止在爬坡及平焊位置焊缝背面下塌，应逐渐抬高焊丝端部到坡口根部的距离，在 12 点钟位置收弧，焊工转至另一侧，以同样方法完成后半圈打底焊缝，在 12 点钟处填满弧坑收弧。

2) 盖面焊　焊条电弧焊盖面与接头方法有两种：

① 直拉法盖面及接头　所谓直拉法盖面就是在盖面过程中，以月牙形运条法沿管子轴线方向施焊的一种方法。施焊时，从坡口上部边缘起弧并稍做停留，然后沿管子的轴线方向做月牙形运条，把铁液

带至坡口下部边缘灭弧。每个新熔池覆盖前熔池的 2/3 左右，依次循环。

斜仰部位的起弧动作是在起弧后，先于斜仰焊部位坡口的下部边缘依次建立 3 个熔池，并使后 1 个比前 1 个大，最后达到焊缝宽度，进入正常焊接。施焊时，以直拉法运条，如图 16-114 所示。

前半圈的收尾方法是在熄弧前先将几滴铁液逐渐斜拉，以使尾部焊缝呈三角形。焊后半圈时，在管子斜仰部位的接头方法是在引弧后，先把电弧拉至接头待焊的三角区尖端，建立第 1 个熔池，此后的几个熔池随着三角形宽度的增加逐个加大，直至将三角形区填满后用直拉法运条，如图 16-115 所示。

后半圈焊缝的收弧方法是在运条至收弧部位的待焊三角区尖端时，使熔池逐个缩小，直至填满三角区后再收弧，如图 16-116 所示。

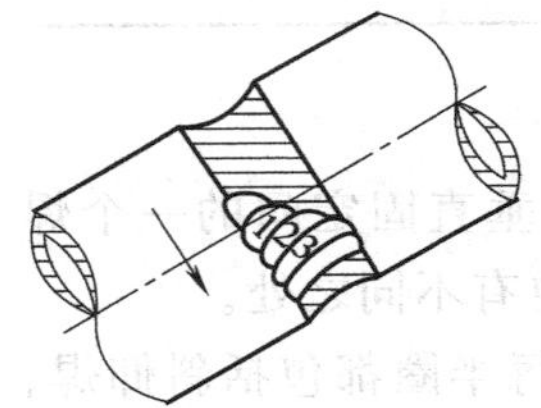

图 16-114　直拉法起头方法

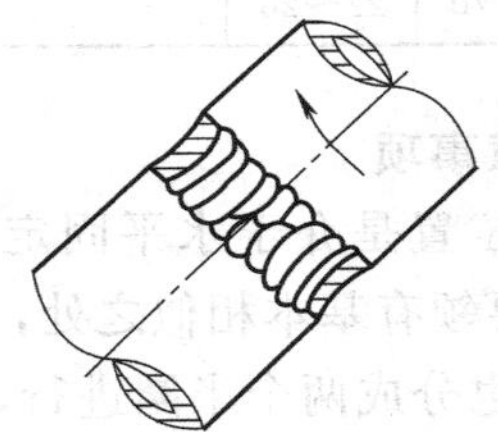

图 16-115　直拉法盖面的接头方法

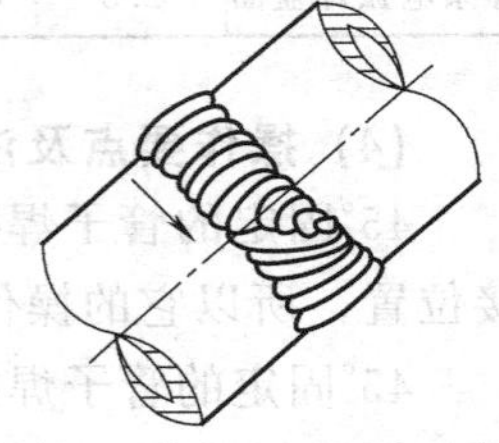

图 16-116　直拉法盖面的收弧方法

采用直拉法盖面时的运条位置，即接弧与灭弧位置必须准确，否则无法保证焊缝边缘平直。

② 横拉法盖面及接头　所谓横拉法盖面就是在盖面的过程中，以月牙形或锯齿形运条法沿水平方向施焊的一种方法。施焊时，当焊条摆动到坡口边缘时，稍做停顿，使其熔池的上下轮廓线基本处于水平位置。

横拉法盖面时的起头方法是在起弧后，相继建立起 3 个熔池，然后从第 4 个熔池开始横拉运条，它的起头部位也留出 1 个待焊的三角区域，如图 16-117 所示。

前半圈焊缝收尾时也要留出 1 个待焊的三角区域。

后半圈在斜仰部位的接头方法是在引弧后，先从前半圈留下的待焊三角区域尖端向左横拉至坡口下部边缘，使这个熔池与前半圈起头部位的焊缝搭接上，然后用横拉法运条，如图 16-118 所示。后半圈焊缝的收弧方法是在运条至收弧部位的待焊三角区域尖端时，使熔池逐个缩小，直到填满三角区后再收弧。

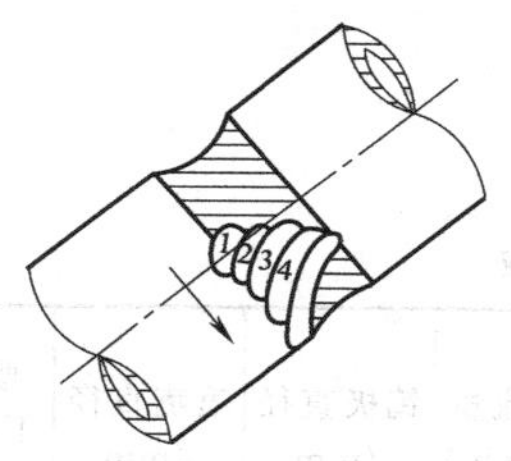

图 16-117　横拉法盖面时起头方法

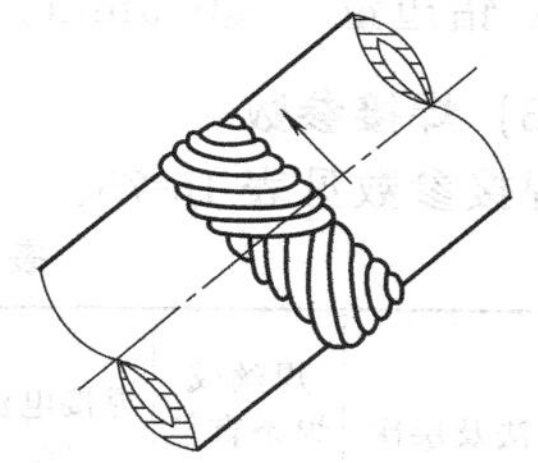
图 16-118　横拉法盖面时的接头方法

16.4.2　小直径管对接、垂直固定组合焊、TIG 焊打底、焊条电弧焊填充并盖面

(1) 试件尺寸及要求

① 试件材料　20 钢。

② 试件及坡口　尺寸见图 16-119。

③ 焊接位置　垂直固定。

④ 焊接要求　手工钨极氩弧焊打底，焊条电弧焊盖面，单面焊双面成形。

⑤ 焊接材料　焊丝 H08Mn2SiA，直径为 2.5mm；焊条 E4303(或 E4315)，直径为 2.5mm。

⑥ 焊机　NSA4-300、ZX5-400。

(2) 试件装配

1) 锉钝边　为 0～0.5mm。

2) 除垢　清除坡口及其两侧内外表面 20mm 范围内的油、锈及其他污物，至露出金属光泽，并再用丙酮清洗该区。

3) 装配

① 装配间隙　为 1.5～2mm。

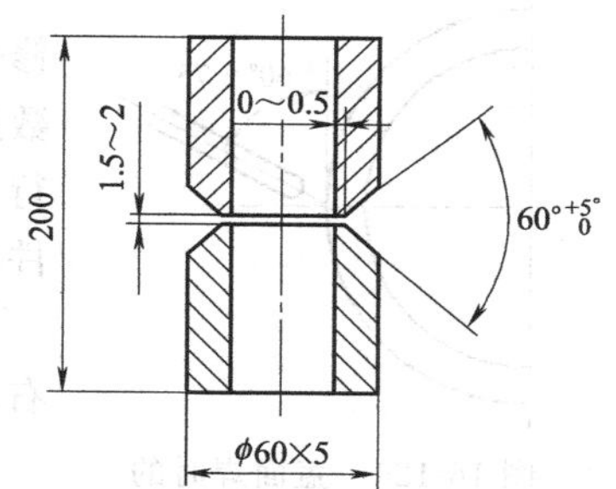

图 16-119　试件及坡口尺寸

② 定位焊　采用手工钨极氩弧焊一点定位，并保证该处间隙为2mm，与它相隔180°处间隙为1.5mm。将管子轴线垂直并加固定，间隙小的一侧位于右边。定位焊缝长为10～15mm，两端应预先打磨成斜坡。焊接用材料应与焊接试件相同。

③ 错边量　≤0.5mm。

(3) 焊接参数

焊接参数见表16-75。

表16-75　焊接参数

焊接方法及层次	焊丝或焊条直径/mm	焊接电流/A	电弧电压/V	氩气流量/(L/min)	钨极直径/mm	喷嘴直径/mm	喷嘴至工件距离/mm
氩弧焊打底(1道)	2.5	90～95	10～12	8～10	2.5	8	≤8
焊条电弧焊盖面(2道)	2.5	70～80	22～27	—	—	—	—

(4) 操作要点及注意事项

本试件采用单道手工钨极氩弧焊打底，盖面层为上下两道的焊条电弧焊。

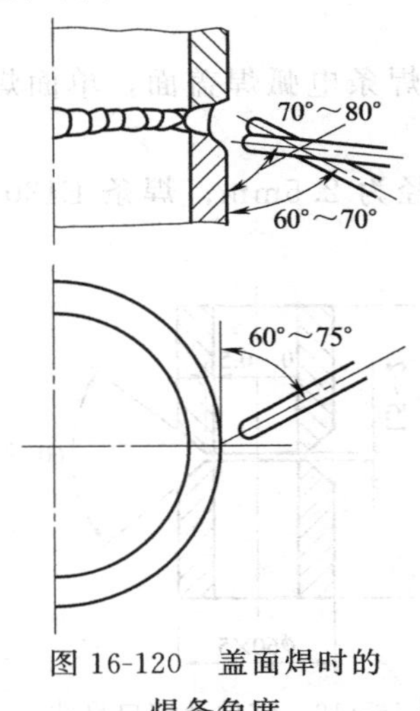

图16-120　盖面焊时的焊条角度

① 打底焊　按表16-75所示的焊接参数进行打底层焊道的焊接，焊接时的焊枪角度见图3-38。其操作要点及注意事项与3.2.12节所述的打底焊相同。

② 盖面焊　清除打底焊道表面熔渣，修平表面和接头局部上凸部分，按焊接参数进行焊接，盖面层焊缝分上下两道进行，焊接时由下至上进行施焊。焊条与工件的角度如图16-120所示。

盖面焊采用直线不摆动运条，自左向右，自下而上。

两条焊缝的起头部位要错开一定距离。

第一条焊道应有 1/3 覆盖在母材上，使坡口边缘熔化约 1～2mm，焊缝收口时应将电弧向斜上方带，并熄弧。

在焊第二条焊道时，1/3 应搭接在第一条焊道上，2/3 落在母材上，并使上坡口边缘熔化 1～2mm。为防止焊第二条焊道时产生咬边和铁水下淌，要适当增大焊接速度或减小焊接电流，调整焊条角度，以保证外表成形整齐、美观。收弧时应填满弧坑。

16.4.3 大直径管对接、水平固定组合焊、TIG 焊打底、焊条电弧焊填充并盖面

(1) 焊前准备

1）焊件尺寸及要求

① 试件材料　20 钢。

② 试件及坡口尺寸　见图 16-121。

③ 焊接位置　水平固定。

④ 焊接要求　TIG 焊打底，焊条电弧焊填充并盖面，单面焊双面成形。

⑤ 焊接材料　焊丝 H08Mn2SiA，直径为 2.5mm、1.2mm；焊条 E4303，直径为 3.2mm。

⑥ 焊机　NSA4-300、BX3-300。

2）试件清理　锉钝边为 0～0.5mm；清除坡口及其两侧内外表面 20mm 范围内的油、锈及其他污物，至露出金属光泽，再用丙酮清洗。

(2) 试件装配

装配间隙为 1.5～2mm，采用 TIG 焊三点定位焊，焊缝位置为时钟 3、9、12 点位置，且装配间隙最小处应位于 6 点处。使用的焊接材料应与焊件材料相同，焊点长度为 10～15mm，要求焊透和保证无缺陷，错边量≤1mm。

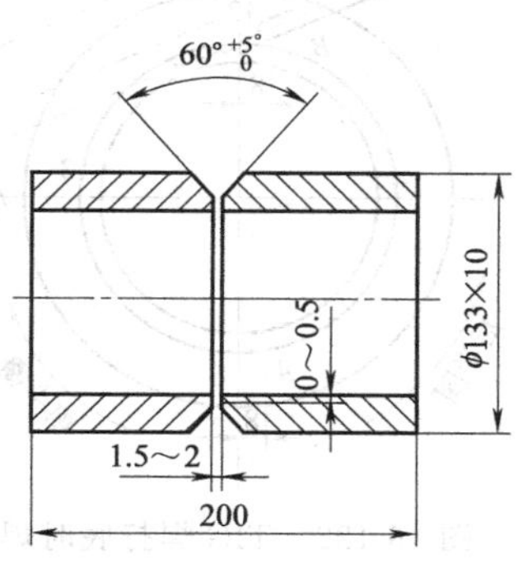

图 16-121　焊件及坡口尺寸

(3) 焊接参数

焊接参数见表 16-76。

表 16-76 焊接参数

焊接方法及层次	焊接电流/A	电弧电压/V	氩气流量/(L/min)	焊丝直径/mm	钨极直径/mm	喷嘴直径/mm	喷嘴至工件距离/mm
TIG 焊打底	90～95	10～12	8～10	2.5	2.5	8	≤8
焊条电弧焊填充盖面	100～110	22～26	—	3.2	—	—	—

(4) 操作要点及注意事项

采用三层三道焊接，其焊接方法与顺序为 TIG 焊打底、焊条电弧焊填充并盖面。焊接分左、右两半圈进行，在仰焊位置起焊，平焊位置收尾，每个半圈都存在仰、立、平 3 种不同位置。

1）TIG 焊打底

① 将按要求组装好的焊件，水平固定于焊接接架上。特别注意在时钟 6 点位置应无定位焊缝，且间隙为 1.5mm。

② 在时钟 6 点位置前 8mm 左右处引弧起焊，即如图 16-122 所示的 *A* 点位置。引弧后先不加焊丝，待根部钝边熔化形成熔池后，再填丝焊接。为使背面成形良好，熔化金属应送至坡口根部。为防止始焊处产生裂纹，始焊速度要慢些，并多填焊丝，以使焊缝加厚。焊接时的焊枪与焊丝的角度如图 16-122所示。

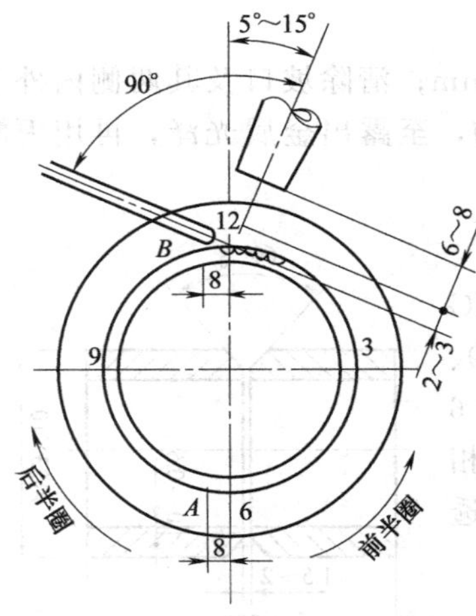

图 16-122 TIG 焊打底时焊枪与焊丝角度

③ 按逆时针方向焊完前半圈接头，在图 16-122 所示 *B* 点位置收弧，收弧时填加焊丝不应使焊缝过高，以利后半圈接头；但也不应太薄，以防产生弧坑裂纹。

④ 按顺时针方向焊后半圈，在前半圈始焊处引弧，先不加焊丝，待接头端熔化并形成熔池后，再填加焊丝。

⑤ 打底层焊接时，每半圈应一气呵成，若中断，则应将原焊末端重新熔化，并重叠 5～10mm。一般

打底层焊缝厚度以3mm左右为佳，太薄易在焊条电弧焊填充时烧穿。

⑥ 当焊至封口处时，先停止填加焊丝，待原焊缝端部熔化后，再加焊丝并填满熔池后熄弧。

2）焊条电弧焊填充并盖面

① 清理和修整打底焊道氧化物及局部凸起的接头等。

② 采用锯齿形或月牙形运条方法，施焊时的焊条角度如图16-123所示。

③ 焊条摆动到坡口两侧时，稍做停顿，中间过渡稍快，以防焊缝与母材交界处产生夹角。焊接速度应均匀一致，应保持填充焊道平整。

④ 填充层高度以低于母材表面1～1.5mm为宜，并不得熔化坡口棱边。

⑤ 中间接头更换焊条要迅速，应在弧坑上方10mm处引弧，然后把焊条拉至弧坑处，填满弧坑，再按正常方法施焊。不得直接在弧坑处引弧焊接，以免产生气孔等缺陷。

⑥ 填充焊缝的封口和接头应在前半圈收弧时，对弧坑稍填一些铁水，以使弧坑成坡状；也可采用打磨两端使接头部位在斜坡状位置，并将其起始端焊渣敲掉10mm。焊缝收口时要填满弧坑。

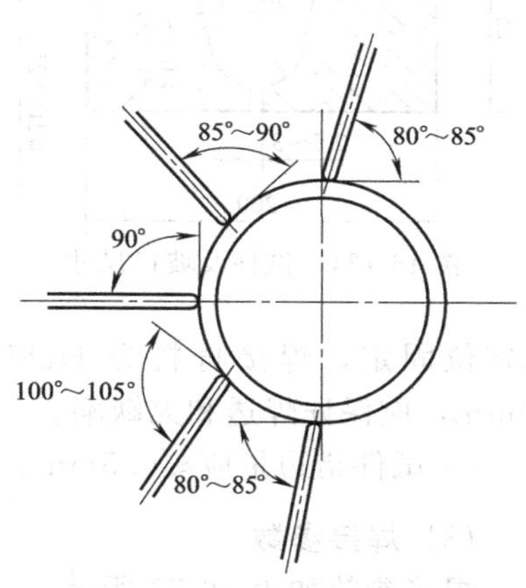

图16-123 施焊时的焊条角度

3）焊条电弧焊盖面层 盖面层的焊接运条方法、焊条角度与填充层焊接相同，不过焊条的摆动幅度应适当加大。在坡口两侧应稍做停留，并使两侧坡口棱边各熔化1～2mm，以防咬边。应特别注意，当焊接位置偏下时，会使接头过高；当偏上时，会造成焊缝脱节。焊缝接头的方法同填充层。

16.4.4 大直径厚壁管对接、水平转动组合焊、TIG焊打底、焊条电弧焊过渡、埋弧焊填充并盖面

(1) 试件尺寸及要求

试件材料：20钢。

试件及坡口尺寸：见图 16-124。

焊接位置及要求：水平转动，TIG 焊打底，焊条电弧焊过渡，埋弧焊填充并盖面，单面焊双面成形。

焊接材料：TIG 焊丝——H08Mn2SiA，直径为 2.5mm；焊条——E4303，直径为 3.2mm；埋弧焊丝——H08MnA，直径为 4mm；焊剂——HJ301。

焊机：NSA4-300、BX3-300、MZ-1000。

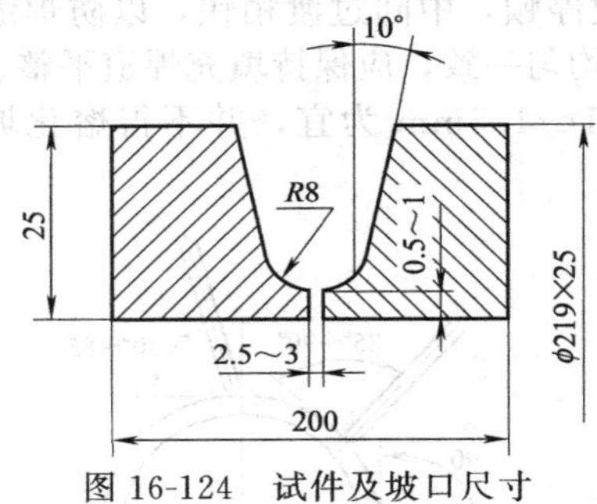

图 16-124 试件及坡口尺寸

(2) 试件装配

1）钝边 为 0.5～1mm。

2）除垢 清除坡口及其两侧内外表面 20mm 范围内的油、锈及其他污物，至露出金属光泽，并再用丙酮清洗该区。

3）装配

① 装配间隙为 2.5～3mm。

② 定位焊采用 TIG 焊 3 点均布定位固定，焊接材料为 H08Mn2SiA，ϕ2.5mm；焊点长度约为 20mm，应保证焊透和无缺陷。

③ 试件错边量应≤0.5mm。

(3) 焊接参数

焊接参数如表 16-77 所示。

表 16-77 焊接参数

焊接方法及层次		焊接材料及规格/mm	焊接电流/V	电弧电压/V	焊接速度/(m/h)	氩气流量/(L/min)	钨极直径/mm	喷嘴直径/mm	喷嘴至工件距离/mm
TIG 焊打底		H08Mn2SiA，ϕ2.5	90～95	10～12	—	8～10	2.5	8	≤8
焊条电弧焊过渡		E4303，ϕ3.2	130～160	—	—	—	—	—	—
埋弧焊	填充 盖面	H08MnA，ϕ4；HJ301	600～650	32～35	26～28	—	—	—	—

(4) 操作要点及注意事项

本试件管子直径及壁厚都较大，且为水平转动位置焊接，从这观点看，焊接难度并不高，但要同时熟练地掌握 TIG 焊、焊条电弧焊及埋弧焊 3 种方法又相当困难。

采用多层多道焊，其焊接方法与次序如下。

1）打底焊

① 将试件水平置于可调速的转动架上，使小间隙及一个定位焊点位于 O 点位置。

② TIG 打底焊的焊枪角度及试件转动方向如图 16-125 所示。

③ 在 O 点处定位焊点上引弧，开始时管子不转动也不加焊丝，待坡口和定位焊点熔化并形成明亮的熔池和熔孔后，管子开始按图 16-125 所示方向转动，并填加焊丝。

④ 焊接过程中，填丝焊丝以往复运动方式间断地送入电弧中熔池前方，成滴状加入，送进要有规律，不能时快时慢，以达到美观的成形。

⑤ 焊缝的封闭，应先停止焊丝送进和管子的转动，待原来焊缝端部开始熔化时，再增加焊丝，填满弧坑后断弧。

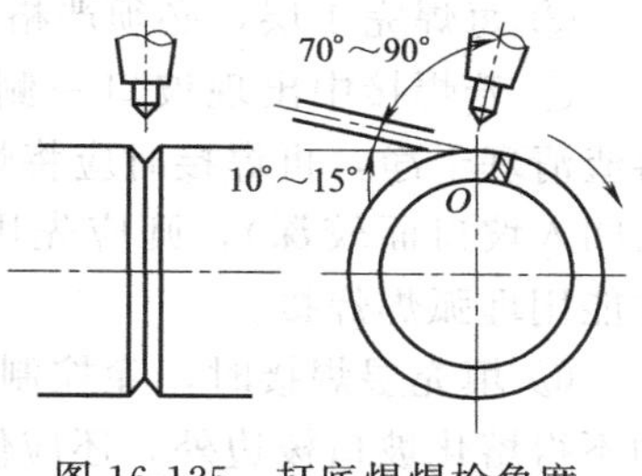

图 16-125　打底焊焊枪角度

⑥ 焊接过程中应注意电弧始终保持在 O 点位置，并对准间隙；焊枪可做适当的横向摆动；管子的转动速度应与焊接速度相一致。

2）过渡焊　为防止埋弧焊时烧穿打底层焊道，工艺上常采用焊条电弧焊焊接过渡层的办法。

① 修整打底层焊道局部凹凸处及氧化物。在 O 点位置引弧起焊，注意必须与打底层焊接接头错开。

② 采用锯齿形或月牙形运条方法。施焊时的焊条倾角为 80°～85°。

③ 焊条摆动到坡口两侧时，应稍做停顿，中间过渡稍快，以防焊缝与母材交界处产生夹角。焊接速度应均匀一致，以保持填充焊道的平整。过渡层的焊道高度应控制在大于 3mm。

④ 更换焊条时的中间接头与最后收口接头的操作方法，主要注意以下两点。

a. 接头更换焊条要迅速，应在弧坑上方 10mm 处引弧，然后把焊条拉至弧坑处，填满弧坑，再按正常方法施焊，不得直接在弧坑处引弧焊接，以免产生气孔等缺陷。

b. 接头时，将其起始端焊渣敲掉 10～20mm，用角向砂轮机把接头处磨成斜坡。焊缝收弧时填满弧坑。

3）填充焊

① 为防止第一道埋弧焊填充时将底层焊缝烧穿，应采用偏小一些的焊接电流，焊接时的参数见表 16-77。

② 由于埋弧焊填充时，采用环缝多层多道不间断焊接，因此焊接时应特别注意焊丝的位置与坡口两侧面的熔合情况，通常可借对已焊部分清渣壳来了解，并随时调整焊丝位置。

③ 每焊完 1 层，必须严格清渣，并将焊丝向上移 4～5mm。

④ 若焊接中出现坡口一侧形成较深槽，则需停止焊接，将沟槽熔渣清理干净，再焊接时应将焊丝偏向该处；当沟槽特别严重时（如已凹入坡口面较深），则应先用较大焊接参数的焊条电弧焊补焊后，才能用埋弧焊焊接。

⑤ 填充层焊接时，除控制好填充层总厚度应低于母材 1～2mm 和不得熔化坡口棱边外，还应使焊道表面平整或稍下凹。

⑥ 填充层从第 3 层起，采用 1 层 2 道焊，所以焊丝要偏移到坡口两侧离坡口面 3～4mm 处，保证每侧的焊道与坡口面成稍凹的圆滑过渡，使熔合良好，便于清渣，如图 16-126 所示。

4）盖面焊　盖面层的焊接应对埋弧焊接参数略加调整，应注意焊丝位置，以使焊缝对坡口的熔宽每侧为（3±1）mm，余高为 0～4mm，见图 16-127。

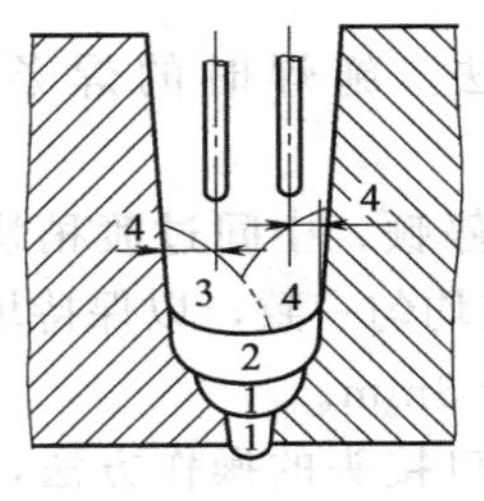

图 16-126　焊丝对中位置与层间焊道形状

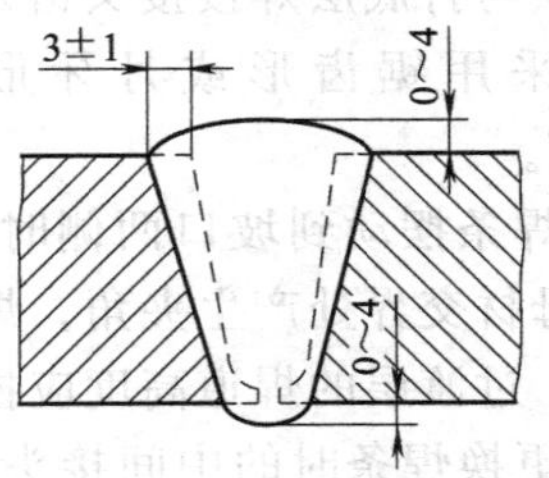

图 16-127　焊缝外形尺寸

16.4.5 大直径厚壁管对接、水平转动组合焊、焊条电弧焊打底、埋弧焊填充并盖面

这是在锅炉集箱生产中的老工艺，曾采用这一工艺以保证管子内壁的焊接质量，但自广泛使用手工钨极氩弧封底技术后，就很少使用了。

(1) 试件尺寸及要求

① 试件材料牌号 20 钢。

② 试件及坡口尺寸 见图 16-128。

③ 焊接位置 管子水平转动。

④ 焊接要求 单面焊双面成形。

⑤ 焊接材料 焊条电弧焊打底焊条为 E5015，ϕ3.2mm。埋弧焊填充盖面：焊丝 H08MnA，ϕ5mm；焊剂 HJ301 (HJ431)。

⑥ 焊机 焊条电弧焊：ZX5-400。埋弧焊：MZ-100。

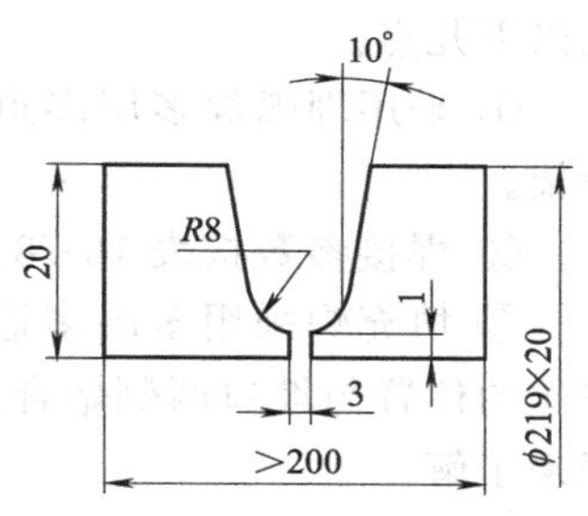

图 16-128 试件及坡口尺寸

(2) 试件装配

1) 除垢 清除管子坡口面及其管子端部内外表面两侧 20mm 范围内的油、锈、水分及其他污物，至露出金属光泽。

2) 装配 置试件于装配胎具上进行装配、定位焊。

① 装配间隙 为 3mm。

② 定位焊 采用相距各 120°三点定位焊。点焊焊条应与焊试件相同，焊点长度约为 20mm，应保证焊透和无缺陷。对焊点两端打磨成斜坡。

③ 错边量 应≤2mm。

(3) 焊接参数

焊接参数见表 16-78。

表 16-78 焊接参数

焊缝位置		焊接方法	焊接材料及规格/mm	焊接电流/A	电弧电压/V	焊接速度/(m/h)
打底	第一层	焊条电弧焊	E5015 ϕ3.2	70～90	—	—
	第二层		ϕ4	130～160		
填充 盖面		埋弧焊	H08MnA HJ301 ϕ4	600～650	32～35	26～28

(4) 操作要点及注意事项

本实例的特点是由于采用水平转动焊，试件的尺寸又较大，因此操作难度不高；为了防止埋弧焊填充时将打底层焊穿，采用两层打底，第一层用 ϕ3.2mm 焊条的目的在于保证背面焊缝的成形和质量，第二层用 ϕ4mm 焊条的目的在于加厚打底焊缝，以防埋弧焊填充时焊穿。

1）焊条电弧焊打底焊　其操作要点及注意事项同 1.2.15 节。

2）埋弧焊填充　操作要点及注意事项与 2.2.2 节相似，但应注意以下几点。

① 采用埋弧焊多层多道填充焊接时，必须使用可调速的焊接滚轮架。

② 焊接参数按表 16-78 所示进行调节。

③ 填充焊采用多层多道循环不间断焊，焊接过程中应特别注意焊丝的位置与坡口两侧熔合情况，通常可通过观察对已焊部分清除渣壳来了解。

④ 从第三层起，焊丝要偏移到坡口两侧离坡口面 3～4mm 处，保证每侧焊道与坡口面成稍凹的圆滑过渡，以使熔合良好和便于清渣，如图 16-129 所示。

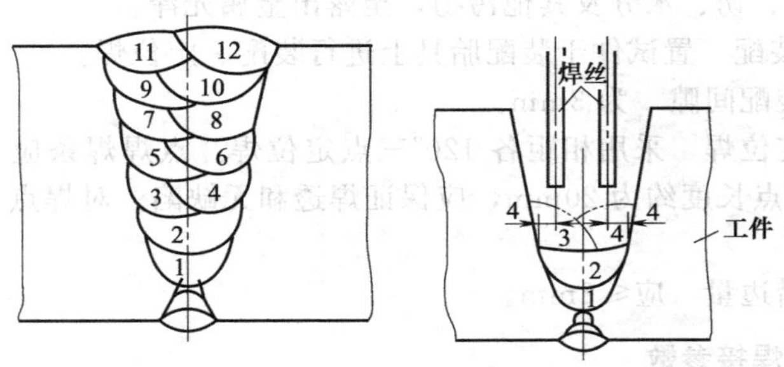

图 16-129　U 形坡口面焊道分布及焊丝对中位置与层间焊道形状

⑤ 每焊完一层必须严格清渣，同时将焊丝向上移动 4～5mm。

⑥ 若焊接过程中出现坡口一侧形成较深的沟槽，则须停止焊接，将该处熔渣清除干净，再将焊丝偏向该处进行修整；当沟槽特别严重时（如已深入坡口较深），则应先用较大的参数进行焊条电弧焊补焊，

再行继续埋弧焊。

⑦ 填充焊层的总厚度应低于母材 1～2mm，焊道表面应平整或稍凹，不得熔化坡口棱边。

3）盖面层的焊接 要求同填充焊，应注意焊丝位置，以使焊缝对坡口的熔宽每侧为（3±1）mm，调整焊接速度使余高为0～4mm。

16.4.6 中厚壁大直径管、水平转动组合焊、TIG 打底、CO_2 气体保护焊填充并盖面

(1) 试件尺寸及要求

① 试件材料 20 钢。

② 试件及坡口尺寸 见图 16-130。

③ 焊接位置 水平转动位置。

④ 焊接要求 TIG 焊打底，CO_2 气体保护焊填充，盖面焊，单面焊双面成形。

⑤ 焊接材料 焊丝 H08Mn2SiA，焊丝直径：TIG 焊，$\phi 2.5$mm；CO_2 保护焊，$\phi 1.2$mm。

⑥ 焊机 NSA4-400、NBC1-300。

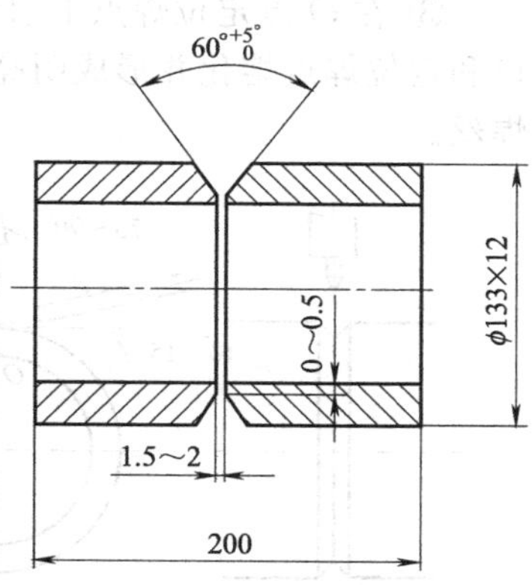

图 16-130 试件及坡口尺寸

(2) 试件装配

1）锉钝边 为 0～0.5mm。

2）除垢 清除坡口及其两侧内外表面 20mm 范围内的油、锈及其他污物，至露出金属光泽，并用丙酮清洗该区。

3）装配

① 装配间隙 为 1.5～2mm。

② 定位焊 采用 TIG 焊，三点均布定位焊，定位焊焊接材料同试件焊接材料，焊点长度为 10～15mm，要求焊透和保证无焊接缺陷。

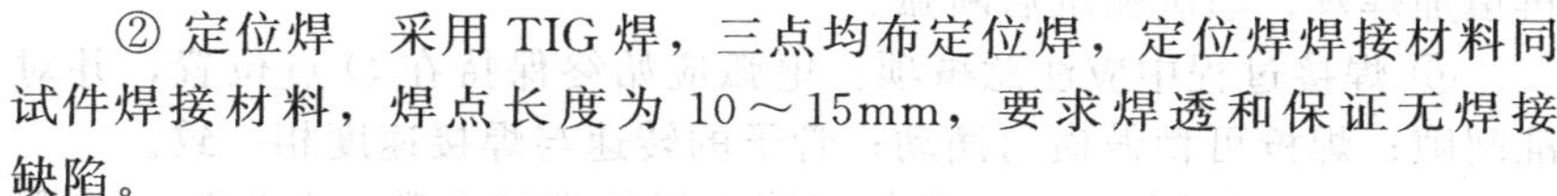

(3) 焊接参数

焊接参数见表 16-79。

表 16-79　焊接参数

焊接层次		焊接电流/A	电弧电压/V	气体流量/(L/min)	焊丝直径/mm	钨极直径/mm	喷嘴直径/mm	喷嘴至工件距离/mm	伸出长度/mm
TIG 焊打底		90～95	10～12	8～10	2.5	2.5	8	≤8	—
CO_2 焊	填充	130～150	20～22	15	1.2	—	—	—	15～20
	盖面	130～140							

(4) 操作要点及注意事项

采用三层三道焊接，其焊接方法与次序如下。

1）TIG 焊打底　调整好打底焊接参数后并按下述步骤进行施焊：

① 将试件置于可调速的转动架上，使间隙为 1.5mm 及一个定位焊点位于 *O* 点位置。

② 打底焊时的焊枪角度及试件转动方向见图 16-131。

③ 在 *O* 点定位焊点上引弧，管子不转动也不加焊丝，待管子坡口和定位焊点熔化并形成明亮的熔池和熔孔后，管子开始转动并填加焊丝。

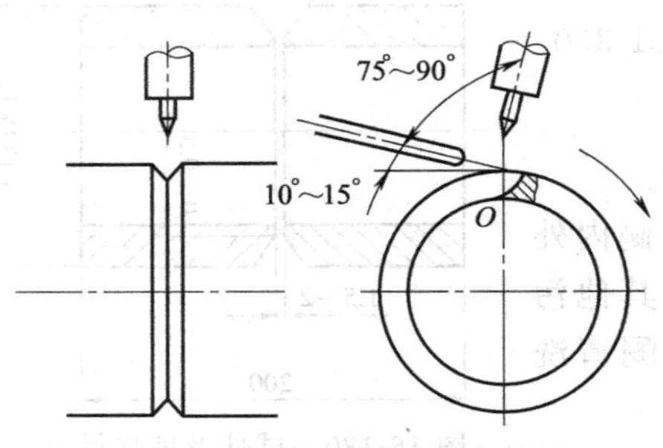

图 16-131　打底焊时焊枪角度

④ 焊接过程中，填充焊丝以往复运动方式间断地送入电弧内熔池前方，成滴状加入，送进要有规律，不能时快时慢，以达到美观的成形。

⑤ 焊缝的封闭，应先停止送进和转动，待原来的焊缝部位斜坡面开始熔化时，再填加焊丝，填满弧坑后断弧。

⑥ 焊接过程中应注意事项：电弧应始终保持在 *O* 点位置，并对准间隙；焊枪可稍做横向摆动；管子的转速与焊接速度相一致。

2）CO_2 保护焊填充　调整好填充焊的焊接参数，并按以下步骤施焊：

① 采用左向焊法，焊枪角度如图 16-132 所示。

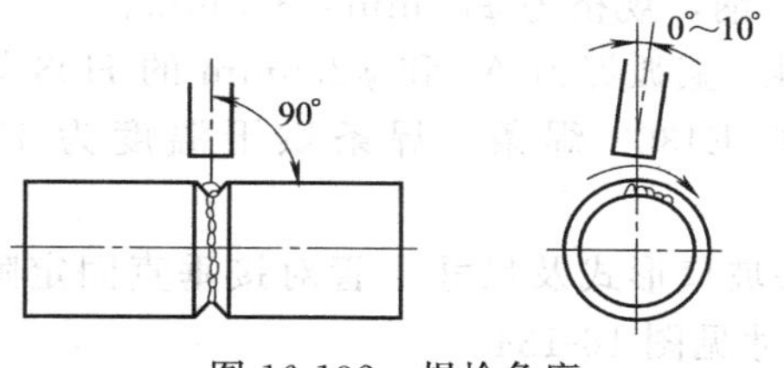

图 16-132　焊枪角度

② 焊枪应横向摆动，并在坡口两侧适当停留，保证焊道两侧熔合良好，焊道表面平整，稍下凹。

③ 应控制填充焊道高度应低于母材表面 2～3mm，并不得熔化坡口棱边。

3）CO_2 保护焊盖面　按焊接参数要求进行调节好各参数。

① 焊枪摆动幅度应比填充时大，并在坡口两侧稍停留，使熔池边缘超过坡口棱边 0.5～1.5mm，保证两侧熔合良好。

② 管子转动速度要慢，保持在水平位置焊接，使焊道成形美观。

16.4.7 管对接垂直固定加障碍物、TIG 打底、焊条电弧焊盖面

管对接垂直固定障碍焊试件如图 16-133 所示。

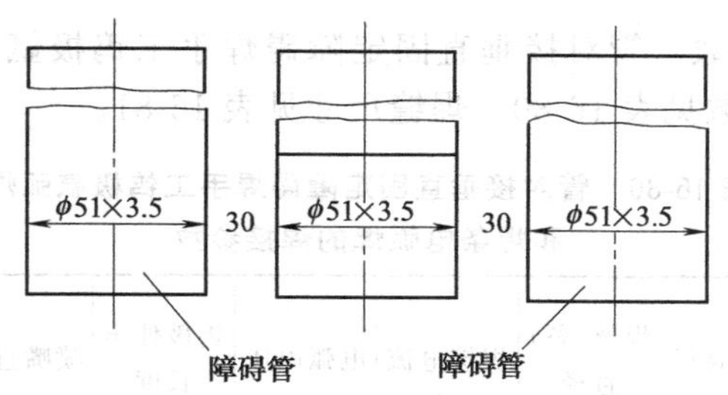

图 16-133　管对接垂直固定障碍焊试件

(1) 技术条件

① 焊接方法　手工钨极氩弧焊打底，焊条电弧焊盖面。

② 焊接电源　WS-300 和 BX3-500。电流种类：手工钨极氩弧焊为直流正接；焊条电弧焊为交流。

③ 母材　10 钢，规格为 ϕ51mm×3.5mm。

④ 焊接材料　氩弧焊为 Ar 和 ϕ2.5mm 的 H08 焊丝；焊条电弧焊为 ϕ2.5mm 的 E4303 焊条，焊条烘干温度为 150～200℃，保温 2h。

⑤ 焊接接头坡口形式及尺寸　管对接垂直固定障碍焊焊接接头的坡口形式及尺寸见图 16-134。

⑥ 焊层分布　管对接垂直固定障碍焊的焊层分布见图 16-135。焊缝 1（打底层）用手工钨极氩弧焊焊接，焊缝 2～3（盖面层）用焊条电弧焊焊接。

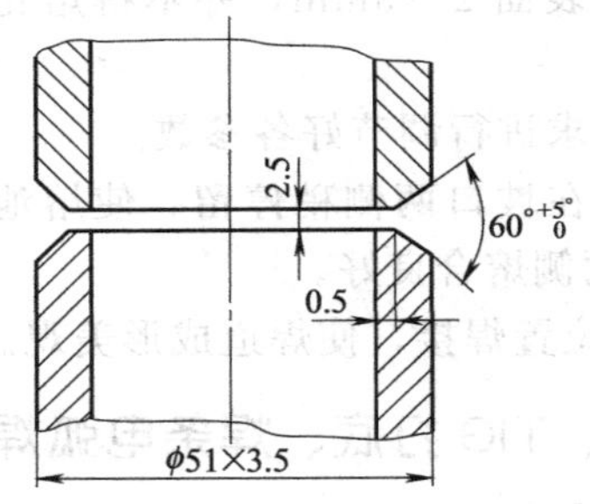

图 16-134　管对接垂直固定障碍焊焊接接头的坡口形式及尺寸

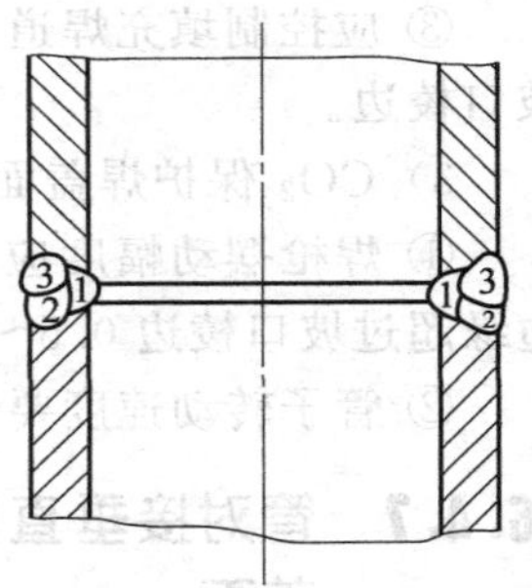

图 16-135　管对接垂直固定障碍焊的焊层分布

⑦ 焊接参数　管对接垂直固定障碍焊手工钨极氩弧焊和焊条电弧焊的焊接参数见表 16-80，焊缝尺寸见表 16-81。

表 16-80　管对接垂直固定障碍焊手工钨极氩弧焊和焊条电弧焊的焊接参数

焊层	钨极直径 /mm	焊丝(条)直径 /mm	焊接电流 /A	电弧电压 /V	钨极伸出长度 /mm	喷嘴直径 /mm	氩气流量 /(L/min)
1 (TIG 焊)	3	2.5	90～100	15～17	6～8	10～14	7～10
2、3 (焊条电弧焊)	—	2.5	65～70	22～26	—	—	—

表 16-81　管对接垂直固定障碍焊焊缝的尺寸　　mm

焊缝尺寸	焊缝宽度	宽度差	余高	余高差	要求
正面	比坡口每侧宽 0.5～2.5	＜3	0～4	＜3	焊缝整齐、平滑、均匀
背面	—		通球检验通球直径 $0.85D_{内}$	—	

(2) 手工钨极氩弧焊焊打底层

1) 焊前准备

① 焊前清理　在坡口及坡口边缘各 10～15mm 范围内采用机械清理法，将油、污、锈、垢、氧化皮清除，直至呈现金属光泽。焊丝也要进行同样的清理。

② 定位焊　清理完的焊件，焊前要进行定位焊定位焊缝为两条，相隔 180°，定位焊缝长 5～8mm，厚度为 3～4mm。定位焊缝的焊接质量应合格，无夹渣、裂纹、气孔等缺陷，用 TIG 焊定位。定位焊缝位置见图 16-136。

定位焊缝焊完后，应进行定位焊缝两端斜坡的修磨，以便焊全缝时接头处焊接顺利。接头处定位焊缝的修磨尺寸见图 16-137，$\alpha=25°\sim30°$，$\delta=3\sim4$mm。

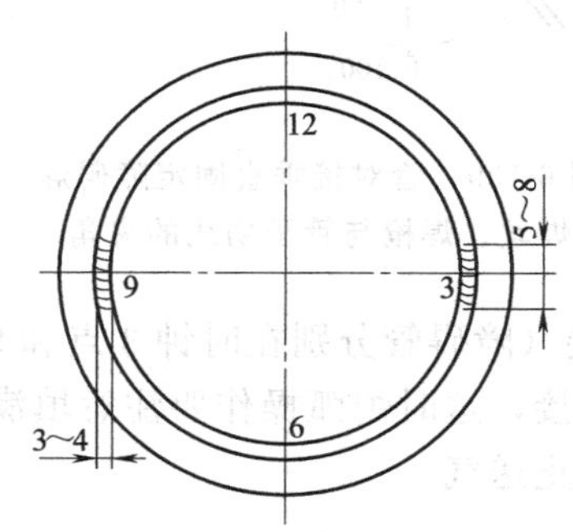

图 16-136　管对接垂直固定障碍焊定位焊缝的位置

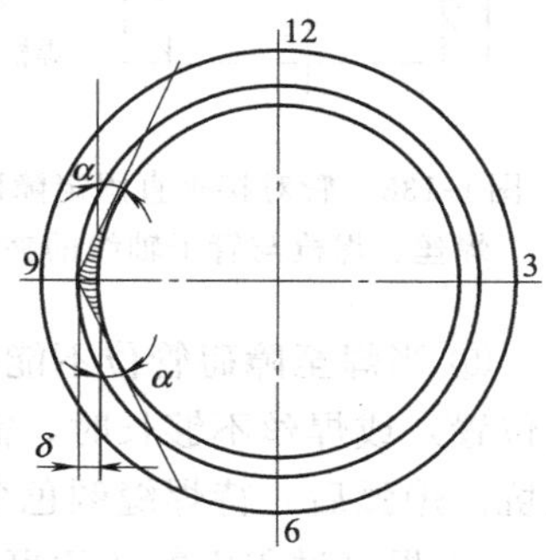

图 16-137　管对接垂直固定障碍焊定位焊缝的修磨尺寸

2) 焊接操作　在时钟 3 点和 9 点位置上进行定位焊，起焊点在时钟 6 点位置。把全部焊缝分为（按时钟位置）6 点至 3 点、3 点至

12 点、6 点至 9 点、9 点至 12 点四部分。

① 引弧前，提前 5～10s 供气，排除管内空气及检查保护气体流量是否稳定。

② 引弧：先焊时钟 6 点至 3 点位置焊缝或 6 点至 9 点位置焊缝。引弧时采用高频引弧。

电弧引燃后，控制弧长以 2～3mm 为宜。将电弧对准坡口及坡口两侧加热，使钝边逐渐熔化并形成熔孔后，填丝进行焊接。

③ 采用外填丝法进行焊接。

④ 焊接过程中，焊丝和焊枪、焊枪与管子都有角度要求，夹角大小见图 16-138 和图 16-139。

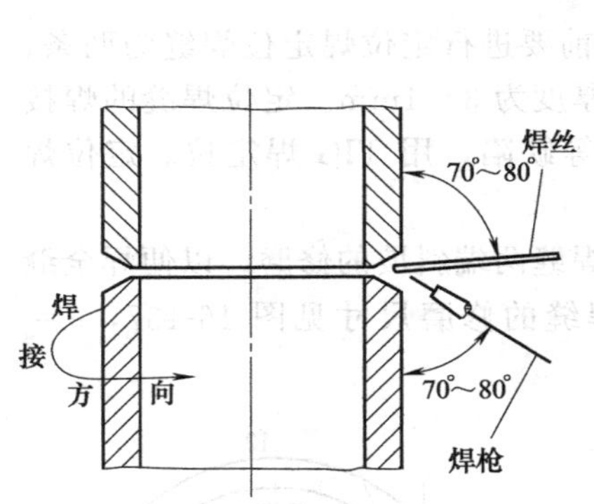

图 6-138 管对接垂直固定障碍焊焊丝、焊枪与管子轴线的夹角

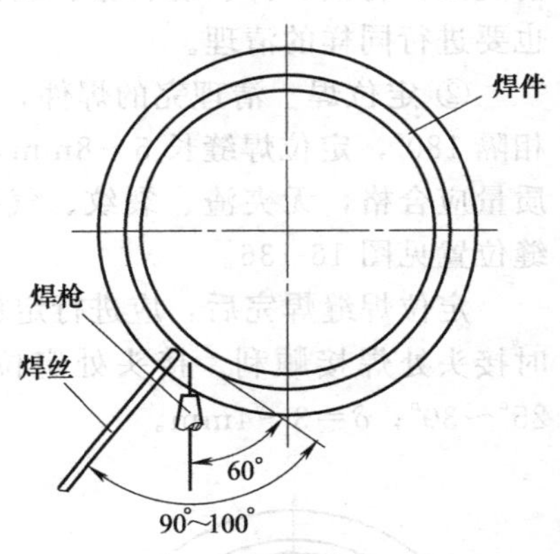

图 6-139 管对接垂直固定障碍焊焊丝、焊枪与管子切线的夹角

⑤ 当焊至障碍管位不能再继续焊接（障碍管分别在时钟 3 点和 9 点位置）或焊丝不够长时，需要停止焊接，这时熄弧操作要注意填满弧坑。熄弧后，待焊缝颜色变暗后再停止送气。

⑥ 焊接过程中的注意事项

a. 焊丝在焊接过程中，端部始终要处在氩气保护范围内。

b. 钨极端部要严禁与焊丝、焊件相接触，防止造成钨夹杂。

c. 打底层焊接中途停止时，为了保证再引弧时背面能熔透，停弧时要进行接头处焊缝的修磨，修磨尺寸见图 16-140。停焊后重新焊接时，后焊的焊缝应与先焊的焊缝重叠 5～10mm。

(3) 焊条电弧焊焊盖面层

用手工钨极氩弧焊焊完打底焊缝后，仔细清理焊道，用焊条电弧焊进行盖面层焊接。盖面层焊缝为两道。先焊焊道 2，焊条与管子下侧夹角在 80°左右，使 1/3 电弧落在母材上，并使立管下坡口边缘熔化 1～2mm。采用连弧焊法，焊接方向从左向右，呈椭圆运条，并始终保持短弧施焊。遇障碍管停止焊接时，要注意在熄弧前尽量往前焊，以方便躲过障碍管后重新引弧。焊缝接头方法可采用热接法或冷接法，焊缝到收口位置时，与始焊端搭接 5～10mm，将电弧向斜上方带，然后熄弧。

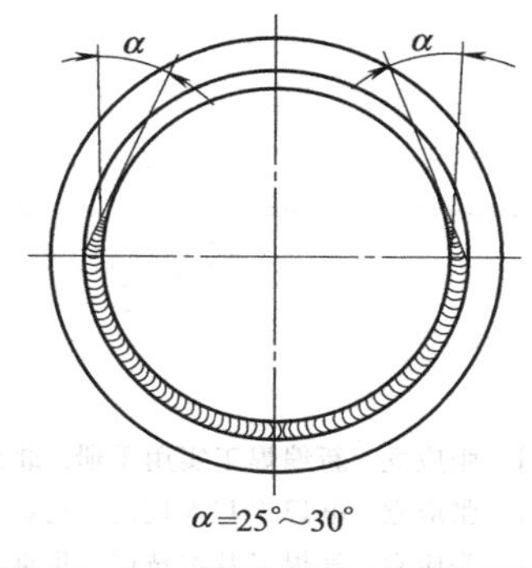

图 16-140　管对接垂直固定障碍焊焊缝接头处的修磨尺寸

焊接第三道焊缝时，焊条与管件下侧夹角在 90°左右，焊接电弧 1/3 落在第二道焊缝上，2/3 落在母材上，使上坡口边缘熔化 1～2mm。焊缝收口时，注意填满弧坑再熄弧。焊接第二、三道焊缝时，焊条与管子的夹角见图 16-141。

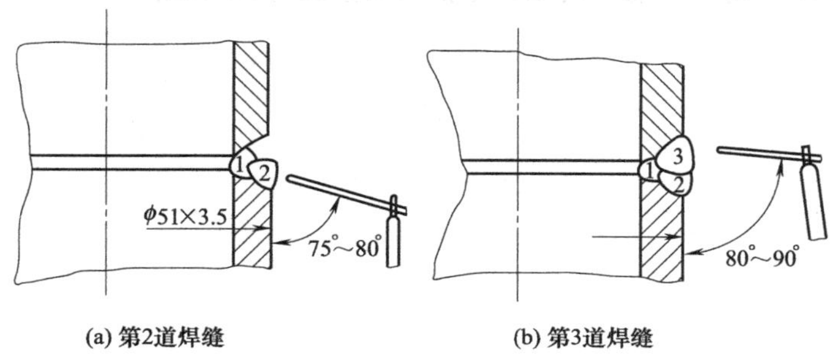

图 16-141　管对接垂直固定障碍焊焊接第二、三道焊缝时管子与焊条的夹角

参考文献

REFERENCE

［1］ 张应立. 新编焊工实用手册. 北京，金盾出版社，2004.

［2］ 张应立. 电焊工基本技能. 北京：金盾出版社，2011.

［3］ 张应立. 气焊工基本技能. 北京：金盾出版社，2010.

［4］ 张应立. 现代焊接技术. 北京：金盾出版社，2013.

［5］ 张应立. 特种焊接技术. 北京：金盾出版社，2012.

［6］ 张应立. 焊工便携手册. 北京：中国电力出版社，2007.

［7］ 刘云龙. 焊工技师手册. 北京：机械工业出版社，2000.

［8］ 刘云龙. 焊工（初、中、高）. 北京：机械工业出版社，2009.

［9］ 沈惠塘. 焊接技术与高招. 北京：机械工业出版社，2003.

［10］ 机械工业职业教育研究中心组编. 电焊工技能实战训练. 北京：机械工业出版社，2007.

［11］ 湖北省职工焊接技术协会. 焊接能手绝技绝活精粹. 北京：化学工业出版社，2011.

［12］ 李继三. 电焊工（初、中、高）. 北京：中国劳动出版社，1996.